深智數位
股份有限公司

深智數位
股份有限公司

前言

Preface

感謝

首先感謝大家的信任。

作者僅是在學習應用數學科學和機器學習演算法時，多讀了幾本數學書，多做了一些思考和知識整理而已。知者不言，言者不知。知者不博，博者不知。由於作者水準有限，斗膽把自己有限所學所思與大家分享，作者權當無知者無畏。希望大家在 GitHub 多提意見，讓本書成為作者和讀者共同參與創作的優質作品。

特別感謝清華大學出版社的欒大成老師。從選題策劃、內容創作到裝幀設計，欒老師事無巨細、一路陪伴。每次與欒老師交流，都能感受到他對優質作品的追求、對知識分享的熱情。

出來混總是要還的

曾經，考試是我們學習數學的唯一動力。考試是頭懸樑的繩，是錐刺股的錐。我們中的絕大多數人從小到大為各種考試埋頭題海，學數學味同嚼蠟，甚至讓人恨之入骨。

數學所帶來了無盡的「折磨」。我們甚至恐懼數學，憎恨數學，恨不得一走出校門就把數學拋之腦後，老死不相往來。

可悲可笑的是，我們很多人可能會在畢業五年或十年以後，因為工作需要，不得不重新學習微積分、線性代數、機率統計，悔恨當初沒有學好數學，走了很多彎路，沒能學以致用，甚至遷怒於教材和老師。

這一切不能都怪數學，值得反思的是我們學習數學的方法和目的。

再給自己一個學數學的理由

為考試而學數學，是被逼無奈的舉動。而為數學而學數學，則又太過高尚而遙不可及。

相信對絕大部分的我們來說，數學是工具，是謀生手段，而非目的。我們主動學數學，是想用數學工具解決具體問題。

現在，本叢書給大家帶來一個「學數學、用數學」的全新動力—資料科學、機器學習。

資料科學和機器學習已經深度融合到我們生活的各方面，而數學正是開啟未來大門的鑰匙。不是所有人生來都握有一副好牌，但是掌握「數學 + 程式設計 + 機器學習」的知識絕對是王牌。這次，學習數學不再是為了考試、分數、升學，而是為了投資時間，自我實現，面向未來。

未來已來，你來不來？

本書如何幫到你

為了讓大家學數學、用數學，甚至愛上數學，作者可謂頗費心機。在叢書創作時，作者儘量克服傳統數學教材的各種弊端，讓大家學習時有興趣、看得懂、有思考、更自信、用得著。

為此，叢書在內容創作上突出以下幾個特點。

- **數學 + 藝術**——全圖解，極致視覺化，讓數學思想躍然紙上、生動有趣、一看就懂，同時提高大家的資料思維、幾何想像力、藝術感。
- **零基礎**——從零開始學習 Python 程式設計，從寫第一行程式到架設資料科學和機器學習應用，儘量將陡峭學習曲線拉平。
- **知識網路**——打破數學板塊之間的門檻，讓大家看到數學代數、幾何、線性代數、微積分、機率統計等板塊之間的聯繫，編織一張綿密的數學知識網路。
- **動手**——授人以魚不如授人以漁，和大家一起寫程式、創作數學動畫、互動 App。
- **學習生態**——構造自主探究式學習生態環境「紙質圖書 + 程式檔案 + 視覺化工具 + 思維導圖」，提供各種優質學習資源。
- **理論 + 實踐**——從加減乘除到機器學習，叢書內容安排由淺入深、螺旋上升，兼顧理論和實踐；在程式設計中學習數學，學習數學時解決實際問題。

雖然本書標榜「從加減乘除到機器學習」，但是建議讀者朋友們至少具備高中數學知識。如果讀者正在學習或曾經學過大學數學（微積分、線性代數、機率統計），這套書就更容易讀懂了。

聊聊數學

數學是工具。錘子是工具，剪刀是工具，數學也是工具。

數學是思想。數學是人類思想高度抽象的結晶體。在其冷酷的外表之下，數學的核心實際上就是人類樸素的思想。學習數學時，知其然，更要知其所以然。不要死記硬背公式定理，理解背後的數學思想才是關鍵。如果你能畫一幅圖、用簡單的語言描述清楚一個公式、一則定理，這就說明你真正理解了它。

數學是語言。就好比世界各地不同種族有自己的語言，數學則是人類共同的語言和邏輯。數學這門語言極其精準、高度抽象，放之四海而皆準。雖然我們中大多數人沒有被數學「女神」選中，不能為人類對數學認知開疆擴土；但是，這絲毫不妨礙我們使用數學這門語言。就好比，我們不會成為語言學家，我們完全可以使用母語和外語交流。

數學是系統。代數、幾何、線性代數、微積分、機率統計、最佳化方法等，看似一個個孤島，實際上都是數學網路的一條條織線。建議大家學習時，特別關注不同數學板塊之間的聯繫，見樹，更要見林。

數學是基石。拿破崙曾說「數學的日臻完善和國強民富息息相關。」數學是科學進步的根基，是經濟繁榮的支柱，是保家衛國的武器，是探索星辰大海的航船。

數學是藝術。數學和音樂、繪畫、建築一樣，都是人類藝術體驗。透過視覺化工具，我們會在看似枯燥的公式、定理、資料背後，發現數學之美。

數學是歷史，是人類共同記憶體。「歷史是過去，又屬於現在，同時在指引未來。」數學是人類的集體學習思考，它把人的思維符號化、形式化，進而記錄、累積、傳播、創新、發展。從甲骨、泥板、石板、竹簡、木牘、紙草、羊皮卷、活字印刷、紙質書，到數位媒介，這一過程持續了數千年，至今綿延不息。

數學是無窮無盡的**想像力**，是人類的**好奇心**，是自我挑戰的**毅力**，是一個接著一個的**問題**，是看似荒誕不經的**猜想**，是一次次膽大包天的**批判性思考**，是敢於站在前人臂膀之上的**勇氣**，是孜孜不倦地延展人類認知邊界的**不懈努力**。

家園、詩、遠方

諾瓦利斯曾說：「哲學就是懷著一種鄉愁的衝動到處去尋找家園。」

在紛繁複雜的塵世，數學純粹得就像精神的世外桃源。數學是，一束光，一條巷，一團不滅的希望，一股磅礴的力量，一個值得寄託的避風港。

打破陳腐的鎖鏈，把功利心暫放一邊，我們一道懷揣一份鄉愁，心存些許詩意，踩著藝術維度，投入數學張開的臂膀，駛入它色彩斑斕、變幻無窮的深港，感受久違的歸屬，一睹更美、更好的遠方。

致謝

Acknowledgement

To my parents.

謹以此書獻給我的母親和父親。

使用本書

How to Use the Book

叢書資源

本書系提供的搭配資源如下：

- 紙質圖書。
- 每章提供思維導圖，全書圖解海報。
- Python 程式檔案，直接下載運行，或者複製、貼上到 Jupyter 運行。
- Python 程式中包含專門用 Streamlit 開發數學動畫和互動 App 的檔案。

本書約定

書中為了方便閱讀以及查詢搭配資源，特別安排了以下段落。

- 數學家、科學家、藝術家等名家語錄
- 搭配 Python 程式完成核心計算和製圖
- 引出本書或本系列其他圖書相關內容
- 相關數學家生平貢獻介紹

- 程式中核心 Python 函式庫函式和講解
- 用 Streamlit 開發制作 App 應用
- 提醒讀者需要格外注意的基礎知識
- 每章總結或昇華本章內容
- 思維導圖總結本章脈絡和核心內容
- 介紹數學工具與機器學習之間的聯繫
- 核心參考和推薦閱讀文獻

App 開發

本書搭配多個用 Streamlit 開發的 App，用來展示數學動畫、資料分析、機器學習演算法。

Streamlit 是個開放原始碼的 Python 函式庫，能夠方便快捷地架設、部署互動型網頁 App。Streamlit 簡單易用，很受歡迎。Streamlit 相容目前主流的 Python 資料分析庫，比如 NumPy、Pandas、Scikit-learn、PyTorch、TensorFlow 等等。Streamlit 還支援 Plotly、Bokeh、Altair 等互動視覺化函式庫。

本書中很多 App 設計都採用 Streamlit + Plotly 方案。

大家可以參考以下頁面，更多了解 Streamlit：

- https://streamlit.io/gallery
- https://docs.streamlit.io/library/api-reference

實踐平臺

本書作者撰寫程式時採用的 IDE（Integrated Development Environment）是 Spyder，目的是給大家提供簡潔的 Python 程式檔案。

但是，建議大家採用 JupyterLab 或 Jupyter Notebook 作為本書系搭配學習工具。

簡單來說，Jupyter 集合「瀏覽器 + 程式設計 + 檔案 + 繪圖 + 多媒體 + 發佈」眾多功能於一身，非常適合探究式學習。

運行 Jupyter 無須 IDE，只需要瀏覽器。Jupyter 容易分塊執行程式。Jupyter 支援 inline 列印結果，直接將結果圖片列印在分塊程式下方。Jupyter 還支援很多其他語言，如 R 和 Julia。

使用 Markdown 檔案編輯功能，可以程式設計同時寫筆記，不需要額外建立檔案。在 Jupyter 中插入圖片和視訊連結都很方便，此外還可以插入 Latex 公式。對於長檔案，可以用邊專欄錄查詢特定內容。

Jupyter 發佈功能很友善，方便列印成 HTML、PDF 等格式檔案。

Jupyter 也並不完美，目前尚待解決的問題有幾個：Jupyter 中程式偵錯不是特別方便。Jupyter 沒有 variable explorer，可以 inline 列印資料，也可以將資料寫到 CSV 或 Excel 檔案中再打開。Matplotlib 影像結果不具有互動性，如不能查看某個點的值或旋轉 3D 圖形，此時可以考慮安裝（jupyter matplotlib）。注意，利用 Altair 或 Plotly 繪製的影像支援互動功能。對於自訂函式，目前沒有快速鍵直接跳躍到其定義。但是，很多開發者針對這些問題正在開發或已經發佈相應外掛程式，請大家留意。

大家可以下載安裝 Anaconda。JupyterLab、Spyder、PyCharm 等常用工具，都整合在 Anaconda 中。下載 Anaconda 的網址為：

- https://www.anaconda.com/

程式檔案

本書系的 Python 程式檔案下載網址為：

- https://github.com/Visualize-ML

Python 程式檔案會不定期修改，請大家注意更新。圖書原始創作版本 PDF（未經審校和修訂，內容和紙質版略有差異，方便行動終端碎片化學習以及對照程式）和紙質版本勘誤也會上傳到這個 GitHub 帳戶。因此，建議大家註冊 GitHub 帳戶，給書稿資料夾標星（Star）或分支複製（Fork）。

考慮再三，作者還是決定不把程式全文印在紙質書中，以便減少篇幅，節約用紙。

本書程式設計實踐例子中主要使用「鳶尾花資料集」，資料來源是 Scikit-learn 函式庫、Seaborn 函式庫。

學習指南

大家可以根據自己的偏好制定學習步驟，本書推薦以下步驟。

1. 瀏覽本章思維導圖，把握核心脈絡
2. 下載本章搭配 Python 程式檔案
3. 閱讀本章正文內容
4. 用 Jupyter 建立筆記，程式設計實踐
5. 嘗試開發數學動畫、機器學習 App
6. 翻閱本書推薦參考文獻

學完每章後，大家可以在社交媒體、技術討論區上發佈自己的 Jupyter 筆記，進一步聽取朋友們的意見，共同進步。這樣做還可以提高自己學習的動力。

另外，建議大家採用紙質書和電子書配合閱讀學習，學習主陣地在紙質書上，學習基礎課程最重要的是沉下心來，認真閱讀並記錄筆記，電子書可以配合查看程式，相關實操性內容可以直接在電腦上開發、運行、感受，Jupyter 筆記同步記錄起來。

強調一點：學習過程中遇到困難，要嘗試自行研究解決，不要第一時間就去尋求他人幫助。

意見建議

歡迎大家對本書系提意見和建議，叢書專屬電子郵件為：

- jiang.visualize.ml@gmail.com

目錄

Contents

第 1 篇 預備

Chapter 1 聊聊「巨蟒」

1.1 Python? 巨蟒？.......... 1-2

1.2 Python 和視覺化有什麼關係？.......... 1-10

1.3 Python 和數學有什麼關係？.......... 1-10

1.4 Python 和機器學習有什麼關係？.......... 1-19

1.5 相信「反覆 + 精進」的力量！.......... 1-21

Chapter 2 安裝使用 Anaconda

2.1 整合式開發環境.......... 2-2

2.2 如何安裝 Anaconda?.......... 2-4

2.3 測試 JupyterLab.......... 2-8

2.4 查看 Python 第三方函式庫版本編號.......... 2-10

2.5 安裝、更新、卸載 Python 第三方函式庫.......... 2-15

Chapter 3 JupyterLab，用起來！

3.1 什麼是 JupyterLab? 3-2
3.2 使用 JupyterLab：立刻用起來 3-3
3.3 快速鍵：這一章可能最有用的內容 3-11
3.4 什麼是 LaTeX? 3-16
3.5 字母和符號 3-18
3.6 用 LaTex 寫公式 3-25

第 2 篇 語法

Chapter 4 Python 語法，邊學邊用

4.1 Python 也有語法？ 4-2
4.2 註釋：不被執行，卻很重要 4-6
4.3 縮進：四個空格，標識程式區塊 4-11
4.4 變數：一個什麼都能裝的箱子 4-17
4.5 使用 import 匯入套件 4-20
4.6 Pythonic：Python 風格 4-23

Chapter 5 Python 資料型態

5.1 資料型態有哪些？ 5-2
5.2 數字：整數、浮點數、複數 5-3
5.3 字串：用引號定義的文字 5-8

5.4 串列：儲存多個元素的序列 5-19
5.5 其他資料型態：元組、集合、字典 5-27
5.6 矩陣、向量：線性代數概念 5-29

Chapter 6 Python 常見運算

6.1 幾類運算子 6-2
6.2 算術運算子 6-4
6.3 比較運算子 6-7
6.4 邏輯運算子 6-8
6.5 設定運算子 6-10
6.6 成員運算子 6-11
6.7 身份運算子 6-11
6.8 優先順序 6-12
6.9 聊聊 math 函式庫 6-13
6.10 聊聊 random 函式庫和 statistics 函式庫 6-20

Chapter 7 Python 控制結構

7.1 什麼是控制結構？ 7-2
7.2 條件陳述式：相當於開關 7-6
7.3 for 迴圈敘述 7-10
7.4 串列生成式 7-23
7.5 迭代器 itertools 7-29

Chapter 8 Python 函式

8.1 什麼是 Python 函式？........ 8-2

8.2 自訂函式 8-10

8.3 更多自訂線性代數函式 8-19

8.4 遞迴函式：自己反覆呼叫自己........ 8-25

8.5 位置參數、關鍵字參數 8-27

8.6 使用 *args 和 **kwargs........ 8-29

8.7 匿名函式 8-32

8.8 構造模組、函式庫........ 8-33

8.9 模仿別人的程式 8-34

Chapter 9 Python 物件導向程式設計

9.1 什麼是物件導向程式設計？........ 9-2

9.2 定義屬性........ 9-5

9.3 定義方法........ 9-7

9.4 裝飾器........ 9-8

9.5 父類別、子類別 9-10

第 3 篇 繪圖

Chapter 10 聊聊視覺化

10.1 解剖一幅圖 10-2

10.2 使用 Matplotlib 繪製線圖 10-5
10.3 圖片美化 10-18
10.4 使用 Plotly 繪製線圖 10-24

Chapter 11 二維和三維視覺化

11.1 二維視覺化方案 11-2
11.2 二維散點圖 11-3
11.3 二維等高線圖 11-12
11.4 熱圖 11-21
11.5 三維視覺化方案 11-26
11.6 三維散點圖 11-32
11.7 三維線圖 11-35
11.8 三維網格曲面圖 11-37
11.9 三維等高線圖 11-39
11.10 箭頭圖 11-41

Chapter 12 Seaborn 視覺化資料

12.1 Seaborn：統計視覺化利器 12-2
12.2 一元特徵資料 12-4
12.3 二元特徵資料 12-20
12.4 多元特徵資料 12-28

第 4 篇 陣列

Chapter 13 聊聊 NumPy

13.1 什麼是 NumPy? 13-2
13.2 手動構造陣列 13-4
13.3 生成數列 13-12
13.4 生成網格資料 13-13
13.5 特殊陣列 13-15
13.6 隨機數 13-17
13.7 陣列匯入、匯出 13-20

Chapter 14 NumPy 索引和切片

14.1 什麼是索引、切片？........ 14-2
14.2 一維陣列索引、切片 14-2
14.3 視圖 vs 副本 14-7
14.4 二維陣列索引、切片 14-10

Chapter 15 NumPy 常見運算

15.1 加、減、乘、除、乘冪 15-2
15.2 廣播原則 15-4
15.3 統計運算 15-7
15.4 常見函式 15-12

Chapter 16 NumPy 陣列規整

16.1 從 reshape() 函式說起 16-2
16.2 一維陣列→ 行向量、列向量 16-4
16.3 一維陣列→ 二維陣列 16-6
16.4 一維陣列→ 三維陣列 16-7
16.5 視圖 vs 副本 16-8
16.6 轉置 16-9
16.7 扁平化 16-10
16.8 旋轉、翻轉 16-11
16.9 堆疊 16-12
16.10 重複 16-16
16.11 分塊矩陣 16-17

Chapter 17 NumPy 線性代數

17.1 NumPy 的 linalg 模組 17-2
17.2 拆解矩陣 17-4
17.3 向量運算 17-6
17.4 矩陣運算 17-13
17.5 幾個常見矩陣分解 17-18

Chapter 18 NumPy 愛因斯坦求和約定

18.1 什麼是愛因斯坦求和約定？ 18-2
18.2 二維陣列求和 18-5

18.3 轉置 18-7
18.4 矩陣乘法 18-9
18.5 一維陣列 18-12
18.6 方陣 18-13
18.7 統計運算 18-14

第 5 篇 資料

Chapter 19 聊聊 Pandas

19.1 什麼是 Pandas? 19-3
19.2 建立資料幀：從字典、串列、NumPy 陣列⋯⋯ 19-6
19.3 資料幀操作：以鳶尾花資料為例 19-9
19.4 四則運算：各列之間 19-20
19.5 統計運算：聚合、降維、壓縮、折疊⋯⋯ 19-22
19.6 時間序列：按時間順序排列的資料 19-28

Chapter 20 Pandas 快速視覺化

20.1 Pandas 的視覺化功能 20-2
20.2 線圖：pandas.DataFrame.plot() 20-3
20.3 散點圖 20-8
20.4 柱狀圖 20-11
20.5 箱型圖 20-12
20.6 長條圖和核心密度估計曲線 20-13

Chapter 21 Pandas 索引和切片

21.1 資料帧的索引和切片 21-2
21.2 提取特定列 21-3
21.3 提取特定行 21-4
21.4 提取特定元素 21-5
21.5 條件索引 21-6
21.6 多層索引 21-10
21.7 時間序列資料帧索引和切片 21-15

Chapter 22 Pandas 規整

22.1 Pandas 資料帧規整 22-2
22.2 拼接：pandas.concat() 22-4
22.3 合併：pandas.join() 22-6
22.4 合併：pandas.merge() 22-9
22.5 長格式轉為寬格式：pivot() 22-15
22.6 寬格式轉為長格式：stack() 22-17
22.7 長格式轉為寬格式：unstack() 22-20
22.8 分組聚合：groupby() 22-22
22.9 自訂操作：apply() 22-25

Chapter 23 Plotly 統計視覺化

23.1 Plotly 常見視覺化方案：以鳶尾花資料為例 23-2
23.2 增加一組分類標籤 23-5

23.3 兩組標籤：兩個維度 23-10
23.4 視覺化比例：柱狀圖、圓形圖 23-16
23.5 鑽取：多個層次之間的導覽和探索 23-19
23.6 太陽爆炸圖：展示層次結構 23-25
23.7 增加第三切割維度 23-28
23.8 平均值的鑽取：全集 vs 子集 23-38

Chapter 24 Pandas 時間序列資料

24.1 什麼是時間序列？........ 24-2
24.2 遺漏值：用 NaN 表示 24-8
24.3 移動平均：一種平滑技術 24-11
24.4 收益率：相對漲跌 24-14
24.5 統計分析：平均值、波動率等 24-17
24.6 相關性：也可以隨時間變化 24-30

第 6 篇 數學

Chapter 25 SymPy 符號運算

25.1 什麼是 SymPy? 25-2
25.2 代數 25-3
25.3 線性代數 25-8

Chapter 26 SciPy 數學運算

26.1 什麼是 SciPy ？ 26-3

26.2 距離 26-5

26.3 插值 26-12

26.4 高斯分佈 26-17

Chapter 27 Statsmodels 統計模型

27.1 什麼是 Statsmodels? 27-2

27.2 二維散點圖 + 橢圓 27-3

27.3 最小平方線性回歸 27-8

27.4 主成分分析 27-11

27.5 機率密度估計：高斯 KDE 27-26

第 7 篇 機器學習

Chapter 28 Scikit-Learn 機器學習

28.1 什麼是機器學習？ 28-2

28.2 有標籤資料、無標籤資料 28-5

28.3 回歸：找到引數與因變數關係 28-7

28.4 降維：降低資料維度，提取主要特徵 28-9

28.5 分類：針對有標籤資料 28-9

28.6 聚類：針對無標籤資料 28-10
28.7 什麼是 Scikit-Learn? 28-12

Chapter 29 Scikit-Learn 資料

29.1 Scikit-Learn 中有關資料的工具 29-3
29.2 樣本資料集 29-3
29.3 生成樣本資料 29-6
29.4 特徵縮放 29-10
29.5 處理遺漏值 29-13
29.6 處理離群值 29-18
29.7 訓練集 vs 測試集 29-23

Chapter 30 Scikit-Learn 回歸

30.1 聊聊回歸 30-2
30.2 一元線性回歸 30-4
30.3 二元線性回歸 30-7
30.4 多項式回歸 30-9
30.5 正規化：抑制過度擬合 30-15

Chapter 31 Scikit-Learn 降維

31.1 降維 31-2
31.2 主成分分析 31-4

31.3 兩特徵 PCA 31-10

31.4 三特徵 PCA 31-18

Chapter 32 Scikit-Learn 分類

32.1 什麼是分類？ 32-2

32.2 *k* 最近鄰分類：近朱者赤，近墨者黑 32-4

32.3 高斯單純貝氏分類：貝氏定理的應用 32-8

32.4 支援向量機：間隔最大化 32-12

32.5 核技巧：資料映射到高維空間 32-15

Chapter 33 Scikit-Learn 聚類

33.1 聚類 33-2

33.2 *K* 平均值聚類 33-4

33.3 高斯混合模型 33-8

第 8 篇 應用

Chapter 34 了解一下 Spyder

34.1 什麼是 Spyder? 34-2

34.2 Spyder 用起來 34-7

34.3 快速鍵：這章可能最有用的內容 34-9

Chapter 35 Streamlit 架設 Apps

35.1 什麼是 Streamlit ？ 35-2

35.2 顯示 35-7

35.3 視覺化 35-8

35.4 輸入工具 35-9

35.5 App 版面配置 35-12

Chapter 36 Streamlit 架設機器學習 Apps

36.1 架設應用 App：程式設計 + 數學 + 視覺化 + 機器學習 36-2

36.2 一元高斯分佈 36-2

36.3 二元高斯分佈 36-4

36.4 三元高斯分佈 36-5

36.5 多項式回歸 36-6

36.6 主成分分析 36-7

36.7 *k* 最近鄰分類 36-8

36.8 支援向量機 + 高斯核心 36-9

36.9 高斯混合模型聚類 36-10

緒論

Introduction

動手程式設計；知其然，不需要知其所以然

本冊在本書系的定位

本書系共有七冊，分為三大板塊—程式設計、數學、實踐，如圖 0.1 所示。

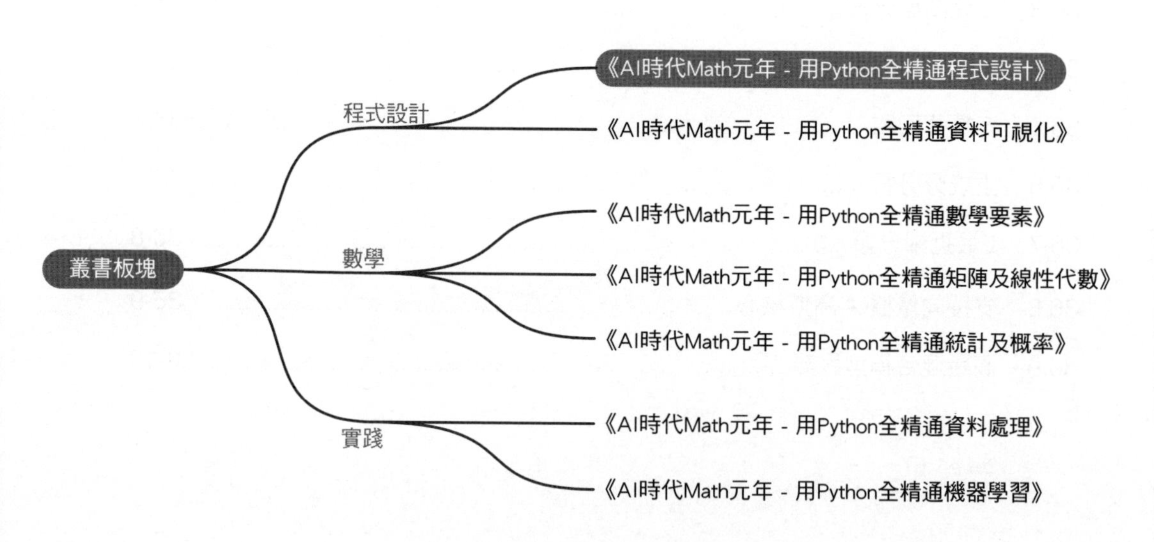

▲ 圖 0.1 本書系板塊版面配置

《AI 時代 Math 元年 - 用 Python 全精通程式設計》是本書系的第一冊，也是「程式設計」板塊的第一冊，著重介紹如何零基礎入門學 Python 程式設計。「程式設計」板塊的第二冊《AI 時代 Math 元年 - 用 Python 全精通資料可視化》則探討如何用 Python 完成數學、資料視覺化。

雖然《AI 時代 Math 元年 - 用 Python 全精通程式設計》主要講解 Python 程式設計，但是也離不開數學。本書儘量避免講解數學概念公式，而且用圖形和近乎口語化的語言描述程式設計、資料分析、機器學習背後常用的數學思想。

我們把理解這些數學工具的任務放在了本書系「數學」板塊，也叫「數學三劍客」—《AI 時代 Math 元年 - 用 Python 全精通數學要素》《AI 時代 Math 元年 - 用 Python 全精通矩陣及線性代數》《AI 時代 Math 元年 - 用 Python 全精通統計及機率》。

《AI 時代 Math 元年 - 用 Python 全精通程式設計》「跨度」極大！從 Python 基本程式設計語法，到基本視覺化工具，再到各種資料操作工具，還介紹常用 Python 實現各種複雜數學運算，進入資料分析和機器學習之後，還講解如何架設應用 App。我們可以把《AI 時代 Math 元年 - 用 Python 全精通程式設計》看作是從 Python 程式設計角度對本書系全系內容的總覽。同理，《AI 時代 Math 元年 - 用 Python 全精通資料可視化》相當於從美學角度全景展示本書系各個板塊。

《AI 時代 Math 元年 - 用 Python 全精通程式設計》正文提供程式範例和講解，而且提供習題，每章還書附 Jupyter Notebook 程式檔案。書附的 Jupyter Notebook 不是可有可無的，而且是《AI 時代 Math 元年 - 用 Python 全精通程式設計》學習生態關鍵一環。首先，本書系強調在 JupyterLab 自主探究學習，只有動手練習 Jupyter Notebooks 才能提高大家程式設計技能。此外，限於篇幅，《AI 時代 Math 元年 - 用 Python 全精通程式設計》不可能把所有程式寫全，所以需要大家移步到 Jupyter Notebook 查看完整程式。還有，本書書附微課也主要以書附 Jupyter Notebooks 為核心，希望大家邊看視訊，邊動手練習。

結構：八大板塊

本書一共有 36 章，可以歸納為八大板塊—預備、語法、繪圖、陣列、資料、數學、機器學習、應用，如圖 0.2 所示。

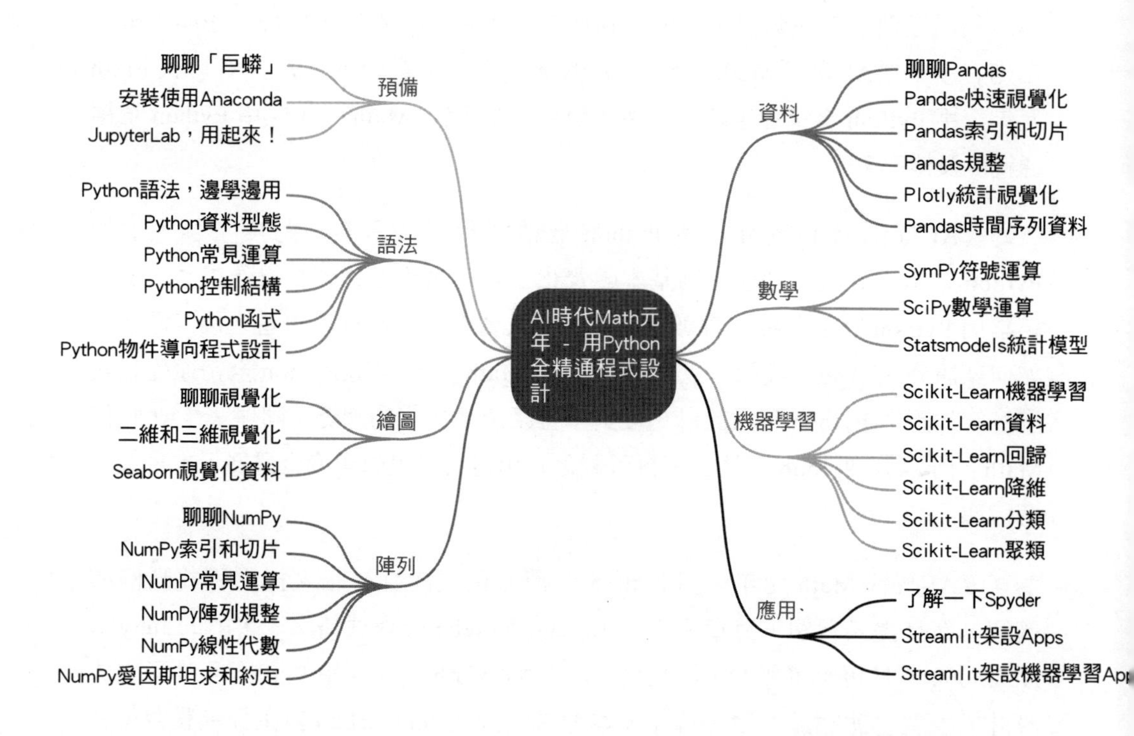

▲ 圖 0.2 《AI 時代 Math 元年 - 用 Python 全精通程式設計》板塊版面配置

預備

這部分有 3 章，佔全書 1/12。

第 1 章聊了聊 Python 和視覺化、數學、機器學習之間的關係。

第 2 章介紹如何安裝、測試、使用 Anaconda。

第 3 章介紹如何使用 JupyterLab。對於本書系系列圖書，JupyterLab 特別適合大家進行探究式學習。還介紹如何用 LaTeX 語言在 JupyterLab Markdown 中撰寫常用數學表達。這一章中，學習並熟練使用快速鍵是重中之重，因為快速鍵可以極大提高生產力。

語法

這部分有 6 章，佔全書 1/6，主要介紹 Python 基本語法。

> 注意：本書在介紹 Python 語法時，本著夠用就好的原則，不追求大而全的字典範式。希望大家學習 Python 時，也不要為了學 Python 而學 Python，建議大家學習時"功利心"不妨強一些，即為了用 Python 解決具體問題而學 Python。暫時沒用的語法，先放到一邊。語法函式記不住，也別怕，多用幾次習慣了就好了。千萬別有思想包袱！用到時再學，不晚！

第 4 章主要介紹註釋、縮進、變數、套件、Python 風格等基礎概念。這一章還簡單提了提 Python 自訂函式、Python 控制結構。

第 5 章講解 Python 常用資料型態，如數字、字串、串列、字典。還介紹了線性代數中的矩陣和向量這兩個概念。最後還簡單介紹了 NumPy 陣列、Pandas 資料幀，這兩個本書系中最常見的資料型態。

第 6 章講解 Python 常見運算，如算術、比較、邏輯、賦值、成員、身份等運算子。學習時，請大家注意這些運算子的優先順序。最後還介紹了 math、random、statistics 函式庫的常見函式。需要大家注意的是，在日後程式設計中我們很少使用這三個函式庫，因為這些函式不方便向量化運算。

第 7 章介紹 Python 控制結構，如條件陳述式、迴圈敘述、迭代器等概念。還介紹了如何自己寫程式實現線性代數中的向量內積、矩陣乘法等運算。日後，我們肯定用不上自己寫的這些函式。但是這些練習一方面幫我們掌握 Python 控制結構；此外，在撰寫程式時，我們對這些線性代數運算規則的理解也會更加深入。

第 8 章介紹 Python 函式，如自訂函式、匿名函式，以及如何構造模組、函式庫。還會用自訂函式完成更多線性代數運算。

第 9 章簡介 Python 物件導向程式設計，其中包括屬性、方法、裝飾器、父類別、子類別等概念。這一章僅介紹了 Python 物件導向程式設計的冰山一角。

繪圖

視覺化是整套本書系核心的特色之一，所以特別創作了《AI 時代 Math 元年 - 用 Python 全精通資料可視化》一冊專門講解數學、資料視覺化。

《AI 時代 Math 元年 - 用 Python 全精通程式設計》中的「繪圖」部分僅蜻蜓點水地介紹了本冊常用的視覺化工具，因此這部分僅安排了 3 章，佔全書 1/12，主要介紹 Matplotlib、Plotly、Seaborn 這三個函式庫中最常用的幾種視覺化函式。

第 10 章首先介紹了一幅圖的重要組成元素，並講解如何用 Matplotlib 和 Plotly 繪製線圖。

第 11 章介紹幾種最常用的二維和三維視覺化方案，比如散點圖、等高線圖、熱圖、網格曲面圖等。大家如果對視覺化特別感興趣的話，也可以在學習《AI 時代 Math 元年 - 用 Python 全精通程式設計》時平行閱讀《AI 時代 Math 元年 - 用 Python 全精通資料可視化》。

第 12 章主要介紹如何用 Seaborn 完成樣本資料統計描述，這章講解的視覺化方案包括長條圖、小提琴圖、箱型圖、散點圖、機率密度分佈等。本書後續還會介紹 Pandas 中常見的視覺化函式，大家可以對比學習。

陣列

這個板塊主要介紹 NumPy，一共有 6 章，佔全書 1/6。

NumPy 是一個用於科學計算和資料分析的 Python 函式庫。它提供了高效的多維陣列物件，以及用於對這些陣列執行各種數學、邏輯、統計操作的函式。

在機器學習中，NumPy 具有重要的作用，因為它為資料處理、數值計算和陣列操作提供了強大的工具，為機器學習演算法的實現和最佳化提供了基礎支援。

第 13 章介紹陣列、數列、網格資料、隨機數、匯入、匯出等 NumPy 函式庫基本概念。

第 14 章介紹如何對 NumPy 陣列進行索引和切片。請大家務必注意視圖、副本這兩個概念。

第 15 章介紹 NumPy 常見運算，如基本算術、代數、統計運算。請大家務必掌握廣播原則。

第 16 章介紹 NumPy 中常用的各種陣列規整方法，如變形、旋轉、鏡像、堆疊、重複、分塊等規整操作。

第 17 章走馬觀花地介紹 NumPy 的 linalg 模組中常用的線性代數工具，如向量的模、向量內積、矩陣乘法、Cholesky 分解、特徵值分解、奇異值分解等。

第 18 章介紹了一種強大的運算工具—愛因斯坦求和約定。這一章對理解各種線性代數工具的運算規則提供了一種全新角度。

如果大家之前沒有學過線性代數，第 17、18 章可以跳過；日後用到時，再學不晚。

想要進一步深入學習理解各種線性代數工具，請大家參考《AI 時代 Math 元年 - 用 Python 全精通矩陣及線性代數》。

資料

這個板塊主要介紹 Pandas，一共有 6 章，佔全書 1/6。

Pandas 是一個用於資料分析和資料處理的 Python 函式庫，它提供了高效的資料結構和資料操作工具，特別適用於處理和分析結構化資料。

在機器學習中，Pandas 很重要，因為 Pandas 能高效率地載入、處理、清洗、轉換、探索、分析資料，為機器學習建模和分析提供了強大的支援。

第 19 章介紹如何建立資料幀 DataFrame，以及常見資料幀操作、基本數值運算、統計運算等。這章最後還介紹如何透過不同方式讀取資料。

第 20 章聊一聊 Pandas 中一些常用快速視覺化的函式；要想繪製更為複雜的統計視覺化方案，還是要借助 Matplotlib、Seaborn、Plotly 等函式庫。

第 21 章講解如何對 Pandas DataFrame 進行索引和切片，如提取特定行、特定列、條件索引、多層索引等。

第 22 章講解各種資料幀的規整方法，比如用 concat()、join()、merge() 方法對 DataFrame 進行拼接和合併，再如用 pivot()、stack()、unstack() 方法對 DataFrame 進行重塑和透視。這章最後還介紹如何用 groupby()、apply() 方法完成聚合和自訂操作。

第 23 章向大家展示 Pandas + Plotly 用資料分析和視覺化「講故事」的力量！大家會看到很多有趣的視覺化方案，如柱狀圖、堆疊柱狀圖、圓形圖、太陽爆炸圖、冰柱圖、矩形樹狀圖等。

第 24 章講解 Pandas 時間序列資料，包括遺漏值、移動平均、統計分析等操作。本章還介紹如何用 Plotly 完成各種時間序列、統計描述的視覺化操作。

數學

這個板塊主要介紹 SymPy、SciPy、Statsmodels 三個函式庫，一共有 3 章，佔全書 1/12。

第 25 章介紹 SymPy，SymPy 是一個 Python 的符號數學計算函式庫。大家可以用這一章回顧或了解常用的代數、線性代數概念。限於篇幅，這一章沒有涉及用 SymPy 求解微積分問題。

第 26 章介紹 SciPy，並且舉了三個例子一距離、插值、高斯分佈。高斯分佈一節中，大家會看到一元和二元高斯分佈的視覺化方案。

第 27 章介紹 Statsmodels 模組，並介紹如何利用 Statsmodels 完成線性回歸、主成分分析、機率密度估計。

學習這三章時，只要求大家掌握如何呼叫各種常用函式，不要求大家深入了解這些函式背後的數學工具。本書系「數學三劍客」《AI 時代 Math 元年 - 用 Python 全精通數學要素》《AI 時代 Math 元年 - 用 Python 全精通矩陣及線性代數》《AI 時代 Math 元年 - 用 Python 全精通統計及機率》會專門介紹各種常用數學工具。

機器學習

這個板塊主要介紹 Scikit-Learn，一共有 6 章，佔全書 1/6。Scikit-Learn 是一個用於機器學習和資料探勘的 Python 函式庫，它建立在 NumPy、SciPy 和 Matplotlib 等函式庫的基礎之上，提供了豐富的機器學習演算法、工具和函式，用於實現各種機器學習任務，如分類、回歸、聚類、降維、模型選擇等。

第 28 章簡述了有標籤資料、無標籤資料、回歸、降維、分類、聚類等機器學習基本概念。

第 29 章介紹了 Scikit-Learn 中資料集、生成樣本資料、處理遺漏值、處理離群值、特徵縮放等方法。

第 30 ~ 33 章分別介紹了回歸、降維、分類、聚類四個機器學習問題。這四章在介紹各種演算法時會利用圖解方式，儘量避免提及各種數學工具。

要想深入學習回歸、降維、分類、聚類演算法，請大家參考《AI 時代 Math 元年 - 用 Python 全精通資料處理》《AI 時代 Math 元年 - 用 Python 全精通機器學習》兩冊。

應用

這一板塊有 3 章，佔全書 1/12。

第 34 章介紹如何使用 Spyder 完成 Python 程式設計開發。這一章介紹的 Spyder 是為下一章開發 Streamlit 提供 IDE 工具。

第 35 章介紹如何用 Streamlit 架設應用 App。Streamlit 是一個用於建立互動式資料應用程式的 Python 函式庫。它的主要目標是讓資料科學家、工程師和開發人員能夠快速、輕鬆地將資料融入到應用程式中，而無須深入了解前端開發。使用 Streamlit，可以將資料視覺化、機器學習模型、分析結果等內容轉化為具有使用者介面的應用，從而方便地與使用者進行互動。

第 36 章，也是本書的最後一章，我們將用 Streamlit 開發幾個數學學習、機器學習應用 Apps。這一章也總結了我們在本書學到的各種 Python 工具。

3 特點：知其然，不需要知其所以然

《AI 時代 Math 元年 - 用 Python 全精通程式設計》極力避免「Python 語法書」這種工具書範式。

《AI 時代 Math 元年 - 用 Python 全精通程式設計》想要以輕鬆的心態、圖解的方式，為零基礎入門讀者提供可讀性高、學以致用的內容。

本書的目標是讓讀者「學得進去，學得出來」。「學得進去」是想讓大家閱讀本書時興致勃勃、眼界大開，立刻有「收穫感」，並有持續動力、濃厚興趣繼續深入學習。「學得出來」是希望大家讀完本冊感覺收穫滿滿、意猶未盡，而且能夠立刻學有所用。

在創作《AI 時代 Math 元年 - 用 Python 全精通程式設計》時，很多讀者透過各種通路建議作者務必考慮零基礎讀者學習體驗，最大限度降低零基礎讀者入門門檻。因此，作為本書系系列的第一冊，《AI 時代 Math 元年 - 用 Python 全精通程式設計》格外強調「零基礎入門」學習 Python，力爭給大家提供「保姆式」一步步的學習體驗。鑑於此，有 Python 基礎的讀者要是覺得本書在行文上顯得「婆婆媽媽」，還請體諒！

本書書附的所有 Jupyter Notebook，沒有任何額外收費。《AI 時代 Math 元年 - 用 Python 全精通程式設計》書附的所有 Jupyter Notebook 並不是「可有可無」的，這些程式是學習 Python 程式設計的重要一環。請大家一邊閱讀本書，一邊在 JupyterLab 中實踐。大家如果學習時間寬裕，強烈建議自己把本書印製出來的程式至少敲一遍。如果學習時間太緊，至少把程式跑一遍，逐行註釋。

為了方便大家由淺入深學習 Python 程式設計，本書靠前章節書附程式檔案一般都比較簡短；因此，每章的程式檔案較多。隨著大家逐漸掌握 Python，程式也會變得越來越長。為了節省篇幅，書中的程式和 Jupyter Notebook 內容稍有偏移。書附 Jupyter Notebook 會有一些額外資料；但是，本書正文中程式講解更為全面細緻。

此外，建議大家在閱讀本書程式檔案時，養成逐行註釋的習慣。特別是對於不理解的敘述，一定要查詢官方技術文件解決問題，然後註釋清楚。註釋一遍記不住，就在不同場合多註釋幾遍；本冊也是採用這個策略幫助大家記憶關鍵敘述。

值得反覆強調的是，學習 Python 程式設計時，希望大家一定要吸取英文學習失敗的教訓，不能死背語法。千萬不要死記硬背，一定要邊學邊用、活學活用、以用為主！錯誤的方法，錯誤的路徑，吃了再多苦頭，走了再多彎路，也苦不出來，也走不出來！

《AI 時代 Math 元年 - 用 Python 全精通程式設計》不需要大家掌握 Python 函式庫中常用函式背後的數學工具、數學思想，即「知其然，不需要知其所以然」。即使《AI 時代 Math 元年 - 用 Python 全精通程式設計》提到了某些數學工具，我們也只用文字和圖解方式介紹，因此大家在本書中不會看到各種編號公式。

《AI 時代 Math 元年 - 用 Python 全精通程式設計》目的是讓大家學會用 Python 學習掌握數學工具、資料分析、機器學習，最終來解決實際問題，本書絕不致力於把大家培養成「碼農」。因此，對我們來說，Python 是手段，不是目的。

下面，讓我們正式開啟本書系第一冊《AI 時代 Math 元年 - 用 Python 全精通程式設計》的學習之旅。

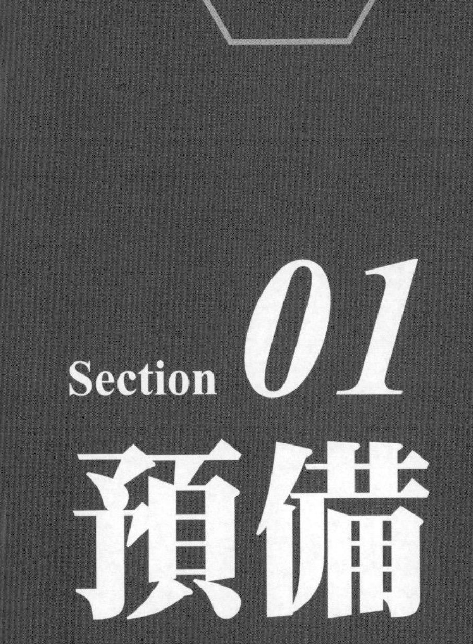

Section 01 預備

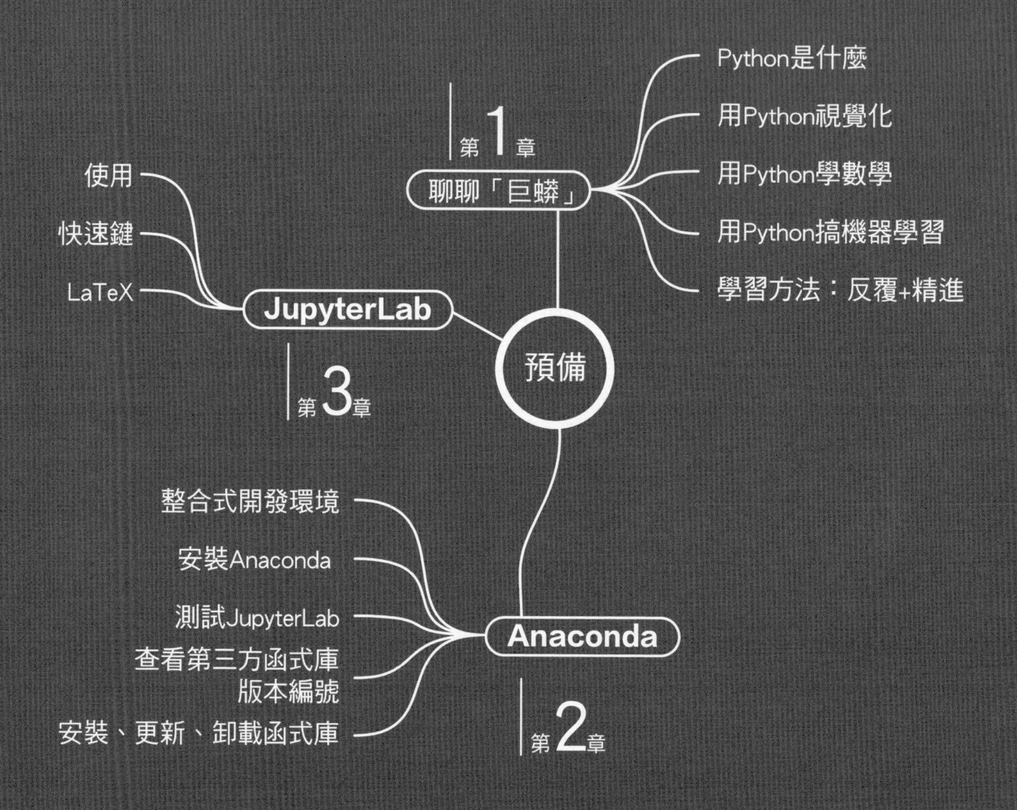

第1章
聊聊「巨蟒」
Python是什麼
用Python視覺化
用Python學數學
用Python搞機器學習
學習方法：反覆+精進
預備
JupyterLab
第3章
使用
快速鍵
LaTeX
Anaconda
第2章
整合式開發環境
安裝Anaconda
測試JupyterLab
查看第三方函式庫
版本編號
安裝、更新、卸載函式庫

學習地圖 | 第1板塊

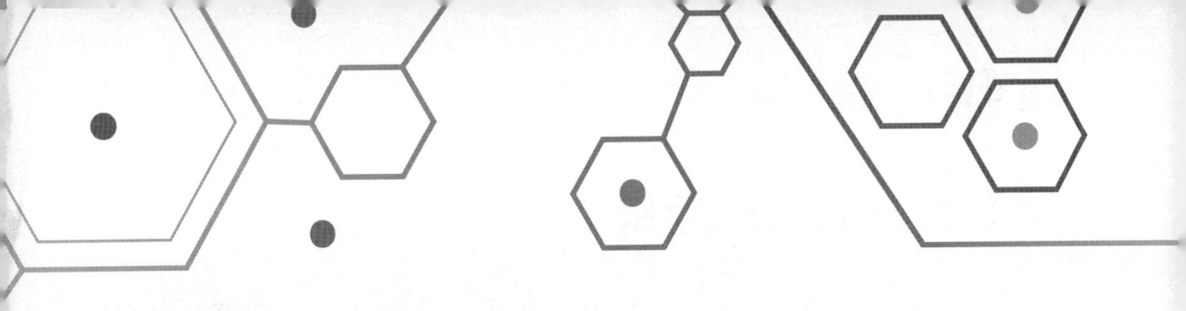

About Python

1 聊聊「巨蟒」

「反覆＋精進」的力量：從加減乘除到機器學習

方悟天地縱橫交錯，始知萬物相生互聯。而你我也系其中一環，一念一動皆牽動周身。

There is urgency in coming to see the world as a web of interrelated processes of which we are integral parts,so that all of our choices and actions have consequences for the world around us.

——阿爾弗雷德 · 懷特海（*Alfred Whitehead*）| 英國數學家、哲學家 | *1861—1947* 年

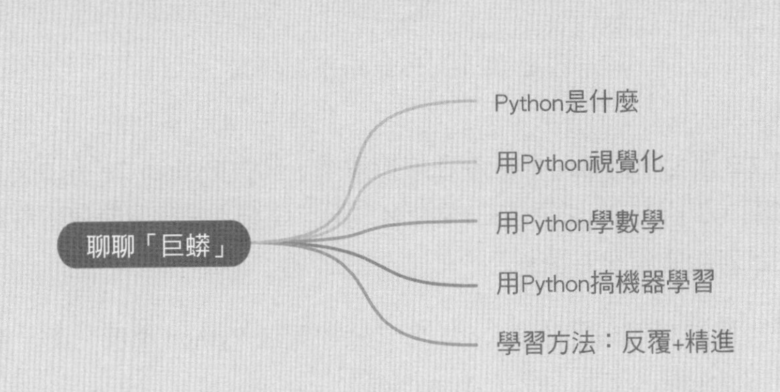

1.1 Python? 巨蟒？

Python 由 Guido van Rossum 於 1991 年正式發佈，Python 的首個版本是 0.9.0。Python 免費開放原始碼，語言語法友善，而且社區活躍。此外，Python 的用途極為廣泛（見圖 1.1），特別是在機器學習、深度學習領域。這就是為什麼本書系系列會選擇用 Python 作為程式語言的原因。

▲ 圖 1.1 Python 應用場景

如圖 1.2 所示，Python 的版本在持續演進。其中 Python 2.x 和 3.x 系列並存了一段時間，但現在 3.x 系列是主要發展方向，建議大家學習時使用最新版本，以便享受最新功能和安全性。

另外，建議讀者透過 Anaconda 來安裝和管理 Python 環境。下一章會一步步教大家如何下載、安裝、測試 Anaconda。

⚠

什麼是 Python ？

Python 是一種高級程式設計語言，使用動態類型系統和自動記憶體管理。Python 具有簡單易學、易於閱讀和撰寫、可攜性強等特點，廣泛應用於 Web 開發、資料分析、人工智慧、科學計算、自動化等領域。Python 具有豐富的標準函式庫和第三方函式庫，可支援各種程式設計任務，例如檔案處理、網路程式設計、GUI 開發、影像處理、資料視覺化、機器學習等。Python 的語法簡潔清晰，易於閱讀和理解，因此也被廣泛應用於教育和科學研究領域。Python 的解譯器可用於不同的作業系統，例如 Windows、macOS、Linux 等，因此 Python 具有很好的跨平臺性。

本章很多問題都採用了 ChatGPT 的答案 (有用的廢話)，作者只是對回答文字略加編輯。

本書中，ChatGPT 的答案用標識。建議大家在學習時，不管是在概念、程式，還是在數學上遇到問題，都可以使用類似 ChatGPT 的工具作為幫手。

值得注意的是，本書創作時的 ChatGPT 時而廢話連篇、胡說八道，請大家注意判別，切不可不假思索、照單全收。

⚠

什麼是 ChatGPT ？

ChatGPT 是一種基於自然語言處理 (Natural Language Processing，NLP) 技術的人工智慧 (Artificial Intelligence，AI) 應用程式，它是由 OpenAI 公司開發的一種大規模預訓練語言模型。ChatGPT 使用深度神經網路來模擬人類的對話過程，它可以理解和生成人類語言，可以用於實現聊天機器人、智慧客服、智慧幫手等應用。ChatGPT 還可以幫助使用者進行文字自動生成、文字摘要、文字分類、情感分析等任務。ChatGPT 使用 Python 程式設計語言進行架設。在架設 ChatGPT 時，OpenAI 使用了 Python 的深度學習框架 TensorFlow 和 PyTorch，以及一些其他的 Python 函式庫和工具來完成。

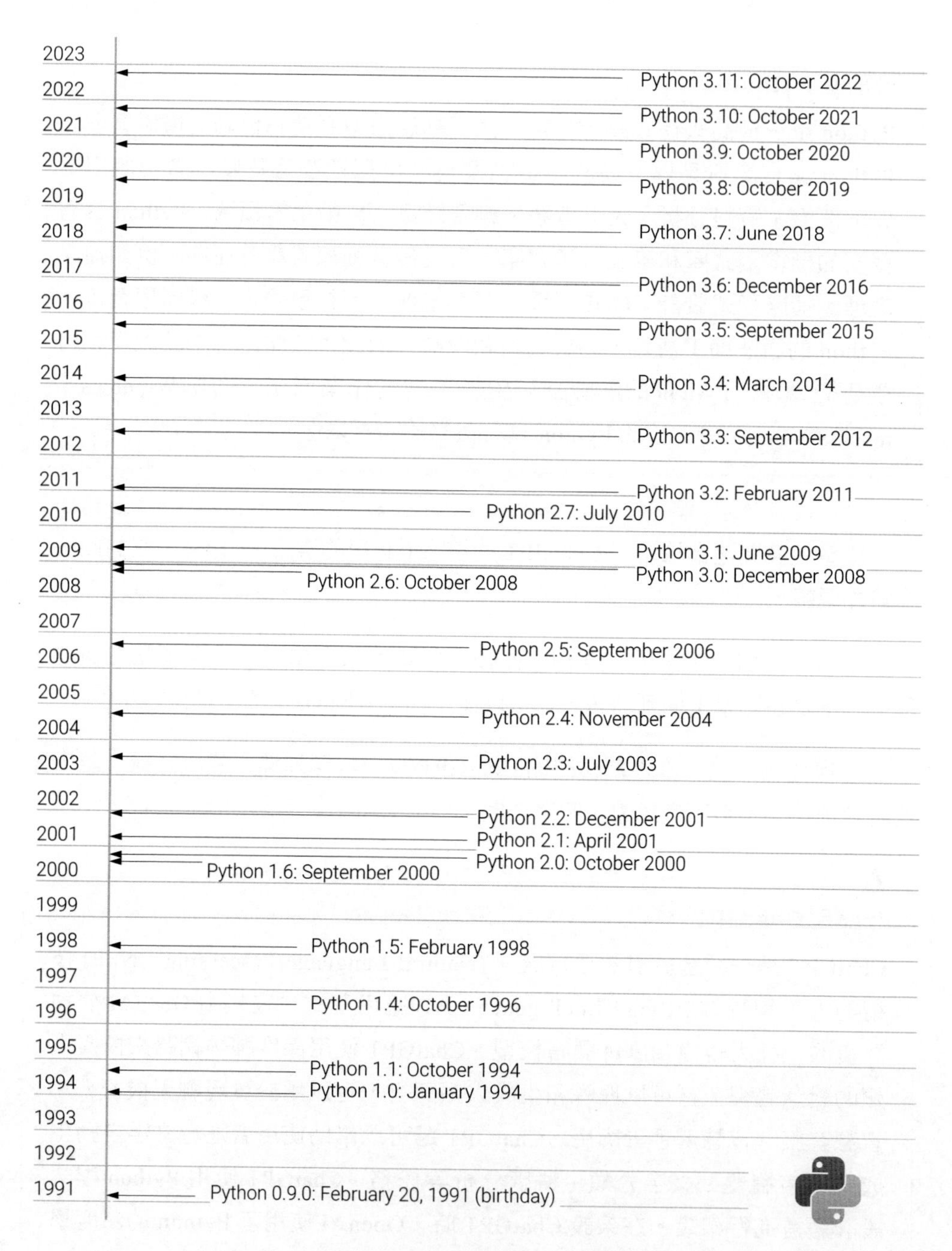

▲ 圖 1.2 Python 歷史版本時間軸

我們為什麼要學 Python ？

Python 具有廣泛的用途，比如以下幾種。

- **機器學習**：Python 在資料科學和機器學習領域非常受歡迎，因為它有很多強大的函式庫和工具，如 NumPy、Pandas、Scikit-Learn 等。
- **深度學習**：Python 的深度學習工具，如 PyTorch、TensorFlow，常用來開發各種人工智慧應用，如智慧裝置、無人駕駛、自然語言處理工具等。
- **Web 開發**：Python 可以用於 Web 開發，有許多流行的 Web 框架，如 Django、Flask 等。
- **自動化指令稿**：Python 可以用於自動化任務，如自動備份、自動化測試、爬蟲等。
- **遊戲開發**：Python 可以用於遊戲開發，如 Pygame 等函式庫和工具。
- **系統管理和網路程式設計**：Python 可以用於系統管理和網路程式設計，如網路爬蟲、伺服器開發、安全工具等。

整套本書系用到的主要是 Python 在視覺化、數學、資料分析、機器學習方面的工具。圖 1.3 所示為本書涉及的 9 個重要的 Python 數學運算和視覺化函式庫。

▲ 圖 1.3 《AI 時代 Math 元年 - 用 Python 全精通程式設計》涉及的 Python 函式庫

Python 中，什麼是模組、套件、函式庫？

在 Python 中，模組 (Module)、套件 (Package)、函式庫 (Library) 是三個常見的概念，它們的含義如下。

模組：是一個 Python 程式檔案，包含了一組相關的函式、類別、變數和常數等，可供其他程式引用。Python 中的模組是一種可重用的程式元件，可用於將相關的程式組織到一起，以便更好地管理和維護程式。一個模組可以包含多個函式、類別、變數和常數等，可以被其他模組或程式引用和呼叫。

套件：是一組相關模組的集合，用於組織 Python 程式的層次結構。一個套件是一個資料夾，其中包含其他模組或子套件。套件是一種透過模組命名空間進行模組組織的方式，可更好地組織和管理大型程式庫。

函式庫：是由一組模組和套件組成的軟體元件，提供了一系列函式、類別、變數和常數等，用於解決特定問題。Python 標準函式庫是 Python 官方提供的一組函式庫，包含了大量的模組和功能，可以直接使用。此外，還有第三方函式庫，如 NumPy、Pandas、Matplotlib 等，用於資料處理、科學計算、視覺化等領域。

需要注意的是，模組是最小的可重用程式單元，而套件和函式庫是由多個模組組成的更大的結構。

本書每個板塊的工具

圖 1.4 所示為《AI 時代 Math 元年 - 用 Python 全精通程式設計》每個板塊涉及的核心工具。這些工具中有些是 Python 基本語法，有些則是 Python 常用套件，剩下一些是 Python 程式設計工具。

準人工智慧時代導向的教育

作者認為，人工智慧時代導向的教育，特別是數學教育，必須結合程式設計、視覺化、實際應用。而 Python 既是程式設計工具，也擁有大量視覺化工具，同時可以用來完成各種資料科學和機器學習任務。

基於這樣的考慮，本書系整套圖書在創作時都採用了「程式設計 + 視覺化 + 數學 + 機器學習」這個核心，只不過各個分冊的偏重各有不同。

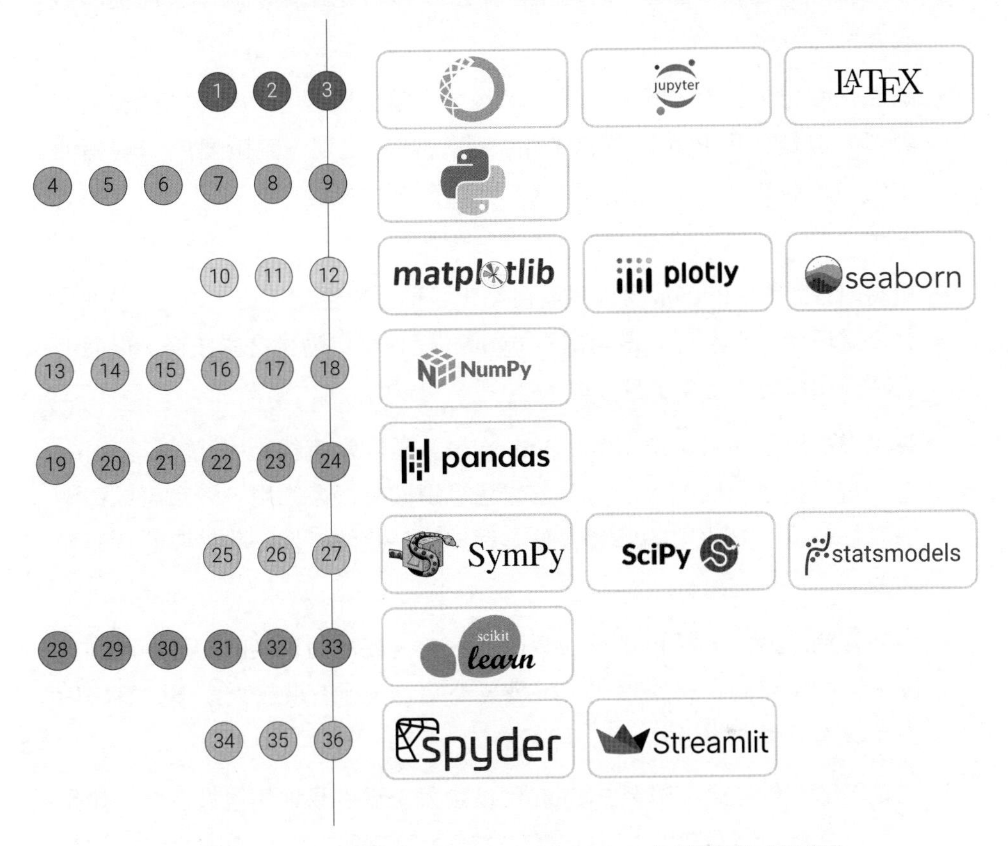

▲ 圖 1.4 《AI 時代 Math 元年 - 用 Python 全精通程式設計》每個板塊涉及的核心工具

對於初高中生、大學生，學習 Python 有很多好處，比如以下幾點。

- **培養程式設計思維**：Python 作為一種程式設計語言，可以幫助大家培養程式設計思維能力。大家可以透過撰寫簡單的程式和解決各種問題，鍛煉邏輯思考、問題解決和創造力等能力。

- **高效率地學習數學及其他學科**：將公式、模型寫成 Python 程式的過程，本身就是一種做 " 習題 " 的過程。而且這類習題比傳統課本習題更能激發大家的興趣。
- **圖形化強化記憶**：公式、定理、定義、解題技巧等，大家考完試也就忘記了。但是利用 Python 程式設計，把公式、定理、定義變成一幅幅活生生的圖形之後，這些概念將會深深地刻在大家腦中，甚至一輩子不會忘記。
- **提高學習效率**：Python 可以用於自動化各種重複性的任務，如資料處理、文字處理等。大家可以透過撰寫 Python 程式來自動化這些任務，從而節省時間和精力，提高學習效率。
- **為未來的學習和職業做準備**：Python 是一種非常流行的程式設計語言，它在資料科學、機器學習、人工智慧等領域有很多應用，大家可以透過學習 Python，為未來的學習和職業做準備，提前掌握一些必要的技能和知識。
- **增強實踐能力**：學習 Python 可以讓大家更容易地將學到的知識應用到實踐中，如撰寫簡單應用程式、遊戲、網站等，這有助於大家增強實踐能力和探索新領域的能力。
- **培養團隊合作意識**：學習 Python 可以讓大家更容易地與他人合作，如在撰寫程式時可以分工合作、交流想法等，這有助於培養團隊合作意識和溝通能力。

怎麼學 Python ?

和中文、英文一樣，Python 也是語言。只不過，Python 是人和機器互動的語言。Python 的語法有絕對的對錯，不能模棱兩可。錯誤的命令，不是出 bug，就是得出錯誤的結果。

我相信本書系的讀者沒人是拿字典學會中文的，同樣別指望用 Python 語法書學好程式設計。

在學習 Python 的過程中，一定要吸取英文教育的教訓。很多人學了十幾年的英文之後仍然不會說，就是因為他們只注重死記硬背詞彙、語法，而沒有真正把語言用起來，進行口頭和書面交流。

因此，在學習 Python 時，大家不妨「功利」一些，邊學邊練—馬上開始撰寫程式 (code) 和偵錯 (debug)。先寫幾段程式，跑起來；現在暫時用不到的語法細枝末節先放到一邊。

千萬別把 Python 程式設計當文科來學！語法、指令、函式、邏輯等，記不住，不要緊！用多了，就好了。無他，但手熟爾。本書系有程式設計、視覺化、數學、機器學習這幾個重要的元素，而這幾個元素都離不開 Python。下面我們逐一聊一下。

學習 Python 和學習英文有什麼相似之處？

學習 Python 和學習英文有一些相似之處，比如以下幾點。

都需要掌握基礎知識：學習 Python 和學習英文都需要掌握基礎知識，Python 的基礎語法、資料型態、流程控制敘述、函式等，英文的基本詞彙、語法、發音等。

都需要不斷練習：學習 Python 和學習英文都需要不斷地練習，Python 需要撰寫程式來實踐，英文需要口語練習和寫作練習。

都需要實踐和應用：學習 Python 和學習英文都需要不斷地實踐和應用，Python 可以應用到資料處理、人工智慧、遊戲開發等領域，英文可以應用到國際交流、留學、工作等方面。

都需要耐心和堅持：學習 Python 和學習英文都需要耐心和堅持，需要花費大量時間和精力來學習和練習，才能達到良好的掌握和應用水準。

總之，學習 Python 和學習英文都需要掌握基礎知識、不斷練習、實踐和應用，同時也需要耐心和堅持。雖然二者是不同的領域，但都是對自己未來發展非常有幫助的技能。

1.2 Python 和視覺化有什麼關係？

Python 和視覺化關係密切。Python 中有很多強大的視覺化函式庫和工具，可以幫助使用者對資料進行視覺化呈現。本書系的任何一冊，都有大量彩圖，其中絕大部分是用 Python 撰寫程式生成。

以下是 Python 和視覺化的一些關係。

- **資料視覺化**：Python 中有許多資料視覺化的函式庫，如 Matplotlib、Seaborn、Plotly 等，可以幫助使用者將資料視覺化呈現出來，從而更好地理解資料的分佈、趨勢等資訊。本書的繪圖部分將蜻蜓點水地講解 Matplotlib、Seaborn、Plotly 常用繪圖命令。本書系的《AI 時代 Math 元年 - 用 Python 全精通資料可視化》一冊將專門講解資料視覺化這一話題。
- **影像處理**：Python 中有許多影像處理的函式庫，如 OpenCV 等，可以幫助使用者進行影像處理和分析，同時也可以將處理後的影像進行視覺化呈現。
- **互動式視覺化**：Python 中也有許多用於互動式視覺化的函式庫，如 Bokeh、Altair 等，可以幫助使用者建立互動式的資料視覺化應用程式。
- **3D 視覺化**：Python 中也有許多用於 3D 視覺化的函式庫，如 Mayavi、VisPy 等，可以幫助使用者對三維資料進行視覺化呈現。

1.3 Python 和數學有什麼關係？

Python 和數學有著密切的關係。Python 是一種非常適合數學建模和資料分析的程式語言，擁有大量的數學計算函式庫和工具。

以下是 Python 和數學的一些關係。

- **數學計算**：Python 中有很多用於數學計算的函式庫和工具，如 NumPy、SciPy 等，可以幫助使用者進行矩陣運算、微積分、最佳化、統計分析等數學計算任務。
- **資料分析**：Python 中有很多用於資料分析的函式庫和工具，如 Pandas、Matplotlib、Seaborn 等，可以幫助使用者對資料進行統計分析、視覺化呈現等。
- **數學建模**：Python 中還有很多用於數學建模的函式庫和工具，如 SymPy 等，可以幫助使用者進行數學建模和最佳化任務。
- **教學和研究**：Python 也被廣泛應用於數學教學和研究領域，如用 Python 實現數學實驗、數學模型的探索、演算法的實現等。

以二元高斯分佈為例

下面給大家舉個例子。式 (1.1) 是大名鼎鼎的**二元高斯分佈** (bivariate Gaussian distribution) **機率密度函式** (Probability Density Function，PDF)。

$$f(x,y)=\frac{1}{2\pi\sigma_X\sigma_Y\sqrt{1-\rho_{X,Y}^2}}\exp\left(-\frac{1}{2(1-\rho_{X,Y}^2)}\left[\left(\frac{x-\mu_X}{\sigma_X}\right)^2-2\rho_{X,Y}\left(\frac{x-\mu_X}{\sigma_X}\right)\left(\frac{y-\mu_Y}{\sigma_Y}\right)+\left(\frac{y-\mu_Y}{\sigma_Y}\right)^2\right]\right) \tag{1.1}$$

如果大家在這之前沒有接觸過這個公式，不要緊！

大家僅需要知道二元高斯分佈不僅是機率統計的重要基礎知識，也和**幾何** (geometry)、**微積分** (calculus)、**線性代數** (linear algebra) 有關，更是機器學習各種演算法的常客。本書系會在本冊以及其餘分冊中以各種角度幫大家剖析這個公式。

下面，我們來聊聊 Python 程式設計對理解這個「讓人頭大」的公式有什麼幫助。

首先，借助 NumPy 之類的 Python 函式庫，我們可以自己寫程式計算上述函式的數值。更方便的是，SciPy 函式庫就有二元高斯分佈現成的函式。當然，自己撰寫程式自訂函式肯定印象更深刻。

然後，利用 Matplotlib 等視覺化工具，我們可以「看見」這個函式，如圖 1.5 所示。大家可能驚奇地發現，等高線呈現的形狀是一組同心橢圓！

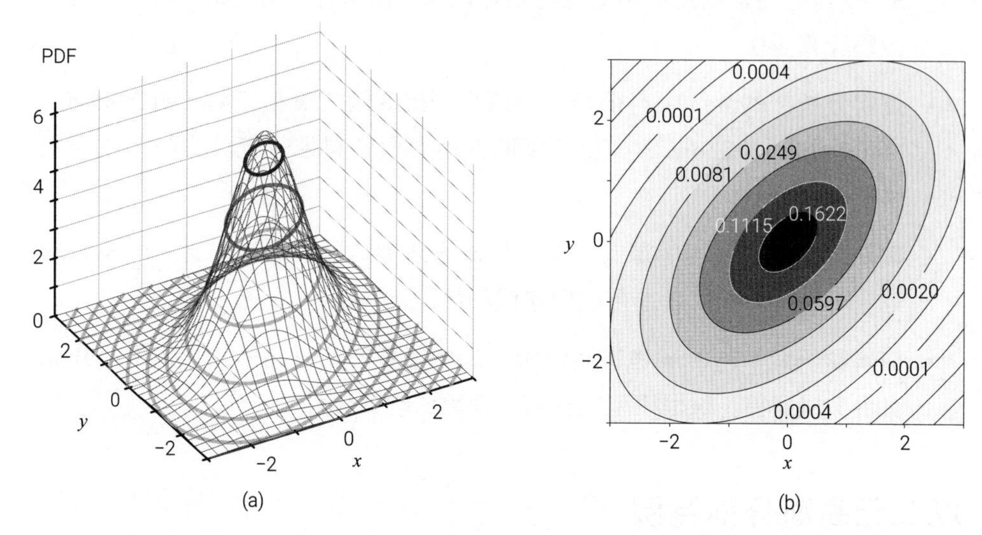

▲ 圖 1.5 一組特定參數下的二元高斯分佈機率密度函式

並且，大家很快就會發現，這個橢圓和**線性回歸** (linear regression)、**主成分分析** (principal component analysis) 有直接關係。

如圖 1.6 和圖 1.7 所示，我們還可以看到不同參數對這些圖形的影響。

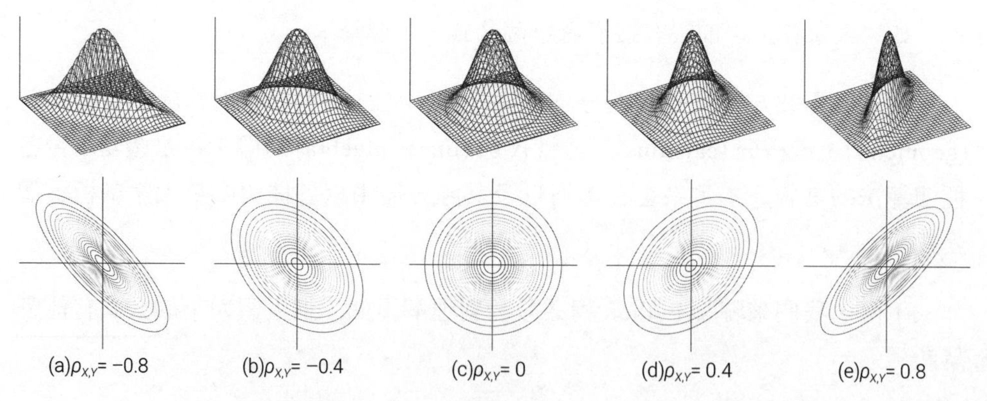

▲ 圖 1.6 不同相關性係數 $\rho_{X,Y}$，二元高斯分佈 PDF 曲面和等高線，$\sigma_X = 1$，$\sigma_Y = 1$

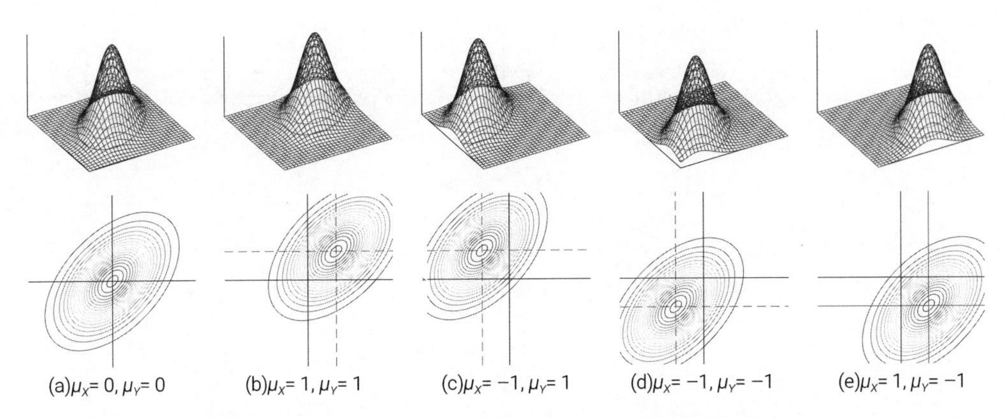

▲ 圖 1.7 不同質心位置 (μ_X,μ_Y)，二元高斯分佈 PDF 曲面和等高線，$\sigma_X = 1$，$\sigma_Y = 1$，$\rho_{X,Y} = 0.4$

多角度

「視覺化」在本書系系列每一冊都是重頭戲。因為大家很快就會發現，視覺化讓很多困擾我們多年的問題迎刃而解。不同的視覺化方案就像是一束束光從不同角度射向同一個問題，這些豐富的角度可以幫助我們更深入地理解同一個問題。

舉個例子，圖 1.8 所示為幾個不同角度下的**相關性係數** (Pearson Correlation Coefficient，PCC)。

一組有趣的橢圓

同理，有了 Python 這個工具，我們可以解剖上述函式。比如，圖 1.9 展示式 (1.2) 和一組有趣的橢圓有關。這組橢圓都和同一矩形的四個邊相切，而這個矩形又和二元高斯分佈的參數直接相關。

利用 Python 視覺化，我們可以清楚地看到這一點。更重要的是，這個性質又和**條件機率分佈** (conditional probability distribution)、**線性回歸** (linear regression) 密不可分。

$$\frac{1}{(1-\rho_{X,Y}^2)}\left[\left(\frac{x-\mu_X}{\sigma_X}\right)^2 - 2\rho_{X,Y}\left(\frac{x-\mu_X}{\sigma_X}\right)\left(\frac{y-\mu_Y}{\sigma_Y}\right) + \left(\frac{y-\mu_Y}{\sigma_Y}\right)^2\right] = 1 \tag{1.2}$$

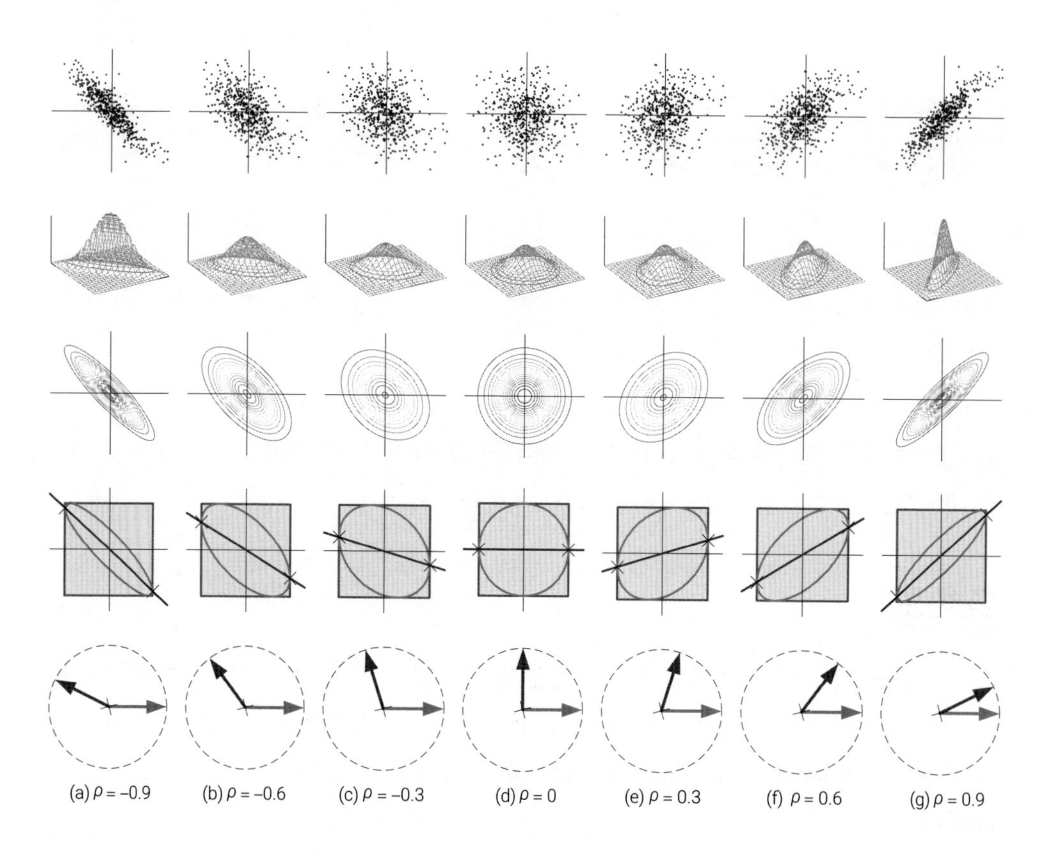

▲ 圖 1.8 相關性係數 $\rho_{X,Y}$ 的幾種視覺化方案

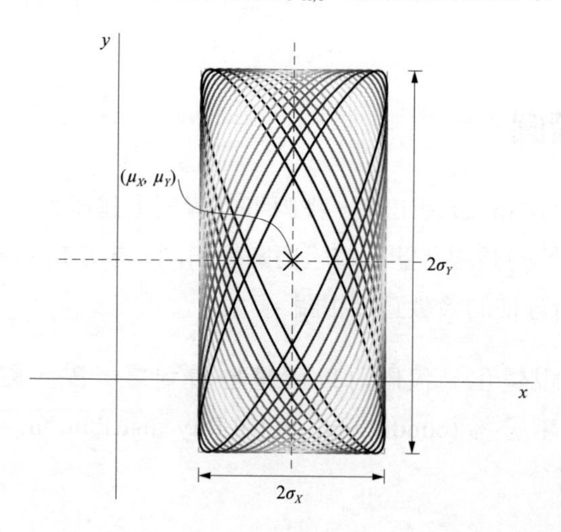

▲ 圖 1.9 橢圓和中心在 (μ_X,μ_Y) 長 $2\sigma_X$、寬 $2\sigma_Y$ 的矩形相切

馬氏距離

給式 (1.2) 開個平方根，令其為 d，如式 (1.3) 所示，我們便得到機器學習中大名鼎鼎的**馬氏距離** (Mahalanobis distance)！

$$d = \sqrt{\frac{1}{(1-\rho_{X,Y}^2)}\left[\left(\frac{x-\mu_X}{\sigma_X}\right)^2 - 2\rho_{X,Y}\left(\frac{x-\mu_X}{\sigma_X}\right)\left(\frac{y-\mu_Y}{\sigma_Y}\right)+\left(\frac{y-\mu_Y}{\sigma_Y}\right)^2\right]} \tag{1.3}$$

圖 1.10 所示為一組馬氏距離等距線，從中我們立刻發現了橢圓的存在。

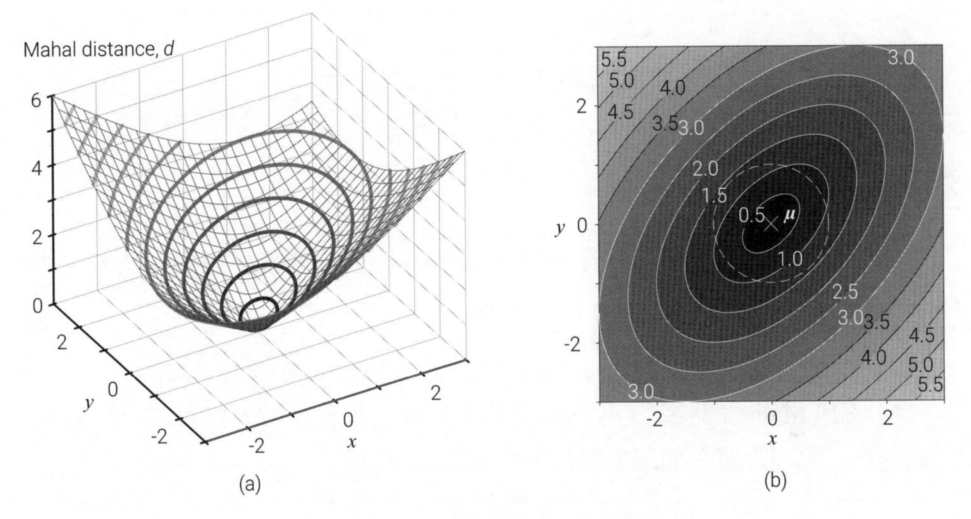

▲ 圖 1.10　馬氏距離橢圓等高線

歐氏距離 (Euclidean distance) 就是兩點之間的線段。而不同於歐氏距離，馬氏距離考慮了資料的分佈形狀。圖 1.11 中，可以看到馬氏距離等距線一層層緊緊地包裹著樣本散點資料。

圖 1.5 和圖 1.11 的橢圓幾何角度存在很多差異，但是兩者又存在緊密聯繫。而兩者的聯繫就是**高斯函式** (Gaussian function)。高斯函式是微積分的重要研究物件之一，也是機器學習各種演算法的熟客。

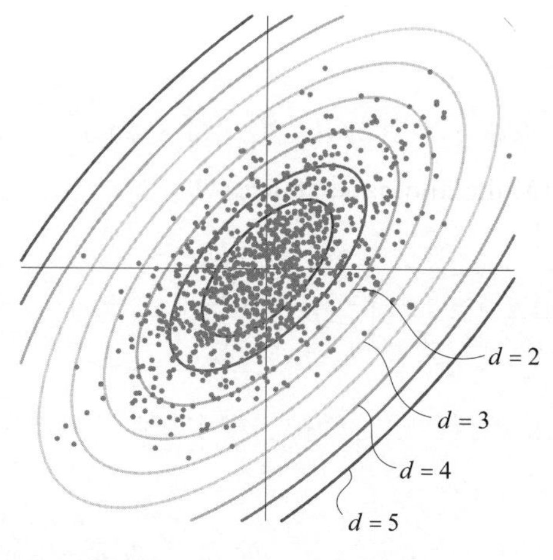

▲ 圖 1.11 馬氏距離等距線

幾何變換

如圖 1.12 所示，想要更深入理解馬氏距離，我們需要借助幾何角度，如**平移** (translation)、**旋轉** (rotation)、**縮放** (scaling)。

> 《AI 時代 Math 元年 - 用 Python 全精通矩陣及線性代數》會專門介紹特徵值分解，現在大家有個印象就好。

大家可能會好奇，到底旋轉多少角度、縮放多大比例？

想要回答這個問題，就需要祭出線性代數大殺器一**特徵值分解** (Eigen Value Decomposition，EVD)。

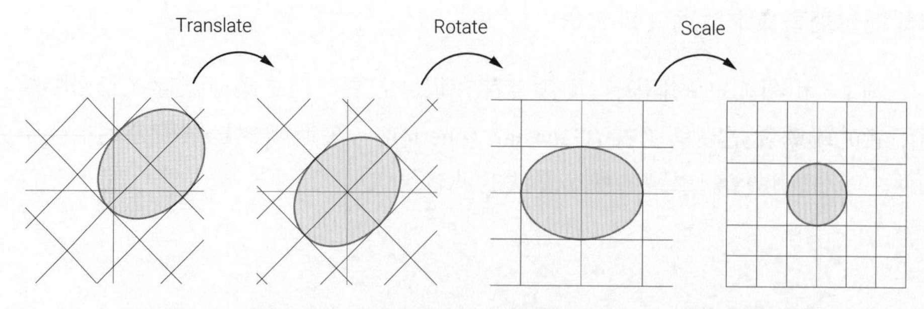

▲ 圖 1.12 透過幾何變換理解馬氏距離：平移→ 旋轉→ 縮放

用 Streamlit 做應用 App

如果大家還覺得不過癮，《AI 時代 Math 元年 - 用 Python 全精通程式設計》最後還介紹如何用 Streamlit 製作 App，如圖 1.13 所示。這個 App 採用的互動形式讓大家更加清楚地理解各種參數對二元高斯分佈的影響。

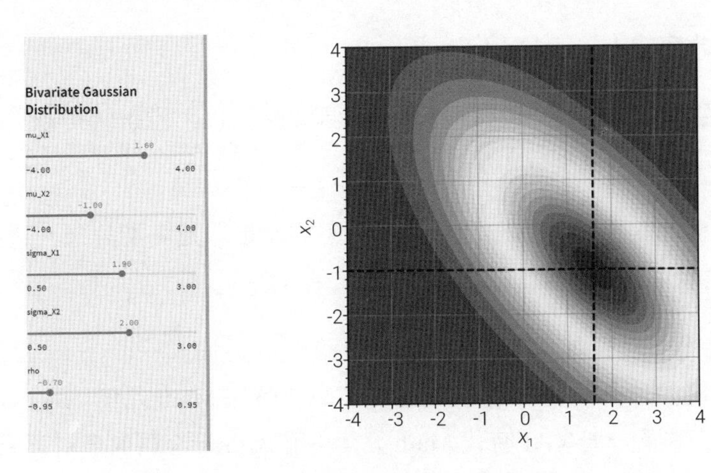

▲ 圖 1.13 用 Streamlit 建立的二元高斯分佈 App

在數學知識視覺化方面，3Blue1Brown 絕對是「村霸」！他們開發的 Python 數學動畫工具 Manim 更是很多知識類部落客的利器。

但是，幾經權衡還是沒有把 Manim 納入本書系系統。主要原因是，Manim 更適合製作知識類分享視訊，程式可遷移性差。哪怕本書系提供一些用 Manim 製作的動畫，同學們也是被動觀看，不可能主動參與程式設計實踐。

本書系系列考慮再三最後採用了 Streamlit。Streamlit 不但可以做互動式數學演示，還可以做資料分析、機器學習 App。

大家會在本書系各個分冊經常看到用 Streamlit 做的各種應用 App。這些 App 一方面幫大家理解各種數學工具、演算法邏輯，另一方面還可以幫大家學會用 Streamlit 快速架設可互動應用 App。

三元、多元高斯分佈

大家可能會問，有了一元、二元高斯分佈，就肯定有三元，乃至**多元高斯分佈** (multi-variate Gaussian distribution)。Python 能幫助我們理解這些高斯分佈嗎？

答案是肯定的！

這就需要我們進一步借助各種數學工具和視覺化手段繼續升維！如圖 1.14 所示，三元高斯分佈就變成了橢球！

而這些橢球在平面的投影是橢圓，對應的就是二元高斯分佈。這些都是借助 Python 達成知識「升維」的！

看到這裡，大家如果覺得有點吃不消，不要怕。一步一個腳印，對於 Python 零基礎的讀者，請先耐心讀完本冊《AI 時代 Math 元年 - 用 Python 全精通程式設計》和下一冊《AI 時代 Math 元年 - 用 Python 全精通資料可視化》。

緊接著，本書系「數學三劍客」給大家提供了大量的「程式設計 + 視覺化」方案來幫大家深入理解這些數學工具。

透過上述例子，大家可能已經發現了 Python 對於學習數學的意義。本書系整個系列叢書希望給大家提供一個學習、理解、掌握、應用數學工具的全新路徑。

用習題集學習數學給大家養成一個壞習慣─期待標準答案，指望解題技巧！

而在真實世界面對的各種問題根本沒有標準答案，也不存在什麼解題技巧。大家需要利用「程式設計 + 視覺化 + 數學 + 機器學習」自主探索。因此，培養大家的自主探究學習能力也是本書系的目的之一，這就是為什麼我們要在整套書都引入 JupyterLab 作為學習平臺的原因。

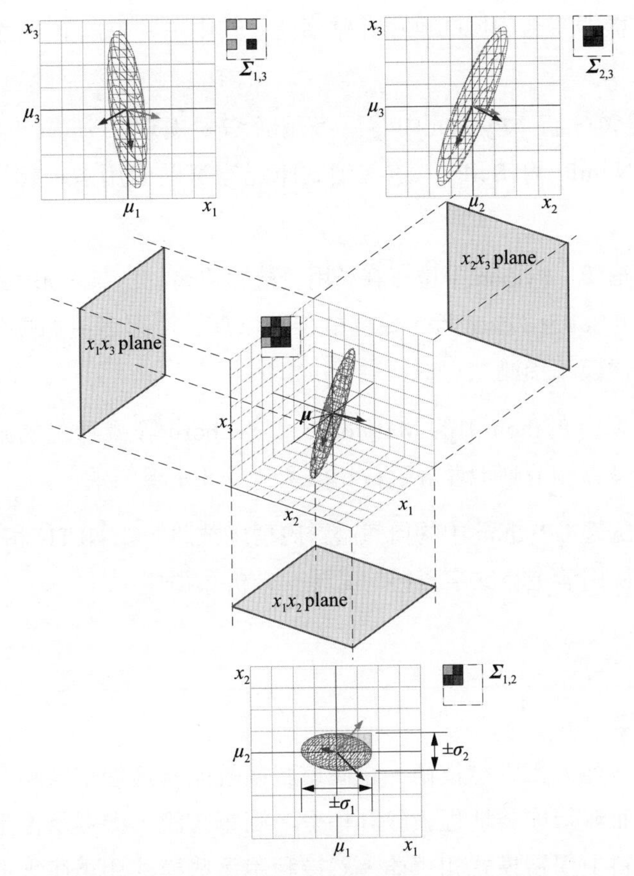

▲ 圖 1.14 「旋轉」橢球投影到三個二維平面

1.4 Python 和機器學習有什麼關係？

Python 與機器學習有非常密切的關係。Python 是一種簡單易學、可讀性強的程式語言，同時也擁有豐富的第三方函式庫和工具，這使得 Python 成為機器學習領域的重要工具之一。

機器學習是一種應用人工智慧的技術，透過讓電腦從資料中學習並改善性能，來實現對未知資料的預測和決策。

Python 在機器學習領域的應用非常廣泛，其中主要有以下幾個方面。

- **資料處理和分析**：Python 中有許多用於資料處理和分析的函式庫，如 Pandas、NumPy 和 SciPy，這些函式庫能夠幫助使用者輕鬆地處理和分析資料。
- **機器學習框架**：Python 中也有許多用於機器學習的框架，如 TensorFlow、PyTorch 和 Scikit-Learn 等，這些框架可以幫助使用者更加高效率地進行機器學習建模和預測。
- **視覺化工具**：Python 中的 Matplotlib 和 Seaborn 等視覺化函式庫，可以幫助使用者更加清晰地理解資料和模型，以及呈現結果。
- **自然語言處理**：Python 中的自然語言處理函式庫，如 NLTK 和 Spacy 等，可以幫助使用者進行文字資料的處理、分析和預測。

什麼是機器學習？

機器學習是一種人工智慧技術，它使電腦系統能夠透過資料和經驗自主學習和改進，而無須顯式地程式設計指令。簡單來說，機器學習是透過訓練演算法從資料中學習模式和規律，然後利用這些模式和規律來進行預測或決策。在機器學習中，模型是透過訓練演算法從大量資料中學習而來的，這些資料被稱為訓練資料集。訓練資料集包含已知結果的輸入輸出對，這些輸入輸出對用於訓練模型來預測未知資料的輸出。訓練資料集中的資料越多，訓練時間越長，模型就越準確。機器學習可以應用於各種領域，如語音辨識、影像辨識、自然語言處理、推薦系統和金融分析等。它已成為當今科技領域中最熱門和最具前途的領域之一。

當然，不管是資料分析，還是機器學習，我們到處都可以看到各種各樣的數學工具。

還是以高斯分佈為例，我們可以在很多演算法中看到高斯的名字，如**高斯單純貝氏** (Gaussian naive Bayes)、**高斯判別分析** (Gaussian discriminant analysis)、**高斯過程** (Gaussian process)、**高斯混合模型** (Gaussian mixture model) 等。

1.5 相信「反覆 + 精進」的力量！

反覆，不是機械重複，不是當一天和尚撞一天鐘。而是在反覆中，日拱一卒，不斷精進！本書系幾乎所有的基礎知識都是採用這種「反覆 + 精進」的模式撰寫的。比如，大家會在本書系的幾乎每一分冊都看到「回歸分析」的影子。

下面，我們就以「回歸分析」為例聊聊「反覆 + 精進」的力量！

一組散點

如圖 1.15 所示，平面有一組散點。從資料角度，我們面對的無非就是兩列數字。把每行看成座標畫在平面直角座標系上便得到二維散點圖。這幅圖中，我們似乎看到了某種「線性」關係。

換個角度，圖 1.15 中簡簡單單的散點圖也讓我們看到了視覺化的力量。透過各種視覺化方案，我們可以呈現資料、發現規律。然後再用各種數學工具來量化分析這些可能存在的關係。

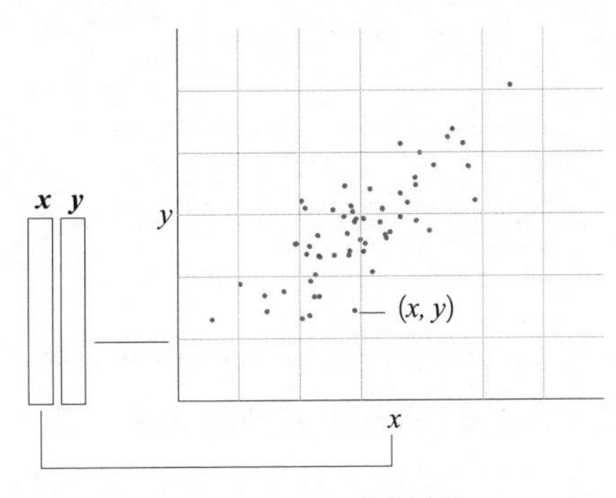

▲ 圖 1.15 二維散點圖

畫一條直線

然後，利用 Python 第三方函式，比如：

- SciPy(scipy.stats.linregress)，
- Statsmodels(statsmodels.regression.linear_model.OLS)，
- Scikit-Learn(sklearn.linear_model.LinearRegression)。

我們可以很輕鬆地獲得圖 1.16 這條一元線性回歸直線。呼叫 Python 的各種套件完成計算的過程簡稱「使用套件」。

從代數角度來看，這條直線不過就是一元一次函式。它的兩個重要參數可以是**斜率** (slope) 和**截距** (intercept)。

我相信所有讀者在初中階段一定接觸過一元一次函式。這個函式看上去簡單，但是在資料分析和機器學習領域卻很實用。

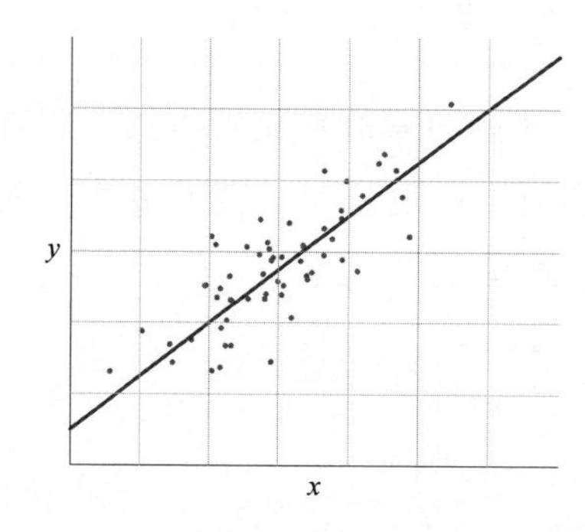

▲ 圖 1.16 平面上，一元線性回歸

我們透過「使用套件」的確獲得了圖 1.16 這條直線，且計算獲得了它的斜率和截距。但是，希望本書系的讀者能夠多問幾個問題。比如，圖 1.16 這條直線是怎麼算出來的？用到了什麼數學工具？怎麼評價這個回歸結果的好壞？

問這些問題有很多好處。

第一，機器學習模型不是黑盒子。只有能合理解釋的模型才讓人信服，想調參訓練模型的話，就必須要了解其背後的數學原理和演算法邏輯。使用套件雖然方便，但有時會導致對模型的理解不足。這種情況下，無法解釋模型的決策過程，無法辨識模型的潛在偏差或不適用性。了解數學背後的工具和演算法可以幫助你理解模型的內部機制，提高模型的可解釋性。

第二，機器學習的演算法層出不窮。知道數學工具和演算法邏輯的局限性和適用性有助選擇合適的演算法，避免不必要的錯誤。

第三，很多時候標準模型不可能解決你的「訂製化」問題，我們常常需要根據問題的具體特徵改進、創新演算法。

一個最佳化問題

對一元線性回歸，我們可以利用**最小平方法** (Ordinary Least Square，OLS) 來求解模型參數。簡單來說，最小平方法的核心思想是透過最小化觀測資料與模型預測值之間的殘差平方和來找到

最佳的模型參數。如圖 1.17 所示，利用線段展示殘差項。

利用視覺化方案，殘差的平方和就更容易理解了。如圖 1.18 所示，殘差的平方和無非就是圖中所有正方形的面積之和。這樣，又「精進」了一步，我們把代數和幾何聯繫在一起了。

最小平方法就是找到最合適的一元一次函式斜率和截距讓這些正方形的面積之和最小。想要解決這個問題，我們就需要微積分和最佳化方面的知識。

「日拱一卒」，在擴充自己數學工具箱的同時，我們也發現了看似割裂的數學板塊，實際上並不是一個個孤島，它們之間有著千絲萬縷的聯繫。

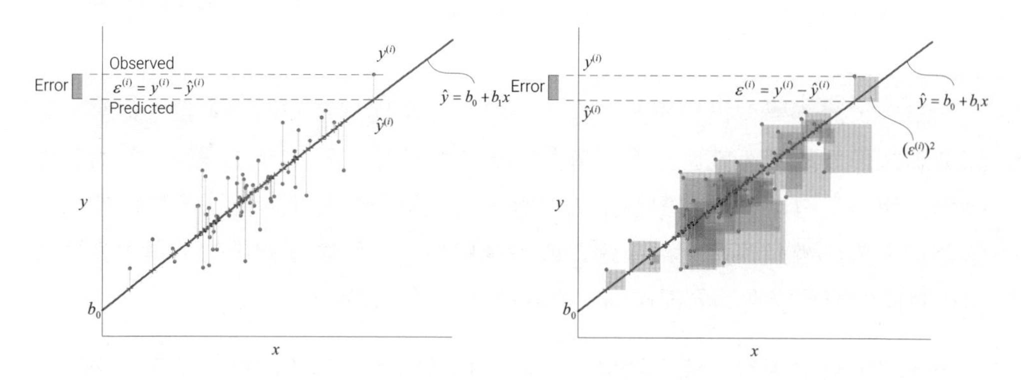

▲ 圖 1.17 一元線性回歸中的殘差項

▲ 圖 1.18 殘差平方和的幾何意義

線性代數

然而，這個「精進」過程遠未結束！有了線性代數這個數學工具，我們還能從投影這個角度理解一元線性回歸問題，具體如圖 1.19 所示。在線性代數這個百寶箱中，和回歸分析相關的數學工具簡直不勝列舉，如範數、超定方程組、偽逆、QR 分解、SVD 分解等。

線性代數實在太有用，但是很多讀者卻又學不好！因此從第一冊《AI 時代 Math 元年 - 用 Python 全精通程式設計》開始，本書系便將不厭其煩地在各個板塊見縫插針地講解線性代數知識。

機率統計

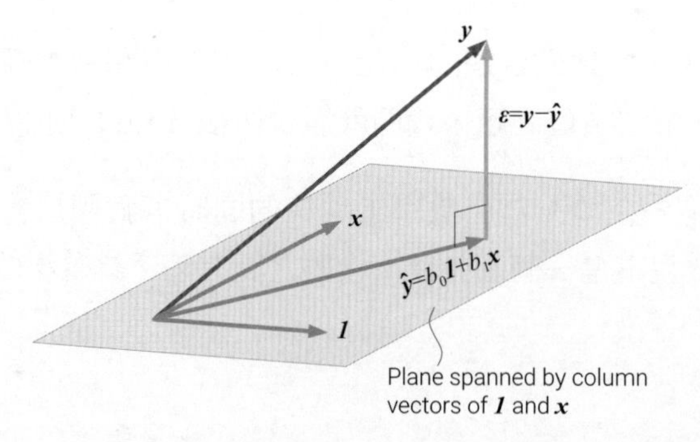

▲ 圖 1.19 幾何角度解釋一元最小平方結果，二維平面

機率統計怎麼能缺席回歸分析！如圖 1.20 所示，在《AI 時代 Math 元年 - 用 Python 全精通統計及機率》中，大家很快就會發現我們還可以從條件機率角度理解線性回歸。

大家如果利用 Statsmodels 函式庫中函式完成線性分析，一定會看到方差分析 ANOVA、擬合優度、F 檢驗、t 檢驗等這些概念。簡單來說，這些數學工具從不同角度告訴我們一個線性回歸模型的好壞。

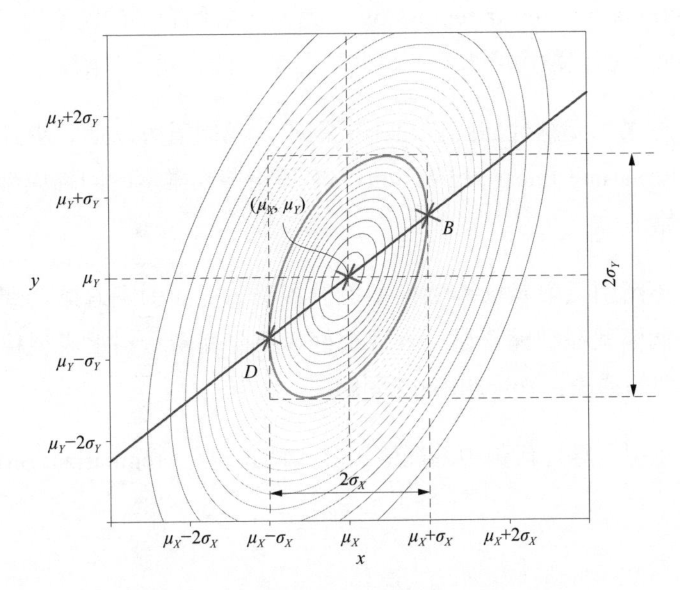

▲ 圖 1.20 從條件期望角度理解線性回歸

貝氏學派

談到機率統計，怎麼能少了貝氏學派？

統計推斷有兩大學派一**頻率學派推斷** (frequentist inference) 和**貝氏學派推斷** (Bayesian inference)。頻率學派認為真實參數確定，但一般不可知。真實參數就好比上帝角度能夠看到一切隨機現象表象下的本質。

貝氏學派則認為參數本身也是不確定的，也是隨機變數，因此也服從某種機率分佈。很重要的是，貝氏學派可以引入我們自身經驗，是一種「經驗 + 資料」的學習模式，類似人腦原理。

用到一元線性回歸上，在貝氏學派角度下，我們看到的圖景如圖 1.21 所示。一元線性回歸不再是「一條直線」，而是無數可能直線中的某一條。有了這個角度，我們的數學工具箱、機器學習工具箱就再添新工具了！

二元線性回歸

我們還可以繼續「升維」，將一元線性回歸分析提升到如圖 1.22 所示的二元線性回歸 (bivariate linear regression)。這時，我們看到的就不再是一條直線，而是一個平面。而代數角度來看，這個平面是一個二元一次函式。

當然，如果二元線性回歸滿足不了需求，我們還可以進一步升維到**多元線性回歸** (multi-variate linear regression)。處理這些高維度的回歸模型，線性代數工具從未缺席。

但是，不斷引入變數會導致模型過於複雜，從而引發過擬合問題。簡單來說，如果一個模型在訓練資料上表現很好，但是在新資料上表現糟糕的話，這就是一個典型的**過擬合** (overfitting) 問題。

我們可以引入線性代數中的範數工具，即**正規化** (regularization)，來解決過擬合問題。

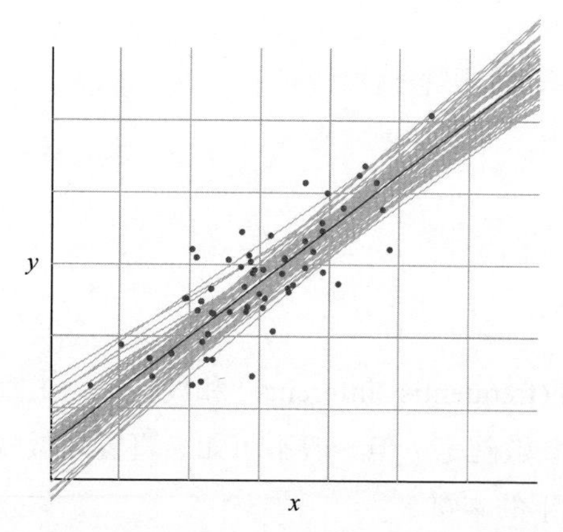

▲ 圖 1.21 貝氏統計角度下看線性回歸

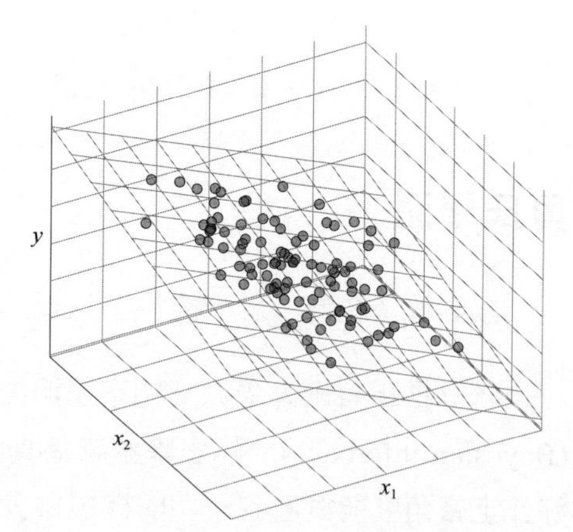

▲ 圖 1.22 二元線性回歸

非線性回歸

實際應用中，我們會發現很多變數的關係還可能是「非線性」！這時，我們就需要比一次函式更複雜的模型，比如圖 1.23 所示的**多項式回歸** (polynomial regression) 模型，再如圖 1.24 所示的**邏輯回歸** (logistic regression) 模型。

我們發現，那些形狀千奇百怪的函式原來都有自己的用武之地！

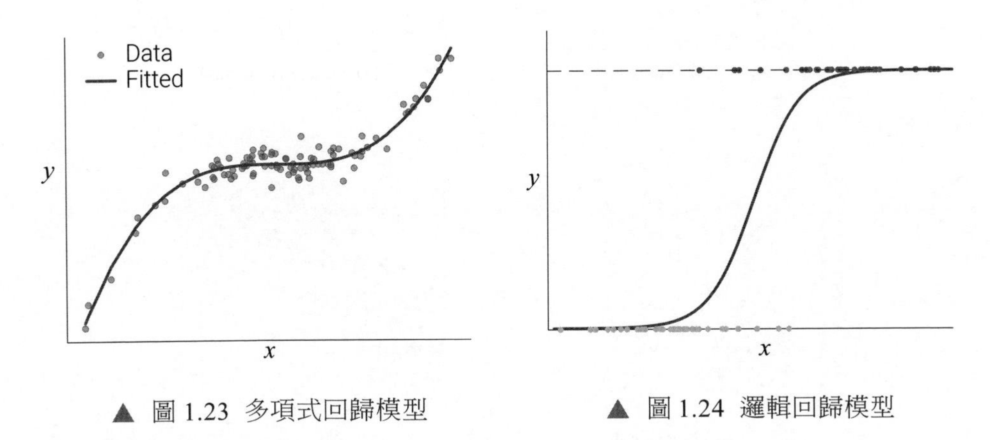

▲ 圖 1.23 多項式回歸模型

▲ 圖 1.24 邏輯回歸模型

機器學習角度下的回歸

讀到這裡，我們有必要提醒自己一下，回歸到底是什麼？

圖 1.25 告訴我們，機器學習主要包括兩大類問題—**有監督學習** (supervised learning) 和**無監督學習** (unsupervised learning)。如圖 1.25 所示，站在機器學習的角度來看，回歸是有監督學習任務的一種。簡單來說，回歸用於分析和建模變數之間的關係，通常用來預測或解釋一個或多個因變數與一個或多個引數之間的連結。

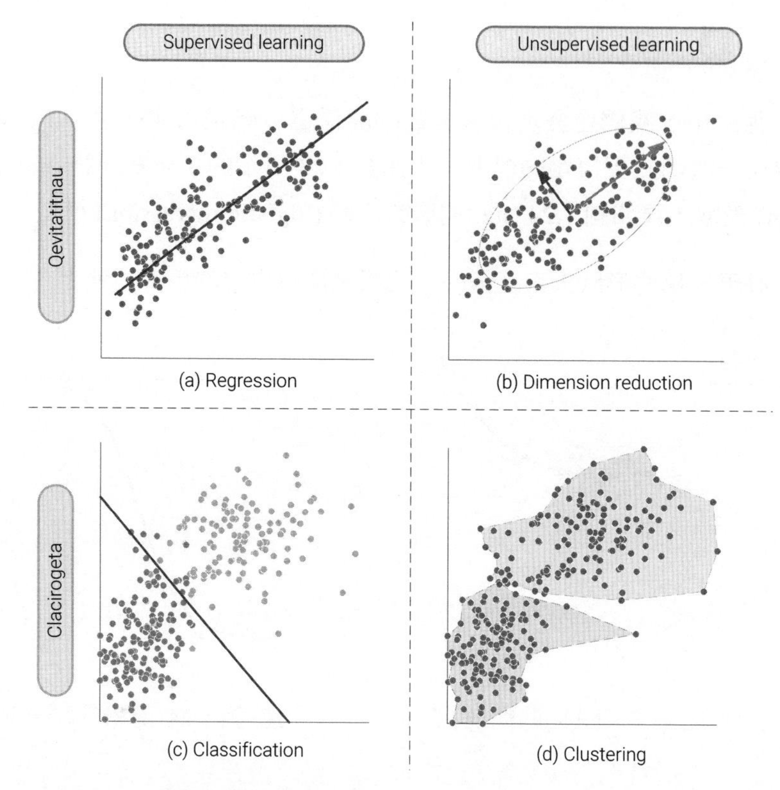

▲ 圖 1.25 根據資料是否有標籤、標籤類型細分機器學習演算法

和分類演算法的聯繫

很快我們就會發現一些回歸演算法還可以用來解決機器學習的**分類**(classification) 問題。比如，圖 1.26 所示邏輯回歸模型用於二分類問題。

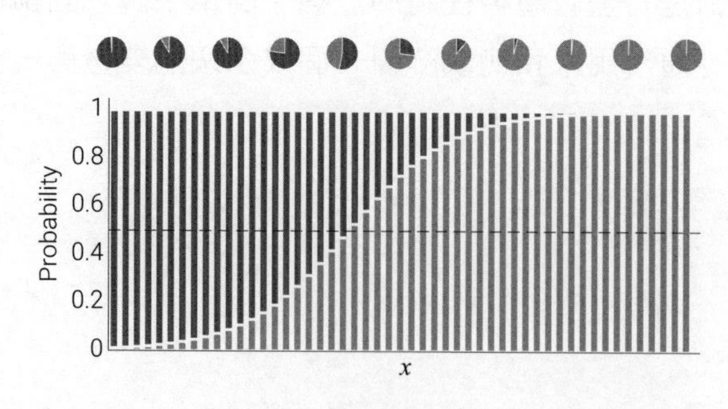

▲ 圖 1.26 邏輯回歸模型用於二分類問題

和降維演算法的聯繫

回看圖 1.17，我們會發現，在一元線性回歸中，最小平方法定義的殘差沿著縱軸。如果我們要是關注點到直線的距離的話，得到的直線又是什麼？

圖 1.27 便回答了這個問題。圖 1.27(b) 這種線性回歸模型叫作正交回歸。

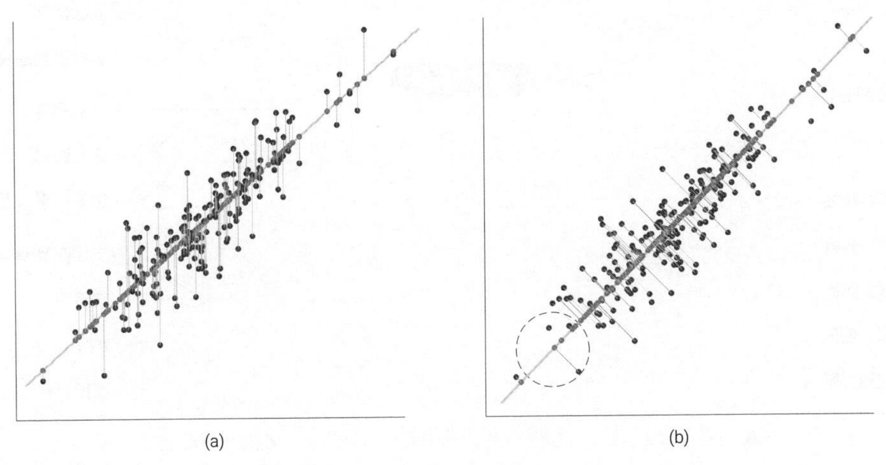

▲ 圖 1.27 對比最小平方回歸和正交回歸

有意思的是，如圖 1.28 所示，解釋正交回歸的最好辦法是機器學習中的一種常用降維演算法—**主成分分析** (Principal Component Analysis，PCA)。而基於主成分分析，我們又可以拓展出其他各種回歸方法。

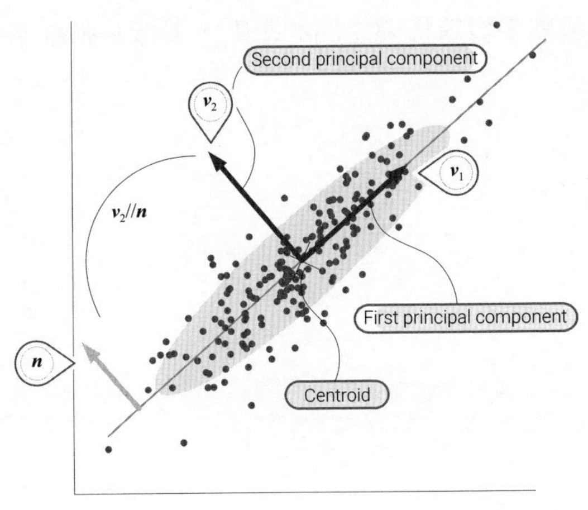

▲ 圖 1.28 正交回歸和主成分分析的關係

從點到線、由線及面

很難想像，從圖 1.15 中平淡無奇的散點圖走來，我們竟然走了這麼遠！而且圖 1.29 告訴我們腳下的路還在沿著各個方向蜿蜒。

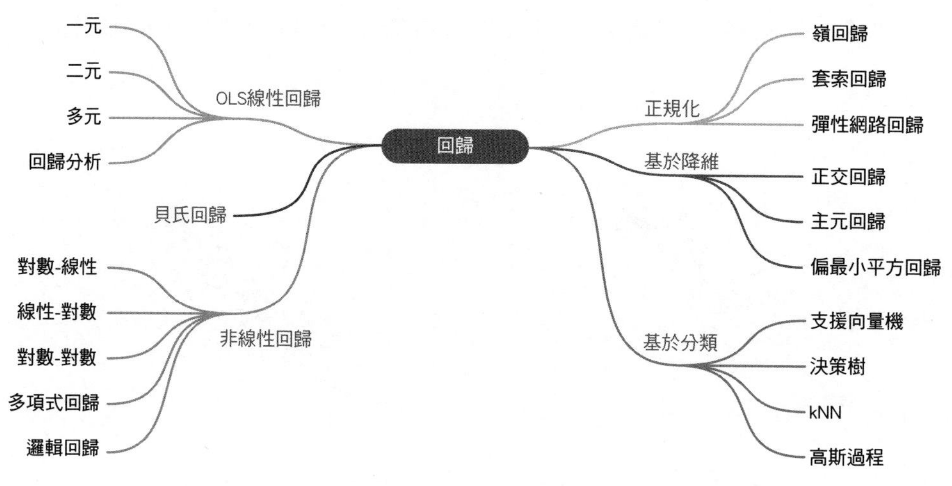

▲ 圖 1.29 從一元線性回歸開始，不斷「反覆 + 精進」

這是一個從點到線、由線及面的故事。從一個個孤島開始，不斷擴充直到整片海洋。

正如本書前言寫的那樣，利用「程式設計 + 視覺化」，我們可以打破數學板塊之間的門檻，讓大家看到代數、幾何、線性代數、微積分、機率統計、最佳化、資料分析、機器學習等板塊之間的聯繫，編織一張綿密的數學知識網路，如圖 1.30 所示。

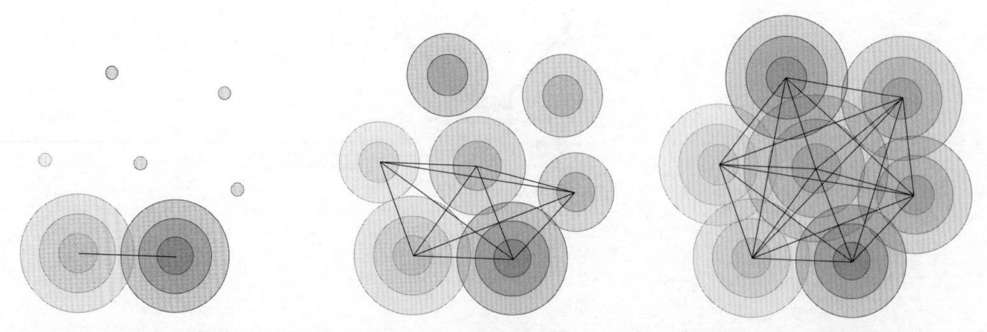

▲ 圖 1.30 程式設計 + 視覺化 + 數學 + 機器學習：從點到線，由線及面

一張學習地圖

在我們一起踏上這段奇妙旅途伊始，再次強烈建議各位本書系讀者不要僅滿足於「使用套件」。希望大家在「使用套件」時，更要了解這些工具背後的數學原理、演算法流程。

雖然《AI 時代 Math 元年 - 用 Python 全精通程式設計》《AI 時代 Math 元年 - 用 Python 全精通資料可視化》僅要求大家知其然，不需要知其所以然；但是，本書系《AI 時代 Math 元年 - 用 Python 全精通 AI 時代 Math 元年 - 用 Python 全精通數學要素》《AI 時代 Math 元年 - 用 Python 全精通矩陣及線性代數》《AI 時代 Math 元年 - 用 Python 全精通統計及機率》專門介紹各種常見的數學工具原理。

《AI 時代 Math 元年 - 用 Python 全精通資料處理》《AI 時代 Math 元年 - 用 Python 全精通機器學習》則介紹機器學習各種常用的演算法原理。這五本書會循序漸進給大家解釋很多 Python 工具背後的原理，大家可以以如圖 1.31 所示路徑進行學習。

雖然本書系每一冊自成系統，但又相互高度依賴，難以避免給大家造成「套娃」「擠牙膏」的既視感，希望大家體諒。本書系全系列免費開放原始碼，大家可以從 GitHub 下載草稿和 Python 檔案，根據自己的節奏、偏好自主探索。

希望本書系不僅能夠給大家提供「Python 程式設計 + 視覺化 + 數學 + 機器學習」這套強有力的組合拳，還能夠給大家提供一種自主探究的學習方法。

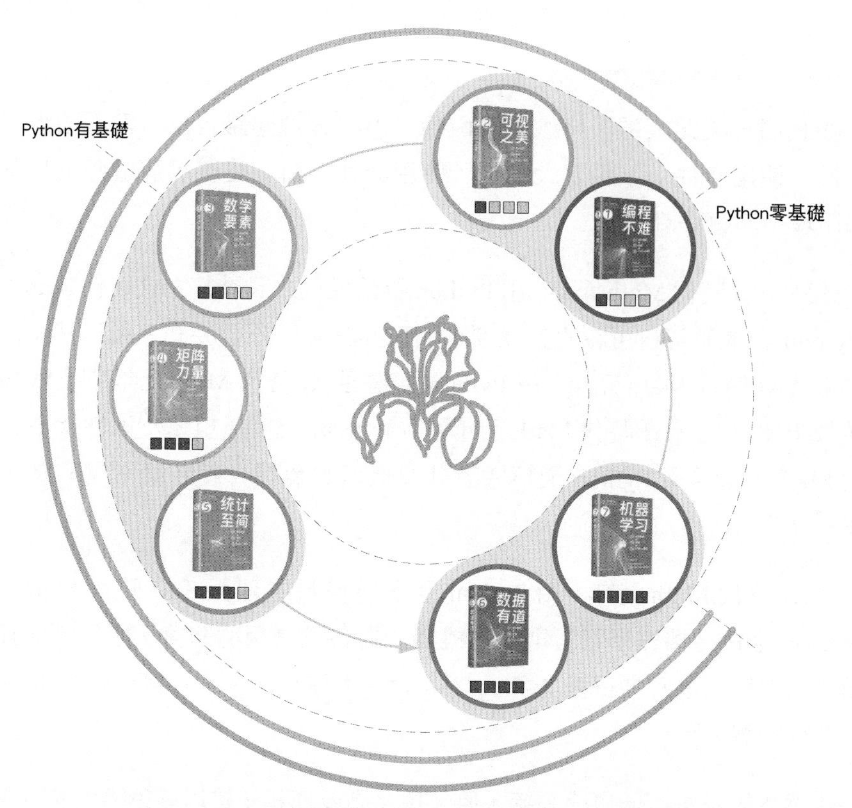

▲ 圖 1.31 整套本書系和大家一起持續「重複 + 精進」

相信滴水穿石的力量！「反覆 + 精進」會把最陡峭的學習曲線拉平，推動我們一步步登上看似無路可爬的山峰。

不積跬步，無以至千里；不積小流，無以成江海。腳下的路沿著四面八方伸延而去。

從今天起，做一個旅人，日拱一卒，功不唐捐。

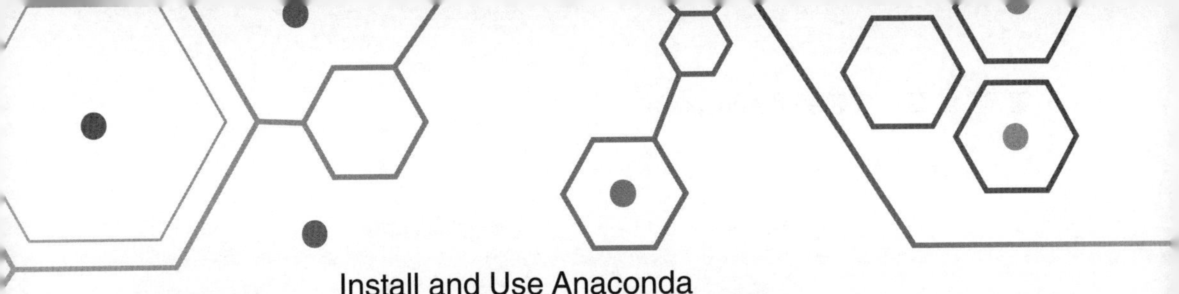

Install and Use Anaconda

2 安裝使用 Anaconda

整套本書系都離不開 Anaconda 這個工具函式庫

依我看來，世間萬物皆數學。

But in my opinion,all things in nature occur mathematically.

——勒內 · 笛卡兒（*René Descartes*）| 法國哲學家、數學家、物理學家 | *1596—1650* 年

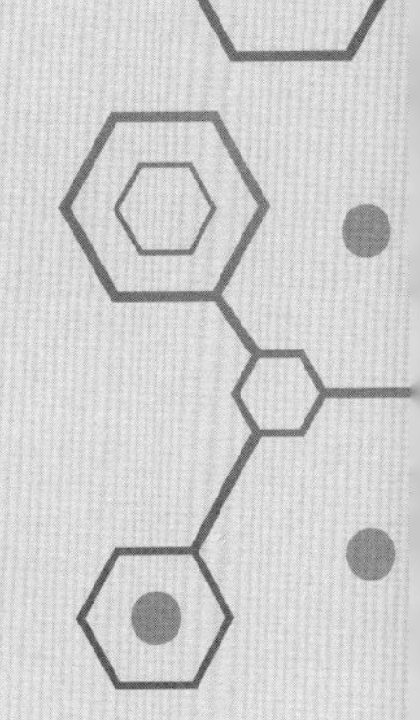

- joypy.joyplot() 繪製山脊圖
- numpy.percentile() 計算百分位
- pandas.plotting.parallel_coordinates() 繪製平行座標圖
- seaborn.boxplot() 繪製箱型圖
- seaborn.heatmap() 繪製熱圖
- seaborn.histplot() 繪製頻數 / 機率 / 機率密度長條圖
- seaborn.jointplot() 繪製聯合分佈和邊緣分佈
- seaborn.kdeplot() 繪製 KDE 核心機率密度估計曲線
- seaborn.lineplot() 繪製線圖
- seaborn.lmplot() 繪製線性回歸影像
- seaborn.pairplot() 繪製成對分析圖
- seaborn.swarmplot() 繪製蜂群圖
- seaborn.violinplot() 繪製小提琴圖

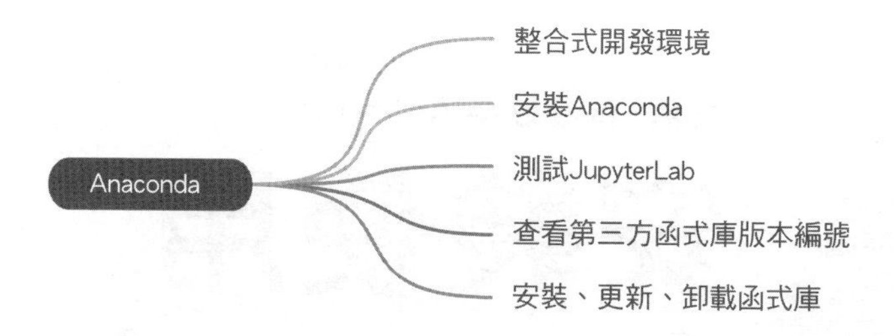

2.1 整合式開發環境

簡單來說，**IDE**(整合式開發環境)就是我們寫程式、跑程式的地方。Python 有很多常用的 IDE，比如以下幾個。

- **JupyterLab**：基於 Web 的互動式開發環境，支援多種程式設計語言，包括 Python，可以快速撰寫、測試和共用程式，非常適合資料科學和機器學習領域。作者認為，JupyterLab 和 Jupyter Notebook 非常適合大家做探究式學習。目前，《AI 時代 Math 元年 - 用 Python 全精通程式設計》《AI 時代 Math 元年 - 用 Python 全精通資料可視化》兩冊配套的程式多是 Jupyter 筆記。後文將詳細介紹如何使用 JupyterLab。
- **Spyder**：基於 Qt 開發的 Python IDE，提供了一個整合的開發環境，包括編輯器、偵錯器和控制台，非常適合科學計算和資料分析。雖然本書系剩餘幾冊的程式都是在 Spyder 中完成的，但是建議初學者還是在 JupyterLab 中分段執行程式。本書最後兩章會用 Spyder 開發 Streamlit Apps。對於 MATLAB 轉 Python 的讀者來說，Spyder 可能是最容易上手的 IDE。在所有的 Python IDE 中，Spyder 最像 MATLAB。
- **PyCharm**：JetBrains 公司開發的跨平臺 Python IDE，提供了許多功能，包括程式智慧提示、程式自動完成、偵錯和單元測試等。建議有 Python 開發經驗的讀者使用 PyCharm 執行本書程式。

什麼是整合式開發環境？

整合式開發環境 (Integrated Development Environment，IDE) 是一種用於軟體開發的工具。它通常包括一個程式編輯器、一個偵錯器和一個建構工具，以及其他功能，如自動補全、語法反白、程式重構等。 IDE 的目的是提供一個整合的工作環境，使開發人員能夠更高效率地撰寫、偵錯和測試程式。使用 IDE 可以極大地提高開發效率。例如，它可以幫助開發人員在撰寫程式時自動補全函式名稱、參數等，減少打錯程式的風險；它可以提供一些偵錯工具來檢測和修復程式中的錯誤，使得開發人員更容易發現問題；它可以透過自動建構工具來編譯和建構程式，減少手動操作的煩瑣過程。總之，IDE 是一種開發人員必備的工具，可以讓開發人員更加專注於撰寫高品質的程式。

Anaconda 可謂「科學計算全家桶」，包含科學計算領域可能用到的大部分 Python 工具，如 Python 解譯器、常用的第三方函式庫、套件管理器、IDE 等。

前文提到的 JupyterLab、Spyder、PyCharm 這 3 個 IDE 都在 Anaconda 中。

對 3 個常用 IDE 的比較如表 2.1 所示。

➔ 表 2.1 比較 3 個常用的 IDE

維度	JupyterLab	Spyder	PyCharm
適用場景	資料科學、機器學習、互動式	科學計算、資料分析	通用程式設計、開發
編輯器	基於 Web 的文字編輯器	Qt 建構的文字編輯器	IntelliJ IDEA 編輯器
偵錯器	內建的互動式偵錯器	內建的偵錯器	內建的偵錯器
外掛程式支援	豐富的外掛程式生態系統	外掛程式支援較少	豐富的外掛程式生態系統
社區支援	由 Jupyter 專案支援	由 Spyder 社區支援	由 JetBrains 公司支援
擴充性	支援自訂和擴充	可以自訂外觀和行為	支援自訂和擴充
學習曲線	平緩	友善	稍微陡峭

維度	JupyterLab	Spyder	PyCharm
收費 / 免費	免費	免費	有免費和付費版本
平臺支援	支援 Windows、Mac 和 Linux	支援 Windows、Mac 和 Linux	支援 Windows、Mac 和 Linux

什麼是 Anaconda ？

Anaconda 是一個流行的 Python 發行版本，由 Anaconda,Inc. 開發和維護，旨在為資料科學、機器學習和科學計算提供一個全面的工具套件。Anaconda 整合了許多常用的 Python 函式庫和工具，如 NumPy、SciPy、Pandas、Matplotlib、Scikit-Learn、Jupyter Notebook 等。它還包括一個名為 Conda 的軟體套件管理器，可以幫助使用者安裝、更新和管理 Python 函式庫和依賴項。Anaconda 還提供了一個名為 Anaconda Navigator 的圖形化使用者介面，使用者可以透過這個介面輕鬆地管理自己的 Python 環境、安裝和卸載函式庫、啟動 Jupyter Notebook 等操作。除了 Python 環境和函式庫之外，Anaconda 還包括許多其他工具和應用程式，如 Spyder、PyCharm、VS Code、R 語言環境等，使得它成為資料科學家和研究人員的首選工具之一。Anaconda 可以安裝在多個平臺上，包括 Windows、Linux 和 macOS X。

2.2 如何安裝 Anaconda?

下文一步步教大家如何在 Windows 上安裝、測試 Anaconda，有經驗的讀者可以跳過。對於 Mac 使用者，大家可以參考以下網址中的內容安裝 Anaconda：

```
https://docs.anaconda.com/anaconda/install/mac-os/
```

要是想安裝某個特定版本的 Python，請參考：

```
https://pythonhowto.readthedocs.io/zh_CN/latest/install.html
```

在 Windows 上安裝 Anaconda 可以按照以下步驟進行。

❶ 下載：在 Anaconda 官網 (https://www.anaconda.com/) 下載適合大家作業系統的 Anaconda 版本，選擇對應的 Python 版本 (一般建議選擇最新版 Python 3.x)，並下載對應的安裝程式。

> 注意：Anaconda 安裝後大概佔用 5G 空間。有 Python 開發經驗的讀者，可以根據需求自行分別安裝 JupyterLab、Spyder、PyCharm。Anaconda 不斷推出新版本，大家下載的版本編號肯定和圖 2.1 所示的版本編號不同。建議大家從官網下載最新版本安裝程式。

▲ 圖 2.1 安裝程式圖示

❷ 運行安裝程式：下載完畢後，按兩下下載檔案執行安裝程式。在安裝程式開啟後，按一下 Next 按鈕進入下一步，如圖 2.2 所示。

❸ 閱讀協定：閱讀協定並按一下 I Agree 按鈕，然後按一下 Next 按鈕，如圖 2.3 所示。

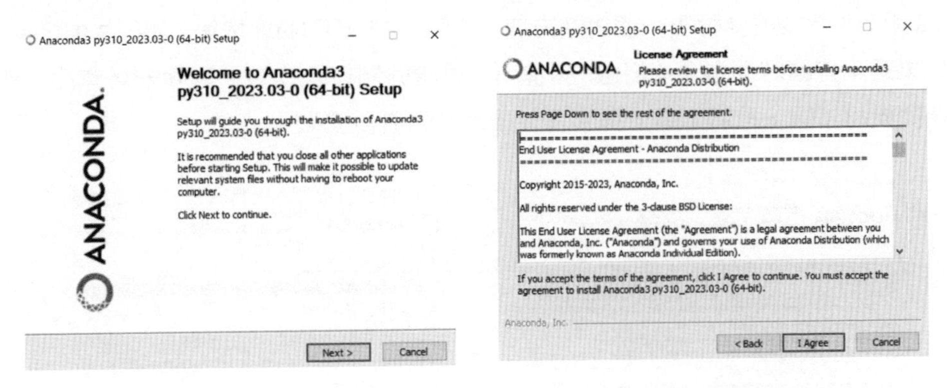

▲ 圖 2.2 執行安裝程式　　▲ 圖 2.3 閱讀協定

❹ 安裝類型：推薦選擇預設「Just Me」；對於多使用者 PC，可以選擇「All Users」。然後按一下 Next 按鈕，如圖 2.4 所示。

❺ 安裝路徑：指定 Anaconda 的安裝路徑 (建議零基礎讀者選擇預設路徑)，然後按一下 Next 按鈕，如圖 2.5 所示。

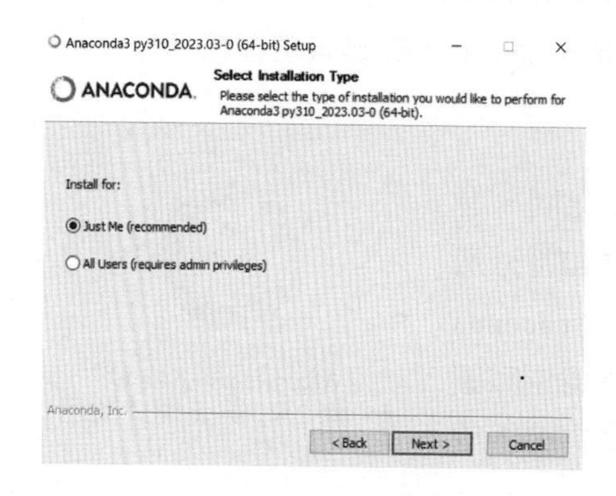

▲ 圖 2.4 安裝類型

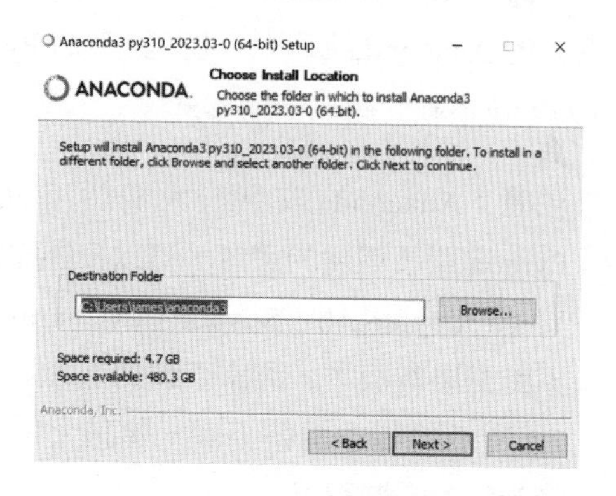

▲ 圖 2.5 安裝路徑

❻ 配置環境變數：選擇是否將 Anaconda 增加到系統環境變數中，建議勾選該選項，這樣就可以在命令列中使用 Anaconda 的工具了。然後按一下 Install 按鈕進行安裝，如圖 2.6 所示。

❼ 等待安裝完成：安裝過程如圖 2.7 所示，可能持續 10min 左右。等待安裝完成後，會彈出 Installation Complete 對話方塊，此時按一下 Next 按鈕，如圖 2.8 所示。然後還會彈出一個對話方塊，此時也按一下 Next 按鈕，如圖 2.9 所示。如果這步持續時間過長 (超過一小時)，建議強制停止安裝，刪除安裝套件。然後關機再開機，重新下載安裝套件從頭開始再嘗試安裝。

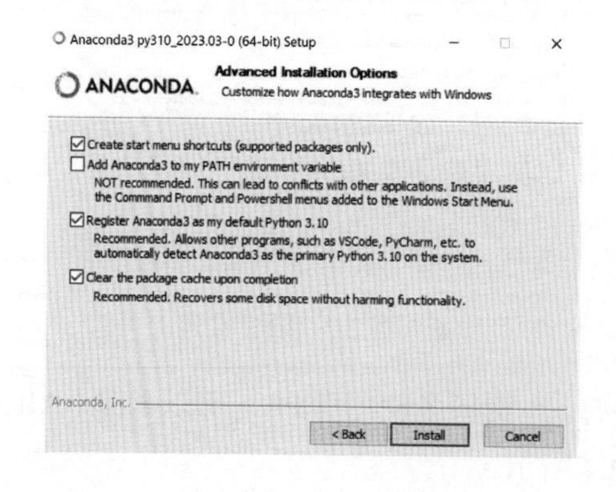

▲ 圖 2.6 安裝選擇

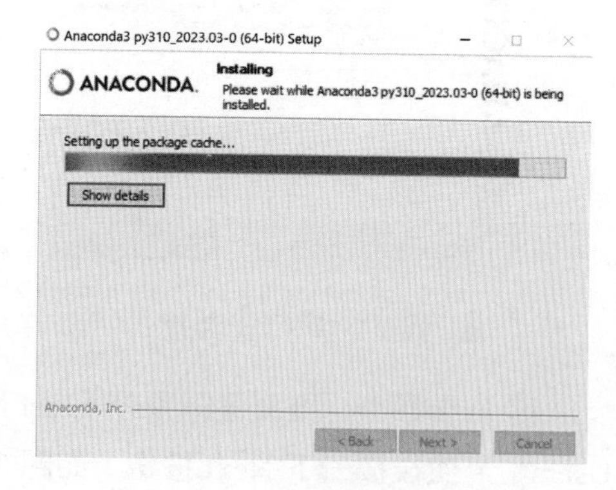

▲ 圖 2.7 等待安裝完成

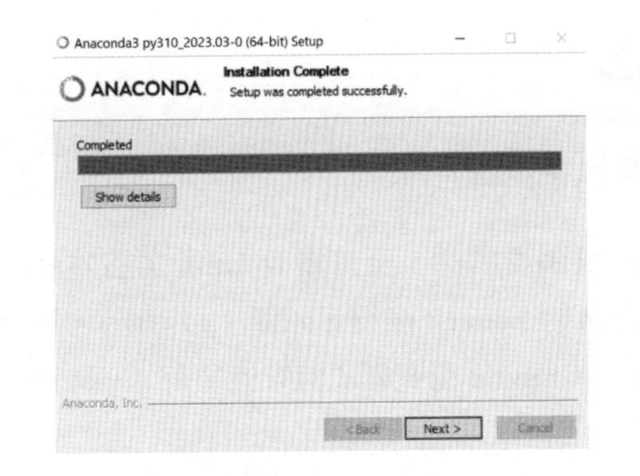

▲ 圖 2.8 安裝完成

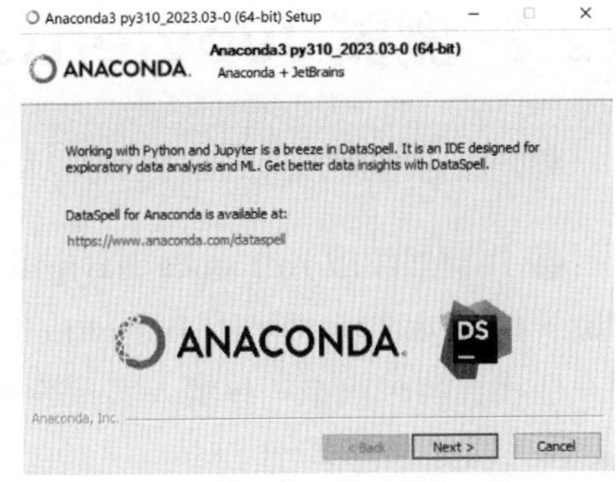

▲ 圖 2.9 廣告時間，按一下 Next 按鈕

❽ 完成安裝：按一下 Finish 按鈕完成 Anaconda 的安裝，如圖 2.10 所示。之後會跳出兩個網頁，不需要理會，關閉即可。

安裝完成後，可以在「開始選單」中找到 Anaconda 的安裝目錄，並啟動 Anaconda Navigator 來使用 Anaconda 的工具和功能。同時，也可以在命令列中使用 Anaconda 的工具和命令，例如使用 Conda 命令來管理 Python 的虛擬環境和安裝依賴套件等。

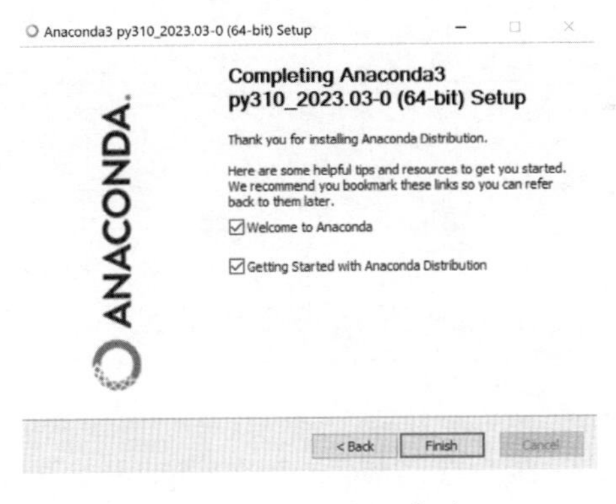

▲ 圖 2.10 確認完成

2.3 測試 JupyterLab

要開啟並測試 JupyterLab，可以按照以下步驟進行。

❶ 找到並開啟 Anaconda Navigator(電腦慢的話，至少需要 1min 左右才能開啟，稍安勿躁)，按一下 JupyterLab 對應的 Launch 按鈕，如圖 2.11 所示。馬上一個網頁將跳出來，建議大家預設使用 Chrome 瀏覽器 (相容性更好)，當然 Firefox 或 Edge 也都可以。

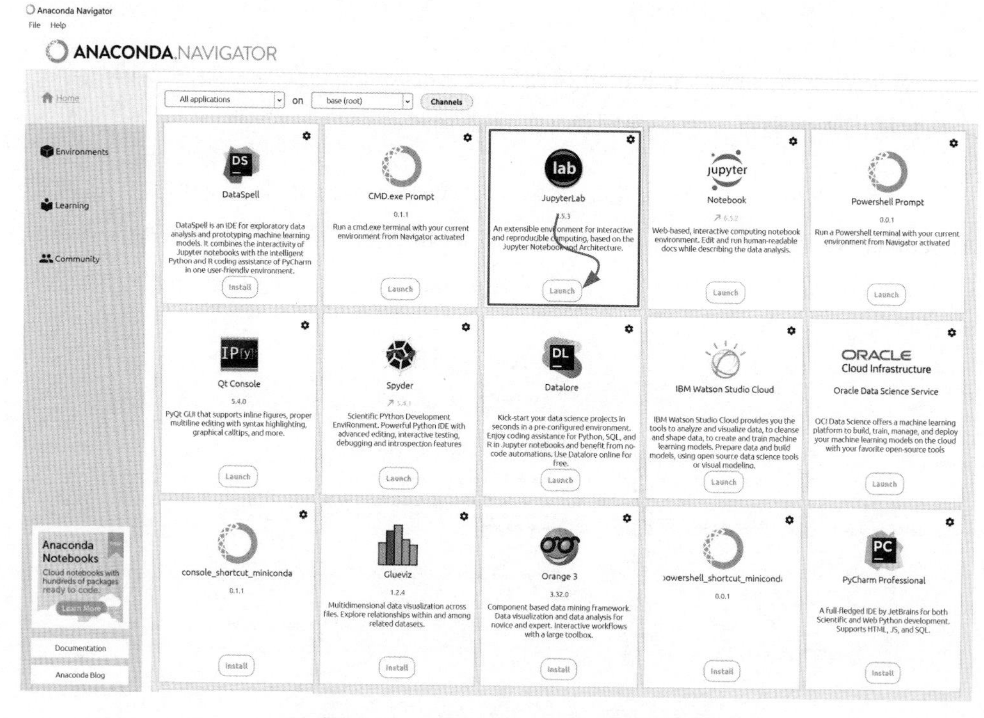

▲ 圖 2.11 Anacond6a Navigator 介面

❷ 進入 JupyterLab 介面，按一下 Notebook 中的「Python 3」，建立 Jupyter Notebook，如圖 2.12 和圖 2.13 所示。

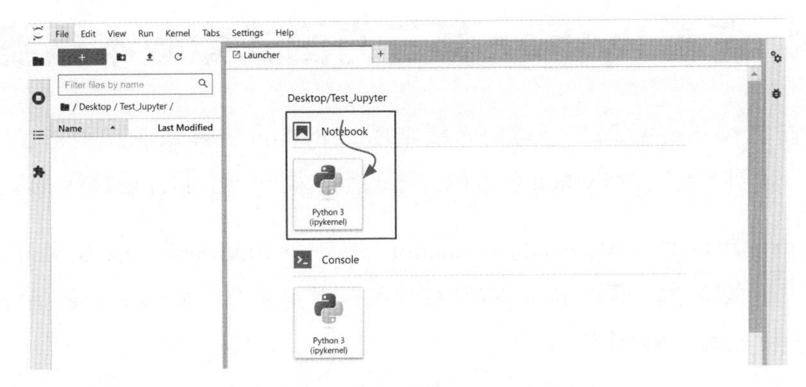

▲ 圖 2.12 JupyterLab 介面

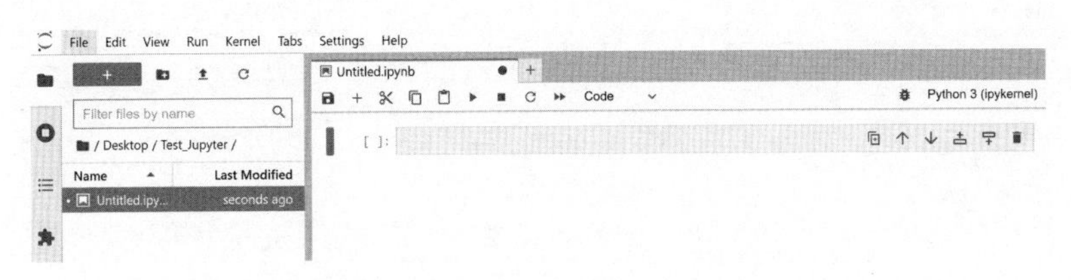

▲ 圖 2.13 建立 Jupyter Notebook

❸ 在下面視窗中鍵入「1 + 2」，然後按 Ctrl + Enter 快速鍵，執行並得到 3 這個結果，如圖 2.14 所示。大家也可以嘗試按 Shift + Enter 快速鍵，執行程式同時生成新區塊，大家自己可以先玩一會兒。下一章將專門講解如何使用 JupyterLab。

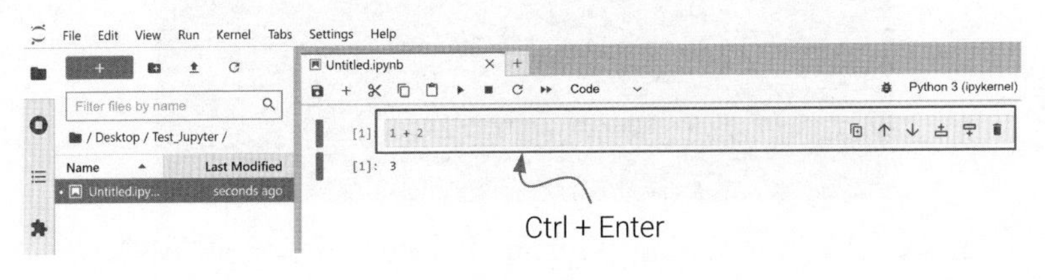

▲ 圖 2.14 運算

2.4 查看 Python 第三方函式庫版本編號

在安裝 Anaconda 時，已經將各種常用的 Python 工具順便安裝完成。而有些時候，我們需要查看 Python 各種函式庫的版本編號，下面介紹幾種查看方法。

❶ 大家可以進入 Anaconda.Navigator，按一下 Environments(如果有不同環境的話，選擇特定的環境)，此時在右側可以看到所有已安裝 Python 函式庫的版本編號，如圖 2.15 所示。

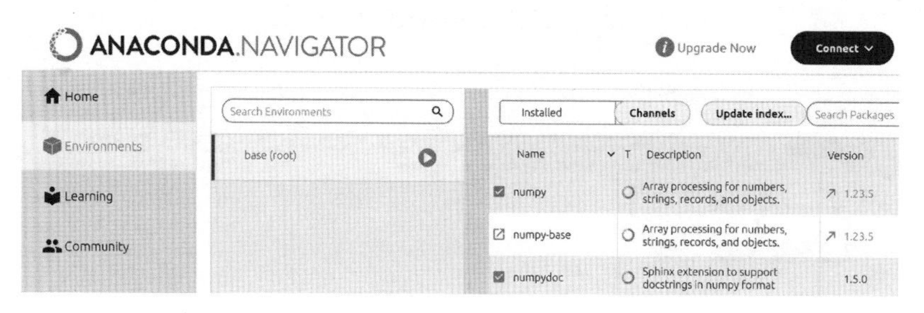

▲ 圖 2.15 在 Anaconda.Navigator 查看 Python 函式庫版本編號

❷ 在電腦中搜索 Anaconda Prompt，然後鍵入 conda list，也可以調取所有已安裝 Python 函式庫的版本編號，如圖 2.16 所示。

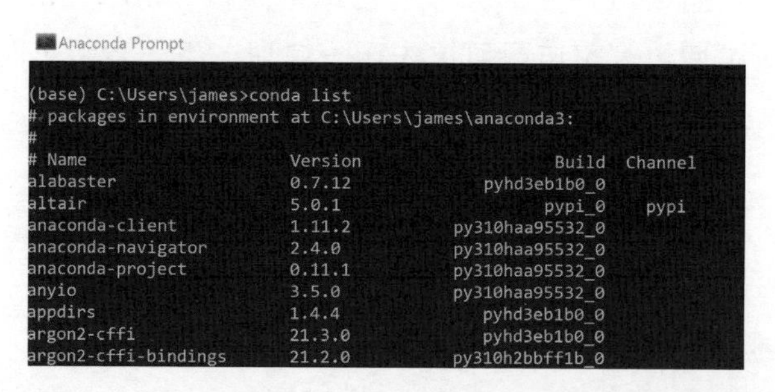

▲ 圖 2.16 在 Anaconda Prompt 查看 Python 函式庫版本編號

此外還有一種方法可以開啟 Anaconda Prompt，即在圖 2.15 所示頁面中按一下綠色三角圖示 (播放圖示)，然後在選單中按一下 Open Terminal。

❸ 在 Anaconda Prompt 中，我們可以用「pip show 函式庫名稱」，如「pip show numpy」，來調取某個特定 Python 函式庫的資訊，如圖 2.17 所示。

```
(base) C:\Users\james>pip show numpy
Name: numpy
Version: 1.23.5
Summary: NumPy is the fundamental package for array computing with Python.
Home-page: https://www.numpy.org
Author: Travis E. Oliphant et al.
Author-email:
License: BSD
Location: c:\users\james\anaconda3\lib\site-packages
Requires:
Required-by: altair, astropy, basemap, bokeh, Bottleneck, Cartopy, contourpy, daal4py, datashader, datashape, gensim, gi
zeh, h5py, holoviews, hvplot, imagecodecs, imageio, imbalanced-learn, matplotlib, mkl-fft, mkl-random, moviepy, numba, n
umexpr, pandas, patsy, pyarrow, pydeck, pyerfa, PyWavelets, scikit-image, scikit-learn, scipy, seaborn, shapely, statsmo
dels, streamlit, tables, tifffile, transformers, xarray
```

▲ 圖 2.17 在 Anaconda Prompt 查看某個特定 Python 函式庫版本編號

❹ 在 JupyterLab 中，我們也可以用「!pip list」查看所有已安裝 Python 函式庫的版本編號，如圖 2.18 所示。在 JupyterLab 中，驚嘆號 (exclamation mark)「!」用於執行作業系統命令或外部程式。比如，用「!dir」可以調取當前檔案的目錄；還可以用「!pip install」安裝特定 Python 函式庫。

❺ 對於特定 Python 套件，我們還可以用圖 2.19 所示敘述查看其版本編號。

```
[2]: !pip list

Package                      Version
---------------------------- ---------------
alabaster                    0.7.12
altair                       5.0.1
anaconda-client              1.11.2
anaconda-navigator           2.4.0
anaconda-project             0.11.1
anyio                        3.5.0
appdirs                      1.4.4
```

▲ 圖 2.18 在 JupyterLab 中查看 Python 函式庫版本編號

```
[1]: import numpy
     print(numpy.__version__)

1.23.5
```

▲ 圖 2.19 在 JupyterLab 中查看某個特定 Python 函式庫版本編號

在《AI 時代 Math 元年 - 用 Python 全精通程式設計》《AI 時代 Math 元年 - 用 Python 全精通資料可視化》兩本書中，大家會經常看到程式 2.1 實例，書中會對程式中關鍵敘述編號並講解。雖然這些程式都可以在書附程式檔案中找到，但是依然**強烈建議**大家在 JupyterLab 中自己敲一遍。

程式2.1 查看常用Python函式庫版本編號 | Bk1_Ch2_01.ipynb

```
a  # 檢查常用Python函式庫版本編號
b  import scipy
c  print('scipy: %s' % scipy.__version__)

d  import numpy
   print('numpy: %s' % numpy.__version__)

e  import matplotlib
   print('matplotlib: %s' %
   matplotlib.__version__)

f  import pandas
   print('pandas: %s' % pandas.__version__)

g  import statsmodels
   print('statsmodels: %s' %
   statsmodels.__version__)

h  import sklearn
   print('sklearn: %s' % sklearn.__version__)
```

對於程式設計零基礎讀者，特別推薦大家逐行註釋。下面，我們就講解程式 2.1。

ⓐ 這句話就是註釋。簡單來說，程式中的註釋是給人看的，機器對其視而不見。在 Python 中，符號 # 用於建立單行註釋。註釋是用於解釋程式的文字，它不會被 Python 解譯器執行，因此不會影響程式的執行。

即使如此，程式設計時註釋並不是可有可無的部分。我們可以使用註釋來解釋程式的目的、功能或特殊注意事項。毫不誇張地說，自己寫完的程式，過不了一個月可能就會忘了某些具體敘述或邏輯，而程式註釋就能完美解決這一問題。此外，程式註釋對於其他開發人員閱讀和理解程式非常有幫助。

在偵錯或測試程式時，我們也可以使用臨時註釋來暫時禁用或跳過某些程式行。

此外，在自訂函式時，我們也可以增加多行註釋，來生成程式文件。本書第 8 章會專門介紹自訂函式。

本書第 4 章專門介紹如何註釋程式。

ⓑ 匯入 SciPy 函式庫。SciPy 是一個用於科學計算和資料分析的開放原始碼 Python 函式庫，它包含了許多用於數學、科學和工程計算的功能和工具。

在 Python 中，import 是一個關鍵字，用於匯入其他 Python 函式庫 / 套件 / 模組。

在 JupyterLab 中，只有成功匯入某個函式庫或模組後，才能呼叫其中函式。

> 本書第 26 章專門介紹 SciPy 函式庫。

> 本書第 4 章專門介紹如何使用 import。

ⓒ print() 是 Python 的內建函式，用來列印，p 小寫。

'scipy:%s' 是一個包含預留位置的字串，其中 %s 是一個佔位符號，表示後面將被替換成一個字串的值。在 Python 中，**字串** (string) 是一種資料型態，用於表示純文字資料。

scipy._version_ 是 SciPy 函式庫的屬性，它包含了當前匯入的 SciPy 版本的字串。透過 scipy._version_，我們可以獲取電腦中當前 SciPy 函式庫的版本資訊。

> 本書第 20 章專門介紹 Pandas 中常用的快速視覺化函式。注意：SciPy (S 和 P 大寫) 是這個 Python 函式庫的名字，而在 JupyterLab 中，匯入這個函式庫時，scipy 為全小寫無空格。

ⓓ 在 Python 中用於匯入 NumPy 函式庫的敘述。NumPy 是 Python 中用於科學計算和數值操作的強大的開放原始碼函式庫。它提供了多維陣列 (NumPy array) 和一系列用於操作這些陣列的函式。NumPy 廣泛用於資料分析、科學計算、機器學習等領域。

> 本書第 5 章專門介紹包括字串在內的常用資料型態。

ⓔ 匯入 Matplotlib 函式庫的敘述。Matplotlib 是一個用於建立各種類型的圖形和視覺化的 Python 函式庫。

> 本書第 13 ~ 18 章專門介紹 NumPy 函式庫常用工具。

ⓕ 匯入 Pandas 函式庫。Pandas 是 Python 中用於資料分析和資料操作的高性能函式庫。Pandas 提供了兩種主要資料結構：Series 和 DataFrame，用於處理和操作各種類型的資料，包括表格資料、時間序列資料等。

本書第 19 ~ 24 章介紹 Pandas 函式庫常用工具。

> 本書第 10 ~ 12 章專門介紹常用視覺化工具。

ⓖ 匯入 Statsmodels 函式庫。Statsmodels 是一個 Python 函式庫，用於執行統計分析和建立統計模型，包括線性回歸、時間序列分析、假設檢驗和許多其他統計方法。

> 本書第 27 章專門介紹 Stats-models 函式庫。

ⓗ 匯入 Scikit-Learn 函式庫。Scikit-Learn，也稱 sklearn，是一個強大的開放原始碼機器學習函式庫，提供了用於各種機器學習任務的工具和演算法。它包括分類、回歸、聚類、降維、模型選擇、模型評估等各種機器學習任務的實現。Scikit-Learn 還包括用於資料前置處理和特徵工程的功能。

> 本書第 28 ~ 33 章專門介紹 Scikit-Learn 函式庫常用工具。

2.5 安裝、更新、卸載 Python 第三方函式庫

即使安裝 Anaconda 時，各種常用 Python 函式庫已經安裝好；但是，在使用時，我們經常會安裝其他函式庫，抑或更新已經安裝的函式庫，如 pandas-datareader，本書後續會利用 pandas-datareader 下載金融資料。在安裝 Anaconda 時，這個函式庫沒有被安裝，需要我們自行安裝。函式庫的安裝方法有以下幾種。

❶ 使用 pip 安裝。pip 是 Python 的套件管理器，它是最常用的安裝函式庫的方法。開啟 Anaconda Prompt，然後執行 pip install pandas-datareader 命令來安裝函式庫，如圖 2.20 所示。

```
Anaconda Prompt
(base) C:\Users\james>pip install pandas-datareader
```

▲ 圖 2.20 安裝 pandas-datareader

❷ 如果使用的是 Anaconda Python 環境，有時也可以使用 Conda 套件管理器來安裝函式庫，如 conda install library_name。具體採用 pip 還是 Conda，建議大家在安裝任何第三方函式庫之前，首先查看這個函式庫的技術文件，了解函式庫的版本、更新情況、使用說明、常見案例。比如，pandas-datareader 的技術文件：

```
https://pandas-datareader.readthedocs.io/en/latest/
```

在這個網頁首頁，我們看到推薦 pip install pandas-datareader 安裝 pandas-datareader。

如果大家有多個 Anaconda 環境，安裝特定函式庫時需要選擇特定環境。如圖 2.21 所示，當前 Anaconda 有兩個環境，如果我們想在 demo 環境安裝 Streamlit 的話，按一下綠色三角圖示，在選單中按一下 Open Terminal 按鈕，呼叫出對應環境的 Anaconda Prompt。然後利用 pip install streamlit 安裝 Streamlit，如圖 2.22 所示。

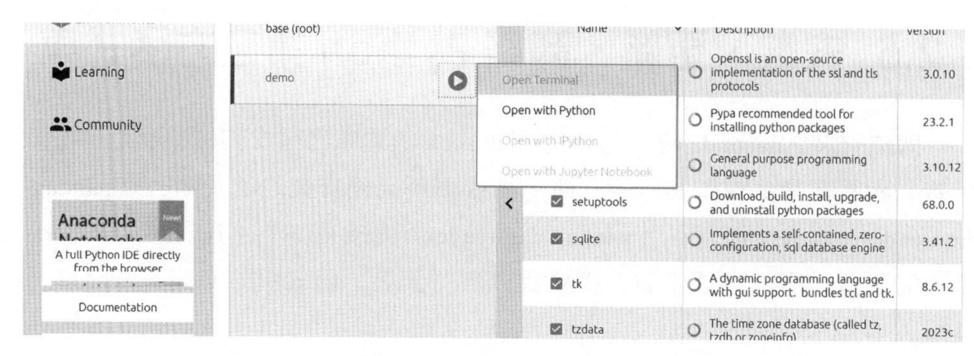

▲ 圖 2.21 在特定 Anaconda 環境安裝 Python 函式庫

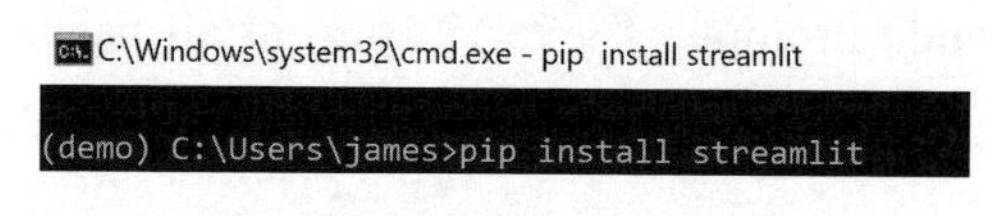

▲ 圖 2.22 安裝 Streamlit

順便提一下，在 Anaconda Navigator 中可以很輕鬆地建立全新 Python 環境。如圖 2.23 所示，大家只需要按一下左下角加號 Create，在彈出的對話方塊中輸入環境名稱，選擇 Python 版本編號。如果使用 R 語言的話，還可以建立 R 語言環境。

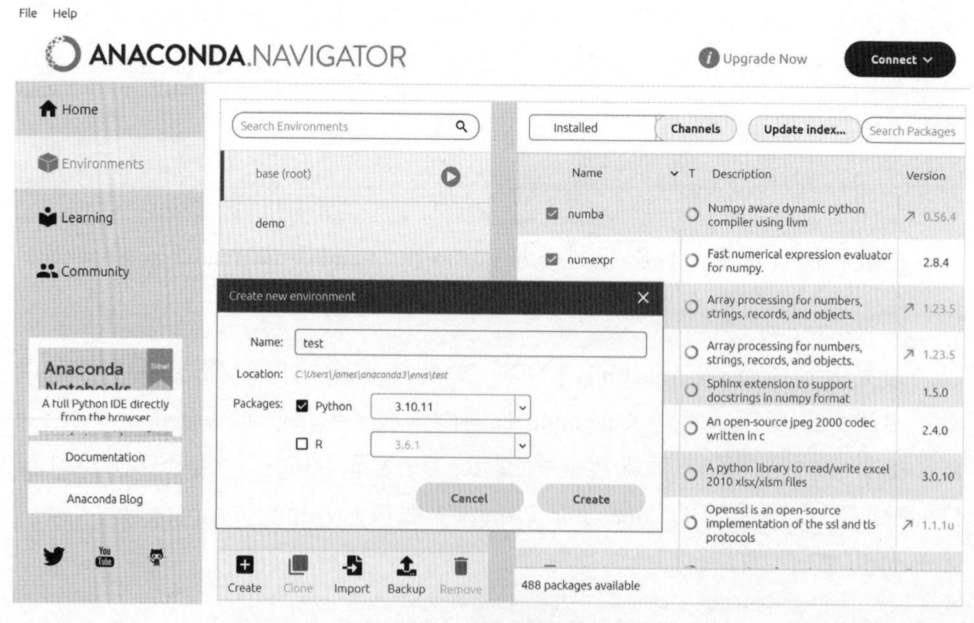

▲ 圖 2.23 在 Anaconda Navigator 中建立新環境

Streamlit 是一個用於建立 Web 應用程式的 Python 函式庫，它可以讓資料科學家、工程師和分析師輕鬆地將資料應用程式轉化為互動式 Web 應用程式，無須深入的前端開發經驗。本書最後兩章將利用 Streamlit 架設數學動畫、資料分析、機器學習 App。請大家在安裝 Streamlit 前，查看其技術文件：

```
https://docs.streamlit.io/library/get-started/installation
```

給大家一個任務，請大家首先安裝 pandas-datareader，然後再安裝 Streamlit 函式庫。

有時，我們也可以從函式庫的原始程式碼安裝函式庫，下載或複製壓縮檔，利用類似python setup.py install的命令安裝。但是，這種方法不推薦初學者使用。

此外，我們也可以在 JupyterLab 中，用 !pip install library_name 方法安裝特定函式庫。但是，這種方法也不推薦初學者使用。注意，驚嘆號 (!) 為半形。

想要卸載特定 Python 函式庫也很容易，大家在 Anaconda Prompt 中鍵入「pip uninstall library_name」即可。想要更新某個 Python 函式庫，可以使用 pip install library_name--upgrade。如圖 2.24 所示，大家也可以在 Anaconda Navigator 中查看某個 Python 函式庫是否有更新。如果出現藍色箭頭，這說明該函式庫有新版本。

> 注意：由於 Python 函式庫由不同第三方開發者開發、維護，更新函式庫時要小心相容性問題。這就是為什麼我們有時需要不同 Anaconda 環境的原因，其實是為了控制不同函式庫的版本。

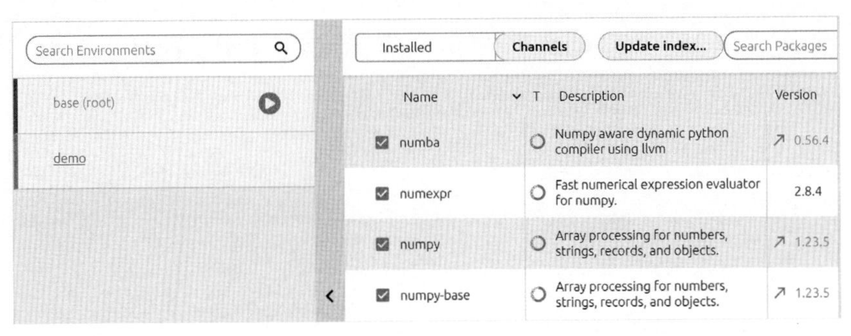

▲ 圖 2.24 在 Anaconda Navigator 中查看 Python 函式庫是否有更新

庫的健康情況

Python 第三方函式庫都是由社區開發者開發、維護，在使用一些生僻的 Python 函式庫之前，建議大家了解一下這個函式庫的健康情況。

大家可以查看函式庫在 GitHub 或其他程式託管平臺上的維護更新情況，比如最近提交日期、版本歷史、日誌更新，以及提交頻率等資訊。此外，大家也可以看看 GitHub 上函式庫的安裝使用、標星 (star)、問題 (issue) 等是否活躍。某個 Python 函式庫的技術文件品質、更新情況也可以作為衡量其健康程度的指標。

此外，最簡單的辦法就是透過 Synk Advisor 評分來評估 Python 函式庫的健康情況：

```
https://snyk.io/advisor/python/scoring
```

圖 2.25 所示為 Streamlit 函式庫在 2023 年 9 月份的評分。一般來說，評分在 85 分左右的 Python 函式庫可以一試。評分如果在 95 分上下，說明 Python 函式庫的健康程度很好。

吐槽一下，pandas-datareader 這個 Python 函式庫的維護就很差，2023 年 9 月份這個函式庫在 Snyk Advisor 評分僅為 62 分，剛及格。

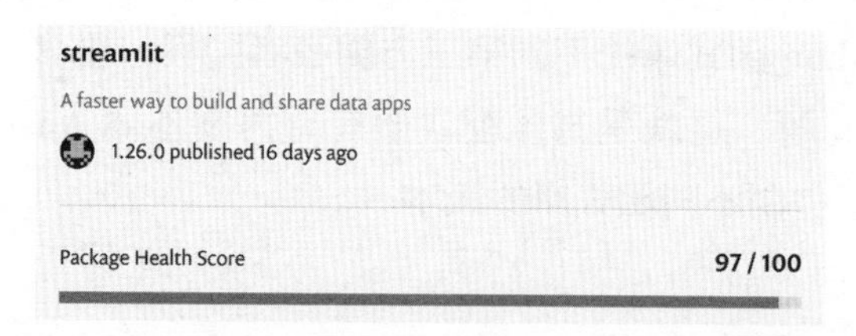

▲ 圖 2.25 Synk Advisor 對 Streamlit 函式庫的評分，2023 年 9 月

也就是說這個函式庫湊合能用，但是出現 bug 後果自負。

在撰寫本書時，作者還能用 pandas-datareader 從 **FRED**(Federal Reserve Economic Data) 下載金融資料。為了避免 pandas-datareader 失效，作者對本書中用到的金融資料都做了備份，大家可以在本書書附程式中找到。

萬一下載失敗，可以用 pandas.read_csv() 函式匯入 CSV 資料。很期待開發者能儘快更新函式庫，並解決 Yahoo 金融資料下載問題。

➔ **請大家完成以下題目。**

Q1. 安裝 Anaconda。

Q2. 從 Anaconda Navigator 進入 JupyterLab 並完成測試。撰寫並執行程式 2.1。再次提醒，按快速鍵 Ctrl + Enter 可以完成當前程式區塊運算。

Q3. 開啟 Anaconda Navigator，查看已安裝 Python 函式庫的版本。

Q4. 從 Anaconda Navigator 進入 Anaconda Prompt，然後安裝 pandas-datareader 和 Streamlit。

* 這些題目很基礎，本書不給答案。

本章最重要的任務就是成功安裝 Anaconda，並試運行 JupyterLab。
下一章，我們將深入了解本書系自主探究學習的利器—JupyterLab。

MEMO

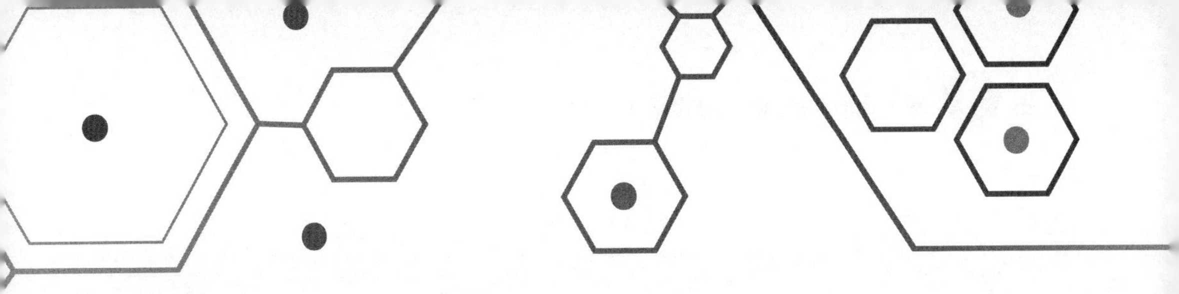

Using JupyterLab

3 JupyterLab，用起來！

特別適合探究式學習，程式、繪圖、指令稿、公式……

> 教育不是為生活做準備；教育就是生活本身。
>
> ***Education is not a preparation for life;education is life itself.***
>
> ——約翰 · 杜威（*John Dewey*）| 美國著名哲學家、教育家、心理學家 | *1859—1952* 年

- ax.plot_wireframe() 用於在三維子圖 ax 上繪製網格
- fig.add_subplot(projection='3d') 用於在圖形物件 fig 上增加一個三維子圖
- matplotlib.pyplot.figure() 用於建立一個新的圖形視窗或畫布，用於繪製各種資料視覺化圖表
- matplotlib.pyplot.grid() 在當前圖表中增加格線
- matplotlib.pyplot.plot() 繪製折線圖
- matplotlib.pyplot.scatter() 繪製散點圖
- matplotlib.pyplot.subplot() 用於在一個圖表中建立一個子圖，並指定子圖的位置或排列方式
- matplotlib.pyplot.subplots() 建立一個包含多個子圖的圖表，傳回一個包含圖表物件和子圖物件的元組
- matplotlib.pyplot.title() 設置當前圖表的標題，等價於 ax.set_title()
- matplotlib.pyplot.xlabel() 設置當前圖表 x 軸的標籤，等價於 ax.set_xlabel()
- matplotlib.pyplot.xlim() 設置當前圖表 x 軸顯示範圍，等價於 ax.set_xlim() 或 ax.set_xbound()
- matplotlib.pyplot.xticks() 設置當前圖表 x 軸刻度位置，等價於 ax.set_xticks()
- matplotlib.pyplot.ylabel() 設置當前圖表 y 軸的標籤，等價於 ax.set_ylabel()
- matplotlib.pyplot.ylim() 設置當前圖表 y 軸顯示範圍，等價於 ax.set_ylim() 或 ax.set_ybound()
- matplotlib.pyplot.yticks() 設置當前圖表 y 軸刻度位置，等價於 ax.set_yticks()
- numpy.arange() 生成一個包含給定範圍內等間隔的數值的陣列
- numpy.linspace() 生成在指定範圍內均勻間隔的數值，並傳回一個陣列
- numpy.meshgrid() 用於生成多維網格化資料
- plotly.express.data.iris() 從 Plotly 函式庫裡載入鳶尾花資料集
- plotly.express.scatter() 繪製可互動的散點圖
- plotly.graph_objects.Figure() 用於建立一個新的圖形物件，用於繪製各種互動式資料視覺化圖表
- plotly.graph_objects.Surface() 繪製可互動的網格曲面
- seaborn.scatterplot() 繪製散點圖

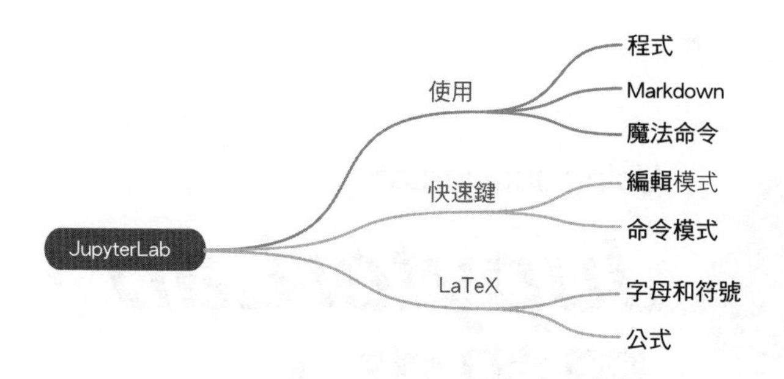

3.1 什麼是 JupyterLab?

JupyterLab 是集「瀏覽器 + 程式設計 + 文件 + 繪圖 + 多媒體 + 發佈」眾多功能於一體的工具。在本書系不同場合反覆提過，對初學者，哪怕是有開發經驗的讀者來說，JupyterLab 相當於是「實驗室」，特別適合探究式學習。

目前《AI 時代 Math 元年 - 用 Python 全精通程式設計》和《AI 時代 Math 元年 - 用 Python 全精通資料可視化》中，幾乎所有的程式都是用 JupyterLab 寫的。如果大家對 JupyterLab 回饋正面，其他分冊也會考慮提供 Jupyter Notebook 書附檔案。

這一章將和大家聊一聊如何使用 JupyterLab。

對於 JupyterLab 的外觀、視窗版面配置等細節問題，在這一章就不展開聊了，大家如果有需要可以很容易搜索到結果。當大家對 JupyterLab 熟悉之後，建議大家了解如何用 JupyterLab 的 debug 功能。此外，很多開發者專門針對 JupyterLab 開發了各種小外掛程式，很多外掛程式的確能提高工作效率，也建議大家自行了解。

大家學完這一章內容之後，會發現這一章最重要的內容就一個一快速鍵。

注意：本章不求「事無巨細」地介紹 JupyterLab，而是要全景地瀏覽 JupyterLab 的主要功能，保證「夠用就好」，以便大家輕裝上陣。

什麼是 JupyterLab ？

JupyterLab 是一個互動式開發環境，可以讓使用者建立和共用 Jupyter 筆記型電腦、程式、資料和文件。它是 Jupyter Notebook 的升級版本，提供了更強大的功能和更直觀的使用者介面。JupyterLab 支援多種語言，包括 Python、R、Julia 和 Scala 等。它還提供了多個面向資料科學的擴充，如 JupyterLab Git、JupyterLab LaTeX 和 JupyterLab Debugger 等，使得資料科學家和開發人員可以更加高效率地進行資料分析、機器學習和模型開發等工作。JupyterLab 的主要特點包括：基於 Web 的使用者介面，可以讓使用者同時在一個介面中管理多個筆記型電腦和檔案；支援多種檔案格式，包括 Jupyter 筆記型電腦、Markdown 文件、Python 指令稿和 CSV 檔案等；可以透過拖放和分欄等方式來組織和管理筆記型電腦和檔案；提供了一組內建的編輯器、終端、檔案瀏覽器和輸出檢視器等工具；可以透過擴充系統來擴充和訂製 JupyterLab 的功能。

3.2 使用 JupyterLab：立刻用起來

新建 Notebook

大家首先透過 Anaconda Navigator 開啟 JupyterLab(上一章內容)。

如圖 3.1 所示，不管按一下 A 還是 B 都會看到 C 這個圖示，按一下 C 就會生成一個 Notebook。此外，新建 Notebook 前，按一下圖 3.1 中的 D，我們可以改變檔案路徑。

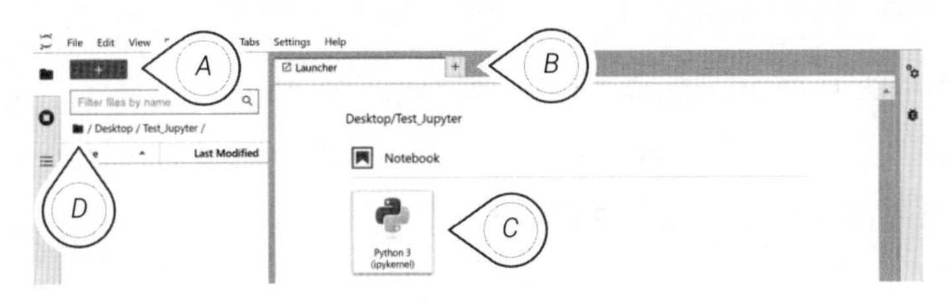

▲ 圖 3.1 新建 Notebook

如圖 3.2 所示，Notebook 介面有很多板塊。

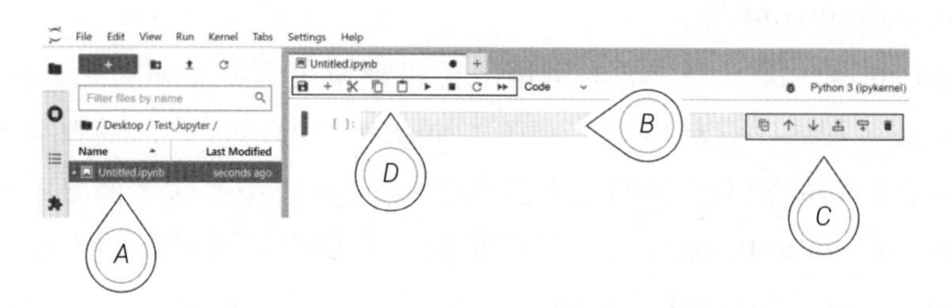

▲ 圖 3.2 JupyterLab 中新建 Notebook 介面

JupyterLab 中的 Cell 是什麼？

在 JupyterLab 中，Cell (儲存格) 是指一個包含程式或文字的矩形區域，它是使用者撰寫和執行程式、撰寫文字和著色 Markdown 的基本單位。Cell 可以包含多種類型的內容，包括程式、Markdown、LaTeX 公式等。JupyterLab 中的 Cell 可以透過互動式的方式進行編輯和執行。例如，在 Code Cell 中，使用者可以撰寫 Python 程式，並使用 Shift+Enter 快速鍵執行程式並顯示結果；在 Markdown Cell 中，使用者可以使用 Markdown 語法撰寫文字，並使用 Shift+Enter 快速鍵著色 Markdown 文字。JupyterLab 中的 Cell 還支援多種互動式擴充，例如使用 IPython Magic 命令、使用自動完成、程式補全和程式偵錯等。Cell 也可以被複製、剪下、貼上、移動和刪除，使得使用者可以輕鬆地組織和管理筆記型電腦中的內容。

對於初學者，大家先注意以下四點。

- 圖 3.2 中的 A 對應的是 Notebook 預設的名字。按右鍵後可以對檔案進行各種操作，如重新命名、剪下、複製、貼上、刪除等。
- 圖 3.2 中的 B 是 Notebook 中第一個 Cell。在 Notebook 裡，一個基本的程式區塊被稱作一個 Cell。注意，一個 Notebook 可以有若干 Cell；而一個 Cell 理論上可以有無數行程式。

- 圖 3.2 中的 C 對應的是對 Cell 的幾個常見操作─複製並向下貼上 Cell、向上移動 Cell、向下移動 Cell、向上加 Cell、向下加 Cell、刪除當前 Cell，如圖 3.3 所示。
- 圖 3.2 中的 D 對應的操作─儲存 Notebook 檔案、向下加 Cell、剪下 Cell、複製 Cell、貼上 Cell、執行當前 Cell 後移動到 (或建立) 下一個 Cell、停止執行、重新啟動核心、重新啟動重跑所有 Cell、Code/Markdown 轉換，如圖 3.4 所示。

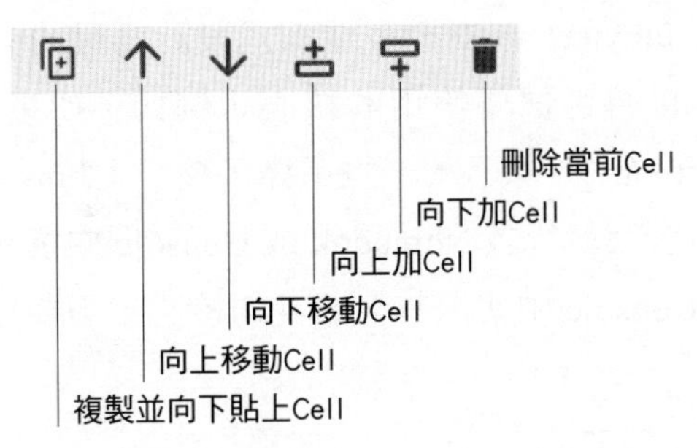

▲ 圖 3.3 C 對應的是對 Cell 的幾個常見操作

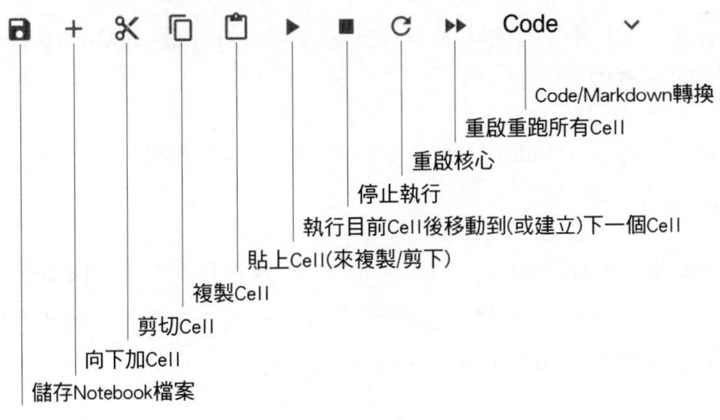

▲ 圖 3.4 D 對應的操作

JupyterLab 中的核心是什麼？

JupyterLab 中，核心 (kernel) 是指與特定程式設計語言互動的背景處理程序，它負責編譯和執行使用者在 JupyterLab 中撰寫的程式，並返回執行結果。核心與 JupyterLab 之間透過一種稱為"Jupyter 協定"的通訊協定進行互動。開啟一個新的 Notebook 或 Console 時，JupyterLab 會自動啟動一個核心，這個核心將與該 Notebook 或 Console 中撰寫的程式進行互動。在 Notebook 或 Console 中撰寫程式，並使用核心來執行它們。核心還可以儲存筆記型電腦中的變數和狀態，使得大家可以在多個程式儲存格之間共用變數和狀態。JupyterLab 支援多種程式設計語言的核心，可以在啟動 Notebook 或 Console 時選擇要使用的核心。例如，如果想使用 Python 核心，可以選擇"Python 3"核心。一旦選擇了核心，JupyterLab 將與該核心建立連接，並使用它來執行該 Notebook 或 Console 中撰寫的程式。如果希望在 Notebook 或 Console 中使用其他語言的核心，需要先安裝並配置這些核心。

程式 vs 文字

Jupyter 的 Cell 常用兩種狀態—程式、文字。文字也叫 **Markdown**。兩種狀態之間可以相互轉換。

顧名思義，程式 (Code) 狀態的 Cell 中的內容會被視為「程式」，# 開頭的部分會被視為「註釋」。

文字 (Markdown) 狀態下，整個 Cell 的內容可以是文字 /LaTeX 公式 / 超連結 / 圖片等等，這個 Cell 不會被當成程式執行。圖 3.4 中的「Code/Markdown」選項可以幫助我們進行兩種 Cell 狀態的切換。

我們常在 JupyterLab 中敲入各種 LaTex 公式，本書後續將見縫插針地講解如何用 LaTex 寫各種公式。

多數時候為了提高切換效率，我們通常使用快速鍵。下面介紹 JupyterLab 中常用的快速鍵。

本節書附的 Jupyter Notebook 檔案 Bk1_Ch3_01.ipynb 向大家展示如何在 Jupyter Notebook 中進行探究式學習。本節書附的微課視訊會逐 Cell 講解這個 Notebook 檔案。

JupyterLab 中的 Markdown 是什麼？

在 JupyterLab 中，Markdown 是一種羽量級標記語言，可以用於撰寫文件、筆記和報告等。透過使用 Markdown 語法，使用者可以在 JupyterLab 中輕鬆地建立格式化文字、插入圖片、增加連結、建立串列等。Markdown 語法非常簡單，易於學習和使用。例如，使用 Markdown 語法，使用者可以使用井號 (#) 來建立標題，使用 "-" 或 "*" 符號加上空格來建立 bullet list，使用雙星號 (**) 來加粗文字，使用單星號 (*) 來斜體文字，等等。使用者可以在 Markdown 儲存格中撰寫 Markdown 語法，然後使用 Shift+Enter 快速鍵來著色 Markdown 文字。JupyterLab 中的 Markdown 支援 LaTeX 語法，使用者可以使用 LaTeX 語法來插入數學公式，從而方便地建立數學筆記和報告。

Markdown 元素

在本章書附的 Jupyter Notebook 檔案中大家可以看到，在 Markdown 中，我們可以建立文字、標題、公式等格式和元素豐富的文件。

表 3.1 總結了 Markdown 中各種常用元素。

➔ 表 3.1 Markdown 中各種常用元素 | Bk1_Ch3_02.ipynb

Markdown 元素	介紹
#Level 1 Header	一級標題；1 個井號 (hash) 後緊接一個半形空格
##Level 2 Header	二級標題；2 個井號相連，後緊接一個半形空格
###Level 3 Header	三級標題；3 個井號相連，後緊接一個半形空格
####Level 4 Header	四級標題；4 個井號相連，後緊接一個半形空格
#####Level 5 Header	五級標題；5 個井號相連，後緊接一個半形空格
<h1> Level 1 Header </h1> <h2> Level 2 Header </h2> <h3> Level 3 Header </h3> <h4> Level 4 Header </h4> <h5> Level 5 Header </h5>	HTML 敘述呈現分級標題
<font color=blue> colored text</font>	指定顏色著色文字
italic text	文字傾斜；第一個星號 (asterisk)* 之後、第二個星號 * 之前沒有空格
italic text	文字傾斜；第一個底線 (underscore)_ 之後、第二個底線 _ 之前 沒有空格；底線是英文狀態下輸入的半形字元
<em>italic text</em>	文字傾斜
bold text	文字加粗；第一對星號 ** 之後、第二對星號 ** 之前沒有空格
<strong>bold text</strong>	文字加粗
<b>bold text</b>	文字加粗
bond text	文字加粗；第一對底線 _ 之後、第二對底線 _ 之前沒有空格

Markdown 元素	介紹
bold and italic text _bold and italic text_ <strong><em> bold and italic text </em></strong>	文字加粗傾斜
~~Scratch this~~ <del>Scratch this</del>	劃去
*** --- ___ <hr>	畫一條橫向分隔線;有 4 種方法:3 個星號，或 3 個連字號 (hyphen)，或 3 個底線，或 <hr>
* bullet point 1 * bullet point 2	專案符號；星號之後有一個半形空格
- bullet point 1 - bullet point 2	專案符號；連字號之後有一個半形空格

-bullet point 1
    -bullet point 1.1
        -bullet point 1.1.1
        -bullet point 1.1.2
    -bullet point 1.2
	分級項目符號
	第 2 級：4 個空格，跟著一個連字號，再跟 1 個空格
	第 3 級：8 個空格，跟著一個連字號，再跟 1 個空格

1. bullet point 2. bullet point	編號；數字後有一個半形句點，緊接著一個空格
<ul> <li>item 1</li> <li>item 2</li> <li>item 3</li> </ul>	項目符號

<table>
<tr><th>Markdown 元素</th><th>介紹</th></tr>
<tr><td><ol>
<li>item 1</li>
<li>item 2</li>
<li>item 3</li>
</ol></td><td>自動編號</td></tr>
<tr><td>- [x]Done
- []To Do</td><td>可以用來區分已做事項和未做事項</td></tr>
<tr><td>paragraph 1
 paragraph 2
</td><td>分行符號；也可以用兩個半形空格分行</td></tr>
<tr><td><p>paragraph 1</p>
<p>paragraph 2</p></td><td>分段符號</td></tr>
<tr><td>> Quote</td><td>一段引用文字</td></tr>
<tr><td>> Quote level 1
>> Quote level 2
>>> Quote level 3</td><td>分級引用</td></tr>
<tr><td>π</td><td>插入符號、公式</td></tr>
<tr><td>$$\pi$$</td><td>置中插入符號、公式</td></tr>
<tr><td>| col 1	col 2	col 3
1	A	a
2	B	b |</td><td>表格；:-: 代表置中對齊，:- 代表左對齊；-: 代表右對齊</td></tr>
<tr><td>*</td><td>直接顯示星號 (*)</td></tr>
<tr><td>Repos[link](https://github.com/Visualize-ML).</td><td>超連結</td></tr>
<tr><td>~~~python
print('Python is fun!')
~~~</td><td>在 Markdown 中展示 Python 程式；~ 是波浪號 (tilde)，下一節會介紹這些常用鍵盤符號</td></tr>
</table>

魔法命令

在 JupyterLab 中，**魔法命令** (magic command) 是特殊的命令，以一個百分號 (%) 或兩個百分號 (%%) 開頭，用於在 Jupyter Notebook 中執行一些特殊的操作或提供額外的功能。這些命令可以方便地控製程式的執行方式、存取系統資訊以及進行其他一些有用的操作。一些常用的 JupyterLab 魔法命令，如表 3.2 所示。

一個百分號 (%) 開頭的叫**行魔法命令** (line magic)，是只針對當前行生效的方法；兩個百分號 (%%) 開頭的叫**儲存格魔法命令** (cell magic)，對當前整個程式輸入框 Cell 生效。

➔ 表 3.2 JupyterLab 中常用魔法命令

魔法命令	描述
%lsmagic	串列查看所有的魔法命令
%lsmagic?	在任何魔法命令後加半形 (?)，查看特定魔法命令用法
%magic	詳細説明所有魔法命令用法
%cd	切換工作目錄
%timeit	統計 (多次執行算平均值和標準差) 某行程式的執行時間，比如 import numpy as np %timeit data = np.random.uniform(0,1,10000)
%%time	用於記錄該 Cell 執行的時間，比如以下矩陣乘法運算 %%time import numpy as np A = np.random.uniform(0,1,(1000,1000)) B = np.random.uniform(0,1,(1000,1000)) C = A@B
%pip	執行 pip 命令，比如 %pip install numpy
%conda	執行 conda 命令

魔法命令	描述
%who	呼叫出所有的全域變數。透過以下用法可以找到特定類型的變數 %who str %who dict %who float %who list
%%writefile	將某個儲存格程式寫入並儲存在某個文件中，比如 %%writefile C:\Users\james\Desktop\test\test.txt import numpy as np A = np.random.uniform(0,1,(1000,1000)) B = np.random.uniform(0,1,(1000,1000)) C = A@B
%pwd	列印當前工作目錄
%run python_file.py	執行當前資料夾中的 .py 檔案

3.3 快速鍵：這一章可能最有用的內容

建議大家使用**快速鍵** (keyboard shortcuts) 完成常見 Cell 操作。JupyterLab 的快速鍵分成兩種狀態：① 編輯模式；② 命令模式。

編輯模式：允許大家向 Cell 中敲入程式或 Markdown 文字。表 3.3 總結了編輯模式下常用快速鍵。為了幫助大家辨識這些快速鍵組合，圖 3.5 舉出了標準鍵盤主鍵盤上各個按鍵的位置。

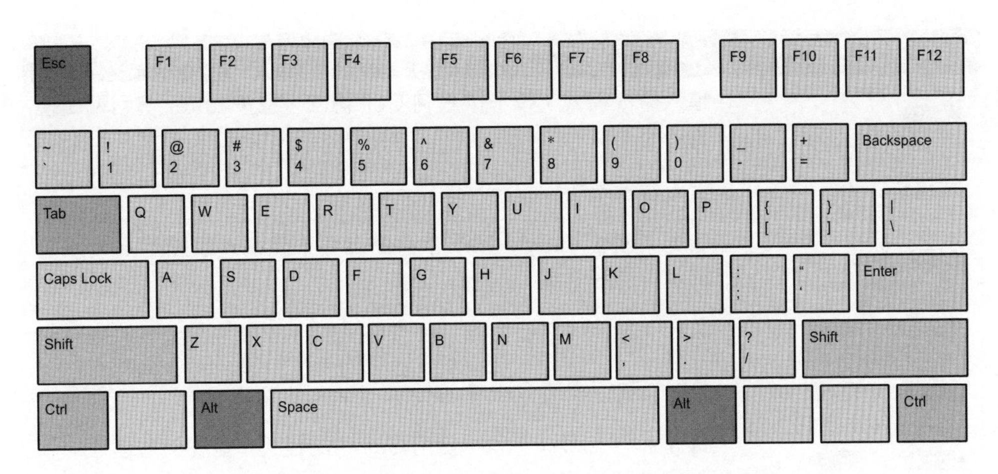

▲ 圖 3.5 標準鍵盤，Mac 的 command 對應 Ctrl

命令模式：按下 Esc ，進入命令模式，這時可以透過鍵盤鍵入命令快速鍵。表 3.4 總結了命令模式常用快速鍵。

表 3.3 和表 3.4 兩個表格中都是常用預設快速鍵。如果大家對某個快速鍵組合不滿意，可以自行修改。特別是需要在多個 IDE 之間轉換時，由於不同 IDE 的預設快速鍵不同，一般都會將常用快速鍵統一設置成自己習慣的組合。

> ⚠ 表格中的加號「+」表示「一起按下」，不是讓大家按加號鍵。加號前後的按鍵沒有先後順序。

JupyterLab 中修改快速鍵的路徑為 Settings → Advanced Settings Editor(或 Esc → Ctrl + ,) → 搜索 Keyboard Shortcuts。

> ⚠ 注意：不建議初學者修改預設快速鍵。除非大家需要跨 IDE 程式設計，比如並用 JupyterLab 和 PyCharm，或者並用 JupyterLab 和 Spyder，則可以透過修改快速鍵，保證不同 IDE 中快速鍵一致，這樣更順手。

➔ 表 3.3 編輯模式下常用快速鍵

快速鍵組合	功能
Esc	進入命令模式；按一下任何 Cell 傳回，或按 Enter 傳回編輯模式
Ctrl + M	進入命令模式
Ctrl + S	儲存；儘管 JupyterLab 會自動儲存，建議大家還是要養成邊寫邊存的好習慣
Shift + Enter	執行 + 跳躍；執行當前 Cell 中的程式，游標跳躍到下一個 Cell
Ctrl + Enter	執行；執行當前 Cell 中的程式
Alt + Enter	執行 + 建立 Cell；執行當前 Cell 中的程式，並在下方建立一個新 Cell
Ctrl + Shift + -	分割；在游標所在位置將程式 / 文字分割成兩個 Cells
Ctrl + /	註釋 / 撤銷註釋；對所在行，或選中行進行註釋 / 撤銷註釋操作
Ctrl + [	向左縮進；行首減四個空格
Ctrl +]	向右縮進；行首加四個空格
Ctrl + A	全選；全選當前 Cell 內容
Ctrl + Z	撤銷；撤銷上一個鍵盤操作
Ctrl + Shift + Z	重做：恢復剛才撤銷命令對應操作，相當於撤銷「撤銷」
Ctrl + C	複製；複製選中的程式或文字
Ctrl + X	剪下；剪下選中的程式或文字
Ctrl + V	貼上；貼上複製 / 剪下的程式或文字
Ctrl + F	查詢；實際上就是瀏覽器的搜索
Home	跳到某一行開頭
End	跳到某一行結尾
Ctrl + Home	跳到多行 Cell 第一行開頭
Ctrl + End	跳到多行 Cell 最後一行結尾
Tab	程式補齊；忘記函式拼寫時，可以舉出前一兩個字母，按 Tab 鍵得到提示

快速鍵組合	功能
Shift + Tab	對鍵入的函式提供說明文件
Ctrl + Ⓑ	展開 / 關閉左側 sidebar

➔ 表 3.4 命令模式下常用快速鍵

快速鍵組合	功能
Esc	編輯模式下，進入命令模式；按一下任何 Cell 傳回，或按一下 Enter 傳回編輯模式
Esc → Ⓜ	在按下 Esc 進入命令模式後，將當前 Cell 從程式轉成 Markdown 文字
Esc → Ⓨ	將當前 Cell 從文字 Markdown 轉成程式
Enter	從命令模式進入編輯模式，或按一下任何 Cell
Esc → Ⓐ	插入；在當前 Cell 上方插入一個新 Cell
Esc → Ⓑ	插入；在當前 Cell 下方插入一個新 Cell
Esc → Ⓓ → Ⓓ	刪除；在按下 Esc 進入命令模式後，連續按兩下 D，刪除當前 Cell
Esc - ⓪ → ⓪	重新啟動 kernel；在按下 Esc 進入編輯模式後，連續按兩下 0，重新啟動 kernel
Esc → Ctrl + Ⓑ	展開 / 關閉左側 sidebar
Esc → Ctrl + Ⓐ	選中所有 Cells
Esc → Shift + ▲	選中當前和上方 Cell，不斷按 Shift + ▲不斷選中更上一層 Cell
Esc → Shift + ▼	選中當前和下方 Cell，不斷按 Shift + ▼不斷選中更下一層 Cell
Shift + Ⓜ	合併；將所有選中的 Cells 合併；如果沒有多選 Cell，則將當前 Cell 和下方 Cell 合併
Shift + Enter	執行 + 跳躍；執行當前 Cell 中的程式，游標跳躍到下一 Cell；和編輯模式一致
Ctrl + Enter	執行；執行當前 Cell 中的程式；和編輯模式一致

快速鍵組合	功能
Alt + Enter	執行 + 建立 Cell；執行當前 Cell 中的程式，並在下方建立一個新 Cell；和編輯模式一致
Esc → ①	一級標題，等於 Markdown 狀態下 #
Esc → ②	二級標題，等於 Markdown 狀態下 ##
Esc → ③	三級標題，等於 Markdown 狀態下 ###，依此類推

表 3.5 總結了鍵盤上常用的中英文名稱，這些會幫助大家閱讀各種技術手冊以及工作交流。

➔ 表 3.5 鍵盤上常用按鍵中英文名稱

按鍵	名稱	按鍵	名稱
#	井號 (pound,hash,number sign)	@	at 符號 (at sign,address sign)
?	問號 (question mark)	~	波浪號 (tilde)
Esc	跳脫鍵 (escape key)	`	重音符 (grave accent)
Tab	定位字元 (tab key)	Spacebar	空白鍵 (spacebar,space key)
!	驚嘆號 (exclamation mark)	'	單引號 (single quotation mark)
.	句點 (period,dot,full stop)	"	雙引號 (double quotation mark)
,	逗點 (comma)	;	分號 (semicolon)
<	小於 (less than sign) 左尖括號 (left/open angle bracket)	:	冒號 (colon)
>	大於 (greater than sign) 右尖括號 (right/closed angle bracket)	/	正斜線 (forward slash) 除號 (division sign)
|	分隔號 (pipe,vertical bar)	\	反斜線 (backslash,backward slash)
[	左方括號 (left/open bracket)	(	左括號 (left/open parenthesis)

按鍵	名稱	按鍵	名稱
]	右方括號 (right/closed bracket)	)	左括號 (right/closed parenthesis)
{	左大括號 (left/open curly bracket)	=	等號 (equal sign)
}	右大括號 (right/closed curly bracket)	+	加號 (plus sign)
*	星號 (asterisk,star)	-	連字號 (hyphen) 減號 (minus sign)
%	百分號 (percent,percentage sign)	_	底線 (underscore)
&	與號 (ampersand,and symbol)	^	音調符號 (caret,circumflex,hat)

3.4 什麼是 LaTeX?

LaTeX 是一種用於排版科學和技術文件的系統。根據官網介紹，LaTeX 的正確發音為 Lah-tech 或 Lay-tech。

與常見的文字處理軟體不同，LaTeX 使用純文字檔案作為輸入，並透過預先定義的命令和語法描述文件結構和格式。LaTeX 可以處理複雜的數學公式、表格、圖表和引用，並提供高級功能，如自動編號和交叉引用。

LaTeX 是開放原始碼的，可在多個作業系統上執行，並有豐富的擴充套件和範本可供使用。LaTeX 被廣泛應用於學術界和科技領域。透過使用 LaTeX，使用者可以輕鬆建立高品質、規範的學術論文、期刊文章和投影片。

本章後文不會講怎麼用 LaTeX 寫論文，僅介紹如何在 Jupyter Notebook 的 Markdown 中嵌入 LaTeX 數學符號、各類常用公式，比如程式 3.1 和程式 3.2 兩個例子。

LaTeX 更像是程式設計，比如程式 3.1 中，`\begin{bmatrix}` 代表左側方括號，`\end{bmatrix}` 代表右側方括號。

\cdots 代表水平省略符號，**\vdots** 代表垂直省略符號，

\ddots 代表對角省略符號。

再比如程式 3.2 中，{**\frac**{1}{2}} 為分式，第 1 個 {} 內為分子，第 2 個 {} 內為分母。**\left**(代表左括號，**\right**) 代表右括號。**\sqrt** 代表根號。LaTeX 敘述非常直觀，很容易理解，本章後文不再逐一講解 LaTeX 敘述。

> 注意：在 JupyterLab Markdown 儲存格中，要在文字中插入 (inline) 一個簡單的公式，需要用左右 $ (半形) 將公式括起來，比如 $E=mc^2$。要讓公式單獨一行需要用左右 $$ 將公式括起來，比如 $$E=mc^2$$。

本章以下內容，建議大家現用現學，千萬別死記硬背；如果現在用不到的話，可以跳過不看。

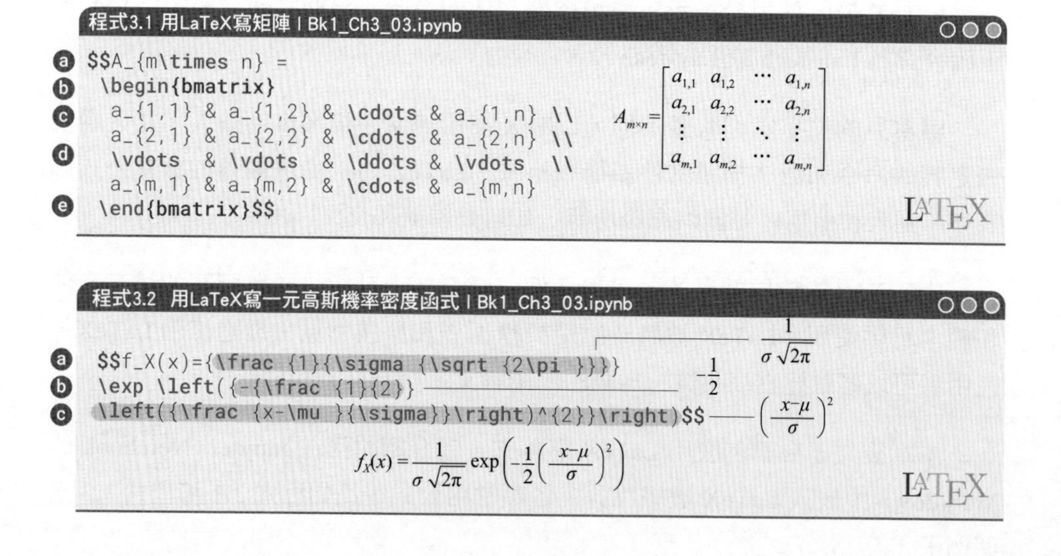

程式3.1 用LaTeX寫矩陣 | Bk1_Ch3_03.ipynb

```
$$A_{m\times n} =
 \begin{bmatrix}
  a_{1,1} & a_{1,2} & \cdots & a_{1,n} \\
  a_{2,1} & a_{2,2} & \cdots & a_{2,n} \\
  \vdots  & \vdots  & \ddots & \vdots  \\
  a_{m,1} & a_{m,2} & \cdots & a_{m,n}
 \end{bmatrix}$$
```

$$A_{m\times n} = \begin{bmatrix} a_{1,1} & a_{1,2} & \cdots & a_{1,n} \\ a_{2,1} & a_{2,2} & \cdots & a_{2,n} \\ \vdots & \vdots & \ddots & \vdots \\ a_{m,1} & a_{m,2} & \cdots & a_{m,n} \end{bmatrix}$$

程式3.2 用LaTeX寫一元高斯機率密度函式 | Bk1_Ch3_03.ipynb

```
$$f_X(x)={\frac {1}{\sigma {\sqrt {2\pi }}}}
\exp \left({-{\frac {1}{2}}
\left({\frac {x-\mu }{\sigma}}\right)^{2}}\right)$$
```

$$f_X(x)={\frac {1}{\sigma {\sqrt {2\pi }}}} \exp \left({-{\frac {1}{2}} \left({\frac {x-\mu }{\sigma}}\right)^{2}}\right)$$

3.5 字母和符號

字母樣式

英文中常用字母樣式主要有：**正體** Aa(regular)、**粗體 Aa**(bold)、**斜體** *Aa*(italic)、**粗體斜體** ***Aa***(bold italic)、**無襯線體** (sans-serif)、**襯線體** (serif)、**花體** (calligraphy)、**上標** ^{Aa}(superscript)、**下標** $_{\mathrm{Aa}}$(subscript)。無襯線體是指在字母末端沒有裝飾性襯線，如圖 3.6(a) 所示。無襯線體字型的設計更加簡潔、直接，沒有額外的裝飾。

無襯線體常常被用於數位螢幕上，如電腦螢幕、手機、平板電腦等，因為在低解析度的顯示條件下，無襯線體更容易閱讀。常用的無襯線體字型有 Arial、Roboto 等。本書圖片註釋文字很多便採用 Roboto。Roboto 是 Google 開放原始碼字型。

襯線體是指在字母末端有裝飾性襯線的字型，如圖 3.6(b) 所示。這些圖 3.6(c) 所示小線條使得襯線體在列印和長段落文字中更易於閱讀。它們在印刷物、書籍、報紙等傳統媒體中被廣泛使用。最常見的襯線體莫過於 Times New Roman。本書系中大量使用 Times New Roman，特別是在公式中。

此外，還必須要提到程式設計中常用的另外一種字型一**等寬字型** (mono-spaced font,Mono)。在 Mono 字型中，每個字元 (包括字母、數字、標點符號、空格等) 都佔據相同的水平寬度，這使得每列字元在視覺上都保持對齊，進而使得排版看起來整齊和規整。

在程式設計中需要對齊程式，使其易於閱讀和維護，因此 Mono 字型在程式編輯器中得到廣泛應用。最常見的 Mono 字型為 Courier New。本書系很多地方也會採用 Courier New。

大家讀到此處應該非常熟悉本書程式中使用的這種 Mono 字型 (見圖 3.7)，它就是 Google 開放原始碼字型 Roboto Mono Light。Roboto Mono Light 是無襯線等寬字型。

注意：ISO 標準推薦向量、矩陣記號採用粗體、斜體、襯線體，如 **a**、**b**、**x**、**A**、**B**、**X**。本書系採用這一樣式。

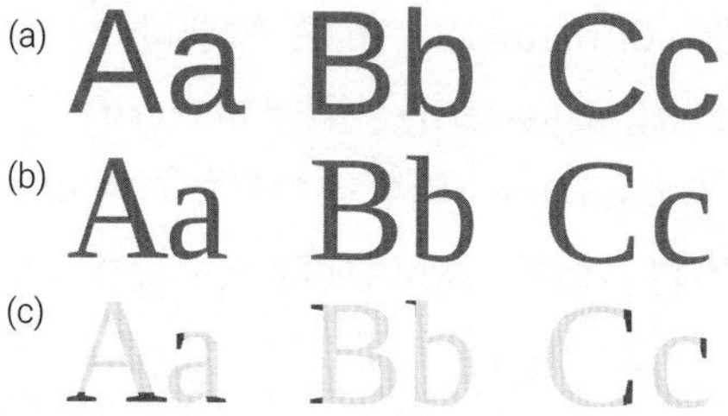

(a) Aa Bb Cc
(b) Aa Bb Cc
(c) Aa Bb Cc

▲ 圖 3.6 比較無襯線體、襯線體（圖片改編自 Wikipedia）

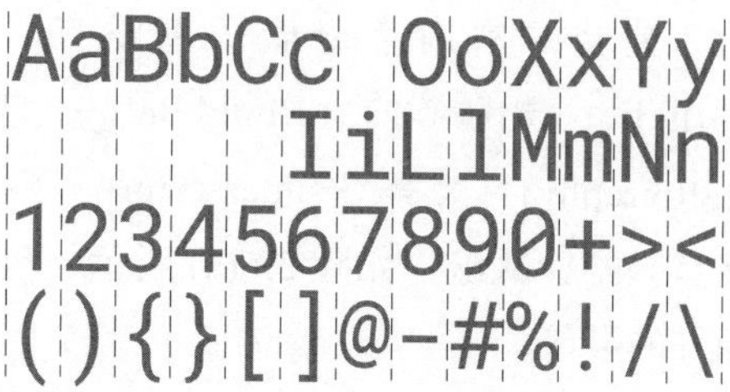

AaBbCc OoXxYy
IiLl1MmNn
1234567890+><
(){}[]@-#%!/\

▲ 圖 3.7 等寬字型 Roboto Mono Light

數學中字母樣式如表 3.6 所示。

➔ 表 3.6 數學中字母樣式 | Bk1_Ch3_03.ipynb

LaTeX	樣式	說明
$ {AaBbCc}$	*AaBbCc*	斜體，用於大部分數學符號、運算式
$ \mathrm{AaBbCc}$	AaBbCc	正體，用於公式中的單位或文字
$ \mathbf{AaBbCc}$	**AaBbCc**	粗體，用於向量、矩陣
$ \boldsymbol{AaBbCc}$	***AaBbCc***	粗體、斜體，用於向量、矩陣
$ \mathtt{AaBbCc}$	AaBbCc	等寬字型，常用於程式
$ \mathcal{ABCDEF}$	$\mathcal{ABCDEF}$	花體，用於表示數學中的集合、代數結構、運算元
$ \mathbb{CRQZN}$	$\mathbb{CRQZN}$	黑板粗體 (blackboard bold)，常用來表達各種集合
Aa Bb Cc	Aa Bb Cc	用來寫公式中的文字
$\mathrm{d}x$	$\mathrm{d}x$	ISO 規定導數符號 d 為正體
T	T	運算子

各種字母英文表達如表 3.7 所示。

➔ 表 3.7 各種字母英文表達

英文字母	英文表達
A	capital a,cap a,upper case a
a	small a,lower case a
A	italic capital a,italic cap a
a	italic a
$\mathbf{A}$	boldface capital a,bold cap a
$\mathbf{a}$	boldface a,bold small a
$\boldsymbol{A}$	bold italic cap a
$\boldsymbol{a}$	bold italic small a
$\mathfrak{A}$	Gothic capital a
$\mathfrak{a}$	Gothic a
$\mathscr{A}$	script capital a
$\mathscr{a}$	script a

標記

數學符號、運算式中還常用各種特殊標記 (accent)，表 3.8 總結了常用特殊標記。

➔ 表 3.8 數學中字母標記 | Bk1_Ch3_03.ipynb

LaTex	數學表達	英文表達
`$x'$` `$x^{\prime}$`	x'	x prime
`$x''$`	x''	x double prime
`$\overrightarrow{AB}$`	$\overrightarrow{AB}$	a vector pointing from A to B
`$\underline{x}$`	$\underline{x}$	x underline
`$\hat{x}$`	$\hat{x}$	x hat
`$\bar{x}$`	$\bar{x}$	x bar

LaTex	數學表達	英文表達
$\dot{x}$	$\dot{x}$	x dot
$\tilde{x}$	$\tilde{x}$	x tilde
x_i	x_i	x subscript i,x sub i
x^i	x^i	x to the i,x to the ith,x to the i-th power x raised to the i-th power
$\ddot{x}$	$\ddot{x}$	x double dot
x^*	x^*	x star,x super asterisk
$x\dagger$	$x\dagger$	x dagger
$x\ddagger$	$x\ddagger$	x double dagger
${\color{red}x}$	${\color{red}x}$	red x

希臘字母

表 3.9 總結了常用大小寫希臘字母，表 3.10 舉出了常用作變數的希臘字母。比如，《AI 時代 Math 元年 - 用 Python 全精通統計及機率》就會用到。

➔ 表 3.9 常用大小寫希臘字母

小寫	LaTeX	大寫	LaTeX	英文拼寫	英文發音
α	α	A	A	alpha	/'ælfə/
β	β	B	B	beta	/'beɪtə/
γ	γ	Γ	Γ	gamma	/'gæmə/
δ	δ	Δ	Δ	delta	/'deltə/
ε	ϵ	E	E	epsilon	/'epsɪlɑːn/
ζ	ζ	Z	Z	zeta	/'ziːtə/
η	η	H	H	eta	/'iːtə/
θ	θ	Θ	Θ	theta	/'θiːtə/

小寫	LaTeX	大寫	LaTeX	英文拼寫	英文發音
ι	ι	*I*	I	iota	/aɪ'oʊtə/
κ	κ	*K*	K	kappa	/'kæpə/
λ	λ	*Λ*	Λ	lambda	/'læmdə/
μ	μ	*M*	M	mu	/mjuː/
ν	ν	*N*	N	nu	/njuː/
ξ	ξ	*Ξ*	Ξ	xi	/ksaɪ/ 或 /zaɪ/ 或 /gzaɪ/
ο	$ \omicron$	*O*	O	omicron	/'ɑːməkrɑːn/
π	π	*Π*	Π	pi	/paɪ/
ρ	ρ	*P*	P	rho	/roʊ/
σ	σ	*Σ*	Σ	sigma	/'sɪgmə/
τ	τ	*T*	T	tau	/taʊ/
υ	υ	*Υ*	Y	upsilon	/'ʊpsɪlɑːn/
φ	ϕ	*Φ*	Φ	phi	/faɪ/
χ	χ	*X*	X	chi	/kaɪ/
ψ	ψ	*Ψ*	Ψ	psi	/saɪ/
ω	ω	*Ω*	Ω	omega	/oʊ'megə/

➔ 表 3.10 常用作變數的希臘字母

LaTeX	樣式	LaTeX	樣式
ϑ	ϑ	ϱ	ϱ
$\varkappa$	ϰ	φ	φ
ϖ	ϖ	ε	ε
ς	ς		

常用符號

表 3.11 總結了常用符號。

此外，請大家注意區分：- 不分行連字號 (nonbreaking hyphen)、– 減號 (minus sign)、– 短破折號 (en dash)、— 長破折號 (em dash)、_ 底線 (underscore)、/ 前斜線 (forward slash)、\ 反斜線 (backward slash,backslash,reverse slash)、| 分隔號 (vertical bar,pipe)。

➔ 表 3.11 常用符號

LaTex	數學符號	英文表達	中文表達
$\times$	×	multiplies,times	乘
$\div$	÷	divided by	除以
$\otimes$	⊗	tensor product	張量積
$($	(	open parenthesis,left parenthesis,open round bracket,left round bracket	左括號
$)$	)	close parenthesis,right parenthesis,close round bracket,right round bracket	右括號
$[$	[	open square bracket,left square bracket	左方括號
$]$	]	close square bracket,right square bracket	右方括號
$\{$	{	open brace,left brace,open curly bracket,left curly bracket	左大括號
$\}$	}	close brace,right brace,close curly bracket,right curly bracket	右大括號
$\pm$	±	plus or minus	正負號
$\mp$	∓	minus or plus	負正號
$<$	<	less than	小於
$\leq$	≤	less than or equal to	小於等於
$\ll$	≪	much less than	遠小於
$>$	>	greater than	大於

LaTex	數學符號	英文表達	中文表達
$\geq$	≥	greater than or equal to	大於等於
$\gg$	≫	much greater than	遠大於
$=$	=	equals,is equal to	等於
$\equiv$	≡	is identical to	完全相等
$\approx$	≈	is approximately equal to	約等於
$\propto$	∝	proportional to	正比於
∂	∂	partial derivative	偏導
∇	∇	del,nabla	梯度運算元
∞	∞	infinity	無窮
$\neq$	≠	does not equal,is not equal to	不等於
$\parallel$	‖	parallel	平行
$\perp$	⊥	perpendicular to	垂直
$\angle$	∠	angle	角度
$\triangle$	△	triangle	三角形
$\square$	□	square	正方形
$\sim$	∼	similar	相似
$\exists$	∃	there exists	存在
$\forall$	∀	for all	任意
$\subset$	⊂	is proper subset of	真子集
$\subseteq$	⊆	is subset of	子集
$\varnothing$	∅	empty set	空集
$\supset$	⊃	is proper superset of	真超集合
$\supseteq$	⊇	is superset of	超集合
$\cap$	∩	intersection	交集
$\cup$	∪	union	並集
$\in$	∈	is member of	屬於
$\notin$	∉	is not member of	不屬於
$\N$	ℕ	set of natural numbers	自然數集合

<table>
<tr><th>LaTex</th><th>數學符號</th><th>英文表達</th><th>中文表達</th></tr>
<tr><td>$\Z$</td><td>$\mathbb{Z}$</td><td>set of integers</td><td>整數集合</td></tr>
<tr><td>$\rightarrow$</td><td>$\rightarrow$</td><td>arrow to the right</td><td>向右箭頭</td></tr>
<tr><td>$\leftarrow$</td><td>$\leftarrow$</td><td>arrow to the left</td><td>向左箭頭</td></tr>
<tr><td>$\mapsto$</td><td>$\mapsto$</td><td>maps to</td><td>映射</td></tr>
<tr><td>$\implies$</td><td>$\Rightarrow$</td><td>implies</td><td>推出</td></tr>
<tr><td>$\uparrow$</td><td>$\uparrow$</td><td>arrow pointing up,upward arrow</td><td>向上箭頭</td></tr>
<tr><td>$\Uparrow$</td><td>$\Uparrow$</td><td>arrow pointing up,upward arrow</td><td>向上箭頭</td></tr>
<tr><td>$\downarrow$</td><td>$\downarrow$</td><td>arrow pointing down,downward arrow</td><td>向下箭頭</td></tr>
<tr><td>$\Downarrow$</td><td>$\Downarrow$</td><td>arrow pointing down,downward arrow</td><td>向下箭頭</td></tr>
<tr><td>$\therefore$</td><td>$\therefore$</td><td>therefore sign</td><td>所以</td></tr>
<tr><td>$\because$</td><td>$\because$</td><td>because sign</td><td>因為</td></tr>
<tr><td>$\star$</td><td>$\star$</td><td>asterisk,star,pointer</td><td>星號</td></tr>
<tr><td>$!$</td><td>$!$</td><td>exclamation mark,factorial</td><td>嘆號，階乘</td></tr>
<tr><td>$| x |$</td><td>$|x|$</td><td>absolute value of x</td><td>絕對值</td></tr>
<tr><td>$\lfloor x\rfloor$</td><td>$\lceil x \rceil$</td><td>the floor of x</td><td>向下取整</td></tr>
<tr><td>$\lceil x\rceil$</td><td>$\lfloor x \rfloor$</td><td>the ceiling of x</td><td>向上取整</td></tr>
<tr><td>$x!$</td><td>$x!$</td><td>x factorial</td><td>階乘</td></tr>
</table>

3.6 用 LaTex 寫公式

代數

表 3.12 ~ 表 3.17 總結了一些常用的 LaTeX 代數運算式，請大家自行學習。

➔ 表 3.12 幾個有關多項式的數學表達 | Bk1_Ch3_03.ipynb

LaTeX	數學表達
$x^{2}-y^{2}= \left(x+y\right)\left(x-y\right)$	$x^{2}-y^{2}= \left(x+y\right)\left(x-y\right)$
$a_{n}x^{n}+a_{n-1}x^{n-1}+\dotsb + a_{2}x^{2}+ a_{1}x + a_{0}$	$a_{n}x^{n}+a_{n-1}x^{n-1}+\dotsb + a_{2}x^{2}+ a_{1}x + a_{0}$

LaTeX	數學表達
$\sum_{k=0}^{n}a_{k}x^{k}$	$\sum_{k=0}^{n}a_{k}x^{k}$
$ ax^{2}+bx+c=0\(a\neq 0)$	$ax^{2}+bx+c=0(a\neq 0)$

➔ 表 3.13 幾個有關根式的數學表達 I Bk1_Ch3_03.ipynb

LaTeX	數學表達
${\sqrt[{n}]{a^{m}}}=(a^{m})^{1/n}=a^{m/n}=(a^{1/n})^{m}=({\sqrt[{n}]{a}})^{m}$	${\sqrt[{n}]{a^{m}}}=(a^{m})^{1/n}=a^{m/n}=(a^{1/n})^{m}=({\sqrt[{n}]{a}})^{m}$
$\left({\sqrt{1-x^{2}}}\right)^{2}$	$\left({\sqrt{1-x^{2}}}\right)^{2}$

➔ 表 3.14 幾個有關分式的數學表達 I Bk1_Ch3_03.ipynb

LaTeX	數學表達
${\frac{1}{x+1}}+{\frac{1}{x-1}}={\frac{2x}{x^{2}-1}}$	${\frac{1}{x+1}}+{\frac{1}{x-1}}={\frac{2x}{x^{2}-1}}$
$x_{1,2}={\frac{-b\pm{\sqrt{b^{2}-4ac}}}{2a}}$	$x_{1,2}={\frac{-b\pm{\sqrt{b^{2}-4ac}}}{2a}}$

➔ 表 3.15 幾個有關函式的數學表達 I Bk1_Ch3_03.ipynb

LaTeX	數學表達
$f(x)=ax^{2}+bx+c~~{\text{with}}~~a,b,c\in\mathbb{R},\a\neq 0$	$f(x)=ax^{2}+bx+c~~{\text{with}}~~a,b,c\in\mathbb{R},a\neq 0$
$f(x_1,x_2)= x_1^2 + x_2^2 + 2x_1x_2$	$f(x_1,x_2)= x_1^2 + x_2^2 + 2x_1x_2$
$\log_{b}(xy)=\log_{b}x+\log_{b}y$	$\log_{b}(xy)=\log_{b}x+\log_{b}y$
$\ln(xy)=\ln x+\ln y{\text{for}}x>0{\text{and}}y>0$	$\ln(xy)=\ln x+\ln y~{\text{for}}~x>0~{\text{and}}~y>0$
$f(x)=a\exp\left(-{\frac{(x-b)^{2}}{2c^{2}}}\right)$	$f(x)=a\exp\left(-{\frac{(x-b)^{2}}{2c^{2}}}\right)$

➔ 表 3.16 幾個三角恒等式 | Bk1_Ch3_03.ipynb

LaTeX	數學表達
$\sin ^{2}\theta +\cos ^{2}\theta =1$	$\sin^2\theta+\cos^2\theta=1$
$\sin 2\theta =2\sin\theta\cos\theta$	$\sin 2\theta = 2\sin\theta\cos\theta$
$\sin(\alpha\pm\beta)=\sin\alpha\cos\beta\pm\cos\alpha\sin\beta$	$\sin(\alpha\pm\beta)=\sin\alpha\cos\beta\pm\cos\alpha\sin\beta$
$\tan(\alpha\pm\beta)=\frac{\tan\alpha\pm\tan\beta}{1\mp\tan\alpha\tan\beta}$	$\tan(\alpha\pm\beta)=\frac{\tan\alpha\pm\tan\beta}{1\mp\tan\alpha\tan\beta}$

➔ 表 3.17 幾個有關微積分數學表達 | Bk1_Ch3_03.ipynb

LaTeX	數學表達
$\exp(x)=\sum_{k=0}^{\infty}{\frac{x^{k}}{k!}}=1+x+{\frac{x^{2}}{2}}+{\frac{x^{3}}{6}}+{\frac{x^{4}}{24}}+\cdots $	$\exp(x)=\sum_{k=0}^{\infty}\frac{x^k}{k!}=1+x+\frac{x^2}{2}+\frac{x^3}{6}+\frac{x^4}{24}+\cdots$
$ \left(\sum_{i=0}^{n}a_{i}\right)\left(\sum_{j=0}^{n}b_{j}\right)=\sum_{i=0}^{n}\sum_{j=0}^{n}a_{i}b_{j}$	$\left(\sum_{i=0}^{n}a_i\right)\left(\sum_{j=0}^{n}b_j\right)=\sum_{i=0}^{n}\sum_{j=0}^{n}a_ib_j$
$\exp(x)=\lim_{n\to\infty}\left(1+{\frac{x}{n}}\right)^{n}$	$\exp(x)=\lim_{n\to\infty}\left(1+\frac{x}{n}\right)^n$
$\frac{\mathrm{d}}{\mathrm{d}x}\exp(f(x))=f'(x)\exp(f(x))$	$\frac{\mathrm{d}}{\mathrm{d}x}\exp(f(x))=f'(x)\exp(f(x))$
$\int_{a}^{b}f(x)\mathrm{d}x$	$\int_a^b f(x)\mathrm{d}x$
$\int_{-\infty}^{\infty}\exp(-x^{2})\mathrm{d}x={\sqrt{\mathrm{\pi}}}$	$\int_{-\infty}^{\infty}\exp(-x^2)\mathrm{d}x=\sqrt{\pi}$
$\int_{-\infty}^{\infty}\int_{-\infty}^{\infty}\exp\left({-\left(x^{2}+y^{2}\right)}\right){\mathrm{d}x}{\mathrm{d}y}= \pi$	$\int_{-\infty}^{\infty}\int_{-\infty}^{\infty}\exp\left(-\left(x^2+y^2\right)\right)\mathrm{d}x\mathrm{d}y=\pi$
$\frac{\partial ^{2}f}{\partial x^{2}}=f_{xx}=\partial_{xx}f=\partial_{x}^{2}f$	$\frac{\partial^2 f}{\partial x^2}=f_{xx}=\partial_{xx}f=\partial_x^2 f$

LaTeX	數學表達
${\frac{\partial ^{2}f}{\partial y\partial x}}={\frac{\partial}{\partial y}}\left({\frac{\partial f}{\partial x}}\right)=f_{xy}$	$\frac{\partial^2 f}{\partial y\partial x}=\frac{\partial}{\partial y}\left(\frac{\partial f}{\partial x}\right)=f_{xy}$

線性代數

表 3.18 和表 3.19 總結了一些常用的 LaTeX 線性代數相關運算式，請大家自行學習。

➔ 表 3.18 幾個有關向量的表達 | Bk1_Ch3_03.ipynb

LaTeX	數學表達
$\mathbf{a}= {\begin{bmatrix}a_{1}\\a_{2}\\ a_{3}\end{bmatrix}}= [a_{1}\a_{2}\a_{3}]^{\ operatorname{T}}$	$\mathbf{a}=\begin{bmatrix}a_1\\a_2\\a_3\end{bmatrix}=[a_1\ a_2\ a_3]^{\mathrm{T}}$
$\left\|\mathbf{a}\right\|=\sqrt{a_{1}^{2}+a_ {2}^{2}+a_{3}^{2}}$	$\left\|\mathbf{a}\right\|=\sqrt{a_1^2+a_2^2+a_3^2}$
$\mathbf{a}\cdot\mathbf{b}= a_{1}b_{1}+ a_{2}b_ {2}+ a_{3}b_{3}$	$\mathbf{a}\cdot\mathbf{b}=a_1b_1+a_2b_2+a_3b_3$
$\mathbf{a}\cdot\mathbf{b}=\left|\mathbf{a}\right|\ left|\mathbf{b}\right|\cos\theta $	$\mathbf{a}\cdot\mathbf{b}=\left\|\mathbf{a}\right\|\left\|\mathbf{b}\right\|\cos\theta$
$\|\mathbf{x}\|_{p}=\left(\sum_{i=1}^{n}\left\|x_{i}\ right\|^{p}\right)^{1/p}$	$\|\mathbf{x}\|_p=\left(\sum_{i=1}^{n}\left\|x_i\right\|^p\right)^{1/p}$

➔ 表 3.19 幾個有關矩陣的表達 | Bk1_Ch3_03.ipynb

LaTeX	數學表達
$\mathbf{A}= {\begin{bmatrix}1&2\\3&4\\ 5&6\end{bmatrix}}$	$\mathbf{A}=\begin{bmatrix}1&2\\3&4\\5&6\end{bmatrix}$
$\mathbf{A}={\begin{bmatrix}a_{11}&a_ {12}&\cdots&a_{1n}\\a_{21}&a_{22}&\ cdots&a_{2n}\\\vdots&\vdots&\ddots&\ vdots\\a_{m1}&a_{m2}&\cdots&a_{mn}\ end{bmatrix}}$	$\mathbf{A}=\begin{bmatrix}a_{11}&a_{12}&\cdots&a_{1n}\\a_{21}&a_{22}&\cdots&a_{2n}\\\vdots&\vdots&\ddots&\vdots\\a_{m1}&a_{m2}&\cdots&a_{mn}\end{bmatrix}$

LaTeX	數學表達
$\left(\mathbf{A}+\mathbf{B}\right)^{\operatorname{T}}=\mathbf{A}^{\operatorname{T}}+\mathbf{B}^{\operatorname{T}}$	$(\mathbf{A}+\mathbf{B})^{\mathrm{T}}=\mathbf{A}^{\mathrm{T}}+\mathbf{B}^{\mathrm{T}}$
$\left(\mathbf{AB}\right)^{\operatorname{T}}=\mathbf{B}^{\operatorname{T}}\mathbf{A}^{\operatorname{T}}$	$(\mathbf{AB})^{\mathrm{T}}=\mathbf{B}^{\mathrm{T}}\mathbf{A}^{\mathrm{T}}$
$ \left(\mathbf{A}^{\operatorname{T}}\right)^{-1}=\left(\mathbf{A}^{-1}\right)^{\operatorname{T}}$	$(\mathbf{A}^{\mathrm{T}})^{-1}=(\mathbf{A}^{-1})^{\mathrm{T}}$
$\mathbf{u}\otimes\mathbf{v}= \mathbf{u}\mathbf{v}^ {\operatorname{T}}= {\begin{bmatrix}u_{1}\\u_{2}\\u_{3}\\u_{4}\end{bmatrix}}{\begin{bmatrix}v_{1}&v_{2}&v_{3}\end{bmatrix}}= {\begin{bmatrix}u_{1}v_{1}&u_{1}v_{2}&u_{1}v_{3}\\u_{2}v_{1}&u_{2}v_{2}&u_{2}v_{3}\\u_{3}v_{1}&u_{3}v_{2}&u_{3}v_{3}\\u_{4}v_{1}&u_{4}v_{2}&u_{4}v_{3}\end{bmatrix}}$	$\mathbf{u}\otimes\mathbf{v}=\mathbf{u}\mathbf{v}^{\mathrm{T}}=\begin{bmatrix}u_1\\u_2\\u_3\\u_4\end{bmatrix}\begin{bmatrix}v_1&v_2&v_3\end{bmatrix}=\begin{bmatrix}u_1v_1&u_1v_2&u_1v_3\\u_2v_1&u_2v_2&u_2v_3\\u_3v_1&u_3v_2&u_3v_3\\u_4v_1&u_4v_2&u_4v_3\end{bmatrix}$
$\det{\begin{bmatrix}a&b\\c&d\end{bmatrix}}= ad-bc$	$\det\begin{bmatrix}a&b\\c&d\end{bmatrix}=ad-bc$

機率統計

表 3.20 總結了一些常用的 LaTeX 機率統計相關運算式，請大家自行學習。

➔ 表 3.20 幾個有關機率統計的表達 | Bk1_Ch3_03.ipynb

<table>
<tr><th>LaTeX</th><th>數學表達</th></tr>
<tr><td>$\Pr(A\vert B)={\frac{\Pr(B\vert A)\
Pr(A)}{\Pr(B)}}$</td><td>$\Pr(A\vert B)={\frac{\Pr(B\vert A)\Pr(A)}{\Pr(B)}}$</td></tr>
<tr><td>$ f_{X\vert Y=y}(x)={\frac{f_{X,Y}(x,y)}
{f_{Y}(y)}}$</td><td>$f_{X\vert Y=y}(x)={\frac{f_{X,Y}(x,y)}{f_{Y}(y)}}$</td></tr>
<tr><td>$\operatorname{var}(X)= \
operatorname{E}\left[X^{2}\
right]-\operatorname{E}[X]^{2}$</td><td>$\operatorname{var}(X)=\operatorname{E}\left[X^{2}\right]-\operatorname{E}[X]^{2}$</td></tr>
<tr><td>$\operatorname{var}(aX+bY)=a^{2}\
operatorname{var}
(X)+ b^{2}\operatorname{var}(Y)+
2ab\operatorname
{cov}(X,Y)$</td><td>$\operatorname{var}(aX+bY)=a^{2}\operatorname{var}(X)+b^{2}\operatorname{var}(Y)+2ab\operatorname{cov}(X,Y)$</td></tr>
<tr><td>$\operatorname{E}[X]=\int_{-\infty}^{\
infty}xf_{X}(x)
\operatorname{d}x$</td><td>$\operatorname{E}[X]=\int_{-\infty}^{\infty}xf_{X}(x)\operatorname{d}x$</td></tr>
<tr><td>$ X\sim N(\mu,\sigma ^{2})$</td><td>$X\sim N(\mu,\sigma^{2})$</td></tr>
<tr><td>$\frac{\exp\left(-{\frac{1}{2}}\left({\
mathbf{x}
}-{\boldsymbol{\mu}}\right)^{\
mathrm{T}}{\boldsymbol
{\Sigma}}^{-1}\left({\mathbf{x}}-{\
boldsymbol{\mu
}}\right)\right)}{\sqrt{(2\pi)^{k}|{\
boldsymbol{\Sigma
}}|}}$</td><td>$\frac{\exp\left(-{\frac{1}{2}}\left({\mathbf{x}}-{\boldsymbol{\mu}}\right)^{\mathrm{T}}{\boldsymbol{\Sigma}}^{-1}\left({\mathbf{x}}-{\boldsymbol{\mu}}\right)\right)}{\sqrt{(2\pi)^{k}|{\boldsymbol{\Sigma}}|}}$</td></tr>
</table>

➔ 請大家完成以下題目。

Q1. 請大家從零開始複刻 Bk1_Ch3_01.ipynb，並在建立 Jupyter Notebook 文件的過程中使用快速鍵。

Q2. 請大家在 JupyterLab 中複刻本章介紹的各種 LaTeX 公式。

JupyterLab 是本書系自主探究學習的利器，請大家務必熟練掌握。可以這樣理解，JupyterLab 相當於「實驗室」，可以做實驗，也可以寫圖文並茂、可執行、可互動的報告，可以和其他人交流自己的成果。

JupyterLab 特別適合探索性分析、快速原型設計、實驗；但是，對於專案開發、測試、維護，則需要用 Spyder、PyCharm、Visual Studio 等 IDE。

本書第 34 章將專門介紹 Spyder，第 35、36 兩章用 Spyder 和 Streamlit 架設機器學習應用 App。本書其餘章節則都使用 JupyterLab 作為程式設計 IDE。

下面，我們進入本書下一板塊，開始 Python 語法學習。

Section *02* 語法

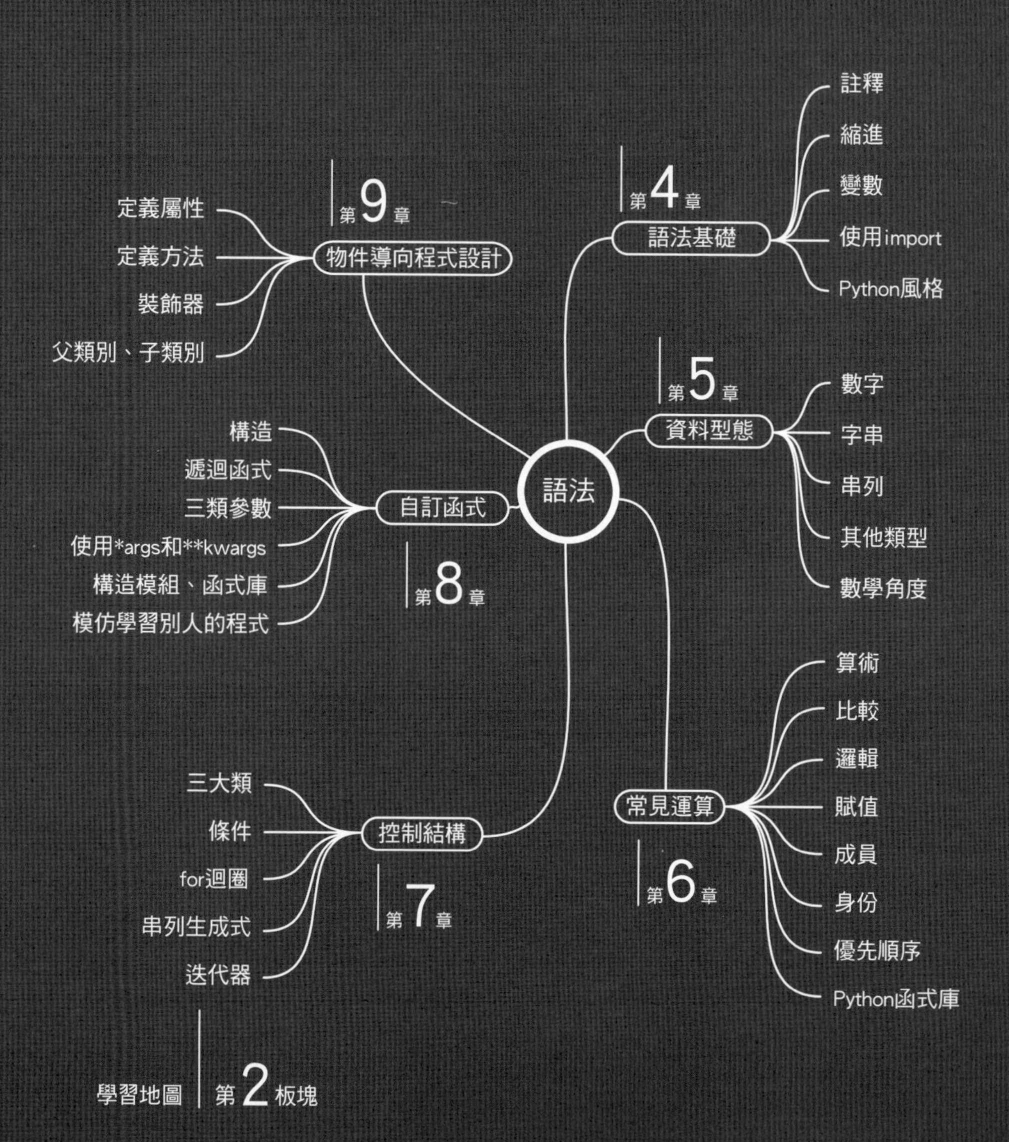

語法
第4章
語法基礎
註釋
縮進
變數
使用import
Python風格
第5章
資料型態
數字
字串
串列
其他類型
數學角度
第6章
常見運算
算術
比較
邏輯
賦值
成員
身份
優先順序
Python函式庫
第7章
控制結構
三大類
條件
for迴圈
串列生成式
迭代器
第8章
自訂函式
構造
遞迴函式
三類參數
使用*args和**kwargs
構造模組、函式庫
模仿學習別人的程式
第9章
物件導向程式設計
定義屬性
定義方法
裝飾器
父類別、子類別

學習地圖 第2板塊

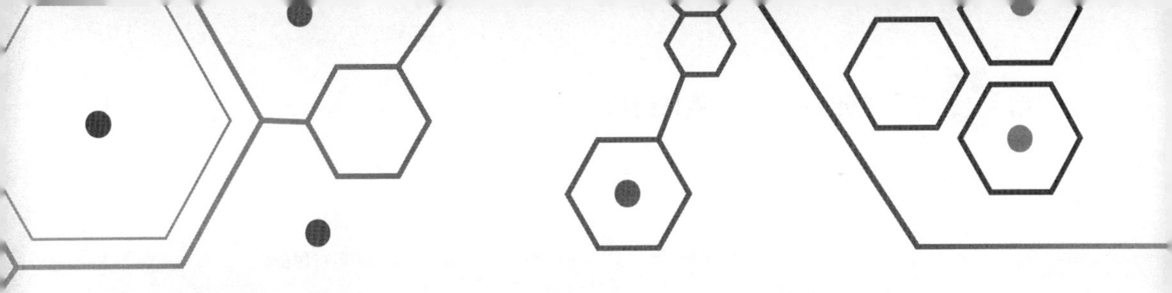

Fundamentals of Grammar in Python

4 Python 語法，邊學邊用

吸取英文學習失敗的教訓，不能死背語法

當你建造空中樓閣時，它不會倒塌；空中樓閣本應屬於高處。現在，擼起袖子把地基夯實。

If you have built castles in the air,your work need not be lost;that is where they should be.Now put the foundations under them.

——亨利・大衛・梭羅（*Henry David Thoreau*）| 作家、詩人 | *1817—1862* 年

- float()Python 內建函式，將指定的參數轉為浮點數類型，如果無法轉換則會引發異常
- for...in...Python 迴圈結構，用於迭代遍歷一個可迭代物件中的元素，每次迭代時執行相應的程式區塊
- from numpy import* 從 NumPy 函式庫中匯入了所有函式和物件，使得我們可以直接使用 NumPy 的所有功能，無須使用首碼 "numpy." 來呼叫。不建議使用這種方法
- from numpy import array 從 NumPy 函式庫中匯入了 array 函式，使得我們可以直接使用 array 函式而無須使用 "numpy.array" 來建立陣列
- if...elif...else...Python 條件語句，用於根據多個條件之間的關系執行不同的程式區塊，如果前面的條件不滿足則一個一個檢查後續的條件
- if...else...Python 條件陳述式，用於在滿足 if 條件時執行一個程式區塊，否則執行另一個 else 程式區塊
- import numpy as np 將 NumPy 函式庫匯入為別名 np，使得我們可以使用 np 來呼叫 NumPy 的函式和方法
- import numpy 將 NumPy 函式庫匯入到當前的 Python 環境中，呼叫時使用完整的 numpy 作為首碼
- input()Python 內建函式，用於從使用者處接收輸入
- int()Python 內建函式，用於將指定的參數轉為整數類型，如果無法轉換則會引發異常
- list()Python 內建函式，將元組、字串等轉為串列
- numpy.arange() 建立一個包含給定範圍內等間隔的數值的陣列
- numpy.array() 輸入資料轉為 NumPy 陣列，從而方便進行數值計算和陣列操作
- numpy.random.rand() 在 [0,1) 區間，即 0(包含) 到 1(不包含) 之間，生成滿足連續均勻分布的隨機數
- print()Python 內建函式，將指定的內容輸出到主控台或終端視窗，方便使用者查看程式的執行結果或偵錯資訊
- range()Python 內建函式，用於生成一個整數序列，可用於迴圈和迭代操作
- set()Python 內建函式，建立一個無序且不重複元素的集合，可用於去除重複元素或進行集合運算
- str()Python 內建函式，用於將指定的參數轉為字串類型

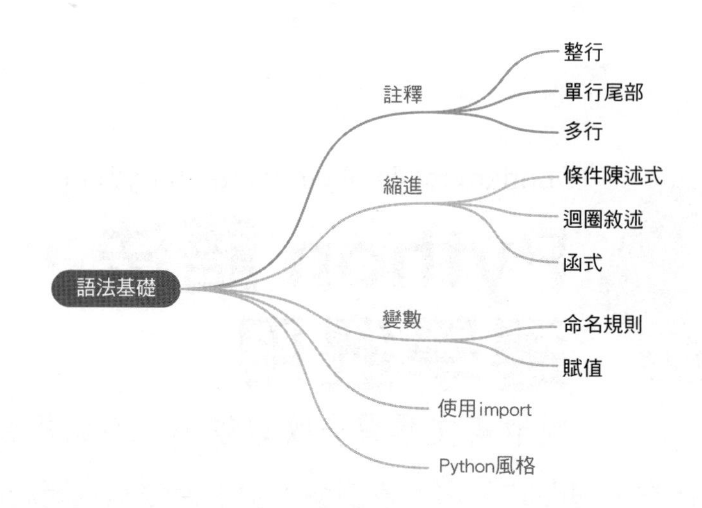

4.1 Python 也有語法？

和中文、英文、法語等人類語言一樣，Python 也是語言。只不過 Python 是程式語言，是人和電腦互動的語言，如圖 4.1 所示。凡是語言就有語法——套約定俗成的交流規則。

有了類似 ChatGPT 這樣的自然語言處理工具，人類的確可以直接使用人類語言和機器交流。但是，ChatGPT 也是用 Python 開發而成的，Python 不過是退隱幕後罷了。

Python 語法使用數量極少的英文詞彙，而且都是很基本的詞彙；Python 和英文都有一些關鍵字，例如 Python 中的 if、else、for、while 等關鍵字，和英文中的 if、else、for、while 等單字是一樣的；Python 和英文都有語法結構，例如 Python 中的 if 敘述和英文中的條件句都是用來表示條件陳述式的結構；Python 和英文都有一些語法規則，例如 Python 中的縮進規則和英文中的句子結構規則都是用來規範語法的；Python 語法相對來說比英文語法容易掌握，因為 Python 語法的規則和規範性更強。

表 4.1 總結了 Python 中常用英文關鍵字，這些並不需要大家背誦，瀏覽一遍就好。本書後續會介紹常用關鍵字。

> ⚠ 注意：請大家注意大小寫，特別是 True、False、None 需要首字母大寫。

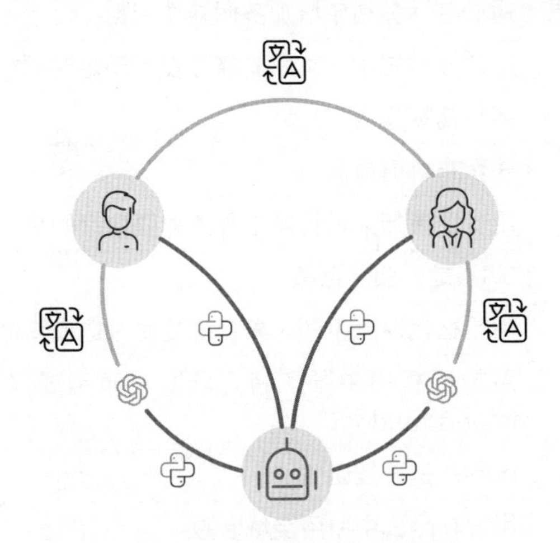

▲ 圖 4.1 Python 也是語言

➔ 表 4.1 Python 中常用英文關鍵字

英文	中文	描述
and	和	邏輯操作符號，要求兩個條件都滿足時才傳回 True
argument	參數	print('Hey you!') 中的 'Hey you' 是函式 print() 的輸入參數
as	作為	用於別名，可以給模組、函式或類別指定另一個名稱，如 import numpy as np
assert	斷言	用於測試程式的正確性，如果條件不成立則會引發異常
boolean	布林值	True 和 False 是兩個布林值
break	中斷	用於跳出迴圈敘述
class	類別	定義一個類別，包含屬性和方法
complex	複數	8 + 8j 是一個複數
condition	條件	if x > 0: 是一個條件陳述式
continue	繼續	用於跳過當前迴圈的剩餘部分，繼續執行下一次迴圈
def	定義	定義一個函式
del	刪除	用於刪除變數或物件

英文	中文	描述
dictionary	字典	{'name':'James','age':18} 是一個字典
elif	否則如果	用於在 if 敘述中增加多個條件判斷
else	否則	用於 if 敘述中，當所有條件都不滿足時執行
except	除外	用於捕捉異常
False	假	表示布林值為假
finally	最後	用於定義無論是否發生異常都要執行的程式區塊
float	浮點數	3.14 是一個浮點數
for	迴圈	用於迭代遍歷序列、集合或其他可迭代物件
from	來自	用於從模組中匯入特定函式、類別或變數，如 from numpy import random
function	函式	print() 是一個函式
global	全域	用於在函式中引用全域變數
if	如果	用於條件判斷，如 if x > 0:
import	匯入	用於匯入模組，如 import numpy
in	在	用於檢查元素是否存在於序列、集合或其他可迭代物件中
integer	整數	88 是一個整數
is	是	用於檢查兩個物件是否相同
lambda	匿名	定義一個匿名函式
list	串列	[1,2,3] 是一個串列
loop	迴圈	for i in range(10): 是一個迴圈敘述
module	模組	import math 匯入了 Python 的 math 模組
None	空	表示一個空值或缺少值
not	非	邏輯操作符號，將 True 變為 False，將 False 變為 True
object	物件	my_object = MyClass() 中 my_object 是一個 MyClass 類別的物件
or	或	邏輯操作符號，只要一個條件滿足就傳回 True
package	套件	import numpy 匯入了 Python 的 numpy 套件

英文	中文	描述
pass	跳過	用於預留位置，不執行任何操作
raise	引發異常	用於引發異常，如 raise ValueError("Invalid value.")
return	傳回	用於從函式中傳回值
set	集合	{1,2,3} 是一個集合
statement	敘述	x = 88.8 是一個設定陳述式
string	字串	'Hey you!' 是一個字串
True	真	表示布林值為真
try	嘗試	用於包含可能引發異常的程式區塊，如 try:except ValueError:
tuple	元組	(1,2,3) 是一個元組
variable	變數	x = 8 中 x 是一個變數
while	當	用於建立迴圈，只要條件為真就重複執行程式區塊
with	使用	用於自動管理資源，如檔案控制代碼或資料庫連接
yield	產生	用於生成器函式，暫停函式執行並傳回一個值

續表

Python vs C 語言

Python 是一種高級的物件導向程式語言。而 C 語言是一種編譯型語言，非常適合撰寫底層的系統軟體，如作業系統、編譯器和裝置驅動程式等。C 語言的優勢在於其對硬體和作業系統的底層控制，而這也是 Python 所缺乏的。Python 在處理複雜的資料結構和演算法時，通常比 C 語言慢得多。

Python 的優勢主要是其強大的第三方函式庫和工具生態系統，這使得 Python 可以用於更高層次的機器控制和自動化任務，如資料處理、機器學習和自然語言處理等。

> **什麼是物件導向程式設計語言？什麼是編譯型語言？**
>
> 物件導向程式設計語言是一種程式設計範式，它將現實世界中的概念和模型轉化為電腦程式中的類別和物件。物件導向程式設計中的核心概念包括封裝、繼承和多態性。
>
> 編譯型語言是指需要先透過編譯器將原始程式碼轉換成可執行程式的程式設計語言。在編譯過程中，編譯器會對程式進行語法分析、詞法分析、語義分析、最佳化等操作，將原始程式碼轉換成二進位可執行檔。編譯型語言的執行速度更快，但開發效率較低，因為需要撰寫和編譯原始程式碼。

學習板塊

本書有關 Python 語法的章節主要包括以下幾個。

- 基礎語法 (本章)：註釋、縮進、變數、套件、程式風格等。
- 資料型態 (第 5 章)：數字、字串、串列、元組、字典等。
- 運算子 (第 6 章)：算術運算子、比較運算子、邏輯運算子、位元運算符號等。
- 控制結構 (第 7 章)：條件陳述式、迴圈敘述、異常處理敘述等。
- 函式和模組 (第 8 章)：函式和模組的定義和使用。
- 物件導向程式設計 (第 9 章)：定義類別、物件、方法、屬性等。

4.2 註釋：不被執行，卻很重要

Python **註釋** (comment) 就是在寫 Python 程式時，為了方便自己和別人理解程式，增加的文字說明。這些文字說明不會被 Python **解譯器** (interpreter) 執行，只是為了讓程式更易讀懂和更易維護。

在Python程式中，我們可以使用#(hash,hashtag,hashmark)符號來增加註釋。

當 Python 解譯器讀取程式時，如果遇到 # 符號，它就會將 # 所在行後面的內容視為註釋，而非程式的一部分。

> ⚠ #後面的字元開始直到該行的結尾都被認為是註釋。

> ⚠ 好記性不如爛筆頭！對於初學者，特別是零基礎讀者，逐行註釋是快速學習掌握程式設計的小竅門！關鍵敘述記不住的話，在不同位置反覆註釋。

註釋：整行、單行尾部

如程式4.1所示，可以把註釋(圖中反白部分)看作是給程式增加的「貼紙」，用來解釋程式的用途、原理、變數的含義等。機器遇到圖中反白部分文字就自然跳過。

程式 4.1 展示了兩種註釋：① 整行註釋；② 單行尾部註釋。

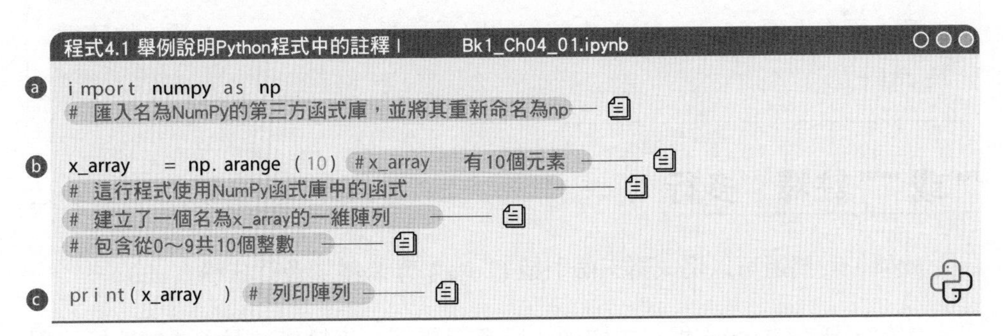

下面簡單講解程式 4.1。

ⓐ 將 numpy(正式名稱為 NumPy) 匯入到當前 Python 環境中，並給 numpy 一個別名 np。這樣我們可以使用 np 來呼叫 NumPy 的函式和方法。這是一種在 Python 中較為常用的匯入第三方函式庫的方法。本章後文還會介紹其他幾種匯入庫的方法。

ⓑ 用 np.arange() 呼叫 numpy(別名 np) 函式庫中的 arange() 函式。如圖 4.2 所示，np.arange(10) 產生 0 ~ 9 這 10 個整數組成的陣列，array([0,1,2,3,4,5,6,7,8,9])，並賦值給變數 x_array。

本書第 13 ~ 18 章專門介紹 NumPy。

ⓒ 利用 print() 函式列印變數 x_array 中儲存的 array([0,1,2,3,4,5,6,7,8,9])。

請大家在 JupyterLab 中練習程式 4.1。

在 Jupyter Notebook 中，Markdown 的功能和註釋顯然不同。Markdown 相當於筆記，可以是標題、文字段落、串列、圖片、連結等。而註釋是在程式區塊中增加對具體程式的說明和解釋。

numpy.arange (10)

▲ 圖 4.2 一維 NumPy 陣列

注意：再次提醒，JupyterLab 中註釋和取消註釋（uncomment）預設快速鍵為 ctrl + /。

''' 或 """ 註釋：多行

此外，我們還可以用成對三個引號 (''' 或 """) 來增加多行註釋。

比如，要在 Python 程式中增加一段多行註釋，來描述一個函式的功能和用法，那麼可以使用三個引號來實現。程式 4.2 是一個例子。

程式 4.2 中，ⓐ 利用 def 定義了一個名為「my_function」的函式，然後使用三個引號來增加多行註釋。「my_function」是個自訂函式，括號內有兩個輸入 x 和 y。

在 Python 中，自訂函式是一種將一段可重用程式封裝起來的方法。大家可能會好奇，Python 各種函式庫已經提供大量函式，我們為什麼還需要自訂函式？

首先，除了通用函式之外，我們需要各種滿足個人訂製化需要的函式。自訂函式讓程式模組化，便於管理和維護。

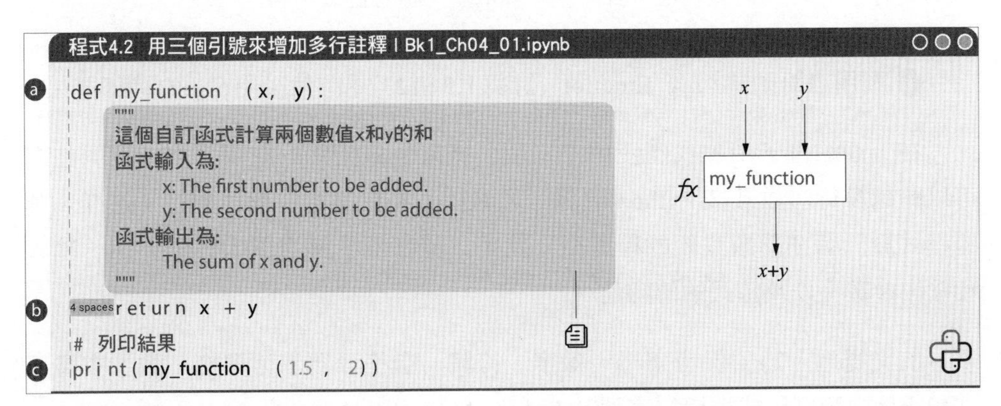

一旦建立了一個函式，我們可以在不同的地方多次呼叫它，而不必重複撰寫相同的程式。將部分程式封裝在自訂函式中，還可以提高程式的可讀性，讓程式更簡潔，方便偵錯，降低錯誤。

本書第 8 章專門講解自訂函式。

注意：ⓐ這句以冒號 (colon)(:) 結束。一般情況下，Python 程式敘述不需要用分號 (semi-colon)(;) 結束。但是，分號可以讓我們在一行中寫幾句 (短) 程式。

表 4.2 列出了 Python 中使用冒號的幾種常見情況，本書後文都會涉及。

ⓑ 用 return 傳回自訂函式的輸出—x 和 y 的和。

ⓑ 在 return 之前有 4 個空格，叫作**縮進** (indentation)。本章後文將專門介紹縮進的作用。

> 注意：中文輸入法下的單、雙引號都是 " 全形引號 "，Python 解譯器會拋出語法錯誤。在 Python 中，只有半形引號（'）和雙半形引號（"）才可以用來定義字串，而全形引號則不能用於字串的定義。此外，使用圓括號、方括號等符號時也需要注意全形、半形問題，避免語法錯誤。

ⓒ 利用自訂函式「my_function」計算 1.5 和 2 之和，然後用 print() 列印結果。

在上面的例子中，我們使用了三個引號來包裹函式的註釋文字，這個註釋可以跨越多行，並且被 Python 解譯器忽略掉，不會被當作程式執行。這樣，其他程式設計師在閱讀我們的程式時，就可以清晰地了解這個函式的作用、輸入和輸出參數，以及函式的傳回值。

前文提過，為了保證字母、數字、符號、空格等顯示時寬度一致，本書正文和圖片中範例程式採用的字型為 Roboto Mono Light。

➔ 表 4.2 Python 使用冒號的常見情況

情況	語法
索引和切片	string_obj[start:end:step_size] # 字串 list_obj[start:end:step_size] # 串列 tuple_obj[start:end:step_size] # 元組 numpy_array[start:end:step_size] #NumPy array
字典鍵值對	dict_obj{key:value} # 字典

條件陳述式	if condition_1:
	  # 程式區塊，注意縮進
	elif condition_2:
	  # 程式區塊，注意縮進
	else:
	  # 程式區塊，注意縮進

情況	語法

迴圈敘述	for element in iterable:
	# 程式區塊，注意縮進
	while condition:
	# 程式區塊，注意縮進

定義函式	def function_name(arguments): # 程式區塊，注意縮進
lambda 函式	lambda variables:expression
定義類別	class ClassName: # 程式區塊，注意縮進
異常處理	try: # 程式區塊，注意縮進 except SomeException: # 程式區塊，注意縮進 finally: # 程式區塊，注意縮進
上下文管理	with context_manager: # 程式區塊，注意縮進；第 35 和 36 章中使用 Streamlit 函式庫時會用到

4.3 縮進：四個空格，標識程式區塊

相信大家已經在程式 4.2 和表 4.2 發現了**縮進** (indentation)。

在 Python 中，縮進是非常重要的。縮進是指在程式行前面留出的**空格** (space) 或定位字元 (tab →)，表示程式區塊的開始和結束。換句話說，縮進用於指示哪些程式行屬於同一個程式區塊。

在其他程式語言中，通常使用大括號或關鍵字來表示程式區塊的開始和結束，如 MATLAB 用 end 表示程式區塊結束。但在 Python 中，使用縮進來代替。

注意：在 Python 中，縮進的大小沒有嚴格規定，一般情況下建議使用 4 個空格作為縮進，但並不鼓勵用定位字元 tab 縮進。特別反對混用 4 個空格和 tab 縮進。

Python 中常見的需要縮進的場合包括 for 迴圈、while 迴圈、if...else... 判斷敘述、函式定義以及類別的定義等。同一縮進等級裡的程式屬於同一邏輯區塊，如圖 4.3 所示。這些需要使用縮進的場合往往都是需要使用冒號「:」來表示下一行需要使用縮進。

如果縮進有誤，編譯器會顯示出錯，顯示出錯內容為 IndentationError: unindent does not match any outer indentation level。

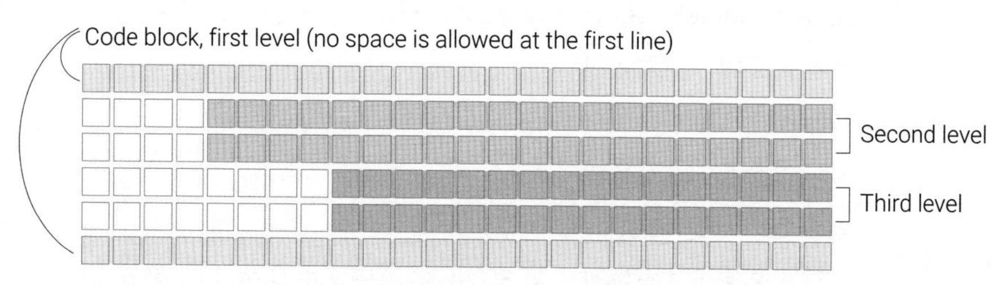

▲ 圖 4.3 縮進形成不同的程式等級

條件陳述式

在 if...elif...else... 敘述中，它們所控制的程式區塊需要縮進，以表示它們屬於條件陳述式。程式 4.3 用 if...elif...else... 敘述判斷輸入數值正負。圖 4.4 所示為程式的流程圖。

程式設計時，**流程圖** (flowchart) 用於表示演算法的邏輯結構和程式的執行流程。它可以幫助我們更進一步地理解程式的執行順序、條件分支和迴圈結構。流程圖中最常用標識如表 4.3 所示。

從這個流程圖結果來看，三個條件分支實際上將**實數軸** (number line) 分為三個部分，如圖 4.5 所示。

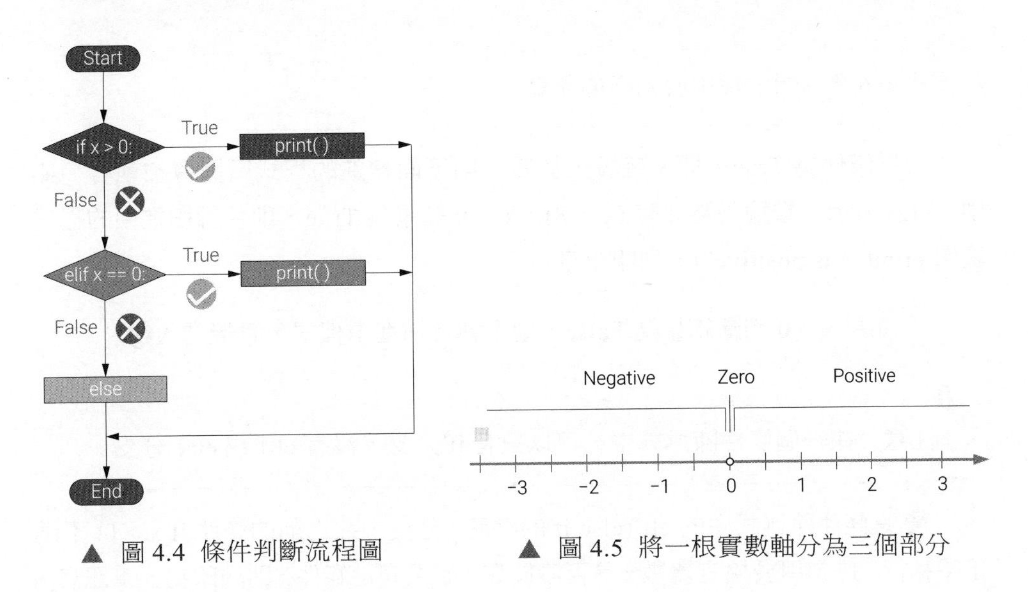

▲ 圖 4.4 條件判斷流程圖

▲ 圖 4.5 將一根實數軸分為三個部分

➔ 表 4.3 流程圖中最常用標識

名稱	標識	描述
開始 (start)		流程的起始點
結束 (end,terminal)		流程的結束點
箭頭 (flowline,arrowhead)	→	用來表達過程的次序
流程 (process)		表示一個操作、任務或活動的步驟
判斷 (decision)		菱形，根據條件的不同，決定不同的流程走向

下面講解程式 4.3 中關鍵敘述。

ⓐ 首先利用 Python 內建 input() 從使用者獲取數值輸入，然後用 float() 將其轉化為**浮點數** (float) 並存在變數 x 中。簡單來說，浮點數在電腦中用以近似表示任意實數，基於**科學記數法** (scientific notation)。

ⓑ 是條件陳述式的開始，它使用關鍵字 if 來引導一個條件的判斷。在這裡，條件是檢查變數 x 是否大於零。大於號「>」用來判斷。

> 本書第 6 章專門講解用於判斷的運算。

如果條件為 True，即 x 確實大於零，則下面縮進的程式區塊會被執行。如圖 4.6(a) 所示，當輸入為 8 時 (x = 8)，x > 0 結果為 True，則執行縮進中的程式區塊 print("x is positive")，列印訊息。

如果 x > 0 判斷結果為 False，則不執行縮進中程式，直接進入ⓒ。

> 注意：在一個條件陳述式中，可以只有 if 分支，沒有 elif 或 else 分支。

ⓒ 是條件陳述式中的 elif(else if 的縮寫) 分支，在之前的條件 if x > 0: 不滿足時執行。這句用於檢查變數 x 是否等於零，如果滿足條件，則列印另一筆訊息。

如圖 4.6(b) 所示，當輸入為 0 時 (x = 0)，x == 0 結果為 True，則執行縮進中的程式區塊 print("x is zero")，列印訊息。兩個相連等號「==」用來判斷是否相等。

在一個條件陳述式中，可以沒有 elif，也可以有若干 elif。

ⓓ 是條件陳述式中的 else 分支，用於處理之前的條件不滿足時的情況。之前條件包括 if，可能沒有、也可能若干 elif 分支。如圖 4.6(c) 所示，當輸入為 -8 時，則執行 else 縮進中的程式區塊 print("x is positive")，列印訊息。

ⓔ 這一句也在 else 分支中。如果 x 為負數，對 x 變號計算**絕對值** (absolute value)，並賦值給 abs_x。

此外，還請大家注意 if、elif、else 最後需要以半形冒號 : 結束。這個冒號是英文輸入法下的半形冒號。

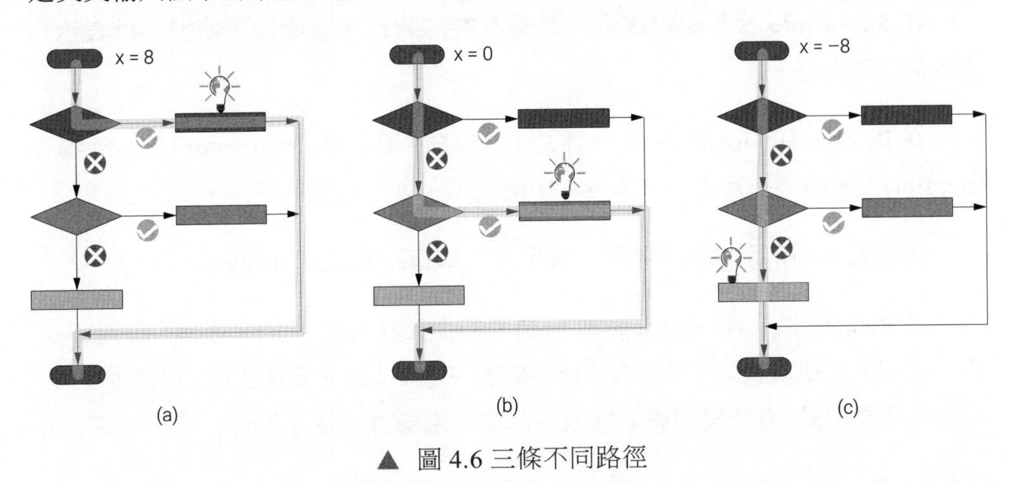

▲ 圖 4.6 三條不同路徑

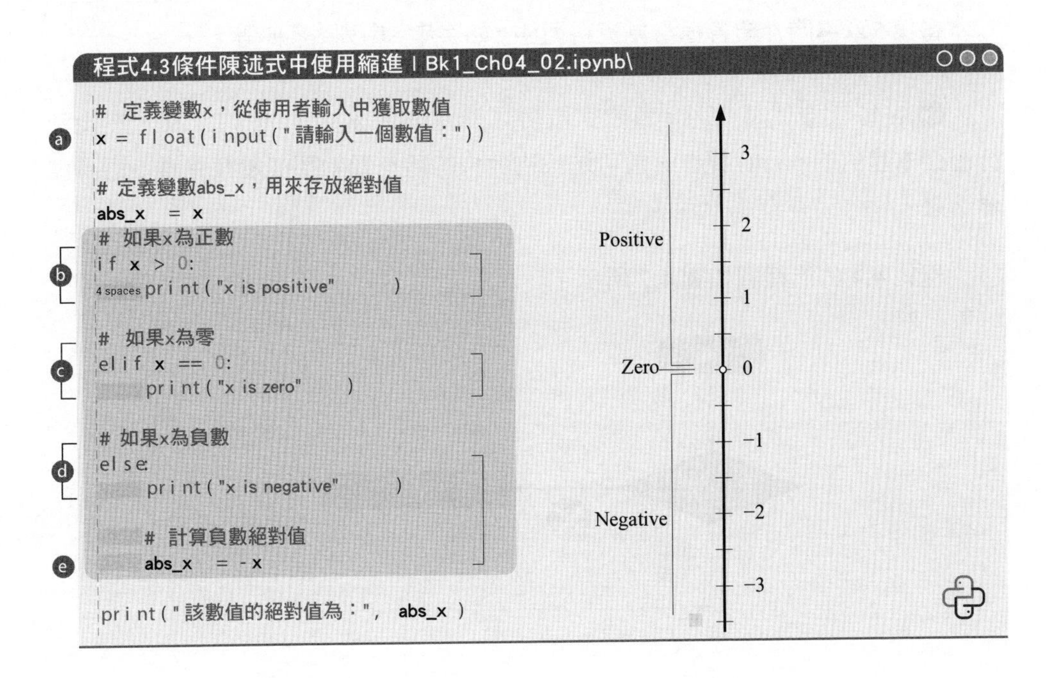

程式4.3條件陳述式中使用縮進 | Bk1_Ch04_02.ipynb\

```
# 定義變數x，從使用者輸入中獲取數值
x = float(input("請輸入一個數值："))

# 定義變數abs_x，用來存放絕對值
abs_x = x
# 如果x為正數
if x > 0:
    print("x is positive")

# 如果x為零
elif x == 0:
    print("x is zero")

# 如果x為負數
else:
    print("x is negative")

    # 計算負數絕對值
    abs_x = -x

print("該數值的絕對值為：", abs_x)
```

迴圈敘述

在 for、while 等迴圈敘述中，迴圈本體內的程式區塊需要縮進，以表示它們屬於迴圈敘述。

在 Python 中，for 迴圈是一種迭代結構，用於**遍歷** (iterate) 可**迭代物件** (iterator)，如串列、元組、字串等，中的元素，執行特定的操作。

如程式 4.4 所示，ⓐ 定義了一個字串，賦值給變數 x_string。

在 Python 中，字串 (string) 是一種資料型態，用於表示文字資料。字串是由一系列字元組成的，可以包含字母、數字、符號以及空格等字元。定義字串時，可以使用單引號 (') 或雙引號 ("") 包裹起來，兩種方式是等效的。

> 本書第 5 章專門介紹各種常見資料型態，如字串、串列、字典等。

ⓑ 在每次迭代時，i_str 會依次取得可迭代物件 x_string 中的元素，然後執行迴圈本體內的 print() 操作。當可迭代物件中的所有元素都被遍歷完畢，迴圈就會結束。

程式 4.4 的流程圖如圖 4.7 所示。

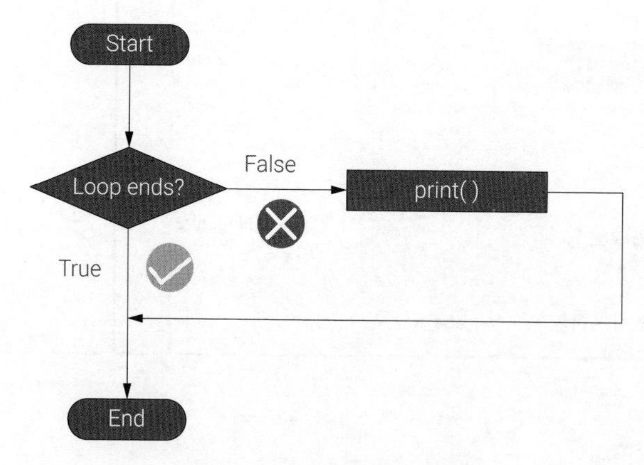

▲ 圖 4.7 for 迴圈流程圖

注意：for ... in ... 最後也需要以半形冒號 ":" 結束。

程式4.4 for迴圈敘述中使用縮進 | Bk1_Ch04_03.ipynb

```
a  x_string = 'Python is FUN!'  —— P y t h o n   i s   F U N !

   # 利用for迴圈列印每個字
b  for i_str in x_string:
   4 spaces print(i_str)   P y t h o n   i s   F U N !
```

4.4 變數：一個什麼都能裝的箱子

在 Python 中，**變數** (variable) 是用於儲存資料值的識別字。本章開始到現在大家已經在不同程式中看到變數的影子。這些變數用於引用記憶體中的值，這些值可以是數字、字串、串列、字典、函式等各種類型的資料。

如圖 4.8 所示，簡單來說，變數就是個「箱子」。

表 4.4 為 Python 中常見資料型態。下一章將專門介紹 Python 中各種常用資料型態。

➔ 表 4.4 Python 中常見資料型態

資料型態	type()	特點	舉例
數字 (number)	int float complex	包括整數、浮點數、複數等	x = 8 y = 88.8 z = 8 + 8j
字串 (string)	str	一系列字元的序列	s = 'hello world'
串列 (list)	list	一組有序的元素，可以修改	a = [1,2,3,4] b = ['apple','banana','orange']
元組 (tuple)	tuple	一組有序的元素，不能修改	c = (1,2,3,4) d = ('apple','banana','orange')
集合 (set)	set	一組無序的元素，不允許重複	e = {1,2,3,4} f = {'apple','banana','orange'}

資料型態	type()	特點	舉例
字典 (dictionary)	dict	一組鍵 - 值對，鍵必須唯一	g = {'name':'Tom','age':18}
布林 (boolean)	bool	代表 True 和 False 兩個值	x = True y = False
None 類型	NoneType	代表空值或遺漏值	z = None

在 Python 中，變數是動態類型的，這表示我們可以在執行時期為變數分配不同類型的值。不需要提前宣告變數的類型，Python 會根據所賦予的值自動確定其類型。

也就是說，這個 Python 中的箱子什麼都能裝。在 Python 中，可以使用內建的 type() 函式來判定資料的類型。type() 函式傳回一個表示物件類型的值。

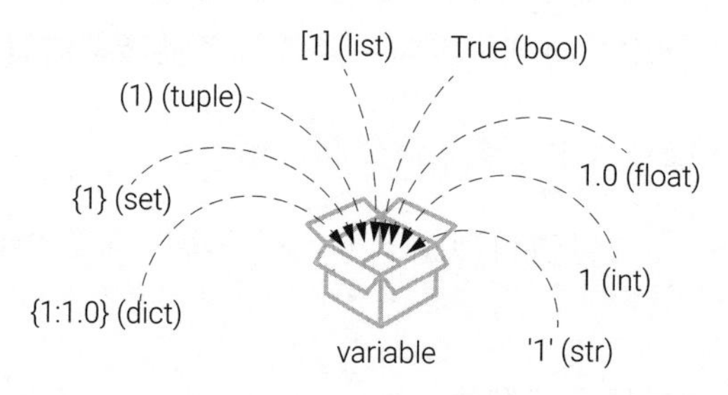

▲ 圖 4.8 Python 變數就是個「箱子」，什麼都能裝

什麼是動態類型語言？

動態類型語言是指在執行時期可以自動判斷變數的資料型態的程式設計語言。動態類型語言不需要在撰寫程式時顯式地指定變數的資料型態，而是在程式執行時期自動進行類型檢查。

與之相對的是靜態類型語言。靜態類型語言中，每個變數都必須在宣告時指定其資料型態，編譯器會在編譯時檢查變數是否被正確使用。比如，C 語言是一種靜態類型語言。int x = 10;int y = 20;x 和 y 都被宣告為整數類型 (int)，編譯器會在編譯時檢查它們是否被正確使用。

變數命名規則

Python 中的變數命名規則和建議如下。

- 變數名稱必須是一個合法的識別字，即由字母、數字和底線組成，且不能以數字開頭。例如，x、my_var、var_1 等都是合法的識別字。注意，變數名稱不能以數字開頭，如 1_variable 作為變數名稱不合法。
- 變數名稱區分大小寫。例如，my_var 和 My_var 是不同的變數名稱。
- 變數名稱應該具有描述性，能夠清晰地表達其所代表的內容。例如，name 可以代表人名，age 可以代表年齡，等等。
- 變數名稱應該儘量簡潔明瞭，但不要過於簡短。避免使用單一字母或縮寫作為變數名稱，除非上下文明確。
- 變數名稱不應該與 Python 中的保留函式 (關鍵字) 名稱重複，否則會導致語法錯誤。例如，不能使用 if、else、while 等關鍵字作為變數名稱。
- 在特定的上下文中，可以使用特定的命名約定。例如，類別名稱應該使用駝峰命名法 (camelCase)，函式名稱和變數名稱應該使用底線分隔法 (snake_case) 等。

有關 Python 內建函式用法，請參考：

```
ttps://docs.python.org/zh-cn/3/library/functions.html
```

駝峰、蛇形命名法

常見有兩種變數命名法—駝峰命名法、蛇形命名法。下面簡單比較兩者。

⚠

Python 變數名稱一般普遍採用蛇形命名法；Python **物件導向程式設計** (Object-Oriented Programming，OOP) 中的**類別** (class) 定義一般採用駝峰命名法。而 Java 和 JavaScript 等語言則更常使用駝峰命名法。

- **駝峰命名法** (camel case) 以其類似於駱駝背部的形狀而得名，其中單字之間的空格被移除，而每個單字首字母一般大寫。在駝峰命名法中，通常有兩種常見的變形：小駝峰命名法 (lower camel case)，如 firstName、totalAmount；大駝峰命名法 (upper camel case)，如 FirstName、TotalAmount。大駝峰命名法也叫帕斯卡命名法 (Pascal case)。Pascal case 在 C# 中應用更多。
- **蛇形命名法** (snake case) 以其類似於蛇的形狀而得名，其中單字之間用底線 _ 分隔，而且所有字母都是小寫，例如 first_name、total_amount。

變數賦值

本章讀到這裡，相信大家都已經清楚，我們可以使用等號 = 將一個值賦給一個變數。可以同時給多個變數賦值，用逗點分隔每個變數，並使用等號將值分配給變數。例如：

```
x, y, z = 1, 2, 3 # x = 1; y = 2; z = 3
```

可以使用鏈式賦值的方式給多個變數賦相同的值。例如：x = y = z = 0

可以使用增量賦值的方式對變數進行遞增或遞減。例如：x += 1# 等價於 x = x + 1

4.5 使用 import 匯入套件

在程式 4.1 中，我們已經用 import 匯入過 numpy 套件。

在 Python 中，套件是一組相關的模組和函式的集合，用於實現特定的功能或解決特定的問題。套件通常由一個頂層目錄和一些子目錄和檔案組成，其中包含了實現特定功能的模組和函式。

Python 中有很多常用的套件，包括資料處理和視覺化、機器學習和深度學習、網路程式設計、Web 開發等。其中，常用的視覺化套件包括 Matplotlib、

Seaborn、Plotly 等，機器學習常用的套件包括 NumPy、Pandas、Statsmodels、Scikit-Learn、TensorFlow、Streamlit 等。

Matplotlib 是 Python 中最流行的繪圖函式庫之一，可用於建立各種類型的靜態圖形，如線圖、散點圖、柱狀圖、等高線圖等。

Seaborn 是基於 Matplotlib 的高級繪圖函式庫，提供了更美觀、更豐富的圖形元素和繪圖樣式。Plotly 是一款互動式繪圖函式庫，可用於建立各種類型的互動式圖形，如散點圖、熱力圖、面積圖、氣泡圖等，支援資料視覺化的各個方面，包括統計學視覺化、科學視覺化、金融視覺化等。NumPy 是 Python 中常用的數值計算函式庫，提供了陣列物件和各種數學函式，用於高效率地進行數值計算和科學計算。Pandas 是 Python 中常用的資料處理函式庫，提供了高效的資料結構和資料分析工具，可用於資料清洗、資料處理和資料視覺化。

Scikit-Learn 是 Python 中常用的機器學習函式庫，提供了各種常見的機器學習演算法和模型，包括分類、回歸、聚類、降維等。

TensorFlow 是 Google 開發的機器學習框架，提供了各種深度學習模型和演算法，可用於建構神經網路、卷積神經網路、循環神經網路等深度學習模型。

Streamlit 可以透過簡單的 Python 指令稿快速建構互動式資料分析、機器學習應用程式。

本書前文介紹過如何安裝、更新、刪除某個具體套件，下面我們聊一聊如何在 Python 中匯入套件。

匯入套件

下面以 NumPy 為例介紹幾種常用的匯入套件的方式。第一種，直接匯入整個 NumPy 套件：

```
import numpy
```

這種方式會將整個 NumPy 套件匯入到當前的命名空間中，需要使用完整的套件名稱進行呼叫，例如：

```
a = numpy.array([1, 2, 3])
```

第二種，匯入 NumPy 套件並指定別名：

```
import numpy as np
```

這種方式會將 NumPy 套件匯入到當前的命名空間中，並使用別名 np 來代替 NumPy，例如：

```
a = np.array([1, 2, 3])
```

第三種，匯入 NumPy 套件中的部分模組或函式：

```
from numpy import array
```

這種方式會將 NumPy 套件中的 array 函式匯入到當前的命名空間中，可以直接呼叫該函式，例如：

```
a = array([1, 2, 3])
```

第四種，匯入 NumPy 套件中的所有模組或函式：

```
from numpy import *
```

這種方式會將 NumPy 套件中的所有函式和模組匯入到當前的命名空間中，可以直接呼叫任意函式或模組，例如：

```
a = array([1, 2, 3])
b = random.rand(3, 3)
```

在實際應用中，可以根據需要選擇和使用適當的匯入方式。一般來說，建議使用第二種 (匯入 NumPy 套件並指定別名) 或第三種方式 (匯入部分模組或函式)，這樣既可以簡化程式，又不會匯入太多無用的函式或模組，從而提高程式的可讀性和性能。

> 注意：請大家採用常用 Python 函式庫 / 模組的約定俗成的簡稱（見表 4.5），特別不建議大家自由發揮。

➔ 表 4.5 常用 Python 套件的名稱及簡稱

庫名	IDE 中函式庫 / 模組全稱	簡稱	匯入	關鍵字
NumPy	numpy	np	import numpy as np	多維陣列、線性代數運算
Pandas	pandas	pd	import pandas as pd	資料幀、資料處理、資料分析
Matplotlib	matplotlib.pyplot	plt	import matplotlib.pyplot as plt	繪圖、美化
Seaborn	seaborn	sns	import seaborn as sns	統計視覺化
Plotly	plotly.express	px	import plotly.express as px	互動視覺化
Streamlit	streamlit	st	import streamlit as st	應用 App

4.6 Pythonic：Python 風格

「Pythonic」翻譯成中文可以是「符合 Python 風格的」「Python 風格的」等。讓 Python 程式 Pythonic 是指遵循 Python 社區的最佳實踐和程式風格，使程式更加易讀、易維護、易擴充和高效。以下是一些讓 Python 程式 Pythonic 的方法。

- **遵循 PEP8 規範**：PEP8 是 Python 社區的程式風格指南，包括縮進、命名、程式結構、註釋等。撰寫符合 PEP8 規範的程式可以提高程式的可讀性和可維護性。
- **使用 Python 內建函式和資料結構**：如串列、字典、集合、生成器、裝飾器、lambda 運算式等。使用這些功能可以使程式更加簡潔、高效和易於理解。
- **使用異常處理機制**：Python 的異常處理機制可以使程式更加健壯和容錯。在撰寫程式時應該預見到可能的異常情況，並使用 try/except 區塊來處理這些異常情況。

- **避免使用全域變數**：全域變數可以使程式更加難以理解和維護，因為它們可能會被其他程式意外修改。應該儘量避免使用全域變數，而是使用函式或類別來封裝狀態和行為。
- **使用函式式程式設計風格**：函式式程式設計風格強調函式的不可變性和無狀態性，使得程式更加簡潔、高效和易於測試。應該盡可能使用純函式，避免使用副作用和可變狀態。
- **使用物件導向程式設計風格**：物件導向程式設計風格可以使程式更加模組化和易於擴充。使用類別和物件可以封裝狀態和行為，使程式更加結構化和易於維護。
- **撰寫文件和測試**：撰寫文件和測試可以使程式更加易讀、易於理解和易於維護。

有關 PEP8，請參考：https://peps.python.org/pep-0008/

如果在 Python 程式設計中遇到問題或 bug，可以去以下幾個地方尋求幫助。

- 官方文件：Python 官方文件提供了豐富的資源，包括語言參考手冊、標準函式庫參考手冊、教學、範例程式等。可以先在官方文件中查詢相關資訊，尋找解決問題的方法。
- Stack overflow(https://stackoverflow.com/)：這是一個廣泛使用的程式設計師問答社區，擁有龐大的使用者群眾和豐富的問題解答資源。可以在這裡提出你的問題，或者搜索其他人遇到的類似問題的解決方法。
- 此外，ChatGPT 之類的幫手工具也可以幫助我們解決程式設計中遇到的問題。

➔ 請大家完成以下題目。

Q1. 在 JupyterLab 中複刻所有範例程式，並逐行註釋加強理解。

* 題目不提供答案。

直言不諱地說，對初學者來說，如果一本 Python 程式設計教材整本都是基本語法，這本書大機率的命運就是躺在書架上吃灰。Python 初學者最想看到的是怎麼讓 Python 程式跑起來，用 Python 工具解決實際問題，而非翻一本味同嚼蠟的 Python 詞典。

如果遇到具體的 Python 語法問題，大家可以求助 Python 官網、社區、ChatGPT、Stack overflow 等資源。

如果數學工具有問題建議大家求助：https://mathworld.wolfram.com/；也可以參考以下社區 https://math.stackexchange.com/。

對於我們，Python 是解決各種問題的工具。希望大家學習 Python 時，一定要吸取英文學習失敗的教訓，千萬不能死背 Python 語法。死記硬背要不得，千萬別把 Python 當成「文科」來學。要用為主、學為輔，邊學邊用，活學活用。

先讓程式「跑」起來，有了成就感、獲得感之後，內生的興趣就會推著大家一路狂奔。

MEMO

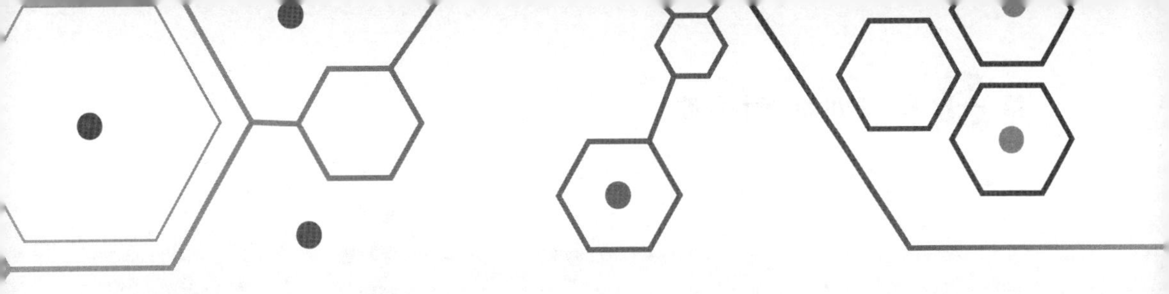

Data Types in Python

5 Python 資料型態

字串、串列、元組、字典……

每個人都是天才。但是，如果您以爬樹的能力來判斷一條魚，那麼那條魚終其一生都會相信自己是愚蠢的。

Everybody is a genius.But if you judge a fish by its ability to climb a tree,it will live its whole life believing that it is stupid.

——阿爾伯特 · 愛因斯坦（*Albert Einstein*）| 理論物理學家 | *1879—1955* 年

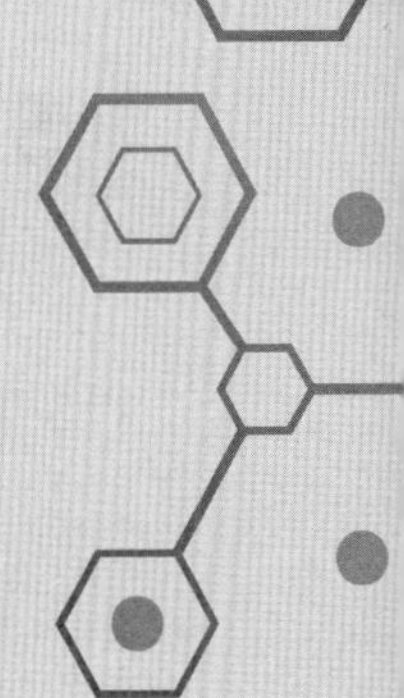

- copy.deepcopy() 建立指定物件的深拷貝
- dict()Python 內建函式，建立一個字典資料結構
- enumerate()Python 內建函式，傳回索引和元素，可用於在迴圈中同時遍歷序列的索引和對應的元素
- float()Python 內建函式，將指定的參數轉為浮點數類型，如果無法轉換則會引發異常
- int()Python 內建函式，用於將指定的參數轉為整數類型，如果無法轉換則會引發異常
- len()Python 內建函式，傳回指定序列，字串、串列、元組等的長度，即其中元素的個數
- list()Python 內建函式，將元組、字串等轉為串列
- math.ceil() 將給定數值向上取整數，傳回不小於該數值的最小整數
- math.e math 模組提供的常數，表示數學中的自然常數 e 的近似值
- math.exp() 計算以自然常數 e 為底的指數冪
- math.floor() 將給定數值向下取整數，傳回不大於該數值的最大整數
- math.log() 計算給定數值的自然對數
- math.log10() 計算給定數值的以 10 為底的對數
- math.pi math 模組提供的常數，表示數學中的圓周率的近似值
- math.pow() 計算一個數的乘冪
- math.round() 將給定數值進行四捨五入取整數
- math.sqrt() 計算給定數值的平方根
- print()Python 內建函式，將指定的內容輸出到主控台或終端視窗，方便使用者查看程式的執行結果或偵錯資訊
- set()Python 內建函式，建立一個無序且不重複元素的集合，可用於去除重複元素或進行集合運算
- str()Python 內建函式，用於將指定的參數轉為字串類型
- type()Python 內建函式，傳回指定物件的資料型態

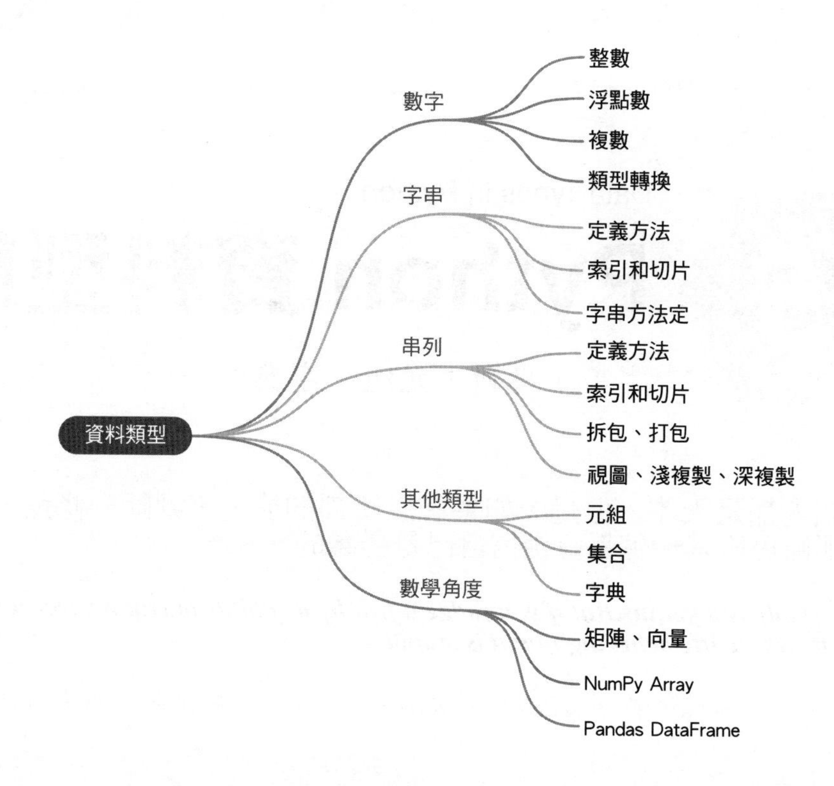

5.1 資料型態有哪些？

透過上一章的學習，我們知道 Python 是一種動態類型語言，它支援多種資料型態。以下是 Python 中常見的資料型態。

- **數字** (number) 類型：整數、浮點數、複數等。
- **字串** (string) 類型：表示文字的一系列字元。
- **串列** (list) 類型：表示一組有序的元素，可以修改。
- **元組** (tuple) 類型：表示一組有序的元素，不能修改。
- **集合** (set) 類型：表示一組無序的元素，不允許重複。
- **字典** (dictionary) 類型：表示鍵 - 值對，其中鍵必須是唯一的。

- 布林 (Boolean) 類型：表示 True 和 False 兩個值。
- 空 (none) 類型：表示空值或遺漏值。

⚠ 再次強調大小寫問題，True、False、None 都是首字母大寫。此外，注意 Python 程式都是半形字元，只有註釋、Markdown 才能出現全形字元。

Python 還支援一些高級資料型態，如**生成器** (Generator)、**迭代器** (Iterator)、**函式** (Function)、**類別** (Class) 等。Python 的迭代器是一個允許遍歷容器。它支援迭代操作，可以逐一存取集合中的元素，直到所有元素被存取完畢。使用迭代器可以實現高效且記憶體友善的迴圈存取。

本章最後還要從數學角度介紹矩陣、向量這兩種資料型態。然後再介紹本書最常用的兩種資料型態—NumPy Array 和 Pandas DataFrame。

對於 Python 初學者，完全沒有必要死記硬背每一種資料型態的操作方法。對於資料型態等 Python 語法細節，希望大家蜻蜓點水，輕裝上陣，邊用邊學。

5.2 數字：整數、浮點數、複數

Python 有以下三種內建數字類型。

- **整數** (int)：表示整數值，沒有小數部分。例如，88、-88、0 等。
- **浮點數** (float)：表示實數值，可以有小數部分。例如，3.14、-0.5、2.0 等。
- **複數** (complex)：表示由實數和虛數組成的數字。

什麼是複數？

複數是數學中的一個概念，由實部和虛部組成。它可以表示為 a + bi 的形式，其中 a 是實部，b 是虛部，而 i 是虛數單位，滿足 $i^2 = -1$。複數在數學和物理等領域中有廣泛的應用。

複數擴充了實數域，使得可以處理平面上的向量運算、波動和振盪等問題。它在電路分析、訊號處理、量子力學、調頻通訊等領域具有重要作用。複數還能用於描述週期性事件、解析函式和幾何形狀等。

透過複數的運算，我們可以進行加法、減法、乘法和除法等操作，同時也可以求解方程式、解析函式和變換等數學問題。複數的使用使得我們能夠更好地描述和理解許多實際問題，擴充了數學的應用範圍。

程式 5.1 中 ⓐ 將整數值 88 賦值給變數 x。用 type(x)，我們可以知道 x 的資料型態為整數。

ⓑ 將浮點數值 -8.88 賦值給變數 y。用 type(y)，我們可以知道 y 的資料型態為浮點數。

ⓒ 構造表示一個實部為 8，虛部為 8 的複數。

此外，我們可以用 Python 內建函式 complex() 建立複數。比如，complex (8,8) 也可以建立一個實部為 8，虛部為 8 的複數。

注意：8 + 8j 可以寫成 8 + 8J，但不可以寫成 8 + 8*j 或 8 + 8*J。

complex(real=8,imag=8) 是另一種建立複數的方式，其中 real 參數代表實部，imag 參數代表虛部。complex(real=8,imag=8) 與 complex(8,8) 效果相同。另外，complex(real=8,imag=8) 可以寫成 complex(imag=8,real=8)。

大家還需要注意，在 Python 中，8.8e3 表示 8.8×10^3，即 8800.0；8.8e-3 表示 8.8×10^{-3}，即 0.0088。透過 type(8.8e3)，大家可以發現這是一個浮點數；8.8e3 還可以寫成 8.8E3，也是沒有 * 號。

請大家在 JupyterLab 中自行練習程式 5.1。

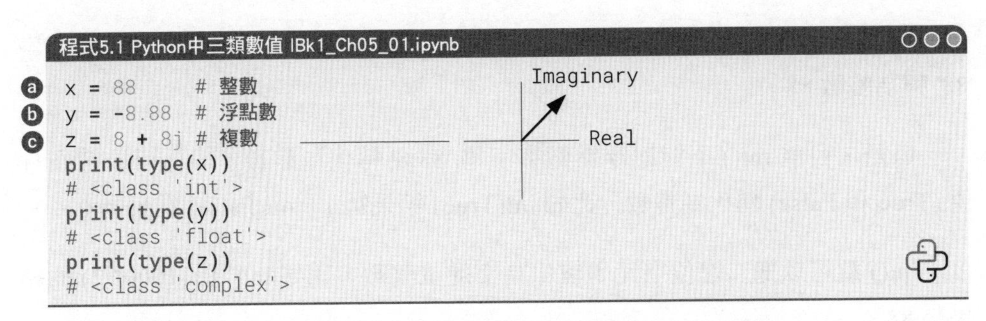

程式5.1 Python中三類數值 IBk1_Ch05_01.ipynb

```
x = 88      # 整數
y = -8.88   # 浮點數
z = 8 + 8j  # 複數
print(type(x))
# <class 'int'>
print(type(y))
# <class 'float'>
print(type(z))
# <class 'complex'>
```


在 Python 中，數字類型可以進行基本的算術操作，如加法 (+)、減法 (-)、乘法 (*)、除法 (/)、取餘數 (%)、乘冪 (**) 等。數字類型還支援比較運算子，如等於 (==)、不等於 (!=)、大於 (>)、小於 (<)、大於等於 (>=)、小於等於 (<=)。此外，本書後文還會介紹自加運算 (+=)、自減運算 (-=)、自乘運算 (*=)、自除運算 (/=) 等。

> 本書第 6 章專門介紹 Python 常見運算子。

類型轉換

在 Python 中，可以使用內建函式將一個數字類型轉為另一個類型。下面是常用的數字類型轉換函式。

- **int(x)**：將 x 轉換為整數類型。如果 x 是浮點數，則會向零取整；如果 x 是字串，則字串必須表示一個整數。
- **float(x)**：將 x 轉換為浮點數類型。如果 x 是整數，則會轉換為相應的浮點數；如果 x 是字串，則字串必須表示一個浮點數。
- **complex(x)**：將 x 轉換為複數類型。如果 x 是數字，則表示實部，而虛部為 0；如果 x 是字串，則字串必須表示一個複數；如果 x 是兩個參數，則分別表示實部和虛部。
- **str(x)**：將 x 轉換為字串類型。如果 x 是數字，則表示為字串；如果 x 是布林類型，則傳回 'True' 或 'False' 字串。

下面講解程式 5.2。

ⓐ 用 int() 將浮點數 88.8 轉化為整數 88。我們也可以用 int() 把整數字串 '88' 轉為整數 88。

但是，目前 int() 不能把浮點數字字串 '88.8' 轉化為整數。int() 可以把布林值 (True 和 False) 轉化為整數，比如 int(True) 結果為 1，int(False) 結果為 0。

int() 還可以把二進位字元串轉化為十進位整數，比如 int("1011000",2) 的結果為 88。

ⓑ 用 float() 將整數 8 轉為浮點數 8.0。float() 還可以將浮點數字字串轉化為浮點數，比如 float('8.8') 的結果為浮點數 8.8。

> 注意：如果在類型轉換過程中出現了不合理的轉換，例如將一個非數字字串轉換為數字類型，如 int('xyz')，就會導致 ValueError 異常。本書第 7 章專門介紹如何處理異常。

ⓒ 用 complex() 將整數轉化為複數。

ⓓ 用 str() 將浮點數轉化為字串。

請大家在 JupyterLab 中自行練習程式 5.2。

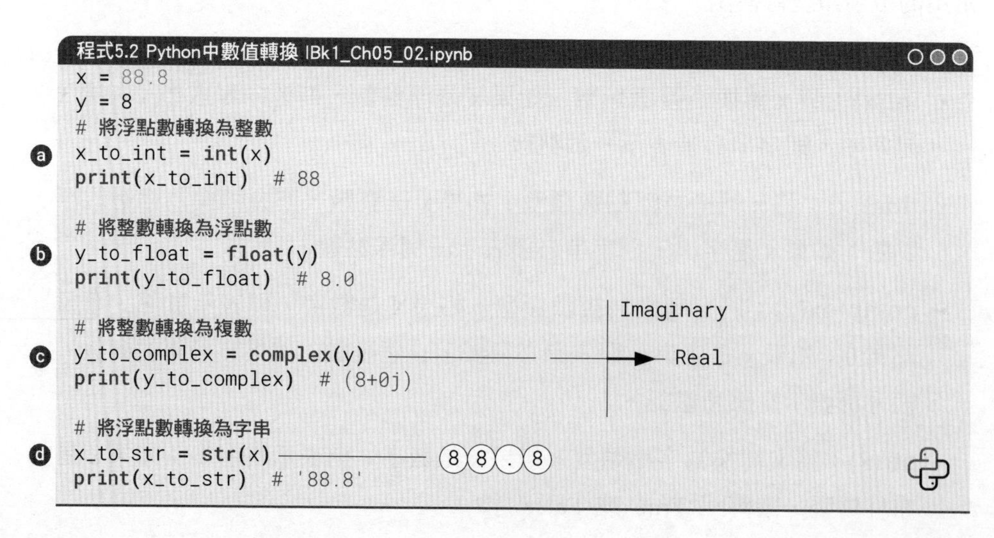
程式5.2 Python中數值轉換 IBk1_Ch05_02.ipynb

```
x = 88.8
y = 8
# 將浮點數轉換為整數
x_to_int = int(x)
print(x_to_int)  # 88

# 將整數轉換為浮點數
y_to_float = float(y)
print(y_to_float)  # 8.0

# 將整數轉換為複數
y_to_complex = complex(y)
print(y_to_complex)  # (8+0j)

# 將浮點數轉換為字串
x_to_str = str(x)
print(x_to_str)  # '88.8'
```

什麼是異常？

在 Python 中，異常 (exception) 是指在程式執行期間出現的錯誤或異常情況。當出現異常時，程式的正常流程被中斷，轉而執行異常處理的程式區塊，以避免程式崩潰或產生不可預知的結果。Python 中有許多不同類型的異常，每種異常都代表了特定類型的錯誤。以下是一些常見的異常類型。ValueError(數值錯誤)：當函式接收到一個不合法的參數值時引發。TypeError(類型錯誤)：當使用不相容的類型進行操作或函式呼叫時引發。IndexError(索引錯誤)：當嘗試存取串列、元組或字串中不存在的索引時引發。FileNotFoundError(檔案未找到錯誤)：當嘗試開啟不存在的檔案時引發。ZeroDivisionError(除零錯誤)：當嘗試將一個數除以零時引發。

可以使用 try-except 敘述來捕捉並處理這些異常，以便在程式出現問題時執行適當的操作或提供錯誤資訊。

特殊數值

有很多場合還需要用到特殊數值，如圓周率 pi(3.1415926535…)、自然對數底數 e(2.7182818284…) 等。在 Python 中，可以使用 Math 模組來引入這些特殊值，請大家在 JupyterLab 中練習程式 5.3。

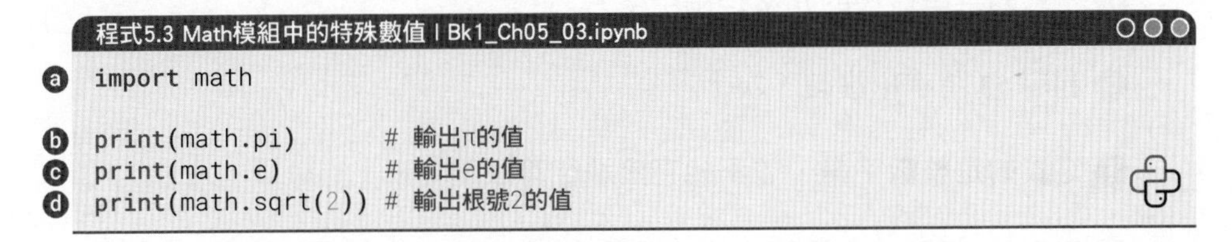

程式5.3 Math模組中的特殊數值 | Bk1_Ch05_03.ipynb

```
a import math

b print(math.pi)        # 輸出π的值
c print(math.e)         # 輸出e的值
d print(math.sqrt(2))   # 輸出根號2的值
```

除了這些特殊數值外，Math 模組還提供了許多其他數學函式，如上入取整數 ceil()、下舍取整數 floor()、乘冪運算 pow()、指數函式 exp()、以 e 為底數的對數 log()、以 10 為底數的對數 log10() 等。

本書第 6 章簡單介紹 Python 中的 Math、Statistics、Random 模組。

> 注意：大家日後會發現我們一般很少用到 Math 模組，為了方便向量化運算，我們會直接採用 NumPy、Pandas 中的運算函式。

5.3 字串：用引號定義的文字

Python 中**字串** (string) 是一個常見的資料型態，常常用於表示文字資訊。本節介紹一些常用的字串用法。

字串定義

使用單引號 (')、雙引號 (")、三引號 (' ' ') 或 (" " ") 將字串內容括起來即可定義字串。其中，三引號一般用來定義多行字串。

程式 5.4 中 ⓐ 用一對單引號定義字串。空格、標點符號、數字都是字串的一部分。

ⓑ 用一對雙引號定義字串。

ⓒ 用加號將兩個字串相連，如圖 5.1 所示。

ⓓ 定義的字串最後的元素是個空格。

ⓔ 利用 *3 將字串複製 3 次。

ⓕ 定義的是整數字串，並不能直接進行算數運算。

ⓖ 用 *3 也是將字串複製 3 次，並非計算 3 倍，如圖 5.2 所示。請大家利用 int() 將 ⓕ 定義的整數字串轉化為整數，然後再 *3 並查看結果。

ⓗ 定義了另外一個整數字串。

❶ 利用加號將兩個整數字串相連，如圖 5.3 所示。請大家調換加號左右字串的順序，再查看結果。

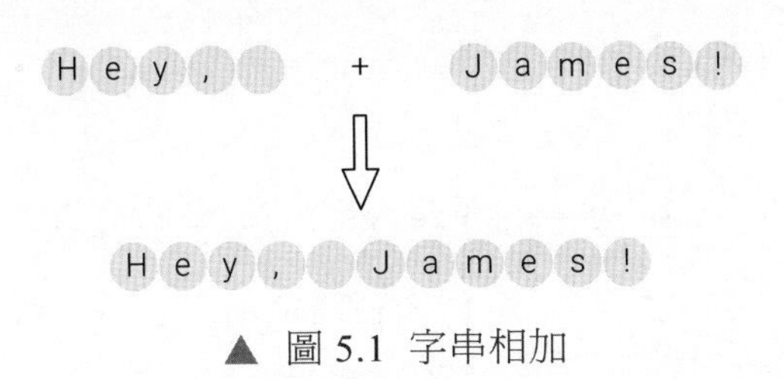

▲ 圖 5.1 字串相加

123 * 3 ⇒ 123123123

▲ 圖 5.2 數字字串乘法

123 + 456 ⇒ 123456

▲ 圖 5.3 數字字串加法

> ⚠ 再次強調，空格、標點符號都是字串的一部分。使用加號將多個字元串連接起來，使用乘號複製字串。數字字串僅僅是文字，不能直接完成算數運算，需要轉化成整數或浮點數之後才能進行算數運算。

> ⚠ 注意：Python 中長度為 0 的字串也是字串類型，如 str_test = '';type(str_test) 的結果還是 str。

請大家在 JupyterLab 中練習程式 5.4，並用 len() 函式獲得每個字串的長度，即字串中字元個數。

程式5.4 字串定義和操作 | Bk1_Ch05_04.ipynb

```
a  str1 = 'I am learning Python 101!'
   print(str1)
   # 列印

b  str2 = "Python is fun. Machine learning is fun too."
   print(str2)
   # 列印

   # 使用加號將多個字元串連接起來
c  str4 = 'Hey, ' + 'James!'
   print(str4)
   # 'Hey, James!'

   # 使用乘號將一個字串複製多次
d  str5 = 'Python is FUN! '   # 字串最後有一個空格
e  str6 = str5 * 3
   print(str6)
   # 'Python is FUN! Python is FUN! Python is FUN! '

   # 字串中的數字僅是字元
f  str7 = '123'
g  str8 = str7 * 3
   print(str8)

h  str9 = '456'
i  str10 = str7 + str9
   print(str10)
   print(type(str10))
```

索引

Python 可以透過**索引** (indexing) 和**切片** (slicing) 來存取和操作字串中的單一字元或部分字元。

程式 5.5 中 ⓐ 用單引號定義了字串，ⓑ 用 len() 計算字串長度，並用 print() 列印出來。

ⓒ 透過 enumerate() 函式傳回一個迭代器，其中包含每個字元及其對應的索引。然後，透過 for 迴圈遍歷迭代器，依次列印出每個字元和它們的索引。

在 ⓒ 中，**f- 字串** (formatted strings,f-strings) 是一種用於格式化字串

的語法。它以字母「f」開頭，並使用大括號來插入變數或運算式的值。

在 ⓒ 這個特定的例子中，f- 字串用於建構一個帶有變數值的字串。透過在字串中使用花括號和變數名稱，可以在字串中插入變數的值。在這種情況下，使用了兩個變數 {char} 和 {index}。

當程式執行時，{char} 會被替換為當前迴圈迭代的字元，{index} 會被替換為對應字元的索引值。這樣就建立了一個字串，包含了字元及其對應的索引資訊。

本章後文將介紹包括在 f- 字串在內的其他格式化字串方法。

如圖 5.4 所示，字串中的每個字元都有一個對應的索引位置，索引從 0 開始遞增。可以使用方括號來存取指定索引位置的字元。

程式 5.5 中 ⓓ 提取字串中索引為 0 的元素，即第 1 個元素。

ⓔ 提取索引為 1 的元素。

可以使用負數索引來從字串的末尾開始計算位置。舉例來說，ⓕ 用索引 -1 提取字串倒數第一個字元，ⓖ 用索引 -2 提取倒數第二個字元，依此類推。

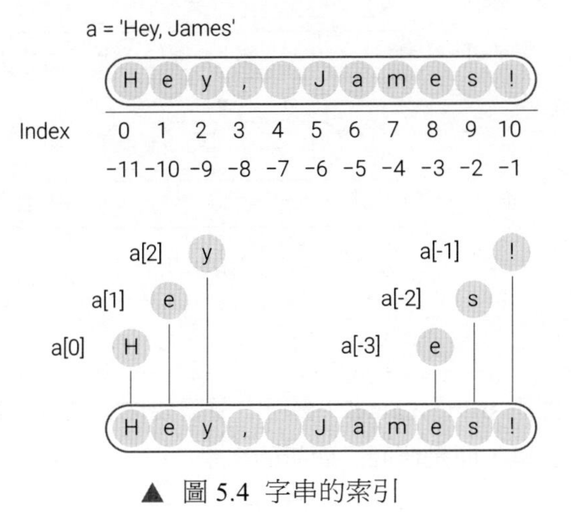

▲ 圖 5.4 字串的索引

切片

如圖 5.5 所示，切片是指從字串中提取出一部分子字串。可以使用半形冒號來指定切片的起始 (start) 位置和結束 (end) 位置。語法為 string[start:end]，包括 start 索引對應的字元，但是不包括 end 位置的字元，相當於數學中的「左閉右開」區間。

請大家參考程式 5.5 中的 ⓗ 和 ⓘ。

切片還可以指定步進值 (step)，用於跳過指定數量的字元。語法為 string[start:end:step]。請大家參考程式 5.5 中的 ⓙ 和 ⓚ。

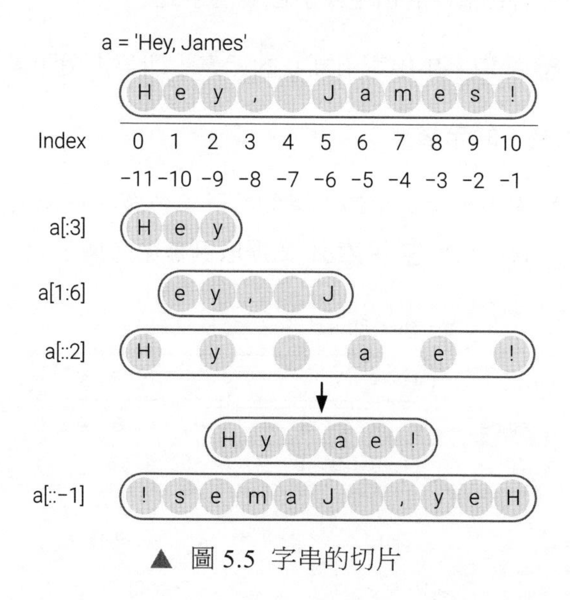

▲ 圖 5.5 字串的切片

> ⚠ 複製字串可以採用 string_name[:] 實現。還需要注意的是，索引和切片操作不會改變原始字串，而是傳回一個新的字串。

Python 中還有很多字串「花式」切片方法，沒有必要花大力氣去「精雕細琢」。大概知道字串有哪些常見的索引、切片方法就足夠了，等到用時再去學習。還是那句話，別死背 Python 語法！

請大家自行在 JupyterLab 中練習程式 5.5。

程式5.5 字串索引和切片 | Bk1_Ch05_05.ipynb

```
a greeting_str = 'Hey, James!'  ——— H e y ,   J a m e s !
  # 列印字串長度
  print('字串的長度為：')
b print(len(greeting_str))

  # 列印每個字元和對應的索引
c for index, char in enumerate(greeting_str):
      print(f"字元：{char}，索引：{index}")

  # 單一字元索引
d print(greeting_str[0])  ——— H
e print(greeting_str[1])  ——— e

f print(greeting_str[-1])  ——— !
g print(greeting_str[-2])  ——— s

  # 切片
  # 取出前3個字元，索引為0、1、2
h print(greeting_str[:3])  ——— H e y

  # 取出索引1、2、3、4、5，不含0，不含6
i print(greeting_str[1:6])  ——— e y ,   J

  # 指定步進值 2，取出第0、2、4 …
j print(greeting_str[::2])  ——— H y   a e !

  # 指定步進值 1，倒序
k print(greeting_str[::-1])  ——— ! s e m a J   , y e H
```

從 0 計數 vs 從 1 計數

從 0 計數和從 1 計數是在數學和程式設計中常見的計數方式。

從 0 計數 (zero-based counting) 將第一個元素的索引或位置標記為 0，即從 0 開始計數。舉例來說，對於一個包含 *n* 個元素的序列，它們的索引分別為 0、1、2、…、*n*-1。在電腦科學和程式設計中，Python 使用從 0 計數的方式。

⚠ 在繪圖中，大家會經常碰到一幅圖中有若干子圖，這時 Python 對子圖的編號一般從 1 開始。

從 1 計數 (one-based counting) 將第一個元素的索引或位置標記為 1，即從 1 開始計數。舉例來說，對於一個包含 *n* 個元素的序列，它們的索引分別為 1、2、3、…、*n*。MATLAB 使用從 1 計數的方式；統計學 (樣本)、線性代數 (矩陣、向量) 等通常使用從 1 計數的方式。

相比來看，從 1 計數更符合人類直觀理解的習慣。從 1 計數在數學、統計學、數值計算等領域中較為常見。而程式設計角度來看，從 0 計數在電腦科學中更常見，因為它與電腦記憶體和資料結構的底層表示方式相匹配。它使得處理陣列、串列和字串等資料結構更加高效和一致。

在實際程式設計中，理解和適應使用不同的計數方式是重要的。需要根據具體情況選擇適當的計數方式，以確保正確地處理索引、迴圈和演算法等操作。同時，注意在不同的領域和語境中遵循相應的計數習慣和規則。

字串方法

Python 提供了許多用於字串處理的常見方法。

len() 傳回字串的長度，比以下例。

```
string = "Hello, James!"
length = len(string)
print(length)
```

lower() 和 upper() 將字串轉為小寫或大寫，比以下例。

```
string = "Hello, James!"
lower_string = string.lower()
upper_string = string.upper()
print(lower_string) # 輸出 "hello, james!"
print(upper_string) # 輸出 "HELLO, JAMES!"
```

以下是一些常見 Python 字串方法及其作用。

- **capitalize()**：將字串的第一個字元轉換為大寫，其他字元轉換為小寫。
- **count()**：統計字串中指定子字串的出現次數。
- **find()**：在字串中查詢指定子字串的第一次出現，並傳回索引值。
- **isalnum()**：檢查字串是否只包含字母和數字。
- **isalpha()**：檢查字串是否只包含字母。
- **isdigit()**：檢查字串是否只包含數字。
- **join()**：將字串串列或可迭代物件中的元素連接為一個字串。
- **replace()**：將字串中的指定子字串替換為另一個字串。
- **split()**：將字串按照指定分隔符號分割成子字串，並傳回一個串列。

⚠ 這些方法大家也不需要死記硬背！了解就好，輕裝上陣。資料分析、機器學習中更常用的 NumPy 陣列、Pandas 資料幀，這都是本書後續要重點介紹的內容。

將資料插入字串

很多場合需要將資料插入特定字串。

比如以下幾種情形，使用 print() 時，圖片中插入**圖例** (legend)、**標題** (title)、列印日期時間、列印統計量 (平均值、方差、標準差、四分位) 等，這些都可能需要將特定資料插入到字串中。

程式 5.6 舉出了四種常用方法。

ⓒ 使用「+」運算子可以將字串與其他資料型態連接在一起。這是最簡單的方法之一，但不夠靈活。其中，**str**(height) 將浮點數轉化為字串。

ⓓ 使用「%」將預留位置插入字串中，並使用「%」運算子右側的資料來替換這些**預留位置** (placeholder)。

其中，「%s」是一個字串預留位置，表示要插入一個字串值。「%.3f」是一個浮點數預留位置，表示要插入一個浮點數值，並指定了小數點後保留三位小數。表 5.1 總結了常用「%」預留位置類型。

這是一種相對來說比較舊式的字串格式化方法，不太推薦在新程式中使用。

ⓔ 使用 str.format() 方法在字串中指定預留位置，並使用 .format() 方法的參數來替換這些預留位置。其中，{:.3f} 是一個浮點數預留位置，表示要插入一個浮點數值，並指定了小數點後保留三位小數。表 5.2 總結了常用 .format() 方法。

ⓕ 用 f-strings。前文提過，這是從 Python 3.6 版本開始引入的一種方式。f-strings 允許在字串前面加上 f 或 F，並在字串中使用大括號插入變數。表 5.3 總結了常用 f-strings。

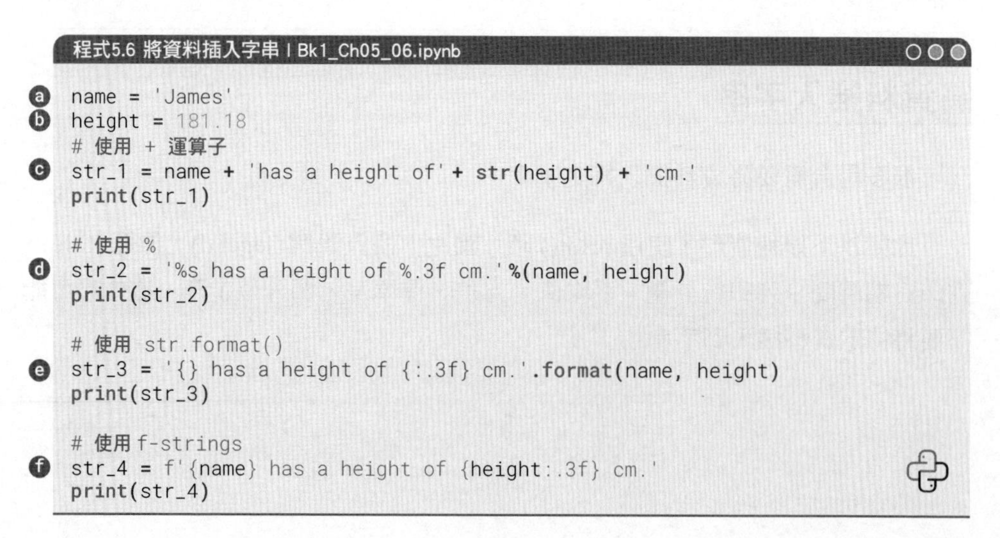

程式5.6 將資料插入字串 | Bk1_Ch05_06.ipynb

```
ⓐ name = 'James'
ⓑ height = 181.18
  # 使用 + 運算子
ⓒ str_1 = name + 'has a height of' + str(height) + 'cm.'
  print(str_1)

  # 使用 %
ⓓ str_2 = '%s has a height of %.3f cm.'%(name, height)
  print(str_2)

  # 使用 str.format()
ⓔ str_3 = '{} has a height of {:.3f} cm.'.format(name, height)
  print(str_3)

  # 使用 f-strings
ⓕ str_4 = f'{name} has a height of {height:.3f} cm.'
  print(str_4)
```

➔ 表 5.1 常用「%」預留位置類型 | Bk1_Ch05_07.ipynb

「%」預留位置	解釋	例子
%c	單一字元	'The first letter of Python is%c'%'P'
%s	字串	'Welcome to the world of%s!'%'Python'
%i	整數	'Python has%i letters.'%len('Python')
%f	浮點數	number = 1.8888 print("Rounding%.4f to 2 decimal places is%.2f"%(number,number))
%o	八進位整數	number = 12 print("%i in octal is%o"%(number,number))
%e	科學計數	number = 12000 print("%i is%.2e"%(number,number))

➔ 表 5.2 常用 .format() 範例 | Bk1_Ch05_08.ipynb

樣式	解釋	例子
:.2f	浮點數後兩位	"{:.2f}".format(3.1415926)#'3.14'
:%	百分數	"{:%}".format(3.1415926)#'314.159260%'
:.2%	百分數，小數點後兩位	"{:.2%}".format(3.1415926)#'314.16%'
:.2e	科學計數	"{:.2e}".format(3.1415926)#'3.14e+00'
:,	千位加逗點	"{:,}".format(3.1415926*1000)#'3,141.5926'

➔ 表 5.3 常用 f-strings 範例 | Bk1_Ch05_09.ipynb

解釋	範例
日期和時間	import datetime now = datetime.datetime.now()print(f'{now:%Y-%m-%d%H:%M}') print(f'{now:%d/%m/%y%H:%M:%S}')
小數點後兩位	pi = 3.14159265358979323846264З f'{pi:.2f}'

解釋	範例
科學計數	pi = 3.141592653589793238462643 f'{pi*1000:.2e}'
二進位	a = 18 print(f"{a:b}")
十六進位	a = 68 print(f"{a:x}")
八進位	a = 88 print(f"{a:o}")

電腦領域常用的是**二進位** (binary numeral system)、**八進位** (octal numeral system) 和**十六進位** (hexadecimal numeral system 或 hexadecimal 或 hex) 也常用，十六進位在十進位的基礎上增加了 A、B、C、D、E 和 F。十進位、二進位、八進位、十六進位的比較如表 5.4 所示。

舉個例子，在 RGB(Red,Green,and Blue) 色彩模型顏色定義中，我們會用到十六進位。比如，純紅色為 '#FF0000'，純綠色為 '#00FF00'，純藍色為 '#0000FF'。

➔ 表 5.4 比較十進位、二進位、八進位、十六進位

十進位	二進位	八進位	十六進位
0	0	0	0
1	1	1	1
2	10	2	2
3	11	3	3
4	100	4	4
5	101	5	5
6	110	6	6
7	111	7	7
8	1000	10	8
9	1001	11	9

十進位	二進位	八進位	十六進位
10	1010	12	A
11	1011	13	B
12	1100	14	C
13	1101	15	D
14	1110	16	E
15	1111	17	F
16	10000	20	10
17	10001	21	11
18	10010	22	12
19	10011	23	13
20	10100	24	14
21	10101	25	15
22	10110	26	16
23	10111	27	17
24	11000	30	18
25	11001	31	19
26	11010	32	1A
27	11011	33	1B
28	11100	34	1C
29	11101	35	1D
30	11110	36	1E
31	11111	37	1F
32	100000	40	20

5.4 串列：儲存多個元素的序列

在 Python 中，串列 (list) 是一種非常常用的資料型態，可以儲存多個元素，並且可以進行增刪改查等多種操作。

程式 5.7 中 ⓐ 生成的是一個特殊的串列，我們稱之為混合串列，原因是這個串列中每個元素都不同。如圖 5.6 所示，這個串列中索引為 4 的元素 (從左到右第 5 個元素) 還是個串列，相當於巢狀結構。

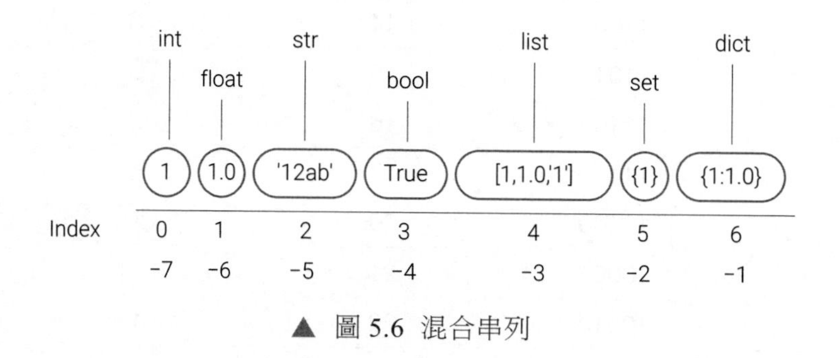

▲ 圖 5.6 混合串列

ⓑ 也是用 for 迴圈和 enumerate() 遍歷混合串列元素，並傳回索引。

ⓒ 使用 type() 提取串列每個元素的資料型態。

ⓓ 使用 f-string 列印串列元素、索引、資料型態。

類似前文字串索引，我們可以用同樣的方法索引串列中元素。

ⓔ 和 ⓕ 提取串列索引為 0 和 1 的元素。

ⓖ 和 ⓗ 分別提取串列倒數第 1、2 的元素。

清單切片的方法和前文字串切片方法一致。

ⓘ 提取串列前 3 個元素，結果依然是個串列。

ⓙ 提取串列索引為 1、2、3 的元素，不包含索引為 0 的元素，即第 1 個元素。

ⓚ 透過指定步進值為 2，提取索引為 0、2、4、6 的元素切片。

ⓛ 透過指定步進值為 -1，將串列倒序。

如圖 5.7 所示，如果串列中的某個元素也是串列，我們可以透過二次索引來進一步索引、切片。

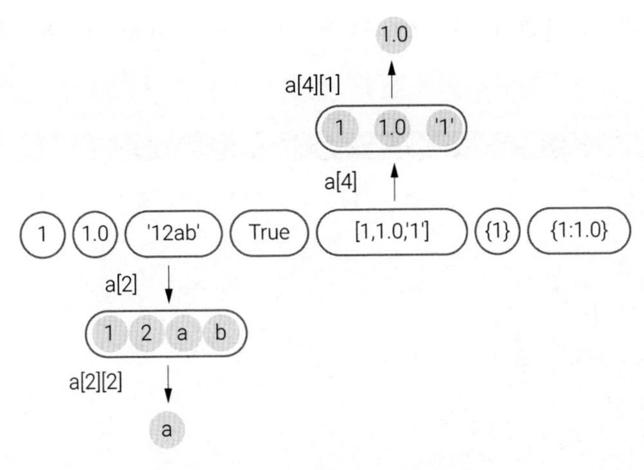

▲ 圖 5.7 混合串列的索引

比如，ⓜ 先從巢狀結構串列中提取索引為 4 的元素，這個元素還是一個串列。然後進一步再提取子串列中索引為 1 的元素，這個元素是個浮點數。

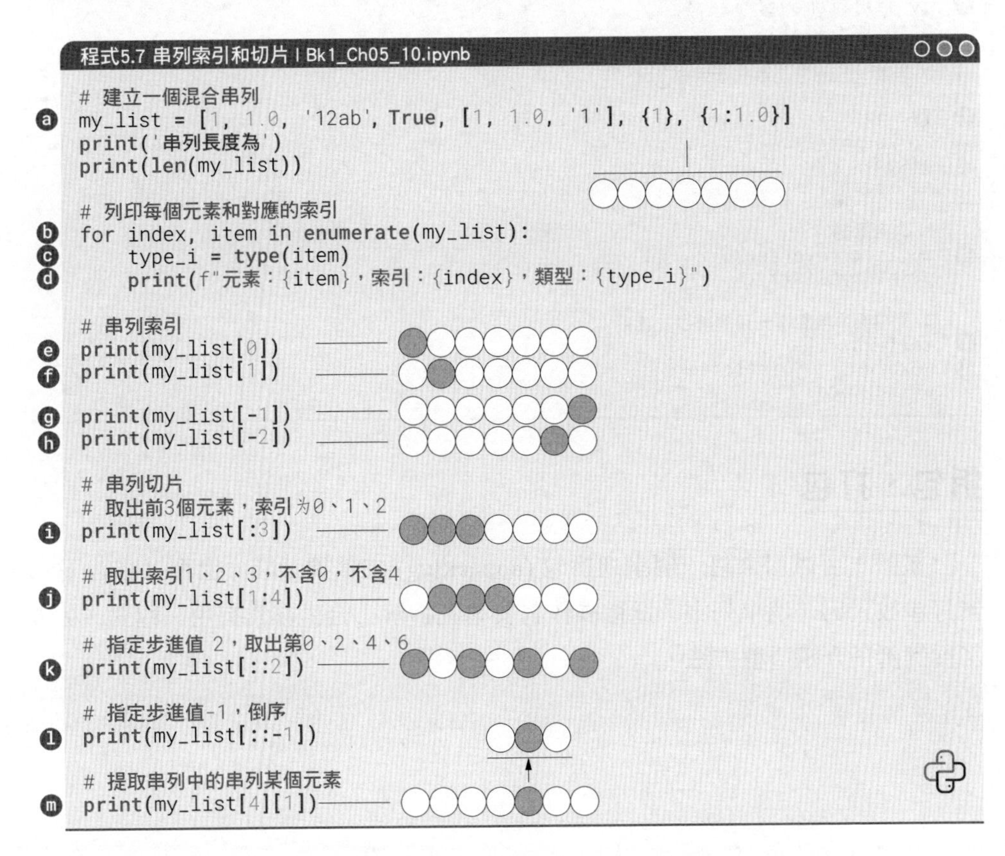

程式5.7 串列索引和切片 | Bk1_Ch05_10.ipynb

```
  # 建立一個混合串列
a my_list = [1, 1.0, '12ab', True, [1, 1.0, '1'], {1}, {1:1.0}]
  print('串列長度為')
  print(len(my_list))

  # 列印每個元素和對應的索引
b for index, item in enumerate(my_list):
c     type_i = type(item)
d     print(f"元素：{item}，索引：{index}，類型：{type_i}")

  # 串列索引
e print(my_list[0])
f print(my_list[1])

g print(my_list[-1])
h print(my_list[-2])

  # 串列切片
  # 取出前3個元素，索引为0、1、2
i print(my_list[:3])

  # 取出索引1、2、3，不含0，不含4
j print(my_list[1:4])

  # 指定步進值 2，取出第0、2、4、6
k print(my_list[::2])

  # 指定步進值-1，倒序
l print(my_list[::-1])

  # 提取串列中的串列某個元素
m print(my_list[4][1])
```

程式 5.8 舉出的 list 常見方法、操作，請大家在 JupyterLab 中練習，本章不展開講解。

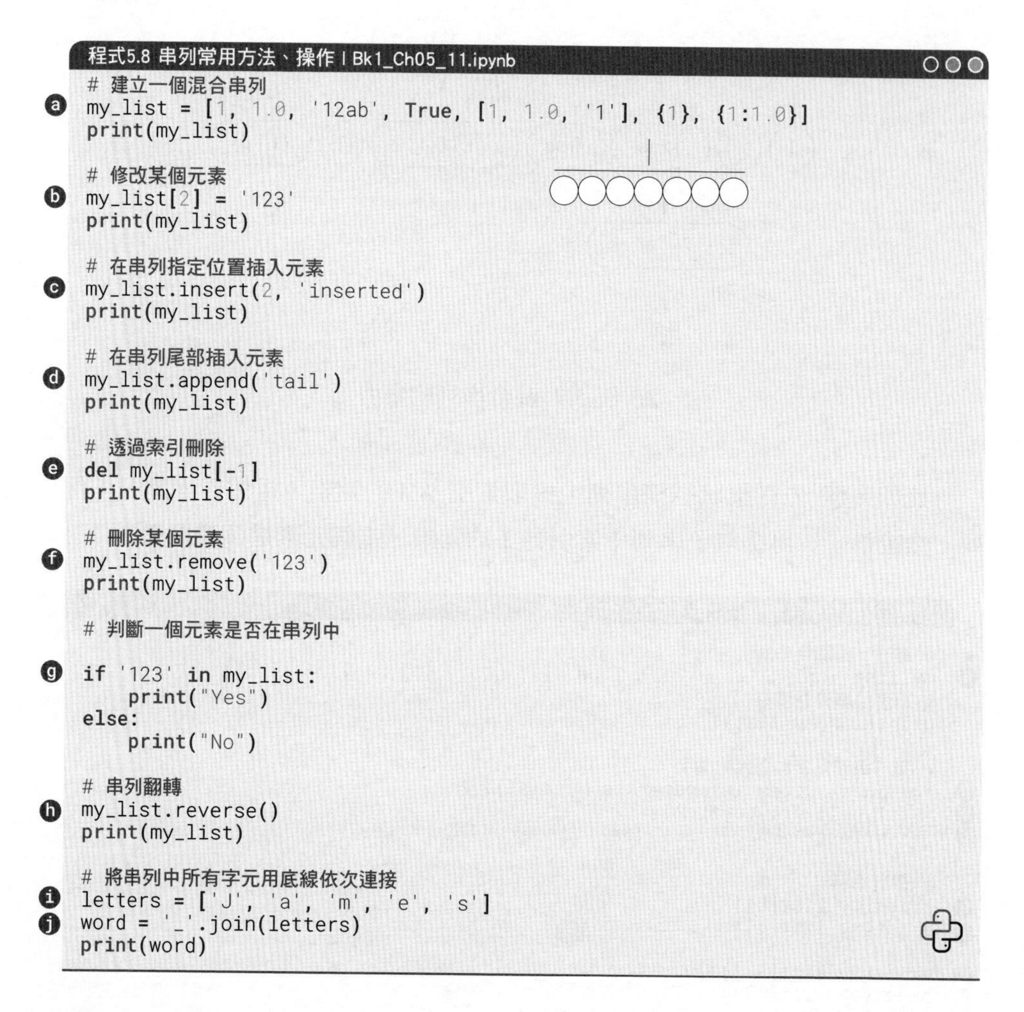

程式5.8 串列常用方法、操作 | Bk1_Ch05_11.ipynb

```python
# 建立一個混合串列
my_list = [1, 1.0, '12ab', True, [1, 1.0, '1'], {1}, {1:1.0}]
print(my_list)

# 修改某個元素
my_list[2] = '123'
print(my_list)

# 在串列指定位置插入元素
my_list.insert(2, 'inserted')
print(my_list)

# 在串列尾部插入元素
my_list.append('tail')
print(my_list)

# 透過索引刪除
del my_list[-1]
print(my_list)

# 刪除某個元素
my_list.remove('123')
print(my_list)

# 判斷一個元素是否在串列中

if '123' in my_list:
    print("Yes")
else:
    print("No")

# 串列翻轉
my_list.reverse()
print(my_list)

# 將串列中所有字元用底線依次連接
letters = ['J', 'a', 'm', 'e', 's']
word = '_'.join(letters)
print(word)
```

拆包、打包

星號 * 可以用來將一個串列**拆包** (unpacking) 成單獨元素，也可以將若干元素打包放入另一個串列中。這種操作對於串列拆解、合併非常有用。程式 5.9 舉了幾個例子介紹這種方法。

ⓐ 定義了一個包含整數的串列 list_0。

ⓑ 將 list_0 中索引為 0 的元素賦給變數 first，而其餘的元素將被收集到一個串列 list_rest 中。這是使用 * 操作符號來實現的，它用於收集多餘的元素。

同理，ⓒ 將 list_0 中索引為 0、1 的元素分別賦給變數 first 和 second，而其餘的元素將被收集到一個串列 list_rest 中。

ⓓ 在ⓒ 基礎上，又將 list_0 最後一個元素賦給變數 last，其餘元素也是被收集在 list_rest 中。

ⓔ 利用底線表示一個預留位置，通常用於表示一個不需要使用的元素。

ⓕ 使用 * 操作符號將兩個串列 list1 和 list2 中的所有元素先拆包，然後合併到一個新的串列 combined_list 中。請大家對比 [list1,list2] 的結果。

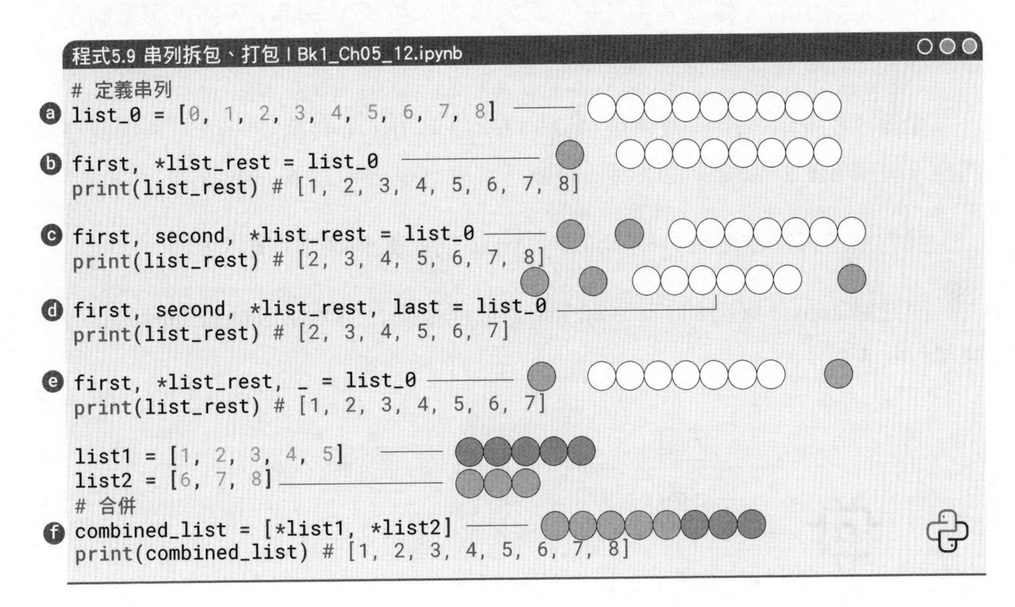
程式5.9 串列拆包、打包 | Bk1_Ch05_12.ipynb

```
# 定義串列
list_0 = [0, 1, 2, 3, 4, 5, 6, 7, 8]

first, *list_rest = list_0
print(list_rest) # [1, 2, 3, 4, 5, 6, 7, 8]

first, second, *list_rest = list_0
print(list_rest) # [2, 3, 4, 5, 6, 7, 8]

first, second, *list_rest, last = list_0
print(list_rest) # [2, 3, 4, 5, 6, 7]

first, *list_rest, _ = list_0
print(list_rest) # [1, 2, 3, 4, 5, 6, 7]

list1 = [1, 2, 3, 4, 5]
list2 = [6, 7, 8]
# 合併
combined_list = [*list1, *list2]
print(combined_list) # [1, 2, 3, 4, 5, 6, 7, 8]
```

用星號拆包、打包也適用於元組和字串，請大家自行學習程式 5.10。注意，元組和字串打包之後的結果為串列。

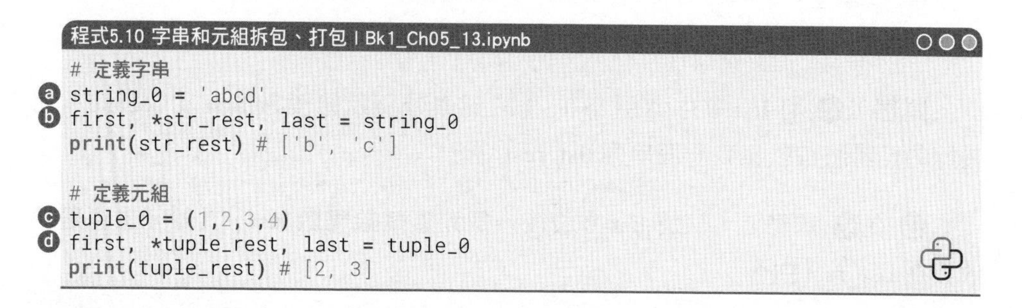
程式5.10 字串和元組拆包、打包 | Bk1_Ch05_13.ipynb

```
# 定義字串
string_0 = 'abcd'                        # a
first, *str_rest, last = string_0        # b
print(str_rest) # ['b', 'c']

# 定義元組
tuple_0 = (1,2,3,4)                      # c
first, *tuple_rest, last = tuple_0       # d
print(tuple_rest) # [2, 3]
```

視圖 vs 淺複製 vs 深複製

如果用等號 (=) 直接賦值，是非拷貝方法，結果是產生一個**視圖** (view)。這兩個串列是等價的，修改其中任何 (原始串列、視圖) 一個串列都會影響到另一個串列。

如圖 5.8 所示，用等號賦值得到的 list_2 和 list_1 共用同一位址，這就是我們為什麼稱 list_2 為視圖的原因。視圖這個概念是借用自 NumPy。

我們在本書後續還要介紹 NumPy Array 的視圖和副本這兩個概念。

而透過 copy() 獲得的 list_3 和 list_1 位址不同。請大家自行在 JupyterLab 中練習程式 5.11。

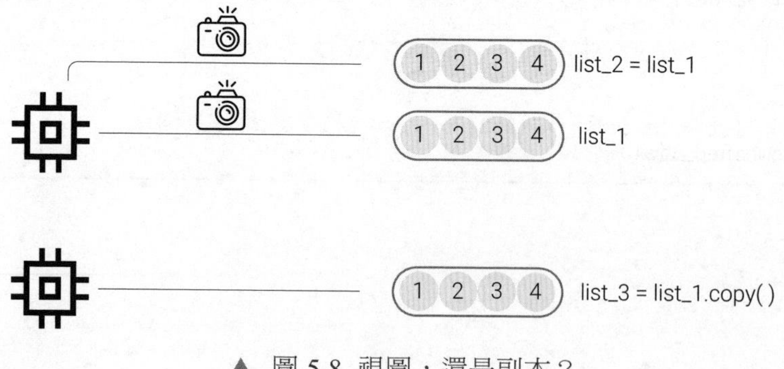

▲ 圖 5.8 視圖，還是副本？

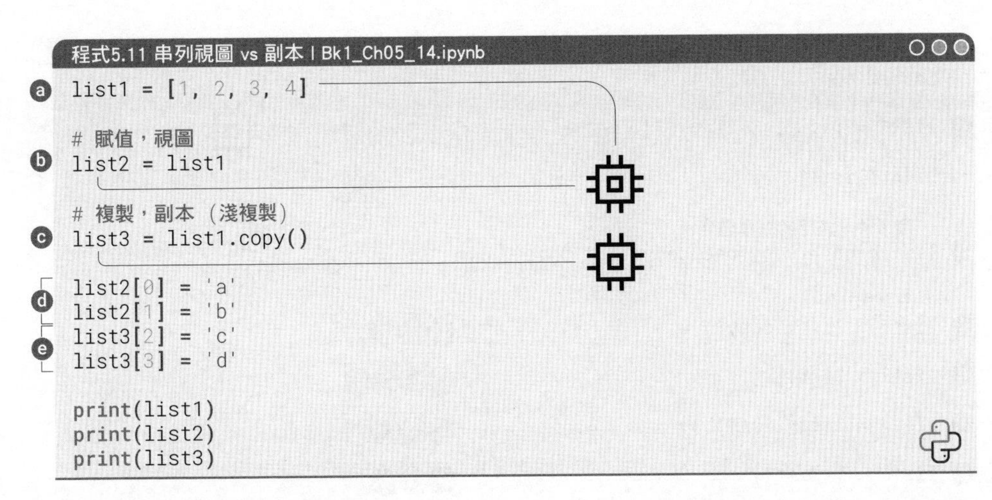

可惜事情並沒有這麼簡單。在 Python 中，串列是可變物件，因此在複製串列時會涉及深複製和淺複製的概念。

淺複製 (shallow copy) 只對 list 的第一層元素完成複製，深層元素還是和原 list 共用。

深複製 (deep copy) 是建立一個完全獨立的串列物件，該物件中的元素與原始串列中的元素是不同的物件。

> 注意：特別是對於巢狀結構串列，建議大家採用 copy.deepcopy()

程式 5.12 比較了不同的複製，請大家自行學習。

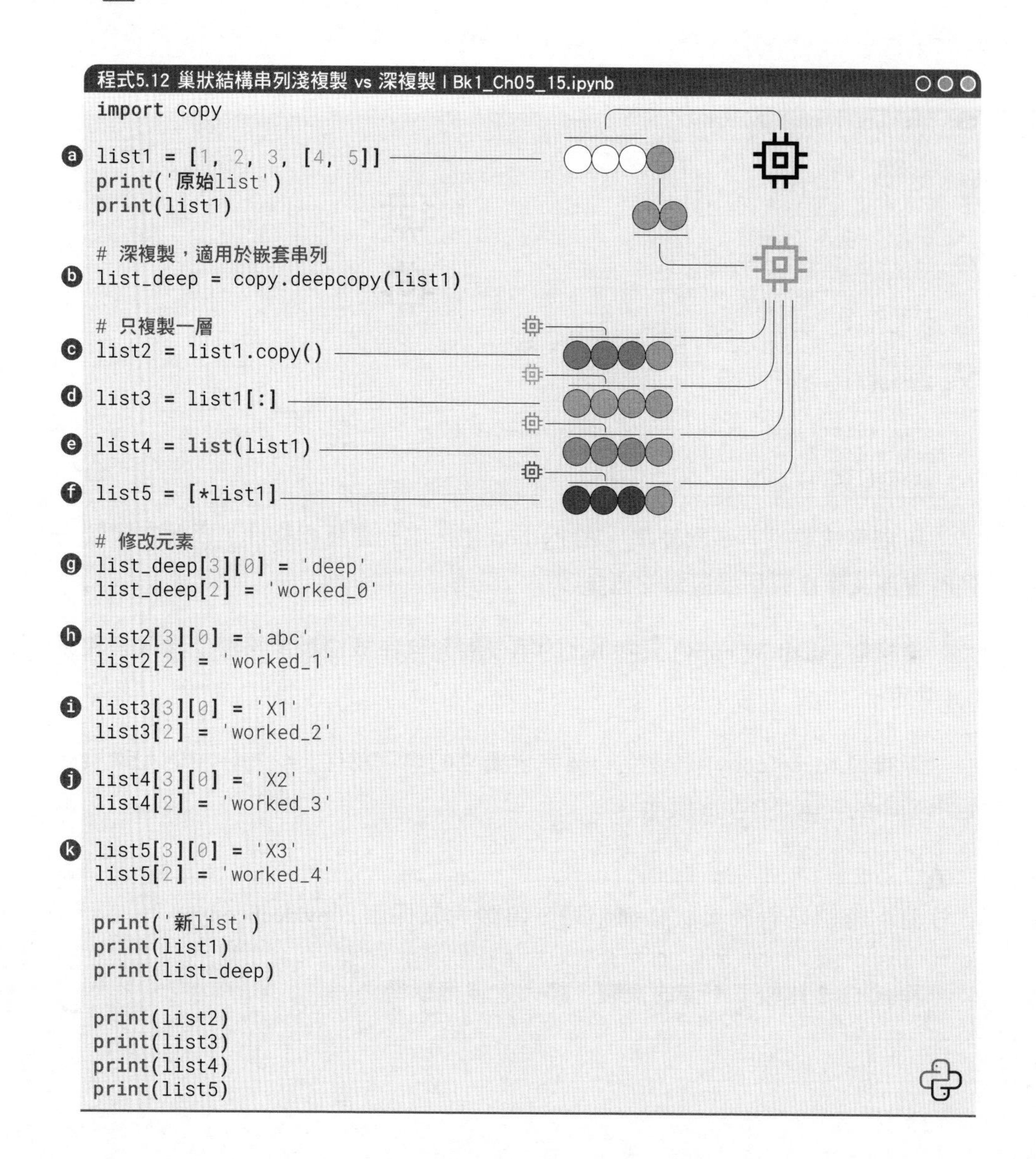

程式5.12 巢狀結構串列淺複製 vs 深複製 | Bk1_Ch05_15.ipynb

```
import copy

list1 = [1, 2, 3, [4, 5]]
print('原始list')
print(list1)

# 深複製，適用於嵌套串列
list_deep = copy.deepcopy(list1)

# 只複製一層
list2 = list1.copy()

list3 = list1[:]

list4 = list(list1)

list5 = [*list1]

# 修改元素
list_deep[3][0] = 'deep'
list_deep[2] = 'worked_0'

list2[3][0] = 'abc'
list2[2] = 'worked_1'

list3[3][0] = 'X1'
list3[2] = 'worked_2'

list4[3][0] = 'X2'
list4[2] = 'worked_3'

list5[3][0] = 'X3'
list5[2] = 'worked_4'

print('新list')
print(list1)
print(list_deep)

print(list2)
print(list3)
print(list4)
print(list5)
```

5.5 其他資料型態：元組、集合、字典

元組

在 Python 中，**元組** (tuple) 是一種不可變的序列類型，用括號來表示。元組一旦建立就不能被修改，這表示你不能增加或刪除其中的元素。

tuple 和 list 都是序列類型，可以儲存多個元素，它們都可以透過索引存取和修改元素，支援切片操作。

但是，兩者有明顯區別，元組使用括號表示，而串列使用方括號表示。元組是不可變的，而串列是可變的。這表示元組的元素不能被修改、增加或刪除，而串列可以進行這些操作。

元組的優勢在於它們比串列更輕量級，這表示在某些情況下，它們可以提供更好的性能和記憶體佔用。本書不展開介紹元組，感興趣的讀者可以參考：

```
https://docs.python.org/3/tutorial/datastructures.html
```

集合

在 Python 中，**集合** (set) 是一種無序的、可變的資料型態，可以用來儲存多個不同的元素。我們可以使用大括號或 set() 函式建立集合，或使用一組元素來初始化一個集合。

```
number_set  =  {1,2,3,4,5}
word_set = set(["apple","banana","orange"])
```

可以使用 add() 方法向集合中增加單一元素，使用 update() 方法向集合中增加多個元素。

```
fruit_set = set(["apple","banana"])
fruit_set.add("orange")
fruit_set.update(["grape","kiwi"])
```

還可以使用 remove() 或 discard() 方法刪除集合中的元素，如果元素不存在，remove() 方法會引發 KeyError 異常，而 discard() 方法則不會。

```
fruit_set.remove("banana")
fruit_set.discard("orange")
```

集合的好處是可以用交集、並集、差集等來操作集合，如圖 5.9 所示。

```
set1 = {1,2,3,4}
set2 = {3,4,5,6}
set3 = set1&set2# 交集
set4 = set1 | set2# 並集
set5 = set1-set2# 差集
```

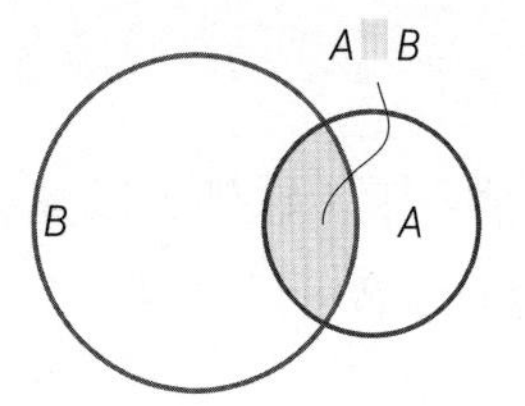

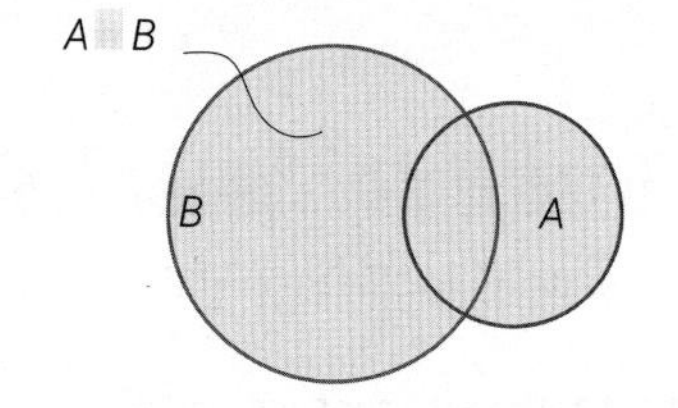

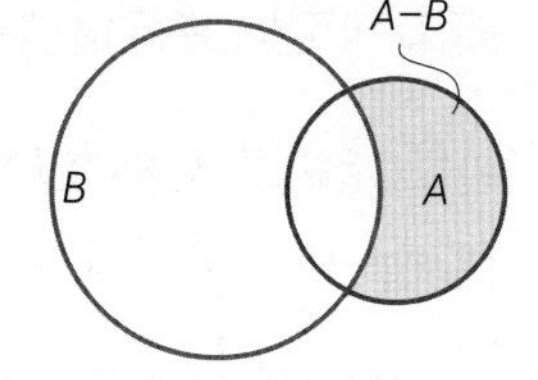

▲ 圖 5.9 交集、並集、差集

字典

在 Python 中，字典是一種無序的**鍵 - 值對** (key-value pair) 集合。

可以使用大括號或 dict() 函式建立字典，**鍵** (key)- **值** (value) 對之間用冒號分隔。有關字典資料型態本書不做展開，請大家自行學習程式 5.13。

再次強調，資料分析、機器學習實踐中，我們更關注的資料型態是 NumPy 陣列、Pandas 資料幀，這是本書後續要著重講解的內容。

⚠ 使用大括號建立字典時，字串鍵用引號；而使用 dict() 建立字典時，字串鍵不使用引號。

程式5.13 有關字典的常見操作 | Bk1_Ch05_16.ipynb

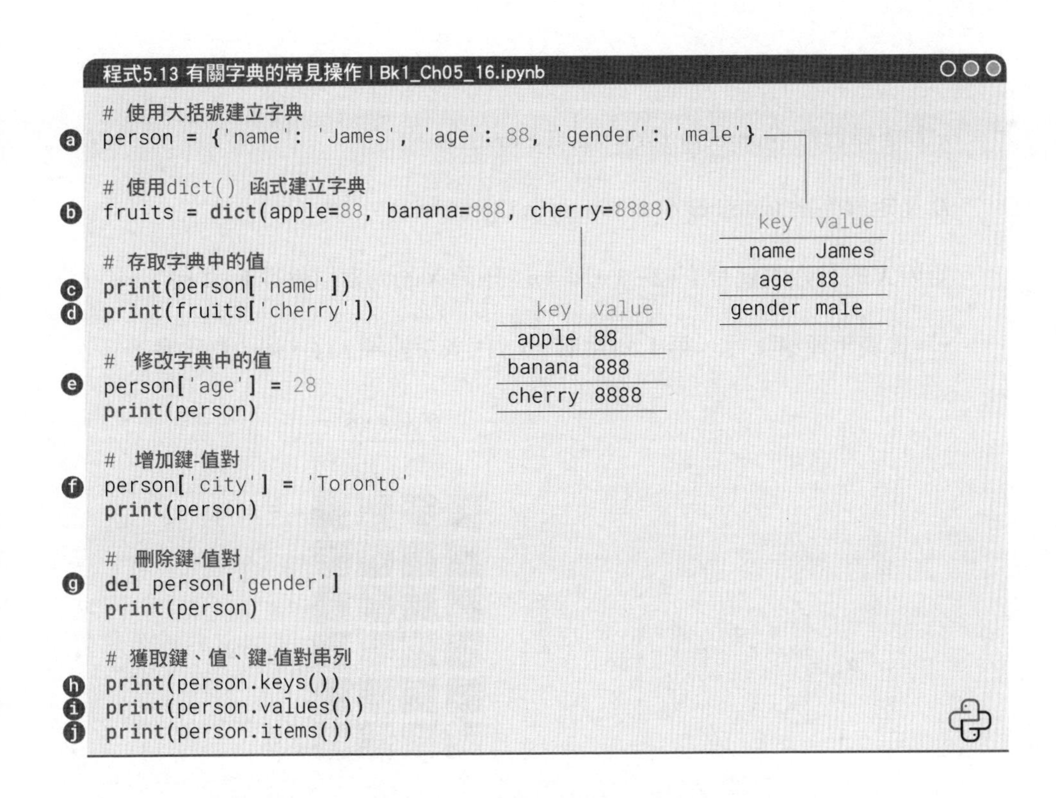

```
# 使用大括號建立字典
person = {'name': 'James', 'age': 88, 'gender': 'male'}      # a

# 使用dict() 函式建立字典
fruits = dict(apple=88, banana=888, cherry=8888)             # b

# 存取字典中的值
print(person['name'])                                        # c
print(fruits['cherry'])                                      # d

# 修改字典中的值
person['age'] = 28                                           # e
print(person)

# 增加鍵-值對
person['city'] = 'Toronto'                                   # f
print(person)

# 刪除鍵-值對
del person['gender']                                         # g
print(person)

# 獲取鍵、值、鍵-值對串列
print(person.keys())                                         # h
print(person.values())                                       # i
print(person.items())                                        # j
```


5.6 矩陣、向量：線性代數概念

矩陣、向量

拋開本章前文提到的資料型態，數學上我們最關心的資料型態是矩陣、向量。

簡單來說，**矩陣** (matrix) 是一個由數值排列成的矩形陣列，其中每個數值都稱為該矩陣的元素。矩陣通常使用大寫、斜體、粗體字母來表示，如 $\boldsymbol{A}$、$\boldsymbol{B}$、$\boldsymbol{V}$、$\boldsymbol{X}$。

向量 (vector) 是一個有方向和大小的量，通常表示為一個由數值排列成的一維陣列。向量通常使用小寫、斜體、粗體字母來表示，如 $\boldsymbol{x}$、$\boldsymbol{a}$、$\boldsymbol{b}$、$\boldsymbol{v}$、$\boldsymbol{u}$。

如圖 5.10 所示，一個 $n \times D$(n by capital D) 矩陣 $\boldsymbol{X}$。

n 是矩陣行數 (number of rows in the matrix)。

D 是矩陣列數 (number of columns in the matrix)。

矩陣 $\boldsymbol{X}$ 的行索引就是 1、2、3、⋯、n。矩陣 $\boldsymbol{X}$ 的列索引就是 1、2、3、⋯、D。

$x_{1,1}$ 代表矩陣第 1 行、第 1 列元素，$x_{i,j}$ 代表矩陣第 i 行、第 j 列元素。

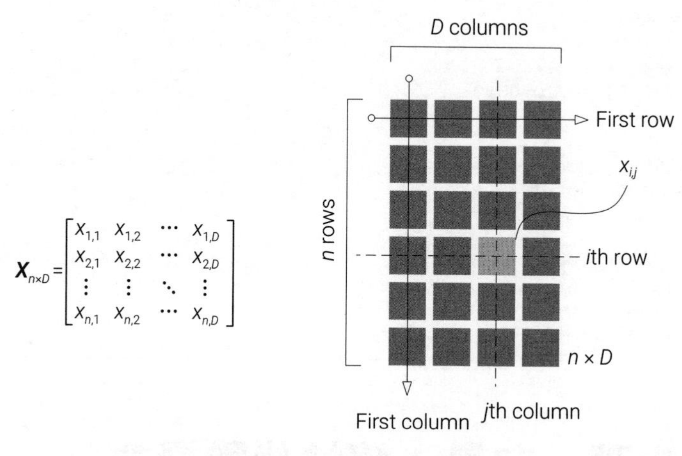

▲ 圖 5.10 $n \times D$ 矩陣 $\boldsymbol{X}$

從資料、統計、線性代數、幾何角度解釋，什麼是矩陣？

矩陣是一個由數字或符號排列成的矩形陣列。簡單來說，矩陣就是個表格。矩陣在資料、統計、線性代數和幾何學中扮演著重要的角色。

從資料的角度來看，矩陣可以表示為一個包含行和列的資料表。每個儲存格中的數值可以代表某種測量結果、觀察值或特徵。資料科學家和分析師使用矩陣來儲存和處理資料，從中提取有用的資訊。比如，一張黑白照片中的資料就可以看作是個矩陣。

續下頁

從統計學的角度來看，矩陣可以用於描述多個變數之間的關係。例如，協方差矩陣用於衡量變數之間的相關性，而相關矩陣則提供了變數之間的線性相關性度量。統計學家使用這些矩陣來推斷模式、連結和依賴性，以及進行資料分析和建模。

從線性代數的角度來看，矩陣可以用於表示線性方程組的係數矩陣。透過矩陣運算，如矩陣乘法、求逆和特徵值分解，可以解決線性方程組、求解特徵向量和特徵值等問題。線性代數中的矩陣理論提供了處理線性關係的強大工具。

從幾何學的角度來看，矩陣可以用於表示幾何變換。透過將向量表示為矩陣的列或行，可以應用平移、旋轉、縮放等幾何變換。矩陣乘法用於組合多個變換，從而實現更複雜的幾何操作。在電腦圖形學和電腦視覺中，矩陣在處理和表示二維或三維物件的位置、方向和形狀方面起著重要作用。

總而言之，矩陣是一個在資料、統計、線性代數和幾何學中廣泛應用的數學工具，它能夠表示和處理多個變數之間的關係、解決線性方程組、進行幾何變換等。

幾何角度看：行向量、列向量

行向量 (row vector) 是由一系列數字或符號排列成的一行序列。**列向量** (column vector) 是由一系列數字或符號排列成的一列序列。

如圖 5.11 所示，矩陣 $\boldsymbol{A}$ 可以視作由一系列行向量、列向量構造而成。這相當於硬幣的正反兩面，即一體兩面。這幅圖中，我們還看到了如何用幾何方式展示向量。比如 $\boldsymbol{A}$ 的行向量可以看成是平面中的三個箭頭，而 $\boldsymbol{A}$ 的列向量可以看成是三維空間中的兩個箭頭。

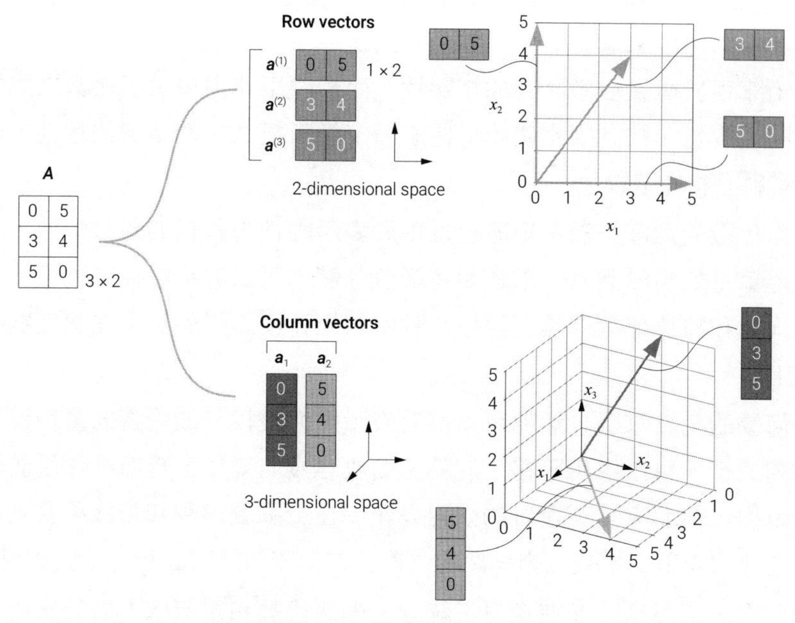

▲ 圖 5.11 行向量和列向量

圖 5.12 所示為矩陣轉置 $\boldsymbol{A}^{\mathrm{T}}$ 的行列向量。而 $\boldsymbol{A}^{\mathrm{T}}$ 的行向量是三維空間的兩個箭頭，$\boldsymbol{A}^{\mathrm{T}}$ 的列向量是平面中的三個箭頭。

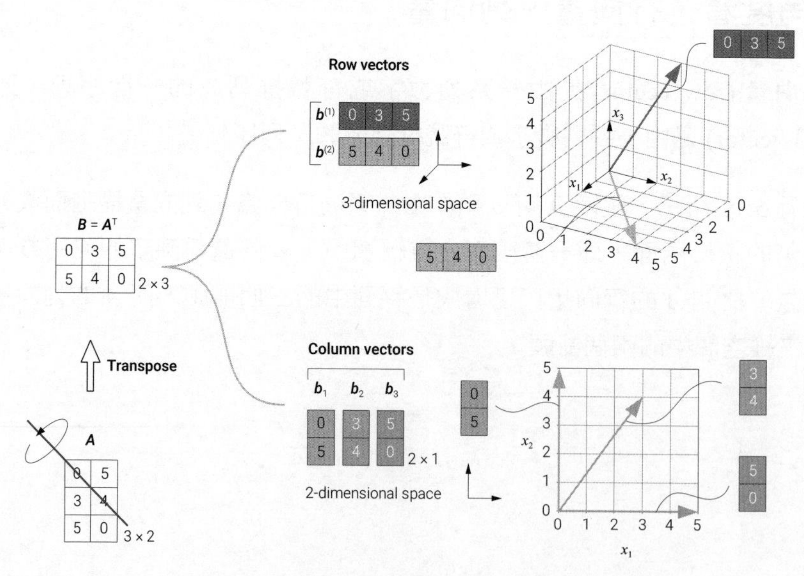

▲ 圖 5.12 轉置之後矩陣的行向量和列向量

> 什麼是矩陣轉置？
>
> 矩陣轉置是指將矩陣的行和列交換，得到一個新的矩陣。原矩陣的第 i 行會變成新矩陣的第 i 列，原矩陣的第 j 列會變成新矩陣的第 j 行。這個操作不會改變矩陣的元素值，只是改變了它們的排列順序。

我們可以用巢狀結構清單方式來表達矩陣，如程式 5.14 所示，請大家自行學習這段程式。

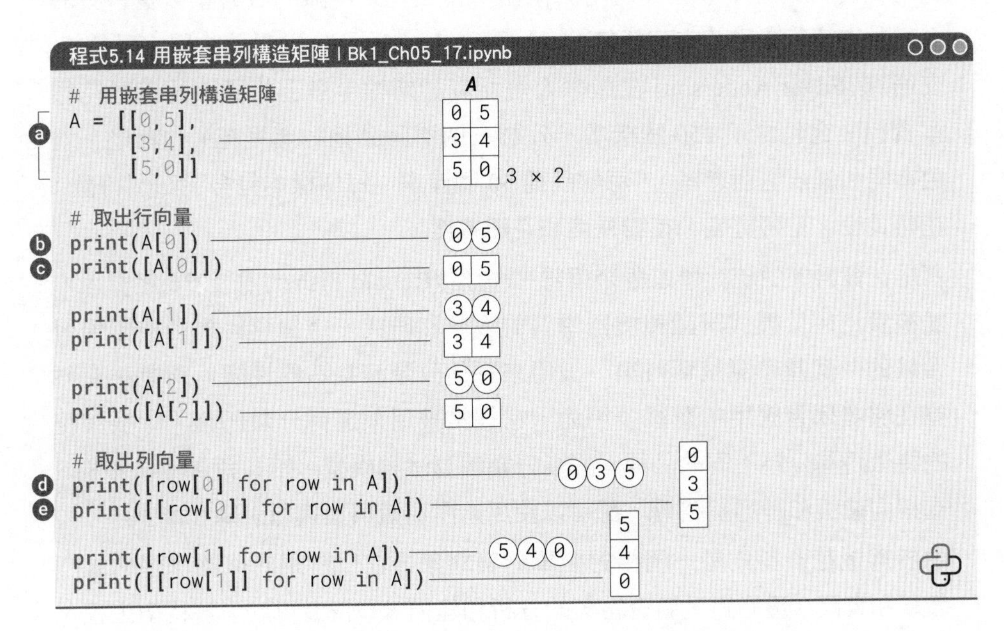

鳶尾花資料

從統計資料角度，n 是樣本個數，D 是樣本資料特徵數。如圖 5.13 所示，鳶尾花資料集，不考慮標籤 (即鳶尾花三大類 setosa、versicolor、virginica)，資料集本身 $n = 150$，$D = 4$。

什麼是鳶尾花資料集？

鳶尾花資料集是一種經典的用於機器學習和模式辨識的資料集。資料集的全稱為安德森鳶尾花卉資料集 (Anderson's Iris data set)，是植物學家愛德格·安德森 (Edgar Anderson) 在加拿大魁北克加斯帕半島上的擷取的鳶尾花樣本資料。它包含了 150 個樣本，分為三個不同品種的鳶尾花 (山鳶尾、變色鳶尾和維吉尼亞鳶尾)，每個品種 50 個樣本。每個樣本包含了四個特徵：花萼長度、花萼寬度、花瓣長度和花瓣寬度。

鳶尾花資料集由統計學家羅奈爾得·費舍爾 (Ronald Fisher) 在 1936 年引入，並被廣泛用於模式辨識和機器學習的教學和研究。這個資料集是機器學習領域的一個基準測試資料集，被用來評估分類演算法的性能。鳶尾花資料集在機器學習應用中有很多用途。它經常被用來進行分類任務，即根據花的特徵將其分為不同的品種。許多分類演算法和模型，如 K 近鄰、決策樹、支援向量機和神經網路等，都可以使用鳶尾花資料集進行訓練和測試。

由於鳶尾花資料集是一個相對簡單的資料集，它也常用於機器學習的入門教學和實踐。透過對這個資料集的分析和建模，學習者可以了解特徵工程、模型選擇和評估等機器學習的基本概念和技術。矩陣是一個由數字或符號排列成的矩形陣列。簡單來說，矩陣就是個表格。矩陣在資料、統計、線性代數和幾何學中扮演著重要的角色。

Index	Sepal length X_1	Sepal width X_2	Petal length X_3	Petal width X_4	Species C
1	5.1	3.5	1.4	0.2	Setosa C_1
2	4.9	3	1.4	0.2	
3	4.7	3.2	1.3	0.2	
…	…	…	…	…	
49	5.3	3.7	1.5	0.2	
50	5	3.3	1.4	0.2	
51	7	3.2	4.7	1.4	Versicolor C_2
52	6.4	3.2	4.5	1.5	
53	6.9	3.1	4.9	1.5	
…	…	…	…	…	
99	5.1	2.5	3	1.1	
100	5.7	2.8	4.1	1.3	
101	6.3	3.3	6	2.5	Virginica C_3
102	5.8	2.7	5.1	1.9	
103	7.1	3	5.9	2.1	
…	…	…	…	…	
149	6.2	3.4	5.4	2.3	
150	5.9	3	5.1	1.8	

▲ 圖 5.13 鳶尾花資料，數值資料單位為公分 (cm)

對於鳶尾花資料，或其他大得多的資料集，我們則需要用 NumPy Array 或 Pandas DataFrame 這兩種資料型態來儲存、呼叫、運算。NumPy Array 或 Pandas DataFrame 是本書中最常見的資料型態。

以鳶尾花資料集為例，如程式 5.15 所示，我們可以從 Scikit-Learn 中匯入鳶尾花資料集。我們可以發現資料型態是 numpy.ndarray，即 Numpy 多維陣列。特別地，用 X.ndim 可以計算得到 X 的維度為 2，即二維陣列，相當於一個矩陣。

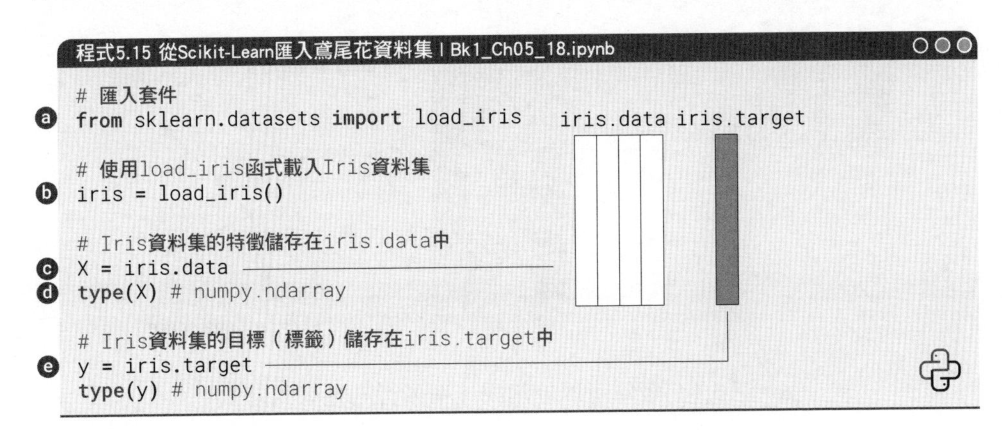
程式5.15 從Scikit-Learn匯入鳶尾花資料集 | Bk1_Ch05_18.ipynb

```
# 匯入套件
from sklearn.datasets import load_iris

# 使用load_iris函式載入Iris資料集
iris = load_iris()

# Iris資料集的特徵儲存在iris.data中
X = iris.data
type(X) # numpy.ndarray

# Iris資料集的目標（標籤）儲存在iris.target中
y = iris.target
type(y) # numpy.ndarray
```

如程式 5.16 所示，從 Seaborn 匯入的鳶尾花資料集儲存類型為 pandas.core.frame.DataFrame，即 Pandas 資料幀。而這個資料幀整體相當於一個表格，有行索引和列標籤。

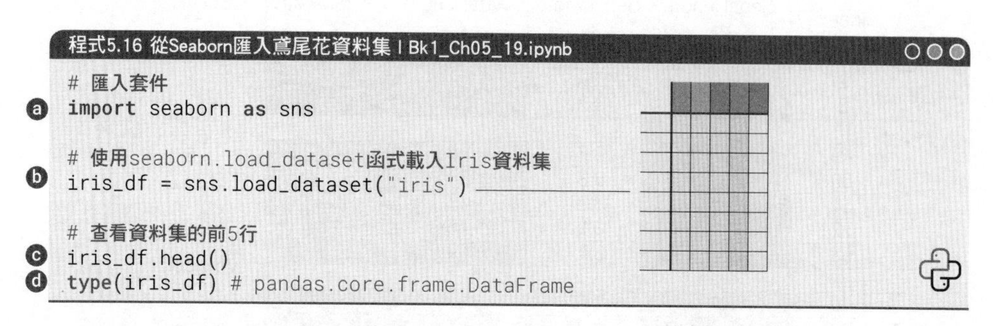

程式5.16 從Seaborn匯入鳶尾花資料集 | Bk1_Ch05_19.ipynb

```
# 匯入套件
ⓐ import seaborn as sns

# 使用seaborn.load_dataset函式載入Iris資料集
ⓑ iris_df = sns.load_dataset("iris")

# 查看資料集的前5行
ⓒ iris_df.head()
ⓓ type(iris_df) # pandas.core.frame.DataFrame
```

如圖 5.14 所示，$\boldsymbol{X}$ 任一行向量代表一朵特定鳶尾花樣本花萼長度、花萼寬度、花瓣長度和花瓣寬度測量結果。而 $\boldsymbol{X}$ 某一列向量為鳶尾花某個特徵 (花萼長度、花萼寬度、花瓣長度、花瓣寬度) 的樣本資料。從幾何角度來看，$\boldsymbol{X}$ 行向量相當於是 4 維空間中的 150 個箭頭；$\boldsymbol{X}$ 列向量相當於是 150 維空間中的 4 個箭頭。

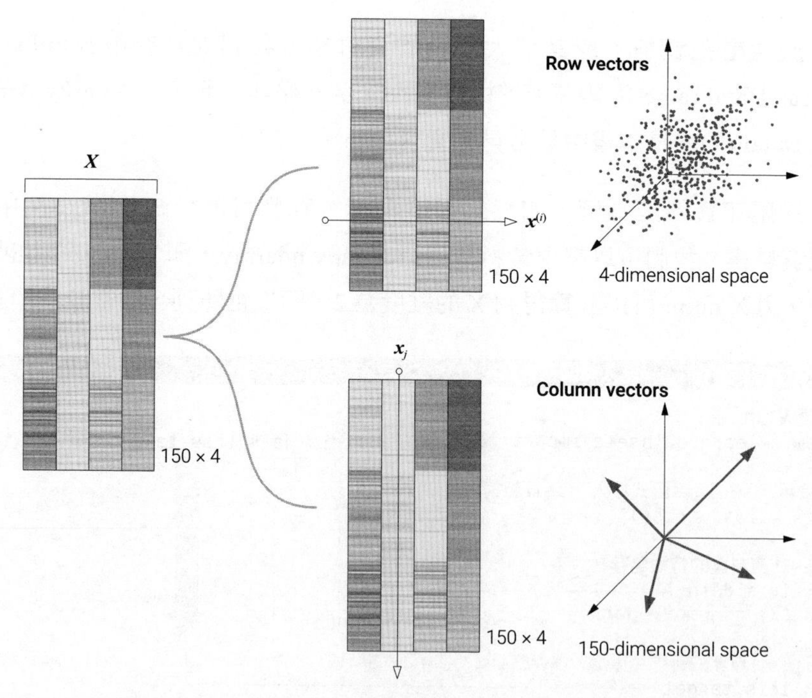

▲ 圖 5.14 矩陣可以分割成一系列行向量或列向量

➔ 請大家完成以下題目。

Q1. 在 JupyterLab 中練習本章正文舉出的範例程式。

* 不提供答案。

本書系的讀者很快就會發現，線性代數是整套書各種數學工具的核心，也是機器學習繞不過的五指山、必須走的獨木橋。這也是為什麼《AI 時代 Math 元年 - 用 Python 全精通程式設計》急不可耐、不遺餘力、見縫插針地在各個角落引入線性代數概念。

線性代數看上去很抽象、恐怖，但實際上非常簡潔、優雅。我相信本書系的讀者中，很多人曾經被線性代數折磨得傷痕累累。即使如此，不管大家是線性代數的初識，還是發誓老死不相往來的宿敵，請大家張開雙臂，敞開胸懷。很快你就會發現線性代數的偉力，甚至還會驚歎於她的美。

特別是和資料、幾何、微積分、統計結合起來之後，線性代數就會脫胎換骨，瞬間變得亭亭玉立、楚楚動人。

MEMO

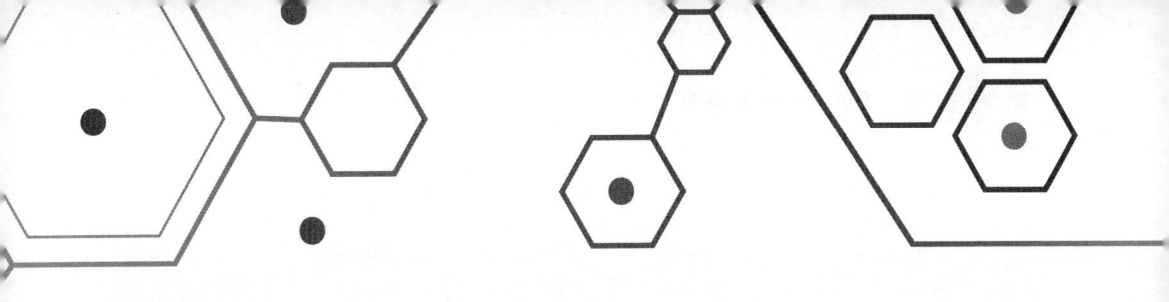

Basic Calculations in Python

6 Python 常見運算

從加減乘除開始學運算子

> 有時人們不想聽到真相，因為他們不想打碎自己的幻想。
>
> ***Sometimes people don't want to hear the truth because they don' t want their illusions destroyed.***
>
> ——弗里德里希 · 尼采（*Friedrich Nietzsche*）| 德國哲學家 | *1844—1900* 年

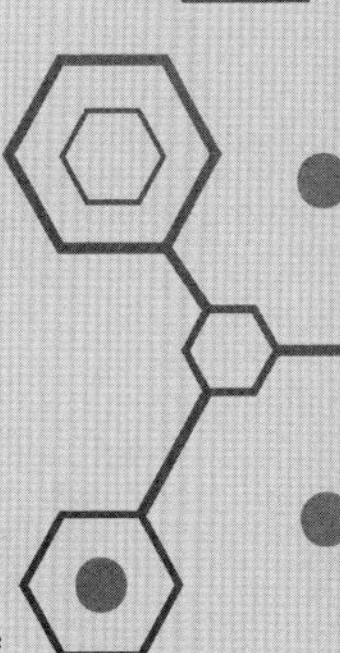

- + 算術運算子，加法；將兩個數值相加或連接兩個字串
- - 算術運算子，減法；從一個數值中減去另一個數值
- * 算術運算子，乘法；將兩個數值相乘
- / 算術運算子，除法；將一個數值除以另一個數值，得到浮點數結果
- % 算術運算子，取餘數；計算兩個數相除後的餘數
- ** 算術運算子，乘冪；將一個數值的指數冪次方
- == 比較運算子，等於；判斷兩個值是否相等，傳回一個布林值 (True 或 False)
- != 比較運算子，不等於；判斷兩個值是否不相等，傳回一個布林值 (True 或 False)
- > 比較運算子，大於；判斷左邊的值是否大於右邊的值，傳回一個布林值 (True 或 False)
- < 比較運算子，小於；判斷左邊的值是否小於右邊的值，傳回一個布林值 (True 或 False)
- >= 比較運算子，大於等於；判斷左邊的值是否大於或等於右邊的值，傳回一個布林值 (True 或 False)
- <= 比較運算子，小於等於；判斷左邊的值是否小於或等於右邊的值，傳回一個布林值 (True 或 False)
- and 邏輯運算子，與；判斷兩個條件是否同時為真，如果兩個條件都為真，則傳回 True；否則傳回 False
- or 邏輯運算子，或；判斷兩個條件是否至少有一個為真，傳回一個布林值 (True 或 False)
- not 邏輯運算子，非；對一個條件進行反轉，如果條件為真，則傳回 False；如果條件為假，則傳回 True
- = 設定運算子，等於；將一個物件的引用賦給另一個變數，兩個變數引用同一個記憶體位址
- += 設定運算子，自加運算；a += b 等價於 a = a + b
- -= 設定運算子，自減運算；a-= b 等價於 a = a-b
- *= 設定運算子，自乘運算；a*= b 等價於 a = a*b
- /= 設定運算子，自除運算；a/= b 等價於 a = a/b
- in 成員運算子；檢查某個值是否存在於指定的序列 (如串列、元組、字串等) 中，如果存在則傳回 True，否則傳回 False
- not in 成員運算子；檢查某個值是否不存在於指定的序列 (如串列、元組、字串等) 中，如果不存在則傳回 True，否則傳回 False
- is 身份運算子；檢查兩個變數是否引用同一個物件，如果是則傳回 True，否則傳回 False
- is not 身份運算子；檢查兩個變數是否不引用同一個物件，如果不是則傳回 True，否則傳回 False

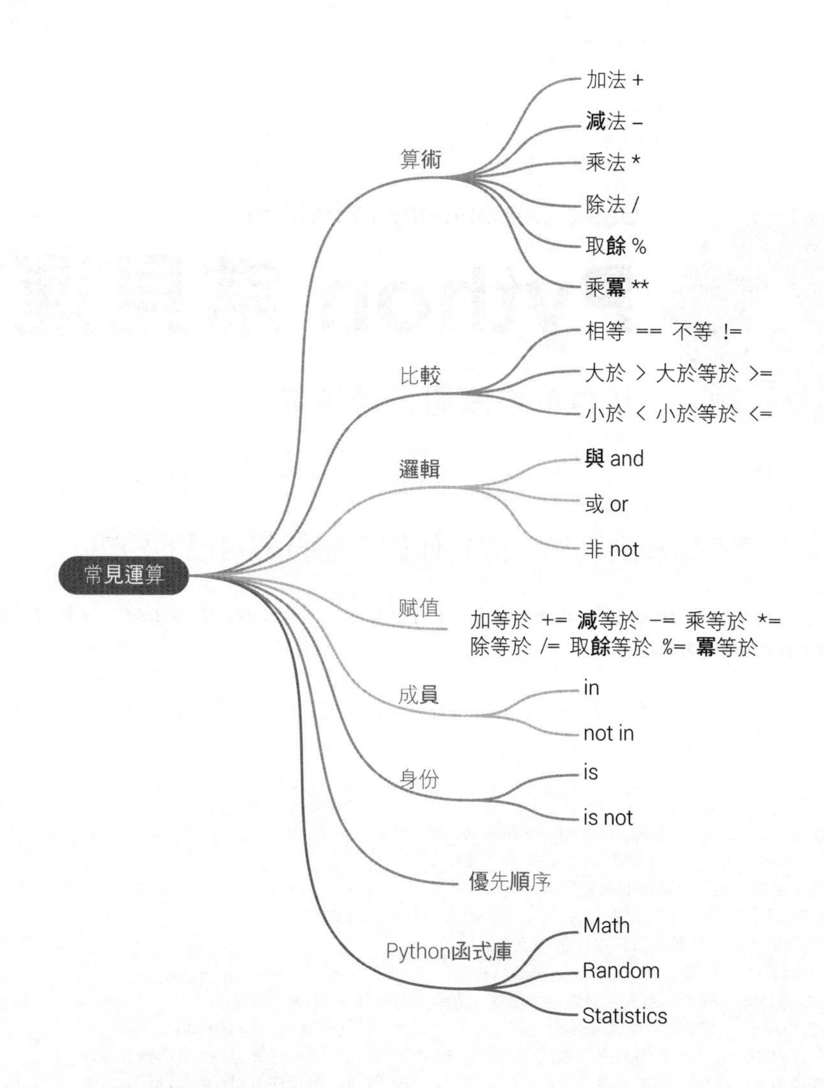

6.1 幾類運算子

Python 中的運算子可以分為以下幾類。

- **算術運算子** (arithmetic operator)：用於數學運算，例如**加法** +、**減法** -、**乘法** *、**除法** /、**取餘** %、**乘冪** ** 等。

- **比較運算子** (comparison operator,relational operator)：用於比較兩個值之間的關係，例如**等於** ==、**不等於** !=、**大於** >、**小於** <、**大於等於** >=、**小於等於** <= 等。
- **邏輯運算子** (logical operator)：用於處理布林型態資料，例如**與** and、**或** or、**非** not 等。
- **設定運算子** (assignment operator)：用於給變數賦值，例如**等號** =、**自加運算** +=、**自減運算** -=、**自乘運算** *=、**自除運算** /=。
- **成員運算子** (membership operator)：用於檢查一個值是否為另一個值的成員，例如 in、not in 等。
- **身份運算子** (identity operator)：用於檢查兩個變數是否引用同一個物件，例如 is、is not 等。

圖 6.1 總結了 Python 中常見的運算子，大家可以根據不同的場景選擇合適的運算子操作。

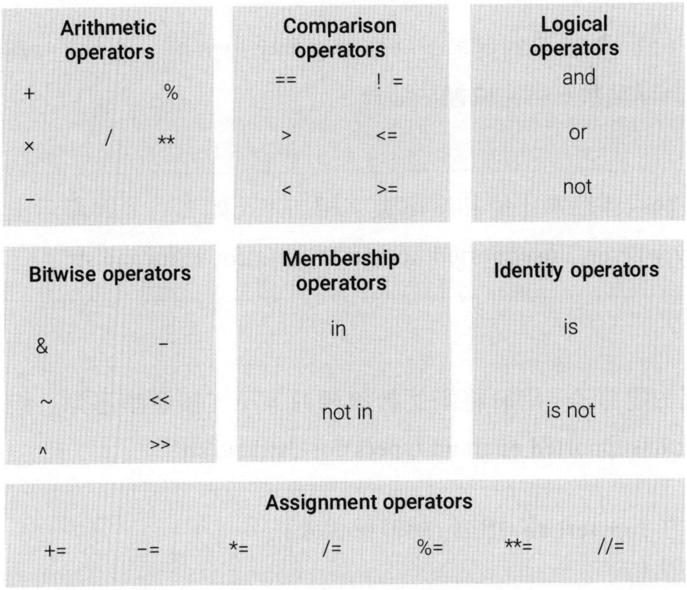

Arithmetic operators
+ %
× / **
–

Comparison operators
== ! =
> <=
< >=

Logical operators
and
or
not

Bitwise operators
& –
~ <<
^ >>

Membership operators
in
not in

Identity operators
is
is not

Assignment operators
+= -= *= /= %= **= //=

▲ 圖 6.1 常用運算子

6.2 算術運算子

Python 算術運算子用於數學運算，包括加法、減法、乘法、除法、取餘和冪運算等。下面分別介紹這些算術運算子及其使用方法。

加減法

加法運算子「+」用於將兩個數值相加或將兩個字串拼接起來。

當進行加法運算時，如果運算元的類型不一致，Python 會自動進行類型轉換。如果一個數是整數，而另一個是浮點數，則整數會被轉為浮點數，然後進行加法運算。比如，程式 6.1 的 ⓐ 運算結果為浮點數。

如果一個數是整數，而另一個是複數，則整數會被轉為複數，然後進行加法運算。運算結果為複數。

如果一個運算元是浮點數，而另一個是複數，則浮點數會被轉為複數，然後進行加法運算。運算結果為複數。

程式 6.1 的 ⓑ 展示的就是上一章講過的字串拼接。請大家先將兩個字串用 float() 轉化為浮點數，再完成加法運算。

> ⚠ 注意：整數或浮點數不能和字串數字相加，比如 2 + '1' 會顯示出錯，錯誤資訊為 TypeError: unsupported operand type(s)for +:'int'and'str'。

> ⚠ 注意：減法運算子 - 用於將兩個數值相減，不支援字串運算，錯誤資訊為 TypeError:unsupported operand type(s)for-:'str'and'str'。

請大家在 JupyterLab 中自行練習程式 6.1。

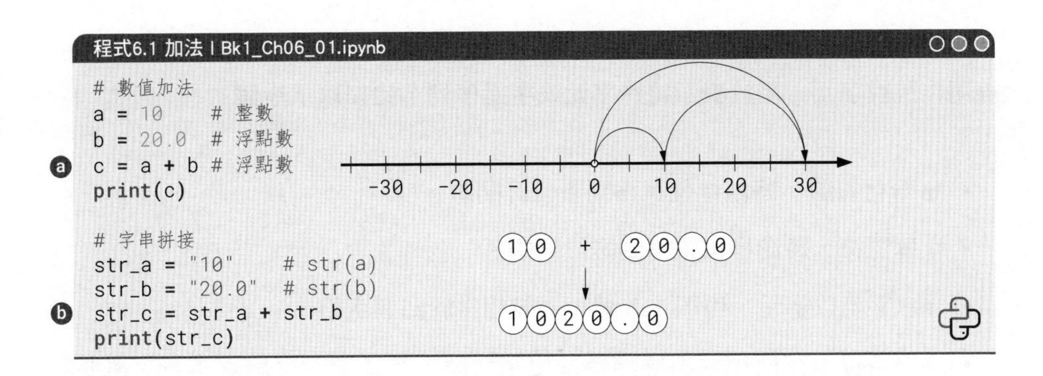

乘除法

乘法運算子「*」用於將兩個數值相乘，或將一個字串重複多次。

程式 6.2 中 ⓐ 完成整數和浮點數的乘法運算，結果還是一個浮點數。

ⓑ 和 ⓒ 則完成字串的複製運算，而非算術乘法運算。

冪運算子 ** 用於將一個數值冪次方，比如 2**3 的結果為 8。

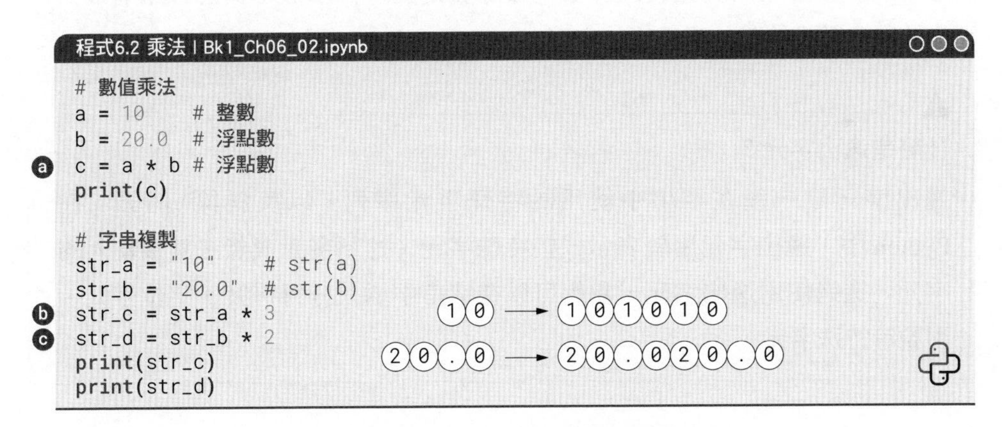

除法運算子 / 用於將兩個數值相除，結果為浮點數。

在 Python 中，**正斜線**「/」(forward slash) 和**反斜線**「\」(backward slash) 具有不同的用途和含義。在路徑表示中，正斜線用作目錄分隔符號，用於表示檔案系統路徑。在除法運算中，正斜線用作除法操作符號。

在 Windows 檔案路徑表示中，反斜線用作目錄分隔符號。在字串中，反斜線用作跳脫字元，用於表示特殊字元或字元序列，比如以下幾個。

- \n 分行符號，將游標位置移到下一行開頭。
- \r 確認符，將游標位置移到本行開頭。
- \t 水平定位字元，也即 Tab 鍵，一般相當於四個空格。
- \\ 反斜線；在使用反斜線作為逸出字元時，為了表示反斜線本身，需要使用兩個連續的反斜線 \\。
- \' 表示單引號。
- \" 表示雙引號。
- \ 在字串行尾的續行符，即一行未完，轉到下一行繼續寫。

取餘運算子「%」用於獲取兩個數值相除的餘數，比如 10%3 的結果為 1。注意：取餘主要是用於程式設計中，取餘數則更多表示數學概念，兩者最大區別在於對負數求餘數的處理上。

什麼是逸出字元？

逸出字元是一種在字串中使用的特殊字元序列，以反斜線 \ 開頭。在 Python 中，逸出字元用於表示一些特殊字元、控制字元或無法直接輸入的字元。透過使用逸出字元，我們可以在字串中插入分行符號、定位字元、引號等特殊字元。

括號

在 Python 中，運算子有不同的優先順序。有時我們需要改變運算子的優先順序順序，這時可以使用**括號** (parentheses) 來改變它們的順序。括號可以用於明確指定某些運算的執行順序，確保它們在其他運算之前或之後進行。請大家自行比較下兩例：

```
result = 2 + 3*4
result = (2 + 3)*4
```

根據運算子的優先順序規則，乘法運算具有更高的優先順序，因此先執行乘法，然後再進行加法。所以結果是 14。如果我們想先執行加法運算，然後再進行乘法運算，可以使用括號來改變優先順序。這和小學數學學的運算法則完全一致。

6.3 比較運算子

Python 比較運算子用於比較兩個值，結果為 True 或 False。

相等、不等

相等運算子「==」比較兩個值是否相等，傳回 True 或 False。不等運算子「!=」比較兩個值是否不相等，傳回 True 或 False。請大家在 JupyterLab 中自行練習程式 6.3。

程式6.3 相等、不等 | Bk1_Ch06_03.ipynb

```
x = 5
y = 3
print(x == y)   # False        ⓐ
print(x == 5)   # True
print(x != y)   # True         ⓑ
print(x != 5)   # False
print(x != 5.0) # False
```

大於、大於等於

大於運算子「>」比較左邊的值是否大於右邊的值，傳回 True 或 False。大於等於運算子「>=」比較左邊的值是否大於等於右邊的值，傳回 True 或 False。請大家在 JupyterLab 中自行練習程式 6.4。

程式6.4 大於、大於等於 | Bk1_Ch06_03.ipynb

```
x = 5
y = 3

print(x > y)    # True
print(x > 10)   # False
print(x >= y)   # True
print(x >= 5)   # True
```

小於、小於等於

小於運算子「<」比較左邊的值是否小於右邊的值，傳回 True 或 False。小於等於運算子「<=」比較左邊的值是否小於等於右邊的值，傳回 True 或 False。請大家在 JupyterLab 中自行練習程式 6.5。

程式6.5 小於、小於等於 | Bk1_Ch06_03.ipynb

```
x = 5
y = 3

print(x < y)    # False
print(x < 10)   # True
print(x <= y)   # False
print(x <= 5)   # True
```

6.4 邏輯運算子

Python 中有三種邏輯運算子，分別為 and、or 和 not，這些邏輯運算子可用於布林類型的運算元上。這三種邏輯運算子實際上表現的是**真值表** (truth table) 的邏輯。

如圖 6.2 所示，真值表是一個邏輯表格，用於列出邏輯運算式的所有可能的輸入組合和對應的輸出結果。它展示了在不同的輸入情況下，邏輯運算式的真值 True 或假值 False。下面對每種邏輯運算子進行詳細的講解。

A	B	A and B
True	True	True
True	False	False
False	True	False
False	False	False

A	B	A or B
True	True	True
True	False	True
False	True	True
False	False	False

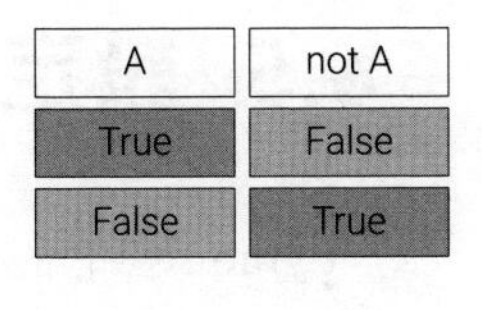

A	not A
True	False
False	True

▲ 圖 6.2 真值表

與運算子「and」當左右兩邊的運算元都為 True 時，傳回 True，否則傳回 False。

或運算子「or」當左右兩邊的運算元至少有一個為 True 時，傳回 True，否則傳回 False。

非運算子「not」對一個布林類型的運算元反轉，如果運算元為 True，傳回 False；否則傳回 True。邏輯運算子常用於條件判斷、迴圈控制等敘述中。透過組合不同的邏輯運算子，可以實現複雜的邏輯運算式。請大家在 JupyterLab 中自行練習程式 6.6。並嘗試有選擇地把 True 替換成 1，把 False 替換成 0，再完成這些邏輯運算並查看結果。

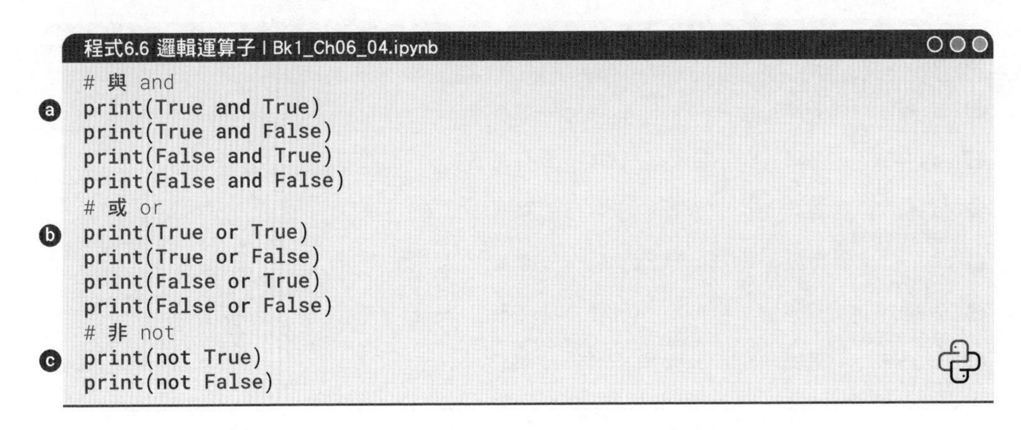

程式6.6 邏輯運算子 | Bk1_Ch06_04.ipynb

```
  # 與 and
a print(True and True)
  print(True and False)
  print(False and True)
  print(False and False)
  # 或 or
b print(True or True)
  print(True or False)
  print(False or True)
  print(False or False)
  # 非 not
c print(not True)
  print(not False)
```

6.5 設定運算子

Python 中的設定運算子用於將值分配給變數，下面逐一講解。再次提醒大家注意，準確來說，以下設定運算子在 Python 中都是敘述。

- 等號 = 將右側的值賦給左側的變數。
- 加等於 += 將右側的值加到左側的變數上，並將結果賦給左側的變數。
- 減等於 -= 將右側的值從左側的變數中減去，並將結果賦給左側的變數。
- 乘等於 *= 將右側的值乘以左側的變數，並將結果賦給左側的變數。
- 除等於 /= 將左側的變數除以右側的值，並將結果賦給左側的變數。
- 取餘等於 %= 將左側的變數對右側的值取餘，並將結果賦給左側的變數。
- 冪等於 **= 將左側的變數的值提高到右側的值的冪，並將結果賦給左側的變數。

請大家在 JupyterLab 中自行練習程式 6.7。

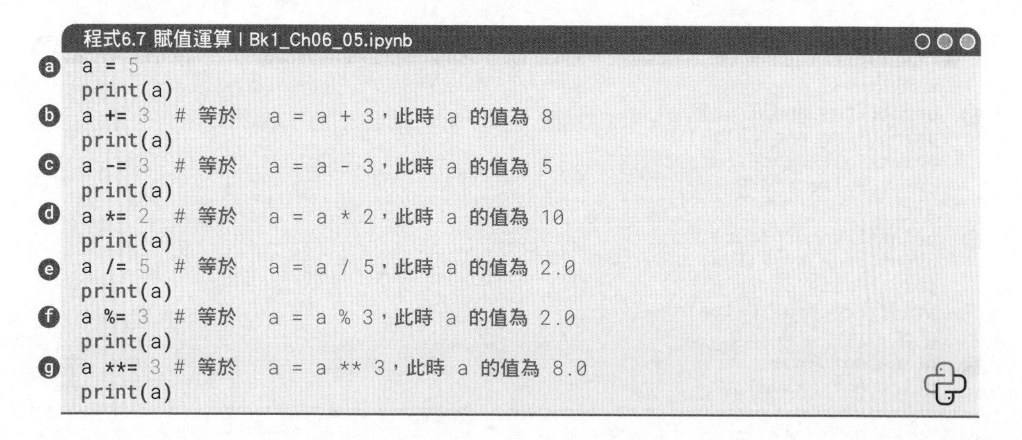

程式6.7 賦值運算 | Bk1_Ch06_05.ipynb

```
a = 5
print(a)
a += 3  # 等於  a = a + 3，此時 a 的值為 8
print(a)
a -= 3  # 等於  a = a - 3，此時 a 的值為 5
print(a)
a *= 2  # 等於  a = a * 2，此時 a 的值為 10
print(a)
a /= 5  # 等於  a = a / 5，此時 a 的值為 2.0
print(a)
a %= 3  # 等於  a = a % 3，此時 a 的值為 2.0
print(a)
a **= 3 # 等於  a = a ** 3，此時 a 的值為 8.0
print(a)
```

6.6 成員運算子

Python 中成員運算子用於測試是否存在於序列中。共有兩個成員運算子：① in：如果在序列中找到值，傳回 True，否則傳回 False；② not in：如果在序列中沒有找到值，傳回 True，否則傳回 False。

程式 6.8 展示成員運算子的範例，請大家在 JupyterLab 中自行練習。

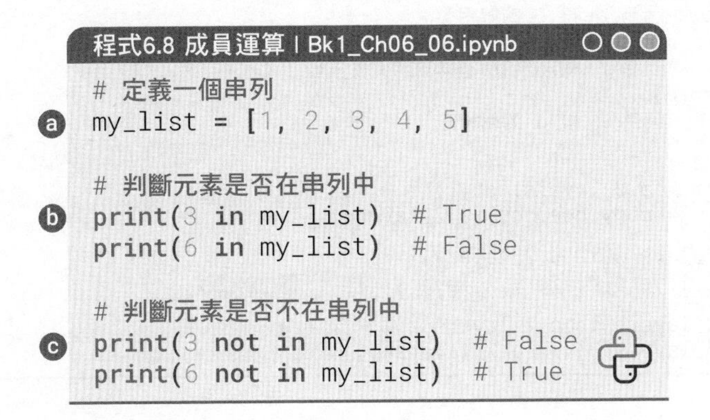

程式6.8 成員運算 | Bk1_Ch06_06.ipynb

```
# 定義一個串列
my_list = [1, 2, 3, 4, 5]

# 判斷元素是否在串列中
print(3 in my_list)  # True
print(6 in my_list)  # False

# 判斷元素是否不在串列中
print(3 not in my_list)  # False
print(6 not in my_list)  # True
```

6.7 身份運算子

Python 身份運算子包括 is 和 is not，用於判斷兩個物件是否引用同一個記憶體位址。請大家回顧上一章介紹的**視圖** (view)、**淺複製** (shallow copy)、**深複製** (deep copy) 這三個概念。

簡單來說，淺複製只複製物件的一層內容，不涉及巢狀結構的可變物件。深複製建立一個全新的物件，並遞迴地複製原始物件及其巢狀結構的可變物件。每個物件的副本都是獨立的，修改原始物件或其巢狀結構物件不會影響深複製的物件。

深複製涉及多層巢狀結構的可變物件，確保每個物件都被複製。

請大家在 JupyterLab 中自行練習程式 6.9。請特別注意程式 6.9 中 ⓚ 的結果，並解釋原因。

程式6.9 身份運算 | Bk1_Ch06_07.ipynb

```
import copy
a = [1, 2, 3]
b = a                                    # ⓐ
# 視圖 b 引用 a 的記憶體位址
c = [1, 2, 3]
d = a.copy()                             # ⓑ

print(a is b)                            # ⓒ
# 輸出 True，因為 a 和 b 引用同一個記憶體位址
print(a is not c)                        # ⓓ
# 輸出 True，因為 a 和 c 引用不同的記憶體位址
print(a == c)                            # ⓔ
# 輸出 True，因為 a 和 c 的值相等
print(a is not d)                        # ⓕ
# 輸出 True，因為 a 和 d 引用不同的記憶體位址
print(a == d)                            # ⓖ
# 輸出 True，因為 a 和 d 的值相等

a_2_layers = [1, 2, [3, 4]]
d_2_layers = a_2_layers.copy()           # ⓗ
e_2_layers = copy.deepcopy(a_2_layers)   # ⓘ

print(a_2_layers is d_2_layers)          # ⓙ
print(a_2_layers[2] is d_2_layers[2]) # 請特別關注！   ⓚ

print(a_2_layers is e_2_layers)          # ⓛ
print(a_2_layers[2] is e_2_layers[2])    # ⓜ
```

6.8 優先順序

在 Python 中，不同類型的運算子優先順序是不同的，當一個運算式中有多個運算子時，會按照優先順序的順序依次計算，可以使用括號改變運算順序。

下面是 Python 中常見的運算子優先順序串列，從高到低排列。

- 括號運算子：()，用於改變運算順序。
- 正負號運算子：+x，-x，用於對數字取正負。
- 算術運算子：**，*，/，//，%，用於數字的算數運算。
- 位元運算符號：~，&，|，^，<<，>>，用於二進位位元的運算。
- 比較運算子：<，<=，>，>=，==，!=，用於比較大小關係。
- 身份運算子：is，is not，用於判斷兩個物件是否相同。

- 成員運算子：in，not in，用於判斷一個元素是否屬於一個集合。
- 邏輯運算子：not，and，or，用於邏輯運算。

這部分我們不再展開介紹，如果後續用到的話，請大家自行學習。

⚠

對於 Python 初學者，使用上述運算子時，特別不推薦將若干運算擠在一句。一方面，不方便 debug；另外一方面，也不方便自己日後或者他人查看。也不推薦做任何相關的「練習題」，請大家不要在這些「奇技淫巧」費功夫。但是有一種運算疊加是推薦大家必須掌握的，這就是 Pandas 中的**連鎖運算** (method chaining 或 chaining)。本書後續將介紹這種方法。

⚠

什麼是位元運算符號？

Python 提供了一組位元運算符號 (bitwise operator)，用於在二進位等級對整數進行操作。這些位元運算符號將整數的二進位表示作為運算元，並對每個位元進行邏輯運算。

6.9 聊聊 math 函式庫

本節簡單聊一聊 math 函式庫。math 函式庫是 Python 標準函式庫之一，提供了許多數學函式和常數，用於執行各種基本數學運算。表 6.1 總結了 math 函式庫中常用的函式。

⚠

如果需要向量化運算或使用更高級的數學操作，請使用 NumPy 或 SciPy 等第三方函式庫。

大家可以在本書第 15 章找到表 6.1 中很多函式的影像。

➔ 表 6.1 math 函式庫中常用函式

math 函式	數學符號	描述
math.pi	π	圓周率，π = 3.141592⋯
math.e	e	e = 2.718281⋯
math.inf	∞	正無窮 (positive infinity)，-math.inf 為負無窮
math.nan	NaN	非數 (not a number)
math.ceil(x)	$\lceil x \rceil$	向上取整數 (ceiling of x)
math.floor(x)	$\lfloor x \rfloor$	向下取整數 (floor of x)
math.comb(n,k)	C_n^k	組合數 (combination)，輸入均為整數 int 公式描述為 the number of ways to choose k items from n items without repetition and without order
math.perm(n,k)	P_n^k	排列數 (permutation)，輸入均為整數 int 公式描述為 the number of ways to choose k items from n items without repetition and with order
math.fabs(x)	$\|x\|$	絕對值 (absolute value)
math.factorial(n)	$n!$	階乘 (factorial)，輸入為整數 int
math.sqrt(x)	$\sqrt{x}$	平方根 (square root)
math.cbrt(x)	$\sqrt[3]{x}$	立方根 (cube root)
math.exp(x)	$\exp(x) = e^x$	指數 (natural exponential) 公式描述 e raised to the power x
math.log(x)	$\ln x$	自然對數 (natural logarithm)
math.dist(p,q)	$\|\boldsymbol{p} - \boldsymbol{q}\|$	歐幾里德距離 (Euclidean distance)

math.hypot(x1,x2,x3,⋯)	$\|x\| = \sqrt{x_1^2 + x_2^2 + x_3^2 + \cdots}$	距離原點的歐幾里德距離 (Euclidean distance from origin)
math.sin(x)	$\sin x$	正弦 (sine)，輸入為弧度
math.cos(x)	$\cos x$	餘弦 (cosine)，輸入為弧度
math.tan(x)	$\tan x$	正切 (tangent)，輸入為弧度
math.asin(x)	$\arcsin x$	反正弦 (arc sine)，結果在 $-\pi/2$ 和 $\pi/2$ 之間
math.acos(x)	$\arccos x$	反餘弦 (arc cosine)，結果在 0 和 π 之間
math.atan(x)	$\arctan x$	反正切 (arc tangent)，結果在 $-\pi/2$ 和 $\pi/2$ 之間
math.atan2(y,x)	$\arctan\left(\frac{y}{x}\right)$	反正切 (arc tangent)，結果在 $-\pi$ 和 π 之間
math.cosh(x)	$\cosh x$	雙曲餘弦 (hyperbolic cosine)
math.sinh(x)	$\sinh x$	雙曲正弦 (hyperbolic sine)
math.tanh(x)	$\tanh x$	雙曲正切 (hyperbolic tangent)
math.acosh(x)	$\mathrm{arccosh}\, x$	反雙曲餘弦 (inverse hyperbolic cosine)
math.asinh(x)	$\mathrm{arcsinh}\, x$	反雙曲正弦 (inverse hyperbolic sine)
math.atanh(x)	$\mathrm{arctanh}\, x$	反雙曲正切 (inverse hyperbolic tangent)
math.radians(x)	$\frac{x}{180} \times \pi$	將角度 (degrees) 轉為弧度 (radians)
math.degrees(x)	$\frac{x}{\pi} \times 180$	將弧度轉為角度
math.erf(x)	$\mathrm{erf}\, x = \frac{2}{\sqrt{\pi}} \int_0^x \exp\left(-t^2\right) \mathrm{d}$	誤差函式 (error function)
math.gamma(x)	$\Gamma(x) = (x-1)!$ * 僅當 x 為正整數	Gamma 函式 (gamma function)

程式 6.10 用 math.sin() 計算了等差數列**串列** (list) 每個元素的正弦值。下面講解其中關鍵敘述。

ⓐ 利用 import math 將 math 函式庫引入到 Python 程式中，這樣我們可以在後面敘述中使用 math 模組中的各種數學函式和常數。

ⓑ 匯入 Matplotlib 函式庫的 pyplot 模組，as 後面是模組的別名 plt。簡單來說，matplotlib.pyplot 是 Matplotlib 許多子模組之一。後續程式接著用這個子模組進行繪圖、標注等操作。

ⓒ 利用 math.sin() 計算 sin(0)。

ⓓ 是一個 Python 設定陳述式，將變數 x_end 的值設置為數學常數 2*math.pi。math.pi 是 Python 標準函式庫中 math 模組中的常數，它代表圓周率 π，它的值約為 3.1415926。然後，下一行程式碼計算 sin(2π)。

ⓔ 定義了**等差數列** (arithmetic progression) 元素的數量，x_start 為數列第一項，x_end 為數列最後一項。

ⓕ 計算等差數列的公差。圖 6.4 所示為在實數軸上看等差數列。

ⓖ 利用**串列生成式** (list comprehension) 生成等差數列串列 x_array。其中，for i in range(num) 是串列生成式的 for 迴圈部分。range(num) 生成的整數序列，其中 num 是要生成的元素數量，這個序列將包括從 0 到 num-1 的整數值。

> 本書第 7 章在 for 迴圈中專門介紹串列生成式。

因此，這個 for 迴圈將執行 num 次，每次使用一個新的 i 值來生成一個新的串列元素。而串列的元素為 x_start + i*step，即等差數列的每一項。這句的最終結果是一個由 37 個元素組成的串列 x_array。串列本身就是一個等差數列，數列的第一項為 0，最後一項為 2π。

大家會發現本書後續經常用 numpy.arange() 和 numpy.linspace() 生成等差數列。

ⓗ 也用串列生成式建立和 x_array 元素數量一致的全 0 串列。

ⓘ 利用 matplotlib.pyplot.plot()，簡寫作 plt.plot()，繪製「折線 + 散點圖」。x_array 為散點橫軸座標，zero_array 為散點的縱軸座標。將這些散點順序連線，我們便獲得折線；這個例子中的折線恰好為直線。

如圖 6.3(b) 所示，將子圖散點順序連線我們得到正弦曲線。這條曲線看上去「光滑」，而本質上也是折線。這提醒了我們，只有散點足夠密集，也就是顆粒度夠高時，折線才看上去更細膩、順滑。特別是，當曲線特別複雜時，我們需要更高顆粒度。

預設情況下，matplotlib.pyplot.plot() 只繪製折線，不突出顯示散點。

參數 marker='.' 指定散點標記樣式。

參數 markersize=8 指定散點標記大小的參數。

參數 markerfacecolor='w' 指定散點標記內部顏色，w 代表白色。

參數 markeredgecolor='k' 指定散點標記邊緣顏色 k 代表黑色。

⚠ 如果資料本身就是離散的，最好不用折線將它們連起來。這時可以採用散點圖、火柴梗圖等視覺化方案。

ⓙ 利用 matplotlib.pyplot.text()，簡寫作 plt.text()，在圖中增加文字**註釋** (annotation)。其中，x_start 是文字註釋的橫軸座標，0 是文字註釋的縱軸座標，'0' 是要顯示的文字字串。

ⓚ 也是用 plt.text() 在圖中增加文字數值，文字座標不同，文字本身也不同。r'2π' 是一個包含 LaTeX 運算式的字串。r 字元首碼表示**原始字串** (raw string)，以確保 LaTeX 運算式中的反斜線不被跳脫。$ 符號用於標識 LaTeX 運算式的開始和結束。在圖中，文字最終列印效果為 2π。

❶ 這行程式的作用是在當前的 Matplotlib 圖形中關閉座標軸的顯示，從而在圖形中不顯示座標軸刻度、標籤和框線。

> 本書第 10 章專門介紹一幅圖中各種組成元素。

ⓜ 用於顯示在建立的圖形。

ⓝ 還是用串列生成式建立一個串列，這個串列每個元素是 x_array 等差數列串列對應元素的正弦值。

ⓞ 同樣利用 plt.plot() 繪製正弦函式 $f(x)=\sin(x)$ 的「折線 + 散點圖」。

ⓟ 利用 plt.axhline() 在圖形中增加一條水平的輔助線。

參數 y=0 是輔助線的水平位置。

參數 color='k' 是輔助線的顏色設置。

參數 linestyle='--'' 是輔助線的線型設置，-- 表示虛線。

參考 linewidth=0.25 是輔助線的線寬設置。在這裡，線寬被設置為 0.25 個單位。在 Matplotlib 中，linewidth 的單位是**點** (point)，通常表示為 pt，如圖 6.5 所示。1 pt 等於 1/72 英吋。點用於度量線寬的標準單位，通常用於印刷和出版領域。

文字大小也可以用 pt 表示。比如，5 號字型為 10.5 pt，小五號字為 9 pt。本書系正文文字大小為 10 pt。為了縮減空間、節省用紙，《AI 時代 Math 元年 - 用 Python 全精通程式設計》中嵌入的程式文字字型採用 Roboto Mono Light，字型大小為 9pt，即小五號字。

大家可能已經發現這段程式的最大問題，就是我們反覆利用串列生成式 (本質上是 for 迴圈) 生成各種序列，也就是 for 迴圈中一個個運算。本書後文會介紹如何用 NumPy **向量化** (vectorize) 上述。

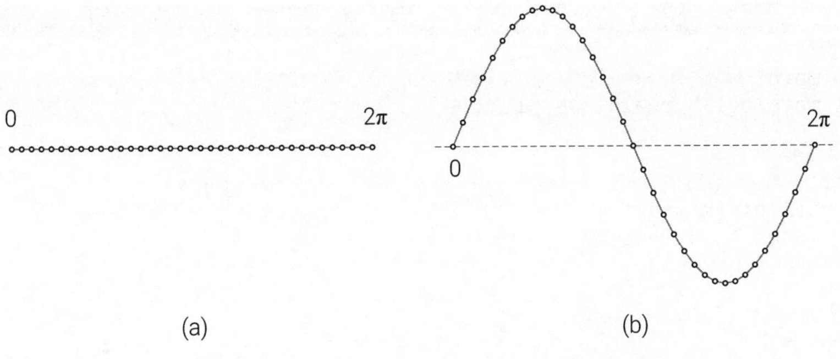

▲ 圖 6.3 視覺化等差數列，正弦函式

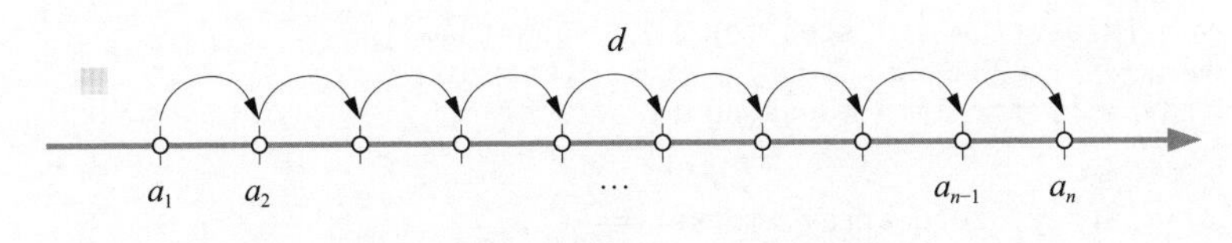

▲ 圖 6.4 實數軸上看等差數列

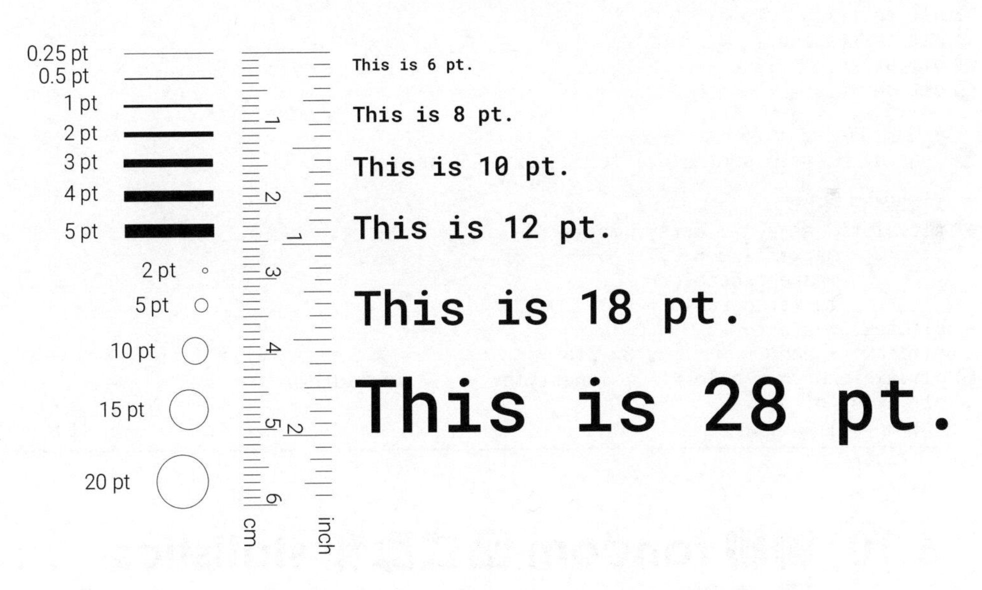

▲ 圖 6.5 線寬、字型等大小單位 point(pt)

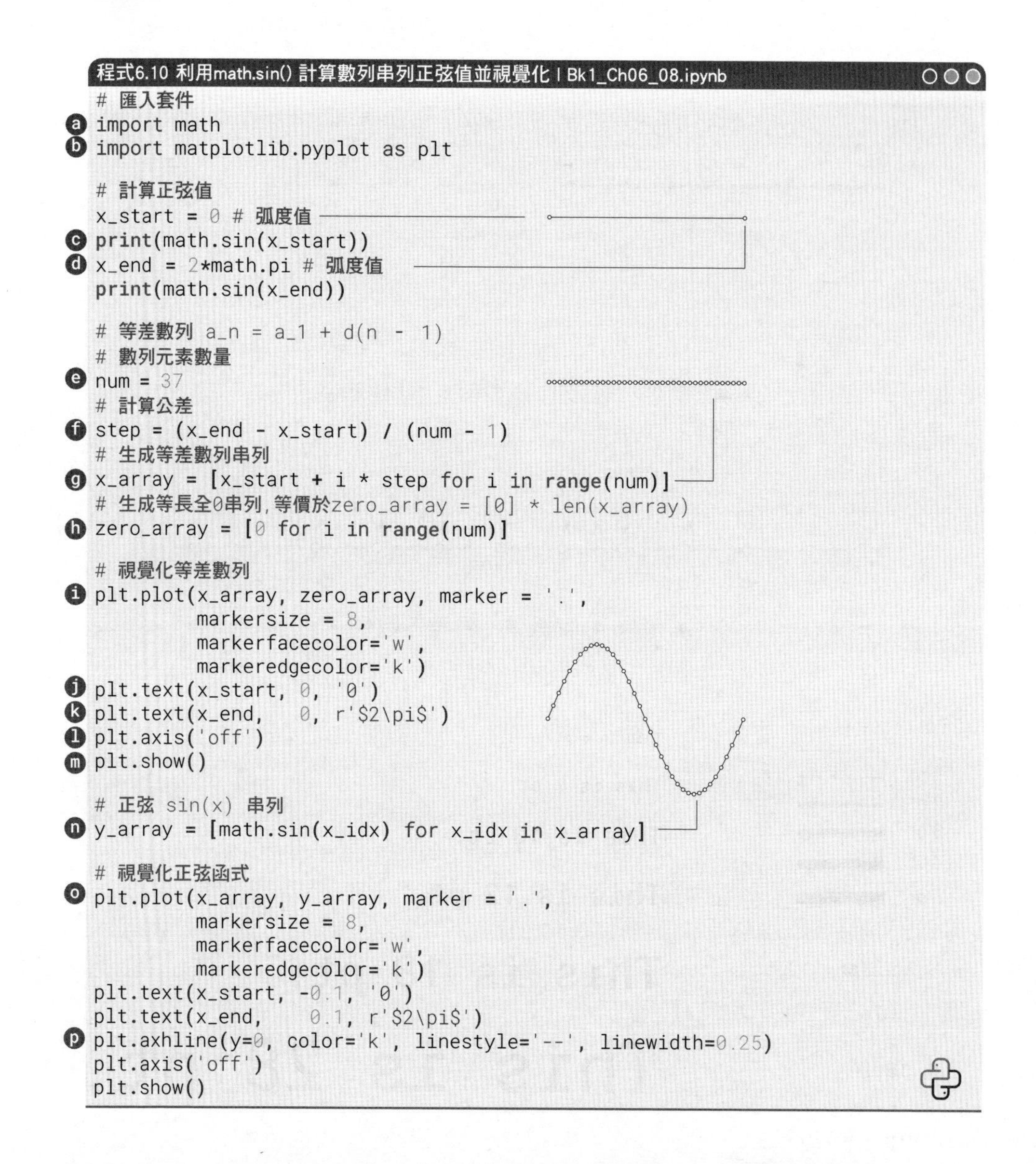

程式6.10 利用math.sin() 計算數列串列正弦值並視覺化 | Bk1_Ch06_08.ipynb

```
# 匯入套件
import math
import matplotlib.pyplot as plt

# 計算正弦值
x_start = 0 # 弧度值
print(math.sin(x_start))
x_end = 2*math.pi # 弧度值
print(math.sin(x_end))

# 等差數列 a_n = a_1 + d(n - 1)
# 數列元素數量
num = 37
# 計算公差
step = (x_end - x_start) / (num - 1)
# 生成等差數列串列
x_array = [x_start + i * step for i in range(num)]
# 生成等長全0串列，等價於zero_array = [0] * len(x_array)
zero_array = [0 for i in range(num)]

# 視覺化等差數列
plt.plot(x_array, zero_array, marker = '.',
         markersize = 8,
         markerfacecolor='w',
         markeredgecolor='k')
plt.text(x_start, 0, '0')
plt.text(x_end,   0, r'$2\pi$')
plt.axis('off')
plt.show()

# 正弦 sin(x) 串列
y_array = [math.sin(x_idx) for x_idx in x_array]

# 視覺化正弦函式
plt.plot(x_array, y_array, marker = '.',
         markersize = 8,
         markerfacecolor='w',
         markeredgecolor='k')
plt.text(x_start, -0.1, '0')
plt.text(x_end,    0.1, r'$2\pi$')
plt.axhline(y=0, color='k', linestyle='--', linewidth=0.25)
plt.axis('off')
plt.show()
```

6.10 聊聊 random 函式庫和 statistics 函式庫

random 是 Python 標準函式庫中的模組，提供了虛擬亂數生成器，通常用於模擬隨機事件、生成隨機資料、進行隨機採樣等任務。在進行科學實驗、模擬和遊戲開發等領域，它是一個非常有用的工具。如果需要更高級的亂數產生或機率分佈模擬，可以考慮使用 NumPy 或 SciPy 等第三方函式庫，它們提供了更多的亂數產生和統計分析功能。random 函式庫中常用函式如表 6.2 所示。

statistics 是 Python 標準函式庫中的模組，用於執行統計計算和操作，包括平均值、中位數、標準差、方差、眾數等。這個模組提供了一些基本的統計函式，適用於處理數值資料。statistics 函式庫中常用函式如表 6.3 所示。

> 注意：statistics 模組適用於處理小規模資料集，對於大型態資料集和更複雜的統計分析，通常需要使用專門的資料科學函式庫，如 NumPy、SciPy 或 Pandas。

下面，我們舉幾個例子，介紹如何使用 random 和 statistics 這兩個 Python 函式庫。

➔ 表 6.2 random 函式庫中常用函式

random 函式	描述
random.random()	傳回一個 0 ~ 1 之間的隨機浮點數
random.randint(a,b)	傳回一個在區間 [a,b] 上的隨機整數
random.uniform(a,b)	傳回一個在區間 [a,b] 上的隨機浮點數
random.gauss(mu,sigma)	生成一個服從一元高斯分佈 (univariate Gaussian distribution) 的隨機數，其中 mu 是平均值，sigma 是標準差
random.seed(seed)	使用給定的種子 seed 初始化亂數產生器，這有助結果可複刻
random.choice(seq)	從序列 (如串列、元組或字串) 中隨機選擇一個元素並傳回它
random.choices(population,weights=None,k=k)	從給定的 population 序列中隨機選擇 k 個元素，可以透過 weights 參數指定每個元素的權重，權重越高的元素被選中的機率越大。如果不指定權重，所有元素被選中的機率相等
random.shuffle(seq)	用於隨機打亂序列 seq 中的元素順序

random 函式	描述
random.sample(population,k)	從指定的 population 序列中隨機選擇 k 個不重複的元素，相當於從整體中擷取 k 個不重複的樣本
random.betavariate(alpha,beta)	用於生成一個服從 Beta 分佈 (Beta distribution) 的隨機數。Beta 分佈是一個機率分佈，其形狀由兩個參數 alpha 和 beta 來控制。《AI 時代 Math 元年 - 用 Python 全精通統計及機率》將專門介紹這個機率分佈，並在貝氏推斷 (Bayesian inference) 中使用 Beta 分佈
random.expovariate(lambd)	用於生成一個服從指數分佈 (exponential distribution) 的隨機數，lambd 是指數分佈的參數。《AI 時代 Math 元年 - 用 Python 全精通統計及機率》將介紹指數分佈

➔ 表 6.3 statistics 函式庫中常用函式

statistics 函式	描述
statistics.mean()	計算算數平均值 (arithmetic mean,average)
statistics.median()	計算中位數 (median)
statistics.mode()	計算眾數 (mode)
statistics.quantiles()	用於計算分位數 (quantile) 的函式。簡單來說，分位數是指將一組資料按照大小順序排列後，把資料分成若干部分的值，每一部分包含了一定比例的資料。一般來說我們使用四分位數來分隔資料集，將資料集分為四個部分，分別包含 25%、50%、75% 和 100% 的資料
statistics.pstdev()	計算資料的整體標準差 (population standard deviation)
statistics.stdev()	計算資料的樣本標準差 (sample standard deviation)
statistics.pvariance()	計算資料的整體方差 (population variance)
statistics.variance()	計算資料的樣本方差 (sample variance)
statistics.covariance()	計算資料的樣本協方差 (sample covariance)
statistics.correlation()	計算資料的皮爾遜相關性係數 (Pearson's correlation coefficient)
statistics.linear_regression()	計算一元線性回歸函式斜率 (slope) 和截距 (intercept)

質地均勻拋硬幣

程式 6.11 模擬了拋硬幣的實驗，並記錄了每次拋硬幣後的結果，然後計算當前所有結果平均值。如圖 6.6(a) 所示為前 100 次投硬幣結果，正面為 1，反面為 0。

圖 6.6(b) 反映了平均值隨時間的演化過程。隨著拋硬幣次數的增加，平均值逐漸趨於 0.5，這是因為硬幣正反面出現的機率是相等的。

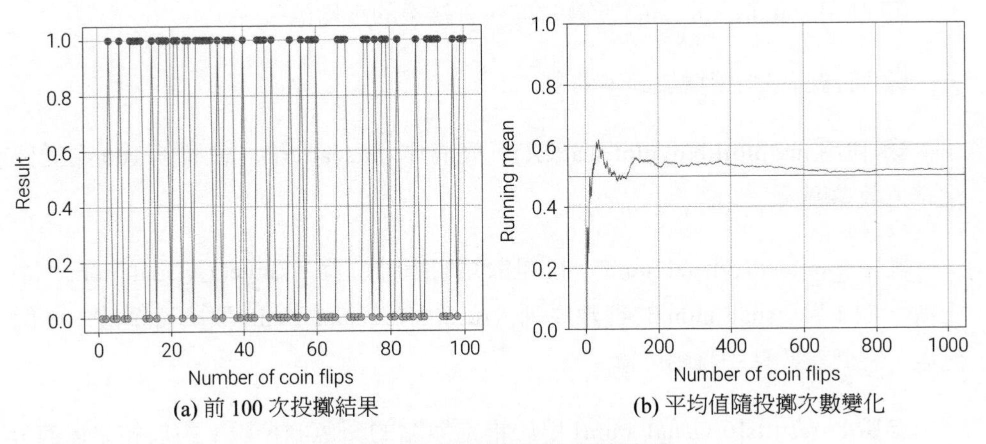

(a) 前 100 次投擲結果
(b) 平均值隨投擲次數變化

▲ 圖 6.6 拋均勻硬幣模擬結果

下面我們講解程式 6.11。

ⓐ 匯入 Python 的 random 函式庫。

ⓑ 匯入 Python 的 statistics 函式庫。

ⓒ 定義變數儲存拋硬幣次數。

ⓓ 定義空串列用來儲存拋硬幣結果。

ⓔ 定義空串列用來儲存平均值。

🅕 用 for 迴圈遍歷每次拋硬幣。注意，底線 _ 是一個預留位置，表示一個不需要使用的變數。在這個 for 迴圈中，_ 表示迭代變數不會被使用，我們僅關注迴圈次數。

🅖 用 random.randint(0,1) 傳回一個在區間 [0,1] 內的隨機整數，即 0 和 1。兩個整數有相同機率。

🅗 用 append() 方法在串列末尾增加新元素。

🅘 利用 statistics.mean() 計算當前所有結果的平均值。

🅙 將當前平均值增加到串列中。

🅚 利用 matplotlib.pyplot.scatter()，簡寫作 plt.scatter()，繪製前 100 次拋硬幣結果散點圖。

其中，range(1,visual_num + 1) 是散點的橫軸位置。range(1,visual_num + 1) 生成一個 1 ~ visual_num 的整數序列。results[0:visual_num] 取出清單前 100 個元素，它們是散點的縱軸位置。

參數 c=results[0:visual_num] 用於指定散點的顏色的參數。由於結果僅有 0 和 1 兩個值，因此最終會用兩個顏色來展示散點。

參數 marker="o" 將散點的形狀設置為圓圈。

參數 cmap='cool' 用於指定顏色映射。它決定了如何將 0 和 1 映射到不同的顏色。cool 是一種預先定義的顏色映射，它將 0 映射為天藍色，1 映射為粉紫色。

🅛 利用 matplotlib.pyplot.plot()，簡寫作 plt.plot()，繪製結果折線圖。

🅜 用折線圖型視覺化平均值隨拋擲次數變化過程。

🅝 利用 matplotlib.pyplot.axhline()，簡寫作 plt.axhline()，繪製水平線。

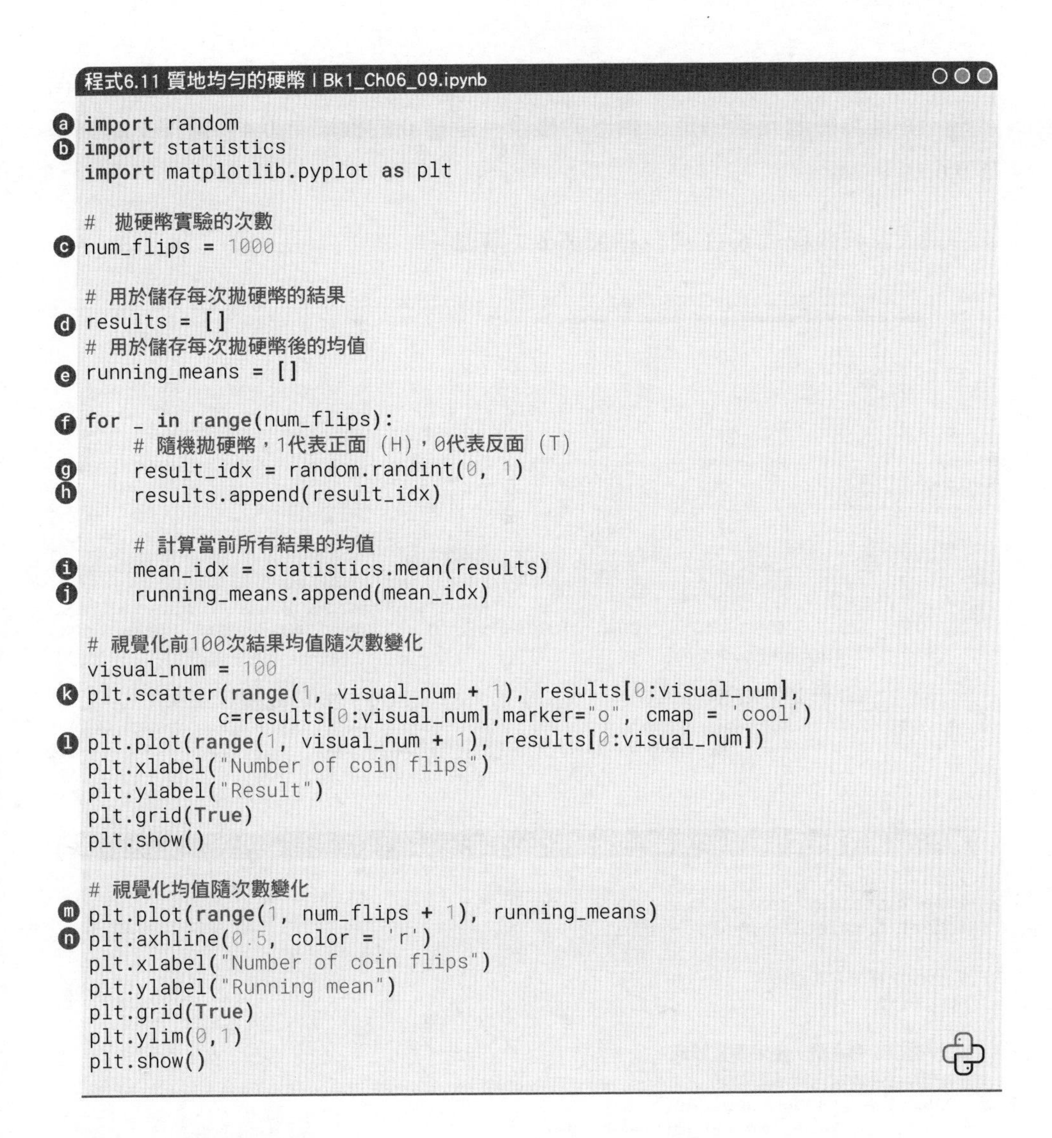

程式6.11 質地均勻的硬幣 | Bk1_Ch06_09.ipynb

```
import random
import statistics
import matplotlib.pyplot as plt

# 拋硬幣實驗的次數
num_flips = 1000

# 用於儲存每次拋硬幣的結果
results = []
# 用於儲存每次拋硬幣後的均值
running_means = []

for _ in range(num_flips):
    # 隨機拋硬幣，1代表正面 (H)，0代表反面 (T)
    result_idx = random.randint(0, 1)
    results.append(result_idx)

    # 計算當前所有結果的均值
    mean_idx = statistics.mean(results)
    running_means.append(mean_idx)

# 視覺化前100次結果均值隨次數變化
visual_num = 100
plt.scatter(range(1, visual_num + 1), results[0:visual_num],
            c=results[0:visual_num],marker="o", cmap = 'cool')
plt.plot(range(1, visual_num + 1), results[0:visual_num])
plt.xlabel("Number of coin flips")
plt.ylabel("Result")
plt.grid(True)
plt.show()

# 視覺化均值隨次數變化
plt.plot(range(1, num_flips + 1), running_means)
plt.axhline(0.5, color = 'r')
plt.xlabel("Number of coin flips")
plt.ylabel("Running mean")
plt.grid(True)
plt.ylim(0,1)
plt.show()
```

硬幣「頭重腳輕」

假設硬幣不均勻，拋擲結果為 1 的機率為 0.6，為 0 的機率為 0.4。圖 6.7(a) 所示為前 100 次投擲結果。圖 6.7(b) 所示為平均值隨拋擲次數變化。

程式 6.12 用串列生成式獲得硬幣結果串列，以及平均值串列。

ⓐ 利用 random.choices() 從一個包含兩個元素的序列 [0,1] 中隨機選擇一個元素，並且為每個元素指定了相應的權重。選擇 0 的機率為 0.4，選擇 1 的機率為 0.6。

請大家修改程式 6.11 自行繪製圖 6.7 兩圖。

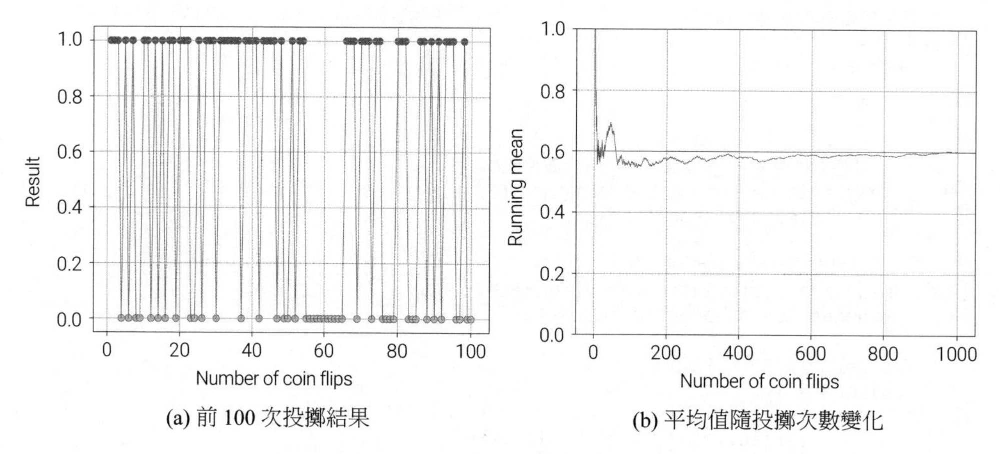

(a) 前 100 次投擲結果 (b) 平均值隨投擲次數變化

▲ 圖 6.7 拋頭重腳輕硬幣模擬結果

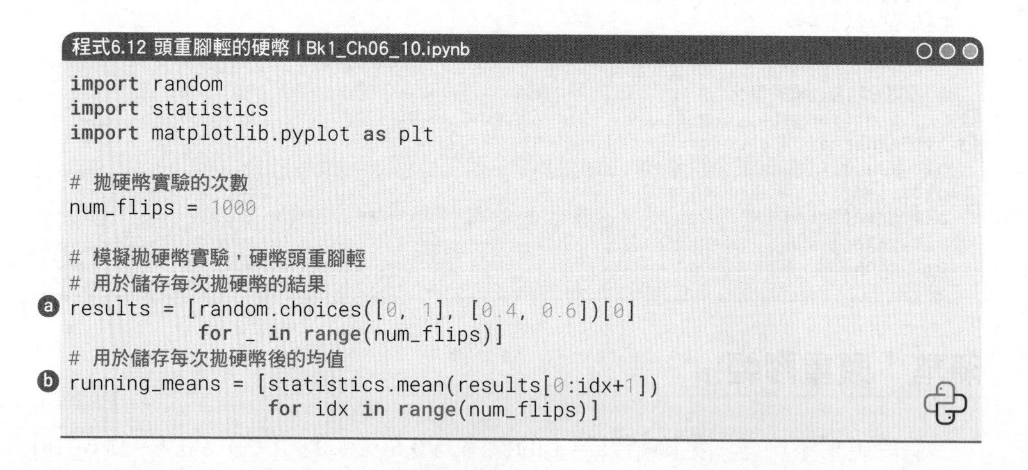

程式6.12 頭重腳輕的硬幣 | Bk1_Ch06_10.ipynb

```
import random
import statistics
import matplotlib.pyplot as plt

# 拋硬幣實驗的次數
num_flips = 1000

# 模擬拋硬幣實驗，硬幣頭重腳輕
# 用於儲存每次拋硬幣的結果
results = [random.choices([0, 1], [0.4, 0.6])[0]
           for _ in range(num_flips)]
# 用於儲存每次拋硬幣後的均值
running_means = [statistics.mean(results[0:idx+1])
                 for idx in range(num_flips)]
```

混合兩個一元高斯分佈隨機數

圖 6.8 所示為混合了兩個服從不同一元高斯分佈隨機矩陣的**長條圖** (histogram)。

長條圖是一種用於視覺化資料分佈的圖表類型，通常用於展示資料的**頻數** (frequency)、**機率** (probability) 或**機率密度** (probability density 或 density)。

頻數長條圖的縱軸表示資料集中每個數值或數值範圍的出現次數。每個資料點或資料範圍對應一個柱狀條，柱狀條的高度表示該資料點或資料範圍在資料集中出現的次數。這種情況下，長條圖所有柱狀條的高度之和為樣本的數量。

比如，這個例子中樣本資料一共有 1000 個樣本，如果長條圖縱軸為頻數，則所有柱狀條的高度之和為 1000。

機率長條圖的縱軸表示每個資料點或資料範圍在資料集中出現的機率。長條圖所有柱狀條的高度之和為 1。

如圖 6.8 所示，機率密度長條圖的縱軸表示每個資料點或資料範圍的機率密度。這幅圖中，所有柱狀條的面積之和為 1。

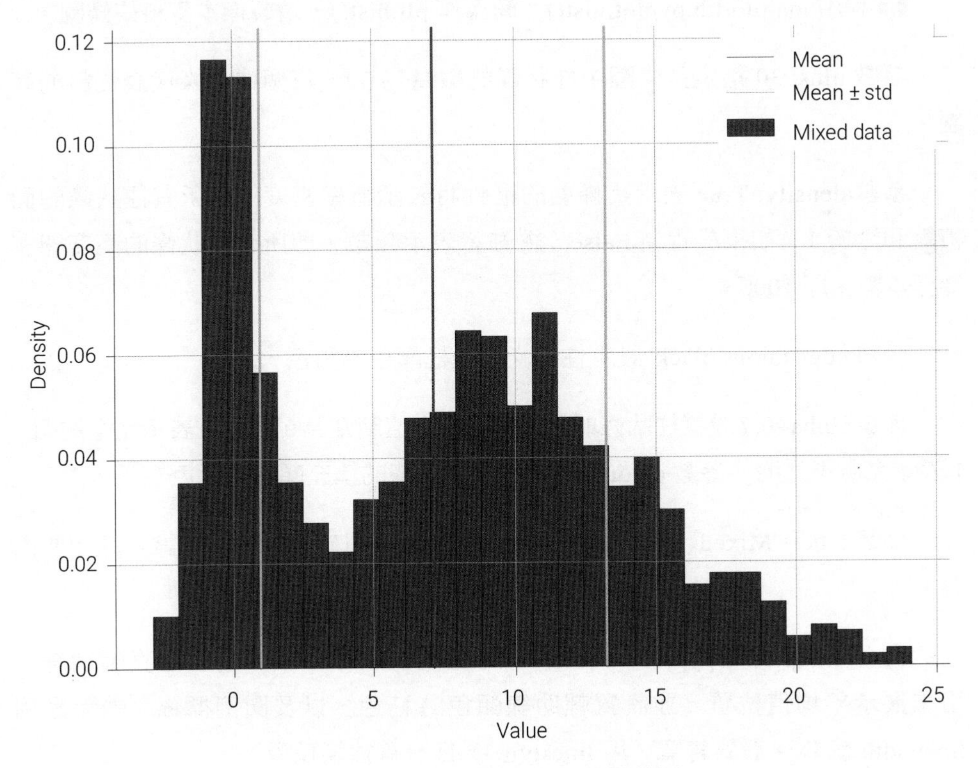

▲ 圖 6.8 混合樣本資料的長條圖

下面講解程式 6.13。

ⓐ 用多重設定陳述式，分別定義了平均值、標準差、樣本數量。

ⓑ 利用 random.gauss() 和串列生成式生成 300 個服從特定正態分佈的隨機數。

ⓒ 也用多重設定陳述式，定義了第二組平均值、標準差、樣本數量。

ⓓ 生成了另外一組 700 個隨機數，它們服從第二個正態分佈。

ⓔ 用串列加法將兩個串列拼接。

ⓕ 利用 statistics.mean() 計算 1000 個樣本資料平均值。

ⓖ 利用 statistics.stdev() 計算 1000 個樣本資料標準差。

ⓗ 利用 matplotlib.pyplot.hist()，簡寫作 plt.hist()，繪製樣本資料長條圖。

參數 bins=30 指定長條圖中柱狀條的數量為 30。每個柱狀條代表資料的範圍。

參數 density=True 表示長條圖的縱軸將表示機率密度，即所有柱狀條的面積總和等於 1。如果設置為 False，縱軸將表示頻數，即所有柱狀條的高度總和為樣本數，即 1000。

參數 edgecolor='black' 設置柱狀條的邊框顏色為黑色。

參數 alpha=0.7 設置柱狀條的透明度，設定值範圍為 0 到 1。0 表示完全透明，1 表示完全不透明。參數 color='blue' 設置柱狀條的填充顏色為藍色。

參數 label='Mixed data' 設置長條圖的標籤，用於在圖例中標識長條圖的內容。

ⓘ 用 matplotlib.pyplot.axvline()，簡寫作 plt.axvline()，繪製垂直輔助線，用來展示平均值位置。並設置輔助線顏色為紅色，以及圖例標籤。請大家用 linewidth 或 lw，設置線寬，用 linestyle 或 ls 設置線條類型。

ⓙ 和 ⓚ 繪製 $\mu \pm \sigma$ 輔助線。

ⓛ 展示圖例。

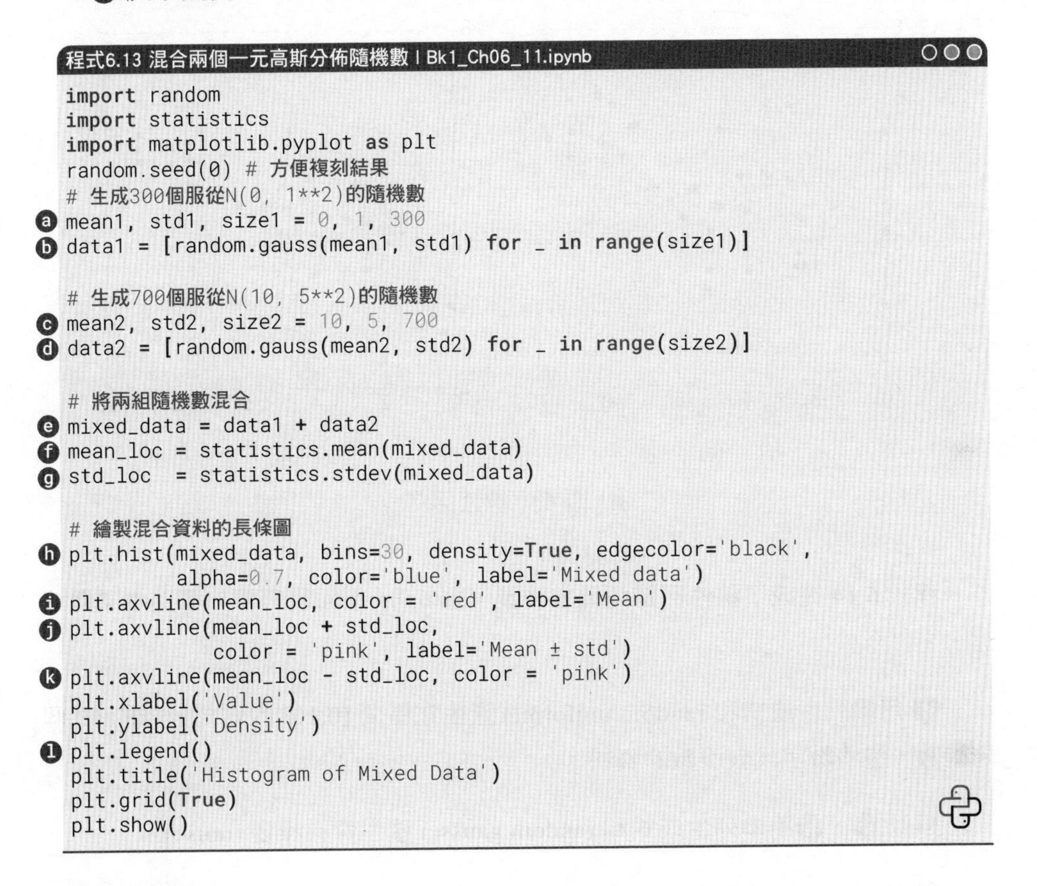

程式6.13 混合兩個一元高斯分佈隨機數 | Bk1_Ch06_11.ipynb

```
import random
import statistics
import matplotlib.pyplot as plt
random.seed(0) # 方便複刻結果
# 生成300個服從N(0, 1**2)的隨機數
mean1, std1, size1 = 0, 1, 300                                  ⓐ
data1 = [random.gauss(mean1, std1) for _ in range(size1)]       ⓑ

# 生成700個服從N(10, 5**2)的隨機數
mean2, std2, size2 = 10, 5, 700                                 ⓒ
data2 = [random.gauss(mean2, std2) for _ in range(size2)]       ⓓ

# 將兩組隨機數混合
mixed_data = data1 + data2                                      ⓔ
mean_loc = statistics.mean(mixed_data)                          ⓕ
std_loc  = statistics.stdev(mixed_data)                         ⓖ

# 繪製混合資料的長條圖
plt.hist(mixed_data, bins=30, density=True, edgecolor='black',  ⓗ
         alpha=0.7, color='blue', label='Mixed data')
plt.axvline(mean_loc, color = 'red', label='Mean')              ⓘ
plt.axvline(mean_loc + std_loc,                                 ⓙ
            color = 'pink', label='Mean ± std')
plt.axvline(mean_loc - std_loc, color = 'pink')                 ⓚ
plt.xlabel('Value')
plt.ylabel('Density')
plt.legend()                                                    ⓛ
plt.title('Histogram of Mixed Data')
plt.grid(True)
plt.show()
```

線性回歸

我們在本書第 1 章提過**線性回歸** (linear regression) 這個概念。簡單來說，線性回歸是一種統計學和機器學習中常用的方法，用於建立引數與因變數之間線性關係的模型。透過擬合一條直線，預測因變數的值。

圖 6.9(a) 所示為樣本資料散點圖，橫軸對應引數，縱軸對應因變數。顯然，我們一眼就發現引數和因變數之間似乎存在某種線性關係，也就是找到一條線解釋兩者關係。圖 6.9(b) 中的紅色直線就是這條直線。

在 statistics 函式庫中的 linear_regression() 函式可以幫助我們找到圖 6.9(b) 紅色直線的**斜率** (slope) 和**截距** (intercept)。

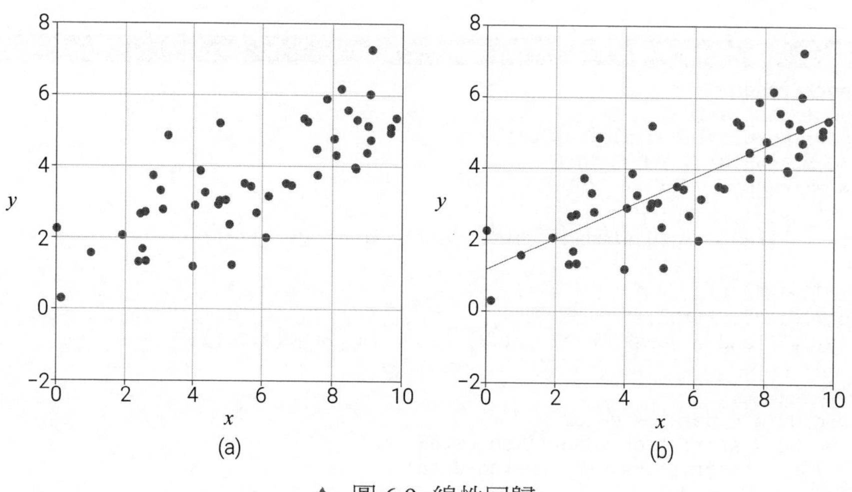

▲ 圖 6.9 線性回歸

程式 6.14 完成了線性回歸運算並繪製了圖 6.9，下面我們聊一聊其中關鍵敘述。

ⓐ 用串列生成式和 random.uniform() 產生在區間 [0,10] 內均勻分佈的 50 個隨機數。這些數字代表引數的資料。

類似 ⓒ，ⓑ用串列生成式和 random.gauss() 產生資料**噪音** (noise)。

ⓒ 用串列生成式產生因變數資料，即 0.5*x + 1 + noise。其中，0.5 為斜率，1 為截距。

ⓓ 利用 plt.subplots() 產生圖形物件 fig、軸物件 ax。

ⓔ 在軸物件 ax 上用 scatter() 方法繪製散點圖。

ⓕ 在軸物件 ax 上用 set_xlabel('x') 和 .set_ylabel('y') 設置橫縱軸標籤。注意，ⓕ 有兩句話，用**半形分號** (semicolon); 分隔。

ⓖ 設置軸物件 ax 的縱橫比例為相等。

ⓗ 利用 set_xlim() 和 set_ylim() 方法設置軸物件 ax 的橫軸、縱軸設定值範圍，這兩句也是用半形分號分隔。

ⓘ 設置軸物件 ax 的背景格線。

ⓙ 呼叫 statistics.linear_regression() 函式計算一元線性回歸模型的斜率和截距。

ⓚ 這一段利用 while 迴圈生成等差數列。等差數列的起始值為 0，結束值為 10，步進值 (公差) 為 0.5。具體來說，while 迴圈開始時，x_i 被初始化為 start。在每次迴圈迭代中，x_i 被增加 (append 方法) 到串列 x_array 中，然後增加 (+=)step 的值。迴圈會一直執行，直到 x_i 大於 end，便停止 while 迴圈。

ⓛ 用串列生成式計算 x_array 預測值。

statistics 函式庫中的 linear_regression() 函式僅只能處理一元線性回歸，不能做回歸分析；因此，在實踐中我們並不會使用這個函式。但是，本書第 8 章會利用這個函式介紹如何透過學習別人的原始程式碼來提高程式設計能力，這就是為什麼我們要在此處安排這部分內容的原因。

> 第 27 章介紹 Statsmodels 中的回歸分析函式，第 30 章介紹 Scikit-Learn 中的各種回歸分析工具。

聊聊統計

「統計」這個詞有兩個字「統」和「計」。「統」的意思是整理，相當於折疊、總結、降維、壓扁。某個特徵上的樣本資料實在太多，資訊細節不再重要，我們需要把這個特徵「壓扁」。「計」的意思是記錄、量化、計算。也就是說，整理的結果是具體的數字，不能模糊。

程式6.14 線性回歸 | Bk1_Ch06_12.ipynb

```
# 匯入套件
import random
import statistics
import matplotlib.pyplot as plt
# 產生資料
num = 50
random.seed(0)
x_data = [random.uniform(0, 10) for _ in range(num)]
# 雜訊
noise =  [random.gauss(0,1) for _ in range(num)]
y_data = [0.5 * x_data[idx] + 1 + noise[idx]
          for idx in range(num)]

# 繪製散點圖
fig, ax = plt.subplots()
ax.scatter(x_data, y_data)
ax.set_xlabel('x'); ax.set_ylabel('y')
ax.set_aspect('equal', adjustable='box')
ax.set_xlim(0,10); ax.set_ylim(-2,8)
ax.grid()

# 一元線性回歸
slope, intercept = statistics.linear_regression(x_data, y_data)

# 生成一個等差數列
start, end, step = 0, 10, 0.5
x_array = []
x_i = start

while x_i <= end:
    x_array.append(x_i)
    x_i += step

# 計算x_array預測值
y_array_predicted = [slope * x_i + intercept for x_i in x_array]

# 視覺化一元線性回歸直線
fig, ax = plt.subplots()
ax.scatter(x_data, y_data)
ax.plot(x_array, y_array_predicted, color = 'r')
ax.set_xlabel('x'); ax.set_ylabel('y')
ax.set_aspect('equal', adjustable='box')
ax.set_xlim(0,10); ax.set_ylim(-2,8)
ax.grid()
```

單一特徵樣本資料量化整理的方式有很多，如**計數** (count)、**求和** (sum)、**平均值** (mean 或 average)、**中位數** (median)、**四分位** (quartile)、**百分位** (percentile)、**最大值** (maximum)、**最小值** (minimum)、**方差** (variance)、**標準差** (standard deviation)、**偏度** (skewness)、**峰度** (kurtosis) 等。對於二特徵、多特徵樣本資料，除了上述統計量之外，我們還可以用**協方差** (covariance)、**協方差矩陣** (covariance matrix)、**相關性係數** (correlation)、**相關性係數矩陣** (correlation matrix) 等量化特徵之間的關係。這是本書後續要介紹的內容。

> 有關統計視覺化，我們會在本書第 12 章、第 20 章、第 23 章專門介紹。

描述統計 (descriptive statistics) 是使用數字、圖表和總結性資訊對資料進行概括和簡化的方法，以幫助理解資料的特徵、趨勢和分佈，而不進行深入的統計分析或推斷，如圖 6.10 所示。

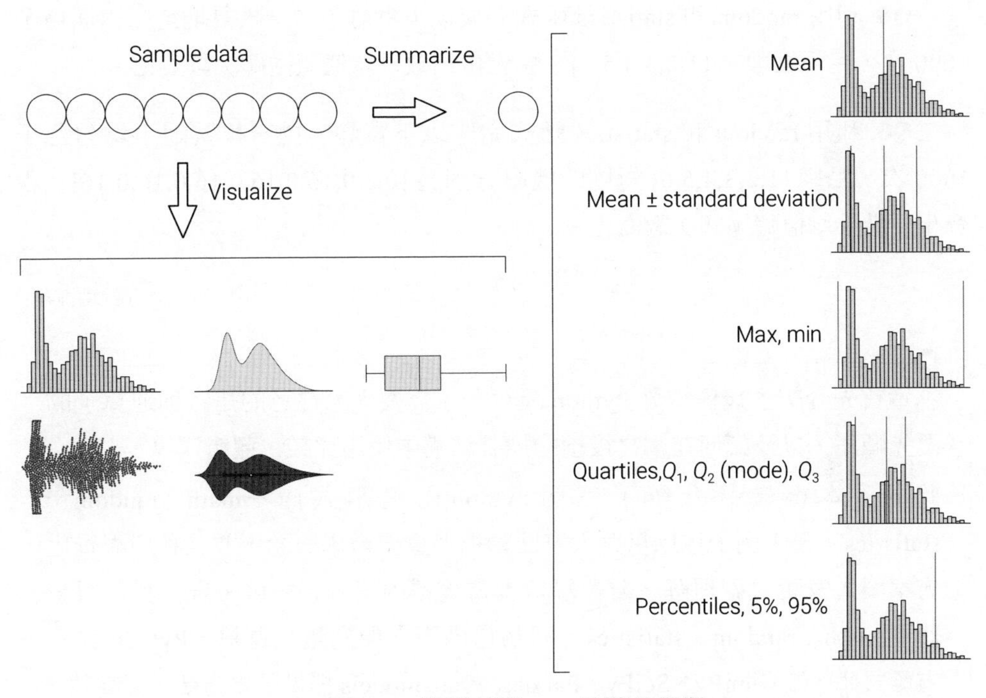

▲ 圖 6.10 描述統計，一元隨機變數

當然除了統計描述，我們同樣關心**統計推斷** (statistical inference)。比如，前文的線性回歸就是統計推斷的重要方法之一。

➔ 請大家完成以下題目。

Q1. 在 JupyterLab 中練習本章正文舉出的範例程式。

Q2. 利用 math 函式庫計算半徑為 2 的圓的周長和面積。

Q3. 利用 math 函式庫繪製 $f(x)=\exp(x)$ 函式影像，x 的設定值範圍為 [-3,3]。

Q4. 利用 math 函式庫計算並繪製高斯函式 $f(x)=\exp\left(-x^2\right)$ 影像，x 的設定值範圍為 [-3,3]。

Q5. 利用 random 和 statistics 函式完成以下實驗。拋一枚質地均勻六面色子 1000 次，色子點數為 [1,2,3,4,5,6]。視覺化點數平均值隨拋擲次數變化。

Q6. 利用 random 和 statistics 函式完成以下實驗。拋一枚質地不均勻色子 1000 次。點數 [1,2,3,4,5,6] 對應的機率分別為 [0.2,0.16,0.16,0.16,0.16,0.16]。視覺化點數平均值隨拋擲次數變化。

* 不提供答案。

本章首先介紹了幾種常見 Python 運算子。需要大家注意的是各種運算子的優先順序，以及如何在本書後續的控制結構中使用比較、邏輯運算子。

此外，本書最後介紹了三個 Python 內建函式庫 —math、random、statistics。書中例子可以幫助大家回顧很多重要數學概念，並且利用視覺化方案幫大家更直觀理解。繼續學習本書後續內容，大家會發現，我們很少使用 math、random、statistics，因為它們不方便向量化運算。Python 第三方函式庫，如 NumPy、SciPy、Pandas、Statsmodels 提供了更方便、更高效、更豐富的運算函式。

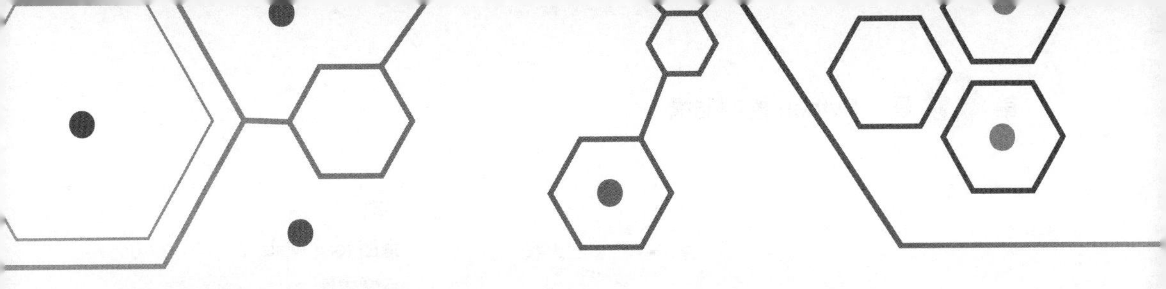

Control Flow Statements in Python

7 Python 控制結構

日後儘量避免 for 迴圈，爭取用向量化繞行

倖存下來的不是最強壯的物種，也不是最聰明的物種，而是對變化最敏感的物種。

It is not the strongest of the species that survives,nor the most intelligent,but the one most responsive to change.

——查理・羅伯特・達爾文（*Charles Robert Darwin*）| 進化論之父 | *1809—1882* 年

- enumerate() 用於在迭代過程中同時獲取元素的索引和對應的值
- for...in...Python 迴圈結構，用於迭代遍歷一個可迭代物件中的元素，每次迭代時執行相應的程式區塊
- if...elif...else...Python 條件陳述式，用於根據多個條件之間的關係執行不同的程式區塊，如果前面的條件不滿足則一個一個檢查後續的條件
- if...else...Python 條件陳述式，用於在滿足 if 條件時執行一個程式區塊，否則執行另一個 else 程式區塊
- itertools.combinations() 用於生成指定序列中元素的所有組合，並傳回一個迭代器
- itertools.combinations_with_replacement() 用於生成指定序列中元素的所有帶有重複元素的組合，並傳回一個迭代器
- itertools.permutations() 用於生成指定序列中元素的所有排列，並傳回一個迭代器
- itertools.product() 用於生成多個序列的笛卡兒積 (所有可能的組合)，並傳回一個迭代器
- try...except...Python 中的異常處理結構，用於嘗試執行一段可能會出現異常的程式，如果發生異常則會跳躍到對應的異常處理區塊進行處理，而不會導致程式崩潰
- while 用於條件或無限迴圈敘述。一般情況，條件為真時執行相應程式區塊；不然跳出迴圈。也可以透過 break 跳出 while 迴圈
- zip() 用於將多個可迭代物件按對應位置的元素打包成元組的形式，並傳回一個新的可迭代物件，常用於並行遍歷多個序列

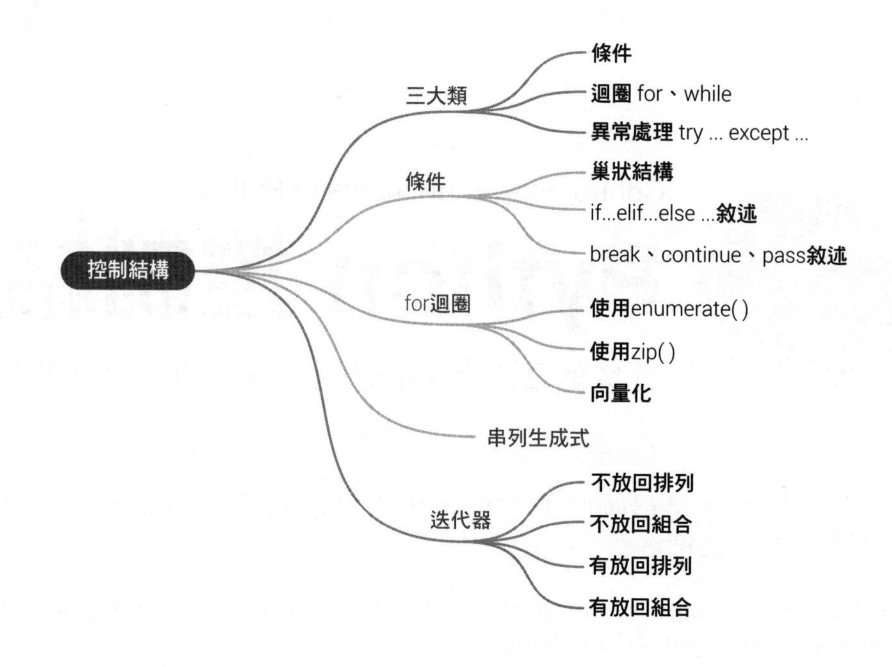

7.1 什麼是控制結構？

在 Python 中，**控制結構** (control flow tools) 是一種用於控製程式流程的結構，包括條件陳述式、迴圈敘述和異常處理敘述。這些結構可以根據不同的條件決定程式執行的路徑，並根據需要重複執行程式區塊或捕捉和處理異常情況。這一節我們用實例全景展示這幾種常見的控制結構。

條件陳述式

條件陳述式在程式中用於根據不同的條件來控制執行不同的程式區塊。Python 中最常用的條件陳述式是 if 敘述，if 敘述後面跟一個**布林運算式** (Boolean expression)，如果布林運算式為 True，就執行 if 敘述區塊中的程式，否則 False 執行 else 敘述區塊中的程式。還有 elif 敘述可以用來處理多種情況。

程式 7.1 是一個簡單例子，如果成績大於等於 60 分，輸出「及格」，否則輸出「不及格」。程式 7.1 對應的**流程圖** (flowchart) 如圖 7.1 所示。

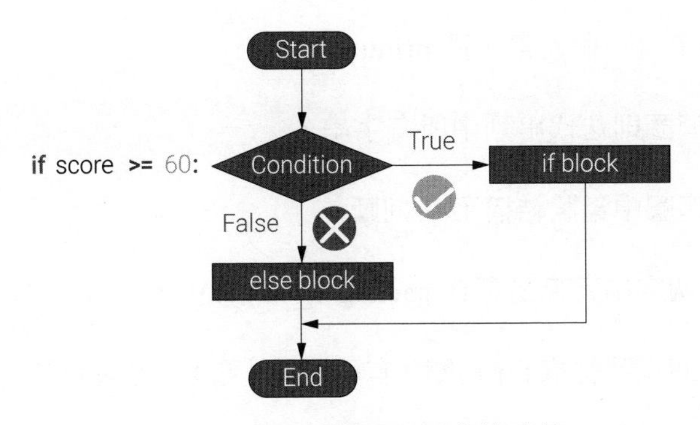

▲ 圖 7.1 用 if 判斷是否成績及格

程式中用到了本書第 4 章講的 " 四空格 " 縮進，還用到了上一章講過的 >= 判斷運算。此外，大家在 JupyterLab 練習程式 7.1 時，注意字串要用半形引號 (即英文鍵盤輸入狀態下)。

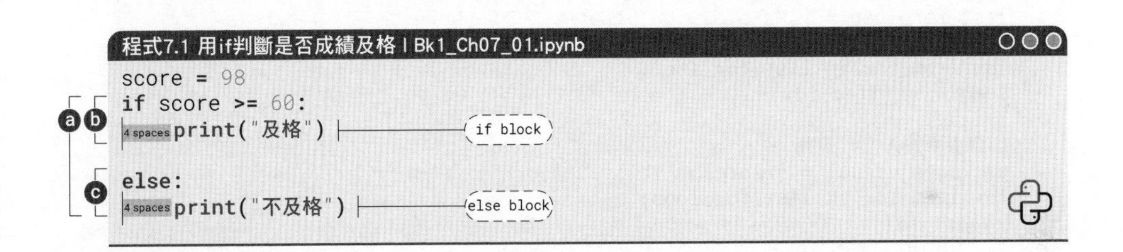
程式7.1 用if判斷是否成績及格 I Bk1_Ch07_01.ipynb

```
score = 98
if score >= 60:
    print("及格")
else:
    print("不及格")
```


for 迴圈敘述

迴圈敘述用於在程式中重複執行相同的程式區塊，直到某個條件滿足為止。Python 中有兩種迴圈敘述：for 迴圈和 while 迴圈。

本書前文使用過幾次 for 迴圈，相信大家已經並不陌生。簡單來說，for 迴圈通常用於遍歷可迭代物件，如串列、字串等。在 for 迴圈中，程式區塊會在每個元素上執行一次，直到迴圈結束。

程式 7.2 中 ⓐ 中定義了一個字串。

ⓑ 遍歷字串每一個元素，用 print() 列印。

ⓒ 中 for 迴圈則迭代串列中所有字串。

ⓓ 在 for 迴圈中巢狀結構了 if 判斷。

ⓔ 判斷某個字串元素是否在 packages_visual 中。

ⓕ 則是一個巢狀結構 for 迴圈，有兩層。外層 for 迴圈遍歷串列中每個字串。

ⓖ 中內層 for 迴圈遍歷當前字串的每個字元。

程式7.2 四個for迴圈例子 | Bk1_Ch07_02.ipynb

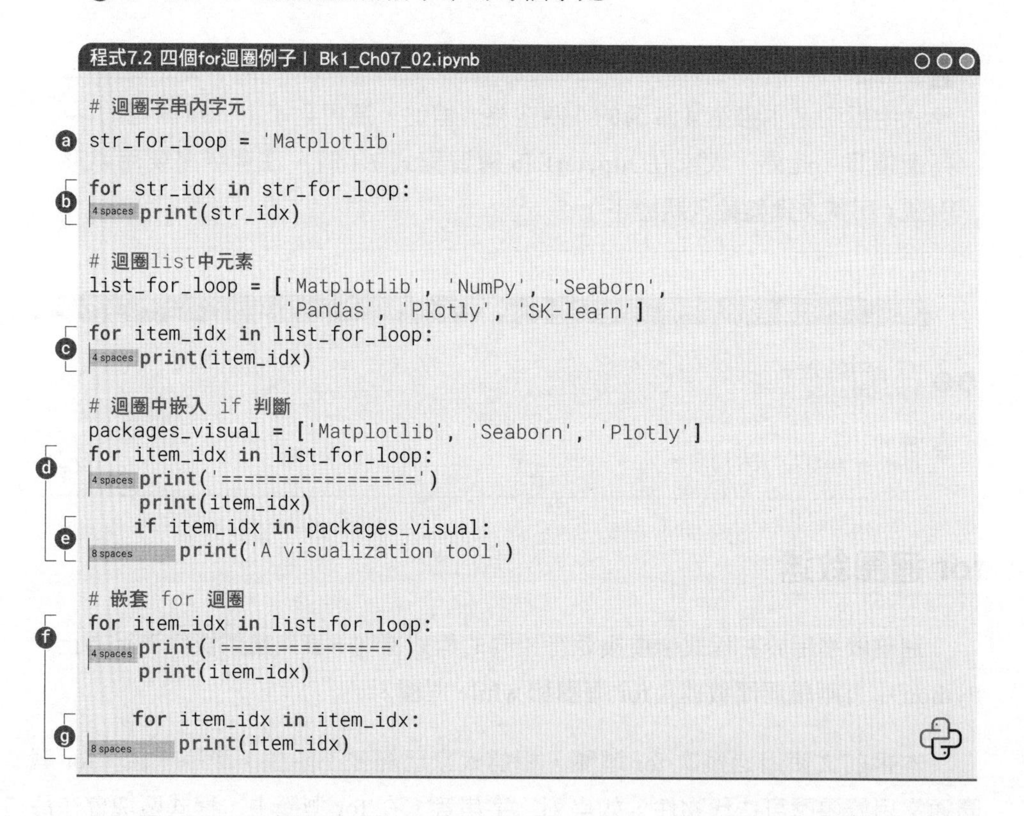

```
# 迴圈字串內字元
str_for_loop = 'Matplotlib'

for str_idx in str_for_loop:
    print(str_idx)

# 迴圈list中元素
list_for_loop = ['Matplotlib', 'NumPy', 'Seaborn',
                 'Pandas', 'Plotly', 'SK-learn']
for item_idx in list_for_loop:
    print(item_idx)

# 迴圈中嵌入 if 判斷
packages_visual = ['Matplotlib', 'Seaborn', 'Plotly']
for item_idx in list_for_loop:
    print('=================')
    print(item_idx)
    if item_idx in packages_visual:
        print('A visualization tool')

# 嵌套 for 迴圈
for item_idx in list_for_loop:
    print('===============')
    print(item_idx)

    for item_idx in item_idx:
        print(item_idx)
```

此外，for 也可以和 else 結合組成 for...else... 敘述。在 Python 中，for...else... 敘述用於在迴圈結束時執行一些特定的程式。請大家自己在 JupyterLab 中練習程式 7.3。

但是，如程式 7.4 所示，當迴圈被 break 敘述打斷後，else 敘述中的附加操作不會被執行。

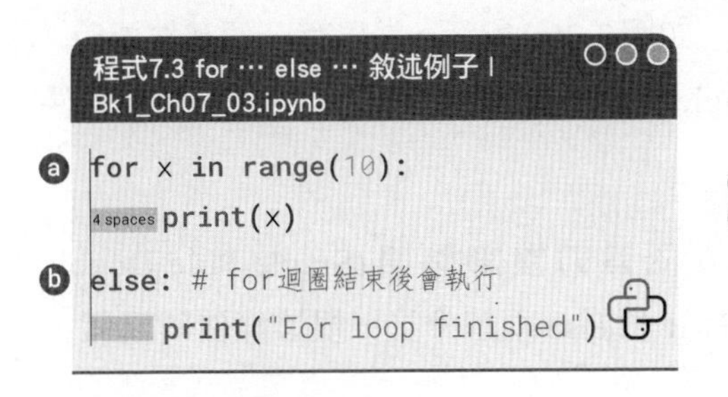

程式7.4 for … else … 敘述例子，break 打斷for迴圈 | Bk1_Ch07_04.ipynb

```
for x in range(10):
    if x >= 8:
        break
    else:
        print(x)
else:
    print("For loop finished")
```

while 迴圈敘述

while 迴圈會重複執行程式區塊，直到迴圈條件不再滿足為止。迴圈條件在每次迴圈開始前都會被檢查。程式 7.5 舉出的例子為，使用 while 迴圈輸出 0 ~ 4。while 循相對簡單，本書不展開介紹 while 迴圈。

異常處理敘述

異常處理敘述用於捕捉和處理常式中出現的異常情況。Python 中的異常處理敘述使用 try 和 except 關鍵字，try 敘述區塊包含可能引發異常的程式，而 except 敘述區塊用於處理異常情況。

程式 7.6 使用 try 和 except 捕捉除數為零的異常。本章不展開講解 try... except...，本書後文用到時再深入探究。

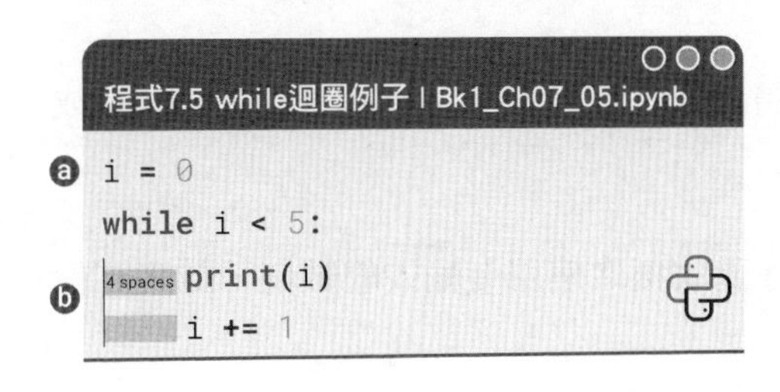

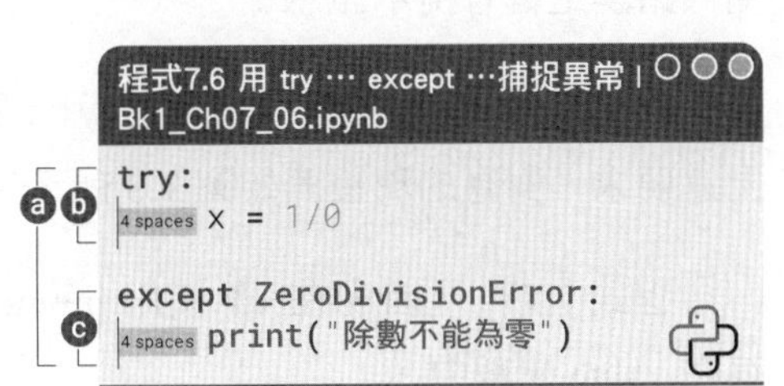

7.2 條件陳述式：相當於開關

舉例來說，條件陳述式相當於開關。如圖 7.2(a) 所示，當只有一個 if 敘述時，它的功能就像是一個**單刀單擲開關** (Single Pole Single Throw，SPST)。如果條件滿足，就執行分支中相應的程式。

如圖 7.2(b) 所示，if-else 敘述相當於**單刀雙擲開關** (Single Pole Double Throw，SPDT)。當條件陳述式中分別有 if 和 else 兩個分支，根據條件的真假，可以有兩個選項來執行不同的操作。

如圖 7.2(c) 所示，if...elif...else... 敘述相當於**單刀三擲開關** (Single Pole Triple Throw，SPTT)，有三個不同選擇。

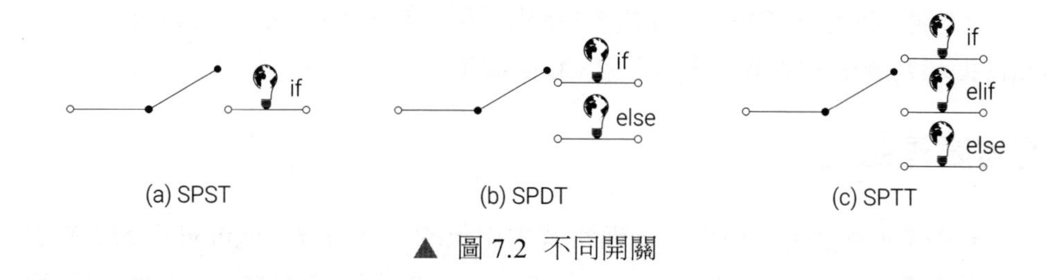

▲ 圖 7.2 不同開關

巢狀結構 if 判斷

大家可能好奇，如果程式 7.1 中賦值能否為使用者輸入？此外，如果使用者輸入錯誤是否有提示訊息？

我們當然可以在圖 7.1 基礎上用多層判斷完成這些需求。程式 7.7 可以完成上述要求，對應的流程圖如圖 7.3 所示。

程式 7.7 中，首先在 ⓐ 使用 input() 函式獲取使用者輸入的數值，並將其儲存在 value 變數中。

ⓑ 是最外層 if 判斷，使用 isdigit() 方法檢查字串是否全部由數字組成。如果是數值，則執行 if 敘述區塊內的程式。將數值轉為整數類型，並儲存在 number 變數中。如果輸入不是一個數值，將列印「輸入不是一個數值」。

ⓒ 使用巢狀結構的 if 敘述來檢查 number 是否在 0~100 之間。如果在該範圍內，則繼續執行內部的 if 敘述區塊。如果輸入的數值不在 0 ~ 100 之間，將列印「數值不在 0 ~ 100 之間」。

ⓓ 在內部的 if 敘述區塊中，判斷 number 是否小於 60。如果小於 60，則列印「不及格」；否則列印「及格」。

?

請大家思考程式 7.7 第一層 if 對應的程式區塊是什麼？

⚠

注意：程式 7.7 假設使用者輸入的數值為整數。如果需要支援浮點數，請相應地調整程式。

b

程式7.7 用if判斷是否成績及格（三層判斷）| Bk1_Ch07_07.ipynb

```
value = input("請輸入一個數值: ")        ⓐ

# 第一層
if value.isdigit():                     ⓑ
    number = int(value)

    # 第二層
    if 0 <= number <= 100:              ⓒ

        # 第三層
        if number < 60:                 ⓓ
            print("不及格")              3rd level: if block
        else:
            print("及格")                3rd level: else block
        # 第三層結束
                                        2nd level: if block
    else:
        print("數值不在0~100之間")
    # 第二層結束
                                        2nd level: else block
else:
    print("輸入的不是一個數值")            1st level: else block
# 第一層結束
```

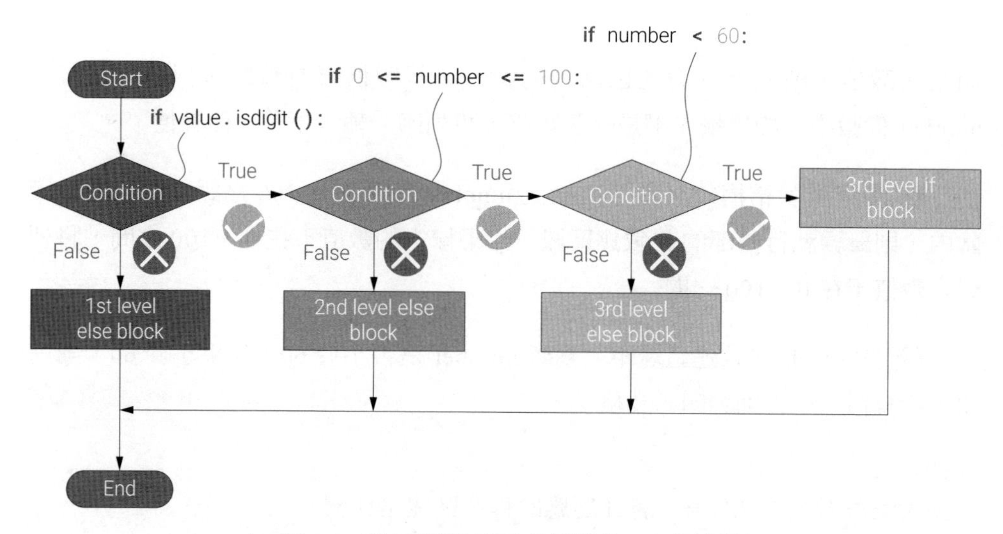

▲ 圖 7.3 用 if 判斷是否成績及格 (三層判斷)

if...elif...else... 敘述

if...elif...else... 敘述用於判斷多個條件，如果第一個條件成立，則執行 if 敘述中的程式區塊；如果第一個條件不成立，但第二個條件成立，則執行 elif 敘述中的程式區塊；如果前面的條件都不成立，則執行 else 敘述中的程式區塊。

程式 7.8 判斷一個數是正數、負數還是 0，請大家自己分析這段程式，執行並逐行註釋。

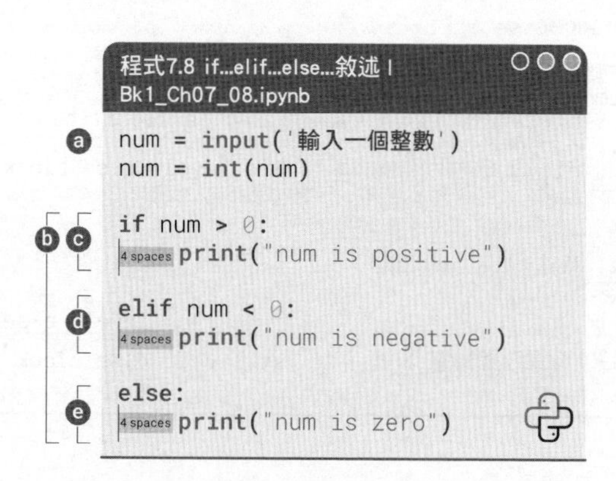

elif 敘述數量沒有上限。但是，如果程式中 elif 數量過多，需要考慮簡化程式結構。

break、continue、pass 敘述

在 Python 的 if 條件陳述式、for 迴圈敘述中，可以使用 break、continue 和 pass 來控制迴圈的行為。

break 敘述可以用來跳出當前迴圈。當迴圈執行到 break 敘述時，程式將立即跳出迴圈本體，繼續執行迴圈外的敘述。

程式 7.9 是一個使用 break 的例子，該迴圈會在 i 等於 3 時跳出。

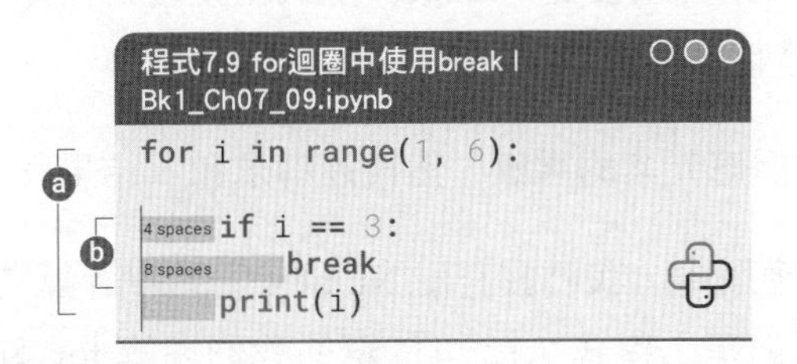

continue 敘述可以用來跳過當前迴圈中的某些敘述。當迴圈執行到 continue 敘述時，程式將立即跳過本次迴圈，繼續執行下一次迴圈。

程式 7.10 是一個使用 continue 的例子，該迴圈會在 i 等於 3 時跳過本次迴圈。pass 敘述什麼也不做，它只是一個空敘述預留位置。需要有敘述，但是暫時不想撰寫任何敘述時，可以使用 pass 敘述。

程式 7.11 是一個使用 pass 的例子，該迴圈中的所有元素都會被輸出。

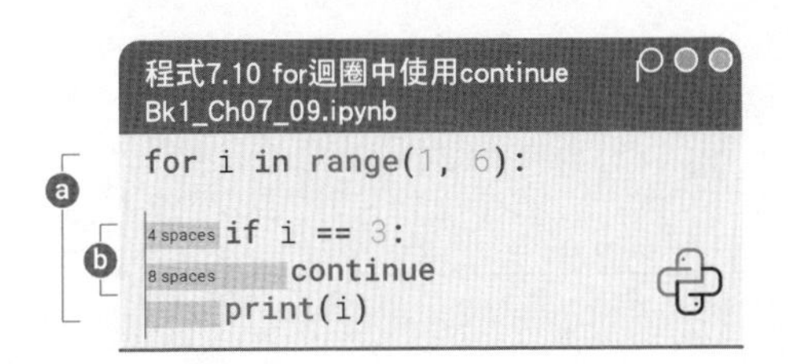

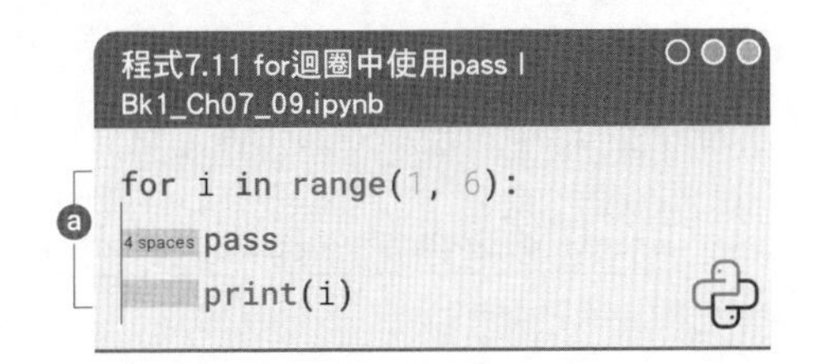

7.3 for 迴圈敘述

本節介紹 for 迴圈一些常見用法，並用到一些常見線性代數運算法則。希望這些練習幫助大家更好掌握 for 迴圈，以及線性代數運算法則。

計算向量內積

下例展示如何利用 for 迴圈計算向量內積。我們用兩個 list 代表向量，兩個 list 中元素都是整數，而且 list 中元素數量一致。

程式 7.12 中 ⓐ 用 for 迴圈遍歷 list 索引。其中，len(a) 計算向量 a 元素數量，range(len(a)) 建立一個包含 0 ~ len(a)-1 的整數可迭代物件。

大家用 type() 函式可以發現，range() 函式產生的物件類型就是 range。想要看到 range 中的具體整數，可以用 list(range(len(a)))。

ⓑ 計算 a 和 b 對應元素的乘積，然後逐項求和，結果就是向量內積。

當然，在實際應用中，我們會利用 NumPy 函式庫計算向量內積，不會用程式 7.12 這種方式。但是，程式 7.12 可以幫助我們理解 for 迴圈，以及向量內積的運算規則。

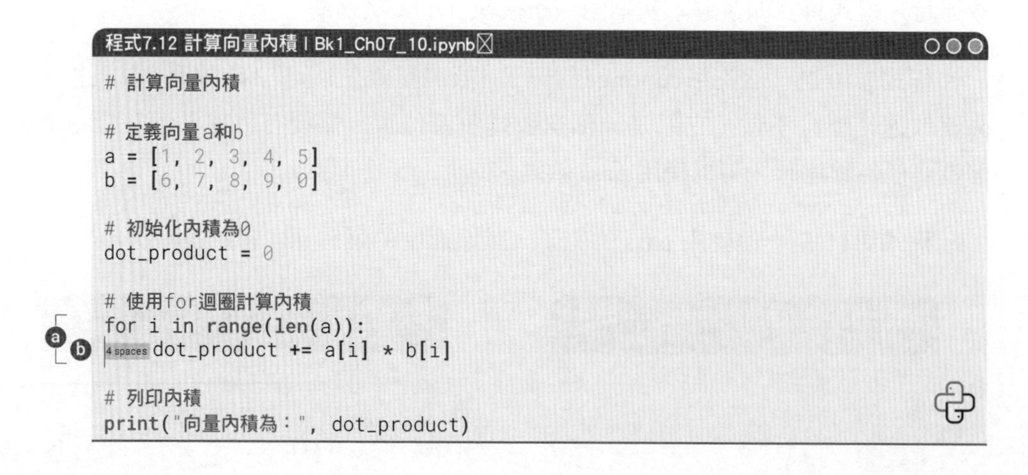
程式7.12 計算向量內積 | Bk1_Ch07_10.ipynb

```
# 計算向量內積

# 定義向量a和b
a = [1, 2, 3, 4, 5]
b = [6, 7, 8, 9, 0]

# 初始化內積為0
dot_product = 0

# 使用for迴圈計算內積
for i in range(len(a)):
    dot_product += a[i] * b[i]

# 列印內積
print("向量內積為：", dot_product)
```

什麼是向量內積？

向量內積 (inner product)，也稱為點積 (dot product)、純量積 (scalar product)，是在線性代數中常見的一種運算，它是兩個向量之間的一種數學運算。

給定兩個 n 維向量 $\boldsymbol{a} = [a_1, a_2, \cdots, a_n]$ 和 $\boldsymbol{b} = [b_1, b_2, \cdots, b_n]$，它們的內積定義為 $\boldsymbol{a} \cdot \boldsymbol{b} = a_1b_1 + a_2b_2 + \cdots + a_nb_n$。這個公式的意義是將兩個向量的對應分量相乘，然後將乘積相加，從而得到它們的內積。

例如，如果有兩個二維向量分別為 $\boldsymbol{a} = [1, 2]$ 和 $\boldsymbol{b} = [3, 4]$，則它們的內積為：$\boldsymbol{a} \cdot \boldsymbol{b} = 1 \times 3 + 2 \times 4 = 11$。向量內積的結果是一個純量，也就是一個值，而非向量。它可以用來計算向量之間的夾角，衡量它們的相似性，以及用於向量空間的正交分解，等等。

在實際應用中，向量內積被廣泛用於機器學習、電腦視覺、訊號處理、物理學等領域。在機器學習中，向量內積常用於計算特徵之間的相似度，從而進行分類、聚類等任務。在電腦視覺中，向量內積可以用於計算兩個影像之間的相似度。

range(start,stop,step)

range() 函式是 Python 內建的函式，用於生成一個整數序列，常用於 for 迴圈中的計數器。參數為：

- start 是序列起始值；
- stop 是序列結束值 (不包含)；
- step 是序列中相鄰兩個數之間的步進值 (預設為 1)。

range() 函式生成的是一個可迭代物件，而非一個串列。這樣做的好處是，可以節省記憶體空間，尤其在需要生成很長的序列時。

下面是一些使用 range() 函式的範例：

① 生成 0 ~ 4 的整數序列：

```
for i in range(4 + 1):
    print(i)
```

② 生成 10 ~ 20 的整數序列：

```
for i in range(10,20 + 1):
    print(i)
```

③ 生成 1 ~ 10 的奇數序列：

```
for i in range(1,10 + 1,2):
    print(i)
```

④ 生成 10 ~ 1 的倒序整數序列：

```
for i in range(10,1-1,-1):
    print(i)
```

⑤ 將 range() 生成的可迭代物件變成 list：

```
list(range(10,1-1,-1))
```

請大家在 JupyterLab 中自行執行以上幾段程式。

使用 enumerate()

在 Python 中，enumerate() 是一個用於在迭代時追蹤索引的內建函式。enumerate() 函式可以將一個可迭代物件轉為一個由索引和元素組成的列舉物件。

程式 7.13 是一個簡單的例子，展示了如何在 for 迴圈中使用 enumerate() 函式。

在這個例子中，fruits 串列中的每個元素都會被遍歷一遍，每次遍歷都會獲得該元素的值和其在串列中的索引 (預設從 0 開始)。這些值分別被賦給 index 和 fruit 變數，並列印輸出。

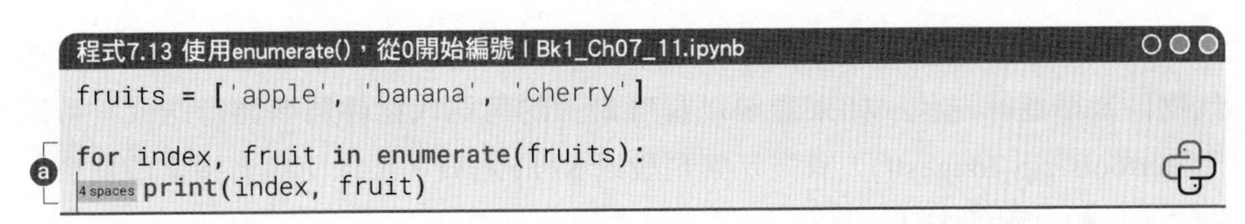
程式7.13 使用enumerate()，從0開始編號 | Bk1_Ch07_11.ipynb

```
fruits = ['apple', 'banana', 'cherry']

for index, fruit in enumerate(fruits):
    print(index, fruit)
```

需要注意的是，enumerate() 的預設起始編號為 0(索引)，但是也可以透過傳遞第二個參數來指定起始編號。舉例來說，如果想要從 1 開始編號，可以使用程式 7.14。

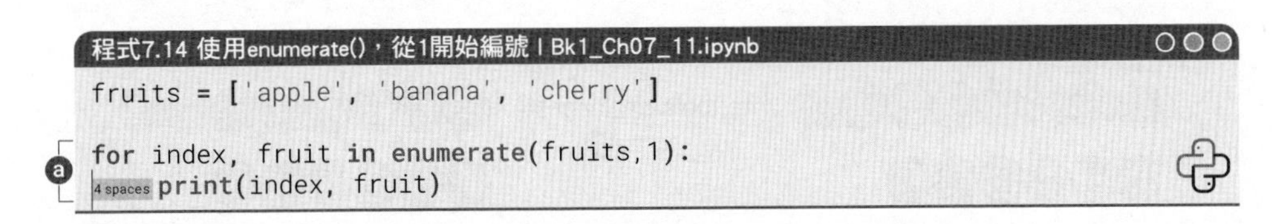
程式7.14 使用enumerate()，從1開始編號 | Bk1_Ch07_11.ipynb

```
fruits = ['apple', 'banana', 'cherry']

for index, fruit in enumerate(fruits,1):
    print(index, fruit)
```

使用 zip()

在 Python 中，zip() 函式可以將多個可迭代物件的元素組合成元組，然後傳回這些元組組成的迭代器。在 for 迴圈中使用 zip() 函式可以方便地同時遍歷多個可迭代物件。特別地，當這些可迭代物件的長度不同時，zip() 函式會以最短長度的可迭代物件為準進行迭代。

如果想要列印出每個學生的姓名和對應的成績，可以使用 zip() 函式和 for 迴圈 (見程式 7.15)。在這個例子中，zip() 函式將 names 和 scores 兩個串列按照位置進行組合，然後傳回一個迭代器，

其中的每個元素都是一個元組，元組的第一個元素為 names 串列中對應位置的元素，第二個元素為 scores 串列中對應位置的元素。在 for 迴圈中使用了兩個變數 name 和 score，分別用來接收每個元組中的兩個元素，然後列印出來即可。

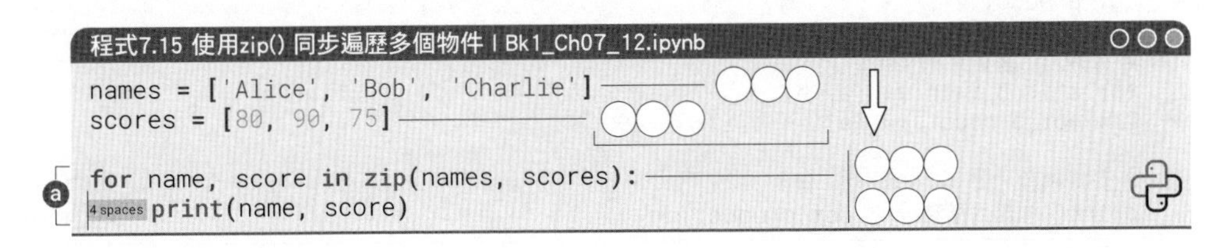
程式7.15 使用zip() 同步遍歷多個物件 | Bk1_Ch07_12.ipynb

```
names = ['Alice', 'Bob', 'Charlie']
scores = [80, 90, 75]

for name, score in zip(names, scores):
    print(name, score)
```

剛剛提過，如果可迭代物件的長度不相等，zip() 函式會以長度最短的可迭代物件為準進行迭代。如果想要以長度最長的可迭代物件為準進行迭代，可以用 itertools.zip_longest()。缺失元素預設以 None 補齊，或以使用者指定值補齊。圖 7.4 比較這兩種方法。

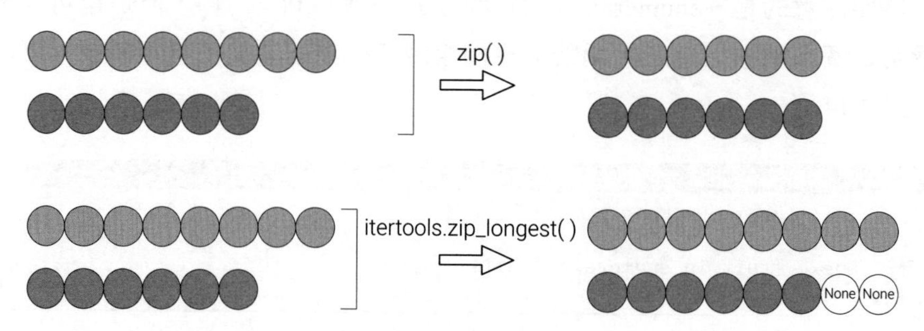

▲ 圖 7.4 比較 zip() 和 itertools.zip_longest()

計算向量內積：使用 zip()

在計算向量內積時，我們也可以使用 Python 的內建函式 zip() 和 for 迴圈，對兩個向量中的對應元素逐一相乘並相加，實現向量內積運算。

程式 7.16 透過 zip() 函式將兩個 list，a 和 b，中對應位置的元素組合成了元組，然後使用 for 迴圈一個一個遍歷並相乘求和，最終獲得了向量內積的結果。請大家對比程式 7.12。

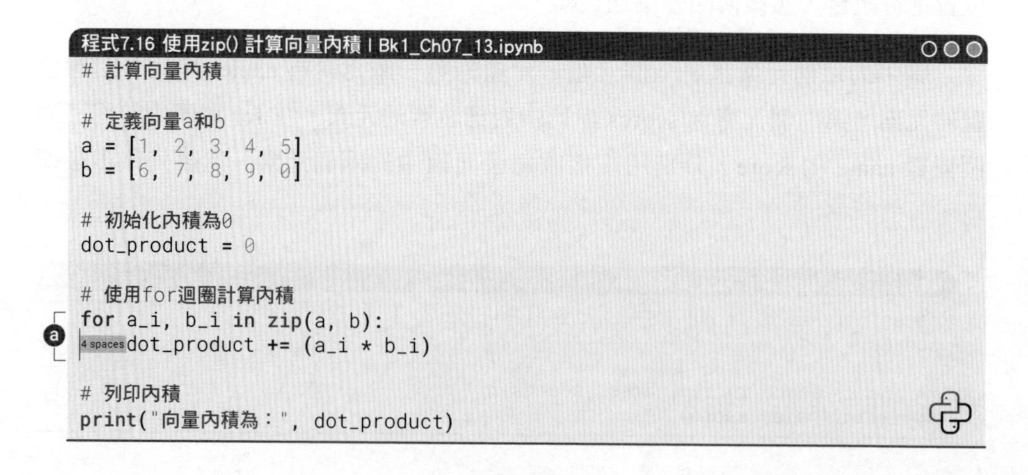

程式7.16 使用zip() 計算向量內積 | Bk1_Ch07_13.ipynb

```
# 計算向量內積

# 定義向量a和b
a = [1, 2, 3, 4, 5]
b = [6, 7, 8, 9, 0]

# 初始化內積為0
dot_product = 0

# 使用for迴圈計算內積
for a_i, b_i in zip(a, b):
    dot_product += (a_i * b_i)

# 列印內積
print("向量內積為：", dot_product)
```

生成二維座標

圖 7.5 介紹如何分離一組二維平面直角座標系橫垂直座標。觀察這幅圖，我們可以發現橫垂直座標好比織布的經線緯線。兩者串在一起組成了整個平面的座標。

程式 7.17 展示如何用兩層 for 迴圈實現圖 7.5。

ⓐ 用 def 定義了一個名為 custom_meshgrid 的函式。函式的輸入為 x 和 y。下一章將專門介紹如何自訂函式。

ⓑ 分別計算 x 和 y 兩個串列的長度。

ⓒ 定義了兩個空串列，X 和 Y，用來儲存橫縱軸座標。

ⓓ 外層 for 迴圈用來遍歷串列 y 的索引 i。

ⓔ 內層 for 迴圈用來遍歷串列 x 的索引 j。

ⓕ 在每次內層迴圈中，將串列 x 中索引為 j 的元素增加到 X_row 中，同時將串列 y 中索引為 i 的元素增加到 Y_row 中。

ⓖ 生成二維陣列。在外層 for 迴圈的每次迭代結束時，將 X_row 增加到二維陣列 X 中，將 Y_row 增加到二維陣列 Y 中。這樣，最終得到的 X 和 Y 就是由 x 和 y 串列生成的二維陣列。

ⓗ 定義了串列 x，代表一組水平座標。

ⓘ 定義了串列 y，代表一組垂直座標。

ⓙ 呼叫自訂函式，生成二維網格座標。

用過 NumPy 函式庫的同學可能已經發現，這段程式實際上在複刻 numpy.meshgrid()。

當然，numpy.meshgrid() 要比我們自訂函式強大得多，它可以建立多維座標陣列。在本書後續很多視覺化方案中都會用到 numpy.meshgrid() 函式，請大家務必理解它的原理。

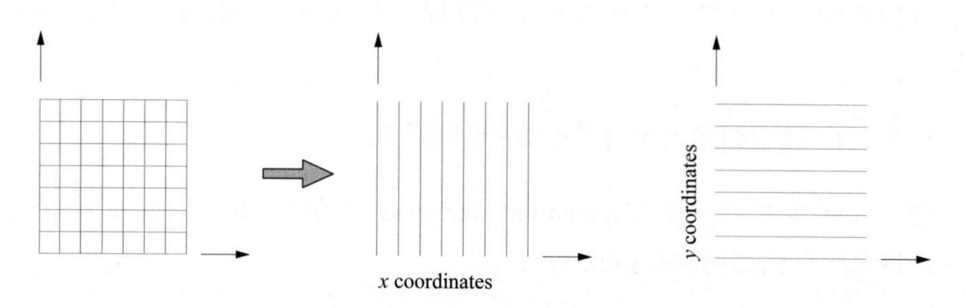

▲ 圖 7.5 分離橫軸、縱軸座標

程式7.17 分離橫縱網格座標 | Bk1_Ch07_14.ipynb

```
# 自訂函式
def custom_meshgrid(x, y):

    num_x = len(x); num_y = len(y)
    X = []; Y = []
    # 外層for迴圈
    for i in range(num_y):
        X_row = []; Y_row = []
        # 內層for迴圈
        for j in range(num_x):
            X_row.append(x[j])
            Y_row.append(y[i])
        # 生成二維陣列
        X.append(X_row); Y.append(Y_row)

    return X, Y

# 範例用法
x = [0, 1, 2, 3, 4, 5] # 水平座標串列
y = [0, 1, 2, 3]       # 垂直座標串列
# 呼叫自訂函式
X, Y = custom_meshgrid(x, y)
print("X座標："); print(X)
print("Y座標："); print(Y)
```

矩陣乘法：三層 for 迴圈

下面介紹如何使用巢狀結構 for 迴圈完成矩陣乘法。圖 7.6 所示為矩陣乘法規則示意圖。

矩陣 ***A*** 的第一行元素和矩陣 ***B*** 第一列對應元素分別相乘，再相加，結果為矩陣 ***C*** 的第一行、第一列元素 $c_{1,1}$。

矩陣 ***A*** 的第一行元素和矩陣 ***B*** 第二列對應元素分別相乘，再相加，得到 $c_{1,2}$。

同理，依次獲得矩陣 ***C*** 剩餘元素。

為了完成矩陣乘法運算，我們設計了圖 7.6 這種三個 for 迴圈巢狀結構的方法。

第一層 for 迴圈遍歷矩陣 ***A*** 的行，第二層 for 迴圈遍歷矩陣 ***B*** 的列，第三層 for 迴圈完成「逐項乘積 + 求和」運算。

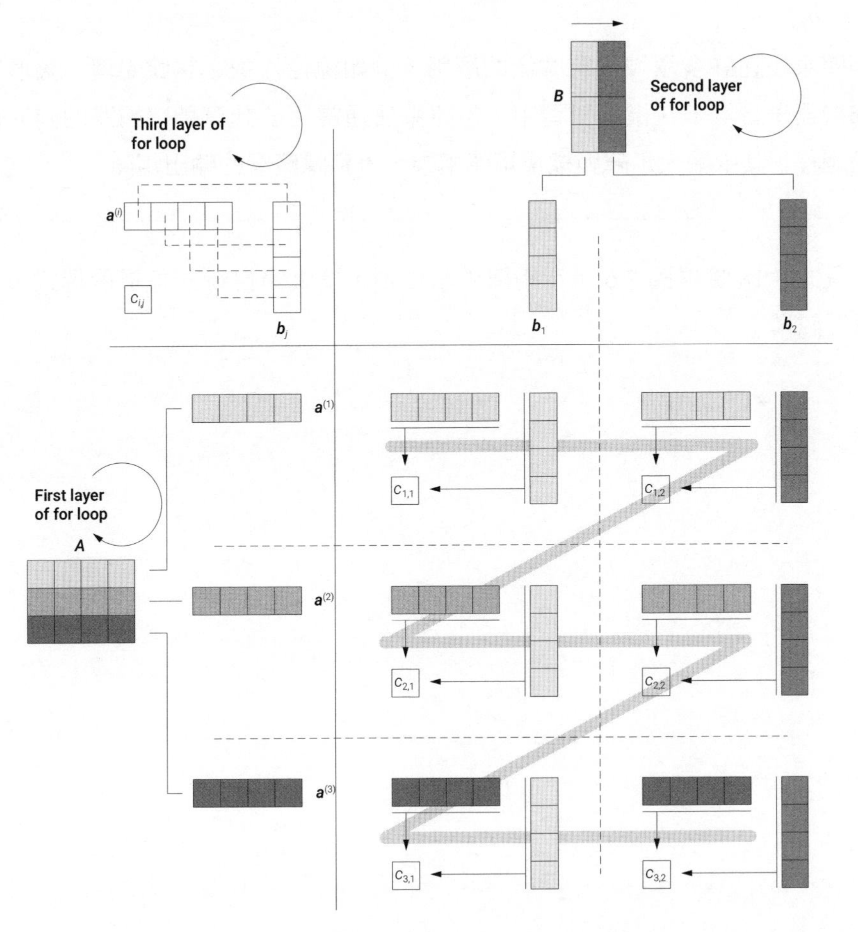

▲ 圖 7.6 矩陣乘法規則，利用三層 for 迴圈實現 (最外層遍歷矩陣 ***A*** 的行，第二層遍歷矩陣 ***B*** 的列)

什麼是矩陣乘法？

矩陣乘法 (matrix multiplication) 是一種線性代數運算，用於將兩個矩陣相乘。對於兩個矩陣 ***A*** 和 ***B***，它們的乘積 ***AB*** 的元素是透過將 ***A*** 的每一行與 ***B*** 的每一列進行內積運算得到的。

具體而言，假設 ***A*** 是一個 $m \times n$ 的矩陣，***B*** 是一個 $n \times p$ 的矩陣，則它們的乘積 $\boldsymbol{C} = \boldsymbol{AB}$ 是一個 $m \times p$ 的矩陣，其中第 i 行第 j 列的元素 $c_{i,j}$ 為 ***A*** 的第 i 行與 ***B*** 的第 j 列的內積。如果 ***A*** 的第 i 行元素為 $a_{i,1},a_{i,2},\cdots,a_{i,n}$，***B*** 的第 j 列元素為 $b_{1,j},b_{2,j},\cdots,b_{n,j}$，則 $\boldsymbol{C} = \boldsymbol{AB}$ 的第 i 行第 j 列的元素為 $a_{i,1}b_{1,j} + a_{i,2}b_{2,j} + \cdots + a_{i,n}b_{n,j}$。

矩陣乘法在許多領域都有廣泛的應用，例如線性代數、訊號處理、圖形學和機器學習等。在機器學習中，矩陣乘法通常用於計算神經網路的前向傳播過程，其中輸入矩陣與權重矩陣相乘，得到隱藏層的輸出矩陣。

程式 7.18 實現圖 7.6 所示矩陣乘法法則，請大家自行分析這段程式，執行並逐行註釋。

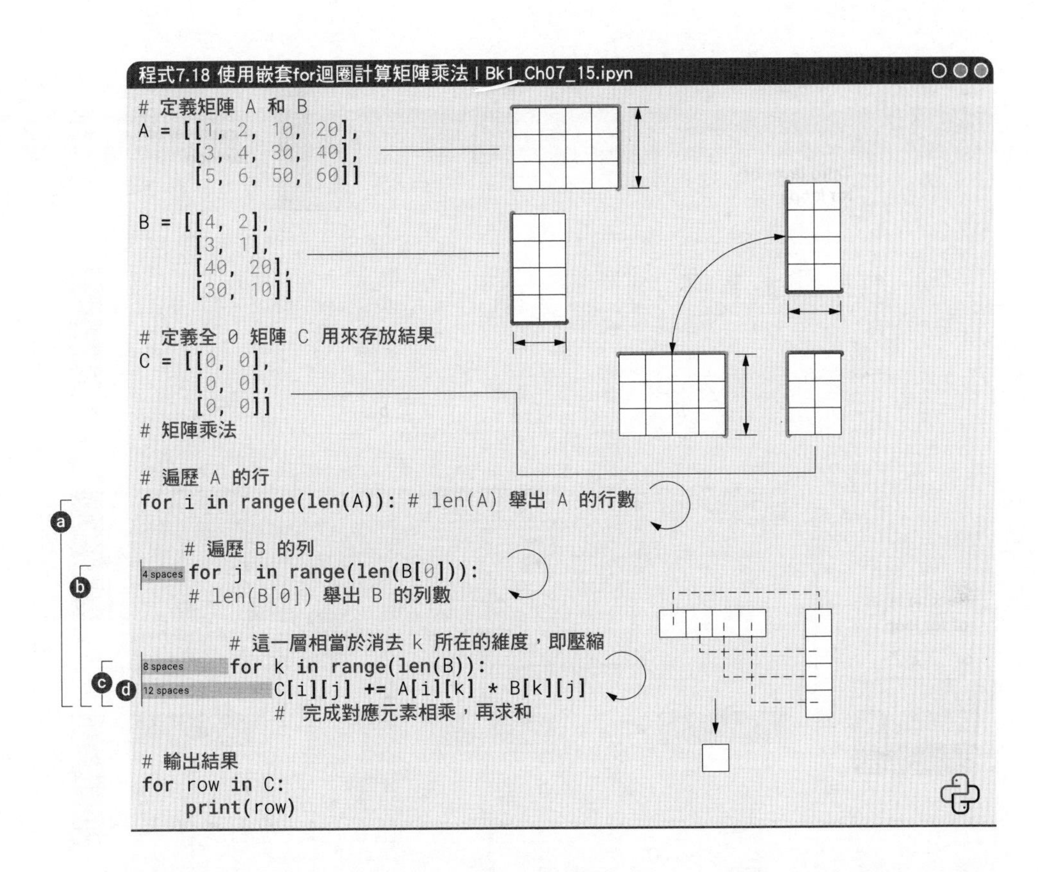

程式7.18 使用嵌套for迴圈計算矩陣乘法 | Bk1_Ch07_15.ipyn

```
# 定義矩陣 A 和 B
A = [[1, 2, 10, 20],
     [3, 4, 30, 40],
     [5, 6, 50, 60]]

B = [[4, 2],
     [3, 1],
     [40, 20],
     [30, 10]]

# 定義全 0 矩陣 C 用來存放結果
C = [[0, 0],
     [0, 0],
     [0, 0]]
# 矩陣乘法

# 遍歷 A 的行
for i in range(len(A)): # len(A) 舉出 A 的行數

    # 遍歷 B 的列
    for j in range(len(B[0])):
    # len(B[0]) 舉出 B 的列數

        # 這一層相當於消去 k 所在的維度，即壓縮
        for k in range(len(B)):
            C[i][j] += A[i][k] * B[k][j]
            #  完成對應元素相乘，再求和

# 輸出結果
for row in C:
    print(row)
```


相比圖 7.6，圖 7.7 所示矩陣乘法法則交換的第一二層 for 迴圈順序，請大家根據圖 7.7 修改程式 7.18 並完成矩陣運算。

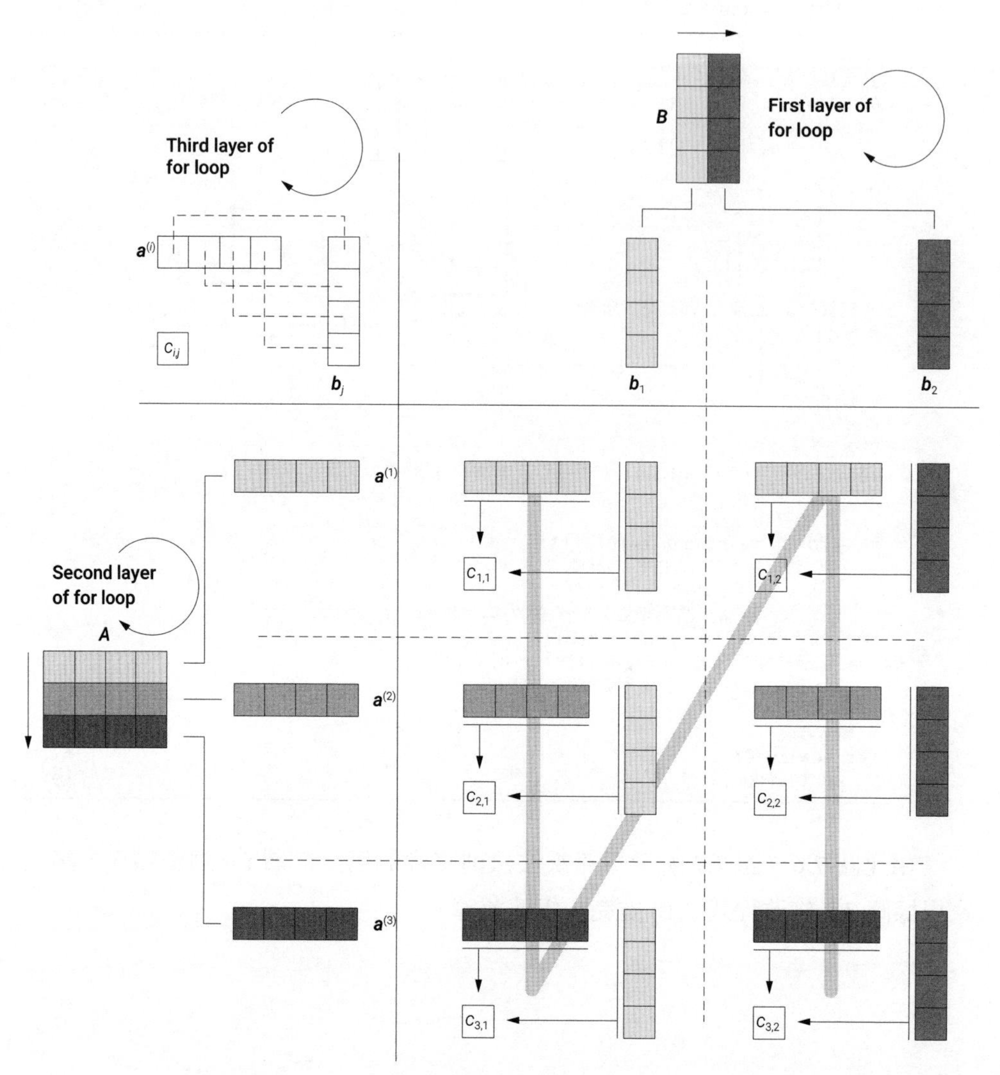

▲ 圖 7.7 矩陣乘法規則，利用三層 for 迴圈實現 (最外層遍歷矩陣 ***B*** 的列，第二層遍歷矩陣 ***A*** 的行)

向量化

向量化運算是使用 NumPy 等函式庫的一種高效運算處理方式，可以避免使用 for 迴圈。程式 7.19 和程式 7.20 利用 NumPy 完成向量內積、矩陣乘法運算。

程式 7.19 中 ⓐ 將 numpy 匯入，簡寫作 np。

ⓑ 用 numpy.array()，簡寫作 np.array()，構造一維陣列。

同理，ⓒ 構造了第二個一維陣列。

ⓓ 用 numpy.dot()，簡寫作 np.dot()，計算 a 和 b 的內積。

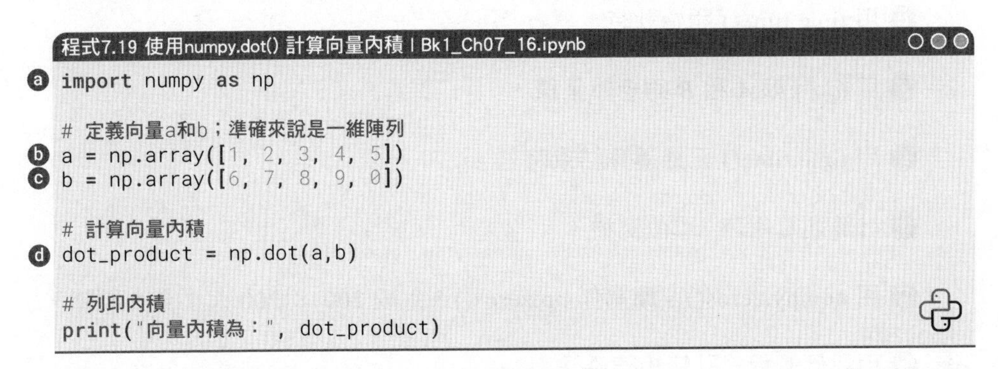
程式7.19 使用numpy.dot() 計算向量內積 | Bk1_Ch07_16.ipynb

```
ⓐ import numpy as np

  # 定義向量a和b；準確來說是一維陣列
ⓑ a = np.array([1, 2, 3, 4, 5])
ⓒ b = np.array([6, 7, 8, 9, 0])

  # 計算向量內積
ⓓ dot_product = np.dot(a,b)

  # 列印內積
  print("向量內積為：", dot_product)
```

程式 7.20 中用 ⓐ numpy.array()，簡寫作 np.array()，定義二維陣列 A。這個陣列有 2 行 4 列。

ⓑ 用同樣的方法定義二維陣列 B，形狀為 4 行 2 列。

ⓒ 用 @ 運算子計算 A 和 B 乘積，結果為二維陣列，形狀為 2 行 2 列。

ⓓ 用 @ 運算子計算 B 和 A 乘積，結果也為二維陣列，形狀為 4 行 4 列。顯然，***A@B*** 不同於 ***B@A***。這一點本書第 25 章還要提及。

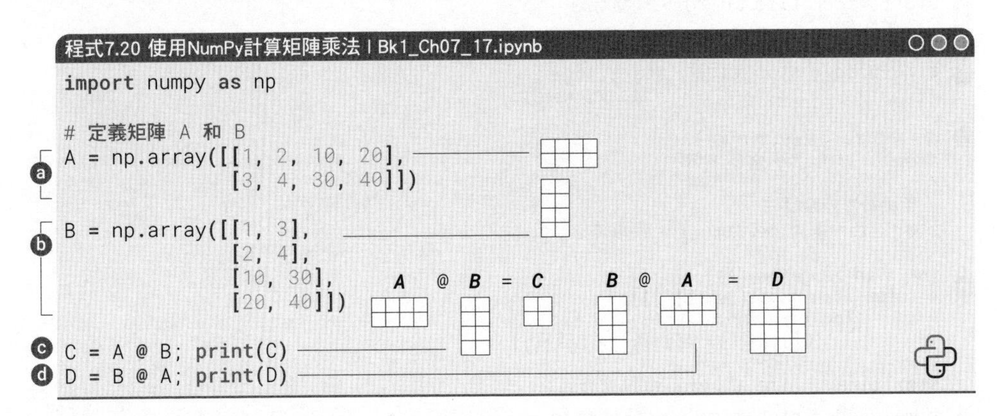
程式7.20 使用NumPy計算矩陣乘法 | Bk1_Ch07_17.ipynb

```
  import numpy as np

  # 定義矩陣 A 和 B
ⓐ A = np.array([[1, 2, 10, 20],
                [3, 4, 30, 40]])

ⓑ B = np.array([[1, 3],
                [2, 4],
                [10, 30],
                [20, 40]])

ⓒ C = A @ B; print(C)
ⓓ D = B @ A; print(D)
```


我們特地寫了程式 7.21，比較 NumPy 矩陣乘法運算，和我們自己程式的運算用時。

ⓐ 用 numpy.random.randint()，簡寫作 randint()，生成兩個 200 × 200 的方陣 *A* 和 *B(* 二維 NumPy 陣列)。方陣元素為 0~9 隨機整數。

ⓑ 匯入時間模組 time。

ⓒ 用 time.time() 開始計時。

ⓓ 用 @ 計算 *A* 和 *B* 的矩陣乘積。

ⓔ 用 time.time() 記錄運算結束時刻。

ⓕ 計算運算用時 , 單位為秒。

ⓖ 用 numpy.zeros()，簡寫作 np.zeros()，生成 200 × 200 大小全 0 矩陣。

ⓗ 用我們的程式計算矩陣乘法。

大家可以自己比較兩者的用時，作者電腦上兩者差了超過 1000 倍。

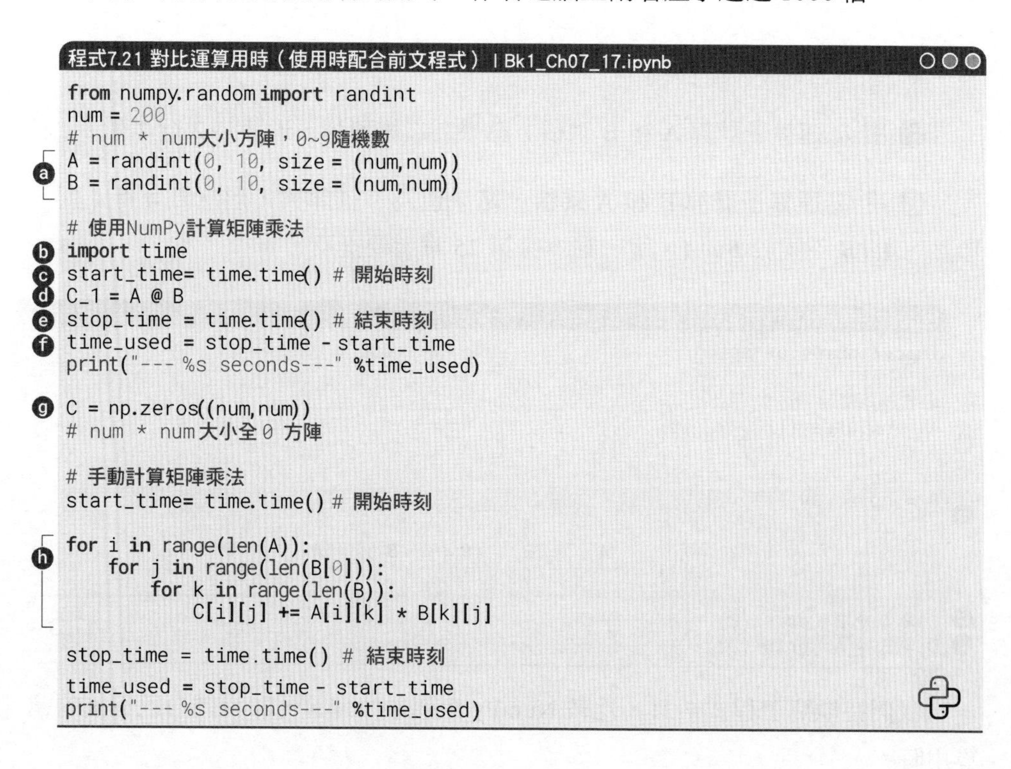
程式7.21 對比運算用時（使用時配合前文程式） | Bk1_Ch07_17.ipynb

```
from numpy.random import randint
num = 200
# num * num大小方陣，0~9隨機數
A = randint(0, 10, size = (num,num))
B = randint(0, 10, size = (num,num))

# 使用NumPy計算矩陣乘法
import time
start_time= time.time() # 開始時刻
C_1 = A @ B
stop_time = time.time() # 結束時刻
time_used = stop_time - start_time
print("--- %s seconds---" %time_used)

C = np.zeros((num,num))
# num * num大小全 0 方陣

# 手動計算矩陣乘法
start_time= time.time() # 開始時刻

for i in range(len(A)):
    for j in range(len(B[0])):
        for k in range(len(B)):
            C[i][j] += A[i][k] * B[k][j]

stop_time = time.time() # 結束時刻
time_used = stop_time - start_time
print("--- %s seconds---" %time_used)
```

再次強調，有了 NumPy 函式庫，不表示前文自己寫程式計算向量內積、矩陣乘法是無用功！

在前文的程式練習中，一方面我們掌握如何使用 for 迴圈，此外理解了向量內積、矩陣乘法兩種數學工具的運算規則。

本章及下一章還會介紹更多線性代數運算法則，並探討如何寫程式實現這些運算。

7.4 串列生成式

本書前文介紹過如何用串列生成式建立串列，本節深入介紹串列生成式。

在 Python 中，**串列生成式** (list comprehension) 是一種簡潔的語法形式，用於快速生成新的串列。

它的語法形式為 [expression for item in iterable if condition]，其中 expression 表示要生成的元素，item 表示迭代的變數，iterable 表示迭代的物件，if condition 表示可選的過濾條件。

舉個例子，假設我們想要生成一個包含 1 ~ 10 之間所有偶數的串列，我們可以使用程式 7.22 中串列生成式完成運算。

for num in range(1,11) 這部分定義了一個 for 迴圈，遍歷 1 ~ 10(不包括 11) 之間的整數。num 是迴圈中的變數，它依次取遍這個範圍內的每個數字。

在迴圈中，使用條件陳述式 if num%2 == 0 來篩選偶數。num%2 == 0 表示數字 num 除以 2 的餘數為 0，即 num 是偶數。只有滿足這個條件的數字才會被包含在生成的串列中。

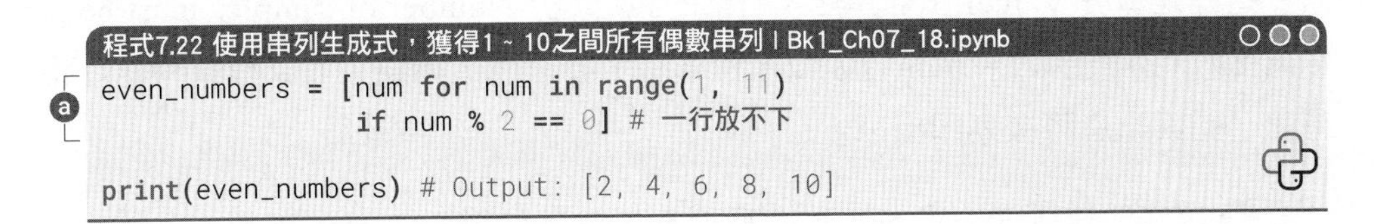
程式7.22 使用串列生成式，獲得1 ~ 10之間所有偶數串列 | Bk1_Ch07_18.ipynb

```
even_numbers = [num for num in range(1, 11)
                if num % 2 == 0] # 一行放不下

print(even_numbers) # Output: [2, 4, 6, 8, 10]
```

使用串列生成式還可以巢狀結構，比如程式 7.23。

程式7.23 嵌套串列生成式 | Bk1_Ch07_18.ipynb

```
ⓐ matrix = [[i * j for j in range(1, 4)]
             for i in range(1, 4)]
print(matrix)
# Output: [[1, 2, 3], [2, 4, 6], [3, 6, 9]]
```

1	2	3
2	4	6
3	6	9

在程式中，我們使用巢狀結構的串列生成式建立了一個 3 × 3 的矩陣。

具體來說，我們使用外部的串列生成式迭代 1 ~ 3 的數字，對每個數字使用內部的串列生成式迭代 1 ~ 3 的數字，計算它們的乘積並將結果儲存到一個新的二維串列中。請大家用上述程式生成程式 7.18 中全 0 矩陣 $\boldsymbol{C}$。

使用串列生成式可以大大簡化程式，提高程式的可讀性和可維護性。

複刻 numpy.linspace()

本書後續在繪製二維線圖時，經常會使用 numpy.linspace() 生成顆粒度高的等差數列。下面，我們就利用串列生成式來複刻這個函式的基本功能。

程式 7.24 中 ⓐ 自訂函式，叫作 linspace，函式有 4 個輸入，start、stop、num、endpoint。其中，start 代表等差數列的起始值，stop 代表等差數列的結束值。

特別注意，num 和 endpoint 有各自的預設值。也就是說，在呼叫自訂函式時，如果 num 和 endpoint 這兩個參數缺省時，就會使用預設值。本書下一章將深入介紹這一點。

ⓑ 判斷 num 是否小於 2。

如果條件為真，即 num 小於 2，ⓒ 會被執行。其中，raise 用於引發一個異常，這裡是引發 ValueError 異常，異常的訊息是「Number of samples must be at least 2」。這表示如果 num 小於 2，程式將引發一個值錯誤，並且程式的執行將停止，錯誤訊息將被列印出來。

ⓓ 用條件陳述式檢查 endpoint 是否為 True。如果 endpoint 為 True，則執行 ⓔ，即等差數列包含 stop 值，所以步進值為 step = (stop-start)/(num-1)。

ⓕ 用串列生成式生成等差數列並傳回。

ⓖ 為 if...else... 中的 else 敘述。如果 endpoint 不為 True，ⓗ 中計算步進值時，用 (stop-start)/num。

ⓘ 也是用串列生成式構造等差數列並傳回。請大家按以下要求修改程式 7.24。

① 加一段判斷 start 和 stop 大小。如果 start 和 stop 相等，則顯示出錯。

② 判斷 num 為不小於 2 的正整數。

③ 將 ⓕ 和 ⓘ 兩個串列生成式合併成一句。

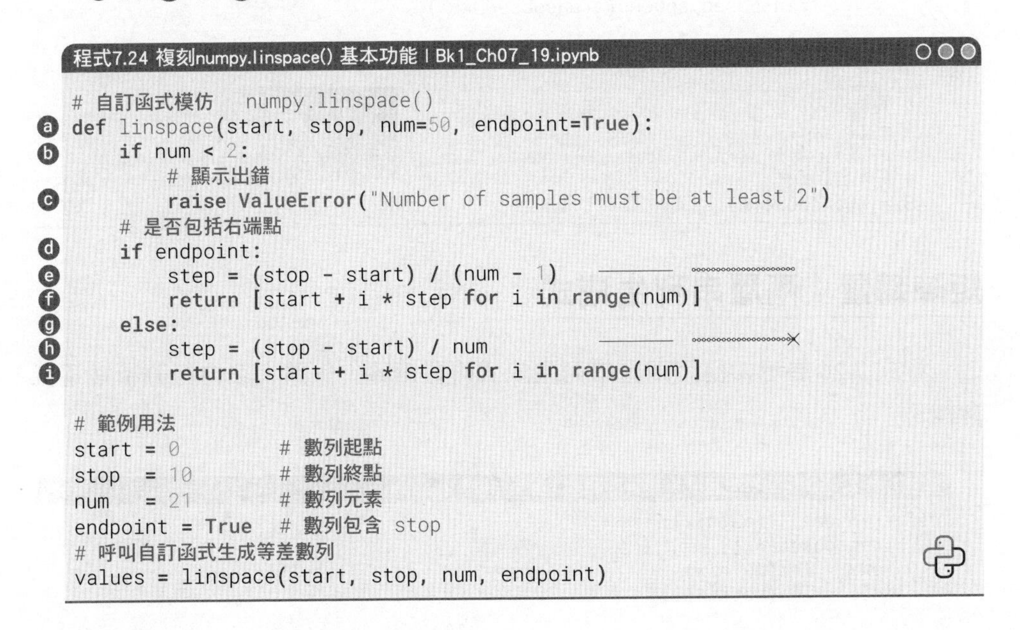

程式7.24 複刻numpy.linspace() 基本功能 | Bk1_Ch07_19.ipynb

```
# 自訂函式模仿  numpy.linspace()
def linspace(start, stop, num=50, endpoint=True):
    if num < 2:
        # 顯示出錯
        raise ValueError("Number of samples must be at least 2")
    # 是否包括右端點
    if endpoint:
        step = (stop - start) / (num - 1)
        return [start + i * step for i in range(num)]
    else:
        step = (stop - start) / num
        return [start + i * step for i in range(num)]

# 範例用法
start = 0          # 數列起點
stop  = 10         # 數列終點
num   = 21         # 數列元素
endpoint = True    # 數列包含 stop
# 呼叫自訂函式生成等差數列
values = linspace(start, stop, num, endpoint)
```

矩陣轉置：一層串列生成式

程式 7.25 展示如何用一層串列生成式**轉置矩陣** (the transpose of a matrix)。

本書前文介紹過矩陣轉置運算法則。簡單來說，矩陣轉置是指將矩陣的行和列互換的操作。如果有一個矩陣 $\boldsymbol{A}$，其形狀為 $m \times n$，即 m 行 n 列，那麼矩

陣 $\boldsymbol{A}$ 的轉置，記作 $\boldsymbol{A}^{\mathrm{T}}$，其形狀為 $n \times m$，即 n 行 m 列。簡單來說，在轉置後的矩陣中，原矩陣的行變成了新矩陣的列，原矩陣的列變成了新矩陣的行。

從運算角度來看，對於原矩陣中的位置為 [i][j] 元素，將其放置到轉置後位置變為 [j][i]。據此規則，請大家自行分析程式 7.25。

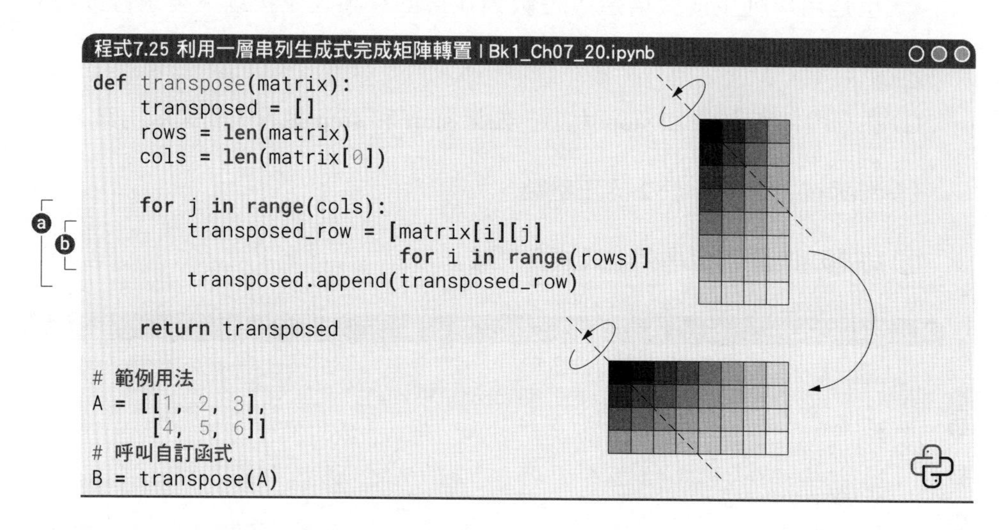

程式7.25 利用一層串列生成式完成矩陣轉置 | Bk1_Ch07_20.ipynb

```
def transpose(matrix):
    transposed = []
    rows = len(matrix)
    cols = len(matrix[0])

    for j in range(cols):
        transposed_row = [matrix[i][j]
                          for i in range(rows)]
        transposed.append(transposed_row)

    return transposed

# 範例用法
A = [[1, 2, 3],
     [4, 5, 6]]
# 呼叫自訂函式
B = transpose(A)
```

矩陣轉置：兩層串列生成式

程式 7.26 展示如何用兩層串列生成式轉置矩陣，也請大家自行分析並逐行註釋。

程式7.26 利用兩層串列生成式完成矩陣轉置 | Bk1_Ch07_21.ipynb

```
def transpose_2(matrix):
    transposed = []
    rows = len(matrix)
    cols = len(matrix[0])

    transposed = [[matrix[j][i]
                   for j in range(rows)]
                  for i in range(cols)]

    return transposed

# 範例用法
A = [[1, 2, 3],
     [4, 5, 6]]
# 呼叫自訂函式
B = transpose_2(A)
```

計算矩陣逐項積：兩層串列生成式

矩陣逐項積是指兩個相同矩陣中相應位置上的元素進行逐一相乘，得到一個新的矩陣。

程式 7.27 中 ⓐ 首先判斷兩個二維陣列的形狀是否相同。

ⓑ 用兩層串列生成式計算矩陣逐項積。

程式7.27 利用兩層串列生成式計算矩陣逐項積 | Bk1_Ch07_22.ipynb

```
def hadamard_prod(M1, M2):
    if (len(M1) != len(M2) or
        len(M1[0]) != len(M2[0])):
        raise ValueError("Matrices must have the same shape")

    result = [[M1[i][j] * M2[i][j]
               for j in range(len(M1[0]))]
              for i in range(len(M1))]
    return result

A = [[1, 2],
     [3, 4]]
B = [[2, 3],
     [4, 5]]
# 計算矩陣逐項積
C = hadamard_prod(A, B)
```

笛卡兒積

數學上，如果集合 A 中有 a 個元素，集合 B 中有 b 個元素，那麼 A 和 B 的**笛卡兒積** (Cartesian product) 就有 $a \times b$ 個元素。圖 7.8 所示為笛卡兒積原理。舉個簡單的例子，假設有兩個集合：A = {1,2} 和 B ={'a','b'}。它們的笛卡兒積為 {(1,'a'),(1,'b'),(2,'a'),(2,'b')}。

圖 7.6 中舉出的矩陣乘法原理也可以看成是笛卡兒積的一種應用。

程式 7.28 採用一層串列生成式計算笛卡兒積，結果為串列，清單的每一個元素為元組。

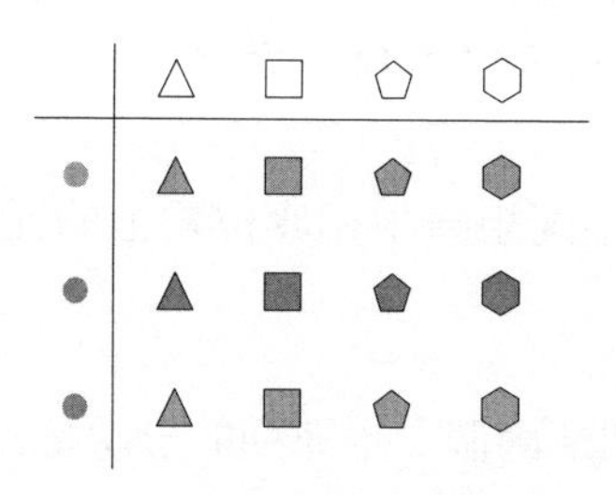

▲ 圖 7.8 笛卡兒積

程式7.28 笛卡兒積，結果為串列，採用單層串列生成式 | Bk1_Ch07_23.ipynbJupyterLab

```
ⓐ column1 = [1, 2, 3, 4]
ⓑ column2 = ['a', 'b', 'c']

ⓒ cartesian_product = [(x, y) for x in column1 for y in column2]

print(cartesian_product)
```

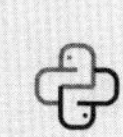

程式 7.29 採用兩層串列生成式計算笛卡兒積，結果為二維串列，如圖 7.9 所示。

程式7.29 笛卡兒積，結果為嵌套串列，採用兩層串列生成式 | Bk1_Ch07_23.ipynb

```
column1 = [1, 2, 3, 4]
column2 = ['a', 'b', 'c']
ⓐ cartesian_product = [[(x, y) for x in column1] for y in column2]

for prod_idx in cartesian_product:
    print(prod_idx)
```

	1	2	3	4
'a'	(1, 'a')	(2, 'a')	(3, 'a')	(4, 'a')
'b'	(1, 'b')	(2, 'b')	(3, 'b')	(4, 'b')
'c'	(1, 'c')	(2, 'c')	(3, 'c')	(4'c')

⇩

```
[ [(1, 'a'),  (2, 'a'),  (3, 'a'),  (4, 'a')]
  [(1, 'b'),  (2, 'b'),  (3, 'b'),  (4, 'b')]
  [(1, 'c'),  (2, 'c'),  (3, 'c'),  (4, 'c')] ]
```

▲ 圖 7.9 巢狀結構串列

程式 7.30 所示為利用 itertools.product() 函式完成笛卡兒積計算。這個函式的結果是一個可迭代物件。利用 list()，我們將其轉化為串列，串列的每一個元素為元組。

本章下一節還會介紹 itertools 其他用法。

請大家在 JupyterLab 中練習這三段程式，並逐行註釋。

程式7.30 笛卡兒積，串列，採用itertools.product生成，採用串列生成式 | Bk1_Ch07_23.ipynb

```
ⓐ from itertools import product
  column1 = [1, 2, 3, 4]
  column2 = ['a', 'b', 'c']

ⓑ cartesian_product = list(product(column1, column2))
  print(cartesian_product)
```

7.5 迭代器 itertools

itertools 是 Python 標準函式庫中的模組，提供了用於建立和操作迭代器的函式。迭代器是一種用於遍歷資料集合的物件，它能夠一個一個傳回資料元素，而無須提前將整個資料集載入到記憶體中。

itertools 模組包含了一系列用於高效處理迭代器的工具函式，這些函式可以幫助我們在處理資料集時節省記憶體和提高效率。它提供了諸如組合、排列、重複元素等功能，以及其他有關迭代器操作的函式。本節介紹 itertools 模組中有關排列組合常用函式。

不放回排列

itertools.permutations() 函式是 Python 標準函式庫中的函式，用於傳回指定長度的所有可能排列方式。下面舉例如何使用 itertools.permutations() 函式。

假設有一個字串 string = 'abc'，我們想要獲取它的所有字元排列方式，可以按照程式 7.31 操作。其中，''.join(perm_idx) 將當前排列中的元素連接成一個字串，然後再用 print() 列印出來。

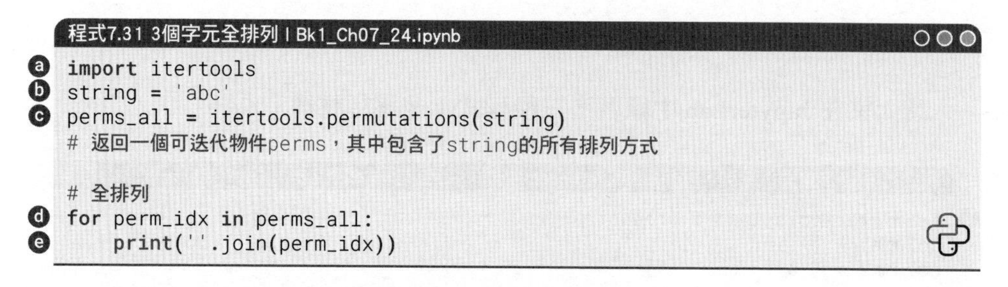
程式7.31 3個字元全排列 | Bk1_Ch07_24.ipynb

```
a import itertools
b string = 'abc'
c perms_all = itertools.permutations(string)
  # 返回一個可迭代物件perms，其中包含了string的所有排列方式

  # 全排列
d for perm_idx in perms_all:
e     print(''.join(perm_idx))
```

這就好比，一個袋子裡有三個球，它們分別印有 a、b、c，先後將所有球取出排成一排共有 6 種排列，具體如圖 7.10 所示。

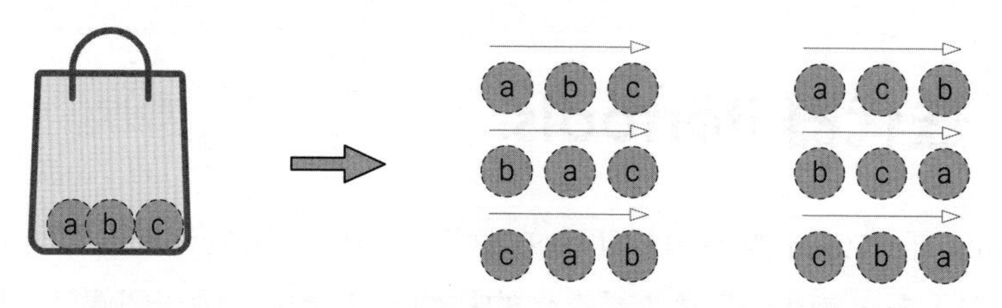

▲ 圖 7.10 3 個元素無放回取出 3 個，結果有 6 個排列

itertools.permutations() 函式還有一個可選參數 r，用於指定傳回的排列長度。如果不指定 r，則預設傳回與輸入序列長度相同的排列。舉例來說，我們可以透過程式 7.32 獲取 string 的所有長度為 2 的排列。

還是以前文小球為例，如圖 7.11 所示，3 個元素無放回取出 2 個，結果有 6 個排列。大家可能已經發現這個結果和取出 3 個元素時一致。這也不難理解，袋子裡一共有 3 個球，無放回拿出兩個之後，第三個球是什麼字母已經確定，沒有任何懸念。

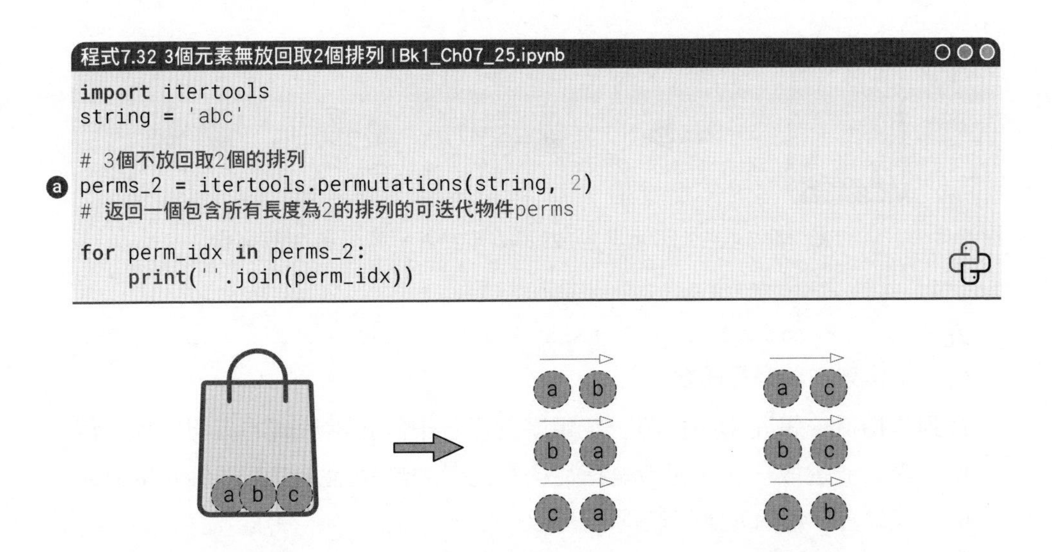

程式7.32 3個元素無放回取2個排列 | Bk1_Ch07_25.ipynb

```
import itertools
string = 'abc'

# 3個不放回取2個的排列
perms_2 = itertools.permutations(string, 2)
# 返回一個包含所有長度為2的排列的可迭代物件perms

for perm_idx in perms_2:
    print(''.join(perm_idx))
```


▲ 圖 7.11 3 個元素無放回取出 2 個，結果有 6 個排列

不放回組合

itertools.combinations 是 Python 中的模組，它提供了一種用於生成組合的函式。

程式 7.33 使用 itertools.combinations() 函式，需要匯入 itertools 模組，然後呼叫 combinations() 函式，傳入兩個參數：一個可迭代物件和一個整數，表示要選擇的元素個數。該函式會傳回一個迭代器，透過迭代器你可以獲得所有可能的組合。

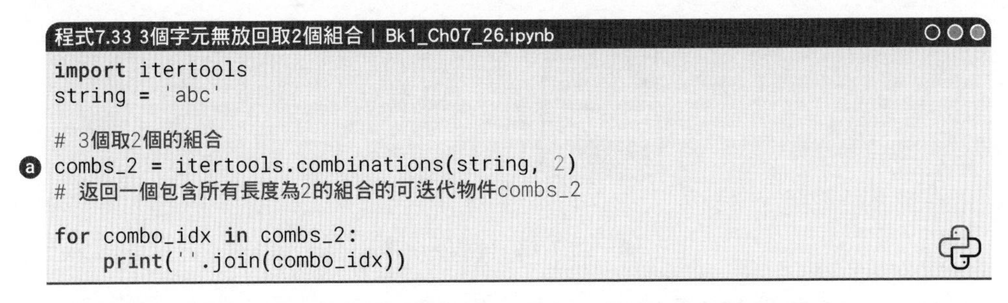

程式7.33 3個字元無放回取2個組合 | Bk1_Ch07_26.ipynb

```
import itertools
string = 'abc'

# 3個取2個的組合
combs_2 = itertools.combinations(string, 2)
# 返回一個包含所有長度為2的組合的可迭代物件combs_2

for combo_idx in combs_2:
    print(''.join(combo_idx))
```

如圖 7.12 所示，3 個元素無放回取出 2 個，結果有 3 個組合。

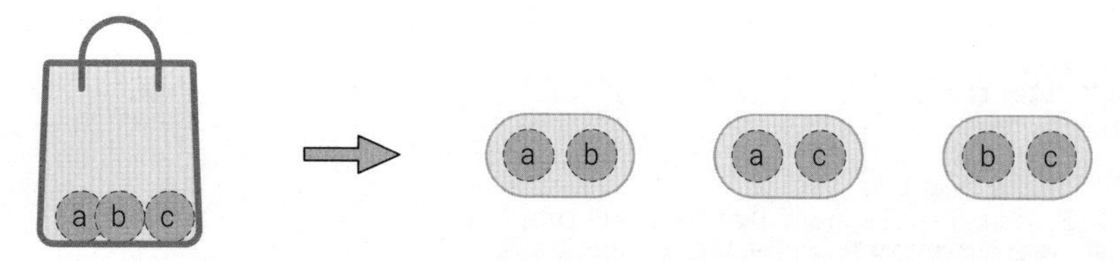

▲ 圖 7.12 3 個元素無放回取出 2 個，結果有 3 個組合

什麼是排列？什麼是組合？

排列是指從一組元素中按照一定順序選擇若干個元素形成的不同序列，每個元素只能選取一次。組合是指從一組元素中無序地選擇若干個元素形成的不同集合，每個元素只能選取一次。

有放回排列

前文介紹的排列、組合都是無放回抽樣，下面聊聊有放回抽樣。還是以小球為例，如圖 7.13 所示，有放回抽樣就是從口袋中摸出一個球之後，記錄字母，然後將小球再放回口袋。下一次取出時，這個球還有被抽到的機會。

itertools 模組中的 itertools.product() 函式可以用於生成有放回排列。它接受一個可迭代物件和一個重複參數，用於指定每個元素可以重複出現的次數。請大家自行學習程式 7.34。

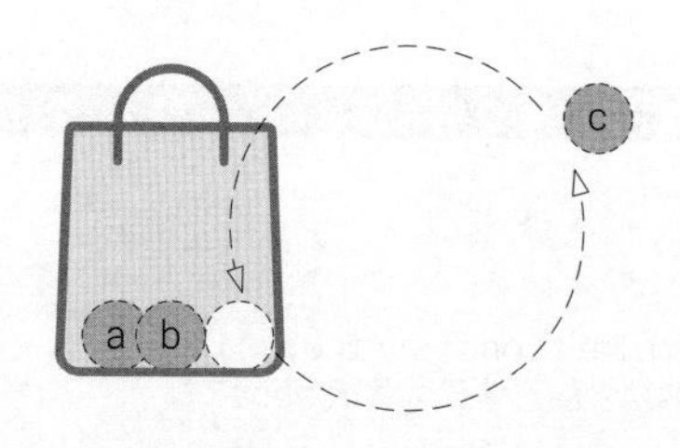

▲ 圖 7.13 有放回抽樣

什麼是有放回？什麼是無放回？

有放回取出是指在進行抽樣時，每次取出後將被選中的元素放回原始集合中，使得下一次取出時仍然有可能選中同一個元素。

無放回取出是指在進行抽樣時，每次取出後將被選中的元素從原始集合中移除，使得下一次取出時不會再選中相同的元素。

簡而言之，有放回取出可以多次選中相同元素，而無放回取出每次選中後都會從集合中移除，確保不會重複選中同一元素。

程式7.34 3個元素有放回取2個排列 | Bk1_Ch07_27.ipynb

```
import itertools

string = 'abc'
# 定義元素串列
elements = list(string)          # a
# 指定重複次數
repeat = 2

# 生成有放回排列
permutations = itertools.product(elements, repeat=repeat)          # b

# 遍歷並列印所有排列
for permutation_idx in permutations:
    print(''.join(permutation_idx))
```

如圖 7.14 所示，3 個元素有放回取出 2 個，結果有 9 個排列。

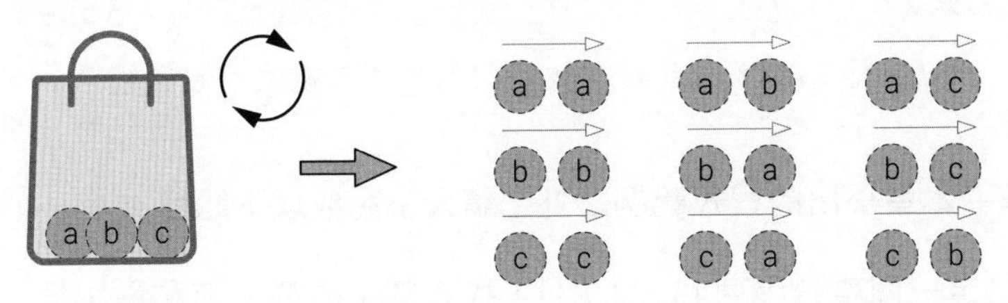

▲ 圖 7.14 3 個元素有放回取出 2 個，結果有 9 個排列

有放回組合

itertools 模組中的 itertools.combinations_with_replacement() 函式可以用於生成有放回組合。該函式接受一個可迭代物件和一個整數參數，用於指定從可迭代物件中選擇元素的個數。請大家自行學習程式 7.35。

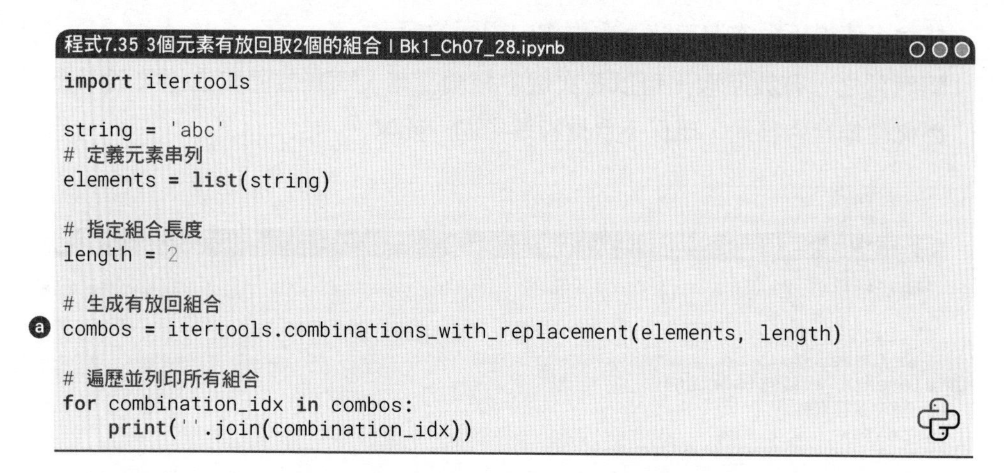

程式7.35 3個元素有放回取2個的組合 | Bk1_Ch07_28.ipynb

```
import itertools

string = 'abc'
# 定義元素串列
elements = list(string)

# 指定組合長度
length = 2

# 生成有放回組合
combos = itertools.combinations_with_replacement(elements, length)

# 遍歷並列印所有組合
for combination_idx in combos:
    print(''.join(combination_idx))
```

如圖 7.15 所示，3 個元素有放回取出 2 個，結果有 6 個組合。

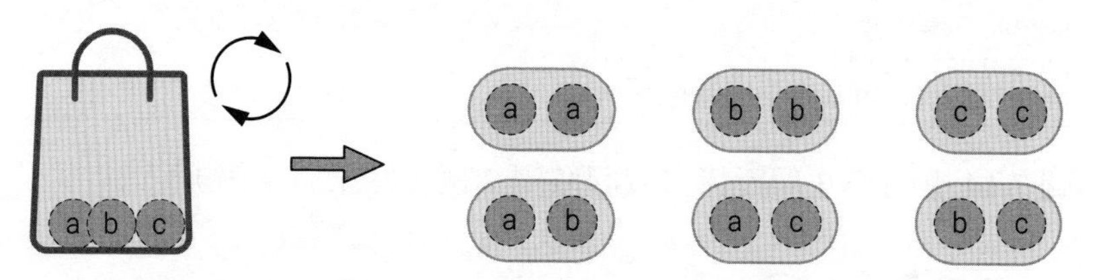

▲ 圖 7.15 3 個元素有放回取出 2 個，結果有 6 個組合

➔ 除了練習本章舉出的程式範例之外，請大家完成以下題目。

Q1. 給定一個整數串列 [3,5,2,7,1]，找到其中的最大值和最小值，並列印兩者之和。

Q2. 使用 while 迴圈輸出 1 ~ 10 中所有奇數。

Q3. 輸入一個數字並將其轉為整數，如果輸入的不是數字，則提示使用者重新輸入直到輸入數字為止。

Q4. 求 100 以內的質數。

Q5. 請用至少兩種不同辦法計算 1 ~ 100 中所有奇數之和。

Q6. 寫兩個函式分別計算矩陣行、列方向元素之和。

Q7. 寫兩個函式分別計算矩陣行、列方向元素平均值。

* 題目答案在 Bk1_Ch07_29.ipynb 中。

本章介紹了常用控制結構的用法，如條件陳述式、while 迴圈、for 迴圈、異常處理敘述、串列生成式、迭代器 itertools 等。特別地，本章還和大家一起寫程式自行完成了向量內積、矩陣乘法、等差數列、網格座標、矩陣轉置、逐項積、笛卡兒積相關運算。

當然，本書後續會介紹各種其他函式高效完成上述計算。本章這樣安排的意圖一方面是讓大家理解 Python 控制結構用法；另外一方面，這些例子可以幫助我們理解這些數學工具背後的思想。

請大家格外注意，在實踐中我們要儘量「向量化」運算，避免使用迴圈。

MEMO

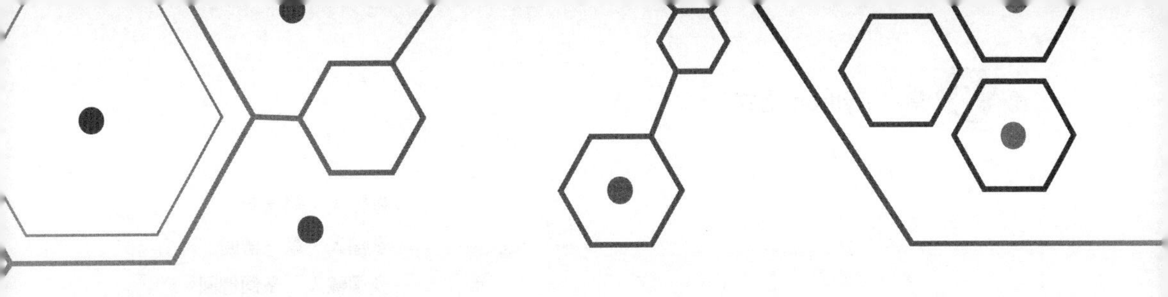

Functions in Python

8 Python 函式

內建函式、自訂函式、Lambda 函式……

很多人在二十五歲便垂垂老矣，直到七十五歲才入土為安。

Many people die at twenty five and aren't buried until they are seventy five.

——班傑明 · 佛蘭克林（*Benjamin Franklin*）| 美國政治家 | *1706—1790* 年

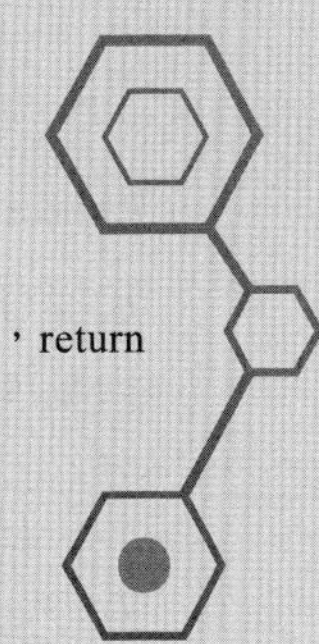

- numpy.linalg.det() 計算一個方陣的行列式
- numpy.linalg.inv() 計算一個方陣的反矩陣
- numpy.linalg.eig() 計算一個方陣的特徵值和特徵向量
- numpy.linalg.svd() 計算一個矩陣的奇異值分解
- numpy.random.rand() 生成 0~1 之間均勻分佈的隨機數
- numpy.random.randn() 生成符合標準正態分佈的隨機數
- numpy.random.randint() 生成指定範圍內的整數隨機數
- def...(return...)Python 中用於定義函數的關鍵字，其中 def 用於定義函數名稱和參數串列，return 用於指定函式傳回的結果，可以沒有函式傳回
- matplotlib.pyplot.grid() 在當前圖表中增加格線
- matplotlib.pyplot.plot() 繪製折線圖
- matplotlib.pyplot.subplots() 建立一個包含多個子圖的圖表，傳回一個包含圖表物件和子圖物件的元組
- matplotlib.pyplot.title() 設置當前圖表的標題
- matplotlib.pyplot.xlabel() 設置當前圖表 x 軸的標籤
- matplotlib.pyplot.xlim() 設置當前圖表 x 軸顯示範圍
- matplotlib.pyplot.xticks() 設置當前圖表 x 軸刻度位置
- matplotlib.pyplot.ylabel() 設置當前圖表 y 軸的標籤
- matplotlib.pyplot.ylim() 設置當前圖表 y 軸顯示範圍
- matplotlib.pyplot.yticks() 設置當前圖表 y 軸刻度位置
- numpy.linspace() 用於在指定的範圍內建立等間隔的一維陣列，可以指定陣列的長度
- numpy.sin() 用於計算給定弧度陣列中每個元素的正弦值
- lambda 建立匿名函式 (沒有函式名稱) 的關鍵字，通常用於簡單的函式定義或作為函式的參數傳遞
- map() 內建函式，用於對一個可迭代物件中的每個元素應用指定的函式，並傳回一個新的可迭代物件

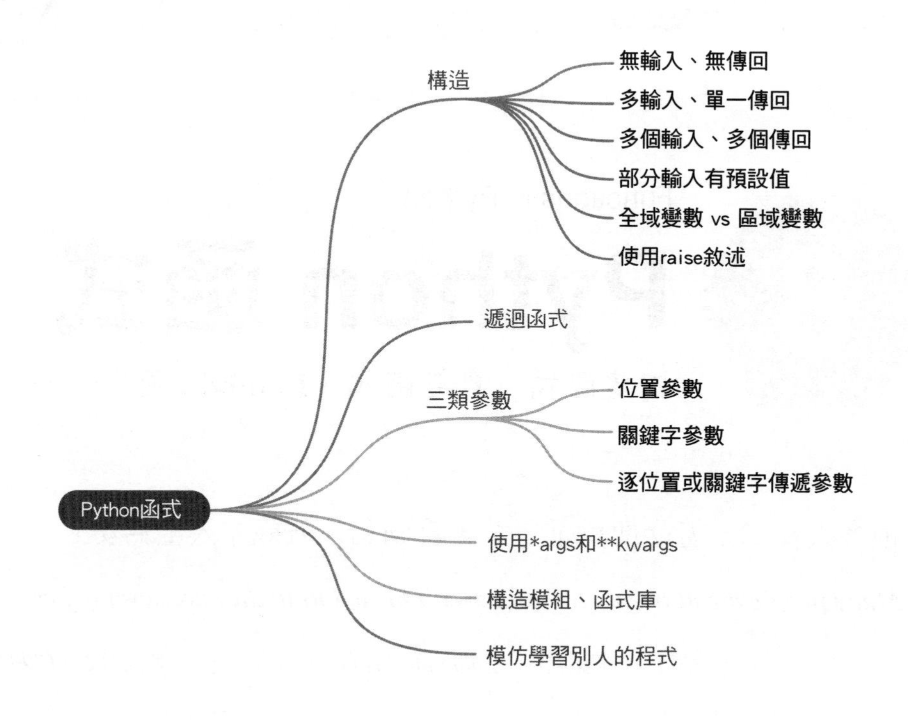

8.1 什麼是 Python 函式？

這本書學到這裡，相信大家對函式這個概念已經不陌生。簡單來說，在 Python 中，函式是一段可重複使用的程式區塊，用於執行特定任務或完成特定操作。函式可以接受輸入參數，並且可以傳回具體值，或不傳回任何值作為結果。

比如，大家已經非常熟悉的 print()，這個函式的輸入參數是要列印的字串，在完成列印之後，這個函式並沒有任何的輸出值。

再舉幾個例子，很多函式都傳回具體值，比如 len() 傳回 list 元素個數，range() 生成一個可以用在 for 迴圈的整數序列，list() 可以建立串列或將其他資料型態 (如字串、元組、字典等) 轉化為串列。

再者，很多數值操作、科學計算的函式都打包在 NumPy、SciPy 這樣的函式庫中，比如大家已經見過的 numpy.array() 等。

透過使用函式，可以將程式分解成小塊，每個區塊都完成一個特定的任務。這使得程式更易於理解、測試和維護。同時，函式也可以在不同的上下文中重複使用，提高程式的重用性和可維護性。

代數角度，什麼是函式？

從代數角度來看，函式是一種數學概念，描述了輸入和輸出之間的關係。它將一個集合中的每個元素映射到另一個集合中的唯一元素。函式用公式、圖表或描述性語言定義，具有定義域和值域的概念。函式在數學中被用於解決問題、建模現實世界，並具有單值性、唯一性等特性。代數中的函式描述了數學方程式、曲線和變換，並幫助我們理解數學關係及其應用。

幾種函式類型

在 Python 中，有以下幾種函式類型。

- **內建函式**：Python 解譯器提供的函式，例如 print()、len()、range() 等。
- **自訂函式**：由使用者定義的函式。
- **Lambda 函式**：也稱為匿名函式，是一種簡單的函式形式，可以透過 lambda 關鍵字定義。
- **生成器函式**：是一種特殊的函式，用於生成一個迭代器，可以使用 yield 關鍵字定義。本章不展開介紹生成器函式。
- **方法**：是與物件相連結的函式，可以使用 "." 符號呼叫。例如字串類型的方法，可以使用字串變數名稱 . 方法名稱 () 的形式呼叫。大家會在 Pandas 中經常看到這種用法。

為什麼需要自訂函式？

既然 NumPy、SciPy、SymPy 等函式庫中提供大量可重複利用的函式，為什麼還要「大費周章」自訂函式？

這個答案其實很簡單。現成的函式一般需求，不能滿足大家導向的各種「私人訂制」需求。

此外，自訂函式在 Python 中的作用是提高程式重複使用性、模組化和組織性，抽象和封裝複雜問題，使程式結構和邏輯更清晰，增加可擴充性和靈活性。

透過封裝可重複使用的程式區塊為函式，避免重複撰寫相同的程式，並將大型任務分解為小型函式，使程式更易理解和維護。

自訂函式提高程式的可讀性、可維護性，並支援程式擴充和修改，使程式更結構化和可管理。

套件、模組、函式

在 Python 中，一個**套件** (package) 是一組相關**模組** (module) 的集合，一個模組是包含 Python 定義和敘述的檔案。而一個函式則是在模組或在套件中定義的可重用程式區塊，用於執行特定任務或計算特定值。通常情況下，一個模組通常是一個 .py 檔案，包含了多個函式和類別等定義。一個套件則是一個包含了多個模組的目錄，通常還包括一個特殊的 _init_.py 檔案，用於初始化該套件。

在使用時，需要使用 import 關鍵字彙入模組或套件，從而可以使用其中定義的函式和類別等。而函式則是模組或套件中定義的一段可重用的程式區塊，用於完成特定的功能。因此，套件中可以包含多個模組，模組中可以包含多個函式，而函式是模組和套件中的可重用程式區塊。

以 NumPy 為例，NumPy 是 Python 中用於科學計算的函式庫，其包含了很多有用的數值計算函式和資料結構。下面是 NumPy 函式庫中一些常見的模組和函式的介紹。

numpy.linalg 這個模組提供了一些線性代數相關的函式，包括矩陣分解、行列式計算、特徵值和特徵向量計算等。常見的函式有以下幾個。

- numpy.linalg.det() 計算一個方陣的行列式。
- numpy.linalg.inv() 計算一個方陣的反矩陣。
- numpy.linalg.eig() 計算一個方陣的特徵值和特徵向量。
- numpy.linalg.svd() 計算一個矩陣的奇異值分解。

numpy.random 這個模組提供了亂數產生的函式，包括生成服從不同分佈的隨機數。常見的函式有以下幾個。

- numpy.random.rand() 生成 0~1 之間均勻分佈的隨機數。
- numpy.random.randn() 生成符合標準正態分佈的隨機數。
- numpy.random.randint() 生成指定範圍內的整數隨機數。

數學函式

在代數中，函式是一種數學關係，它將一個或多個輸入值**映射** (mapping) 到唯一的輸出值。函式可以用一個規則或方程式來表示，其中輸入值稱為引數，輸出值稱為因變數。

從代數角度來看，函式是一種數學物件，用於描述兩個集合之間的關係。一個函式將一個集合中的每個元素 (稱為輸入) 映射到另一個集合中的唯一元素 (稱為輸出)。

數學上，函式的定義包括以下幾個要素。

- **定義域** (domain)：定義域是輸入變數可能的取值範圍。它是函式的輸入集合。
- **值域** (range)：值域是函式的輸出可能的取值範圍。它是函式的輸出集合。
- **規則** (rule)：規則定義了輸入和輸出之間的映射關係。它描述了如何根據給定的輸入計算輸出。

如圖 8.1 所示，函式也可以有不止一個輸入，比如二元函式 $f(x_1,x_2)$ 便有 2 個輸入。

函式可以用各種方式定義，包括透過公式、演算法、圖表或描述性語言。它可以是連續的、離散的或混合的，具體取決於輸入和輸出的集合的性質。

函式描述了不同變數之間的依賴關係，並且可以用來表示數學問題的模型。函式可以透過數學符號、圖表或文字描述來表示，它們在代數中廣泛應用於方程式求解、圖形繪製和數值計算等領域。

一句話概括來說，函式就是映射，輸入值映射到唯一的輸出值。如圖 8.2 所示，我們設計了兩個函式：左側函式 Shape() 輸入為彩色幾何圖形，函式輸出為圖形形狀；右側函式 Color() 輸入還是彩色幾何形狀，函式輸出為圖形顏色。

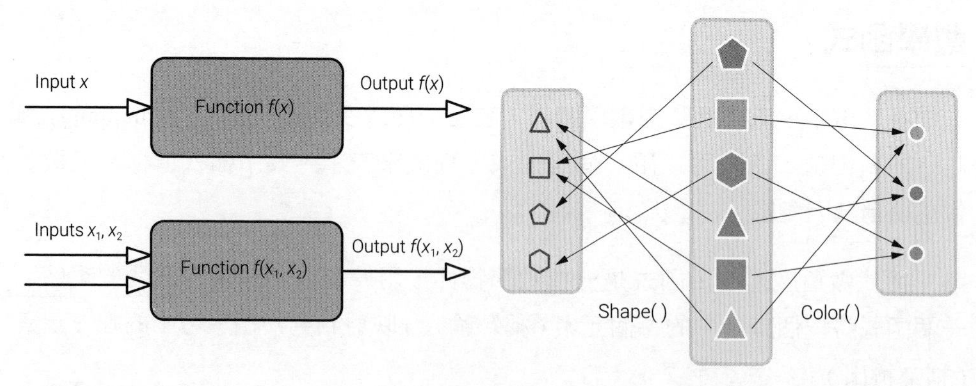

▲ 圖 8.1 一元函式、二元函式的映射　　▲ 圖 8.2 辨識顏色、形狀的函式

單射、滿射

單射、非單射、滿射和非滿射是函式映射中的性質，描述了輸入值和輸出值之間的關係。

單射 (injective) 是指函式中不同的輸入值對應著不同的輸出值，即每個輸出值只有一個對應的輸入值。

非單射 (non-injective) 是指函式中存在多個不同的輸入值對應著相同的輸出值，即至少有一個輸出值有多個對應的輸入值。

滿射 (surjective) 是指函式的所有可能的輸出值都能夠被映射到，即每個輸出值都有至少一個對應的輸入值。

非滿射 (non-surjective) 是指函式中存在至少一個輸出值無法被映射到，即存在某些輸出值沒有對應的輸入值。

圖 8.3 所示為單射、非單射、滿射、非滿射組成的「四象限」，具體實例則如圖 8.4 所示。單射、非單射更關注輸入值，而滿射、非滿射則更關注輸出值。同時滿足單射與滿射叫**雙射** (bijective)，也稱一一映射。

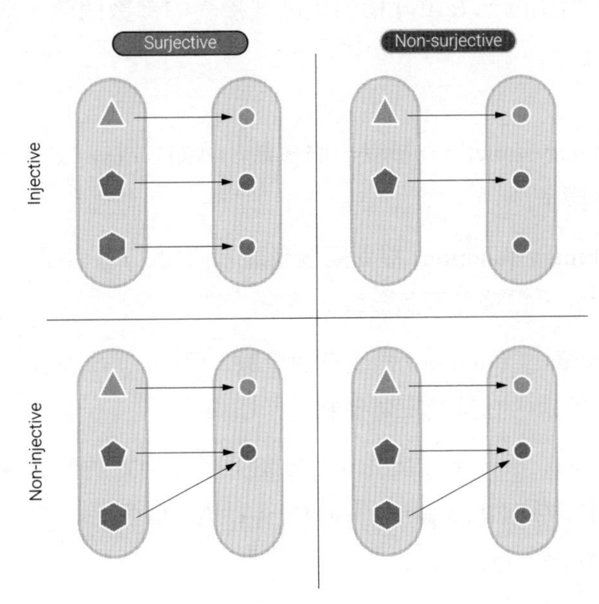

▲ 圖 8.3 單射、非單射、滿射、非滿射組成的四象限

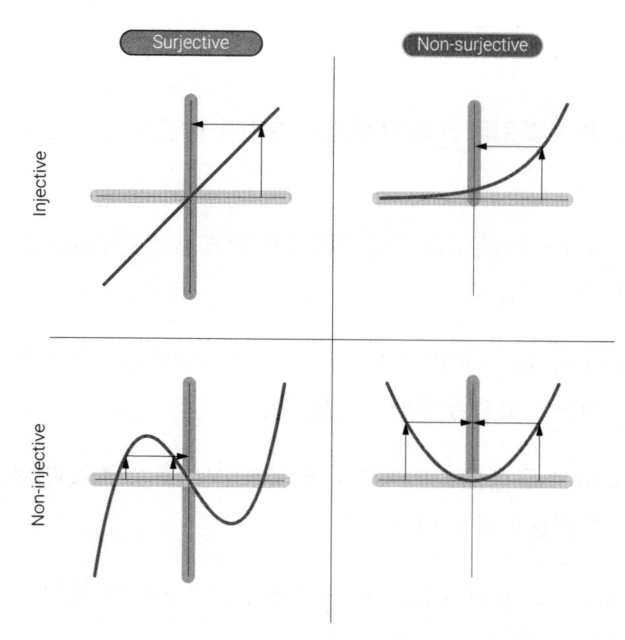

▲ 圖 8.4 單射、非單射、滿射、非滿射組成的四象限 (具體實例)

一元、二元、三元、多元

在數學中，函式的**元** (arity) 指的是函式接受的參數個數。常見的函式元數包括以下幾種。

- **一元函式** (unary function) 接受一個參數。例如，$f_1(x)= x$ 為一元函式，它接受一個參數 x。
- **二元函式** (binary function) 接受兩個參數。例如，$f_2(x_1,x_2)= x_1 + x_2$ 是一個二元一次函式，它接受兩個參數 x_1 和 x_2。
- **三元函式** (ternary function) 接受三個參數。例如，$f_3(x_1,x_2,x_3)= x_1 + x_2 + x_3$ 為三元一次函式，它接受三個參數 x_1、x_2 和 x_3。
- **多元函式** (*n*-ary function) 接受 *n* 個參數。多元函式的參數個數可以是任意多個，例如 $fn(x_1,x_2,\cdots,xn)= x_1 + x_2 + \cdots + x_n$ 是一個多元函式，它接受任意 n 個參數 x_1、x_2、⋯、x_n。

數學函式與程式設計函式

代數角度的函式概念與電腦程式設計中的函式概念有些相似，但也有一些不同之處。在代數中，函式是描述輸入和輸出之間關係的抽象概念；而在程式設計中，函式是可執行的程式區塊，用於執行特定的任務。然而，兩者之間的基本思想都是處理輸入並生成輸出。

數學上的函式和程式設計上的函式在概念和應用上存在一些異同之處。

無論是數學上的函式，還是程式設計上的函式，它們都涉及輸入和輸出。數學函式接受輸入值並產生相應的輸出值，而程式設計函式則接受參數但是未必傳回結果。

數學上的函式和程式設計上的函式都有一個定義域和一個規則，描述了如何將輸入轉為輸出。無論是透過公式、演算法還是邏輯操作，函式都定義了輸入和輸出之間的關係。

無論是數學上的函式，還是程式設計上的函式的概念都具有再使用性，即函式可以在多個場景中被多次呼叫和使用，這避免了重複撰寫相同的程式。

數學上的函式和程式設計上的函式顯然也有很大區別。數學函式通常用符號、公式或描述性語言來表示，如 $f(x)= x^2$。而程式設計函式則以程式語言的語法和結構來定義和表示，如 def square(x):return x**2。程式設計函式可以包含額外的程式控制結構，如條件陳述式、迴圈等，以實現更複雜的邏輯和操作。整體而言，數學上的函式更關注描述數學關係，而程式設計上的函式則更偏重於實現特定的計算或操作。雖然兩者有相似的概念，但具體的表示方式、範圍和應用場景可能會有所不同。

8.2 自訂函式

無輸入、無傳回

在 Python 中，我們可以自訂函式來完成一些特定的任務。函式通常接受輸入參數並傳回輸出結果。但有時我們需要定義一個函數，它既沒有輸入參數，也不傳回任何結果。這種函式被稱為沒有輸入、沒有傳回值的函式。

定義這種函式的方法和定義其他函式類似，只是在定義函式時省略了輸入參數和 return 敘述。比如程式 8.1，這個函式名為 say_hello，它不接受任何輸入參數，執行函式體中的程式時會輸出字串 "Hello!"。

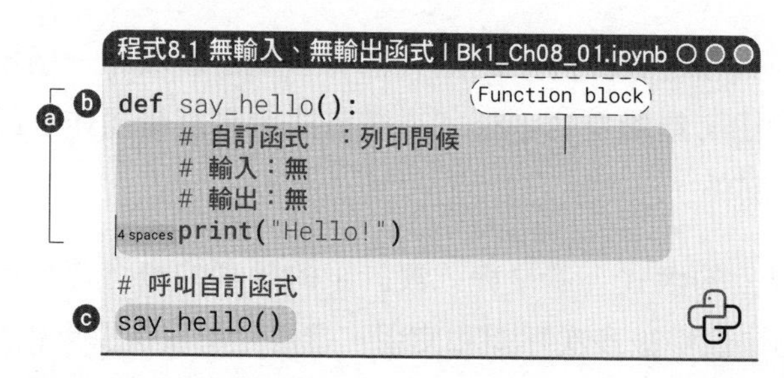


```python
def say_hello():
    # 自訂函式  ：列印問候
    # 輸入：無
    # 輸出：無
    print("Hello!")

# 呼叫自訂函式
say_hello()
```

下面，我們再看一個複雜的例子。在這個例子中，我們也定義了一個無輸入、無輸出函式來美化線圖。圖 8.5 所示為利用 Matplotlib 繪製的一元一次函式、一元二次函式線圖美化之後的結果。

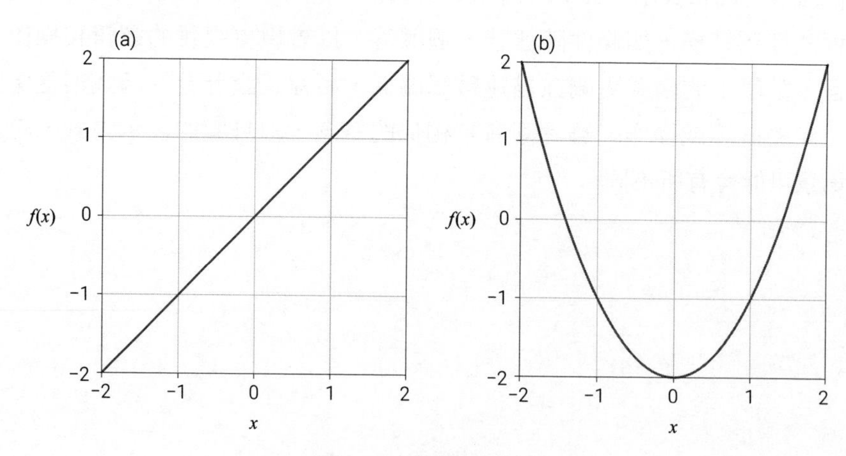

▲ 圖 8.5 繪製線圖並美化

我們可以透過程式 8.2 繪製圖 8.5。大家如果從本書開篇開始讀到這裡，應該對程式 8.2 大部分關鍵敘述都瞭若指掌。但是，本著「反覆 + 精進」的原則，我們還是要簡單講解程式中關鍵敘述。

ⓐ 匯入 matplotlib.pyplot 模組，簡寫作 plt。請大家回顧這個模組有哪些常用函式。

ⓑ 匯入 numpy，簡寫作 np。請大家回顧我們到現在為止用過哪些 NumPy 函式。

ⓒ 定義無輸入、無輸出函式，用來美化影像。

ⓓ 用 def 定義函式。注意，這句結尾的半形冒號 (:) 不能缺省。

ⓔ 給**橫軸** (horizontal axis,x axis)、**縱軸** (vertical axis,y axis) 增加標籤。請大家回憶，我們還可以用軸物件 ax 什麼方法完成相同操作。

ⓕ 設置橫軸、縱軸設定值範圍。也請大家回憶用軸物件 ax 什麼方法完成相同操作。

ⓖ 這兩句設置橫軸縱軸刻度。請大家思考還有什麼方法可以獲得刻度串列。

ⓗ 增加圖片背景**網格** (grid)。

ⓘ 首先利用 plt.gca() 傳回當前的座標軸物件，「gca」的含義是 get the current axis。然後用 .set_aspect('equal',adjustable='box') 設置了縱橫比例為 1:1。

ⓙ 展示圖片。

ⓚ 用 numpy.linspace() 生成等差數列。請大家思考我們如何自訂函式複刻這個函式功能。

ⓛ 用 plt.subplots() 建立圖形物件 fig 和軸物件 ax。

參數 figsize = (4,4) 代表影像視窗的寬度為 4 英吋，高度為 4 英吋。

ⓜ 利用 plt.plot() 視覺化一次函式 $y = x$。

ⓝ 呼叫自訂美化影像函式。

> 本書第 10 章將專門介紹如何繪製線圖，此外本書系《AI 時代 Math 元年 - 用 Python 全精通資料可視化》將專門介紹 Python 視覺化專題。

多個輸入、單一傳回

一個函式可以有多個輸入參數，一個或多個傳回值。程式 8.3 中自訂函式有兩個輸入參數 a 和 b，一個傳回它們的和。

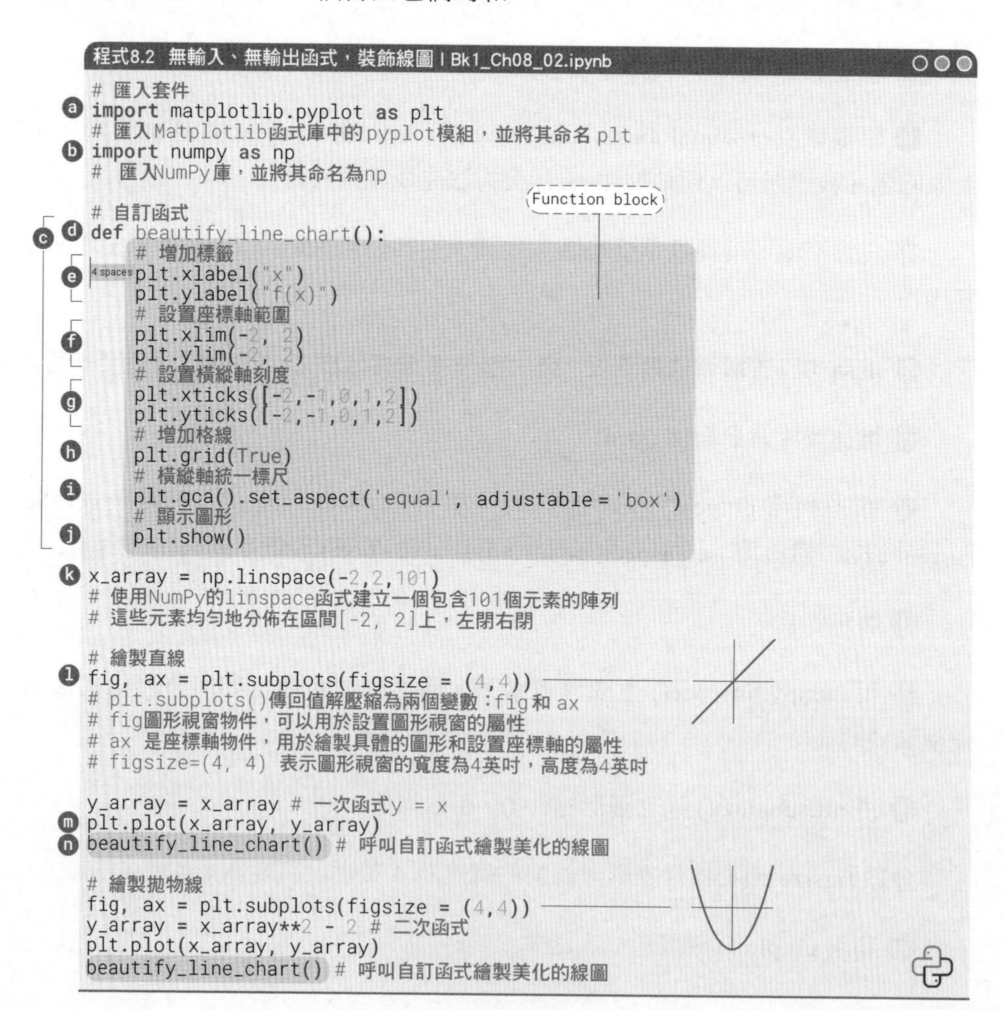
程式8.2 無輸入、無輸出函式，裝飾線圖 | Bk1_Ch08_02.ipynb

```
# 匯入套件
import matplotlib.pyplot as plt
# 匯入Matplotlib函式庫中的pyplot模組，並將其命名 plt
import numpy as np
#  匯入NumPy庫，並將其命名為np

# 自訂函式
def beautify_line_chart():
    # 增加標籤
    plt.xlabel("x")
    plt.ylabel("f(x)")
    # 設置座標軸範圍
    plt.xlim(-2, 2)
    plt.ylim(-2, 2)
    # 設置橫縱軸刻度
    plt.xticks([-2,-1,0,1,2])
    plt.yticks([-2,-1,0,1,2])
    # 增加格線
    plt.grid(True)
    # 橫縱軸統一標尺
    plt.gca().set_aspect('equal', adjustable = 'box')
    # 顯示圖形
    plt.show()
x_array = np.linspace(-2,2,101)
# 使用NumPy的linspace函式建立一個包含101個元素的陣列
# 這些元素均勻地分佈在區間[-2, 2]上，左閉右閉

# 繪製直線
fig, ax = plt.subplots(figsize = (4,4))
# plt.subplots()傳回值解壓縮為兩個變數：fig和 ax
# fig圖形視窗物件，可以用於設置圖形視窗的屬性
# ax 是座標軸物件，用於繪製具體的圖形和設置座標軸的屬性
# figsize=(4, 4) 表示圖形視窗的寬度為4英吋，高度為4英吋

y_array = x_array # 一次函式y = x
plt.plot(x_array, y_array)
beautify_line_chart() # 呼叫自訂函式繪製美化的線圖

# 繪製拋物線
fig, ax = plt.subplots(figsize = (4,4))
y_array = x_array**2 - 2 # 二次函式
plt.plot(x_array, y_array)
beautify_line_chart() # 呼叫自訂函式繪製美化的線圖
```

程式 8.3 兩個輸入、一個輸出函式 | Bk1_Ch08_03.ipynb

```
# 自訂函式
def add_numbers(a, b):
    result = a + b
    return result

sum = add_numbers(3, 5) # 呼叫函式
print(sum)  # 輸出8
```

多個輸入、多個傳回

程式 8.4 中，我們定義了一個名為 arithmetic_operations() 的函式，它有兩個參數 a 和 b。在函式體內，我們進行了四個基本的算數運算，並將其結果儲存在四個變數中。

最後，我們使用 return 敘述傳回這四個變數。當我們呼叫這個函式時，我們將 a 和 b 的值作為參數傳遞給函式，函式將傳回四個值。我們將這四個傳回值儲存在一個元組 result 中，並使用索引存取和列印這四個值。

程式8.4 兩個輸入、多個輸出函式 | Bk1_Ch08_04.ipynb

```
# 自訂函式
def arithmetic_operations(a, b):
    add = a + b
    sub = a - b
    mul = a * b
    div = a / b
    return add, sub, mul, div

# 呼叫函式並輸出結果
a, b = 10, 5
result = arithmetic_operations(a, b)
print("Addition: ", result[0])
print("Subtraction: ", result[1])
print("Multiplication: ", result[2])
print("Division: ", result[3])
```

部分輸入有預設值

在 Python 中，我們可以為自訂函式中的某些參數設置預設值，這樣在呼叫函式時，如果不指定這些參數的值，就會使用預設值。這種設置預設值的參數稱為預設參數。

程式 8.5 展示如何在自訂函式中設置預設參數。greet() 函式有兩個參數：name 和 greeting。name 是必需的參數，沒有預設值。而 greeting 是可選的，預設值為 'Hello'。

當我們呼叫 greet() 函式時，如果只傳入了 name 參數，那麼 greeting 就會使用預設值 'Hello'。如果需要自訂問候語，可以在呼叫時傳入自訂的值，如上面的第二個呼叫例子所示。

預設參數必須放在非預設參數的後面。在函式定義中，先定義的參數必須先被傳入，後定義的參數後被傳入。如果違反了這個順序，Python 解譯器就會拋出 SyntaxError 異常。

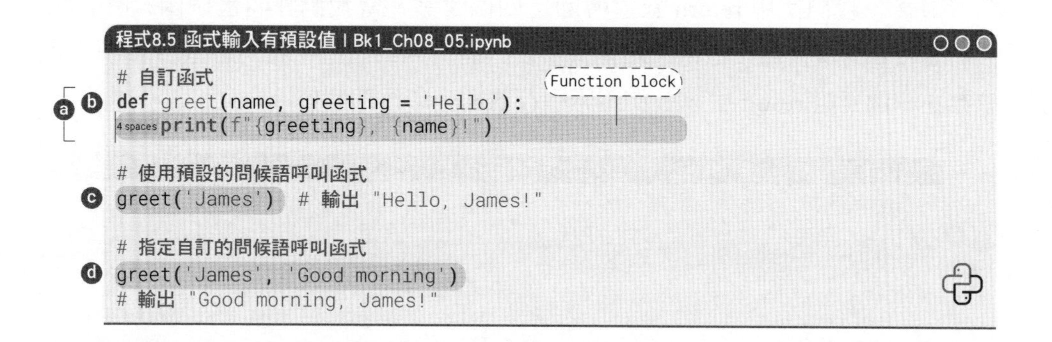
程式8.5 函式輸入有預設值 | Bk1_Ch08_05.ipynb

```
# 自訂函式
def greet(name, greeting = 'Hello'):
    print(f"{greeting}, {name}!")

# 使用預設的問候語呼叫函式
greet('James')  # 輸出 "Hello, James!"

# 指定自訂的問候語呼叫函式
greet('James', 'Good morning')
# 輸出 "Good morning, James!"
```


全域變數 vs 區域變數

在 Python 中，自訂函式中可以包含**全域變數** (global variable) 和**區域變數** (local variable)。全域變數是在整個指令稿或模組範圍內可見的變數，而區域變數只在函式內部可見。

如程式 8.6 所示，全域變數，如 global_x，通常在模組的頂部定義，並可以在整個模組中使用。在 my_function 函式內部定義的 local_x 是一個區域變數，只能在函式內部存取。

區域變數的作用範圍僅限於函式內部，一旦函式執行完畢，區域變數就會被銷毀。如果嘗試在函式外部存取區域變數，將引發 NameError 錯誤。

需要注意的是，如果在函式內部使用與全域變數名稱相同的變數，Python 會將其視為一個新的區域變數，而不會修改全域變數的值。

如程式 8.6 所示，在函式內部定義了和 global_x 名稱相同的變數並賦值，這個變數還是區域變數，並不改變外部全域變數的數值。

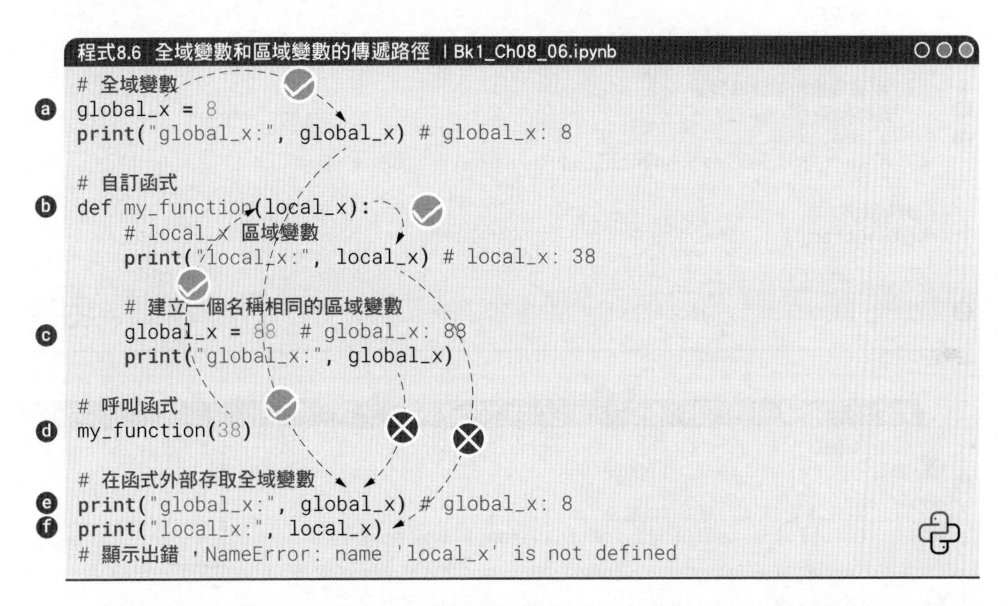

如程式 8.7 所示，如果要在函式內部修改全域變數的值，需要使用 global 關鍵字來宣告該變數是全域變數。

將矩陣乘法打包成一個函式

上一章中，我們自訂了計算矩陣乘法程式。為了方便「多次調取」，下面我們將這段程式寫成一個自訂函式。

程式 8.8 中展示「改良版」的矩陣乘法自訂函式，會根據輸入函式的形狀自行判斷矩陣乘法結果矩陣的形狀。請大家在 JupyterLab 中練習這段程式，並逐行註釋。

程式8.7 全域變數和區域變數的傳遞路徑，利用global在函式內部宣告全域變數 | Bk1_Ch08_07.ipynb

```
# 全域變數
global_x = 8 # global_x: 8
print("global_x:", global_x)

# 自訂函式
def my_function(local_x):
    # 區域變數
    print("local_x:", local_x) # local_x: 38

    # 宣告變數是全域變數
    global global_x
    global_x = 88
    print("global_x:", global_x) # global_x: 88

# 呼叫函式
my_function(38)

# 在函式外部存取全域變數
print("global_x:", global_x) # global_x: 88
```

程式8.8 將矩陣乘法打包成一個函式 | Bk1_Ch08_08.ipynb

```
# 自訂函式
def matrix_multiplication(A,B):

    # 定義全0矩陣C用來存放結果
    C = [[0] * len(B[0]) for i in range(len(A))]

    # 遍歷A的行
    for i in range(len(A)): # len(A)舉出A的行數

        # 遍歷B的列
        for j in range(len(B[0])):
        # len(B[0])舉出B的列數

            # 這一層相當於消去k所在的維度，即壓縮
            for k in range(len(B)):
                C[i][j] += A[i][k] * B[k][j]
                # 完成對應元素相乘，再求和

    return C

# 定義矩陣A和B
A = [[1], [2], [3]]
B = [[1, 2, 3]]

print('A @ B = ')
C = matrix_multiplication(A,B) # 呼叫自訂函式
for row in C:
    print(row)

print('B @ A = ')
D = matrix_multiplication(B,A) # 呼叫自訂函式
for row in D:
    print(row)
```

A @ B = C

B @ A = D

使用 raise 敘述：中斷流程，引發異常

大家可能會問，怎麼在自訂函式內增加一個判斷敘述來檢查兩個矩陣的尺寸是否匹配。如果不匹配，就拋出一個例外並提示錯誤資訊。

程式 8.9 是修改後的程式範例。

在函式中，我們使用 len(A[0]) 和 len(B) 來檢查第一個矩陣的列數是否等於第二個矩陣的行數。如果不相等，我們就使用 raise 敘述拋出一個 ValueError 例外，並輸出錯誤資訊。這樣，在呼叫函式時，如果輸入的兩個矩陣無法相乘，就會得到一個錯誤訊息。

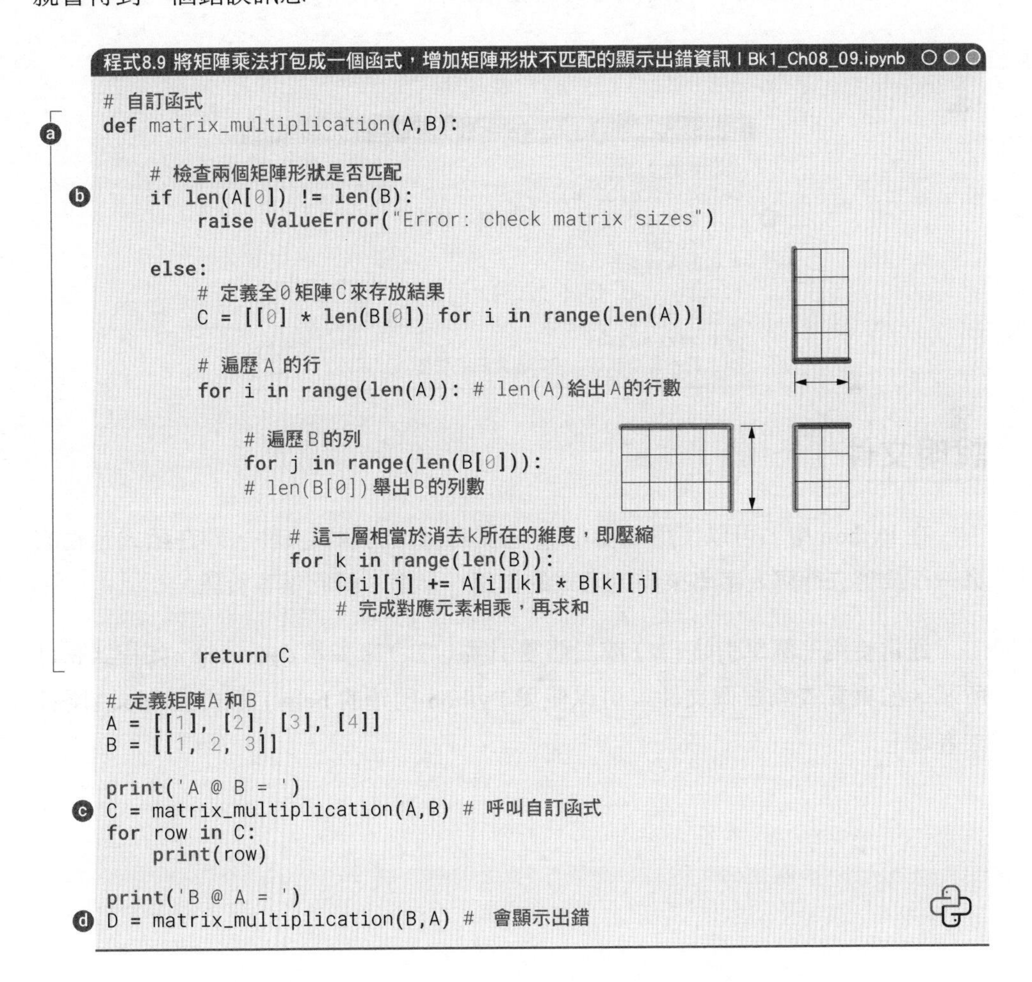

程式8.9 將矩陣乘法打包成一個函式，增加矩陣形狀不匹配的顯示出錯資訊 | Bk1_Ch08_09.ipynb

```
# 自訂函式
def matrix_multiplication(A,B):

    # 檢查兩個矩陣形狀是否匹配
    if len(A[0]) != len(B):
        raise ValueError("Error: check matrix sizes")

    else:
        # 定義全0矩陣C來存放結果
        C = [[0] * len(B[0]) for i in range(len(A))]

        # 遍歷A的行
        for i in range(len(A)): # len(A)給出A的行數

            # 遍歷B的列
            for j in range(len(B[0])):
            # len(B[0])舉出B的列數

                # 這一層相當於消去k所在的維度，即壓縮
                for k in range(len(B)):
                    C[i][j] += A[i][k] * B[k][j]
                    # 完成對應元素相乘，再求和

        return C

# 定義矩陣A和B
A = [[1], [2], [3], [4]]
B = [[1, 2, 3]]

print('A @ B = ')
C = matrix_multiplication(A,B) # 呼叫自訂函式
for row in C:
    print(row)

print('B @ A = ')
D = matrix_multiplication(B,A) #  會顯示出錯
```

使用 assert 敘述：插入斷言，檢查條件

除了用 raise，我們還可以用 assert。在 Python 中，assert 敘述用於在程式中插入斷言 (assertion)，從而檢查程式的某個條件是否為真。

如果條件為假 (False)，則會引發一個 AssertionError 異常，從而表示程式出現了一個錯誤。assert 通常用於在開發和偵錯過程中驗證程式的假設和約束，以便更早地發現和診斷問題。

如程式 8.10 所示，程式中 assert b!= 0 用於確保除數不為零。如果除數為零，assert 敘述將引發異常，從而防止程式繼續執行不安全的操作。

一般情況，assert 通常用於開發和偵錯階段，以幫助發現和解決問題。

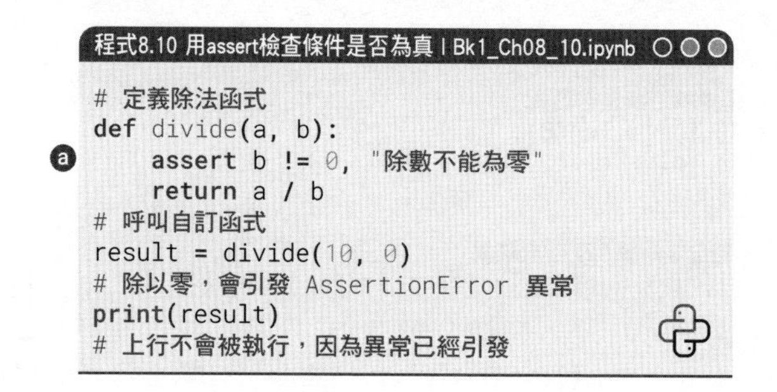
程式8.10 用assert檢查條件是否為真 | Bk1_Ch08_10.ipynb

```
# 定義除法函式
def divide(a, b):
    assert b != 0, "除數不能為零"
    return a / b
# 呼叫自訂函式
result = divide(10, 0)
# 除以零，會引發 AssertionError 異常
print(result)
# 上行不會被執行，因為異常已經引發
```

說明文件

在 Python 中，可以使用 docstring 來撰寫函式的說明文件，即在函式定義的第一行或第二行寫入字串來描述函式的作用、參數、傳回值等資訊。

通常使用三個單引號（'''）或三個雙引號（"""）來表示 docstring，如程式 8.11 所示。如果要查詢這個文件，可以使用 Python 內建的 help() 函式或 _doc_ 屬性來查看。

程式8.11 自訂函式中的說明文件 | Bk1_Ch08_11.ipynb

```
# 計算向量內積
def inner_prod(a,b):

    '''
    自訂函式計算兩個向量內積
    輸入：
    a：向量，類型為資料串列
    b：向量，類型為資料串列
    輸出：
    c：純量
    參考：
    https://mathworld.wolfram.com/InnerProduct.html
    '''

    # 檢查兩個向量元素數量是否相同
    if len(a) != len(b):
        raise ValueError("Error: check a/b lengths")

    # 初始化內積為0
    dot_product = 0
    # 使用for迴圈計算內積
    for i in range(len(a)):
        dot_product += a[i] * b[i]

    return dot_product

# 查詢自訂函式文件，兩種辦法
help(inner_prod)
print(inner_prod._doc_)

# 定義向量a和b
a = [1, 2, 3, 4, 5, 6, 7, 8, 9]
b = a[::-1]

# 呼叫函式
c = inner_prod(a,b)

# 列印內積
print("向量內積為：", c)
```

8.3 更多自訂線性代數函式

產生全 0 矩陣：一層 for 迴圈

程式 8.12 用一層 for 迴圈產生**全 0 矩陣** (zero matrix)。全 0 矩陣是一個所有元素都為零的矩陣，本書系一般用大寫、斜體、粗體 ***O*** 代表全 0 矩陣。而用斜體、粗體 ***0*** 代表 0 向量。

請大家思考程式 8.12 中底線 _ 、乘號 * 、append() 的功能是什麼？

本書後文會介紹如何利用 numpy.zeros() 和 numpy.zeros_like() 生成全 0 矩陣。

產生單位矩陣：一層 for 迴圈

程式 8.13 舉例如何用一層 for 迴圈產生**單位矩陣** (identity matrix)。單位矩陣是一個特殊的**方陣** (square matrix)，它在主對角線上的元素都是 1，而其他元素都是 0。方陣是行數和列數相等的矩陣。

本書後文會介紹如何利用 numpy.identity() 產生單位矩陣。

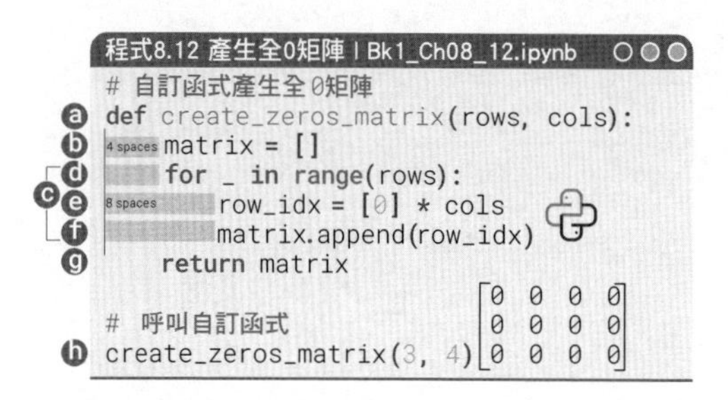

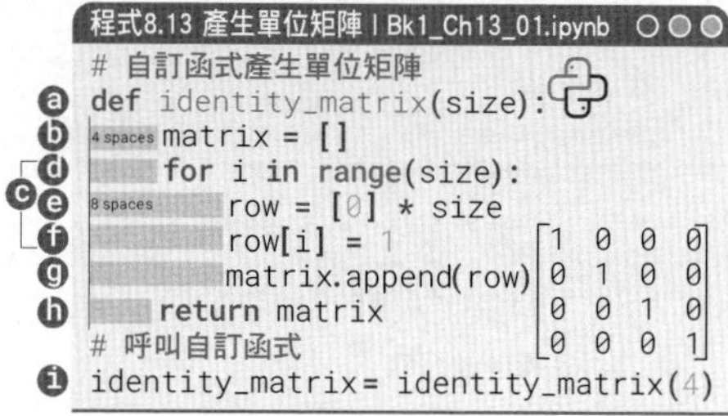

產生對角方陣：一層 for 迴圈

程式 8.14 舉例如何用一層 for 迴圈產生**對角方陣** (diagonal square matrix)。我們可以把對角方陣看作方陣和**對角陣** (diagonal matrix) 的交集。對角陣是一種特殊的矩陣 (未必是方陣)，除了主對角線上的元素之外，所有其他元素都為零。本書後文會介紹如何利用 numpy.diag() 產生對角方陣。

程式8.14 產生對角方陣 | Bk1_Ch08_14.ipynb

```
# 自訂函式產生對角方陣
def diagonal_matrix(values):
    size = len(values); matrix = []
    for i in range(size):
        row = [0] * size
        matrix.append(row)
        matrix[i][i] = values[i]
    return matrix
# 對角線元素
diagonal_values = [4, 3, 2, 1]
# 呼叫自訂函式
diagonal_matrix = diagonal_matrix(diagonal_values)
```

$$\begin{bmatrix} 4 & 0 & 0 & 0 \\ 0 & 3 & 0 & 0 \\ 0 & 0 & 2 & 0 \\ 0 & 0 & 0 & 1 \end{bmatrix}$$

提取對角線元素：一層 for 迴圈

程式 8.15 舉例如何用一層 for 迴圈提取矩陣 (未必是方陣) 對角線元素。

在以後的學習中，大家會發現 numpy.diag() 不但可以用來提取矩陣對角線元素，也可以將向量展開為對角矩陣。

請大家思考程式 8.15 中 min() 的作用。

程式8.15 提取對角線元素 | Bk1_Ch08_15.ipynb

```
def extract_main_diagonal(matrix):

    rows = len(matrix); cols = len(matrix[0])
a   size = min(rows, cols)
b   diagonal = [matrix[i][i] for i in range(size)]
    return diagonal

matrix = [[1, 2, 3],
          [4, 5, 6]]

main_diagonal = extract_main_diagonal(matrix)
main_diagonal
```

計算方陣跡

程式 8.16 計算方陣的跡。所謂方陣的**跡** (trace) 是指矩陣中主對角線上元素的總和。通常用 tr(A) 表示，其中 A 是**方陣** (square matrix)。

實踐中，我們常用 numpy.trace() 計算方陣的跡。

跡僅僅對方陣有定義。

程式8.16 計算方陣的跡 | Bk1_Ch08_16.ipynb

```
def trace(matrix):
    rows = len(matrix)
    cols = len(matrix[0])
    if rows != cols:
        raise ValueError("Matrix is not square")
    diagonal_sum = sum(matrix[i][i] for i in range(rows))
    return diagonal_sum
# 範例用法
A = [[1, 2, 3],
     [4, 5, 6],
     [7, 8, 9]]

trace_A = trace(A)
print("矩陣的跡為:", trace_A)
```

判斷矩陣是否對稱：兩層 for 迴圈

程式 8.17 舉例如何用兩層 for 迴圈判斷矩陣是否對稱。**對稱矩陣** (symmetric matrix) 是一種特殊類型的方陣，其轉置矩陣等於它自己。

透過分析程式 8.17，我們可以發現首先判斷矩陣是否為方陣。然後，用兩層 for 迴圈判斷方陣元素是否沿主對角線對稱。只要發現一個不同，就結束自訂函式運算，傳回 False。

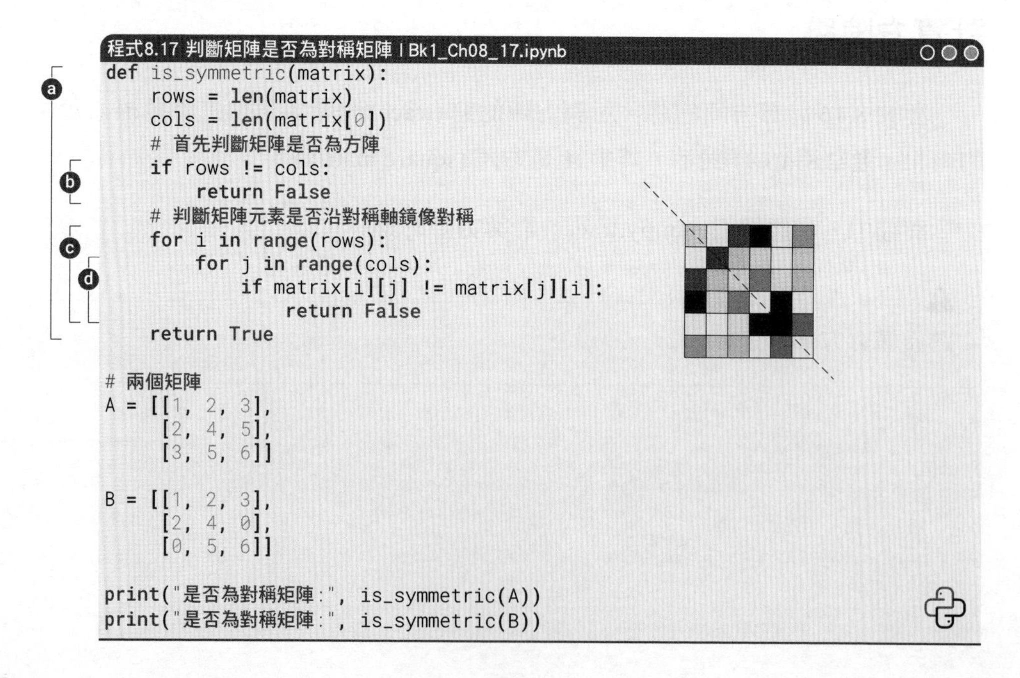

程式8.17 判斷矩陣是否為對稱矩陣 | Bk1_Ch08_17.ipynb

```
def is_symmetric(matrix):
    rows = len(matrix)
    cols = len(matrix[0])
    # 首先判斷矩陣是否為方陣
    if rows != cols:
        return False
    # 判斷矩陣元素是否沿對稱軸鏡像對稱
    for i in range(rows):
        for j in range(cols):
            if matrix[i][j] != matrix[j][i]:
                return False
    return True

# 兩個矩陣
A = [[1, 2, 3],
     [2, 4, 5],
     [3, 5, 6]]

B = [[1, 2, 3],
     [2, 4, 0],
     [0, 5, 6]]

print("是否為對稱矩陣:", is_symmetric(A))
print("是否為對稱矩陣:", is_symmetric(B))
```

程式 8.18 則先計算矩陣的轉置，然後判斷原矩陣和轉置矩陣相等來判斷矩陣是否為對稱矩陣。

程式8.18 利用矩陣轉置判斷矩陣是否對稱 | Bk1_Ch08_18.ipynb

```
def is_symmetric_2(matrix):
    rows = len(matrix)
    cols = len(matrix[0])
    # 首先判斷矩陣是否為方陣
    if rows != cols:
        return False
    # 獲得轉置矩陣
    tranposed = [[(matrix[j][i])
                  for j in range(cols)]
                 for i in range(rows)]
    if(matrix == tranposed):
        return True
    return False

# 兩個矩陣
A = [[1, 2, 3],
     [2, 4, 5],
     [3, 5, 6]]

B = [[1, 2, 3],
     [2, 4, 0],
     [0, 5, 6]]

print("是否為對稱矩陣：", is_symmetric_2(A))
print("是否為對稱矩陣：", is_symmetric_2(B))
```

矩陣行列式

行列式 (determinant) 將方陣映射成一個純量，這個純量和矩陣的性質和變換有著重要的幾何

和代數意義。2 × 2 矩陣 $\boldsymbol{A}=\begin{bmatrix} a & b \\ c & d \end{bmatrix}$ 的行列式為 det($\boldsymbol{A}$)= $ad-bc$。程式 8.19 完成了 2 × 2 矩陣行列式運算。

> 本書系《AI 時代 Math 元年 - 用 Python 全精通矩陣及線性代數》將從幾何角度解釋行列式。

實踐中，我們一般用 numpy.linalg.det() 計算矩陣的行列式。

程式8.19 2 × 2矩陣的行列式值 | Bk1_Ch08_19.ipynb

```
def determinant_2x2(matrix):
    if len(matrix) != 2 or len(matrix[0]) != 2:
        raise ValueError("Matrix must be 2x2")
    a = matrix[0][0]
    b = matrix[0][1]
    c = matrix[1][0]
    d = matrix[1][1]
    det = a*d - b*c
    return det

# 範例用法
A = [[3, 2],
     [1, 4]]
det = determinant_2x2(A)
print("矩陣行列式:", det)
```

矩陣逆

矩陣的逆 (the inverse of a matrix) 是與其相乘後得到單位矩陣的矩陣。

2 × 2 矩陣 $\boldsymbol{A} = \begin{bmatrix} a & b \\ c & d \end{bmatrix}$ 的逆 $\boldsymbol{A}^{-1}$ 為 $\frac{1}{ad-bc}\begin{bmatrix} d & -b \\ -c & a \end{bmatrix}$。也就是說 $\boldsymbol{A} @ \boldsymbol{A}^{-1} = \boldsymbol{I}$。顯然，如果 2 × 2 矩陣 $\boldsymbol{A}$ 存在逆，$ad-bc$ 不為 0，即 $\boldsymbol{A}$ 的行列式不為 0。

程式 8.20 自訂函式完成了上述 2 × 2 矩陣逆的運算。實踐中，我們用 numpy.linalg.inv() 計算矩陣逆。

本書第 25 章從幾何角度介紹矩陣乘法和矩陣逆的意義。

程式8.20 2×2矩陣的逆 | Bk1_Ch08_20.ipynb

```
def inverse_2x2(matrix):
    if len(matrix) != 2 or len(matrix[0]) != 2:
        raise ValueError("Matrix must be 2x2")

    a = matrix[0][0]
    b = matrix[0][1]
    c = matrix[1][0]
    d = matrix[1][1]

    det = a * d - b * c
    if det == 0:
        raise ValueError("Matrix is not invertible")

    inv_det = 1 / det
    inv_matrix = [[d * inv_det, -b * inv_det],
                  [-c * inv_det, a * inv_det]]
```

```
    return inv_matrix

A = [[2, 3],
     [4, 5]]
inv_matrix = inverse_2x2(A)
```

8.4 遞迴函式：自己反覆呼叫自己

遞迴函式 (recursive function) 是一種在函式內部呼叫自身的程式設計技術。這種方法通常用於解決可以被分解成相似子問題的問題，每個子問題都可以用相同的方法來解決。

遞迴函式包括兩個部分：基本情況和遞迴情況。基本情況是一個或多個條件，它們確定何時停止遞迴，而遞迴情況則是函式呼叫自身以處理更小的子問題。下面透過兩個例子講解遞迴函式。

在程式 8.21 中，我們定義 factorial() 函式生成**階乘** (factorial)。這個函式在基本情況下傳回 1，這是遞迴停止的條件。在遞迴情況下，它呼叫自身並將問題分解為更小的子問題，直到達到基本情況為止。以 factorial(5) 為例，首先呼叫 factorial(4)，然後 factorial(4) 呼叫 factorial(3)，依此類推，直到 factorial(1) 傳回 1。最終得到 factorial(5) 的值為 120。

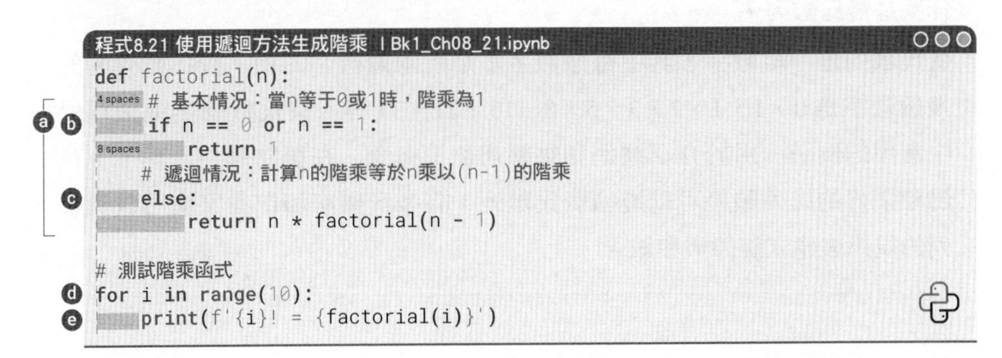
程式8.21 使用遞迴方法生成階乘 | Bk1_Ch08_21.ipynb

```
def factorial(n):
    # 基本情況：當n等于0或1時，階乘為1
    if n == 0 or n == 1:
        return 1
    # 遞迴情況：計算n的階乘等於n乘以(n-1)的階乘
    else:
        return n * factorial(n - 1)

# 測試階乘函式
for i in range(10):
    print(f'{i}! = {factorial(i)}')
```

在程式 8.22 這個例子中，我們定義 fibonacci() 函式生成**費氏數列** (Fibonacci sequence) 接受一個整數 n，它傳回 Fibonacci 數列的第 n 項。最終，當 n 達到 0 或 1 時 (基本情況)，遞迴將停止，傳回相應的值。不然它將呼叫兩次自己，並將 n-1 和 n-2 作為參數傳遞給它們。

程式8.22 使用遞迴方法生成費氏數列 | Bk1_Ch08_22.ipynb

```
# 使用遞迴函式生成Fibonacci數列
def fibonacci(n):
    # 基本情況：如果n小於或等於1，它將直接返回n
    if n <= 1:
        return n
    # 遞迴情況：否則，它將呼叫兩次自己
    # 並將n-1和n-2作為參數傳遞給它
    else:
        return fibonacci(n-1) + fibonacci(n-2)

# 透過使用for迴圈來輸出Fibonacci數列的前10項
for i in range(10):
    print(fibonacci(i))
```

程式 8.22 透過使用 for 迴圈來輸出 Fibonacci 數列的前 10 項，可以看到這個函式在工作時是如何遞迴呼叫自己的。

《AI 時代 Math 元年 - 用 Python 全精通資料可視化》介紹如何視覺化費氏數列。《AI 時代 Math 元年 - 用 Python 全精通 AI 時代 Math 元年 - 用 Python 全精通數學要素》專門介紹費氏數列。《AI 時代 Math 元年 - 用 Python 全精通矩陣及線性代數》講解如何用線性代數工具求解費氏數列通項公式。

什麼是費氏數列？

費氏數列是一組數字，其中每個數字都是前兩個數字的和。費氏數列的前幾個數字是 0、1、1、2、3、5、8、13、21、34 等。費氏數列是電腦科學中常用的例子，用於介紹遞迴和動態規劃等概念。在植物學中，葉子、花瓣和果實的排列順序可以遵循費氏數列。許多音樂家和作曲家使用費氏數列的規律來建立旋律與和絃。

8.5 位置參數、關鍵字參數

Python 在定義函式時，有三類不同的函式輸入參數。

- **位置參數** (positional arguments) 按照函式定義中參數的位置順序傳遞參數值。
- **關鍵字參數** (keyword arguments) 透過參數的名稱來傳遞參數值，而不依賴於參數的位置。
- **按位置或關鍵字傳遞參數** (positional or keyword arguments) 是指在函式呼叫時，可以選擇按照參數在函式定義中的位置來傳遞參數值，也可以使用關鍵字來傳遞參數值。

程式 8.23 以 Python 中的 complex 函式介紹位置參數、關鍵字參數的差別。ⓐ 和 ⓑ 利用位置參數建立複數。

比較 ⓐ 和 ⓑ，可以發現當參數位置不同時，結果不同。

ⓒ 和ⓓ利用關鍵字參數建立複數。可以發現，當指定參數名稱後，參數的位置不會影響結果。

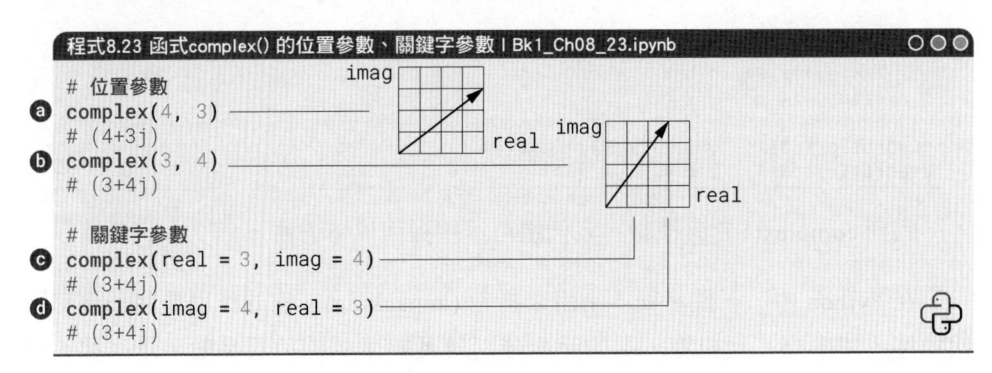

在自訂函式時，可以使用 / 和 * 來宣告參數傳遞方式。在 Python 的函式定義中，正斜線 / 之前的參數是位置參數；在正斜線 / 和星號 * 之間位置或關鍵字傳遞都可以；在星號 * 之後必須按關鍵字傳遞。

以 def fcn_name(a,b,/,c,d,*,e,f) 為例，參數 a 和 b 是位置參數，必須逐位置傳遞。參數 c 和 d 既可以逐位置傳遞，也可以按關鍵字傳遞。

而參數 e 和 f 是關鍵字參數，必須按關鍵字傳遞。

程式 8.24 自訂了三個函式，自訂並計算拋物線 $y = ax^2 + bx + c$ 某一點的函式值。ⓐ 的自訂函式中四個參數都是位置參數。

ⓑ 的自訂函式中四個參數都是關鍵字參數。

ⓒ 自訂函式中，a 和 b 為位置參數，c 為位置 / 關鍵字參數，x 為關鍵字參數。

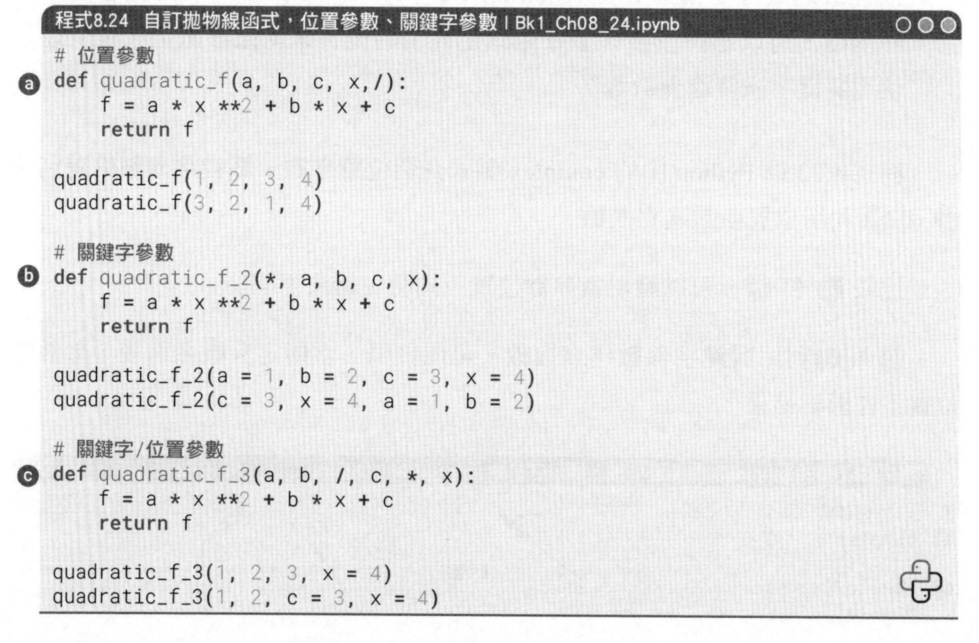

程式8.24 自訂拋物線函式，位置參數、關鍵字參數 | Bk1_Ch08_24.ipynb

```
# 位置參數
def quadratic_f(a, b, c, x,/):
    f = a * x **2 + b * x + c
    return f

quadratic_f(1, 2, 3, 4)
quadratic_f(3, 2, 1, 4)

# 關鍵字參數
def quadratic_f_2(*, a, b, c, x):
    f = a * x **2 + b * x + c
    return f

quadratic_f_2(a = 1, b = 2, c = 3, x = 4)
quadratic_f_2(c = 3, x = 4, a = 1, b = 2)

# 關鍵字/位置參數
def quadratic_f_3(a, b, /, c, *, x):
    f = a * x **2 + b * x + c
    return f

quadratic_f_3(1, 2, 3, x = 4)
quadratic_f_3(1, 2, c = 3, x = 4)
```

回到 complex() 定義複數，我們還可以用採用以下方法。

在 Python 中，一個星號 * 常用來**拆包** (unpacking)。它的作用是將一個可迭代物件，如串列、元組等，中的元素分別傳遞給函式的位置參數。本書第 5 章介紹過這個概念，建議大家回顧。

> 請大家回顧本書第 5 章用星號 * 拆包、打包。

在程式 8.25 中，complex_list 是一個包含兩個元素的串列 [3,4]。使用 *complex_list 來拆包這個串列，然後將拆包後的元素分別傳遞給 complex 函式的兩個位置參數，建立一個複數物件，實際上相當於執行了 complex(3,4)。

在 Python 中，兩個星號 ** 用於進行關鍵字參數拆包，將一個字典中的鍵值對作為關鍵字參數傳遞給函式。complex_dict 是一個包含兩個鍵 - 值對的字典 {'real':3,'imag':4}，使用 **complex_dict 來將字典中的鍵 - 值對拆包，並將它們作為關鍵字參數傳遞給 complex 函式。

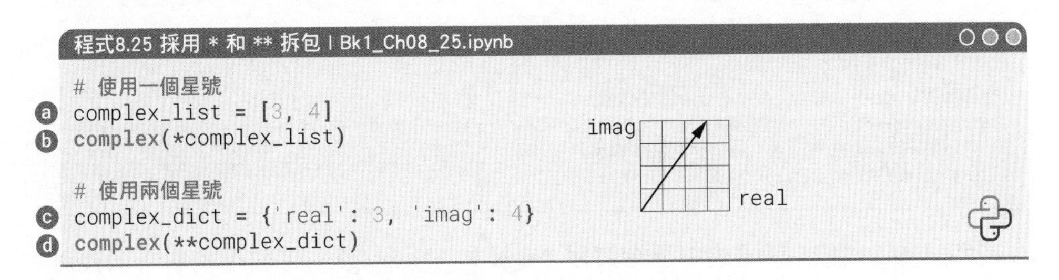
程式8.25 採用 * 和 ** 拆包 | Bk1_Ch08_25.ipynb

```
# 使用一個星號
complex_list = [3, 4]
complex(*complex_list)

# 使用兩個星號
complex_dict = {'real': 3, 'imag': 4}
complex(**complex_dict)
```


8.6 使用 *args 和 **kwargs

在 Python 中，自訂函式時，*args 和 **kwargs 是用於處理不定數量的參數的特殊語法。*args 和 **kwargs 讓我們可以撰寫更加靈活的函式，可以接受不同數量的位置參數和關鍵字參數。其中，args 是 arguments 的簡寫，而 kw 是 keyword 的簡寫。

以程式 8.26 為例，在自訂函式時，輸入為 *args，表示這個函式可以接受不限量資料，然後計算這些數值的乘積。

程式8.26 自訂函式中使用*args | Bk1_Ch08_26.ipynb

```
# 利用*args
def multiply_all(*args):
    result = 1
    print(args)
    for num_idx in args:
        result *= num_idx
    return result

# 計算4個值的乘積
print(multiply_all(1, 2, 3, 4))
# 計算6個值的乘積
print(multiply_all(1, 2, 3, 4, 5, 6))
```

程式 8.27 中自訂函式使用 **kwargs 接受不限量關鍵字參數，然後在 for 迴圈中用 format 列印這些鍵 - 值對。

程式8.27 自訂函式中使用**kwargs | Bk1_Ch08_27.ipynb

```
# 利用**kwargs
def multiply_all_2(**kwargs):
    result = 1
    print(type(kwargs))
    # 迴圈dict()
    for key, value in kwargs.items():
        print("The value of {} is {}".format(key, value))
        result *= value

    return result

# 計算3個key-value pairs中值的乘積
print(multiply_all_2(A = 1, B = 2, C = 3))
# 計算4個key-value pairs中值的乘積
print(multiply_all_2(A = 1, B = 2, C = 3, D = 4))
```

程式 8.28 在自訂函式中混合使用 *args 和 **kwargs。這段程式看著很複雜，其實邏輯很簡單。我們根據輸入關鍵字參數 (operation 和 TYPE)，判斷計算輸入的不限量資料為下列統計量之一：整體方差、整體標準差、樣本方差、樣本標準差；並且，根據關鍵字參數 (ROUND) 完成四捨五入。

請大家逐句分析程式 8.28，並註釋。

程式8.28 自訂函式中混合使用*args和**kwargs | Bk1_Ch08_28.ipynb

```
import statistics
# 混合 *args, **kwargs
def calc_stats(operation, *args, **kwargs):
    result = 0
    # 計算標準差
    if operation == "stdev":
        # 整體標準差
        if "TYPE" in kwargs and kwargs["TYPE"] == 'population':
            result = statistics.pstdev(args)
        # 樣本標準差
        elif "TYPE" in kwargs and kwargs["TYPE"] == 'sample':
            result = statistics.stdev(args)
        else:
            raise ValueError('TYPE, either population or sample')
    # 計算方差
    elif operation == "var":
        # 整體方差
        if "TYPE" in kwargs and kwargs["TYPE"] == 'population':
            result = statistics.pvariance(args)
        # 樣本方差
```

```
        elif "TYPE" in kwargs and kwargs["TYPE"] == 'sample':
            result = statistics.variance(args)
        else:
            raise ValueError('TYPE, either population or sample')
    else:
        print("Unsupported operation")
        return None
    # 保留小數位
    if "ROUND" in kwargs:
        result = round(result, kwargs["ROUND"])
    return result

# 計算整體標準差
calc_stats("stdev", 1, 2, 3, 4, 5, 6,
            TYPE = 'population', ROUND = 3)
# 計算樣本標準差
calc_stats("stdev", 1, 2, 3, 4, 5, 6, TYPE = 'sample')
# 計算整體方差
calc_stats("var", 1, 2, 3, 4, 5, 6,
           TYPE = 'population', ROUND = 4)
# 計算樣本方差
calc_stats("var", 1, 2, 3, 4, 5, 6, TYPE = 'sample')
```

本書至此已經介紹了 Python 中星號 * 的很多用法，請參考表 8.1 總結。

➔ 表 8.1 Python 中星號 * 的常用用法

用法	舉例
乘法	a,b = 2,3 a*b
乘冪	a,b = 2,3 a**b
複製串列	a = [1,2,3] a*3
合併串列	a_list = [1,2] b_list = list(range(5))[*a_list,*b_list]
拆包	a_list = [1,2,3,4,5] first,*b_list = a_list
分割位置參數和關鍵字參數	def fcn_name(a,b,/,c,d,*,e,f) pass

用法	舉例
位置參數	def fcn_name(*args): pass
關鍵字參數	def fcn_name(**kwargs): pass

8.7 匿名函式

在 Python 中，匿名函式也被稱為 lambda 函式，是一種快速定義單行函式的方式。使用 lambda 函數可以避免為簡單的操作撰寫大量的程式，而且可以作為其他函式的參數來使用。

匿名函式的語法格式為：lambda arguments:expression。其中，arguments 是參數串列，expression 是一個運算式。當匿名函式被呼叫時，它將傳回 expression 的結果。

以程式 8.29 為例，我們定義了一個匿名函式 lambda x:x + 1，該函式接受一個參數 x 並傳回 x 加 1。然後我們使用 map() 將這個函式應用於串列 my_list 中的每個元素，並將結果儲存在 list_plus_1 串列中。同理，我們還計算了 my_list 中的每個元素的平方。

在 Python 中，map() 是一種內建的高階函式，它接受一個函式和一個可迭代物件作為輸入，將函式應用於可迭代物件的每個元素並傳回一個可迭代物件，其中每個元素都是應用於原始可迭代物件的函式的結果。

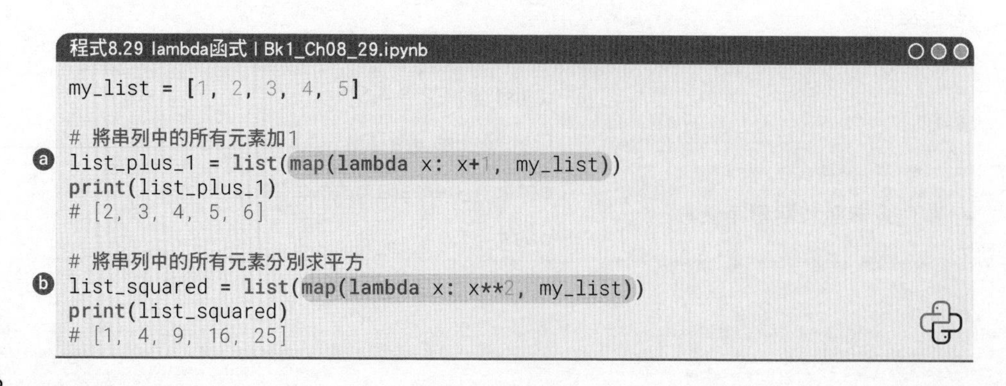
程式8.29 lambda函式 | Bk1_Ch08_29.ipynb

```
my_list = [1, 2, 3, 4, 5]

# 將串列中的所有元素加1
list_plus_1 = list(map(lambda x: x+1, my_list))
print(list_plus_1)
# [2, 3, 4, 5, 6]

# 將串列中的所有元素分別求平方
list_squared = list(map(lambda x: x**2, my_list))
print(list_squared)
# [1, 4, 9, 16, 25]
```

8.8 構造模組、函式庫

簡單來說，若干函式可以打包成一個模組，幾個模組可以打包成一個函式庫。舉個例子，你自己程式設計實踐時，自訂函式越寫越多，而且這些自訂函式存在於不同檔案，這時你會覺得有必要將它們集中管理，並且分門別類打包成不同模組，這樣呼叫時更方便，而且更安全。

本節簡單聊一聊如何建立模組、建立函式庫，對大部分讀者來說這一節可以跳過不看。

自訂模組

在 Python 中，我們可以將幾個相關的函式放在一個檔案中，這個檔案就成為一個模組。程式 8.30 是一個例子。假設我們有兩個函式，一個是計算圓的面積，一個是計算圓的周長，我們可以將這兩個函式放在一個檔案中，例如我們可以建立一個名為「circle.py」的檔案，並將以下程式增加到該檔案中。我們首先匯入了 math 模組，然後定義了兩個函式 area() 和 circumference()，分別用於計算圓的面積和周長。

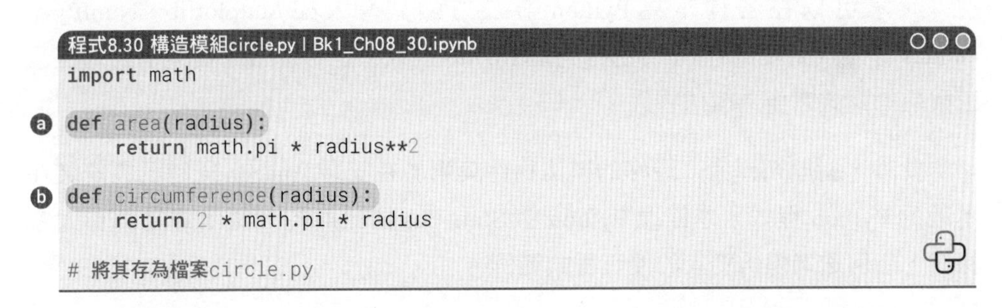
程式8.30 構造模組circle.py | Bk1_Ch08_30.ipynb

```
import math

ⓐ def area(radius):
    return math.pi * radius**2

ⓑ def circumference(radius):
    return 2 * math.pi * radius

# 將其存為檔案circle.py
```

在本章書附的程式中，我們呼叫了 circle.py。使用 import 敘述匯入了 circle 模組，並命名為 cc，然後透過 cc.area()、cc.circumference() 呼叫函式。

自訂函式庫

在 Python 中，可以使用 setuptools 函式庫中的 setup() 函式將多個模組打包成一個函式庫。本章書附程式中舉出的例子對應的具體步驟如下：

建立一個資料夾，用於存放函式庫的程式檔案，例如命名為 mylibrary。

在 mylibrary 資料夾中建立一個名為 setup.py 的檔案，引入 setuptools 函式庫，並使用 setup() 函式來描述函式庫的資訊，包括名稱、版本、作者、依賴、模組檔案等資訊。

在 mylibrary 資料夾中建立一個名為 _init_.py 的空檔案 (內容空白)，用於宣告這個資料夾是一個 Python 套件。

在 mylibrary 資料夾中建立多個模組檔案，這些模組檔案包含需要打包的函式或類別。比如，mylibrary 中含有 linear_alg.py 和 circle.py 兩個模組。linear_alg.py 有矩陣乘法、向量內積兩個函式。circle.py 有計算圓面積、周長兩個函式。

本章書附的程式中舉出如何呼叫自訂函式庫。

8.9 模仿別人的程式

模仿別人的優質程式是提高程式設計技能的重要途徑之一。

大家可以在各種常見 Python 第三方函式庫，如 Matplotlib、NumPy、Pandas 等，找到範例程式。此外，在 GitHub 中大家也可以透過關鍵字找到自己感興趣的程式庫作為模仿物件。

此外，對於初學者，最好的模仿物件莫過於在安裝 Anaconda 時已經安裝在本地的 Python 程式。本節以 Python 中 Statistics 函式庫的幾個函式為例和大家探討，如何透過模仿別人的優質程式範例。

以 Statistics 函式庫為例，以下途徑可以幫助我們找到原始程式碼。

第一種方法，在 JupyterLab 中，利用程式 8.31 可以查看 statistics 中的 linear_regression 函式的原始程式碼。在 JupyterLab 中雙問號 (??) 通常用於獲取函式或模組的說明文件、原始程式碼。

而 help(statistics.linear_regression) 只會開啟相關函式的說明文件。

程式8.31 在JupyterLab中開啟statistics函式庫中linear_regression函式的原始程式碼 | Bk1_Ch08_31.ipynb

```
# 匯入套件
ⓐ import statistics
ⓑ ?? statistics.linear_regression
```

第二種方法是直接進入 Python 官方的 GitHub 查看原始程式碼檔案，比如以下網址中的內容就是 Statistics 函式庫的原始程式碼。

```
https://github.com/python/cpython/blob/3.12/Lib/statistics.py
```

大家可能注意到這個原始程式碼對應 Python 3.12 版本。大家可以根據自己需求查看不同版本的 Python 函式庫原函式。

此外，Statistics 函式庫的官方文件也有指向原始程式碼倉庫的超連結。

```
https://docs.python.org/3/library/statistics.html
```

第三種方法是找到本地安裝位址，比如：

```
c:\users\user_name\anaconda3\lib\statistics.py
```

然後使用 JupyterLab 開啟，或直接用 Notepad++ 等文字編輯軟體開啟查看。

第四種方法需要用到 Spyder。Spyder 也是一種 IDE，在安裝 Anaconda 時，Spyder 也同時被安裝。在 Spyder 中利用 ctrl + O 快速鍵也可以開啟 statistics.linear_regression。本書第 34 章將專門介紹 Spyder。

不管用什麼方法，我們可以找到如程式 8.32 所示的原始程式碼。大家可以在本章書附程式中找到 statistics.linear_regresion 的說明文件。

這段原始程式碼雖然看著很短，但是有很多有意思的基礎知識，很值得聊一聊。

本章前文介紹過 ⓐ 中，的**正斜線** (forward slash)/。簡單來說，正斜線 (/) 用來指定位函式輸入中位置參數的結束位置。在正斜線之前的所有參數，必須安裝特定位置順序傳遞；但是，不能透過關鍵字參數方式傳遞，也就是不能用 statistics.linear_regresion(x = x_data,y = y_data)。

正斜線的使用可以限制參數的傳遞方式，有助確保參數按照正確的位置順序傳遞給函式，這提高了函式的可讀性和可維護性。

ⓑ 計算變數 x 中元素的數量，並將結果值設定給變數 n。

ⓒ 用 if 判斷如果變數 y 中的元素數量不等於變數 x 中的元素數量，則執行條件陳述式中的程式區塊。當 x 和 y 兩個串列中元素數量不同時，ⓓ 中 raise 敘述用於顯式地引發異常。StatisticsError 是在 Statistics 函式庫中定義的異常類型。

ⓔ 用 if 判斷元素數量是否小於 2。如果小於 2，則引發 ⓕ 中異常。

ⓖ 計算了一組資料 x 的平均值 xbar，對應 $\frac{\sum_{i=1}^{n} x_i}{n}$，透過將資料中的所有元素相加並除以元素的

數量來實現。其中，fsum() 來自 math 函式庫，用來對浮點數精確求和。變數 xbar 對應樣本平均值 $\bar{x}$，bar 就是 x 上面的橫線。

$\sum_{i=1}^{n}(\ )$ 是求和符號，讀作 Sigma，代表序號 i 從 1 到 n 的求和。

ⓗ 和上一句相同，計算一組資料 y 的平均值 ybar，對應 $\frac{\sum_{i=1}^{n} y_i}{n}$。

ⓘ 計算 $\sum_{i=1}^{n}(x_i - \bar{x})(y_i - \bar{y})$。

其中，x_i 是 x 串列中序號為 i 的元素，y_i 是 y 串列中序號為 i 的元素。$\bar{x}$ 和 $\bar{y}$ 對應 x 和 y 串列的樣本平均值。

本書前文介紹過 zip()，這一句中 zip(x,y) 將兩個序列 x 和 y 中的對應元素順序配對，建立一個迭代器，用於同時迭代這兩個序列。這樣，(xi,yi) 表示 x 和 y 中對應位置的資料點。

(xi–xbar) 和 (yi–ybar) 分別表示每個資料點與其對應的平均值的偏差。這兩個值分別表示了資料點相對於平均值的位置。

(xi–xbar)*(yi–ybar) 計算了每對資料點的偏差的乘積，即每個資料點相對於各自的平均值的位置乘積。

所以，sxy = fsum((xi–xbar)*(yi–ybar)for xi,yi in zip(x,y)) 這行程式的作用是計算了 x 和 y 之間的樣本協方差 (的 n–1 倍)，用於衡量這兩組資料之間的線性關係。

ⓙ 計算 $\sum_{i=1}^{n}(x_i - \bar{x})^2$。這行程式的作用是計算了一組資料 x 的樣本方差 (的 n–1 倍)，用於衡量資料點相對於平均值的分散程度。方差越大表示資料點越分散，方差越小表示資料點越集中在平均值附近。

ⓚ 的 try 是一個異常處理 (try...except...) 的開始部分。程式區塊中的操作會被嘗試執行，如果發生異常，則會跳躍到 except 敘述區塊中的程式，用於處理異常情況。

ⓛ 計算一元 OLS 線性回歸模型 ($y = b_1x + b_0$) 斜率 b_1，使用了之前計算得到的 sxy 和 sxx。

ⓜ 是一句註釋，告訴大家還可以用協方差和方差比例值計算斜率 $b1$。

ⓝ 是一個異常處理的一部分，它捕捉可能發生的 ZeroDivisionError 異常，這是因為在計算斜率時，如果 sxx 為零，就會發生除以零的錯誤。大家想一想什麼情況下 sxx 為零？

ⓞ 在捕捉到 ZeroDivisionError 異常時，會引發一個自訂的 StatisticsError 異常，並提供了錯誤訊息 'x is constant'。

ⓟ 計算一元 OLS 線性回歸模型 ($y = b_1x + b_0$) 截距 $b0$。

ⓠ 傳回斜率、截距。這一句用到了 LinearRegression，它是用 Python 中 collections 模組中 namedtuple 函式建立的具有命名欄位的輕量級的類似元組的資料結構。

程式中使用 collections.namedtuple，可以提高程式的可讀性，因為欄位名稱可以充當註釋，幫助我們理解程式的含義。

程式 8.32 雖然簡單，但是卻極佳地展示了「從公式到程式」。表 8.2 總結了這段程式中涉及的數學公式和對應程式。把數學公式、演算法邏輯變成程式，然後再想辦法提高運算效率，這是大家需要掌握的重要程式設計技能。

➔ 表 8.2 從公式到程式

公式	程式
$\bar{x}=\frac{\sum_{i=1}^{n}x_i}{n}$	xbar = fsum(x)/n # 計算 x 序列樣本平均值
$\bar{y}=\frac{\sum_{i=1}^{n}y_i}{n}$	ybar = fsum(y)/n # 計算 y 序列樣本平均值
$s_{x,y}=\sum_{i=1}^{n}(x_i-\bar{x})(y_i-\bar{y})$	sxy = fsum((xi-xbar)*(yi-ybar)for xi,yi in zip(x,y)) # 計算協方差 (的 n-1 倍)
$s_x^2=\sum_{i=1}^{n}(x_i-\bar{x})^2$	sxx = fsum((xi-xbar)**2.0 for xi in x) # 計算方差 (的 n-1 倍)
$b_1=\frac{\sum_{i=1}^{n}(x_i-\bar{x})(y_i-\bar{y})}{\sum_{i=1}^{n}(x_i-\bar{x})^2}=\frac{s_{x,y}}{s_x^2}$	slope = sxy/sxx # 計算一元線性回歸函式 $y = b_1x + b_0$ 的斜率 b_1
$b_0=\bar{y}-b_1\bar{x}$	intercept = ybar-slope*xbar # 計算一元線性回歸函式 $y = b_1x + b_0$ 的截距 b_0

程式8.32 Statistics函式庫中linear_regression函式的原始程式碼 | Bk1_Ch08_32.ipynb

```python
def linear_regression(x, y, /):

    n = len(x)
    if len(y) != n:
        raise StatisticsError('linear regression requires that
                               both inputs have same number of
                               data points')
    if n < 2:
        raise StatisticsError('linear regression requires at least
                               two data points')
    xbar = fsum(x) / n
    ybar = fsum(y) / n
    sxy = fsum((xi - xbar) * (yi - ybar) for xi, yi in zip(x, y))
    sxx = fsum((xi - xbar) ** 2.0 for xi in x)
    try:
        slope = sxy / sxx
        # equivalent to:  covariance(x, y) / variance(x)
    except ZeroDivisionError:
        raise StatisticsError('x is constant')
    intercept = ybar - slope * xbar
    return LinearRegression(slope=slope, intercept=intercept)
```

➔ 請大家完成以下題目。

Q1. 把本章第 3 節介紹的有關線性代數函式打包成一個模組，並存成一個 .py 檔案；然後，從 Jupyter Notebook 中分別呼叫這些函式。

Q2. 找到 statistics.variance 的原始程式碼，並逐句分析註釋。

Q3. 找到 statistics.covariance 的原始程式碼，並逐句分析註釋。

Q4. 找到 statistics.correlation 的原始程式碼，並逐句分析註釋。

Q5. 參考第 6 章線性回歸程式，利用 statistics 函式庫中 mean、variance、correlation 函式計算斜率、截距。

* 不提供答案。

本章主要介紹了構造自訂函式的各種細節問題，如輸入輸出、遞迴函式、位置 / 關鍵字參數、*args/**kwargs、匿名函式、構造模組和函式庫等。

本章還見縫插針地介紹了更多線性代數運算，如產生全 0 矩陣、單位矩陣、對角方陣，提取對角線元素，計算方陣跡、行列式、矩陣逆，判斷矩陣是否對稱。日後，我們肯定不會用這些自訂函式。實踐時，我們一般會利用 NumPy 中更高效的函式。

和上一章的邏輯一致，這些自訂線性代數函式，讓我們更進一步地理解如何構造自訂函式，也幫助我們搞懂相關線性代數概念。

本章最後還以 statistics 中線性回歸函式為例，向大家展示如何模仿學習別人的程式。

MEMO

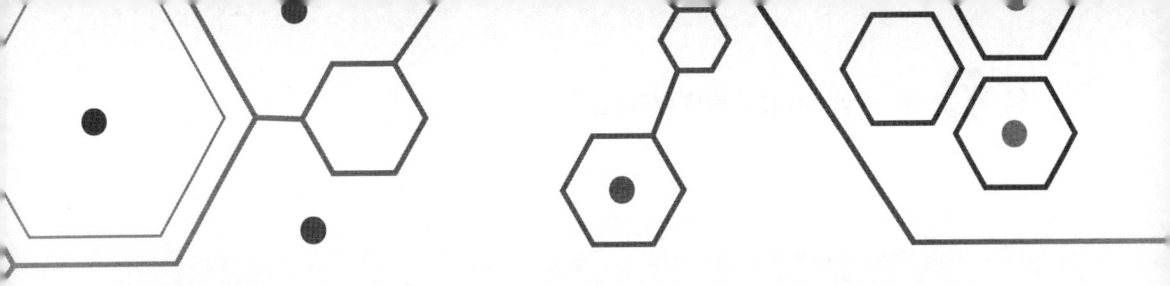

Object-Oriented Programming in Python

Python 物件導向程式設計

OOP 聽起來很玄乎。其實就像個筐，什麼都能裝

> 機會總是青睞做好準備的人。
>
> ***Chance favors the prepared mind.***
>
> ——路易・巴斯德（*Louis Pasteur*）| 法國微生物學家、化學家 | *1822—1895* 年

- class 定義一個類別，類別是一種資料結構，包含屬性和方法，用於建立實例物件
- def _init_() 用於初始化物件的屬性，在物件建立時自動呼叫
- self 表示當前物件的引用，用於存取物件的屬性和呼叫物件的方法
- @property 裝飾器，將方法轉為屬性，使得方法像屬性一樣存取
- @classmethod 裝飾器，將方法定義為類別方法，而非實例方法
- cls 用於存取類別的屬性和呼叫類別的方法
- super()._init_() 呼叫父類別的構造方法，用於在子類別的構造方法中初始化父類別的屬性

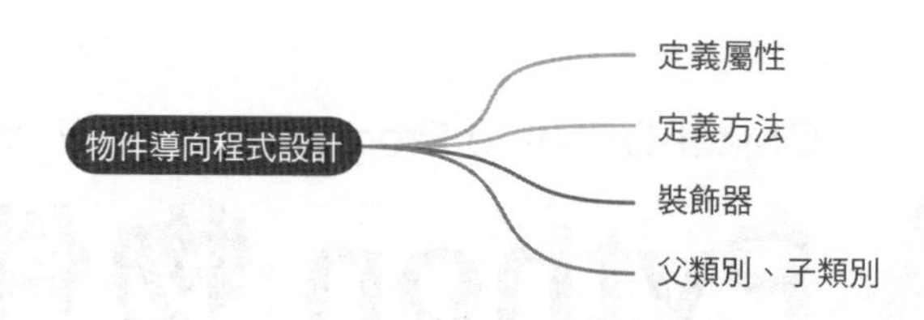

9.1 什麼是物件導向程式設計？

本章蜻蜓點水地介紹物件導向程式設計基本用法。對大部分讀者來說，本章可以跳過不看。如果對物件導向程式設計感興趣的話，請繼續閱讀本章。

物件導向程式設計 (Object-Oriented Programming，OOP) 是一種程式設計範式，它將資料和操作資料的方法組合在一起，形成一個物件。

在物件導向程式設計中，一個物件擁有一組屬性 (用來描述物件的特徵) 和方法 (用來設定物件的行為)。物件可以與其他物件互動，實現特定的功能。

物件導向程式設計強調封裝、繼承和多態等概念，使程式更易於維護和擴充。

在 Python 中，一切皆為物件，可以透過 class 關鍵字來定義一個類別，類別中可以包含屬性和方法，然後透過實例化物件來使用類別中的屬性和方法。

舉例來說，OOP 中的類別 (class) 就好比圖 9.1 中的成套餐具，相當於一種範本。碟子好比**屬性** (attribute)，用來裝各種食物 (資料)；刀叉好比**方法** (method)，用來用餐 (操作)。

實例 (instance) 則相當於一個個具體的套餐，碟中餐可以是涼菜、炒飯、炒麵、餃子等。

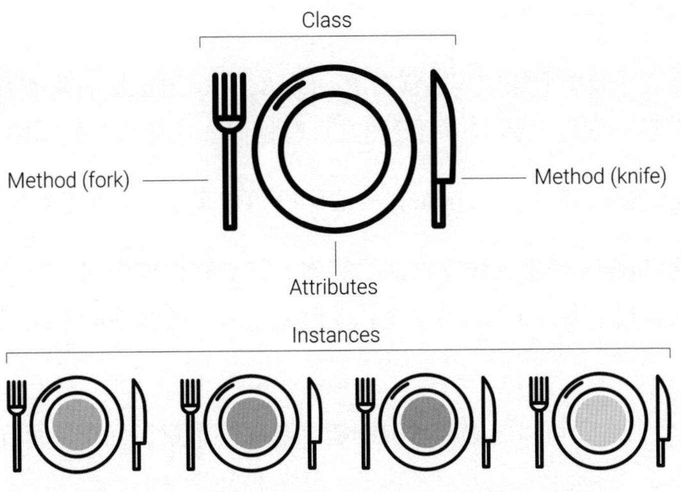

▲ 圖 9.1 物件導向程式設計中的屬性、方法

程式 9.1 定義了一個名為 Rectangle 的類別，它具有構造函式來初始化矩形的寬度和高度，並提供了兩個方法來計算矩形的周長和面積。

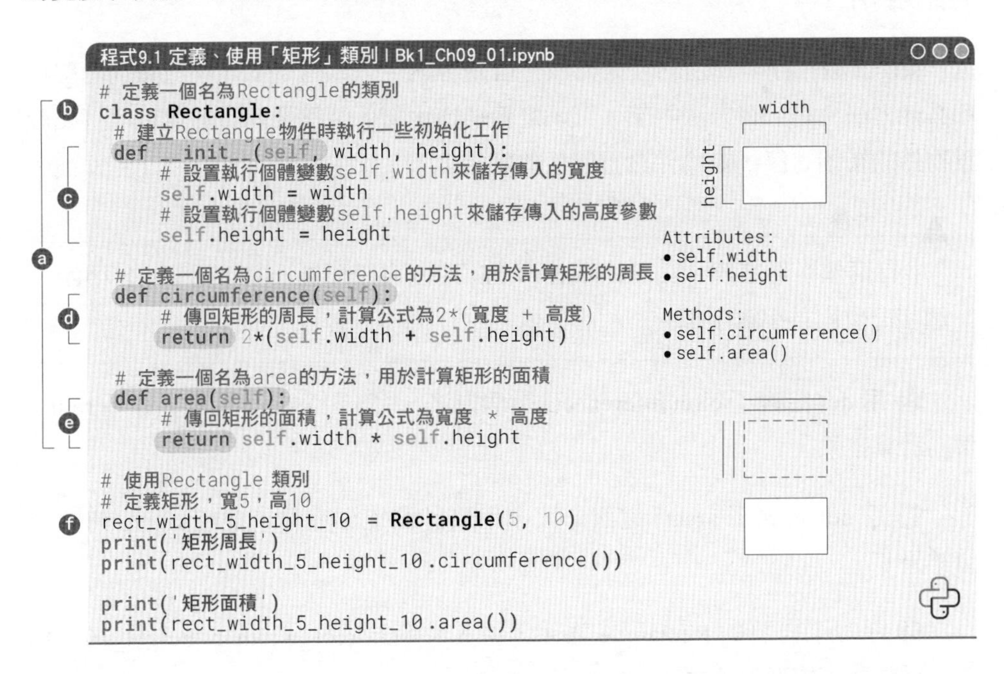

程式9.1 定義、使用「矩形」類別 | Bk1_Ch09_01.ipynb

```
# 定義一個名為Rectangle的類別
class Rectangle:
    # 建立Rectangle物件時執行一些初始化工作
    def __init__(self, width, height):
        # 設置執行個體變數self.width來儲存傳入的寬度
        self.width = width
        # 設置執行個體變數self.height來儲存傳入的高度參數
        self.height = height

    # 定義一個名為circumference的方法，用於計算矩形的周長
    def circumference(self):
        # 傳回矩形的周長，計算公式為2*(寬度 + 高度)
        return 2*(self.width + self.height)

    # 定義一個名為area的方法，用於計算矩形的面積
    def area(self):
        # 傳回矩形的面積，計算公式為寬度 * 高度
        return self.width * self.height

# 使用Rectangle 類別
# 定義矩形，寬5，高10
rect_width_5_height_10 = Rectangle(5, 10)
print('矩形周長')
print(rect_width_5_height_10.circumference())

print('矩形面積')
print(rect_width_5_height_10.area())
```

下面詳細講解程式 9.1。

ⓐ 定義了一個矩形類別，名稱為 Rectangle。Rectangle 有兩個屬性 width 和 height。類別是一個程式範本，用於建立具有相似屬性和行為的物件。

Rectangle 有兩個方法：circumference(計算周長)、area(計算面積)。

ⓑ 關鍵字 class 是用來建立物件的範本，它是物件導向程式設計的基礎。關鍵字 class 把資料 (屬性) 和操作 (方法) 封裝起來，這樣便於程式模組化，方便維護。

此外，類別之間可以透過繼承機制建立關係，本章後面將簡單介紹。

ⓒ __init__(self,...) 方法是 Python 中的特殊構造方法，用於在建立類別的實例時進行初始化操作。

在 __init__ 方法的參數串列中，第一個參數通常被命名為 self，它指向類別的實例物件。

self 參數在呼叫類別的其他方法時自動傳遞，可以透過 self 存取類別的屬性和其他方法。在 init 方法內部，可以定義初始化物件時需要執行的邏輯，例如設置物件的初始狀態，為物件設置屬性的初始值等。

⚠

_ 中有兩個半形**底線** _ (underscore)；init 四個字母均為小寫字母；self 中四個字母也均為小寫字母。

ⓓ 用 def 定義了 circumference() 這個方法，用來計算矩形周長，並用 return 傳回計算結果。

ⓔ 用 def 定義了 area() 這個方法，用來計算矩形面積，並用 return 傳回計算結果。

ⓕ 呼叫了自訂的 Rectangle 物件，將其命名為 rect_width_5_height_10。輸入的參數為：矩形寬度為 5，矩形高度為 10。

大家練習時，利用 rect_width_5_height_10.width 列印矩形寬度。

呼叫屬性時不加圓括號 ()。

然後，利用 rect_width_5_height_10.circumference() 呼叫矩形物件的 circumference() 方法計算這個矩形的周長；利用 rect_width_5_height_10.area() 呼叫矩形物件的 area() 方法計算面積。

使用方法時需要圓括號 ()。

請大家自行練習程式 9.1，使用 Rectangle 定義寬度為 6、高度為 8 的矩形物件，並計算矩形的周長、面積。

9.2 定義屬性

在程式 9.2 中 ⓐ，我們定義一個叫 Chicken 的類別，這個類別有以下屬性：① name(名字)；② age(年齡)；③ color(顏色)；④ weight(體重)。

程式 9.2 中 ⓒ 使用 _init_ 方法來初始化 Chicken 這個類別的屬性。

接下來，程式 9.2 建立一隻名為「小紅」的黃色小雞，命名為 chicken_01；然後，建立了一隻名為「小黃」的紅色小雞，命名為 chicken_02。請大家在練習的時候，也列印 chicken_02 的屬性。

此外，在後續程式中還可以覆蓋物件屬性。比如，如果物件 chicken_01 的年齡寫錯，也可以用 chicken_01.age = 5 覆蓋。

程式 9.3 也定義了 Chicken 類別，程式 9.3 和程式 9.2 最大不同的是程式 9.3 中在定義 Chicken 類別時給了 color、weight 兩個屬性預設值。

程式 9.3 中 ⓔ 呼叫 Chicken 類別時，覆蓋了預設顏色，但是保留體重預設值。

> ⚠ 程式 9.2 中定義的 Chicken 類別，不能透過 chicken_01 = Chicken() 直接定義一個實例。會產生如下錯誤。
>
> ```
> TypeErr or: Chicken. __init__() missing 4 required positional arguments:
> 'name', 'age', 'color', and 'weight'
> ```

將程式 9.2 改成程式 9.4 後，在 ⓔ 中利用 Chicken 類別建立實例 chicken_01 時不需要賦值。

然後，如 ⓕ 所示，再對 chicken_01 的每個屬性分別賦值。

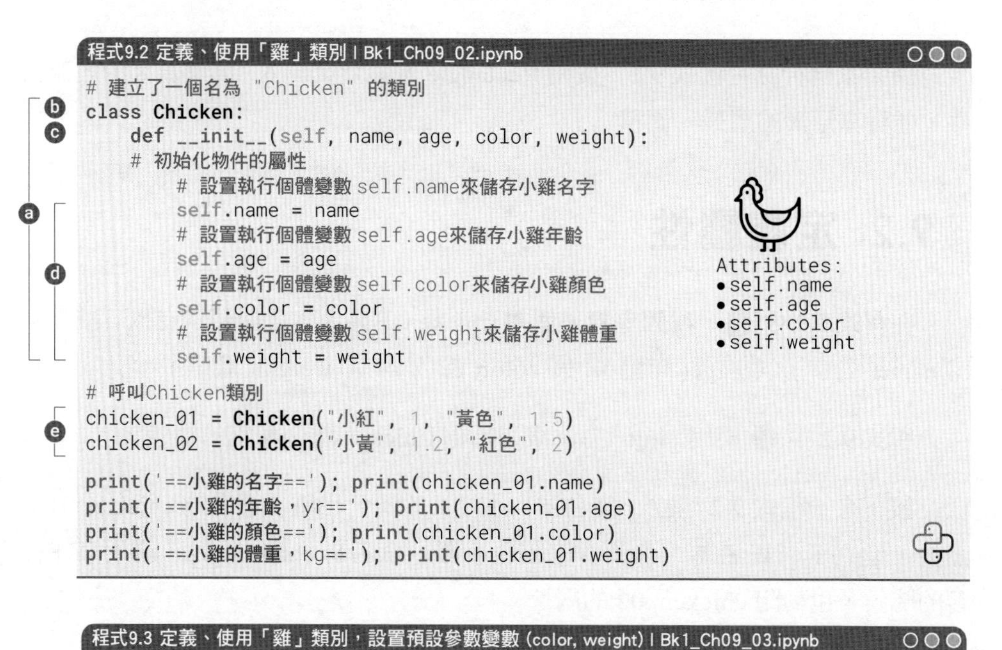

程式9.2 定義、使用「雞」類別 | Bk1_Ch09_02.ipynb

```python
# 建立了一個名為 "Chicken" 的類別
class Chicken:
    def __init__(self, name, age, color, weight):
    # 初始化物件的屬性
        # 設置執行個體變數 self.name來儲存小雞名字
        self.name = name
        # 設置執行個體變數 self.age來儲存小雞年齡
        self.age = age
        # 設置執行個體變數 self.color來儲存小雞顏色
        self.color = color
        # 設置執行個體變數 self.weight來儲存小雞體重
        self.weight = weight

# 呼叫Chicken類別
chicken_01 = Chicken("小紅", 1, "黃色", 1.5)
chicken_02 = Chicken("小黃", 1.2, "紅色", 2)

print('==小雞的名字=='); print(chicken_01.name)
print('==小雞的年齡，yr=='); print(chicken_01.age)
print('==小雞的顏色=='); print(chicken_01.color)
print('==小雞的體重，kg=='); print(chicken_01.weight)
```


程式9.3 定義、使用「雞」類別，設置預設參數變數 (color, weight) | Bk1_Ch09_03.ipynb

```python
# 建立了一個名為 "Chicken" 的類別
class Chicken:
    def __init__(self, name, age,
                 color = '黃色', weight = '2'):
    # 初始化物件的屬性；毛色預設 '黃色'，體重預設 2 (kg)
        # 設置執行個體變數 self.name來儲存小雞名字
        self.name = name
        # 設置執行個體變數 self.age來儲存小雞年齡
        self.age = age
        # 設置執行個體變數 self.color來儲存小雞顏色
        self.color = color
        # 設置執行個體變數 self.weight來儲存小雞體重
        self.weight = weight
```

Attributes:
• self.name
• self.age
• self.color
• self.weight

```
# 呼叫Chicken類別
chicken_01 = Chicken(name = "小紅", age = 1,
                     color = '白色') # 覆蓋預設 color
print('==小雞的名字=='); print(chicken_01.name)
print('==小雞的年齡，yr=='); print(chicken_01.age)
print('==小雞的顏色=='); print(chicken_01.color)
print('==小雞的體重，kg=='); print(chicken_01.weight)
```

程式9.4 定義、使用「雞」類別，建立實例時不需要參數 | Bk1_Ch09_04.ipynb

```
# 建立了一個名為 "Chicken" 的類別
class Chicken:
    def __init__(self):
    # 初始化物件的屬性
        # 設置執行個體變數 self.name來儲存小雞名字
        self.name = ''
        # 設置執行個體變數 self.age來儲存小雞年齡
        self.age = ''
        # 設置執行個體變數 self.color來儲存小雞顏色
        self.color = ''
        # 設置執行個體變數 self.weight來儲存小雞體重
        self.weight = ''

# 呼叫Chicken類別 ，然後賦值
chicken_01 = Chicken()
chicken_01.name = '小紅'
chicken_01.age = 1
chicken_01.color = '黃色'
chicken_01.weight = 1.5
```

Attributes:
- self.name
- self.age
- self.color
- self.weight

9.3 定義方法

程式 9.5 中 ⓐ 定義一個 ListStatistics 類別來計算一個浮點數串列的長度、和、平均值、方差。

ⓓ 定義的 list_mean() 方法計算平均值時用到了 list_length() 方法。

ⓔ 定義的 list_variance() 方法還有一個輸入 ddof，ddof 預設值為 1。

ⓕ 呼叫 ListStatistics 類別建立物件。

ⓖ 計算兩個方差；第一個方差相當於整體方差，第二個方差相當於樣本無偏方差。

此外，我們在第 4 章介紹過，Python 變數名稱一般採用蛇形命名法，如 list_mean()；Python 物件導向程式設計中的類別定義一般採用駝峰命名法，如 ListStatistics。

程式9.5 定義、使用「串列統計量」類別 | Bk1_Ch09_05.ipynb

```
# 建立 ListStatistics 類別
class ListStatistics:
    # 構造函式，用於初始化屬性
    def __init__(self, data):
        # ListStatistics包含一個data屬性來儲存浮點數串列
        self.data = data

    # 下面定義了4個方法
    # 方法1：計算串列的長度，即元素的數量
    def list_length(self):
        return len(self.data)
    # 方法2：計算串列元素之和
    def list_sum(self):
        return sum(self.data)
    # 方法3：計算串列元素平均值
    def list_mean(self):
        return sum(self.data)/self.list_length()
    # 方法4：計算串列元素方差
    def list_variance(self, ddof = 1):
        # Delta自由度 ddof 預設為 1；無偏樣本方差
        sum_squares = sum((x_i - self.list_mean())**2
                          for x_i in self.data)
        return sum_squares/(self.list_length() - ddof)

# 建立一個浮點數串列
data = [8.8, 1.8, 7.8, 3.8, 2.8, 5.6, 3.9, 6.9]

# 建立ListStatistics物件實例
float_list = ListStatistics(data)

# 使用float_list物件計算串列長度
print("串列長度：", float_list.list_length())
# 使用float_list物件計算串列和
print("串列和：", float_list.list_sum())
# 使用float_list物件計算串列平均值
print("串列平均值：", float_list.list_mean())
# 使用float_list物件計算串列方差
print("串列方差：", float_list.list_variance())
print("串列方差 (ddof = 0)：",
      float_list.list_variance(0))
```


9.4 裝飾器

在 Python 中，**裝飾器** (decorator) 是一種特殊的語法，用於在不修改函式程式的情況下，為函式增加額外的功能或修改函式的行為。

如程式 9.6 所示，ⓓ 中裝飾器 @property 用於將一個方法轉為唯讀屬性，可以像存取屬性一樣存取該方法，而無需使用括號呼叫它。

ⓕ 中裝飾器 @data.setter 用於在 @property 裝飾的方法後定義一個 setter 方法，這樣可以在設置屬性時執行一些邏輯或驗證，對屬性的賦值進行控制。

ⓗ 中裝飾器 @classmethod 用於定義類別方法。類別方法是在類別上而非在實例上呼叫的方法。不同於 self，類別方法的第一個參數通常被命名為 cls，cls 是一個約定俗成的名字，它表示類別本身而非類別的實例。

ⓘ 用於一個一個判斷一個串列中的所有元素是否都是數值，比如 float 或 int 類型。

ⓙ 建立了 ListStatistics 類別的實例，命名為 float_list_obj。由於 data 中有一個非數值元素，在 ⓚ 賦值時會顯示出錯。

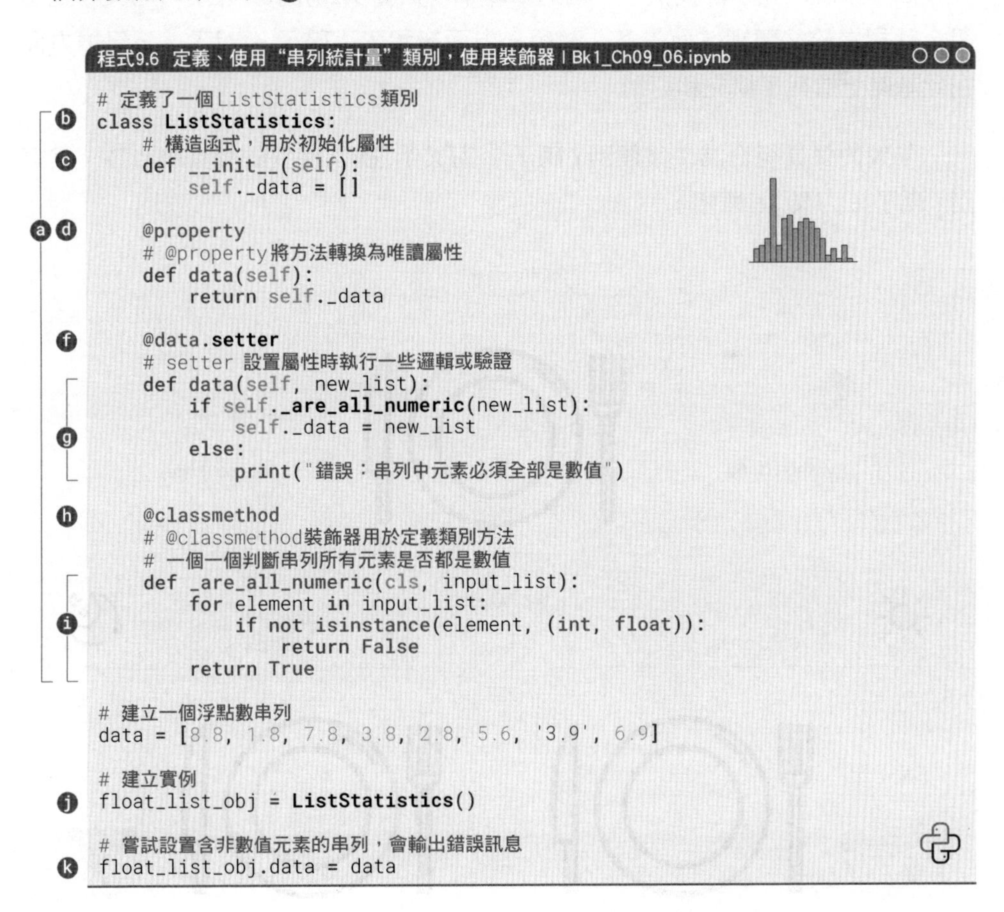

程式9.6 定義、使用"串列統計量"類別，使用裝飾器 | Bk1_Ch09_06.ipynb

```
# 定義了一個ListStatistics類別
class ListStatistics:
    # 構造函式，用於初始化屬性
    def __init__(self):
        self._data = []

    @property
    # @property將方法轉換為唯讀屬性
    def data(self):
        return self._data

    @data.setter
    # setter 設置屬性時執行一些邏輯或驗證
    def data(self, new_list):
        if self._are_all_numeric(new_list):
            self._data = new_list
        else:
            print("錯誤：串列中元素必須全部是數值")

    @classmethod
    # @classmethod裝飾器用於定義類別方法
    # 一個一個判斷串列所有元素是否都是數值
    def _are_all_numeric(cls, input_list):
        for element in input_list:
            if not isinstance(element, (int, float)):
                return False
        return True

# 建立一個浮點數串列
data = [8.8, 1.8, 7.8, 3.8, 2.8, 5.6, '3.9', 6.9]

# 建立實例
float_list_obj = ListStatistics()

# 嘗試設置含非數值元素的串列，會輸出錯誤訊息
float_list_obj.data = data
```

9.5 父類別、子類別

在物件導向程式設計中，**父類別** (parent class) 和**子類別** (child class) 之間是一種繼承關係。

父類別，也稱基礎類別、超類別，在繼承關係中層次更高；子類別，也稱衍生類別，可以繼承父類別的屬性和方法，從而實現程式的重用和擴充。

子類別可以有多個，並且一個子類別也可以再被其他類別繼承，形成繼承的層級結構。

簡單來說，父類別提供了一個通用範本。如圖 9.2 所示，碟子 + 刀叉，這個組合就相當於父類別。而午餐、晚餐一方面繼承了「碟子 + 刀叉」，另一方面在此基礎上進行了擴充和訂制。

午餐的餐具組合為：父類別 (碟子 + 刀叉)+ 碗；晚餐的餐具組合為：父類別 (碟子 + 刀叉)+ 酒杯。

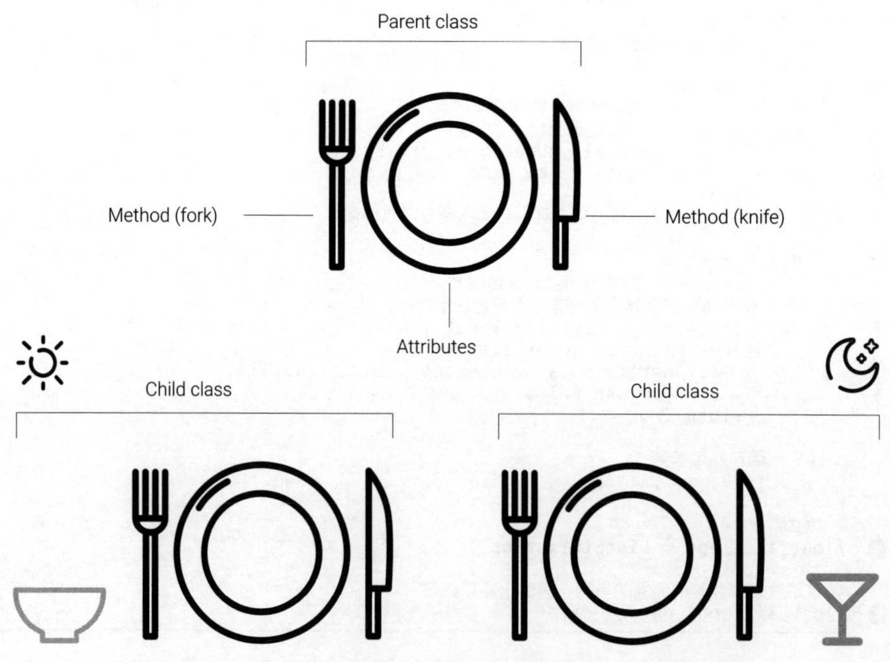

▲ 圖 9.2 物件導向程式設計中，父類別、子類別關係

程式 9.7 演示了如何定義父類別 Animal 和子類別 Chicken、Rabbit、Pig。

首先，ⓐ 定義了一個 Animal 父類別。

ⓑ 定義了 Animal 的兩個屬性—名字、年齡；Animal 有兩個方法—吃飯ⓕ、睡覺ⓖ。

ⓑ ⓒ ⓓ 分別定義了三個子類別 Chicken、Rabbit、Pig。它們分別繼承了父類別 Animal 的屬性和方法，並且分別定義了自己的屬性和方法。

當一個類別繼承自另一個類別時，子類別可以透過 super()._init_() 來呼叫父類別的構造方法，以便在實例化子類別時，也能初始化從父類別繼承的屬性。

比如，ⓗ 定義了 Chicken 類別專屬屬性 color，表示雞的顏色。

ⓘ 定義了 Chicken 類別專屬方法 lay_egg，表示雞下蛋。Rabbit、Pig 也有各自的專屬屬性和方法。

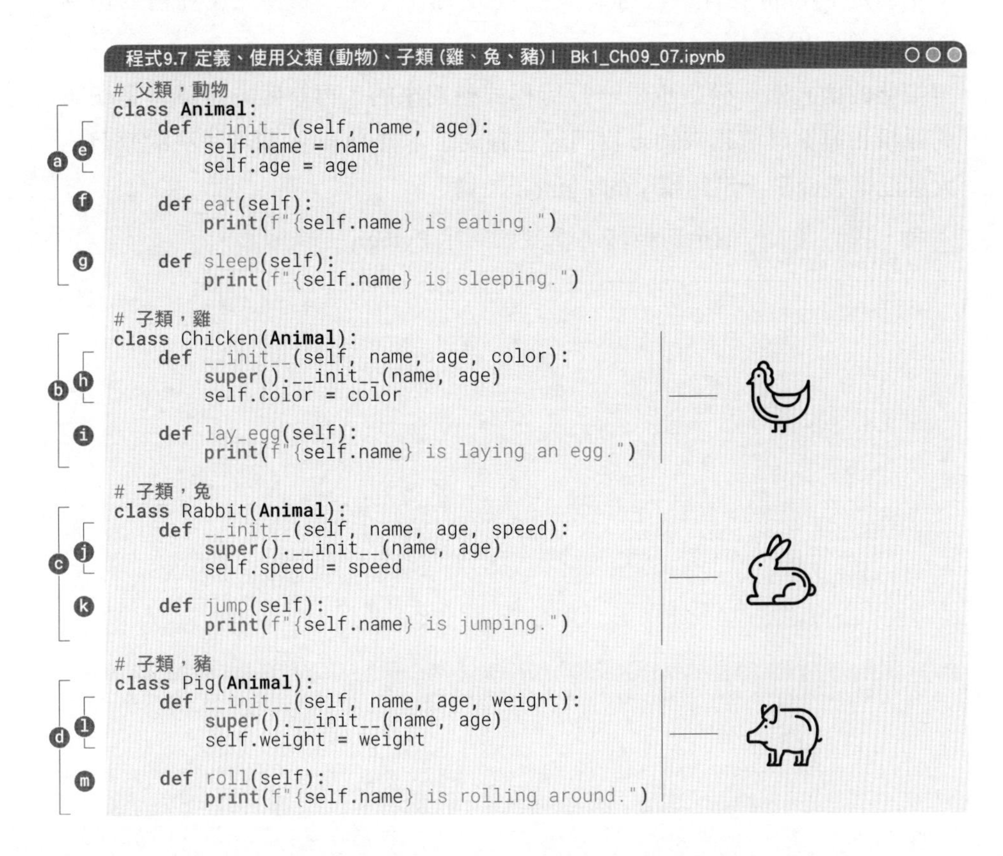

程式9.7 定義、使用父類 (動物)、子類 (雞、兔、豬) | Bk1_Ch09_07.ipynb

```
# 父類，動物
class Animal:
    def __init__(self, name, age):
        self.name = name
        self.age = age

    def eat(self):
        print(f"{self.name} is eating.")

    def sleep(self):
        print(f"{self.name} is sleeping.")

# 子類，雞
class Chicken(Animal):
    def __init__(self, name, age, color):
        super().__init__(name, age)
        self.color = color

    def lay_egg(self):
        print(f"{self.name} is laying an egg.")

# 子類，兔
class Rabbit(Animal):
    def __init__(self, name, age, speed):
        super().__init__(name, age)
        self.speed = speed

    def jump(self):
        print(f"{self.name} is jumping.")

# 子類，豬
class Pig(Animal):
    def __init__(self, name, age, weight):
        super().__init__(name, age)
        self.weight = weight

    def roll(self):
        print(f"{self.name} is rolling around.")
```

```
chicken1 = Chicken("chicken1", 1, "white")
chicken1.eat(); chicken1.lay_egg()

rabbit1 = Rabbit("rabbit1", 2, 10)
rabbit1.sleep(); rabbit1.jump()

pig1 = Pig("pig1", 3, 100)
pig1.eat(); pig1.roll()
```

➔ 請大家完成以下題目。

Q1. 參考程式 9.1，寫一個名為 Circle 的類別，參數為半徑，定義兩個方法分別計算圓的周長、面積。提示，需要匯入 math.pi 圓周率近似值。

Q2. 在練習程式 9.5 時，再增加 4 個方法，分別計算最大值、最小值、極差 (最大值 – 最小值)、標準差。

* 兩道題目很簡單，本書不提供答案。

本章只是 Python 物件導向程式設計 OOP 冰山一角，希望大家在需要用到 OOP 時深入學習。

再複雜的函式庫、模組也是一行行程式疊起來的；再複雜的運算也是簡單的邏輯和運算累積起來的。我們已經完成了本書 Python 基本語法的學習，大家已經裝備了「足夠用」的 Python 工具。

下面，我們進入一個全新板塊，學習如何用 Python 工具繪圖。

Section *03*

繪圖

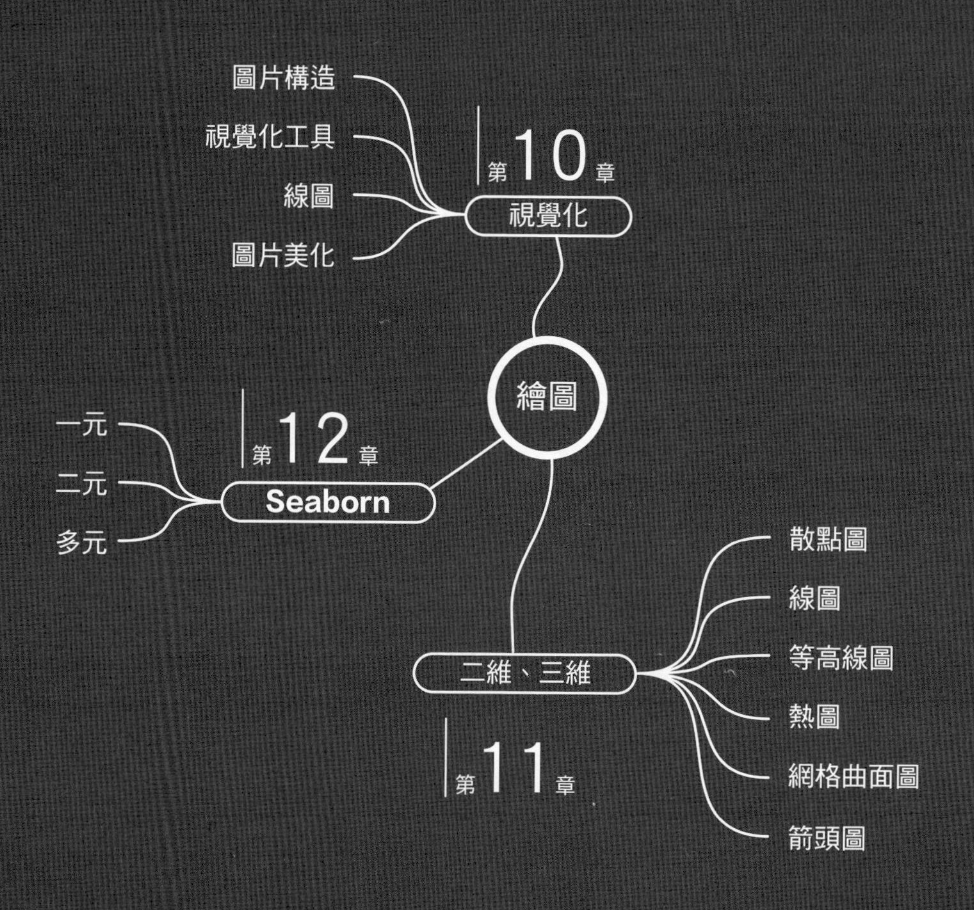
圖片構造
視覺化工具
線圖
圖片美化
第10章
視覺化
繪圖
第12章
一元
二元
多元
Seaborn
散點圖
線圖
等高線圖
熱圖
網格曲面圖
箭頭圖
二維、三維
第11章

學習地圖 第3板塊

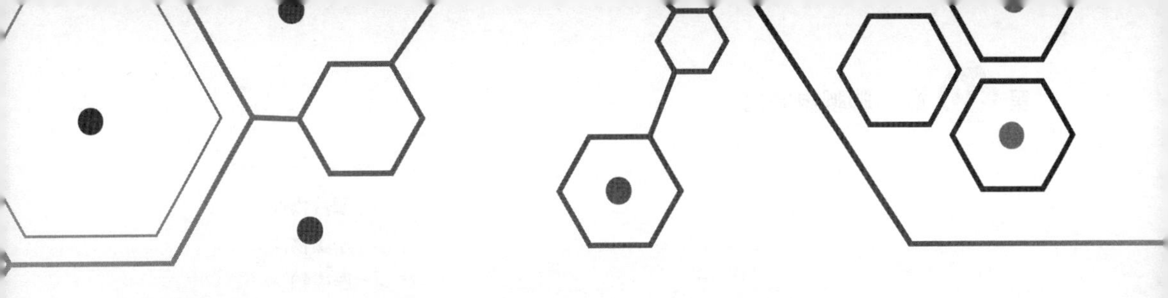

Fundamentals of Visualization

10 聊聊視覺化

主要了解 Matplotlib、Plotly 如何繪製線圖

一個人可以被摧毀，但不能被打敗。

A man can be destroyed but not defeated.

——歐尼斯特 · 海明威（*Ernest Hemingway*）| 美國、古巴記者和作家 | *1899—1961* 年

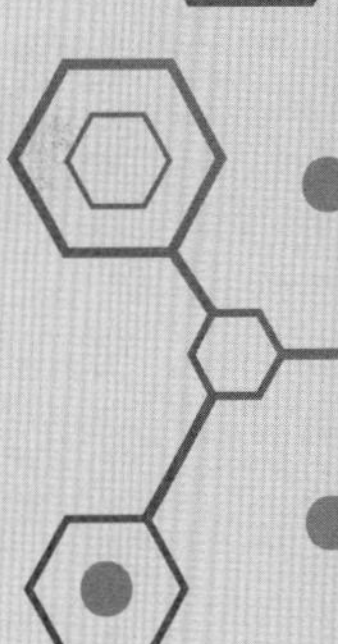

- matplotlib.gridspec.GridSpec() 建立一個規則的子圖網格版面配置
- matplotlib.pyplot.grid() 在當前圖表中增加格線
- matplotlib.pyplot.plot() 繪製折線圖
- matplotlib.pyplot.subplot() 用於在一個圖表中建立一個子圖，並指定子圖的位置或排列方式
- matplotlib.pyplot.subplots() 建立一個包含多個子圖的圖表，傳回一個包含圖表物件和子圖物件的元組
- matplotlib.pyplot.title() 設置當前圖表的標題，等價於 ax.set_title()
- matplotlib.pyplot.xlabel() 設置當前圖表 x 軸的標籤，等價於 ax.set_xlabel()
- matplotlib.pyplot.xlim() 設置當前圖表 x 軸顯示範圍，等價於 ax.set_xlim()
- matplotlib.pyplot.xticks() 設置當前圖表 x 軸刻度位置，等價於 ax.set_xticks()
- matplotlib.pyplot.ylabel() 設置當前圖表 y 軸的標籤，等價於 ax.set_ylabel()
- matplotlib.pyplot.ylim() 設置當前圖表 y 軸顯示範圍，等價於 ax.set_ylim()
- matplotlib.pyplot.yticks() 設置當前圖表 y 軸刻度位置，等價於 ax.set_yticks()
- numpy.arange() 建立一個具有指定範圍、間隔和資料型態的等間隔陣列
- numpy.cos() 用於計算給定弧度陣列中每個元素的餘弦值
- numpy.exp() 計算給定陣列中每個元素的 e 的指數值
- numpy.linspace() 用於在指定的範圍內建立等間隔的一維陣列，可以指定陣列的長度
- numpy.sin() 用於計算給定弧度陣列中每個元素的正弦值
- numpy.tan() 用於計算給定弧度陣列中每個元素的正切值
- plotly.express.line() 用於建立可互動的線圖
- plotly.graph_objects.Scatter() 用於建立可互動的散點圖、線圖
- scipy.stats.norm() 建立一個正態分佈物件，可用於計算機率密度、累積分佈等

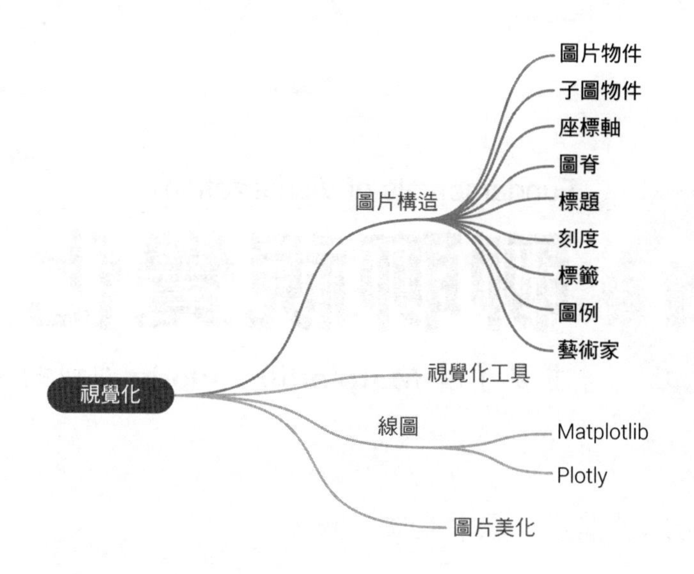

10.1 解剖一幅圖

本章和接下來兩章介紹如何實現本書系中最常見的視覺化方案。這三章內容本著「夠《AI 時代 Math 元年 - 用 Python 全精通程式設計》用就好」為原則，不會特別深究某個具體視覺化方案中的呈現細節，也不會探究其他高階的視覺化方案。

如圖 10.1 所示，一幅圖的基本組成部分包括以下幾個部分。

> 本書系《AI 時代 Math 元年 - 用 Python 全精通資料可視化》專注提供視覺化的「家常菜菜譜」，讓大家看得懂、學得會。

- **圖片物件** (figure)：整個繪圖區域的邊界框，可以包含一個或多個子圖。
- **子圖物件** (axes)：實際繪圖區域，包含若干坐標軸、繪製的影像和文字標籤等。
- **坐標軸** (axis)：顯示子圖資料範圍並提供刻度標記和標籤的物件。

- **圖脊 (spine)**：連接坐標軸和影像區域的線條，通常包括上下左右四條。
- **標題 (title)**：描述整個影像內容的文字標籤，通常位於影像的中心位置或上方，用於簡要概括影像的主題或內容。
- **刻度 (tick)**：刻度標記，表示坐標軸上的資料值。
- **標籤 (label)**：用於描述坐標軸或影像的文字標籤。
- **圖例 (legend)**：標識不同資料數列的圖例，通常用於區分不同資料數列或資料型態。
- **藝術家 (artist)**：在 Matplotlib 中，所有繪圖元素都被視為藝術家物件，包括影像區域、子圖區域、坐標軸、刻度、標籤、圖例等。

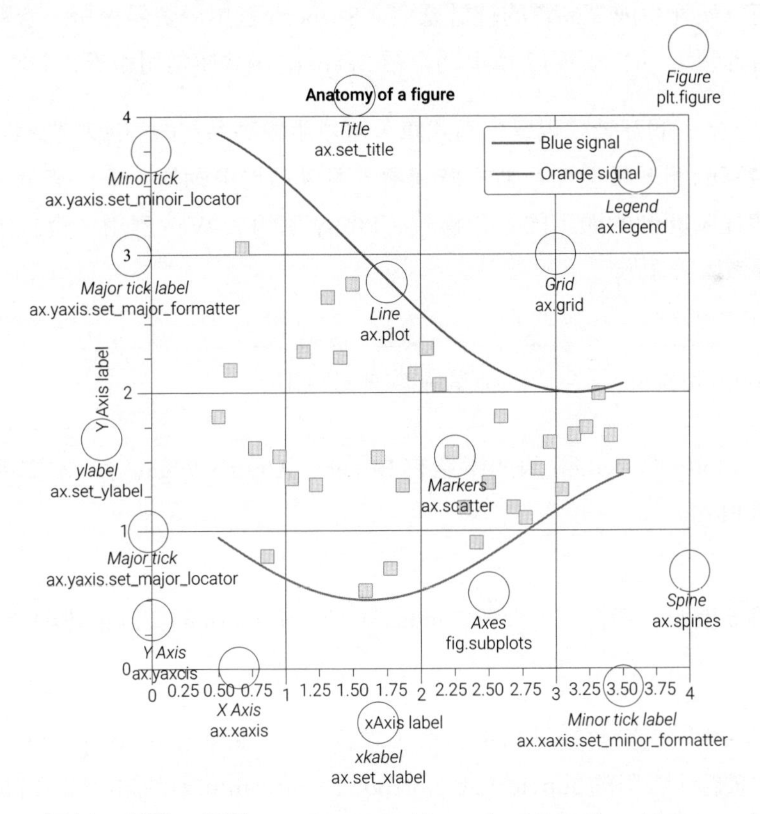

▲ 圖 10.1 解剖一幅圖 (來源 https://matplotlib.org/stable/gallery/showcase/anatomy.html)| Bk1_Ch10_01.ipynb

視覺化工具

圖 10.1 是用 Matplotlib 函式庫繪製的。Matplotlib 是 Python 中最基礎的繪圖工具。本書系中最常用的繪圖函式庫包括：Matplotlib、Seaborn、Plotly。

Matplotlib 可能是 Python 中最常用的繪圖函式庫，Matplotlib 具有豐富的繪圖功能和靈活的使用方式。Matplotlib 可以繪製多種類型的圖形，包括折線圖、散點圖、柱狀圖、圓形圖、等高線圖等各種二維和三維影像，還可以進行影像處理和動畫製作等。

圖 10.15、圖 10.16、圖 10.17 舉出了 Matplotlib 中常見的視覺化方案。Seaborn 是基於 Matplotlib 的高級繪圖函式庫，專注於統計資料視覺化。它提供了多種高級資料視覺化技術，包括分類散點圖、熱圖 (熱力圖)、箱線圖、分佈圖等，可以快速生成高品質的統計圖表。Seaborn 適用於資料分析、資料探勘和機器學習等領域。本書第 12 章專門介紹 Seaborn 函式庫常用視覺化方案。

Plotly 是一個互動式視覺化函式庫，可以生成高品質的靜態和動態圖表。它提供了豐富的圖形類型和互動式控制項，可以透過滑動桿、下拉清單、按鈕等方式動態控制圖形的顯示內容和樣式。Plotly 適用於 Web 應用、資料儀表板和資料科學教育等領域。

> ⚠ Matplotlib 和 Seaborn 生成的都是靜態圖，即圖片。

類似 Plotly 的 Python 函式庫還有 Bokeh、Altair、Pygal 等。本書系互動視覺化首選 Plotly。

> 本書第 6 板塊「資料」會介紹 Pandas 本身、Seaborn 的統計描述視覺化方案。

本書系中，大家會發現 PDF 書稿、本書圖片一般會使用 Matplotlib、Seaborn 生成的向量圖，書附的 JupyterLab Notebook、Streamlit 則傾向於採用 Plotly。

10.2 使用 Matplotlib 繪製線圖

下面我們聊一下如何用 Matplotlib 視覺化**正弦** (sine)、**餘弦** (cosine) 函式，程式 10.1 生成圖 10.2。下面我們逐塊講解這段程式；此外，請大家在 JupyterLab 中複刻這段程式，並繪製圖 10.2。

雖然相信大家對 ⓐ 這句匯入已經不陌生，但是還是要「反覆」簡單講一下。import(i 小寫) 匯入敘述函式庫、模組、函式。pyplot 是 matplotlib 的模組，我們將 matplotlib.pyplot 模組匯入並簡寫作 plt。這樣我們可以使用 plt 來呼叫 matplotlib.pyplot 模組中的函式，而不需要每次都輸入較長的模組名稱。

當然大家可以給這個模組起個其他名字，如 p、mp、pl 等；但是，對於初學者，建議大家採用約定俗成的簡寫方式，避免在這些細枝末節上浪費精力。

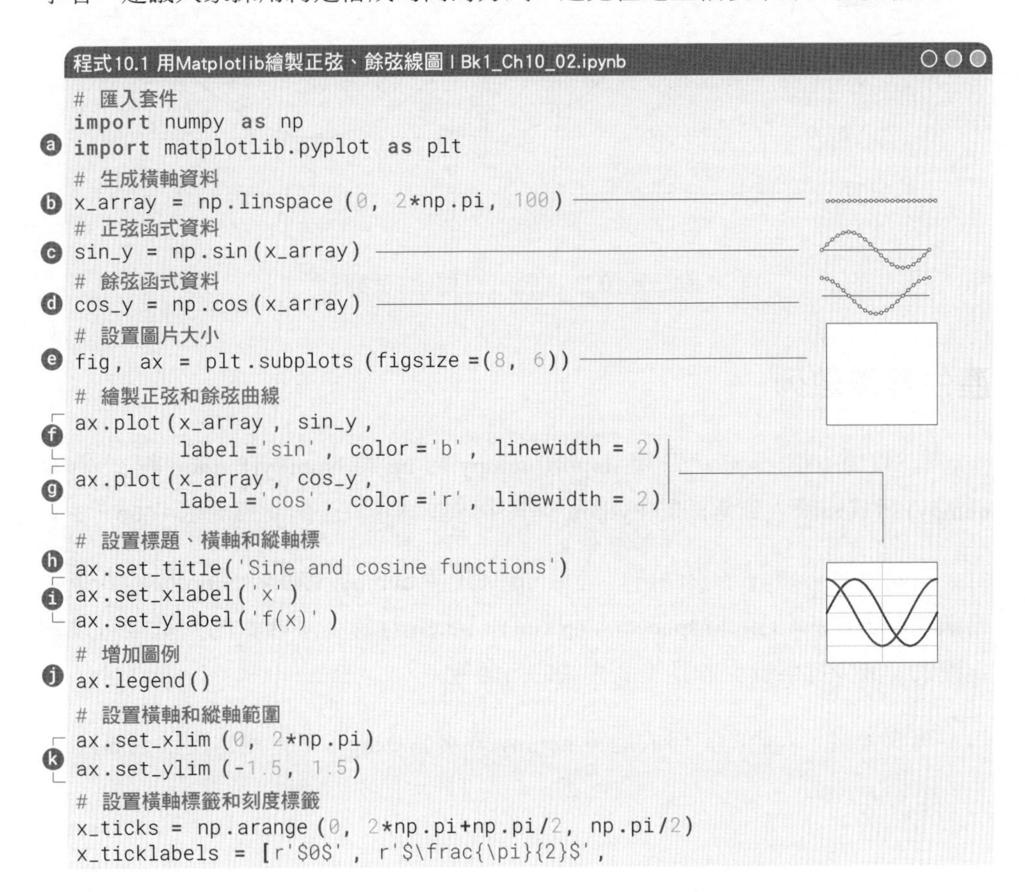

程式 10.1 用Matplotlib繪製正弦、餘弦線圖 | Bk1_Ch10_02.ipynb

```
# 匯入套件
import numpy as np
import matplotlib.pyplot as plt            ⓐ
# 生成橫軸資料
x_array = np.linspace (0, 2*np.pi, 100)    ⓑ
# 正弦函式資料
sin_y = np.sin(x_array)                    ⓒ
# 餘弦函式資料
cos_y = np.cos(x_array)                    ⓓ
# 設置圖片大小
fig, ax = plt.subplots (figsize =(8, 6))   ⓔ
# 繪製正弦和餘弦曲線
ax.plot(x_array , sin_y ,                  ⓕ
        label = 'sin' , color = 'b' , linewidth = 2)
ax.plot(x_array , cos_y ,                  ⓖ
        label = 'cos' , color = 'r' , linewidth = 2)
# 設置標題、橫軸和縱軸標
ax.set_title('Sine and cosine functions')  ⓗ
ax.set_xlabel('x')                         ⓘ
ax.set_ylabel('f(x)' )
# 增加圖例
ax.legend()                                ⓙ
# 設置橫軸和縱軸範圍
ax.set_xlim (0, 2*np.pi)                   ⓚ
ax.set_ylim (-1.5, 1.5)
# 設置橫軸標籤和刻度標籤
x_ticks = np.arange (0, 2*np.pi+np.pi/2, np.pi/2)
x_ticklabels = [r'$0$' , r'$\frac{\pi}{2}$',
```

```
            r'$\pi$' , r'$\frac{3\pi}{2}$',
            r'$2\pi$']
ax.set_xticks(x_ticks)
ax.set_xticklabels(x_ticklabels)
# 橫縱軸採用相同的的scale
ax.set_aspect('equal')
plt.grid()
# 將圖片存成SVG格式
plt.savefig ('正弦_餘弦函式曲線.svg', format='svg')
# 顯示圖形
plt.show()
```

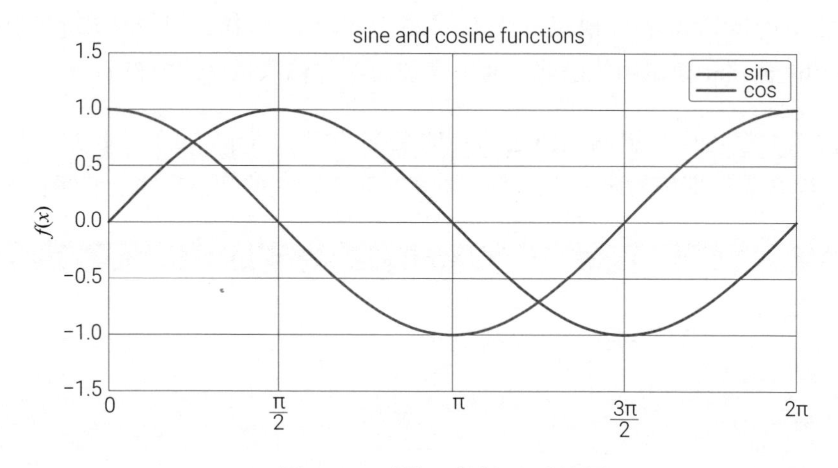

▲ 圖 10.2 正弦、餘弦函式線圖

產生等差數列

程式 10.1 第一句，先用 import numpy as np 將 NumPy(Python 程式中叫 numpy) 函式庫匯入到當前的 Python 程式中，並為其取一個簡短的別名 np。

再次強調，這表示我們可以使用 np 來代替 numpy 來呼叫 NumPy 函式庫中的函式和方法，如 np.linspace()、np.sin()、np.cos() 等。這樣做的好處是可以簡化程式，減少打字量，並且提高程式的可讀性。

再次強調，人們約定俗成地將 numpy 取別名為 np，不建議自創其他簡寫。

ⓑ 利用 numpy.linspace() 生成在替定範圍內等差數列，如圖 10.3 所示。由於在匯入 numpy 時，我們將其命名為 np，因此程式中大家看到的是 np.linspace()。

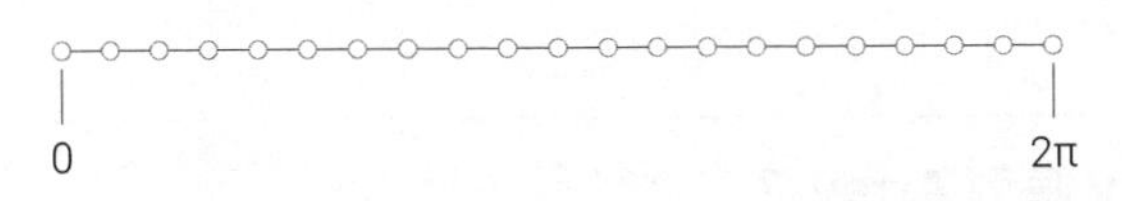

▲ 圖 10.3 用 numpy.linspace() 生成等差數列

在ⓑ numpy.linspace() 的輸入中，位置參數 0 是數值序列的起始值，2*np.pi 是數值序列的結束值，100 是數值序列的數量。numpy.linspace() 函式預設包含右端點，即 2*np.pi。因此，x_array = np.linspace(0,2*np.pi,100) 在 $[0,2\pi]$ 閉區間內生成一個 100 個數值等差數列。

> 本書第 13 ~ 18 章專門講解 NumPy 函式庫的常用函式、方法。

➔ numpy.linspace(start,stop,num=50,endpoint=True)

這個函式的重要輸入參數：

- start：起始點的值。
- stop：結束點的值。
- num：要生成的資料點數量，預設為 50。
- endpoint：布林值，指定是否包含結束點。如果為 True，則生成的資料點包括結束點；如果為 False，則生成的資料點不包括結束點。預設為 True。

請大家在 JupyterLab 中自行學習下例。

```
import numpy as np

arr = np.linspace(0, 1, num = 11)
```

```
print(arr)

arr_no_endpoint = np.linspace(0, 1, num = 10, endpoint = False)
print(arr_no_endpoint)
```

什麼是 NumPy 陣列 Array ？

NumPy 中最重要的資料結構是 ndarray(n-dimensional array)，即多維陣列。一維陣列是最簡單的陣列形式，類似於 Python 中的串列。它是一個有序的元素集合，可以透過索引存取其中的元素。一維陣列只有一個軸。二維陣列是最常見的陣列形式，可以看作是由一維陣列組成的表格或矩陣。它有兩個軸，通常稱為行和列。我們可以使用兩個索引來存取二維陣列中的元素。多維陣列是指具有三個或更多維度的陣列。

正弦、餘弦

ⓒ 中 numpy.sin() 和 ⓓ 中 numpy.cos() 是 NumPy 函式庫中的數學函式，用於計算給定角度的正弦和餘弦值，具體如圖 10.4 所示。這兩個函式的輸入既可以是單一弧度值 (比如 numpy.pi/2)，也可以是陣列 (一維、二維、多維)。

比如 ⓒ 和 ⓓ 中，兩個函式的輸入都是一維 NumPy 陣列。從這一點上來看，利用 NumPy 陣列向量化運算，要比 Python 的串列方便得多。

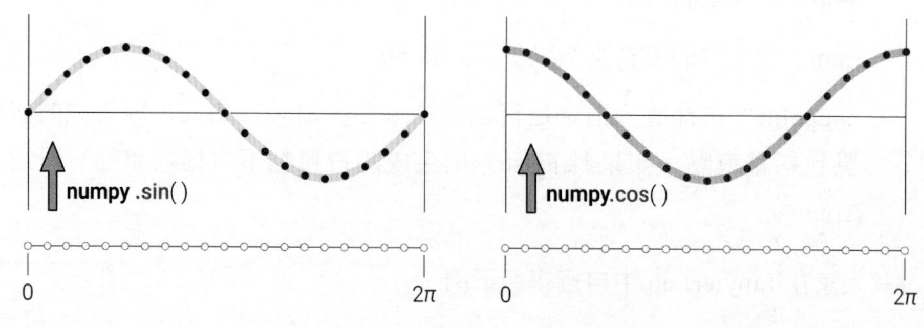

▲ 圖 10.4 生成正弦、餘弦資料

NumPy 中 numpy.deg2rad() 將角度轉換為弧度，numpy.rad2deg() 將弧度轉換為角度。

建立圖形、軸物件

e 中 fig,ax = plt.subplots(figsize=(8,6)) 用於建立一個新的 Matplotlib 圖形 fig 和一個軸 ax 對象，並設置圖形的大小為 (8,6)，單位為英吋。

透過建立圖形和軸物件，我們可以在軸上繪製圖表、設置軸的標籤和標題、調整軸的範圍等。fig,ax = plt.subplots() 這一行程式碼常常是開始繪圖的第一步，它建立了一個具有指定大小的圖形和軸物件，為後續繪圖操作提供了一個可用的基礎。

再次強調，plt 是 Matplotlib 的一個常用的別名，前文已經透過 import matplotlib.pyplot as plt 引入。所以在使用 plt.subplots() 函式之前，需要確保已經正確匯入了 Matplotlib 函式庫的 pyplot 模組。

增加子圖

此外，如程式 10.2 所示，我們還可以使用 add_subplot() 方法建立一個新的子圖物件，並指定其所在的行、列、編號等屬性。

程式10.2　用add_subplot() 方法建立一個新的子圖物件 | Bk1_Ch10_03.ipynb

```
import numpy as np
import matplotlib.pyplot as plt

x = np.linspace (0, 2*np.pi, 100)
y = np.sin(x)

a fig = plt.figure()
b ax = fig.add_subplot(1, 1, 1)
ax.plot(x, y)
plt.show()
```

在程式 10.2 中，ⓐ 先用 plt.figure() 生成了一個 Figure 物件，然後使用 add_subplot() 方法建立了一個新的子圖軸物件 ax，並將其增加到 Figure 物件中。

其中，1,1,1 參數表示子圖在 1 行 1 列的第 1 個位置，即佔據整個 Figure 物件的空間。然後，我們在子圖中繪製了一個正弦曲線。注意，1,1,1 也可以寫作 111。

此外，若是想要增加若干子圖，比如 2 行 1 列，可以分別用 ax1 = fig.add_subplot(2,1,1)、ax2 = fig.add_subplot(2,1,2) 生成兩個子圖的軸物件 ax1、ax2。

最後，使用 plt.show() 函式顯示 Figure 物件，即可在螢幕上顯示繪製的影像。請大家參考程式 10.1 進一步裝飾程式 10.2。

繪製曲線

回到程式 10.1，ⓕ 中 ax.plot(x_array,sin_y,label='sin',color='blue',linewidth=2) 用於在軸物件 ax 上繪製正弦曲線。

x_array 為 x 軸資料，sin_y 為 y 軸資料。參數 label='sin' 設置了曲線的標籤為 sin。參數 color='blue' 設置曲線的顏色為藍色。

參數 linewidth=2 設置曲線的線寬為 2。線寬的單位是點 (point,pt)，通常用於測量線條、字型等繪像素素的大小。在 Matplotlib 中，預設情況下，一個點等於 1/72 英吋。

在 Matplotlib 中，linewidth 參數表示線條的寬度，可簡寫作 lw。

同理，參數 color 可簡寫作 c；參數 linestyle 可簡寫作 ls；參數 markeredgecolor 可簡寫作 mec；參數 markeredgewidth 可簡寫作 mew；參數 markerfacecolor 可簡寫作 mfc；參數 markersize 可簡寫作 ms。

請大家自行分析 ⓖ。

其他「藝術家」

程式 10.1 還採用了各種圖片裝飾命令，下面逐一說明。

- ax.set_title (' Sine and cosine functions') 設置圖表的標題為 "Sine and cosine functions"，即正弦和餘弦函式。
- ax.set_xlabel(' x') 設置橫軸標籤為 " x"。ax.set_ylabel(' f(x)') 設置縱軸標籤為 "f(x)"。
- ax.legend() 增加圖例 legend，用於標識不同曲線或資料數列。
- ax.set_xlim(0, 2*np.pi) 設置橫軸範圍為 0 ~ 2π。ax.set_ylim(-1.5, 1.5) 設置縱軸範圍為 -1.5 ~ 1.5。
- x_ticks = np.arange(0, 2*np.pi+np.pi/2, np.pi/2) 生成橫軸刻度的位置，範圍為 0 ~ 2π，間隔為 $\pi/2$。
- x_ticklabels = [r ' 0 ' , r ' $\frac{\pi}{2}$ ' , r ' π ' , r ' $\frac{3\pi}{2}$ ' , r ' $2\ pi$'] 設置橫軸刻度的標籤，分別為 0, $\pi/2$, π, $3\pi/2$, 2π。在程式中，r'$\frac{\pi}{2}$' 是一個特殊的字串，用於表示數學公式中的文字。在這個字串前面的 r 首碼表示該字串是一個"原始字串"，即不對字串中的特殊字元進行逸出。
- 在這個特殊字串中，使用了 LaTeX 符號來表示一個分數。具體來說，\frac{\pi}{2} 表示一個分數，分子是 π，分母是 2。當這個字串被用作橫軸刻度的標籤時，它會在圖表中顯示為 "$\pi/2$" 的形式。這種表示方法可以用於在圖表中顯示複雜的數學公式或符號。
- ax.set_xticks(x_ticks) 設置橫軸刻度的位置。
- ax.set_xticklabels(x_ticklabels) 設置橫軸刻度的標籤。
- ax.set_aspect('equal') 設置橫縱軸採用相同的比例，保持圖形在繪製時不會因為坐標軸的比例問題而產生形變。

圖片輸出格式

程式 10.1 中 ⓝ 採用 matplotlib.pyplot.savefig()，簡寫作 plt.savefig()，儲存圖片。Matplotlib 可以輸出多種格式的圖片，其中一些是向量圖，比如 SVG。以下是一些常見的輸出格式及其特點。

- **PNG**(Portable Network Graphics)：PNG 是一種常見的點陣圖格式，支援透明度和壓縮。PNG 格式輸出的圖片不是向量圖，因此在放大時會失去清晰度，但是可以保持較高的解析度和細節。
- **JPG/JPEG**(Joint Photographic Experts Group)：JPG 是一種常見的失真壓縮點陣圖格式，用於儲存照片和複雜的影像。與 PNG 不同，JPG 格式輸出的圖片是有損的，壓縮率高時會失去一些細節，但是檔案大小通常較小。
- **EPS**(Encapsulated PostScript)：EPS 是一種向量圖格式，可以在很多繪圖軟體中使用。EPS 格式輸出的圖片可以無限放大而不失真，適合於需要高品質影像的列印和出版工作。
- **PDF**(Portable Document Format)：PDF 是一種常見的文件格式，可以包含向量圖和點陣圖。與 EPS 類似，PDF 格式輸出的圖片也是向量圖，可以無限放大而不失真，同時具有可編輯性和高度壓縮的優勢。存成 PDF 很方便插入 LaTeX 文件。
- **SVG**(Scalable Vector Graphics)：SVG 是一種基於 XML 的向量圖格式，可以用於網頁和列印等多種用途。SVG 格式輸出的圖片可以無限放大而不失真，且檔案大小通常較小。本書系的圖片首選 SVG 格式儲存。

⚠

EPS、PDF 和 SVG 是向量圖格式，可以無限放大而不失真(比如圖 10.5(b))，適合於需要高品質影像的列印和出版工作。在需要高品質影像的場合，最好使用這些向量圖格式。

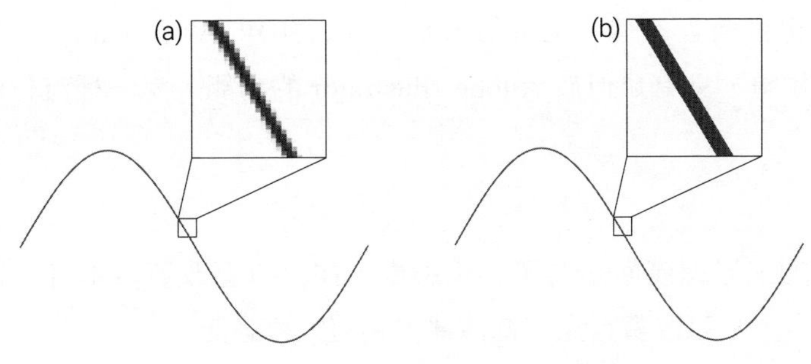

▲ 圖 10.5 比較非向量、向量圖

後期處理

大家會在本書系中發現，我們用 Python 程式生成的影像和書中的影像很多細節上並不一致。產生這種偏差的原因有很多。

首先，為了保證向量影像品質及可編輯性，每幅 Python 程式生成的圖形都會經過多道後期處理。也就是說，本書系中每一幅圖都經過「千錘百煉」。前期需要構思創意，然後 Python 撰寫程式，向量出圖之後還要一張張後期製作。在出版社排版老師手裡，草稿中的圖形物件還要再經過多輪製作才定型。

草稿階段用到的後期處理的工具包括 (但不限於)Inkscape、MS Visio、Adobe Illustrator。使用怎樣的工具要根據圖片類型、圖片大小等因素考慮。

出版社排版老師用的排版工具為 Adobe InDesign。

Inkscape 是開放原始碼免費的向量圖形編輯軟體，支援多種向量圖形格式，適用於繪製向量圖形、圖示、插圖等。

MS Visio 特別適合做示意圖、流程圖等向量影像。

Adobe Illustrator 是 Adobe 公司開發的專業向量圖形編輯軟體，功能強大，廣泛用於圖形設計、插圖、標識設計等。比如本書系的封面都是用 Adobe Illustrator 設計，本書系中複雜的影像也都是用這個軟體設計生成的。

此外，也推薦大家使用 CorelDRAW。CorelDRAW 是 Corel 公司開發的向量圖形編輯軟體，具有類似於 Adobe Illustrator 的功能，是一種流行的向量圖形處理工具。

⚠ 圖片後期加工過程僅僅是為了美化影像，並沒有篡改資料本身。特別是在科學研究中，不篡改資料是一條鐵律，希望大家謹記。

也就是說哪怕圖 10.2 這種簡單的線圖中的所有「藝術家 (artist)」，即所有元素，都被加工過。比如，圖中的數字、英文、希臘字母都是作者手動增加上去的 (為了保證文字可編輯)。

此外，從時間成本角度來看，一些標注、藝術效果用 Python 寫程式生成並不「划算」；本書系中，諸如箭頭、指示線、註釋等元素也都是後期處理時作者手動增加的。

有一種特殊情況，就是同一類圖形將反覆程式出圖，這樣的話為了節省後期製作時間，我們可以考慮寫程式「自動化」某些標注、藝術效果。

舉個例子，如果我們需要用 Python 程式生成 50 張**長條圖** (histogram)，用來展示不同特徵資料分佈。在這些圖上，我們要列印資料的基本統計資料 (平均值、眾數、中位數、最大值、最小值、四分位點、5% 和 95% 百分位、峰度、偏度等)，這時手動增加的時間成本太高。莫不如在程式中寫幾句話將這些數值直接列印到圖片上。

子圖

圖 10.6 所示 1 行 2 列子圖，分別展示正弦、餘弦函式曲線。程式 10.3 繪製圖 10.6，下面分析其中關鍵敘述。

ⓐ 建立一個 1 行 2 列子圖的圖形物件。

位置參數「1,2」代表 1 行 2 列子圖版面配置。

參數 figsize=(10,4) 指定了整個圖形的大小為寬度、高度。

參數 sharey=True 表示兩個子圖共用相同的 y 軸，這表示它們在垂直方向上具有相同的刻度和範圍。

而 fig,(ax1,ax2) 將 plt.subplots 傳回值解壓縮，其中 fig 是整個圖形物件，而 (ax1,ax2) 是一個包含兩個子圖物件的元組。

這樣，我們可以分別透過 ax1 和 ax2 來操作這兩個子圖。

ⓑ 在 ax1 軸物件上，用 plot() 方法繪製正弦曲線線圖。

ⓒ 對 ax1 進行裝飾，請大家逐行註釋。

ⓓ 在 ax2 軸物件上，用 plot() 方法繪製餘弦曲線線圖。

ⓔ 對 ax2 進行裝飾，請大家逐行註釋。

ⓕ 自動調整子圖或圖形的版面配置，使其更加緊湊。在建立包含多個子圖的圖形時，有時候可能會出現重疊的標籤或座標軸，tight_layout() 就是為了解決這個問題而設計的。

ⓖ 列印影像。

請大家在 JupyterLab 中給程式 10.3 逐行增加註釋，並複刻圖 10.6。

《AI 時代 Math 元年 - 用 Python 全精通資料可視化》介紹更多子圖型視覺化方案。

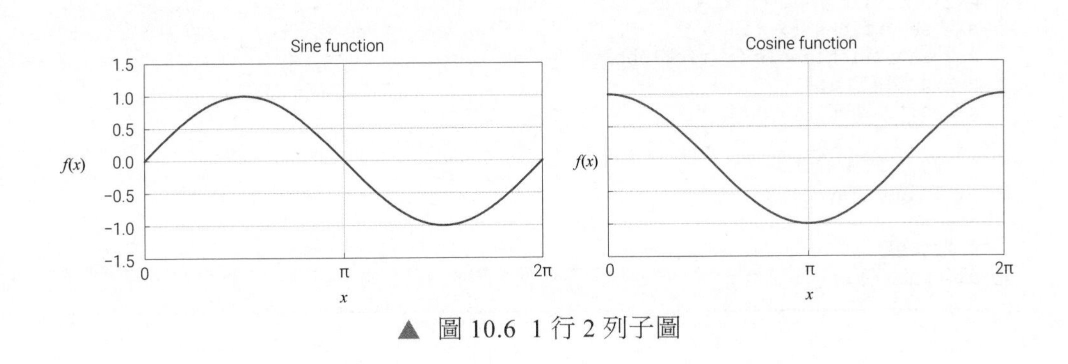

▲ 圖 10.6 1 行 2 列子圖

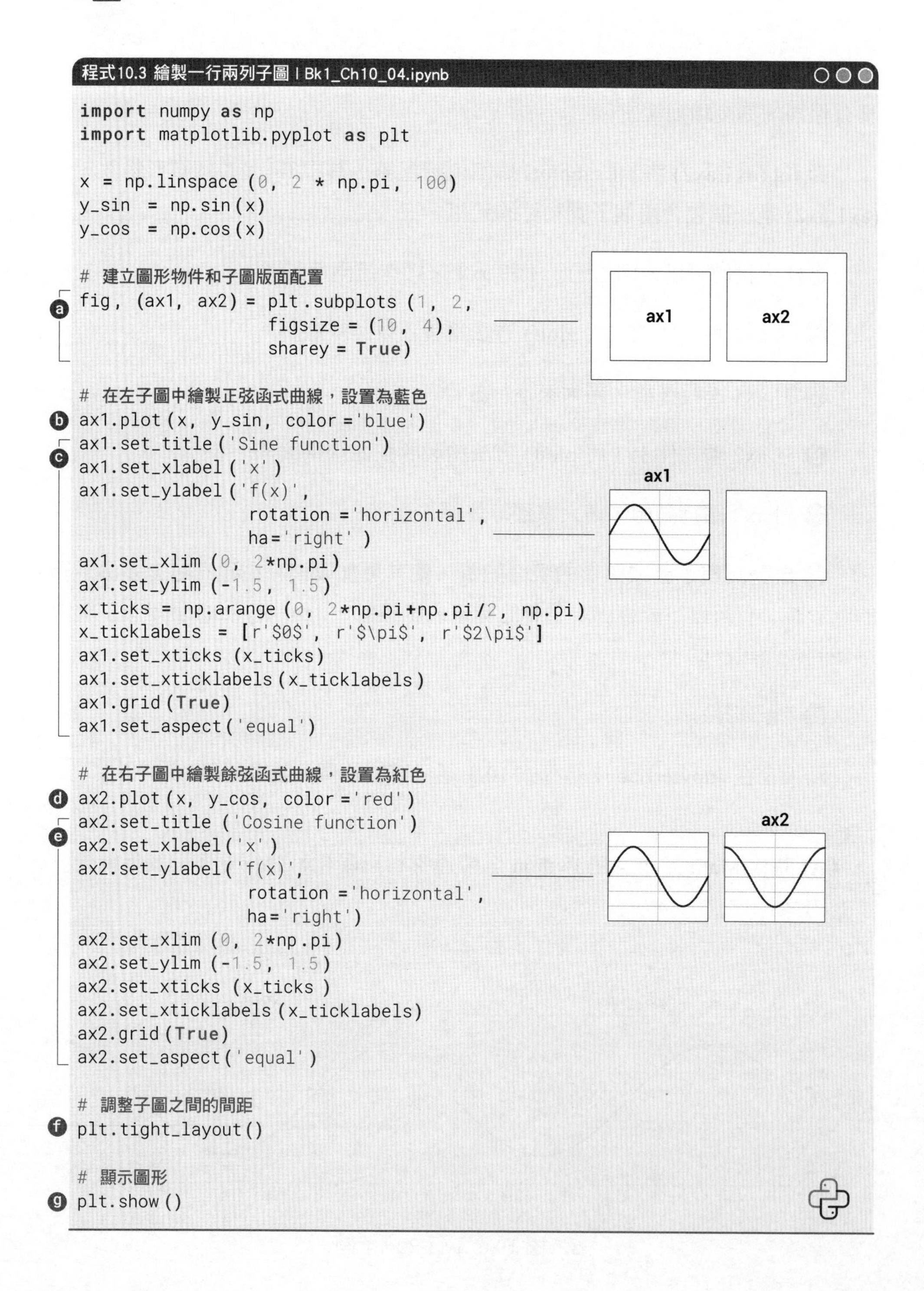

程式10.3 繪製一行兩列子圖 | Bk1_Ch10_04.ipynb

```
import numpy as np
import matplotlib.pyplot as plt

x = np.linspace (0, 2 * np.pi, 100)
y_sin  = np.sin(x)
y_cos  = np.cos(x)

# 建立圖形物件和子圖版面配置
fig, (ax1, ax2) = plt.subplots (1, 2,
                        figsize = (10, 4),
                        sharey = True)

# 在左子圖中繪製正弦函式曲線，設置為藍色
ax1.plot(x, y_sin, color ='blue')
ax1.set_title('Sine function')
ax1.set_xlabel('x')
ax1.set_ylabel('f(x)',
                   rotation ='horizontal',
                   ha='right' )
ax1.set_xlim (0, 2*np.pi)
ax1.set_ylim (-1.5, 1.5)
x_ticks = np.arange (0, 2*np.pi+np.pi/2, np.pi)
x_ticklabels  = [r'$0$', r'$\pi$', r'$2\pi$']
ax1.set_xticks (x_ticks)
ax1.set_xticklabels(x_ticklabels)
ax1.grid(True)
ax1.set_aspect('equal')

# 在右子圖中繪製餘弦函式曲線，設置為紅色
ax2.plot(x, y_cos, color ='red')
ax2.set_title ('Cosine function')
ax2.set_xlabel('x')
ax2.set_ylabel('f(x)',
                   rotation ='horizontal',
                   ha='right')
ax2.set_xlim (0, 2*np.pi)
ax2.set_ylim (-1.5, 1.5)
ax2.set_xticks (x_ticks )
ax2.set_xticklabels(x_ticklabels)
ax2.grid(True)
ax2.set_aspect('equal')

# 調整子圖之間的間距
plt.tight_layout()

# 顯示圖形
plt.show()
```

以利用 Matplotlib 工具繪製線圖為例，大家會發現，有些時候我們利用 plt.plot()，有些時候用 ax.plot()。

比較來看，plt 相當於「提筆就畫」，ax 是在指定軸物件操作。如果只需要繪製簡單的圖形，使用 plt 函式就足夠了；但是如果需要更複雜的圖形版面配置或多個子圖，使用 ax 函式會更方便。

表 10.1 比較了各種常用的 plt 和 ax 函式。

➔ 表 10.1 比較 plt 和 ax 函式

功能	plt 函式 import matplotlib.pyplot as plt	ax 函式 fig,ax = plt.subplots()fig,axes=plt.subplots(n_rows,n_cols) ax = axes[row_num][col_num]
建立新的圖形	plt.figure()	
建立新的子圖	plt.subplot()	ax = fig.add_subplot()
建立折線圖	plt.plot()	ax.plot()
增加橫軸標籤	plt.xlabel()	ax.set_xlabel()
增加縱軸標籤	plt.ylabel()	ax.set_ylabel()
增加標題	plt.title()	ax.set_title()
設置橫軸範圍	plt.xlim()	ax.set_xlim()
設置縱軸範圍	plt.ylim()	ax.set_ylim()
增加圖例	plt.legend()	ax.legend()
增加文字註釋	plt.text()	ax.text()
增加註釋	plt.annotate()	ax.annotate()
增加水平線	plt.axhline()	ax.axhline()
增加垂直線	plt.axvline()	ax.axvline()
增加背景網格	plt.grid()	ax.grid()
儲存圖形到檔案	plt.savefig()	通常使用 fig.savefig()

10.3 圖片美化

顏色

在 Matplotlib 中，可以使用多種方式指定線圖的顏色，包括 RGB 值、預先定義顏色名稱、十六進位顏色碼和灰度值。

可以使用 RGB(R 是 red，G 是 green，B 是 blue) 來指定顏色，其中每個元素的值介於 0 ~ 1 之間。舉例來說，(1,0,0) 表示純紅色，(0,1,0) 表示純綠色，(0,0,1) 表示純藍色，如圖 10.7 所示。使用 RGBA 值指定「RGB 顏色 + 透明度 (A)」。

如圖 10.8 所示，RGB 三原色模型實際上組成了一個色彩「立方體」——一個色彩空間。也就是說在這個立方體中藏著無數種色彩。

> 《AI 時代 Math 元年 - 用 Python 全精通矩陣及線性代數》會用 RGB 三原色模型講解線性代數中**向量空間** (vector space) 這個重要概念。

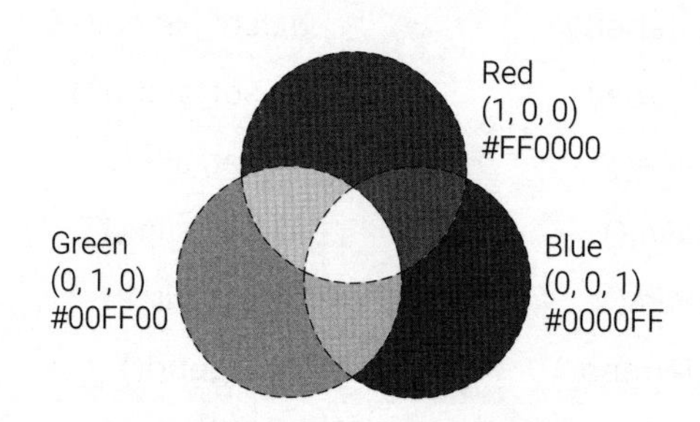

▲ 圖 10.7 RGB 三原色模型

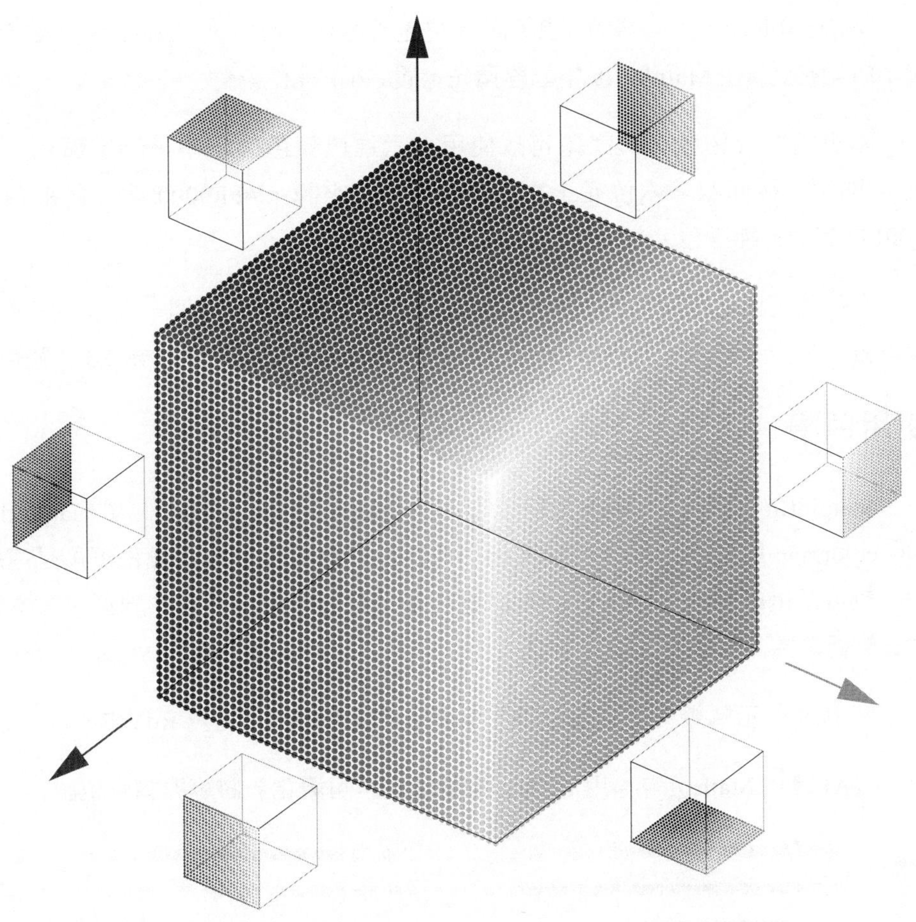

▲ 圖 10.8 RGB 三原色模型「立方體」

⚠

什麼是 RGB 顏色模式？

RGB(紅綠藍) 顏色模式是一種使用紅、綠、藍三個基本顏色通道來表示顏色的方法。在 RGB 模式中，透過調整每個通道的強度 (0 ~ 255 的值，Matplotlib 中 0 ~ 1 的值) 來建立各種顏色。透過組合不同強度的紅、綠和藍，可以形成幾乎所有可見光顏色。RGB 顏色模式被廣泛應用於電腦圖形、數位影像處理和網頁設計等領域，它提供了一種直觀、靈活且廣泛支援的方式來表示和操作顏色。

Matplotlib 提供了一些常見顏色的預先定義名稱，如 'red'、'green'、'blue' 等。圖 10.14 所示為在 Matplotlib 中已經預先定義名稱的顏色。

本書前文介紹過，大家還可以使用十六進位顏色碼字串來指定顏色。它以 '#' 開頭，後面跟著六位元十六進位數。舉例來說，'#FF0000' 表示純紅色，'#00FF00' 表示純綠色。

我們還可以使用灰度值來指定顏色，設定值介於 0 ~ 1 之間，表示不同的灰度等級。'0' 表示黑色，'1' 表示白色。比如，color='0.5' 代表灰度值為 0.5 的灰色。

使用色譜

Matplotlib 中還有一種漸變配色方案—**顏色映射** (colormap)。在 Matplotlib 中，colormap 用於表示從一個端到另一個端的顏色變化。這個變化可以是連續的，也可以是離散的。colormap 可以直譯為「顏色映射」「色彩映射」，本書系一般稱之為「色譜」。

圖 10.9 所示為幾種常見的色譜。本書系中最常用的色譜為 RdYlBu。

《AI 時代 Math 元年 - 用 Python 全精通資料可視化》將專門講解色譜。

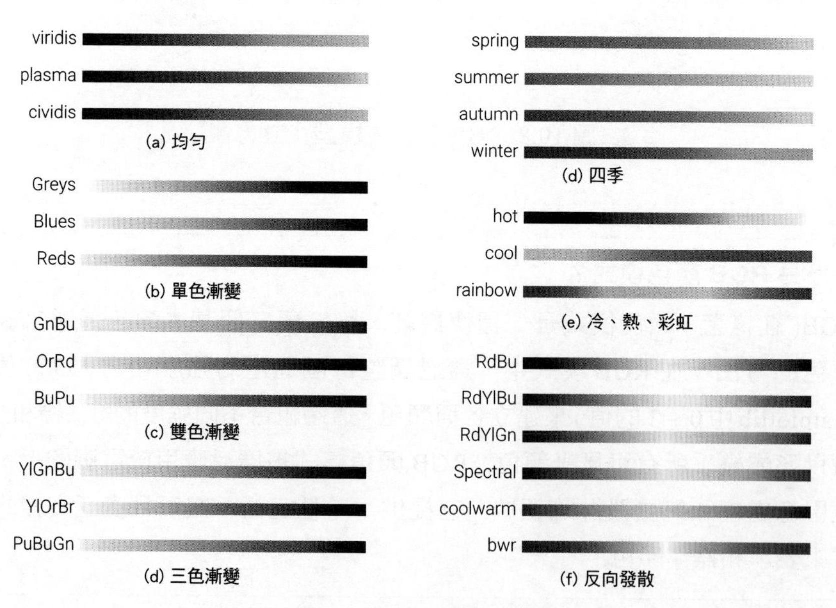

▲ 圖 10.9 幾種常用色譜

在 Matplotlib 中，colormap 主要用於繪製二維圖形，如熱圖、散點圖、等高線圖等。它用於將資料值映射到不同的顏色，以顯示資料的變化和模式。圖 10.10 展示了使用色譜的幾個場合。

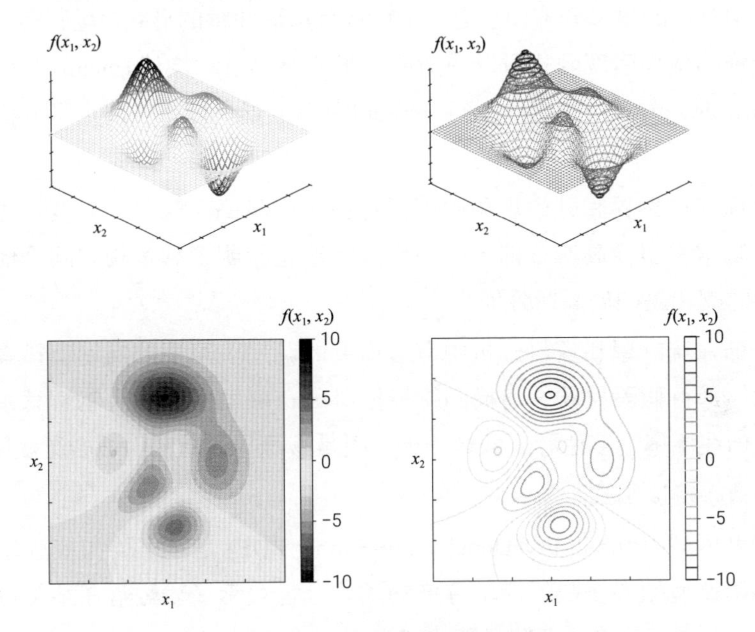

▲ 圖 10.10 使用色譜的幾個場合

本書第 26 章介紹獲得圖 10.11 兩幅子圖的程式。

圖 10.11 所示為利用色譜著色一組曲線。圖 10.11(a) 所示為一元高斯機率密度分佈曲線隨平均值 μ 變化，圖 10.11(b) 所示為曲線隨標準差 σ 變化。

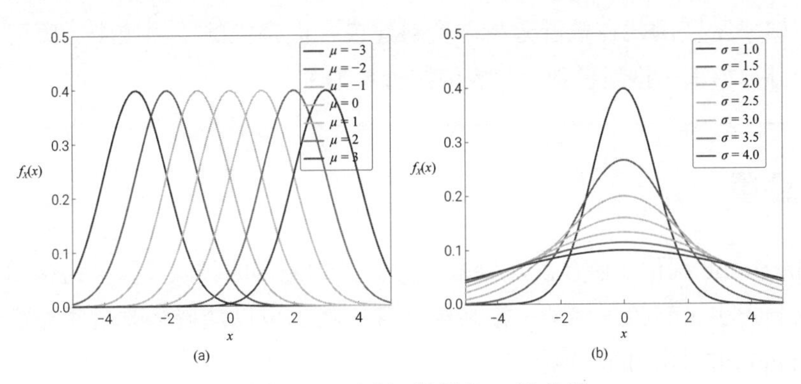

▲ 圖 10.11 用色譜著色一組曲線

什麼是高斯分佈？

高斯分佈 (Gaussian distribution)，也稱為正態分佈 (normal distribution)，是統計學中常用的機率分佈模型之一。它具有鐘形曲線的形狀，呈對稱分佈。高斯分佈的機率密度函式可以由兩個參數完全描述：均值 (mean) 和標準差 (standard deviation)。均值決定了分佈的中心位置，標準差決定了分佈的展開程度。

高斯分佈在自然界和社會現象中廣泛存在，如身高、體重、溫度等連續型隨機變數常常服從高斯分佈。中心極限定理也說明了許多獨立同分佈的隨機變數的總和趨向於高斯分佈。

高斯分佈在統計學和資料分析中有著重要的應用，可用於描述資料集的分佈特徵、進行假設檢驗、建構回歸模型等。在機器學習和人工智慧領域，高斯分佈在機率密度估計、聚類分析、異常檢測等演算法中被廣泛使用。

什麼是機率密度函式？

機率密度函式 (Probability Density Function，PDF) 是概率論和統計學中用於描述連續型隨機變數的機率分佈的函式。它表示了變數落在某個特定取值範圍內的機率密度，而非具體的機率值。

一元連續隨機變數的機率密度函式是非負函式，並且在整個定義域上的積分等於 1。對於給定的連續型隨機變數，透過 PDF 可以計算出在不同取值範圍內的機率密度值，從而了解變數的分佈特徵和機率分佈形狀。

以正態分佈為例，其機率密度函式即高斯函式，可以描述變數取值的機率密度。在某個特定取值處，機率密度函式的值越高，表示該取值的機率越大。機率密度函式在統計分析、資料建模、機率推斷等領域廣泛應用，可用於計算機率、推斷參數、生成模擬資料等。

預設設置

Matplotlib 提供了許多配置參數，用於控制圖形的預設設置。這些預設設置包括圖形大小、顏色、字型、線條樣式等。我們可以透過修改這些配置參數來自訂 Matplotlib 圖形的外觀和行為。

程式 10.4 可以用來查看 Matplotlib.pyplot 繪圖時的全套預設設置；同時，我們還可以透過串列舉出的關鍵字修改預設設置。

由於串列過長，為了節省用紙，請大家在書附程式中查看。下面，我們挑幾個常用設置簡單介紹。

程式10.4 查看Matplotlib圖片預設設置 | Bk1_Ch10_05.ipynb

```
a import matplotlib.pyplot as plt
b p = plt.rcParams  # 全域配置參數
  print(p)
  # plt.rcParams 配置參數的當前預設值
```

比如，預設圖片大小為 'figure.figsize':[6.4,4.8]。

透過 plt.rcParams['figure.figsize']= (8,6) 可以修改圖片大小。預設線寬為 'lines.linewidth':1.5。plt.rcParams['lines.linewidth']= 2 將線寬設置為 2 pt。

再如，axes.prop_cycle:cycler('color',['#1f77b4','#ff7f0e','#2ca02c','#d62728','#9467bd','#8c564b','#e377c2','#7f7f7f','#bcbd22','#17becf']) 告訴我們在繪製線圖時，如果不指定具體顏色，在繪製若干線圖時，會採用如圖 10.12 右側由上至下顏色依次著色。顏色不夠用時，重複顏色序列迴圈。

如果大家對這組顏色迴圈不滿意，可以在繪製線圖時，像前文介紹的那樣分別指定顏色。或直接修改 cycler。這是《AI 時代 Math 元年 - 用 Python 全精通資料可視化》要介紹的話題之一。

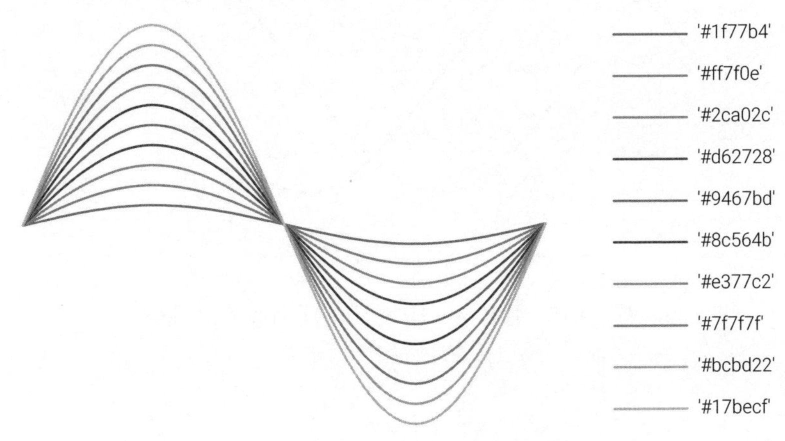

▲ 圖 10.12 Matplotlib 線圖預設顏色序列

10.4 使用 Plotly 繪製線圖

我們還可以用 Plotly 繪製具有互動屬性的圖形，比如圖 10.13。下面介紹兩種不同的方法繪製圖 10.13。首先聊一聊程式 10.5 的關鍵敘述。

ⓐ 將 plotly.express 模組匯入，簡寫作 px。模組 plotly.express 中視覺化方案很豐富，如散點圖、面積圖、圓形圖、太陽爆炸圖、長條圖、冰柱圖等。

ⓑ 匯入 numpy，簡寫作 np。

ⓒ 用 plotly.express.line()，簡寫作 px.line()，繪製線圖。參數變數 x 為橫軸座標資料，參數變數 y 為縱軸座標資料。參數 labels 用於設置圖表的標籤。字典中鍵 - 值對 'y':'f(x)' 指定了縱軸的標籤為 'f(x)'。鍵 - 值對 'x':'x' 指定了橫軸的標籤為 'x'。

ⓓ 這兩句修改了圖例中兩條線的標籤。由於繪圖時輸入為一維 NumPy 陣列，需要額外敘述設定圖例標籤。程式 10.6 中，繪圖時採用的資料型態是 Pandas DataFrame，就沒有這個問題。

ⓔ 展示互動圖片，如圖 10.13 所示。

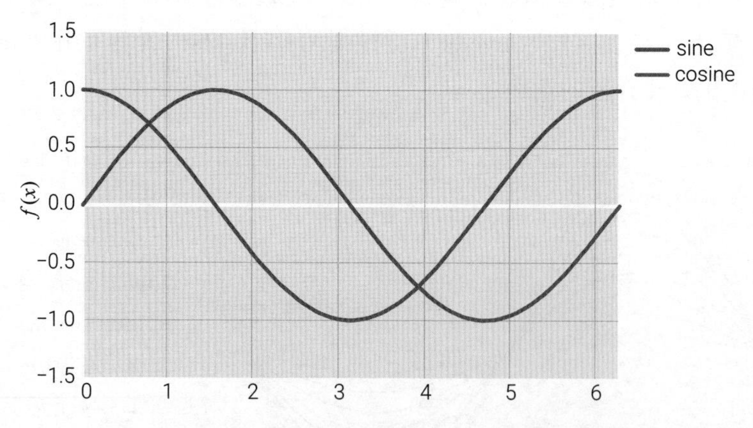

▲ 圖 10.13 用 Plotly 繪製具有互動性質的曲線

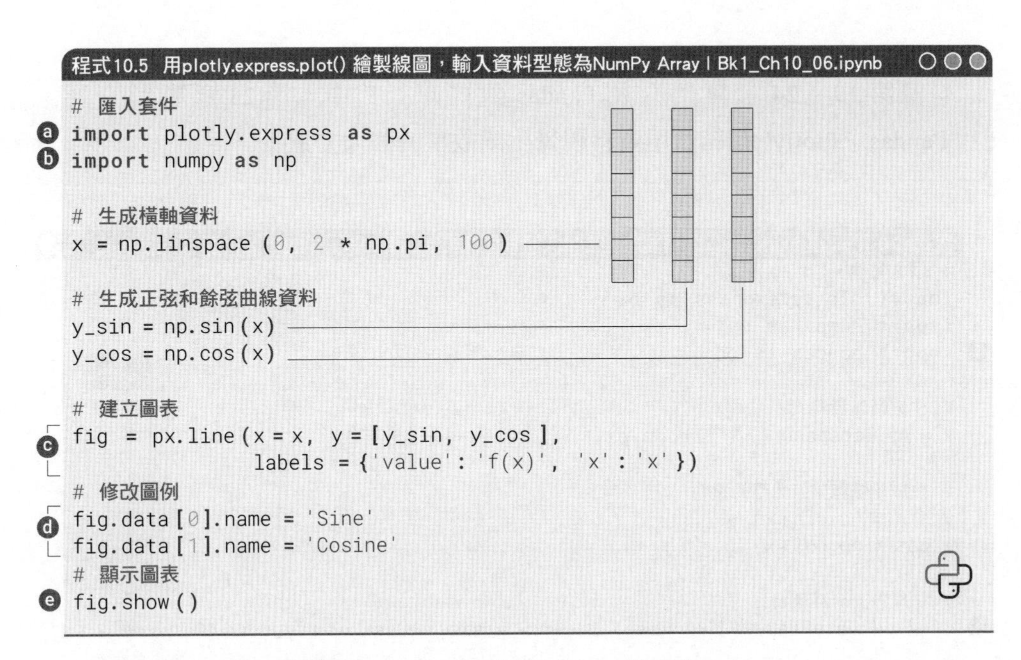

程式 10.6 中程式 ⓐ 將 pandas 函式庫匯入，簡寫作 pd。

ⓑ 利用 pandas.DataFrame() 構造資料幀。

{'X':x,'Sine':y_sin,'Cosine':y_cos} 是一個字典，其中鍵是資料幀中的列名稱，而值是對應列的資料。

具體來說，'x' 列包含了 x 陣列的資料，'Sine' 列包含了 y_sin 陣列的資料，'Cosine' 列包含了 y_cos 陣列的資料。

新建立的資料幀物件叫作 df。

ⓒ 呼叫 plotly.express.line() 繪製正弦、餘弦曲線。輸入的資料為新建立的資料幀 df，然後，我們直接可以透過資料幀列標籤，比如 'x'、'sine'、'cosine' 呼叫資料幀具體資料。

實踐中，大家會發現視覺化函式庫 Seaborn 和 Plotly 和 Pandas DataFrame 的結合更為密切。

本書第 19 ~ 24 章專門介紹 Pandas 函式庫；其中，第 23 章專門介紹 "Pandas + Plotly" 相結合用資料視覺化講故事的強大力量！

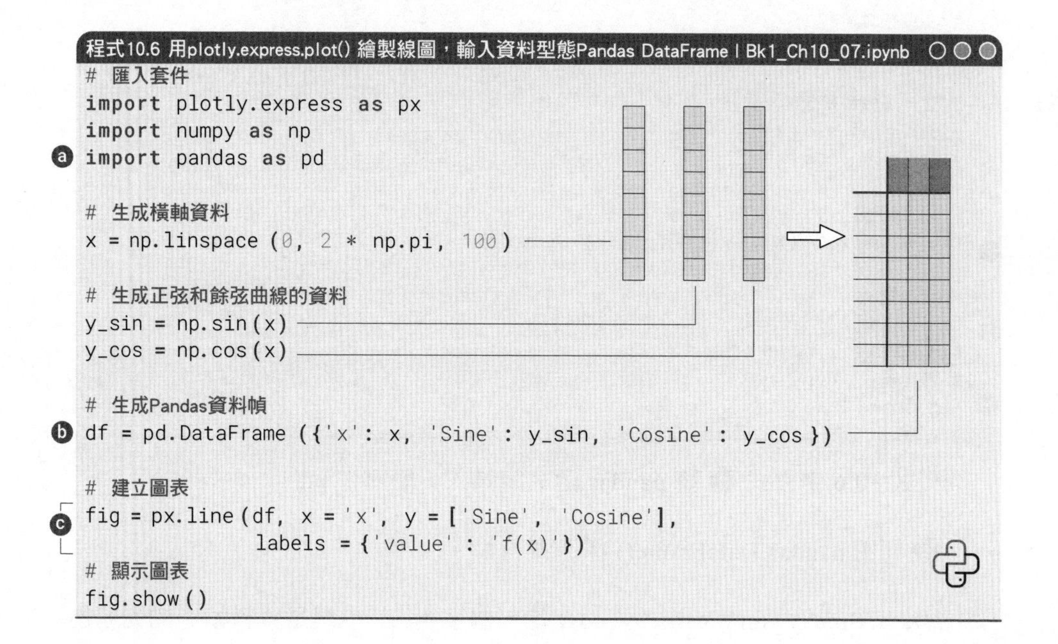
程式10.6 用plotly.express.plot() 繪製線圖，輸入資料型態Pandas DataFrame | Bk1_Ch10_07.ipynb

```
# 匯入套件
import plotly.express as px
import numpy as np
import pandas as pd

# 生成橫軸資料
x = np.linspace(0, 2 * np.pi, 100)

# 生成正弦和餘弦曲線的資料
y_sin = np.sin(x)
y_cos = np.cos(x)

# 生成Pandas資料幀
df = pd.DataFrame({'x': x, 'Sine': y_sin, 'Cosine': y_cos})

# 建立圖表
fig = px.line(df, x = 'x', y = ['Sine', 'Cosine'],
              labels = {'value' : 'f(x)'})
# 顯示圖表
fig.show()
```

➔ 請大家完成以下題目。

Q1. 大家可以在本章書附程式中找到圖 10.1 對應的 Matplotlib 官方提供的程式檔案。本書將 Python 程式檔案命名為 Bk1_Ch10_01.ipynb。請大家給這個程式檔案中的程式逐行中文註釋，並在 JupyterLab 中進行探究式學習。

Q2.Matplotlib 提供豐富的視覺化方案實例，圖 10.15、圖 10.16、圖 10.17 大部分子圖對應的程式都在以下網址中，請大家在 JupyterLab 複刻每幅子圖，並補充必要註釋。

```
https://matplotlib.org/stable/plot_types/index.html
```

* 本章習題不提供答案。

本書系的核心是「程式設計 + 視覺化 + 數學 + 機器學習」，「視覺化」是系列圖書四根支柱之一！本書系中的任何一幅圖片造成的作用並不是單純的「裝飾」。

我們想用各種豐富的視覺化方案幫助大家理解數學工具原理，搞懂機器學習演算法。從圖片創意，到程式設計實現，最後後期處理，整個過程也是一次「美學實踐」。

Python 提供大量第三方視覺化工具助力我們的「美學實踐」！本書中僅有三章內容專門介紹視覺化，而《AI 時代 Math 元年 - 用 Python 全精通資料可視化》整本就專注於一件事—如何畫好圖。

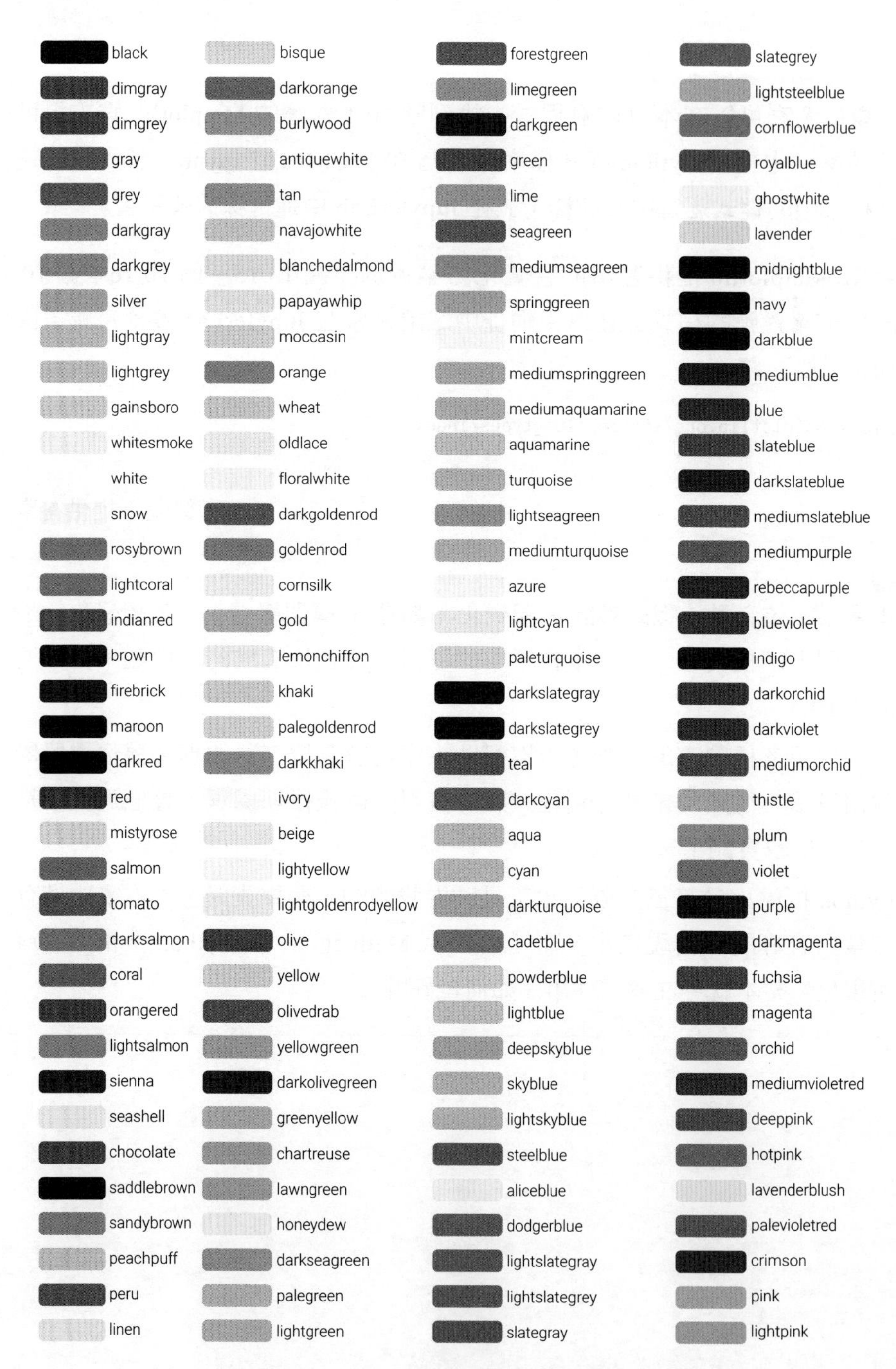

▲ 圖 10.14 Matplotlib 已定義名稱的顏色

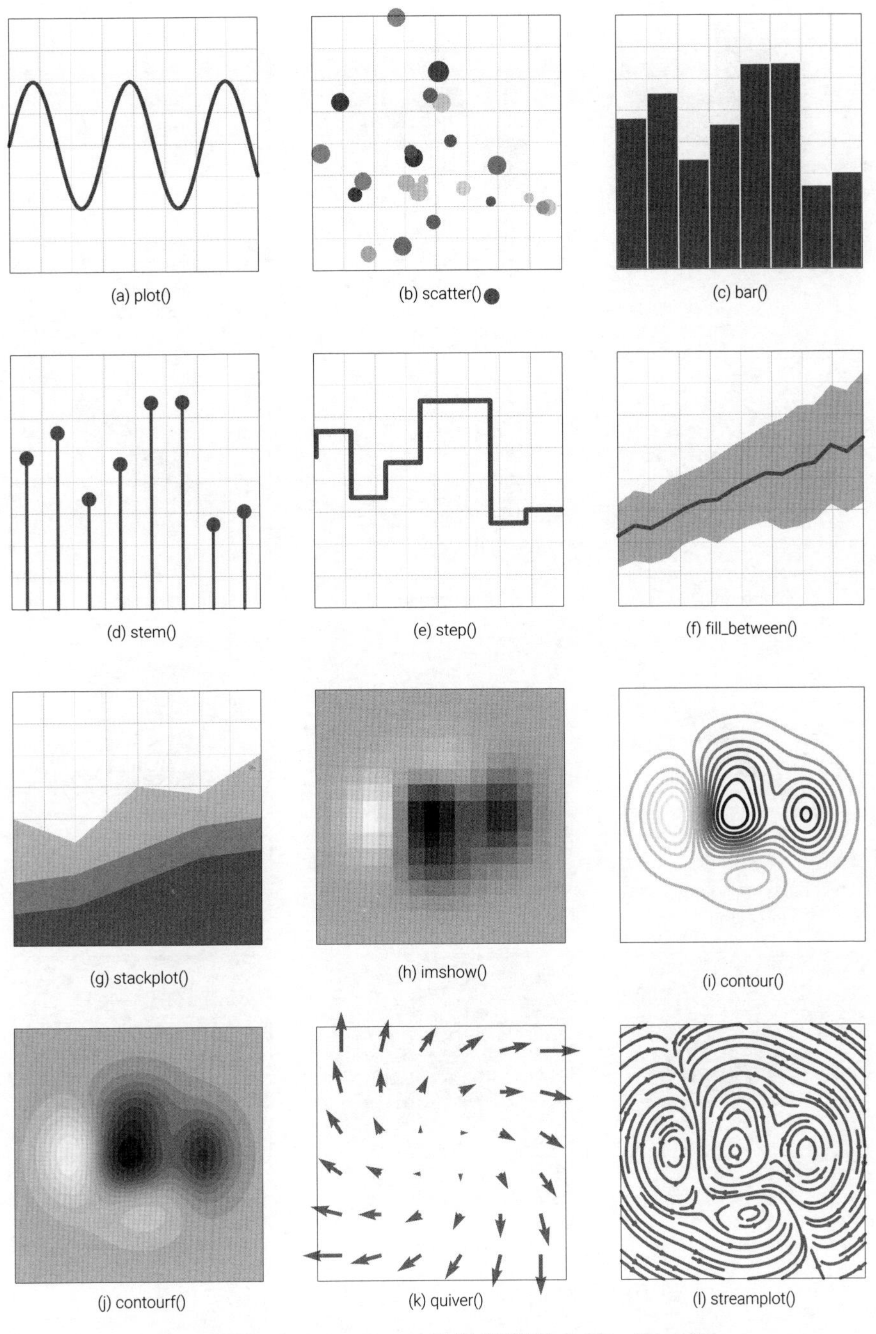

▲ 圖 10.15 Matplotlib 常見視覺化方案 (第一組)

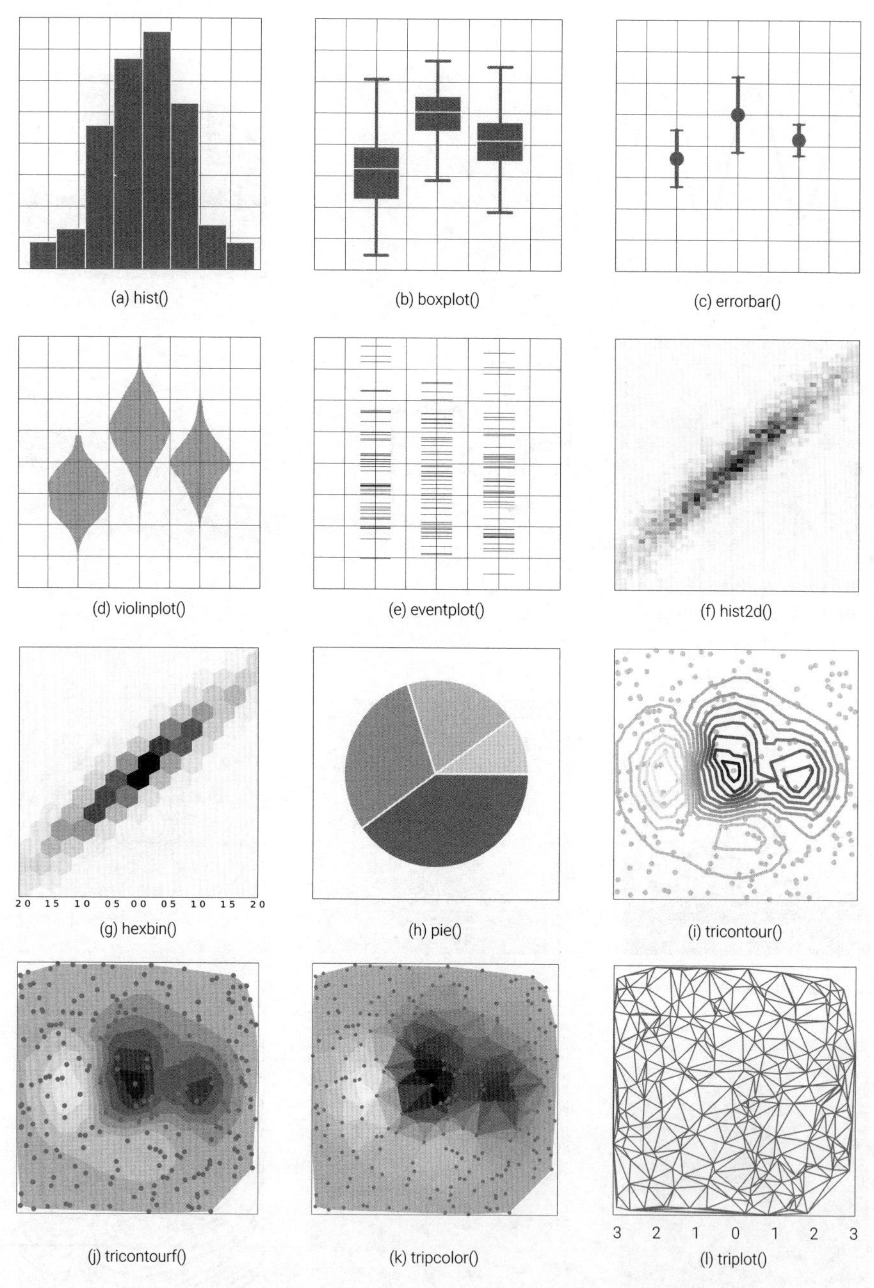

▲ 圖 10.16 Matplotlib 常見視覺化方案 (第二組)

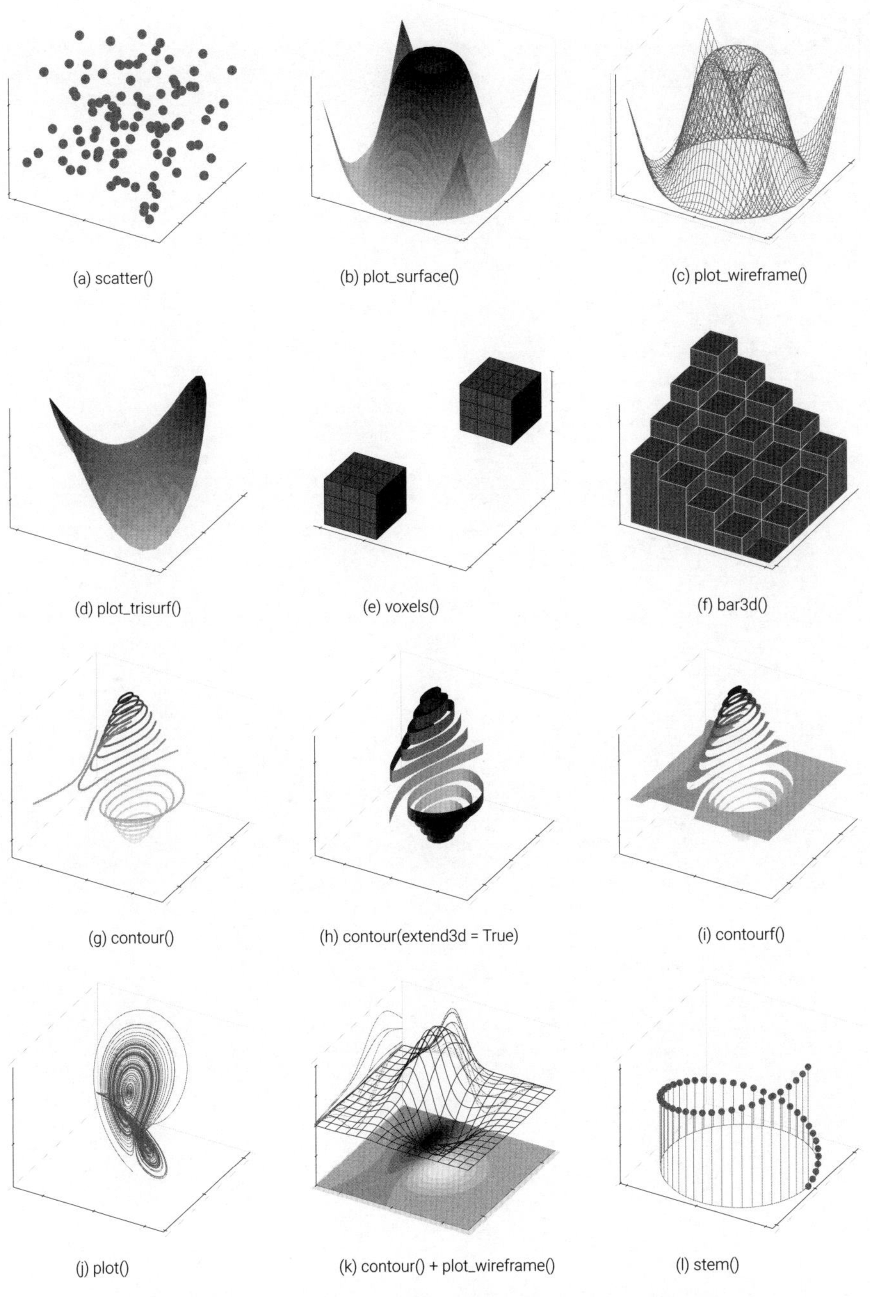

▲ 圖 10.17 Matplotlib 常見視覺化方案 (第三組)

MEMO

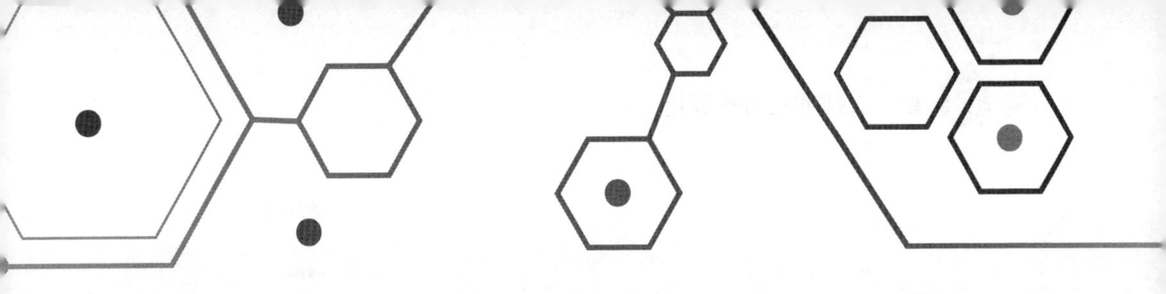

2D and 3D Visualizations

11 二維和三維視覺化

散點圖、等高線圖、熱圖、網格面……

文明的傳播像是星星之火，可以燎原；首先是星星之火，然後是閃爍的炬火，最後是燎原烈焰，排山倒海、勢不可擋。

The spread of civilization may be likened to a fire;first,a feeble spark,next a flickering flame,then a mighty blaze,ever increasing in speed and power.

——尼古拉 ‧ 特斯拉（*Nikola Tesla*）| 發明家、物理學家 | *1856—1943* 年

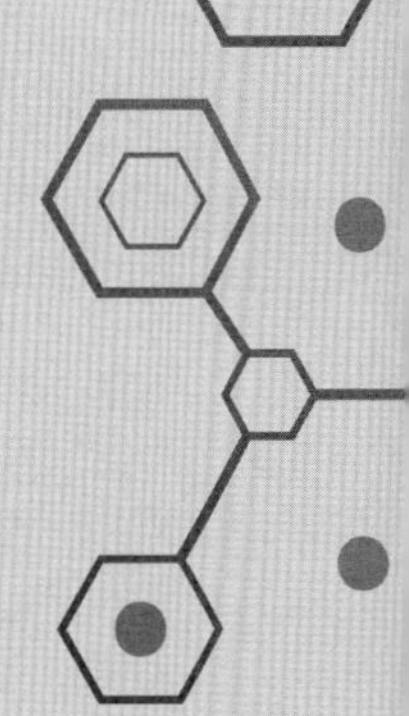

- Axes3D.plot_surface() 繪製立體曲面圖
- matplotlib.pyplot.contour() 繪製等高線圖，軸物件可以為三維
- matplotlib.pyplot.contourf() 繪製二維填充等高線圖，軸物件可以為三維
- numpy.cumsum() 計算給定陣列中元素的累積和，傳回一個具有相同形狀的陣列
- numpy.exp() 計算給定陣列中每個元素的 e 的指數值
- numpy.linspace() 在指定的範圍內建立等間隔的一維陣列
- numpy.meshgrid() 生成多維網格化陣列
- plotly.express.data.iris() 匯入鳶尾花資料集
- plotly.express.imshow() 繪製可互動的熱圖
- plotly.express.line() 建立可互動的折線圖
- plotly.express.scatter() 建立可互動的散點圖
- plotly.express.scatter_3d() 建立可互動的三維散點圖
- plotly.graph_objects.Contour() 繪製可互動的等高線圖
- plotly.graph_objects.Scatter3d() 繪製可互動的散點、線圖
- plotly.graph_objects.Surface() 繪製可互動的立體曲面圖
- seaborn.heatmap() 繪製熱圖
- seaborn.load_dataset()Seaborn 函式庫中用於載入範例資料集
- seaborn.scatterplot() 建立散點圖

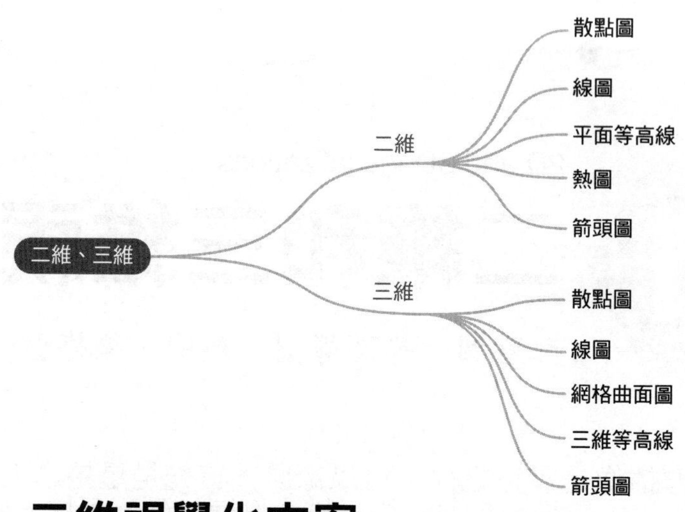

11.1 二維視覺化方案

上一章，我們介紹了如何用 Matplotlib 和 Plotly 繪製線圖，本章將分別介紹《AI 時代 Math 元年 - 用 Python 全精通程式設計》中常用的二維和三維視覺化方案。

散點圖、線圖、等高線圖、熱圖是本書系最常見的四類二維 (平面) 視覺化方案。

下面，我們先從二維視覺化方案說起。

- **散點圖** (scatter plot)：散點圖用於展示兩個變數之間的關係，其中每個點的位置表示兩個變數的取值。可以透過設置點的顏色、大小、形狀等屬性來表示其他資訊。
- **線圖** (line plot)：線圖用於展示資料隨時間或其他變數變化而變化的趨勢。線圖由多個資料點連接而成，通常用於展示連續資料。
- **等高線圖** (contour plot)：等高線圖用於展示二維資料隨著兩個變數的變化而變化的趨勢。每個資料點的值表示為等高線的高度，從而形成連續的輪廓線。

- **熱圖 (heatmap)**：熱圖用於展示二維資料的值，其中每個值用顏色表示。熱圖常用於資料分析中，用於顯示資料的熱度、趨勢等資訊。建議使用 Seaborn 函式庫繪製熱圖。

11.2 二維散點圖

二維 (平面) 散點圖是**平面直角座標系** (two-dimensional coordinate system)，也叫**笛卡兒座標系** (Cartesian coordinate system)，是一種用於視覺化二維資料分佈的圖形表示方法。它由一系列離散的資料點組成，其中每個資料點都有兩個座標值組成。本節中的散點圖均為二維散點圖。

什麼是平面直角坐標系？

平面直角坐標系，也稱笛卡兒座標系，是一種二維空間中的座標系統，由兩條相互垂直的直線組成，如圖 11.1 所示。其中一條直線稱為 x 軸，另一條直線稱為 y 軸。它們的交點稱為原點，通常用 O 表示。平面直角坐標系可以用來描述二維空間中點的位置，其中每個點都可以由一對有序實數 (a,b) 表示，分別表示點在 x 軸和 y 軸方向上的位置。x 軸和 y 軸的正方向可以是任意方向，通常 x 軸向右，y 軸向上。平面直角坐標系是解析幾何中重要的工具，用於研究點、直線、曲線以及它們之間的關係和性質。

《AI 時代 Math 元年 - 用 Python 全精通數學要素》第 5 章專門講解笛卡兒座標系。

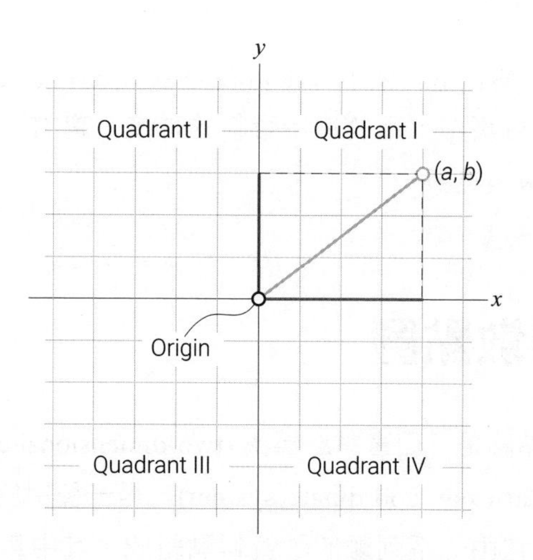

▲ 圖 11.1 笛卡兒座標系（平面直角座標系）

Matplotlib 中的 matplotlib.pyplot.scatter() 函式可以用於建立散點圖，並指定資料點的座標和其他繪圖參數，如顏色、大小等。

特別推薦大家使用 seaborn 中的 seaborn.scatterplot() 函式來建立二維散點圖，並傳遞資料點的座標和其他可選參數。

除此之外，大家還可以使用 Plotly 中的 plotly.express.scatter() 和 plotly.graph_objects.Scatter() 函式建立可互動的散點圖，並指定資料點的座標、樣式等參數。

下面利用 Seaborn 和 Plotly 這兩個函式庫中函式繪製散點圖。

Seaborn

圖 11.2 所示為利用 seaborn.scatterplot() 繪製的鳶尾花資料集散點圖。這兩幅散點圖的橫軸都是花萼長度，縱軸都是花萼寬度。其中，圖 11.2(b) 用顏色標識了鳶尾花類別。

使用 seaborn.scatterplot() 函式的基本語法如下：

```
import  seaborn  as  sns
sns.scatterplot(data=data_frame,x="x_variable",y="y_variable")
```

其中，**x_variable** 是資料集中表示 *x* 軸的變數列名稱，**y_variable** 是表示 *y* 軸的變數列名稱，data_frame 是包含要繪製的資料的 Pandas DataFrame 物件。

我們還可以指定 hue 參數，用於對資料點進行分組並在圖中用不同顏色表示列名稱；size 參數指定了資料點的大小根據 value 列的值進行縮放。除了 hue 和 size，還可以使用其他參數如 style、palette、alpha 等來進一步訂製散點圖的外觀和風格。

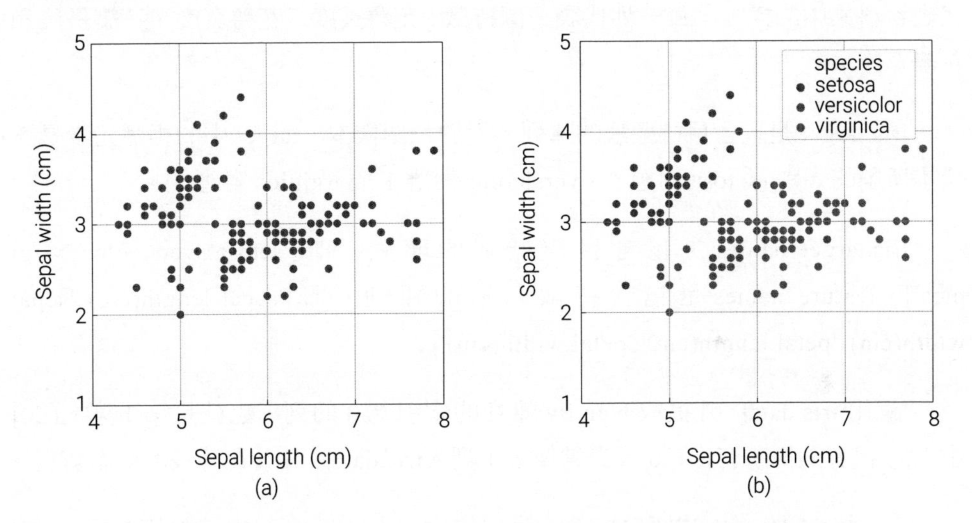

▲ 圖 11.2 使用 seaborn.scatterplot() 繪製的鳶尾花資料集散點圖

我們可以透過程式 11.1 繪製圖 11.2，下面講解其中關鍵敘述。

ⓐ 從 sklearn.datasets 模組中匯入了一個叫作 load_iris 的函式。這個函式的作用是載入經典的鳶尾花資料集。相信大家對鳶尾花資料集已經並不陌生。

簡單來說，鳶尾花資料集是一個常用於機器學習和統計學習的範例資料集，其中包含了三種不同品種的鳶尾花 (setosa、versicolor 和 virginica) 各 50 個樣本，總計 150 個樣本。每個樣本有四個特徵，**花萼長度** (sepal length)、**花萼寬度** (sepal width)、**花瓣長度** (petal length)、**花瓣寬度** (petal width)。

ⓑ 用 load_iris() 載入鳶尾花資料。大家透過 type(iris) 可以發現 iris 的資料型態為 sklearn.utils._bunch.Bunch，它是 Scikit-Learn 中一個簡單的資料容器類別。

這種資料型態類似字典 (dict)，但提供了一些額外的便捷方法和屬性。

比如，iris.data 是包含特徵資料的陣列，具體類型為 NumPy Array。每一行代表資料集中的樣本，每一列代表一個特徵 (花萼長度、花萼寬度、花瓣長度和花瓣寬度)。

iris.target 是包含目標標籤的陣列。對於每個樣本，target 中的相應元素是該樣本所屬的類別 (setosa 對應 0、versicolor 對應 1、virginica 對應 2)。

iris.target_names 是包含目標標籤的陣列，即 ['setosa','versicolor','virginica']。feature_names 是包含特徵名稱的陣列，即 ['sepal length(cm)','sepal width(cm)','petal length(cm)','petal width(cm)']。

ⓒ 用 iris.data[:,0] 提取 NumPy 陣列的索引為 0 的列，也就是第 1 列。[:,0] 中「:」代表選擇所有行，0 代表選擇第 1 列。iris.data[:,0] 為花萼長度樣本資料。

ⓓ 用 iris.data[:,1] 提取 NumPy 陣列的索引為 1 的列，也就是第 2 列。iris.data[:,1] 為花萼寬度樣本資料。

ⓔ 提取鳶尾花資料集標籤陣列。大家可以試著用 np.unique(iris.target) 獲取陣列獨特值，結果為 array([0,1,2])。

本書第 14 章專門介紹 NumPy 陣列的索引和切片。

使用 numpy.unique() 時，大家可以用 np.unique(iris.target,return_counts=True) 獲取獨特值的計數 (頻數)，結果為元組 tuple(array([0,1,2]),array([50,50,50],dtype=int64))。

ⓕ 用 matplotlib.pyplot.subplots()，簡作 plt.subplots()，建立圖形物件 fig、軸物件 ax。

ⓖ 用 matplotlib.pyplot.scatter()，簡寫作 plt.scatter()，「提筆就畫」散點圖。陣列 sepal_length 是橫軸上的資料點，代表每個樣本的花萼長度。

陣列 sepal_width 是縱軸上的資料點，代表每個樣本的花萼寬度。c=target 指定了散點的顏色，顏色由 target 陣列決定。

cmap='rainbow' 指定了顏色映射。target 中的三個值 (0、1、2) 將透過 'rainbow' 映射到三個顏色，表達鳶尾花三個類別。

ⓗ 裝飾散點圖，請大家逐行註釋。並且試著用軸物件 ax 的方法替換這三句。

ⓘ 設置橫縱軸刻度。請大家註釋 np.arange(4,8 + 1,step=1) 的用法。

ⓙ 將橫縱軸比例尺設置為 1:1。

ⓚ 增加格線，請大家用 ls 代替 linestyle，用 lw 代替 linewidth，用 c 代替 color，重寫這一句。

ⓛ 設置橫縱軸設定值範圍。請大家利用 ax.set_xlim() 和 ax.set_ylim() 替換這兩句。

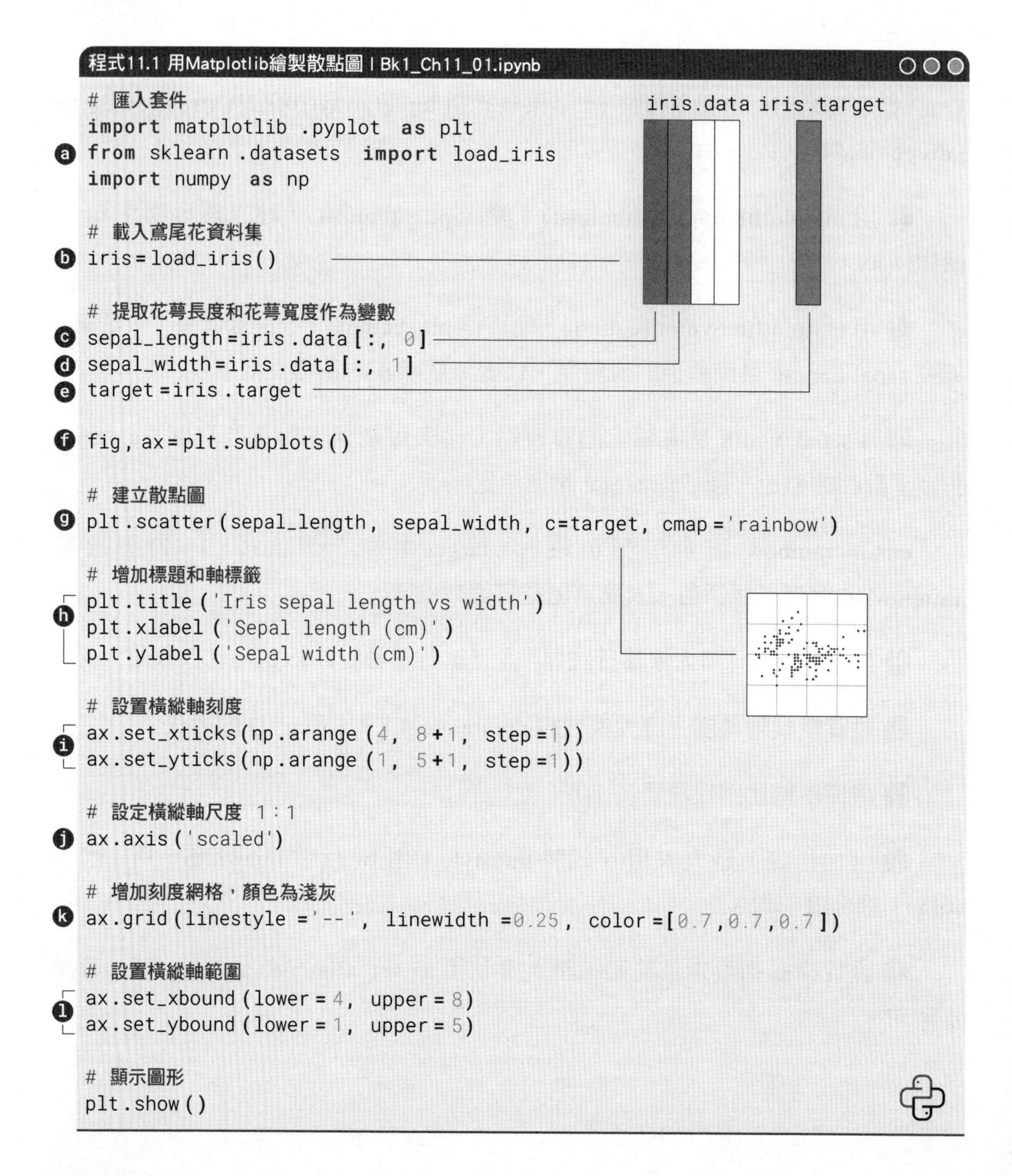

程式11.1 用Matplotlib繪製散點圖 | Bk1_Ch11_01.ipynb

```python
# 匯入套件
import matplotlib.pyplot as plt
from sklearn.datasets import load_iris
import numpy as np

# 載入鳶尾花資料集
iris=load_iris()

# 提取花萼長度和花萼寬度作為變數
sepal_length=iris.data[:, 0]
sepal_width=iris.data[:, 1]
target=iris.target

fig, ax=plt.subplots()

# 建立散點圖
plt.scatter(sepal_length, sepal_width, c=target, cmap='rainbow')

# 增加標題和軸標籤
plt.title('Iris sepal length vs width')
plt.xlabel('Sepal length (cm)')
plt.ylabel('Sepal width (cm)')

# 設置橫縱軸刻度
ax.set_xticks(np.arange(4, 8+1, step=1))
ax.set_yticks(np.arange(1, 5+1, step=1))

# 設定橫縱軸尺度 1:1
ax.axis('scaled')

# 增加刻度網格，顏色為淺灰
ax.grid(linestyle='--', linewidth=0.25, color=[0.7,0.7,0.7])

# 設置橫縱軸範圍
ax.set_xbound(lower=4, upper=8)
ax.set_ybound(lower=1, upper=5)

# 顯示圖形
plt.show()
```


Plotly

圖 11.3 所示為使用 **plotly.express.scatter()** 繪製的鳶尾花資料集散點圖。在本章書附的 **Jupyter Notebook** 中大家可以看到這兩幅子圖為可互動影像。

plotly.express.scatter() 用來視覺化兩個數值變數之間的關係，或展示資料集中的模式和趨勢。這個函式的基本語法如下：

```
import plotly.express as px
fig = px.scatter(data_frame, x = "x_variable", y = "y_variable")
fig.show()
```

其中，data_frame 是包含要繪製的資料的 Pandas DataFrame 物件，x_variable 是資料集中表示 x 軸的變數列名稱，y_variable 是資料集中表示 y 軸的變數列名稱。

可以根據需要增加其他參數，如 color、size、symbol 等，以進一步訂製散點圖的外觀。

最後，透過 fig.show() 方法顯示繪製好的散點圖。

《AI時代Math元年 - 用Python全精通資料可視化》專門講解散點圖。

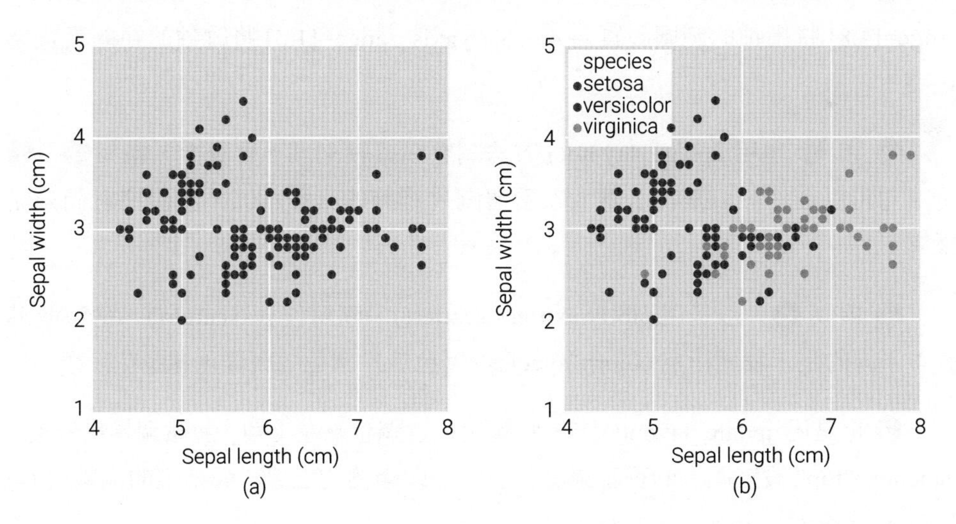

▲ 圖 11.3 使用 plotly.express.scatter() 繪製的鳶尾花資料集散點圖

我們可以透過程式 11.2 繪製圖 11.3，下面講解其中關鍵敘述。

ⓐ 將 plotly.express 模組匯入，簡寫作 px。

ⓑ 用 plotly.express.data.iris()，簡寫作 px.data.iris()，匯入鳶尾花資料。資料型態為 Pandas DataFrame。

ⓒ 用 plotly.express.scatter()，簡寫作 px.scatter()，繪製散點圖。iris_df 為繪製散點圖所需要的資料。

x="sepal_length" 和 y="sepal_width" 指定了在散點圖橫縱軸分別使用資料幀 iris_df 具體兩個特徵。

width=600 和 height=600 指定了圖形的寬度和高度，分別設置為 600 像素。labels={"sepal_length":"Sepal length(cm)","sepal_width":"Sepal width(cm)"} 將橫軸標籤設置為 "Sepal length(cm)"，縱軸標籤設置為 "Sepal width(cm)"。預設標籤為資料幀列標籤。

ⓓ 用 Plotly 的 update_layout() 方法來調整橫縱軸的設定值範圍。xaxis_range=[4,8] 將橫軸的範圍設置為 4 ~ 8，yaxis_range=[1,5] 將縱軸的範圍設置為 1 ~ 5。

ⓔ 和 ⓕ 也用 update_layout() 方法調整橫縱軸刻度。實際上，ⓓ、ⓔ、ⓕ 這三句可以合併，但是為了讓大家看清圖片修飾的具體細節，我們把它們分開來寫。

ⓖ 類似 ⓒ，也是用 plotly.express.scatter()，簡寫作 px.scatter()，繪製散點圖；不同的是，我們指定 color="species" 著色散點顏色，視覺化鳶尾花分類。

ⓗ 也是用 update_layout() 方法將圖例位置調整為左上角，並微調具體位置。yanchor="top" 設置圖例的垂直錨點為頂部，即圖例的上邊緣與指定的縱軸值 (y) 對齊。

y=0.99 指定圖例上邊緣相對於繪圖區域底部的位置。在這裡，0.99 是個相對值，表示圖例的上邊緣到繪圖區域底部的距離佔整個繪圖區域高度的 99%。

xanchor="left" 設置圖例的水平錨點為左側，即圖例的左邊緣將與指定的橫軸值 (*x*) 對齊。x=0.01 指定圖例左邊緣相對於繪圖區域左側的位置。在這裡，0.01 也是個相對值，表示圖例的左邊緣到繪圖區域左側的距離佔整個繪圖區域寬度的 1%。

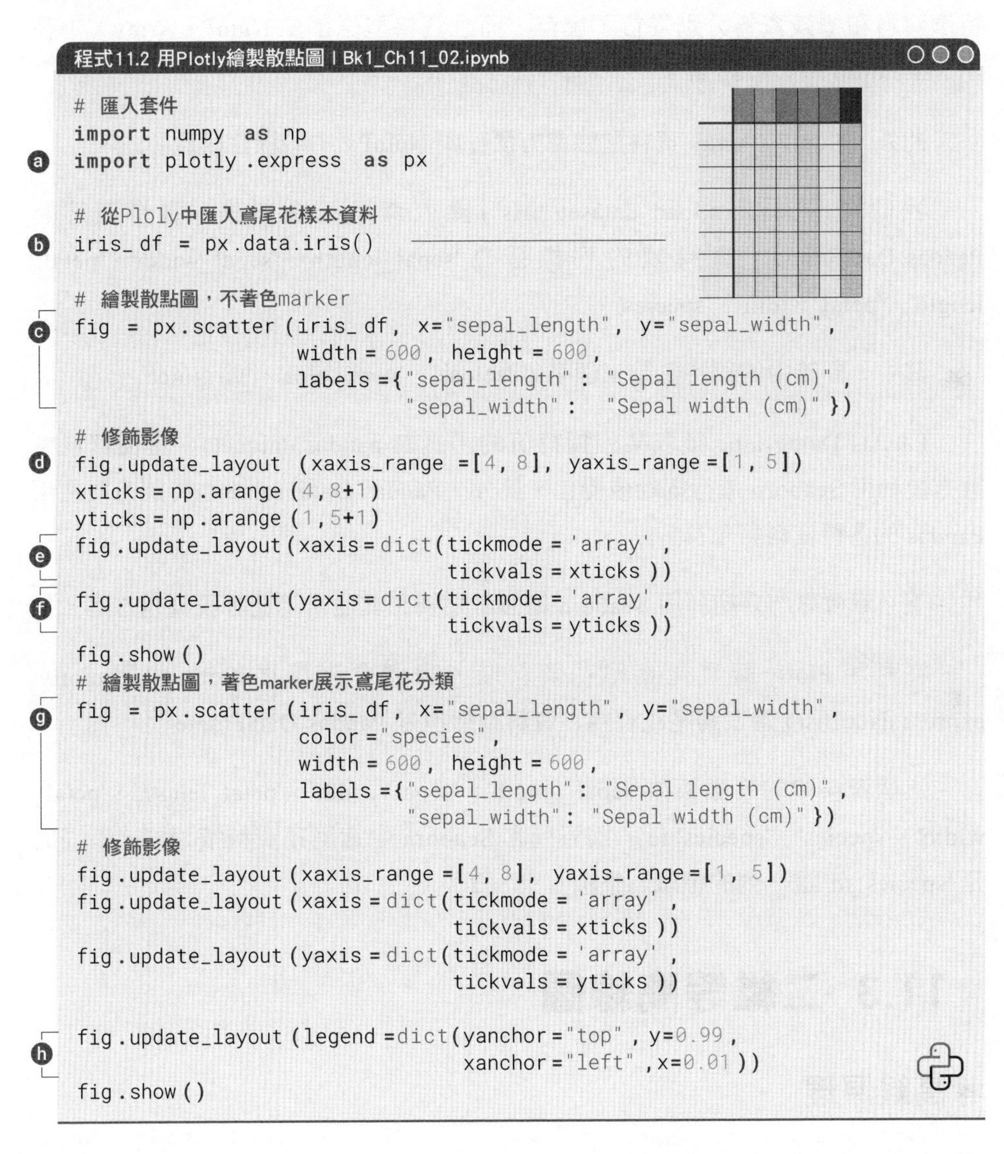

程式11.2 用Plotly繪製散點圖 | Bk1_Ch11_02.ipynb

```python
# 匯入套件
import numpy as np
import plotly.express as px          # a

# 從Ploly中匯入鳶尾花樣本資料
iris_df = px.data.iris()             # b

# 繪製散點圖，不著色marker
fig = px.scatter(iris_df, x="sepal_length", y="sepal_width",
                 width = 600, height = 600,
                 labels={"sepal_length": "Sepal length (cm)",
                         "sepal_width": "Sepal width (cm)"})   # c
# 修飾影像
fig.update_layout(xaxis_range=[4, 8], yaxis_range=[1, 5])     # d
xticks = np.arange(4,8+1)
yticks = np.arange(1,5+1)
fig.update_layout(xaxis=dict(tickmode='array',
                             tickvals=xticks))                 # e
fig.update_layout(yaxis=dict(tickmode='array',
                             tickvals=yticks))                 # f
fig.show()
# 繪製散點圖，著色marker展示鳶尾花分類
fig = px.scatter(iris_df, x="sepal_length", y="sepal_width",
                 color="species",
                 width = 600, height = 600,
                 labels={"sepal_length": "Sepal length (cm)",
                         "sepal_width": "Sepal width (cm)"})   # g
# 修飾影像
fig.update_layout(xaxis_range=[4, 8], yaxis_range=[1, 5])
fig.update_layout(xaxis=dict(tickmode='array',
                             tickvals=xticks))
fig.update_layout(yaxis=dict(tickmode='array',
                             tickvals=yticks))

fig.update_layout(legend=dict(yanchor="top", y=0.99,
                              xanchor="left",x=0.01))          # h
fig.show()
```

匯入鳶尾花資料三個不同途徑

大家可能發現，我們經常從不同的 Python 第三方函式庫匯入鳶尾花資料。程式 11.1 用了 sklearn.datasets.load_iris()，這是因為 SKlearn 中的鳶尾花資料將特徵資料和標籤資料分別進行了儲存，而且資料型態都是 NumPy Array，方便用 Matplotlib 繪製散點圖。

此外，NumPy Array 資料型態還方便呼叫 NumPy 中的線性代數函式。

我們也用 seaborn.load_dataset("iris") 匯入鳶尾花資料集，資料型態為 Pandas DataFrame。資料幀的列標籤為 'sepal_length'、'sepal_width'、'petal_length'、'petal_width'、'species'。

其中，標籤中的獨特值為三個字串 'setosa'、'versicolor'、'virginica'。

Pandas DataFrame 獲取某列獨特值的函式為 pandas.unique()。這種資料型態方便利用 Seaborn 進行統計視覺化。此外，Pandas DataFrame 也特別方便利用 Pandas 的各種資料幀工具。

下一章會專門介紹利用 Seaborn 繪製散點圖和其他常用統計視覺化方案。

在利用 Plotly 視覺化鳶尾花資料時，我們會直接從 Plotly 中用 plotly.express.data.iris() 匯入鳶尾花資料，資料型態也是 Pandas DataFrame。

這個資料幀的列標籤為 'sepal_length'、'sepal_width'、'petal_length'、'petal_width'、'species'、'species_id'。前五列和 Seaborn 中鳶尾花資料幀相同，不同的是 'species_id' 這一列的標籤為整數 0、1、2。

11.3 二維等高線圖

等高線原理

等高線圖是一種展示三維資料的方式，其中相同數值的資料點被連接成曲線，形成輪廓線。

形象地說，如圖 11.4 所示，二元函式相當於一座山峰。在平行於 x_1x_2 平面的特定高度切一刀，得到的輪廓線就是一條等高線。這是一條三維空間等高線。然後，將等高線投影到 x_1x_2 平面，我們便得到一條二維 (平面) 等高線。

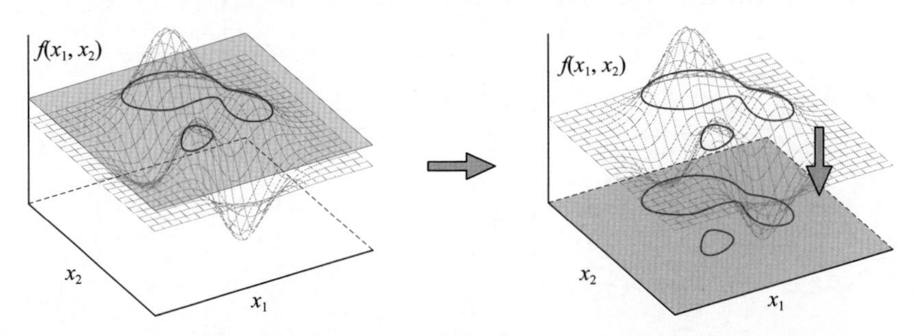

▲ 圖 11.4 平行於 x_1x_2 平面切 $f(x_1,x_2)$ 獲得等高線，然後將等高線投影到 x_1x_2 平面

一系列輪廓線的高度一般用不同的顏色或線型表示，這使得我們可以透過視覺化方式看到資料的分佈情況。

如圖 11.5 所示，將一組不同高度的等高線投影到平面便得到右側二維等高線。右側子圖還增加了色譜條，用來展示不同等高線對應的具體高度。這一系列高度可以是一群組使用者輸入的數值。

⚠

什麼是二元函式？

二元函式是指具有兩個引數和一個因變數的函式。它接受兩個輸入，並傳回一個輸出。一般表示為 $y= f(x1,x2)$，其中 $x1$ 和 $x2$ 是引數，y 是因變數。二元函式常用於描述和分析具有兩個相關變數之間關係的數學模型。它可以用於表示三維空間中的曲面、表達物理或經濟關係、進行資料建模和預測等。在視覺化二元函式時，常使用三維圖形或等高線圖。三維圖形以 $x1$ 和 $x2$ 作為坐標軸，將因變數 y 的值映射為曲面的高度。等高線圖則使用等高線來表示 y 值的等值線，輪廓線的密集程度反映了函式值的變化。

大家可能已經發現，等高線圖和海拔高度圖原理完全相同。類似的圖還有，等溫線圖、等降水線圖、等距線圖等。

Matplotlib 的填充等高線是在普通等高線的基礎上增加填充顏色來表示不同區域的資料密度。可以使用 contourf() 函式來繪製填充等高線。

圖 11.5 左圖則是三維等高線，這是 11.9 節要介紹的內容。

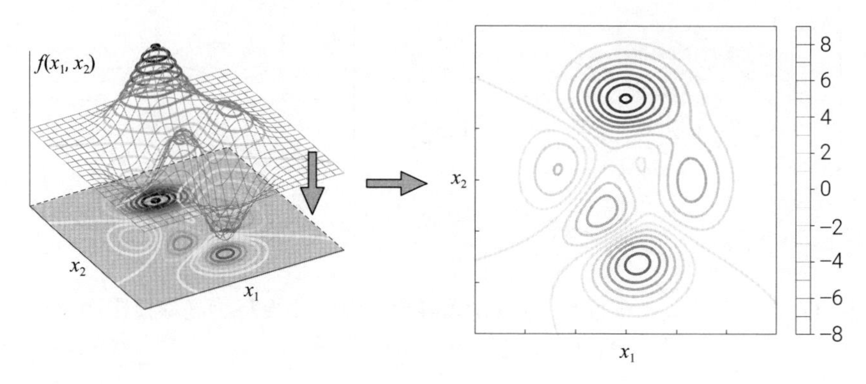

▲ 圖 11.5 將不同高度值對應的一組等高線投影到 x_1x_2 平面

網格資料

為了繪製二維等高線圖，我們需要利用 numpy.meshgrid() 產生網格資料。相信大家對網格資料這個概念已經很熟悉，本書前文用自訂函式生成了網格化資料的二維陣列。

簡單來說，numpy.meshgrid() 接受若干一維陣列作為輸入，並生成二維、三維乃至多維陣列來表示網格座標。

原理上，如圖 11.6 所示，numpy.meshgrid() 函式會將輸入的一維陣列 (x1_array 和 x2_array) 擴充為二維陣列 (xx1 和 xx2)，其中一個陣列的每一行都是輸入陣列的複製，而另一個陣列的每一列都是輸入陣列的複製。

這樣，透過組合這兩個二維陣列的元素，就形成了一個二維網格，用來表達一組座標點。

➔ xx1,xx2 = numpy.meshgrid(x1,x2)

提供兩個一維陣列 x1 和 x2 作為輸入。函式將生成兩個二維陣列 xx1 和 xx2，用於表示一個二維網格。請大家在 JupyterLab 中自行學習下例。

```
import numpy as np
x1 = np.arange(10)
# 第一個一維陣列
x2 = np.arange(5)
# 第二個一維陣列
xx1,xx2 = np.meshgrid(x1,x2)
```

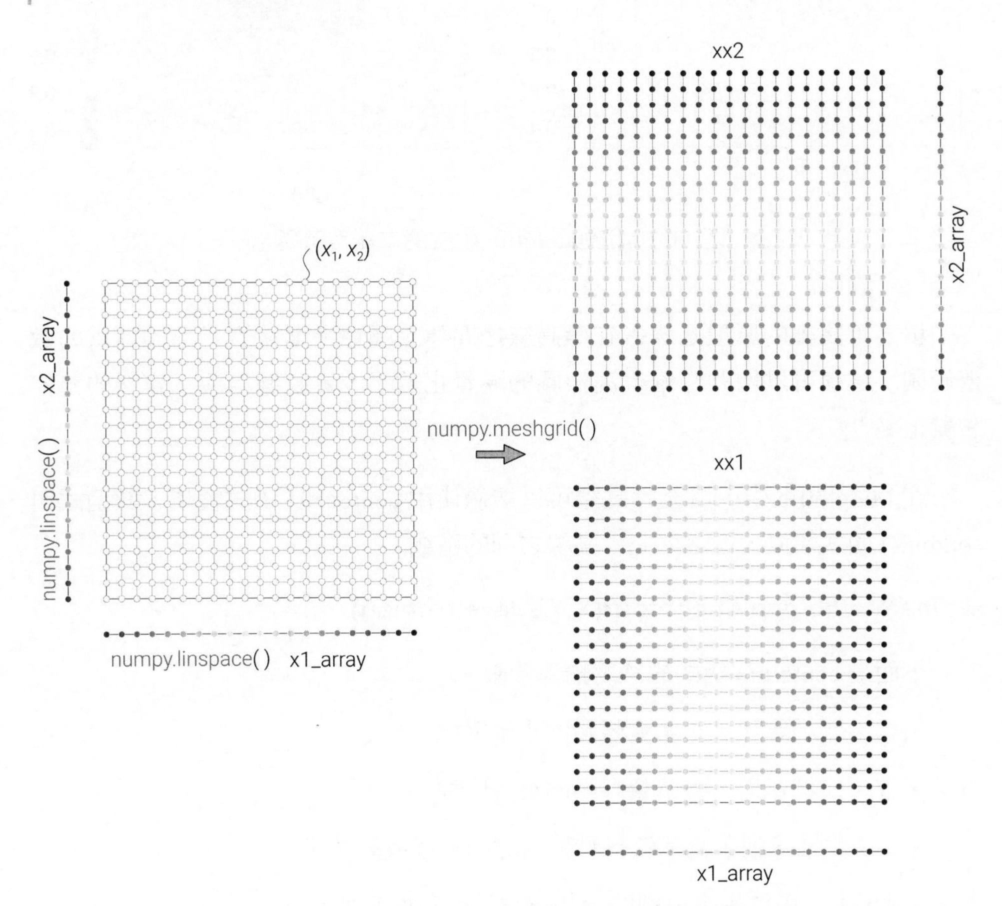

▲ 圖 11.6 用 numpy.meshgrid() 生成二維網路資料

Matplotlib

圖 11.7 所示為利用 Matplotlib 視覺化二元函式 $f(x_1,x_2)=x_1\exp(-x_1^2-x_2^2)$ 的二維等高線圖。

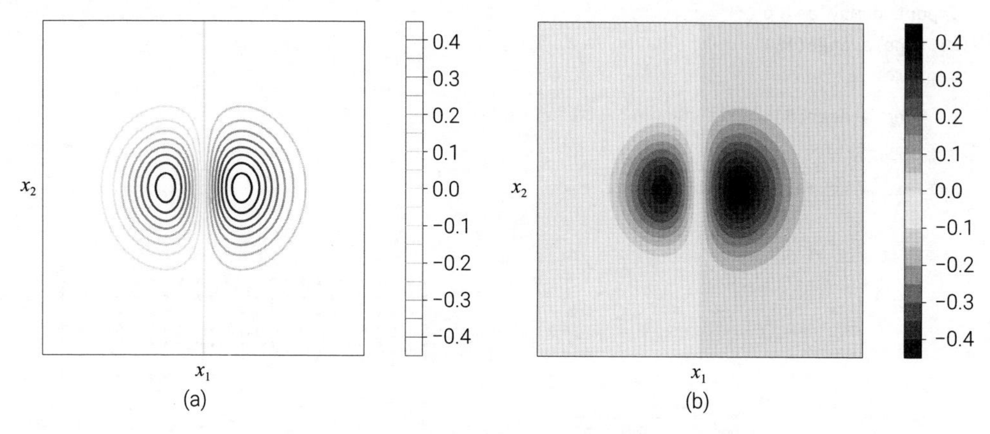

▲ 圖 11.7 用 Matplotlib 生成的二維等高線圖

填充等高線的原理是透過在等高線之間建立顏色漸變來表示不同區域的數值範圍。這樣可以增強二維等高線圖的視覺化效果，更直觀地展示資料的分佈和變化。

在 Matplotlib 中，填充等高線可以透過使用 contourf() 函式實現。該函式與 contour() 函式類似，但會填充等高線之間的區域。

➔ matplotlib.pyplot.contour(X,Y,Z,levels,cmap)

下面是 contour() 函式的常用輸入參數。

- X：二維陣列，表示資料點的水平座標。
- Y：二維陣列，表示資料點的垂直座標。
- Z：二維陣列，表示資料點對應的函式值或高度。
- levels：用於指定繪製的等高線層級或數值串列。
- colors：用於指定等高線的顏色，可以是單一顏色字串、顏色序列或

colormap 物件。

- cmap：顏色映射，用於將數值映射為顏色。可以是預先定義的 colormap 名稱或 colormap 物件。
- linestyles：用於指定等高線的線型，可以是單一線型字串或線型序列。
- linewidths：用於指定等高線的線寬，可以是單一線寬值或線寬序列。
- alpha：用於指定等高線的透明度。

請大家在 JupyterLab 中自行學習下例。

```
import matplotlib.pyplot as plt
import numpy as np

# 建立二維資料
x = np.linspace(-2,2,100)
y = np.linspace(-2,2,100)
X,Y = np.meshgrid(x,y)
Z = X**2 + Y**2# 範例函式，可以根據需要自訂

# 繪製等高線圖
plt.contour(X,Y,Z,levels = np.linspace(0,8,16 + 1),cmap ='RdYlBu_r')

# 增加顏色圖例
plt.colorbar()

# 顯示圖形
plt.show()
```

我們可以透過程式 11.3 生成圖 11.7 兩幅子圖，下面講解其中關鍵敘述。

ⓐ 和 ⓑ 利用 numpy.linspace()，簡寫作 np.linspace()，生成等差數列。資料型態都是 NumPy Array。

ⓒ 利用 numpy.meshgrid()，簡寫作 np.meshgrid()，構造網格座標點。

ⓓ 計算這些座標點的二元函式值。

ⓔ 利用 matplotlib.pyplot.subplots()，簡寫作 plt.subplots()，生成影像物件 fig 和軸物件 ax。

ⓕ 在軸物件 ax 上用 contour() 繪製二維等高線。

xx1、xx2、ff這三個參數是資料，用於表示在二維平面上的函式ff的等高線。xx1 和 xx2 是座標網格，ff 是這個網格上的函式值。

levels=20 是指定等高線的數量。

cmap= 'RdYlBu_r' 是指定等高線顏色映射的參數。例子中使用了 'RdYlBu_r'，表示紅、黃、藍漸變的顏色映射，_r 表示翻轉。

linewidths=1 指定等高線的線寬為 1 pt。

這句傳回值 CS 是一個等高線圖的物件。這個物件包含了等高線圖的資訊，如線條的位置、顏色等。

ⓖ 用 colorbar() 方法在圖形物件 fig 上增加顏色條的敘述。CS 是之前建立的等高線圖物件，顏色條將基於這個物件的顏色映射進行建立。

ⓗ 類似之前程式，只不過用的是 contourf() 方法在 ax 上繪製二維填充等高線。

程式11.3　用Matplotlib生成二維等高線圖 | Bk1_Ch11_03.ipynb

```
# 匯入套件
import numpy as np
import matplotlib.pyplot as plt

# 生成資料
ⓐ x1_array = np.linspace(-3,3,121)
ⓑ x2_array = np.linspace(-3,3,121)

ⓒ xx1, xx2 = np.meshgrid(x1_array, x2_array)
ⓓ ff = xx1 * np.exp(-xx1**2 - xx2 **2)

# 等高線
ⓔ fig, ax = plt.subplots()

ⓕ CS = ax.contour(xx1, xx2, ff, levels = 20,
                 cmap = 'RdYlBu_r', linewidths = 1)
```

```
g fig.colorbar(CS)
  ax.set_xlabel('$\it{x_1}$'); ax.set_ylabel('$\it{x_2}$')
  ax.set_xticks([]); ax.set_yticks([])
  ax.set_xlim(xx1.min(), xx1.max())
  ax.set_ylim(xx2.min(), xx2.max())
  ax.grid(False)
  ax.set_aspect('equal', adjustable ='box')

  # 填充等高線
  fig, ax = plt.subplots()

h CS = ax.contourf(xx1, xx2, ff, levels = 20,
                   cmap = 'RdYlBu_r')

  fig.colorbar(CS)
  ax.set_xlabel('$\it{x_1}$'); ax.set_ylabel('$\it{x_2}$')
  ax.set_xticks([]); ax.set_yticks([])
  ax.set_xlim(xx1.min(), xx1.max())
  ax.set_ylim(xx2.min(), xx2.max())
  ax.grid(False)
  ax.set_aspect('equal', adjustable ='box')
```

Plotly

圖 11.8 所示為利用 plotly.graph_objects.Contour() 繪製的二維 (填充) 等高線圖。

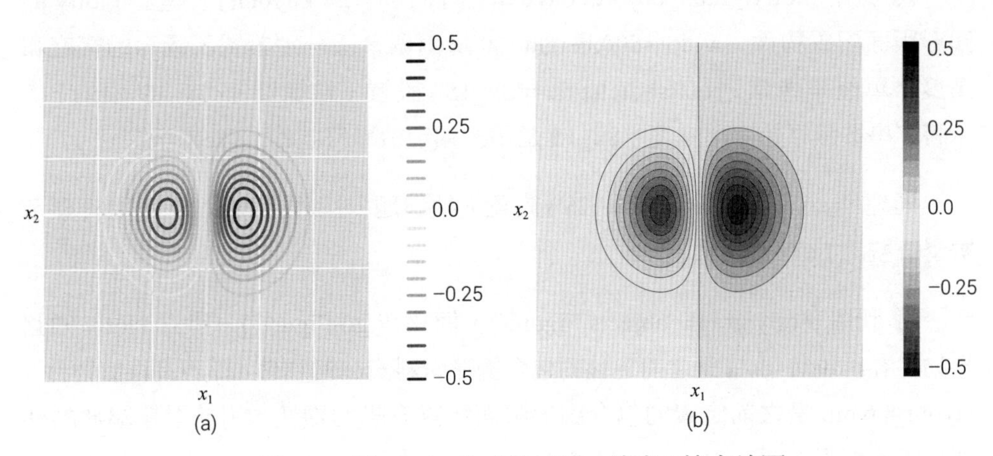

▲ 圖 11.8 用 Plotly 生成的二維 (填充) 等高線圖

我們可以透過程式 11.4 繪製圖 11.8，下面講解其中關鍵敘述。

ⓐ 匯入 Plotly 函式庫中的 graph_objects 模組，簡寫作 go。模組 plotly.graph_objects 有豐富的視覺化方案。

ⓑ 構造一個字典 dict(start=-0.5,end=0.5,size=0.05)，其中包含了等高線的設置，包括開始值 (start)、結束值 (end) 和間隔大小 (size)。

ⓒ 利用 plotly.graph_objects.Contour()，簡寫作 go.Contour()，建立 Plotly 的等高線圖物件。x=x1_array,y=x2_array,z=ff 這三個參數分別是 x、y、z 軸的資料，用於表示二維平面上的二元函數座標點。

參數 contours_coloring='lines' 指定了等高線的著色方式，這裡是使用線條顏色。

參數 line_width=2 指定等高線的線寬為 2 pt。

參數 colorscale='RdYlBu_r' 指定等高線顏色映射。

參數 contours=levels 指定等高線參數，使用了之前定義的 levels 字典。

ⓓ 利用 plotly.graph_objects.Layout()，簡寫作 go.Layout()，建立 Plotly 的圖形版面配置物件。width=600,height=60 這兩個參數分別設置了圖形的寬度和高度，單位是像素。xaxis=dict(title=r'x_1') 設置 x 軸標題。r'x_1' 中的 r 表示將字串按照原始字串處理，x_1 是用於顯示數學符號的 LaTeX 語法。

同理，yaxis=dict(title=r'x_2') 設置 y 軸標題。同樣，r'x_2' 是用於顯示數學符號的 LaTeX 語法。

ⓔ 利用 plotly.graph_objects.Figure()，簡寫作 go.Figure()，建立 Plotly 的圖形物件 fig。data=data 是之前定義的包含圖形資料資訊的物件，即等高線圖物件。layout=layout 是之前定義的包含圖形版面配置資訊的物件，用於設置圖形的外觀和版面配置。

ⓕ 透過 fig.show() 顯示互動圖形。

程式11.4 用Plotly生成二維等高線圖 | Bk1_Ch11_04.ipynb

```
# 匯入套件
import numpy as np
import matplotlib.pyplot as plt
import plotly.graph_objects as go          # a
# 生成資料
x1_array = np.linspace(-3,3,121)
x2_array = np.linspace(-3,3,121)

xx1, xx2 = np.meshgrid(x1_array, x2_array)
ff = xx1 * np.exp(- xx1 **2 - xx2 **2)

# 等高線設置
levels = dict(start=-0.5,end=0.5,size=0.05)    # b
data = go.Contour(x=x1_array,y=x2_array,z=ff,   # c
        contours_coloring='lines',
        line_width=2,
        colorscale='RdYlBu_r',
        contours=levels)

# 建立版面配置
layout = go.Layout(                             # d
    width=600,    # 設置圖形寬度
    height=600,   # 設置圖形高度
    xaxis=dict(title=r'$x_1$'),
    yaxis=dict(title=r'$x_2$'))

# 建立圖形物件
fig = go.Figure(data=data, layout=layout)       # e

fig.show()                                      # f
```

11.4 熱圖

在 Matplotlib 中，可以使用 matplotlib.pyplot.imshow() 函式來繪製熱圖 (heatmap)，也稱**熱力圖**。imshow() 函式可以將二維資料矩陣的值映射為不同的顏色，從而視覺化資料的密度、分佈或模式。

本書系中一般會用 Seaborn 繪製靜態熱圖，特別是在視覺化矩陣運算。

➔ seaborn.heatmap(data,vmin,vmax,cmap,annot)

下面是函式的常用輸入參數。

- data：二維資料陣列，指定要繪製的熱圖資料。
- vmin：可選參數，指定熱圖顏色映射的最小值。
- vmax：可選參數，指定熱圖顏色映射的最大值。
- cmap：可選參數，指定熱圖的顏色映射。可以是預先定義的顏色映射名稱或 colormap 物件。
- annot：可選參數，控制是否在熱圖上顯示資料值。預設為 False，不顯示資料值；設為 True 則顯示資料值。
- xticklabels：可選參數，控制是否顯示 x 軸的刻度標籤。可以是布林值或標籤串列。
- yticklabels：可選參數，控制是否顯示 y 軸的刻度標籤。可以是布林值或標籤串列。

請大家在 JupyterLab 中自行學習下例。

```
import seaborn as sns
import numpy as np

# 建立二維資料
data = np.random.rand(10,10)

# 繪製熱圖
sns.heatmap(data,vmin = 0,vmax = 1,
            cmap = 'viridis',
            annot = True,
            xticklabels = True,
            yticklabels = True)
```

圖 11.9 所示為分別用 Seaborn 和 Plotly 熱圖型視覺化鳶尾花資料集四個量化特徵資料。

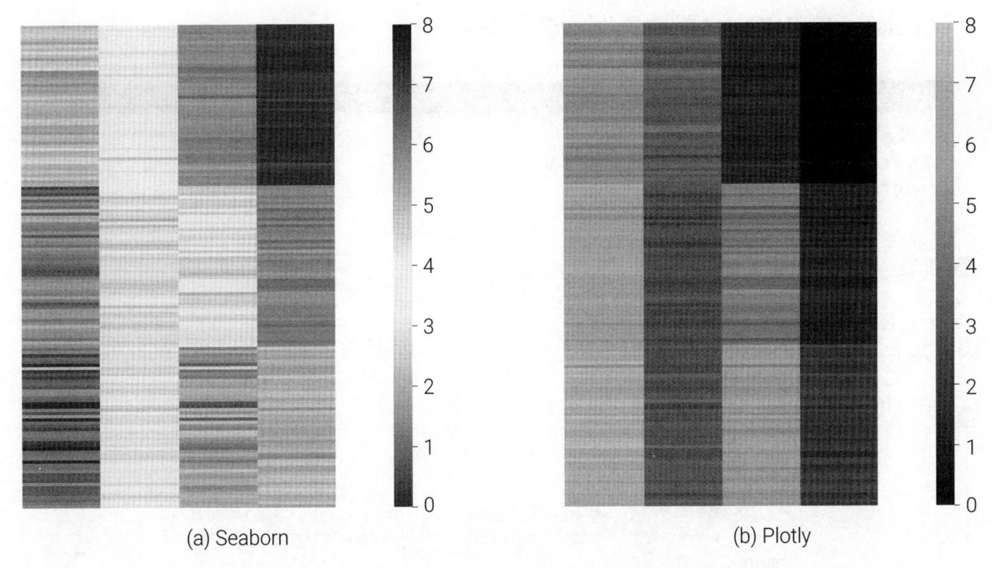

▲ 圖 11.9 使用 Seaborn、Plotly 熱圖型視覺化鳶尾花資料集

我們可以透過程式 11.5 繪製圖 11.9(a)，下面講解其中關鍵敘述。

ⓐ 利用 seaborn.load_dataset()，簡寫作 sns.load_dataset()，匯入鳶尾花資料。

ⓑ 利用 seaborn.heatmap()，簡寫作 sns.heatmap()，繪製熱圖，展示鳶尾花資料。

data=iris_sns.iloc[:,0:-1] 指定了要傳遞給 sns.heatmap() 的資料。iris_sns 是資料集，方法 iloc[:,0:-1] 選擇了所有行 (:) 和除最後一列之外的所有列 (0:-1)，即選擇了資料集中的量化特徵部分。

vmin = 0,vmax = 8 設置了顏色映射的範圍，即最小值和最大值。在這個例子中，顏色映射的範圍被限制在 0 到 8 之間。

ax = ax 將圖形繪製在預先定義的軸物件上。

yticklabels = False 關閉了 y 軸上的刻度標籤，即不顯示 y 軸上的數值。xticklabels = ['Sepal length','Sepal width','Petal length','Petal width'] 設置 x 軸上的刻度標籤，即顯示特徵的名稱。

cmap = 'RdYlBu_r' 設置熱圖的顏色映射。

程式11.5 用Seaborn生成熱圖 | Bk1_Ch11_05.ipynb

```
# 匯入套件
import matplotlib.pyplot as plt
import seaborn as sns

# 从Seaborn中匯入鳶尾花樣本資料
iris_sns = sns.load_dataset("iris")

# 繪製熱圖
fig, ax = plt.subplots()

sns.heatmap(data=iris_sns.iloc[:,0:-1],
            vmin=0, vmax=8,
            ax=ax,
            yticklabels=False,
            xticklabels=['Sepal length', 'Sepal width',
                         'Petal length', 'Petal width'],
            cmap='RdYlBu_r')
```

我們可以透過程式 11.6 繪製圖 11.9(b)，下面講解其中關鍵敘述。

ⓐ 將 plotly.express 模組匯入，簡寫作 px。

ⓑ 利用 plotly.express.iris()，簡寫作 px.iris()，從 Plotly 函式庫中匯入鳶尾花資料集。資料型態也是資料幀。不同於 Seaborn 中的鳶尾花資料集，Plotly 的資料集多了一列鳶尾花分類標籤 (0，1，2)。

ⓒ 利用 plotly.express.imshow()，簡寫作 px.imshow()，建立熱圖物件 fig。

df.iloc[:,0:-2] 透過 iloc 切片選擇了資料幀所有行和除了倒數第一、二列之外的所有列。參數 text_auto=False 禁用了自動生成文字標籤。

width = 600,height = 600 設置圖形的寬度和高度為 600 像素。

x = None 設置橫軸的值為 None，表示橫軸上不顯示具體的數值。

zmin=0,zmax=8 設置顏色映射的範圍，即最小值和最大值。在這個例子中，顏色映射的範圍被限制在 0 ~ 8 之間。

color_continuous_scale = 'viridis' 設置顏色映射，這裡使用的是 viridis 色譜。

ⓓ 用 update_layout() 方法對 fig 物件更新版面配置設置。這一句的目標是隱藏縱軸刻度標籤。

將字典賦值給參數 yaxis。字典中參數，tickmode='array' 指定了刻度標籤的顯示模式為陣列。tickvals=[] 將刻度標籤的值設為空串列，即在 y 軸上不顯示任何刻度標籤。

ⓔ 用串列設置橫軸標籤。

ⓕ 先用 len() 計算串列長度，然後用 range() 生成可迭代物件，最後用 list() 將 range 轉化為串列，結果為 [0,1,2,3]。

ⓖ 用 update_xaxes() 更新 fig 物件橫軸設置。其中，tickmode='array' 指定了 x 軸刻度標籤的顯示模式為陣列。

tickvals=x_ticks 指定在 x 軸上顯示的刻度值。

ticktext=x_ticks 用於指定在 x 軸上顯示的刻度標籤的文字。

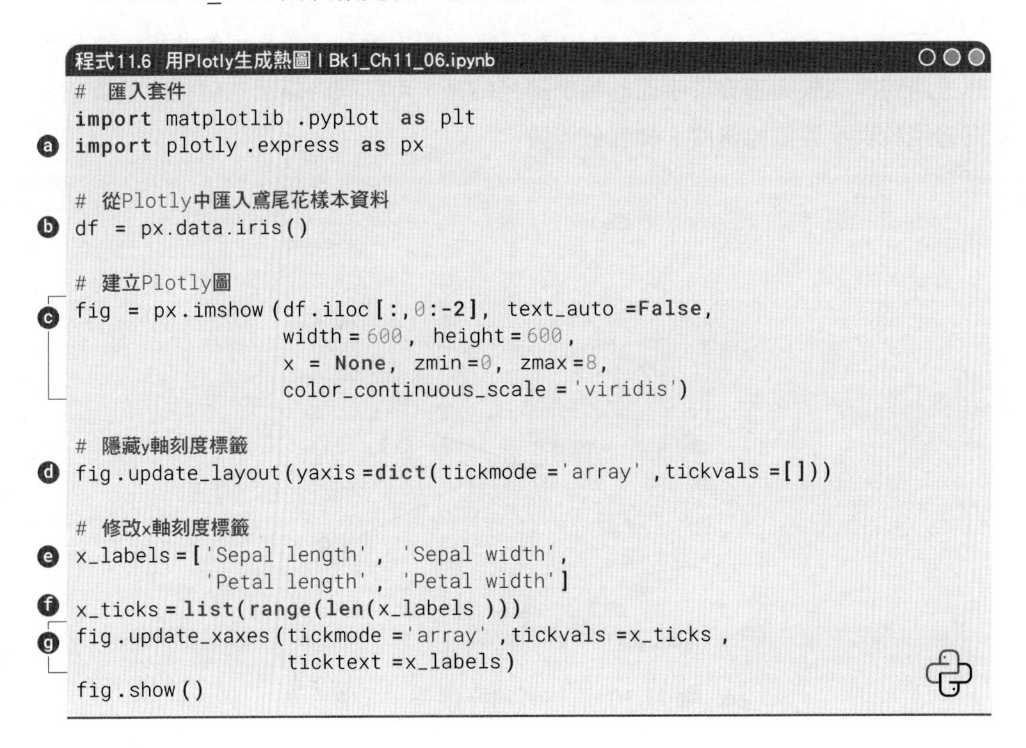
程式11.6 用Plotly生成熱圖 | Bk1_Ch11_06.ipynb

```
# 匯入套件
import matplotlib.pyplot as plt
import plotly.express as px                                  ⓐ

# 從Plotly中匯入鳶尾花樣本資料
df = px.data.iris()                                          ⓑ

# 建立Plotly圖
fig = px.imshow(df.iloc[:,0:-2], text_auto=False,            ⓒ
                width=600, height=600,
                x = None, zmin=0, zmax=8,
                color_continuous_scale='viridis')

# 隱藏y軸刻度標籤
fig.update_layout(yaxis=dict(tickmode='array',tickvals=[]))  ⓓ

# 修改x軸刻度標籤
x_labels=['Sepal length', 'Sepal width',                     ⓔ
          'Petal length', 'Petal width']
x_ticks=list(range(len(x_labels)))                           ⓕ
fig.update_xaxes(tickmode='array',tickvals=x_ticks,          ⓖ
                 ticktext=x_labels)
fig.show()
```

11.5 三維視覺化方案

本章後文將介紹常見的四種三維空間視覺化方案。圖 11.10 所示為三維直角座標系和三個平面。

散點圖 (scatter plot) 用於展示三維資料的離散點分佈情況。每個資料點在三維空間中的位置由其對應的三個數值確定。透過散點圖，可以觀察資料點的分佈、聚集程度和可能的趨勢。

線圖 (line plot) 可用於表示在三維空間中的曲線或路徑。透過將連續的點用線段連接，可以呈現資料的演變過程或路徑的形態。線圖在表示運動軌跡、時間序列資料等方面很有用。

網格曲面圖 (mesh surface plot) 展示了三維空間中表面或曲面的形狀。透過將空間劃分為網格，然後根據每個網格點的數值給予相應的高度或顏色，可以視覺化複雜的三維資料，如地形地貌、物理場、函式表面等。

三維等高線圖 (3D contour plot) 在三維空間中繪製了等高線的曲線。這種圖形透過將等高線與垂直於平面的輪廓線相結合，可以同時顯示三個維度的資訊。它適用於表示等值線密度、梯度分佈等。

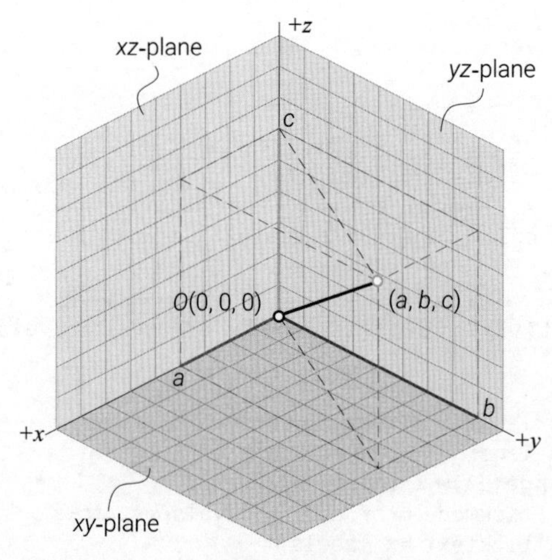

▲ 圖 11.10 三維直角座標系和三個平面

《AI 時代 Math 元年 - 用 Python 全精通數學要素》第 6 章專門介紹三維直角坐標系。

三維視圖角度

學過機械工程製圖的同學知道，在三維空間中，我們可以將立體物體的投影投射到不同的平面上，以便更進一步地理解其形狀和結構。

以下是常見的三維立體在不同面的投影方式。

- **俯視投影** (top view) 把立體物體在垂直於其底面的平面上投影的方式。這種投影顯示了物體的頂部視圖，可以揭示物體在水平方向上的外形和版面配置。
- **側視投影** (side view) 將立體物體在垂直於其側面的平面上投影的方式。這種投影顯示了物體的側面視圖，可以展示物體在垂直方向上的外形和結構。
- **正視投影** (front view) 把立體物體在垂直於其正面的平面上投影的方式。這種投影顯示了物體的正面視圖，可以展示物體在前後方向上的外形和特徵。
- **等角投影** (isometric view) 將立體物體在等角度投射到平面上的方式。它顯示了物體的斜面視圖，保留了物體在三個維度上的比例關係，使觀察者能夠同時感知物體的長度、寬度和高度。

這些不同面的投影方式可以提供不同的角度，幫助我們從多個方面理解和分析立體物體。選擇合適的投影方式取決於我們關注的特定方面和目的。特別是用 Matplotlib、Plotly 繪製三維影像時，選擇合適的投影方式至關重要。

在 Matplotlib 中，ax.view_init(elev,azim,roll) 方法用於設置三維座標軸的角度，也叫相機照相位置。這個方法接受三個參數：elev、azim 和 roll，它們分別表示仰角、方位角和捲動角。

- **仰角** (elevation)：elev 參數定義了觀察者與 *xy* 平面之間的夾角，也就是觀察者與 *xy* 平面之間的旋轉角度。當 elev 為正值時，觀察者向上傾斜，負值則表示向下傾斜。
- **方位角** (azimuth)：azim 參數定義了觀察者繞 *z* 軸旋轉的角度。它決定了觀察者在 *xy* 平面上的位置。azim 的角度範圍是 -180° ~ 180°，其中正值表示逆時鐘旋轉，負值表示順時鐘旋轉。
- **捲動角** (roll)：roll 參數定義了繞觀察者視線方向旋轉的角度。它決定了觀察者的頭部傾斜程度。正值表示向右側傾斜，負值表示向左側傾斜。

透過調整這三個參數的值，可以改變三維圖形的角度，從而獲得不同的觀察效果。舉例來說，增加仰角可以改變觀察者的俯視角度，增加方位角可以改變觀察者在 *xy* 平面上的位置，增加捲動角可以改變觀察者的頭部傾斜程度。

類比的話，這三個角度和圖 11.11 所示飛機的三個姿態角度類似。

如圖 11.12 所示，本書系中調整三維視圖角度一般只會用 elev、azim，幾乎不用使用 roll。

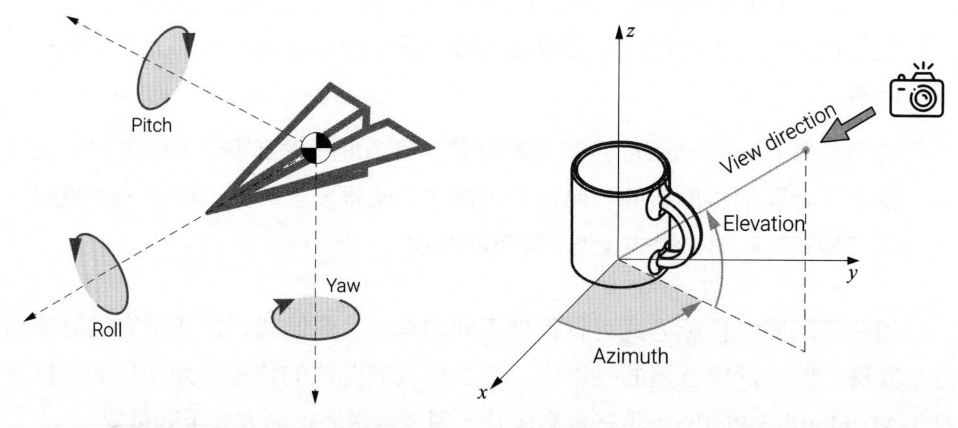

▲ 圖 11.11 飛機姿態的三個角度

▲ 圖 11.12 仰角和方位角示意圖

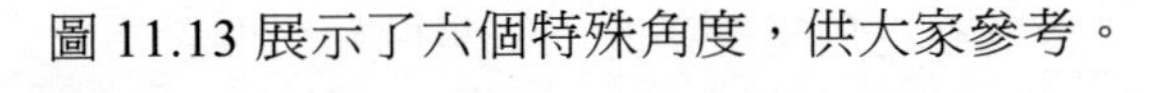

圖 11.13 展示了六個特殊角度，供大家參考。

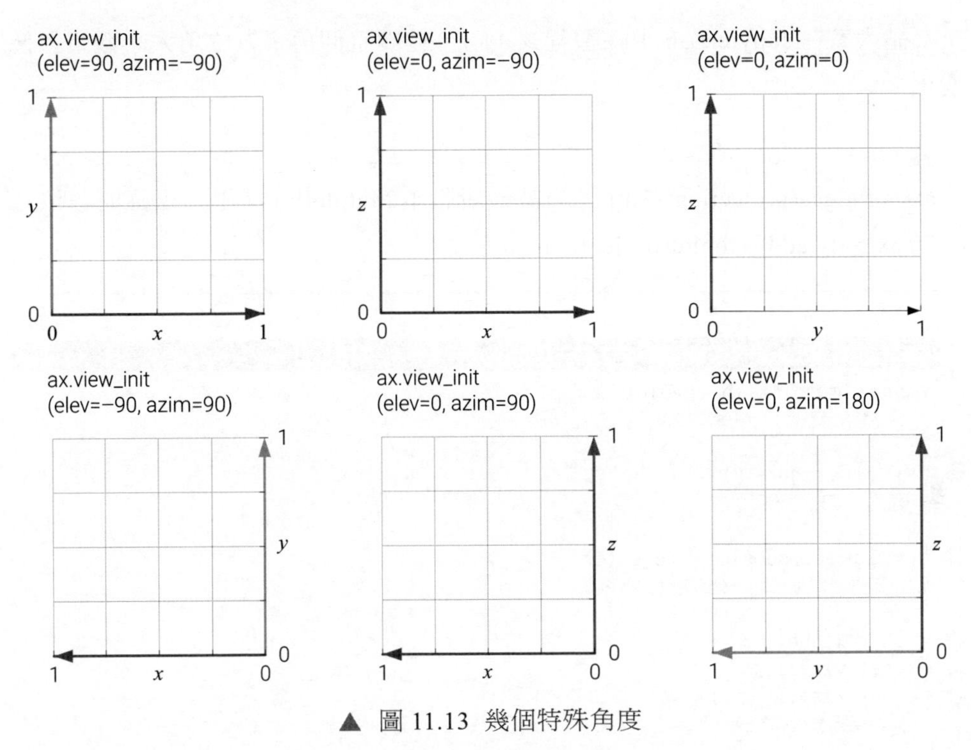

▲ 圖 11.13 幾個特殊角度

下面，我們講解程式 11.7 中關鍵敘述。

ⓐ 利用 matplotlib.pyplot.figure()，簡寫作 plt.figure()，建立圖形物件 fig。

ⓑ 在圖形物件 fig 上，用 add_subplot() 方法透過設置 projection = '3d'，增加一個三維座標值物件。

ⓒ、ⓓ、ⓔ 分別設置 x、y、z 軸標籤。

ⓕ 用 set_proj_type() 方法將投影類型設置為 'ortho'，即正交投影。我們馬上就要了解不同的投影方法。

ⓖ 透過 view_init() 設置三維軸物件的角度，兩個關鍵字參數分別為 elev = 30(仰角 30 度)，azim = 30(方位角 30 度)。

ⓗ 用 set_box_aspect() 方法將三維直角座標系的三個座標軸比例設為一致。

請大家在 JupyterLab 中練習程式 11.7，並調整仰角、方位角大小觀察影像變化。

⚠ ax = fig.gca(projection='3d') 已經被最新版本 Matplotlib 棄用，正確的語法為 ax = fig.add_subplot(projection='3d')。

程式11.7 設置三維影像觀察角度 | Bk1_Ch11_07.ipynb

```
import matplotlib.pyplot as plt
# 匯入Matplotlib的繪圖模組

ⓐ fig = plt.figure()
# 建立一個新的圖形視窗

ⓑ ax = fig.add_subplot(projection='3d')
# 在圖形視窗中增加一個3D坐標軸子圖

ⓒ ax.set_xlabel('x')
ⓓ ax.set_ylabel('y')
ⓔ ax.set_zlabel('z')
# 設置坐標軸的標籤

ⓕ ax.set_proj_type('ortho')
# 設置投影類型為正投影(orthographic projection)

ⓖ ax.view_init(elev=30, azim=30)
# 設置觀察者的仰角為30度，方位角為30度，即改變三維圖形的角度

ⓗ ax.set_box_aspect([1,1,1])
# 將三個坐標軸的比例設為一致，使得圖形在三個方向上等比例顯示

plt.show()
# 顯示圖形
```

有關 Matplotlib 的三維視圖角度，請參考：

https://matplotlib.org/stable/api/toolkits/mplot3d/view_angles.html

兩種投影方法

此外，大家還需要注意投影方法。上述程式採用的是正投影。

在 Matplotlib 中，ax.set_proj_type() 方法用於設置三維座標軸的投影類型。Matplotlib 提供了兩種主要的投影類型。

- **透視投影** (perspective projection) 是預設的投影類型，如圖 11.14(a) 所示。簡單來說就是近大遠小，它模擬了人眼在觀察遠處物體時的視覺效果，使得遠離觀察者的物體顯得較小。透視投影透過在觀察者和圖形之間建立一個虛擬的透視點，從而產生遠近比例和景深感。設置方式為：ax.set_proj_type('persp')。
- **正投影** (orthographic projection) 是另一種投影類型，如圖 11.14(b) 所示。它在觀察者和圖形之間維持固定的距離和角度，不考慮遠近關係，保持了物體的形狀和大小。正交投影在某些情況下可能更適合於一些幾何圖形的呈現，尤其是在需要準確測量物體尺寸或進行定量分析時。設置方式為：ax.set_proj_type('ortho')。

Plotly 的三維影像也是預設透視投影，想要改成正交投影對應的語法為：

```
fig.layout.scene.camera.projection.type = "orthographic"
```

圖 11.15 展示了 3D 繪圖時改變焦距對透視投影的影響。需要注意的是，Matplotlib 會校正焦距變化所帶來的「縮放」效果。

透視投影中，預設焦距為 1，對應 90 度的**視場角** (Field of View，FOV)。增加焦距 (1 至無限大) 會使影像變得扁平，而減小焦距 (1 至 0 之間) 則會誇張透視效果，增加影像的視覺深度。當焦距趨近無限大時，經過縮放校正後，會得到正交投影效果。

本書系中三維影像絕大部分都是正交投影。

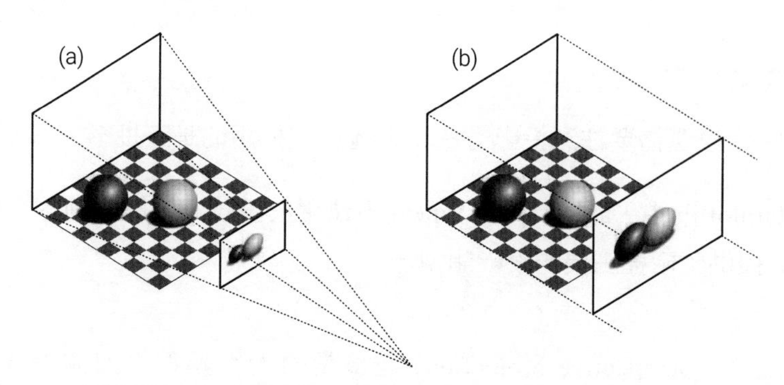

▲ 圖 11.14 透視投影和正交投影 (來源：https://github.com/rougier/scientific-visualization-book)

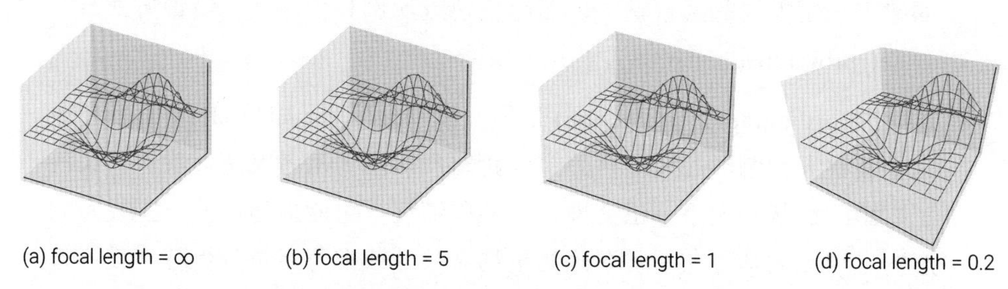

▲ 圖 11.15 投影焦距對結果影響 (參考：https://matplotlib.org/stable/gallery/mplot3d/projections.html)

11.6 三維散點圖

上一章我們利用二維散點圖型視覺化鳶尾花資料集，這一節將用三維散點圖型視覺化這個資料集。圖 11.16 所示為利用 Matplotlib 繪製的三維散點圖，這幅圖用不同顏色表徵鳶尾花分類。

類似圖 11.13，請大家將圖 11.16 投影到不同平面上。我們可以透過程式 11.8 繪製圖 11.16，下面講解其中關鍵敘述。

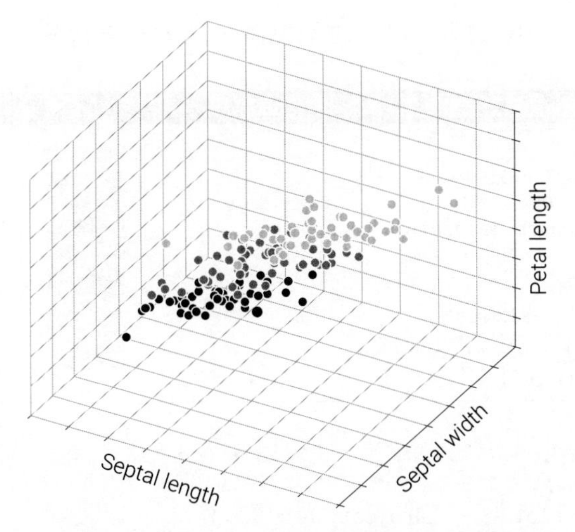

▲ 圖 11.16 用 Matplotlib 繪製的三維散點圖

ⓐ 取出 NumPy Array 前三列。第一個冒號代表所有行，「:3」代表索引為 0、1、2 的連續三列，分別代表鳶尾花花萼長度、花萼寬度、花瓣長度三個特徵樣本資料。

ⓑ 提取鳶尾花分類資料，資料型態也是 NumPy Array。

ⓒ 利用 matplotlib.pyplot.figure()，簡寫作 plt.figure()，建立圖形物件 fig。

ⓓ 利用 add_subplot() 方法在 fig 上增加一個三維軸物件。其中，111 分別代表 1 行 1 列編號為 1 的子圖，projection = '3d' 設定投影為三維。

ⓔ 在三維軸物件上用 scatter() 繪製三維散點圖。其中 X[:,0] 代表二維陣列索引為 0 列，即第 1 列，依此類推，c 代表 color，設定值為 y，即用顏色著色不同鳶尾花分類。

ⓕ 用 ; 分割三個敘述，用來設定 *x*、*y*、*z* 軸設定值範圍。

ⓖ 用 set_proj_type('ortho') 設定三維軸物件為正交投影。

程式 11.9 用 Plotly 繪製互動三維散點圖，請大家自行分析並逐行註釋。

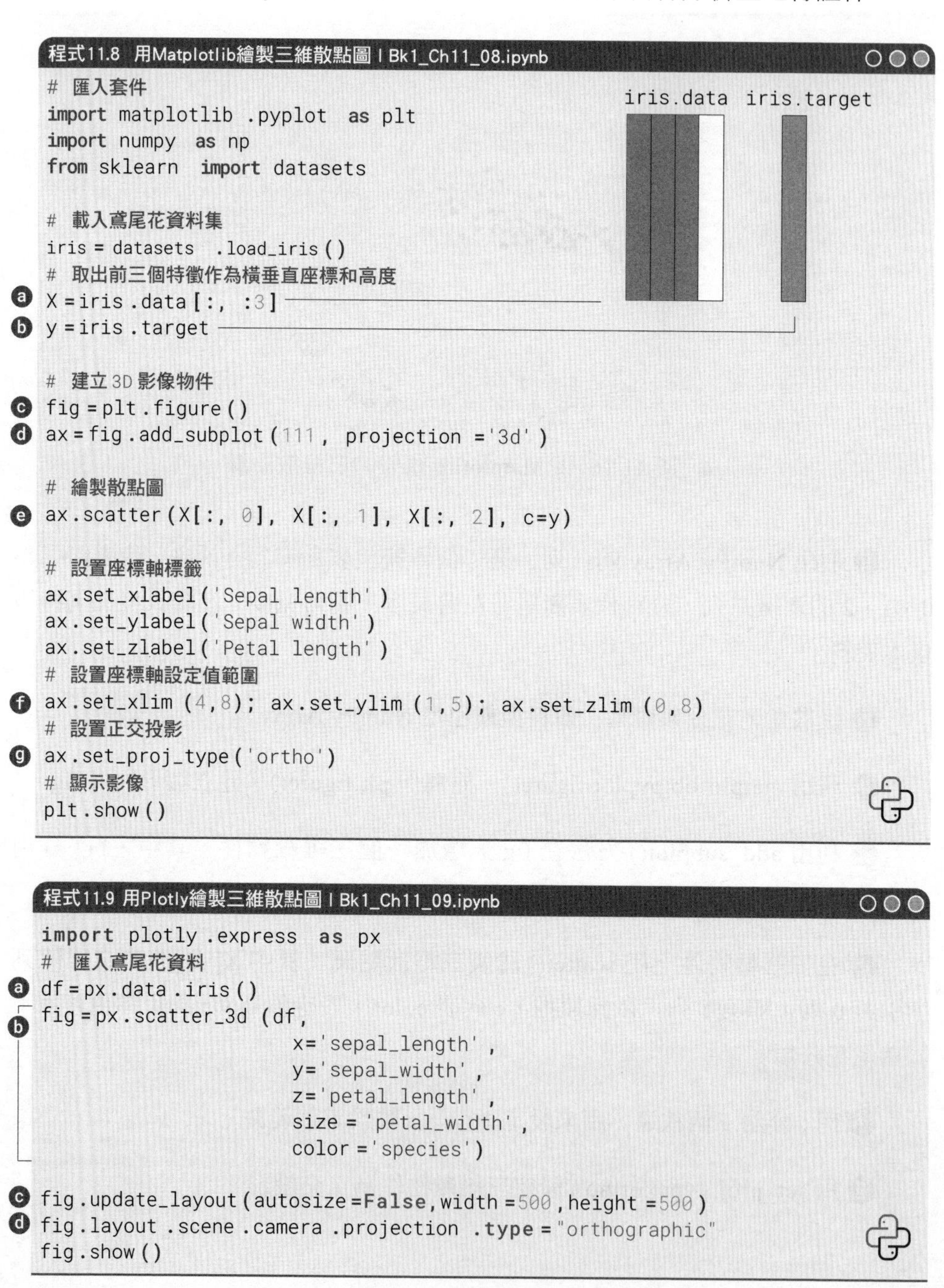

程式11.8 用Matplotlib繪製三維散點圖 | Bk1_Ch11_08.ipynb

```
# 匯入套件
import matplotlib.pyplot as plt
import numpy as np
from sklearn import datasets

# 載入鳶尾花資料集
iris = datasets.load_iris()
# 取出前三個特徵作為橫垂直座標和高度
X = iris.data[:, :3]
y = iris.target

# 建立 3D 影像物件
fig = plt.figure()
ax = fig.add_subplot(111, projection='3d')

# 繪製散點圖
ax.scatter(X[:, 0], X[:, 1], X[:, 2], c=y)

# 設置座標軸標籤
ax.set_xlabel('Sepal length')
ax.set_ylabel('Sepal width')
ax.set_zlabel('Petal length')
# 設置座標軸設定值範圍
ax.set_xlim(4,8); ax.set_ylim(1,5); ax.set_zlim(0,8)
# 設置正交投影
ax.set_proj_type('ortho')
# 顯示影像
plt.show()
```


程式11.9 用Plotly繪製三維散點圖 | Bk1_Ch11_09.ipynb

```
import plotly.express as px
# 匯入鳶尾花資料
df = px.data.iris()
fig = px.scatter_3d(df,
                    x='sepal_length',
                    y='sepal_width',
                    z='petal_length',
                    size = 'petal_width',
                    color = 'species')

fig.update_layout(autosize=False,width=500,height=500)
fig.layout.scene.camera.projection.type = "orthographic"
fig.show()
```

11.7 三維線圖

圖 11.17 所示為利用 Matplotlib 繪製「線圖 + 散點圖」視覺化微粒的隨機漫步。並且用散點的顏色漸進變化展示時間維度。

《AI時代Math元年 - 用Python全精通資料處理》專門介紹隨機漫步。

什麼是隨機漫步？

隨機漫步是指一個粒子或者一個系統在一系列離散的時間步驟中，按照隨機的方向和大小移動的過程。每個時間步驟，粒子以隨機的機率向前或向後移動一個固定的步進值，而且每個時間步驟之間的移動是相互獨立的。隨機漫步模型常用於模擬不確定性和隨機性的系統，如金融市場、擴散過程、分子運動等。透過模擬大量的隨機漫步路徑，可以研究粒子或系統的統計特性和機率分佈。

程式 11.10 繪製圖 11.17，程式中也用 Plotly 繪製三維散點，請大家在 JupyterLab 中查看視覺化結果。

程式 11.10 中大家得注意的是 ⓑ，其中用到了幾個新函式。

其中，numpy.random.standard_normal() 用來產生服從**標準正態分佈** (standard normal distribution) 的隨機數。這些隨機數代表每步行走的步進值。

numpy.cumsum() 用來計算**累加** (cumulative sum，rolling total，running total)，代表微粒**隨機行走** (random walk) 軌跡。

請大家自行分析程式 11.10 中剩餘敘述，並逐行註釋。

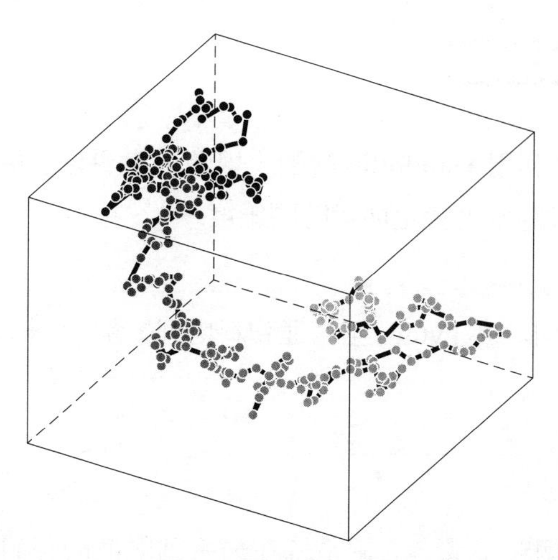

▲ 圖 11.17 用 Matplotlib 繪製微粒隨機漫步線圖

程式11.10 用Matplotlib和Plotly視覺化三維隨機行走 | Bk1_Ch11_10.ipynb

```
# 匯入套件
import matplotlib.pyplot as plt
import numpy as np
import plotly.graph_objects as go   # a

# 生成隨機遊走資料
num_steps = 300
t = np.arange(num_steps)                                   # b
x = np.cumsum(np.random.standard_normal(num_steps))
y = np.cumsum(np.random.standard_normal(num_steps))
z = np.cumsum(np.random.standard_normal(num_steps))

# 用Matplotlib視覺化
fig = plt.figure()
ax = fig.add_subplot(111, projection='3d')                 # c

ax.plot(x,y,z,color = 'darkblue')                          # d
ax.scatter(x,y,z,c = t, cmap = 'viridis')                  # e

ax.set_xticks([]); ax.set_yticks([]); ax.set_zticks([])
# 設置正交投影
ax.set_proj_type('ortho')
# 設置相機角度
ax.view_init(elev = 30, azim = 120)
# 顯示影像
plt.show()
```

```
# 用Plotly視覺化
fig = go.Figure(data =go.Scatter3d (
    x=x, y=y, z=z,
    marker =dict(size =4,color =t,colorscale ='Viridis'),
    line =dict(color ='darkblue' , width =2)))

fig.layout .scene .camera .projection .type = "orthographic"
fig.update_layout (width =800 ,height =700 )
fig.show ()  # 顯示繪圖結果
```

11.8 三維網格曲面圖

圖 11.18 所示為利用 Axes3D.plot_surface() 繪製的三維網格曲面圖。

> 請大家思考如何在圖 11.18 中加入 colorbar。

我們可以透過程式 11.11 繪製圖 11.18，這段程式還用 Plotly 繪製了三維曲面，請大家在 JupyterLab 中查看視覺化結果。下面講解程式 11.11 中關鍵敘述。

ⓐ 匯入 Plotly 函式庫中的 graph_objects 模組，簡寫作 go。

ⓑ 用 fig.add_subplot() 在圖形物件 fig 中增加了一個三維子圖軸物件 Axes3D。

參數 111 表示將圖形分成 1 行 1 列的子圖，而數字 1 表示當前子圖在這個網格中的位置。

參數 projection='3d' 指定子圖的投影方式，這裡是三維投影。這是用 Matplotlib 函式庫繪製三維視覺化方案的前提。

ⓒ 利用 plot_surface() 方法在三維軸物件 ax 上繪製三維網格曲面。xx1、xx2、ff 這三個參數是資料。xx1 和 xx2 是座標網格，分別為橫垂直座標，ff 是這個網格上的函式值。

參數 cmap='RdYlBu_r' 指定等高線顏色映射。在這裡，使用了 'RdYlBu_r'，表示紅、黃、藍漸變色的顏色映射，_r 代表翻轉。

ⓓ 利用 plotly.graph_objects.Figure() 建立 Plotly 圖形物件。

plotly.graph_objects.Surface()，簡寫作 go.Surface()，用於建立立體曲面圖的物件。

z=ff、x=xx1、y=xx2 這三個參數分別是 z、x、y 軸的資料，用於表示三維空間中的曲面。

參數 colorscale='RdYlBu_r' 指定曲面顏色映射的參數。

本書系經常用 plot_wireframe() 繪製網格曲面，請大家自行學習下例。

```
https://matplotlib.org/stable/gallery/mplot3d/wire3d.html
```

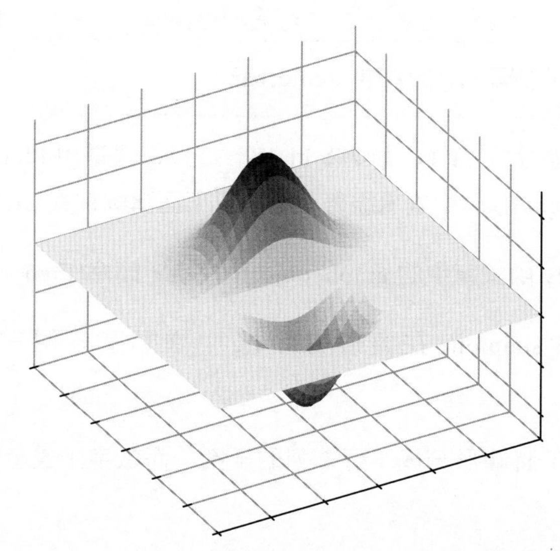

▲ 圖 11.18 用 Matplotlib 繪製的三維網格曲面圖

程式11.11 用Matplotlib和Plotly視覺化三維網格曲面圖 | Bk1_Ch11_11.ipynb

```
# 匯入套件
import matplotlib.pyplot as plt
import numpy as np
import plotly.graph_objects as go   # ⓐ

# 生成曲面資料
x1_array = np.linspace(-3,3,121)
x2_array = np.linspace(-3,3,121)
```

```
xx1, xx2 = np.meshgrid(x1_array, x2_array)
ff = xx1 * np.exp(- xx1 **2 - xx2 **2)

# 用Matplotlib視覺化三維曲面
fig = plt.figure()
ax = fig.add_subplot(111, projection = '3d')

ax.plot_surface(xx1, xx2, ff, cmap = 'RdYlBu_r')

# 設置坐標軸標籤
ax.set_xlabel('x1'); ax.set_ylabel('x2');
ax.set_zlabel('f(x1,x2)')
# 設置坐標軸取值範圍
ax.set_xlim(-3,3); ax.set_ylim(-3,3); ax.set_zlim(-0.5,0.5)
# 設置正交投影
ax.set_proj_type('ortho')
# 設置相機角度
ax.view_init(elev = 30, azim = 150)
plt.tight_layout()
plt.show()

# 用Plotly視覺化三維曲面
fig = go.Figure(data =[go.Surface(z=ff, x=xx1, y=xx2,
                                 colorscale = 'RdYlBu_r' )])
fig.layout.scene.camera.projection.type = "orthographic"
fig.update_layout(width =800,height =700)
fig.show()
```

11.9 三維等高線圖

圖 11.19 所示為用 Matplotlib 繪製的三維等高線圖，這些等高線投影到水平面便得到前文介紹的二維等高線。

《AI 時代 Math 元年 - 用 Python 全精通資料可視化》介紹更多三維等高線的用法。

我們可以透過程式 11.12 繪製圖 11.19，這段程式也用 Plotly 繪製了三維「曲面 + 等高線」，請大家在 JupyterLab 中查看視覺化結果。下面講解其中關鍵敘述。

ⓐ 匯入 Plotly 函式庫中的 graph_objects 模組，簡寫作 go。

ⓑ 在三維軸物件 ax 上用 contour() 增加三維等高線。大部分參數已經在本章前文提過。

參數 levels=20: 指定等高線的數量。

ⓒ 建立 contour_settings，這是一個包含等高線設置的字典。在這裡，設置了 *z* 軸的等高線參數，包括是否顯示等高線 ("show":True)、開始值 ("start":-0.5)、結束值 ("end":0.5) 和輪廓線之間的間隔 ("size":0.05)。

ⓓ 用 plotly.graph_objects.Figure()，簡寫作 go.Figure()，建立 Plotly 圖形物件 fig。

fig 是一個 Plotly 圖形物件，用於容納圖形的各種元素。

plotly.graph_objects.Surface()，簡寫作 go.Surface()，是 Plotly 中用於建立三維度資料表面圖的物件。

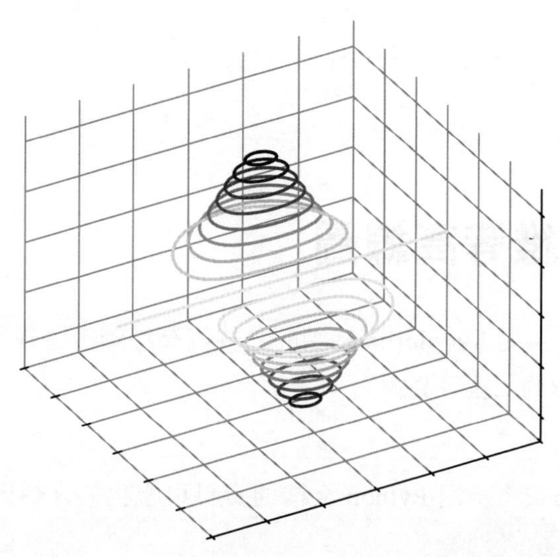

▲ 圖 11.19 用 Matplotlib 繪製的三維等高線圖

x=xx1,y=xx2,z=ff 這三個參數分別是 *x*、*y*、*z* 軸的資料，用於表示三維空間中的表面。colorscale='RdYlBu_r' 指定表面顏色映射的參數。

contours=contour_settings 指定等高線的參數，使用了之前定義的字典物件。

程式11.12 用Matplotlib和Plotly視覺化三維等高線圖 | Bk1_Ch11_11.ipynb

```
# 匯入套件
import matplotlib.pyplot as plt
import numpy as np
import plotly.graph_objects as go

# 生成曲面資料
x1_array = np.linspace(-3,3,121)
x2_array = np.linspace(-3,3,121)
xx1, xx2 = np.meshgrid(x1_array, x2_array)
ff = xx1 * np.exp(- xx1**2 - xx2 **2)

fig = plt.figure()
ax = fig.add_subplot(111, projection='3d')
ax.contour(xx1, xx2, ff, cmap='RdYlBu_r', levels=20)
# 設置座標軸標籤
ax.set_xlabel('x1'); ax.set_ylabel('x2'); ax.set_zlabel('f(x1,x2)')
# 設置座標軸設定值範圍
ax.set_xlim(-3,3); ax.set_ylim(-3,3); ax.set_zlim(-0.5,0.5)
# 設置正交投影
ax.set_proj_type('ortho')
# 設置相機角度
ax.view_init(elev = 30, azim = 150)
plt.tight_layout()
plt.show()

contour_settings = {"z": {"show":True,"start":-0.5,
                    "end":0.5, "size": 0.05}}
fig = go.Figure(data=[go.Surface(x=xx1,y=xx2,z=ff,
                      colorscale='RdYlBu_r',
                      contours = contour_settings)])

fig.layout.scene.camera.projection.type = "orthographic"
fig.update_layout(width=800, height=700)
fig.show() # 顯示繪圖結果
```

11.10 箭頭圖

我們可以用 matplotlib.pyplot.quiver() 繪製箭頭圖 (quiver plot 或 vector plot)。實際上，我們在本書第 5 章用箭頭圖型視覺化了二維向量、三維向量，不知道大家是否有印象。

本節嘗試利用 matplotlib.pyplot.quiver() 複刻第 5 章中看到的箭頭圖，具體如圖 11.20 所示。

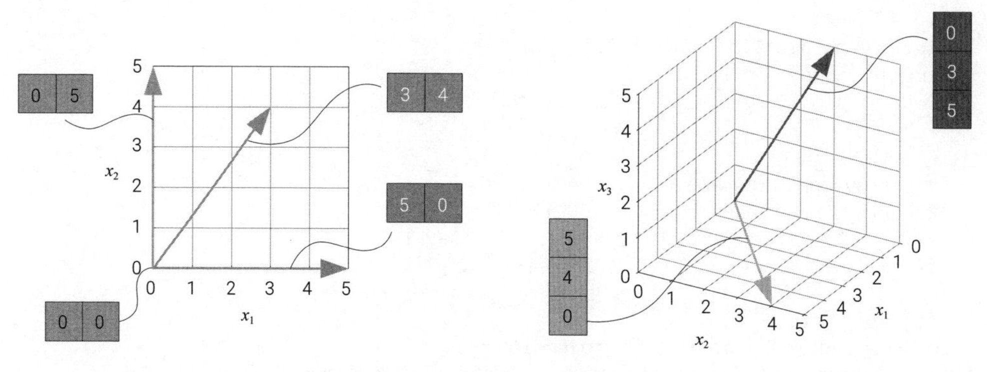

▲ 圖 11.20　二維、三維箭頭圖

我們可以透過程式 11.13 繪製圖 11.20 中的二維箭頭圖。

ⓐ 用 Python 串列建立了一個矩陣。這個矩陣有 3 行 2 列，形狀為 3 × 2。

ⓑ 自訂函式，用來繪製二維平面箭頭。這個函式有兩個輸入，向量和 RGB 色號。

ⓒ 用 matplotlib.pyplot.quiver()，簡寫作 plt.quiver()，繪製二維箭頭圖。

參數 0,0 是箭頭的起點座標，這表示箭頭起點在原點 (0,0) 處。

參數 vector[0] 為箭頭在 x 軸上的分量，vector[1] 是箭頭在 y 軸上的分量。參數 angles='xy' 指定箭頭應該以 x 和 y 軸的角度來表示。

參數 scale_units='xy' 指定箭頭的比例應該根據 x 和 y 軸的單位來縮放。

參數 scale=1 指定箭頭的長度應該乘的比例因數。在這裡，箭頭的長度將乘以 1，保持原始長度。參數 color=RGB 指定箭頭的顏色。RGB 可以是一個包含紅、綠、藍值的元組，也可以是字串色號，或是十六進位色號。

參數 zorder 用來指定「藝術家」圖層序號。

ⓓ 取出陣列中索引為 0 的元素，即矩陣的第 1 個行向量。

ⓔ 呼叫自訂函式繪製二維箭頭，顏色採用十六進位色號。

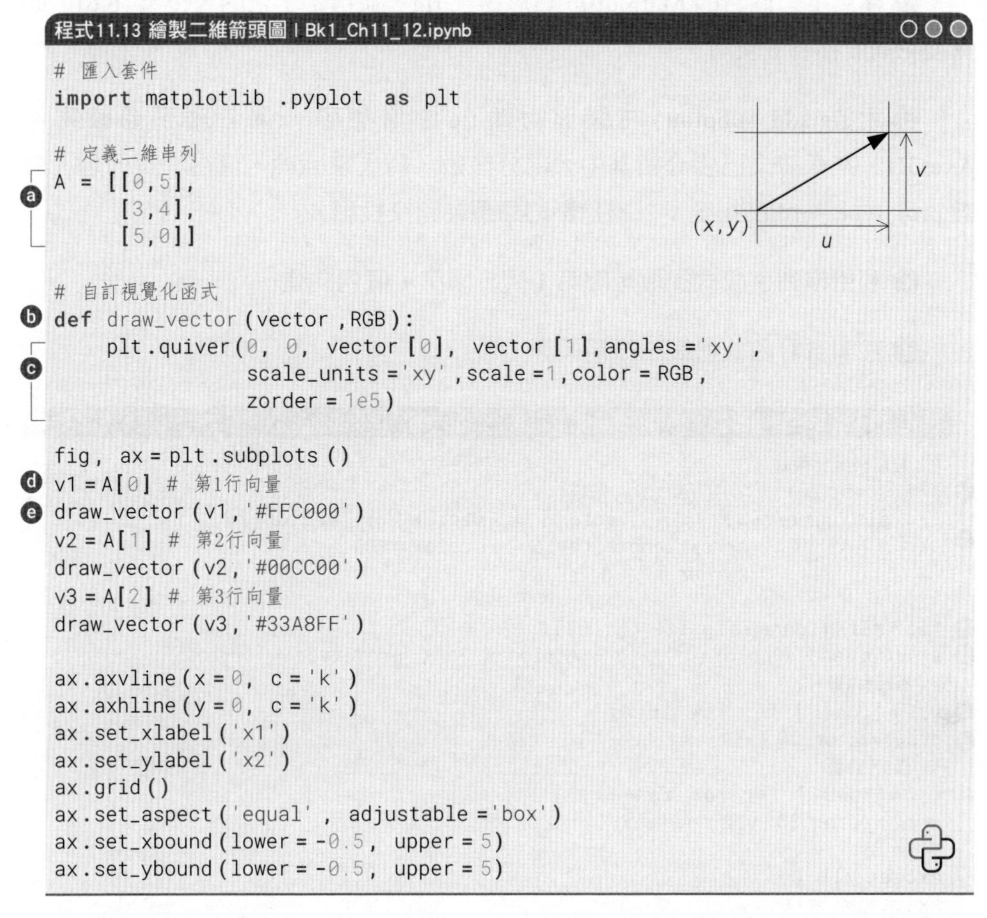

程式11.13 繪製二維箭頭圖 | Bk1_Ch11_12.ipynb

```
# 匯入套件
import matplotlib .pyplot  as plt

# 定義二維串列
A = [[0,5],        ⓐ
     [3,4],
     [5,0]]

# 自訂視覺化函式
def draw_vector (vector ,RGB ):        ⓑ
    plt .quiver (0,  0,  vector [0],  vector [1], angles ='xy' ,        ⓒ
               scale_units ='xy' , scale =1, color = RGB ,
               zorder = 1e5 )

fig ,  ax = plt .subplots ()
v1 = A[0] #  第1行向量        ⓓ
draw_vector (v1 , '#FFC000' )        ⓔ
v2 = A[1] #  第2行向量
draw_vector (v2 , '#00CC00' )
v3 = A[2] #  第3行向量
draw_vector (v3 , '#33A8FF' )

ax .axvline (x = 0,  c = 'k' )
ax .axhline (y = 0,  c = 'k' )
ax .set_xlabel ('x1' )
ax .set_ylabel ('x2' )
ax .grid ()
ax .set_aspect ('equal' , adjustable ='box' )
ax .set_xbound (lower = -0.5,  upper = 5)
ax .set_ybound (lower = -0.5,  upper = 5)
```

我們可以透過程式 11.14 繪製圖 11.20 中的三維箭頭圖。ⓐ 自訂函式繪製三維箭頭圖。

ⓑ 和前文類似，也是用 matplotlib.pyplot.quiver() 繪製箭頭圖，不同的是這段程式繪製三維箭頭圖。參數 0,0,0 是箭頭的起點座標，即三維空間中的原點 (0,0,0) 處。

參數 vector[0]、vector[1]、vector[2] 是箭頭在 x、y、z 軸上的分量。

參數 arrow_length_ratio=0 指定箭頭的長度應該乘的比例因數。在這裡，0 表示箭頭的長度將被設置為一個合適的長度，不乘以比例因數。

ⓒ 建立了一個新的 Matplotlib 圖形物件 fig，並指定了它的大小為 (6,6)，即寬度和高度都為 6 英吋。

ⓓ 用 fig.add_subplot() 在圖形物件 fig 中增加了一個三維子圖軸物件 Axes3D。本章前文已經介紹其中大部分參數，請大家回顧。值得一提的是，參數 proj_type='ortho' 指定了三維投影的類型為正交投影。

ⓔ 利用串列生成式提取矩陣第 1 列，即第 1 個列向量。

ⓕ 呼叫自訂函式繪製三維箭頭圖。

程式11.14 繪製三維箭頭圖（使用時配合前文程式） | Bk1_Ch11_13.ipynb

```
# 自訂視覺化函式
def draw_vector_3D (vector ,RBG ):
    plt.quiver(0, 0, 0, vector [0], vector [1], vector[2],
               arrow_length_ratio =0, color = RBG,
               zorder = 1e5)

fig = plt.figure (figsize = (6,6))
ax = fig.add_subplot (111 , projection ='3d' , proj_type = 'ortho' )
# 第1列向量
v_1 = [row[0] for row in A]
draw_vector_3D (v_1 , '#FF6600' )
# 第2列向量
v_2 = [row[1] for row in A]
draw_vector_3D (v_2 , '#FFBBFF' )

ax.set_xlim(0,5)
ax.set_ylim(0,5)
ax.set_zlim(0,5)
ax.set_xlabel ('x1' )
ax.set_ylabel ('x2' )
ax.set_zlabel ('x3' )
ax.view_init (azim = 30, elev = 25)
ax.set_box_aspect ([1,1,1])
```

《AI 時代 Math 元年 - 用 Python 全精通資料可視化》專門介紹更多箭頭圖的視覺化方案。

➔ **請大家完成以下題目。**

Q1. 分別用 Matplotlib、Seaborn、Plotly 繪製鳶尾花資料集，花瓣長度、寬度散點圖，並適當美化影像。

Q2. 分別用 Matplotlib 和 Plotly 繪製以下二元函式等高線圖，並用語言描述影像特點 (等高線形狀、疏密分佈、增減、最大值、最小值等)。

$$f(x_1,x_2)=x_1$$
$$f(x_1,x_2)=x_2$$
$$f(x_1,x_2)=x_1+x_2$$
$$f(x_1,x_2)=x_1-x_2$$
$$f(x_1,x_2)=x_1^2+x_2^2$$
$$f(x_1,x_2)=-x_1^2-x_2^2$$
$$f(x_1,x_2)=x_1^2+x_2^2+x_1x_2$$
$$f(x_1,x_2)=x_1^2-x_2^2$$
$$f(x_1,x_2)=x_1^2$$
$$f(x_1,x_2)=x_1x_2$$
$$f(x_1,x_2)=x_1^2+x_2^2+2x_1x_2$$

Q3. 分別用 Matplotlib 和 Plotly 中網格曲面圖、三維等高線圖型視覺化以上幾個二元函式。

* 本章不提供答案。

本章介紹了幾種常用的二維平面和三維空間的視覺化方案。實現這些視覺化方案時，我們混用了 Matplotlib 和 Plotly。Matplotlib 特別擅長繪製靜態圖，這對於平面出版很適用；而 Plotly 繪製的影像具有互動屬性，很適合用來現場演示。

下一章介紹利用 Seaborn 完成統計視覺化。

MEMO

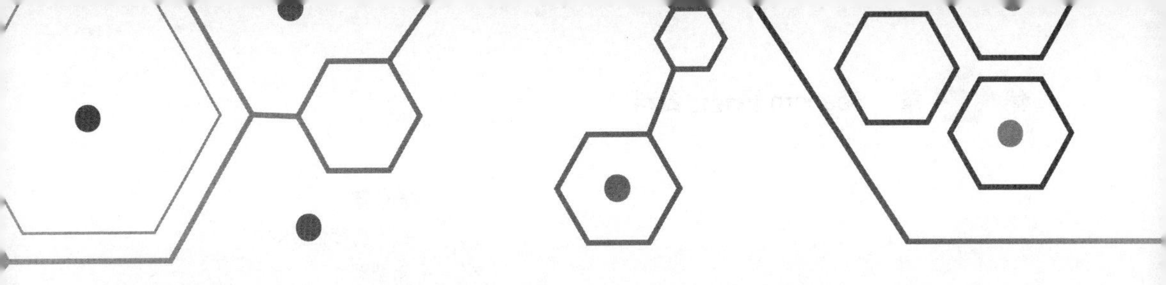

Descriptive Statistics Using Seaborn

12 Seaborn 視覺化資料

使用 Seaborn 完成樣本資料統計描述

理性永恆，其他一切皆有終結之時。

Reason is immortal,all else mortal.

——畢達哥拉斯（*Pythagoras*）| 古希臘哲學家、數學家 | 前 *570—495* 年

- pandas.plotting.parallel_coordinates() 繪製平行座標圖
- seaborn.boxplot() 繪製箱型圖
- seaborn.heatmap() 繪製熱圖
- seaborn.histplot() 繪製頻數 / 機率 / 機率密度長條圖
- seaborn.jointplot() 繪製聯合分佈和邊緣分佈
- seaborn.kdeplot() 繪製 KDE 核心機率密度估計曲線
- seaborn.lineplot() 繪製線圖
- seaborn.lmplot() 繪製線性回歸影像
- seaborn.pairplot() 繪製成對分析圖
- seaborn.swarmplot() 繪製蜂群圖
- seaborn.violinplot() 繪製小提琴圖

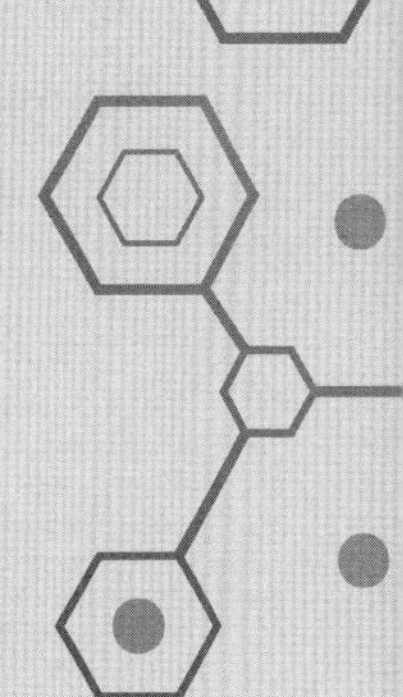

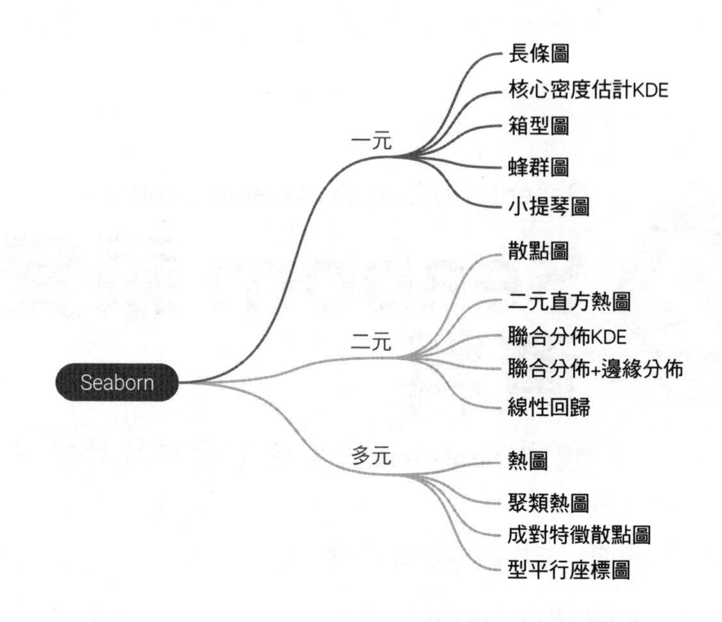

12.1 Seaborn：統計視覺化利器

本書前文用 Seaborn 繪製了熱圖。實際上，Seaborn 的真正價值在於統計視覺化上。簡單來說，Seaborn 是一個用於資料視覺化的 Python 函式庫，它基於 Matplotlib，並提供了一組高級的繪圖函式和樣式設置，可以輕鬆建立具有吸引力和專業外觀的統計圖表。

Seaborn 提供了多種視覺化方案，包括但不限於以下幾種。

- **分佈圖**：包括長條圖、核密度圖、箱線圖等，用於展示資料的分佈情況。
- **散點圖**：用於觀察兩個變數之間的關係，可以透過散點圖增加顏色或大小撰寫程式第三個變數。
- **線性關係圖**：透過繪製線性回歸模型的置信區間，展示兩個變數之間的線性關係。
- **分類別圖**：包括橫條圖、點圖、計數圖等，用於比較不同類別之間的數值關係。

- **矩陣圖**：如熱圖和聚類別圖，用於顯示資料的相似性和聚類結構。

本章以鳶尾花資料為例介紹如何用 Seaborn 視覺化樣本資料分佈。

樣本資料分佈是指，在統計學中，對一組收集到的資料進行統計和描述的方式。

一元樣本資料分佈是指只包含一個隨機變數的樣本資料分佈，如鳶尾花花萼長度。視覺化一元樣本分佈的方法有：**長條圖** (histogram)、**核心密度估計** (Kernel Density Estimation，KDE)、**毛毯圖** (rug plot)、**分散圖** (strip plot)、**小提琴圖** (violin plot)、**箱型圖** (box plot)、**蜂群圖** (swarm plot) 等。

二元樣本資料分佈則涉及兩個隨機變數，如鳶尾花花萼長度和花萼寬度之間的關係。這種分佈一般叫**聯合分佈** (joint distribution)。我們可以透過相關性係數量化聯合分佈。

邊緣分佈 (marginal distribution) 是指在多中繼資料分佈中，對某一個或幾個變數進行統計，而忽略其他變數的分佈。舉例來說，在花萼長度和花萼關係的二中繼資料分佈中，對花萼長度的邊緣分佈就是僅考慮花萼長度變數的資料分佈。

視覺化二元樣本分佈的方法有**散點圖** (scatter plot)、散點圖 + 邊緣長條圖、散點圖 + 毛毯圖、散點圖 + 回歸圖、頻數熱圖、二元 KDE 等圖形和圖形組合。

多元樣本資料分佈則涉及兩個以上隨機變數，如鳶尾花花萼長度、花萼寬度、花瓣長度、花瓣寬度。多元樣本資料的視覺化方案有**熱圖** (heatmap)、**聚類熱圖** (cluster map)、**平行座標圖** (parallel plot)、成對特徵散點圖、Radviz 等。特別地，我們還可以用協方差矩陣、相關係數矩陣來量化隨機變數之間的關係。而熱圖可以用來視覺化協方差矩陣、相關係數矩陣。

除此之外，我們在採用上述視覺化方案時，還可以考慮分類，如鳶尾花種類。下面我們來逐一展示這些統計視覺化方案。

12.2 一元特徵資料

長條圖

長條圖是一種常用的資料視覺化圖表，用於顯示數值變數的分佈情況。

如圖 12.1 所示，將資料劃分為不同的區間 (也稱「柱子」)，一般計算每個區間內的資料頻數 (樣本數量)；簡單來說，這個過程就是「查數」。然後，透過繪製每個區間的柱狀條形來表示相應的頻數。

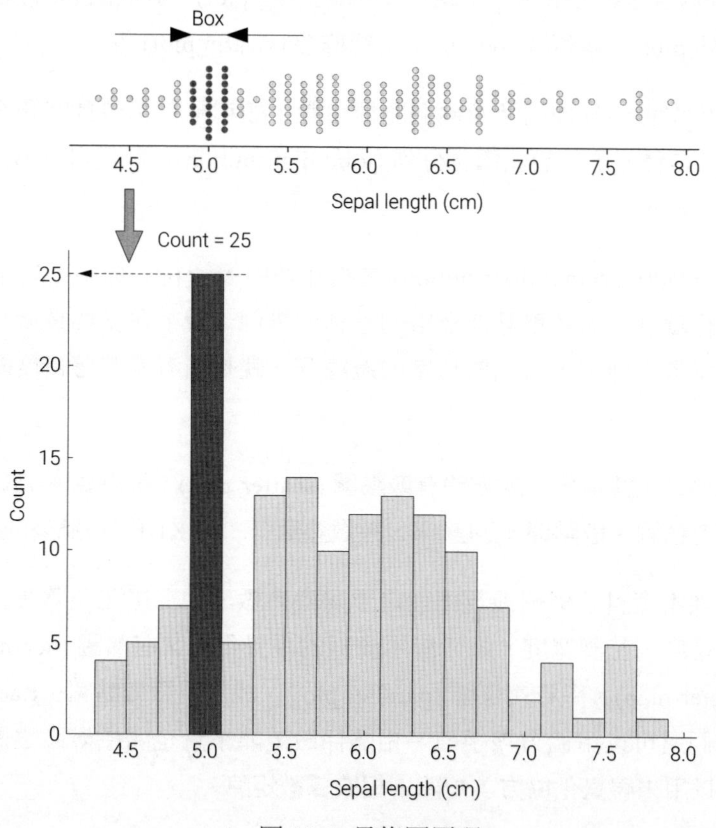

▲ 圖 12.1 長條圖原理

比如，圖 12.1 中深藍的「柱子」對應區間的樣本數量為 25，因此「柱子」的高度為 25。

長條圖的 x 軸表示變數的設定值範圍，而 y 軸表示頻數、機率、機率密度。圖 12.1 中深藍的「柱子」對應的頻數為 25，而樣本總數為 150，因此這個「柱子」對應的機率為 25/150。「柱子」的寬度為 0.2，因此這個深藍色「柱子」的機率密度為 (25/150/0.2)。

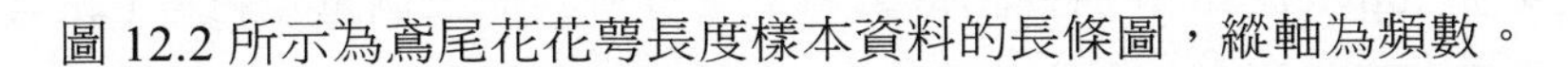
圖 12.2 所示為鳶尾花花萼長度樣本資料的長條圖，縱軸為頻數。

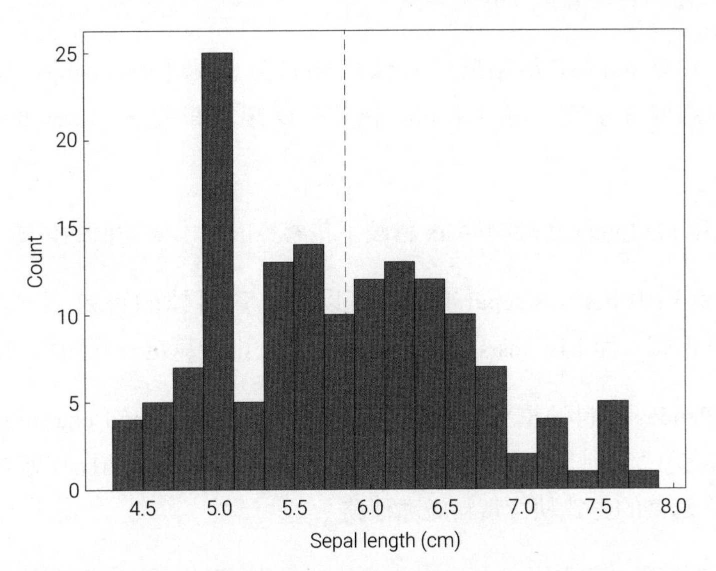

▲ 圖 12.2 鳶尾花花萼長度樣本資料長條圖 | Bk1_Ch12_01.ipynb

如果圖 12.2 的縱軸為機率，圖 12.2 的這些「柱子」的高度之和為 1。如果圖 12.2 的縱軸為機率密度，圖 12.2 的這些「柱子」的面積之和為 1。

> ⚠
> 標準差是方差的平方根。樣本、樣本均值、樣本標準差，三者具有相同單位。

我們可以透過程式 12.1 繪製圖 12.2，下面講解其中的關鍵敘述。

ⓐ 將 seaborn 匯入，簡寫作 sns。

ⓑ 利用 seaborn.load_dataset()，簡寫作 sns.load_dataset()，匯入鳶尾花資料。儲存在 Seaborn 中的鳶尾花資料型態是 Pandas DataFrame。

請大家自己解釋 ⓒ，簡述 fig 和 ax 兩個物件都有哪些用途。

ⓓ 利用 seaborn.histplot() 繪製長條圖。參數與 data 一般為 Pandas 資料幀，x 為橫軸對應的資料幀的列標籤。

請大家在 JupyterLab 分別嘗試繪製鳶尾花資料其他三個量化特徵 (花萼寬度、花瓣長度、花瓣寬度) 的長條圖。

此外，參數 stat 指定縱軸類型，比如 'count' 對應頻數，'probability' 對應機率，'density' 對應機率密度。可以用 bins 指定長條圖區間數量，binwidth 定義區間寬度。

ⓔ 利用 axvline() 在軸物件 ax 繪製了花萼長度樣本平均值的位置。

這段程式中 iris_sns.sepal_length 可以取出資料幀的特定列，其中 sepal_length 是列標籤。而 iris_sns.sepal_length.mean() 則計算這一列的平均值。

這是 Pandas 資料幀重要的計算方法—**鏈式法則** (method chaining)。簡單來說，Pandas 鏈式法則是一種程式設計風格，旨在透過將多個操作連結在一起，以更清晰、緊湊的方式執行資料處理任務。

請大家修改本章書附 Jupyter Notebook，將「平均值 ± 標準差」這兩條直線也畫上去。

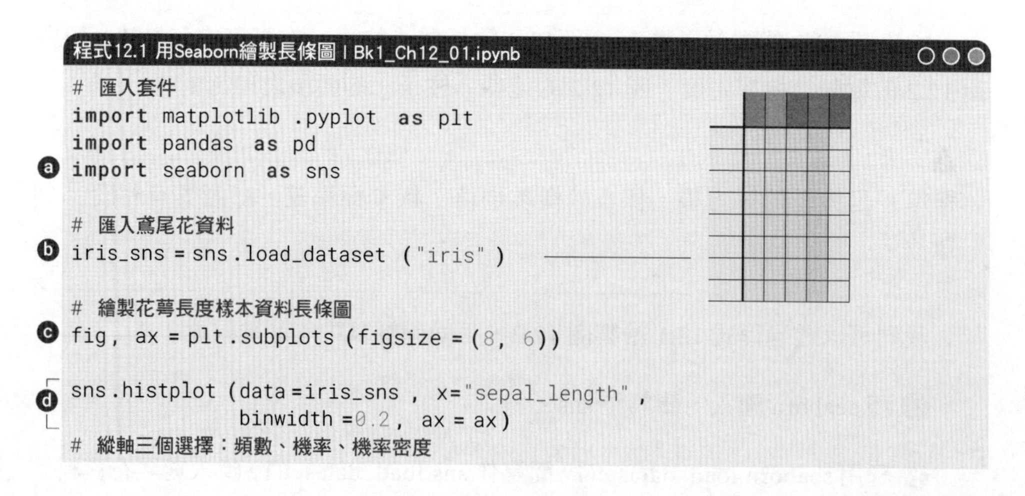
程式12.1 用Seaborn繪製長條圖 | Bk1_Ch12_01.ipynb

```
# 匯入套件
import matplotlib .pyplot  as plt
import pandas  as pd
import seaborn  as  sns          # ⓐ

# 匯入鳶尾花資料
iris_sns = sns.load_dataset ("iris" )          # ⓑ

# 繪製花萼長度樣本資料長條圖
fig, ax = plt.subplots (figsize = (8, 6))          # ⓒ

sns.histplot (data =iris_sns , x="sepal_length" ,          # ⓓ
              binwidth =0.2 , ax = ax)
# 縱軸三個選擇：頻數、機率、機率密度
```

```
ax.axvline (x = iris_sns .sepal_length .mean (),
            color = 'r', ls = '--')
# 增加均值位置垂直輔助線
```

如程式 12.2 所示，利用 seaborn.histplot() 繪製鳶尾花資料長條圖時，如果指定 hue = 'species'，我們便得到每個類別鳶尾花單獨的長條圖，具體如圖 12.3 所示。

seaborn.histplot() 還可以用來繪製二維直方熱圖，本章後文將介紹。此外，本章書附的 Jupyter Notebook 還舉出了函式的其他用法。

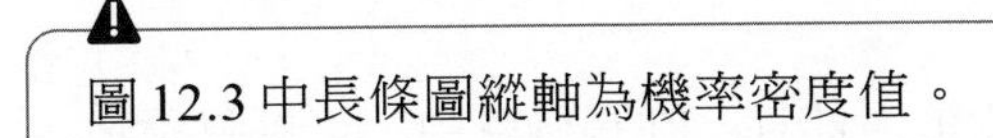

圖 12.3 中長條圖縱軸為機率密度值。

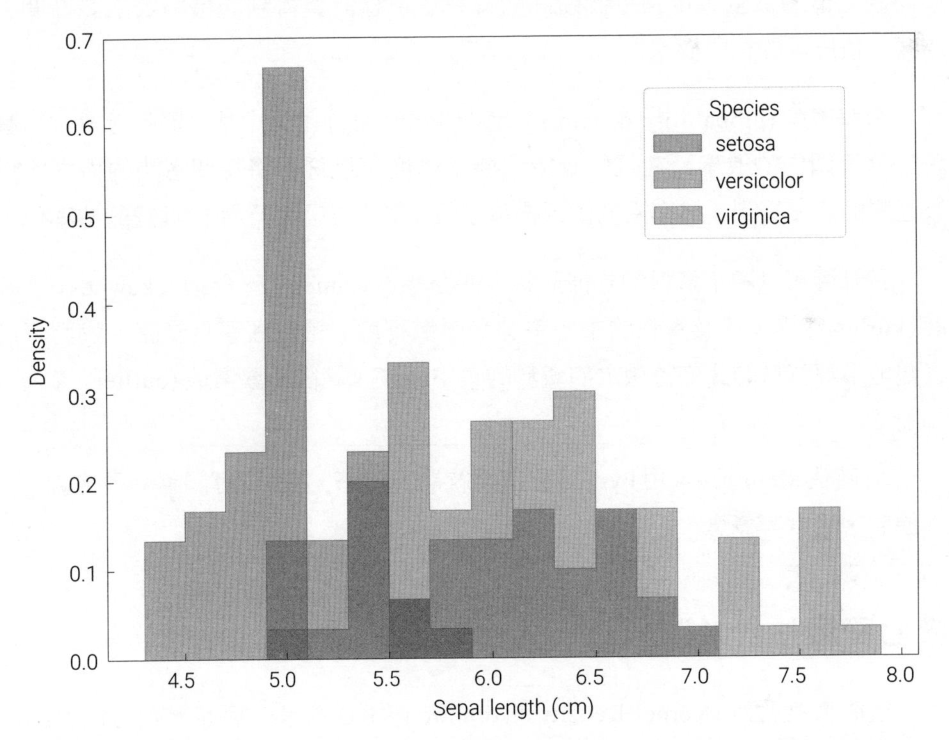

▲ 圖 12.3 鳶尾花花萼長度樣本資料長條圖 (考慮鳶尾花分類，縱軸為機率密度)| Bk1_Ch12_01.ipynb

程式12.2 用Seaborn繪製長條圖（考慮鳶尾花分類，使用時須配合前文程式）| Bk1_Ch12_01.ipynb

```
# 繪製花萼長度樣本資料長條圖，考慮鳶尾花分類
fig, ax = plt.subplots(figsize = (8,6))

sns.histplot(data = iris_sns ,  x="sepal_length" ,
             hue = 'species' , binwidth =0.2, ax = ax,
             element ="step" , stat = 'density' )
# 縱軸為機率密度
```

在長條圖中，以下是頻數、機率和機率密度的確切定義。

長條圖中每個區間內的樣本數量被稱為**頻數** (frequency)，表示資料落入該區間的次數或計數。

機率 (probability) 是指某個事件發生的可能性。在長條圖中，可以將頻數除以總觀測值的數量，得到每個區間的機率。這樣計算得到的機率表示該區間中的觀測值出現的相對機率。

機率密度 (probability density)：是指在機率分佈函式中某一點附近單位引數設定值範圍內的機率。在長條圖中，機率密度可以透過將每個區間的機率除以該區間的寬度得到。機率密度函式描述了變數的分佈形狀，而非具體的機率值。

長條圖可以顯示資料的分佈形狀，如**對稱** (symmetry)、**偏態** (skewness)、**峰度** (kurtosis) 等，以及資料的中心趨勢和離散程度。透過觀察長條圖，我們可以直觀地了解資料的分佈特徵，如資料的集中程度、範圍和**異常值** (outlier) 等。

《AI時代Math元年 - 用Python全精通統計及機率》第1章專門講解長條圖、偏態、峰度等概念。

核心密度估計 KDE

核心密度估計 (Kernel Density Estimation，KDE) 是一種非參數方法，用於估計連續變數的**機率密度函式** (Probability Density Function，PDF)。它透過將每個資料點視為一個核心函式 (通常是高斯核心函式)，在整個變數範圍內生成一系列核心函數，然後將這些核心函式進行平滑和疊加，從而得到連續的機率密度估計曲線。具體原理如圖 12.4 所示。核心密度估計的目標是透過在資料點

附近生成高斯分佈的核心函式，捕捉資料的分佈特徵和結構。具體地說，每個資料點的核心函式會在其附近產生一個小的高斯分佈，然後將所有核心函式疊加在一起。通過調整核心函式的頻寬參數，可以控制估計曲線的平滑程度和敏感度。

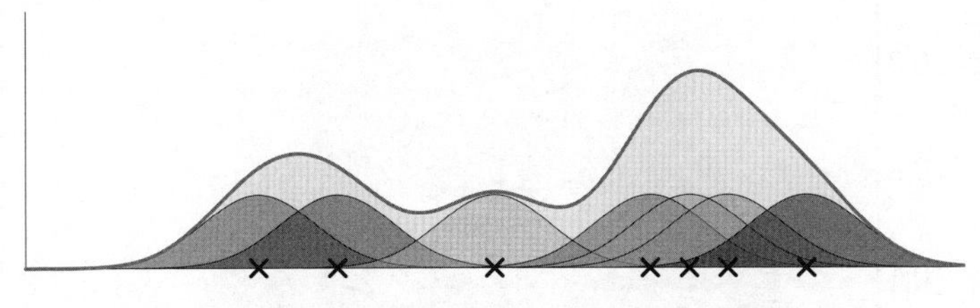

▲ 圖 12.4 高斯核心密度估計原理

圖 12.5 所示為利用 seaborn.kdeplot() 繪製的鳶尾花花萼長度資料高斯核心密度估計 PDF。可以這樣理解，圖 12.5 是圖 12.2 中長條圖的「平滑」處理結果。

圖 12.5 的橫軸還有用 seaborn.rugplot() 繪製的毛毯圖。毛毯圖常用於展示資料在一維空間上的分佈。它透過在座標軸上繪製短線，或稱為「毛毯」，表示資料點的位置和密度。這種圖形通常用於輔助其他類型的圖表，如長條圖或密度圖，以更清晰地顯示資料的分佈特徵。

本書第 2 7 章介紹如何使用 Statsmodels 中的核心密度估計函式；《AI 時代 Math 元年 - 用 Python 全精通統計及機率》第 17 章專門講解核心密度估計原理。

在用 seaborn.kdeplot() 繪製花萼長度樣本資料核心密度估計曲線時，我們還可以用 hue 來繪製三類鳶尾花種類各自的分佈，具體如圖 12.6 所示。

換個角度理解圖 12.6，圖 12.6 中三條曲線疊加便得到圖 12.5。圖 12.7 更進一步地解釋了這一點。用 seaborn.kdeplot() 繪製這幅圖時，需要設置 multiple= "stack"。大家可能已經發現，圖 12.5、圖 12.7 曲線並不完全相同，這是因為高斯核心密度估計曲線和頻寬參數有關。《AI 時代 Math 元年 - 用 Python 全精通統計及機率》會講到這一點。

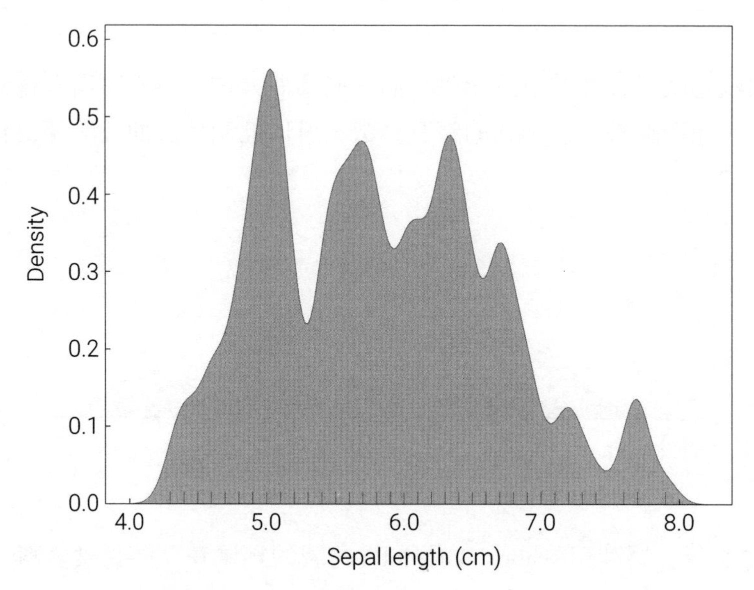

▲ 圖 12.5 鳶尾花花萼長度樣本資料核心密度估計 | Bk1_Ch12_01.ipynb

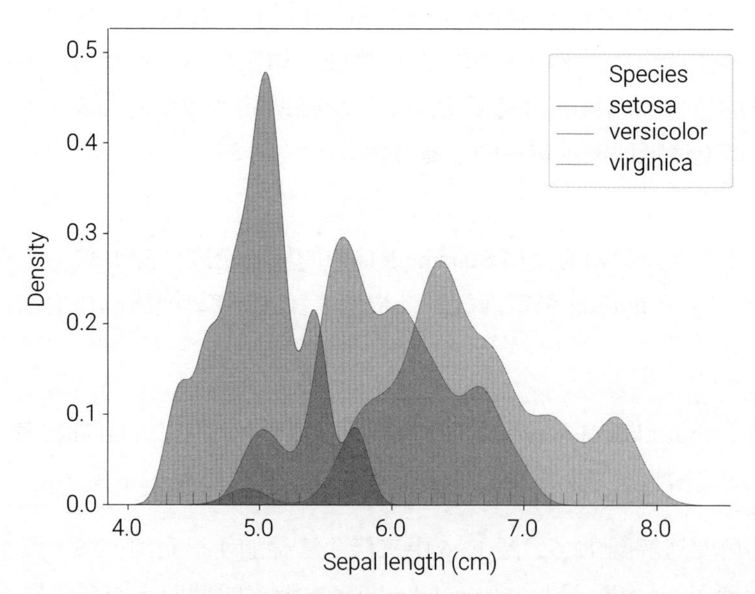

▲ 圖 12.6 鳶尾花花萼長度樣本資料核心密度估計 (考慮鳶尾花分類)| Bk1_Ch12_01.ipynb

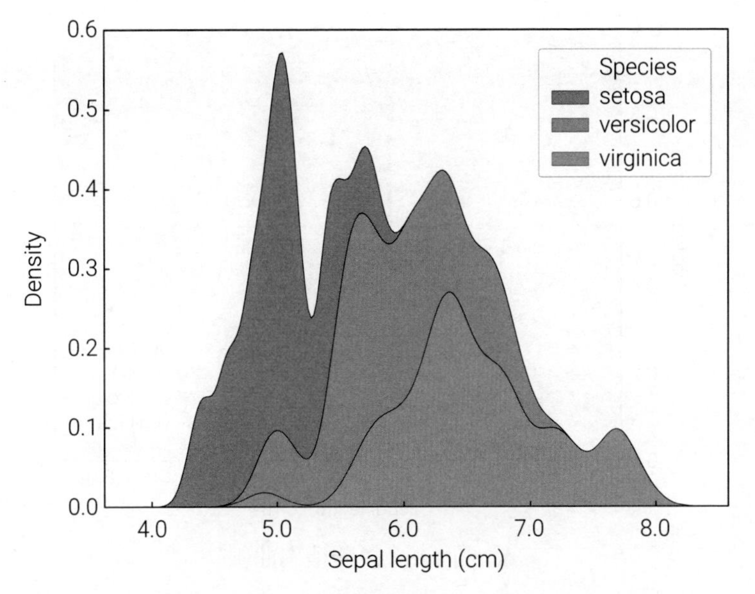

▲ 圖 12.7 三條 KDE 曲線疊加 | Bk1_Ch12_01.ipynb

特別地，在利用繪製核心密度估計曲線時，如果設置 multiple = 'fill'，我們便獲得圖 12.8。圖中每條曲線準確來說，都是「**後驗機率** (posterior)」。而這個後驗機率值可以用來完成分類。

也就是說，給定具體花萼長度，比較該點處紅藍綠三條曲線對應的寬度，最寬的曲線對應的鳶尾花種類可以作為該點的鳶尾花分類預測值。因此，這個後驗機率值也叫「**成員值** (membership score)」。

想要理解後驗機率這個概念，需要大家深入理解貝氏定理，《AI 時代 Math 元年 - 用 Python 全精通統計及機率》第 18、19 章專門介紹利用貝氏定理完成分類。

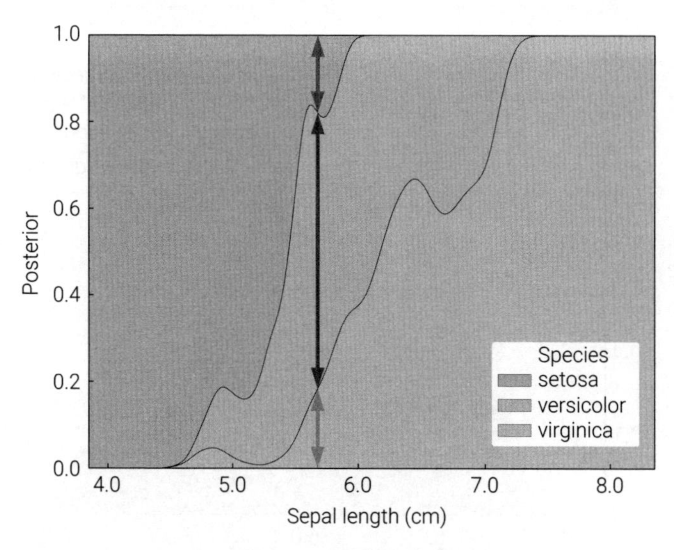

▲ 圖 12.8 後驗機率曲線

我們可以透過程式 12.3 繪製圖 12.5 ~ 圖 12.8，請大家自行分析這段程式，並逐行註釋。

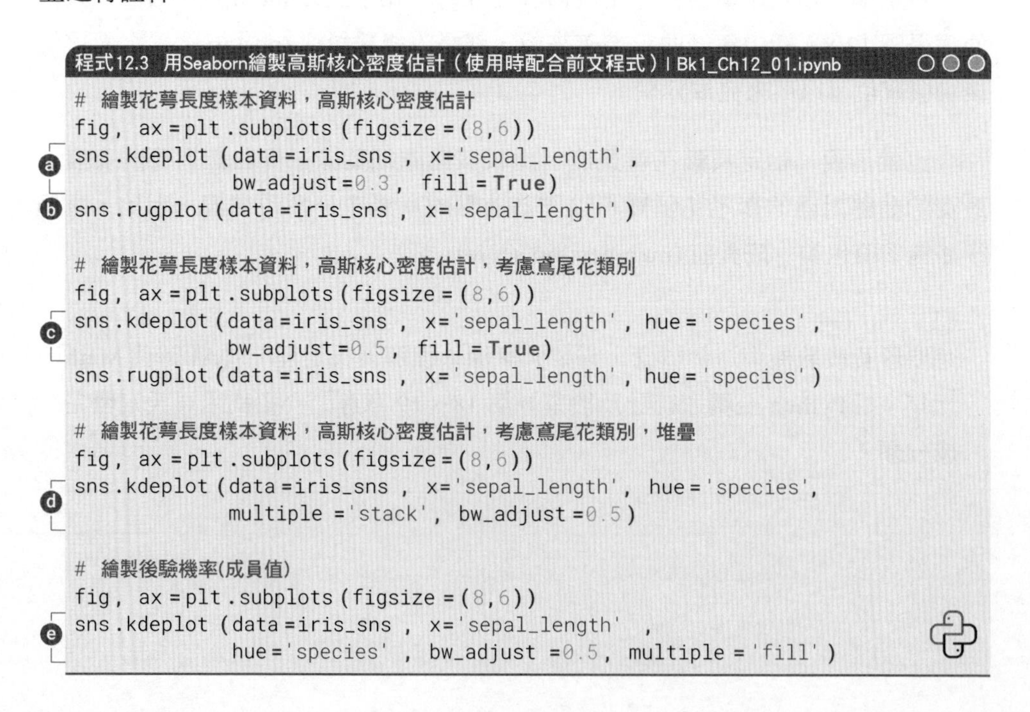

程式12.3 用Seaborn繪製高斯核心密度估計（使用時配合前文程式）| Bk1_Ch12_01.ipynb

```
# 繪製花萼長度樣本資料，高斯核心密度估計
fig, ax = plt.subplots(figsize = (8,6))
sns.kdeplot(data=iris_sns , x='sepal_length',            # a
            bw_adjust=0.3, fill=True)
sns.rugplot(data=iris_sns , x='sepal_length')            # b

# 繪製花萼長度樣本資料，高斯核心密度估計，考慮鳶尾花類別
fig, ax = plt.subplots(figsize = (8,6))
sns.kdeplot(data=iris_sns , x='sepal_length', hue='species',   # c
            bw_adjust=0.5, fill=True)
sns.rugplot(data=iris_sns , x='sepal_length', hue='species')

# 繪製花萼長度樣本資料，高斯核心密度估計，考慮鳶尾花類別，堆疊
fig, ax = plt.subplots(figsize = (8,6))
sns.kdeplot(data=iris_sns , x='sepal_length', hue='species',   # d
            multiple='stack', bw_adjust=0.5)

# 繪製後驗機率(成員值)
fig, ax = plt.subplots(figsize = (8,6))
sns.kdeplot(data=iris_sns , x='sepal_length' ,                 # e
            hue='species' , bw_adjust=0.5, multiple='fill')
```

什麼是貝氏定理？

貝氏定理是一種用於更新機率推斷的數學公式。它描述了在獲得新資訊後如何更新我們對某個事件發生機率的信念。貝氏定理基於先驗機率（我們對事件發生的初始信念）和條件機率（給定新資訊的情況下事件發生的機率），透過計算後驗機率（在獲得新資訊後事件發生的機率）來實現更新。貝氏定理在統計學、機器學習和人工智慧等領域具有廣泛應用。

分散點圖

分散點圖 (strip plot) 一般用來視覺化一組分類變數與連續變數的關係。在分散圖中，每個資料點透過垂直於分類變數的軸上的點表示，連續變數的設定值則沿著水平軸展示。

這種圖形通常用於視覺化分類變數和數值變數之間的關係，以觀察資料的分佈、聚集和離散程度，同時也可以用於比較不同分類變數水平下的數值變數。

程式 12.4 中的 seaborn.stripplot() 是 Seaborn 函式庫中用於繪製分散點圖的函式。需要注意的是，分散點圖適用於較小的資料集，當資料點重疊較多時，可考慮使用 seaborn.swarmplot() 函式來避免重疊點問題。我們可以透過程式 12.4 繪製圖 12.9。

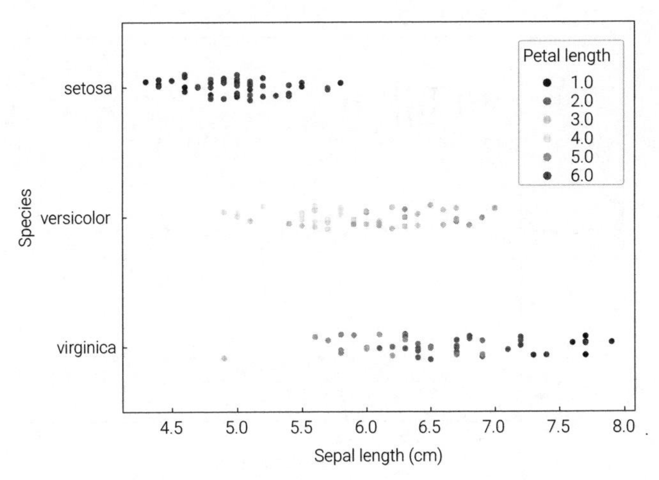

▲ 圖 12.9 分散點圖 | Bk1_Ch12_01.ipynb

程式12.4 用Seaborn繪製分散點圖（考慮鳶尾花分類，使用時配合前文程式）| Bk1_Ch12_01.ipynb

```
# 繪製鳶尾花花萼長度分散點圖
fig, ax = plt.subplots (figsize = (8,6))
sns.stripplot (data =iris_sns , x='sepal_length' , y='species' ,
               hue='petal_length' , palette ='RdYlBu_r' , ax = ax)
```

蜂群圖

蜂群圖 (swarm plot) 是一種用於視覺化分類變數和數值變數關係的圖表類型。它透過在分類軸上對資料進行分散排列，避免資料點的重疊，以展示數值變數在不同類別下的分佈情況。每個資料點在分類軸上的位置表示其對應的數值大小，從而呈現出資料的密度和分佈趨勢。

蜂群圖可以幫助我們比較不同類別之間的數值差異和趨勢，適用於資料探索、特徵分析和視覺化報告等場景。

圖 12.10 所示為利用 seaborn.swarmplot() 繪製的蜂群圖。圖 12.11 所示為考慮鳶尾花分類的蜂群圖。請大家自行分析程式 12.5。

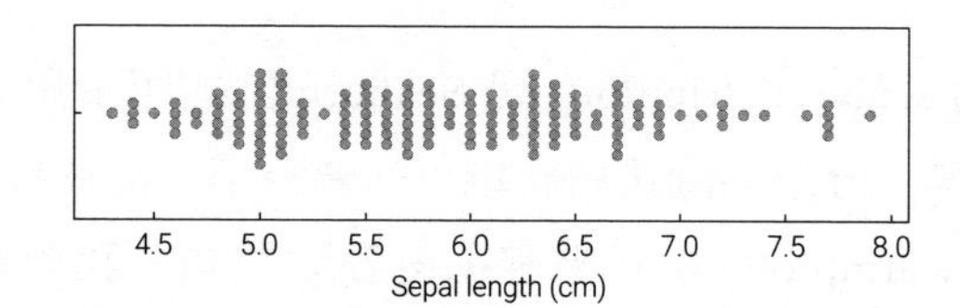

▲ 圖 12.10 蜂群圖 | Bk1_Ch12_01.ipynb

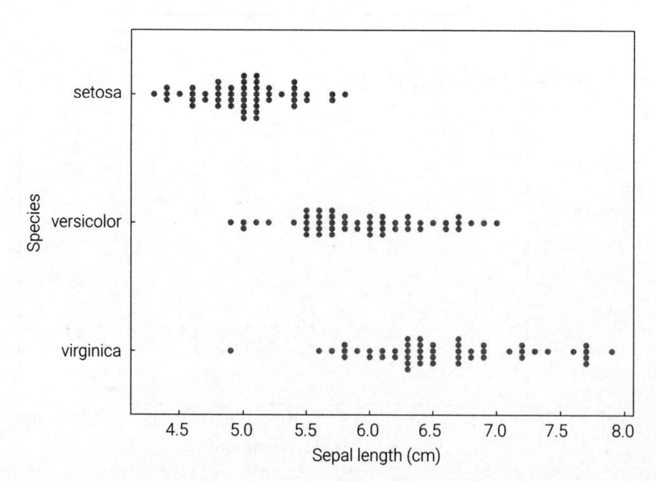

▲ 圖 12.11 蜂群圖 (考慮鳶尾花分類)| Bk1_Ch12_01.ipynb

程式12.5 用Seaborn繪製蜂群圖（使用時配合前文程式）| Bk1_Ch12_01.ipynb

```
# 繪製花萼長度樣本資料，蜂群圖
fig, ax = plt.subplots (figsize = (8,4))
sns.swarmplot (data =iris_sns , x="sepal_length" , ax = ax)   # a

# 繪製花萼長度樣本資料，蜂群圖，考慮分類
fig, ax = plt.subplots (figsize = (8,4))
sns.swarmplot (data =iris_sns , x="sepal_length" , y = 'species' ,   # b
               hue = 'species' , ax = ax)
```

箱型圖

箱型圖 (box plot) 是一種常用的統計圖表，用於展示數值變數的分佈情況和異常值檢測。

箱型圖透過繪製資料的五個關鍵統計量，即**最小值** (minimum)、**第一四分位數** (first quartile)Q_1、**中位數** (median,second quartile)Q_2、**第三四分位數** (third quartile)Q_3、**最大值** (maximum) 以及可能存在的異常值來提供對資料的直觀概覽，如圖 12.12 所示。

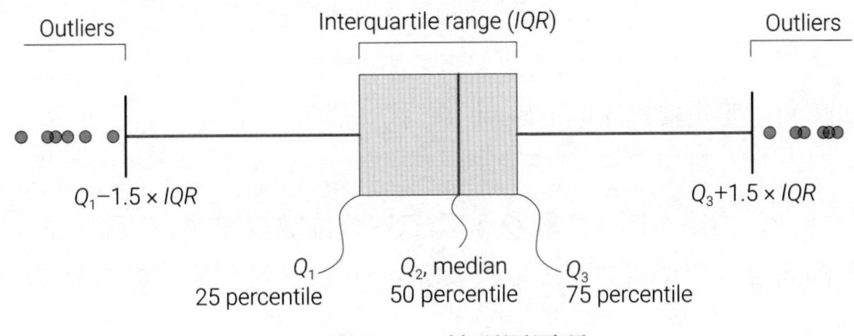

▲ 圖 12.12 箱型圖原理

什麼是四分位？

四分位是統計學中用於描述資料集分佈的概念，將資料按大小順序分成四等份。第一個四分位數 Q_1 表示 25% 的資料小於或等於它，第二個四分位數 Q_2 是中位數，表示 50% 的資料小於或等於它，第三個四分位數 Q_3 表示 75% 的資料小於或等於它。四分位可以幫助了解資料的中心趨勢、分散程度和異常值。四分位與盒須圖、離群值檢測等統計分析方法密切相關。

圖 12.13 所示為利用 seaborn.boxplot() 繪製的鳶尾花花萼長度樣本資料的箱型圖。圖 12.14 所示為考慮鳶尾花分類的箱型圖。

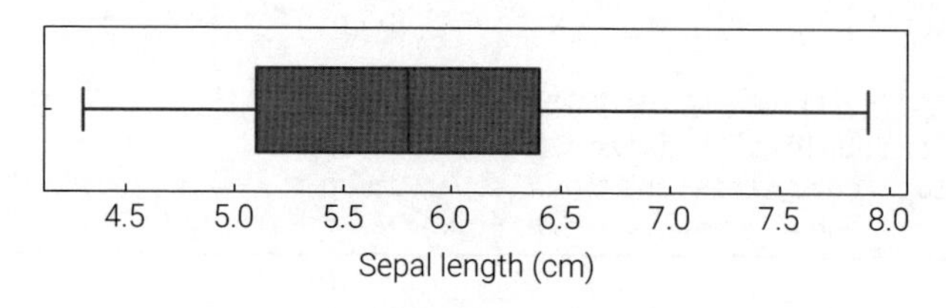

▲ 圖 12.13 箱型圖 | Bk1_Ch12_01.ipynb

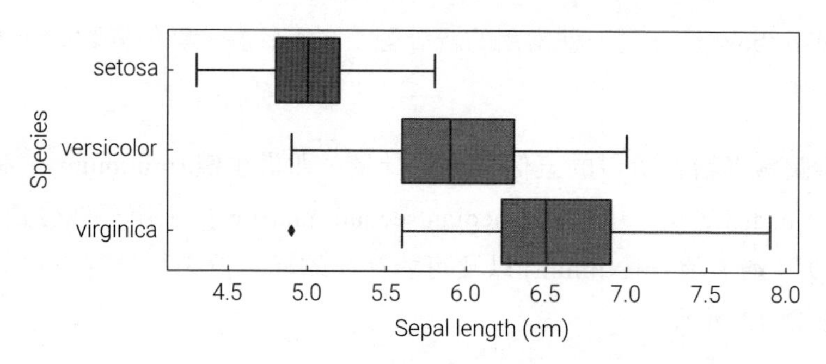

▲ 圖 12.14 箱型圖 (考慮鳶尾花分類)

箱型圖的主要元素包括以下幾個。

- **箱體** (box)：由第一四分位數 Q_1 和第三四分位數 Q_3 之間的資料範圍組成。箱體的高度表示資料的四分位距 $IQR = Q_3\text{-}Q_1$，箱體的中線表示資料的中位數。
- **須** (whisker)：延伸自箱體的線段，表示資料的整體分佈範圍。通常，須的長度為 1.5 倍的四分位距。但是，仔細觀察圖 12.13，我們會發現用 Seaborn 繪製的箱型圖左須距離 Q_1、右須距離 Q_3 寬度並不相同。根據 Seaborn 的技術文件，左須、右須延伸至該範圍 $[Q_1\text{-}1.5 \times IQR, Q_3 + 1.5 \times IQR]$ 內最遠的樣本點，具體如圖 12.15 所示。更為極端的樣本會被標記為異常值。

- **異常值** (outliers)：範圍 $[Q_1\text{-}1.5 \times IQR, Q_3 + 1.5 \times IQR]$ 之外的資料點，被認為是異常值，可能表示資料中的極端值或異常觀測。

透過觀察箱型圖，可以快速了解資料的中心趨勢、離散程度以及是否存在異常值等關鍵資訊。

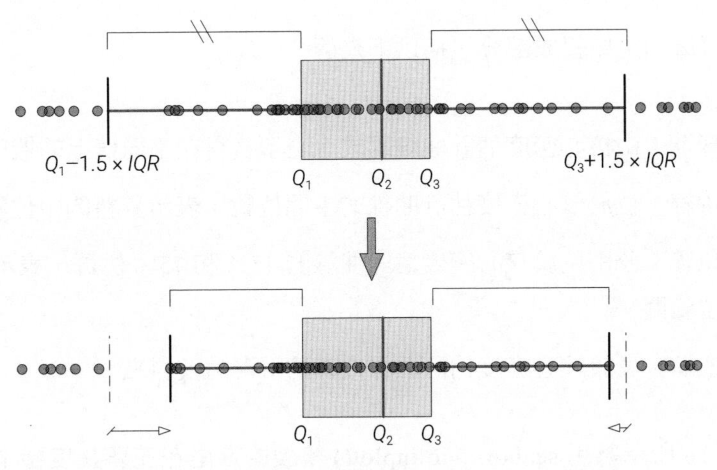

▲ 圖 12.15 Seaborn 繪製箱型圖左須、右須位置

請大家自行分析程式 12.6。

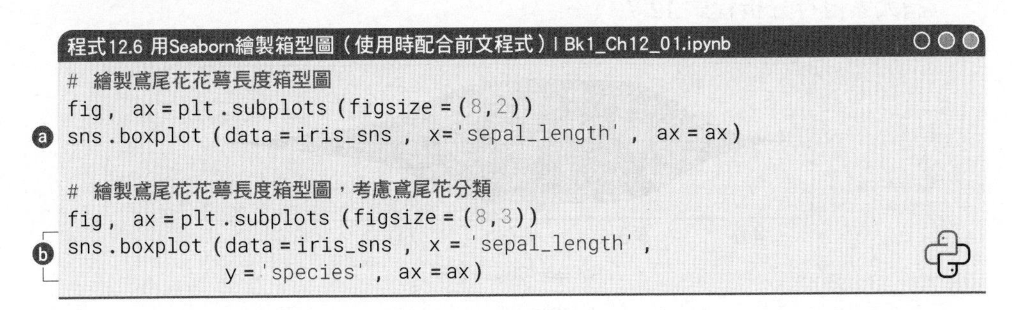

程式12.6 用Seaborn繪製箱型圖（使用時配合前文程式）| Bk1_Ch12_01.ipynb

```
# 繪製鳶尾花花萼長度箱型圖
fig, ax = plt.subplots(figsize = (8,2))
sns.boxplot(data = iris_sns, x='sepal_length', ax = ax)

# 繪製鳶尾花花萼長度箱型圖，考慮鳶尾花分類
fig, ax = plt.subplots(figsize = (8,3))
sns.boxplot(data = iris_sns, x = 'sepal_length',
            y = 'species', ax = ax)
```

小提琴圖

小提琴圖 (violin plot) 是一種用於視覺化數值變數分佈的圖表類型。它結合了核心密度估計曲線和箱型圖的特點，可以同時展示資料的分佈形狀、**中位數** (median)、**四分位數** (quartile) 和**離群值** (outlier) 等資訊。seaborn.violinplot() 是 Seaborn 函式庫中用於繪製小提琴圖的函式。

小提琴圖的主要組成部分包括以下幾個。

- **背景形狀**：由核心密度估計曲線組成，表示資料在不同值上的機率密度。
- **中位數線**：位於核心密度估計曲線的中間位置，表示資料的中位數。
- **四分位線**：分別位於核心密度估計曲線的 25% 和 75% 位置，表示資料的四分位範圍。
- **離群值點**：位於核心密度估計曲線之外的離群值資料點。

圖 12.16 所示為用 seaborn.violinplot() 繪製的鳶尾花花萼長度樣本資料的小提琴圖。圖 12.17 為考慮鳶尾花分類的小提琴圖。圖 12.18 所示為「蜂群圖 + 小提琴圖」的視覺化方案。

請大家自行分析程式 12.7。

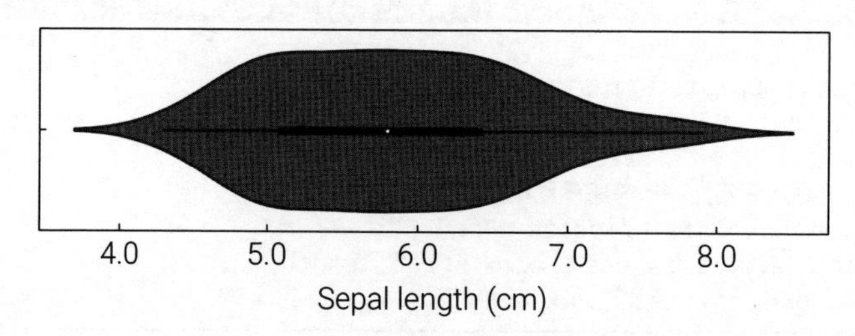

▲ 圖 12.16 小提琴圖 | Bk1_Ch12_01.ipynb

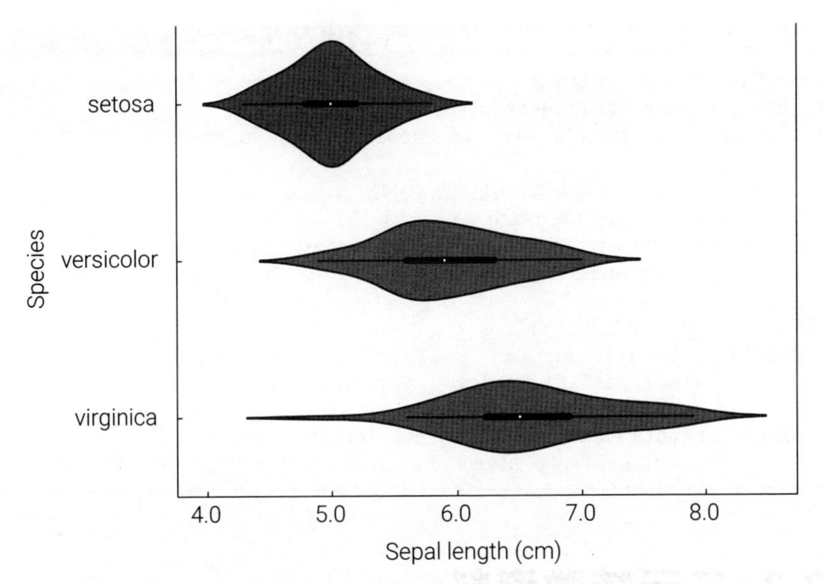

▲ 圖 12.17 小提琴圖 (考慮鳶尾花分類)| Bk1_Ch12_01.ipynb

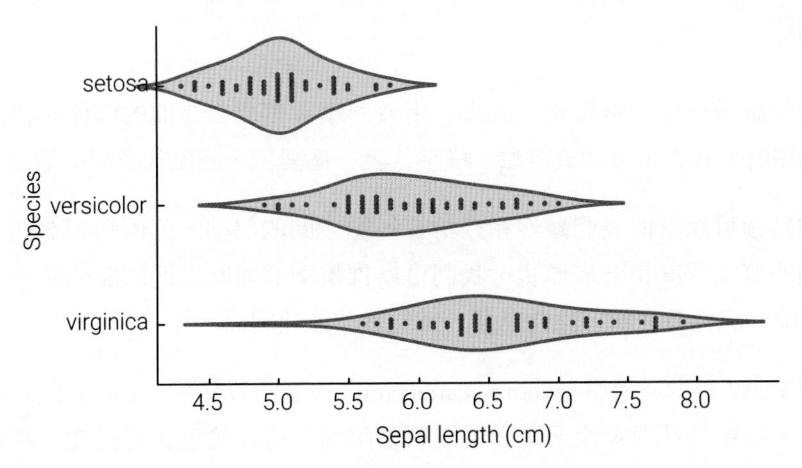

▲ 圖 12.18 蜂群圖 + 小提琴圖 (考慮鳶尾花分類)| Bk1_Ch12_01.ipynb

程式12.7 用Seaborn繪製小提琴圖（使用時配合前文程式）| Bk1_Ch12_01.ipynb

```
# 繪製花萼長度樣本資料，小提琴圖
fig, ax = plt.subplots(figsize = (8,2))
sns.violinplot(data=iris_sns, x='sepal_length', ax = ax)

# 繪製花萼長度樣本資料，小提琴圖，考慮鳶尾花分類
fig, ax = plt.subplots (figsize = (8,4))
sns.violinplot(data=iris_sns, x='sepal_length',
               y='species', ax = ax)

# 蜂群圖 + 小提琴圖，考慮鳶尾花分類
sns.catplot(data=iris_sns, x='sepal_length', y='species',
            kind='violin', color='.9', inner=None)

sns.swarmplot(data=iris_sns, x='sepal_length',
              y='species', size=3)
```

12.3 二元特徵資料

散點圖

散點圖是一種資料視覺化圖表，用於展示兩個變數之間的關係。在座標系中它以點的形式表示每個資料點，橫軸代表一個變數，縱軸代表另一個變數。

散點圖可以幫助我們觀察和分析資料點之間的趨勢、分佈和相關性。透過觀察點的聚集程度和分佈形狀，我們可以推斷兩個變數之間的關係類型，如線性正相關、線性負相關、線性無關，甚至是非線性關係。

圖 12.19 所示為利用 seaborn.scatterplot() 繪製的散點圖，散點圖的橫軸為花萼長度，縱軸為花萼寬度。透過觀察散點趨勢，可以發現花萼長度、花萼寬度似乎存在線性正相關。但是實際情況可能並非如此。本章最後將透過線性相關性係數進行量化確認。

圖 12.19 中，我們還用毛毯圖分別視覺化花萼長度、花萼寬度的分佈情況。

用不同顏色散點代表鳶尾花分類，我們便得到圖 12.20 所示散點圖。觀察這幅圖中藍色點，即 setosa 類別，我們可以發現更強的線性正相關性。

請大家自行分析程式 12.8，並逐行註釋。

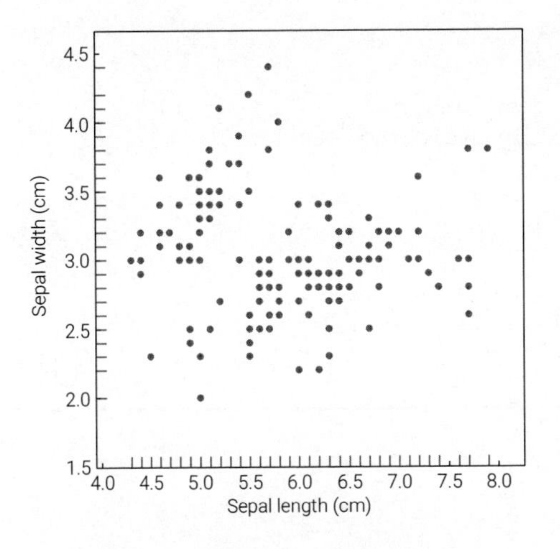

▲ 圖 12.19 散點圖 + 毛毯圖 | Bk1_Ch12_01.ipynb

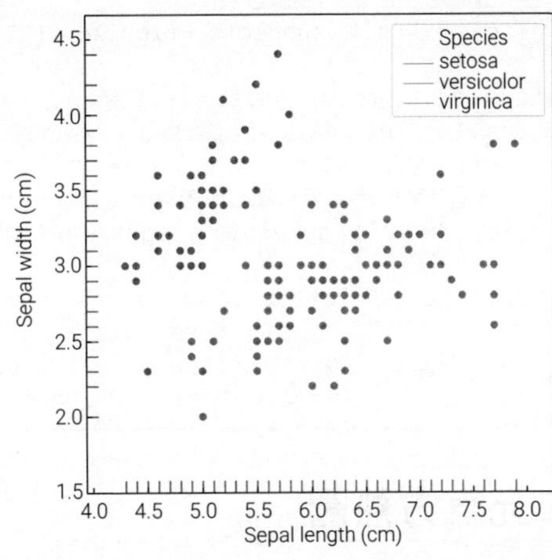

▲ 圖 12.20 散點圖 + 毛毯圖 (考慮鳶尾花分類)| Bk1_Ch12_01.ipynb

圖 12.32 所示為幾種用 seaborn.scatterplot() 繪製的鳶尾花資料集散點圖。

圖 12.32(a) 的橫軸是花萼長度，縱軸是花萼寬度。調轉橫縱軸特徵便得到圖 12.32(b)。

在圖 12.32(a) 的基礎上，可以用色調代表花瓣長度。這樣一幅二維散點圖上，我們便視覺化了三個量化特徵。

圖 12.32(d) 在圖 12.32(c) 基礎上又進一步，用散點大小代表花瓣寬度。

圖 12.32(e) 則用顏色視覺化鳶尾花的分類標籤。在此基礎上，我們還可以用散點大小視覺化花瓣寬度。

圖 12.32(g) 則集合前幾幅散點圖，並且用不同識別字號代表鳶尾花分類標籤。這種散點圖顯然「資訊超載」，並不推薦。

程式12.8 用Seaborn繪製二元散點圖 + 毛毯圖（使用時配合前文程式）| Bk1_Ch12_01.ipynb

```python
# 鳶尾花散點圖 + 毛毯圖
fig, ax = plt.subplots(figsize = (4,4))

sns.scatterplot(data=iris_sns, x='sepal_length', y='sepal_width')
sns.rugplot(data=iris_sns, x='sepal_length', y='sepal_width')

# 鳶尾花散點圖 + 毛毯圖，考慮鳶尾花分類
fig, ax = plt.subplots(figsize = (4,4))

sns.scatterplot(data=iris_sns, x='sepal_length',
                y='sepal_width', hue = 'species')
sns.rugplot(data=iris_sns, x='sepal_length',
            y='sepal_width', hue = 'species')
```

二元直方熱圖

本章前文，我們將一元樣本資料劃分成不同區間便繪製了一元長條圖。

同理，如果我們把圖 12.19 所示平面劃分成如圖 12.21 所示一系列格子，計算每個格子中的樣本數，我們便可以繪製類似圖 12.22 的二元長條圖。

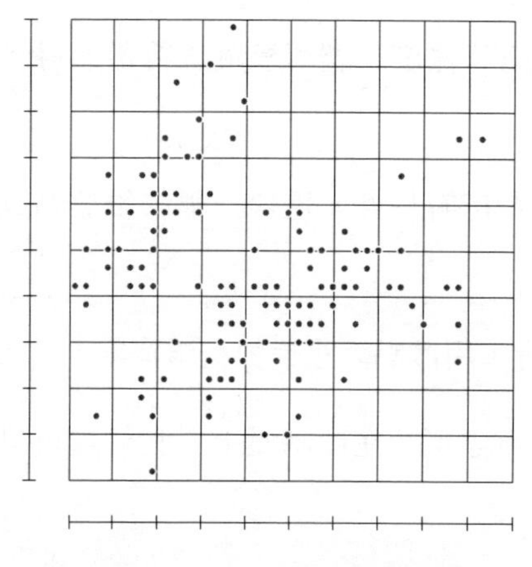

▲ 圖 12.21 二元長條圖原理

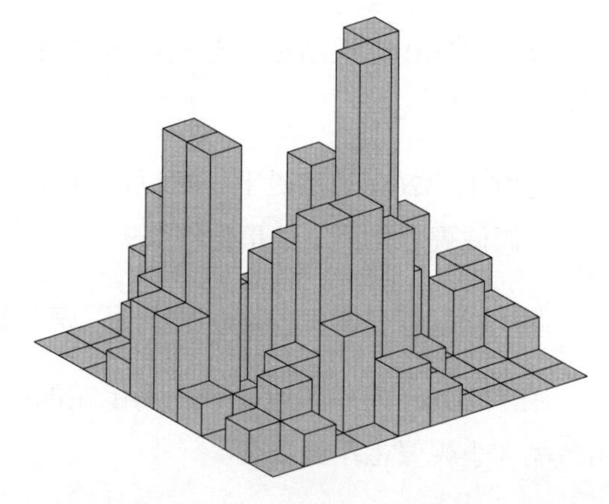

▲ 圖 12.22 二元長條圖（柱狀圖型視覺化方案）

顯然，這種視覺化方案並不理想。一方面「柱子」的高度很難確定，而且固定某個特定角度之後，一些較矮的「柱子」必定會被遮擋。因此，在實踐中我們常常使用二元直方熱圖作為視覺化方案。

二元直方熱圖由一個矩形網格組成，其中每個儲存格的顏色代表了對應的資料頻數、機率、機率密度。一般來說行和列代表兩個不同的隨機變數，而儲存格中的顏色強度表示頻數、機率、機率密度。二元直方熱圖可以幫助我們觀察兩個變數之間的關係以及它們的分佈模式。透過觀察顏色的變化和集中區域，我們可以得出關於兩個變數之間的相關性、聯合分佈和潛在模式的初步結論。

圖 12.23 所示為利用 seaborn.displot() 繪製的二元直方熱圖，橫軸為鳶尾花花萼長度，縱軸為花萼寬度。如圖 12.24 所示，二元直方熱圖沿著某個方向壓縮便得到一元長條圖；反過來看，長條圖沿著特定方向展開便得到二元直方熱圖。

請大家自行分析程式 12.9。

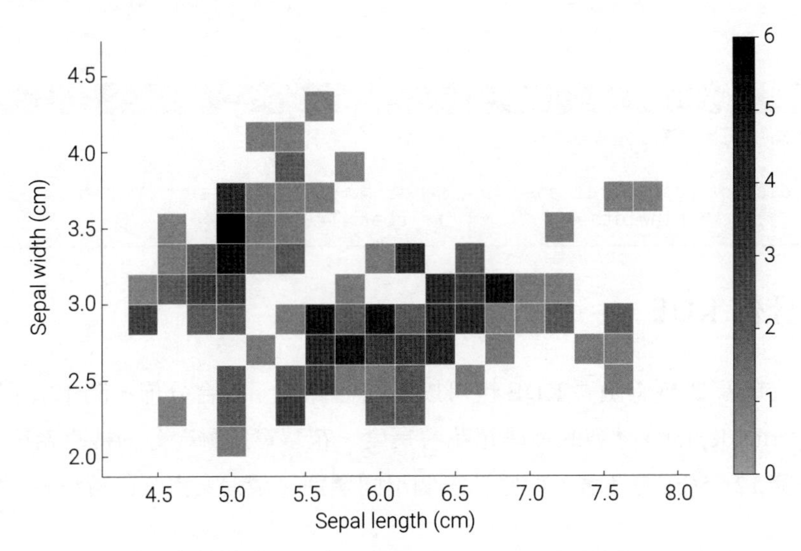

▲ 圖 12.23 鳶尾花花萼長度、花萼寬度的二元直方熱圖 | Bk1_Ch12_01.ipynb

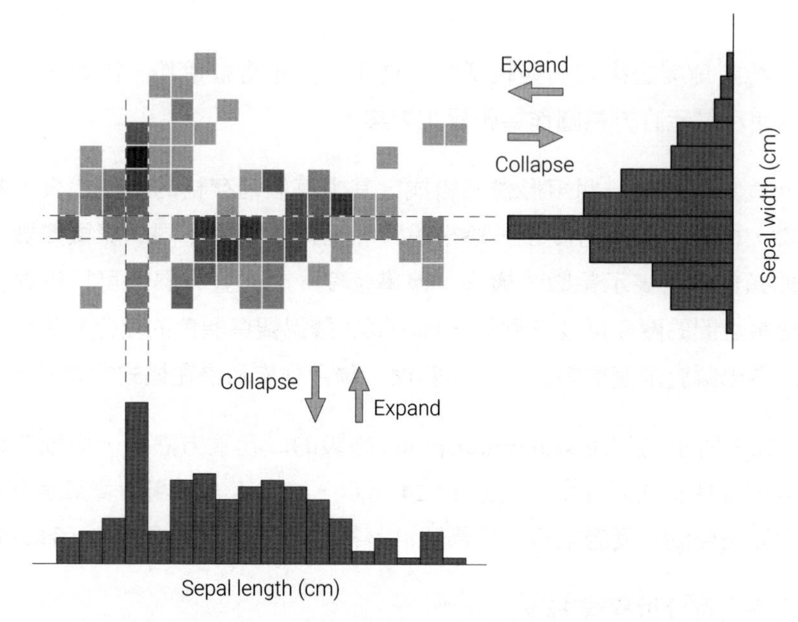

▲ 圖 12.24 一元長條圖和二元直方熱圖之間的關係

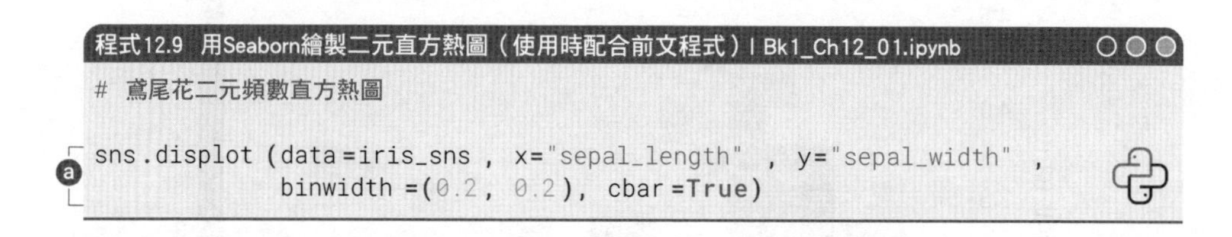

程式12.9 用Seaborn繪製二元直方熱圖（使用時配合前文程式）| Bk1_Ch12_01.ipynb

```
# 鳶尾花二元頻數直方熱圖

sns.displot(data=iris_sns, x="sepal_length", y="sepal_width",
            binwidth=(0.2, 0.2), cbar=True)
```

聯合分佈 KDE

前文的高斯核心函式 KDE 也可以用在估算二元聯合分佈。圖 12.25 所示為用 seaborn.kdeplot() 繪製的鳶尾花花萼長度、花萼寬度聯合分佈機率密度估計等高線。圖 12.25(b) 還考慮了鳶尾花三個不同類別。請大家自行分析程式 12.10。

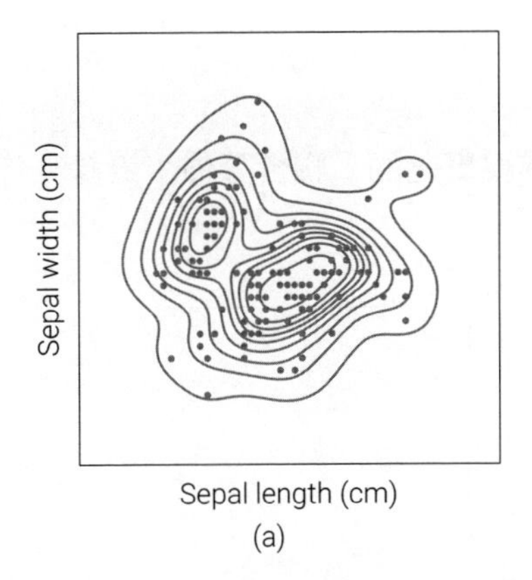

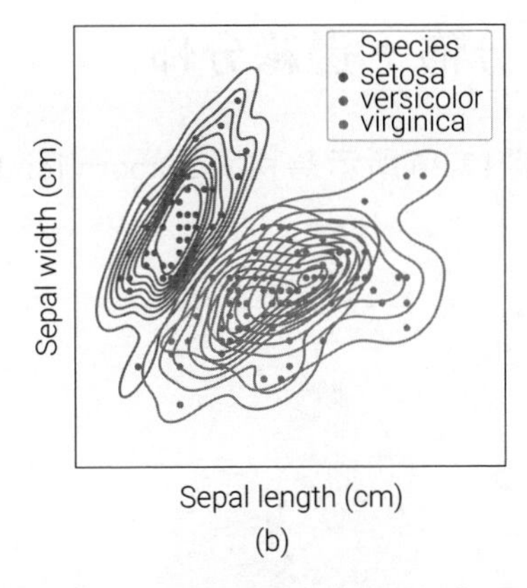

▲ 圖 12.25 鳶尾花花萼長度、花萼寬度的聯合分佈 (高斯核心密度估計)| Bk1_Ch12_01.ipynb

什麼是聯合分佈？

聯合分佈是統計學中用於描述兩個或多個隨機變數同時取值的機率分佈。它提供了關於多個變數之間關係的資訊，包括它們的聯合機率、相互依賴程度以及共同變化的模式。聯合分佈可以以多種形式呈現，如機率質量函式（離散變數）或機率密度函式（連續變數）。透過分析聯合分佈，我們可以洞察變數之間的相關性、條件機率以及預測和推斷未來事件的可能性。聯合分佈在概率論、統計建模、資料分析和機器學習等領域具有廣泛應用。

程式12.10 用Seaborn繪製聯合分佈機率密度等高線（使用時配合前文程式）| Bk1_Ch12_01.ipynb

```
# 聯合分佈機率密度等高線
sns.displot(data=iris_sns, x='sepal_length',
            y='sepal_width', kind='kde')   # a

# 聯合分佈機率密度等高線，考慮分佈
sns.kdeplot(data=iris_sns, x='sepal_length',
            y='sepal_width', hue = 'species')   # b
```

聯合分佈 + 邊緣分佈

圖 12.26 所示為利用 seaborn.jointplot() 視覺化的「聯合分佈 + 邊緣分佈」。

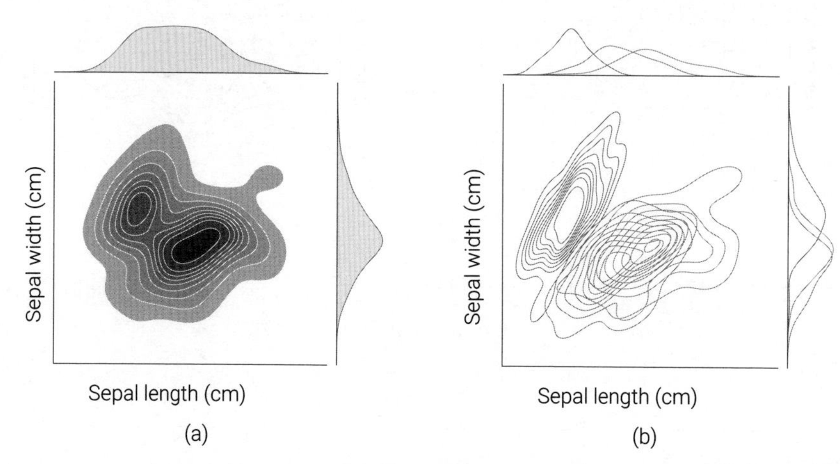

▲ 圖 12.26 鳶尾花花萼長度、花萼寬度的聯合分佈和邊緣分佈 | Bk1_Ch12_01.ipynb

seaborn.jointplot() 函式用於建立聯合圖，其結合了兩個變數的散點圖和各自的邊緣分佈圖。它可以幫助我們同時視覺化兩個變數之間的關係以及它們的邊緣分佈。

seaborn.jointplot() 函式預設情況下會繪製散點圖和邊緣長條圖。其中，散點圖展示了兩個變數之間的關係，而邊緣長條圖則分別顯示了每個變數的邊緣分佈情況。

請大家自行分析程式 12.11。

本章書附的 Jupyter Notebook 還提供 seaborn.jointplot() 其他幾種視覺化方案，請大家自行學習。

什麼是邊緣分佈？

邊緣分佈是指在多變數資料集中，針對單一變數的分佈情況。它表示了某個特定變數在與其他變數無關時的機率分佈。邊緣分佈可以透過將多變數資料集投影到某個特定變數的軸上來獲得。透過分析邊緣分佈，我們可以了解每個變數單獨的分佈特徵，包括均值、方差、偏度、峰度等統計量，以及分佈的形狀和模式。邊緣分佈對於探索資料集的特徵、進行單變數分析和了解資料的單一方面非常有用。

程式12.11 用Seaborn繪製聯合分佈和邊緣分佈（使用時配合前文程式）| Bk1_Ch12_01.ipynb

```
# 聯合分佈、邊緣分佈
sns.jointplot (data=iris_sns, x='sepal_length', y='sepal_width',
               kind = 'kde', fill = True)

# 聯合分佈、邊緣分佈，考慮鳶尾花分類
sns.jointplot (data=iris_sns , x='sepal_length' , y='sepal_width',
               hue = 'species', kind = 'kde')
```

線性回歸

圖 12.27 所示為利用 seaborn.lmplot() 繪製的鳶尾花花萼長度、花萼寬度之間的線性回歸關係圖。seaborn.lmplot() 函式預設情況下會繪製散點圖和擬合的線性回歸線。其中，散點圖展示了兩個變數之間的關係，而線性回歸線表示了擬合的線性關係。

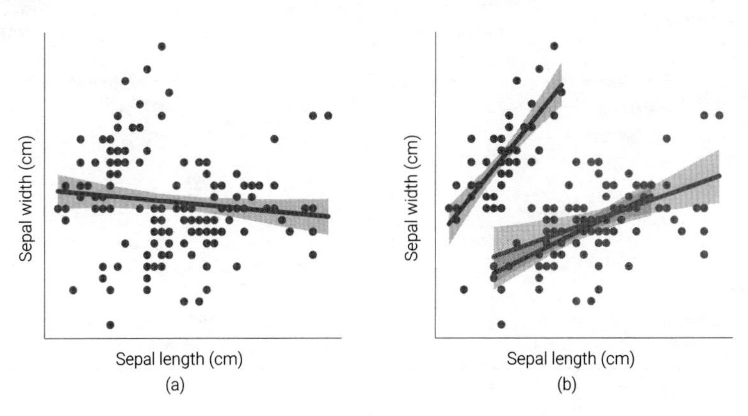

▲ 圖 12.27 鳶尾花花萼長度、花萼寬度的線性回歸關係 | Bk1_Ch12_01.ipynb

除了基本語法外，seaborn.lmplot() 還支援其他參數，例如 hue 參數用於指定一個額外的分類變數，可以透過不同的顏色展示不同類別的資料點和回歸線。請大家自行分析程式 12.12。

> 《AI 時代 Math 元年 - 用 Python 全精通資料處理》第 9、10 章專門介紹線性回歸。

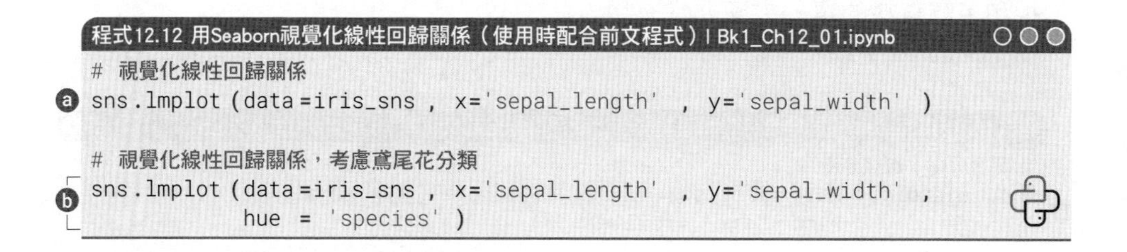

程式12.12 用Seaborn視覺化線性回歸關係（使用時配合前文程式）| Bk1_Ch12_01.ipynb

```python
# 視覺化線性回歸關係
sns.lmplot(data=iris_sns, x='sepal_length', y='sepal_width')   # a

# 視覺化線性回歸關係，考慮鳶尾花分類
sns.lmplot(data=iris_sns, x='sepal_length', y='sepal_width',   # b
           hue = 'species')
```

12.4 多元特徵資料

分散點圖、小提琴圖

我們當然可以使用一元視覺化方案展示多中繼資料的特徵，如圖 12.28 所示。

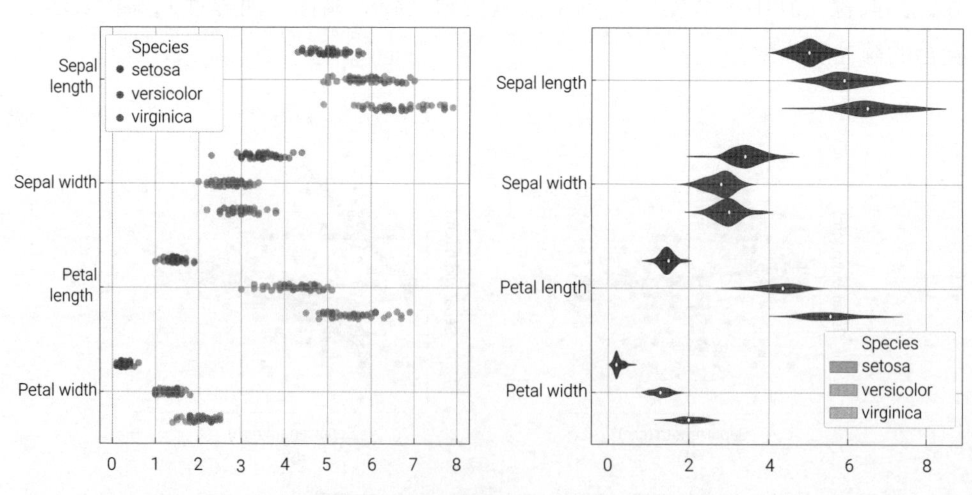

▲ 圖 12.28 分散點圖、小提琴圖 (多特徵)| Bk1_Ch12_01.ipynb

我們可以透過程式 12.13 繪製圖 12.28，下面我們講解其中關鍵敘述。

ⓐ 利用 pandas.melt()，簡寫作 pd.melt()，將鳶尾花資料集從**寬格式** (wide format) 轉為**長格式** (long format)。

寬格式資料幀如表 12.1 所示，長格式資料幀如表 12.2 所示。函式輸入 'species' 是要保留的標識變數，也就是不進行融合。參數 var_name= 'measurement' 指定了在融合過程中生成的新列的名稱。

請大家自行分析 ⓑ 和 ⓒ，並逐行註釋。

但是圖 12.28 中的這兩幅圖最致命的缺陷是僅展示了單一特徵分佈，並沒有展示特徵之間的聯繫。下面我們聊聊其他能夠視覺化多元特徵之間關係的視覺化方案。

本書第 22 章介紹包括 pandas.melt() 在內的各種常用資料幀規整方法。

程式12.13　用Seaborn繪製多特徵分散點圖、小提琴圖（使用時配合前文程式）| Bk1_Ch12_01.ipynb

```
iris_melt = pd.melt(iris_sns, 'species', var_name='measurement')
# 資料從寬格式(wide format) 轉換為長格式(long format)

# 繪製多特徵分散圖
sns.stripplot(data=iris_melt, x='value', y='measurement',
              hue='species', dodge=True, alpha=.25,
              zorder=1, legend=True)
plt.grid()

# 繪製多特徵小提琴圖
sns.violinplot(data=iris_melt, x='value', y='measurement',
               hue='species', dodge=True, alpha=.25,
               zorder=1, legend=True)
plt.grid()
```

➔ 表 12.1 寬格式

	sepal_length	sepal_width	petal_length	petal_width	species
0	5.1	3.5	1.4	0.2	setosa
1	4.9	3	1.4	0.2	setosa
2	4.7	3.2	1.3	0.2	setosa
...	...	...	...	...	...
149	5.9	3	5.1	1.8	virginica

➔ 表 12.2 長格式

	species	measurement	value
0	setosa	sepal_length	5.1
1	setosa	sepal_length	4.9
2	setosa	sepal_length	4.7
...	...	...	...
599	virginica	petal_width	1.8

聚類熱圖

seaborn.clustermap() 函式用於建立聚類熱圖，它能夠視覺化資料集中的聚類結構和相似性。聚類熱圖使用層次聚類演算法對資料進行聚類，並以熱圖的形式展示聚類結果。

聚類熱圖的原理是透過計算資料點之間的相似性（例如歐幾里德距離或相關係數），然後使用**層次聚類** (hierarchical clustering) 演算法將相似的資料點分組為聚類簇。層次聚類將資料點逐步合併形成聚類樹狀結構，根據相似性的距離進行聚類的層次化過程。聚類熱圖將聚類樹狀結構視覺化為熱圖，同時顯示資料點的排序和聚類關係。

程式 12.14 利用 .iloc[:,:-1] 方法索引和切片資料幀。簡單來說，方法 iloc 是 Pandas DataFrame 的索引子之一，用於按照整數位置進行選擇。第一個冒號代表所有行，:-1 表示選擇除了最後一列之外的所有列。

本書第 21 章專門介紹 Pandas 資料幀索引和切片。

《機器學習》專門介紹各種聚類演算法。

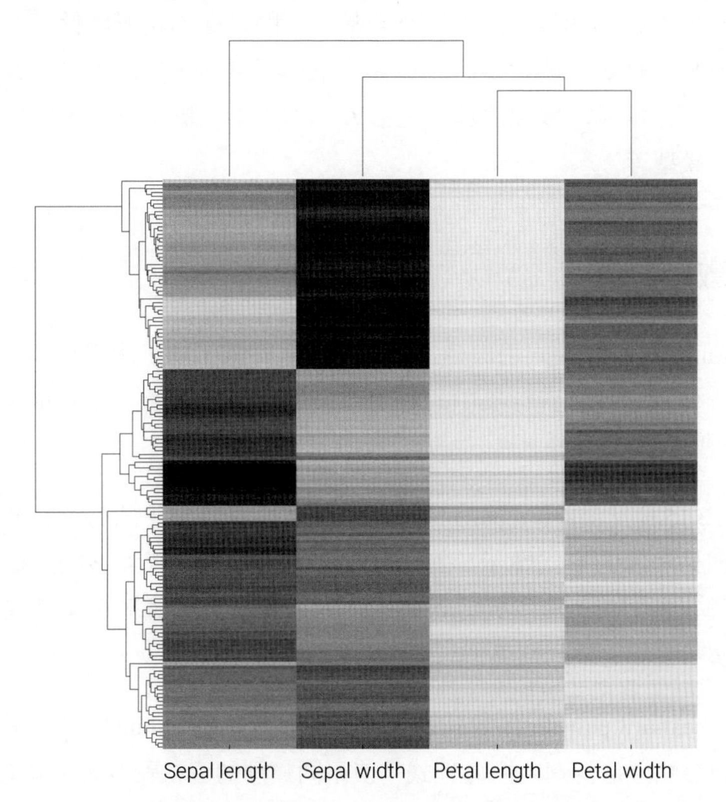

▲ 圖 12.29 鳶尾花資料集，聚類熱圖 | Bk1_Ch12_01.ipynb

程式 12.14 用Seaborn繪製聚類熱圖（使用時配合前文程式）| Bk1_Ch12_01.ipynb

```
# 聚類熱圖
sns.clustermap(iris_sns.iloc[:,:-1], cmap = 'RdYlBu_r',
               vmin = 0, vmax = 8)
```

什麼是聚類？

機器學習中的聚類是一種無監督學習方法，用於將資料集中的樣本按照相似性進行分組或聚集。聚類演算法透過自動發現資料的內在結構和模式，將相似的樣本歸為一類，從而實現資料的分組和分類。聚類的目標是使得同一類別內的樣本相似度高，而不同類別之間的樣本相似度低。聚類演算法通常基於樣本之間的距離或相似性度量進行操作，如歐幾里德距離、餘弦相似度等。常見的聚類演算法包括 *K* 均值聚類、層次聚類、DBSCAN、高斯混合模型等。

成對特徵散點圖

seaborn.pairplot() 函式用於建立成對特徵散點圖矩陣，視覺化多個變數之間的關係和分佈。它會將資料集中的每對特徵繪製為散點圖，並展示變數之間的散點關係和單變數的分佈。

程式 12.15 中，seaborn.pairplot() 函式會根據資料集中的每對特徵生成散點圖，並以網格矩陣的形式展示。對角線上的圖形通常是單變數的長條圖或核心密度估計圖，表示每個變數的分佈情況。非對角線上的圖形是兩個變數之間的散點圖，展示它們之間的關係。

此外，seaborn.pairplot() 函式還支援其他參數，例如 hue 參數用於根據一個分類變數對散點圖進行顏色撰寫程式，使不同類別的資料點具有不同的顏色。

透過使用 seaborn.pairplot() 函式，我們可以輕鬆地視覺化多個變數之間的關係和分佈。這對於探索變數之間的相關性、辨識資料中的模式和異常值等非常有用。

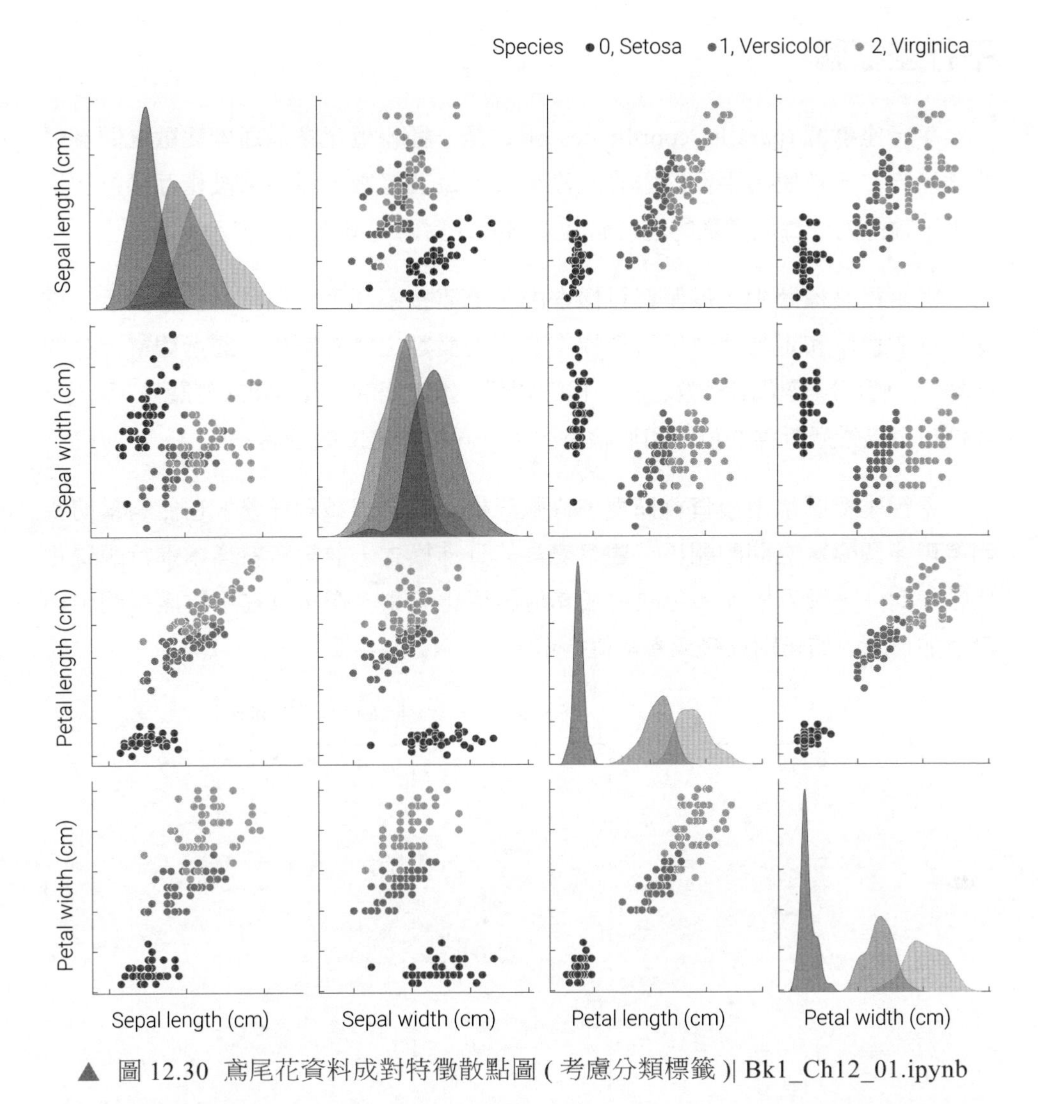

▲ 圖 12.30 鳶尾花資料成對特徵散點圖 (考慮分類標籤)| Bk1_Ch12_01.ipynb

程式12.15 用Seaborn繪製成對特徵散點圖（使用時配合前文程式）| Bk1_Ch12_01.ipynb

```
# 繪製成對特徵散點圖
sns.pairplot (iris_sns , hue = 'species' )
```

平行座標圖

平行座標圖 (parallel coordinates plot) 是一種視覺化多個連續變數之間關係的圖形方法。它使用平行的垂直線段來表示每個變數，這些線段相互平行並沿著水平軸排列。每個變數的值透過垂直線段在對應的軸上進行表示。

在平行座標圖中，每個資料樣本由一筆連接不同垂直線段的折線表示。這條折線的形狀和走勢反映了資料樣本在不同變數之間的關係。透過觀察折線的走勢，我們可以辨識出變數之間的相對關係，如正相關、負相關或無關係。同時，我們也可以透過折線的位置和形狀來比較不同樣本之間的差異。

平行座標圖常用於資料探索、特徵分析和模式辨識等任務。它能夠幫助我們發現多個變數之間的關係、觀察變數的分佈模式，並對資料樣本進行視覺化比較。此外，透過增加顏色映射或其他視覺化元素，還可以在平行座標圖中顯示附加資訊，如類別標籤或異常值指示。

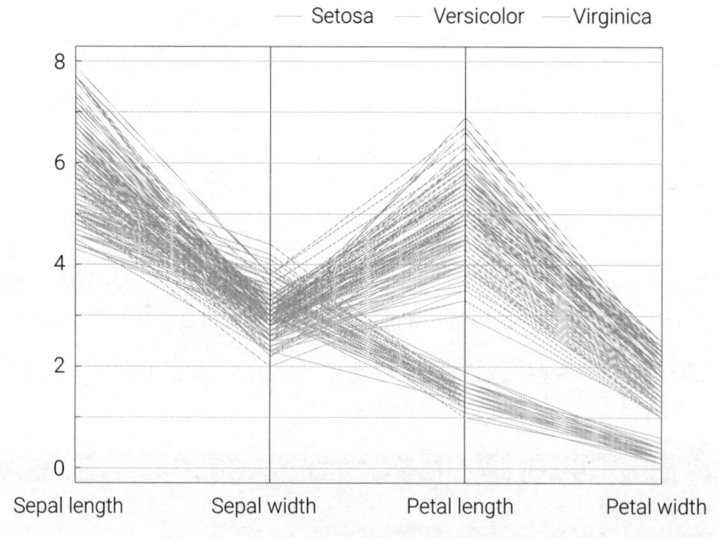

▲ 圖 12.31 鳶尾花資料，平行座標圖 | Bk1_Ch12_01.ipynb

> ⚠ 目前 Seaborn 並沒有繪製平行座標圖的工具，本章配套的 Jupyter Notebook 中採用的是 pandas.plotting.parallel_coordinates() 函式。

程式12.16 用Pandas繪製平行座標圖（使用時配合前文程式）| Bk1_Ch12_01.ipynb

```
ⓐ from pandas.plotting import parallel_coordinates
  # 視覺化函式來自Pandas
  # 繪製平行座標圖
ⓑ parallel_coordinates(iris_sns, 'species',
                         colormap=plt.get_cmap("Set2"))
  plt.show()
```

類似平行座標圖的視覺化方案還有**安德魯斯曲線** (Andrews curves)。在安德魯斯曲線中，每個特徵被映射為一個三角函式（通常是正弦函式和餘弦函式），並按照給定的順序排列。本章書附的 Jupyter Notebook 也用 pandas.plotting.andrews_curves() 繪製了鳶尾花樣本資料的安德魯斯曲線。量化多特徵樣本資料任意兩個隨機變數關係的最方便的工具莫過於協方差矩陣、相關係數矩陣。

➔ **這是上一章已經介紹過的內容，本章不再贅述。**

請大家完成以下題目。

Q1. 分別繪製鳶尾花花萼寬度、花瓣長度、花瓣寬度的長條圖、KDE 機率密度估計。

Q2. 繪製鳶尾花花萼長度、花瓣長度的散點圖、二元直方熱圖、聯合分佈 KDE 等高線。

Q3. 自行學習本章書附程式 Bk1_Ch12_02.ipynb。

* 本章題目不提供答案。

本章介紹了 Seaborn 函式庫，這個函式庫特別適合統計視覺化。和 Matplotlib 一樣，Seaborn 也是提供靜態視覺化方案。

此外，Plotly 也有大量統計視覺化方案，而且都具有互動屬性。本書第 23、24 章將結合 Pandas 介紹 Plotly 的統計視覺化工具。

本書專門介紹視覺化的板塊到此結束。《AI 時代 Math 元年 - 用 Python 全精通資料可視化》將介紹更多視覺化方案。下一板塊將用 6 章內容專門介紹 NumPy。

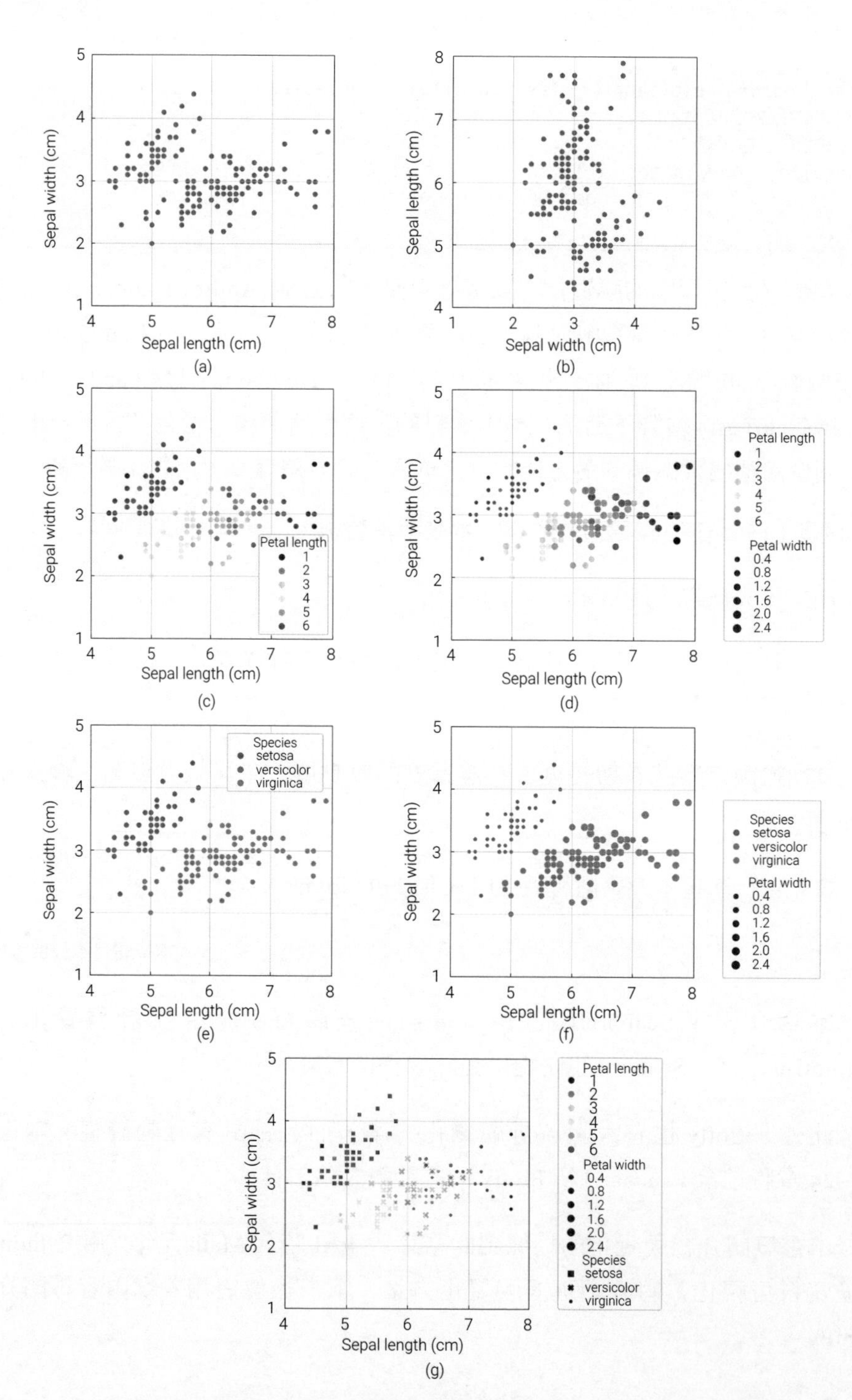

▲ 圖 12.32 幾種用 seaborn 繪製的二元散點圖 | Bk1_Ch12_02.ipynb

Section 04
陣列

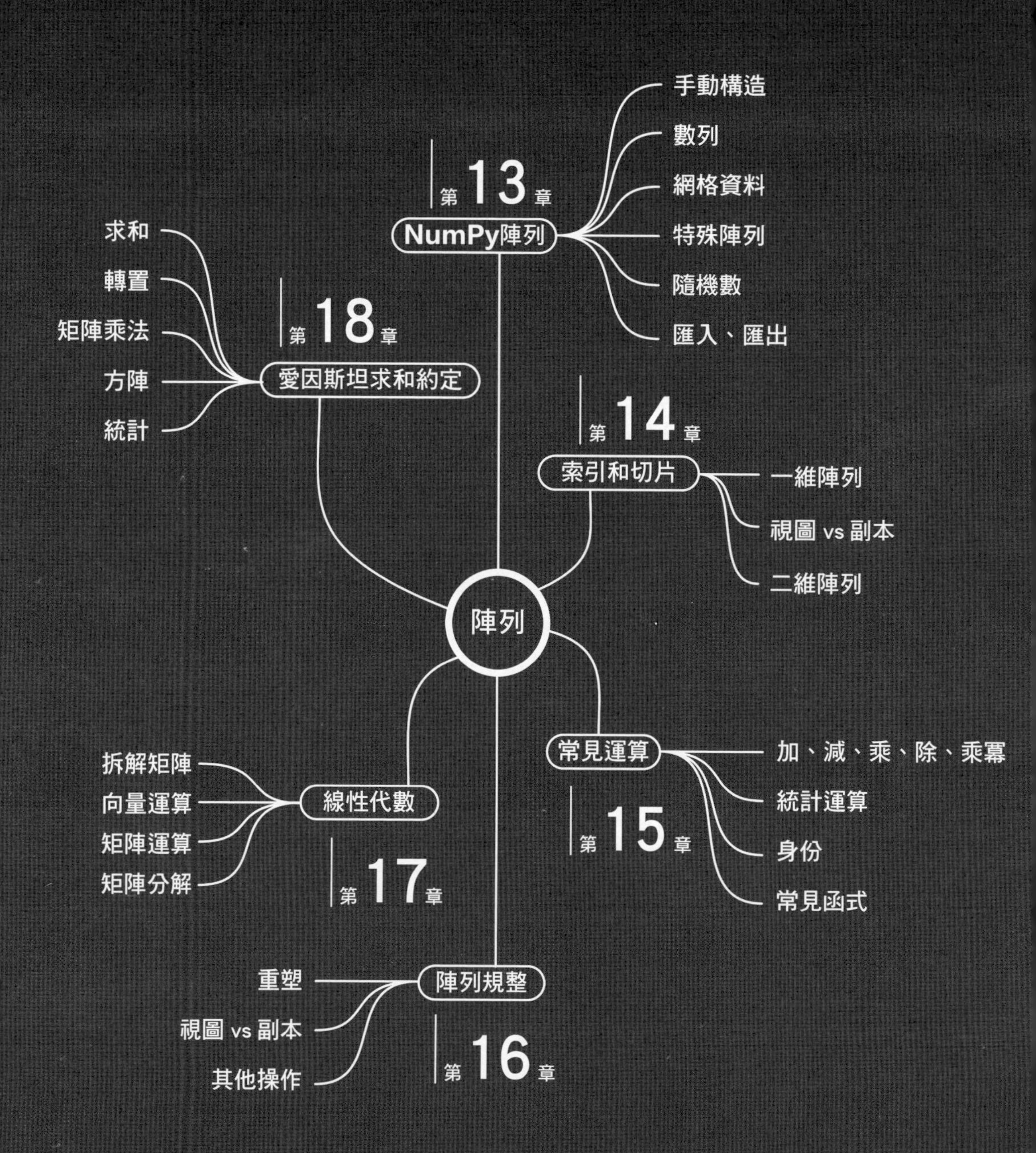
陣列
第13章
NumPy陣列
手動構造
數列
網格資料
特殊陣列
隨機數
匯入、匯出
第14章
索引和切片
一維陣列
視圖 vs 副本
二維陣列
第15章
常見運算
加、減、乘、除、乘冪
統計運算
身份
常見函式
第16章
陣列規整
重塑
視圖 vs 副本
其他操作
第17章
線性代數
拆解矩陣
向量運算
矩陣運算
矩陣分解
第18章
愛因斯坦求和約定
求和
轉置
矩陣乘法
方陣
統計

學習地圖 | 第4板塊

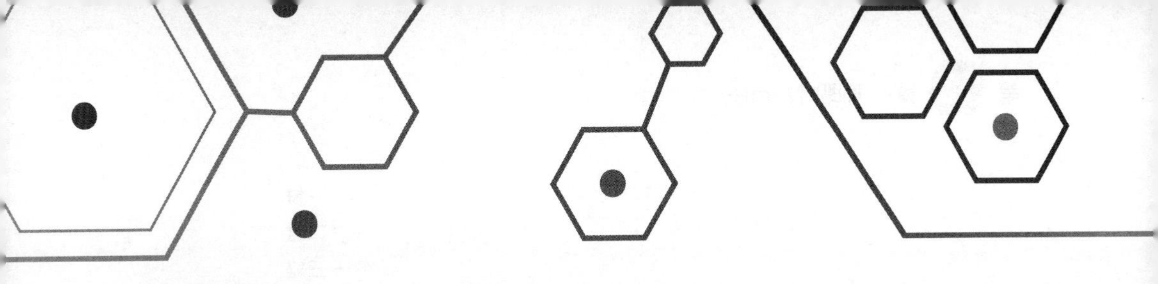

Fundamentals of NumPy

13 聊聊 NumPy

本節的核心是用 NumPy 產生不同類型陣列

重要的不是生命的長度，而是深度。

It is not the length of life,but the depth.

——拉爾夫 · 沃爾多 · 愛默生（*Ralph Waldo Emerson*）| 美國思想家、文學家 | *1803—1882* 年

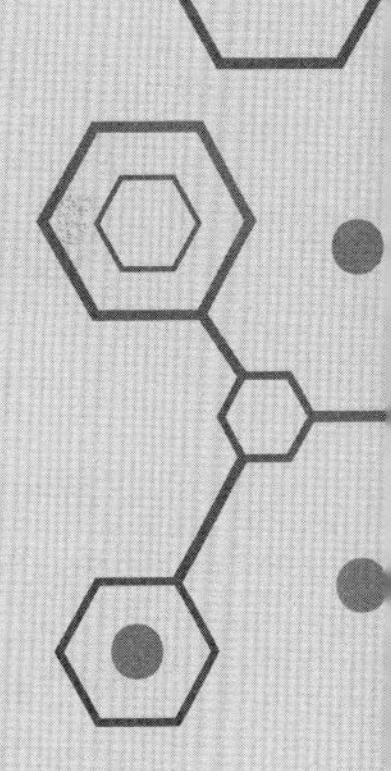

- math.ceil() 向上取整數
- matplotlib.cm 是 Matplotlib 中的模組，用於顏色映射
- matplotlib.patches.Circle() 建立正圓圖形
- matplotlib.pyplot.contour() 繪製等高線圖
- matplotlib.pyplot.contourf() 繪製填充等高線圖
- matplotlib.pyplot.scatter() 繪製散點圖
- numpy.arange() 根據指定的範圍以及步進值，生成一個等差陣列
- numpy.array() 建立 array 資料型態
- numpy.empty() 建立指定形狀的 NumPy 空 (未初始化) 陣列
- numpy.empty_like() 建立一個與給定輸入陣列具有相同形狀的未初始化陣列
- numpy.exp() 計算括號中元素的自然指數
- numpy.eye() 用於建立單位矩陣
- numpy.full() 建立一個指定形狀且所有元素值相同的陣列
- numpy.full_like() 建立一個與給定輸入陣列具有相同形狀且所有元素值相同的陣列
- numpy.linspace() 在指定的間隔內，傳回固定步進值等差數列
- numpy.logspace() 建立在對數尺度上均勻分佈的陣列
- numpy.meshgrid() 建立網格化座標資料
- numpy.ones_like() 用來生成和輸入矩陣形狀相同的全 1 矩陣
- numpy.random.multivariate_normal() 用於生成多元正態分佈的隨機樣本
- numpy.random.uniform() 產生滿足連續均勻分佈的隨機數
- numpy.zeros() 傳回給定形狀和類型的新陣列，用零填充
- numpy.zeros_like() 用來生成和輸入矩陣形狀相同的零矩陣
- seaborn.heatmap() 繪製熱圖

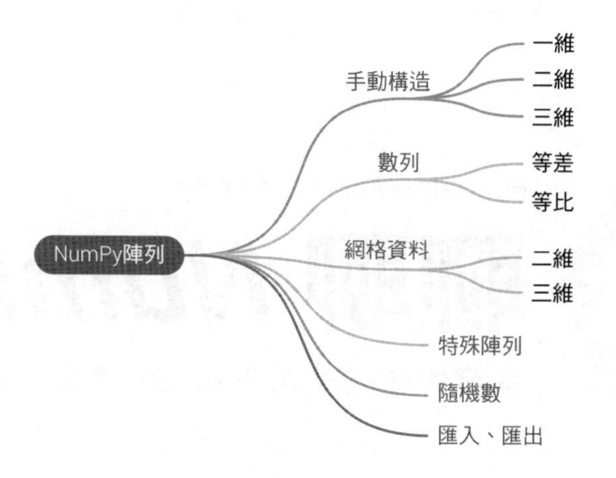

13.1 什麼是 NumPy?

簡單來說，NumPy 是 Python 科學計算中非常重要的函式庫，它提供了快速、高效的多維陣列物件及其操作方法，是許多其他科學計算函式庫的基礎。下面展開聊聊 NumPy 的主要功能。

NumPy 最重要的功能之一是提供了高效的多維陣列物件 ndarray，可以用來表示向量、矩陣和更高維的陣列。它是 Python 中最重要的科學計算資料結構，支援廣泛的數值運算和數學函式操作。

此外，如果大家需要處理有標籤、多維陣列資料的話，推薦使用 Xarray。Xarray 可以看作是在 ndarray 的基礎上，增加了標籤和中繼資料的功能。Xarray 可以對多個陣列進行向量化計算，避免了迴圈操作，提高了計算效率。此外，Xarray 提供了多種統計分析函式，可以方便地對多維陣列資料進行統計分析。本書不會展開講解 Xarray。

NumPy 提供了多種陣列操作方法，包括陣列索引、切片、迭代、轉置、變形、合併等，以及廣播 (broadcasting) 機制，這些使得陣列操作更加方便、高效。這些話題是本書後續要展開講解的內容。

NumPy 提供了豐富的數學函式程式庫，包括三角函式、指數函式、對數函式、邏輯函式、統計函式、隨機函式等，這些能夠滿足大多數科學計算需要。

> 《AI 時代 Math 元年 - 用 Python 全精通數學要素》一冊大量使用這些函式程式庫來視覺化常見函式。

NumPy 支援多種檔案格式的讀寫入操作，包括文字檔、二進位檔案、CSV 檔案等。NumPy 基於 C 語言實現，因此可以利用底層硬體最佳化計算速度，同時還支援多執行緒、平行計算和向量化操作，這些使得計算更加高效。

NumPy 提供了豐富的線性代數操作方法，包括矩陣乘法、求反矩陣、特徵值分解、奇異值分解等，因此可以方便地解決線性代數問題。

> 本書中會簡介這些常見線性代數操作，詳細講解請大家參考《AI 時代 Math 元年 - 用 Python 全精通矩陣及線性代數》一冊。

NumPy 可以與 Matplotlib 函式庫整合使用，方便地生成各種圖表，如線圖、散點圖、柱狀圖等。相信大家在本書前文已經看到基於 NumPy 資料繪製的二維、三維影像。

NumPy 提供了一些常用的資料處理方法，如排序、去重、聚合、統計等，以方便對資料進行前置處理。即使如此，本書系中我們更常用 Pandas 處理資料，本書後續將專門介紹 Pandas。

Python 中許多資料分析和機器學習的函式庫都是基於 NumPy 建立的。Scikit-Learn 是一個流行的機器學習函式庫，它基於 NumPy、SciPy 和 Matplotlib 建立，提供了各種機器學習演算法和工具，如分類、回歸、聚類、降維等。

PyTorch 是一個開放原始碼的機器學習框架，它基於 NumPy 建立，提供了張量計算和動態計算圖等功能，可以用於建構神經網路和其他機器學習演算法。

TensorFlow 是一個深度學習框架，它基於 NumPy 建立，提供了各種神經網路演算法和工具，包括卷積神經網路、循環神經網路等。

《AI 時代 Math 元年 - 用 Python 全精通資料處理》專門講解回歸、降維這兩類機器學習演算法，而《AI 時代 Math 元年 - 用 Python 全精通機器學習》一冊則偏重於分類、聚類。

本節書附的 Jupyter Notebook 檔案主要是 Bk1_Ch13_01.ipynb，請大家邊讀正文邊在 JupyterLab 中探究學習。

13.2 手動構造陣列

從 numpy.array() 說起

我們可以利用 numpy.array() 手動生成一維、二維、三維等陣列。下面首先介紹如何使用 numpy.array() 這個函式。如圖 13.1 所示。

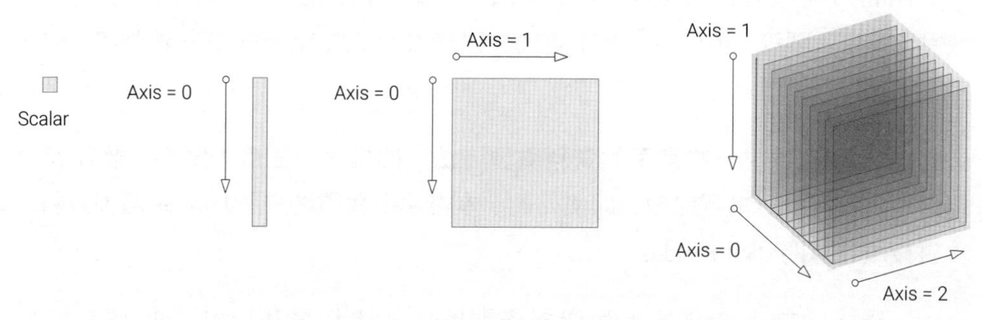

▲ 圖 13.1 純量、一維陣列、二維陣列、三維陣列

➔ **numpy.array(object,dtype)**

這個函式的重要輸入參數：

- object 會轉為陣列的輸入資料，object 可以是串列、元組、其他陣列或類似序列的物件。

- dtype 參數用於指定陣列的資料型態。如果不指定 dtype 參數，則 NumPy 會自動推斷陣列的資料型態。

請大家在 JupyterLab 中自行學習下例。

```
import numpy as np

# 從串列中建立一維陣列
arr1 = np.array([1,2,3,4])

# 指定陣列的資料型態
arr2 = np.array([1,2,3,4],dtype = float)

# 從元組中建立二維陣列
arr3 = np.array([(1,2,3),(4,5,6)])

# 指定最小維度
arr4 = np.array([1,2,3,4],ndmin = 2)
```

NumPy 中的 array 是什麼？

在 NumPy 中，array 是一種多維陣列物件，它可以用於表示和操作向量、矩陣和張量等資料結構。array 是 NumPy 中最重要的資料結構之一，它支援高效的數值計算和廣播操作，可以用於處理大規模資料集和科學計算。與 Python 中的串列不同，array 是一個固定類型、固定大小的資料結構，它可以支援多維陣列操作和高性能數值計算。array 的每個元素都是相同類型的，通常是浮點數、整數或布林值等基底資料型別。在建立 array 時，使用者需要指定陣列的維度和類型。例如，可以使用 numpy.array() 函式建立一個一維陣列或二維陣列，也可以使用 numpy.zeros() 函式或 numpy.ones() 函式建立指定大小的全 0 或全 1 陣列，還可以使用 numpy.random 模組生成隨機數組等。除了基本操作之外，NumPy 還提供了許多高級的陣列操作，如陣列切片、陣列索引、陣列重塑、陣列轉置、陣列拼接和分裂等。`

程式 13.1 和程式 13.2 定義了兩個視覺化函式。

下面，讓我們首先講解程式 13.1。

ⓐ 從 Matplotlib 中匯入 cm 模組。cm 模組提供了許多預先定義的顏色映射和相關方法。

ⓑ 自訂視覺化函式用來展示二維陣列。

ⓒ 中 array.shape[1] 傳回陣列的列數，然後用 math.ceil() 向上取整數，確保結果是整數。這個結果用來作為影像寬度。

同理，ⓓ 結果用來作為影像高度。

ⓔ 用 matplotlib.pyplot.subplots()，簡寫作 plt.subplots()，建立圖形物件 fig 和軸物件 ax。ⓕ 呼叫 seaborn.heatmap()，簡寫作 sns.heatmap()，繪製熱圖型視覺化二維陣列。

seaborn.heatmap() 函式輸入參數的含義請參考程式 13.1 註釋。

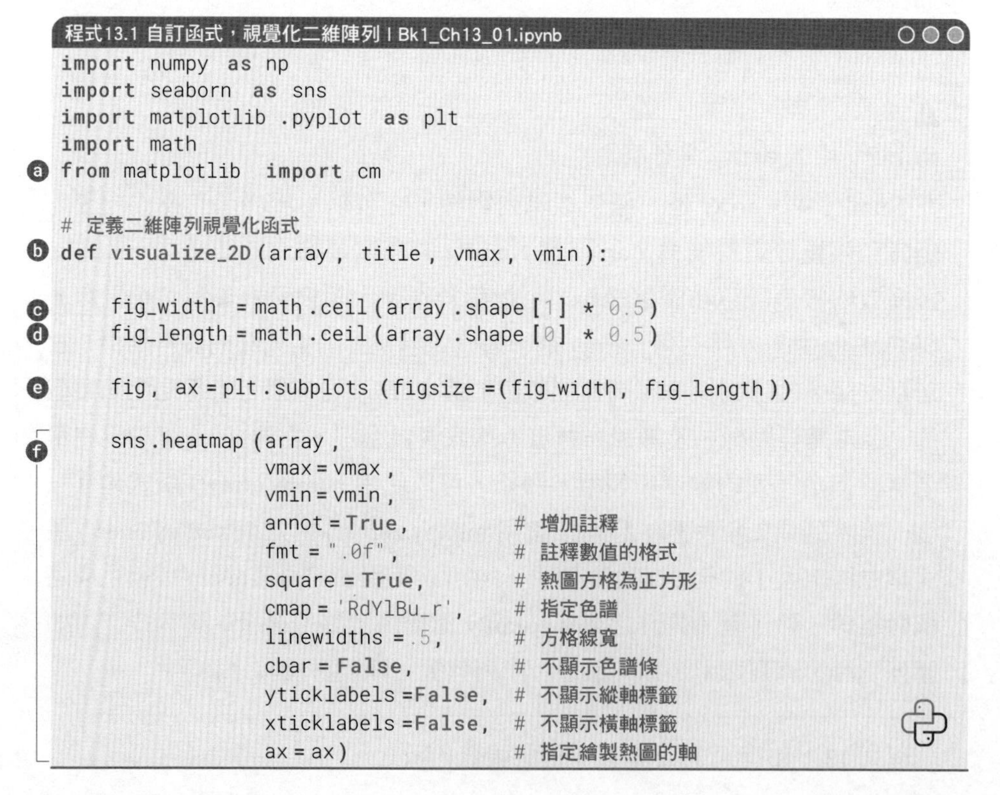

程式13.1 自訂函式，視覺化二維陣列 | Bk1_Ch13_01.ipynb

```
import numpy as np
import seaborn as sns
import matplotlib.pyplot as plt
import math
from matplotlib import cm                                    ⓐ

# 定義二維陣列視覺化函式
def visualize_2D(array, title, vmax, vmin):                  ⓑ

    fig_width  = math.ceil(array.shape[1] * 0.5)             ⓒ
    fig_length = math.ceil(array.shape[0] * 0.5)             ⓓ

    fig, ax = plt.subplots(figsize=(fig_width, fig_length))  ⓔ

    sns.heatmap(array,                                       ⓕ
                vmax = vmax,
                vmin = vmin,
                annot = True,           # 增加註釋
                fmt = ".0f",            # 註釋數值的格式
                square = True,          # 熱圖方格為正方形
                cmap = 'RdYlBu_r',      # 指定色譜
                linewidths = .5,        # 方格線寬
                cbar = False,           # 不顯示色譜條
                yticklabels=False,      # 不顯示縱軸標籤
                xticklabels=False,      # 不顯示橫軸標籤
                ax = ax)                # 指定繪製熱圖的軸
```

讓我們再講解程式 13.2。

ⓐ 自訂函式用來視覺化一維陣列。

ⓑ 中首先用 np.linspace(0,1,len(array)) 建立一個等差數列，範圍為 0 ~ 1，其中包含 len(array) 個值。然後，利用 cm.RdYlBu_r() 將等差數列映射到指定顏色上，得到一個包含 len(array) 個顏色值的陣列 colors。

ⓒ 建立的 for 迴圈中，ⓓ 用 plt.Circle() 在指定座標 (idx,0)，繪製半徑為 0.5 的圓形。參數 facecolor 用來指定圓形顏色，參數 edgecolor 指定圓形邊緣顏色為白色。

ⓔ 用 add_patch() 方法在軸物件上增加圓形；注意，這一步不可以省去，不然無法顯示圓形對象。

ⓕ 用 text() 在指定位置顯示陣列中索引為 idx 的數值。透過 horizontalalignment='center' 和 verticalalignment='center' 分別設置文字物件在水平和垂直方向上的對齊方式為置中。

ⓖ 設置橫軸、縱軸比例尺相同。

ⓗ 隱藏座標值。

程式13.2 自訂函式，視覺化一維陣列 | Bk1_Ch13_01.ipynb

```
# 定義一維陣列視覺化函式
def visualize_1D (array , title ):          # ⓐ
    fig, ax = plt.subplots ()

    colors  = cm.RdYlBu_r (np.linspace (0,1,len(array )))          # ⓑ

    for idx in range(len(array )):          # ⓒ

        circle_idx  = plt.Circle ((idx, 0), 0.5,          # ⓓ
                                  facecolor =colors [idx],
                                  edgecolor  = 'w' )
        ax.add_patch (circle_idx )          # ⓔ
        ax.text (idx, 0, s = str(array [idx]),          # ⓕ
                 horizontalalignment   = 'center' ,
                 verticalalignment   = 'center' )

    ax.set_xlim (-0.6, 0.6 + len(array ))
    ax.set_ylim (-0.6, 0.6)
    ax.set_aspect ('equal' , adjustable ='box' )          # ⓖ
    ax.axis ('off' )          # ⓗ
```

《AI 時代 Math 元年 - 用 Python 全精通資料可視化》專門介紹如何用 Matplotlib 繪製各種幾何圖形。

手動生成一維陣列

在 NumPy 中，一維陣列是最基本的陣列類型。顧名思義，一維陣列只有一個維度，可以包含多個元素，一般陣列中每個元素具有相同資料型態。

圖 13.2 所示為利用 numpy.array() 生成的一維陣列。這個陣列的形狀為 (7,)，長度為 7，維度為 1。

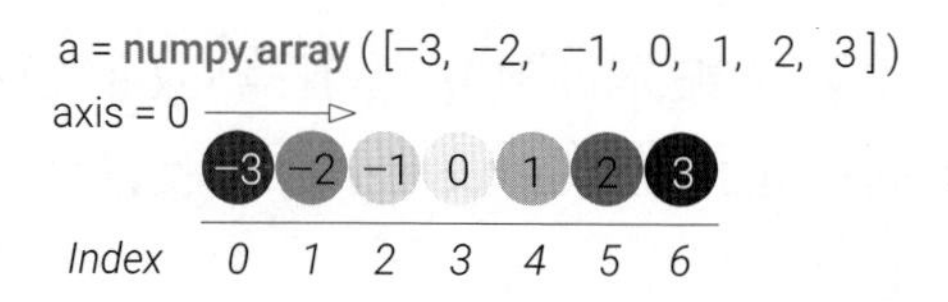

▲ 圖 13.2 手動生成一維陣列 | Bk1_Ch13_01.ipynb

和本書前文介紹的 list 一樣，NumPy 陣列的索引也是從 0 開始。下一話題專門講解 NumPy 陣列索引和切片。再次強調，本書視覺化一維陣列時一般用圓形，如圖 13.2 所示。

請大家自行學習程式 13.3，並逐行註釋。

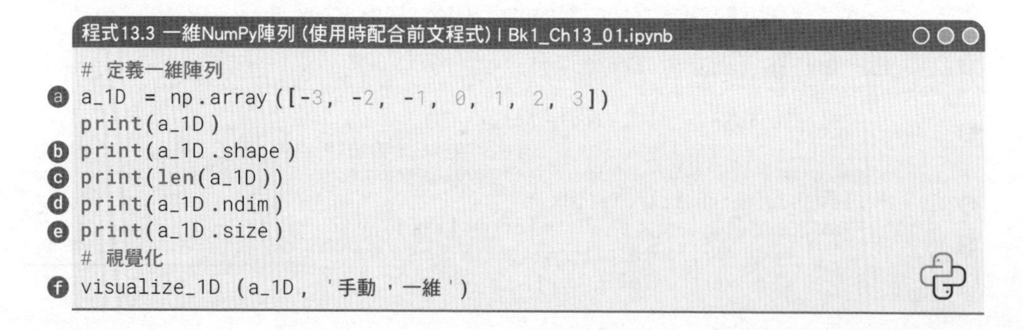

程式13.3 一維NumPy陣列 (使用時配合前文程式) | Bk1_Ch13_01.ipynb

```
  # 定義一維陣列
ⓐ a_1D = np.array([-3, -2, -1, 0, 1, 2, 3])
  print(a_1D)
ⓑ print(a_1D.shape)
ⓒ print(len(a_1D))
ⓓ print(a_1D.ndim)
ⓔ print(a_1D.size)
  # 視覺化
ⓕ visualize_1D(a_1D, '手動，一維')
```

下面區分一下形狀、長度、維數、大小這四個特徵。

- **形狀**：可以使用 shape 屬性來獲取陣列的形狀；如果 arr 是一個二維陣列，則可以使用 arr.shape 來獲取其形狀，行、列數。
- **長度**：可以使用 len() 函式來獲取陣列的長度；如果 arr 是一個一維陣列，則可以使用 len(arr) 來獲取其長度，即元素數量；如果 arr 是個二維陣列，len(arr) 傳回行數。
- **維數**：可以使用 ndim 屬性來獲取陣列的維數；如果 arr 是一個二維陣列，則可以使用 arr.ndim 來獲取其維數，即 2。
- **大小**：可以使用 size 屬性來獲取陣列所有元素的個數；如果 arr 是一個二維陣列，則可以使用 arr.size 來獲取所有元素個數。

手動生成二維陣列

圖 13.3 所示為利用 numpy.array() 生成的二維陣列。利用 ndim 方法，大家可以發現圖 13.3 中陣列的維度都是 2。此外，numpy.matrix() 專門用來生成二維矩陣，請大家自行學習。

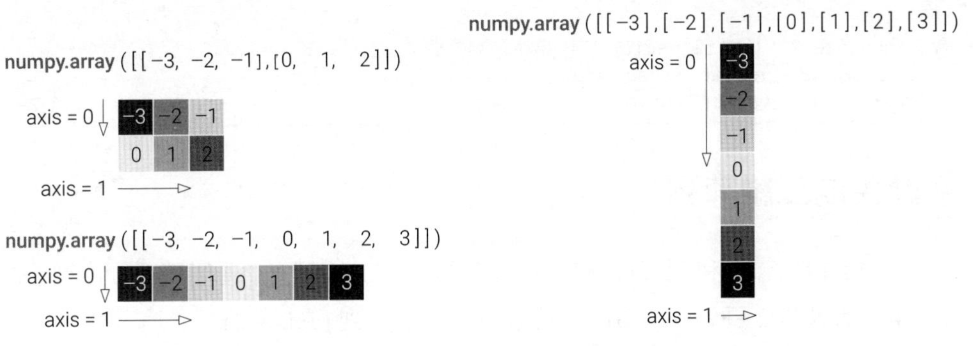

▲ 圖 13.3 手動生成二維陣列 | Bk1_Ch13_01.ipynb

> ⚠ 請大家注意圖 13.3 中括弧 [ ] 的數量。特別強調，本書中，行向量、列向量都被視作特殊的二維陣列。可以這樣理解，行向量是一行多列矩陣，而列向量是多行一列矩陣。

請大家自行學習程式 13.4、程式 13.5、程式 13.6，並逐行註釋。

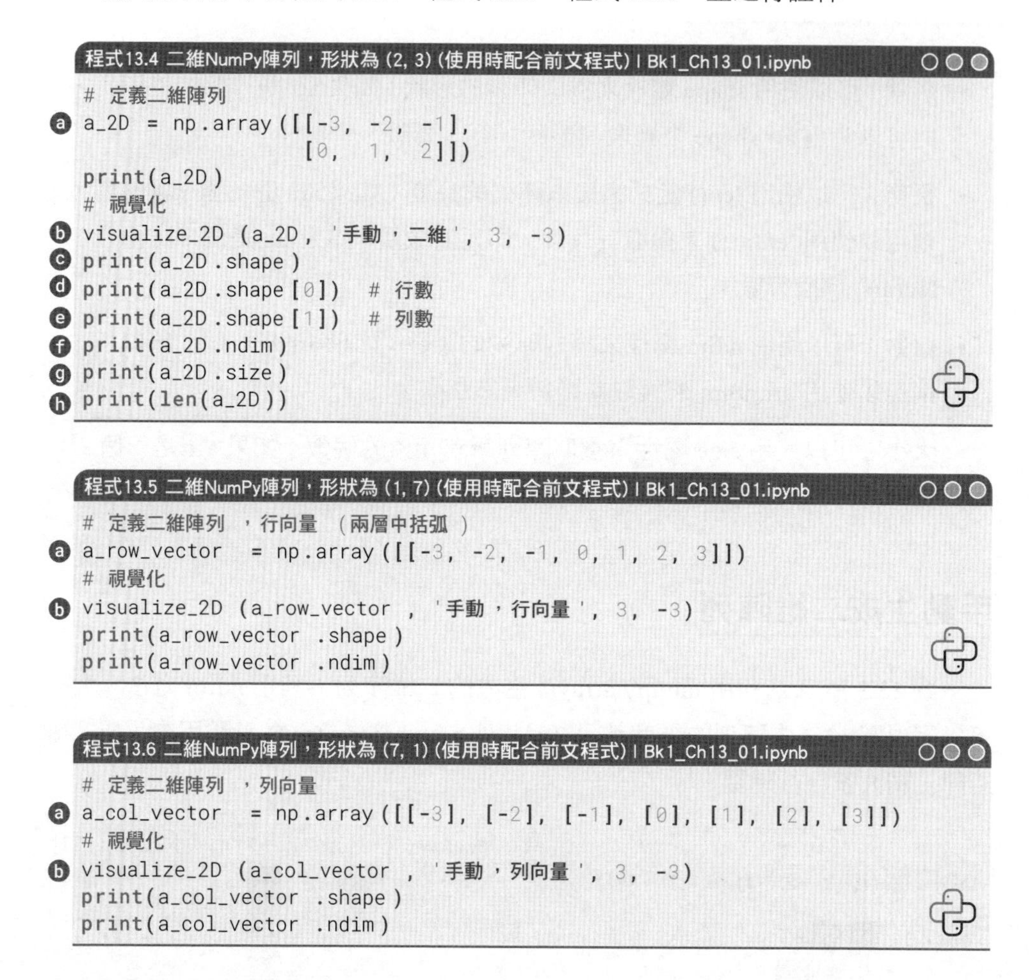

程式13.4 二維NumPy陣列，形狀為 (2, 3) (使用時配合前文程式) | Bk1_Ch13_01.ipynb

```
# 定義二維陣列
a_2D = np.array([[-3, -2, -1],
                 [0,  1,  2]])
print(a_2D)
# 視覺化
visualize_2D(a_2D, '手動，二維', 3, -3)
print(a_2D.shape)
print(a_2D.shape[0])  # 行數
print(a_2D.shape[1])  # 列數
print(a_2D.ndim)
print(a_2D.size)
print(len(a_2D))
```

程式13.5 二維NumPy陣列，形狀為 (1, 7) (使用時配合前文程式) | Bk1_Ch13_01.ipynb

```
# 定義二維陣列，行向量（兩層中括弧）
a_row_vector = np.array([[-3, -2, -1, 0, 1, 2, 3]])
# 視覺化
visualize_2D(a_row_vector, '手動，行向量', 3, -3)
print(a_row_vector.shape)
print(a_row_vector.ndim)
```

程式13.6 二維NumPy陣列，形狀為 (7, 1) (使用時配合前文程式) | Bk1_Ch13_01.ipynb

```
# 定義二維陣列，列向量
a_col_vector = np.array([[-3], [-2], [-1], [0], [1], [2], [3]])
# 視覺化
visualize_2D(a_col_vector, '手動，列向量', 3, -3)
print(a_col_vector.shape)
print(a_col_vector.ndim)
```

手動生成三維陣列

圖 13.4 所示為利用 numpy.array() 生成的三維陣列，這個陣列的形狀為 (2,3,4)，也就是 2 頁 (axis = 0)、3 行 (axis = 1)、4 列 (axis = 2)。

本章書附的 Bk1_Ch13_01.ipynb 展示了如何獲取三維陣列的第 0 頁和第 1 頁。

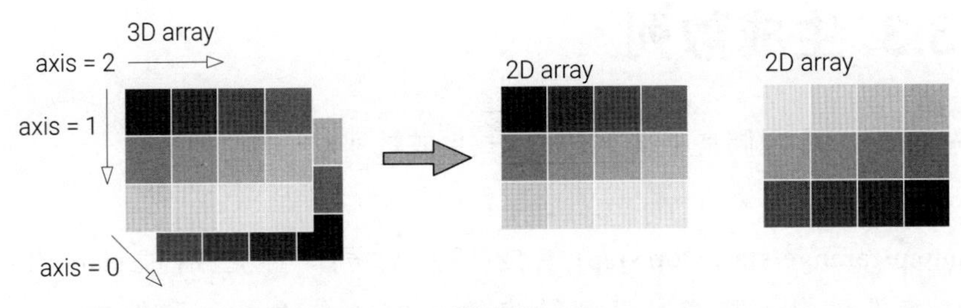

▲ 圖 13.4 手動生成三維陣列 | Bk1_Ch13_01.ipynb

請大家自行學習程式 13.7，請逐行註釋。

程式13.7 三維NumPy陣列，形狀為 (2, 3, 4) (使用時配合前文程式) | Bk1_Ch13_01.ipynb

```
  # 定義三維陣列
a a_3D = np.array([[[-12, -11, -10, -9],
                    [-8,  -7,  -6,  -5],
                    [-4,  -3,  -2,  -1]],
                   [[0,    1,   2,   3],
                    [4,    5,   6,   7],
                    [8,    9,   10,  11]]])
b print(a_3D.shape)
c print(a_3D.ndim)
  # 視覺化
d visualize_2D(a_3D[0], '手動，三維，第一頁', 12, -12)
e print(a_3D[0].shape)
f visualize_2D(a_3D[1], '手動，三維，第二頁', 12, -12)
```

我們也可以用 numpy.array() 將串列 list 轉化為 NumPy 陣列，程式 13.8 舉出了三個範例，請自行學習並逐行註釋。請大家格外注意中括號 [] 層數。

程式13.8 將串列list轉化為NumPy陣列 | Bk1_Ch13_01.ipynb

```
  # 一維陣列
a list_1D  = [-3, -2, -1, 0, 1, 2, 3]
  array_1D = np.array(list_1D)
  print(array_1D.shape)

  # 二維陣列
b list_2D  = [[-3, -2, -1, 0, 1, 2, 3]]
  array_2D = np.array(list_2D)
  print(array_2D.shape)

  # 三維陣列
c list_3D  = [[[-3, -2, -1, 0, 1, 2, 3]]]
  array_3D = np.array(list_3D)
  print(array_3D.shape)
```

13.3 生成數列

在 NumPy 中我們常用以下三個函式生成數列 (一維陣列)。

- numpy.arange(start,stop,step) 生成等差數列；從起始值 start 開始，以步進值 step 遞增，直到結束值 stop(不包含 stop)。例如，numpy.arange(1,11,2) 生成等差數列 [1,3,5,7,9]。實際上，numpy.arange() 和前文介紹的 range() 函式頗為相似。
- numpy.linspace(start,stop,num,endpoint) 生成等差數列；從起始值 start 開始，到結束值 stop 結束，num 指定數列的長度 (元素的個數)，預設為 50，endpoint 參數指定是否包含結束值。例如，numpy.linspace(1,10,5) 生成等差數列 [1,3.25,5.5,7.75,10]。
- numpy.logspace(start,stop,num,endpoint,base) 生成等比數列；從 base 的 start 次冪開始，到 base 的 stop 次冪結束，num 指定數列的長度，預設為 50。例如，numpy.logspace(0,4,5,base=2) 將生成一個等比數列 [1,2,4,8,16]。

請大家在 JupyterLab 中自行練習表 13.1 中幾個例子。

什麼是數列？

數列是指一列按照一定規律排列的數，它通常用一個公式來表示，也可以用遞推關係式來定義。數列中的每個數稱為數列的項，用 *an* 來表示第 *n* 項。數列在數學中具有廣泛的應用，它是許多數學分支的基礎，如數學分析、概率論、統計學、離散數學和電腦科學等。在數學中，數列是一種有序的集合，通常用於研究數學物件的性質和行為，如函式、級數、微積分和代數等。數列可以分為等差數列、等比數列和通項公式不規則數列等幾種類型。等差數列的項之間的差是固定的，如 1、2、3、4…100。等比數列的相鄰項之間的比是固定的，如 2，4，8，16，…，2048。

➔ 表 13.1 生成數列

程式範例	結果
np.arange(5)	array([0,1,2,3,4])
np.arange(5,dtype = float)	array([0.,1.,2.,3.,4.])
np.arange(10,20)	array([10,11,12,13,14,15,16,17,18,19])
np.arange(10,20,2)	array([10,12,14,16,18])
np.arange(10,20,2,dtype = float)	array([10.,12.,14.,16.,18.])
np.linspace(0,5,11)	array([0.,0.5,1.,1.5,2.,2.5,3.,3.5,4.,4.5,5.])
np.logspace(0,4,5,base=10)	array([1.e+00,1.e+01,1.e+02,1.e+03,1.e+04])
np.logspace(0,4,5,base=2)	array([1.,2.,4.,8.,16.])

13.4 生成網格資料

本書前文提過 numpy.meshgrid() 函式。我們還自己寫程式複刻了這個函式結果。

簡單來說，numpy.meshgrid() 可以生成多維網格資料，它可以將多個一維陣列組合成一個 N 維陣列，並且可以方便地對這個 N 維陣列進行計算和視覺化。

在科學計算中，常常需要對多維資料進行視覺化，如繪製 3D 曲面圖、等高線圖等。numpy.meshgrid() 可以方便地生成網格座標。

對於二元函式 $f(x_1,x_2)$，我們可以使用 numpy.meshgrid() 生成具有水平座標和垂直座標的網格點，然後計算每個網格點的函式值。最後將網格座標 (xx1,xx2) 和對應的函式值 (ff) 作為輸入，繪製出如圖 13.5 所示的 3D 曲面圖。

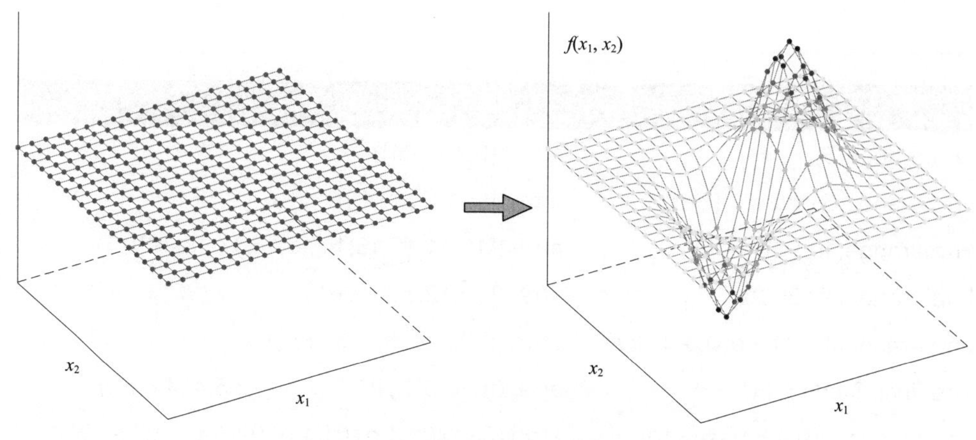

▲ 圖 13.5 三維空間看二維網路狀座標

我們可以透過程式 13.9 繪製圖 13.5 右圖，下面講解其中關鍵敘述。

ⓐ 利用 numpy.meshgrid() 生成網格化資料 (二維陣列)，代表 x 和 y 軸座標。

ⓑ 計算二元函式 $f(x_1,x_2) = x_1 \exp\left(-x_1^2 - x_2^2\right)$ 的函式值，結果為二維陣列。

ⓒ 用 matplotlib.pyplot.figure()，簡寫作 plt.figure()，建立圖形物件 fig。

ⓓ 在影像物件 fig 上，用 add_subplot() 方法增加三維軸物件 ax。

ⓔ 在 ax 上用 plot_wireframe() 繪製三維網格圖。

ⓕ 在 ax 上用 scatter() 繪製三維散點圖。其中，將函式值 ff 大小作為參考用顏色映射 RdYlBu_r 著色散點。

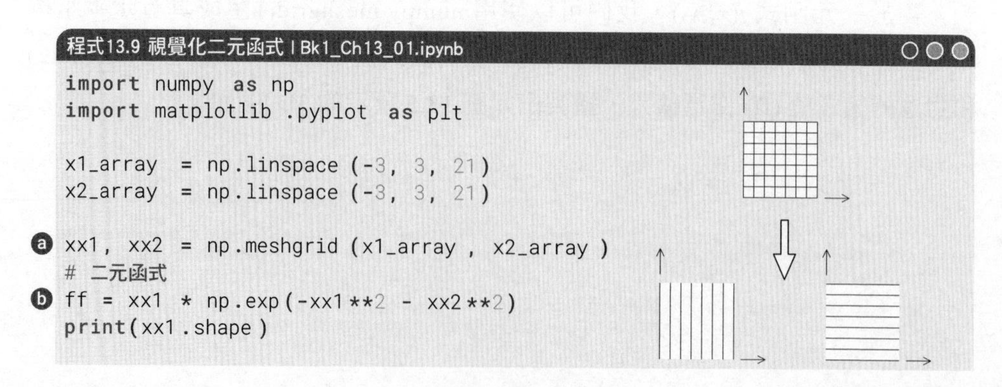
程式13.9 視覺化二元函式 | Bk1_Ch13_01.ipynb

```
import numpy as np
import matplotlib .pyplot as plt

x1_array = np.linspace (-3, 3, 21)
x2_array = np.linspace (-3, 3, 21)

xx1, xx2 = np.meshgrid (x1_array , x2_array )   # ⓐ
# 二元函式
ff = xx1 * np.exp(-xx1 **2 - xx2 **2)           # ⓑ
print(xx1.shape )
```

```
# 視覺化
fig = plt.figure()
ax = fig.add_subplot(projection='3d')

ax.plot_wireframe(xx1, xx2, ff,
                  rstride=1, cstride=1,
                  color = 'grey')
ax.scatter(xx1, xx2, ff, c = ff, cmap = 'RdYlBu_r')
ax.set_proj_type('ortho')
plt.show()
```

如圖 13.6 所示，numpy.meshgrid() 還可以用來生成三維網格資料。

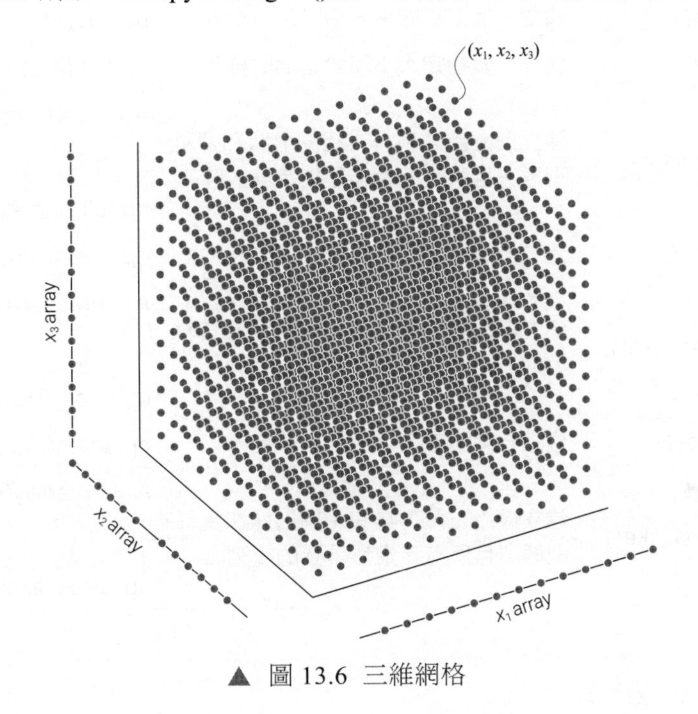

▲ 圖 13.6 三維網格

> 在《AI 時代 Math 元年 - 用 Python 全精通資料可視化》一冊中，大家可以看到大量利用三維網格資料完成的視覺化方案。

13.5 特殊陣列

表 13.2 總結了 NumPy 中常用來生成特殊陣列的函式，請大家在 JupyterLab 中練習使用這些函式。

➔ 表 13.2 用 NumPy 函式生成特殊陣列

函式	用途	程式範例（import numpy as np）
numpy.empty()	建立一個指定大小、未初始化的陣列	np.empty([4,4])
numpy.empty_like()	建立與給定陣列具有相同形狀和資料型態的未初始化陣列的函式	A = np.array([[1,2,3], [4,5,6]]) np.empty_like(A)
numpy.eye()	建立一個二維陣列，表示單位矩陣	np.eye(5)
numpy.full()	建立一個指定大小和給定值的陣列	np.full((3,3),np.inf)
numpy.full_like()	建立與給定陣列具有相同形狀和資料型態，且所有元素都是指定值的陣列	A = np.array([[1,2,3], [4,5,6]]) np.full_like(A,100)
numpy.ones()	建立一個指定大小的全 1 陣列	np.ones((5,5))
numpy.ones_like()	建立與給定陣列具有相同形狀和資料型態，且所有元素都是 1 的陣列	A = np.array([[1,2,3], [4,5,6]]) np.ones_like(A)
numpy.zeros()	建立一個指定大小的全 0 陣列	np.zeros((5,5))
numpy.zeros_like()	建立與給定陣列具有相同形狀和資料型態，且所有元素都是 0 的陣列	A = np.array([[1,2,3], [4,5,6]]) np.zeros_like(A)

什麼是單位矩陣？

單位矩陣是一個非常特殊的方陣，它的對角線上的元素全都是 1，而其餘元素全都是 0。常用符號表示單位矩陣的是 $\boldsymbol{I}$ 或者 $\boldsymbol{E}$，它的大小由下標表示，例如，$\boldsymbol{I}2$ 表示 2 × 2 的單位矩陣。類似地，$\boldsymbol{I}3$ 表示 3 × 3 的單位矩陣，依此類推。單位矩陣是在矩陣運算中非常重要的一個概念，它可以被看作是矩陣乘法中的「1」，即任何矩陣與單位矩陣相乘，其結果都是該矩陣本身。單位矩陣在許多應用中都有廣泛的應用，例如，單位矩陣可以用來表示標準正交基底等。在計算矩陣的逆時，單位矩陣也造成了關鍵作用，因為一個矩陣 $\boldsymbol{A}$ 的反矩陣可以透過 $\boldsymbol{A}$ 和單位矩陣的運算來計算，即 $\boldsymbol{A}\boldsymbol{A}^{-1} = \boldsymbol{A}^{-1}\boldsymbol{A} = \boldsymbol{I}$。

13.6 隨機數

NumPy 中還有大量產生隨機數的函式。圖 13.7 所示為滿足二元連續均勻分佈、二元高斯分佈的隨機數。

> 《AI 時代 Math 元年 - 用 Python 全精通統計及機率》一冊專門講解各種常用機率分佈。

我們可以透過程式 13.10 繪製圖 13.7(a)，程式 13.11 繪製圖 13.7(b)。請翻閱說明文件了解這兩段程式中主要函式的用法，並在 JupyterLab 中動手實踐。表 13.2 總結了 NumPy 中常用隨機數發生器函式和分佈影像。

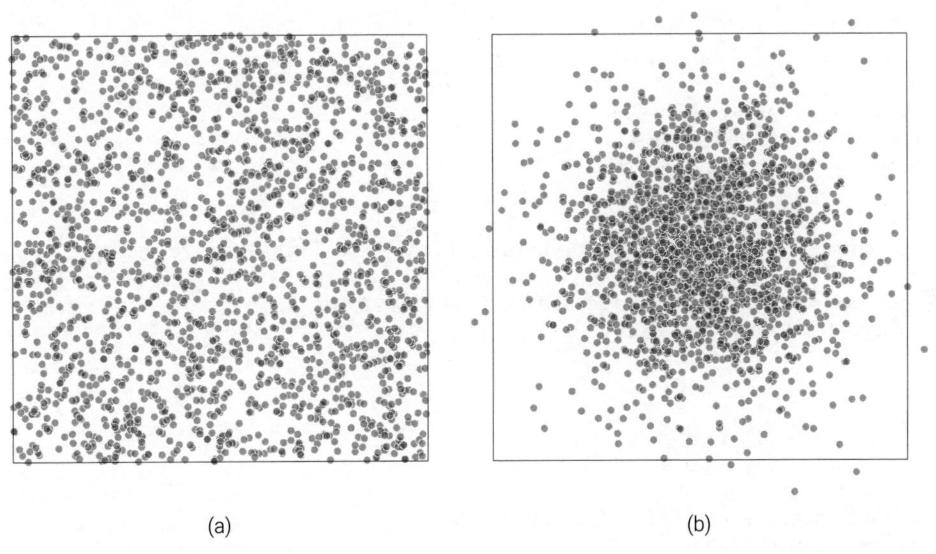

▲ 圖 13.7 分別滿足二元連續均勻分佈、二元高斯分佈的隨機數 | Bk1_Ch13_01.ipynb

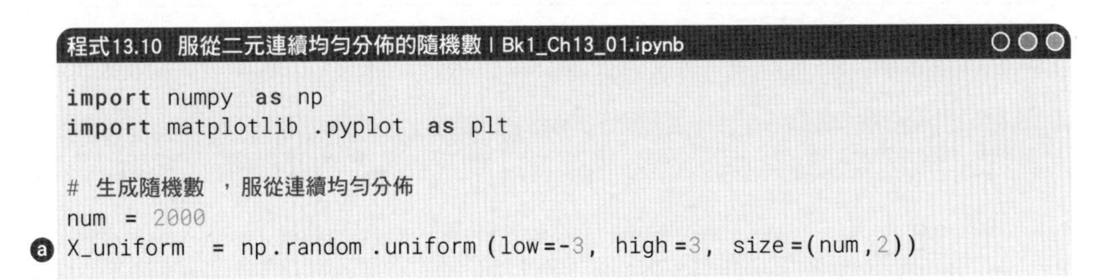

程式13.10 服從二元連續均勻分佈的隨機數 | Bk1_Ch13_01.ipynb

```
import numpy as np
import matplotlib.pyplot as plt

# 生成隨機數，服從連續均勻分佈
num = 2000
X_uniform = np.random.uniform(low=-3, high=3, size=(num,2))
```

```
fig, ax = plt.subplots(figsize = (5,5))
ax.scatter(X_uniform[:,0],  # 散點橫軸座標
           X_uniform[:,1],  # 散點縱軸座標
           s = 100,         # 散點大小
           marker = '.',    # 散點marker 樣式
           alpha = 0.5,     # 透明度
           edgecolors = 'w')# 散點邊緣顏色

ax.set_aspect('equal', adjustable='box')
ax.set_xlim(-3, 3)
ax.set_ylim(-3, 3)
ax.set_xticks((-3,0,3))
ax.set_yticks((-3,0,3))
```

程式13.11 服從二元高斯分佈的隨機數 | Bk1_Ch13_01.ipynb

```
import numpy as np
import matplotlib.pyplot as plt

# 生成隨機數，服從二元高斯分佈
num = 2000

mu    = np.array([0, 0])     # 質心
rho   = 0  # 相關性係數
Sigma = np.array([[1, rho],
                  [rho, 1]]) # 協方差矩陣

X_binormal = np.random.multivariate_normal(mu, Sigma, size=num)

fig, ax = plt.subplots(figsize = (5,5))
ax.scatter(X_binormal[:,0],
           X_binormal[:,1],
           s = 100,
           marker = '.',
           alpha = 0.5,
           edgecolors = 'w')

ax.set_aspect('equal', adjustable='box')
ax.set_xlim(-3, 3)
ax.set_ylim(-3, 3)
ax.set_xticks((-3,0,3))
ax.set_yticks((-3,0,3))
```

➔ 表 13.3 常用隨機數發生器

隨機數服從的分佈	函式	隨機數分佈影像
連續均勻分佈	numpy.random.uniform()	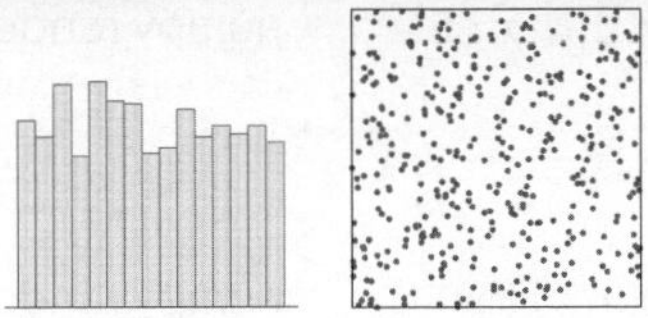
均勻整數	numpy.random.randint()	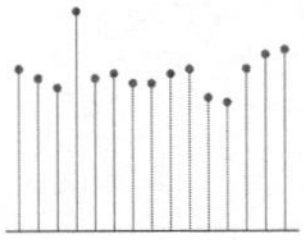
Beta 分佈	numpy.random.beta()	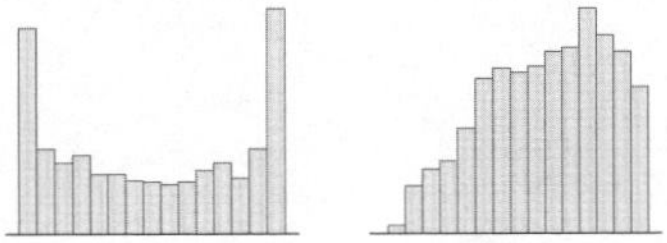
卜松分佈	numpy.random.poisson()	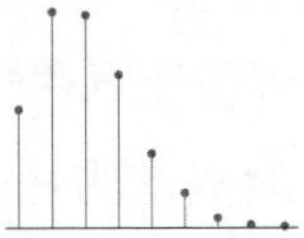
指數分佈	numpy.random.exponential()	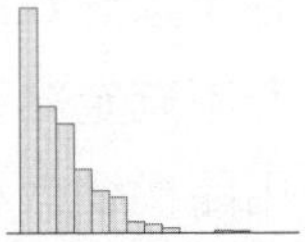
幾何分佈	numpy.random.geometric()	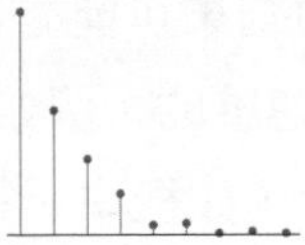
二項分佈	numpy.random.binomial()	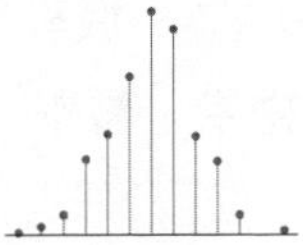
正態分佈	numpy.random.normal()	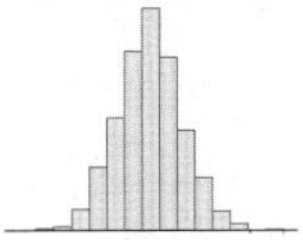
多元正態分佈	numpy.random.multivariate_normal()	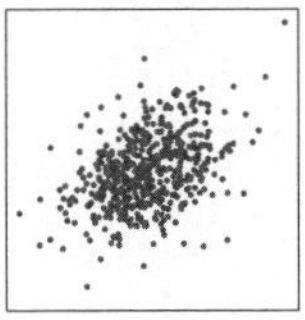

隨機數服從的分佈	函式	隨機數分佈影像
對數正態分佈	numpy.random.lognormal()	
學生 *t*- 分佈	numpy.random.standard_t()	
Dirichlet 分佈	numpy.random.dirichlet()	

機率統計中，隨機是什麼意思？

在機率統計中，隨機指的是一個事件的結果是不確定的，而且每種可能的結果出現的機率是可以計算的。隨機事件是由各種隨機變數所描述的，隨機變數是一個具有不確定結果的數學變數，其值取決於隨機事件的結果。機率統計學家使用隨機變數和機率分佈來描述隨機事件的結果和出現的機率。隨機事件的結果可能是離散的，例如擲骰子的結果是 1、2、3、4、5 或 6；也可能是連續的，例如測量人的身高或重量。機率統計學家使用各種數學方法和技術，如機率、期望值和方差等，來分析和理解隨機事件和隨機變數的性質和行為。機率統計的研究在現代科學和工程中有著廣泛的應用，如金融、生物學、醫學、物理學等領域。

什麼是亂數產生器？

亂數產生器是一種用於生成隨機數的電腦程式或硬體裝置。亂數產生器可分為真亂數產生器和虛擬亂數生成器兩種。真亂數產生器的輸出完全基於物理過程，如大氣雜訊、放射性衰變或者熱雜訊等，其生成的隨機數序列是完全隨機且不可預測的。真亂數產生器通常需要專門的硬體裝置支援。虛擬亂數生成器則使用電腦演算法生成虛擬亂數，其看似隨機，但是實際上是可預測的，因為它們是由固定的演算法和種子值生成的。虛擬亂數生成器通常使用虛擬亂數序列和隨機種子，以便在需要時生成隨機數。亂數產生器在電腦科學、加密學、模擬實驗、遊戲設計、統計分析等領域中被廣泛使用。在加密學中，亂數產生器通常用於生成安全金鑰和初始化向量等關鍵資料，以保證加密演算法的強度和安全性。在模擬實驗和遊戲設計中，亂數產生器用於模擬不可預測的因素，如擲骰子、撲克牌等。

13.7 陣列匯入、匯出

圖 13.8 所示為鳶尾花表格和熱圖。

5.1	3.5	1.4	0.2
4.9	3.0	1.4	0.2
4.7	3.2	1.3	0.2
4.6	3.1	1.5	0.2
5.0	3.6	1.4	0.2
5.4	3.9	1.7	0.4
4.6	3.4	1.4	0.3
5.0	3.4	1.5	0.2
4.4	2.9	1.4	0.2
4.9	3.1	1.5	0.1
5.4	3.7	1.5	0.2
4.8	3.4	1.6	0.2
4.8	3.0	1.4	0.1
4.3	3.0	1.1	0.1
...	...	...	...
5.9	3.0	5.1	1.8

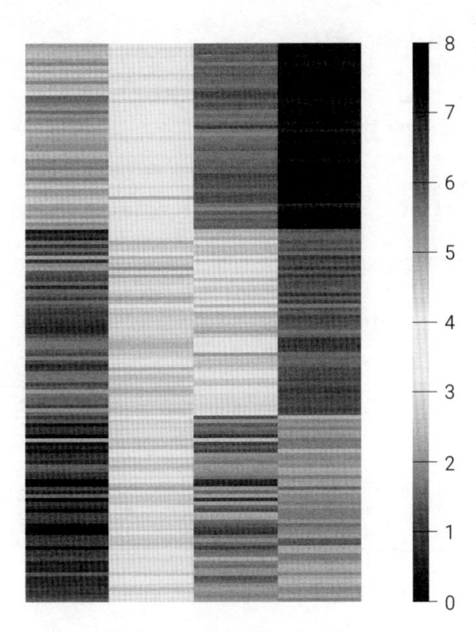

▲ 圖 13.8 鳶尾花資料表格和熱圖 | Bk1_Ch13_01.ipynb

我們可以透過程式 13.12 繪製圖 13.8，下面講解其中關鍵敘述。

ⓐ 用 sklearn.datasets 模組中 load_iris() 函式匯入鳶尾花資料，存為 iris。iris.data 儲存了鳶尾花特徵資料，其形式為 NumPy Array。

ⓑ 用 numpy.savetxt() 把 NumPy Array 寫成 CSV 檔案。CSV(Comma-Separated Values)，即逗點分隔對應值檔案，是一種常見的文字檔格式，用於儲存表格資料。CSV 檔案中的資料以純文字形式表示，通常使用逗點來分隔不同的欄位或列，而行則用分行符號分隔。

ⓒ 用 numpy.genfromtxt() 讀取 CSV 檔案。

ⓓ 用 seaborn.heatmap() 視覺化鳶尾花特徵資料矩陣。

大家在本書後文，特別是在《AI 時代 Math 元年 - 用 Python 全精通矩陣及線性代數》一冊中會看到，我們大量使用熱圖來視覺化矩陣運算。

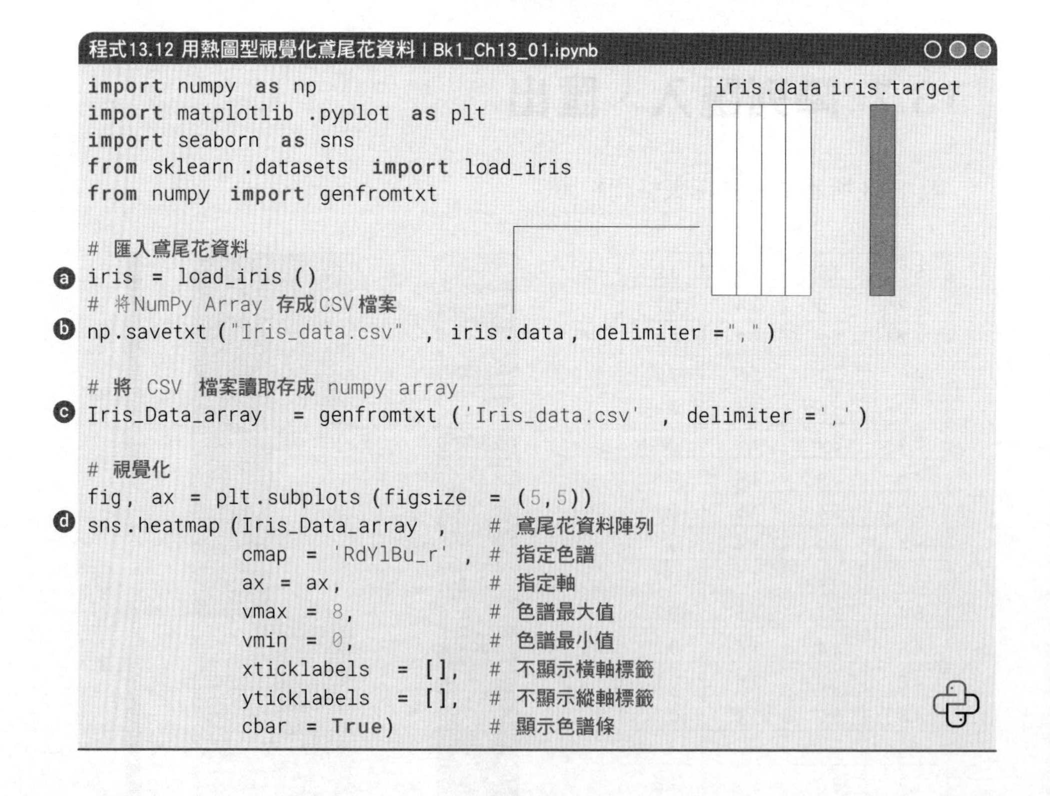

程式13.12 用熱圖型視覺化鳶尾花資料 | Bk1_Ch13_01.ipynb

```
import numpy as np
import matplotlib.pyplot as plt
import seaborn as sns
from sklearn.datasets import load_iris
from numpy import genfromtxt

# 匯入鳶尾花資料
iris = load_iris()                                          ⓐ
# 將NumPy Array 存成CSV檔案
np.savetxt("Iris_data.csv", iris.data, delimiter=",")       ⓑ

# 將 CSV 檔案讀取存成 numpy array
Iris_Data_array = genfromtxt('Iris_data.csv', delimiter=',') ⓒ

# 視覺化
fig, ax = plt.subplots(figsize = (5,5))
sns.heatmap(Iris_Data_array,      # 鳶尾花資料陣列           ⓓ
            cmap = 'RdYlBu_r',    # 指定色譜
            ax = ax,              # 指定軸
            vmax = 8,             # 色譜最大值
            vmin = 0,             # 色譜最小值
            xticklabels = [],     # 不顯示橫軸標籤
            yticklabels = [],     # 不顯示縱軸標籤
            cbar = True)          # 顯示色譜條
```

➔ 請大家完成以下題目。

Q1. 用至少兩種辦法生成一個 3 × 4 二維 NumPy 陣列，陣列的每個值都是 10。

Q2. 利用 numpy.meshgrid() 和 matplotlib.pyplot.contour() 繪製二元函式 $f(x_1,x_2)=x_2\exp(-x_1^2-x_2^2)$ 的二維等高線。

Q3. 在 [0,1] 範圍內生成 1000 個滿足連續均勻分佈的隨機數，並用 matplotlib.pyplot.hist() 繪製頻數長條圖。

* 題目答案在 Bk1_Ch13_02.ipynb。

NumPy 最大的優勢在於提供了高性能的多維陣列物件和相應的操作函式，使得矩陣相關計算更加高效。在機器學習中，NumPy 常用於資料處理、線性代數運算和陣列操作，這些為模型訓練提供了基礎。

本書前文介紹過用巢狀結構串列代表矩陣，但從本章開始請大家利用 NumPy Array。大家會發現 NumPy Array 的向量化運算特別方便，幫助我們避免了很多迴圈。

MEMO

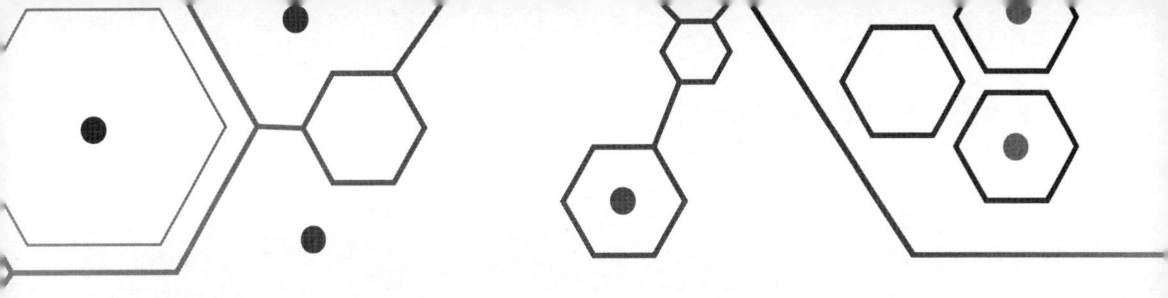

Indexing and Slicing NumPy Arrays

14 NumPy 索引和切片

對陣列切片切塊、切絲切丁

做數學的藝術在於找到包含所有普遍性萌芽的特殊情況。

The art of doing mathematics consists in finding that special case which contains all the germs of generality.

——大衛 · 希伯特（*David Hilbert*）| 德國數學家 | *1862—1943* 年

- numpy.concatenate() 沿指定軸將多個陣列連接成一個新的陣列
- numpy.copy() 深拷貝陣列，對新生成的物件進行修改、刪除操作不會影響到原物件
- numpy.newaxis 在使用它的位置上為陣列增加一個新的維度，可以用於在指定位置對陣列進行擴充或重塑
- numpy.r_() 用於按行連接陣列
- numpy.reshape() 用於重新調整陣列的形狀
- numpy.squeeze() 從陣列的形狀中刪除大小為 1 的維度，從而傳回一個形狀更緊湊的陣列
- numpy.take() 根據指定的索引從陣列中獲取元素，建立一個新的陣列來儲存這些元素
- numpy.vstack() 將多個陣列按行堆疊

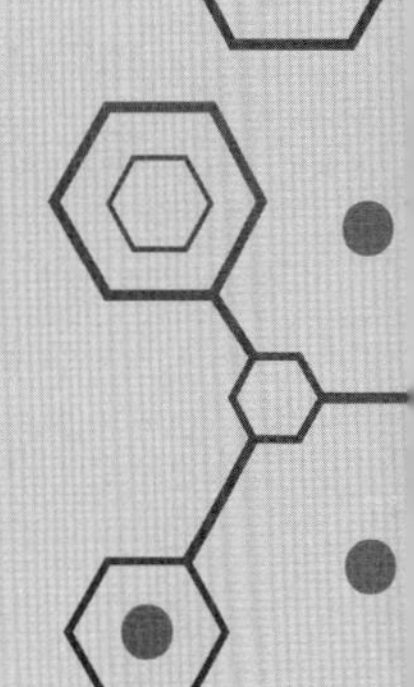

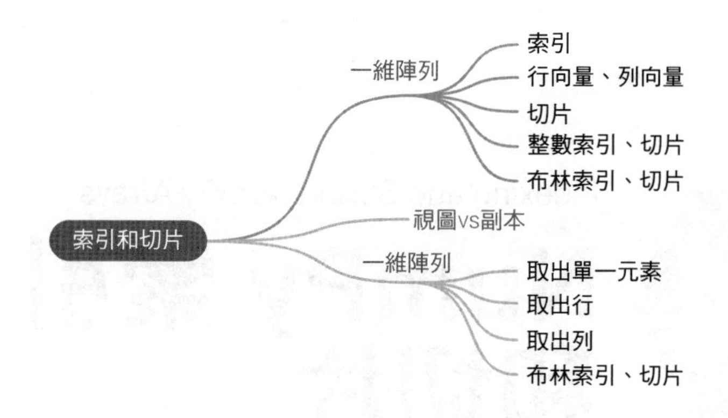

14.1 什麼是索引、切片？

本章我們聊一聊 NumPy 陣列的**索引** (indexing) 和**切片** (slicing)。簡單來說，陣列中的某個元素可以透過索引來存取。而切片指的是從陣列中提取「子陣列」的操作。

需要反覆強調的是，NumPy 陣列使用基於 0 的整數索引。此外，NumPy 的切片操作傳回的是原陣列的**視圖** (view) 而非**副本** (copy)，因此對切片操作所得到的陣列進行修改會直接影響到原陣列。本書前文介紹過視圖和副本這兩個概念，本章後續將專門講解 NumPy 陣列視圖和副本之間的區別。

> 本章書附的 Jupyter Notebook 檔案是 Bk1_Ch14_01.ipynb。請大家一邊閱讀本章內容，一邊在 JupyterLab 中實踐。

14.2 一維陣列索引、切片

索引

一維陣列可以使用索引來存取和運算元組中的某個元素。

如圖 14.1 所示，索引是一個整數值，它指定了要存取的元素在陣列中的位置。一維陣列的索引從 0 開始，到陣列長度 (len(a))-1 結束。

如圖 14.1 所示，想要取出陣列 a 的第一個元素，可以用 a[0] 或 a[-11]。

a[-1] 或 a[10] 則可以取出陣列 a 的最後一個元素。請大家在 JupyterLab 中嘗試取出陣列不同位置元素。

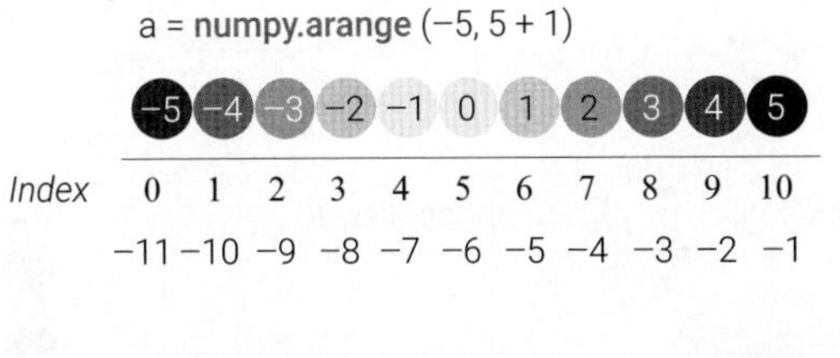

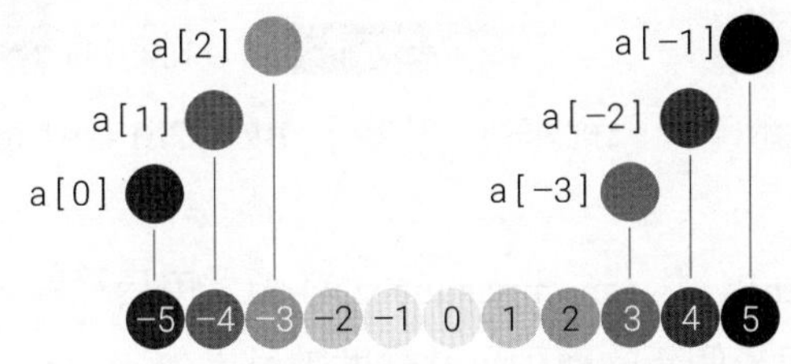

▲ 圖 14.1 一維陣列的索引 | Bk1_Ch14_01.ipynb

行向量、列向量

上一章特別強調過，本書中行向量、列向量都被視作特殊的二維陣列。也就是說，行向量是一行多列矩陣，而列向量是多行一列矩陣。

在 NumPy 中，numpy.newaxis 是一個特殊的索引，用於增加陣列的維度。它的作用是在陣列的某個位置增加一個新的軸，從而改變陣列的維度。

具體來說，使用 numpy.newaxis 將在陣列的指定位置增加一個新的維度。如圖 14.2 所示，對於一個一維陣列 a，我們可以使用 a[:,numpy.newaxis] 將其轉為一個二維陣列，其中新的維度被增加在列的方向上。這個操作將把陣列變成一個列向量。

而 a[numpy.newaxis,:] 則把一維陣列變成行向量。本書後文還會介紹利用 numpy.reshape() 函式完成「升維」及其他變形的方法。

在 Bk1_Ch14_01.ipynb 中還舉出了其他「升維」方法，請大家自行學習。

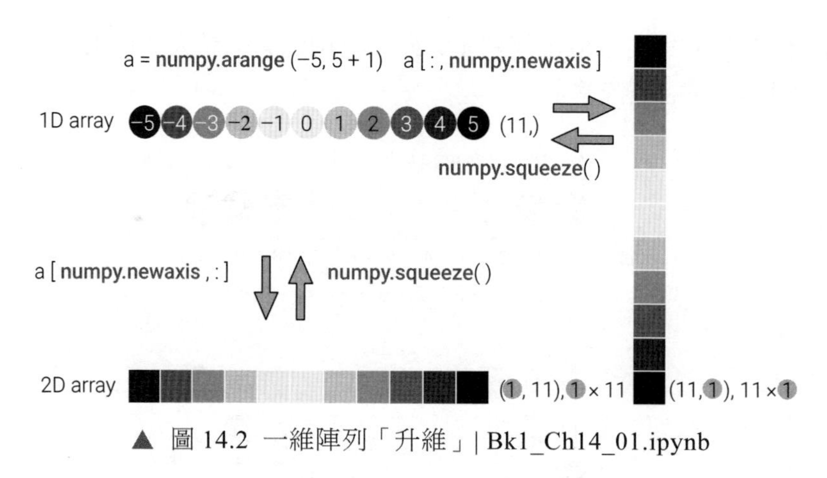

▲ 圖 14.2　一維陣列「升維」| Bk1_Ch14_01.ipynb

相反地，在 NumPy 中，numpy.squeeze() 函式用於從陣列的形狀中刪除長度為 1 的維度，並傳回一個新的陣列，其維度數目更少。

舉例來說，對於一個形狀為 (1,3,1,5) 的四維陣列，可以使用 numpy.squeeze(a) 函式將其轉為形狀為 (3,5) 的二維陣列，其中長度為 1 的第 0 和第 2 維被刪除。

如果在呼叫 numpy.squeeze() 時指定了參數 axis，則只有該軸上長度為 1 的維度會被刪除。總結來說，numpy.squeeze() 函式可以幫助我們簡化陣列的形狀，使其更符合我們的需求。

切片

切片存取一維陣列中的「子陣列」，即多個元素。切片是一個包含開始索引和結束索引的範圍，用冒號 (:) 分隔。

開始索引指定要獲取的第一個元素的位置，結束索引指定要獲取的最後一個元素的位置 +1。

圖 14.3 所示為一維陣列連續切片。

圖 14.4 中，將步進值設為 2 分別提取陣列中的奇數、偶數。

圖 14.5 中，將步進值設為 -1 可以將陣列倒序排序。

在 Bk1_Ch14_01.ipynb 中還舉出了其他步進值設置，請大家自行學習。

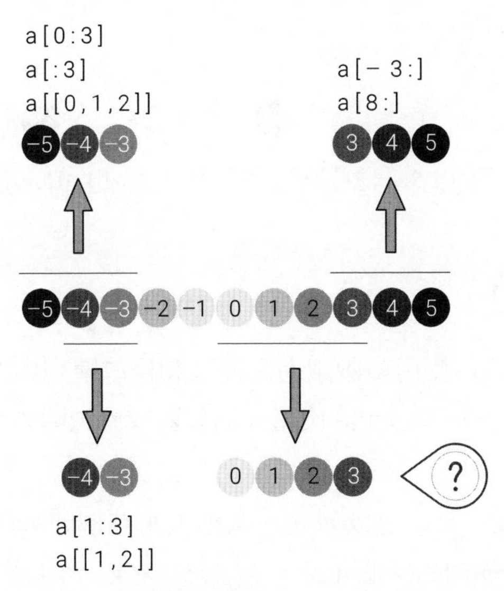

▲ 圖 14.3 一維陣列連續切片 | Bk1_Ch14_01.ipynb

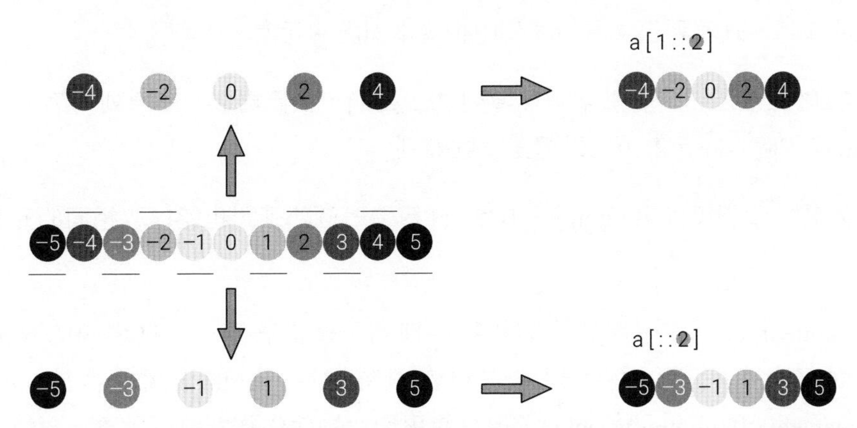

▲ 圖 14.4 一維陣列以固定步進值切片，步進值為 2 | Bk1_Ch14_01.ipynb

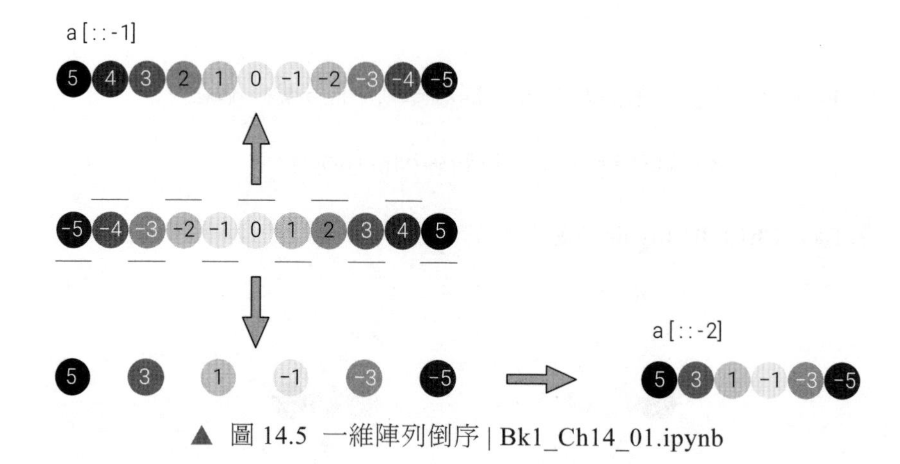

▲ 圖 14.5 一維陣列倒序 | Bk1_Ch14_01.ipynb

整數索引、切片

在 NumPy 中，可以使用整數索引來存取和修改陣列中的元素。整數索引是一種非常基本的索引方法，它允許使用一個整數或整數陣列來存取陣列的元素。

使用整數索引時，大家可以傳遞一個整數來存取陣列的單一元素，或傳遞一個整數陣列來存取陣列的多個元素。大家已經在圖 14.1 看到這一點。

如果傳遞一個整數陣列，則該陣列的每個元素將被視為索引，從而傳回一個新的陣列，該陣列包含原始陣列中相應索引處的元素。

如圖 14.6 所示，整數索引為陣列 [0,1,2,-1]，我們提取一維陣列的第 1、2、3 和最後一個 (-1) 元素，結果還是一維陣列。

同時，我們可以用 numpy.r_[0:3,-1] 構造一個陣列，也能提取相同的元素組合。

numpy.r_() 是一個用於將切片物件轉為一個沿著第一個軸堆疊的 NumPy 陣列的函式。它可以在陣列建立和索引時使用。它的作用類似於 numpy.concatenate() 和 numpy.vstack()，但是使用切片物件作為索引可以更方便快捷地建立陣列。

布林索引、切片

布林索引 (Boolean indexing) 是一種使用布林值來選擇陣列中的元素的技術。

在使用布林索引時，可以透過一些條件來生成一個布林陣列，該布林陣列與要索引的陣列具有相同的形狀，然後使用該布林陣列來選擇要存取的陣列元素。

如圖 14.7 所示，我們利用布林值切片分別提取了陣列中大於 1、小於 0 的元素。

> 請大家在 JupyterLab 中查看 a > 0 返回的陣列是什麼。

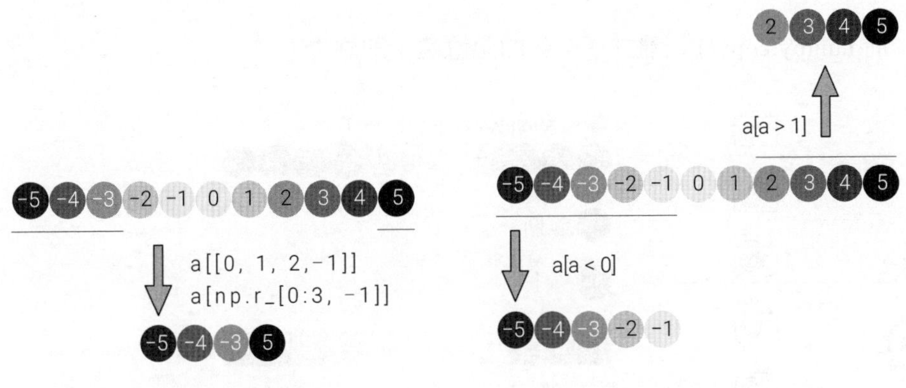

▲ 圖 14.6 一維陣列整數索引，輸入為陣列 | Bk1_Ch14_01.ipynb

▲ 圖 14.7 一維陣列布林值切片 | Bk1_Ch14_01.ipynb

14.3 視圖 vs 副本

在 NumPy 中，有兩種不同的方式來建立新的陣列物件—**視圖** (view)、**副本** (copy)。

視圖是原始陣列的新視圖，而副本是原始陣列的新副本。它們的區別在於它們如何處理原始資料的記憶體和共用。

視圖是原始陣列的新視圖，一種重新排列、重新解釋。視圖與原始陣列共用相同的資料，不會建立新的記憶體。

換句話說，視圖是原始陣列的不同的「視窗」，它可以存取原始陣列的相同資料區塊。當對視圖進行更改時，原始陣列也會發生相應的更改。

副本則是原始陣列的一份完整的拷貝，修改副本不會影響原始陣列。對 NumPy 陣列用 numpy.ndarray.flatten()、整數陣列索引、條件索引操作後，將生成一個副本。副本的建立可以使用 numpy.copy() 方法或 numpy.array() 函式的參數 copy = True 來實現。

如圖 14.8 所示，本節之前的各種索引、切片方法實際上建立的都只是原始陣列的視圖，改變這些視圖就會修改原始陣列，並「牽一發動全身」地改變所有視圖。

而 numpy.copy() 則建立了全新的記憶體，即副本。

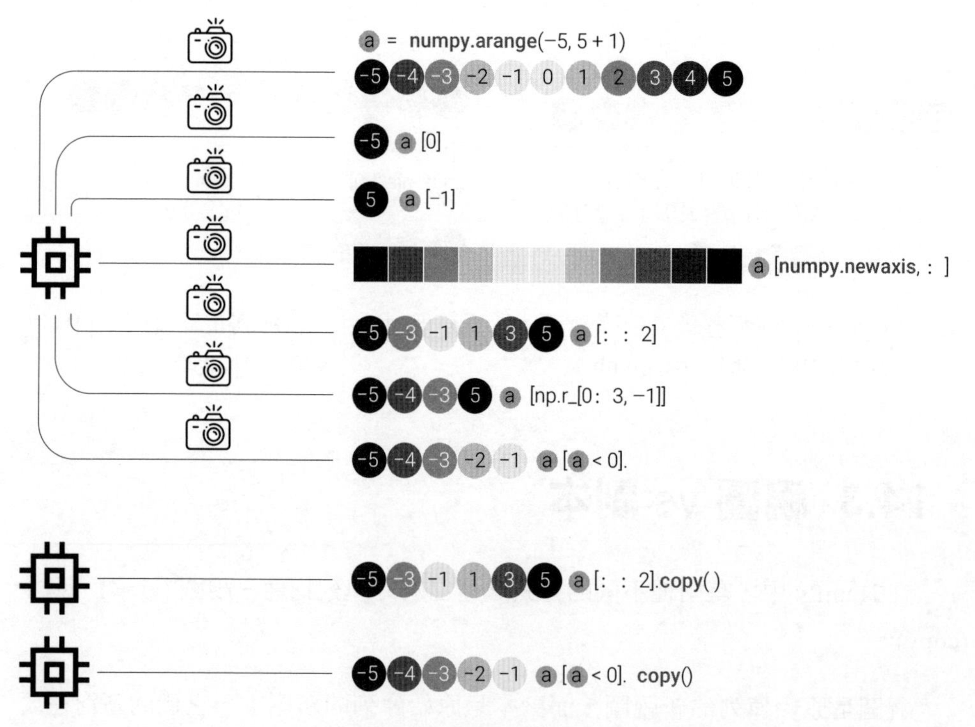

▲ 圖 14.8 視圖，還是副本？ | Bk1_Ch14_01.ipynb

在程式 14.1 範例中，首先 ⓐ 用 numpy.array() 建立了一維陣列 a；然後 ⓑ 建立了一個切片視圖 s，該視圖選擇了陣列 a 中的索引為 1、2 的元素，即第 2 個和第 3 個元素。

接下來，ⓒ 將視圖中的第 1 個元素設置為 1000，這也會修改原始陣列 a 中的元素。

然後，ⓓ 用 a.copy() 建立了一個整數陣列索引副本 c，該副本選擇了陣列 a 中的索引為 1、3 的元素，即第 2 個和第 3 個元素。

ⓔ 將副本 c 中的第 1 個元素設置為 888，但這不會修改原始陣列 a 中的元素。

此外，我們可以使用 numpy.may_share_memory() 函式來判斷兩個陣列是否共用記憶體。

在 NumPy 中，還有一些函式需要注意視圖和副本的問題，如 numpy.reshape()、numpy.transpose()、numpy.ravel()、numpy.flatten() 等。這些非常重要，本書後文還會涉及。

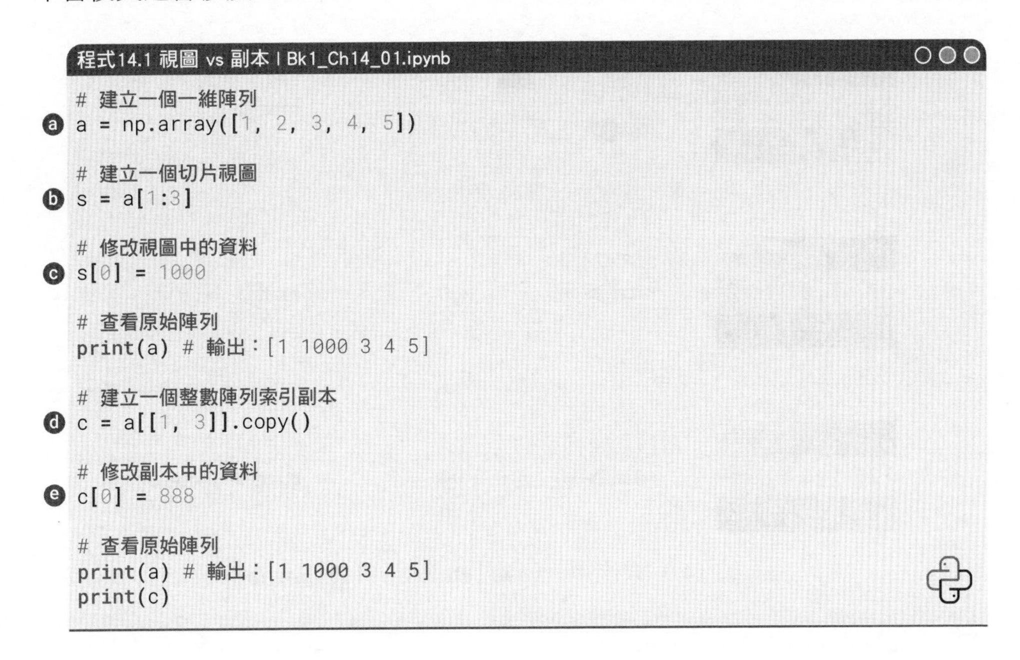
程式14.1 視圖 vs 副本 | Bk1_Ch14_01.ipynb

```
# 建立一個一維陣列
a = np.array([1, 2, 3, 4, 5])        ⓐ

# 建立一個切片視圖
s = a[1:3]                           ⓑ

# 修改視圖中的資料
s[0] = 1000                          ⓒ

# 查看原始陣列
print(a) # 輸出：[1 1000 3 4 5]

# 建立一個整數陣列索引副本
c = a[[1, 3]].copy()                 ⓓ

# 修改副本中的資料
c[0] = 888                           ⓔ

# 查看原始陣列
print(a) # 輸出：[1 1000 3 4 5]
print(c)
```

14.4 二維陣列索引、切片

取出單一元素

要取出二維 NumPy 陣列中特定索引的元素，可以使用索引操作符號「[]」來存取。可以將需要存取的元素的行索引和列索引作為參數傳遞給這個操作符號。

圖 14.9 所示為從二維陣列 a 中取出單一元素的例子，a[0,0] 代表行索引為 0、列索引為 0 的元素，即第 1 行、第 1 列元素。

用 a[0][0]，我們也可以提取行索引為 0、列索引為 0 的元素。a[0] 相當於先提取行索引為 0 的一維陣列，然後再用第二個 [0] 從一維陣列提取索引為 0 的元素。

請大家特別注意，a[[0],[0]] 的結果為一維陣列。請大家自行分析圖 14.9 中其他範例。

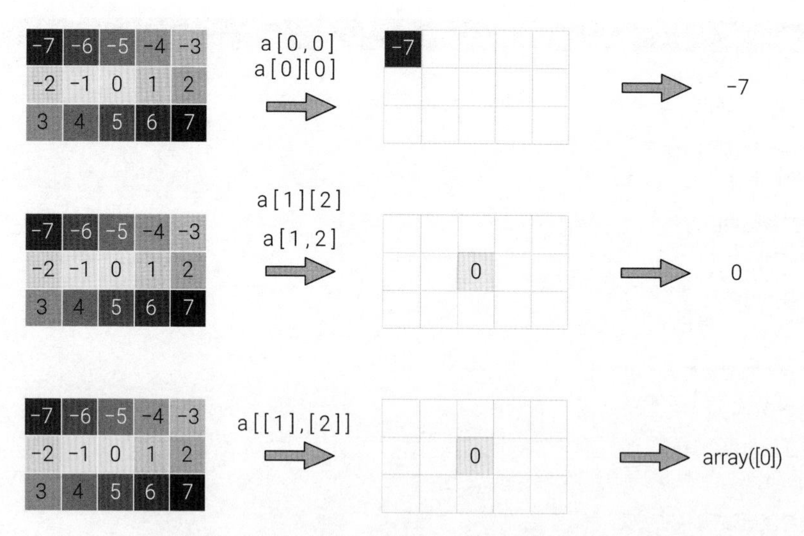

▲ 圖 14.9 取出單一元素 | Bk1_Ch14_01.ipynb

取出行

要取出二維 NumPy 陣列中特定行的元素，也是使用索引操作符號「[]」來存取。

我們可以將需要存取的行的索引作為第一個參數傳遞給這個操作符號，並用冒號「:」表示需要存取的列範圍。

如圖 14.10 所示，取出第 1 行，只需用 a[0]，其結果為一維陣列。而用 a[[0],:] 取出第 1 行時，其結果為二維陣列。

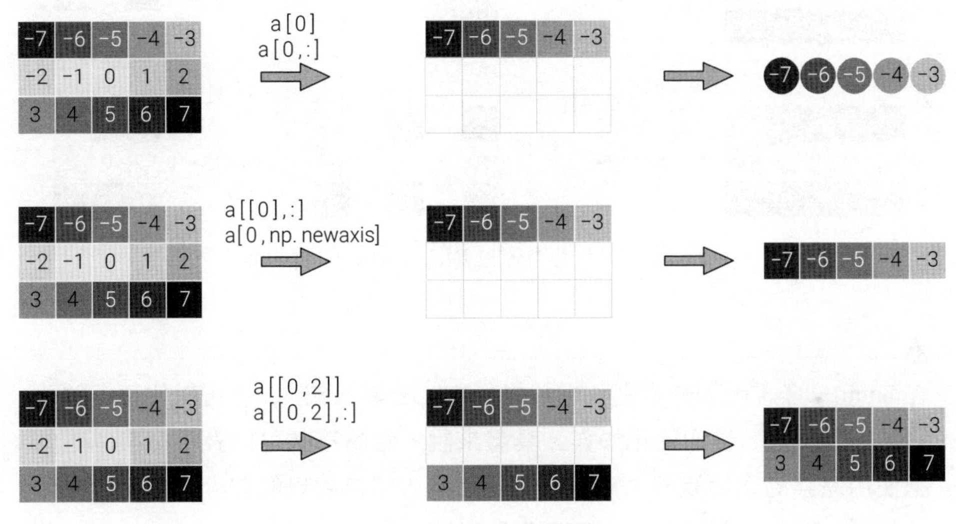

▲ 圖 14.10 取出行 | Bk1_Ch14_01.ipynb

取出列

如圖 14.11 所示，我們也可以使用類似方法取出特定列。請大家自行分析圖 14.11 中的敘述。

值得強調的是，本書前文提過，numpy.newaxis 是一個常用的 NumPy 函式，它用於在陣列中增加一個新的維度。具體來說，numpy.newaxis 用於在現有陣列的指定位置插入一個新的維度，從而改變陣列的形狀。

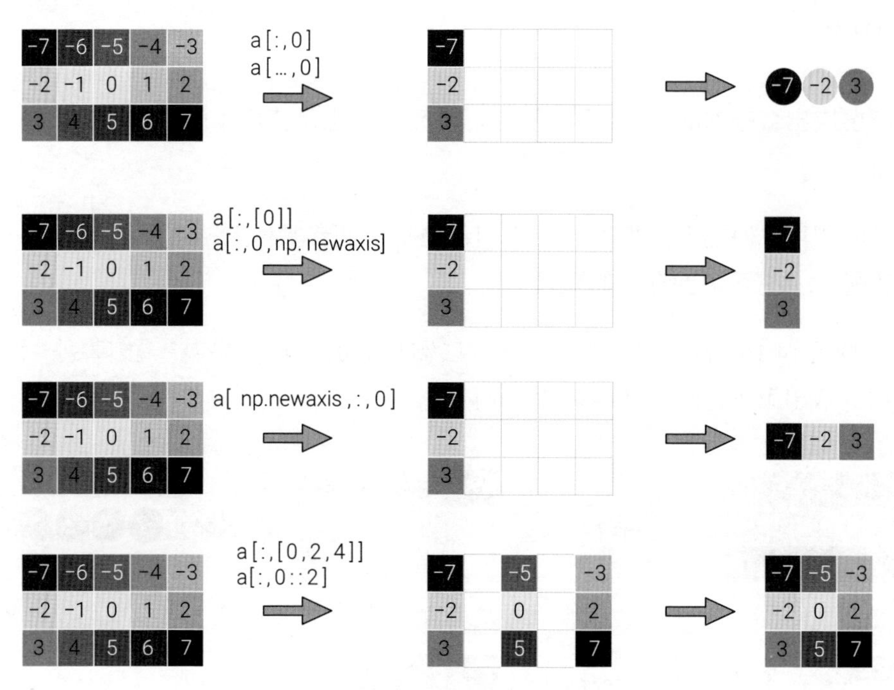

▲ 圖 14.11 取出列 | Bk1_Ch14_01.ipynb

⚠

在 NumPy 多維陣列的索引和切片操作中，省略符號「...」可以代替多個連續冒號「：」，從而簡化操作。具體來說，省略符號可以表示在某個維度上使用完整的切片範圍。需要注意的是，省略符號只能在索引或切片操作的開頭、結尾或中間使用，而不能重複出現。

此外，當陣列的維度比較大時，省略符號可以顯著提高程式的可讀性和簡潔性，因為它避免了寫很多個冒號「:」的重複程式。

圖 14.12 所示為取出特定行列組合的方法，請大家自行學習。

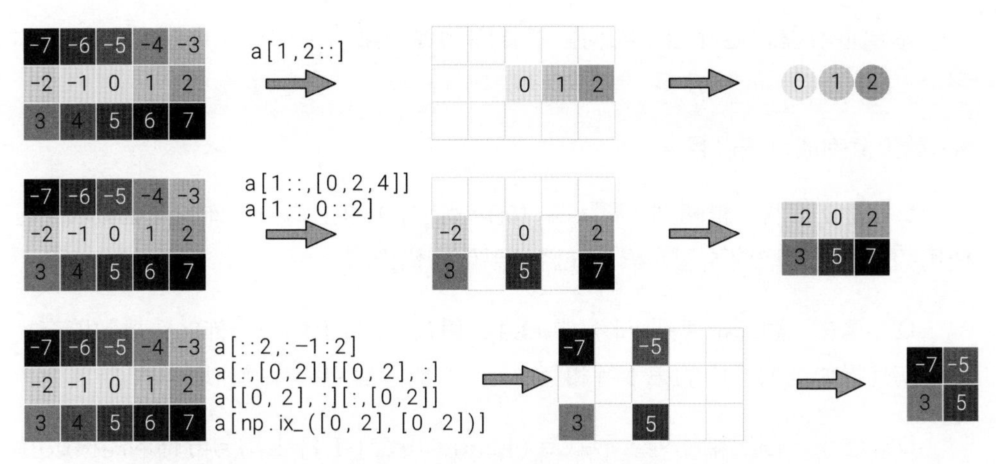

▲ 圖 14.12 取出特定的行列組合 | Bk1_Ch14_01.ipynb

值得一提的是，圖 14.12 中，numpy.ix_() 是 NumPy 提供的函式，用於將多個一維索引陣列轉為一個用於多維陣列索引的元組。這個元組可以同時對多個維度進行索引，從而方便地選擇陣列中的子集。使用 numpy.ix_() 可以讓程式更加簡潔和易讀，避免了使用多個索引陣列或切片來對多維陣列進行索引的複雜性和難以理解的問題。在科學計算和資料分析中，使用 numpy.ix_() 可以方便地進行資料篩選和子集提取，提高程式效率和可讀性。

布林索引、切片

類似本章前文，二維陣列也可以採用布林索引、切片。舉個例子，如圖 14.13 所示，取出二維陣列中大於 0 的元素，結果為一維陣列。本章書附程式還提供了其他輸出形式，請大家自行學習。

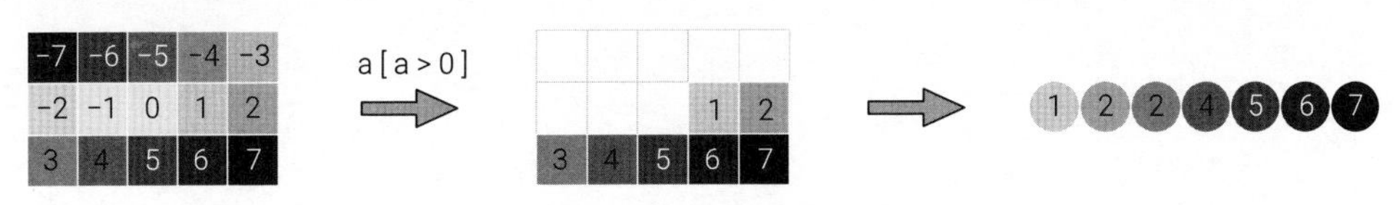

▲ 圖 14.13 取出大於 0 的元素 | Bk1_Ch14_01.ipynb

本章書附程式還介紹了如何對三維陣列進行索引、切片，也請大家自行學習。

➔ 請大家完成以下題目。

Q1. 建立一個一維陣列，形狀為 (10,)，用在 [-1,1] 上均勻分佈的隨機數填充。使用切片操作提取前 5 個元素，並將結果倒序輸出。

Q2. 建立一個二維陣列，形狀為 (3,4)，用在 [-1,1] 上均勻分佈的隨機數填充。使用切片操作選取其中的第 1 行和第 3 行。同時，使用切片操作取出第 2、4 列。

Q3. 建立一個三維陣列，形狀為 (4,5,6)，用在 [-1,1] 上均勻分佈的隨機數填充。使用切片操作選取其中的 axis = 0、1 維度上的所有元素，以及 axis = 2 維度上的前 2 個元素。

* 題目不提供答案。

本章介紹的 NumPy Array 索引和切片操作和串列很相似。但是，以二維陣列為例，提取 NumPy Array 的列則容易很多。

有關 NumPy Array 的操作請大家務必搞清楚，我們在 Pandas 中還會用到類似的操作完成資料幀的索引和切片。當然，資料幀還有行列標籤索引和切片。

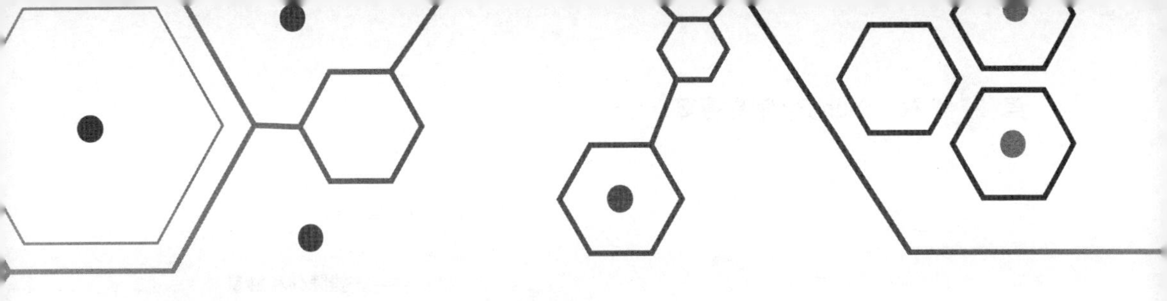

Basic Computations in NumPy

15 NumPy 常見運算

使用 NumPy 完成算術、代數、統計運算

> 生活只有兩件好事：發現數學，傳播數學。
>
> ***Life is good for only two things:discovering mathematics and teaching mathematics.***
>
> ——西梅翁 · 德尼 · 卜松（*Siméon Denis Poisson*）| 法國數學家 | *1781—1840* 年

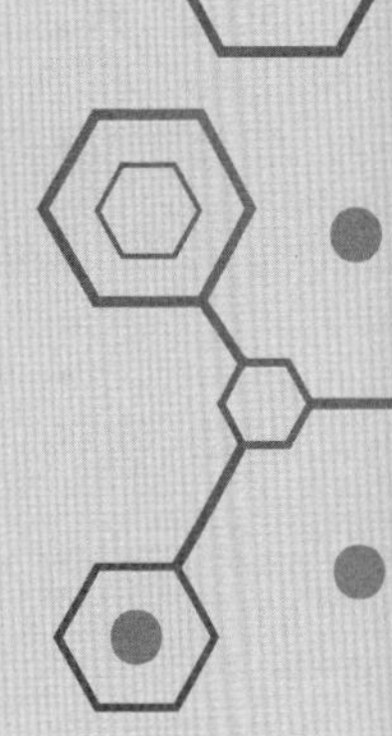

- numpy.abs() 計算絕對值、複數模
- numpy.add() 加法運算
- numpy.argmax() 傳回陣列中最大元素的索引
- numpy.argmin() 傳回陣列中最小元素的索引
- numpy.array() 建立 array 資料型態
- numpy.average() 計算陣列元素的加權平均值
- numpy.broadcast_to() 用於將陣列廣播到指定的形狀
- numpy.corrcoef() 計算陣列中元素的相關係數矩陣，自由度 ddof 沒有影響
- numpy.cos() 計算餘弦值
- numpy.cov() 計算陣列中元素的協方差矩陣，預設自由度 ddof 為 0
- numpy.divide() 除法運算
- numpy.exp() 對陣列中的每個元素進行指數運算
- numpy.maximum() 逐元素地比較兩個陣列，並傳回元素等級上的較大值組成的新陣列
- numpy.multiply() 乘法運算
- numpy.power() 乘冪運算
- numpy.random.multivariate_normal() 用於生成多元正態分佈的隨機樣本
- numpy.random.randint() 在指定範圍內產生隨機整數
- numpy.random.uniform() 產生滿足連續均勻分佈的隨機數
- numpy.reshape() 用於將陣列重新調整為指定的形狀
- numpy.sin() 計算正弦值
- numpy.std() 計算陣列中元素的標準差，預設自由度 ddof 為 0
- numpy.subtract() 減法運算
- numpy.var() 計算陣列中元素的方差，預設自由度 ddof 為 0
- sklearn.datasets.load_iris() 匯入鳶尾花資料

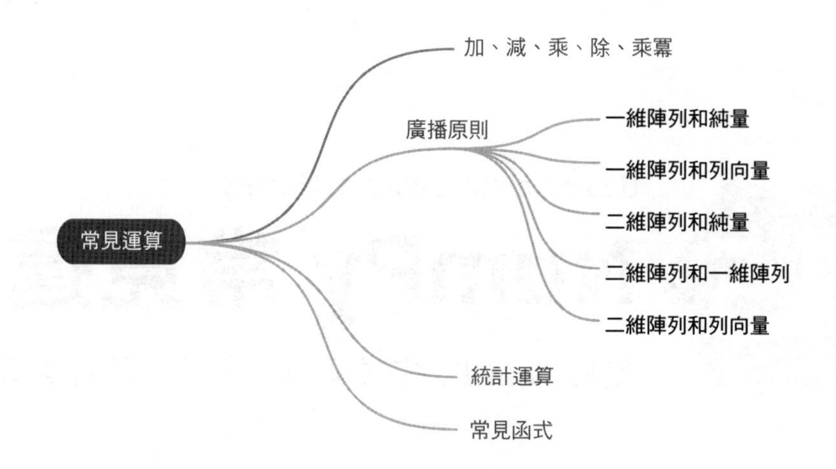

15.1 加、減、乘、除、乘冪

在 NumPy 中，基本的加、減、乘、除、乘冪運算如下。

- 加法：使用 "+" 運算子或 numpy.add() 函式實現。
- 減法：使用 "-" 運算子或 numpy.subtract() 函式實現。
- 乘法：使用 "*" 運算子或 numpy.multiply() 函式實現。
- 除法：使用 "/" 運算子或 numpy.divide() 函式實現。
- 乘冪：使用 "**" 運算子或 numpy.power() 函式實現。

下面，我們先聊一聊相同形狀的陣列之間的加、減、乘、除、乘冪運算。

本章書附的 Jupyter Notebook 檔案主要是 Bk1_Ch15_01.ipynb。請大家一邊閱讀本章，一邊在 JupyterLab 中實踐。

一維陣列

圖 15.1 所示為兩個等長度一維陣列之間的加、減、乘、除、乘冪運算。這一組運算都是逐項完成的，也就是在對應位置之間完成運算的。

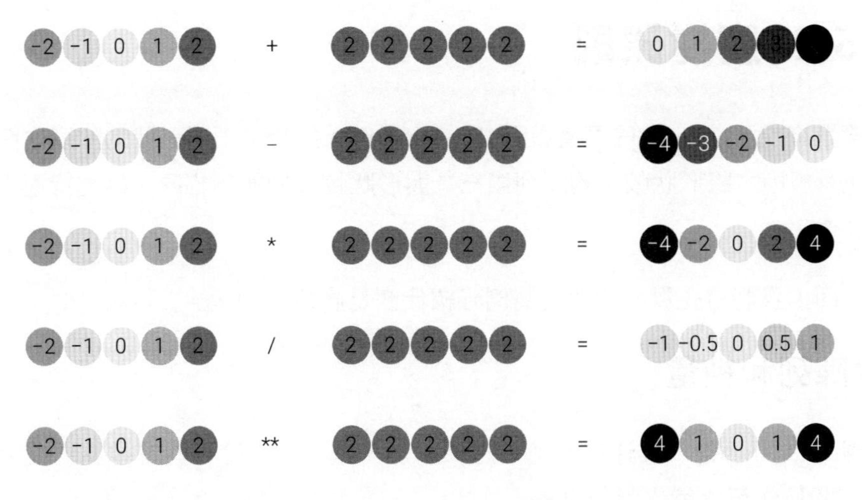

▲ 圖 15.1 一維陣列加、減、乘、除、乘冪 | Bk1_Ch15_01.ipynb

二維陣列

圖 15.2 所示為二維陣列之間的加、減、乘、除、乘冪運算。類似運算也可以用在三維、多維陣列上。

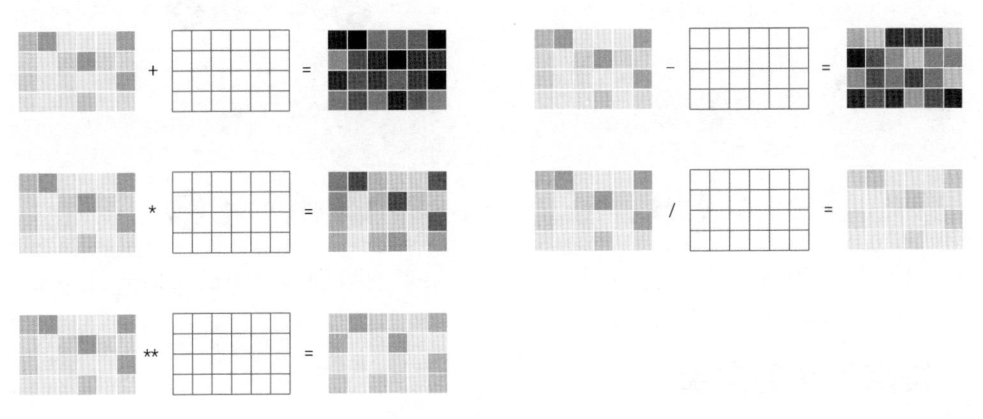

▲ 圖 15.2 二維陣列加、減、乘、除、乘冪 (空白網格代表矩陣的每個元素均為 2)| Bk1_Ch15_01.ipynb

15.2 廣播原則

簡單來說，NumPy 的**廣播原則** (broadcasting) 指定了不同形狀的陣列之間的算數運算規則，將形狀較小的陣列擴充為與形狀較大的陣列相同，再進行運算，以提高效率。

下面，我們首先以一維陣列為例介紹什麼是廣播原則。

一維陣列和純量

圖 15.3 所示為一維陣列和純量之間的加、減、乘、除、乘冪運算，大家可以發現圖 15.3 可以替代圖 15.1。

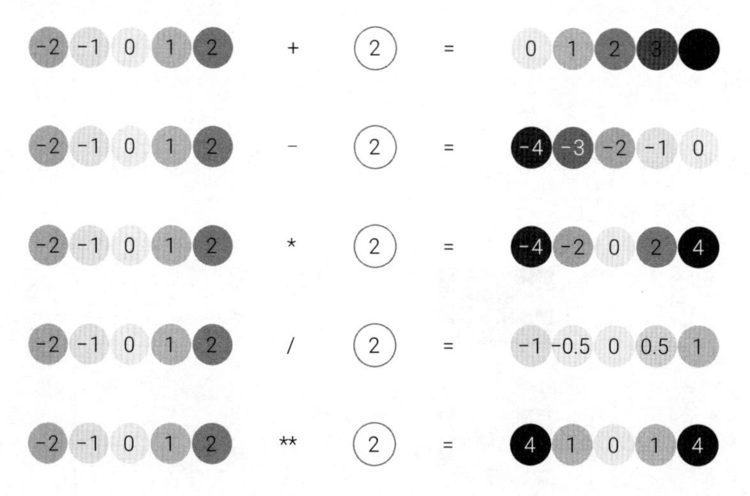

▲ 圖 15.3 一維陣列和純量加、減、乘、除、乘冪 (廣播原則)| Bk1_Ch15_01.ipynb

一維陣列和列向量

圖 15.4 和圖 15.5 所示為將廣播原則用在一維陣列和列向量的加法和乘法上。

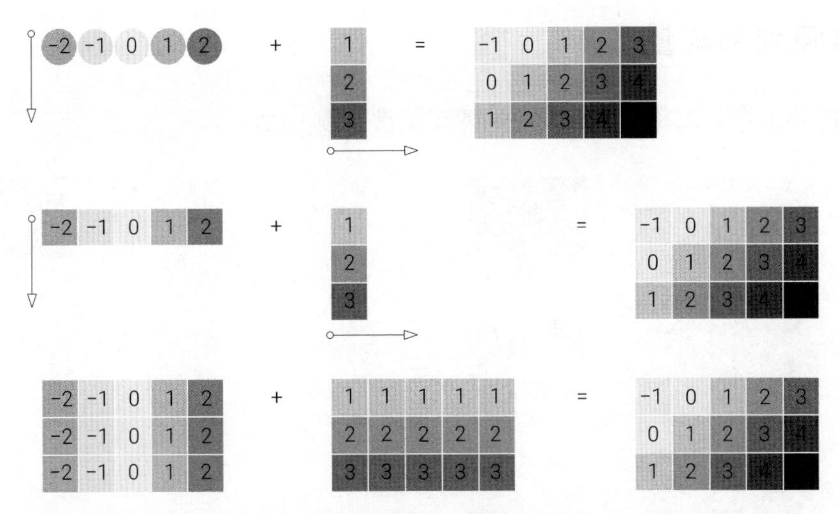

▲ 圖 15.4 一維陣列和列向量加法 (廣播原則)| Bk1_Ch15_01.ipynb

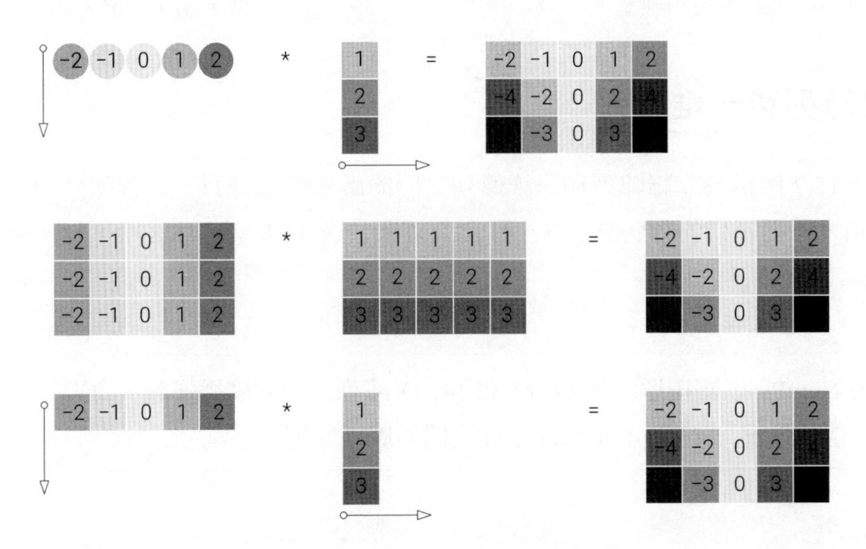

▲ 圖 15.5 一維陣列和列向量乘法 (廣播原則)| Bk1_Ch15_01.ipynb

廣播過程相當於把一維陣列 (5,) 展成 (3,5) 二維陣列，把列向量 (3,1) 也展成 (3,5) 二維陣列。運算結果也是二維陣列。這兩幅圖中，大家還會看到，行向量、列向量之間的運算也可以獲得同樣的結果，請大家在 JupyterLab 中自己完成。

二維陣列和純量

圖 15.6 所示二維陣列和純量的運算相當於圖 15.2。

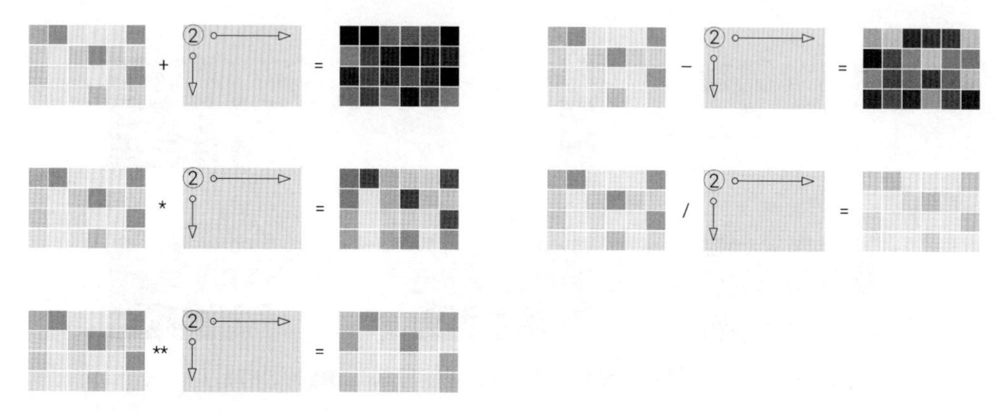

▲ 圖 15.6 二維陣列和純量加、減、乘、除、乘冪 (廣播原則)| Bk1_Ch15_01.ipynb

二維陣列和一維陣列

圖 15.7 所示為二維陣列和一維陣列之間的廣播原則運算。二維陣列的形狀為 (4,6)，一維陣列的形狀為 (6,)。圖 15.7 等價於圖 15.8。圖 15.8 中，行向量是二維陣列，形狀為 (1,6)。

> 當前 NumPy 不支援形狀為 (4, 6) 和 (4, 1) 陣列之間的廣播運算，會顯示出錯。這種情況，要用 (4, 6) 和 (4, 1) 之間的廣播原則。

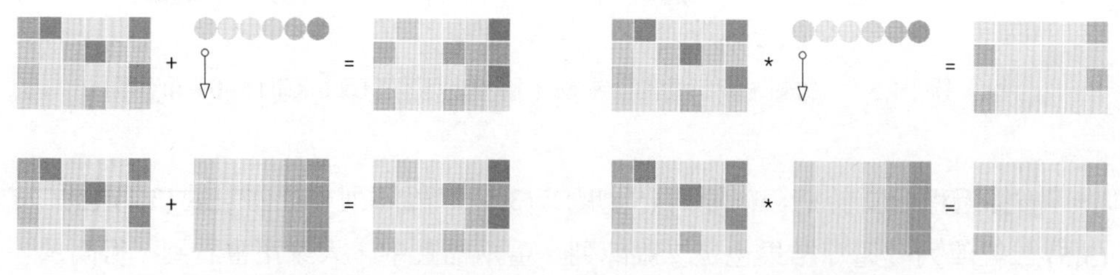

▲ 圖 15.7 二維陣列和一維陣列加、乘 (廣播原則)

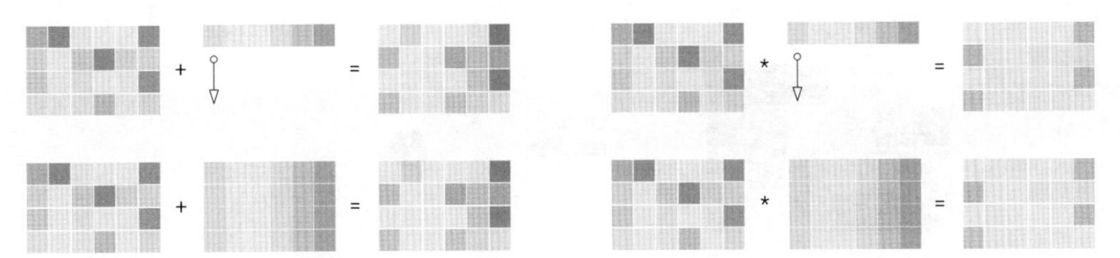

▲ 圖 15.8 二維陣列和行向量加、乘 (廣播原則)| Bk1_Ch15_01.ipynb

二維陣列和列向量

圖 15.9 所示為二維陣列和列向量之間的廣播運算。二維陣列的形狀為 (4,6)，列向量形狀為 (4,1)。它們在行數上匹配。

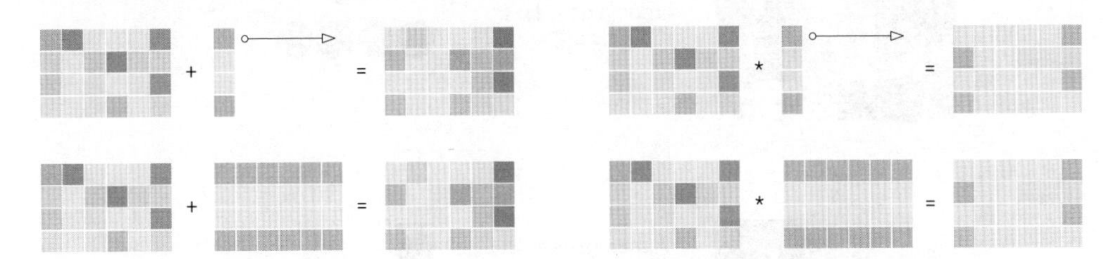

▲ 圖 15.9 二維陣列和列向量加、乘 (廣播原則)| Bk1_Ch15_01.ipynb

> ⚠ 圖 15.9 中列向量也是二維陣列。

15.3 統計運算

圖 15.10 所示為求最大值的操作。給定二維陣列 A，並透過 A.max() 計算整個陣列中最大值。

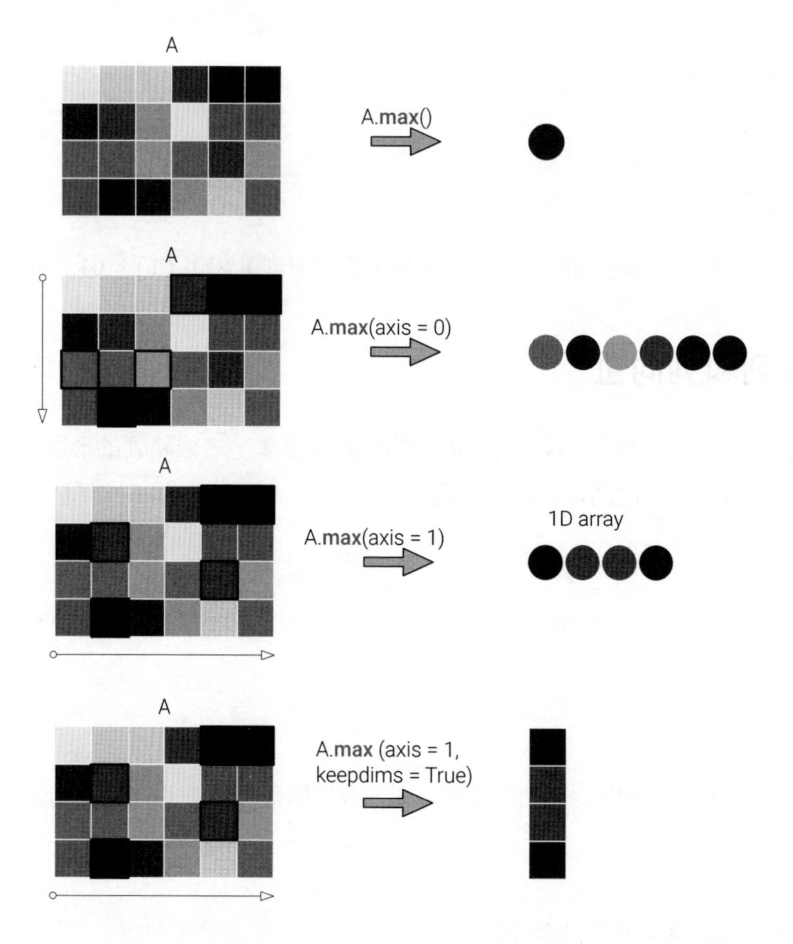

▲ 圖 15.10 沿不同軸求最大值 | Bk1_Ch15_01.ipynb

而 A.max(axis = 0) 在列方向計算最大值，即每一列最大值，結果為一維陣列。A.max(axis = 1) 在行的方向上計算最大值，即每一行最大值，結果同樣為一維陣列。而 A.max(axis = 1,keepdims = True) 的結果為列向量 (二維陣列)。

此外，計算最小值、求和、平均值、方差、標準差等統計運算遵循相同的規則，請大家參考本章 Jupyter Notebook。

計算方差、標準差時，NumPy 預設分母為 *n*(樣本數量)，而非 *n*–1；為了計算樣本方差或標準差，需要設定 ddof = 1。

什麼是方差？

方差是統計學中衡量資料分散程度的一種指標，用於衡量一組資料與其均值之間的偏離程度。方差的計算是將每個資料點與均值的差的平方求和，並除以資料點的個數 *n* 減 1，即 *n*–1。方差越大，資料點相對於均值的離散程度就越高，反之亦然。方差常用於資料分析、建模和實驗設計等領域。方差開平方結果為標準差。

NumPy 還提供計算協方差矩陣、相關係數矩陣的函式。圖 15.11(a) 所示為鳶尾花資料協方差矩陣，圖 15.11(b) 所示為相關係數矩陣。

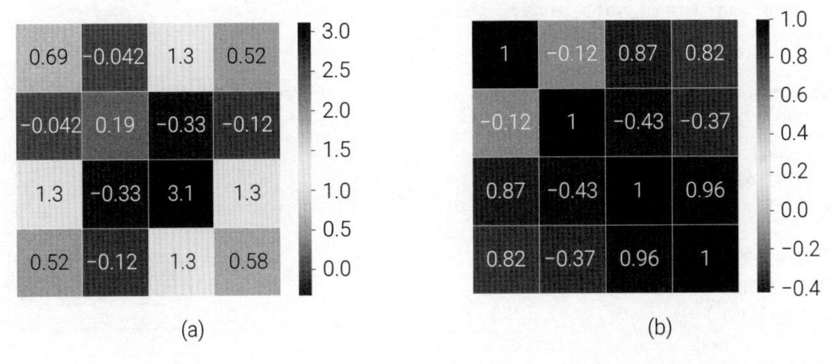

▲ 圖 15.11 鳶尾花資料協方差矩陣、相關係數矩陣

我們可以透過程式 15.1 完成很多有關鳶尾花資料統計計算，並繪製圖 15.11，請大家自行學習並逐行註釋。

值得一提的是，ⓘ 和 ⓚ 在計算協方差矩陣、相關係數矩陣時，輸入的陣列形狀。iris_data_array 的每一列代表一個特徵，而轉置之後 iris_data_array.T 的每一行代表一個特徵。

請大家開啟 numpy.cov() 和 numpy.corrcoef() 兩個函式的原始程式碼，自行分析。

程式15.1 NumPy中的統計運算 | Bk1_Ch15_01.ipynb

```
import numpy as np
import matplotlib.pyplot as plt
import seaborn as sns
from sklearn.datasets import load_iris

# 匯入鳶尾花資料
iris = load_iris()
iris_data_array = iris.data

a print(iris_data_array.max())                # 整個矩陣的最大值
b print(iris_data_array.max(axis = 0))        # 每列最大值
c print(np.argmax(iris_data_array, axis=0))   # 每列最大值位置
d print(iris_data_array.max(axis = 1))        # 每行最大值位置
e print(np.average(iris_data_array, axis = 0)) # 每列均值

# 計算每一列方差
f print(np.var(iris_data_array, axis = 0))
# 注意，NumPy 中預設分母為 n

g print(np.var(iris_data_array, axis = 0, ddof = 1))
# 將分母設為 n - 1

# 計算每一列標準差
h print(np.std(iris_data_array, axis = 0))

# 計算協方差矩陣 ；注意轉置
i SIGMA = np.cov(iris_data_array.T, ddof = 1)
print(SIGMA)

# 視覺化協方差矩陣
fig, ax = plt.subplots(figsize = (5,5))
j sns.heatmap(SIGMA, cmap = 'RdYlBu_r', annot = True,
            ax = ax, fmt = ".2f", square = True,
            xticklabels = [], yticklabels = [], cbar = True)

# 計算協方差矩陣 ；注意轉置
k CORR = np.corrcoef(iris_data_array.T)
print(CORR)

fig, ax = plt.subplots(figsize = (5,5))
l sns.heatmap(CORR, cmap = 'RdYlBu_r', annot = True,
            ax = ax, fmt = ".2f", square = True,
            xticklabels = [], yticklabels = [], cbar = True)
```

什麼是協方差矩陣？

協方差矩陣是一個方陣，其中的元素代表了資料中各個維度之間的協方差。協方差是用來衡量兩個隨機變數之間的關係的統計量，它描述的是兩個變數的變化趨勢是否相似，以及它們之間的相關性強度。協方差矩陣可以用於多變數分析和線性代數中的特徵值分解、奇異值分解等計算。在機器學習領域，協方差矩陣常用於資料降維、主成分分析、特徵提取等方面。

什麼是相關係數矩陣？

相關係數矩陣是一個方陣，其中的元素代表了資料中各個維度之間的相關性係數。相關性係數是用來衡量兩個變數之間線性關係的程度，它取值範圍在 -1 到 1 之間，數值越接近於 1 或 -1，說明兩個變數之間的線性關係越強；數值越接近於 0，說明兩個變數之間的線性關係越弱或不存在。相關係數矩陣可以用於多變數分析、線性回歸等領域，通常與協方差矩陣一起使用。在機器學習領域，相關係數矩陣常用於特徵選擇和資料視覺化等方面。

15.4 常見函式

NumPy 還提供大量常用函式，表 15.1 列出了一些常用函式和影像。

此外，NumPy 中還舉出了很多常用常數，如 numpy.pi(圓周率)、numpy.e(尤拉數、自然底數)、numpy.Inf(正無窮)、numpy.NAN(非數) 等。

➔ 表 15.1 NumPy 函式庫中常用函式和影像 | Bk1_Ch15_02.ipynb

函式	NumPy 函式	影像
$f(x)= x^p$ 冪函式 (power function)	numpy.power(x,2)	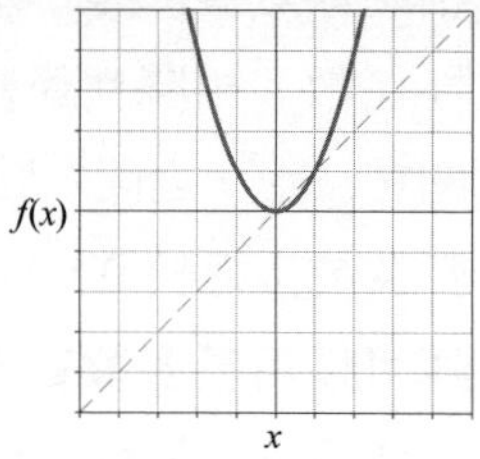
	numpy.power(x,3)	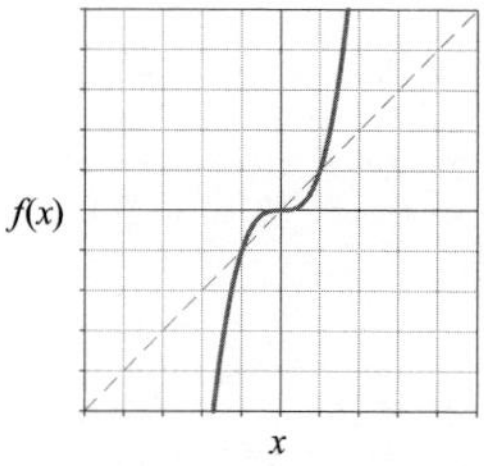
$f(x)= \sin(x)$ 正弦函式 (sine function)	numpy.sin()	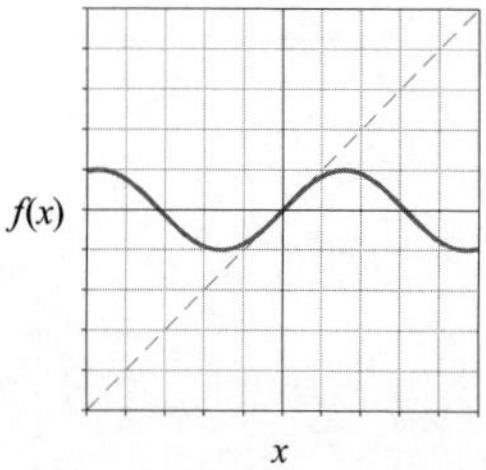
$f(x)= \arcsin(x)$ 反正弦函式 (inverse sine function)	numpy.arcsin()	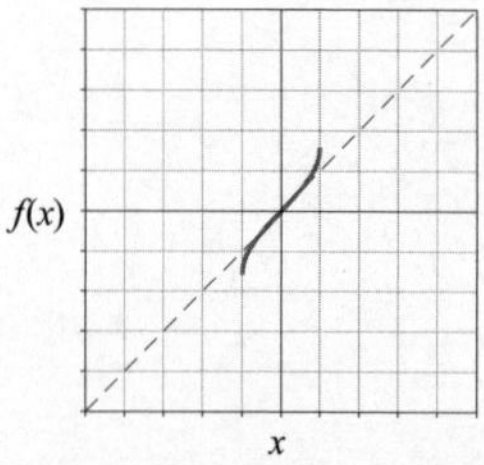

函式	NumPy 函式	影像
$f(x)=\cos(x)$ 餘弦函式 (cosine function)	numpy.cos()	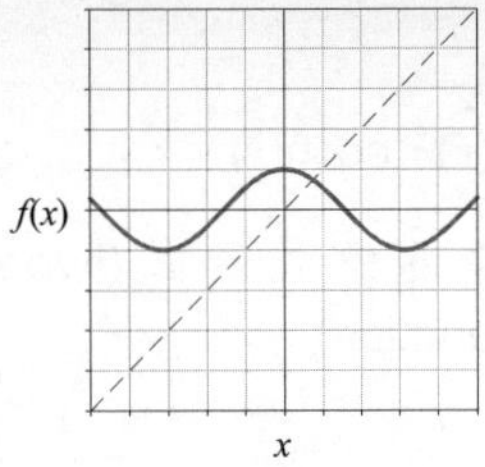
$f(x)=\arccos(x)$ 反餘弦函式 (inverse cosine function)	numpy.arccos()	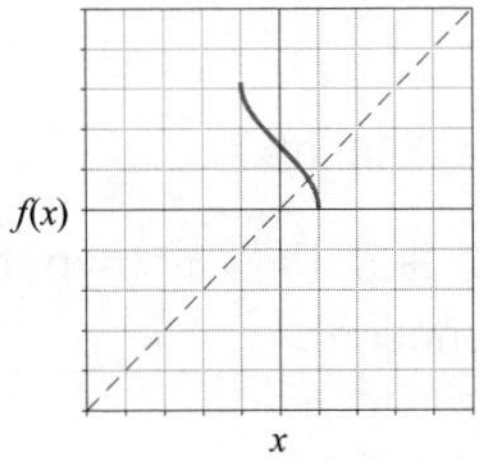
$f(x)=\tan(x)$ 正切函式 (tangent function)	numpy.tan()	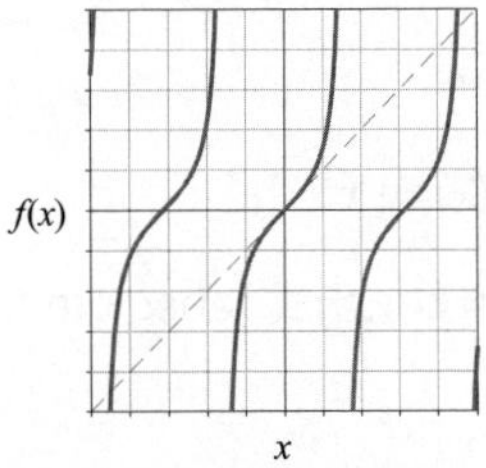
$f(x)=\arctan(x)$ 反正切函式 (inverse tangent function)	numpy.arctan()	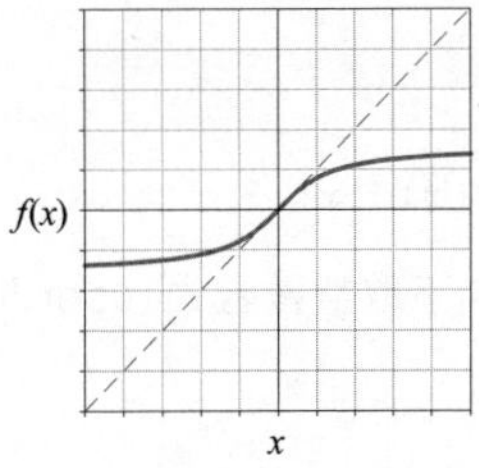
$f(x)=\sinh(x)$ 雙曲正弦函式 (hyperbolic sine function)	numpy.sinh()	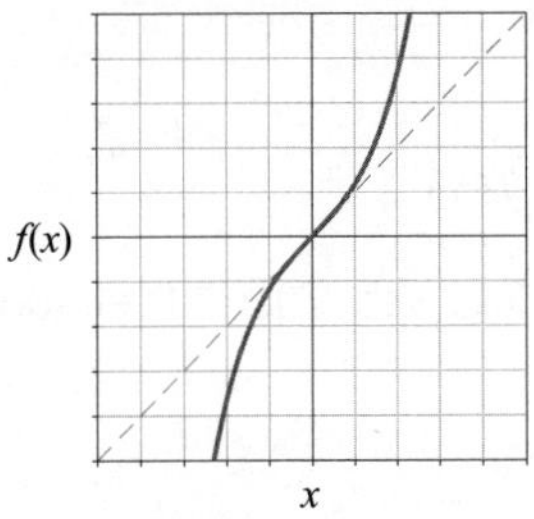

函式	NumPy 函式	影像
$f(x) = \cosh(x)$ 雙曲餘弦函式 (hyperbolic cosine function)	numpy.cosh()	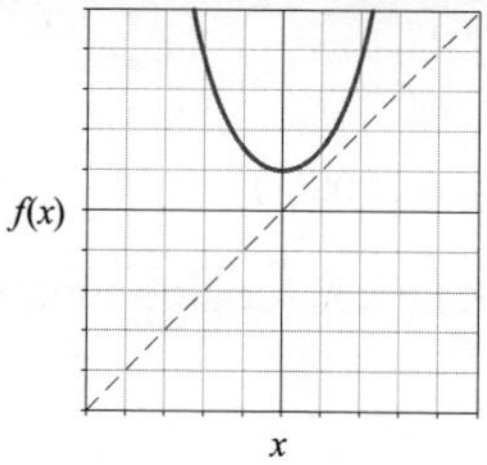 f(x) x
$f(x) = \tanh(x)$ 雙曲正切函式 (hyperbolic tangent function)	numpy.tanh()	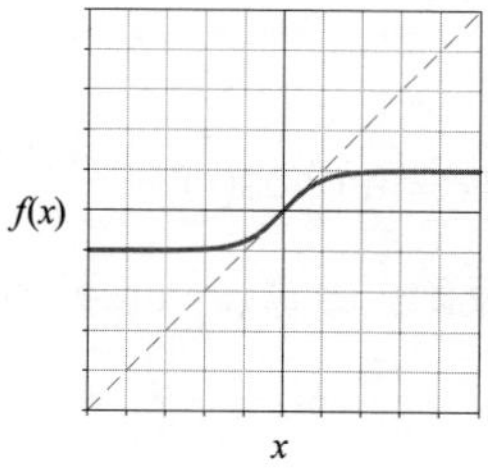 f(x) x
$f(x) = \lvert x \rvert$ 絕對值函式 (absolute function)	numpy.abs()	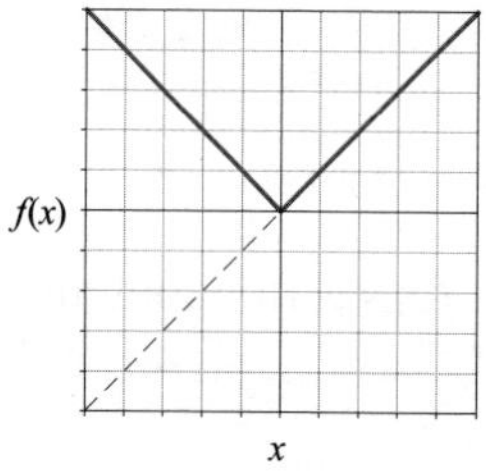 f(x) x
$f(x) = \lfloor x \rfloor$ 向下取整數函式 (floor function)	numpy.floor()	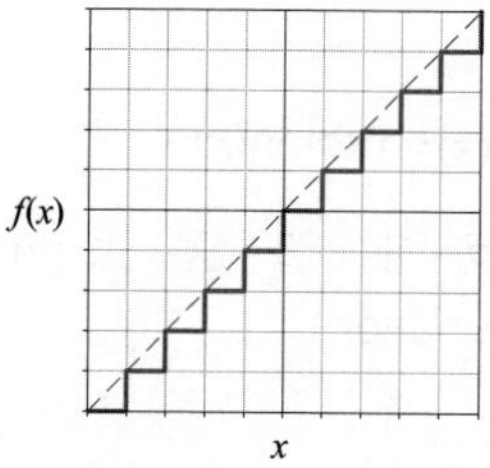 f(x) x
$f(x) = \lceil x \rceil$ 向上取整數函式 (ceil function)	numpy.ceil()	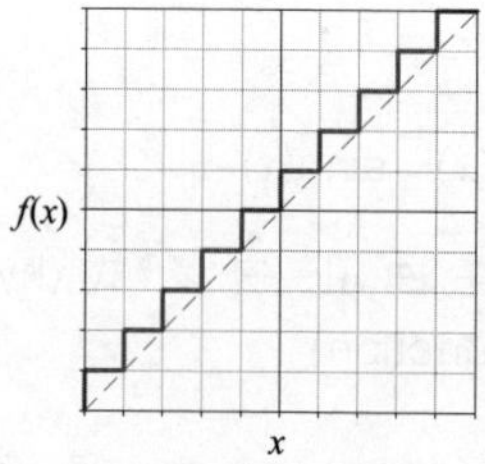 f(x) x

函式	NumPy 函式	影像
$f(x)=\text{sgn}(x)$ 符號函式 (sign function)	numpy.sign()	$f(x)$ / x
$f(x)=\exp(x)=e^x$ 指數函式 (exponential function)	numpy.exp()	$f(x)$ / x
$f(x)=\ln(x)$ 對數函式 (logarithmic function)	numpy.log()	$f(x)$ / x

程式 15.2 為自訂視覺化一元函式。

程式15.2 自訂視覺化函式 | Bk1_Ch15_02.ipynb

```
import numpy  as np
import matplotlib .pyplot  as plt

# 自訂視覺化函式
def visualize_fx (x_array , f_array , title , step = False):   # a

    fig, ax = plt.subplots (figsize  = (5,5))
    ax.plot ([-5,5],[-5,5], c = 'r', ls = '--', lw = 0.5)   # b

    if step:
        ax.step (x_array , f_array )   # c
    else:
        ax.plot (x_array , f_array )   # d
```

```
ax.set_xlim (-5, 5)
ax.set_ylim (-5, 5)
ax.axvline (0, c = 'k')
ax.axhline (0, c = 'k')
ax.set_xticks (np.arange (-5, 5+1))
ax.set_yticks (np.arange (-5, 5+1))
ax.set_xlabel ('x')
ax.set_ylabel ('f(x)')
plt.grid(True)
ax.set_aspect ('equal', adjustable ='box')
fig.savefig (title + '.svg', format='svg')
```

程式 15.3 呼叫程式 15.2 中自訂函式視覺化幾個一元函式，請大家自行學習並逐行註釋。

> 請大家思考程式中 c 和 e 的作用，它們對視覺化函式曲線有什麼幫助。

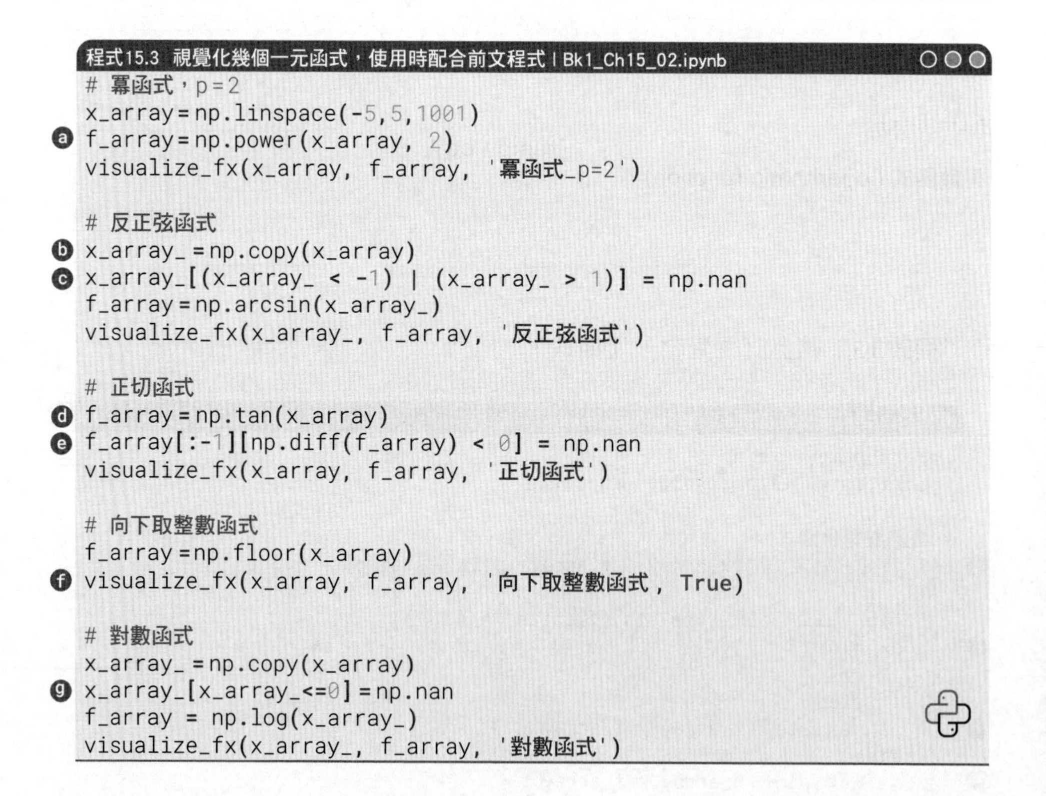

程式15.3 視覺化幾個一元函式，使用時配合前文程式 | Bk1_Ch15_02.ipynb

```
# 冪函式，p=2
x_array=np.linspace(-5,5,1001)
f_array=np.power(x_array, 2)
visualize_fx(x_array, f_array, '冪函式_p=2')

# 反正弦函式
x_array_ =np.copy(x_array)
x_array_[(x_array_ < -1) | (x_array_ > 1)] = np.nan
f_array=np.arcsin(x_array_)
visualize_fx(x_array_, f_array, '反正弦函式')

# 正切函式
f_array=np.tan(x_array)
f_array[:-1][np.diff(f_array) < 0] = np.nan
visualize_fx(x_array, f_array, '正切函式')

# 向下取整數函式
f_array =np.floor(x_array)
visualize_fx(x_array, f_array, '向下取整數函式 , True)

# 對數函式
x_array_ =np.copy(x_array)
x_array_[x_array_<=0]=np.nan
f_array = np.log(x_array_)
visualize_fx(x_array_, f_array, '對數函式')
```

➔ 請大家完成以下題目，它們的目的都是利用 NumPy 計算並視覺化公式。

Q1. 給定以下一元高斯函式，參數 $a = 1, b = 2, c = 1$。請用 NumPy 和 Matplotlib 線圖型視覺化這個一元函式影像。

$$f(x) = a\exp\left(-\frac{(x-b)^2}{2c^2}\right)$$

Q2. 給定以下二元高斯函式。請用 NumPy 和 Matplotlib 三維網格曲面圖型視覺化這個二元函式影像。

$$f(x_1, x_2) = \exp\left(-x_1^2 - x_2^2\right)$$

Q3. 下式為二元高斯分佈的機率密度函式，請用 NumPy 和 Matplotlib 填充等高線圖型視覺化這個二元函式影像。參數具體為 $\mu_X = 0, \mu_Y = 0, \sigma_X = 1, \sigma_Y = 1, \rho_{X,Y} = 0.6$。

$$f(x, y) = \frac{1}{2\pi\sigma_X\sigma_Y\sqrt{1-\rho_{X,Y}^{\ 2}}}\exp\left(-\frac{1}{2(1-\rho_{X,Y}^{\ 2})}\left[\left(\frac{x-\mu_X}{\sigma_X}\right)^2 - 2\rho_{X,Y}\left(\frac{x-\mu_X}{\sigma_X}\right)\left(\frac{y-\mu_Y}{\sigma_Y}\right) + \left(\frac{y-\mu_Y}{\sigma_Y}\right)^2\right]\right)$$

* 題目答案請參考 Bk1_Ch15_03.ipynb。

本章介紹了 NumPy 中基本數學運算工具，其中包括加、減、乘、除、乘冪，廣播原則，統計運算，常見函式。需要大家格外注意廣播原則，它可以幫我們提高運算效率。此外，一般情況下，我們更多會使用 Pandas 中的統計運算工具。

NumPy 中主力運算工具將是本書第 17、18 章要介紹的有關線性代數的函式。如果大家之前沒學過線性代數的話，這兩章可以蜻蜓點水略讀一遍。

MEMO

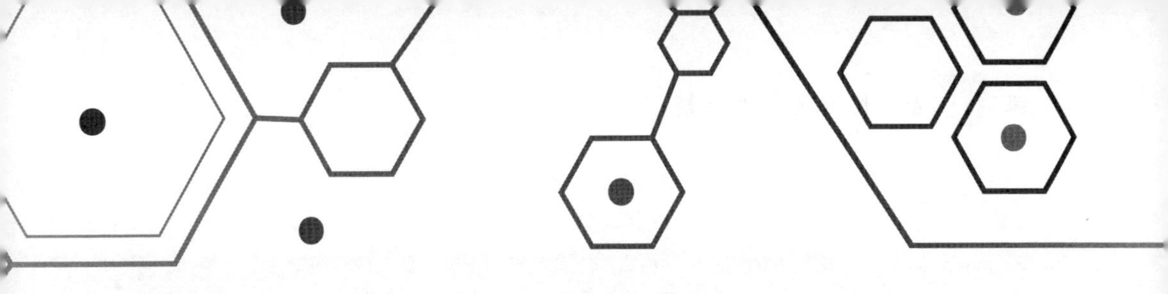

Manipulating NumPy Arrays

16 NumPy 陣列規整

重塑陣列的維數、形狀

> 哪裡有物質，哪裡就有幾何學。
>
> ***Where there is matter,there is geometry.***
>
> ——約翰內斯 ・ 開普勒（*Johannes Kepler*）| 德國天文學家、數學家 | *1571—1630* 年

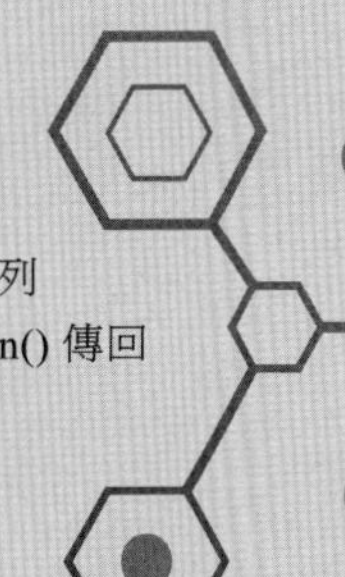

- numpy.append() 用於將值增加到陣列的末尾，生成一個新的陣列，並不會修改原始陣列
- numpy.arange() 建立一個具有指定範圍、間隔和資料型態的等間隔陣列
- numpy.block() 用於按照指定的區塊結構組合多個陣列，生成一個新的陣列
- numpy.column_stack() 按列堆疊多個陣列，生成一個新的二維陣列
- numpy.concatenate() 沿指定軸連接多個陣列，生成一個新的陣列
- numpy.delete() 用於刪除陣列中指定位置的元素，生成一個新的陣列，並不會修改原始陣列
- numpy.flatten() 用於將多維陣列轉為一維陣列。與 numpy.ravel() 不同的是，numpy.flatten() 傳回陣列的副本，而非原始陣列的視圖
- numpy.flip() 用於沿指定軸翻轉陣列的元素順序
- numpy.fliplr() 沿著水平方向 (左右方向) 翻轉陣列的元素順序
- numpy.flipud() 沿著垂直方向 (上下方向) 翻轉陣列的元素順序
- numpy.hsplit() 用於沿水平方向分割陣列為多個子陣列
- numpy.hstack() 按水平方向堆疊多個陣列，生成一個新的陣列
- numpy.insert() 用於在陣列的指定位置插入值，生成一個新的陣列，並不會修改原始陣列
- numpy.ravel() 用於將多維陣列轉為一維陣列，按照 C 風格的順序展平陣列元素
- numpy.repeat() 將陣列中的元素重複指定次數，生成一個新的陣列
- numpy.reshape() 用於改變陣列的形狀，重新排列陣列元素，但不改變原始資料本身
- numpy.resize() 用於調整陣列的形狀，並可以在必要時重複陣列的元素來填充新的形狀
- numpy.rot90() 預設將陣列按指定次數逆時鐘旋轉 90°
- numpy.row_stack() 按行堆疊多個陣列，生成一個新的陣列
- numpy.shares_memory() 用於檢查兩個陣列是否共用相同的記憶體位置
- numpy.split() 用於將陣列沿指定軸進行分割成多個子陣列

- numpy.squeeze() 用於從陣列的形狀中去除維度為 1 的維度，使得陣列更緊湊
- numpy.stack() 用於沿新的軸將多個陣列堆疊在一起，生成一個新的陣列
- numpy.swapaxes() 用於交換陣列的兩個指定軸的位置
- numpy.tile() 用於將陣列沿指定方向重複指定次數，生成一個新的陣列
- numpy.transpose() 完成矩陣轉置，即將陣列的行和列進行互換
- numpy.vsplit() 用於沿垂直方向分割陣列為多個子陣列
- numpy.vstack() 按垂直方向堆疊多個陣列，生成一個新的陣列

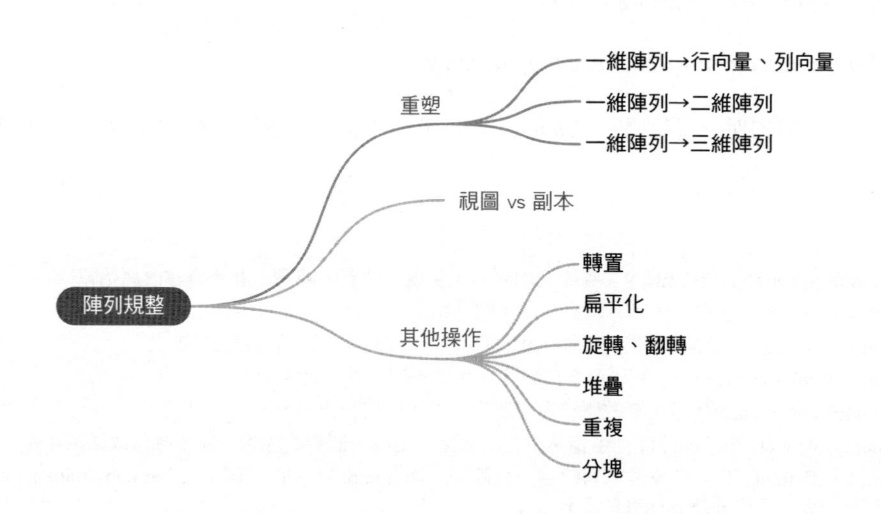

16.1 從 reshape() 函式說起

在 NumPy 中，要改變陣列的形狀 (也稱重塑陣列)，可以使用 numpy.reshape() 函式。reshape() 函式允許我們指定一個新的形狀，然後傳回一個擁有相同資料但具有新形狀的陣列。

➔ numpy.reshape(a,newshape,order='C')

函式的重要輸入參數。

參數 a 是要被重塑的陣列，可以是一個陣列物件，也可以是一個 Python 串列、元組等支援迭代的物件。

參數 newshape 是新的形狀，可以是一個整數元組或串列，也可以是一個整數序列。

參數 order 表示重塑陣列的元素在記憶體中儲存的順序，可以是 'C' (按行連序儲存) 或 'F'(按列連序儲存)，預設值為 'C'。

下面是 numpy.reshape() 函式一些常見用法。

① 改變陣列的維度：可以將一個陣列從一維改為二維、三維等。例如：

```
import numpy as np
a = np.arange(12)                # 建立一個長度為 12 的一維陣列
b = np.reshape(a,(3,4))          # 改變為 3 行 4 列的二維陣列
c = np.reshape(a,(2,3,2))        # 改變為 2 個 3 行 2 列的三維陣列
```

② 展開陣列：可以將一個多維陣列展開為一維陣列。例如：

```
import numpy as np
a = np.array([[1,2],[3,4]])
b = np.reshape(a,-1)     # 將二維陣列展開為一維陣列
```

③ 改變陣列的順序：可以改變陣列在記憶體中的儲存順序。例如：

```
import numpy as np
a = np.arange(6).reshape((2,3))          # 建立一個 2 行 3 列的二維陣列
b = np.reshape(a,(3,2),order='F')        # 按列連序儲存
```

注意：numpy.reshape() 函式並不會改變陣列的資料型態和資料本身，只會改變其形狀。如果改變後的形狀與原陣列的元素數量不一致，將拋出 ValueError 例外。

請大家在 JupyterLab 中自行執行以上三段程式。

更多有關 numpy.reshape() 函式的用法，請大家參考以下技術文件：

```
https://numpy.org/doc/stable/reference/generated/numpy.reshape.html
```

下面結合實例詳細講解如何利用 numpy.reshape() 完成陣列變形。

> 本章書附的 Jupyter Notebook 檔案是 Bk1_Ch16_01.ipynb 和 Bk1_Ch16_02.ipynb，請大家一邊閱讀本章一邊實踐。

16.2 一維陣列→ 行向量、列向量

一維陣列→ 行向量

本書前文提過，行向量、列向量都是特殊矩陣。因此，行向量、列向量都是二維陣列。也就是說，行向量是一行若干列的陣列，形狀為 1 × D。列向量是若干行一列的陣列，形狀為 n × 1。

如圖 16.1 所示，用 a = numpy.arange(-7,7+1) 生成的是一個一維陣列 a，這個陣列有 15 個元素。

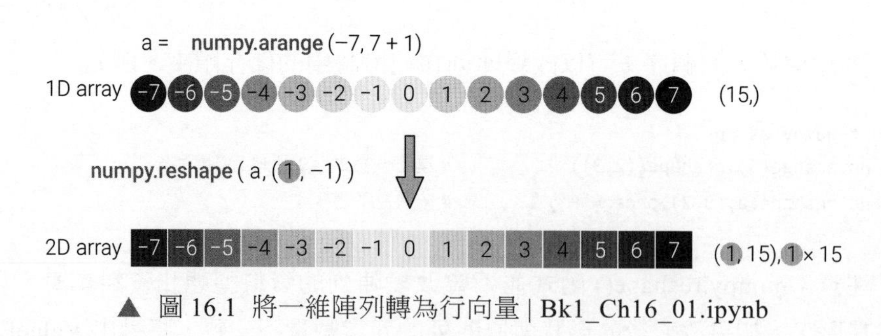

▲ 圖 16.1 將一維陣列轉為行向量 | Bk1_Ch16_01.ipynb

利用 numpy.reshape(a,(1,-1))，我們將 a 轉化為形狀為 (1,15) 的二維陣列，也稱**行向量** (row vector)，即 1 × 15 矩陣。

使用 -1 作為形狀參數時，numpy.reshape() 會根據陣列中的資料數量和其他指定的維數來自動計算該維度的大小。

一維陣列→ 列向量

如圖 16.2 所示，利用 numpy.reshape(a,(-1,1))，我們可以把一維陣列 numpy.arange(-7,7+1) 轉化為形狀為 (15,1) 的二維陣列，也稱**列向量** (column vector)，即 15 × 1 矩陣。

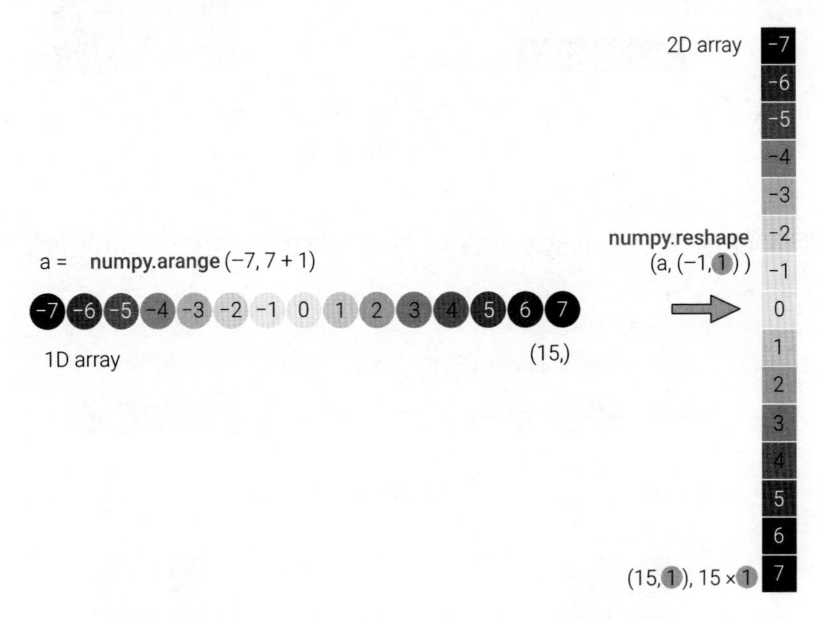

▲ 圖 16.2 將一維陣列轉為列向量 | Bk1_Ch16_01.ipynb

16.3 一維陣列→ 二維陣列

用 a = numpy.arange(-7,7+1) 生成的陣列有 15 個元素，可以被 3、5 整除，因此一維陣列 a 可以寫成 3 × 5 矩陣 (二維陣列)。

如圖 16.3 所示，我們可以分別按先行後列、先列後行兩種形式重塑陣列。

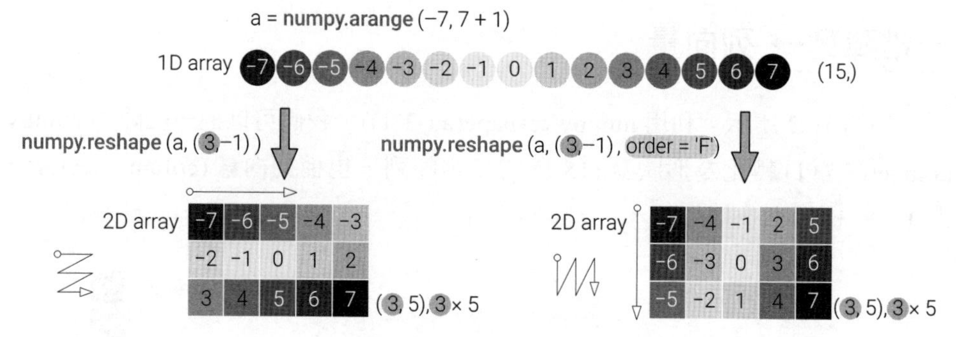

▲ 圖 16.3 將一維陣列轉為 3 × 5 矩陣 (先行後列，先列後行) | Bk1_Ch16_01.ipynb

圖 16.4 所示為將 numpy.arange(-7,7+1) 一維陣列寫成 5 × 3 矩陣 (二維陣列)。

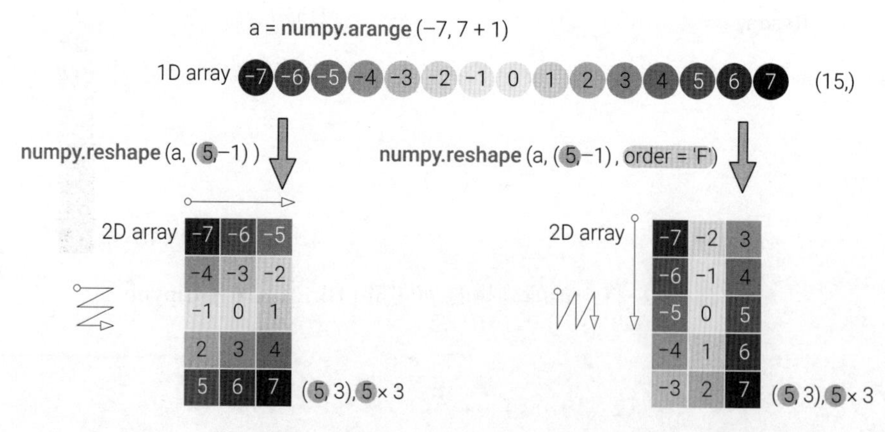

▲ 圖 16.4 將一維陣列轉為 5 × 3 矩陣 (先行後列，先列後行) | Bk1_Ch16_01.ipynb

圖 16.4 舉出了先行後列、先列後行兩種順序。如圖 16.5 所示，已經完成轉換的 3 × 5 矩陣，透過 numpy.reshape() 可以進一步轉化為 5 × 3 矩陣。此外，請比較 numpy.reshape() 和 numpy.resize() 用法的異同。

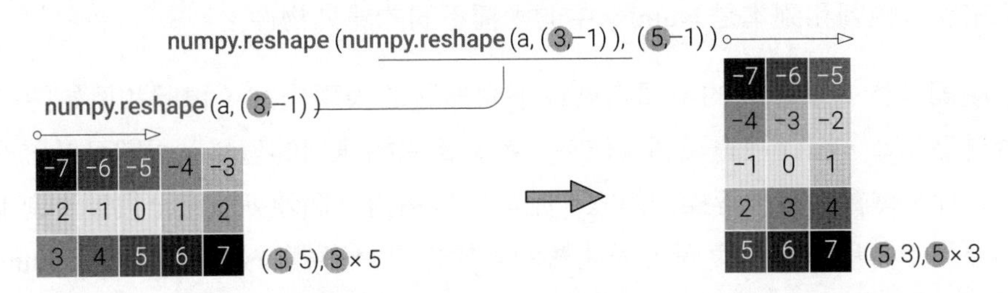

▲ 圖 16.5 將 3 × 5 矩陣轉為 5 × 3 矩陣 (先行後列) | Bk1_Ch16_01.ipynb

16.4 一維陣列→ 三維陣列

圖 16.6 所示為將 numpy.arange(-13,13+1) 一維陣列轉化成形狀為 3 × 3 × 3 的三維陣列。

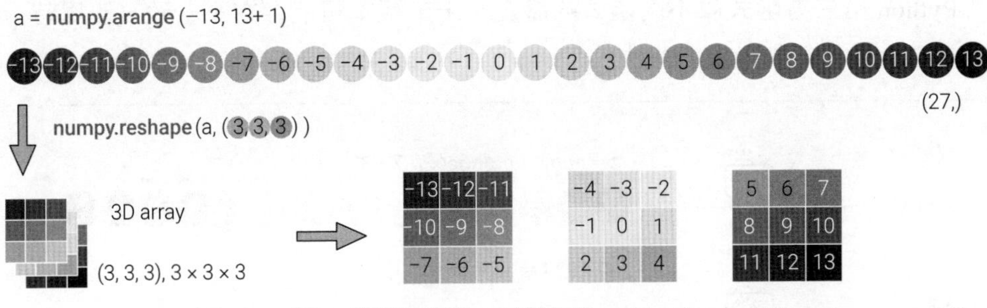

▲ 圖 16.6 將一維陣列轉為三維陣列 | Bk1_Ch16_01.ipynb

16.5 視圖 vs 副本

本書前文特別提過，NumPy 中要特別注意**視圖** (view) 和**副本** (copy) 的區別。簡單來說，視圖和副本是 NumPy 中的兩種不同的陣列物件。

視圖是指一個陣列的不同角度或不同形狀的表現方式，視圖和原始陣列共用資料儲存區，因此在對視圖操作時，會影響原始陣列的資料。視圖可以透過陣列的切片、轉置、重塑等操作建立。副本則是指對一個陣列的完全複製，副本和原始陣列不共用資料儲存區，因此對副本操作不會影響原始陣列。使用 numpy.reshape() 也需要注意視圖、副本問題。

本節書附的 Bk1_Ch16_01.ipynb 筆記中，大家可以看到，我們用 numpy.shares_memory() 來判斷兩個陣列是否指向同一個記憶體。

如圖 16.7 所示，numpy.reshape() 僅改變了觀察同一陣列的角度，也就是改變了 index。

> ⚠ Python 第三方函式庫不同函式的歷史、未來版本可能存在不一致，使用時需要大家自行判斷敘述語法。

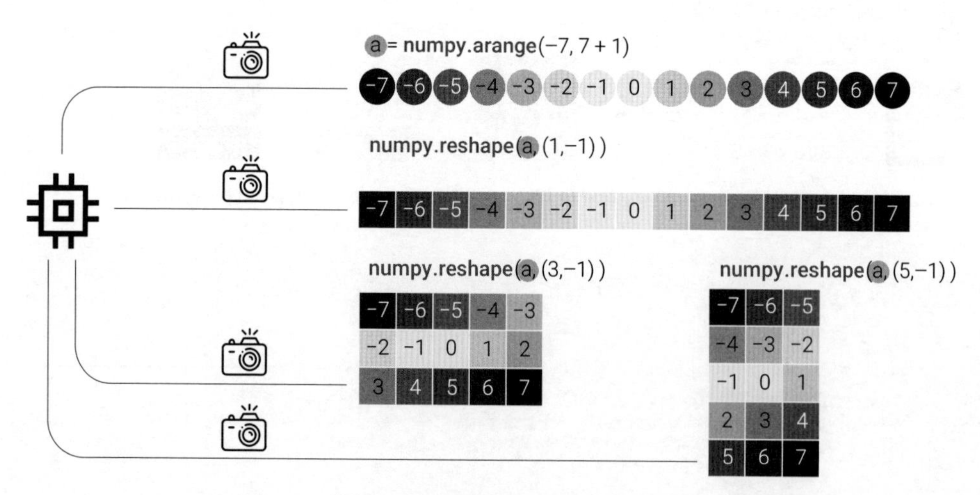

▲ 圖 16.7 視圖，還是副本？ | Bk1_Ch16_01.ipynb

16.6 轉置

如圖 16.8 所示，一個 $n \times D$ 矩陣 $\boldsymbol{A}$ 轉置得到 $D \times n$ 矩陣 $\boldsymbol{B}$，整個過程相當於對矩陣 $\boldsymbol{A}$ 繞主對角線進行鏡像操作。

具體來說，矩陣 $\boldsymbol{A}$ 位於 (i,j) 的元素轉置後的位置為 (j,i)，即行列序號互換。這解釋了為什麼位於主對角線上的元素轉置前後位置不變。

矩陣 $\boldsymbol{A}$ 的轉置 (the transpose of a matrix $\boldsymbol{A}$) 記作 $\boldsymbol{A}^{\mathrm{T}}$ 或 $\boldsymbol{A}'$ 。為了和求導記號區分，本書系僅採用 $\boldsymbol{A}^{\mathrm{T}}$ 記法。本書前文還介紹過如何自訂函式完成矩陣轉置，建議大家回顧。

> 需要大家特別注意的是，NumPy 的 numpy.transpose() 方法和 "T" 屬性都傳回原始陣列的轉置，兩者都傳回原始陣列的視圖，而非副本。

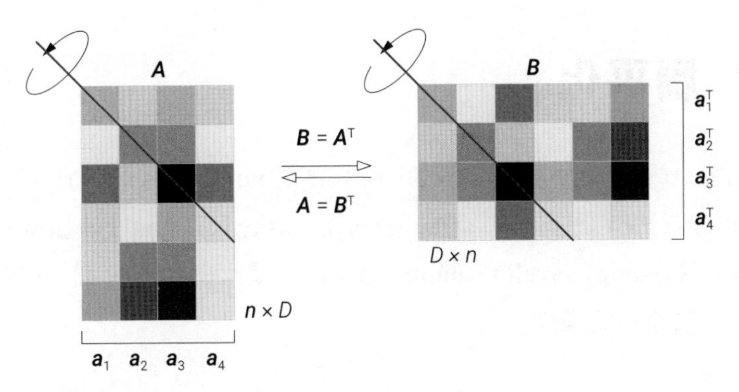

▲ 圖 16.8 矩陣轉置 (圖片來自《AI 時代 Math 元年 - 用 Python 全精通矩陣及線性代數》第 4 章)

圖 16.9 所示為二維陣列的轉置。行向量轉置得到列向量，反之亦然。3×5 矩陣轉置得到 5×3 矩陣。而一維陣列的轉置不改變形狀。

> 《AI 時代 Math 元年 - 用 Python 全精通矩陣及線性代數》第 4 章專門講解矩陣的轉置運算。

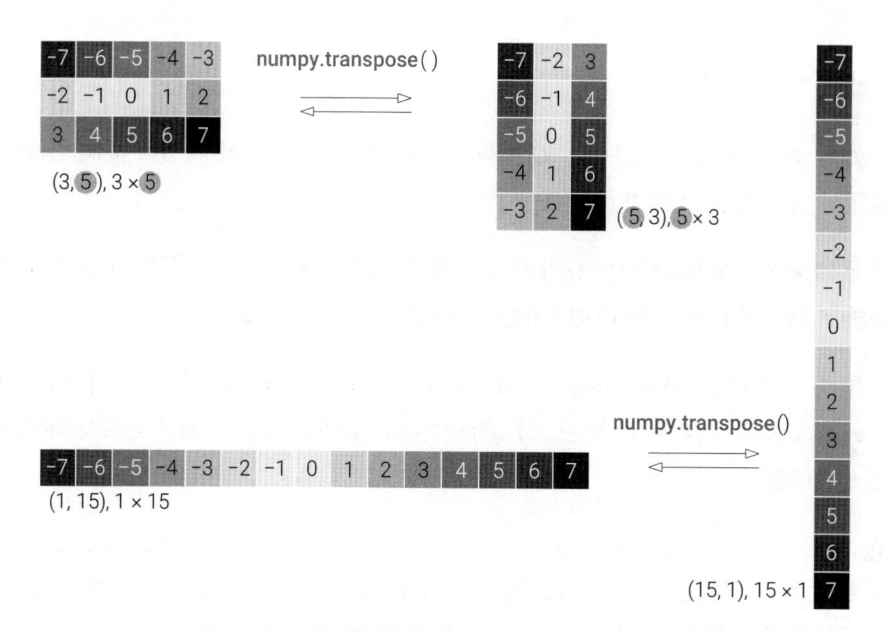

▲ 圖 16.9 二維陣列的轉置 | Bk1_Ch16_01.ipynb

16.7 扁平化

扁平化可以視為圖 16.1、圖 16.2、圖 16.3 等 numpy.reshape() 的「逆操作」。完成扁平化的方法有很多，如 array.ravel()、array.reshape(-1)、array.flatten()。大家也可以使用 numpy.ravel()、numpy.flatten() 這兩個函式。圖 16.10 所示為將二維轉化為一維陣列的操作。

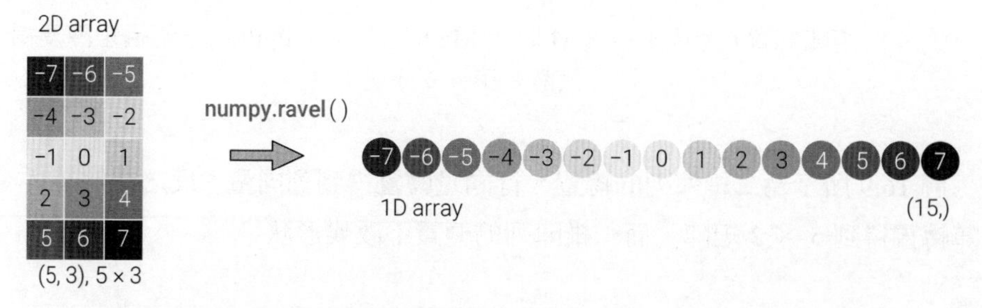

▲ 圖 16.10 二維陣列轉化為一維陣列 | Bk1_Ch16_01.ipynb

請大家格外注意，ravel()、reshape(-1) 傳回的是原始陣列的視圖，而非其副本。因此，如果修改新陣列中的元素，原始陣列也會受到影響。

如果需要傳回一個陣列副本，可以使用 flatten() 函式。本節書附的 Bk1_Ch16_01.ipynb 筆記中舉出了一個詳細的例子，請大家自行學習。

16.8 旋轉、翻轉

如圖 16.11 所示，numpy.rot90() 的作用是將一個陣列逆時鐘旋轉 90°。這個函式預設會將陣列的前兩個維度 axes=(0,1) 進行旋轉。此外，還可以利用參數 *k*(正整數) 逆時鐘旋轉 $k \times 90°$。預設為 $k = 1$。

> ⚠ numpy.rot90() 的結果也是傳回原始陣列的視圖，而非副本。

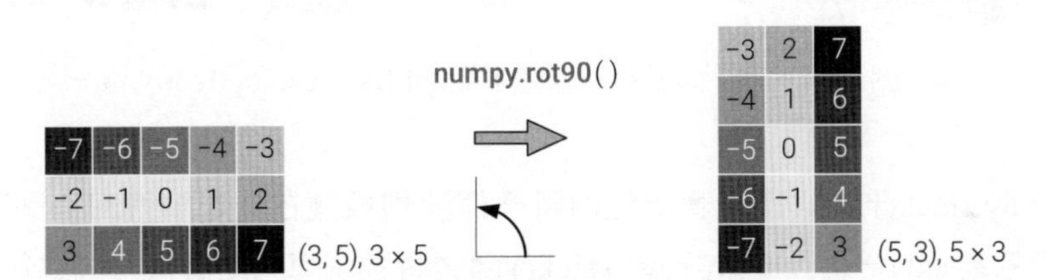

▲ 圖 16.11 3 × 5 矩陣逆時鐘旋轉 90° | Bk1_Ch16_01.ipynb

numpy.flip() 函式用於翻轉陣列中的元素，即將陣列沿著一個或多個軸翻轉。numpy.flip(A,axis=None) 中，A 是要進行翻轉的陣列，axis 指定要翻轉的軸。如圖 16.12 所示，如果不指定 axis，則預設將整個陣列沿所有的軸進行翻轉。類似函式還有 numpy.fliplr()、numpy.flipud()，請自行學習。

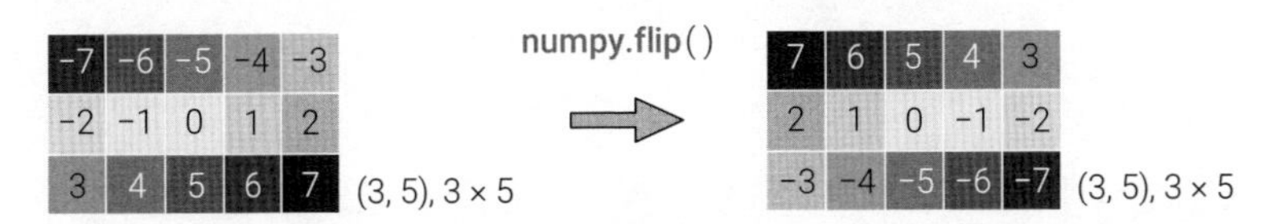

▲ 圖 16.12 3 × 5 矩陣沿著兩個軸翻轉 | Bk1_Ch16_01.ipynb

16.9 堆疊

沿行堆疊

用 numpy.arange() 產生如圖 16.13 所示的兩個一維等長陣列。如圖 16.14 所示，可以用三種辦法將兩個等長一維陣列沿行 axis = 0 方向堆疊，其結果為二維陣列。

▲ 圖 16.13 兩個等長一維陣列 | Bk1_Ch16_02.ipynb

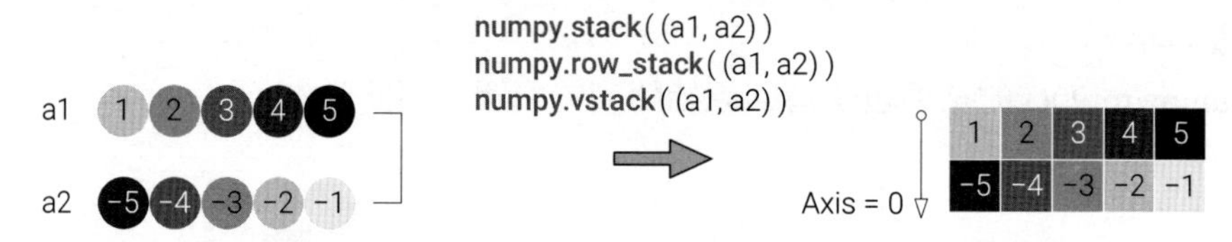

▲ 圖 16.14 沿行 axis = 0 方向堆疊 | Bk1_Ch16_02.ipynb

numpy.stack() 函式將沿著指定軸將多個陣列堆疊在一起，傳回一個新的陣列；預設軸為 axis = 0。numpy.row_stack() 函式將多個陣列沿著行方向進行堆疊，生成一個新的陣列 (二維陣列)。numpy.vstack() 將多個陣列沿著垂直方向 (行方向) 進行堆疊，生成一個新的陣列。

沿列堆疊

圖 16.15 所示為沿列 axis = 1 方向堆疊的兩個一維等長陣列。圖中舉出了兩種辦法。

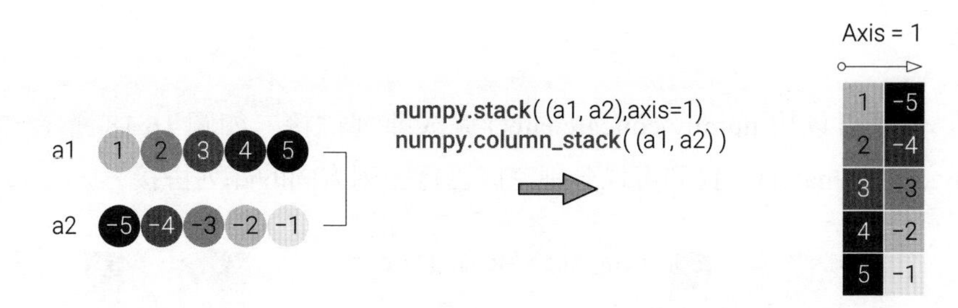

▲ 圖 16.15 沿列 axis = 1 方向堆疊 | Bk1_Ch16_02.ipynb

其中，numpy.column_stack() 可以將多個一維陣列沿著列方向進行堆疊，生成一個新的二維陣列。

如圖 16.16 所示，用 numpy.hstack() 堆疊一維陣列的結果還是一個一維陣列。numpy.hstack() 可以將多個陣列沿著水平方向 (列方向) 進行堆疊，生成一個新的陣列。為了獲得圖 16.15 結果，需要先將兩個一維陣列變形為列向量，然後再用 numpy.hstack() 函式沿列堆疊，具體如圖 16.17 所示。

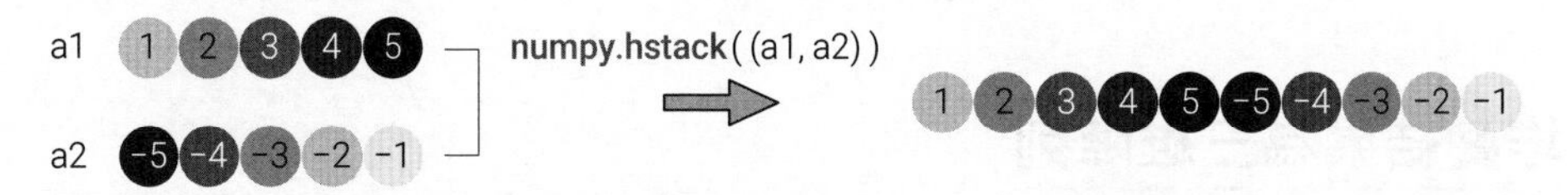

▲ 圖 16.16 沿列 axis = 1 方向堆疊 (用 numpy.hstack())| Bk1_Ch16_02.ipynb

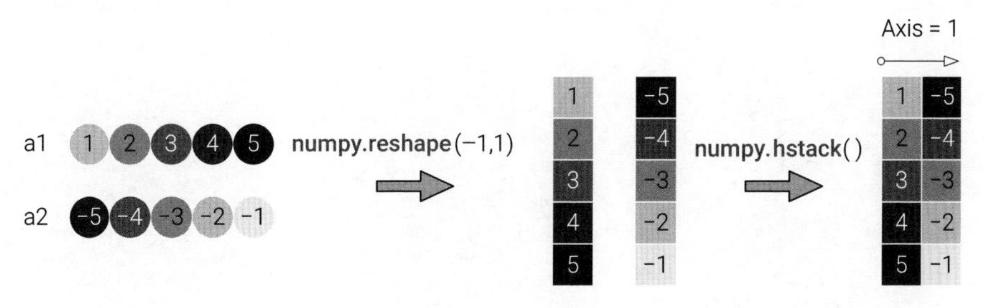

▲ 圖 16.17 沿列 axis = 1 方向堆疊 (兩個列向量)| Bk1_Ch16_02.ipynb

拼接

我們還可以用 numpy.concatenate() 完成陣列拼接。如圖 16.18 所示，利用 numpy.concatenate()，我們可以分別完成沿行、列方向的陣列拼接。

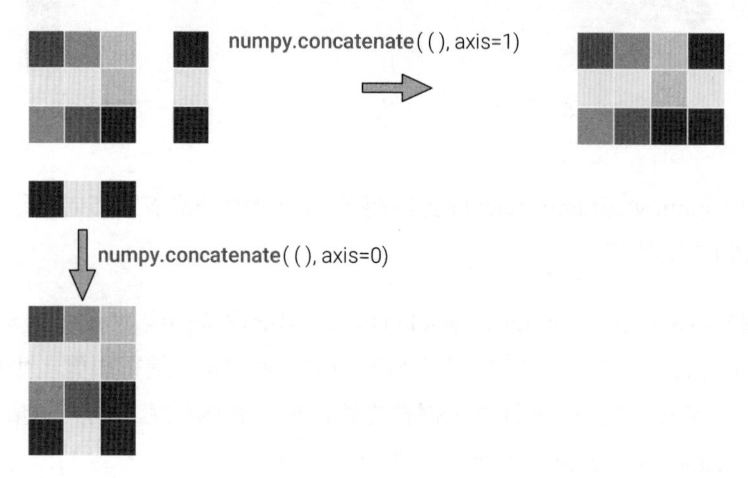

▲ 圖 16.18 用 numpy.concatenate() 拼接 | Bk1_Ch16_02.ipynb

堆疊結果為三維陣列

此外，利用 numpy.stack()，我們還可以將二維陣列堆疊為三維陣列。圖 16.19 所示為沿三個不同方向堆疊結果的效果圖。

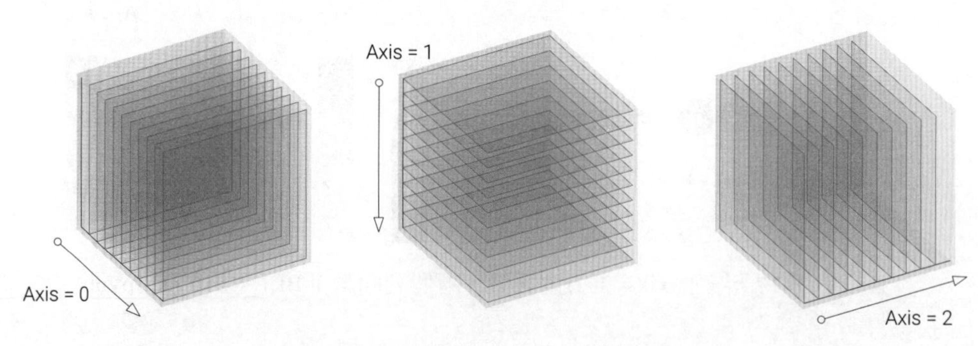

▲ 圖 16.19 沿著三個不同方向堆疊

舉個例子，給定圖 16.20 所示兩個形狀相同的二維陣列。它倆按圖 16.19 所示三個不同方向堆疊的結果如圖 16.21 所示。

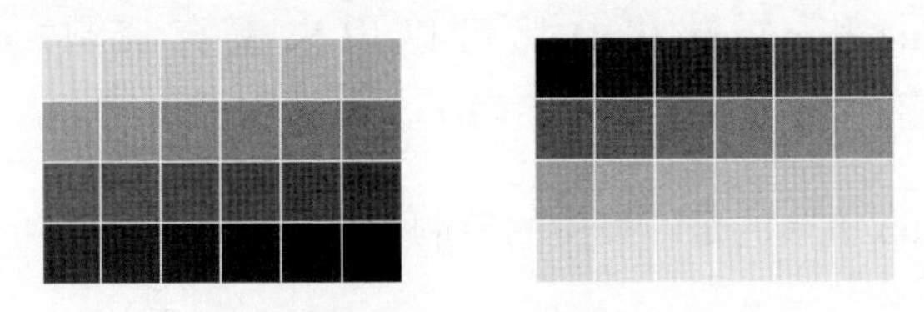

▲ 圖 16.20 兩個形狀相同的二維陣列 | Bk1_Ch16_02.ipynb

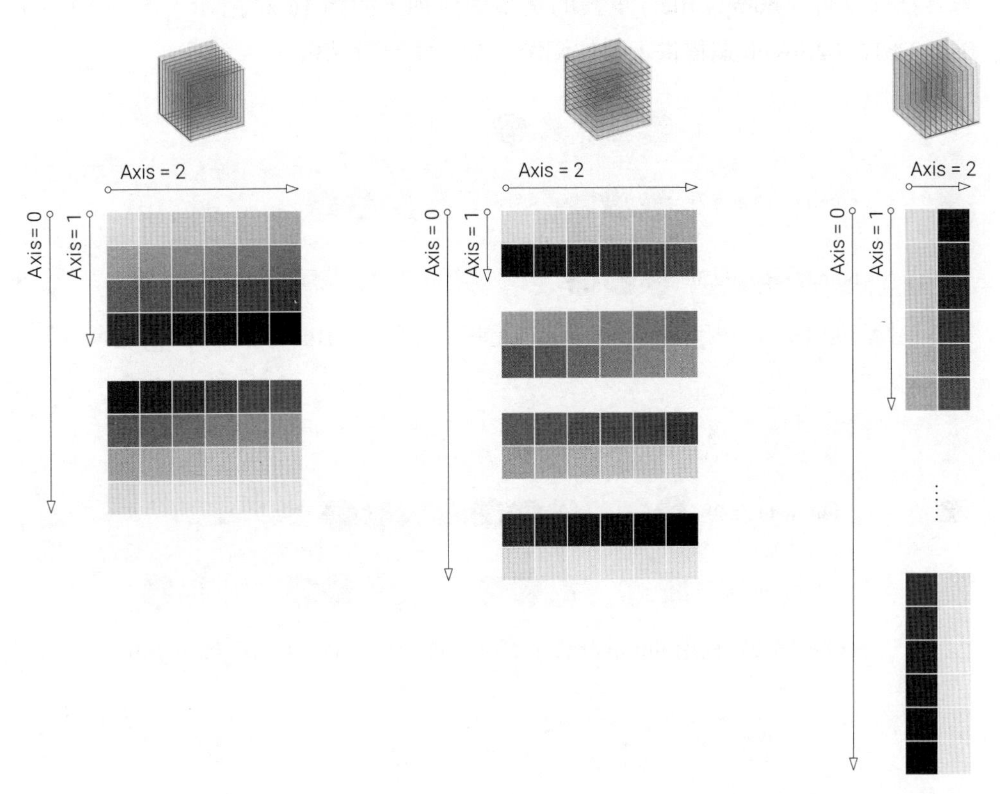

▲ 圖 16.21 得到三個不同的三維陣列 | Bk1_Ch16_02.ipynb

16.10 重複

numpy.repeat() 和 numpy.tile() 都可以用來重復資料。numpy.repeat() 和 numpy.tile() 的區別在於重複的物件不同。

numpy.repeat() 重複的是陣列中的每個元素，如圖 16.22 所示。

numpy.repeat() 還可以指定具體的軸，以及不同元素重複的次數，請大家參考其技術文件。numpy.tile() 重複的是整個陣列，如圖 16.23 所示。本章書附的 Bk1_Ch16_02.ipynb 還提供了其他範例，請大家自行練習。

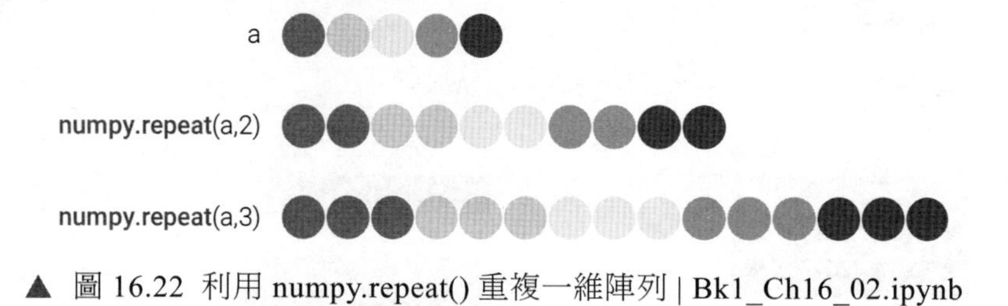

▲ 圖 16.22 利用 numpy.repeat() 重複一維陣列 | Bk1_Ch16_02.ipynb

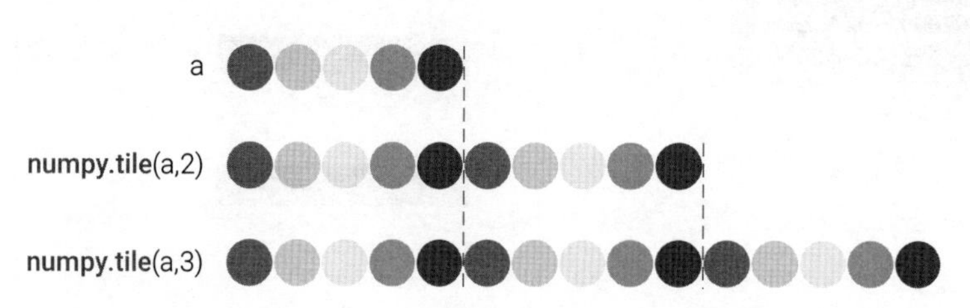

▲ 圖 16.23 利用 numpy.tile() 重複一維陣列 | Bk1_Ch16_02.ipynb

16.11 分塊矩陣

合成

numpy.block() 函式可以將多個陣列沿不同的軸組合成一個分塊矩陣。它接受一個巢狀結構串列作為輸入，每個串列代表一個區塊矩陣，然後根據指定的軸將這些塊矩陣組合在一起。

在圖 16.24 舉出的例子中，我們建立了四個小的矩陣，並使用 numpy.block() 函式將它們組合成了一個分塊矩陣 $\boldsymbol{M}$。

分塊矩陣經常用來簡化某些線性代數運算，《AI 時代 Math 元年 - 用 Python 全精通矩陣及線性代數》專門介紹分塊矩陣。

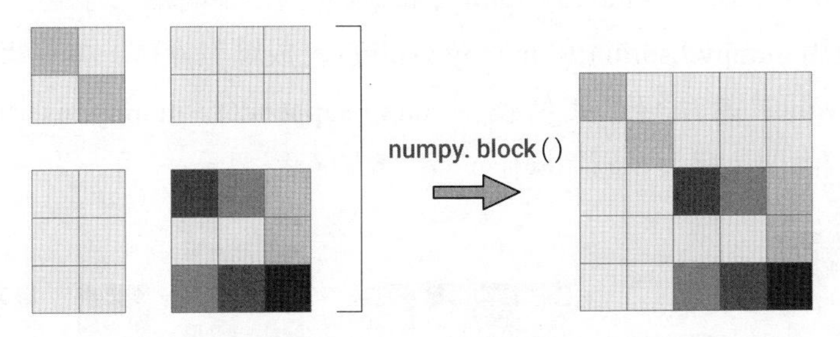

▲ 圖 16.24 四個二維陣列合成一個矩陣 | Bk1_Ch16_02.ipynb

什麼是分塊矩陣？

分塊矩陣是由多個小矩陣組合而成的大矩陣。它將一個大的矩陣劃分為若干個小的矩陣，這些小矩陣可以是實數矩陣、向量矩陣或者其他的矩陣形式。通常情況下，分塊矩陣可以使用一個方括號將小矩陣組合在一起，然後按照一定的規則排列。分塊矩陣可以簡化一些複雜的矩陣計算，同時也常常用於表示具有特定結構的矩陣，如對角矩陣或者上下三角矩陣等。

切割

numpy.split() 函式可以將一個陣列沿指定軸分割為多個子陣列。numpy.split() 接受三個參數：要分割的陣列、分割的索引位置、沿著哪個軸進行分割。圖 16.25 所示為將一個一維陣列三等距得到三個子陣列。本章書附的 Bk1_Ch16_02.ipynb 中，大家可以看到如何設定分割索引位置，請自行練習。

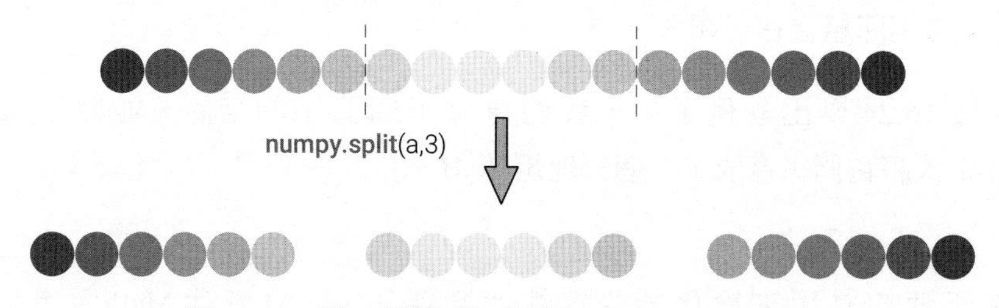

▲ 圖 16.25 將一維陣列三等距 | Bk1_Ch16_02.ipynb

圖 16.26 所示為利用 numpy.split() 將二維陣列沿不同軸三等距。大家也可以分別嘗試使用 numpy.hsplit() 和 numpy.vsplit() 完成類似操作。本章書附的 Bk1_Ch16_02.ipynb 中還介紹了如何使用 numpy.append()、numpy.insert()、numpy.delete() 完成附加、插入、刪除操作，請大家自行學習。

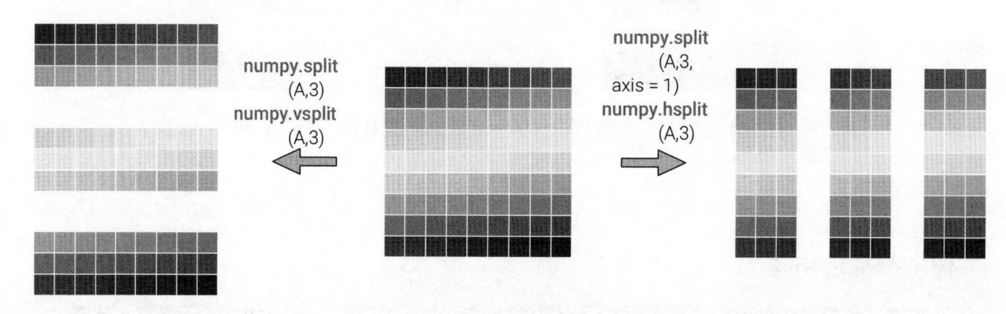

▲ 圖 16.26 將二維陣列三等距 (沿不同軸) | Bk1_Ch16_02.ipynb

➔ 請大家完成以下題目。

Q1. 首先生成一個一維陣列 [1,2,3,4,5,6]，然後將其轉為一個形狀為 (2,3) 的二維陣列，並列印結果。注意，元素按先行後列連序儲存。最後，想辦法判斷轉換後的陣列是視圖，還是副本。

Q2. 將一個二維陣列 [[1,2],[3,4],[5,6]] 轉為一個形狀為 (6,) 的一維陣列，並列印結果。注意，按先列後行連序儲存。

Q3. 將一個三維陣列 [[[1,2],[3,4]],[[5,6],[7,8]]] 轉為一個形狀為 (2,4) 的二維陣列，並按列連序儲存，最後列印結果。

Q4. 請生成 [0,1] 區間內連續均勻的兩個隨機數陣列，陣列形狀為 (10,)。並將它倆分別按行、按列堆疊起來形成二維陣列。

Q5. 請生成 [0,1] 區間內連續均勻的隨機數陣列，陣列形狀為 (12,12)。並將它分別按行、按列三等距。

Q6. 請生成 [0,1] 區間內連續均勻的兩個隨機數陣列，陣列形狀分別為 (8,5)、(3,5)。用幾種不同辦法將它們拼接成一個陣列。

* 題目很基礎，本書不給答案。

本章介紹了很多有關陣列的操作。為了幫助大家理解，我們用圖 16.27 來總結其中主要操作。

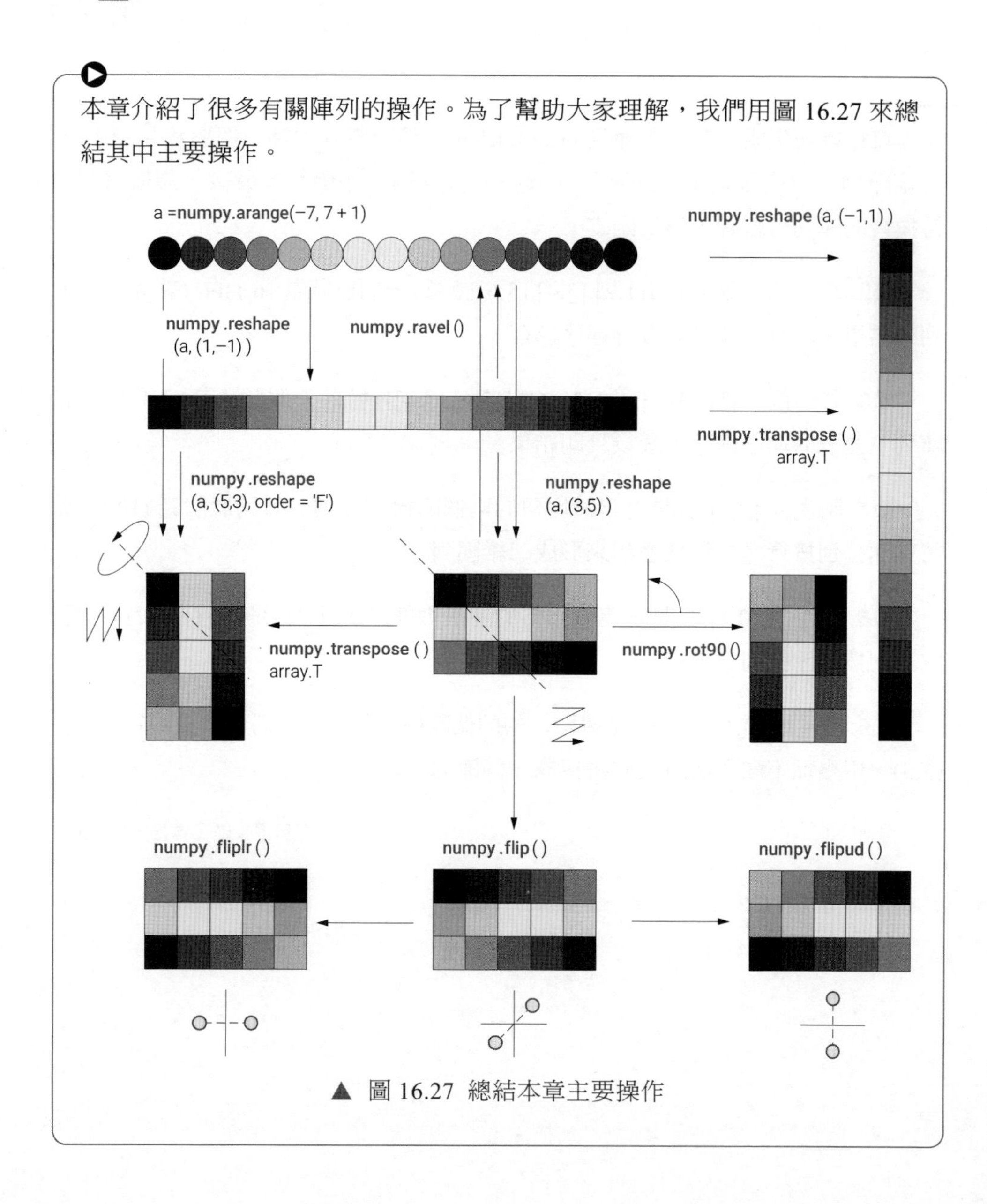

▲ 圖 16.27 總結本章主要操作

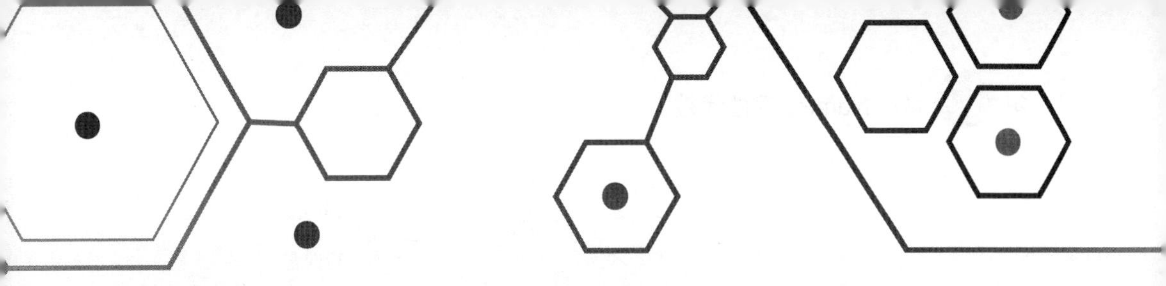

Linear Algebra in NumPy

17 NumPy 線性代數

NumPy 中重要線性代數工具，可以蜻蜓點水略讀

我的大腦只是一個接收器。宇宙中有一個核心，我們從中獲得知識、力量和靈感。這個核心的秘密我沒有深入了解，但我知道它的存在。

My brain is only a receiver,in the Universe there is a core from which we obtain knowledge,strength and inspiration.I have not penetrated into the secrets of this core,but I know that it exists.

——尼古拉 · 特斯拉（*Nikola Tesla*）| 發明家、物理學家 | *1856—1943* 年

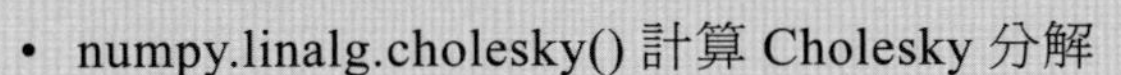

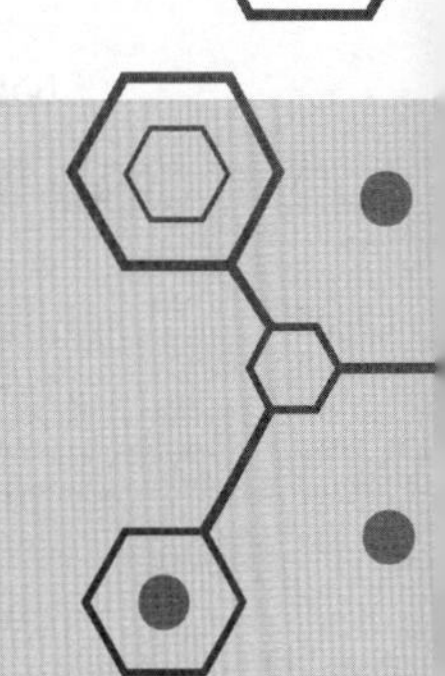

- numpy.linalg.cholesky() 計算 Cholesky 分解
- numpy.linalg.dot() 計算向量的點積
- numpy.linalg.eig() 計算矩陣的特徵值和特徵向量
- numpy.linalg.inv() 計算矩陣的逆
- numpy.linalg.lstsq() 求最小平方解
- numpy.linalg.norm() 計算向量的範數
- numpy.linalg.pinv() 計算矩陣的 Moore-Penrose 偽逆
- numpy.linalg.solve() 求解線性方程組
- numpy.linalg.svd() 計算奇異值分解

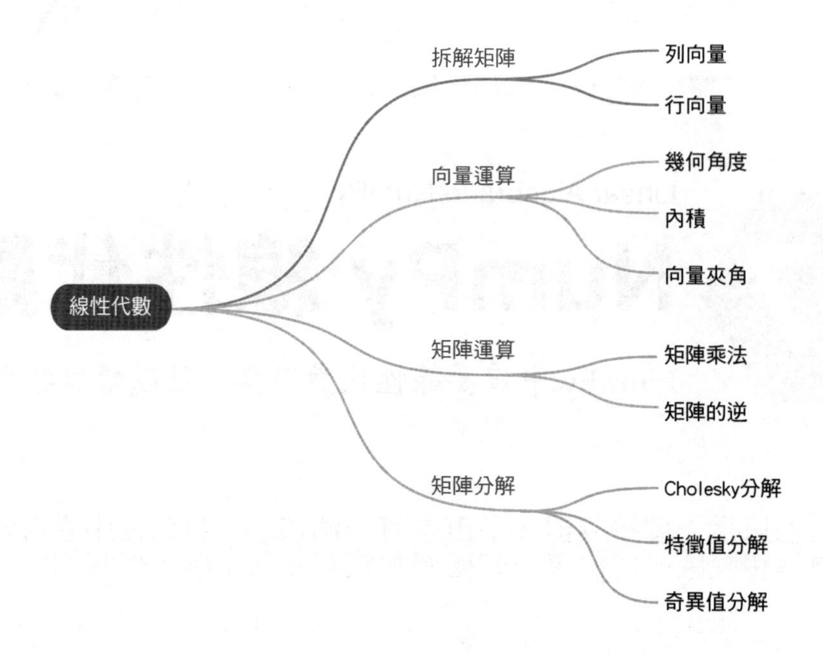

17.1 NumPy 的 linalg 模組

NumPy 函式庫的 linalg 模組提供了許多用於線性代數計算的函式。以下是 linalg 模組中常用函式。

- numpy.linalg.inv() 計算矩陣的逆。
- numpy.linalg.pinv() 計算矩陣的 Moore-Penrose 偽逆。
- numpy.linalg.solve() 求解線性方程組 $\boldsymbol{Ax} = \boldsymbol{b}$，其中 $\boldsymbol{A}$ 是一個矩陣，$\boldsymbol{b}$ 是一個向量。
- numpy.linalg.lstsq() 求解最小平方。

linalg 模組還提供了許多向量計算函式，包括以下幾種。

- numpy.linalg.norm() 計算向量的範數。
- numpy.linalg.dot() 計算向量的點積 (純量積、內積)。

以下是 linalg 中常用的矩陣分解函式。

- numpy.linalg.cholesky() 計算 Cholesky 分解。
- numpy.linalg.eig() 計算矩陣的特徵值和特徵向量。
- numpy.linalg.svd() 計算奇異值分解。

這些函式在許多科學計算中都非常有用。舉例來說，在機器學習中，可以使用特徵值分解或奇異值分解進行降維和特徵提取，而向量計算函式則可用於計算距離和相似性度量等。需要注意的是，這些函式都要求輸入參數為 NumPy 陣列，並傳回 NumPy 陣列作為輸出。

本章將展開介紹用 NumPy 完成上述線性代數計算的方法。如果大家之前沒有接觸過線性代數的話，對本章可以稍作了解，甚至跳過不看。等到用到線性代數工具時，再回過頭來閱讀。

什麼是矩陣分解？

矩陣分解是一種將一個矩陣分解為若干個矩陣的乘積的數學技術。這種分解可以幫助我們更好地理解和處理矩陣資料。常見的矩陣分解包括 Cholesky 分解、特徵值分解 (EVD)、奇異值分解 (SVD) 等。矩陣分解在很多領域都有廣泛的應用，如在機器學習、資料分析、訊號處理、影像處理等方面。

本章書附的 Jupyter Notebook 檔案是 Bk1_Ch17_01.ipynb，請大家一邊閱讀本章一邊在 JupyterLab 中實踐。

17.2 拆解矩陣

這一節將從矩陣角度看二維陣列切片。

一組行向量

本書前文提到鳶尾花資料矩陣 $\boldsymbol{X}$ 的形狀為 150 × 4。也就是說，如圖 17.1 所示，可以把 $\boldsymbol{X}$ 看作是由 150 個行向量上下堆疊而成的，且每個行向量的形狀為 1 × 4。

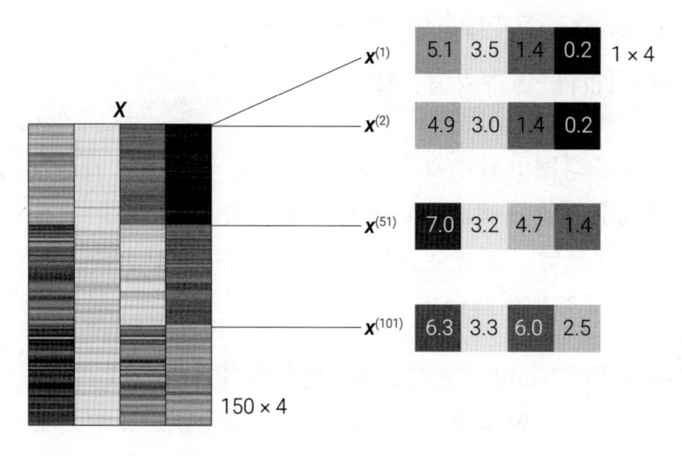

▲ 圖 17.1 把 $\boldsymbol{X}$ 看作由一組行向量組成

圖 17.1 特別展示了 $\boldsymbol{x}^{(1)}$($\boldsymbol{X}$ 第 1 行，陣列行索引為 0)、$\boldsymbol{x}^{(2)}$($\boldsymbol{X}$ 第 2 行，陣列行索引為 1)、$\boldsymbol{x}^{(51)}$($\boldsymbol{X}$ 第 51 行，陣列行索引為 50)、$\boldsymbol{x}^{(101)}$($\boldsymbol{X}$ 第 101 行，陣列行索引為 100)。

如程式 17.1 所示，ⓐ 從 sklearn.datasets 模組匯入 load_iris 函式。

ⓑ load_iris() 用來載入鳶尾花資料集。

ⓒ 從 iris 物件中提取資料集的特徵資料，並將其儲存在一個名為 $\boldsymbol{X}$ 的變數中。資料格式為二維 NumPy 陣列，相當於一個矩陣。

ⓓ 提取矩陣第 1 行 (行向量)，即 NumPy 索引為 0 的行。

本書前文反覆提過，採用 ⓓ 這種雙層中括號切片的結果還是一個二維 NumPy 陣列。

為了節省篇幅，本章程式不展示視覺化環節。請大家參考本書書附程式檔案查看視覺化。

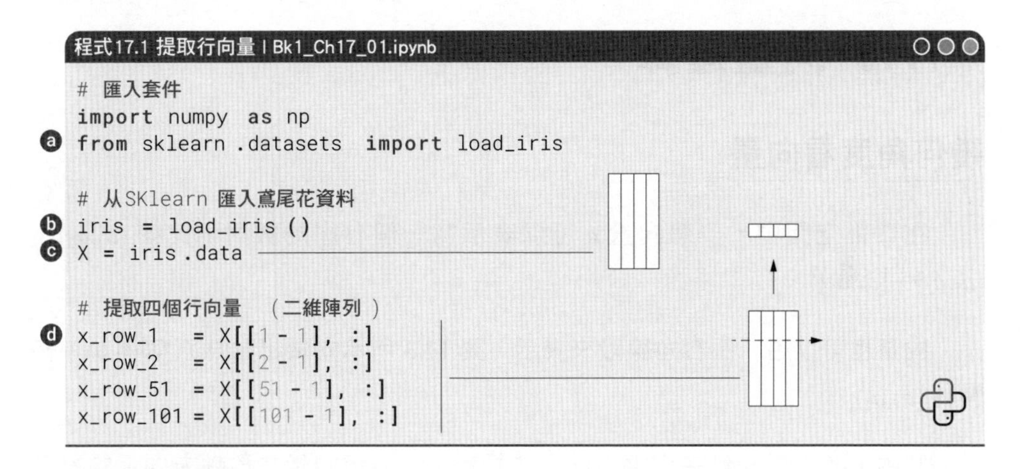
程式 17.1 提取行向量 | Bk1_Ch17_01.ipynb

```
# 匯入套件
import numpy as np
from sklearn.datasets import load_iris

# 从SKlearn 匯入鳶尾花資料
iris = load_iris()
X = iris.data

# 提取四個行向量 （二維陣列）
x_row_1   = X[[1 - 1], :]
x_row_2   = X[[2 - 1], :]
x_row_51  = X[[51 - 1], :]
x_row_101 = X[[101 - 1], :]
```

一組列向量

此外，如圖 17.2 所示，可以把 $\boldsymbol{X}$ 看作是由 4 個列向量左右排列而成的，即 $\boldsymbol{X} = [\boldsymbol{x}1,\boldsymbol{x}2,\boldsymbol{x}3,\boldsymbol{x}4]$。每個列向量的形狀為 150 × 1。程式 17.2 展示了透過切片獲得列向量的方法。

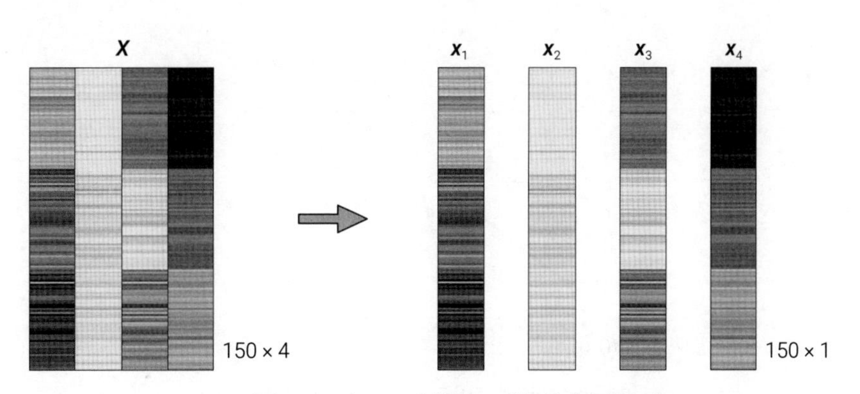

▲ 圖 17.2 把 $\boldsymbol{X}$ 看作由一組列向量組成

程式17.2 提取列向量 (使用時配合前文程式) | Bk1_Ch17_01.ipynb

```
# 提取四個列向量 (二維陣列)
x_col_1 = X[:, [0]]
x_col_2 = X[:, [1]]
x_col_3 = X[:, [2]]
x_col_4 = X[:, [3]]
```

17.3 向量運算

幾何角度看向量

在二維空間中，一個向量 $\boldsymbol{a}$ 可以表示為一個有序的數對，比如 (a_1,a_2)、$[a_1,a_2]$、$[a_1,a_2]^{\mathrm{T}}$。

向量也可以用一個有向線段來表示，圖 17.3 所示向量起點為原點 (0,0)，終點為 (a_1,a_2)。

其中，a_1 表示向量在水平方向上的投影；a_2 表示向量在縱軸方向上的**投影** (projection)。

用畢氏定理，我們可求得圖 17.3 中向量 $\boldsymbol{a}$ 的長度，即向量的**模** (norm)，為 $\|\boldsymbol{a}\| = \sqrt{a_1^2 + a_2^2}$。

在 NumPy 中計算向量模的函式為 numpy.linalg.norm()。

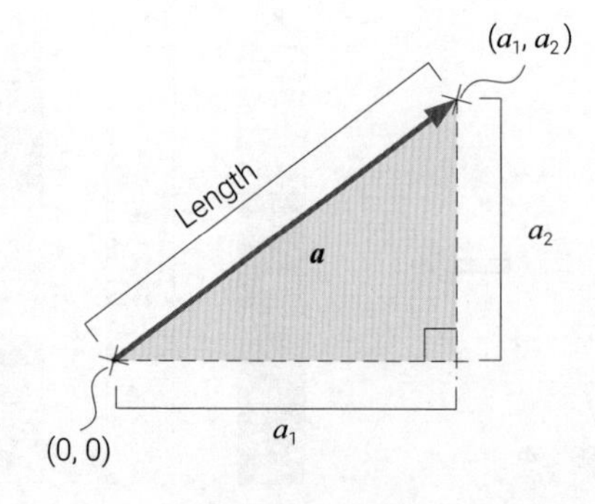

▲ 圖 17.3 向量起點、終點、大小和方向

在 Bk1_Ch17_01.ipynb 中，我們分別計算了 $\boldsymbol{x}^{(1)}$、$\boldsymbol{x}^{(2)}$、$\boldsymbol{x}^{(51)}$、$\boldsymbol{x}^{(101)}$ 這四個向量的單位向量。

單位向量 (unit vector) 是長度為 1 的向量，可以用來表示某個向量方向。比如，非零向量 $\boldsymbol{x}^{(1)}$ 的單位向量就是 $\boldsymbol{x}^{(1)}$ 除以自己的模 $\left\|\boldsymbol{x}^{(1)}\right\|$，即 $\boldsymbol{x}^{(1)}/\left\|\boldsymbol{x}^{(1)}\right\|$。

程式 17.3 中 ⓐ 利用 numpy.linalg.norm() 計算**向量範數** (vector norm)。

《AI 時代 Math 元年 - 用 Python 全精通矩陣及線性代數》第 3 章專門介紹向量範數，《AI 時代 Math 元年 - 用 Python 全精通矩陣及線性代數》第 18 章介紹矩陣範數。

簡單來說，範數用來衡量向量或矩陣在空間中的大小或長度。在機器學習和數學建模中，範數經常用於正規化、距離計算和最佳化問題等場景。如果輸入為一維陣列，numpy.linalg.norm() 預設計算 L2 範數，即 Euclidean 範數。

ⓑ 計算非零向量的單位向量。

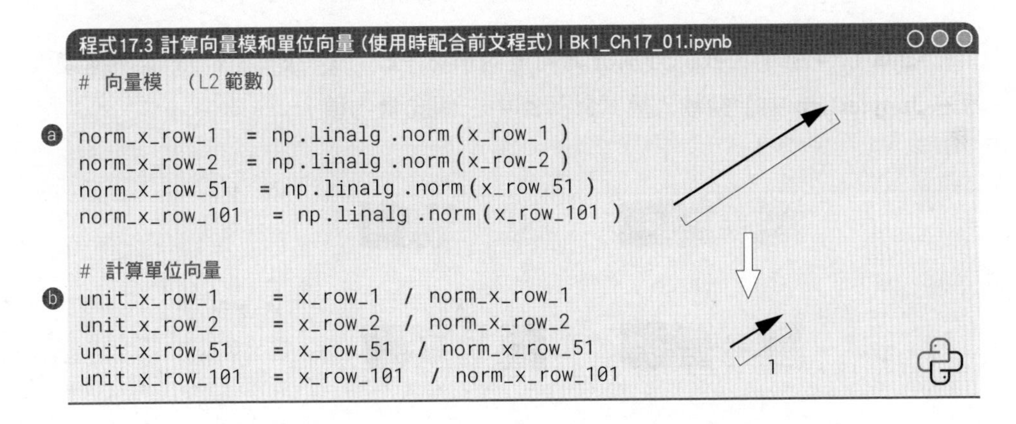

程式 17.3 計算向量模和單位向量 (使用時配合前文程式) | Bk1_Ch17_01.ipynb

```
# 向量模 （L2 範數）

norm_x_row_1   = np.linalg.norm(x_row_1)
norm_x_row_2   = np.linalg.norm(x_row_2)
norm_x_row_51  = np.linalg.norm(x_row_51)
norm_x_row_101 = np.linalg.norm(x_row_101)

# 計算單位向量
unit_x_row_1   = x_row_1   / norm_x_row_1
unit_x_row_2   = x_row_2   / norm_x_row_2
unit_x_row_51  = x_row_51  / norm_x_row_51
unit_x_row_101 = x_row_101 / norm_x_row_101
```

什麼是向量的模？

向量的模 (也稱為向量的長度) 是指一個向量從原點到其終點的距離，它是一個純量，表示向量的大小。向量的模通常用兩個分隔號 $\|\boldsymbol{a}\|$ 來表示，其中 $\boldsymbol{a}$ 表示向量。對於 n 維向量 $\boldsymbol{a} = [a_1,a_2,\cdots,a_n]$，它的模定義為 $\|\boldsymbol{a}\| = \sqrt{a_1^2 + a_2^2 + \cdots + a_n^2}$。就是向量各個分量的平方和的平方根。這個公式可以用畢氏定理推導得出，因為一個向量的模就是從原點到它的終點的距離，而這個距離可以用畢氏定理計算。比如，二維向量 $\boldsymbol{a} = [3, 4]$ 的模 (長度) 為 $\|\boldsymbol{a}\| = \sqrt{3^2 + 4^2} = 5$。

向量內積

本書前文在講 for 迴圈時介紹過**向量內積** (inner product)，又叫**純量積** (scalar product)、**點積** (dot product)。

給定兩個 n 維向量 $\boldsymbol{a} = [a_1,a_2,\cdots,a_n]$ 和 $\boldsymbol{b} = [b_1,b_2,\cdots,b_n]$，它們的內積定義為 $\boldsymbol{a}\cdot\boldsymbol{b} = a_1b_1 + a_2b_2 + \cdots + a_nb_n$。內積結果 $\boldsymbol{a}\cdot\boldsymbol{b}$ 顯然為純量。

如圖 17.4 所示，我們分別計算向量內積 $\boldsymbol{x}^{(1)}\cdot\boldsymbol{x}^{(2)}$、$\boldsymbol{x}^{(1)}\cdot\boldsymbol{x}^{(51)}$、$\boldsymbol{x}^{(1)}\cdot\boldsymbol{x}^{(101)}$。建議大家在 JupyterLab 中手動輸入算式計算圖中三個向量內積。

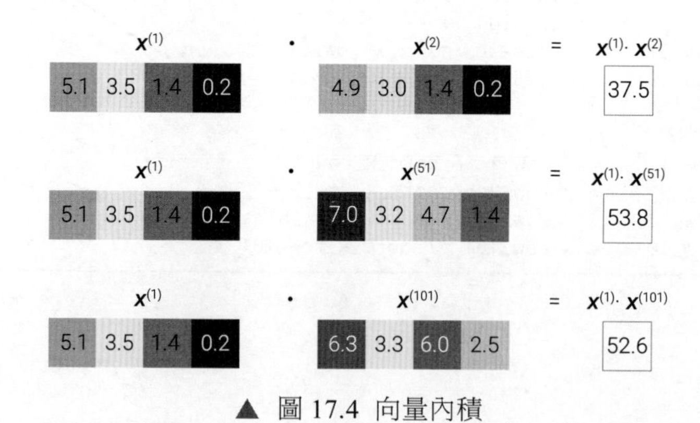

▲ 圖 17.4 向量內積

再次強調，向量內積的運算前提是兩個向量維數相同，其結果為純量。NumPy 中計算向量內積的函式為 numpy.dot()。

程式 17.4 中 ⓐ 用 numpy.dot() 計算向量內積，x_row_1[0] 為一維陣列。

再次強調，如果輸入的兩個陣列都是一維，傳回向量內積。如果輸入的兩個陣列都是二維，則傳回結果為矩陣乘積，相當於 numpy.matmul() 或運算子「@」。

程式 17.4 計算向量內積(使用時配合前文程式) | Bk1_Ch17_01.ipynb

```
# 計算向量內積

ⓐ inner_prod_x_row_1_2    = np.dot(x_row_1 [0], x_row_2 [0])
inner_prod_x_row_1_51     = np.dot(x_row_1 [0], x_row_51 [0])
inner_prod_x_row_1_101    = np.dot(x_row_1 [0], x_row_101 [0])
```

向量夾角

在 Bk1_Ch17_01.ipynb 中，我們計算得到 $\boldsymbol{x}^{(1)}$、$\boldsymbol{x}^{(2)}$ 的夾角約為 3°，$\boldsymbol{x}^{(1)}$、$\boldsymbol{x}^{(51)}$ 的夾角約為 22°，$\boldsymbol{x}^{(1)}$、$\boldsymbol{x}^{(101)}$ 的夾角約為 31°。

這顯然不是巧合，$\boldsymbol{x}^{(1)}$、$\boldsymbol{x}^{(2)}$ 分別代表兩朵鳶尾花，它們同屬 setosa，因此最為相似。而 $\boldsymbol{x}^{(51)}$ 屬於 versicolour，$\boldsymbol{x}^{(101)}$ 屬於 virginica。這就是向量夾角在機器學習中的應用例子。

如程式 17.5 所示，ⓐ 先計算兩個單位向量的內積，即向量夾角的餘弦值。

ⓑ 用 numpy.arccos() 將餘弦值轉化為**弧度** (radian)。

ⓒ 再用 numpy.rad2deg() 將弧度轉化為**角度** (degree)。

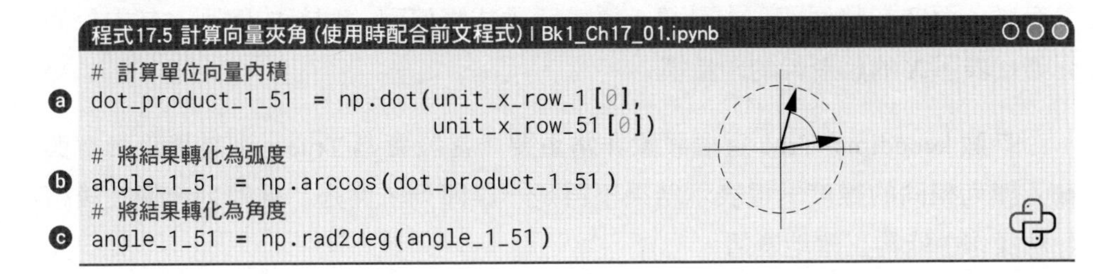

程式 17.5 計算向量夾角 (使用時配合前文程式) | Bk1_Ch17_01.ipynb

```
# 計算單位向量內積
ⓐ dot_product_1_51  = np.dot(unit_x_row_1 [0],
                            unit_x_row_51 [0])
# 將結果轉化為弧度
ⓑ angle_1_51  = np.arccos(dot_product_1_51 )
# 將結果轉化為角度
ⓒ angle_1_51  = np.rad2deg(angle_1_51)
```

什麼是向量夾角？

向量夾角是指兩個向量之間的夾角，它是一個純量，通常用弧度或角度來表示。向量夾角的計算是透過向量內積和向量模的關係得出的。對於兩個非零向量 a 和 b，它們的夾角 θ 定義為 $\cos\theta = (a \cdot b) / (||a|| ||b||)$。其中 $a \cdot b$ 是向量 a 和 b 的內積，$||a||$ 和 $||b||$ 分別是向量 a 和 b 的模。注意，這個公式只適用於非零向量，因為對於零向量，它沒有方向，因此無法定義夾角。此外，$\cos\theta$ 可以看成是 a 和 b 的單位向量的向量內積，即 $\cos\theta = (a/||a||) \cdot (b/||b||)$。

透過向量夾角的計算，我們可以判斷兩個向量之間的相對方向。如果兩個向量的夾角為 0°，表示它們的方向相同；如果夾角為 90°，表示它們互相垂直；如果夾角為 180°，表示它們的方向相反。在機器學習中，可以透過計算向量夾角來度量兩個樣本之間的相似性。

試想，如果要求大家計算鳶尾花資料矩陣 X 所有行向量之間兩兩夾角，又要避免使用 for 迴圈，該怎麼辦？

我們需要借助**向量化運算** (vectorization)。

如程式 17.6 所示，ⓐ 先對矩陣 $\boldsymbol{X}$ 的每一行向量求模。

其中，參數 axis=1 指示 numpy.linalg.norm() 在二維陣列的每一行上計算向量範數，而非在整個陣列上計算。這表示函式將傳回一個新的陣列，其中每個元素代表了 $\boldsymbol{X}$ 的相應行的向量模。

參數 keepdims=True 這個設置非常重要。當設置為 True，則結果將具有與輸入陣列相同的維度，這表示結果不再是一維陣列，而是二維陣列，便在後續除法操作中能夠正確地廣播。

ⓑ 對矩陣 $\boldsymbol{X}$ 的每一行向量進行單位化。如果好奇的話，大家可以隨機選擇幾行向量，並計算它們的模，看看是不是都為 1。

ⓒ 利用矩陣乘法計算行向量單位化矩陣的格拉姆矩陣。**格拉姆矩陣** (Gram matrix) 這個概念非常重要，本章後文會深入介紹。在本例中這個格拉姆矩陣的大小為 150 × 150。

如圖 17.5(a) 所示，這個格拉姆矩陣每個元素代表一對行向量的餘弦值。格拉姆矩陣為對稱方陣，所以實際上我們只需要這個矩陣的差不多一半的元素即可。

特別地，這個格拉姆矩陣的對角線元素都為 1，原因很簡單，任一行向量和自身的夾角為 0°，因此餘弦值為 1。

ⓓ 將 row_cos_matrix 陣列中大於 1 的元素替換為 1，其他元素保持不變。這是一種非常常見的操作，用於資料修正。在數值運算時計算誤差不可避免，本例中有些數值略大於 1，需要做出一定調整；不然下一步求反餘弦時會顯示出錯。

ⓔ 將餘弦值轉化為弧度。ⓕ 將弧度值轉化為角度。

什麼是格拉姆矩陣？

格拉姆矩陣 (Gram matrix) 是一個重要的矩陣，它由向量集合的內積組成。給定一個向量集合 $\{\boldsymbol{x}_1,\boldsymbol{x}_2,\cdots,\boldsymbol{x}_n\}$，則其對應的格拉姆矩陣 $\boldsymbol{G}$ 定義為 $\boldsymbol{G} = [g_{i,j}]$，其中 $g_{i,j} = \boldsymbol{x}_\mathrm{i} \cdot \boldsymbol{x}_j$，表示第 i 個向量和第 j 個向量的內積。格拉姆矩陣是對稱矩陣。

格拉姆矩陣在許多應用中都有廣泛的應用，例如在機器學習中的支援向量機 (Support Vector Machine，SVM) 演算法和核方法 (kernel method) 中，格拉姆矩陣可以用來計算向量之間的相似度和距離，從而實現非線性分類和回歸。此外，格拉姆矩陣也可以用於矩陣分解、影像處理、訊號處理等領域。

仔細觀察圖 17.5(a)，我們發現這幅圖有 9 個色塊，請大家思考為什麼？

圖 17.5(a) 顯然是個對稱矩陣，我們實際上僅需要圖 17.5(b) 中下三角矩陣包含的資料 (不含主對角線)。

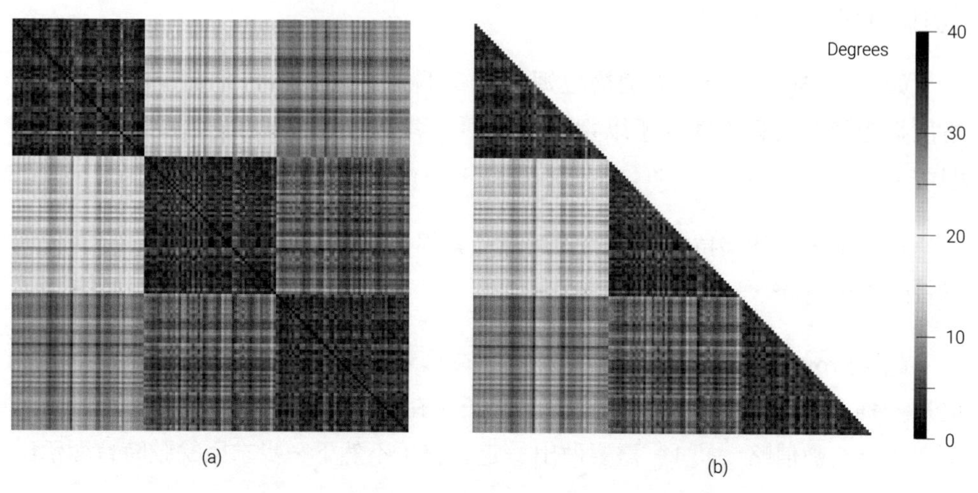

▲ 圖 17.5 鳶尾花資料行向量成對夾角角度矩陣

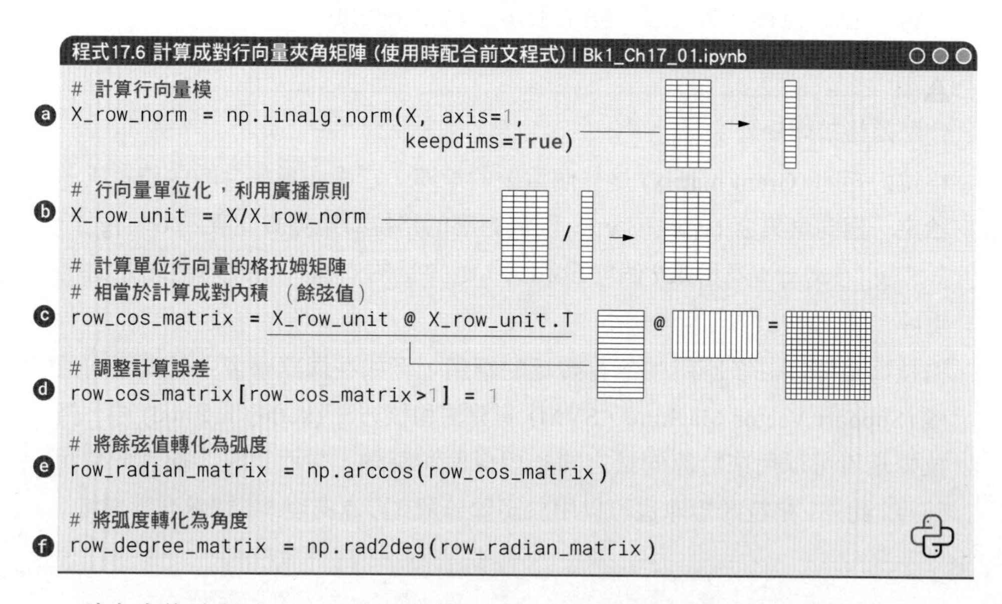

程式17.6 計算成對行向量夾角矩陣 (使用時配合前文程式) | Bk1_Ch17_01.ipynb

```
# 計算行向量模
X_row_norm = np.linalg.norm(X, axis=1,
                            keepdims=True)

# 行向量單位化，利用廣播原則
X_row_unit = X/X_row_norm

# 計算單位行向量的格拉姆矩陣
# 相當於計算成對內積 （餘弦值）
row_cos_matrix = X_row_unit @ X_row_unit.T

# 調整計算誤差
row_cos_matrix[row_cos_matrix>1] = 1

# 將餘弦值轉化為弧度
row_radian_matrix = np.arccos(row_cos_matrix)

# 將弧度轉化為角度
row_degree_matrix = np.rad2deg(row_radian_matrix)
```

請大家修改程式 17.6，自行計算矩陣 X 成對列向量的角度矩陣。

17.4 矩陣運算

矩陣乘法

本書前文介紹過矩陣乘法，假設 $\boldsymbol{A}$ 是一個 $m \times n$ 的矩陣，$\boldsymbol{B}$ 是一個 $n \times p$ 的矩陣，則它們的乘積 $\boldsymbol{C} = \boldsymbol{AB}$ 是一個 $m \times p$ 的矩陣，相當於「消去」n。Python 中可以使用「@」作為 NumPy 的矩陣乘法運算子。在本節書附的 Jupyter Notebook 檔案中大家可以看到圖 17.6 所示這兩個有趣的矩陣乘法。

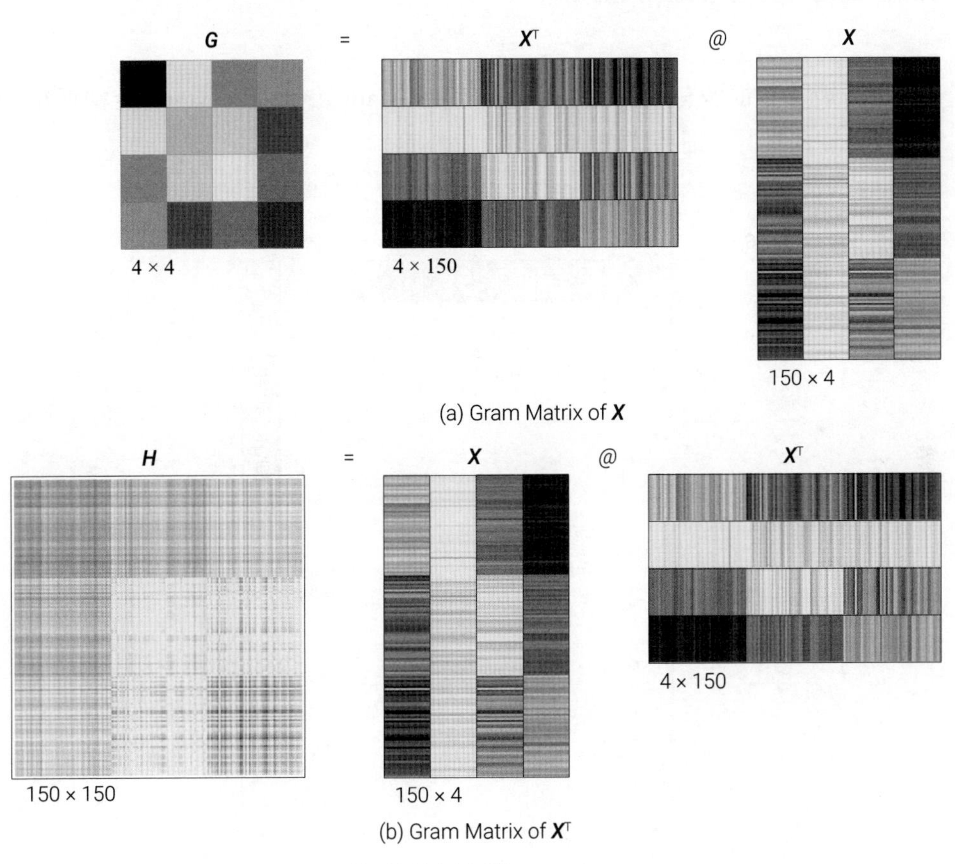

▲ 圖 17.6 兩個格拉姆矩陣 | Bk1_Ch17_01.ipynb

如圖 17.6(a) 所示，鳶尾花資料矩陣的轉置 $\boldsymbol{X}^{\mathrm{T}}$ 乘 $\boldsymbol{X}$ 得到 $\boldsymbol{G}$。$\boldsymbol{X}^{\mathrm{T}}$ 的形狀為 4 × 150，$\boldsymbol{X}$ 的形狀為 150 × 4。$\boldsymbol{G} = \boldsymbol{X}^{\mathrm{T}}\boldsymbol{X}$ 的形狀為 4 × 4。

$\boldsymbol{G}$ 有自己的名字，叫 $\boldsymbol{X}$ 的**格拉姆矩陣**。圖 17.6(b) 所示的 $\boldsymbol{H} = \boldsymbol{X}\boldsymbol{X}^{\mathrm{T}}$ 的形狀為 150 × 150。$\boldsymbol{H}$ 相當於是 $\boldsymbol{X}^{\mathrm{T}}$ 的格拉姆矩陣。

本章中，大家僅需要知道格拉姆矩陣為對稱矩陣。$\boldsymbol{G}$ 的主對角線上元素是 $\boldsymbol{x}_i^{\mathrm{T}}\boldsymbol{x}_i$，即 $\boldsymbol{x}_i \cdot \boldsymbol{x}_i$。如圖 17.7(a) 所示，$\boldsymbol{G}$ 的主對角線第一個元素 $g_{1,1} = \boldsymbol{x}_1^{\mathrm{T}}\boldsymbol{x}_1 = \boldsymbol{x}_1 \cdot \boldsymbol{x}_1$。如圖 17.7(b) 所示，$\boldsymbol{G}$ 的主對角線第二個元素 $g_{2,2} = \boldsymbol{x}_2^{\mathrm{T}}\boldsymbol{x}_2 = \boldsymbol{x}_2 \cdot \boldsymbol{x}_2$。請大家自行計算 $\boldsymbol{G}$ 的主對角線剩餘兩個元素。

> 格拉姆矩陣有很多有趣的性質，《AI 時代 Math 元年 - 用 Python 全精通矩陣及線性代數》一冊將詳細介紹。

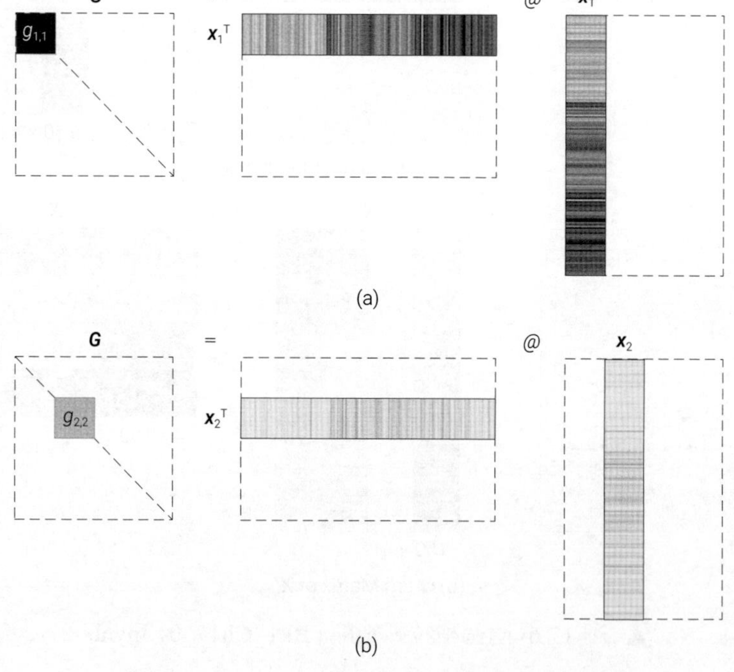

▲ 圖 17.7 格拉姆矩陣 $\boldsymbol{G}$ 主對角線元素

如圖 17.8 所示，顯然 $g_{2,1} = g_{1,2}$。也就是說，$\boldsymbol{x}_2^{\mathrm{T}}\boldsymbol{x}_1 = \boldsymbol{x}_1^{\mathrm{T}}\boldsymbol{x}_2 = \boldsymbol{x}_2 \cdot \boldsymbol{x}_1 = \boldsymbol{x}_1 \cdot \boldsymbol{x}_2$。這告訴我們格拉姆矩陣為對稱矩陣。

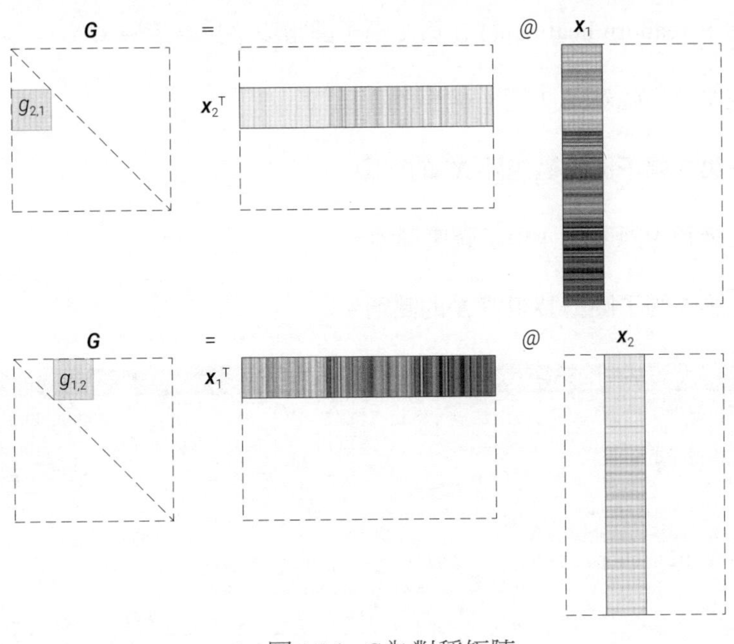

▲ 圖 17.8 ***G*** 為對稱矩陣

下面，讓我們聊聊程式 17.7。ⓐ 計算格拉姆矩陣 ***G***。

ⓑ 計算格拉姆矩陣 ***H***。

ⓒ 建立一個包含 1 行 5 列子圖的圖形，並且指定每個子圖的寬度比例。

參數 1,5 表示建立一個包含 1 行和 5 列子圖的圖形版面配置。

參數 figsize=(8,3) 指定圖形的寬度為 8 英吋、高度為 3 英吋。

gridspec_kw={'width_ratios':[3,0.5,3,0.5,3]} 使用 gridspec_kw 來指定網格參數。在這裡，width_ratios 是一個串列，指定了每列子圖的寬度比例。具體來說，第 1、3、5 列子圖的寬度比例為 3，而第 2 和第 4 列子圖的寬度比例為 0.5。

ⓓ 中 sca 是「Set Current Axes」的縮寫，它是 matplotlib.pyplot 模組提供的函式，可以將繪圖的當前座標軸切換到指定的座標軸。

ⓔ 利用 seaborn.heatmap() 在第 1 幅子圖繪製格拉姆矩陣 $\boldsymbol{G}$。

ⓕ 在繪圖中隱藏第 2 幅子圖座標軸。

ⓖ 在第 3 幅子圖繪製矩陣 $\boldsymbol{X}^{\mathrm{T}}$ 的熱圖。

ⓗ 在繪圖中隱藏第 4 幅子圖座標軸。

ⓘ 在第 5 幅子圖繪製矩陣 $\boldsymbol{X}$ 的熱圖。

程式 17.7 視覺化格拉姆矩陣計算過程 (使用時配合前文程式) | Bk1_Ch17_01.ipynb

```
# 第一個格拉姆矩陣
G = X.T @ X                                                         # ⓐ
# 第二個格拉姆矩陣
H = X @ X.T                                                         # ⓑ

# 視覺化第一個格拉姆矩陣運算
fig,axs = plt.subplots(1,5,figsize = (8,3),                         # ⓒ
                       gridspec_kw={'width_ratios':
                                    [3, 0.5, 3, 0.5, 3]})

# 圖形狀態切換到第1幅子圖
plt.sca(axs[0])                                                     # ⓓ

# 繪製格拉姆矩陣
ax = sns.heatmap(G, cmap = 'RdYlBu_r',                              # ⓔ
                 vmax = 5000, vmin = 0,
                 annot = False,
                 fmt=".0f",
                 cbar_kws = {'orientation':'horizontal'},
                 xticklabels = False,
                 yticklabels=False,
                 square = 'equal')
plt.title('$G$')

# 圖形狀態切換到第2幅子圖
plt.sca(axs[1])                                                     # ⓕ
plt.title('=')
plt.axis('off')

# 圖形狀態切換到第3幅子圖
plt.sca(axs[2])                                                     # ⓖ
# 繪製X轉置
```

```
ax = sns.heatmap(X.T, cmap = 'RdYlBu_r',
                 vmax = 0, vmin = 8,
                 cbar_kws = {'orientation':'horizontal'},
                 xticklabels = False,
                 yticklabels = False,
                 annot=False)
plt.title('$X^T$')

# 圖形狀態切換到第4幅子圖
plt.sca(axs[3])
plt.title('@')
plt.axis('off')

# 圖形狀態切換到第5幅子圖
plt.sca(axs[4])
# 繪製X
ax = sns.heatmap(X, cmap = 'RdYlBu_r',
                 vmax = 0, vmin = 8,
                 cbar_kws = {'orientation':'horizontal'},
                 xticklabels = False,
                 yticklabels=False,
                 annot=False)
plt.title('$X$')
```

矩陣的逆

並不是所有的格拉姆矩陣都存在反矩陣。恰好前文的格拉姆矩陣 $\boldsymbol{G}$ 存在逆，記作 $\boldsymbol{G}^{-1}$。如圖 17.9 所示，$\boldsymbol{G}$ 乘 $\boldsymbol{G}^{-1}$ 結果為單位矩陣 $\boldsymbol{I}$。不難看出來，$\boldsymbol{G}^{-1}$ 也是個對稱矩陣。程式 17.8 展示了計算格拉姆矩陣的反矩陣的方法。

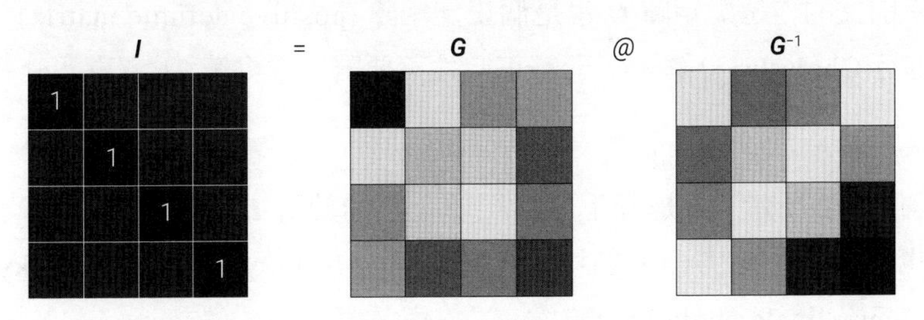

▲ 圖 17.9 格拉姆矩陣 $\boldsymbol{G}$ 的逆 | Bk1_Ch17_01.ipynb

程式17.8 計算格拉姆矩陣的反矩陣（使用時配合前文程式）| Bk1_Ch17_01.ipynb

```
# 計算格拉姆矩陣G的反矩陣
G_inv = np.linalg.inv(G)
```

什麼是矩陣的逆？

矩陣的逆是一個重要的概念，它是指對於一個可逆的（即非奇異的）$n \times n$ 矩陣 $\boldsymbol{A}$，存在一個 $n \times n$ 矩陣 $\boldsymbol{B}$，使得 $\boldsymbol{AB} = \boldsymbol{BA} = \boldsymbol{I}$，其中 $\boldsymbol{I}$ 是單位矩陣。$\boldsymbol{B}$ 被稱為 $\boldsymbol{A}$ 的反矩陣，通常用 $\boldsymbol{A}^{-1}$ 表示。矩陣的逆可以被看作是一種倒數的概念，它可以使我們在矩陣運算中除以矩陣，從而解決線性方程組和其他問題。如果我們需要求解一個線性方程組 $\boldsymbol{Ax} = \boldsymbol{b}$，其中 $\boldsymbol{A}$ 是一個可反矩陣，那麼可以使用矩陣的逆來計算 $\boldsymbol{x} = \boldsymbol{A}^{-1}\boldsymbol{b}$，從而得到方程式的解。需要注意的是，並非所有矩陣都有反矩陣，只有可反矩陣才有反矩陣。對於一個不可逆矩陣，它可能是奇異的(即行列式為 0)，也可能是非方陣。在實際應用中，矩陣的逆通常透過 LU 分解、QR 分解、Cholesky 分解等方法來計算，而非直接求解反矩陣。

17.5 幾個常見矩陣分解

Cholesky 分解

所幸前文的格拉姆矩陣 $\boldsymbol{G}$ 也是個**正定矩陣** (positive definite matrix)，我們可以對它進行 Cholesky 分解。不了解正定性不要緊，本書第 21 章專門介紹這個概念。

如圖 17.10 所示，$\boldsymbol{L}$ 是個下三角矩陣，它的轉置 $\boldsymbol{L}^{\mathrm{T}}$ 為上三角矩陣。$\boldsymbol{L}$ 和 $\boldsymbol{L}^{\mathrm{T}}$ 的乘積也相當於「平方」。如程式 17.9 所示，NumPy 中完成 Cholesky 分解的函式為 numpy.linalg.cholesky()。

《AI 時代 Math 元年 - 用 Python 全精通矩陣及線性代數》第 12 章專門講解 Cholesky 分解，《AI 時代 Math 元年 - 用 Python 全精通矩陣及線性代數》第 21 章介紹正定性。

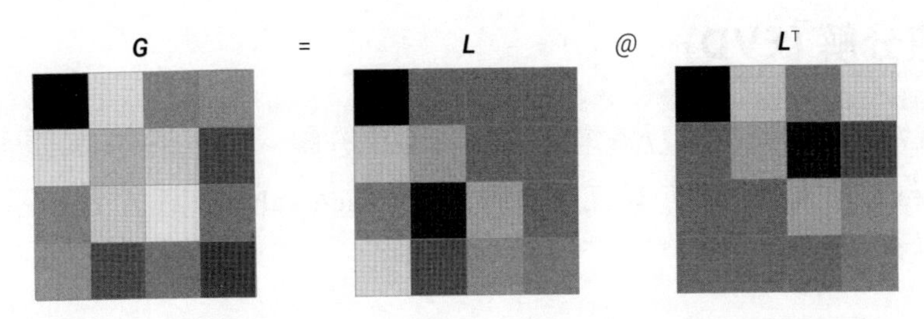

▲ 圖 17.10 對格拉姆矩陣 $\boldsymbol{G}$ 進行 Cholesky 分解 | Bk1_Ch17_01.ipynb

程式17.9 格拉姆矩陣Cholesky分解（使用時配合前文程式）| Bk1_Ch17_01.ipynb

```
# 對格拉姆矩陣G進行Cholesky分解
L = np.linalg.cholesky(G)
```

什麼是 Cholesky 分解？

Cholesky 分解是一種將對稱正定矩陣分解為下三角矩陣和其轉置矩陣乘積的數學技術。給定一個對稱正定矩陣 $\boldsymbol{A}$，Cholesky 分解可以將其表示為 $\boldsymbol{A} = \boldsymbol{L}\boldsymbol{L}^{\mathrm{T}}$，其中 $\boldsymbol{L}$ 是下三角矩陣，$\boldsymbol{L}^{\mathrm{T}}$ 是其轉置矩陣。Cholesky 分解是一種高效的矩陣分解方法，它可以在數值計算中減少誤差，同時可以加速線性方程組的求解，特別是對於大型的稠密矩陣。因此，Cholesky 分解在很多領域都有廣泛的應用，如統計學、金融學、物理學、工程學等。Cholesky 分解也是一些高級技術的基礎，如蒙地卡羅模擬、Kalman 濾波等。

什麼是正定矩陣？

對於任何非零列向量 $\boldsymbol{x}$，即 $\boldsymbol{x} \neq \boldsymbol{0}$，如果滿足 $\boldsymbol{x}^{\mathrm{T}}\boldsymbol{A}\boldsymbol{x}>0$，方陣 $\boldsymbol{A}$ 為正定矩陣 (positive definite matrix)。如果滿足 $\boldsymbol{x}^{\mathrm{T}}\boldsymbol{A}\boldsymbol{x}\geq 0$，方陣 $\boldsymbol{A}$ 為半正定矩陣 (positive semi-definite matrix)。如果滿足 $\boldsymbol{x}^{\mathrm{T}}\boldsymbol{A}\boldsymbol{x}<0$，方陣 $\boldsymbol{A}$ 為負定矩陣 (negative definite matrix)。如果滿足 $\boldsymbol{x}^{\mathrm{T}}\boldsymbol{A}\boldsymbol{x}\leq 0$，方陣 $\boldsymbol{A}$ 為半負定矩陣 (negative semi-definite matrix)。方陣 $\boldsymbol{A}$ 不屬於以上任何一種情況，$\boldsymbol{A}$ 為不定矩陣 (indefinite matrix)。

特徵值分解 (EVD)

圖 17.11 所示為對格拉姆矩陣 $\boldsymbol{G}$ 的特徵值分解。$\boldsymbol{V}$ 的每一列對應**特徵向量** (eigen vector)，$\boldsymbol{\Lambda}$ 的主對角線元素為**特徵值** (eigen value)。程式 17.10 為對格拉姆矩陣進行分解的方法。

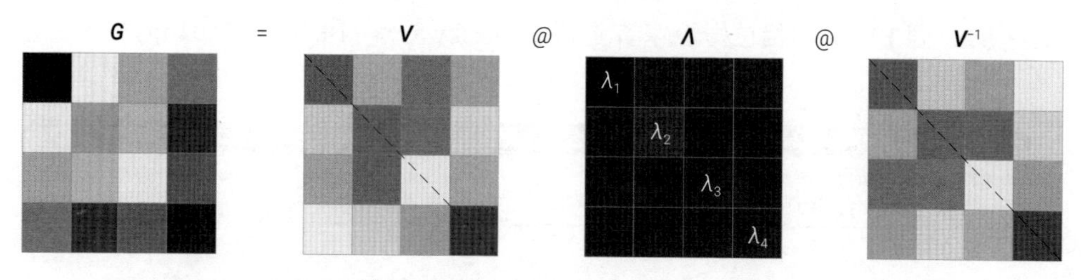

▲ 圖 17.11 對格拉姆矩陣 $\boldsymbol{G}$ 進行特徵值分解 | Bk1_Ch17_01.ipynb

程式17.10 格拉姆矩陣特徵值分解 (使用時配合前文程式) | Bk1_Ch17_01.ipynb

```
# 對格拉姆矩陣G進行特徵值分
Lambdas, V = np.linalg.eig(G)
```

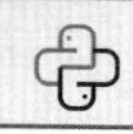

什麼是特徵值分解？

特徵值分解 (Eigenvalue Decomposition，EVD) 是一種將一個方陣分解為一組特徵向量和特徵值的數學技術。對於一個 $n \times n$ 的矩陣 $\boldsymbol{A}$，如果存在非零向量 $\boldsymbol{v}$ 和常數 λ，使得 $\boldsymbol{A}\boldsymbol{v} = \lambda\boldsymbol{v}$，那麼 $\boldsymbol{v}$ 就是矩陣 $\boldsymbol{A}$ 的特徵向量，λ 就是對應的特徵值。將所有特徵向量排列成一個矩陣 $\boldsymbol{V}$，將所有特徵值排列成一個對角方陣 $\boldsymbol{\Lambda}$，那麼矩陣 $\boldsymbol{A}$ 就可以表示為 $\boldsymbol{A} = \boldsymbol{V}\boldsymbol{\Lambda}\boldsymbol{V}^{1}$。特徵值分解可以幫助我們理解矩陣的性質和結構，以及實現很多數學演算法。它在很多領域都有廣泛的應用，如影像處理、機器學習、訊號處理、量子力學等。特徵值分解也是一些高級技術的基礎，如奇異值分解、QR 分解、LU 分解等。

仔細觀察後，大家可以發現圖 17.11 中 $\boldsymbol{V}$ 和 $\boldsymbol{V}^{1}$ 關於主對角線對稱，即 $\boldsymbol{V}^{\mathrm{T}} = \boldsymbol{V}^{1}$。這並不是巧合，原因是格拉姆矩陣 $\boldsymbol{G}$ 為對稱矩陣。而對稱矩陣的特徵值分解又叫**譜分解** (spectral decomposition)。矩陣 $\boldsymbol{V}$ 滿足圖 17.12 中的運算。

也就是說，$\boldsymbol{G}$ 的譜分解可以寫成 $\boldsymbol{G} = \boldsymbol{V}\boldsymbol{\Lambda}\boldsymbol{V}^{\mathrm{T}}$。

《AI 時代 Mat h 元年 - 用 Python 全精通矩陣及線性代數》第 13、14 章專門講解特徵值分解。

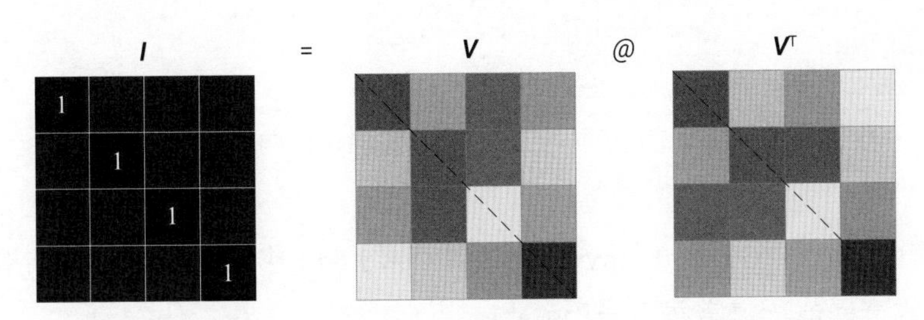

▲ 圖 17.12 譜分解中 $\boldsymbol{V}$ 的特點 | Bk1_Ch17_01.ipynb

什麼是譜分解？

譜分解 (spectral decomposition) 是將對稱矩陣分解為一組特徵向量和特徵值的數學技術，即對稱矩陣的特徵值分解。對於一個對稱矩陣 $\boldsymbol{A}$，譜分解可以將其分解為 $\boldsymbol{A} = \boldsymbol{Q}\boldsymbol{\Lambda}\boldsymbol{Q}^{\mathrm{T}}$，其中 $\boldsymbol{Q}$ 是由矩陣 $\boldsymbol{A}$ 的特徵向量組成的正交矩陣，$\boldsymbol{\Lambda}$ 是由矩陣 $\boldsymbol{A}$ 的特徵值組成的對角矩陣。譜分解在很多領域都有廣泛的應用，如影像處理、訊號處理、量子力學等。譜分解可以幫助我們理解對稱矩陣的性質和結構，從而幫助我們分析和處理各種問題。譜分解也是很多高級技術的基礎，如奇異值分解、主成分分析、矩陣函式等。

奇異值分解 (SVD)

奇異值分解可謂「最重要的矩陣分解，沒有之一」。

圖 17.13 所示為對鳶尾花資料矩陣 $\boldsymbol{X}$ 的奇異值分解。圖 17.13 中 $\boldsymbol{S}$ 的主對角線上的元素叫**奇異值** (singular value)。

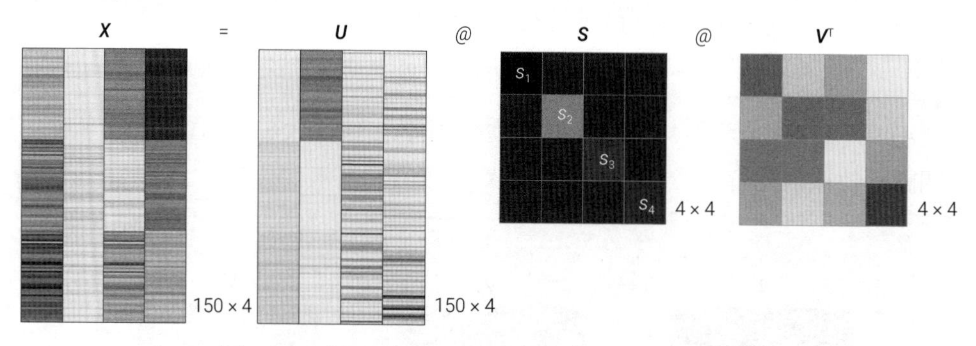

▲ 圖 17.13 對 $\boldsymbol{X}$ 進行奇異值分解 | Bk1_Ch17_01.ipynb

大家會在 Bk1_Ch17_01.ipynb 中看到，圖 17.11 中特徵值開方的結果就是圖 17.13 中的奇異值，這當然不是巧合！

程式 17.11 展示了矩陣奇異值分解。

程式17.11 鳶尾花資料矩陣奇異值分解 (使用時配合前文程式) | Bk1_Ch17_01.ipynb

```
# 鳶尾花資料矩陣X奇異值分解
U,S,VT = np.linalg.svd(X, full_matrices = False)
```

什麼是奇異值分解？

奇異值分解 (Singular Value Decomposition，SVD) 是一種將一個矩陣分解為三個矩陣乘積的數學技術。給定一個矩陣 $\boldsymbol{A}$，它可以表示為 $\boldsymbol{A} = \boldsymbol{U}\boldsymbol{S}\boldsymbol{V}^{\mathrm{T}}$，其中 $\boldsymbol{U}$ 和 $\boldsymbol{V}$ 是正交矩陣，$\boldsymbol{S}$ 是對角矩陣，對角線上的元素稱為奇異值。SVD 可以將一個矩陣的資訊分解為不同奇異值所對應的向量空間，並按照奇異值大小的順序進行排序，使得我們可以僅使用前面的奇異值和相應的向量空間來近似地表示原始矩陣。這種分解在降維、壓縮、資料處理和模型簡化等領域中有著廣泛的應用，如推薦系統、影像壓縮、語音辨識等。

如圖 17.14 所示，***U*** 的轉置 $\boldsymbol{U}^{\mathrm{T}}$ 和自己乘積為單位矩陣。如圖 17.15 所示，***V*** 和自身轉置 $\boldsymbol{V}^{\mathrm{T}}$ 乘積為單位矩陣。大家是否已經發現圖 17.12 和圖 17.15 竟然相同，這當然也不是巧合。

> 實際上，圖 17.12 是四種奇異值分解中的一種。
>
> 《AI 時代 Math 元年 - 用 Python 全精通矩陣及線性代數》第 15、16 章專門講解奇異值分解，並揭開各種「巧合」背後的數學原理。

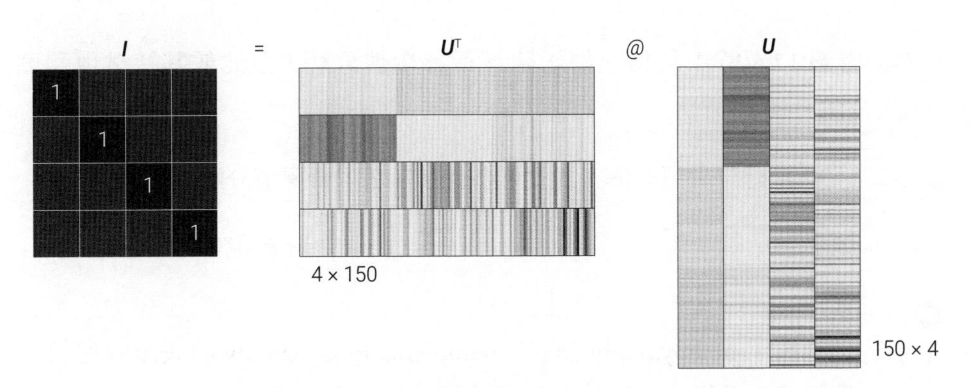

▲ 圖 17.14 ***U*** 的特點 | Bk1_Ch17_01.ipynb

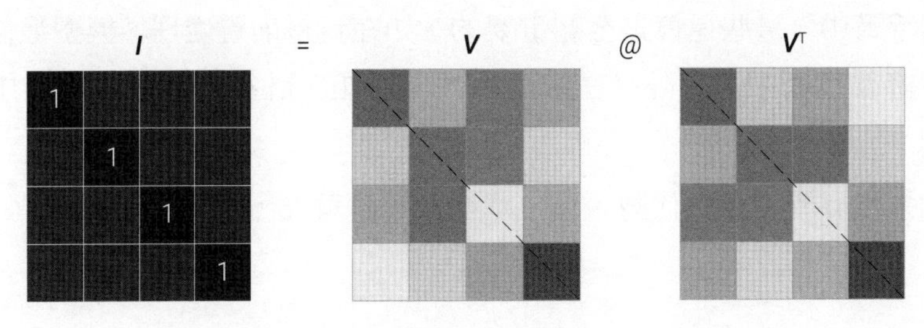

▲ 圖 17.15 ***V*** 的特點 | Bk1_Ch17_01.ipynb

➔ 請大家完成以下題目。

Q1. 本章書附筆記計算了鳶尾花資料矩陣 $\boldsymbol{X}$ 的若干行向量的模、單位向量、夾角，請大家計算 $\boldsymbol{X}$ 的 4 個列向量的模、單位向量、兩兩列向量內積、兩兩夾角。並說明兩兩列向量內積和圖 17.6(a) 中格拉姆矩陣的關係。

Q2. 計算得到圖 17.6(a) 中的 $\boldsymbol{G}$ 的第 2 行第 3 列元素。

Q3. 對圖 17.6(b) 中的格拉姆矩陣進行 Cholesky 分解，並解釋顯示出錯的原因。

Q4. 對圖 17.6(b) 中的格拉姆矩陣進行特徵值分解，並比較其特徵值和圖 17.11 中特徵值關係。

Q5. 對 $\boldsymbol{X}^{\mathrm{T}}$ 進行奇異值分解，並比較和圖 17.13 中奇異值分解的關係。

* 題目很基礎，不提供答案。

本章特別介紹了 numpy.linalg 模組。numpy.linalg 是 NumPy 函式庫中用於線性代數運算的模組。它提供了各種功能，包括矩陣求逆、特徵值分解、奇異值分解等。

在機器學習中，這些運算是至關重要的，如在資料前置處理、模型最佳化、回歸、降維技術中。此外，在求解線性方程組、計算行列式等操作中也經常用到。

大家如果沒有學過線性代數，這一章稍作了解就好，不需要死記硬背。

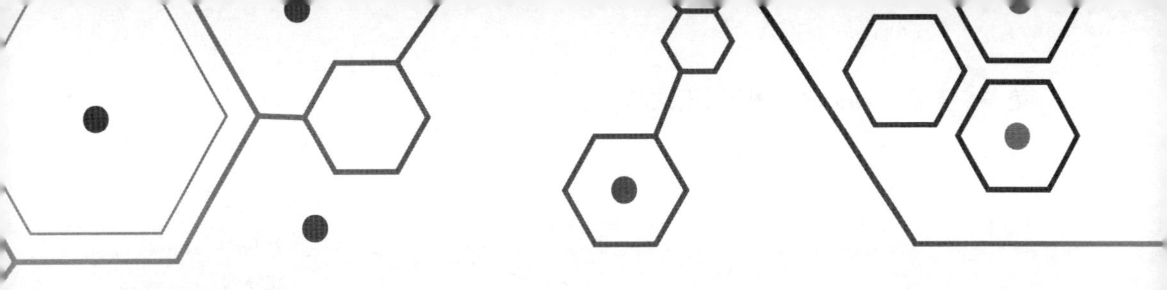

Einstein Summation in NumPy

18 NumPy 愛因斯坦求和約定

簡化線性代數和張量計算，可以略讀

> 我不能教任何人任何東西。我只能讓他們思考。
>
> ***I cannot teach anybody anything.I can only make them think.***
>
> ——蘇格拉底（*Socrates*）| 古希臘哲學家 | 前 *469*—前 *399* 年

- numpy.average() 計算平均值
- numpy.cov() 計算協方差矩陣
- numpy.diag() 以一維陣列的形式傳回方陣的對角線元素，或將一維陣列轉換成對角矩陣
- numpy.einsum() 愛因斯坦求和約定
- numpy.stack() 將矩陣疊加
- numpy.sum() 求和

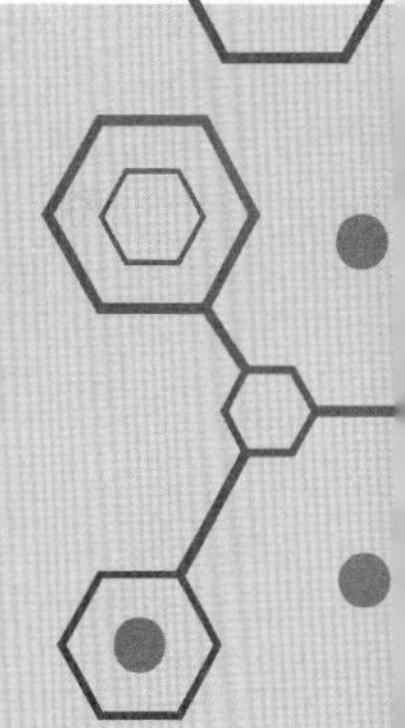

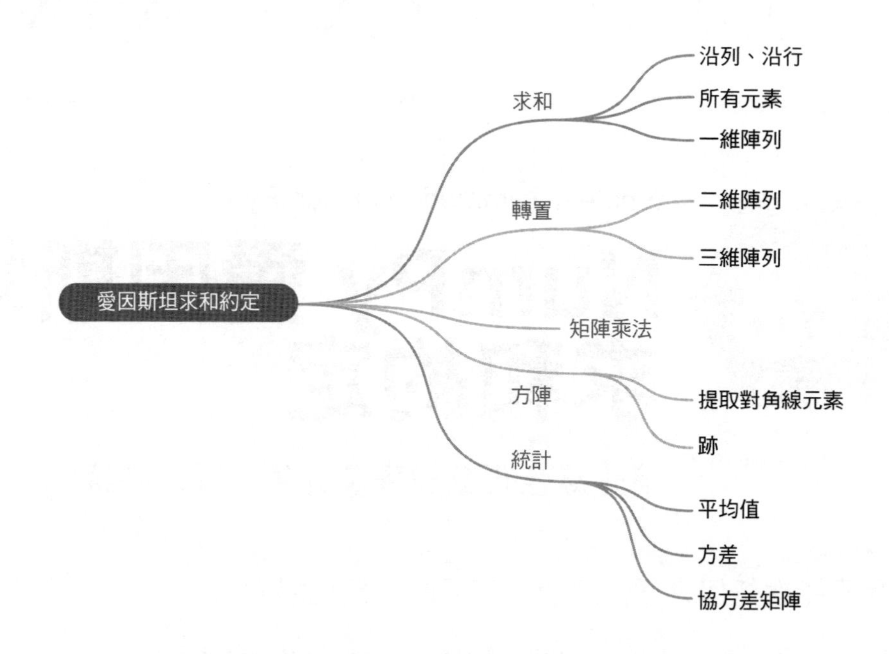

18.1 什麼是愛因斯坦求和約定？

NumPy 中還有一個非常強大的函式 numpy.einsum()，它完成的是愛因斯坦求和約定 (Einstein summation convention 或 Einstein notation)。

愛因斯坦求和約定，由**阿爾伯特·愛因斯坦** (Albert Einstein) 於 1916 年提出，是一種數學標記法，用於簡化線性代數和張量計算中的運算式。

使用 numpy.einsum() 完成絕大部分有關線性代數運算時，大家記住一個要點—輸入中重複的索引代表元素相乘，輸出中消去的索引表示相加。

舉個例子，矩陣 $\boldsymbol{A}$ 和 $\boldsymbol{B}$ 相乘用 numpy.einsum() 函式可以寫成：

```
C=numpy.einsum('ij,jk->ik',A,B)
```

如圖 18.1 所示，「->」之前分別為矩陣 $\boldsymbol{A}$ 和 $\boldsymbol{B}$ 的索引，它們用逗點隔開。矩陣 $\boldsymbol{A}$ 行索引為 i，列索引為 j。矩陣 $\boldsymbol{B}$ 行索引為 j，列索引為 k。j 為重複索引，因此在這個方向上元素相乘。

「->」之後為輸出結果的索引。輸出結果索引為 ik，消去 j，因此在 j 索引方向上存在相乘再求和的運算。

> 當然根據愛因斯坦求和運算的具體定義（本章不展開討論），我們也會遇到輸入中存在不重複索引，但是這些索引在輸出中也消去的情況。本章配套程式會舉出幾個例子。

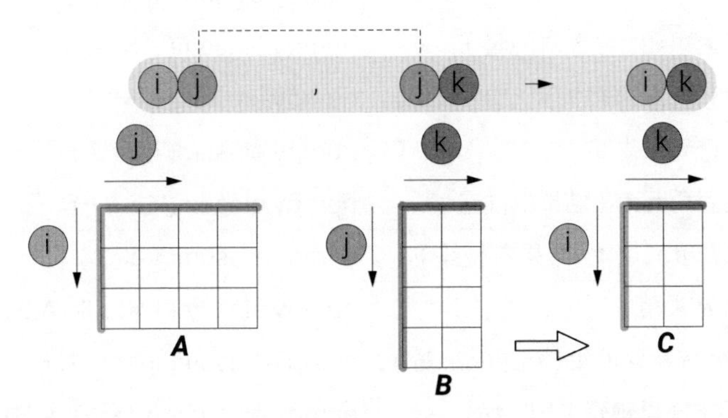

▲ 圖 18.1 利用愛因斯坦求和約定計算矩陣乘法

表 18.1 總結了如何使用 numpy.einsum() 完成常見線性代數運算。下面我們選取其中重要的運算配合鳶尾花資料展開講解。

➔ 表 18.1 使用 numpy.einsum() 完成常見線性代數運算

運算	使用 numpy.einsum() 完成運算
向量 ***a*** 所有元素求和（結果為純量）	numpy.einsum('ij->',a) numpy.einsum('i->',a_1D)
等行數列向量 ***a*** 和 ***b*** 的逐項積	numpy.einsum('ij,ij->ij',a,b) numpy.einsum('i,i->i',a_1D,b_1D)
等行數列向量 ***a*** 和 ***b*** 的向量內積（結果為純量）	numpy.einsum('ij,ij->',a,b) numpy.einsum('i,i->',a_1D,b_1D)

運算	使用 numpy.einsum() 完成運算
向量 ***a*** 和自身的張量積	numpy.einsum('ij,ji->ij',a,a) numpy.einsum('i,j->ij',a_1D,a_1D)
向量 ***a*** 和 ***b*** 的張量積	numpy.einsum('ij,ji->ij',a,b) numpy.einsum('i,j->ij',a_1D,b_1D)
矩陣 ***A*** 的轉置	numpy.einsum('ji',A) numpy.einsum('ij->ji',A)
矩陣 ***A*** 所有元素求和 (結果為純量)	numpy.einsum('ij->',A)
矩陣 ***A*** 對每一列元素求和	numpy.einsum('ij->j',A)
矩陣 ***A*** 對每一行元素求和	numpy.einsum('ij->i',A)
提取方陣 ***A*** 的對角元素 (結果為向量)	numpy.einsum('ii->i',A)
計算方陣 ***A*** 的跡 trace(***A***)(結果為純量)	numpy.einsum('ii->',A)
計算矩陣 ***A*** 和 ***B*** 乘積	numpy.einsum('ij,jk->ik',A,B)
乘積 ***AB*** 結果所有元素求和 (結果為純量)	numpy.einsum('ij,jk->',A,B)
矩陣 ***A*** 和 ***B*** 相乘後再轉置，即 $(\boldsymbol{AB})^{\mathrm{T}}$	numpy.einsum('ij,jk->ki',A,B)
形狀相同矩陣 ***A*** 和 ***B*** 逐項積	numpy.einsum('ij,ij->ij',A,B)

為了方便大家理解，我們在本章中不會介紹愛因斯坦求和約定的具體數學表達，而是透過圖解和 Python 實例方式讓大家理解這個數學工具。

大家如果之前沒有學過線性代數，這一章可以跳過不看；用到的時候再回來參考即可。

本章書附的 Jupyter Notebook 檔案是 Bk1_Ch18_01.ipynb，請大家一邊閱讀本章一邊實踐。

18.2 二維陣列求和

本節介紹二維陣列求和。

程式 18.1 ⓐ 匯入鳶尾花資料矩陣。

ⓑ 提取四個特徵樣本資料，儲存在 X，X 為二維陣列。

ⓒ 提取標籤資料。

每一列求和

程式 18.1 ⓓ 中 np.einsum('ij->j',X) 的含義是對輸入陣列 X 進行一個特定的操作，其中 'ij->j' 是一個描述操作的字串。下面，讓我們來分解這個字串。

如圖 18.2 所示，'ij' 表示輸入陣列 X 的維度索引。'i' 和 'j' 是分別表示二維陣列的行和列。

'->j' 表示輸出的維度索引。在這裡，'->' 表示輸出；'j' 是輸出陣列的維度索引，表示最終結果的維度。也就是說，'i' 這個索引被壓縮、折疊了。

所以，np.einsum('ij->j',X) 的操作是將輸入二維陣列 X 沿著 'i' 維度求和，然後傳回一維陣列，其維度只有 'j'。

總結來說，圖 18.2 執行了列求和操作，即將二維陣列的每一列相加。相當於 np.sum(X,axis = 0)。

每一行求和

同理，程式 18.1 ⓔ 將輸入二維陣列 X 沿著 'j' 維度求和，然後傳回一維陣列，其維度只有 'i'。也就是說，這行程式完成了行求和操作，即將二維陣列的每一行相加。

如圖 18.3 所示，'ij' 表示輸入陣列 X 的維度索引。'i' 和 'j' 是兩個維度索引。'->i' 表示輸出的維度索引。相當於 np.sum(X,axis = 1)。

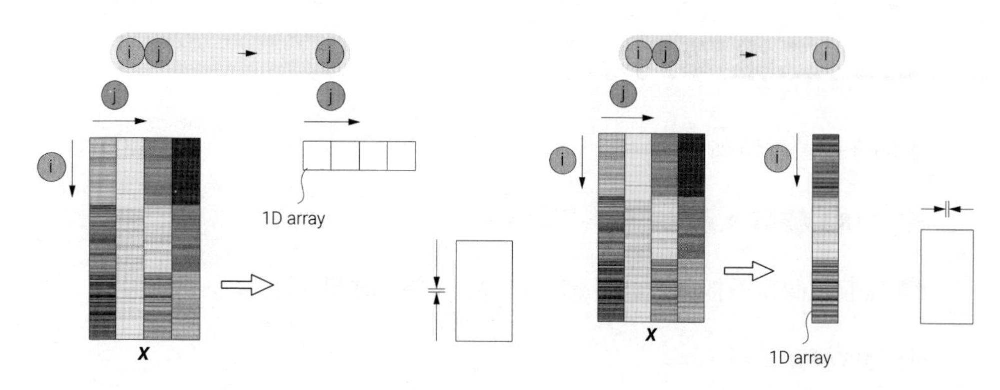

▲ 圖 18.2 利用愛因斯坦求和約定完成每一列求和

▲ 圖 18.3 利用愛因斯坦求和約定完成每一行求和

所有元素求和

程式 18.1 ⓕ 中 np.einsum('ij->',X) 的操作是對整個輸入二維陣列 X 進行整理求和。

具體操作是將矩陣中的所有元素相加，最終傳回一個純量值，表示所有元素的總和。相當於 np.sum(X,axis =(0,1))。

如圖 18.4 所示，'i' 和 'j' 這兩個維度索引都被折疊了。

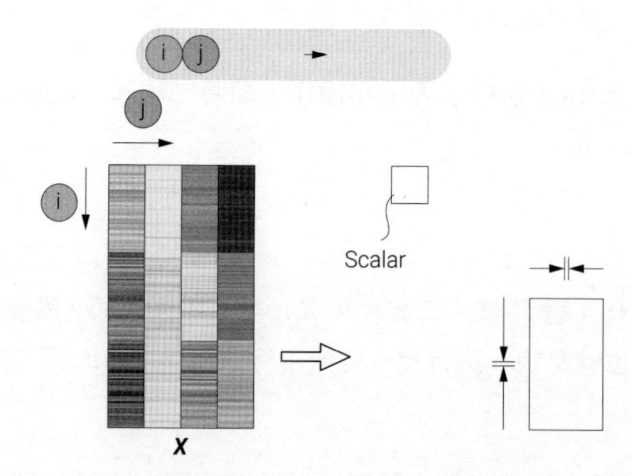

▲ 圖 18.4 利用愛因斯坦求和約定計算矩陣所有元素之和

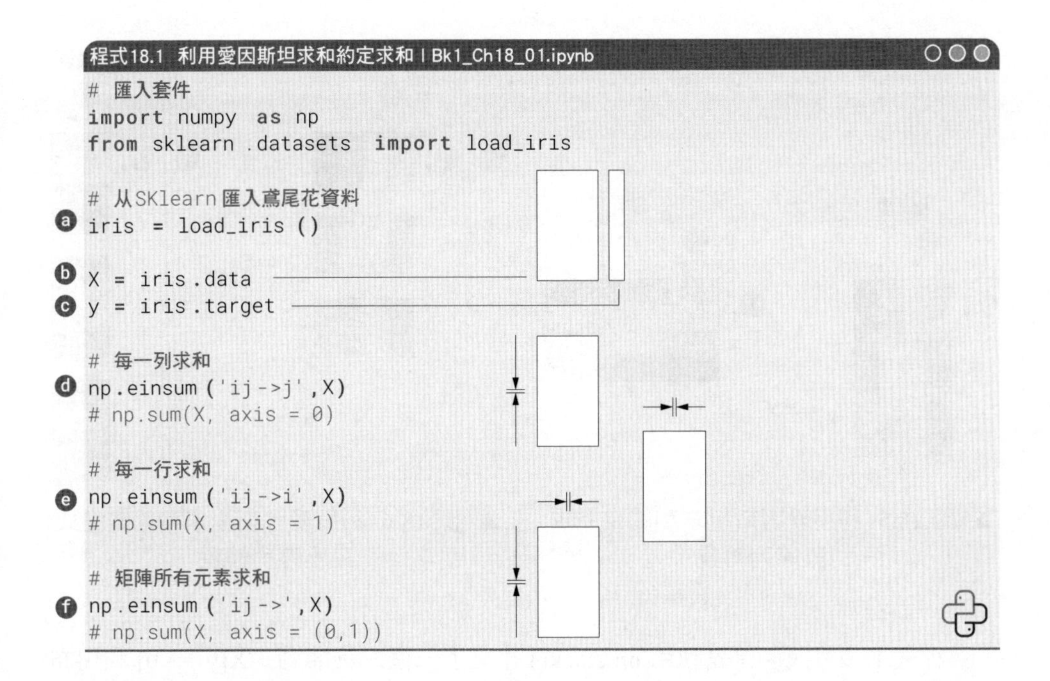

程式18.1 利用愛因斯坦求和約定求和 | Bk1_Ch18_01.ipynb

```
# 匯入套件
import numpy as np
from sklearn.datasets import load_iris

# 从SKlearn匯入鳶尾花資料
iris = load_iris ()                      # a

X = iris.data                            # b
y = iris.target                          # c

# 每一列求和
np.einsum ('ij->j',X)                    # d
# np.sum(X, axis = 0)

# 每一行求和
np.einsum ('ij->i',X)                    # e
# np.sum(X, axis = 1)

# 矩陣所有元素求和
np.einsum ('ij->',X)                     # f
# np.sum(X, axis = (0,1))
```

18.3 轉置

本節介紹如何用愛因斯坦求和約定完成二維、三維陣列轉置。

二維陣列

如圖 18.5 所示，對於二維陣列，用愛因斯坦求和約定完成轉置很容易。我們只需要調換維度索引，請大家參考程式 18.2 中 ⓐ。

三維陣列

對於三維陣列，我們也可以在指定軸上完成轉置。如圖 18.6 所示，對於這個三維陣列，我們保持 i 不變，透過調換 j 和 k 維度索引，完成這兩個方向的轉置。

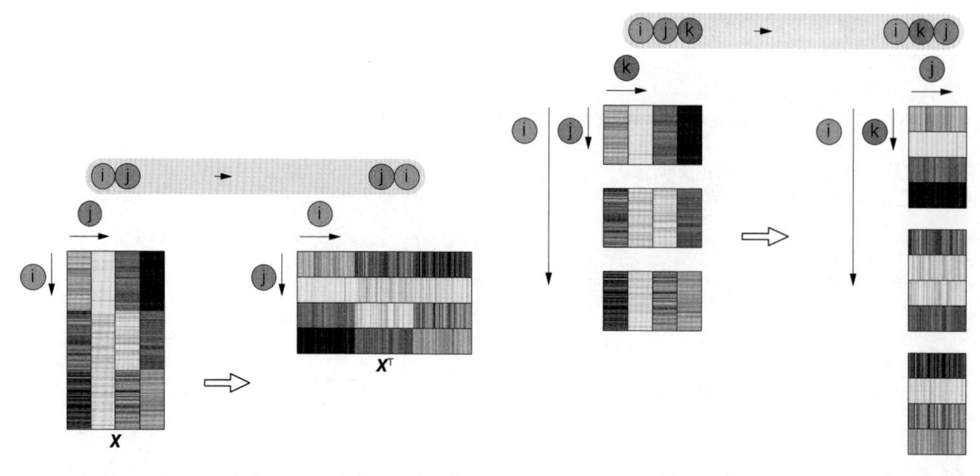

▲ 圖 18.5 利用愛因斯坦求和約定完成二維陣列轉置

▲ 圖 18.6 利用愛因斯坦求和約定完成三維陣列轉置

程式 18.2 中 ⓑ 首先利用 np.stack() 建立了一個三維陣列。X[y == 0] 利用布林切片提取了 y 在 0 位置時對應的 X 中元素，即鳶尾花資料中標籤為 setosa 的樣本資料。

ⓒ 利用 numpy.einsum() 完成三維陣列轉置，i 索引維度保持不變，j 和 k 調換。

在這一句下面的註釋中，還舉出了用 numpy.transpose() 完成相同的轉置運算的方法。

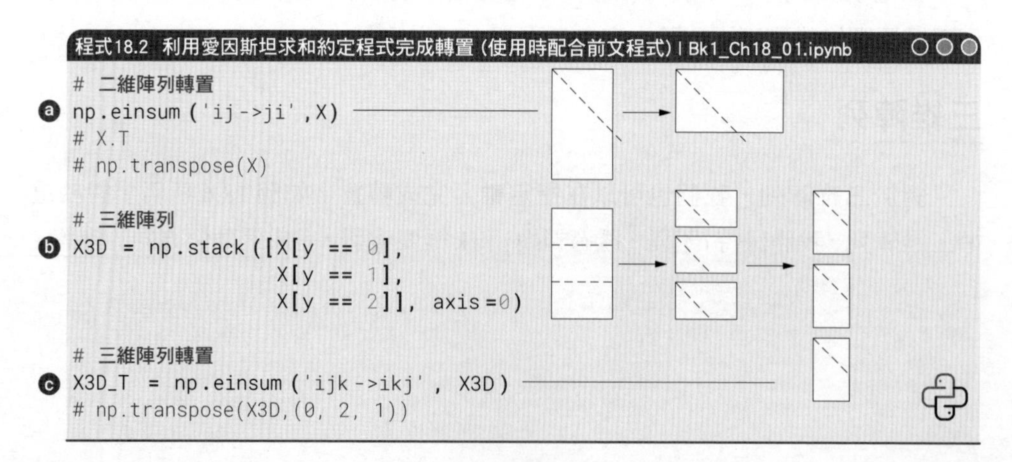

程式18.2 利用愛因斯坦求和約定程式完成轉置（使用時配合前文程式）| Bk1_Ch18_01.ipynb

```
# 二維陣列轉置
np.einsum('ij->ji',X)                  ⓐ
# X.T
# np.transpose(X)

# 三維陣列
X3D = np.stack([X[y == 0],             ⓑ
                X[y == 1],
                X[y == 2]], axis=0)

# 三維陣列轉置
X3D_T = np.einsum('ijk->ikj', X3D)     ⓒ
# np.transpose(X3D,(0, 2, 1))
```

18.4 矩陣乘法

本節用三個例子介紹如何用愛因斯坦求和約定完成矩陣乘法運算。

格拉姆矩陣

如圖 18.7 所示，在計算格拉姆矩陣 ***G*** 時，我們指定第一個矩陣 ***X*** 的維度索引為 i、j，第二個矩陣 ***X*** 的維度索引為 i、k。利用愛因斯坦求和約定，維度索引 i 被折疊了。

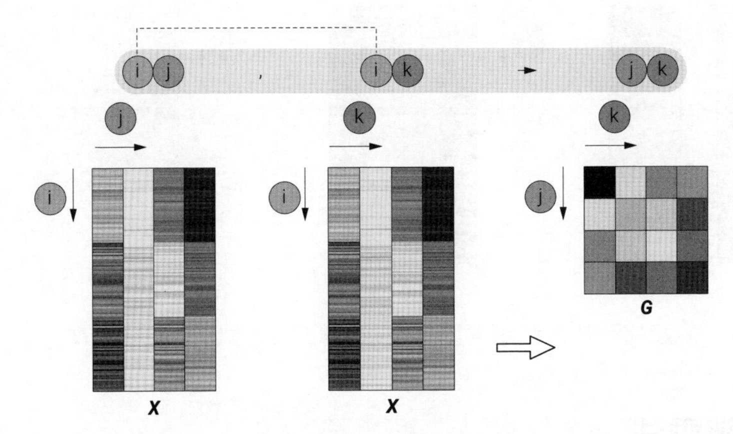

▲ 圖 18.7 利用愛因斯坦求和約定計算格拉姆矩陣 ***G***

圖 18.8 總結了在格拉姆矩陣中如何計算對角線元素和非對角線元素。

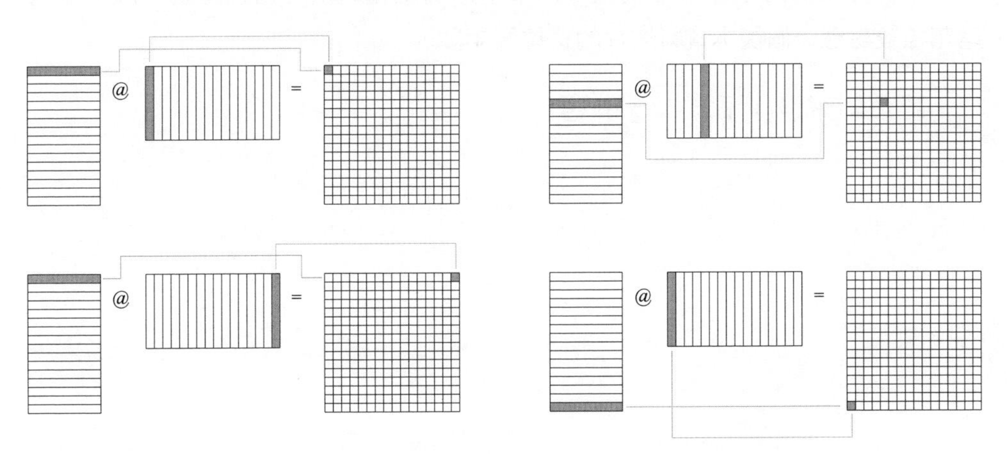

▲ 圖 18.8 格拉姆矩陣對角線元素和非對角元素

同理，如圖 18.9 所示，在計算格拉姆矩陣 ***H*** 時，我們指定第一個矩陣 ***X*** 的維度索引為 i、j，第二個矩陣 ***X*** 的維度索引為 k、j。利用愛因斯坦求和約定，維度索引 j 被折疊了。

請大家自行分析程式 18.3 中 ⓐ 和 ⓑ 兩句。

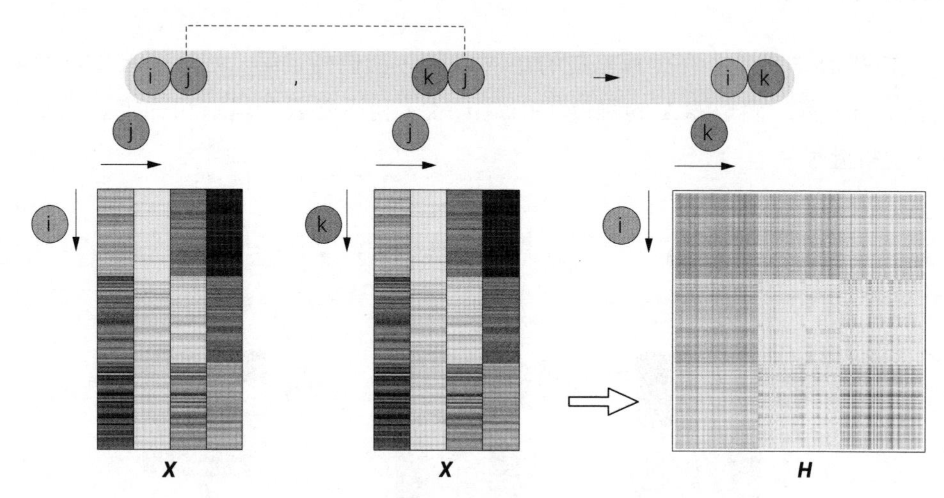

▲ 圖 18.9 利用愛因斯坦求和約定計算格拉姆矩陣 ***H***

分類矩陣乘法

如圖 18.10 所示，我們還可以用愛因斯坦求和約定完成更為複雜的矩陣乘法。在計算格拉姆矩陣時，我們考慮了不同鳶尾花類別。也就是說，每一類鳶尾花標籤對應一個樣本資料切片的格拉姆矩陣。

請大家自行分析程式 18.3 中 ⓒ 。

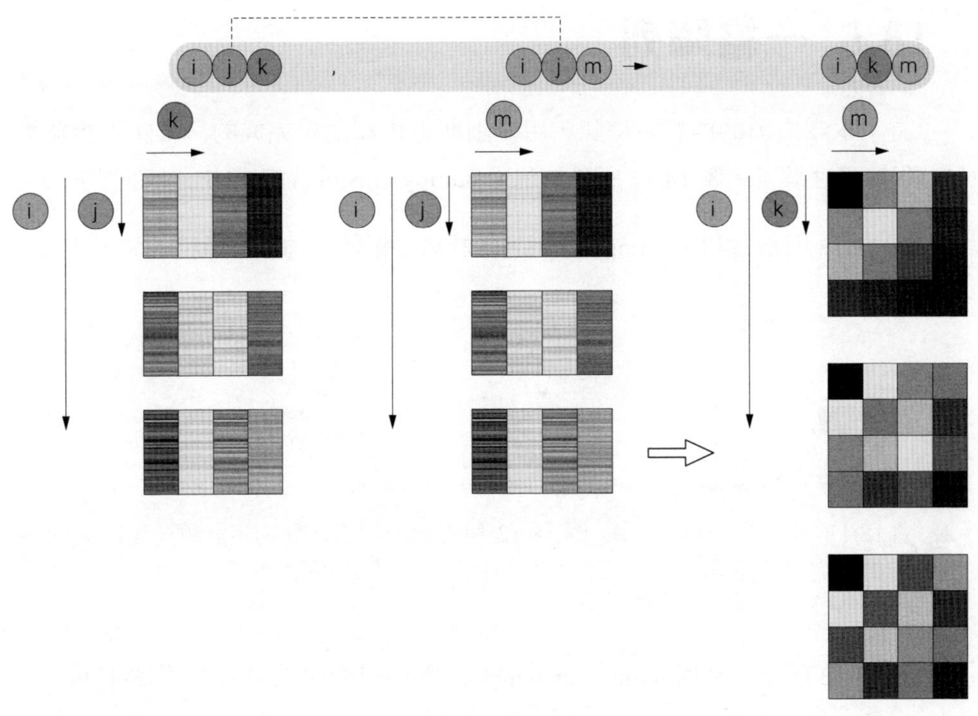

▲ 圖 18.10 利用愛因斯坦求和約定計算格拉姆矩陣 (考慮不同鳶尾花類別)

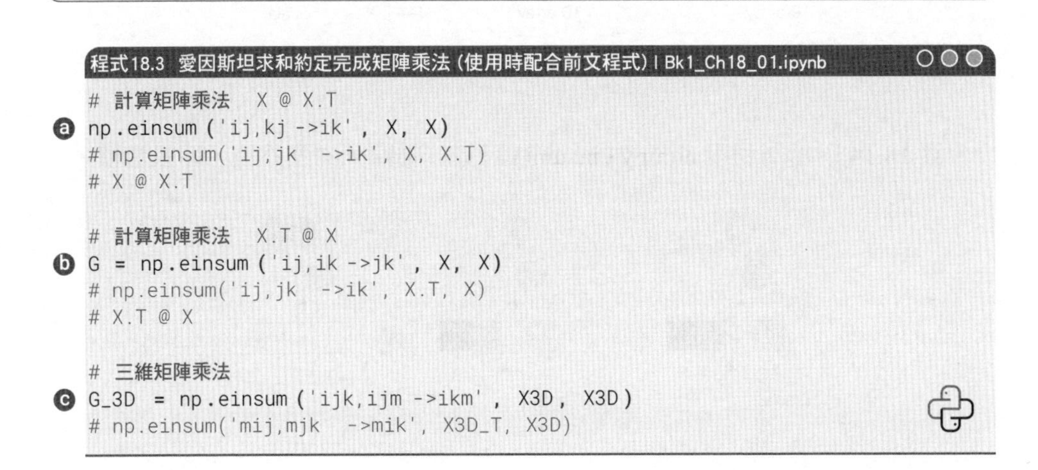

?

請大家思考如何用愛因斯坦求和約定完成多個矩陣連乘。

程式18.3 愛因斯坦求和約定完成矩陣乘法 (使用時配合前文程式) | Bk1_Ch18_01.ipynb

```
# 計算矩陣乘法  X @ X.T
np.einsum ('ij,kj ->ik' , X, X)         ⓐ
# np.einsum('ij,jk  ->ik', X, X.T)
# X @ X.T

# 計算矩陣乘法  X.T @ X
G = np.einsum ('ij,ik ->jk' , X, X)     ⓑ
# np.einsum('ij,jk  ->ik', X.T, X)
# X.T @ X

# 三維矩陣乘法
G_3D  = np.einsum ('ijk,ijm ->ikm' , X3D , X3D )   ⓒ
# np.einsum('mij,mjk  ->mik', X3D_T, X3D)
```

18.5 一維陣列

有了本章之前的內容做鋪陳，用愛因斯坦求和約定完成的一維陣列相關操作就很容易理解了。圖 18.11 所示為利用 numpy.einsum() 完成的一維陣列求和。

圖 18.12 所示為利用 numpy.einsum() 計算一維陣列向量逐項積。

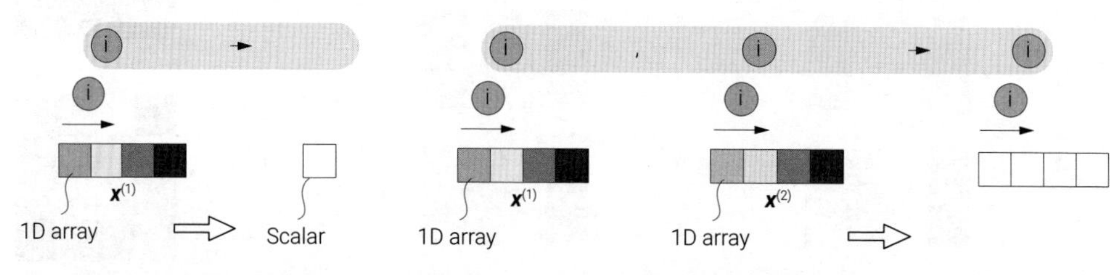

▲ 圖 18.11 利用愛因斯坦求和約定完成一維陣列求和

▲ 圖 18.12 利用愛因斯坦求和約定計算一維陣列向量逐項積

圖 18.13 所示為利用 numpy.einsum() 計算一維陣列向量內積，即純量積。

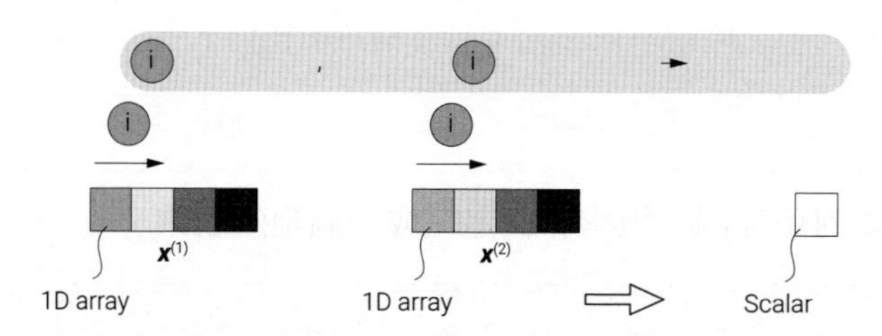

▲ 圖 18.13 利用愛因斯坦求和約定計算一維陣列向量內積 (純量積)

圖 18.14 所示為利用 numpy.einsum() 計算一維陣列向量外積，即張量積。

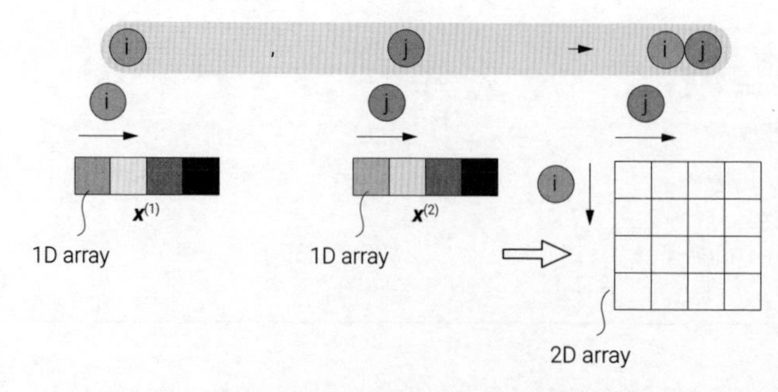

▲ 圖 18.14 利用愛因斯坦求和約定計算一維陣列向量外積 (張量積)

請大家自行分析程式 18.4。

程式 18.4 利用愛因斯坦求和約定完成一維陣列相關操作（使用時配合前文程式）| Bk1_Ch18_01.ipynb

```
# 提取兩個行向量
a_1D = X[0]
b_1D = X[1]

# 一維向量求和
a np.einsum('i->',a_1D)

# 一維向量逐項積
b np.einsum('i,i->i',a_1D,b_1D)

# 一維向量內積
c np.einsum('i,i->',a_1D,b_1D)

# 一維向量外積
d np.einsum('i,j->ij',a_1D,b_1D)
```

18.6 方陣

本節介紹兩個和方陣有關的愛因斯坦求和約定操作。圖 18.15 所示為利用 numpy.einsum() 提取方陣對角元素。

圖 18.16 所示為利用 numpy.einsum() 計算方陣跡。本書前文提過，跡是指方陣主對角線上元素的總和。再次注意，跡只對方陣有定義。

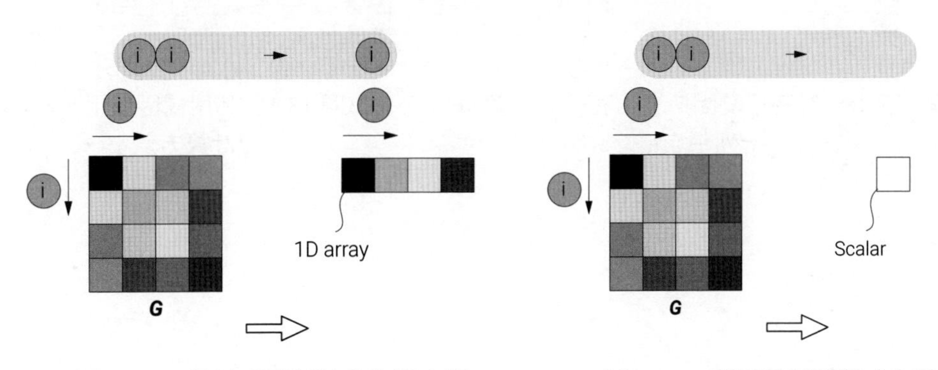

▲ 圖 18.15 利用愛因斯坦求和約定提取對角元素

▲ 圖 18.16 利用愛因斯坦求和約定計算方陣跡

請大家自行分析程式 18.5。

程式18.5 利用愛因斯坦求和約定進行方陣相關操作(使用時配合前文程式) | Bk1_Ch18_01.ipynb

```
#%% 取出方陣對角
np.einsum ('ii->i',G)        # a
# np.diag(G)

#%% 計算方陣跡
np.einsum ('ii->',G)         # b
# np.trace(G)
```

18.7 統計運算

愛因斯坦求和約定也可以用來完成統計運算，比如平均值 (見圖 18.17)、方差 (見圖 18.18)、協方差 (見圖 18.19)。

圖 18.18 中 ***X*c** 代表中心化矩陣，即資料的每一列減去其平均值。

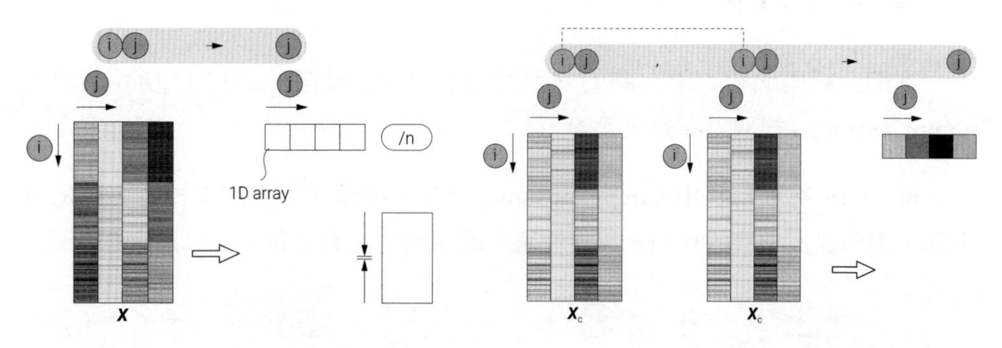

▲ 圖 18.17 利用愛因斯坦求和約定計算每一列平均值

▲ 圖 18.18 利用愛因斯坦求和約定計算方差

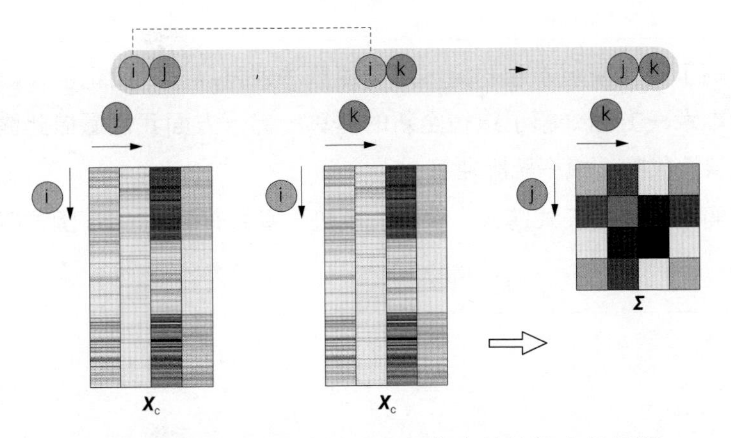

▲ 圖 18.19 利用愛因斯坦求和約定計算協方差矩陣

請大家自行分析程式 18.6。

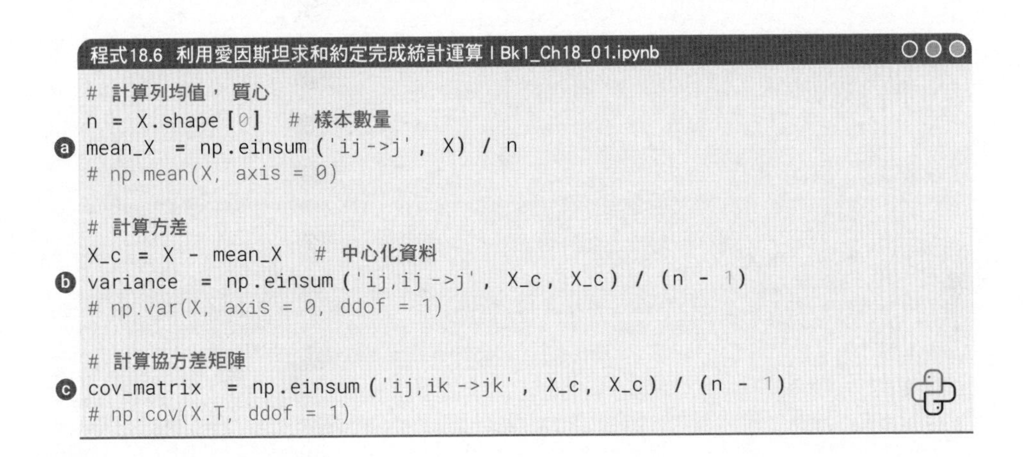

程式18.6 利用愛因斯坦求和約定完成統計運算 | Bk1_Ch18_01.ipynb

```
# 計算列均值，質心
n = X.shape[0]  # 樣本數量
mean_X = np.einsum('ij->j', X) / n                          # ⓐ
# np.mean(X, axis = 0)

# 計算方差
X_c = X - mean_X  # 中心化資料
variance = np.einsum('ij,ij->j', X_c, X_c) / (n - 1)        # ⓑ
# np.var(X, axis = 0, ddof = 1)

# 計算協方差矩陣
cov_matrix = np.einsum('ij,ik->jk', X_c, X_c) / (n - 1)     # ⓒ
# np.cov(X.T, ddof = 1)
```

➔ 請大家完成以下題目。

Q1. 在 JupyterLab 中自己複刻一遍本章所有愛因斯坦求和約定運算。

* 題目很基礎，本書不給答案。

本章介紹了愛因斯坦求和約定，這個運算法則可以極大簡化很多線性代數運算。本章一方面介紹了這種全新的運算，另一方面我們還借此機會回顧了常見線性代數、機率統計運算。

下一章開始，我們正式進入「資料」板塊，學習有關 Pandas 函式庫的各種操作。

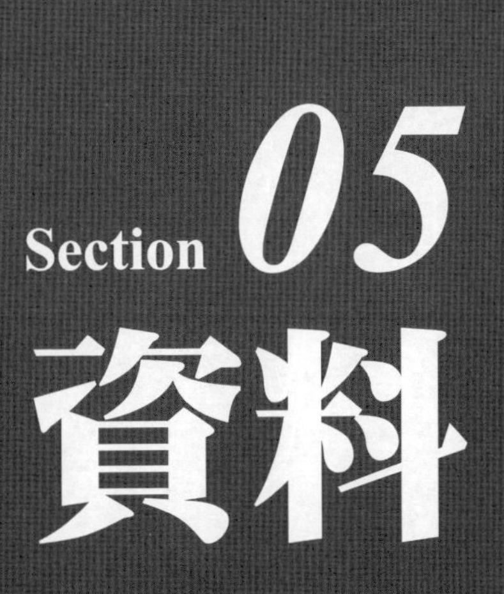
Section 05
資料

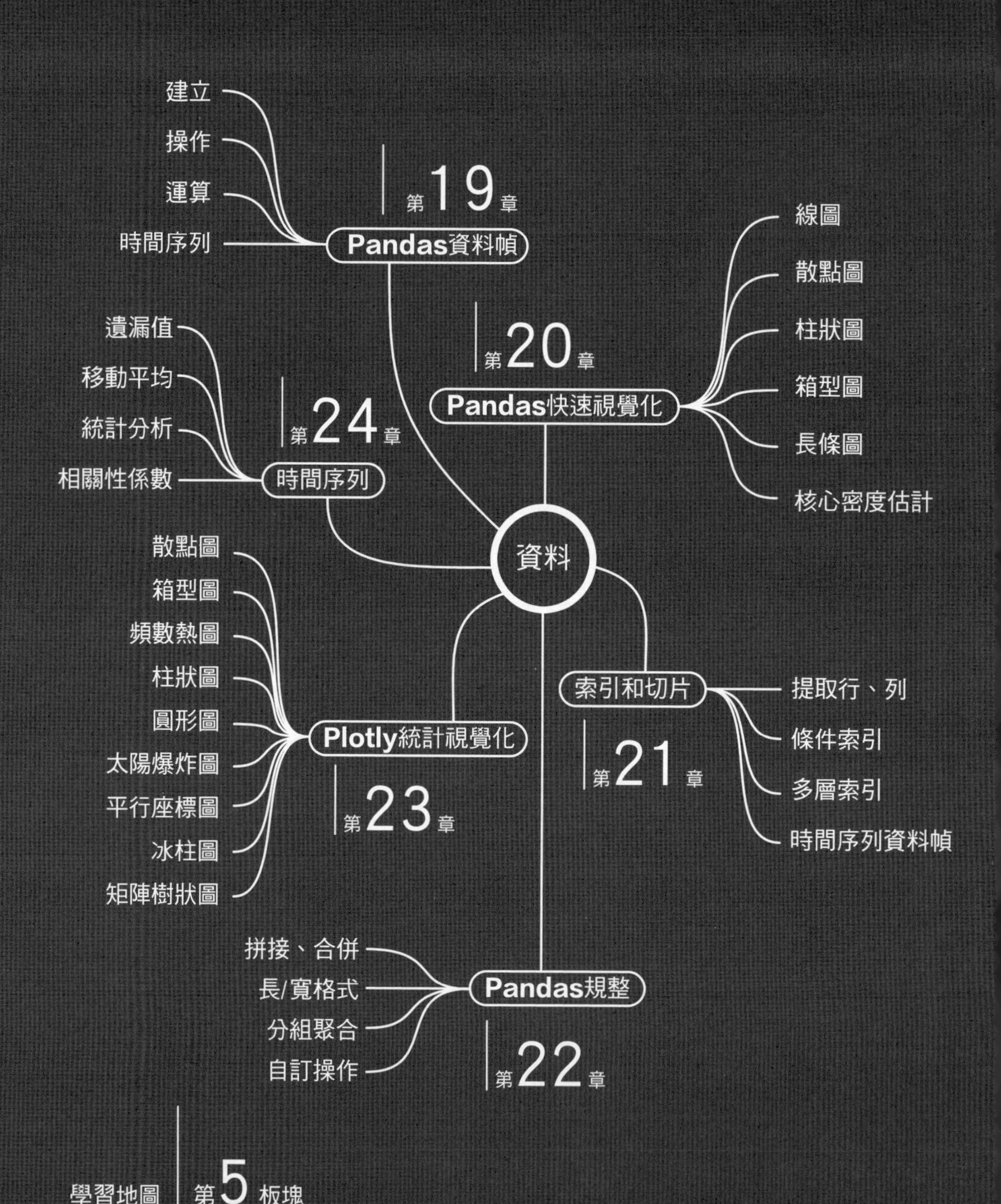
建立
操作
運算
時間序列
第19章
Pandas資料幀
線圖
散點圖
柱狀圖
箱型圖
長條圖
核心密度估計
第20章
Pandas快速視覺化
遺漏值
移動平均
統計分析
相關性係數
第24章
時間序列
資料
散點圖
箱型圖
頻數熱圖
柱狀圖
圓形圖
太陽爆炸圖
平行座標圖
冰柱圖
矩陣樹狀圖
Plotly統計視覺化
第23章
索引和切片
提取行、列
條件索引
多層索引
時間序列資料幀
第21章
拼接、合併
長/寬格式
分組聚合
自訂操作
Pandas規整
第22章

學習地圖 | 第5板塊

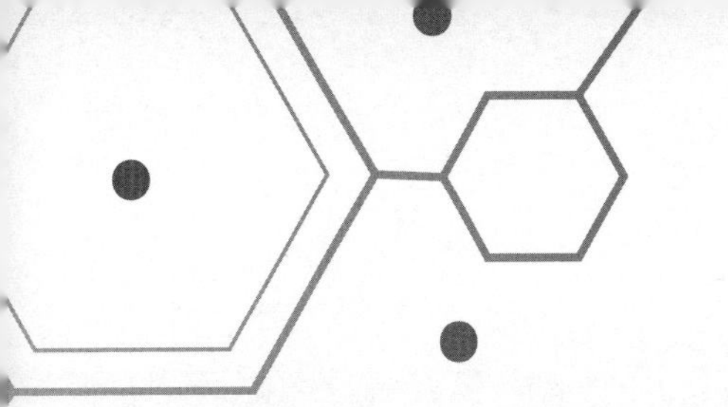

Fundamentals of Pandas

聊聊 Pandas

Pandas DataFrame 類似 Excel 表格，有行列標籤

數字是知識的終極形態；數字就是知識本身。

Numbers are the highest degree of knowledge.It is knowledge itself.

——柏拉圖（*Plato*）| 古希臘哲學家 | 前 *427*—前 *347* 年

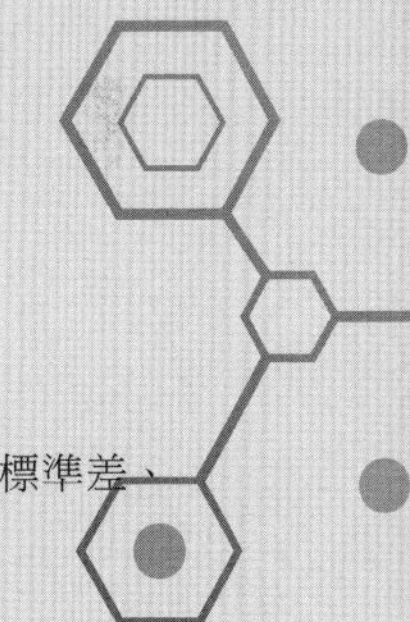

- pandas.DataFrame() 建立 Pandas 資料幀
- pandas.DataFrame.add_prefix() 給 DataFrame 的列標籤增加首碼
- pandas.DataFrame.add_suffix() 給 DataFrame 的列標籤增加尾碼
- pandas.DataFrame.axes 同時獲得資料幀的行標籤、列標籤
- pandas.DataFrame.columns 查詢資料幀的列標籤
- pandas.DataFrame.corr() 計算 DataFrame 中列之間 Pearson 相關係數 (樣本)
- pandas.DataFrame.count() 傳回資料幀每列 (預設 axis=0) 非遺漏值值數量
- pandas.DataFrame.cov() 計算 DataFrame 中列之間的協方差矩陣 (樣本)
- pandas.DataFrame.describe() 計算 DataFrame 中數值列的基本描述統計資訊，如平均值、標準差、分位數等
- pandas.DataFrame.drop() 用於從 DataFrame 中刪除指定的行或列
- pandas.DataFrame.head() 用於查看資料幀的前幾行資料，預設情況下，傳回資料幀的前 5 行
- pandas.DataFrame.iterrows() 遍歷 DataFrame 的行
- pandas.dataframe.iloc() 透過整數索引來選擇 DataFrame 的行和列的索引子
- pandas.DataFrame.index 查詢資料幀的行標籤
- pandas.DataFrame.info 獲取關於資料幀摘要資訊
- pandas.DataFrame.isnull() 用於檢查 DataFrame 中的每個元素是否為遺漏值 NaN
- pandas.DataFrame.items() 遍歷 DataFrame 的列
- pandas.DataFrame.kurt() 計算 DataFrame 中列的峰度 (四階矩)
- pandas.DataFrame.kurtosis() 計算 DataFrame 中列的峰度 (四階矩)
- pandas.dataframe.loc() 透過標籤索引來選擇 DataFrame 的行和列的索引子

- pandas.DataFrame.max() 計算 DataFrame 中每列的最大值
- pandas.DataFrame.mean() 計算 DataFrame 中每列的平均值
- pandas.DataFrame.median() 計算 DataFrame 中每列的中位數
- pandas.DataFrame.min() 計算 DataFrame 中每列的最小值
- pandas.DataFrame.mode() 計算 DataFrame 中每列的眾數
- pandas.DataFrame.nunique() 計算資料幀中每列的獨特值數量
- pandas.DataFrame.quantile() 計算 DataFrame 中每列的指定分位數值，如四分位數、特定百分位等
- pandas.DataFrame.rank() 計算 DataFrame 中每列元素的排序排名
- pandas.DataFrame.reindex() 用於重新排序 DataFrame 的列標籤
- pandas.DataFrame.rename() 對 DataFrame 的索引標籤、列標籤或它們的組合進行重新命名
- pandas.DataFrame.reset_index() 將 DataFrame 的行標籤重置為預設的整數索引，預設並將原來的行標籤轉為新的一列
- pandas.DataFrame.set_axis() 重新設置 DataFrame 的行或列標籤
- pandas.DataFrame.set_index() 改變 DataFrame 的索引結構
- pandas.DataFrame.shape 傳回一個元組，其中包含資料幀的行數、列數
- pandas.DataFrame.size 用於傳回資料幀中元素，即資料儲存格總數
- pandas.DataFrame.skew() 計算 DataFrame 中列的偏度 (三階矩)
- pandas.DataFrame.sort_index() 按照索引的昇冪或降冪對 DataFrame 進行重新排序，預設 axis = 0
- pandas.DataFrame.std() 計算 DataFrame 中列的標準差 (樣本)
- pandas.DataFrame.sum() 計算 DataFrame 中每列元素的總和
- pandas.DataFrame.tail() 用於查看資料幀的後幾行資料，預設情況下，傳回資料幀的後 5 行
- pandas.DataFrame.to_csv() 將 DataFrame 資料儲存為 CSV 格式檔案
- pandas.DataFrame.to_string() 將 DataFrame 資料轉為字串格式
- pandas.DataFrame.values 傳回資料幀中的實際資料部分作為一個多維 NumPy 陣列
- pandas.DataFrame.var() 計算 DataFrame 中列的方差 (樣本)
- pandas.Series() 建立 Pandas Series
- seaborn.heatmap() 繪製熱圖
- seaborn.load_dataset() 載入 Seaborn 範例資料集

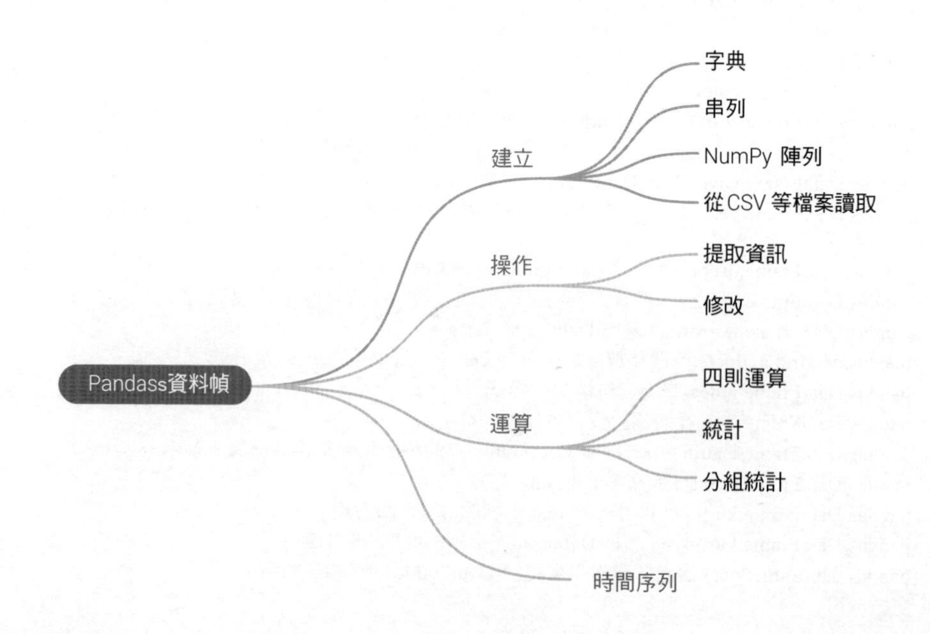

19.1 什麼是 Pandas?

Pandas 是一個開放原始碼的 Python 資料分析函式庫，它提供了一種高效、靈活、易於使用的資料結構，可以完成資料操作、資料清洗、資料分析和資料視覺化等任務。Pandas 最基本的資料結構是 Series 和 DataFrame。

Series 是一種類似於一維陣列的物件，相當於 NumPy 一維陣列；而 DataFrame 是一種二維度資料表格型的資料結構，可以容納多種類型的資料，並且可以進行各種資料操作。DataFrame 在本書中被叫作資料幀。本章主要介紹 DataFrame。

Pandas 還提供了大量的資料處理和操作函式，如資料篩選、資料排序、資料聚合、資料合併等。因此，Pandas 成為了 Python 中資料科學和機器學習領域的重要工具之一。

> ⚠
> 本章中的行標籤、列標籤特指資料幀的標籤；而對於資料幀，行索引、列索引則是指行列整數索引，這一點類似 NumPy 二維陣列。預設情況下，資料幀行標籤、列標籤均為基於 0 的整數索引。

比較 NumPy Array 和 Pandas DataFrame

NumPy Array 和 Pandas DataFrame 都是 Python 中重要的資料型態，但是兩者存在區別。NumPy Array 是多維陣列物件，一般要求所有元素具有相同的資料型態，即本書前文提到的同質性 (homogeneous)，從而保證高效儲存運算。

Pandas DataFrame 是一個二維度資料表格資料結構，類似於 Excel 表格，包含行標籤和列標籤。Pandas DataFrame 由多個列組成，每個列可以是不同的資料型態。

舉個例子，鳶尾花資料集前 4 列都是**定量資料** (quantitative data)；而最後一列鳶尾花標籤是**定性資料** (qualitative data)，也叫**分類資料** (categorical data)、**標籤** (label) 等。

NumPy Array 使用整數索引，類似於 Python 串列。而 Pandas DataFrame 支援自訂行標籤和列標籤，可以使用標籤索引，也可以用整數索引進行資料存取。

如圖 19.1 所示，給一個 NumPy 二維陣列加上行標籤和列標籤，我們便獲得了一個 Pandas DataFrame。當然，Pandas DataFrame 也可以轉化成 NumPy 陣列。這是本章後續要介紹的內容。

> ⚠ 為了方便大家查看全英文技術文件，本書行文中會混用資料幀、Pandas 資料幀、Pandas DataFrame 和 DataFrame，Pandas Series 和 Series，NumPy 陣列和 NumPy Array 這幾個術語。

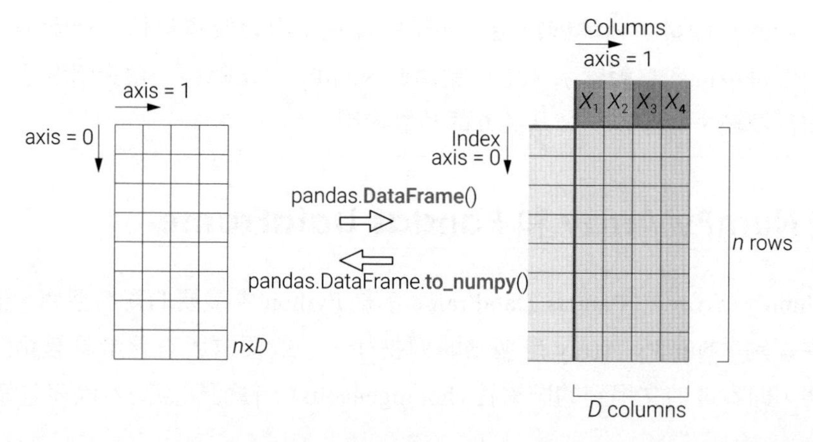

▲ 圖 19.1 比較 NumPy Array 和 Pandas DataFrame，以及兩者的相互轉化

> ⚠ 圖 19.1 中的 X_1、X_2、X_3、X_4 僅僅是示意。真實的列標籤不會出現斜體、下標這些樣式。在資料幀中，我們可以用 X1、X2、X3、X4 或者 X_1、X_2、X_3、X_4。之所以寫成 X_1、X_2、X_3、X_4，是為了幫助大家把資料幀的列和數學中的隨機變數 (random variable) 概念聯繫起來。

Pandas DataFrame 更適用於處理結構化資料，如表格、CSV 檔案、SQL 資料庫查詢結果等。

此外，Pandas DataFrame 還支援**時間序列** (timeseries) 資料。Pandas DataFrame 中的時間序列資料通常是指具有時間索引的資料。

Pandas DataFrame 提供大量資料操作、處理遺漏值、資料過濾、資料合併、資料透視等更高級的資料分析功能。

實際應用中，Pandas 和 NumPy 常常一起使用，Pandas 負責資料的組織、清洗和分析，而 NumPy 負責底層數值計算。

如何學習 Pandas

學習 Pandas 需要從以下幾個板塊入手。

- **Pandas 基礎知識**：需要學習 Pandas 的資料結構，包括 Series 和 DataFrame，掌握如何建立、讀取、修改、刪除、索引和切片等操作，以及如何處理遺漏值和重複值等資料清洗技巧。
- **資料操作**：Pandas 提供了豐富的資料操作函式，如資料篩選、排序、合併、聚合、透視等。需要學習這些函式的用法和應用場景，以便在資料分析和處理中靈活運用。
- **資料視覺化**：Pandas 本身具備一些基本視覺化工具；同時 Pandas 可以與 Matplotlib、Seaborn、Plotly 等函式庫結合使用，進行資料視覺化，大家需要學習如何使用這些函式庫進行視覺化和圖表繪製。
- **時間序列**：Pandas 中的時間序列是一種強大的資料結構，用於處理時間相關的資料，它能夠輕鬆地對時間索引的資料進行清理、切片、聚合和頻率轉換等操作。同時，配合 Statsmodels 等 Python 函式庫，可以進一步完成時間序列分析、建模模擬、機器學習等。

本章先從建立資料幀的幾種方法聊起。

19.2 建立資料幀：從字典、串列、NumPy 陣列……

在 Pandas 中，可以使用多種方法建立 DataFrame，下面介紹幾種常用方法。

字典 (dict)

可以用 Python 中的**字典** (dict) 來建立 Pandas DataFrame。

字典的**鍵** (key) 將成為 DataFrame 的列標籤，而字典的**值** (value) 將成為 DataFrame 的列資料。程式 19.1 舉出了一個範例。

ⓐ 將 pandas 匯入，並簡寫作 pd。執行後，Pandas 函式庫被匯入，然後可以使用簡稱 pd 來呼叫 Pandas 的函式和類別，例如 pd.DataFrame()、pd.Series() 等。

ⓑ 構造一個字典。字典的鍵分別是 'Integer'、'Greek'，對應 DataFrame 的列標籤。每個鍵對應的值是一個串列，這些串列將成為 DataFrame 中相應列的資料。

請確保字典中的每個值 (串列) 的長度相同，以便正確建立 DataFrame。如果長度不一致，將引發異常，異常資訊為 "ValueError:All arrays must be of the same length"。

> ⚠
> DataFrame 的 Index 和 Column 標籤都區分大小寫，也就是說，'Integer' 和 'integer' 代表兩個不同標籤。

ⓒ 利用 pandas.DataFrame() 建立一個二維資料結構，稱為 DataFrame。

ⓓ 利用 pandas.DataFrame.set_index() 將資料幀的 'Integer' 這一列設置為行標籤，原理如圖 19.2 所示。此外，可以用 pandas.DataFrame.reset_index() 重置行標籤，將行標籤設置為從 0 開始的整數索引，同時加一個原來的行標籤轉換成一個新的列。

使用 pandas.DataFrame.reset_index() 時，如果設置 drop=True，原來的行標籤將被刪除。

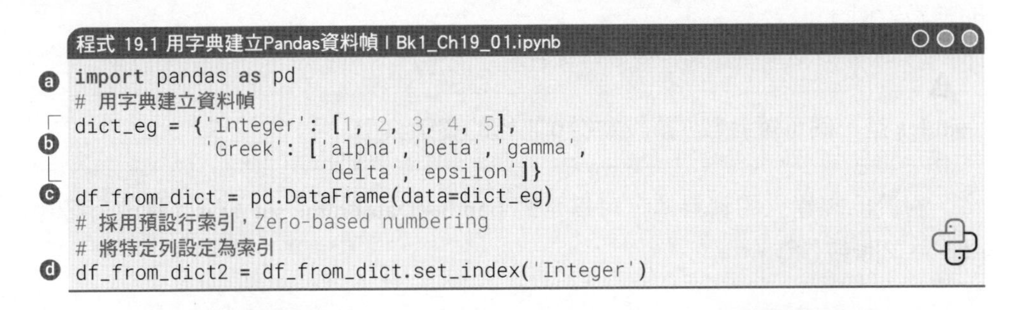

程式 19.1 用字典建立Pandas資料幀 | Bk1_Ch19_01.ipynb

```
a import pandas as pd
  # 用字典建立資料幀
b dict_eg = {'Integer': [1, 2, 3, 4, 5],
             'Greek': ['alpha','beta','gamma',
                       'delta','epsilon']}
c df_from_dict = pd.DataFrame(data=dict_eg)
  # 採用預設行索引，Zero-based numbering
  # 將特定列設定為索引
d df_from_dict2 = df_from_dict.set_index('Integer')
```

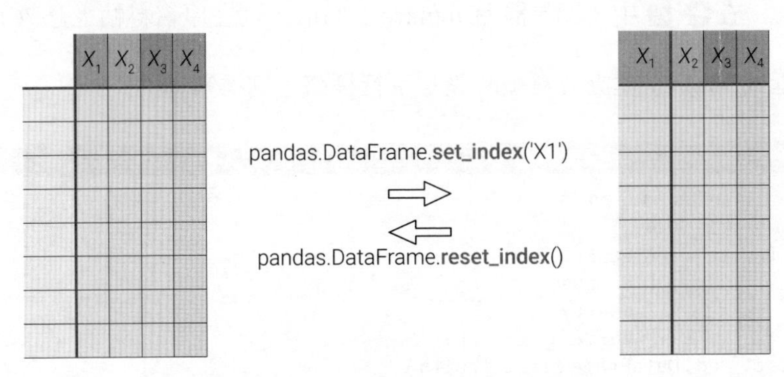

▲ 圖 19.2 設置 DataFrame 的索引

串列 (list)

還可以使用 Python 中的串列 (list) 來建立 Pandas DataFrame。串列的每個列代表 DataFrame 的一列資料，如程式 19.2 所示。

程式 19.2 中 ⓐ 構造了一個 4 行 2 列的串列。

ⓑ 利用 pandas.DataFrame() 將串列轉化為 Pandas 資料幀。

pandas.DataFrame() 這個函式的重要參數有 pandas.DataFrame(data = ...,index = ...,columns = ...)。其中，data 可以是各種資料型態，包括字典、串列、NumPy 陣列、Pandas Series 等。這些資料將用於建構 DataFrame 的內容。

而 index 用於指定行標籤的資料。

函式中 columns 參數用於指定列標籤的資料。它也是一個可選參數，預設為從 0 開始的整數索引。ⓑ 建立的資料幀的行標籤、列標籤均為預設從 0 開始的整數索引。

> ⚠ index 是一個可選參數，預設為從 0 開始的整數索引。

對於已經建立的資料幀，可以透過 pandas.DataFrame.set_axis() 修改行標籤（ⓒ）、列標籤（ⓓ）。

注意，在ⓒ ⓓ 中，如果設定 inplace = True，則在原資料幀上修改。

而程式 19.2 ⓔ 建立資料幀時設定了行標籤、列標籤。

程式 19.2 用串列建立Pandas資料幀 | Bk1_Ch19_01.ipynb

```
import pandas as pd
# 用串列建立資料幀
list_fruits = [['apple', 11],                    # ⓐ
               ['banana', 22],
               ['cherry', 33],
               ['durian', 44]]
df_list1 = pd.DataFrame(list_fruits)             # ⓑ
# 採用預設行索引 、列標籤，Zero-based numbering
# 設定行索引
df_list1.set_axis(['a', 'b', 'c', 'd'], axis='index')    # ⓒ
# 設定行標籤
df_list1.set_axis(['Fruit', 'Number'], axis='columns')   # ⓓ
# 設定列標籤
df_list2 = pd.DataFrame(list_fruits,             # ⓔ
                        columns=['Fruit', 'Number'],
                        index=['a', 'b', 'c', 'd'])
```

NumPy 陣列

要使用二維 NumPy 陣列建立 Pandas DataFrame，可以直接將二維 NumPy 陣列作為參數傳遞給 Pandas.DataFrame() 函式。

NumPy 陣列每一行的元素將成為 DataFrame 的行，而每一列的元素將成為 DataFrame 的列。

程式 19.3 中 ⓐ 利用 numpy.random.normal() 函式生成一個形狀為 (10,4) 的二維陣列，陣列中的元素是從高斯分佈中隨機取出的樣本資料。ⓑ 利用 pandas.DataFrame() 建立資料幀，並設置列標籤。

ⓒ 則是在 for 迴圈中生成串列，然後再將其轉化成資料幀。

Pandas 還支援從 CSV 檔案、Excel 檔案、SQL 資料庫、JSON、HTML 等資料來源中讀取資料來建立 DataFrame。本章最後會介紹幾種匯入資料的方法。

程式19.3 用NumPy陣列建立Pandas資料幀 | Bk1_Ch19_01.ipynb

```
import pandas as pd
import numpy as np
np_array = np.random.normal(size = (10,4))         # ⓐ
# 形狀為(10, 4)的二維陣列
df_np = pd.DataFrame(np_array,                      # ⓑ
                     columns=['X1', 'X2', 'X3', 'X4'])
# 用 for 迴圈生成串列
data = []
# 建立一個空 list
for idx in range(10):                               # ⓒ
    data_idx = np.random.normal(size = (1,4)).tolist()
    data.append(data_idx[0])
# 注意，用list.append() 速度相對較快
df_loop = pd.DataFrame(data,
                       columns = ['X1','X2','X3','X4'])
```

19.3 資料幀操作：以鳶尾花資料為例

本書前文介紹過鳶尾花資料集 (Fisher's Iris data set)。這一節我們利用鳶尾花資料集介紹常用資料幀操作。

匯入鳶尾花資料

程式 19.4 所示為從 Seaborn 函式庫中匯入鳶尾花資料集。

ⓐ 匯入 Seaborn 函式庫時使用的 as sns 是給 Seaborn 函式庫起了一個別名，以方便在程式中使用。

ⓑ 利用 seaborn.load_dataset() 函式匯入鳶尾花資料集，格式為資料幀。

在 Seaborn 中，「iris」資料集通常是以 Pandas DataFrame 的形式載入的，它包含了 150 行、5 列資料，具體如表 19.1 所示。

每個鳶尾花樣本在 DataFrame 中都有一個唯一的行標籤 (也是預設行整數索引)，通常是 0 ~ 149。

鳶尾花樣本 DataFrame 列標籤有 5 個：

- (索引為 0 列) 'sepal_length'：萼片長度，浮點數類型；
- (索引為 1 列) 'sepal_width'： 萼片寬度，浮點數類型；
- (索引為 2 列) 'petal_length'： 花瓣長度，浮點數類型；
- (索引為 3 列) 'petal_width'： 花瓣寬度，浮點數類型；
- (索引為 4 列) 'species'：鳶尾花的品種，字串類型。

ⓒ 利用 seaborn.heatmap() 視覺化鳶尾花資料集前四列，具體如圖 19.3 所示。

ⓒ 中 iris_df.iloc[:,0:4] 利用 pandas.dataframe.iloc[] 對 Pandas DataFrame 進行切片操作，用於從 DataFrame 中選擇特定的行和列。[:,0:4] 是對 DataFrame 進行切片的部分。

在 iloc 中，第一個冒號「:」表示選擇所有的行，而「0:4」表示選擇列的範圍，即列索引從 0 到 3，不包括 4。Python 的切片操作通常是左閉右開區間，所以「0:4」選擇了索引位置 0、1、2 和 3 的列。

> 下一章專門介紹 Pandas 資料幀的索引和切片。

程式19.4 從Seaborn中匯入鳶尾花資料集，格式為資料幀 | Bk1_Ch19_01.ipynb

```
import pandas as pd
import seaborn as sns
import matplotlib.pyplot as plt
iris_df = sns.load_dataset("iris")
# 從Seaborn中匯入鳶尾花資料幀
# 用熱圖型視覺化鳶尾花資料
fig,ax = plt.subplots(figsize = (5,9))
sns.heatmap(iris_df.iloc[:, 0:4],
            cmap = 'RdYlBu_r',
            ax = ax,
            vmax = 8, vmin = 0,
            cbar_kws = {'orientation':'vertical'},
            annot=False)
# 將熱圖以 SVG 格式儲存
fig.savefig('鳶尾花資料 dataframe.svg', format='svg')
```

➔ 表 19.1 鳶尾花樣本資料組成的資料幀

Index	sepal_length	sepal_width	petal_length	petal_width	species
0	5.1	3.5	1.4	0.2	setosa
1	4.9	3	1.4	0.2	setosa
2	4.7	3.2	1.3	0.2	setosa
3	4.6	3.1	1.5	0.2	setosa
4	5	3.6	1.4	0.2	setosa
...	...	...	...	...	...
145	6.7	3	5.2	2.3	virginica
146	6.3	2.5	5	1.9	virginica
147	6.5	3	5.2	2	virginica
148	6.2	3.4	5.4	2.3	virginica
149	5.9	3	5.1	1.8	virginica

pandas.DataFrame.to_csv() 將 DataFrame 資料儲存為 **CSV**(Comma-Separated Values，逗點分隔值) 檔案。CSV 是一種常見的文字檔格式，用於儲存表格資料，每行代表一筆記錄，每個欄位由逗點或其他特定字元分隔。在 JupterLab 中，我們可直接按兩下開啟 CSV 檔案，很方便地查看資料。

pandas.DataFrame.to_string() 將 DataFrame 資料轉為字串格式。

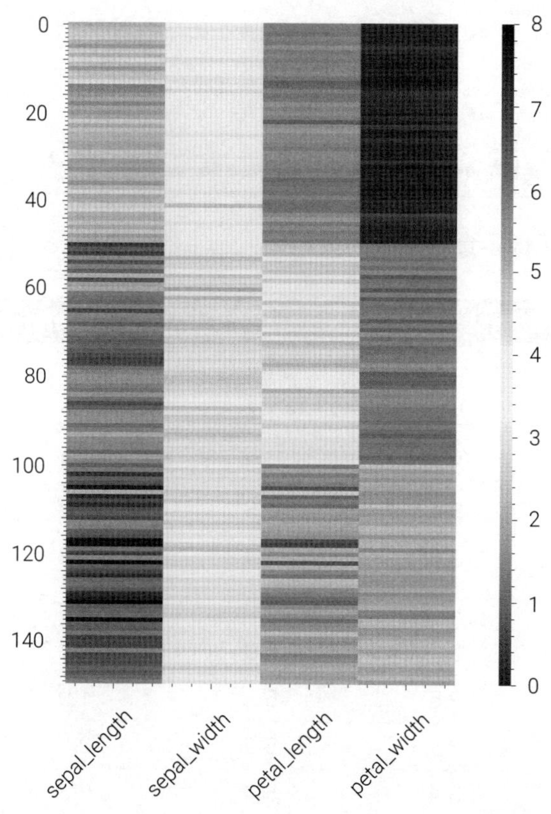

▲ 圖 19.3 熱圖型視覺化鳶尾花資料集資料幀

資料幀基本資訊

Pandas 提供了很多函式查詢資料幀資訊，表 19.2 介紹了其中幾個常用函式。

➔ 表 19.2 獲取資料幀基本資訊的幾個常用函式 (屬性、方法) | Bk1_Ch19_01.ipynb

函式	用法
pandas.DataFrame.index	查詢資料幀的行標籤。 比如 iris_df.index 的結果為 'RangeIndex(start=0,stop=150,step=1)'。 如果想要知道行標籤的具體值，則用 list(iris_df.index)。 以下是獲取資料幀行數的幾種不同方法： iris_df.shape[0] len(iris_df) len(iris_df.index) len(iris_df.axes[0])

pandas.DataFrame.columns	查詢資料幀的列標籤。
	比如 iris_df.columns 的結果為 'Index(['sepal_length','sepal_width','petal_length','petal_width','species'],dtype='object')'。同樣 list(iris_df.columns) 可以得到列標籤的串列。
	以下是獲取資料幀列數的幾種不同方法：
	iris_df.shape[1]
	len(iris_df.T)#T 代表轉置
	len(iris_df.columns)
	len(iris_df.axes[1])

pandas.DataFrame.axes	同時獲得資料幀的行標籤、列標籤。 比如 iris_df.axes 的結果為 [RangeIndex(start=0,stop=150,step=1),Index(['sepal_length','sepal_width','petal_length','petal_width','species'],dtype='object')]

函式	用法
pandas.DataFrame.values 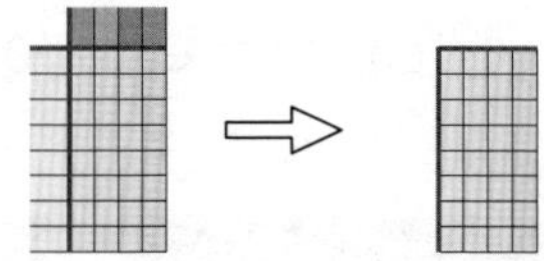	用於傳回資料幀中的實際資料部分作為一個多維 NumPy 陣列。傳回的陣列可以用於進行數值計算、傳遞給其他函式庫或以其他方式處理資料。 比如，iris_df.values 傳回的是二維 NumPy 陣列
pandas.DataFrame.info	獲取關於資料幀摘要資訊，如資料幀的結構、資料型態、遺漏值情況、記憶體佔用等基本資訊，對於資料的初步探索和診斷非常有用
pandas.DataFrame.describe() 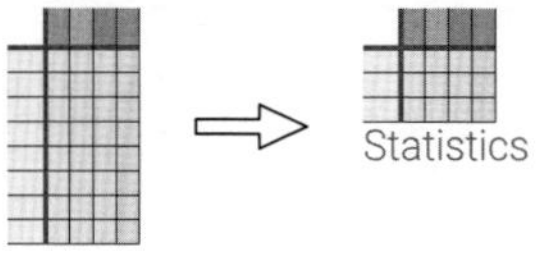 Statistics	用於生成關於資料幀統計摘要資訊。它提供了資料的基本統計資訊，如計數、平均值、標準差、最小值、最大值和分位數等。本書後文將專門介紹資料幀運算，其中包括統計運算。 比如，iris_df.describe() 計算鳶尾花列資料統計值。 如果想要列印小數點後一位，可以用 iris_df.describe().round(1)
pandas.DataFrame.nunique() .nunique 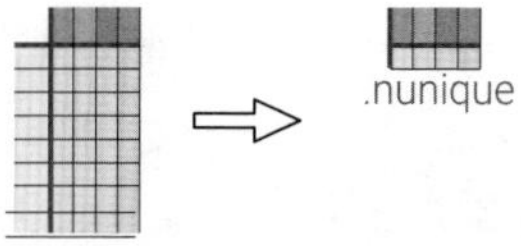	用於計算資料幀中每一列的獨特值 (unique value) 數量。 比如，對鳶尾花資料來說，最後一列 (species) 的獨特值個數為 3。 同理，pandas.unique() 可以計算得到資料幀某一列的具體獨特值。 比如，iris_df['species'].unique() 的結果為 array(['setosa','versicolor','virginica'],dtype=object)
pandas.DataFrame.head() 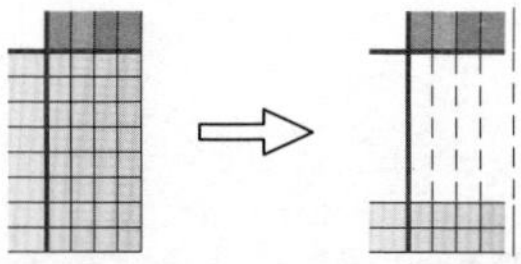	用於查看資料幀的前幾行資料，預設情況下，傳回資料幀的前 5 行。比如，iris_df.head(2) 傳回資料幀前 2 行
pandas.DataFrame.tail() 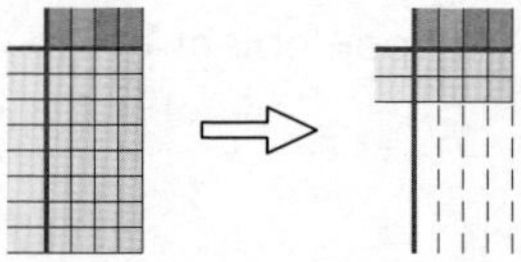	用於查看資料幀的後幾行資料，預設情況下，傳回資料幀的後 5 行。比如，iris_df.tail(2) 傳回資料幀後 2 行

函式	用法
pandas.DataFrame.shape	用於獲取資料幀的維度資訊。函式傳回一個元組，其中包含資料幀的行數、列數。 比如，iris_df.shape 傳回的結果為 (150,5)
pandas.DataFrame.size	用於傳回資料幀中元素，即資料儲存格總數，就是資料幀行數乘以列數的結果。 比如，iris_df.size 傳回的結果為 750
pandas.DataFrame.count() .count()	傳回資料幀每列 (預設 axis=0) 非遺漏值數量。這個函式可以快速了解每列中有多少個有效的非遺漏值資料，這對於資料清洗和資料品質的檢查非常有用。將參數設置為 axis=1，可以查詢每行的非遺漏值數量。 比如，iris_df.count()*100/len(iris_df) 計算每一列非遺漏值的百分比
pandas.DataFrame.isnull()	用於檢查 DataFrame 中的每個元素是否為遺漏值 NaN。函式傳回一個與原始 DataFrame 結構相同的布林值 DataFrame，其中的每個元素都對應於原始 DataFrame 中的元素，並且其值為 True 表示該元素是遺漏值，False 表示該元素不是遺漏值。 比如，iris_df.isnull().sum()*100/len(iris_df) 計算每一列遺漏值百分比

迴圈

如程式 19.5 所示，在 Pandas 中可以使用 iterrows() 方法來遍歷 DataFrame 的行，使用 iteritems() 或 items() 方法來迴圈 DataFrame 的列。注意，iteritems() 在未來 Pandas 版本中將被棄用。

另外，我們還可以直接使用 for 迴圈來遍歷 DataFrame 的列。

程式19.5 遍歷資料幀行、列 | Bk1_Ch19_01.ipynb

```
import pandas as pd
import seaborn as sns

iris_df = sns.load_dataset ("iris")
# 从Seaborn 中匯入鳶尾花資料幀
# 遍歷資料幀的行
for idx, row_idx in iris_df.iterrows():
    print('=================')
    print('Row index =' ,str(idx))
    print(row_idx['sepal_length'],
          row_idx['sepal_width'])

# 遍歷資料幀的列
for column_idx in iris_df.items():
    print(column_idx)
```

修改資料幀

表 19.3 總結了 Pandas 中常用的各種修改資料幀行標籤、列標籤的函式。

➔ 表 19.3 修改資料幀行標籤、列標籤 | Bk1_Ch19_01.ipynb

函式	用法
pandas.DataFrame.rename()	對 DataFrame 的索引標籤、列標籤或它們的組合進行重新命名。 需要注意的是，rename() 方法預設傳回新的 DataFrame，如果想要在原地修改 DataFrame，可以將參數 inplace 設置為 True。 比如，對列標籤重新命名：iris_df.rename(columns={'sepal_length':'X1', 'sepal_width':'X2', 'petal_length':'X3', 'petal_width':'X4', 'species':'Y'}) 比如，對行標籤重新命名，給每個行標籤前面加首碼 idx_：iris_df.rename(lambda x:f'idx_{x}') 每個行標籤後面加尾碼 _idx： iris_df.rename(lambda x:f'{x}_idx')

函式	用法
pandas.DataFrame. add_suffix()	給 DataFrame 的列標籤增加尾碼，並傳回一個新的 DataFrame，原始 DataFrame 保持不變。這個方法對於在合併多個 DataFrame 時，避免列名稱衝突很有用。透過增加尾碼，可以清楚地區分來自不同 DataFrame 的列。 比如，iris_df_suffix = iris_df.add_suffix('_col') 以上資料幀要想除去列標籤尾碼 _col，可以用： iris_df_suffix.rename(columns = lambda x:x.strip('_col'))
pandas.DataFrame. add_prefix()	給 DataFrame 的列標籤增加首碼，並傳回一個新的 DataFrame，原始 DataFrame 保持不變。這個方法對於在合併多個 DataFrame 時，避免列名稱衝突很有用。透過增加首碼，可以清楚地區分來自不同 DataFrame 的列。 比如，iris_df_prefix = iris_df.add_prefix('col_').head() 以上資料幀要想除去列標籤首碼 col_，可以用： iris_df_prefix.rename(columns = lambda x:x.strip('col_'))

更改列標籤順序

如圖 19.4 所示，資料幀建立後，列標籤的順序可以根據需要進一步修改。

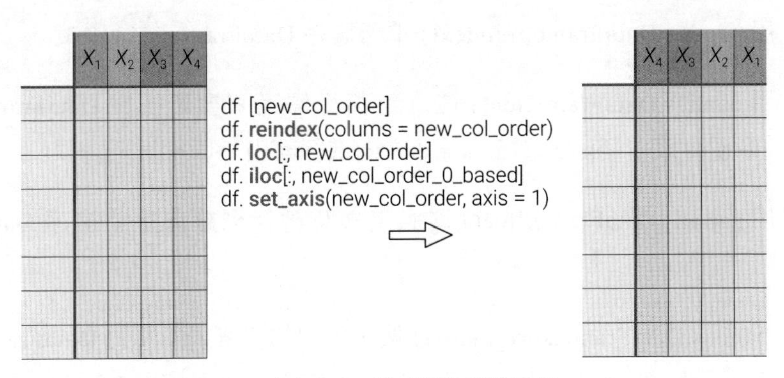

▲ 圖 19.4 修改列標籤順序

程式 19.6 介紹了修改列標籤順序的不同方法。pandas.DataFrame.reindex() 方法用於重新排序 DataFrame 的列標籤。

一般來講，pandas.DataFrame.loc() 可以用來索引、切片資料幀；當然這個方法也可以用來重新排序列標籤。下一章將專門介紹資料幀索引和切片。

pandas.DataFrame.iloc() 是 pandas 中用於透過整數索引來選擇 DataFrame 的行和列的索引子。與 pandas.DataFrame.loc 不同，iloc 使用整數索引而非標籤索引。

程式 19.6 修改列標籤順序 | Bk1_Ch19_01.ipynb

```
import pandas as pd
import seaborn as sns

iris_df = sns.load_dataset ("iris")
# 從Seaborn 中匯入鳶尾花資料幀

# 自訂列標籤順序
new_col_order = ['species' ,
                 'sepal_length' , 'petal_length' ,
                 'sepal_width' , 'petal_width' ]
df_1 = iris_df [new_col_order ]                         # a
df_2 = iris_df .reindex (columns =new_col_order )      # b
df_3 = iris_df .loc[:, new_col_order ]                 # c
df_4 = iris_df .iloc[:, [4,0,2,1,3]]                   # d
df_5 = iris_df .set_axis (new_col_order , axis =1)     # e
```

更改行標籤順序

程式 19.7 介紹了幾種修改行標籤順序的方法。

ⓐ 用 pandas.DataFrame.reindex() 重新排序 DataFrame 的行標籤。

ⓑ 用 pandas.DataFrame.loc() 透過定義行標籤來重新排序 DataFrame 行順序。下一章還會用這個函式在 axis = 0 方向進行索引、切片。

ⓒ 用 pandas.DataFrame.iloc() 透過定義整數行標籤來重新排序 DataFrame 行順序。

ⓓ pandas.DataFrame.sort_index() 按照索引的昇冪或降冪對 DataFrame 進行重新排序，預設 axis = 0。此外，還可以根據特定優先順序對 DataFrame 重新排序，請大家參考技術文件：

> https://pandas.pydata.org/docs/reference/api/pandas.DataFrame.sort_values.html

程式19.7 修改行標籤順序 | Bk1_Ch19_01.ipynb

```
import pandas as pd
import seaborn as sns

iris_df = sns.load_dataset("iris")
# 從Seaborn中匯入鳶尾花資料幀
# 取出前5行，並修改行索引
iris_df_ = iris_df.iloc[:5,:].rename(lambda x:
                                     f'idx_{x}')
# 重新排序列索引
new_order = ['idx_4','idx_2','idx_0','idx_3','idx_1']
ⓐ df_1 = iris_df_.reindex(new_order)
ⓑ df_2 = iris_df_.loc[new_order]
new_order_int = [4, 2, 0, 3, 1]
ⓒ iris_df_.iloc[new_order_int]
ⓓ iris_df_.sort_index(ascending=False)
```

刪除

pandas.DataFrame.drop() 方法用於從 DataFrame 中刪除指定的行或列。

預設情況下，drop() 方法不對原始 DataFrame 做修改，而是傳回一個修改後的副本。

將參數 inplace 設置為 True，即 inplace = True, 可以在原地修改 DataFrame，而不傳回一個新的 DataFrame。請大家自行分析程式 19.8。

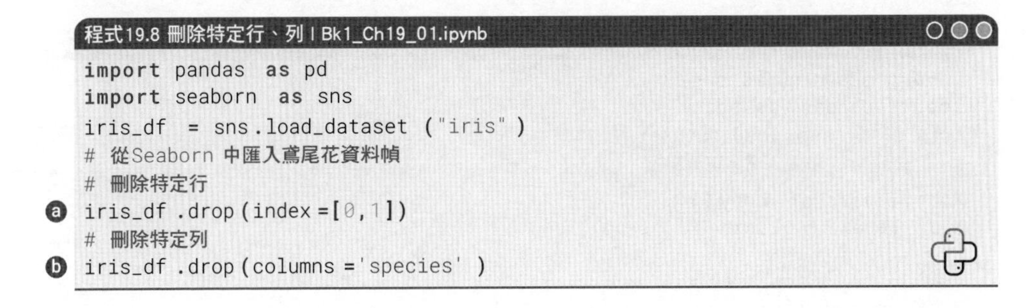

程式19.8 刪除特定行、列 | Bk1_Ch19_01.ipynb

```
import pandas as pd
import seaborn as sns
iris_df = sns.load_dataset("iris")
# 從Seaborn中匯入鳶尾花資料幀
# 刪除特定行
ⓐ iris_df.drop(index=[0,1])
# 刪除特定列
ⓑ iris_df.drop(columns='species')
```

19.4 四則運算：各列之間

在 Pandas 中，可以透過簡單的語法實現各列之間的四則運算。以鳶尾花資料幀為例，程式 19.9 所示為鳶尾花資料幀花萼長度 ($X1$)、花萼寬度 ($X2$) 兩列之間的運算。

ⓐ 對花萼長度**去平均值** (demean)，也叫**中心化** (centralize)，即 X_1-E(X_1)。其中，用 X_df_['X1'].mean() 計算列平均值。也可以用 pandas.DataFrame.sub() 完成減法運算。

ⓑ 對花萼寬度去平均值，即 X_2-E(X_2)。

ⓒ 計算花萼長度、寬度之和，即 $X_1 + X_2$。也可以用 pandas.DataFrame.add() 完成加法運算。

ⓓ 計算花萼長度、寬度之差，即 X_1-X_2。

ⓔ 計算花萼長度、寬度乘積，即 X_1X_2。也可以用 pandas.DataFrame.mul() 完成乘法運算。

ⓕ 計算花萼長度、寬度比例，即 X_1/X_2。也可以用 pandas.DataFrame.div() 完成除法運算。

程式19.9 鳶尾花資料幀花萼長度 (X1)、花萼寬度 (X2) 兩列之間的運算 | Bk1_Ch19_02.ipynb

```
import seaborn as sns
import pandas as pd
iris_df = sns.load_dataset ("iris" )
# 從Seaborn 中匯入鳶尾花資料幀
X_df = iris_df .copy ()
X_df .rename (columns = {'sepal_length' :'X1',
                         'sepal_width' :'X2' },
          inplace = True)
X_df_ = X_df [['X1' ,'X2' , 'species' ]]
# 資料轉換
ⓐ X_df_ ['X1 - E(X1)' ] = X_df_ ['X1' ] - X_df_ ['X1' ].mean ()
ⓑ X_df_ ['X2 - E(X2)' ] = X_df_ ['X2' ] - X_df_ ['X2' ].mean ()
ⓒ X_df_ ['X1 + X2' ] = X_df_ ['X1' ] + X_df_ ['X2' ]
ⓓ X_df_ ['X1 - X2' ] = X_df_ ['X1' ] - X_df_ ['X2' ]
ⓔ X_df_ ['X1 * X2' ] = X_df_ ['X1' ] * X_df_ ['X2' ]
ⓕ X_df_ ['X1 / X2' ] = X_df_ ['X1' ] / X_df_ ['X2' ]
```

```
X_df_.drop(['X1','X2'], axis=1, inplace=True)
# 視覺化
sns.pairplot(X_df_, corner=True, hue="species")
```

圖 19.5 所示為經過上述轉換後用 seaborn.pairplot() 繪製的成對特徵散點圖。

我們在《AI 時代 Math 元年 - 用 Python 全精通統計及機率》還會用這幅圖來介紹隨機變數函式。

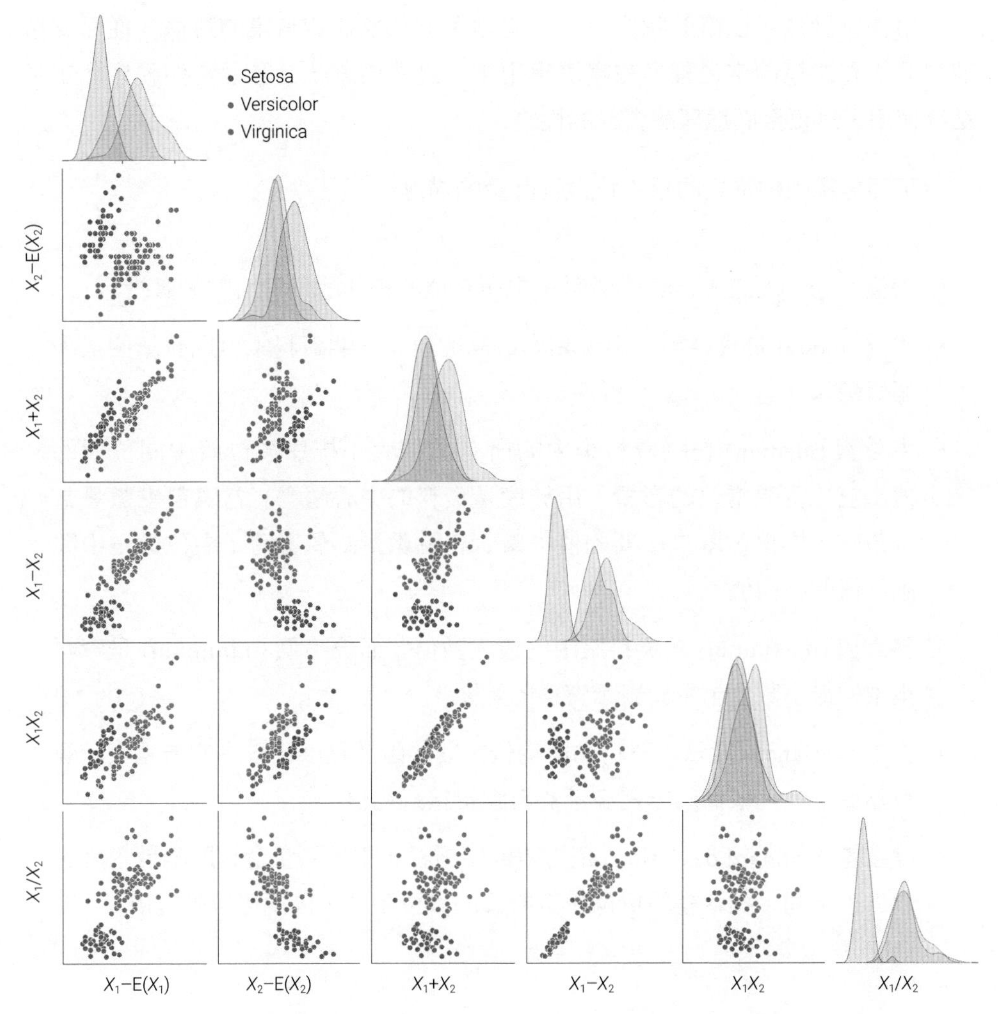

▲ 圖 19.5 鳶尾花花萼長度、寬度特徵完成轉換後的成對特徵散點圖

19.5 統計運算：聚合、降維、壓縮、折疊……

拿到一組樣本資料，如果資料量很大，我們不可能一個個觀察樣本值；這時，我們就需要各種統計量來描述資料集的不同方面，包括中心趨勢、離散度和分佈形狀。

本書前文提過，從樣本資料到某個統計量的過程，從資料角度來看，可以視作一種降維，也可以看成是折疊、壓縮。

這些統計量可以幫助我們更進一步地了解和描述資料集的特徵，從而支援資料分析和決策制定過程。在實際應用中，這些描述統計量通常與視覺化工具結合使用，以更全面地理解資料的性質。

下面再次回顧常見的單一特徵統計量的描述。

- **均值** (average 或 mean) 是資料集中所有值的總和除以資料點的數量。
- **眾數** (mode) 是資料集中出現頻率最高的值。一個資料集可以有一個或多個眾數。
- **中位數** (median) 是將資料集中的所有值按大小排序後位於中間位置的值。它不受異常值的影響，用於度量資料的中心趨勢。當資料點數量為奇數時，中位數就是中間的值；當資料點數量為偶數時，中位數是中間兩個值的平均值。
- **最大值** (maximum) 是資料集中的最大數值，而**最小值** (minimum) 是資料集中的最小數值，用於表示資料的範圍。
- **方差** (variance) 度量了資料點與均值之間的離散程度。較高的方差表示資料點更分散，較低的方差表示資料點更接近均值。
- **標準差** (standard deviation) 是方差的平方根，用於衡量資料的離散程度。與方差不同，標準差的單位與資料集的單位相同，因此更容易理解。

- **分位點** (percentile) 是將資料集劃分成若干部分的值，通常以百分比形式表示。例如，第 25 百分位數是將資料集劃分成四分之一的值，第 50 百分位數就是中位數。
- **偏度** (skewness) 度量了資料分佈的偏斜程度。如果資料分佈偏向左側 (負偏)，偏度為負數；如果資料分佈偏向右側 (正偏)，偏度為正數。偏度為零表示資料分佈大致對稱。
- **峰度** (kurtosis) 度量了資料分佈的尖銳程度。峰度值通常與正態分佈的峰度值相比較。正峰度表示資料分佈具有比正態分佈更尖銳的峰值，負峰度表示資料分佈的峰值較平緩。

如圖 19.6 所示，我們可以用**長條圖** (histogram) 和**核心密度估計** (Kernel Density Estimation，KDE) 來展示資料分佈。KDE 相當於「平滑」長條圖之後的結果。注意，這兩幅圖的縱軸都是機率密度。也就是說它們和橫軸圍成的面積都為 1。

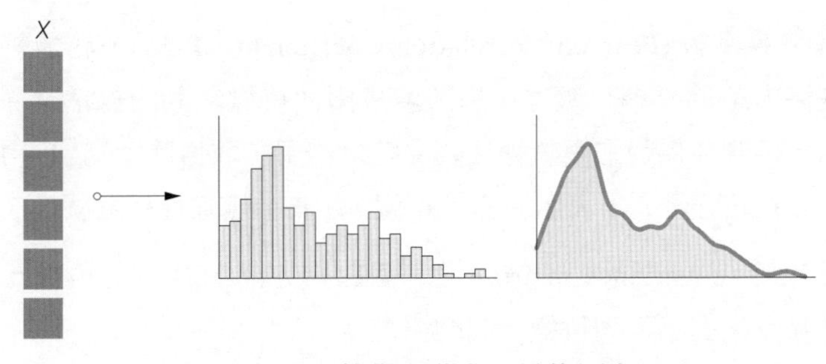

▲ 圖 19.6 單一特徵視覺化 (長條圖和 KDE)

如圖 19.7 所示，如果僅考慮單一特徵樣本資料的平均值和樣本標準差，相當於利用**一元高斯分佈** (univariate Gaussian distribution)「近似」資料分佈。

有些時候，這種近似可能很糟糕。圖 19.6 的「雙峰」顯然不能被一元高斯分佈捕捉到。

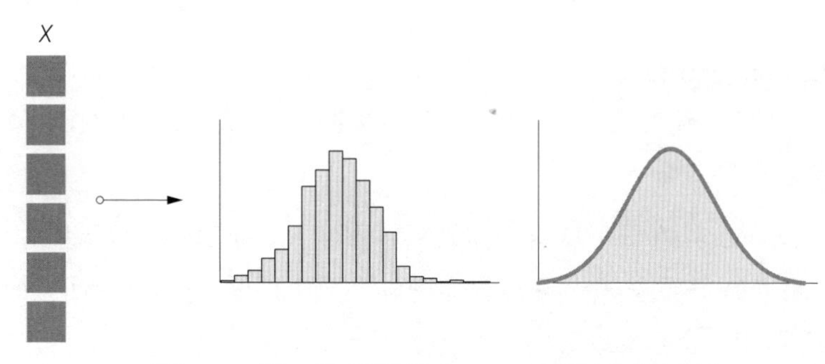

▲ 圖 19.7 單一特徵視覺化 (一元高斯分佈近似)

當涉及多個特徵時，我們還需要兩個或多個特徵的常見統計描述，比如以下幾個。

- **質心** (centroid) 是多個特徵的平均值，通常用於表示多維資料的中心點。
- **協方差** (covariance) 度量了兩個特徵之間的線性關係，它可以為正數、負數或零。正協方差表示兩個特徵具有正相關關係，負協方差表示它們具有負相關關係，而零協方差表示它們之間沒有線性關係。
- **皮爾遜相關係數** (Pearson Correlation Coefficient，PCC)，簡稱相關性係數，是協方差的標準化版本，用於度量兩個特徵之間的線性關係的強度和方向。相關性係數在衡量線性關係時更常用，取值範圍為 -1 ~ 1，其中 1 表示完全正相關，-1 表示完全負相關，0 表示無線性相關關係。
- **協方差矩陣** (covariance matrix) 是一個對稱方陣，其中對角線元素為方差，其餘元素表示不同特徵之間的協方差。
- **相關係數矩陣** (correlation matrix) 相當於是協方差矩陣的標準化版本。它的對角線元素為 1，其餘元素為成對特徵之間的相關性係數。

圖 19.8 用三維長條圖展示資料分佈，它的縱軸可以是某個區間樣本資料的頻數、機率或機率密度。

圖 19.9 所示為利用散點圖和直方熱圖型視覺化兩特徵樣本資料分佈。注意，實踐時我們用得更多的是直方熱圖，很少用三維長條圖。

和前文類似，圖 19.10 和圖 19.11 告訴我們二元高斯分佈也可以用來「近似」兩特徵樣本資料分佈，前提是樣本資料足夠「**常態** (normal)」。圖 19.11 中**邊緣分佈** (marginal distribution) 描述了在二元分佈中某個特定變數分佈特徵，而不考慮其他變數的影響。

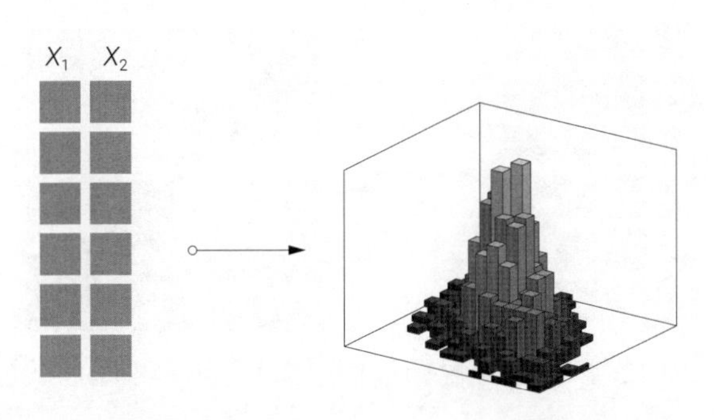

▲ 圖 19.8 兩個特徵視覺化 (三維長條圖)

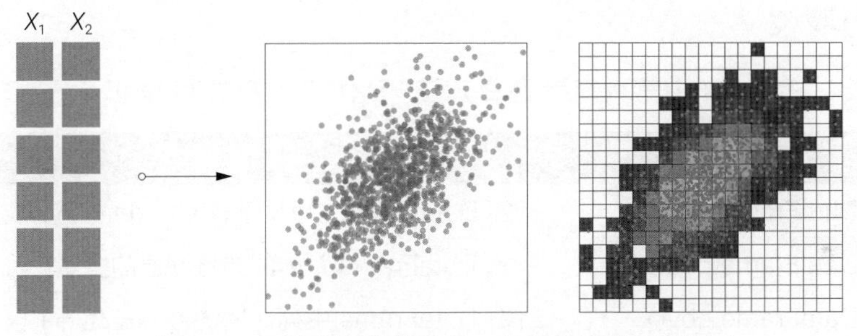

▲ 圖 19.9 兩個特徵視覺化 (散點圖和直方熱圖)

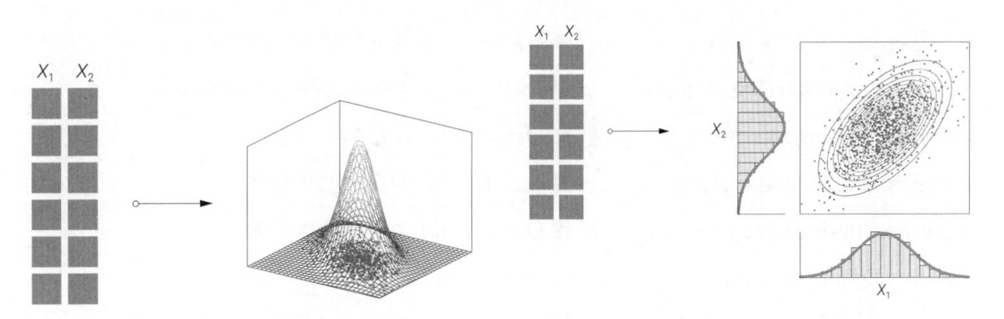

▲ 圖 19.10 兩個特徵視覺化 (近似二元高斯分佈)

▲ 圖 19.11 兩個特徵視覺化 (近似二元高斯分佈，邊緣分佈)

對於多特徵資料，如圖 19.12 所示，協方差矩陣、相關係數矩陣是量化成對特徵關係的重要工具。很多機器學習演算法的起點也是協方差矩陣，如主成分分析、多輸入 - 多輸出線性回歸等。

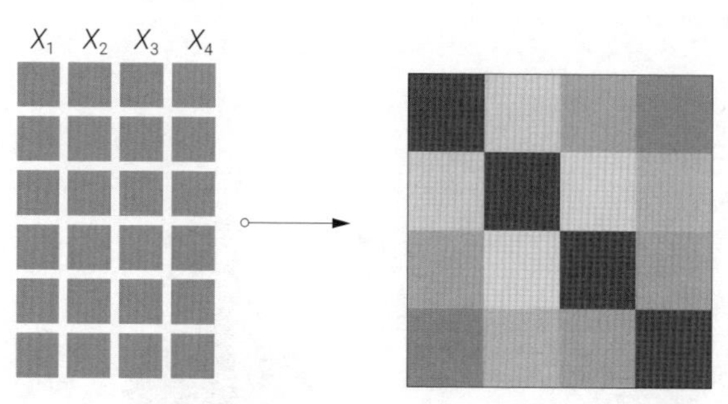

▲ 圖 19.12 多個特徵視覺化 (協方差矩陣，相關係數矩陣)

Pandas 舉出了大量用於統計運算 (也叫聚合操作) 的方法，表 19.4 總結了常用的幾種方法。

➔ 表 19.4 Pandas 中常用統計運算方法 | Bk1_Ch19_02.ipynb

函式名稱	描述
pandas.DataFrame.corr()	計算 DataFrame 中列之間 Pearson 相關係數 (樣本)
pandas.DataFrame.count()	計算 DataFrame 每列的非遺漏值的數量
pandas.DataFrame.cov()	計算 DataFrame 中列之間的協方差矩陣 (樣本)
pandas.DataFrame.describe()	計算 DataFrame 中數值列的基本描述統計資訊，如平均值、標準差、分位數等
pandas.DataFrame.kurt()	計算 DataFrame 中列的峰度 (四階矩)
pandas.DataFrame.kurtosis()	計算 DataFrame 中列的峰度 (四階矩)
pandas.DataFrame.max()	計算 DataFrame 中每列的最大值
pandas.DataFrame.mean()	計算 DataFrame 中每列的平均值
pandas.DataFrame.median()	計算 DataFrame 中每列的中位數
pandas.DataFrame.min()	計算 DataFrame 中每列的最小值
pandas.DataFrame.mode()	計算 DataFrame 中每列的眾數
pandas.DataFrame.quantile()	計算 DataFrame 中每列的指定分位數值，如四分位數、特定百分位等

函式名稱	描述
pandas.DataFrame.rank()	計算 DataFrame 中每列元素的排序排名
pandas.DataFrame.skew()	計算 DataFrame 中列的偏度 (三階矩)
pandas.DataFrame.sum()	計算 DataFrame 中每列元素的總和
pandas.DataFrame.std()	計算 DataFrame 中列的標準差 (樣本)
pandas.DataFrame.var()	計算 DataFrame 中列的方差 (樣本)
pandas.DataFrame.nunique()	計算 DataFrame 中每列中的獨特值數量

圖 19.13 所示為 pandas.DataFrame.cov() 和 pandas.DataFrame.corr() 計算得到的鳶尾花前四列協方差矩陣、相關係數矩陣熱圖。

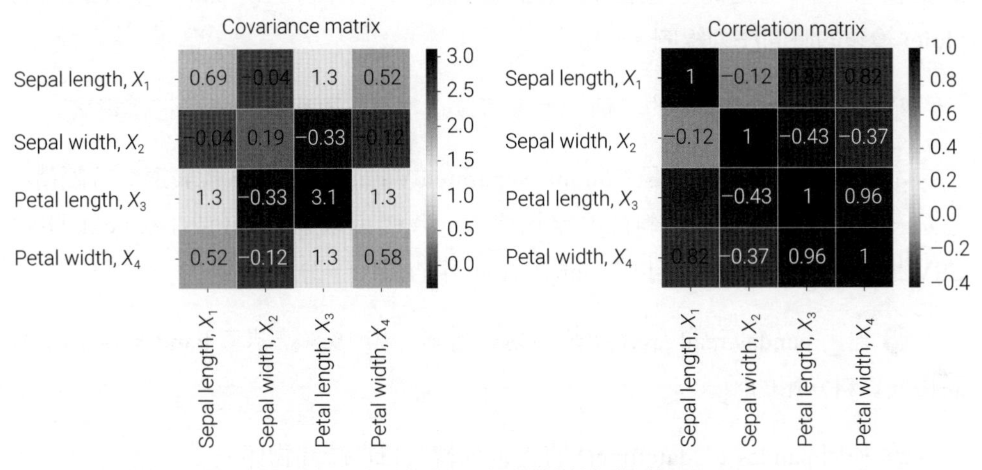

▲ 圖 19.13 鳶尾花資料協方差矩陣、相關係數矩陣熱圖 | Bk1_Ch19_02.ipynb

當然，在計算協方差時，我們也可以考慮資料標籤，本書第 22 章將利用 groupby() 完成分組聚合計算。

此外，pandas.DataFrame.agg() 方法用於對 DataFrame 中的資料進行自訂聚合操作。該方法按照指定的函式對資料進行聚合，可以是內建的統計函式，也可以是自訂的函式。

比如，iris_df.iloc[:,0:4].agg(['sum','min','max','std','var','mean']) 對鳶尾花資料幀前四列進行各種統計計算。

19.6 時間序列：按時間順序排列的資料

時間序列 (timeseries) 是指按照時間順序排列的一系列資料點或觀測值，通常是等時間間隔下的測量值，如每天、每小時、每分鐘等。時間序列資料通常用於研究時間相關的現象和趨勢，如股票價格、氣象資料、經濟指標等。本節主要介紹如何獲得時間序列資料幀。

本地 CSV 資料

程式 19.10 所示為利用 pandas.csv_read() 讀取 CSV 時間序列資料。Pandas 還提供快速視覺化的各種函式，比如，圖 19.14 所示為用 pandas.DataFrame.plot() 繪製的時間序列線圖。

ⓐ 定義了 CSV 檔案的名稱。大家可以在本章書附程式中找到這個檔案。

本書前文提過，CSV 是 Comma-Separated Values 的縮寫，代表逗點分隔值，它是一種用於儲存表格資料的文字檔格式。我們可以用 Excel 或 Textbook 開啟 CSV 檔案。CSV 檔案也可以在 JupyterLab 中查看，十分便捷。

ⓑ 利用 pandas.read_csv() 讀取 CSV 檔案。表 19.5 總結了 Pandas 中讀取不同格式資料常用的函式。

ⓒ 利用 pandas.to_datetime() 將指定列轉為日期時間物件。

ⓓ 用 pandas.DataFrame.set_index() 設置一個或多個列作為 DataFrame 的索引。inplace 設置為 True，表示將在原始 DataFrame 上進行修改，而非建立一個新的 DataFrame。

ⓔ 這一句介紹了一種更快捷讀取並處理資料的用法。pandas.read_csv() 有很多參數設置可以很方便地幫助我們讀取、處理資料。

比如，parse_dates 用於指定是否解析日期列。當設置為 True 時，Pandas 將嘗試解析 CSV 檔案中的日期資料，並將其轉為日期時間物件。

參數 index_col=0 指定第 1 列被用作 DataFrame 的索引。

有了這兩個參數設定，我們就可以省去 ⓒ 和 ⓓ 兩行程式碼，請大家自行練習。

有關 pandas.read_csv() 更多的參數設置，請大家參考以下官方技術文件。

> https://pandas.pydata.org/docs/reference/api/pandas.read_csv.html

ⓕ 呼叫 pandas 中快速繪製線圖函式，繪製圖 19.14。

此外，請大家嘗試使用 pandas.DataFrame.to_pickle() 將 DataFrame 寫成 .pkl 檔案，然後再用 pandas.read_pickle() 讀取。

➔ 表 19.5 Pandas 中讀取不同格式資料常用函式

函式名稱	資料型態介紹
pandas.read_excel()	用於從 Microsoft Excel 檔案 (.xls 或 .xlsx 格式) 中讀取資料
pandas.read_json()	用於從 JSON(JavaScript Object Notation) 格式的資料中讀取資料
pandas.read_html()	用於從 HTML 網頁中提取表格資料
pandas.read_xml()	用於從 XML(Extensible Markup Language) 格式的資料中讀取資料
pandas.read_sql_query()	用於執行 SQL(Structured Query Language) 查詢並將查詢結果讀取到 PandasDataFrame 中
pandas.read_sas()	用於從 SAS(Statistical Analysis System) 資料檔案中讀取資料
pandas.read_pickle()	用於從 Pickle 檔案中讀取資料。Pickle 是 Python 的一種序列化格式，可以用於儲存和載入 Python 物件，包括 DataFrame

本書第 20 章專門介紹 Pandas 中常用的快速視覺化函式。注意：SciPy(S 和 P 大寫) 是這個 Python 函式庫的名字，而在 JupyterLab 中，匯入這個函式庫時，scipy 為全小寫無空格。

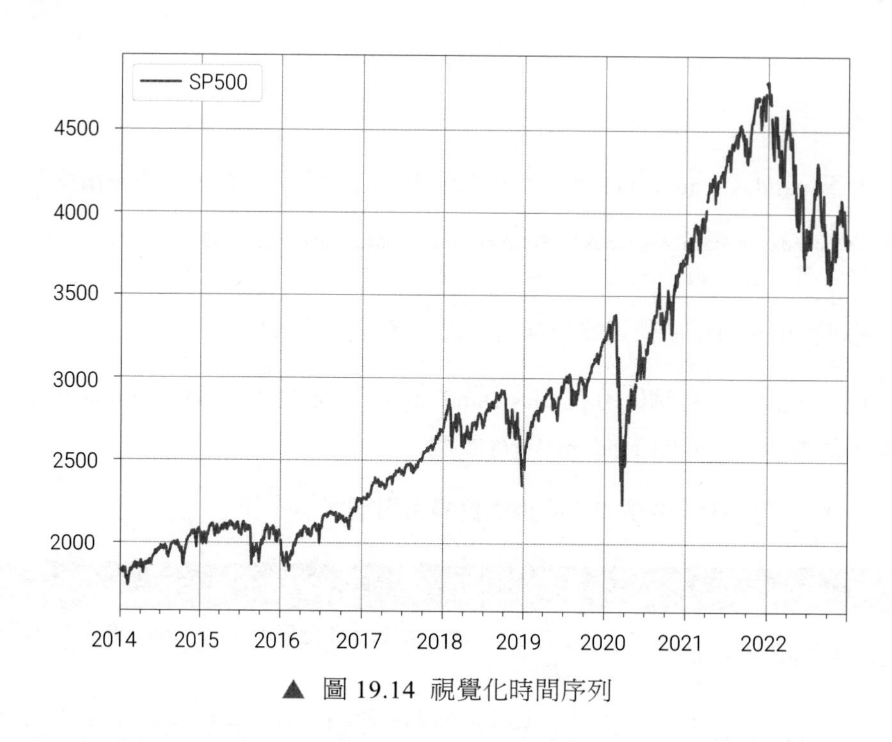

▲ 圖 19.14 視覺化時間序列

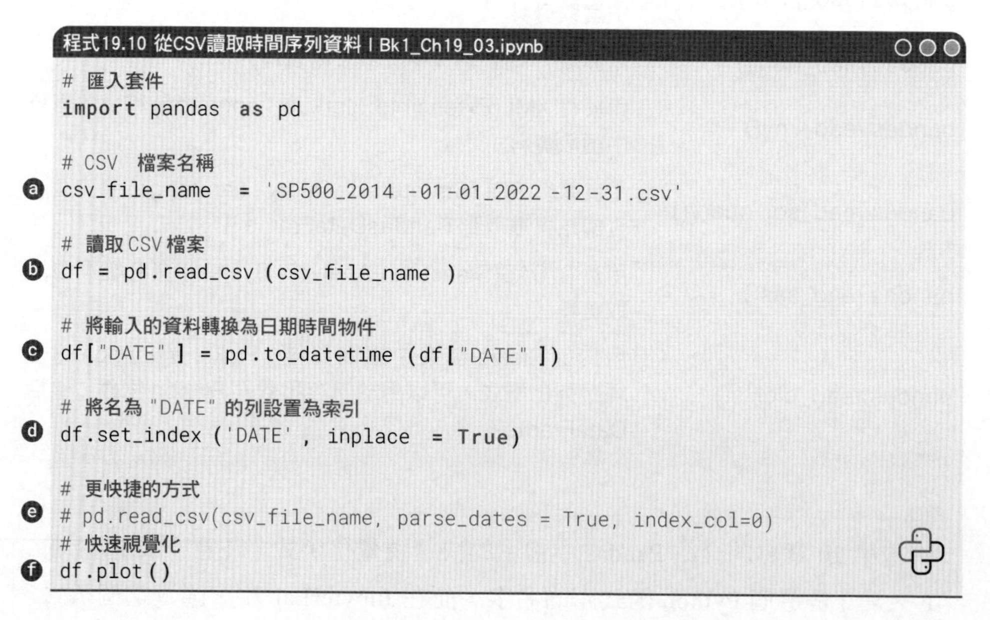

程式19.10 從CSV讀取時間序列資料 | Bk1_Ch19_03.ipynb

```
# 匯入套件
import pandas as pd

# CSV 檔案名稱
a csv_file_name = 'SP500_2014-01-01_2022-12-31.csv'

# 讀取 CSV 檔案
b df = pd.read_csv(csv_file_name)

# 將輸入的資料轉換為日期時間物件
c df["DATE"] = pd.to_datetime(df["DATE"])

# 將名為 "DATE" 的列設置為索引
d df.set_index('DATE', inplace = True)

# 更快捷的方式
e # pd.read_csv(csv_file_name, parse_dates = True, index_col=0)
# 快速視覺化
f df.plot()
```

網頁下載資料

程式 19.11 為直接從 **FRED**(Federal Reserve Economic Data) 官網下載資料的操作。

ⓐ 匯入 Python 標準函式庫中的 requests 模組。requests 模組提供了一種用於發出 HTTP 請求的簡單而強大的方法，使 Python 程式能夠與 Web 伺服器進行通訊，並獲取 Web 上的資料。

本書不會展開講解網頁存取和爬蟲相關內容，對 requests 模組感興趣的讀者可以參考以下網址中的內容。

```
https://pypi.org/project/requests/
```

ⓑ 變數指向一個包含標準普爾 500 指數資料的文字檔的 **URL**(Uniform Resource Locator)。

ⓒ 使用 requests 函式庫中的 get() 函式向上述 URL 發送 HTTP GET 請求，並將伺服器的回應儲存在一個名為 response 的變數中。

ⓓ 是一個條件陳述式，它檢查伺服器的回應狀態碼是否等於 200。HTTP 狀態碼 200 表示請求成功，伺服器已成功處理了請求並傳回了所請求的資料。

ⓔ 利用 pandas.read_csv() 讀取資料並將其轉為 DataFrame。

參數 skiprows=44 指示在**解析** (parse) 資料時跳過檔案的前 44 行。這通常用於跳過檔案的頭部資訊或註釋行，以便讀取實際的資料部分。

參數 sep='\s+' 表示欄位分隔符號，即定位字元或多個連續的空格字元。這是因為資料檔案可能是以定位字元或多個空格字元作為欄位分隔符號。

ⓕ 利用 pandas.to_datetime() 將指定列轉為日期時間物件。

ⓖ 設置索引。

如果大家無法存取上述 URL，可以使用儲存在書附檔案中的 CSV 檔案。本書後續還會利用 FRED 金融資料設計案例介紹各種 Python 函式庫功能。

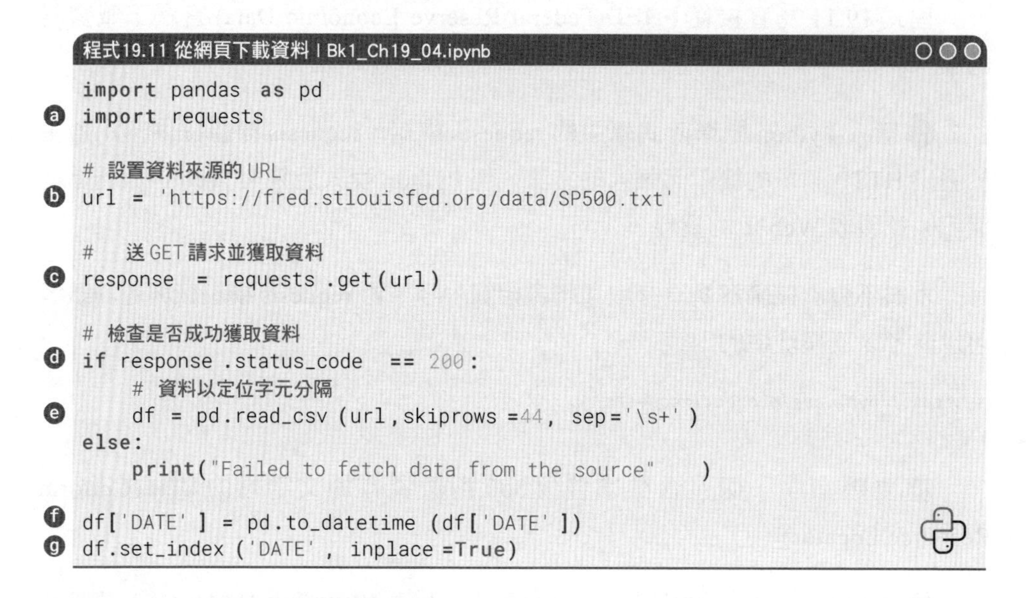

程式19.11 從網頁下載資料 | Bk1_Ch19_04.ipynb

```
import pandas as pd
import requests                                          # a

# 設置資料來源的 URL
url = 'https://fred.stlouisfed.org/data/SP500.txt'       # b

# 送 GET 請求並獲取資料
response = requests.get(url)                             # c

# 檢查是否成功獲取資料
if response.status_code == 200:                          # d
    # 資料以定位字元分隔
    df = pd.read_csv(url,skiprows=44, sep='\s+')         # e
else:
    print("Failed to fetch data from the source")

df['DATE'] = pd.to_datetime(df['DATE'])                  # f
df.set_index('DATE', inplace=True)                       # g
```

用第三方函式庫下載資料

程式 19.12 為利用第三方函式庫 pandas_datareader 從 FRED 下載資料的操作。

ⓐ 將名為 pandas_datareader 的 Python 函式庫匯入當前的程式環境中，簡寫作 pdr。這個函式庫通常用於從各種金融資料來源中獲取資料，並將其整合到 Pandas 資料結構中，以便進行資料分析和處理。本書第 2 章介紹過如何安裝這個函式庫。

ⓑ 匯入 Python 標準函式庫中的 datetime 模組。datetime 模組提供了處理日期和時間的功能，包括日期和時間的建立、解析、格式化以及各種日期和時間操作等。

ⓒ 利用 datetime.datetime 建立表示日期和時間的物件。(2014,1,1) 表示要建立的日期的年、月和日，這是下載資料起始日期。

本書不展開介紹 datetime 函式庫，感興趣的讀者可以參考官網技術文件。

> https://docs.python.org/3/library/datetime.html

ⓓ 用 datetime.datetime 建立下載資料的結束日期。

ⓔ 建立了一個名為 ticker_list 的 Python 串列，其中包含一個字串 'SP500'。這個串列用於指定我們要獲取資料**識別字** (identification，ID)。串列中可以放置不止一個資料 ID。

大家可到 FRED 官網查看不同資料的識別字 ID。

> https://fred.stlouisfed.org/

ⓕ 呼叫了 pandas_datareader 函式庫中的 DataReader 函式，以獲取資料。

參數 ticker_list 包含了我們要獲取資料識別字 ID 串列。

'fred' 是資料來源的名稱，表示我們將從 FRED 資料來源獲取資料。

兩個日期物件 start_date 和 end_date 用於指定資料的時間範圍。

很多線上資料庫都提供了下載資料的 API，比如大家可以參考以下網頁找到下載 FRED 資料的不同方式：

> https://fred.stlouisfed.org/docs/api/fred/

程式 19.12 利用pandas_datareader從FRED下載資料 | Bk1_Ch19_05.ipynb

```
# 匯入套件
ⓐ import pandas_datareader as pdr
  # 需要安裝 pip install pandas -datareader
  import pandas as pd
ⓑ import datetime

  # 從FRED 下載標普 500 (S&P 500)
ⓒ start_date = datetime.datetime(2014, 1, 1)
ⓓ end_date = datetime.datetime(2022, 12, 31)

  # 下載資料
ⓔ ticker_list = ['SP500']
ⓕ df = pdr.DataReader(ticker_list, 'fred',
                      start_date, end_date)
```

本書第 24 章專門介紹常見時間序列資料幀操作。

➔ 請大家完成以下題目。

Q1. 在 JupyterLab 中複刻本章所有程式和結果。

* 題目很基礎，本書不給答案。

Pandas 函式庫最佳參考資料莫過於「Pandas 之父」Wes McKinney 創作的 *Python for Data Analysis*，全書開放原始碼，位址為：

```
https://wesmckinney.com/
```

Pandas 是一個強大的 Python 函式庫，專門用於資料分析和處理。資料幀則是 Pandas 中的一種非常重要的資料結構，類似於表格。

本章首先介紹如何建立資料幀，然後介紹了資料幀基本操作。大家不需要死記硬背這些操作，用到的時候再來查閱本章即可。用資料幀完成統計操作非常方便，特別是和本書第 22 章各種規整方法相結合。最後介紹了時間序列資料幀。

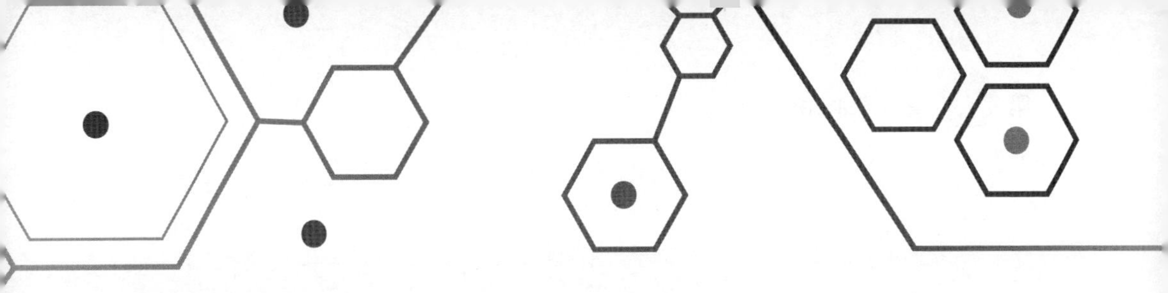

Visualizations in Pandas

20 Pandas 快速視覺化

線圖、散點圖、柱狀圖、箱型圖……

善良一點，因為你遇到的每個人都在打一場更艱苦的戰鬥。

Be kind,for everyone you meet is fighting a harder battle.

——柏拉圖（*Plato*）| 古希臘哲學家 | 前 *427*—前 *347* 年

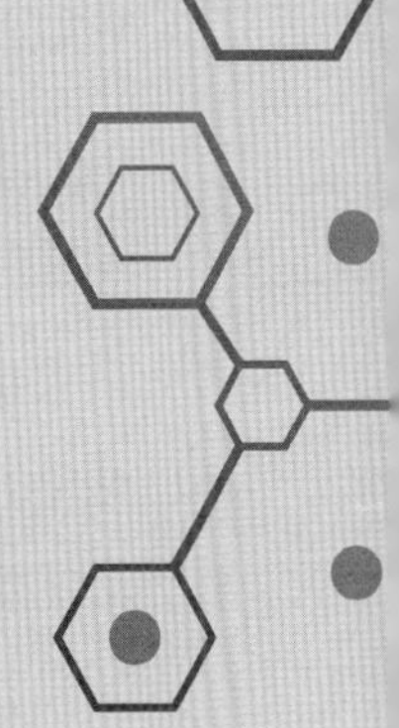

- pandas.DataFrame.plot() 繪製線圖
- pandas.DataFrame.plot.area() 繪製面積圖
- pandas.DataFrame.plot.bar() 繪製柱狀圖
- pandas.DataFrame.plot.barh() 繪製水平柱狀圖
- pandas.DataFrame.plot.box() 繪製箱型圖
- pandas.DataFrame.plot.density() 繪製 KDE 線圖
- pandas.DataFrame.plot.hexbin() 繪製六邊形圖
- pandas.DataFrame.plot.hist() 繪製長條圖
- pandas.DataFrame.plot.kde() 繪製 KDE 線圖
- pandas.DataFrame.plot.line() 繪製線圖
- pandas.DataFrame.plot.pie() 繪製圓形圖
- pandas.DataFrame.plot.scatter() 繪製散點圖
- pandas.plotting.scatter_matrix() 成對散點圖矩陣

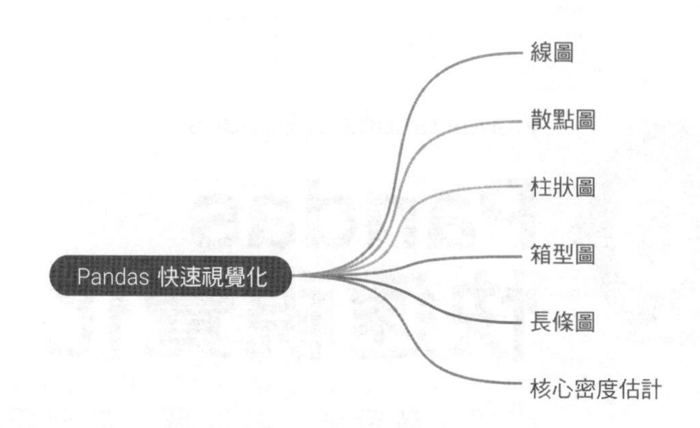

20.1 Pandas 的視覺化功能

Pandas 函式庫本身雖然主要用於資料處理和分析，但也提供了一些基本的視覺化功能。本章介紹如何用 Pandas 繪製折線圖、散點圖、面積圖、柱狀圖、箱型圖等。

本書第 12 章介紹過如何用 Seaborn 完成各種統計描述視覺化，請大家回顧。本章用的是利率資料。

程式 20.1 中 ⓐ 匯入 pandas_datareader，簡寫為 pdr。pandas_datareader 從多種資料來源獲取金融和經濟資料，並將這些資料轉為 Pandas DataFrame 的形式。要想使用這個函式庫，需要先安裝。

如 ⓑ 註釋所示，本書前文提過，在 Anaconda prompt 使用 pip install pandas_datareader 安裝這個函式庫。

ⓒ 匯入 seaborn，簡寫為 sns。

ⓓ 利用 pandas_datareader 從 **FRED**(Federal Reserve Economic Data) 下載利率資料，資料格式為 Pandas 資料幀。

ⓔ 利用 dropna() 刪除資料幀中遺漏值 NaN。

ⓕ 利用 rename() 修改資料幀列標籤。

程式20.1 下載分析利率資料 | Bk1_Ch20_01.ipynb

```
import pandas as pd
import numpy as np
import matplotlib.pyplot as plt
import pandas_datareader as pdr    # ⓐ
# pip install pandas_datareader    # ⓑ
import seaborn as sns              # ⓒ

# 下載資料
df = pdr.data.DataReader(['DGS6MO','DGS1',          # ⓓ
                          'DGS2','DGS5',
                          'DGS7','DGS10',
                          'DGS20','DGS30'],
                          data_source='fred',
                          start='01-01-2022',
                          end='12-31-2022')
df = df.dropna()                                    # ⓔ
# 改資料幀列標籤
df = df.rename(columns={'DGS6MO': '0.5 yr',         # ⓕ
                        'DGS1': '1 yr',
                        'DGS2': '2 yr',
                        'DGS5': '5 yr',
                        'DGS7': '7 yr',
                        'DGS10': '10 yr',
                        'DGS20': '20 yr',
                        'DGS30': '30 yr'})
```

20.2 線圖：pandas.DataFrame.plot()

圖 20.1 所示為展示利率資料的線圖。此外，我們還可以用圖 20.2 分別展示每條曲線。我們透過程式 20.2 繪製了圖 20.1 和圖 20.2，下面聊聊其中關鍵敘述。

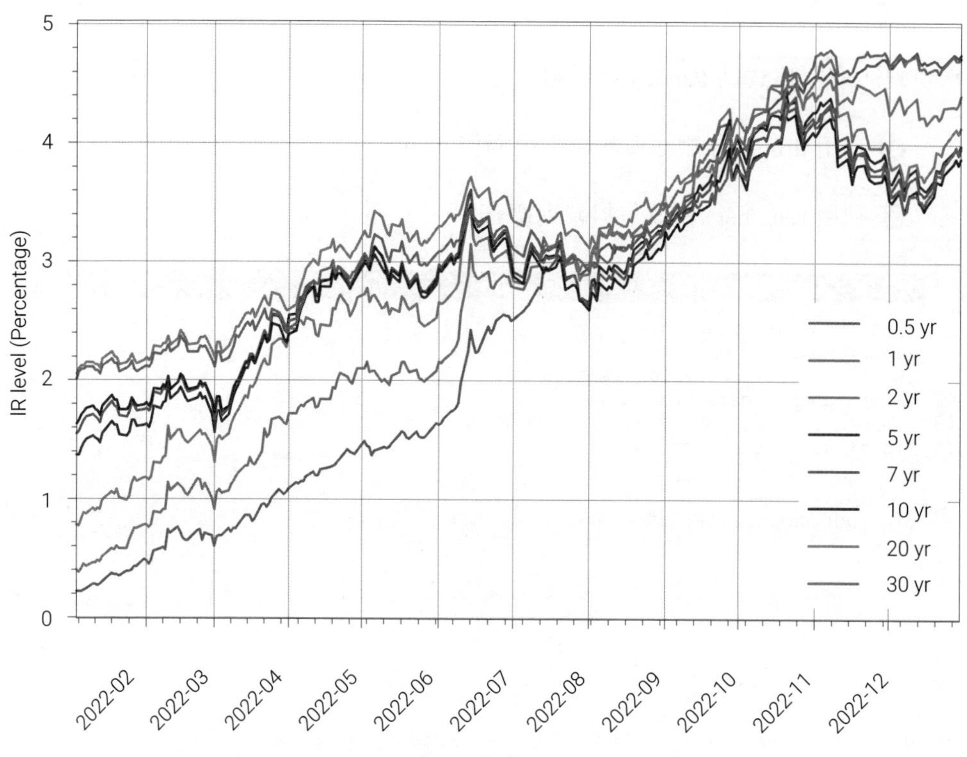

▲ 圖 20.1 利率 - 時間資料線圖 | Bk1_Ch20_01.ipynb

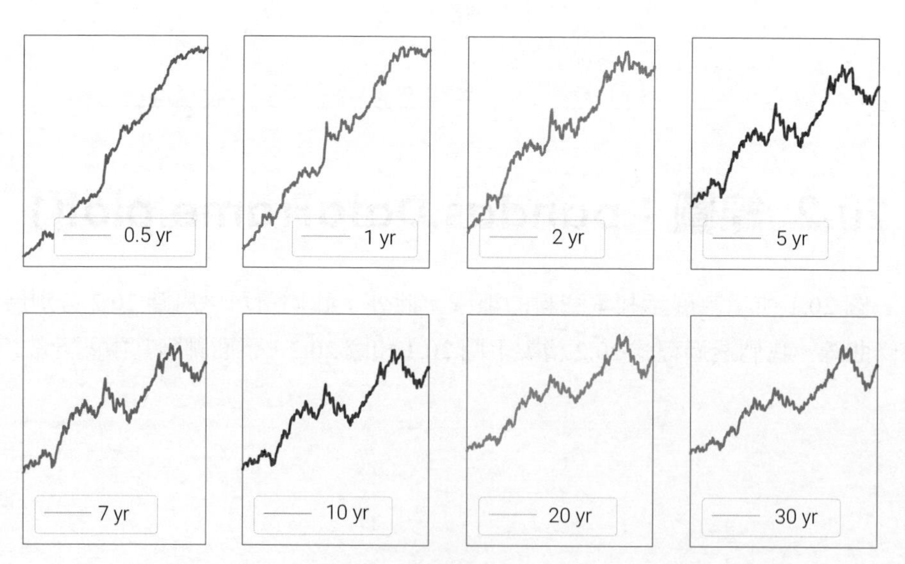

▲ 圖 20.2 利率 - 時間資料線圖 (子圖)| Bk1_Ch20_01.ipynb

程式 20.2 中 ⓐ，對於 Pandas 資料幀，我們可以直接用 .plot() 方法繪製線圖。

參數 xlabel、ylabel 可以修改線圖橫垂直座標標籤。

參數 legend = True(預設值) 時，會在圖表顯示**圖例** (legend)；而 legend = False 時，則不顯示圖例。

ⓑ 將圖片以 **SVG**(Scalable Vector Graphics) 格式儲存。

ⓒ 繪製線圖時建立一個複雜的子圖版面配置。其中，參數 subplots=True，表示我們要建立多個子圖，每個子圖將顯示 DataFrame 中的不同列。

參數 layout = (2,4) 指定子圖的版面配置，表示總共有 2 行、4 列子圖，共計 8 個子圖。這表示 DataFrame 中的 8 個不同資料列將分別在這 8 個子圖中顯示，具體如圖 20.2 所示。

參數 sharex=True 和 sharey=True，表示所有子圖將共用相同的 x 軸和 y 軸。這表示所有子圖的 x 軸範圍和 y 軸範圍將相同，以便更容易比較子圖之間的資料。

參數 xticks=[] 和 yticks=[] 設置 x 軸和 y 軸的刻度標籤為空串列，表示不顯示。

參數 xlim = (df.index.min(),df.index.max()) 指定了 x 軸的顯示範圍，即 x 軸的最小值和最大值。df.index.min() 取出時間序列資料幀橫軸標籤的最小值，df.index.max() 時間序列資料幀橫軸標籤的最大值。

程式20.2 繪製線圖（使用時配合前文程式）| Bk1_Ch20_01.ipynb

```
# 繪製利率走勢線圖
ⓐ df.plot(xlabel="Time", ylabel="IR level",
          legend=True,
          xlim=(df.index.min(), df.index.max()))

ⓑ plt.savefig("利率走勢線圖.svg")

# 繪製利率走勢線圖，子圖佈置
ⓒ df.plot(subplots=True, layout=(2,4),
          sharex=True, sharey=True,
          xticks=[],yticks=[],
          xlim=(df.index.min(), df.index.max()))

plt.savefig("利率走勢線圖，子圖.svg")
```

為了更進一步地美化線圖，我們還可以使用程式 20.3。

ⓐ 用 plt.subplots(figsize=(5,5)) 建立一個圖形物件和一個軸物件。

其中，fig 是一個圖形物件，它代表整個圖形視窗。我們可以在這個圖形物件上增加一個或多個軸物件，以在圖形視窗上繪製圖表。

而 ax 是一個軸物件，它代表圖形視窗中的子圖或一個座標系。我們可以在軸物件上繪製資料，並設置軸的屬性，如圖表大小、標題等。

ⓑ 在對資料幀使用 .plot() 方法時，用 ax = ax 指定了具體軸物件。然後，可以用各種方法美化軸物件 ax。

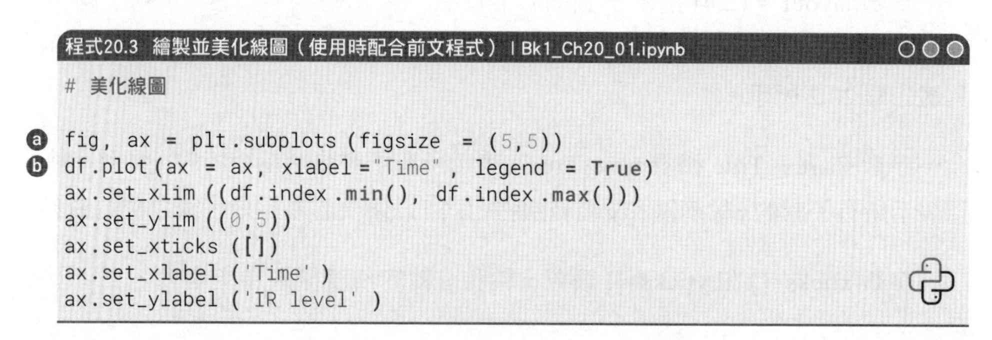

程式20.3 繪製並美化線圖（使用時配合前文程式）| Bk1_Ch20_01.ipynb

```
# 美化線圖

fig, ax = plt.subplots (figsize = (5,5))
df.plot(ax = ax, xlabel = "Time" , legend = True)
ax.set_xlim ((df.index.min(), df.index.max()))
ax.set_ylim ((0,5))
ax.set_xticks ([])
ax.set_xlabel ('Time' )
ax.set_ylabel ('IR level' )
```

如圖 20.3 所示，我們還可以用 df.plot.area() 繪製面積圖，請大家自行分析程式 20.4。

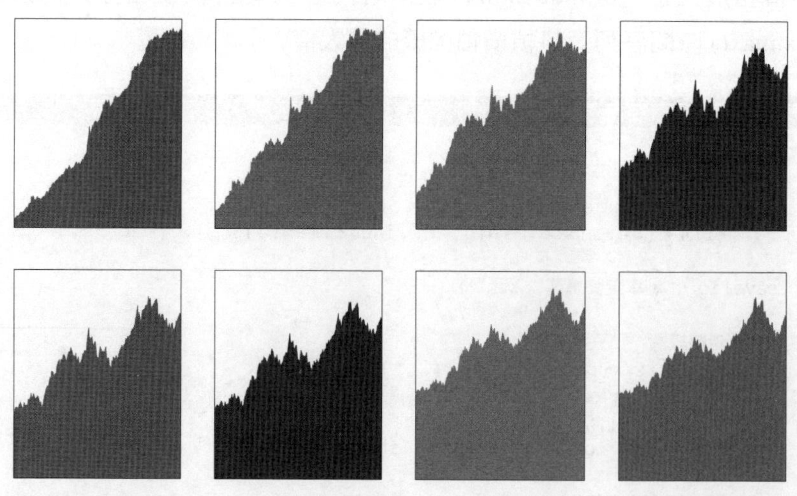

▲ 圖 20.3 利率 - 時間資料面積圖 (子圖) | Bk1_Ch20_01.ipynb

程式20.4 繪製面積圖（使用時配合前文程式）| Bk1_Ch20_01.ipynb

```
# 繪製利率走勢線面積圖 ，子圖佈置
df.plot.area(subplots =True, layout =(2,4),
             sharex = True, sharey = True,
             xticks = [],yticks =[],
             xlim = (df.index.min(), df.index.max()),
             ylim = (0,5), legend = False)

plt.savefig("利率走勢面積圖 ，子圖.svg")
```

圖 20.4 所示為利率日收益率折線圖，採用 2 × 4 子圖版面配置。

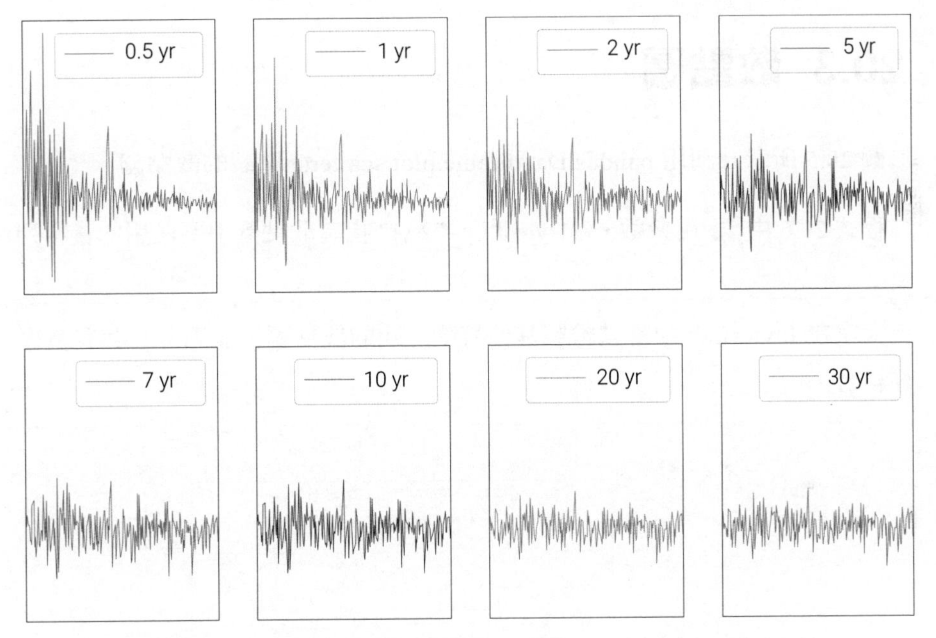

▲ 圖 20.4 利率日收益率折線圖 (子圖) | Bk1_Ch20_01.ipynb

日收益率是用來衡量金融資料在一天內的水平變動幅度的指標。日收益率通常以百分比形式表示，計算方法為：日收益率 = (當日收盤價 - 前一日收盤價)/前一日收盤價 × 100%。

程式 20.5 計算日收益率，並繪製圖 20.4。ⓐ 用 pct_change() 計算日收益率。ⓑ 也是用 .plot() 方法繪製收益率折線圖 8 幅子圖，請大家自行完成註釋。

程式20.5 繪製日收益率（使用時配合前文程式） | Bk1_Ch20_01.ipynb

```
# 計算日收益率
r_df = df.pct_change ()

# 繪製利率日收益率 ，子圖佈置
r_df .plot (subplots =True, layout =(2,4),
            sharex = True, sharey = True,
            xticks = [],yticks =[],
            xlim = (df.index .min(), df.index .max()))

plt.savefig ("利率日收益率走勢折線圖，子圖 .svg" )
```

20.3 散點圖

圖 20.5 所示為利用 pandas.DataFrame.plot.scatter() 繪製的散點圖。

程式 20.6 中 ⓐ 用參數 x="1 yr" 和 y="2 yr" 指定散點圖中要使用的資料列。

> 請大家在 JuyterLab 中嘗試繪製其他特徵之間的散點圖，並思考一共有多少種組合。

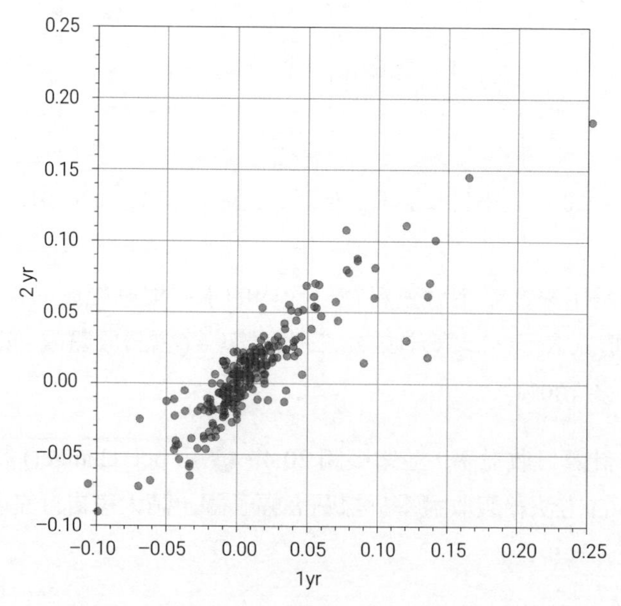

▲ 圖 20.5 日收益率散點圖 | Bk1_Ch20_01.ipynb

程式20.6 繪製散點圖(使用時配合前文程式) | Bk1_Ch20_01.ipynb

```
# 繪製散點圖
fig, ax = plt.subplots (figsize = (5,5))
r_df .plot .scatter (x="1 yr" , y="2 yr" ,
                    ax = ax)

ax.set_xlim (-0.1, 0.25)
ax.set_ylim (-0.1, 0.25)
plt.savefig ("散點圖 .svg")
```

圖 20.6 所示為用 pandas.DataFrame.plot.hexbin() 繪製的六邊形圖，用來視覺化兩個變數之間的分佈情況。這幅圖的功能類似於直方熱圖。

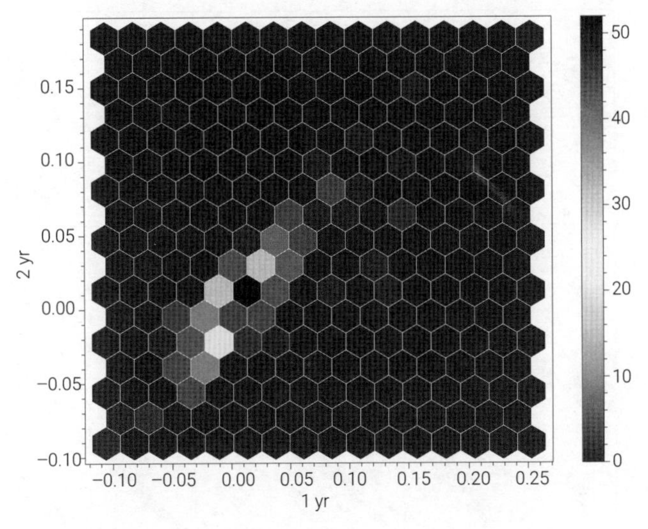

▲ 圖 20.6 六邊形圖 | Bk1_Ch20_01.ipynb

程式 20.7 中 ⓐ 參數 cmap="RdYlBu_r" 指定了用於著色六邊形的色譜 / 顏色映射。"RdYlBu_r" 是一種顏色映射的名稱，它表示一種顏色漸變，從紅色到黃色再到藍色，"_r" 表示顏色映射的反轉。

參數 gridsize=15 指定六邊形數量。

程式20.7 繪製六邊形圖（使用時配合前文程式） | Bk1_Ch20_01.ipynb

```
# 六邊形圖
r_df .plot .hexbin (x="1 yr" , y="2 yr" ,
                   gridsize = 15,
                   cmap = "RdYlBu_r" )
plt.savefig ("六邊形圖 .svg")
```

圖 20.5 散點圖展示的是一對特徵的關係。利用 matplotlib.pyplot.scatter()、seaborn.scatterplot()、plotly.express.scatter()，透過散點的顏色、大小、marker 可以展示幾個其他特徵。

問題是，當資料特徵 (維度) 進一步增大，這種一對一二維散點圖的能力就很侷限了。

而圖 20.7 所示的成對散點圖，或成對散點圖矩陣，則可以展示多特徵資料的任意一對特徵的關係。

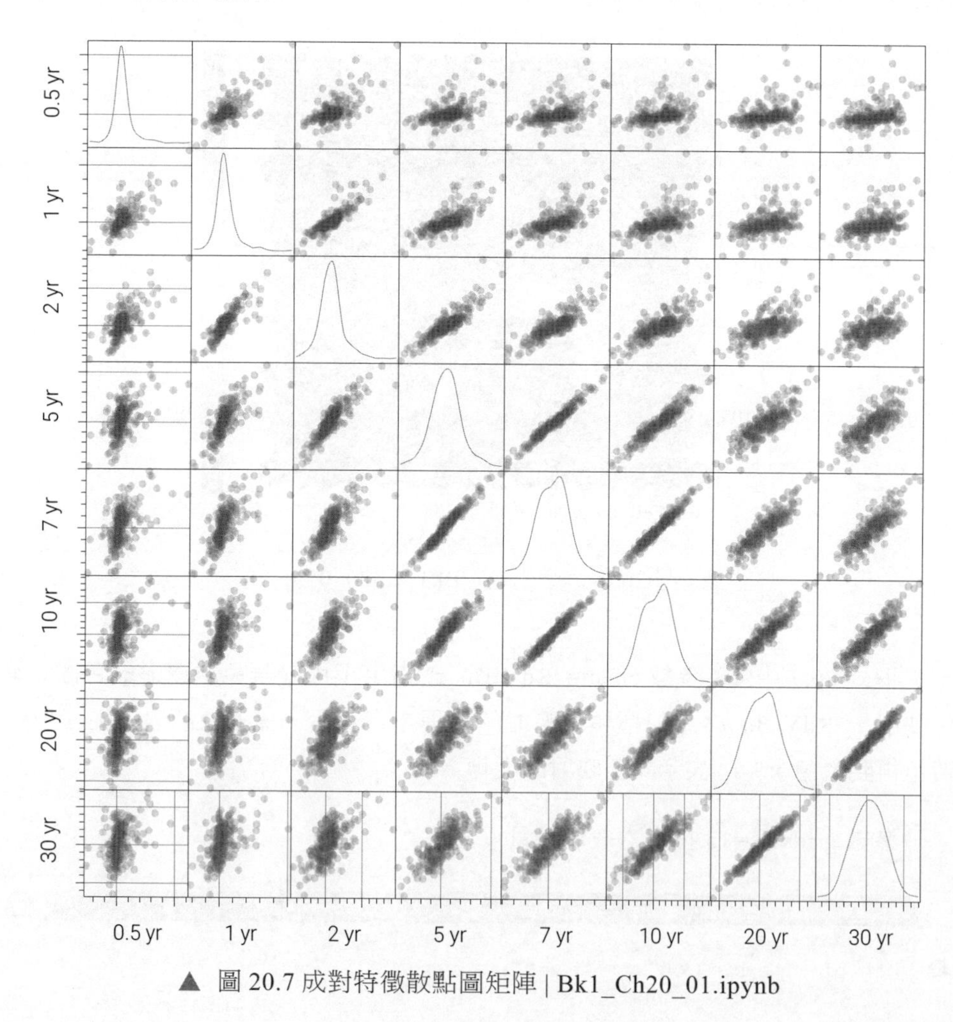

▲ 圖 20.7 成對特徵散點圖矩陣 | Bk1_Ch20_01.ipynb

程式 20.8 中，ⓐ 從 pandas.plotting 模組匯入 scatter_matrix()。

ⓑ 用 scatter_matrix() 繪製成對散點圖矩陣。參數 alpha 可以控制散點填充顏色的透明度。參數 figsize 可以用來控制圖片大小。

參數 diagonal 則可以用來選擇對角線影像的類型，'kde' 代表核心密度估計 (Kernel Density Estimation，KDE)。

實踐中，seaborn.pairplot() 和 plotly.express.scatter_matrix() 在繪製成對散點圖矩陣時效果更好。特別是，plotly.express.scatter_matrix() 視覺化的結果是互動式的。

為了更進一步地量化特徵之間的相關性，我們可以計算相關係數矩陣，並且用熱圖型視覺化。

> ❓ 請大家思考，相比協方差矩陣，相關係數矩陣的優勢是什麼？

程式20.8 繪製成對特徵散點圖（使用時配合前文程式）| Bk1_Ch20_01.ipynb

```
# 繪製成對特徵散點圖
ⓐ from pandas .plotting  import scatter_matrix
ⓑ scatter_matrix (r_df , alpha =0.2 ,
                 figsize =(6, 6),
                 diagonal ="kde" )
plt .savefig ("成對特徵散點圖 .svg" )
```

20.4 柱狀圖

圖 20.8(a) 所示為用 pandas.DataFrame.plot.bar() 繪製的**垂直柱狀圖** (vertical bar chart)。

圖 20.8(b) 所示為用 pandas.DataFrame.plot.barh() 繪製的**水平柱狀圖** (horizontal bar chart)。實踐時，我們常用 matplotlib.pyplot.bar()、seaborn.barplot()、plotly.express.bar() 繪製柱狀圖。請大家自行分析程式 20.9；此外請大家自行繪製**標準差** (standard deviation) 的垂直、水平柱狀圖。

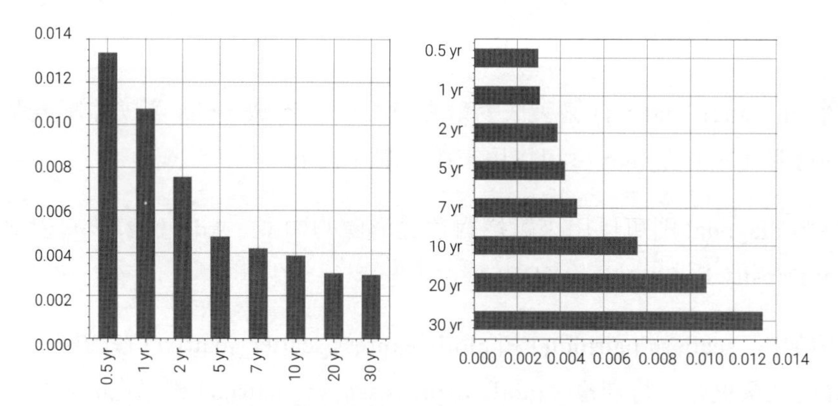

▲ 圖 20.8 柱狀圖 | Bk1_Ch20_01.ipynb

20.5 箱型圖

圖 20.9 所示為利用 pandas.DataFrame.boxplot() 繪製的箱型圖。

簡單來說，**箱型圖** (box plot) 是一種用於視覺化資料分佈的統計圖表。它提供了一些關於資料集的重要統計資訊 (四分位)，並幫助觀察資料的離散程度以及潛在的異常值。

請大家自行分析程式 20.10。

本書第 12 章介紹過如何用 seaborn.boxplot() 繪製箱型圖，還介紹了箱型圖的基本原理，請大家回顧。

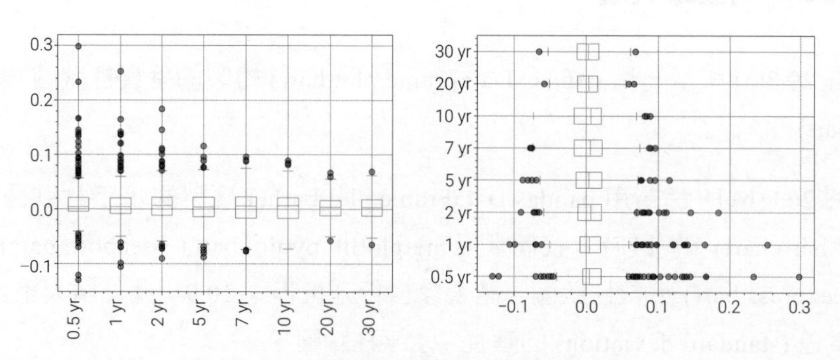

▲ 圖 20.9 箱型圖 | Bk1_Ch20_01.ipynb

程式20.9 繪製柱狀圖 | Bk1_Ch20_01.ipyn

```
## 柱狀圖，垂直
r_df.mean().plot.bar()                           ⓐ
plt.savefig("柱狀圖.svg")

## 柱狀圖，水平
r_df.mean().plot.barh()                          ⓑ
plt.savefig("水平柱狀圖.svg")
```

程式20.10 繪製箱型圖 | Bk1_Ch20_01.ipynb

```
# 繪製箱型圖
r_df.plot.box()                                  ⓐ
plt.savefig("利率日收益率箱型圖.svg")

# 繪製箱型圖，水平
r_df.plot.box(vert=False)                        ⓑ
plt.savefig("利率日收益率箱型圖，水平.svg")
```

20.6 長條圖和核心密度估計曲線

長條圖 (histogram) 是一種用於視覺化資料分佈的圖表，它將資料集分成不同的區間 (柱子)，並用柱子的高度表示每個區間中樣本點頻數、機率、機率密度。

長條圖有助理解資料的分佈形狀、中心趨勢和離散程度，以及檢測資料中的模式和異常值。圖 20.10 所示長條圖的縱軸為頻數，也叫**計數** (count)。圖 20.10 每個子圖中柱子高度之和為樣本資料樣本數。實踐中，我們常用 seaborn.histplot()、plotly.express.histo-gram() 繪製長條圖。

圖 20.11 所示為**高斯核心密度估計** (Gaussian Kernel Density Estimation，Gaussian KDE) 曲線，每個子圖的縱軸為機率密度，曲線和橫軸圍成面積為 1。從影像上來看，圖 20.10 柱子是離散的，而「平滑」後的結果就是圖 20.11。我們常用 seaborn.kdeplot() 繪製 KDE 曲線。

《AI 時代 Math 元年 - 用 Python 全精通統計及機率》專門介紹高斯核密度估計。本書第 27 章介紹如何使用 Statsmodels 中的核心密度估計工具。

我們可以透過程式 20.11 繪製圖 20.10 和圖 20.11，請大家逐行註釋。

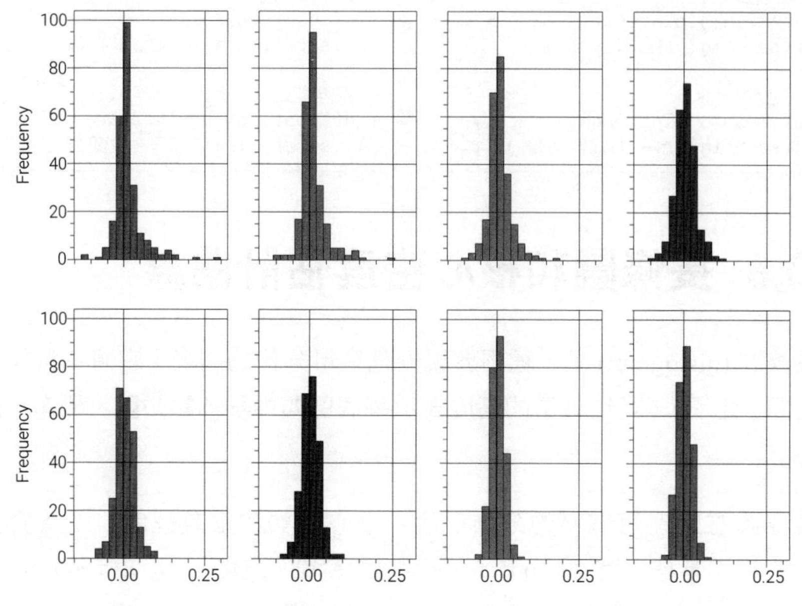

▲ 圖 20.10 長條圖 (子圖版面配置) | Bk1_Ch20_01.ipynb

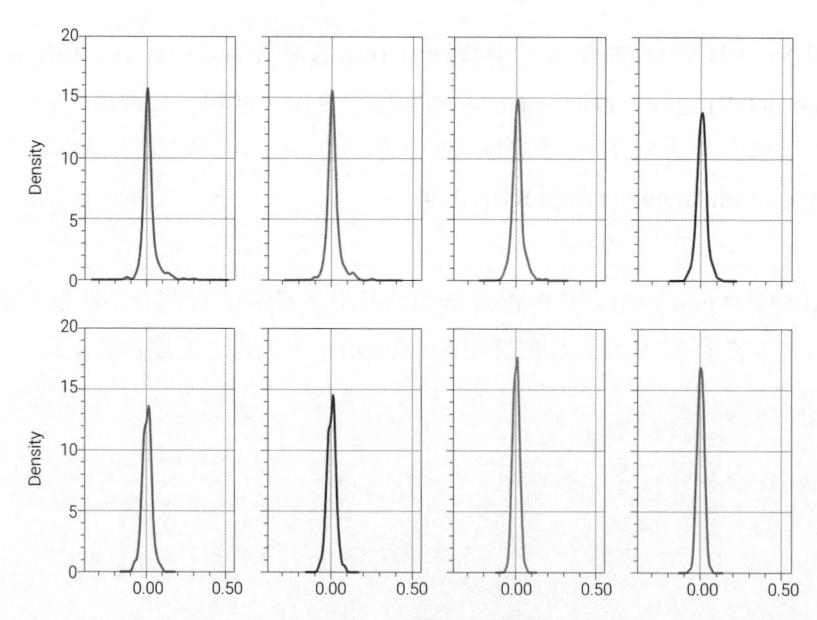

▲ 圖 20.11 高斯核心密度估計 (子圖版面配置) | Bk1_Ch20_01.ipynb

程式20.11 繪製長條圖和高斯核心密度估計（使用時配合前文程式）| Bk1_Ch20_01.ipynb

```
# 長條圖，子圖佈置
r_df.plot.hist(subplots=True, layout=(2,4),
               sharex = True, sharey = True,
               bins = 20,
               legend = False)

plt.savefig("利率日收益率長條圖，子圖.svg")

# KDE，子圖佈置
r_df.plot.kde(subplots=True, layout=(2,4),
              sharex = True, sharey = True,
              ylim = (0,20),
              legend = False)

plt.savefig("利率日收益率 KDE，子圖.svg")
```

➔ 請大家完成以下題目。

Q1. 在 JupyterLab 中複刻本章程式和結果。

* 題目很基礎，本書不給答案。

Pandas 還提供了其他視覺化方案，請大家參考以下網址中的內容。

https://pandas.pydata.org/docs/uer_guide/visualization.html

本章介紹的是一些 Pandas 函式庫中常用的視覺化函式，透過這些函式，我們可以在資料分析過程中快速生成各種類型的圖表以更進一步地理解資料。如果需要更複雜的視覺化，通常還需要使用 Matplotlib、Seaborn、Plotly 或其他專門的視覺化函式庫。

MEMO

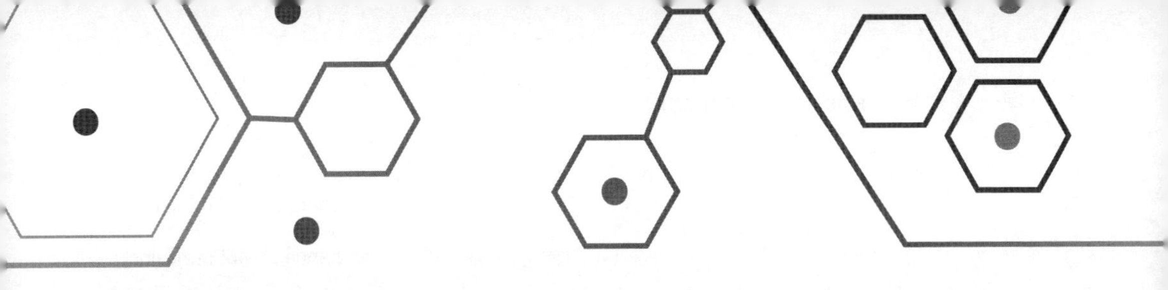

Indexing and Slicing Pandas DataFrame

21 Pandas 索引和切片

利用 DataFrame 的行列標籤、整數索引

> 生命就是一個實驗。實驗做得越多，越好。
>
> ***IAll life is an experiment.The more experiments you make,the better.***
>
> ——拉爾夫 · 沃爾多 · 愛默生（*Ralph Waldo Emerson*）| 美國思想家、文學家 | *1803—1882* 年

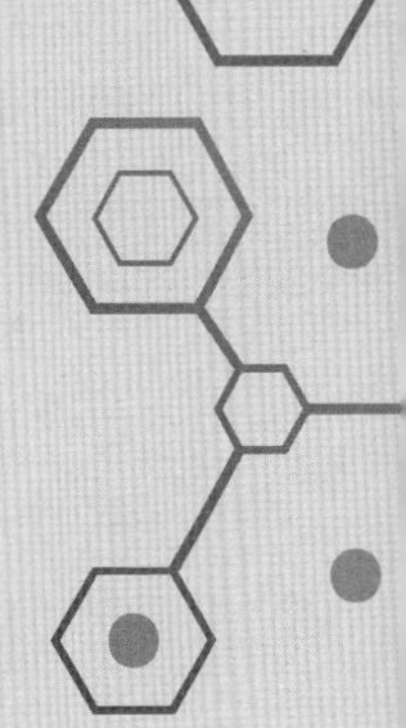

- pandas.Dataframe.iloc[] 透過整數索引來選擇 DataFrame 的行和列的索引子
- pandas.DataFrame.isin() 檢查 DataFrame 中的元素是否在替定的值序列中
- pandas.Dataframe.loc[] 透過標籤索引來選擇 DataFrame 的行和列的索引子
- pandas.DataFrame.query() 篩選和過濾 DataFrame 資料的方法
- pandas.DataFrame.where() 在 DataFrame 中根據條件對元素進行篩選和替換的方法
- pandas.MultiIndex.from_arrays() 用於從多個陣列建立多級索引的方法
- pandas.MultiIndex.from_frame() 用於從 DataFrame 建立多級索引的方法
- pandas.MultiIndex.from_product() 用於從多個可迭代物件的笛卡兒積建立多級索引的方法
- pandas.MultiIndex.from_tuples() 用於從元組串列建立多級索引的方法

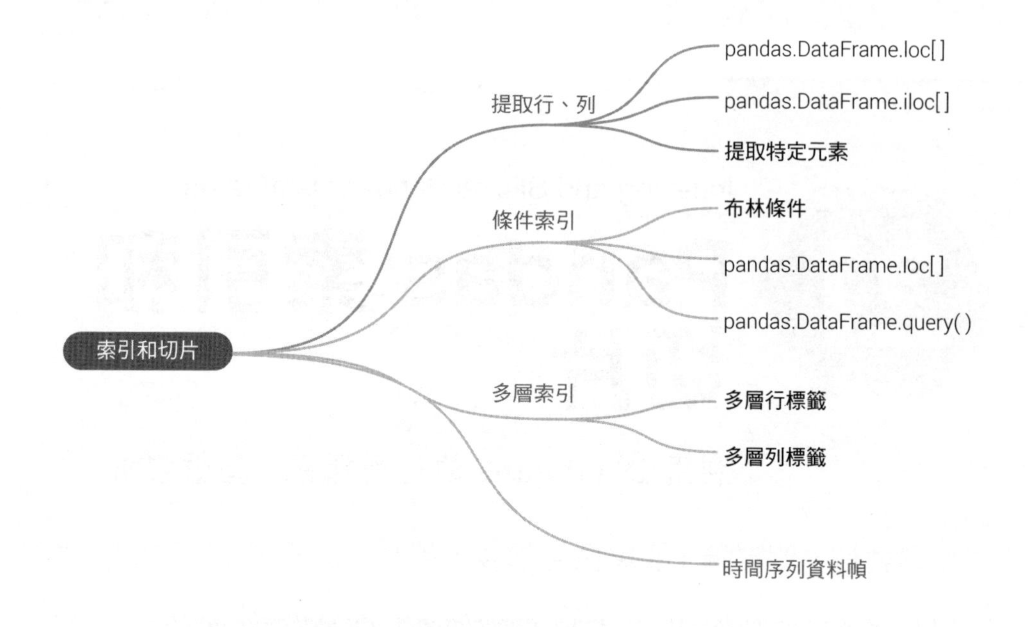

21.1 資料幀的索引和切片

Pandas 的資料幀和 NumPy 陣列這兩種資料結構在 Python 資料科學生態系統中都扮演著重要的角色，但它們在索引和切片上有一些異同之處。如圖 21.1 所示。

NumPy 陣列一般是一個多維的、同質的資料結構，表示 NumPy 陣列通常包含相同資料型態的元素，並且維度是固定的。NumPy 陣列使用基於 0 的整數索引。

而 Pandas 資料幀一般是一個二維的、異質的資料結構，可以包含不同資料型態的列，並且可以擁有靈活的行和列標籤。

NumPy 陣列使用整數索引來存取元素，類似於 Python 的串列索引。舉例來說，對於二維陣列 array，可以使用 array[row_index,column_index] 來獲取元素。

上一章提過，行標籤、列標籤特指資料幀的標籤；而對於資料幀，行索引、列索引則是指行列整數索引，這一點類似 NumPy 二維陣列。預設情況下，資料幀行標籤、列標籤均為基於 0 的整數索引。

Pandas 資料幀使用 .loc[] 選定行列標籤來進行索引、切片。類似 NumPy 陣列，Pandas 資料幀還可以使用 .iloc[] 屬性透過整數索引完成索引、切片。

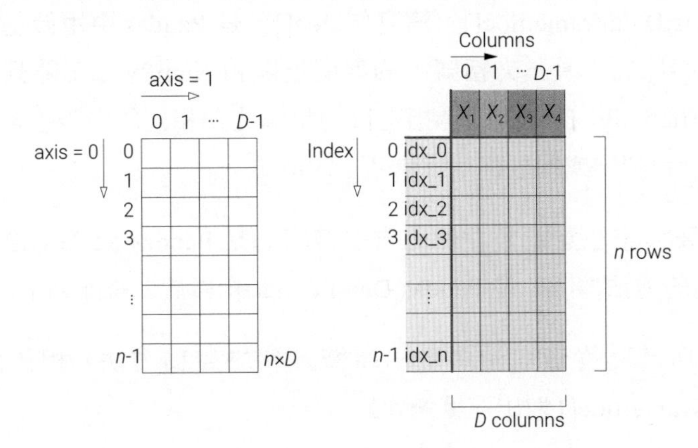

▲ 圖 21.1 比較 NumPy Array 和 Pandas DataFrame 索引

本章書附的 Jupyter Notebook 檔案是 Bk1_Ch21_01.ipynb。請大家一邊閱讀本章內容，一邊在 JupyterLab 中實踐。

21.2 提取特定列

圖 21.2 所示為從資料幀取出特定一列的幾種方法。

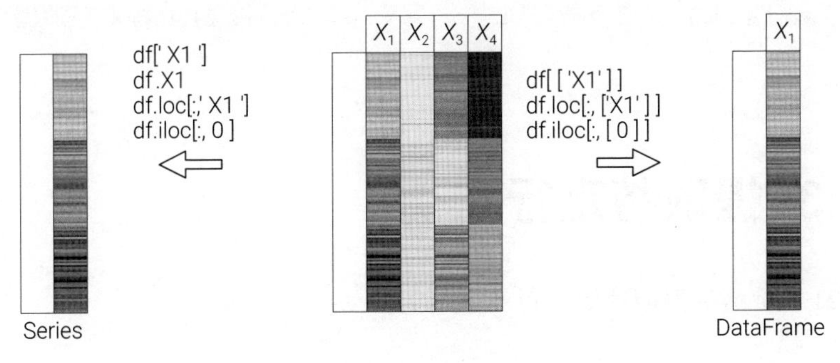

▲ 圖 21.2 提取一列

其中，pandas.DataFrame.loc[]，簡寫作 loc[]，是 Pandas 中用於基於標籤進行索引和切片的重要工具，允許透過指定行標籤、列標籤來選擇資料幀中的特定行和列，或獲取特定行或列上的值。

而 pandas.DataFrame.iloc[]，簡寫作 iloc[]，是 Pandas 中用於基於整數位置進行索引和切片的工具，方括號內的索引規則和 NumPy 二維陣列完全一致。pandas.DataFrame.iloc[] 允許透過指定行的整數位置和列的整數位置來選擇資料幀中的特定行和列，或獲取特定行或列上的值。

特別需要大家注意的是左側的方法傳回的是 Pandas Series(相當於一維陣列)，而右邊的方法傳回的是 Pandas DataFrame(相當於二維陣列)。

圖 21.3 所示為從資料幀中取出連續多列的幾種方法。相比而言，採用 pandas.DataFrame.iloc[] 取出連續多列最方便。

類似 NumPy 陣列，還可以利用 pandas.DataFrame.iloc[] 等間隔提取特定列，比如 df.iloc[:,::2] 表示從第 1 列開始每 2 列取一列。

圖 21.4 則展示了從資料幀取出不連續多列的方法。

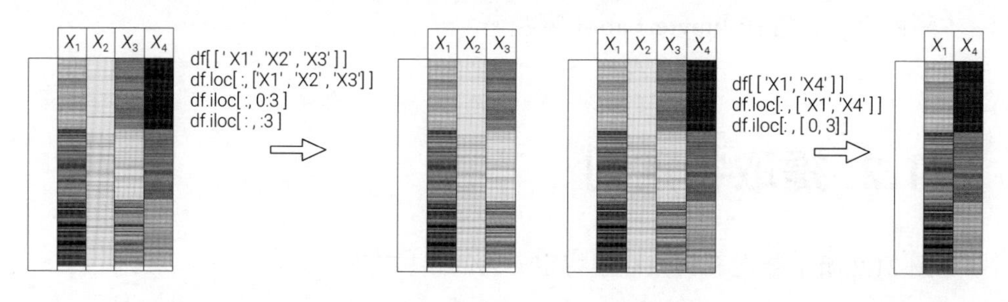

▲ 圖 21.3 提取連續多列　　▲ 圖 21.4 提取不連續多列

21.3 提取特定行

圖 21.5 所示為提取特定一行的幾種方法。

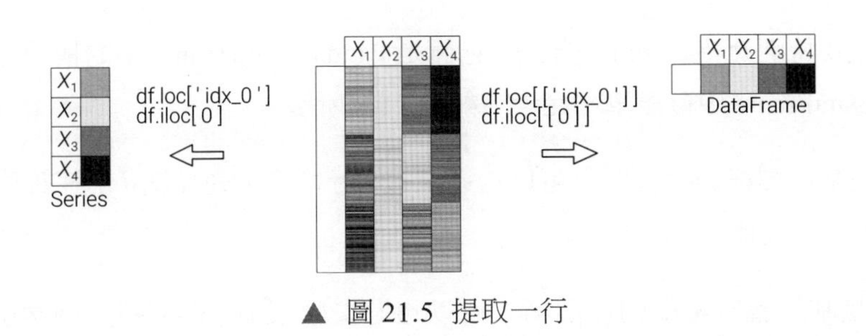

▲ 圖 21.5 提取一行

也需要大家注意的是，左側提取結果為 Pandas Series，右側提取結果為 Pandas DataFrame。此外，'idx_0' 為人為設定的行標籤；資料幀採用的是預設從 0 開始的整數索引，則其行標籤、行整數索引都是 0。

圖 21.6 所示為從資料幀中取出連續多行的幾種方法。

相比而言，採用 pandas.DataFrame.iloc[] 取出連續多行比較容易。

類似 NumPy 陣列，還可以利用 pandas.DataFrame.iloc[] 等間隔提取特定行，比如 df.iloc[::2] 表示從第 1 行開始每 2 行取一行。

圖 21.7 則展示從資料幀取出不連續多行的方法。

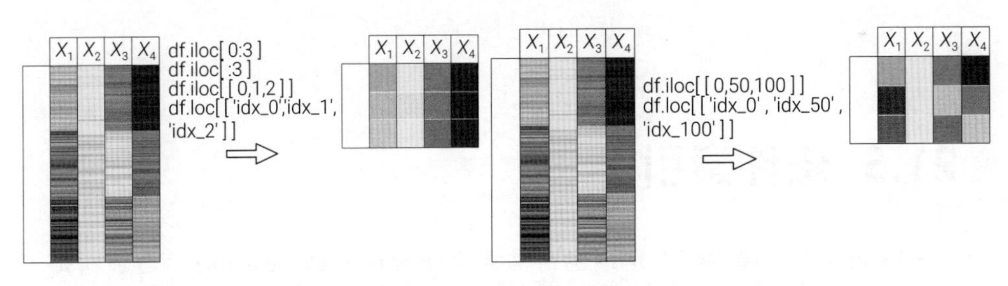

▲ 圖 21.6 提取連續多行

▲ 圖 21.7 提取不連續多行

21.4 提取特定元素

利用 pandas.DataFrame.iloc[row_position,column_position]，我們可以取得資料幀的特定位置元素，這一點和 NumPy 二維陣列相同；本章書附程式提供若干範例，請大家自行學習。

本節要特別介紹 at 和 iat 方法。它倆是 Pandas DataFrame 中的快速存取器，用於在 DataFrame 中存取單一元素。如圖 21.8 所示。

at 是基於標籤的存取器，可以透過標籤 (行標籤、列標籤) 快速獲取資料幀單一元素，速度比 loc 快。

iat 是基於整數索引的存取器，可以透過整數索引 (行索引、列索引) 快速獲取單一元素，速度比 iloc 快。

使用 at 和 iat 存取器，只能存取單一元素，傳回結果為具體元素。如果需要存取多個元素，應該使用 loc 或 iloc。

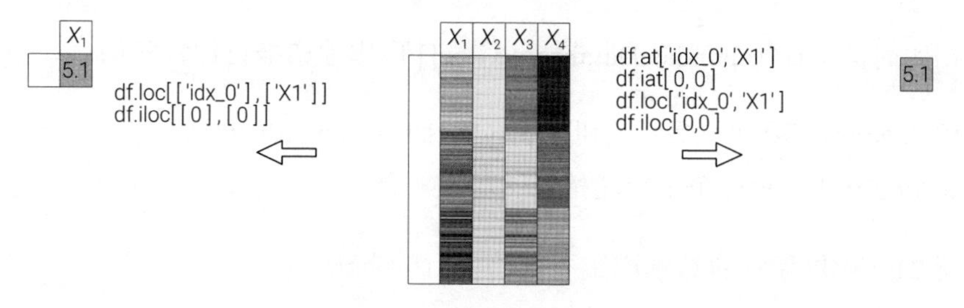

▲ 圖 21.8 提取特定元素

21.5 條件索引

在 Pandas 中，條件索引是透過**布林條件** (Boolean expression) 篩選資料幀中的行的一種技術。這表示可以基於某些條件從資料幀中選擇滿足這些條件的特定行。

條件索引使用布林運算，如 >、<、==、!=、&、| 等，來生成布林值的資料幀，然後根據這些布林值來篩選資料幀。

布林條件

如圖 21.9 所示，左側的 df 為鳶尾花資料集前 4 列組成的資料幀。

布林運算 (df > 6)| (df < 1.5) 透過或運算子「|」結合了兩個不等式，含義是將資料幀中滿足大於 6 或小於 1.5 的元素設為 True，否則設為 False。

圖 21.9 右側的熱圖中深藍色色塊代表 True，淺藍色色塊代表 False。圖 21.9 右側這種方案還會用在視覺化資料幀中遺漏值。

程式 21.1 利用布林資料幀篩選滿足條件的行。

其中，ⓐ 建立了一個布林條件資料幀，用於篩選 iris_df 中「sepal_length」列大於等於 7 的行。

ⓑ 使用上面建立的布林條件 condition 對 iris_df 進行篩選，得到一個新的 DataFrame iris_df_filtered，其中只包含「sepal_length」列大於等於 7 的行，具體如圖 21.10 所示。

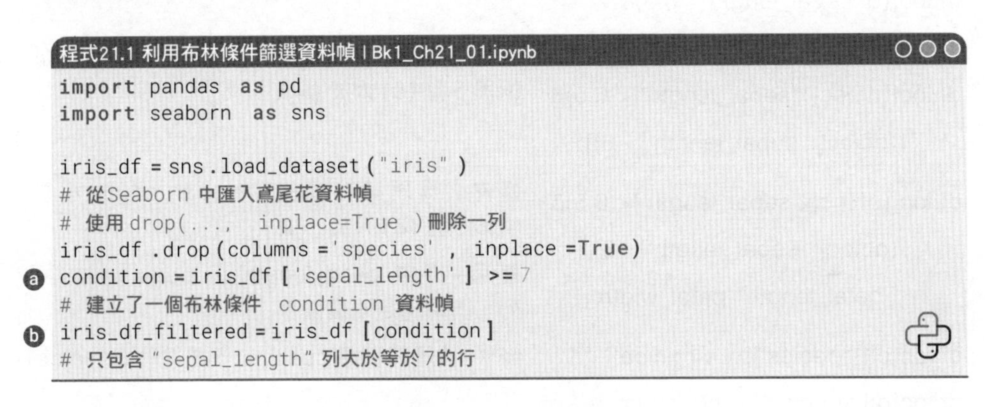

程式21.1 利用布林條件篩選資料幀 | Bk1_Ch21_01.ipynb

```
import pandas as pd
import seaborn as sns

iris_df = sns.load_dataset("iris")
# 從Seaborn 中匯入鳶尾花資料幀
# 使用 drop(...,  inplace=True ) 刪除一列
iris_df.drop(columns='species', inplace=True)
condition = iris_df['sepal_length'] >= 7        ⓐ
# 建立了一個布林條件 condition 資料幀
iris_df_filtered = iris_df[condition]           ⓑ
# 只包含"sepal_length"列大於等於 7的行
```

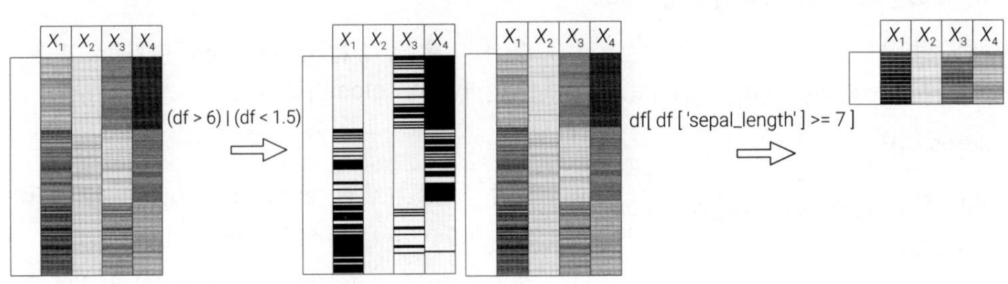

▲ 圖 21.9 滿足條件的布林資料幀

▲ 圖 21.10 滿足條件的布林資料幀

loc[]

實踐中，一般更常用 loc[] 篩選滿足條件的資料幀。

舉個例子，圖 21.10 篩選可以透過 df.loc[df.loc[:,'sepal_length']>= 7,:] 完成。表 21.1 舉出了更多實例，請大家自行學習。

➔ 表 21.1 利用 loc[] 篩選範例 | Bk1_Ch21_01.ipynb

範例 (假設 df 為鳶尾花資料集)	說明
df.loc[df.loc[:,'species']== 'versicolor',:] df.loc[df.species == 'versicolor',:]	條件：鳶尾花種類 'species' 為 (==)'versicolor'
df.loc[(df.sepal_length < 6.5)& (df.sepal_length > 6)] df.loc[(df.loc[:,'sepal_length']< 6.5)& (df.loc[:,'sepal_length']> 6)]	條件：鳶尾花花萼長度 'sepal_length' 小於 (<)6.5 且 (&) 大於 (>)6
df.loc[(df.loc[:,'sepal_length']< 6.5)& (df.loc[:,'sepal_length']> 6), ['petal_length','petal_width']]	條件：鳶尾花花萼長度 'sepal_length' 小於 (<)6.5 且 (&) 大於 (>)6 傳回：df 中 'petal_length' 和 'petal_width' 兩列，同時滿足兩個條件
df.loc[df['species']!= 'virginica']	條件：鳶尾花種類 'species' 不是 (!=)'virginica'
df.loc[df['species'].isin(['virginica', 'setosa'])] df.loc[df.species.isin(['virginica', 'setosa'])]	條件：鳶尾花種類 'species' 在 (isin) 串列 ['virginica','setosa'] 之中
df.loc[~df.species.isin(['virginica', 'setosa']), ['petal_length','petal_width']]	條件：鳶尾花種類 'species' 不在 (~ ...isin) 串列 ['virginica','setosa'] 之中 傳回：df 中 'petal_length' 和 'petal_width' 兩列，滿足條件所有行

query()

pandas.DataFrame.query()，簡寫作 query()，是 Pandas 中的方法，用於對資料幀進行查詢操作。它允許透過指定一定的查詢準則來篩選資料，並傳回滿足條件的行。

query(expression) 中的 expression 是一個字串，表示查詢運算式，描述了篩選條件。

一般來說 expression 由列名稱和運算子組成，可以使用布林運算子，如 ==、!=、> 、<、>=、<= 等，來指定條件。

還可以使用 and、or 和 not 等邏輯運算子來組合多個條件。

預設 inplace = False，即不在原地修改資料幀。如果 inplace=True，則會直接在原始資料幀上進行修改，不傳回一個新的資料幀。

表 21.2 舉出若干範例，query() 內的條件很容易理解，請大家自行學習。

➔ 表 21.2 利用 query() 篩選範例 | Bk1_Ch21_01.ipynb

範例 (假設 df 為鳶尾花資料集)
df.query('sepal_length > 2*sepal_width')
df.query("species == 'versicolor'")
df.query("not(sepal_length > 7 and petal_width > 0.5)")
df.query("species!= 'versicolor'")
df.query("abs(sepal_length-6)> 1")
df.query("species in('versicolor','virginica')")
df.query("sepal_length >= 6.5 or sepal_length <= 4.5")
df.query("sepal_length <= 6.5 and sepal_length >= 4.5")

21.6 多層索引

在 Pandas 中，**多級索引** (multi-index) 是一種特殊的索引類型，允許在資料幀的行或列上具有多個層次的索引。這使得我們可以在更複雜的高維資料集上進行分層操作和查詢。

多層行標籤

程式 21.2 所示為用串列建立兩層行標籤資料幀。

ⓐ 利用 pandas.MultiIndex.from_arrays() 構造兩層行標籤，結果為：

```
MultiIndex([('A', 1),
            ('A', 2),
            ('B', 3),
            ('B', 4),
            ('C', 5),
            ('C', 6),
            ('D', 7),
            ('D', 8)],
            names=['I', 'II'])
```

ⓑ 構造兩層行標籤資料幀，如圖 21.11 左圖所示。圖 21.12 所示為用 loc[] 對兩層行標籤索引、切片。

同理，我們還可以利用 pandas.MultiIndex.from_tuples() 從元組串列建立多級索引。

此外，pandas.MultiIndex.from_frame() 是用於從 DataFrame 建立多級索引的方法。請大家參考本章書附的 Jupyter Notebook 自行學習。

程式21.2 用串列構造多層行標籤 | Bk1_Ch21_02.ipynb

```
import pandas as pd
import numpy as np
# 建立串列、資料
index_arrays = [['A','A','B','B','C','C','D','D'],
                range(1,9)]
data = np.random.randint (0,9,size=(8,4))
```

```
# 建立多層行索引
row_idx = pd.MultiIndex.from_arrays(index_arrays,
                                    names=['I','II'])

# 建立DataFrame
df = pd.DataFrame(data,
                  index=row_idx,
                  columns=['X1','X2','X3','X4'])
```

2 levels

I	II	X_1	X_2	X_3	X_4
A	1				
	2				
B	3				
	4				
C	5				
	6				
D	7				
	8				

df.reset_index()

1 level

	I	II	X_1	X_2	X_3	X_4
0	A	1				
1	A	2				
2	B	3				
3	B	4				
4	C	5				
5	C	6				
6	D	7				
7	D	8				

▲ 圖 21.11 兩層行標籤

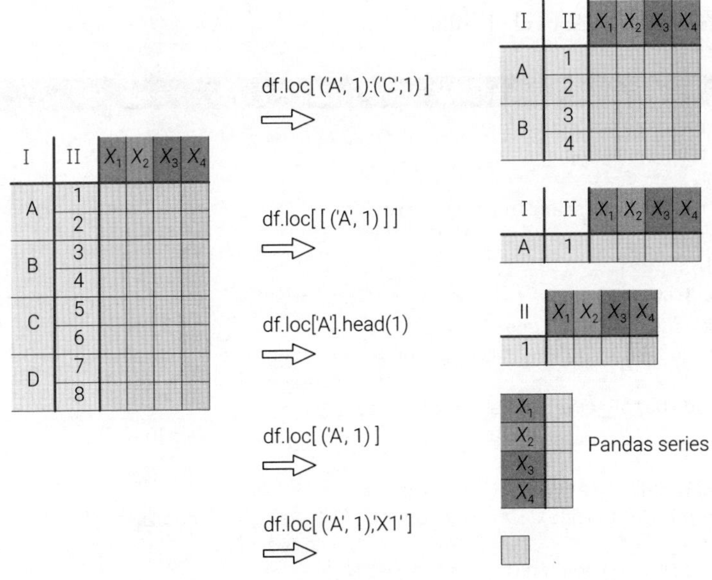

▲ 圖 21.12 兩層行標籤，索引、切片

程式 21.3 利用 pandas.MultiIndex.from_product() 從多個可迭代物件的笛卡兒積建立多層行索引。程式 21.3 產生如圖 21.13 所示兩個兩層行標籤資料幀，請大家自行分析。

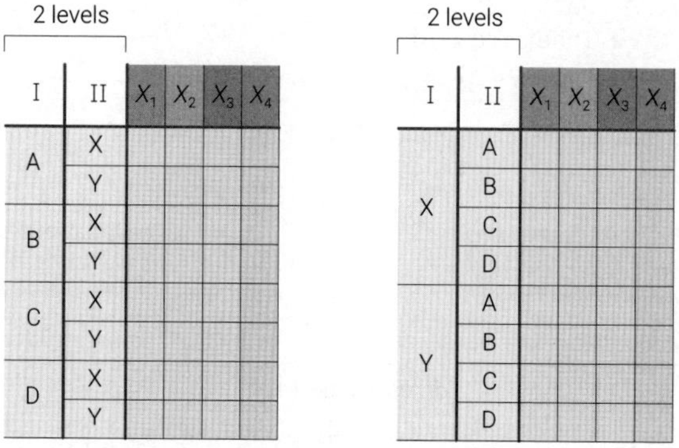

2 levels

I	II	X_1	X_2	X_3	X_4
A	X				
	Y				
B	X				
	Y				
C	X				
	Y				
D	X				
	Y				

2 levels

I	II	X_1	X_2	X_3	X_4
X	A				
	B				
	C				
	D				
Y	A				
	B				
	C				
	D				

▲ 圖 21.13 兩層行標籤，笛卡兒積

值得一提的是，df_2.index.set_names('Level_0_idx',level=0,inplace=True) 將第 0 級索引的名稱設置為 'Level_0_idx'。

然後，再用 df_2.index.set_names('Level_1_idx',level=1,inplace=True) 將第 1 級索引的名稱設置為 'Level_1_idx'。

程式21.3 用多個可迭代物件的笛卡兒積構造多層行標籤 | Bk1_Ch21_03.ipynb

```
import pandas as pd
import numpy as np
# 範例資料
data = np.random.randint(0,9,size=(8,4))
# 兩組串列
categories = ['A','B','C','D']
types = ['X', 'Y']
# 建立多層行索引，先categories，再types
idx_1 = pd.MultiIndex.from_product([categories, types],
                                   names=['I', 'II'])
df_1 = pd.DataFrame(data, index=idx_1,
                    columns=['X1','X2','X3','X4'])

# 建立多層行索引，先types，再categories
idx_2 = pd.MultiIndex.from_product([types, categories],
                                   names=['I', 'II'])
df_2 = pd.DataFrame(data, index=idx_2,
                    columns=['X1','X2','X3','X4'])
```

```
# 將第0級索引的名稱設置為 'Level_0_idx'
df_2.index.set_names('Level_0_idx', level=0, inplace=True)
# 將第1級索引的名稱設置為 'Level_1_idx'
df_2.index.set_names('Level_1_idx', level=1, inplace=True)

# 獲取 DataFrame 中多級索引的第 0等級 (level=0 )的所有標籤值
df_2.index.get_level_values(0)
# 獲取 DataFrame 中多級索引的第 1等級 (level=1 )的所有標籤值
df_2.index.get_level_values(1)
```

如程式 21.4 所示，我們可以利用 **pandas.xs()** 存取多級索引 DataFrame 中切片資料。

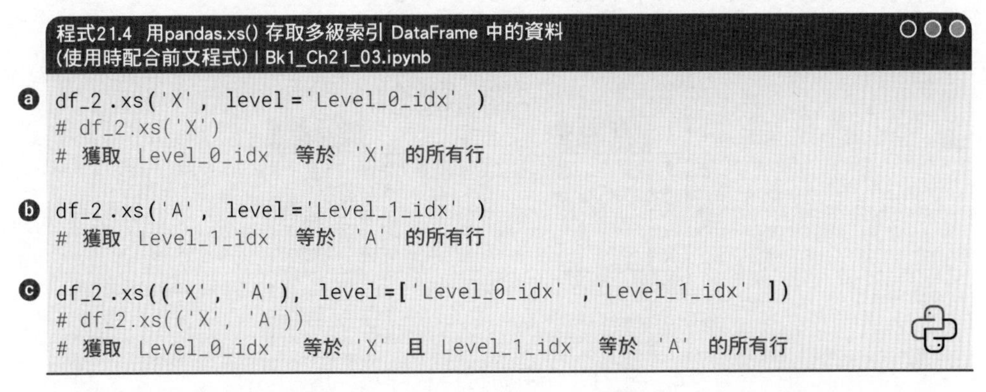

程式21.4 用pandas.xs() 存取多級索引 DataFrame 中的資料
(使用時配合前文程式) | Bk1_Ch21_03.ipynb

```
df_2.xs('X', level='Level_0_idx')
# df_2.xs('X')
# 獲取 Level_0_idx 等於 'X' 的所有行

df_2.xs('A', level='Level_1_idx')
# 獲取 Level_1_idx 等於 'A' 的所有行

df_2.xs(('X', 'A'), level=['Level_0_idx','Level_1_idx'])
# df_2.xs(('X', 'A'))
# 獲取 Level_0_idx 等於 'X' 且 Level_1_idx 等於 'A' 的所有行
```

圖 21.14 所示為將 DataFrame 的索引轉為字串類型，並且每個索引元素中的多個等級值用底線連接成一個字串。

多層列標籤

程式 21.5 所示為用串列建立兩層列標籤資料帖，如圖 21.15 左圖所示。

程式21.5 用串列構造多層列標籤 | Bk1_Ch21_04.ipynb

```
import pandas as pd
import numpy as np
# 範例資料
data = np.random.randint (0,9,size=(8,4))

# 建立兩層列標籤串列
col_arrays = [['A', 'A', 'B', 'B'],
              ['X1', 'X2', 'X3', 'X4']]
# 建立兩層列索引
multi_col = pd.MultiIndex.from_arrays (col_arrays,
                                        names=['I','II'])
# 建立 DataFrame
df = pd.DataFrame (data, columns=multi_col)
```

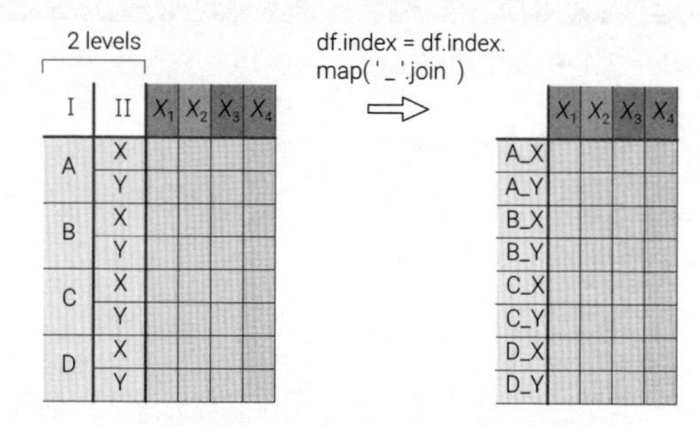

▲ 圖 21.14 兩層行標籤降為一層

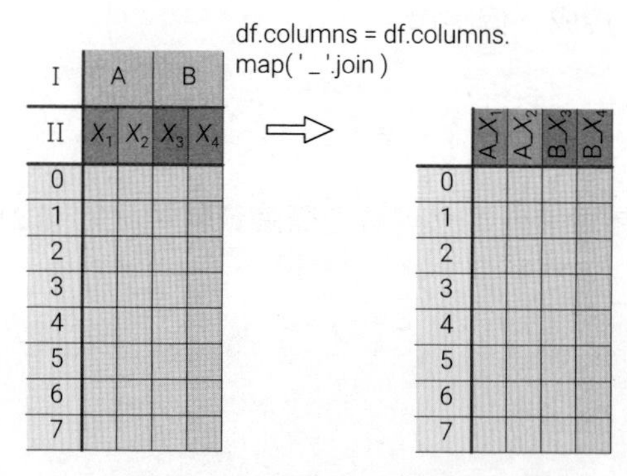

▲ 圖 21.15 兩層列標籤降為一層

本章書附的 Jupyter Notebook 還介紹了利用笛卡兒積、元組、資料幀建立多層列標籤資料幀，請大家自行學習。圖 21.16 所示為利用 loc[] 對多層列標籤進行索引、切片，請大家在 JupyterLab 中練習。

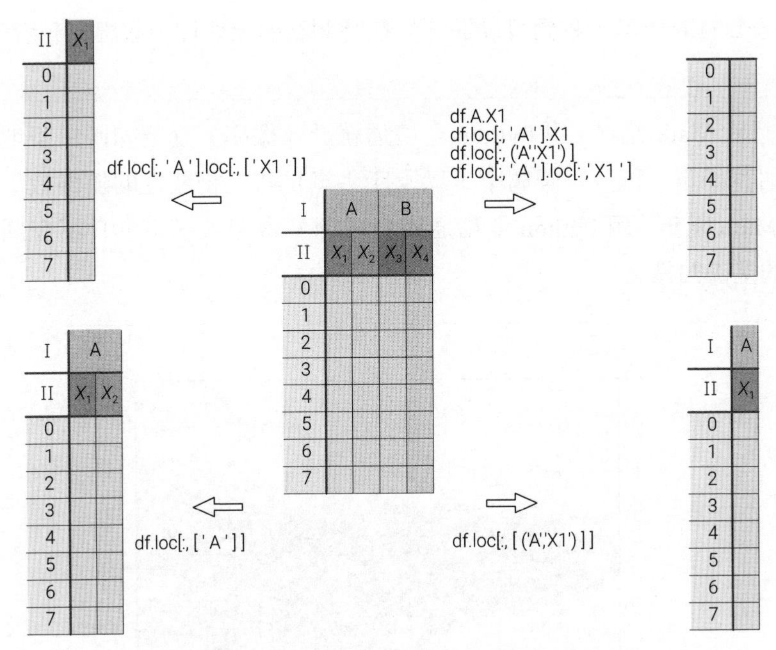

▲ 圖 21.16 兩層列標籤，索引、切片

21.7 時間序列資料幀索引和切片

本章最後簡單聊聊如何對時間序列資料幀進行索引和切片。

圖 21.17 所示為利用**蒙地卡羅模擬** (Monte Carlo simulation) 生成的隨機行走，橫軸為日期，縱軸為隨機點位置。圖中一共有 50 條軌跡，721 個日期點 (包括起始點 0)。圖 21.17 對應的資料型態為 Pandas DataFrame。

簡單來說，蒙地卡羅模擬是透過隨機抽樣的方法進行數值計算的一種技術。它基於隨機抽樣的思想，透過生成大量的隨機樣本來估算數學問題的解。蒙地卡羅模擬廣泛應用於金融、物理、工程等領域，用於解決複雜的機率、統計和最佳化問題。

如圖 21.18 所示，我們利用資料幀切片方法從 50 條軌跡取出前兩條 (索引為 0 和 1)。以圖 21.18 中任意一條軌跡為例，它的每天變化量都是來自於服從標準正態分佈的隨機數。

如程式 21.6 所示，我們可以進一步在時間索引上切片，取出部分資料。

> 《AI 時代 Math 元年 - 用 Python 全精通統計及機率》介紹如何用蒙地卡羅模擬估算面積、積分、圓周率，以及產生滿足特性相關性的隨機數。《AI 時代 Math 元年 - 用 Python 全精通資料處理》會深入一步，介紹有關隨機過程的基礎知識。

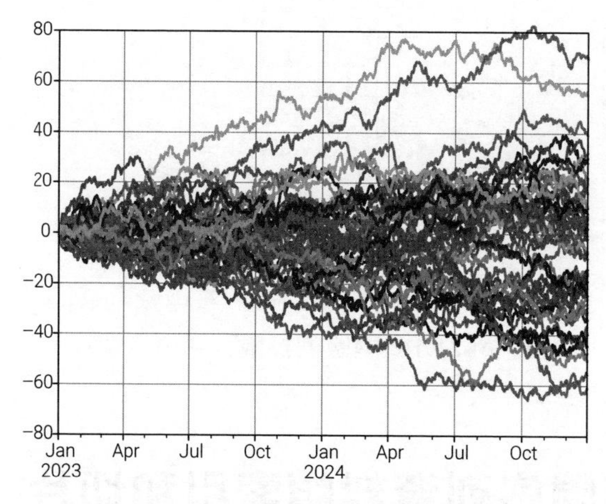

▲ 圖 21.17 50 條隨機行走軌跡 (時間為 2 年)

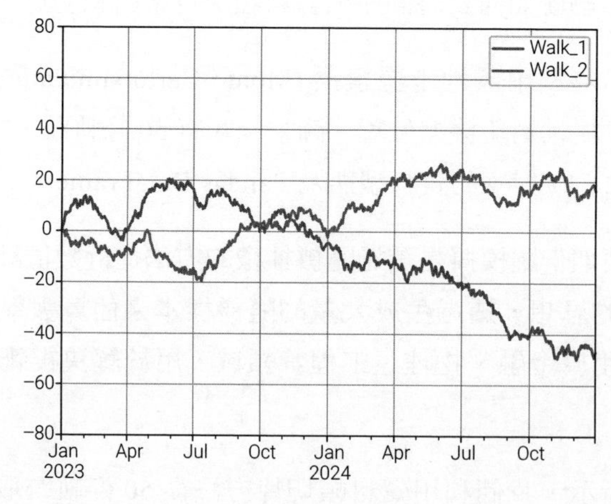

▲ 圖 21.18 前 2 條隨機行走軌跡 (時間為 2 年)

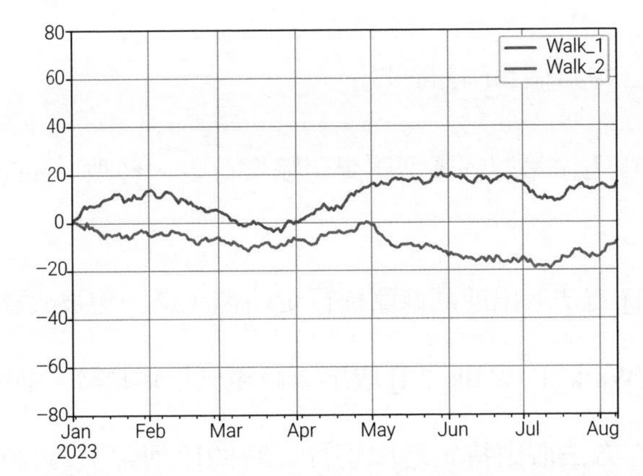

▲ 圖 21.19 前 2 條隨機行走軌跡 (時間為前 220 天)

我們可以透過程式 21.6 生成圖 21.17、圖 21.18、圖 21.19，下面聊聊其中關鍵敘述。

ⓐ 利用 pandas.date_range() 建立了一個從 2023 年 1 月 1 日開始，為期 2 年的每一天的日期範圍，結果儲存在 date_range 變數中。

參數 start='2023-01-01' 指定了日期範圍的起始日期。建議使用 YYYY-MM-DD 這種日期格式。參數 periods=365*2 指定了日期範圍的長度，即 2 年的長度。

參數 freq='D' 指定了日期範圍的頻率，'D' 表示每天。

ⓑ 建立一個空資料幀，指定行索引為日期。ⓒ 設定 NumPy 隨機數發生器的種子。

ⓓ 利用 numpy.random.normal() 生成滿足標準正態分佈隨機數，用來代表每天行走的步進值。

ⓔ 增加 0 作為初始狀態。當然大家可以在空資料幀中直接加一行 0。

ⓕ 利用 cumsum() 計算累加，代表隨機行走位置隨時間變化。

ⓖ 將 for 迴圈中每次迭代得到的隨機路徑儲存在 DataFrame 中，並設置特定列標籤。

❓ 請大家想辦法去掉這個 for 迴圈。

ⓗ 利用 plot() 方法繪製線圖型視覺化隨機行走。參數 legend = False 代表不展示圖例。

ⓘ 利用 iloc[] 方法取出前兩條隨機行走路徑，這一句被故意註釋起來了。

ⓙ 利用 df[['Walk_1','Walk_2']] 取出 2 條隨機行走軌跡，並視覺化。

ⓚ 利用 loc[] 方法取出特定時間切片，時間序列索引為 '2023-01-01':'2023-08-08'。

ⓛ 利用 iloc[] 方法完成和上一句相同操作，這一句也被故意註釋起來了。

程式21.6 蒙地卡羅模擬時間序列切片 | Bk1_Ch21_05.ipynb

```
# 匯入套件
import pandas as pd
import numpy as np
import matplotlib.pyplot as plt

# 建立日期範圍，假設為2年(365×2 天)
date_range = pd.date_range(start='2023-01-01',
                           periods=365*2, freq='D')
# 建立一個空的 DataFrame，用於儲存隨機行走資料
df = pd.DataFrame(index=date_range)
# 模擬50個隨機行走
num_path = 50
# 設置隨機種子以保證結果可重複
np.random.seed(0)

for i in range(num_path):
    # 生成隨機步進值，每天行走步進值服從標準正態分佈
    step_idx = np.random.normal(loc=0.0, scale=1.0,
                                size=len(date_range) - 1)
    # 增加初始狀態
    step_idx = np.append(0, step_idx)

    # 計算累積步數
    walk_idx = step_idx.cumsum()

    # 將行走路徑儲存在 DataFrame 中，列名為隨機行走編號
    df[f'Walk_{i + 1}'] = walk_idx
# 請大家想辦法去掉 for 迴圈
```

```
   # 繪製所有隨機行走軌跡
h  df.plot(legend = False)
   plt.grid(True)
   plt.ylim(-80,80)

   # 繪製前2條隨機行走
i  # df.iloc[:, [1, 0]].plot(legend = True)
j  df[['Walk_1', 'Walk_2']].plot(legend = True)
   plt.grid(True)
   plt.ylim(-80,80)

   # 繪製前2條隨機行走，特定時間段
k  df.loc['2023-01-01':'2023-08-08',
          ['Walk_1', 'Walk_2']].plot(legend = True)
l  # df.iloc[0:220, 0:2].plot(legend = True)
   plt.grid(True)
   plt.ylim(-80,80)
```

➔ 請大家完成以下題目。

Q1. 在 JupyterLab 中複現本章所有程式和結果。

Q2. 修改 Bk1_Ch21_05.ipynb，用 numpy.random.choice([-1,1]) 生成每天行走隨機步進值，重新繪製影像。

* 題目很基礎，本書不給答案。

Pandas 中有關時間序列資料幀的操作有很多。限於篇幅，我們無法展開介紹。大家如果感興趣的話，請參考以下網址中的內容。

https://pandas.pydata.org/docs/user_guide/timeseries.html

本章介紹了常見的 Pandas 資料幀索引和切片方法，其中稍有難度的是條件索引、多層索引，請大家格外注意。

MEMO

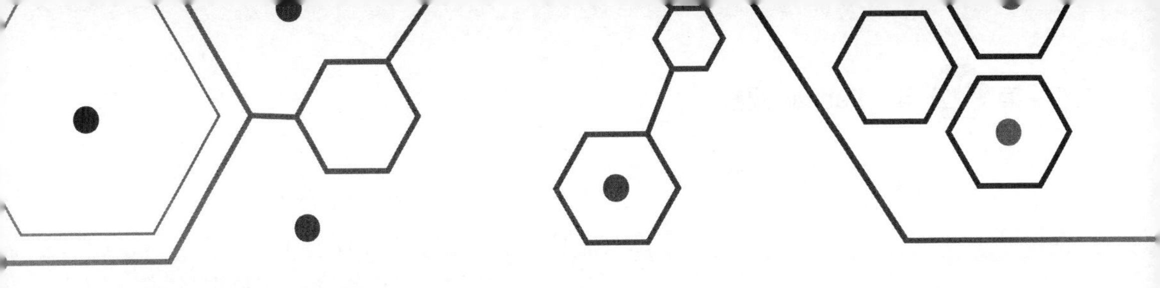

22 Pandas 規整

Manipulating Pandas DataFrames

concat()、join()、merge()、pivot()、stack()、groupby()……

> 希望，是一個醒來的夢想。
>
> ***Hope is a waking dream.***
>
> ——亞里斯多德（*Aristotle*）| 古希臘哲學家 | 前 *384*—前 *322* 年

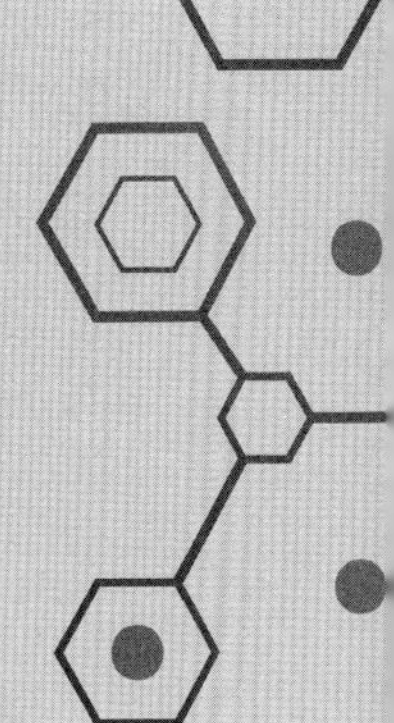

- pandas.concat() 將多個資料幀在特定軸 (行、列) 方向進行拼接
- pandas.DataFrame.apply() 將一個自訂函式或 lambda 函式應用到資料幀的行或列上，實現資料的轉換和處理
- pandas.DataFrame.drop() 刪除資料幀特定列
- pandas.DataFrame.groupby() 在分組後的資料上執行聚合、轉換和其他操作，從而對資料進行更深入的分析和處理
- pandas.DataFrame.join() 將兩個資料集按照索引或指定列進行合併
- pandas.DataFrame.merge() 按照指定的列標籤或索引進行資料庫風格的合併
- pandas.DataFrame.pivot() 用於將資料透視成新的行和列形式的函式
- pandas.DataFrame.stack() 將 DataFrame 中的列轉為多級索引的行形式的函式
- pandas.DataFrame.unstack() 將 DataFrame 中的多級索引行轉為列形式的函式
- pandas.melt() 將寬格式資料轉為長格式資料的函式，將多個列「融化」成一列
- pandas.pivot_table() 根據指定的索引和列對資料進行透視，並使用匯總函式合併重複值的函式
- pandas.wide_to_long() 將寬格式資料轉為長格式資料的函式，類似於 melt()，但可以處理多個識別字列和首碼

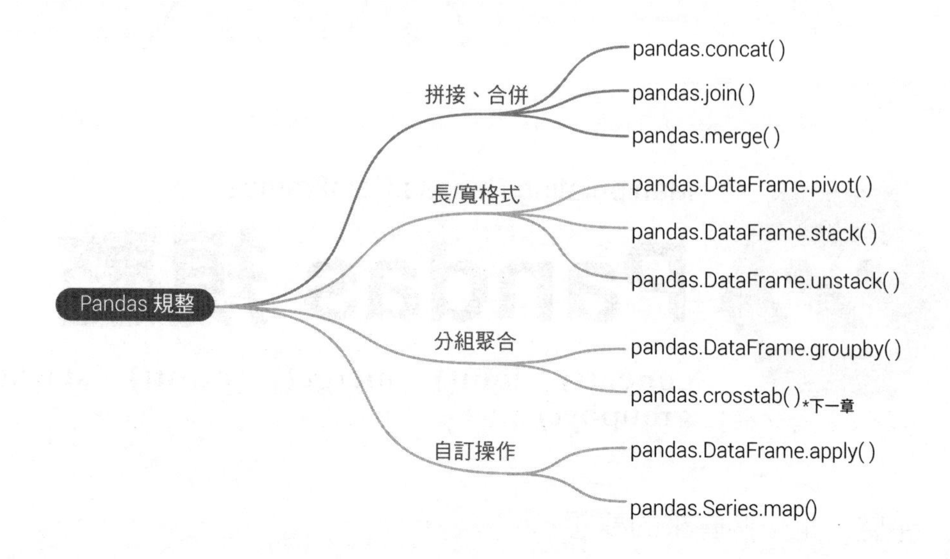

22.1 Pandas 資料幀規整

Pandas 是一種用於資料處理和分析的 Python 函式庫，它提供了多種資料規整方法來整理和準備資料，使之能夠更方便地進行分析和視覺化。本章首先介紹以下三種資料幀的拼接合並方法。

- 方法 concat() 將多個資料幀在特定軸方向進行拼接。
- 方法 join() 將兩個資料集按照索引或指定列進行合併。
- 方法 merge() 按照指定的列標籤或索引進行資料庫風格的合併。

此外，在 Pandas 中，資料幀的重塑和透視操作是指透過重新組織資料的方式，使資料呈現出不同的結構，以滿足特定的分析需求。具體來說，資料幀**重塑** (reshaping) 是指改變資料的行和列的排列方式。資料幀**透視** (pivoting) 是指透過旋轉資料的行和列，以重新排列資料，並根據指定的匯總函式來生成新的資料幀。這樣做可以更進一步地展示資料的結構和統計特徵。

長格式、寬格式是本章重要概念。如圖 22.1 所示，**長格式** (long format) 和**寬格式** (wide format) 是兩種不同的資料儲存形式。

如圖 22.1(a) 所示，長格式類似流水帳，每一行代表一個觀察值，比如某個學生某科目期中考試成績。

如圖 22.1(b) 所示，寬格式更像是「矩陣」，每一行代表一個特定觀察條件，比如某個特定學生的學號。此外，寬格式資料的列用於表示不同的特徵或維度，比如特定一組科目。

顯然，長格式和寬格式之間可以很容易相互轉化。Pandas 提供很多方法用來完成資料幀的重塑和透視。

(a) long format

Student ID	Subject	Midterm
1	Math	3
1	Art	4
2	Science	5
2	Art	3
3	Math	4
3	Science	4
4	Art	4
4	Math	5

(b) wide format

Subject	Art	Math	Science
Student ID			
1	5	4	NaN
2	5	NaN	3
3	NaN	4	5
4	3	5	NaN

▲ 圖 22.1 比較長格式和寬格式

本章將介紹的重塑和透視操作如下。

- 方法 pivot() 用於根據一個或多個列建立一個新的樞紐分析表。pivot_table() 與 pivot() 類似，它也可以執行透視操作，但是它允許對重複的索引值進行聚合，產生一個透視表。它對於處理有重復資料的情況更加適用。
- 方法 stack() 用於將資料幀從寬格式轉換為長格式。方法 melt() 也可以用於將資料從寬格式轉換為長格式，類似於 stack()。
- 方法 unstack() 是 stack() 的逆操作，用於將資料從長格式轉換為寬格式，也就是將資料從索引轉換為列。

本章將展開介紹上述資料幀方法。

22.2 拼接：pandas.concat()

pandas.concat() 是 pandas 函式庫中的函式，用於將多個資料結構按照行或列的方向進行合併。它可以將資料連接在一起，形成一個新的 DataFrame。

這個函式的主要參數為 pandas.concat(objs,axis=0,join='outer',ignore_index=False)。

參數 objs: 這是一個需要連接的物件的串列，比如 [df1,df2,df3]。

參數 axis 指定連接的軸向，可以是 0 或 1，預設為 0；0 表示按行連接 (見圖 22.2)，1 表示按列連接 (見圖 22.3)。

參數 join 指定拼接的方式，可以是 'inner' 或 'outer'，預設是 'outer'。

'inner' 表示內連接，只保留兩個資料集中共有的列 / 行。

'outer' 表示外連接，保留所有列 / 行，遺漏值用 NaN 填充。

程式 22.1 比較 'outer' 和 'inner' 兩種拼接方式。

ⓐ 的結果如圖 22.4 所示，圖中「×」代表 NaN 遺漏值。

ⓑ 的結果如圖 22.5 所示。

參數 ignore_index 為布林值，預設為 False；如果設置為 True，將重新生成索引，忽略原來的索引。

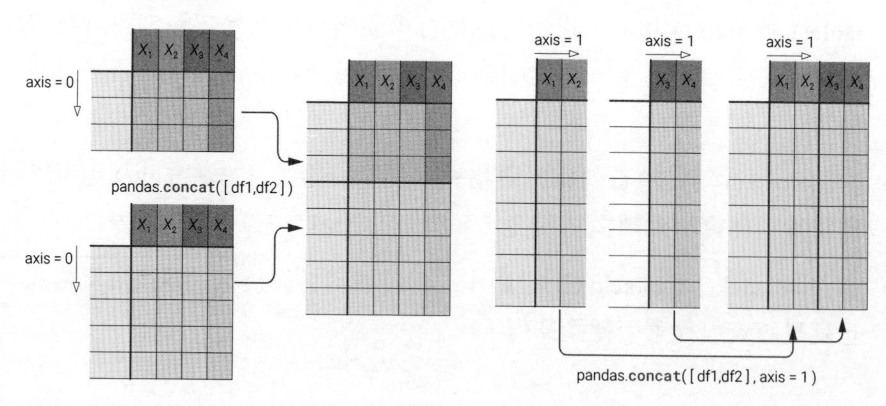

▲ 圖 22.2 利用 pandas.concat() 完成軸方向拼接 (axis = 0(預設))

▲ 圖 22.3 利用 pandas.concat() 完成軸方向拼接 (axis = 1)

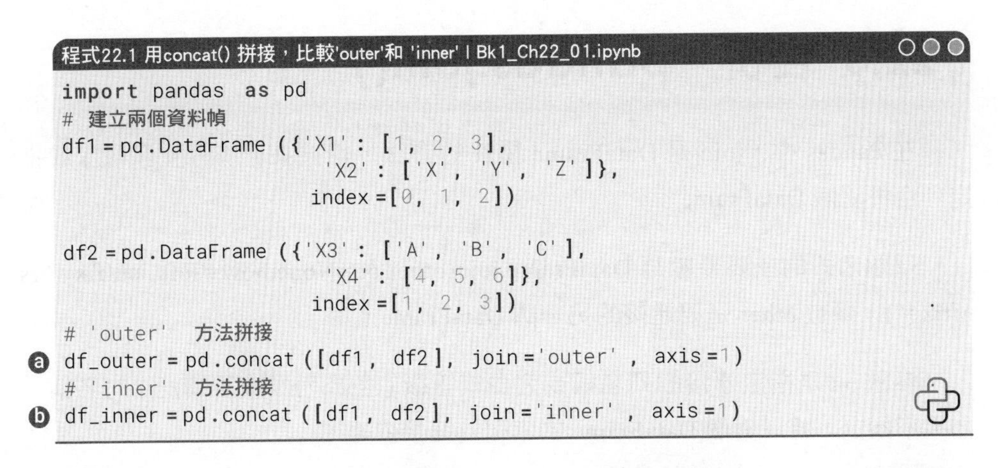

程式22.1 用concat() 拼接，比較'outer'和 'inner' | Bk1_Ch22_01.ipynb

```
import pandas as pd
# 建立兩個資料幀
df1 = pd.DataFrame ({'X1' : [1, 2, 3],
                     'X2' : ['X', 'Y', 'Z']},
                    index =[0, 1, 2])

df2 = pd.DataFrame ({'X3' : ['A', 'B', 'C'],
                     'X4' : [4, 5, 6]},
                    index =[1, 2, 3])
# 'outer' 方法拼接
df_outer = pd.concat ([df1, df2], join='outer', axis=1)    # a
# 'inner' 方法拼接
df_inner = pd.concat ([df1, df2], join='inner', axis=1)    # b
```

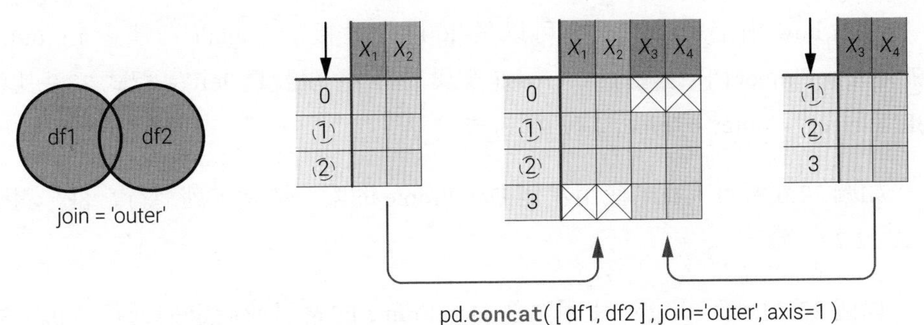

▲ 圖 22.4 利用 pandas.concat() 完成合併，join = 'outer'

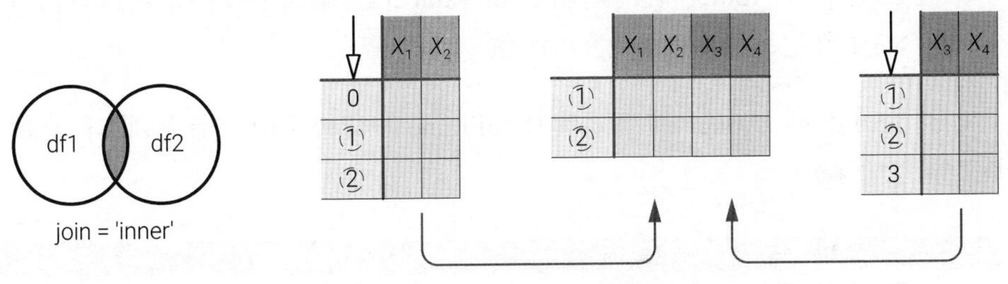

▲ 圖 22.5 利用 pandas.concat() 完成合併，join = 'inner'

22.3 合併：pandas.join()

在 Pandas 中，join 是 DataFrame 物件的方法，用於按照索引 (預設) 或指定列合併兩個 DataFrame。

這個函式的主要參數為 DataFrame.join(other,on=None,how='left',lsuffix='',rsuffix='')。參數 other 是要連接的另一個 DataFrame。

參數 on 是指定連接的列名稱或列標籤等級 (多級列標籤的情況) 的名稱。如果不指定，將以兩個 DataFrame 的索引為連接依據。

參數 how 指定連接方式，可以是 'left'(左連接)、'right'(右連接)、'outer'(外連接)、'inner'(內連接) 或 'cross'(交叉連接)，預設是 'left'。程式 22.2 比較 'left'、'right'、'outer'、'inner' 這四種方法。

如圖 22.6 所示，'left' 使用左側 DataFrame 的索引或指定列進行合併，對應程式 22.2 中 ⓐ。

如圖 22.7 所示，'right' 使用右側 DataFrame 的索引或指定列進行合併，對應程式 22.2 中 ⓑ。

如圖 22.8 所示，'outer' 使用兩個 DataFrame 的並集索引或指定列進行合併，遺漏值用 NaN 填充，對應程式 22.2 中 ⓒ。

如圖 22.9 所示，'inner' 使用兩個 DataFrame 的交集索引或指定列進行合併，對應程式 22.2 ⓓ。

程式22.2 用join() 合併，比較 'left'、'right'、'outer'、'inner' | Bk1_Ch22_02.ipynb

```
import pandas as pd
# 建立兩個資料幀
df1 = pd.DataFrame ({'X1' : [1, 2, 3],
                     'X2' : ['X', 'Y', 'Z']},
                    index =[0, 1, 2])

df2 = pd.DataFrame ({'X3' : ['A', 'B', 'C'],
                     'X4' : [4, 5, 6]},
                    index =[1, 2, 3])
# 'left' 方法合併
```

```python
df_left = df1.join(df2, how='left')
# 'right' 方法合併
df_right=df1.join(df2, how='right')
# 'outer' 方法合併
df_outer=df1.join(df2, how='outer')
# 'inner' 方法合併
df_inner=df1.join(df2, how='inner')
```

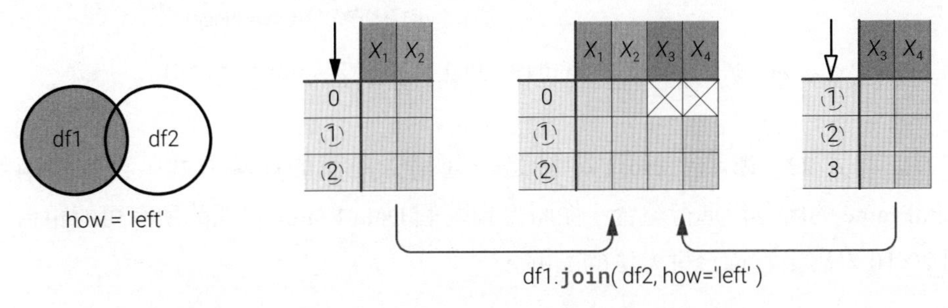

▲ 圖 22.6 利用 pandas.join() 完成合併，join = 'left'

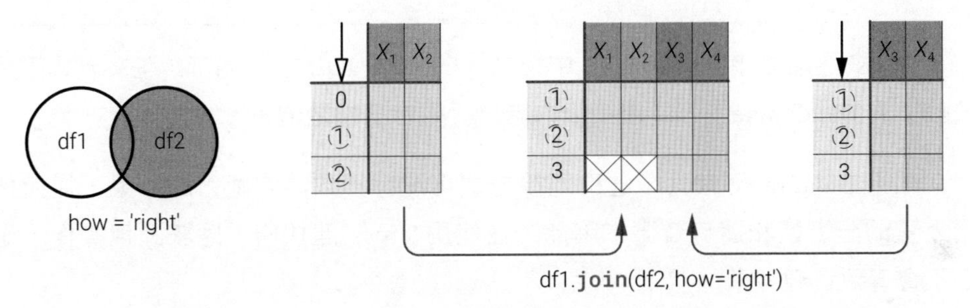

▲ 圖 22.7 利用 pandas.join() 完成合併 (join = 'right')

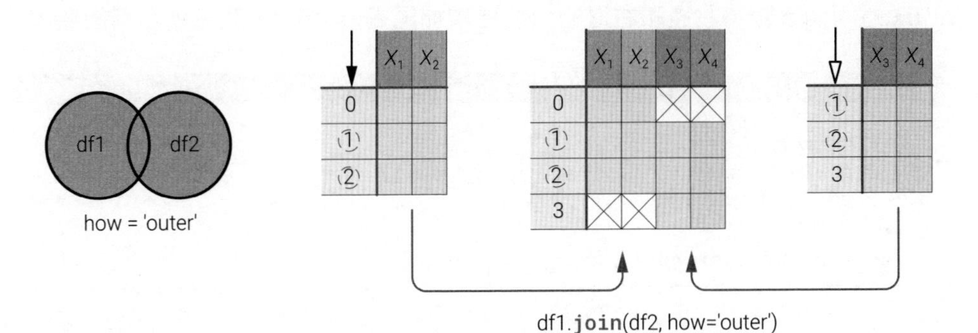

▲ 圖 22.8 利用 pandas.join() 完成合併 (join = 'outer')

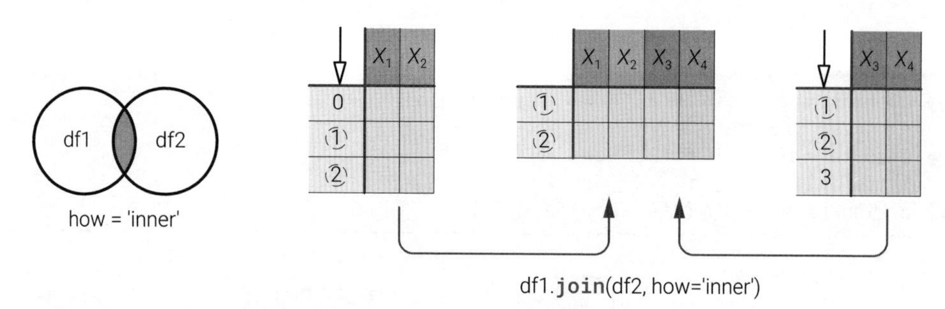

▲ 圖 22.9 利用 pandas.join() 完成合併 (join = 'inner')

如程式 22.3 所示，'cross' 連接是一種笛卡兒積的連接方式，它會將兩個 DataFrame 的所有行進行組合，從而得到兩個 Data Frame 之間的所有可能組合。圖 22.10 舉出了這種合併方法的圖解。

本書第 7 章專門介紹過笛卡兒積，請大家回顧。

'cross' 這種連接方式在 SQL 中稱為「CROSS JOIN」。'cross' 連接方式適用於較小的 DataFrame，因為連接後的結果行數會呈指數增長。

如果 DataFrame 較大，這種連接方式可能會導致非常龐大的結果，從而佔用大量的記憶體和運算資源。因此，在使用 'cross' 連接時，應該謹慎操作，確保不會導致資源耗盡。

當連接的兩個 DataFrame 中存在名稱相同的列時，可以透過 lsuffix 和 rsuffix 這兩個參數為左邊和右邊的列名稱增加**尾碼** (suffix)，避免列名稱衝突。

程式22.3 用join() 合併(how = 'cross') | Bk1_Ch22_03.ipynb

```
import pandas as pd
# 建立兩個資料幀
df1 = pd.DataFrame ({'A' : ['X', 'Y', 'Z']})
df2 = pd.DataFrame ({'B' : [1, 2]})
# 使用 'cross' 連接
df_cross = df1.join(df2, how='cross' )   (a)
```

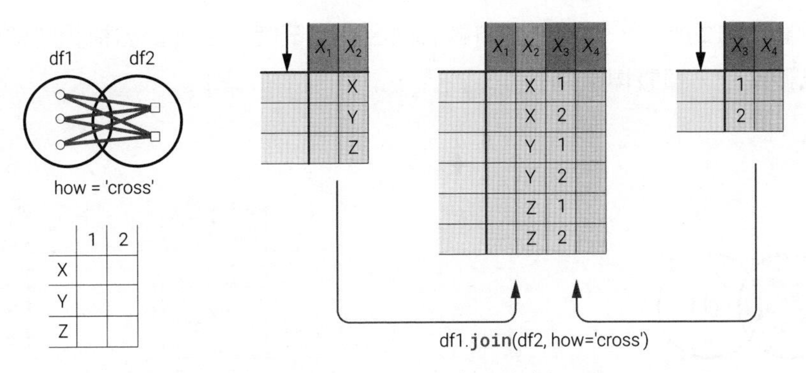

▲ 圖 22.10 利用 pandas.join() 完成合併 (join = 'cross')

22.4 合併：pandas.merge()

實踐中，相較本章前文介紹的兩種方法，merge() 更靈活，這種方法可以處理的合併情況更多。merge() 可以透過指定列標籤合併 (參數 left_on 和 right_on，或 on)，可以透過指定索引 (left_index 和 right_index) 合併。

merge() 還支援 'left'、'right'、'outer'、'inner' 或 'cross' 五種合併方法。

基於單一列合併

圖 22.11 所示為 merge() 透過參數 on 指定同名列標籤，完成 df_left 和 df_right 兩個資料幀合併，合併方法為 how = 'left'。

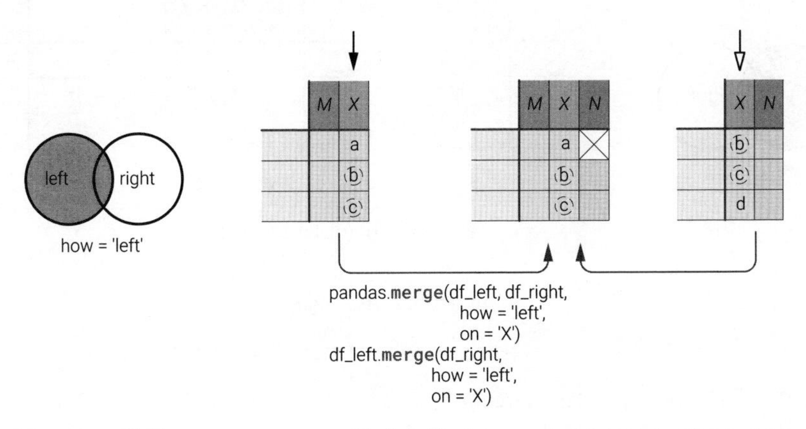

▲ 圖 22.11 利用 pandas.merge() 完成合併 (how = 'left') | Bk1_Ch22_04.ipynb

如圖 22.12 所示，當兩個資料幀有同名列標籤時，合併後名稱相同標籤會加尾碼以便區分，預設標籤為 (「_x」,「_y」)。

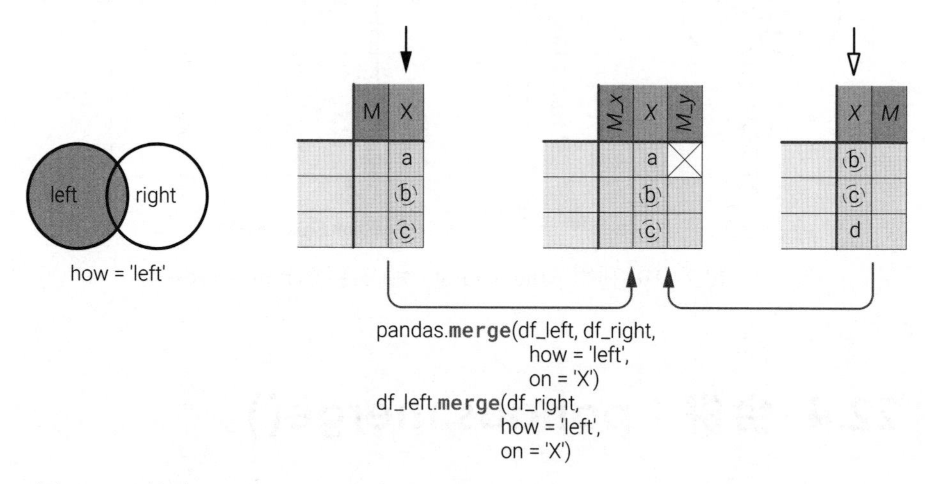

▲ 圖 22.12　利用 pandas.merge() 完成合併 (how = 'left')，有列標籤名稱重複的情況 | Bk1_Ch22_04.ipynb

基於左右列合併

圖 22.13 ~ 圖 22.16 所示為 merge() 透過指定左右資料幀的列標籤 (left_on 和 right_on) 完成合併。此外，merge() 還可以指定多個列標籤進行合併操作。

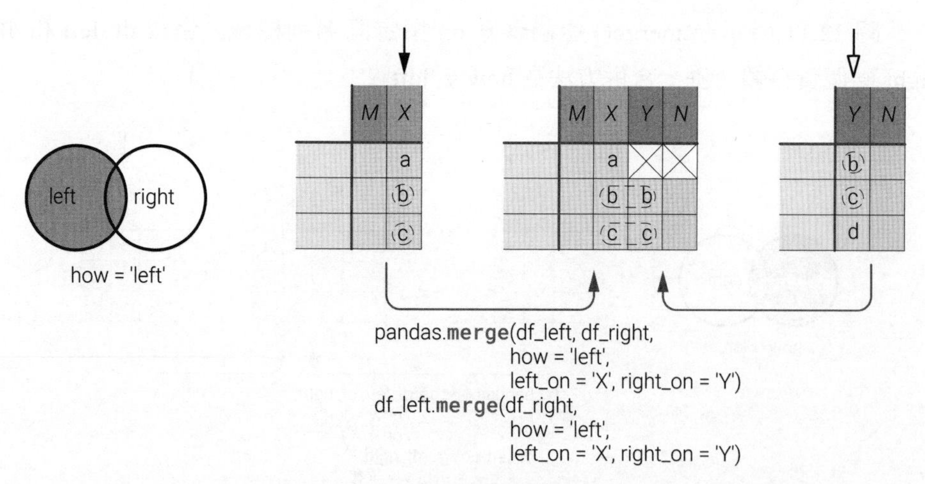

▲ 圖 22.13　利用 pandas.merge() 完成合併 (how ='left') | Bk1_Ch22_04.ipynb

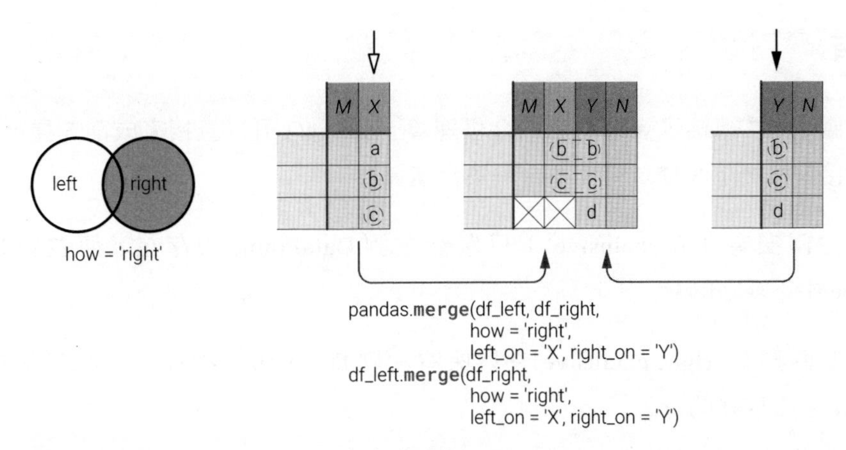

▲ 圖 22.14 利用 pandas.merge() 完成合併 (how ='right') | Bk1_Ch22_04.ipynb

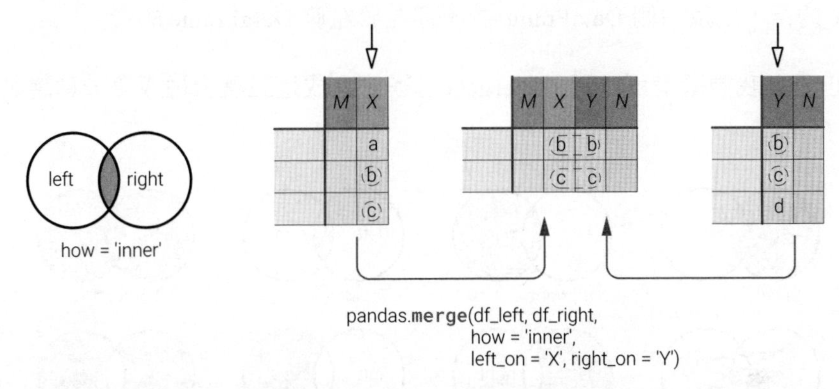

▲ 圖 22.15 利用 pandas.merge() 完成合併 (how = 'inner') | Bk1_Ch22_04.

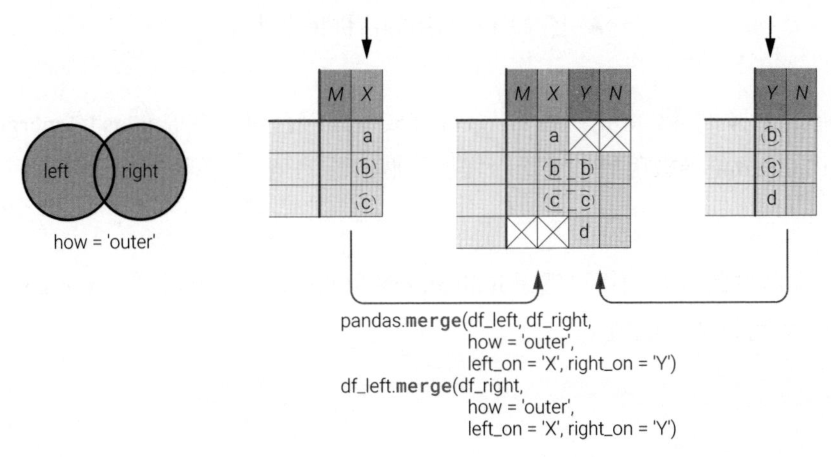

▲ 圖 22.16 利用 pandas.merge() 完成合併 (how ='outer') | Bk1_Ch22_04.ipynb

獨有

圖 22.17 總結了幾種常用的合併運算，merge() 可以直接完成前 5 種，但暫不直接支援剩下 3 種。這 3 種合併集合運算為：

左側獨有 (left exclusive)：只保留左側 DataFrame 中存在，而右側 DataFrame 中不存在的行。

右側獨有 (right exclusive)：只保留右側 DataFrame 中存在，而左側 DataFrame 中不存在的行。

全外獨有 (full outer exclusive)：保留左側 DataFrame 中不存在於右側 DataFrame 的行，以及右側 DataFrame 中不存在於左側 DataFrame 的行。

但是，我們還是可以利用 merge() 想辦法完成這三種合併運算，具體如程式 22.4 所示。

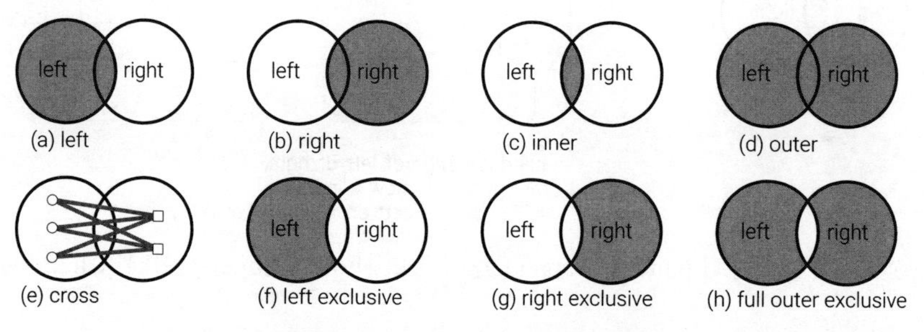

▲ 圖 22.17 常用的合併集合運算

程式 22.4 的 ⓐ 首先利用 merge() 完成左連接合併。在 pandas 的 merge() 方法中，indicator 參數用於指定是否增加一個特殊的列，該列記錄了每行的合併方式。

這個特殊的列名稱可以透過 indicator 參數進行自訂，預設為「_merge」。「_merge」列可以取三個值：

「left_only」：表示該行只在左邊的 DataFrame 中存在，即左連接中獨有的行。

「right_only」：表示該行只在右邊的 DataFrame 中存在，即右連接中獨有的行。

「both」：表示該行在兩個 DataFrame 中都存在，即連接方式中共有的行。

在 ⓑ 中，透過設定篩選條件，left_exl['_merge']== 'left_only'，我們可以保留合併後的「左側獨有」行。結果如圖 22.18 所示。

同理，ⓒ 完成右連接合併，ⓓ 透過設定篩選條件保留資料幀中「右側獨有」行，結果如圖 22.19 所示。

同理，ⓔ 完成外連接合併，ⓕ 透過設定篩選條件保留「全外獨有」行，結果如圖 22.20 所示。

程式22.4 利用merge() 完成左側獨有、右側獨有、全外獨有 | Bk1_Ch22_05.ipynb

```
import pandas as pd
# 建立兩個資料幀
left_data = {
    'M': [1, 2, 3],
    'X': ['a', 'b', 'c']}
left_df = pd.DataFrame(left_data)

right_data = {
    'X': ['b', 'c', 'd'],
    'N': [22, 33, 44]}
right_df = pd.DataFrame(right_data)

# LEFT EXCLUSIVE
ⓐ left_exl = left_df.merge(right_df,
                            on='X',
                            how='left',
                            indicator=True)
ⓑ left_exl = left_exl[
    left_exl['_merge'] == 'left_only'].drop(
    columns=['_merge'])

# RIGHT EXCLUSIVE
ⓒ right_exl = left_df.merge(right_df,
                             on='X',
                             how='right',
                             indicator=True)
ⓓ right_exl = right_exl[
    right_exl['_merge'] == 'right_only'].drop(
    columns=['_merge'])
```

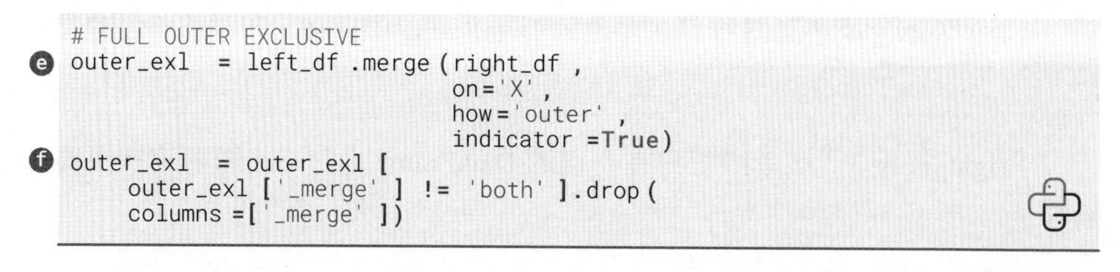

```
# FULL OUTER EXCLUSIVE
outer_exl  = left_df .merge (right_df ,
                              on='X',
                              how='outer' ,
                              indicator =True)
outer_exl  = outer_exl [
    outer_exl ['_merge' ] != 'both' ].drop (
    columns =['_merge' ])
```

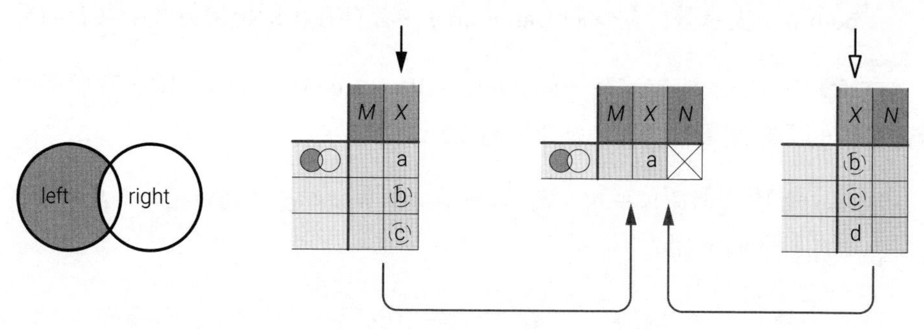

▲ 圖 22.18 利用 pandas.merge() 完成合併 (左側獨有)

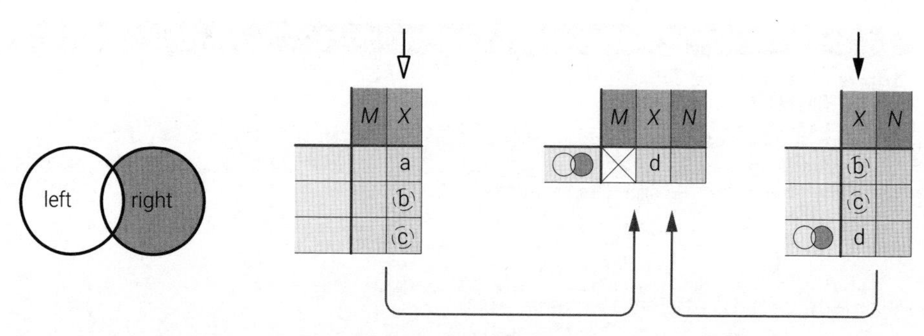

▲ 圖 22.19 利用 pandas.merge() 完成合併 (右側獨有)

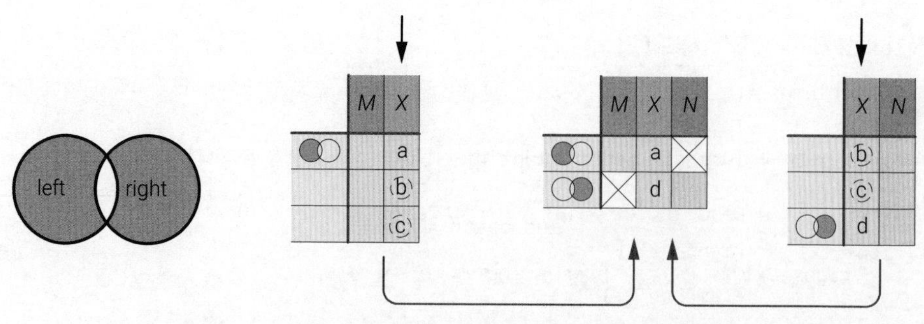

▲ 圖 22.20 利用 pandas.merge() 完成合併 (全外獨有)

22.5 長格式轉為寬格式：pivot()

pandas.DataFrame.pivot()，簡寫作 pivot()，可以視為一種長格式轉為寬格式的特殊情況。pivot() 需要指定三個參數：index、columns 和 values，它們分別代表新 DataFrame 的行索引、列索引和填充資料的值。

舉個例子，圖 22.21 左圖表格為一個班級四名學生 (學號分別為 1、2、3、4) 的各科 (Math、Art、Science) 期中、期末成績，這個表格就是所謂的長格式，相當於「流水帳」。

圖 22.21 右圖則是期中考試成績「矩陣」，行標籤 (index) 為學生學號 'student ID'，列標籤 (columns) 為三門科目 'Subject'，資料 (values) 為期中考試成績 'Midterm'。

由於每名學生僅選修兩門科目，因此大家在圖 22.21 右圖中會看到 NaN。

進一步，圖 22.21 右圖資料幀橫向求和，得到學生總成績；而縱向求平均值，便是各科平均成績。這是下一章要介紹的操作。

程式 22.5 是對應上述操作的程式。請大家自行提取同學各科期末考試成績，科目為行標籤，學號為列標籤。

請大家思考，如果參數 values = ['Midterm','Final']，結果會怎樣？

注意：使用 pivot() 時，必須指定 index 和 columns，這兩列的值將用於建立新的行和列。

	Student ID	Subject	Midterm	Final
0	1	Math	4	3
1	1	Art	5	4
2	2	Science	3	5
3	2	Art	5	3
4	3	Math	4	4
5	3	Science	5	4
6	4	Art	3	4
7	4	Math	5	5

df.pivot(
index='Student ID',
columns='Subject',
values='Midterm')

Subject	Art	Math	Science
Student ID			
1	5	4	NaN
2	5	NaN	3
3	NaN	4	5
4	3	5	NaN

▲ 圖 22.21 利用 pivot() 提取學生各科期中考試成績，學號為行標籤，科目為列標籤

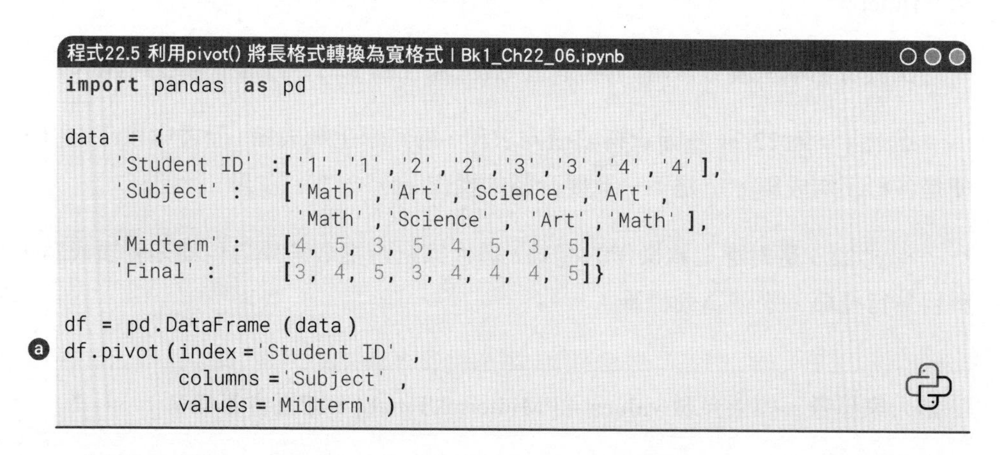

程式22.5 利用pivot() 將長格式轉換為寬格式 | Bk1_Ch22_06.ipynb

```
import pandas as pd

data = {
    'Student ID' :['1','1','2','2','3','3','4','4'],
    'Subject' :   ['Math','Art','Science','Art',
                   'Math','Science', 'Art','Math'],
    'Midterm' :   [4, 5, 3, 5, 4, 5, 3, 5],
    'Final' :     [3, 4, 5, 3, 4, 4, 4, 5]}

df = pd.DataFrame (data)
df.pivot (index ='Student ID' ,
          columns ='Subject' ,
          values ='Midterm' )
```

我們可以用 pivot_table() 完成和圖 22.21 一樣的操作，df.pivot_table(index='Student ID',columns= 'Subject',values='Midterm')。

和 pivot() 不同的是，pivot_table() 可以不用指定 column，具體敘述如圖 22.22 所示。利用 pivot_table()，我們可以把資料幀學號、科目轉化為雙層行索引。請大家自行分析程式 22.6。

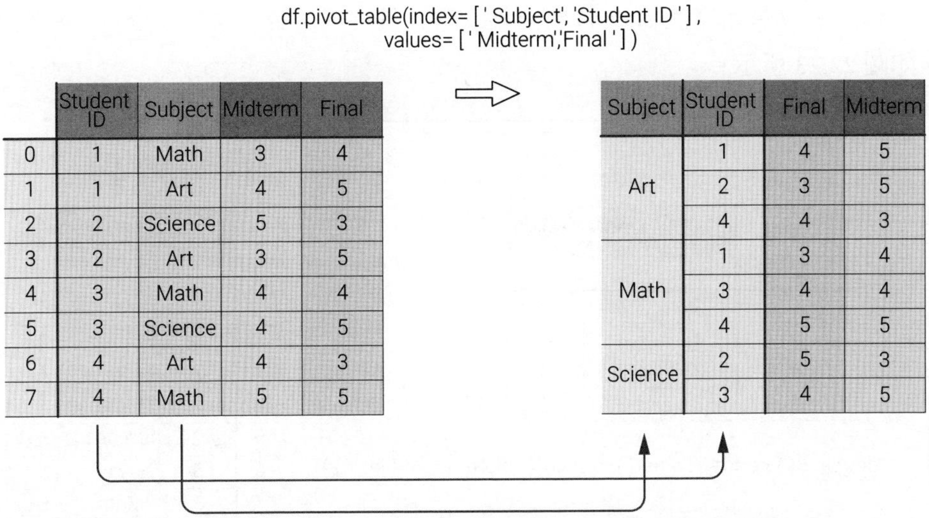

df.pivot_table(index= [' Subject', 'Student ID '],
values= [' Midterm','Final '])

	Student ID	Subject	Midterm	Final
0	1	Math	3	4
1	1	Art	4	5
2	2	Science	5	3
3	2	Art	3	5
4	3	Math	4	4
5	3	Science	4	5
6	4	Art	4	3
7	4	Math	5	5

Subject	Student ID	Final	Midterm
Art	1	4	5
	2	3	5
	4	4	3
Math	1	3	4
	3	4	4
	4	5	5
Science	2	5	3
	3	4	5

▲ 圖 22.22 利用 pivot_table() 將學號、科目轉化為雙層行索引

程式22.6 利用pivot_table() 將長格式轉換為寬格式 | Bk1_Ch22_07.ipynb

```
import pandas as pd

data = {
    'Student ID' :['1','1','2','2',
                   '3','3','4','4'],
    'Subject' :   ['Math', 'Art', 'Science', 'Art',
                   'Math','Science', 'Art','Math'],
    'Midterm' :   [4, 5, 3, 5, 4, 5, 3, 5],
    'Final' :     [3, 4, 5, 3, 4, 4, 4, 5]}

df = pd.DataFrame (data)
df.pivot_table (index =['Subject', 'Student ID'],
                values =['Midterm','Final'])
```

22.6 寬格式轉為長格式：stack()

pandas.DataFrame.stack()，簡寫作 stack()，是一種將列逐級轉為層次化索引的操作。如果 DataFrame 的列是層次化索引，那麼 stack() 會將最內層的列轉為最內層的索引。該函式傳回一個 Series 或 DataFrame，具體取決於原始資料的維度。

程式 22.7 展示了用 stack() 將寬格式轉為長格式，請大家自行分析。具體操作如圖 22.23 所示。

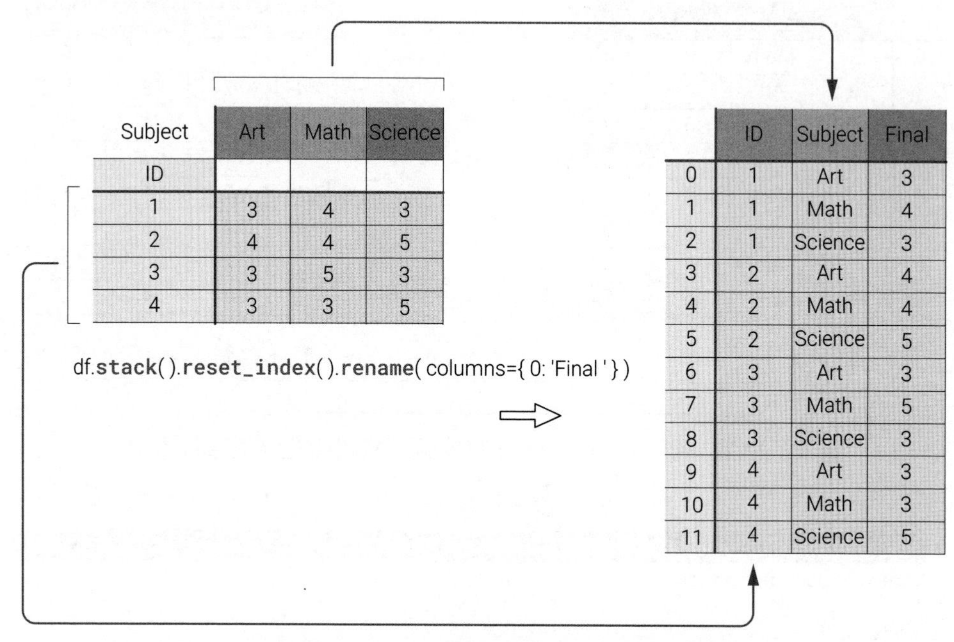

▲ 圖 22.23 利用 stack() 將寬格式轉為長格式

程式22.7 利用stack() 將寬格式轉換為長格式 | Bk1_Ch22_08.ipynb

```
import pandas as pd
import numpy as np

student_ids = [1, 2, 3, 4]
subjects = ['Art', 'Math', 'Science']
np.random.seed(0)
# 使用亂數產生成績資料
scores = np.random.randint(3, 6,
         size=(len(student_ids),len(subjects)))

# 建立資料幀
df = pd.DataFrame(scores, index=student_ids,
                  columns=subjects)
# 修改行列名稱
df.columns.names = ['Subject']
df.index.names = ['Student ID']
# 將寬格式轉化為長格式
df.stack().reset_index().rename(columns={0: 'Final'})
```
ⓐ

melt() 將原始資料中的多列合併為一列，並根據其他列的值對新列進行重複。可以視為 stack() 的一種泛化形式。

melt() 需要指定 id_vars 參數，表示保持不變的列，同時還可以選擇 value_vars 參數來指定哪些列需要被轉換。請大家自行練習程式 22.8 舉出的範例。

程式22.8 利用melt() 將寬格式轉換為長格式 | Bk1_Ch22_09.ipynb

```
import pandas as pd

data = {
    'Student ID' : ['1', '2', '3', '4'],
    'Art' :         [4, 3, 5, 4],
    'Math' :        [3, 4, 5, 3],
    'Science' :     [5, 4, 3, 4]}

df = pd.DataFrame (data)
df.columns .names = ['Subject' ]
melted_df  = df.melt (id_vars ='Student ID' ,
                      var_name ='Subject' ,
                      value_vars =['Art' ,'Math' ,'Science' ],
                      value_name ='Score' )
```

多層列標籤

如果資料幀有多層列標籤，可以有選擇地選取特定等級列標籤完成 stack() 操作。

資料幀中 A、B 代表兩個班級，每個班級 Class 有 4 名同學 (學號 1、2、3、4)，這些同學都選了 3 門課程 (Art、Math、Science)。資料幀的資料部分為同學們的期末成績。請大家自行分析程式 22.9。具體操作如圖 22.24 所示。

請大家思考如果程式 22.9 採用 df.stack(level=["Subject"])，結果會怎樣？

程式22.9 利用stack() 將寬格式轉換為長格式，選擇特定列等級 | Bk1_Ch22_10.ipynb

```
import pandas as pd

data = {
    ('A', 'Art'):         [4, 3, 5, 4],
    ('A', 'Math'):        [3, 4, 5, 3],
    ('A', 'Science'):     [5, 4, 3, 4],
    ('B', 'Art'):         [3, 4, 5, 4],
```

```
    ('B', 'Math'):    [4, 5, 3, 3],
    ('B', 'Science'): [5, 3, 4, 5]}

# 建立多層列標籤資料幀
df = pd.DataFrame(data, index=[1, 2, 3, 4])

# 增加列標籤名稱
df.columns.names = ['Class', 'Subject']
df.index.names = ['Student ID']
# 選擇 'Class' 進行 stack() 操作
stacked_df = df.stack(level='Class')
# stacked_df = df.stack(level=0)
```

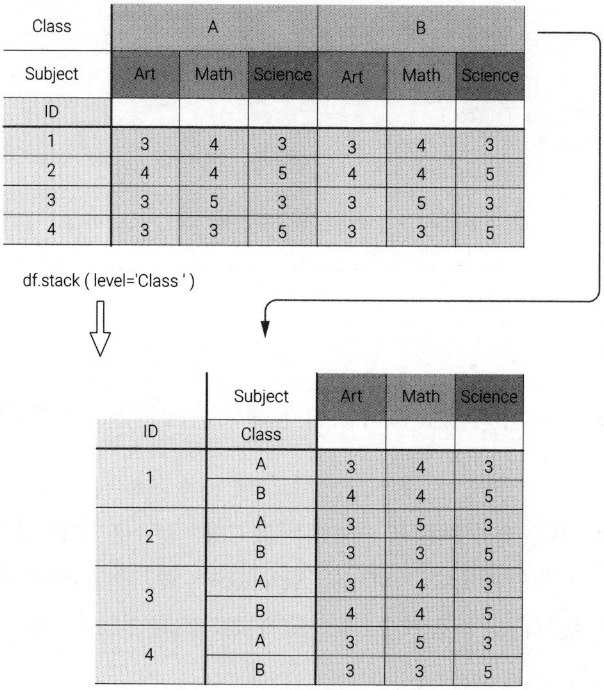

Class	A			B		
Subject	Art	Math	Science	Art	Math	Science
ID						
1	3	4	3	3	4	3
2	4	4	5	4	4	5
3	3	5	3	3	5	3
4	3	3	5	3	3	5

df.stack (level='Class ')

	Subject	Art	Math	Science
ID	Class			
1	A	3	4	3
	B	4	4	5
2	A	3	5	3
	B	3	3	5
3	A	3	4	3
	B	4	4	5
4	A	3	5	3
	B	3	3	5

▲ 圖 22.24 利用 stack() 將寬格式轉為長格式，選擇特定列等級

22.7 長格式轉為寬格式：unstack()

在 Pandas 中，pandas.DataFrame.unstack()，簡寫作 unstack()，是一個用於資料透視的方法，它用於將一個多級索引的 Series 或 DataFrame 中的選定等級轉為列。這在處理分層索引資料時非常有用。

如圖 22.25 所示，左側的資料幀 df 有 3 層行索引。

第 0 層為 Class，第 1 層為 Student ID，第 2 層為 Subject。第 0 層 Class 有兩個值 A、B，代表有兩個班級。

第 1 層 Student ID 有四個值 1、2、3、4，代表每個班級學生的學號。第 2 層 Subject 有三個值 Art、Math、Science，代表三個科目。

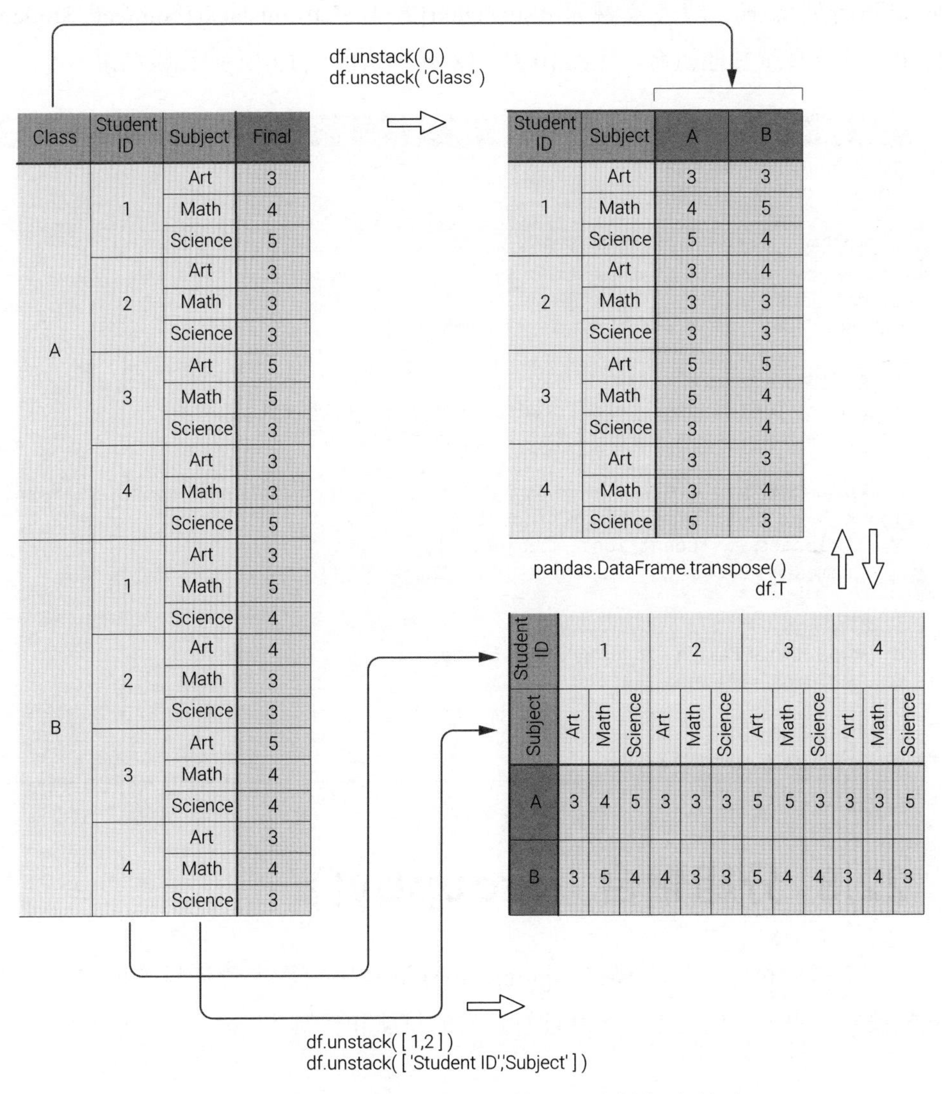

▲ 圖 22.25 利用 unstack() 將長格式轉為寬格式

在程式 22.10 中，df.unstack(0) 或 df.unstack('Class') 將第 0 層 Class 行索引轉換成兩列—A、B。

請大家嘗試一下，df.unstack(1)、df.unstack('Student ID')、df.unstack(2)、df.unstack('Subject')，並比較結果。

df.unstack([1,2]) 或 df.unstack(['Student ID','Subject']) 將第 1、2 層行索引轉換成兩層列標籤。請大家嘗試 df.unstack([2,1]) 或 df.unstack(['Subject','Student ID'])，以及嘗試其他組合，比如 [0,2]、[2,0]、[0,1]、[1,0]，並比較結果。

程式22.10 利用unstack() 將長格式轉換為寬格式 | Bk1_Ch22_11.ipynb

```
import pandas as pd
import numpy as np

# 建立班級、學號和科目的所有可能組合
classes = ['A', 'B']
student_ids = [1, 2, 3, 4]
subjects = ['Art', 'Math', 'Science']

# 使用亂數產生成績資料
length = len(classes)*len(student_ids)*len(subjects)
scores = np.random.randint(3, 6, size=(length))

# 建立多級索引
index = pd.MultiIndex.from_product(
    [classes, student_ids, subjects],
    names=['Class', 'Student ID', 'Subject'])

# 建立資料幀
df = pd.DataFrame(scores, index=index,
    columns=['Final'])

# df.unstack(0)
df.unstack('Class')   # a
```

22.8 分組聚合：groupby()

在資料分析中，**聚合操作** (aggregation) 通常用於從大量資料中提取出有意義的摘要資訊，以便更進一步地理解資料的特徵和行為。

常見的聚合操作包括計算平均值、求和、計數、標準差、方差、相關性等。這些操作可以幫助我們了解資料的集中趨勢、離散程度、相關性等特徵，從而做出更準確的分析和決策。

在 Pandas 中，pandas.DataFrame.groupby()，簡寫作 groupby()，是一種非常有用的資料分組聚合計算方法。groupby() 按照某個或多個列的值對資料進行分組，然後對每個分組進行聚合操作。

程式 22.11 介紹了如何使用 groupby() 方法，並結合 mean()、std()、var()、cov() 和 corr() 對分組後的資料再進行了聚合操作。

如圖 22.26、圖 22.27 所示為考慮鳶尾花分類的協方差矩陣、相關係數矩陣熱圖。其中，groupby(['species']).cov() 得到的資料幀為兩層行索引。

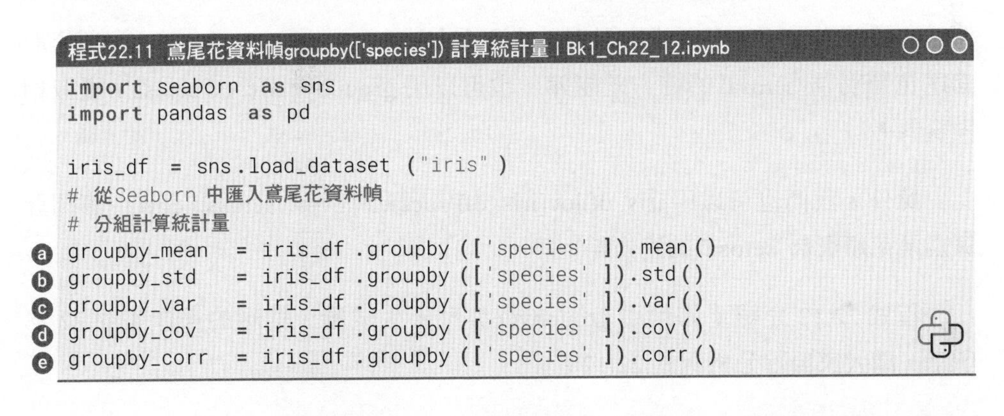

程式22.11 鳶尾花資料幀groupby(['species']) 計算統計量 | Bk1_Ch22_12.ipynb

```
import seaborn as sns
import pandas as pd

iris_df = sns.load_dataset ("iris" )
# 從Seaborn 中匯入鳶尾花資料幀
# 分組計算統計量
groupby_mean  = iris_df .groupby ([ 'species' ]).mean ()
groupby_std   = iris_df .groupby ([ 'species' ]).std ()
groupby_var   = iris_df .groupby ([ 'species' ]).var ()
groupby_cov   = iris_df .groupby ([ 'species' ]).cov ()
groupby_corr  = iris_df .groupby ([ 'species' ]).corr ()
```

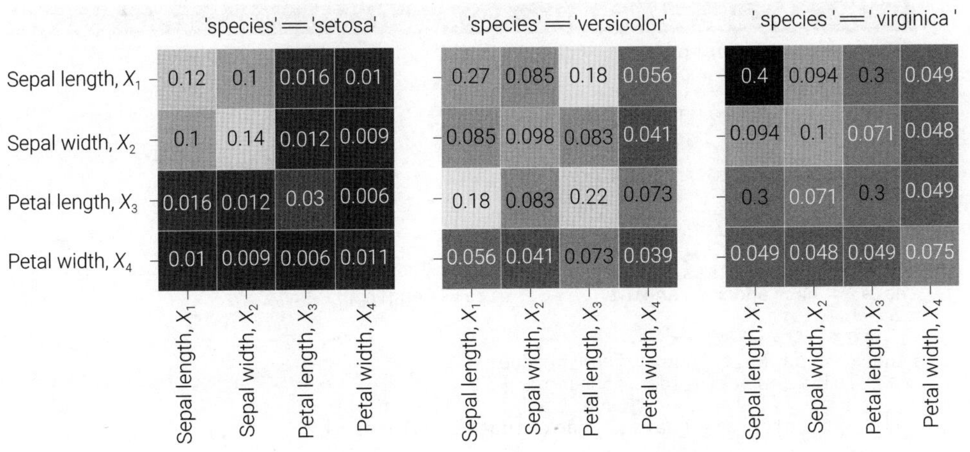

▲ 22.26 協方差矩陣熱圖 (考慮分類)

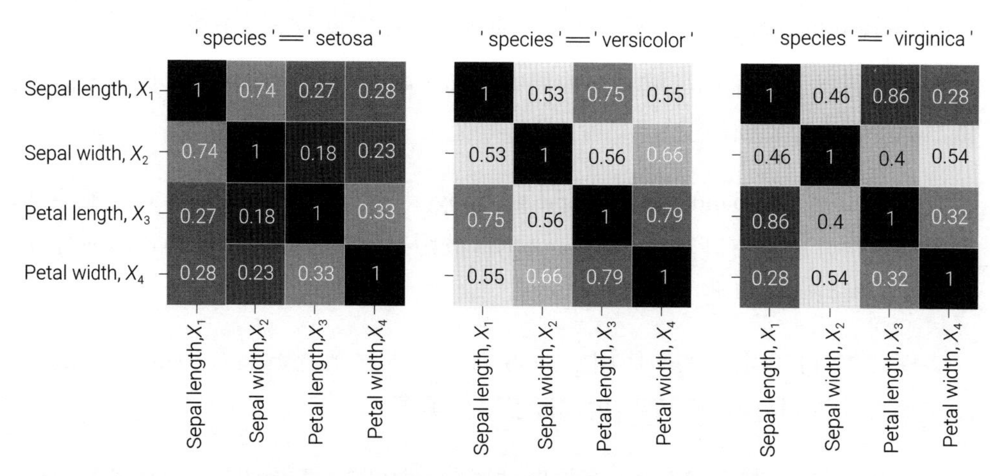

▲ 圖 22.27 相關係數矩陣熱圖 (考慮分類標籤)

根據前文介紹的多層行索引資料幀切片方法，groupby_cov.loc['setosa'] 提取鳶尾花類別為 'setosa' 的協方差矩陣。也可以用 groupby_cov.xs('setosa') 提取相同資料。

此外，我們也可以用 iris_df.loc[iris_df['species'] == 'setosa'].cov() 專門計算鳶尾花類別為 'setosa' 的協方差矩陣。

程式 22.12 介紹了如何用 groupby() 整理學生成績，對應的操作如圖 22.28 所示。請大家自行分析程式 22.12。

程式22.12 利用groupby() 整理學生成績 | Bk1_Ch22_13.ipynb

```
import pandas as pd
import numpy as np

# 建立班級 、學號和科目的所有可能組合
classes = ['A', 'B']
stu_ids = [1, 2, 3, 4]
subjects = ['Art', 'Math', 'Science']

# 使用亂數產生成績資料
np.random.seed(0)
length = len(classes) * len(stu_ids) * len(subjects)
data = np.random.randint(3, 6, size=(length))

# 建立多行標籤資料幀
index = pd.MultiIndex.from_product(
    [classes, stu_ids, subjects],
    names=['Class', 'Student ID', 'Subject'])
df = pd.DataFrame(data, index=index, columns=['Score'])
```

```
# 1) 每個班級各個科目平均成績
class_subject_avg = df.groupby(
    ['Class', 'Subject'])['Score'].mean()
# 2) 每個班級各個學生的平均成績
class_student_avg = df.groupby(
    ['Class', 'Student ID'])['Score'].mean()
# 3) 兩個班級放在一起各個科目平均成績
both_class_avg = df.groupby(
    'Subject')['Score'].mean()
# 4) 兩個班級每個同學總成績，並排名
student_total_score = df.groupby(
    ['Class','Student ID'])['Score'].sum().sort_values(
    ascending=False)
```

22.9 自訂操作：apply()

在 Pandas 中，可以使用 pandas.DataFrame.apply()，簡寫作 apply()，對 DataFrame 的行或列進行自訂函式的運算。apply() 方法是 Pandas 中最重要和最有用的方法之一，它可以實現 DataFrame 資料的處理和轉換，也可以實現計算和資料清洗等功能。

如程式 22.13 所示，ⓐ 定義函式 map_fnc()，這個函式的目的是將花萼長度 sepal_length 轉化為等級。轉化的規則為，如果 sepal_length < 5，等級為 D；如果 5 <= sepal_length < 6，等級為 C；如果 6 <= sepal_length < 7，等級為 B；其餘情況 (sepal_length > 7)，等級為 A。

ⓑ 利用 apply() 將自訂函式用在資料幀 iris_df['sepal_length'] 上。本書下一章還會用 pandas.cut() 和 pandas.qcut() 完成類似分組操作。

df.groupby(['Class', 'Subject'])['Score'].mean()

Class	Student ID	Subject	Score
A	1	Art	3
		Math	4
		Science	3
	2	Art	4
		Math	4
		Science	5
	3	Art	3
		Math	5
		Science	3
	4	Art	3
		Math	3
		Science	5
B	1	Art	4
		Math	5
		Science	5
	2	Art	3
		Math	4
		Science	4
	3	Art	4
		Math	4
		Science	3
	4	Art	4
		Math	3
		Science	3

⇨

Class	Subject	Score
A	Art	3.25
	Math	4.00
	Science	4.00
B	Art	4.00
	Math	3.75
	Science	3.75

df.groupby(['Class', 'Student ID'])['Score'].mean()

⇨

Class	Student ID	Score
A	1	3.33
	2	4.33
	3	3.67
	4	3.67
B	1	4.67
	2	3.67
	3	3.67
	4	3.33

df.groupby('Subject')['Score'].mean()

⇨

Subject	Score
Art	3.50
Math	4.00
Science	3.88

df.groupby(['Class', 'Student ID'])['Score'].sum().sort_values(ascending=False)

⇨

Class	Student ID	Score
B	1	14
A	2	13
	3	11
	4	11
B	2	11
	3	11
A	1	10
B	4	9

▲ 圖 22.28 利用 groupby() 整理學生成績

程式22.13 鳶尾花資料幀使用apply() 自訂函式，對於特定一列 | Bk1_Ch22_14.ipynb

```
import seaborn as sns
import pandas as pd

iris_df = sns.load_dataset ("iris")
# 從Seaborn 中匯入鳶尾花資料幀

# 定義函式將花萼長度映射為等級
def map_fnc (sepal_length ):
    if sepal_length  < 5:
        return 'D'
    elif 5 <= sepal_length  < 6:
        return 'C'
    elif 6 <= sepal_length  < 7:
        return 'B'
    else:
        return 'A'

# 使用 apply 函式將 sepal_length 映射為等級並增加新列
iris_df ['ctg' ] = iris_df ['sepal_length' ].apply (map_fnc )
```

apply() 方法可以接受一個函式作為參數，這個函式將被應用到 DataFrame 的每一行或每一列上。這個函式可以是 Pandas 中已經定義好的函式，可以是自訂函式，也可以是匿名 lambda 函式。

比如，程式 22.14 使用 apply() 和 lambda 函式計算鳶尾花資料集中每個類別中最小的花瓣寬度。

ⓐ 等價於 iris_df.groupby('species')['sepal_length'].min()。

程式 22.15 中 apply() 的輸入先是匿名 lambda 函式，物件定義為 row，代表資料幀的每一行。而 lambda 函式呼叫自訂函式 map_petal_width()，這個函式有兩個輸入。

程式22.14 鳶尾花資料幀使用apply() 匿名lambda函式，對於特定一列 | Bk1_Ch22_15.ipynb

```
import seaborn as sns
import pandas as pd

iris_df = sns.load_dataset ("iris")
# 從Seaborn 中匯入鳶尾花資料幀

# 使用 apply() 和 lambda 函式計算每個類別中最小的花瓣寬度
iris_df .groupby ('species' )['sepal_length' ].apply (
    lambda x: x.min())
# iris_df.groupby('species')['sepal_length'].min()
```

程式22.15 鳶尾花資料幀使用apply() 匿名lambda函式，對於特定兩列 | Bk1_Ch22_16.ipynb

```
import seaborn as sns
import pandas as pd

iris_df = sns.load_dataset ("iris" )
# 從Seaborn 中匯入鳶尾花資料幀
# 計算鳶尾花各類花瓣平均寬度
mean_X2_by_species = iris_df .groupby (
    'species' )['petal_width'].mean ()

# 定義映射函式
def map_petal_width (petal_width , species ):
    if petal_width > mean_X2_by_species [species ]:
        return "YES"
    else:
        return "NO"

# 使用 map 方法將花瓣寬度映射為是否超過平均值
iris_df ['greater_than_mean'] = iris_df .apply (lambda
    row: map_petal_width (row['petal_width' ],
                          row['species' ]), axis =1)
```

此外，在 Pandas 中，可以使用 map() 方法對 Series 或 DataFrame 特定列進行自訂函式的運算。這個映射關係可以由使用者自己定義，也可以使用 Pandas 中已經定義好的函式。

除了 apply() 和 map() 方法之外，Pandas DataFrame 還提供 applymap()、transform() 等方法，請大家自行學習使用。需要大家注意，applymap() 用於對 DataFrame 中的每個元素應用同一個函式，傳回一個新的 DataFrame。

➔ 請大家完成以下題目。

Q1. 在 JupyterLab 中複刻本章所有程式和結果。

* 題目很基礎，本書不給答案。

Pandas 中重塑和透視操作靈活多樣，本章介紹的方法僅是冰山一角而已。實踐中，大家可以根據需求自行學習使用其他方法操作，建議大家繼續閱讀以下網址內容。

https://pandas.pydata.org/pandas-docs/stable/user_guide/reshaping.html

Pandas 提供大量資料幀規整方法，不要求大家死記硬背。透過本章學習，大家先有一個比較全景的了解，具體用到時再詳細了解特定方法也不遲。下兩章將利用本章介紹的一些方法，結合 Plotly 函式庫中視覺化函式，讓大家看到兩者結合後「講故事」的力量！

MEMO

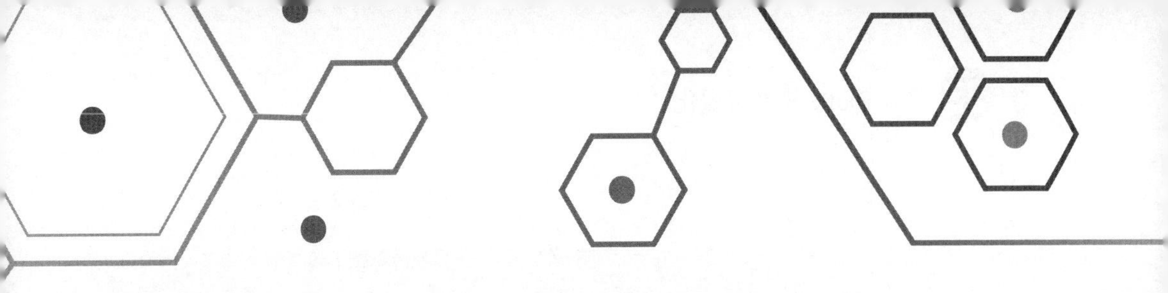

Plotly Data Visualization and Storytelling

Plotly 統計視覺化

用 Pandas + Plotly 講故事：資料分析和視覺化

別弄亂了我的圓！

Don't disturb my circles!

——阿基米德（*Archimedes*）| 數學家、發明家、物理學家 | 前 *287*—前 *212* 年

- pandas.crosstab() 建立交叉製表，根據兩個或多個因素的組合統計資料的頻數或其他聚合資訊
- pandas.cut() 將數值列按照指定的區間劃分為離散的分類，並進行標記
- pandas.qcut() 根據資料的分位數將數值列分成指定數量的離散區間
- plotly.express.bar() 建立互動式柱狀圖
- plotly.express.box() 建立互動式箱型圖
- plotly.express.density_heatmap() 建立互動式頻數 / 機率密度熱圖
- plotly.express.icicle() 繪製冰柱圖
- plotly.express.imshow() 建立互動式熱圖
- plotly.express.parallel_categories() 建立互動式分類資料平行座標圖
- plotly.express.pie() 建立互動式圓形圖
- plotly.express.scatter() 建立互動式散點圖
- plotly.express.scatter_matrix() 建立互動式成對散點圖
- plotly.express.sunburst() 建立互動式太陽爆炸圖
- plotly.express.treemap() 繪製矩形樹狀圖

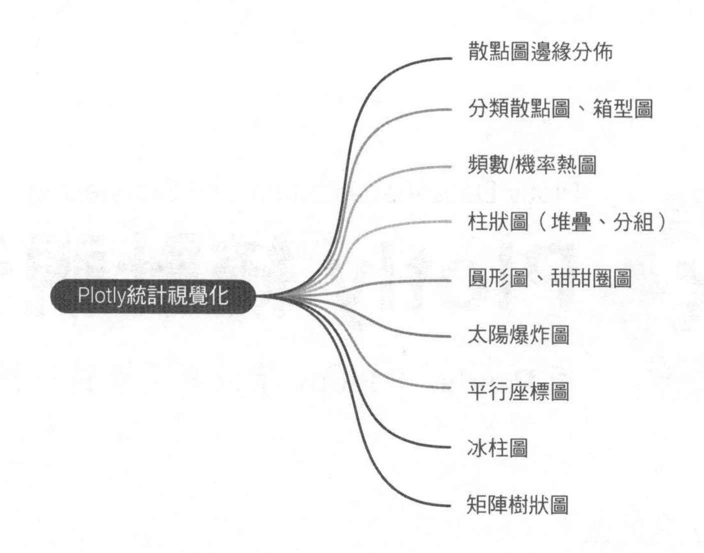

23.1 Plotly 常見視覺化方案：以鳶尾花資料為例

自主探究學習時，我們通常一邊完成運算，一邊通常利用各種視覺化方案完成資料分析和展示。本書第 12 章專門介紹過用 Seaborn 完成統計視覺化操作，第 20 章則介紹了 Pandas 中「快速視覺化」函式。

Plotly 函式庫也有大量統計視覺化方案，而且這些視覺化方案具有互動化屬性，特別適合探究式學習、結果演示。本章用鳶尾花資料舉一個例子，幫大家看到「Pandas 運算 + Plotly 視覺化」的力量。

散點圖 + 邊緣分佈

圖 23.1 所示為利用 plotly.express.scatter() 繪製的散點圖，橫軸為鳶尾花花萼長度，縱軸為鳶尾花花瓣長度，而且用不同顏色展示鳶尾花分類。

在這幅圖上還繪製了**邊緣箱型圖** (marginal box plot)。在書附的 Jupyter Notebook 中大家會發現包括圖 23.1 在內的本章所有圖片都具有互動性，即游標懸浮在圖片具體物件上就會展示相關數值，很方便分析和展示。

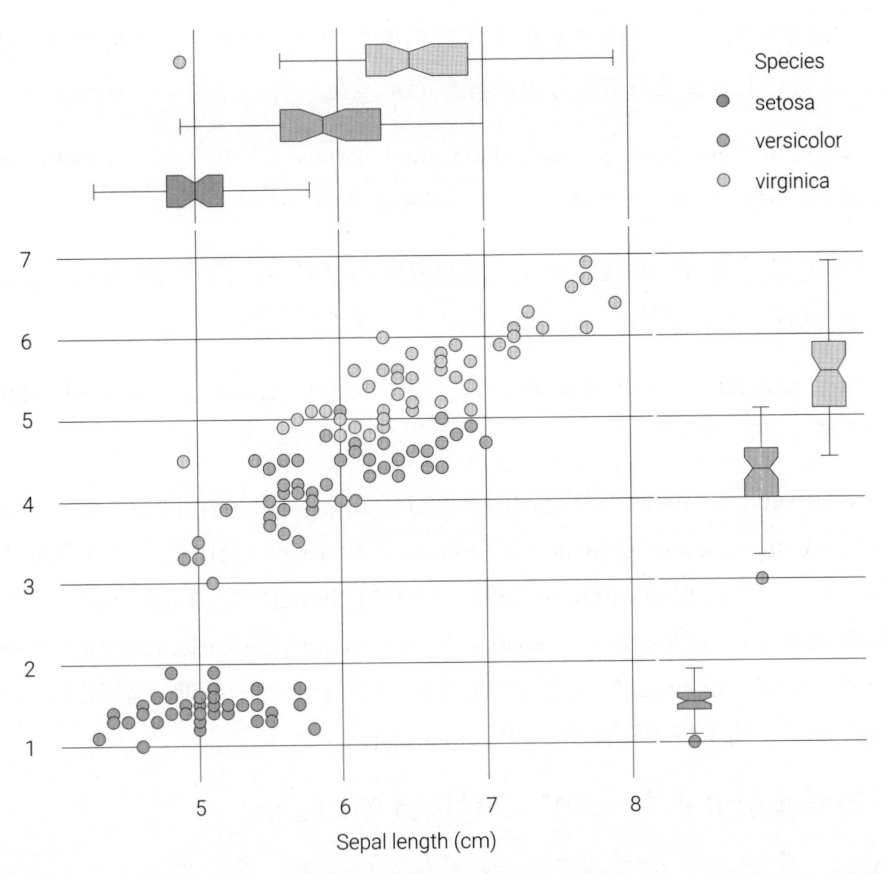

▲ 圖 23.1 用 Plotly 繪製的散點圖 (橫軸為花萼長度，縱軸為花瓣長度)，邊緣分佈為箱型圖 (考慮鳶尾花分類)

我們可以透過程式 23.1 繪製圖 23.1，下面聊聊其中關鍵敘述。ⓐ 從 Seaborn 函式庫中匯入鳶尾花資料集。

ⓑ 利用 plotly.express.scatter()，簡寫作 px.scatter()，建立了一個稱為 fig 的散點圖物件。

第一個參數 df 為鳶尾花資料集，資料格式為 Pandas DataFrame。

然後利用兩個關鍵字參數指定橫縱軸特徵。資料集 df 中的 sepal_length 列作為 x 軸資料，petal_length 列作為 y 軸資料。

關鍵字參數 color='species' 指定了著色撰寫程式的依據，即根據資料集中的 'species' 列的不同設定值來區分不同種類的鳶尾花。

兩個參數，marginal_x='box' 和 marginal_y='box'，分別表示在 x 軸和 y 軸的邊緣增加一個箱型圖，用於顯示資料在每個軸上的分佈情況。

Plotly 散點圖還提供其他邊緣分佈的視覺化方案，比如長條圖「histogram」、毛毯圖「rug」、小提琴圖「violin」等，請大家練習使用。

參數 template="plotly_white" 設置了圖片物件的主題風格，即使用 "plotly_white" 這種白色背景設計。

width=600 和 height=500 這兩個參數分別設置了圖表的寬度和高度，以像素為單位。color_discrete_sequence=px.colors.qualitative.Pastel1 指定了顏色映射的色票面板，即使用 Plotly Express 模組中提供的 "Pastel1" 色票面板，以一組柔和的顏色來表示不同種類的花。labels={"sepal_length":"Sepal Length(cm)","petal_length": "Petal length(cm)"} 用於自訂圖表的標籤，將 x 軸標籤設置為 "Sepal Length(cm)"，將 y 軸標籤設置為 "Petal length(cm)"。

ⓒ 在 JupyterLab 中以互動形式展示影像物件 fig。

⚠ 本節後文程式中遇到類似參數，將不再重複介紹。

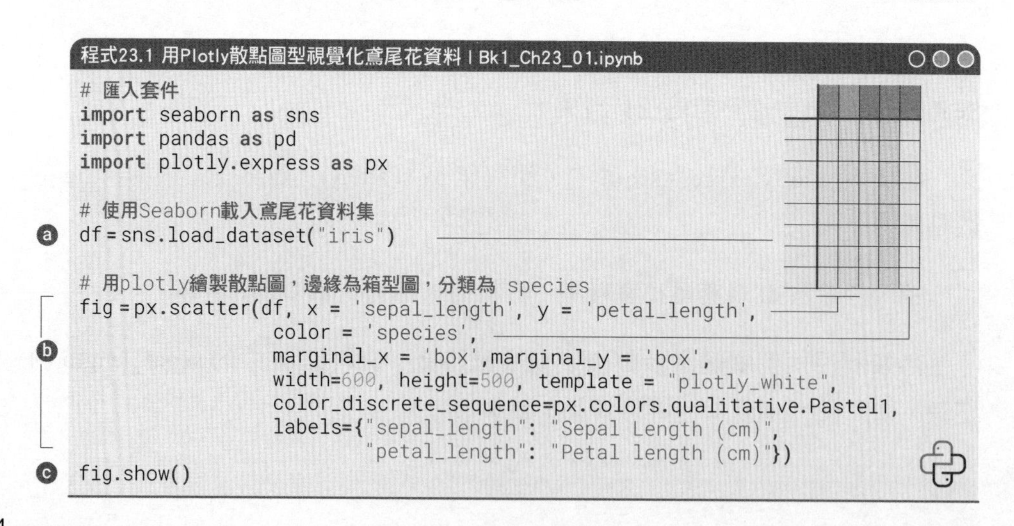

程式23.1 用Plotly散點圖型視覺化鳶尾花資料 | Bk1_Ch23_01.ipynb

```
# 匯入套件
import seaborn as sns
import pandas as pd
import plotly.express as px

# 使用Seaborn載入鳶尾花資料集
df = sns.load_dataset("iris")

# 用plotly繪製散點圖，邊緣為箱型圖，分類為 species
fig = px.scatter(df, x = 'sepal_length', y = 'petal_length',
                 color = 'species',
                 marginal_x = 'box',marginal_y = 'box',
                 width=600, height=500, template = "plotly_white",
                 color_discrete_sequence=px.colors.qualitative.Pastel1,
                 labels={"sepal_length": "Sepal Length (cm)",
                         "petal_length": "Petal length (cm)"})
fig.show()
```

程式 23.2 繪製了成對散點圖矩陣，請大家在本章書附 Jupyter Notebook 中查看結果。

ⓐ 呼叫 plotly.express.scatter_matrix()，參數 dimensions 用來指定散點圖的維度。

> ⚠ 注意：不同於 seaborn.pairplot()，plotly.express.scatter_matrix() 可以展示分類資料。

ⓑ 將對角線子圖設為不可見。

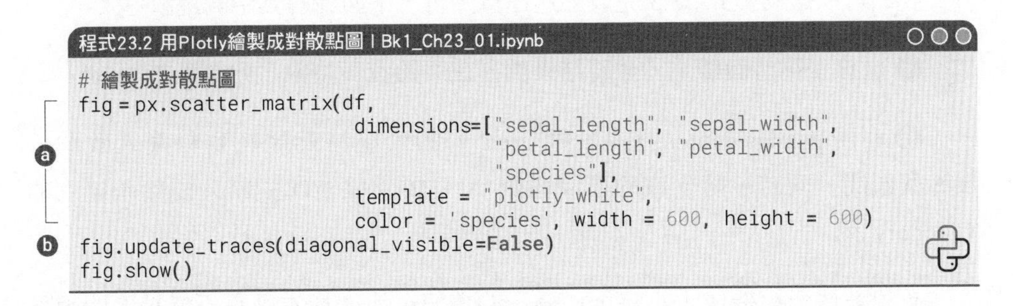

程式23.2 用Plotly繪製成對散點圖 | Bk1_Ch23_01.ipynb

```
# 繪製成對散點圖
fig = px.scatter_matrix(df,
                        dimensions=["sepal_length", "sepal_width",
                                    "petal_length", "petal_width",
                                    "species"],
                        template = "plotly_white",
                        color = 'species', width = 600, height = 600)
fig.update_traces(diagonal_visible=False)
fig.show()
```

23.2 增加一組分類標籤

為了增加資料分析的複雜度，我們引入了「花萼面積」這個新特徵。「花萼面積」用花萼長度和花萼寬度的乘積估計。然後，根據「花萼面積」的大小將 150 個樣本資料幾乎均勻地分成 5 個類別，並分別給它們新的標籤 A、B、C、D、E，這一列列標籤命名為 'Category'。

這樣除了 'species' 之外，我們有了第 2 個類別標籤。表 23.1 所示為「花萼面積」在不同 'Category' 分類下的統計量總結。

➔ 表 23.1「花萼面積」在不同 Category 分類下的統計量

Area(cm^2)							
Category	min	max	mean	median	std	Range	Number
A	10.00	15.00	13.42	13.70	1.28	5.00	30
B	15.04	16.80	15.91	15.91	0.54	1.76	30
C	16.83	18.30	17.62	17.68	0.44	1.47	31
D	18.36	20.77	19.70	19.61	0.73	2.41	29
E	20.79	30.02	22.53	21.63	2.27	9.23	30

我們可以透過程式 23.3 完成上述運算分析，下面講解其中關鍵敘述。

ⓐ 計算「花萼面積」，並將結果儲存在原始資料幀中，列標籤為 'area'。

ⓑ 利用 pandas.qcut() 函式根據 'area' 列的大小將鳶尾花資料集大致均分為 5 個區間。同時，將生成的區間標籤 'A'、'B'、'C'、'D'、'E' 分配給新建立的 'Category' 列。

有很多情況會造成「不完全均分」的情況，比如樣本數量不能被區間數量整除，再比如某些樣本數值重複出現。

ⓒ 定義了一個名為 list_stats 的串列，其中包含了要計算的統計量的名稱，其中包括 min(最小值)、max(最大值)、mean(平均值)、median(中位數)、std(標準差)。

ⓓ 利用 pandas.DataFrame.groupby() 進行分組計算統計量。這個方法利用 'Category' 對 df 進行分組，針對 'area'，歸納 (agg) 計算 list_stats 中列出的統計量。計算結果儲存在新的 DataFrame 中，如表 23.1 所示，每一行代表不同的 'Category'，每一列代表不同統計量。

當然，在選擇分組維度時，我們也可以選擇不止一個標籤，大家馬上就會看到同時用 'Category'、'species' 進行分組的例子。

ⓔ 計算**極差** (range)，即最大值減去最小值。

ⓕ 計算每個分組的計數。當然，大家也可以在 list_stats 加入 'count' 來完成計數。

ⓖ 將分組統計結果存成 CSV 檔案。可以在 JupyerLab 中開啟查看，也可以用 Excel 開啟查看。

程式23.3 增加“花萼面積”特徵，並根據其大小對鳶尾花資料分類分析（使用時配合前文程式）| Bk1_Ch23_01.ipynb

```
# 用 花萼長度 * 花萼寬度 代表花萼面積
df['area'] = df['sepal_length'] * df['sepal_width']

# 用花萼面積大小將樣本等距為數量（大致）相等的5個區間
df['Category'] = pd.qcut(df['area'], 5,
                         labels = ['A','B','C','D','E'])

# 按區間整理（最小值，最大值，均值，中位數，標準差）
list_stats = ['min', 'max', 'mean', 'median', 'std']
stats_by_area = df.groupby('Category')['area'].agg(list_stats)

# 計算極差，最大值 - 最小值
stats_by_area['Range'] = stats_by_area['max'] - stats_by_area['min']
# 每個區間的樣本數量；還可以在list_stats中加 'count'
stats_by_area['Number'] = df['Category'].value_counts()

# 將結果存為 CSV
stats_by_area.to_csv('stats_by_area.csv')
```

圖 23.2 所示為不同 'Category' 條件下的「花萼面積」散點圖，對應程式 23.4 中 ⓐ。圖 23.3 所示為不同 'Category' 條件下的「花萼面積」的「箱型圖 + 散點圖」，對應程式 23.4 中 ⓑ。

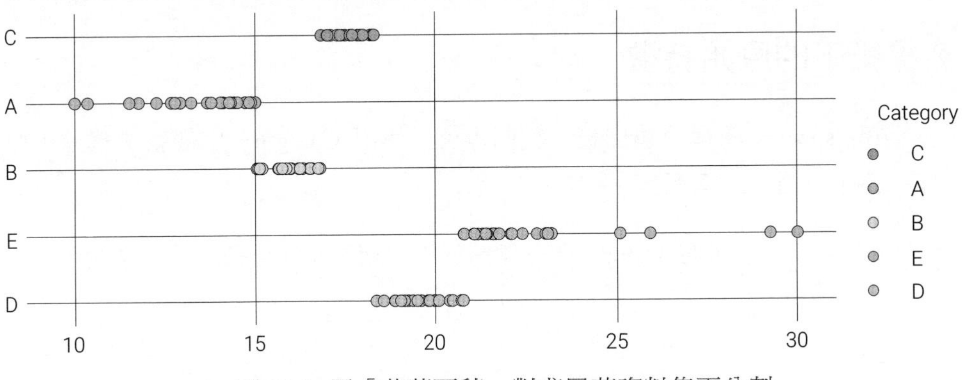

▲ 圖 23.2 用「花萼面積」對鳶尾花資料集再分割

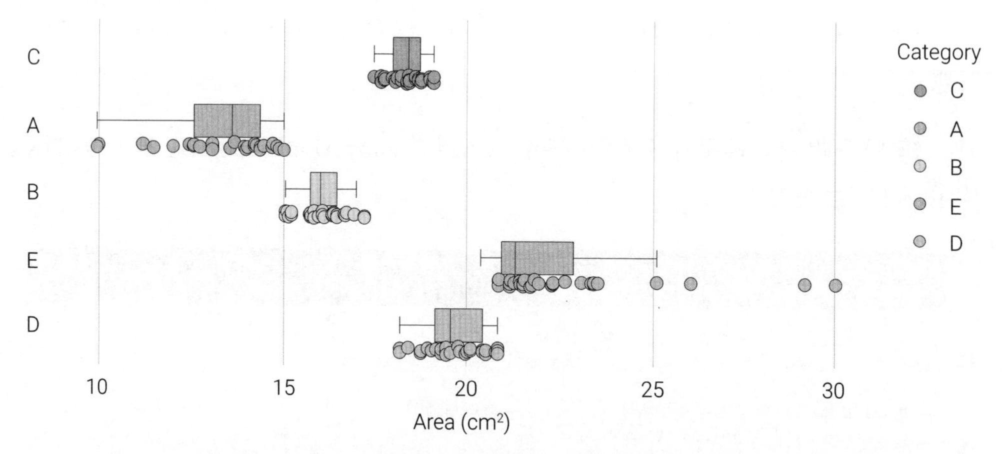

▲ 圖 23.3 「花萼面積」的箱型圖，考慮 'Category' 分類

程式23.4 用Plotly繪製散點圖和箱型圖，分類展示 "花萼面積" (使用時配合前文程式) | Bk1_Ch23_01.ipynb

```
# 用Plotly繪製散點圖，維度為面積，分類為Category
fig = px.scatter(df, x = 'area', y = 'Category',
                 color = 'Category',
                 template = "plotly_white",
                 width=600, height=300,
                 color_discrete_sequence=px.colors.qualitative.Pastel1)
fig.show()

# 用Plotly繪製箱型圖，維度為面積，分類為Category
fig = px.box(df, x = 'area', y = 'Category',
             color = 'Category', points="all",
             template = "plotly_white",
             width=600, height=300,
             color_discrete_sequence=px.colors.qualitative.Pastel1)
fig.show()
```

新標籤下的原始特徵

類似 'species' 這個分類標籤，我們也可以使用 'Category' 這個新標籤分析原始特徵資料，比如花萼長度。

圖 23.4 所示為考慮 'Category' 分類情況下，鳶尾花花萼長度的箱型圖。

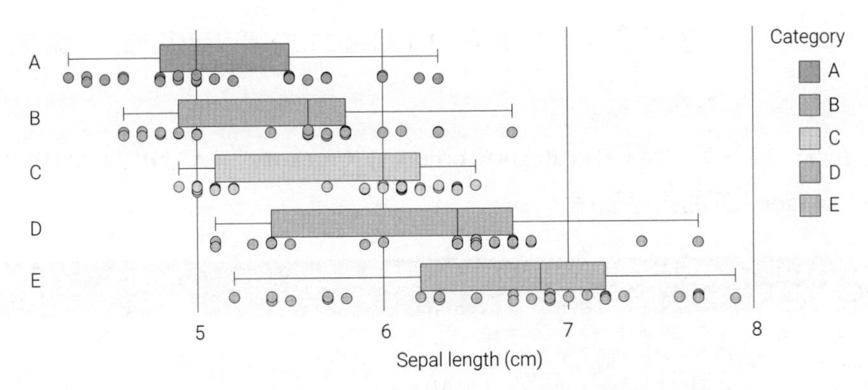

▲ 圖 23.4 花萼長度的箱型圖，考慮 'Category' 分類

圖 23.5 所示為花萼長度、花萼寬度的散點圖，用不同顏色著色 'Category' 分類。邊緣分佈還是箱型圖。

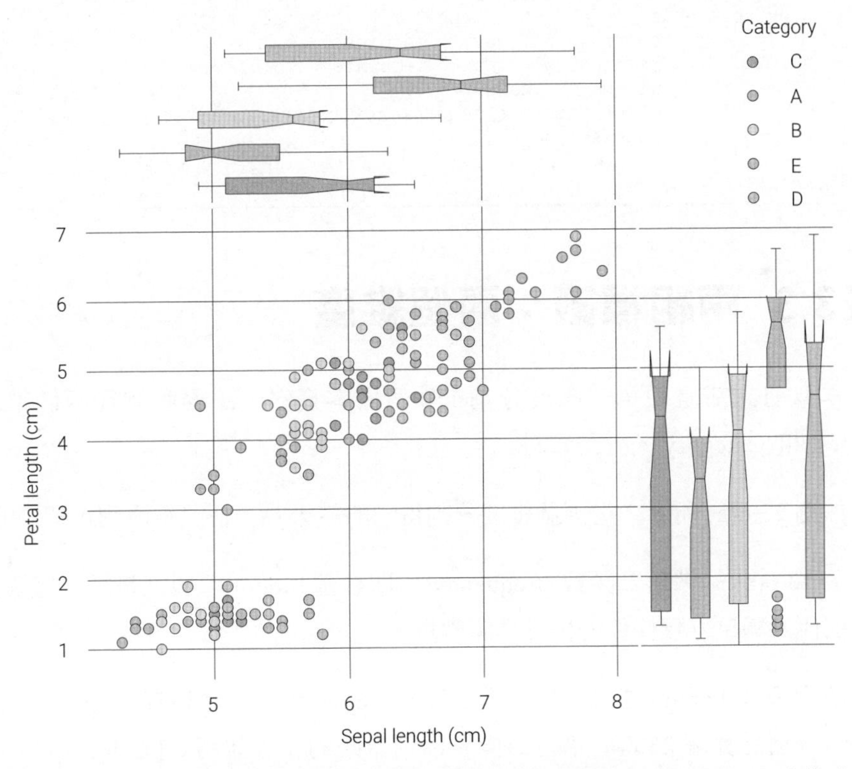

▲ 圖 23.5 用 Plotly 繪製散點圖 (橫軸為花萼長度，縱軸為花瓣長度)，邊緣分佈為箱型圖，考慮「花萼面積」分類

程式 23.5 中 ⓐ 和 ⓑ 分別繪製圖 23.4 和圖 23.5，請大家根據前文講解逐句註釋。

值得一提的是，ⓐ 中 category_orders={"Category":["A","B","C","D","E"]} 指定 'Category' 列的排序順序。

程式23.5 用Plotly繪製散點圖和箱型圖，分類展示 "花萼長度"（使用時配合前文程式）| Bk1_Ch23_01.ipynb

```
# 花萼長度的箱型圖，考慮'Category'分類
fig = px.box(df, x = 'sepal_length', y = 'Category',
             color = 'Category', points="all",
             template = "plotly_white",
             width=600, height=300,
             category_orders={"Category": ["A", "B", "C", "D", "E"]},
             color_discrete_sequence=px.colors.qualitative.Pastel1,
             labels={"sepal_length": "Sepal Length (cm)"})
fig.show()

# 用Plotly繪製散點圖，邊緣為箱型圖，分類為 Category
fig = px.scatter(df, x = 'sepal_length', y = 'petal_length',
                 color = 'Category', marginal_x = 'box',
                 marginal_y = 'box', template = "plotly_white",
                 width=600, height=500,
                 color_discrete_sequence=px.colors.qualitative.Pastel1,
                 labels={"sepal_length": "Sepal Length (cm)",
                         "petal_length": "Petal length (cm)"})
fig.show()
```

23.3 兩組標籤：兩個維度

本章前文都是從單一維度分割 150 個樣本資料，下面我們從兩個維度，'species' 和 'Category'，分割資料。

如圖 23.6(a) 所示，從兩個維度分割得到的結果為一個二維陣列，即矩陣。

圖 23.6(a) 的數值為**頻數** (frequency)，即**計數** (count)。也就是說，每個格子的數值代表滿足分類條件的樣本具體數量。

請大家用 Pandas 求和函式，計算圖 23.6(a) 所有值之和查看是否為 150。然後再分別計算圖 23.6(a) 沿行方向、沿列方向的和，並用 df['Category'].value_counts().sort_index() 和 df['species'].value_counts().sort_index() 驗證結果。

圖 23.6(b) 的每個格子代表滿足特定分類條件的樣本機率，即計數除以樣本總數。

也請大家分別計算圖 23.6(b) 所有數值總和，以及沿行方向、沿列方向的和，並想辦法驗證結果。

下面聊聊程式 23.6 中關鍵敘述。

ⓐ 利用 pandas.crosstab() 建立交叉製表，對 df 指定兩個列進行交叉分析。這個函式預設計算頻數，也可以設置一個或多個聚合運算。

參數 index = df['Category'] 指定了要用作交叉製表的行索引的列。當然，我們也可以指定兩個或更多列，本章後文會介紹。'Category' 列的值將用作行索引，每個不同的值都將成為交叉製表中的一行。

參數 columns = df['species'] 指定了要用作交叉製表的列索引的列。'species' 列的值將用作列索引，每個不同的值都將成為交叉表中的一列。

總結來說，這行程式碼生成一個交叉製表，其中的行表示 'Category' 列的不同值，串列示 'species' 列的不同值，而表格中的每個儲存格則表示在這個維度組合下鳶尾花資料樣本出現的頻數或計數。本章後續還會介紹用 pandas.crosstab() 完成其他統計聚合運算。

ⓑ 利用 plotly.express.imshow() 建立熱圖物件。

參數 text_auto=True 用於控制是否自動在圖中顯示文字標籤。將其設置為 True，表示在每個儲存格中顯示數值文字標籤，以顯示交叉製表的頻數或計數值。

ⓒ 類似 ⓐ；不同的是參數 normalize = 'all' 指定標準化的方法，'all' 表示對整個交叉製表進行標準化，將每個頻數除以樣本數總和，得到機率值。這就是為什麼圖 23.6(b) 中熱圖所有格子值的總和為 1。

ⓓ 類似 ⓑ；不同的是 text_auto='.3f'，表示數值以浮點數的格式保留三位小數顯示。

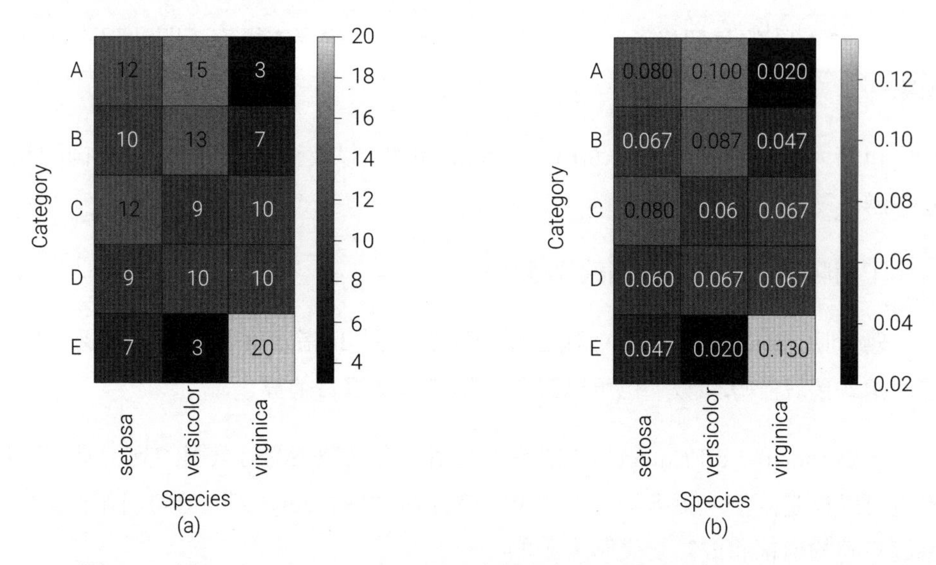

▲ 圖 23.6 用 plotly.express.imshow() 繪製頻數和機率熱圖 (兩個分割維度)

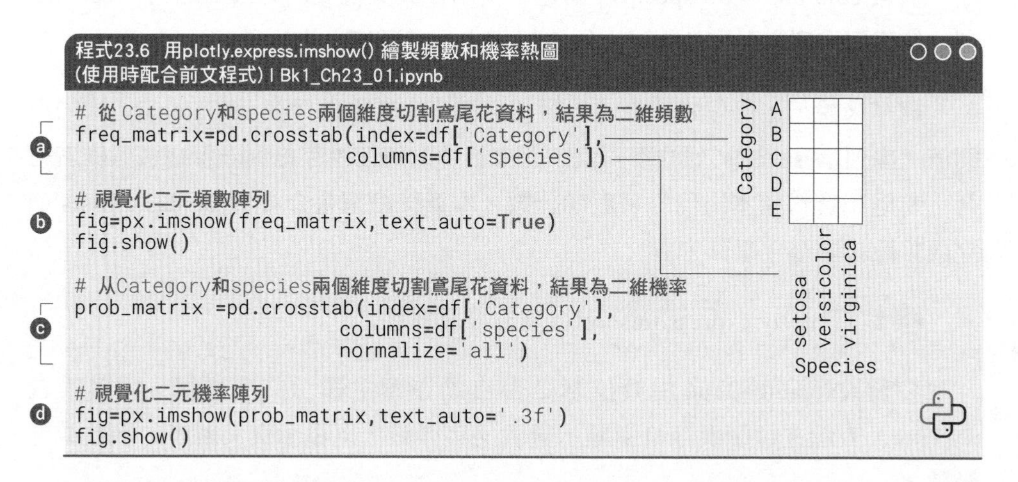

程式23.6 用plotly.express.imshow() 繪製頻數和機率熱圖（使用時配合前文程式）| Bk1_Ch23_01.ipynb

```
# 從Category和species兩個維度切割鳶尾花資料，結果為二維頻數
freq_matrix=pd.crosstab(index=df['Category'],
                        columns=df['species'])

# 視覺化二元頻數陣列
fig=px.imshow(freq_matrix,text_auto=True)
fig.show()

# 从Category和species兩個維度切割鳶尾花資料，結果為二維機率
prob_matrix =pd.crosstab(index=df['Category'],
                        columns=df['species'],
                        normalize='all')

# 視覺化二元機率陣列
fig=px.imshow(prob_matrix,text_auto='.3f')
fig.show()
```


圖 23.6 兩幅子圖的結果是利用 pandas.crosstab() 計算得到的。當然我們也可以使用 plotly.express.density_heatmap() 跳過計算直接繪製類似影像，具體如圖 23.7 所示。

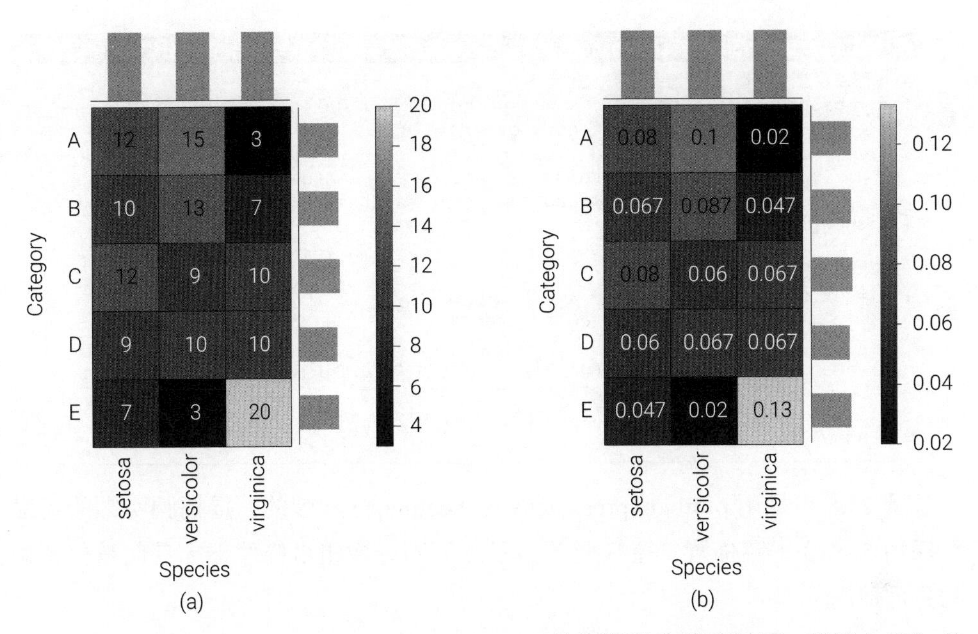

▲ 圖 23.7 用 plotly.express.density_heatmap() 繪製頻數和機率熱圖 (邊緣分佈為長條圖，兩個分割維度)

程式 23.7 繪製圖 23.7。ⓐ 利用 plotly.express.density_heatmap() 繪製頻數 / 機率熱圖。注意，函式預設計算頻數，即計數。

參數 x = 'species' 和 y = 'Category' 指定了在熱圖中要顯示的資料的 x 軸和 y 軸變數。

再次強調，category_orders={"Category":["A","B","C","D","E"]} 採用字典指定分類變數 'Category' 的順序。大家也可以試著同時指定 species 的順序。

參數 marginal_x="histogram" 和 marginal_y="histogram" 指定了在 x 軸和 y 軸上顯示邊緣長條圖。

ⓑ 和 ⓐ 類似，不同的是參數 histnorm='probability' 指定長條圖的標準化方法。設置為 'probability' 表示熱圖中的數值標準化為機率密度。

程式23.7 用plotly.express.density_heatmap() 繪製二維頻數和機率熱圖 | Bk1_Ch23_01.ipynb

```
# 繪製二維長條熱圖 + 邊緣長條圖，計數
fig = px.density_heatmap(df, x = 'species', y = 'Category',
                         category_orders={"Category":
                                          ["A", "B", "C", "D", "E"]},
                         marginal_x="histogram", marginal_y="histogram",
                         text_auto = True, width = 400, height = 500)
fig.show()

# 繪製二維長條熱圖 + 邊緣長條圖，機率
fig = px.density_heatmap(df, x = 'species', y = 'Category',
                         category_orders={"Category":
                                          ["A", "B", "C", "D", "E"]},
                         marginal_x="histogram", marginal_y="histogram",
                         histnorm = 'probability',
                         text_auto='.3f', width = 400, height = 500)
fig.show()
```

圖 23.8 也是用 plotly.express.density_heatmap() 繪製的。這幅圖明顯的特點是採用 5 × 3 子圖佈置。這樣便於展示在不同分類組合條件下，其他量化特徵的分佈情況。

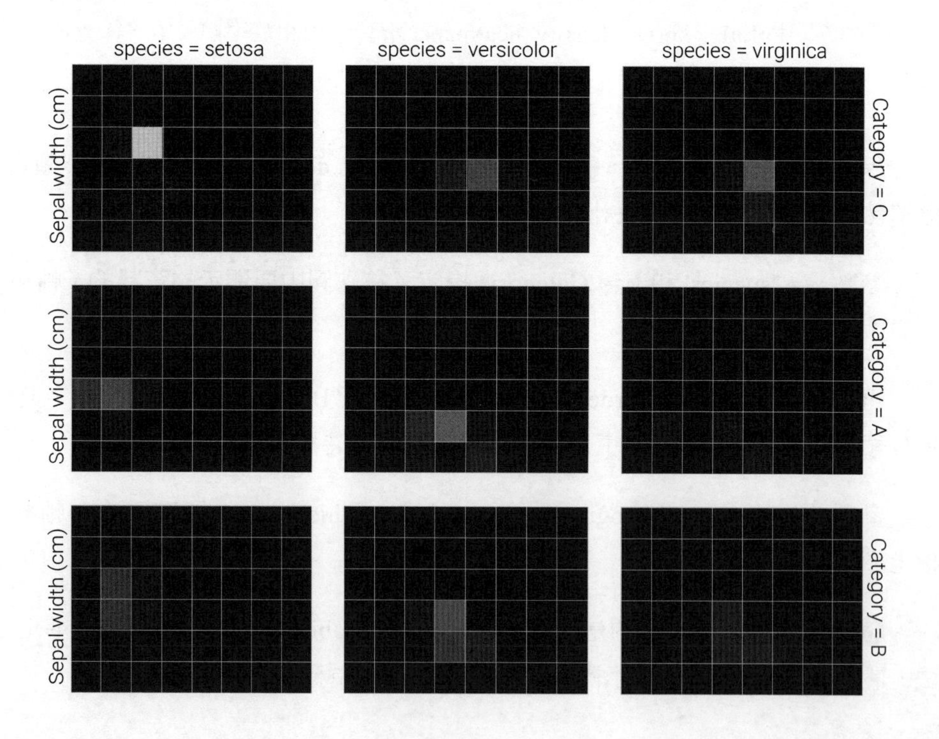

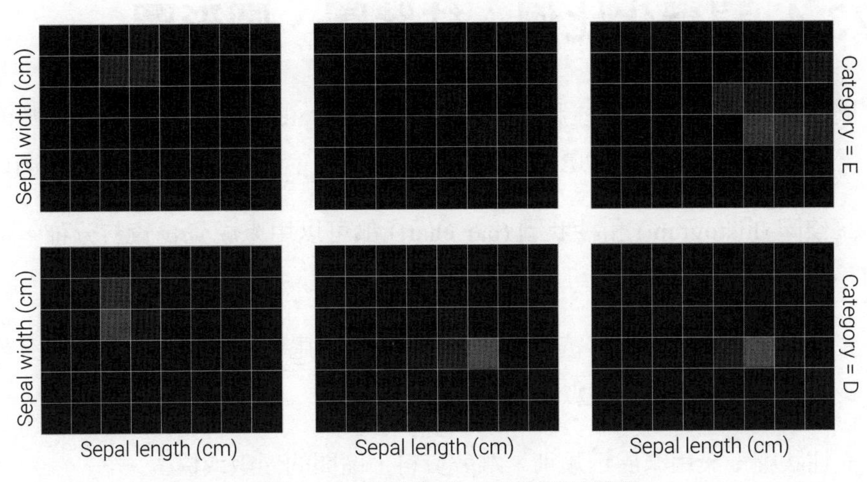

▲ 圖 23.8 頻數熱圖 (子圖版面配置)

我們可以透過程式 23.8 繪製圖 23.8。其中，x="sepal_length" 和 y="sepal_width" 這兩個參數指定了在子圖熱圖中要顯示的資料的 x 軸和 y 軸變數。

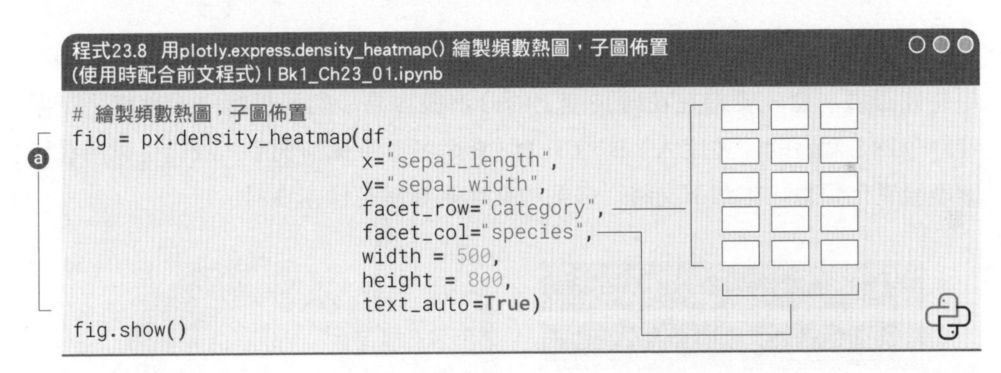

程式23.8 用plotly.express.density_heatmap() 繪製頻數熱圖，子圖佈置 (使用時配合前文程式) | Bk1_Ch23_01.ipynb

```
# 繪製頻數熱圖，子圖佈置
fig = px.density_heatmap(df,
                         x="sepal_length",
                         y="sepal_width",
                         facet_row="Category",
                         facet_col="species",
                         width = 500,
                         height = 800,
                         text_auto=True)
fig.show()
```

這兩個參數，facet_row="Category" 和 facet_col="species" 用於進行子圖佈置。

facet_row 將資料分成多行子圖，每行對應於不同的 'Category' 值；facet_col 將資料分成多列子圖，每列對應於不同的 'species' 值。

23.4 視覺化比例：柱狀圖、圓形圖

圖 23.9 分別採用水平柱狀圖和圓形圖展示 'Category' 分類下樣本計數的比例。這種中間掏空的圓形圖還有一個「可愛」的名字—甜甜圈圖 (donut chart)。

長條圖 (histogram) 和**柱狀圖** (bar chart) 都可以用來視覺化資料分佈，但是它們存在一些區別。

長條圖常用來視覺化連續資料的分佈，比如鳶尾花花萼長度樣本資料分佈。垂直長條圖的縱軸可以是頻數、機率、機率密度。

而柱狀圖一般用來展示類別、離散資料、區間的頻數或機率。

從外觀上來看，長條圖一般情況下柱子之間是連續的，如果不連續則說明特定區間沒有樣本點。

而柱狀圖的柱子通常是分離的，有明顯間隔。

但是，長條圖和柱狀圖之間也可以存在聯繫。還是以鳶尾花花萼長度為例，用長條圖展示樣本資料在花萼長度上的分佈很容易。如果根據長度數值將花萼資料分為 5 個區間，並用 A、B、C、D、E 命名，這種情況下，我們可以用柱狀圖型視覺化頻數。本章下文將從這個角度切割鳶尾花樣本資料。

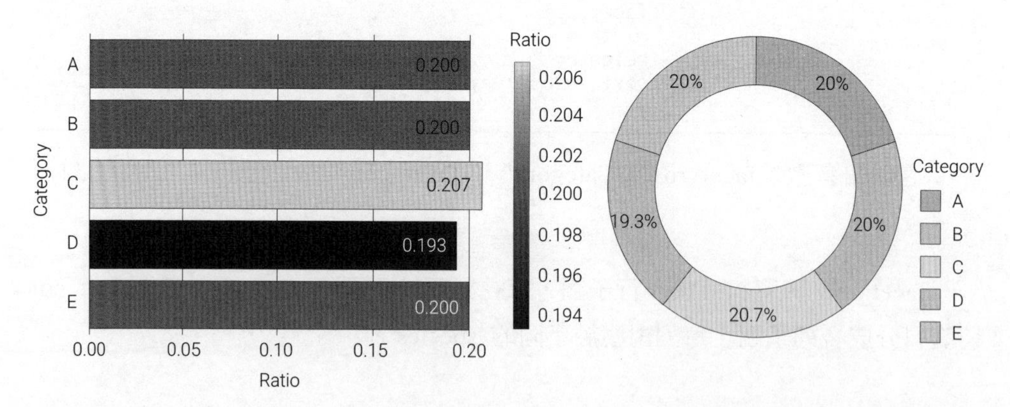

▲ 圖 23.9 用 plotly.express.bar() 和 plotly.express.pie() 視覺化 'Category' 分類比例

> 不管是長條圖還是柱狀圖，如果採用頻數，則圖中頻數總和為樣本總數。這個樣本總數可以對應樣本全集，也可以對應特定子集，比如某個條件分類。

我們可以透過程式 23.9 繪製圖 23.9，下面聊聊其中關鍵敘述。

ⓐ 用 .value_counts(normalize=True) 方法計算機率。其中，normalize=True 參數的作用是計算機率，而非頻數。因此圖 23.9 左圖中柱狀圖五個柱子數值之和為 1。

大家前文見過，如果 normalize 參數為 False(預設值)，則 value_counts() 方法將計算頻數 (計數)。

ⓑ 用 pandas.DataFrame() 將 Pandas Series 轉為一個新的 DataFrame，其中包含兩列—'Category' 和 'Percent'。

具體來說，{'Category':ctg_percent.index,'Percent':ctg_percent.values} 是傳遞給 pandas.DataFrame() 的字典，其中包含兩個鍵 - 值對。

> ⓐ 的結果 ctg_percent 資料型態為 Pandas Series。

'Category' 是新生成 DataFrame 中的第一列的名稱，即 'Category' 列。ctg_percent.index 是 Pandas Series 的索引，即不同類別的標籤。它被用作新 DataFrame 的 'Category' 列的資料。

'Percent' 則為 DataFrame 中的第二列的名稱，即 'Percent' 列。

ctg_percent.values 是 Pandas Series 中的值，即頻率百分比。它被用作新 DataFrame 的 'Percent' 列的資料。

ⓒ 用 plotly.express.bar() 繪製水平柱狀圖。請大家對參數的意義進行註釋。

ⓓ 利用 plotly.express.pie() 繪製圓形圖 (甜甜圈圖)。

參數 category_orders={"Category":["A","B","C","D","E"]} 指定了圓形圖中類別的順序。

參數 color_discrete_sequence=px.colors.qualitative.Pastel1 設置了圓形圖中各個類別的顏色。

參數 values='Ratio' 指定了圓形圖中每個扇形 (環狀) 區域的數值應該來自資料集中的哪一列。

參數 names='Category' 指定了圓形圖中每個扇形區域的標籤應該來自資料集中的哪一列。

ⓔ 用 fig.update_traces(hole=.68) 將圓形圖中 68% 區域挖空，將圓形圖變成環狀圖。

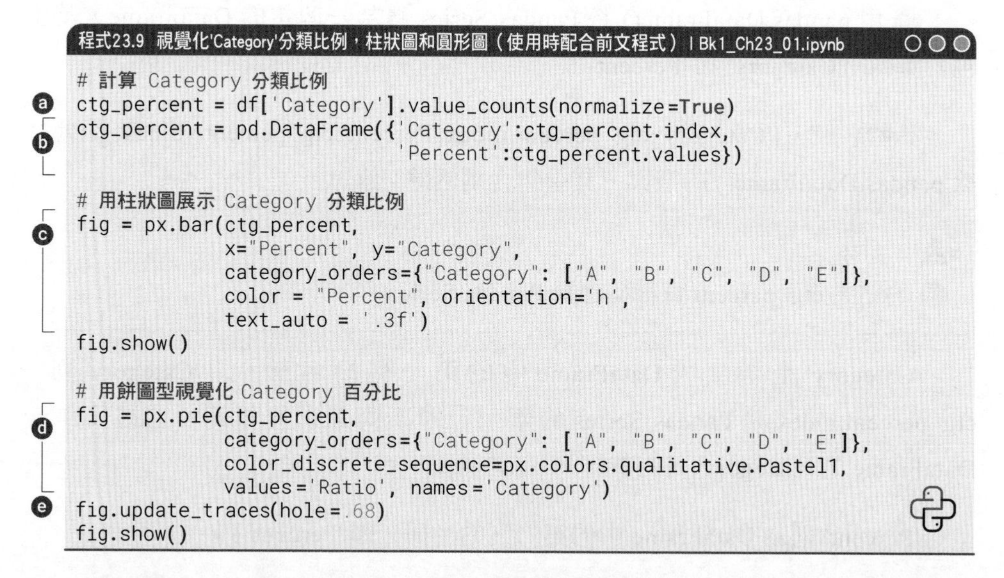

程式23.9 視覺化'Category'分類比例，柱狀圖和圓形圖（使用時配合前文程式） | Bk1_Ch23_01.ipynb

```
# 計算 Category 分類比例
ctg_percent = df['Category'].value_counts(normalize=True)
ctg_percent = pd.DataFrame({'Category':ctg_percent.index,
                            'Percent':ctg_percent.values})

# 用柱狀圖展示 Category 分類比例
fig = px.bar(ctg_percent,
             x="Percent", y="Category",
             category_orders={"Category": ["A", "B", "C", "D", "E"]},
             color = "Percent", orientation='h',
             text_auto = '.3f')
fig.show()

# 用餅圖型視覺化 Category 百分比
fig = px.pie(ctg_percent,
             category_orders={"Category": ["A", "B", "C", "D", "E"]},
             color_discrete_sequence=px.colors.qualitative.Pastel1,
             values='Ratio', names='Category')
fig.update_traces(hole=.68)
fig.show()
```

類似圖 23.9，圖 23.10 也用水平柱狀圖和餅圖型視覺化 'species' 分類條件下樣本資料的頻數比例。程式 23.10 繪製圖 23.10，請大家逐行註釋。

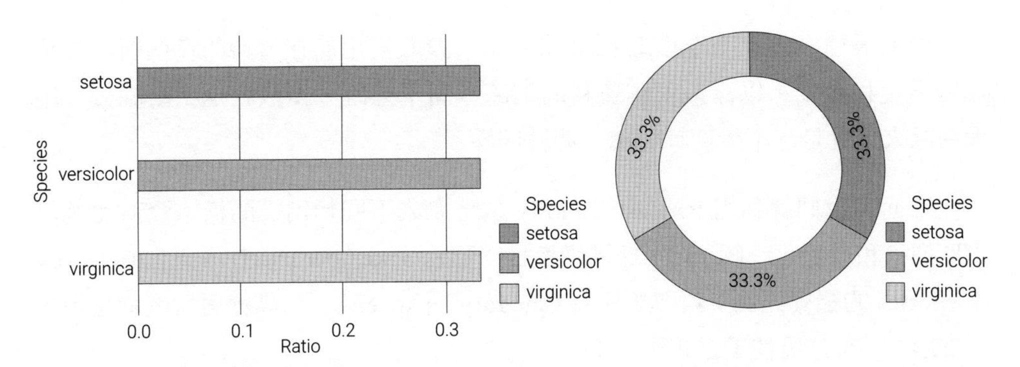

▲ 圖 23.10 用 plotly.express.bar() 和 plotly.express.pie() 視覺化 'species' 分類比例

程式23.9 視覺化 'Category' 分類比例，柱狀圖和圓形圖（使用時配合前文程式）| Bk1_Ch23_01.ipynb

```
# 計算 species 分類比例
species_percent = df['species'].value_counts(normalize=True)
species_percent = pd.DataFrame({'species':species_percent.index,
                                'Ratio':species_percent.values})

# 用柱狀圖展示 species 分類比例
fig = px.bar(species_percent,
             x="Ratio", y="species",
             category_orders={"species":
                              ["setosa", "versicolor", "virginica"]},
             color_discrete_sequence=px.colors.qualitative.Pastel1,
             color = "species", orientation='h',
             text_auto = '.3f')
fig.show()

# 用餅圖型視覺化 species 百分比
fig = px.pie(species_percent,
             category_orders={"species":
                              ["setosa", "versicolor", "virginica"]},
             color_discrete_sequence=px.colors.qualitative.Pastel1,
             values='Ratio', names='species')
fig.update_traces(hole=.68)
fig.show()
```

23.5 鑽取：多個層次之間的導覽和探索

既然我們有兩個不同分類維度，那麼問題來了，我們能否量化並視覺化不同 'Category' 中 'species' 的比例？

同理，我們能否量化並視覺化不同 'species' 中 'Category' 的比例？

類似這種操作都叫作**鑽取** (drill down)。鑽取常用於在資料的多個層次之間進行導覽和探索，以深入了解資料的細節。簡單來說，鑽取就是不斷細分；用大白話來說就是，不斷切片切塊、切絲切條。

下面，我們就利用 Pandas 和 Plotly 試著完成不同類別之間樣本資料比例值鑽取運算和視覺化。圖 23.11 採用**堆疊柱狀圖** (stacked bar chart) 視覺化 Category 中 species 的絕對比例；鑽取順序為 Category → species。所謂絕對比例就是指，圖 23.11 所有分段柱子之和均為 1。

觀察圖 23.11，我們可以發現 E 類別中 virginica 的比例更高的有趣現象，值得進一步分析。

圖 23.12 也是採用堆疊柱狀圖，視覺化 species 中 Category 的絕對比例，即鑽取順序為 species → Category。

我們可以透過程式 23.11 繪製圖 23.11 和圖 23.12，下面解釋其中關鍵敘述。首先，用到了程式 23.6 中計算得到的 prob_matrix，對應表 23.2。

ⓐ 利用 plotly.express.bar() 視覺化 prob_matrix 時，先後順序為先行後列，即 Category → species。先在 Category 維度上切條，後在 species 維度上切塊。

ⓑ 則視覺化 prob_matrix 的轉置，對應表 23.3。用 plotly.express.bar() 這個轉置後的資料幀時，順序為 species → Category。

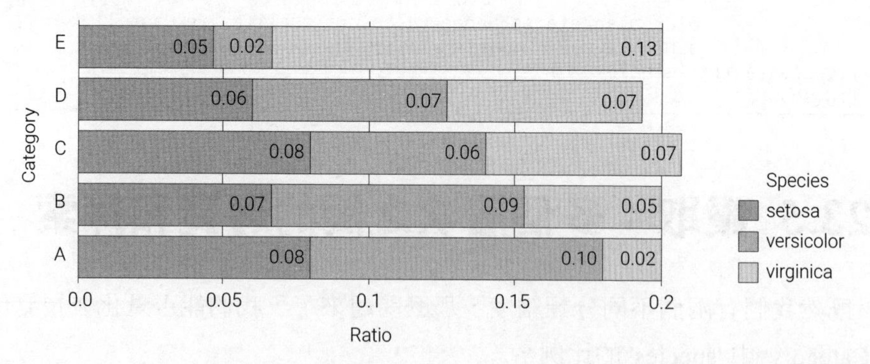

▲ 圖 23.11 用堆疊柱狀圖型視覺化 Category 中 species 的絕對比例 (鑽取順序 Category → species；所有分段柱子之和為 1)

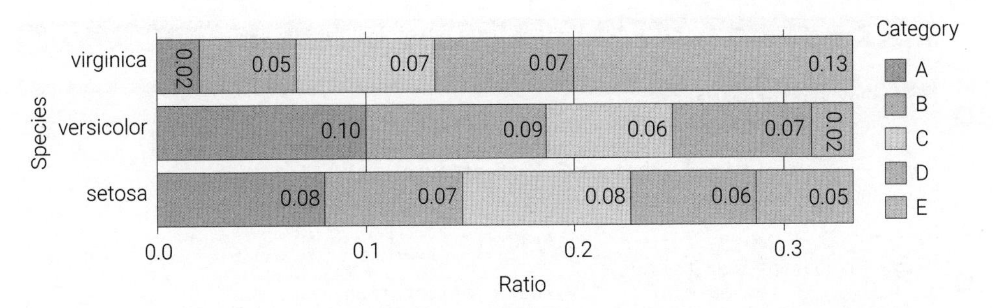

▲ 圖 23.12 用堆疊柱狀圖型視覺化 species 中 Category 的絕對比例 (鑽取順序 species → Category；所有分段柱子之和為 1)

➔ 表 23.2 絕對比例，資料幀 prob_matrix 的形狀（表格機率值之和為 1）

species	setosa	versicolor	virginica
Category			
A	0.080	0.100	0.020
B	0.067	0.087	0.047
C	0.080	0.060	0.067
D	0.060	0.067	0.067
E	0.047	0.020	0.133

➔ 表 23.3 資料幀 prob_matrix 轉置後的形狀

Category	A	B	C	D	E
species					
setosa	0.080	0.067	0.080	0.060	0.047
versicolor	0.100	0.087	0.060	0.067	0.020
virginica	0.020	0.047	0.067	0.067	0.133

程式23.11 用plotly.express.bar()繪製堆疊柱狀圖（使用時配合前文程式）| Bk1_Ch23_01.ipynb

```
# 對 Category 比例值在 species 維度上鑽取
fig = px.bar(prob_matrix,
             template = "plotly_white",orientation = 'h',
             color_discrete_sequence=px.colors.qualitative.Pastel1,
             width=600, height=300, text_auto = '.2f')
fig.show()

# 對 species 比例值在 Category 維度上鑽取
fig = px.bar(prob_matrix.T,
             template = "plotly_white",orientation = 'h',
             color_discrete_sequence=px.colors.qualitative.Pastel1,
             width=600, height=300, text_auto = '.2f')
fig.show()
```

相對比例鑽取

圖 23.11 有個缺陷，它不能直接回答「Category 為 A 時，setosa 在其中佔比為多少？」

也就是說，問這個問題時，我們不再關心「絕對比例值」，而是關心「相對比例值」。

想要回答這個問題，需要計算 0.08/(0.08 + 0.10 + 0.02)，結果為 0.4。這個值在機率統計中也叫**條件機率** (conditional probability)。

而圖 23.13 和圖 23.14 可以幫助我們回答類似上述問題。

以圖 23.13 為例，大家很容易發現水平方向三個分段堆疊柱子對應數值之和為 1，這就是相對比例，即機率統計中的條件機率值。這個條件就是 Categoty 分別為 A、B、C、D、E。

> 圖 23.13 和圖 23.14 中所有水平方向分段柱子之和均為 1。圖 23.13 所有柱子之和為 5，圖 23.14 所有柱子之和為 3。

> 《AI時代Math元年 - 用Python全精通統計及機率》專門講解條件機率。

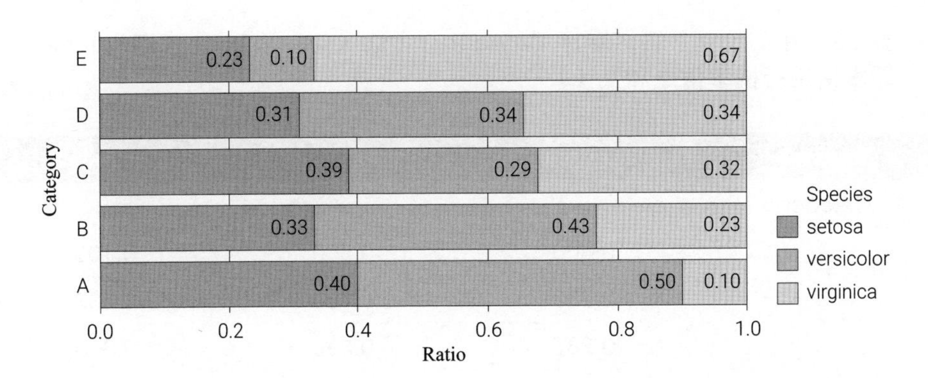

▲ 圖 23.13 用堆疊柱狀圖型視覺化 Category 中 species 的相對比例 (鑽取順序 Category → species)

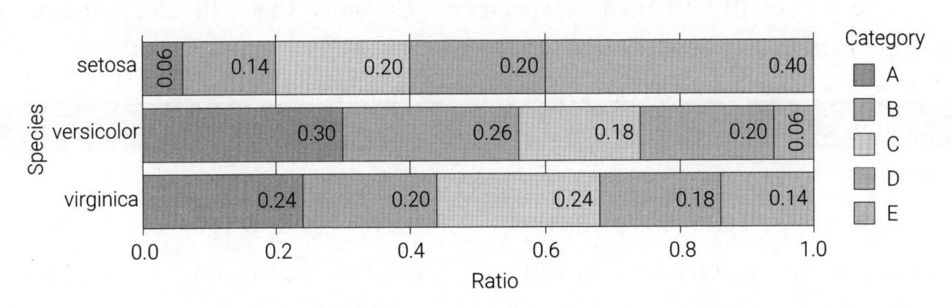

▲ 圖 23.14 用堆疊柱狀圖型視覺化 species 中 Category 的相對比例 (鑽取順序 species → Category)

我們可以透過程式 23.12 繪製圖 23.13 和圖 23.14，下面講解其中關鍵敘述。

ⓐ 也是採用 pandas.crosstab() 建立交叉製表，不同以往這裡使用了參數 normalize='index' 進行**歸一化** (normalization)，結果如表 23.4 所示。這表示，在計算每一行中的每個儲存格的值佔該行總和的比例，即條件機率。將會使每一行的值之和等於 1。

ⓑ 用堆疊柱狀圖型視覺化表 23.4 相對比例值。請大家逐行註釋。

ⓒ 類似 ⓑ，不同的是行列分類交換，結果如表 23.5 所示，每一行的值之和還是為 1。

ⓓ 也是用堆疊柱狀圖型視覺化表 23.5 相對比例值。

➔ 表 23.4 相對比例，鑽取順序 Category → species（歸一化方向為 index，即表格每行機率值之和為 1）

species	setosa	versicolor	virginica
Category			
A	0.400	0.500	0.100
B	0.333	0.433	0.233
C	0.387	0.290	0.323
D	0.310	0.345	0.345
E	0.233	0.100	0.667

表 23.5 相對比例，鑽取順序 species → Category（歸一化方向為 index，即表格每行機率值之和為 1）

Category	A	B	C	D	E
species					
setosa	0.240	0.200	0.240	0.180	0.140
versicolor	0.300	0.260	0.180	0.200	0.060
virginica	0.060	0.140	0.200	0.200	0.400

?

請大家思考，如果將歸一化方向改為 columns，即 normalize = 'columns'，結果會怎樣？

程式23.12 計算並視覺化相對比例（使用時配合前文程式）| Bk1_Ch23_01.ipynb

```
# 計算Category中species 的相對比例
ratio_species_in_category = pd.crosstab(index = df['Category'],
                                        columns = df['species'],
                                        normalize = 'index')

# 視覺化
fig = px.bar(ratio_species_in_category,
             template = "plotly_white",orientation = 'h',
             color_discrete_sequence=px.colors.qualitative.Pastel1,
             width=600, height=300, text_auto = '.2f')
fig.show()
```

```
# 計算species中Category的相對比例
ratio_category_in_species = pd.crosstab(index = df['species'],
                                        columns = df['Category'],
                                        normalize = 'index')

# 視覺化
fig = px.bar(ratio_category_in_species,
             template = "plotly_white",orientation = 'h',
             color_discrete_sequence=px.colors.qualitative.Pastel1,
             width=600, height=300, text_auto = '.2f')
fig.show()
```

23.6 太陽爆炸圖：展示層次結構

Plotly Express 函式庫中 plotly.express.sunburst() 是可以用於建立**太陽爆炸圖** (sunburst chart) 的函式。

太陽爆炸圖一般呈太陽狀或環狀，通常用於展示層次結構或樹狀資料的分佈情況，以及不同等級之間的關係。

可以這麼理解，太陽爆炸圖相當於多層圓形圖，每一層代表一個鑽取維度。從集合角度來看，每個圓弧都代表特定子集。

下面，我們用太陽爆炸圖型視覺化上一節介紹的樣本比例鑽取。

圖 23.15 所示為鑽取順序 species → Category 的太陽爆炸圖。這幅圖中，我們還用顏色映射著色了比例值。圖 23.16 這幅太陽爆炸圖對應的鑽取順序為 Category → species。

我們可以透過程式 23.13 繪製圖 23.15 和圖 23.16，下面聊聊其中關鍵敘述。

ⓐ 是一連串鏈式操作，先用 stack() 堆疊將資料幀從寬格式轉為長格式 (見表 23.6)，然後使用 reset_index() 方法，將之前堆疊的索引還原為 DataFrame 的標準整數索引。

最後，使用 rename() 方法，將 DataFrame 的列名稱從預設的「0」重新命名為「Ratio」。

ⓑ 在利用 plotly.express.sunburst() 繪製太陽爆炸圖時，用 path=['species', 'Category'] 指定了太陽爆炸圖的路徑，即鑽取順序。

如圖 23.15 所示，太陽爆炸圖的內層為 species，外層為 Category。

參數 values='Ratio' 指定了太陽爆炸圖中每個扇形區域的值應該來自資料幀中的哪一列。參數 color='Ratio' 指定了太陽爆炸圖中每個扇形區域的顏色對應資料幀中的哪一列。

ⓒ 類似 ⓑ，但鑽取順序不同。

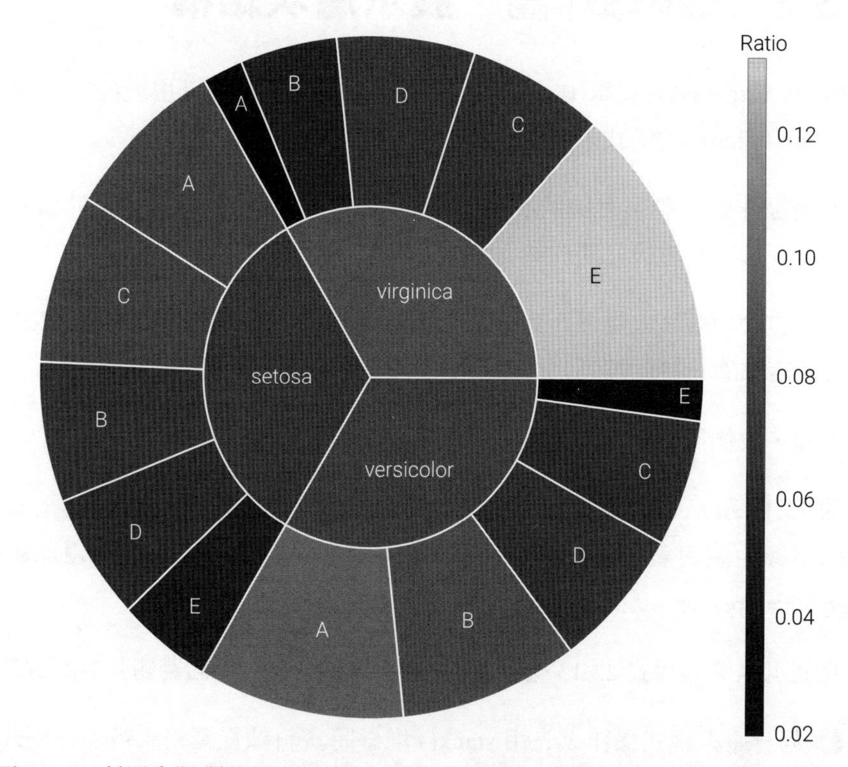

▲ 圖 23.15 利用太陽爆炸圖型視覺化絕對比例鑽取 (鑽取順序 species → Category)

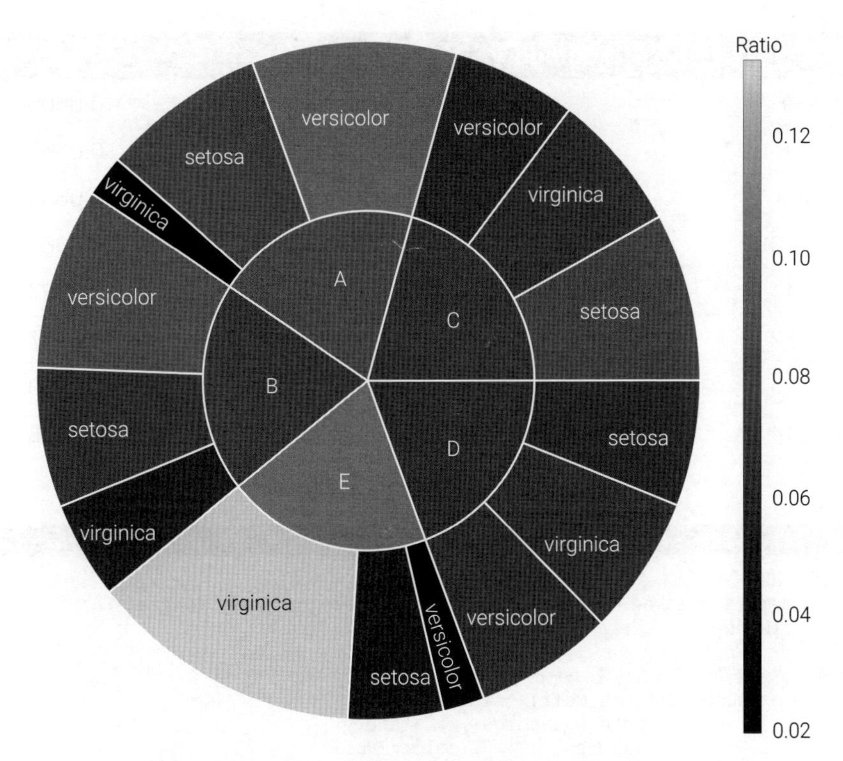

▲ 圖 23.16 利用太陽爆炸圖型視覺化絕對比例鑽取 (鑽取順序 Category → species)

請大家查詢 Plotly 技術文件想辦法修改太陽爆炸圖的顏色映射。

➔ 表 23.6 絕對比例資料幀（長格式）

	Category	species	Ratio
0	A	setosa	0.0800
1	A	versicolor	0.1000
2	A	virginica	0.0200
3	B	setosa	0.0667
4	B	versicolor	0.0867
5	B	virginica	0.0467
6	C	setosa	0.0800

	Category	species	Ratio
7	C	versicolor	0.0600
8	C	virginica	0.0667
9	D	setosa	0.0600
10	D	versicolor	0.0667
11	D	virginica	0.0667
12	E	setosa	0.0467
13	E	versicolor	0.0200
14	E	virginica	0.1333

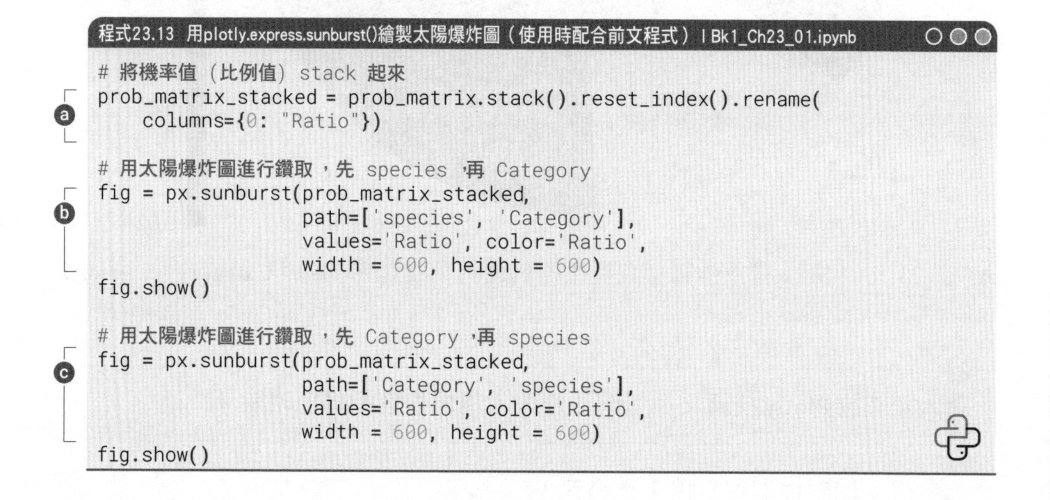

程式23.13 用plotly.express.sunburst()繪製太陽爆炸圖（使用時配合前文程式）| Bk1_Ch23_01.ipynb

```
# 將機率值 (比例值) stack 起來
prob_matrix_stacked = prob_matrix.stack().reset_index().rename(
    columns={0: "Ratio"})

# 用太陽爆炸圖進行鑽取，先 species，再 Category
fig = px.sunburst(prob_matrix_stacked,
                  path=['species', 'Category'],
                  values='Ratio', color='Ratio',
                  width = 600, height = 600)
fig.show()

# 用太陽爆炸圖進行鑽取，先 Category，再 species
fig = px.sunburst(prob_matrix_stacked,
                  path=['Category', 'species'],
                  values='Ratio', color='Ratio',
                  width = 600, height = 600)
fig.show()
```

23.7 增加第三切割維度

下面，我們進一步提升分析的複雜度！

將 DataFrame 中的花萼長度資料根據指定區間分組，每一組增加一個標籤。比如，「4 ~ 5 cm」表示鳶尾花樣本中花萼長度為 4cm 到 5cm 的樣本點，區間左閉右開 [4,5)。

圖 23.17 所示為用水平柱狀圖和餅圖型視覺化 sepal_length_bins 維度鳶尾花資料樣本計數的方法。可以發現這個維度有 4 個分類，其中花萼長度為 5cm 到 6cm 的樣本點最多，為 61 個，約佔總數的 40.7%。

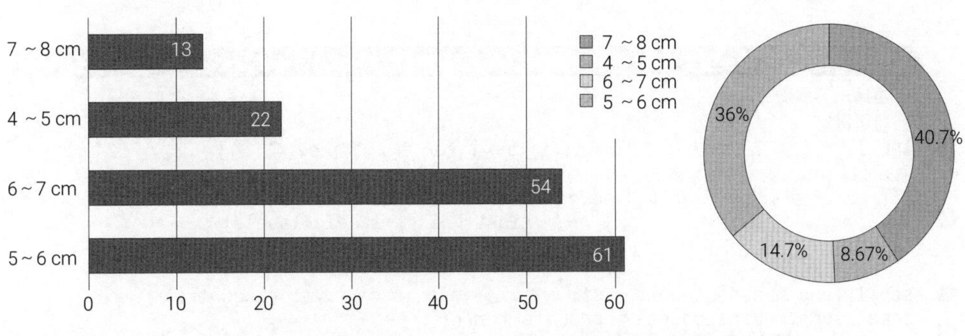

▲ 圖 23.17 視覺化 sepal_length_bins 維度的樣本計數

我們可以透過程式 23.14 繪製圖 23.17，下面聊聊其中關鍵敘述。

ⓐ 利用串列生成式建立了一個標籤串列 labels。這個串列中的每個標籤都是一個字串，且透過格式化字串方法 format() 建立。

這些標籤將用於表示花萼長度不同的區間，例如「4 ~ 5 cm」「5 ~ 6 cm」等。其中透過 for i in range(4,8) 迴圈遍歷 4 ~ 7 的整數。

ⓑ 用 pandas.cut() 劃分資料。其中，df.sepal_length 是要劃分資料的依據，即資料幀的花萼長度的列。

range(4,9) 用於定義區間的範圍，即 [4,5)、[5,6)、[6,7)、[7,8]。

參數 right=False，表示右邊界是開放的，即區間的右邊界不包括在內。如果想讓區間左開右閉可以設置參數 right =True。

labels=labels 指定了區間的標籤，即每個區間對應的標籤。這裡使用了之前建立的 labels 串列。注意，區間數量和標籤數量相等。

ⓒ 使用 value_counts() 方法統計了 df 中的 sepal_length_bins 列中每個不同區間樣本出現的次數。

ⓓ 用 pandas.DataFrame() 將 Pandas Series 轉化為一個資料幀。

ⓔ 用 plotly.express.bar() 繪製水平柱狀圖，表示 sepal_length_bins 這個維度上的頻數。ⓕ 用 plotly.express.pie() 繪製圓形圖。

程式23.14 根據花萼長度再增加一個分類維度（使用時配合前文程式）| Bk1_Ch23_01.ipynb

```
# 再增加一層鑽取維度
# 設置標籤
labels = ["{0} ~ {1} cm".format(i, i+1) for i in range(4, 8)]
# 用pandas.cut() 劃分區間
df["sepal_length_bins"] = pd.cut(df.sepal_length, range(4, 9),
                                 right=False, labels=labels)

# 計算頻數
sepal_length_bins_counts = df["sepal_length_bins"].value_counts()
sepal_length_bins_counts = pd.DataFrame({
    'sepal_length_bins':sepal_length_bins_counts.index,
    'Count':sepal_length_bins_counts.values})
# 視覺化第三維度樣本計數
fig = px.bar(sepal_length_bins_counts,
             x = 'Count', y = 'sepal_length_bins',
             orientation = 'h', text_auto=True)
fig.show()

# 視覺化第三維度樣本百分比
fig = px.pie(sepal_length_bins_counts,
             color_discrete_sequence=px.colors.qualitative.Pastel1,
             values='Count', names='sepal_length_bins')
fig.update_traces(hole=.68)
fig.show()
```

圖 23.18 也是用太陽爆炸圖展示三個維度探索鳶尾花資料，鑽取順序 species → Category → sepal_length_bins。

程式 23.15 中 ⓐ 用串列定義了鑽取的順序。

ⓑ 用 groupby() 完成分組聚合操作。

方法 groupby(dims) 按 dims 進行分組。['sepal_length'] 舉出計算的物件。

方法 apply(lambda x:x.count()/len(df)) 利用 lambda 函式計算每個分組內的資料數量 (count() 方法)，除以樣本總數 (len(df)) 得到每個分組內資料的佔比。

ⓒ 用 reset_index() 方法重新設置索引，把多級行索引變成了資料幀的列。

ⓓ 修改資料幀列名稱。

❺ 還是用 plotly.express.sunburst() 繪製太陽爆炸圖。相比圖 23.15 和圖 23.16，圖 23.18 這幅太陽爆炸圖層次更豐富。請大家修改鑽取順序，重新繪製圖 23.18。

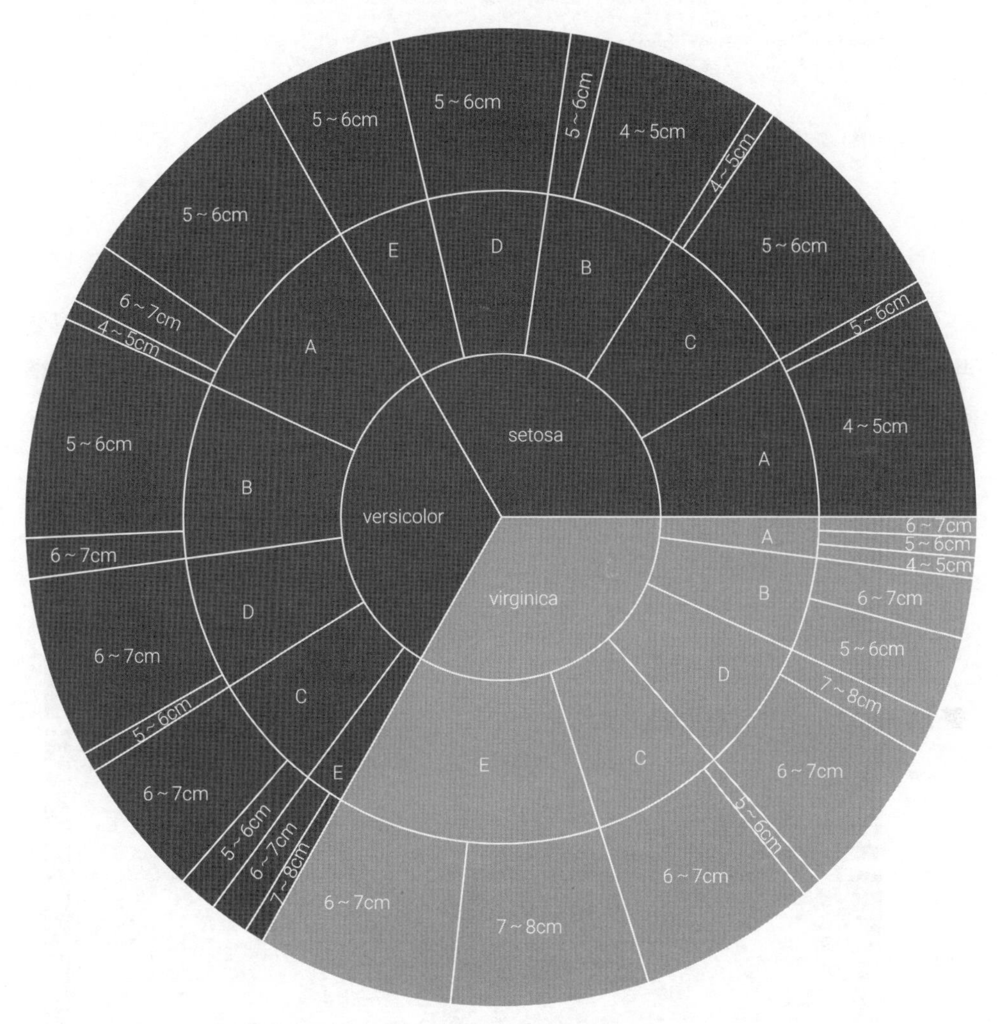

▲ 圖 23.18 太陽爆炸圖型視覺化絕對比例 (鑽取順序 species → Category → sepal_length_bins)

程式23.15 太陽爆炸圖，三個維度（使用時配合前文程式）| Bk1_Ch23_01.ipynb

```
# 計算三個維度鑽取的比例（機率）值
dims = ['species','Category','sepal_length_bins']

prob_matrix_by_3 = df.groupby(dims)['sepal_length'].apply(
    lambda x: x.count()/len(df))
prob_matrix_by_3 = prob_matrix_by_3.reset_index()
prob_matrix_by_3.rename(columns = {'sepal_length':'Ratio'},
                        inplace = True)

# 用太陽爆炸圖進行鑽取 先 Category，再 species，最後sepal_length_bins
fig = px.sunburst(prob_matrix_by_3,
                  path=dims,
                  values='Ratio',
                  width = 600, height = 600)
fig.show()
```

除了本章前文介紹的幾種可以用來視覺化「鑽取」的方案，本節最後還要再介紹其他幾種方法。圖 23.19 所示為利用 plotly.express.parallel_categories() 繪製的分類資料平行座標圖。

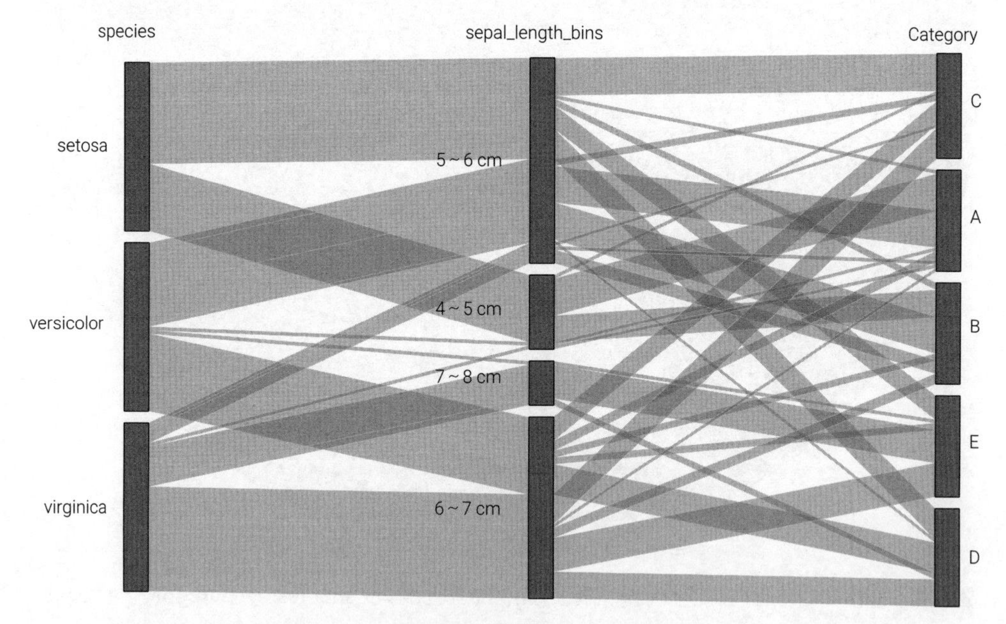

▲ 圖 23.19 分類資料平行座標圖（鑽取順序 species → sepal_length_bins → Category；單一顏色）

平行座標圖 (parallel coordinate plot) 是一種用於視覺化多維資料的圖表類型，它透過在平行的座標軸上顯示各個特徵來展示不同特徵之間的關係。每個資料點在圖中的位置由其特徵值決定，從而可以觀察到特徵之間的模式、連結和分佈情況。

程式 23.16 中 ⓐ 在用 plotly.express.parallel_categories() 繪圖時，利用 dimensions 設定了鑽取順序。

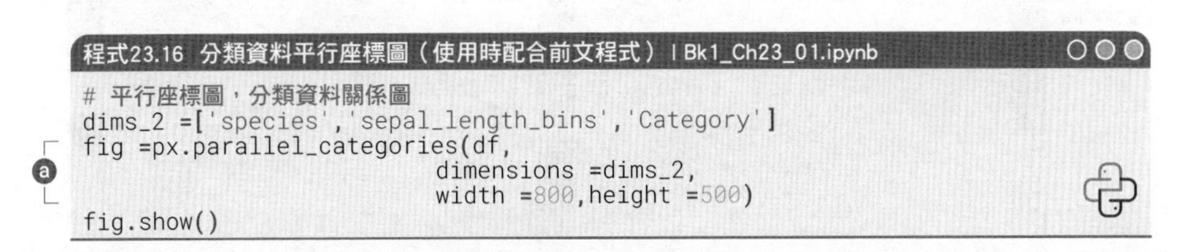

程式23.16 分類資料平行座標圖（使用時配合前文程式） | Bk1_Ch23_01.ipynb

```
# 平行座標圖，分類資料關係圖
dims_2 =['species','sepal_length_bins','Category']
fig =px.parallel_categories(df,
                            dimensions =dims_2,
                            width =800,height =500)
fig.show()
```

不同於圖 23.19，圖 23.20 在繪製平行座標圖時，我們用色譜著色選定特徵 (圖 23.20 選定的是 species 分類)。

目前，plotly.express.parallel_categories() 函式不能接受分類字串作為顏色映射的輸入值，我們需要做一次映射，把鳶尾花分類字串 ('setosa'、'versicolor'、'virginica') 轉化成數值。

這就是程式 23.17 ⓐ 要完成的任務。

ⓑ 調取了 Plotly Express 函式庫的 colors.sequential 模組中預先定義的顏色映射。

ⓒ 在繪製平行座標圖時，用參數 color="species_numerical" 指定了用於著色的列。這表示不同的「species_numerical」值將被映射到不同的顏色，以區分不同的鳶尾花分類。

color_continuous_scale=cmap 這個參數用於指定顏色映射。

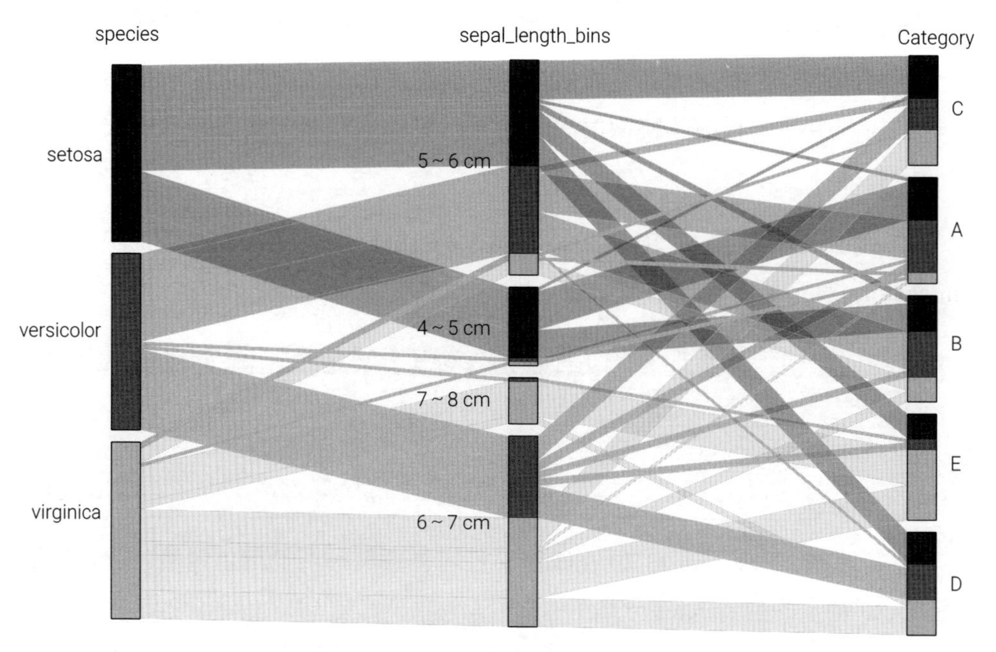

▲ 圖 23.20　分類資料平行座標圖 (鑽取順序 species → sepal_length_bins → Category；用顏色區分另外一個特徵)

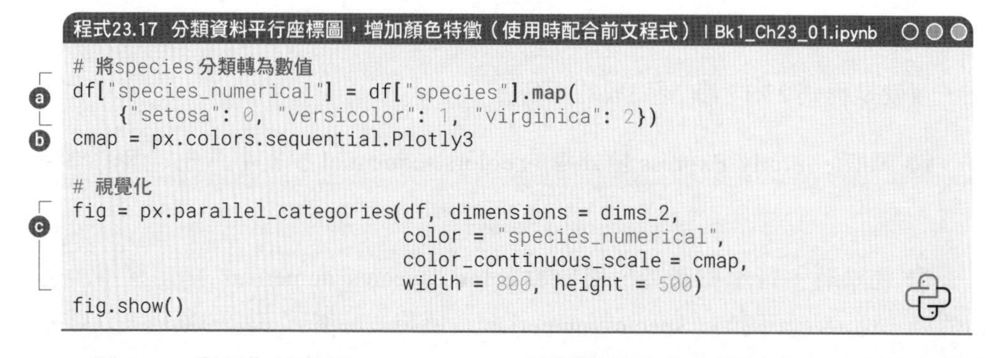

程式23.17　分類資料平行座標圖，增加顏色特徵（使用時配合前文程式）| Bk1_Ch23_01.ipynb

```
# 將species分類轉為數值
df["species_numerical"] = df["species"].map(
    {"setosa": 0, "versicolor": 1, "virginica": 2})
cmap = px.colors.sequential.Plotly3

# 視覺化
fig = px.parallel_categories(df, dimensions = dims_2,
                             color = "species_numerical",
                             color_continuous_scale = cmap,
                             width = 800, height = 500)
fig.show()
```

圖 23.21 所示為**冰柱圖** (icicle plot)，這種視覺化方案常用來展示分層資料的結構和關係。

冰柱圖的外觀類似於樹狀圖；但與樹狀圖不同，冰柱圖的主要目的是在有限的空間內用矩形有效地表示分類層次化資訊。

圖 23.21 左側最大矩形代表樣本資料整體，從左往右代表鑽取順序為 species → Category → sepal_length_bins。

程式 23.18 中 ⓐ 還是使用大家應該很熟悉的 pandas.crosstab() 建立交叉製表。

參數 index = [df.species,df.Category] 指定交叉製表的行索引。它包括兩個變數，這表示將資料集按照 df.species 和 df.Category 這兩個變數的組合進行分組。

columns = df.sepal_length_bins 是交叉製表的列索引。

values = df.petal_length 是要進行統計的資料幀的列。

aggfunc ='count' 指定交叉製表進行聚合操作的函式。

count 表示要計算每個分類組合樣本的頻數。

ⓑ 對生成的多級列索引資料幀先後進行堆疊 (stack)、重置索引 (reset_index) 操作。請大家思考每步操作後資料幀會發生怎樣變化。

ⓒ 對特定列進行重新命名。

ⓓ 刪除 count 列值為 0 的行，這是因為當前版本 plotly.express.icicle() 遇到子集樣本數為 0 時，會顯示出錯。

ⓔ 利用 plotly.express.icicle() 繪製冰柱圖。

參數 path 用於指定冰柱圖中的路徑或層次結構，也就是鑽取順序。注意，px.Constant("all") 代表在冰柱圖中加入頂級 (樣本整體) 節點，也就是圖 23.21 左側矩形。

參數 values='count' 用於指定在每個冰柱圖節點上顯示的數值。參數 color_continuous_scale='Blues' 指定顏色映射。

參數 color='count' 指定了矩形著色的參考依據。

圖 23.22 舉出的視覺化方案叫作矩形樹狀圖，它的功能和冰柱圖類似。

程式 23.19 採用 plotly.express.treemap() 繪製矩形樹狀圖，請大家逐行註釋。此外，請大家嘗試其他鑽取順序繪製本節的冰柱圖和矩形樹狀圖。

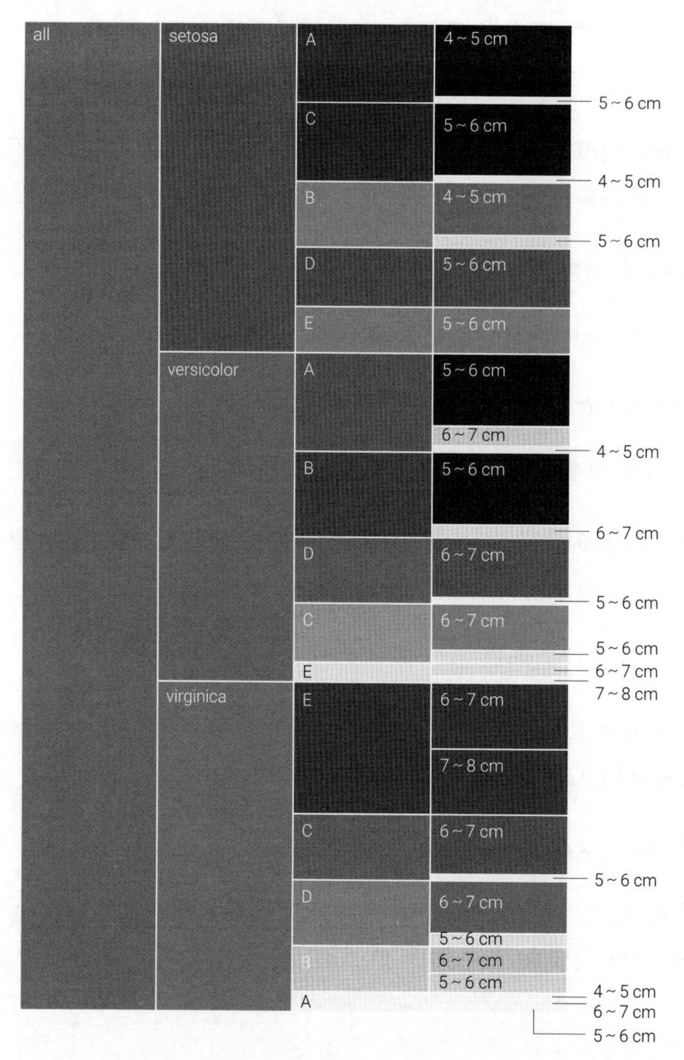

▲ 圖 23.21 冰柱圖型視覺化計數 (鑽取順序 species → Category → sepal_length_bins)

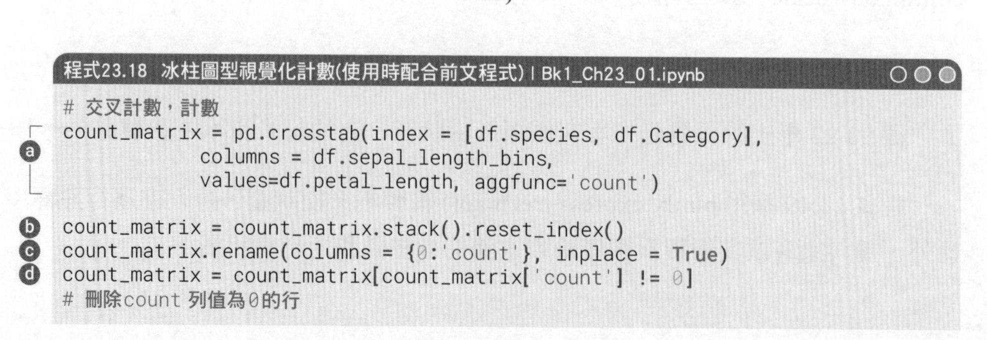

程式23.18 冰柱圖型視覺化計數(使用時配合前文程式) | Bk1_Ch23_01.ipynb

```
# 交叉計數，計數
count_matrix = pd.crosstab(index = [df.species, df.Category],
         columns = df.sepal_length_bins,
         values=df.petal_length, aggfunc='count')

count_matrix = count_matrix.stack().reset_index()
count_matrix.rename(columns = {0:'count'}, inplace = True)
count_matrix = count_matrix[count_matrix['count'] != 0]
# 刪除count 列值為0的行
```

```
# 冰柱圖
fig = px.icicle(count_matrix,
                path=[px.Constant("all"),
                      'species', 'Category', 'sepal_length_bins'],
                values = 'count',
                color_continuous_scale='Blues',
                color = 'count',
                width = 600, height = 800)
fig.show()
```

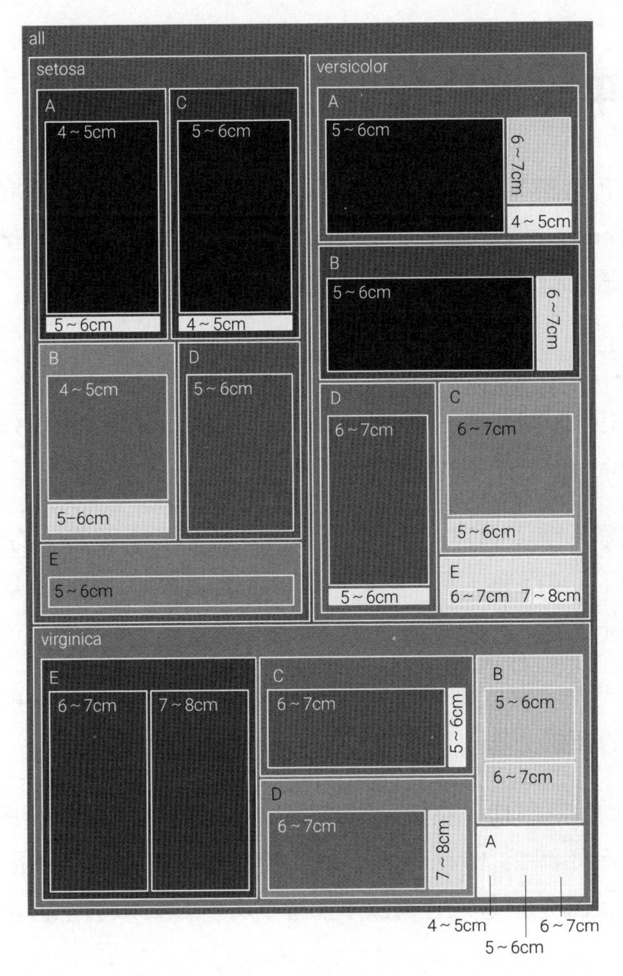

▲ 圖 23.22 矩陣樹狀圖視覺化計數 (鑽取順序 species → Category → sepal_length_bins)

程式23.19 矩陣樹狀圖視覺化計數（使用時配合前文程式）| Bk1_Ch23_01.ipynb

```
# 矩形樹狀圖
fig = px.treemap(count_matrix,
                 path=[px.Constant("all"),
                       'species', 'Category', 'sepal_length_bins'],
                 values = 'count',
                 color_continuous_scale='Blues',
                 color = 'count',
                 width = 600, height = 800)
fig.show()
```

23.8 平均值的鑽取：全集 vs 子集

對於鳶尾花資料集，我們可以計算 150 個樣本點在花瓣長度特徵上的平均值 (約為 3.578 cm)。但是，如果要問鳶尾花類別為 setosa 的樣本花瓣長度平均值，我們就需要先選取滿足條件的子集，然後再計算平均值。

而圖 23.23 便能回答剛才提出的這個問題。

圖 23.23 中舉出的這種平均值又稱**條件平均值** (conditional average)，或**條件期望** (conditional expectation)。

大家如果好奇圖 23.23 中這三個條件平均值和樣本整體平均值 (約為 3.578 cm) 的關係，可以自己算一下。我們會發現，圖 23.23 中三個值求和再求平均的結果約為 3.578(注意，圖中數值僅保留兩位小數)。

但是，請大家注意這是一個明顯錯誤的運算。雖然最終結果是正確的，但是計算時採用的數學工具完全錯誤。

用條件平均值計算樣本整體平均值時要考慮每個條件平均值的「貢獻度」，也就是權重。而如圖 23.10 所示，鳶尾花資料中，setosa、versicolor、virginica 各佔 1/3，因此正確的計算過程應該為加權平均，即 1.46 × (1/3)+ 4.26 × (1/3)+ 5.55 × (1/3)。

《AI 時代 Math 元年 - 用 Python 全精通統計及機率》專門介紹條件機率、條件期望、條件方差等概念。

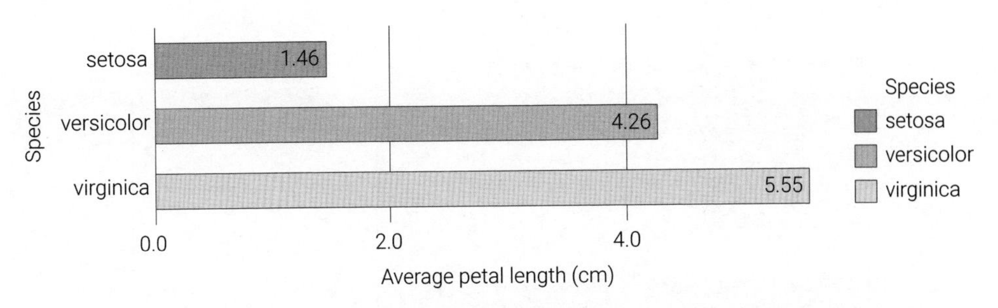

▲ 圖 23.23 視覺化花瓣長度條件平均值，species 維度 (僅保留兩位小數)

我們可以透過程式 23.20 計算條件平均值並繪製圖 23.23，程式相對簡單，下面簡單介紹。

ⓐ 利用 groupby() 方法以 species 分組計算 petal_length 平均值，然後重置索引。

ⓑ 利用 plotly.express.bar() 繪製水平柱狀圖。請大家逐行註釋。

程式23.20 計算並視覺化花瓣長度條件均值，species維度
(使用時配合前文程式) | Bk1_Ch23_01.ipynb

```
# 分別計算每個子類 (species) petal_length 均值
petal_length_mean_by_species = df.groupby([
    'species'])['petal_length'].mean().reset_index()

fig = px.bar(petal_length_mean_by_species,
             x = 'petal_length', y = 'species',
             color = 'species',
             color_discrete_sequence=px.colors.qualitative.Pastel1,
             width=600, height=300,
             text_auto = '.2f', orientation = 'h',
             template = "plotly_white")
fig.show()
```

如果我們想知道具有 setosa 標籤的鳶尾花中，Category 為 A 的子類別樣本花瓣平均值 (條件平均值)，我們就可以使用圖 23.24 來回答。

再請大家算一遍，圖 23.24 中 setosa 對應的五個數值的均值是否為圖 23.23 中的 1.46。然後，再用圖 23.14 舉出的權重，再算一遍「加權平均數」，以便加強印象。

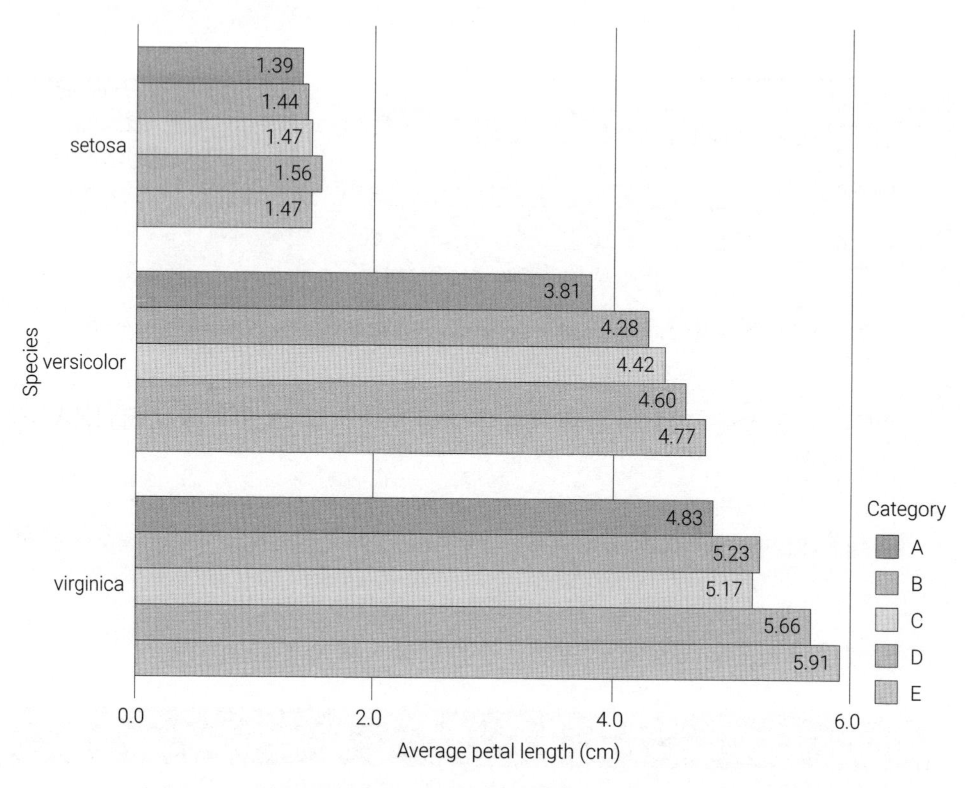

▲ 圖 23.24 視覺化花瓣長度平均值 (鑽取順序 species → Category)

程式 23.21 中 ⓐ 採用 groupby() 方法計算條件平均值，分組時採用兩個維度。

ⓑ 舉出第二種方法，採用 pandas.crosstab() 函式。請大家考慮下一步如何把寬格式改為長格式。

ⓒ 繪製水平柱狀圖。請大家自行註釋。

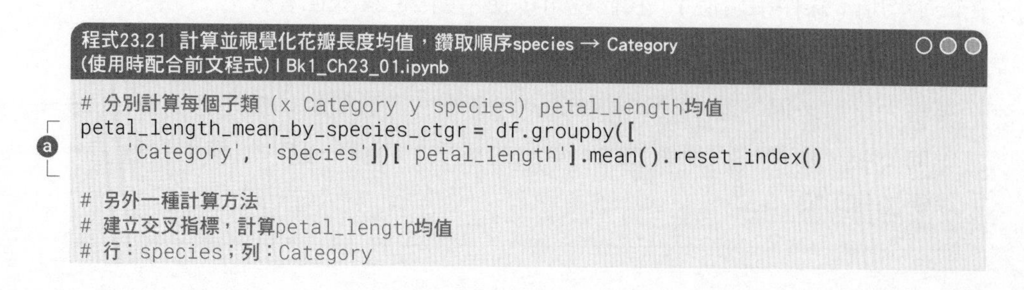
程式23.21 計算並視覺化花瓣長度均值，鑽取順序species → Category (使用時配合前文程式) | Bk1_Ch23_01.ipynb

```
# 分別計算每個子類 (x Category y species) petal_length均值
petal_length_mean_by_species_ctgr = df.groupby([
    'Category', 'species'])['petal_length'].mean().reset_index()

# 另外一種計算方法
# 建立交叉指標，計算petal_length均值
# 行：species；列：Category
```

```
pd.crosstab(index = df.species, columns = df.Category,
            values=df.petal_length, aggfunc='mean')

# 視覺化petal_length均值，先species分類再Category分類
fig = px.bar(petal_length_mean_by_species_ctgr,
             x = 'petal_length', y = 'species',
             color = 'Category', barmode = 'group',
             text_auto = '.2f', orientation = 'h',
             width=600, height=600,
             color_discrete_sequence=px.colors.qualitative.Pastel1,
             template = "plotly_white")
fig.show()
```

圖 23.25 所示為在不同 Category 分類條件下的花瓣長度條件平均值。比如，給定 Category == 'A' 的條件下，花瓣長度條件平均值為 2.95。其中，Category == 'A' 就是所謂「條件」。

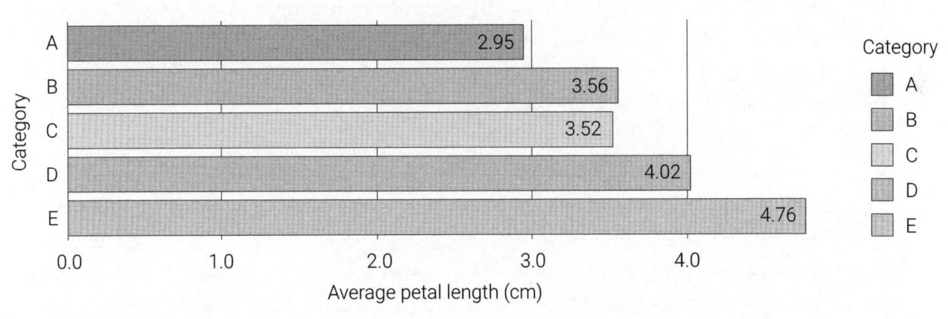

▲ 圖 23.25 視覺化花瓣長度條件平均值 (Category 維度)

我們可以透過程式 23.22 繪製圖 23.25，請大家自行註釋。

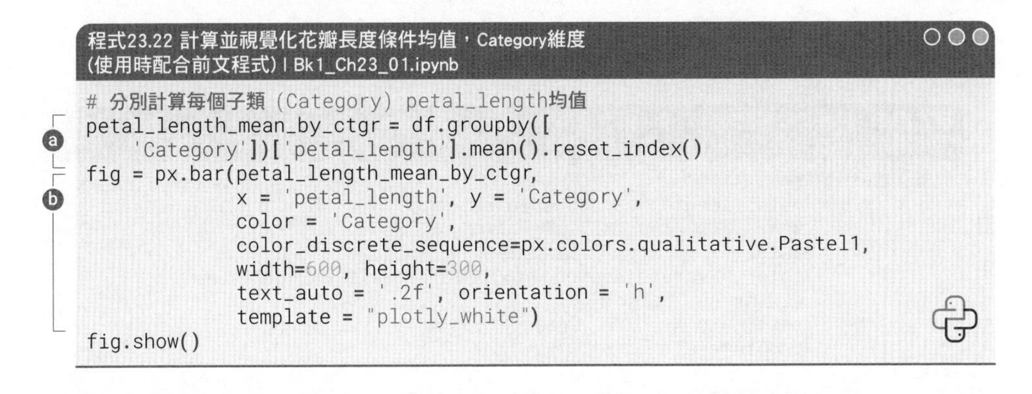

程式23.22 計算並視覺化花瓣長度條件均值，Category維度
(使用時配合前文程式) | Bk1_Ch23_01.ipynb

```
# 分別計算每個子類 (Category) petal_length均值
petal_length_mean_by_ctgr = df.groupby([
    'Category'])['petal_length'].mean().reset_index()
fig = px.bar(petal_length_mean_by_ctgr,
             x = 'petal_length', y = 'Category',
             color = 'Category',
             color_discrete_sequence=px.colors.qualitative.Pastel1,
             width=600, height=300,
             text_auto = '.2f', orientation = 'h',
             template = "plotly_white")
fig.show()
```

相比圖 23.24，圖 23.26 在視覺化花瓣長度 (條件) 平均值時採用的鑽取順序為 Category → species。

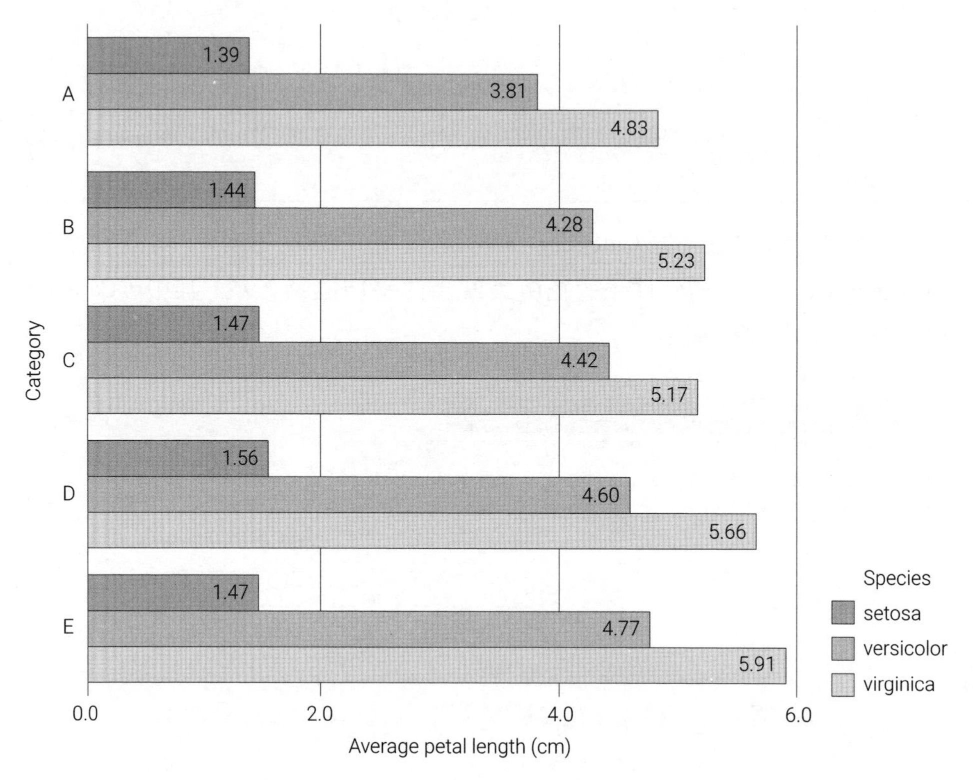

▲ 圖 23.26 視覺化花瓣長度條件平均值 (鑽取順序 Category → species)

請大家自行分析程式 23.23。

程式23.23 計算花瓣長度條件均值，鑽取順序Category → species (使用時配合前文程式) | Bk1_Ch23_01.ipynb

```
# 繪製水平分組柱狀圖
fig = px.bar(petal_length_mean_by_species_ctgr,
             x = 'petal_length', y = 'Category',
             color = 'species', barmode = 'group',
             color_discrete_sequence=px.colors.qualitative.Pastel1,
             width=600, height=600,
             text_auto = '.2f', orientation = 'h',
             template = "plotly_white")
fig.show()
```

函式 pandas.crosstab() 的使用方法可以很靈活。表 23.7 和表 23.8 中的條件平均值都是用這個函式計算得到的，對應的程式為程式 23.24，請大家自行學習並註釋。

➔ 表 23.7 花瓣長度條件平均值（行：sepal_length_bins；列：species → Category）

species	setosa					versicolor					virginica				
Category	A	B	C	D	E	A	B	C	D	E	A	B	C	D	E
sepal_length_bins															
4 ~ 5 cm	1.37	1.48	1.40			3.30					4.50				
5 ~ 6 cm	1.60	1.30	1.48	1.56	1.47	3.73	4.15	4.20	4.80		5.00	5.05	5.10		
6 ~ 7 cm						4.30	5.00	4.49	4.58	4.80	5.00	5.47	5.18	5.45	5.56
7 ~ 8 cm										4.70				6.50	6.26

➔ 表 23.8 花瓣長度條件平均值（行：species → Category；列：sepal_length_bins）

species	Category	4 ~ 5 cm	5 ~ 6 cm	6 ~ 7 cm	7 ~ 8 cm
setosa	A	1.37	1.60		
	B	1.48	1.30		
	C	1.40	1.48		
	D		1.56		
	E		1.47		
versicolor	A	3.30	3.73	4.30	
	B		4.15	5.00	
	C		4.20	4.49	
	D		4.80	4.58	
	E			4.80	4.70
virginica	A	4.50	5.00	5.00	
	B		5.05	5.47	
	C		5.10	5.18	
	D			5.45	6.50
	E			5.56	6.26

程式23.24 計算並視覺化花瓣長度條件均值，更複雜的條件組合 (使用時配合前文程式) | Bk1_Ch23_01.ipynb

```
# 計算花萼長度條件均值；
# 行：sepal_length_bins
# 列：species > Category
pd.crosstab(index = df.sepal_length_bins,
            columns = [df.species, df.Category],
            values=df.petal_length, aggfunc='mean')

# 計算花萼長度條件均值；
# 行：species > Category
# 列：sepal_length_bins
pd.crosstab(index = [df.species, df.Category],
            columns = df.sepal_length_bins,
            values=df.petal_length, aggfunc='mean')
```

大家會發現本節在設置不同 Plotly 視覺化方案時，有幾個共用設置，如風格、類別順序等。請大家思考我們如何僅僅建立一個變數 kwarg，然後在程式不同位置拆包呼叫 kwarg。

➔ 請大家完成以下題目。

Q1. 在本章例子基礎之上，計算鳶尾花花瓣長寬比值，以此作為劃分樣本資料的第四維度。用 pandas.cut() 將樣本資料分為 4 類，然後再用太陽爆炸圖、冰柱圖、矩形樹狀圖視覺化四個維度的鑽取。

* 這道題目很基礎，本書不給答案。

本章用鳶尾花資料為例給大家展示了「Pandas + Plotly」講故事的力量！其中，Pandas 有處理資料的強大能力，而 Plotly 的互動式視覺化方案可以讓資料躍然紙上。

下一章將繼續用「Pandas + Plotly」分析時間序列資料。此外，《AI 時代 Math 元年 - 用 Python 全精通資料可視化》將繼續介紹更多 Plotly 的視覺化方案。

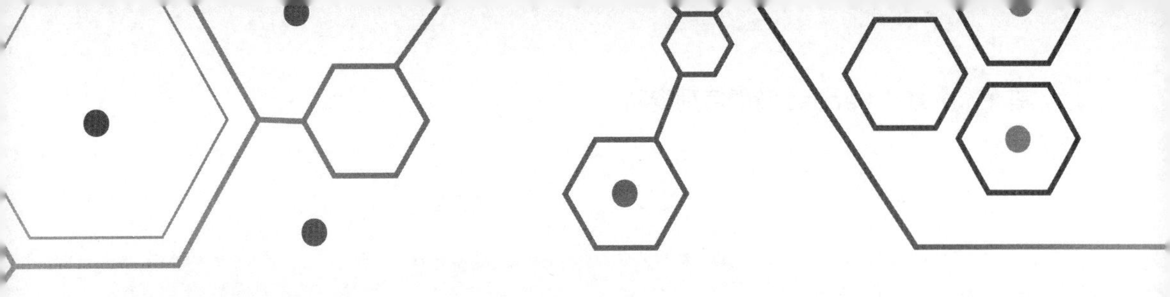

Timeseries Data in Pandas

24 Pandas 時間序列資料

時間戳記為行索引值，實現對時間序列資料的標記和運算

> 很難做出預測，尤其是對未來的預測。
>
> ***It is difficult to make predictions,especially about the future.***
>
> ——尼爾斯 · 玻爾（*Niels Bohr*）| 丹麥物理學家 | *1885—1962* 年

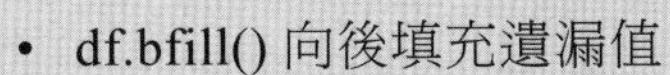

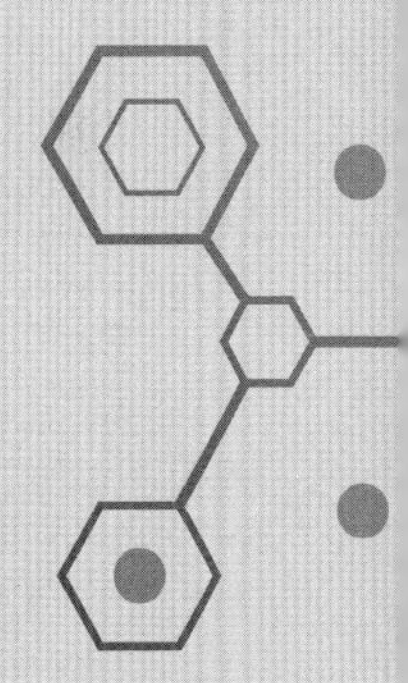

- df.bfill() 向後填充遺漏值
- df.ffill() 向前填充遺漏值
- df.interpolate() 插值法填充遺漏值
- df.rolling().corr() 計算資料幀 df 的移動相關性
- df.rolling().mean() 計算資料幀 df 移動平均值
- df.rolling().std() 計算資料幀 df MA 平均值
- joypy.joyplot() 繪製山脊圖
- numpy.random.uniform() 生成滿足均勻分佈的隨機數
- plotly.express.bar() 繪製可互動橫條圖
- plotly.express.histogram() 繪製可互動長條圖
- plotly.express.imshow() 繪製可互動熱圖
- plotly.express.line() 繪製可互動二維線圖
- plotly.express.scatter() 繪製可互動散點圖
- seaborn.heatmap() 繪製熱圖
- statsmodels.api.tsa.seasonal_decompose() 季節性調整
- statsmodels.regression.rolling.RollingOLS() 計算移動 OLS 線性回歸係數

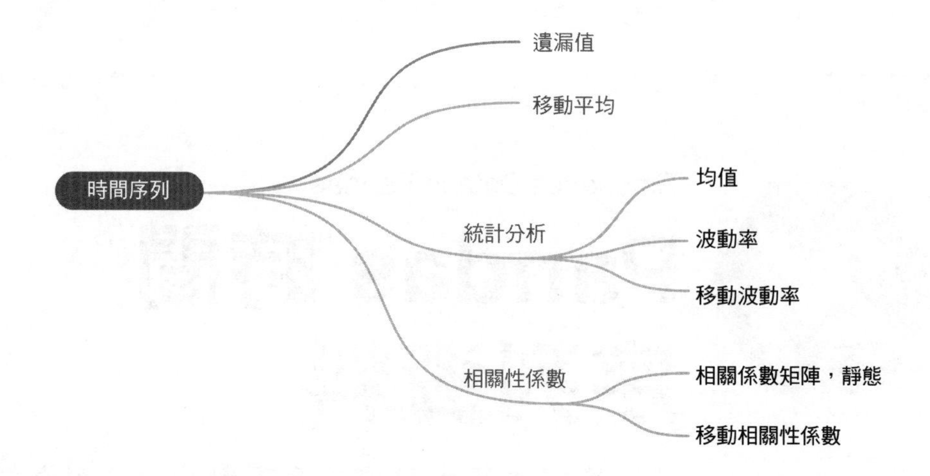

24.1 什麼是時間序列？

本書前文介紹過，**時間序列** (timeseries) 是指按照時間順序排列的一系列資料點或觀測值，比如圖 24.1(a) 所示為**標普 500**(Standard and Poor's 500，S&P 500) 資料。

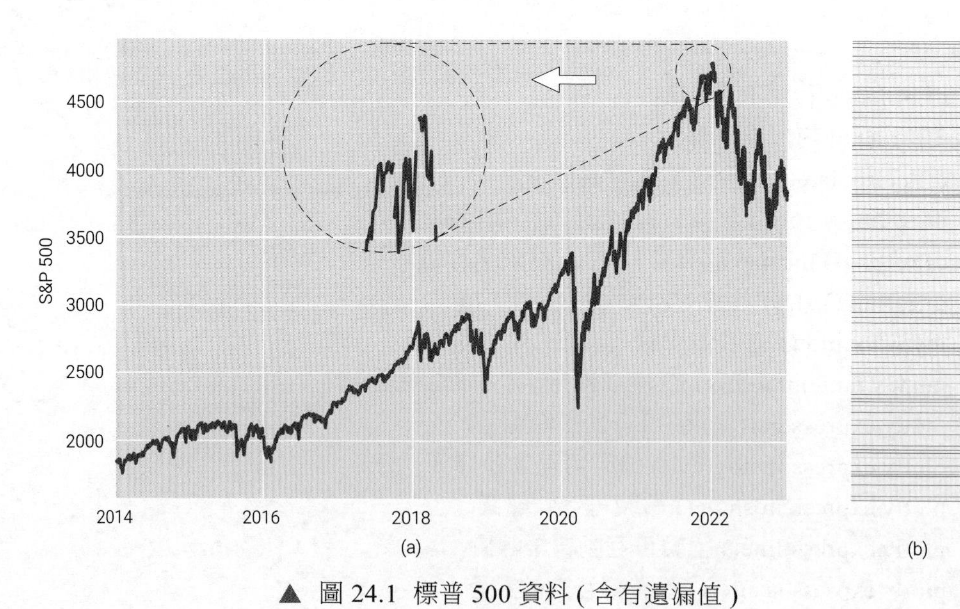

▲ 圖 24.1 標普 500 資料 (含有遺漏值)

時間序列分析是一種重要的資料分析方法，它可以用於預測未來的趨勢和變化，評估現有趨勢的穩定性和可靠性，並發現異數和異常趨勢。

時間序列分析通常包括以下幾個步驟。

- **資料前置處理**：對資料進行清洗、去噪、填補遺漏值等操作，以提高資料品質和可靠性。
- **時間序列的視覺化**：對資料進行繪圖，以了解資料的分佈、趨勢和週期性。
- **時間序列的統計分析**：對資料進行時間序列分解、平穩性檢驗、自相關性檢驗等統計分析，以評估資料的穩定性和相關性。
- **時間序列的建模和預測**：根據統計分析的結果，建立合適的時間序列模型，以進行未來趨勢的預測和評估。

比如，在圖 24.1(a) 中被局部放大的曲線上，大家已經看到了**遺漏值** (missing values)。圖 24.1(b) 用熱圖型視覺化遺漏值的位置。在本章書附的程式中，大家會看到經過計算遺漏值的佔比約為 3.5%。

Pandas 中的時間序列功能

在 Python 中，Pandas 函式庫提供了強大的時間序列處理和分析功能，使得時間序列的處理和分析變得更加簡單和高效。

在 Pandas 中，時間序列分析的主要方法包括以下幾種。

- **建立時間序列**：可以透過 pandas.date_range() 方法建立一個時間範圍，或者將字串轉換為時間序列物件。
- **時間序列索引**：可以使用時間序列作為 DataFrame 的索引，從而方便地進行時間序列分析。
- **時間序列的切片和索引**：可以使用時間序列的標籤或位置進行切片和索引。

- **時間序列的重採樣**：可以將時間序列轉換為不同的時間間隔，例如將日頻率的資料轉換為月頻率的資料。
- **移動視窗函式**：可以對時間序列資料進行滑動視窗操作，計算滑動視窗內的統計指標，如均值、方差等。
- **時間序列的分組操作**：可以將時間序列資料按照時間維度進行分組，從而進行聚合操作，如計算每月的均值、最大值等。
- **時間序列的聚合操作**：可以對時間序列資料進行聚合操作，如計算每週、每月、每季度的總和、均值等。
- **時間序列的視覺化**：可以使用 Pandas、Matplotlib、Seaborn、Plotly 等函式庫對時間序列資料進行視覺化，如繪製線形圖、散點圖、長條圖等。

下載 + 視覺化資料

我們可以透過程式 24.1 下載金融資料，大家應該對這部分程式很熟悉了，下面簡單介紹關鍵敘述，此外也請回顧本書前文講過的相關內容。

ⓐ 將 pandas_datareader 匯入，簡寫作 pdr。pandas_datareader 是一個用於從多種資料來源中獲取金融和經濟資料的函式庫。在安裝 Anaconda 時，這個函式庫並沒有安裝，請大家自行安裝 (pip install pandas-datareader)。此外，請大家注意這個函式庫的更新情況。

ⓑ 將名為「joypy」的 Python 函式庫匯入。在本章後文，我們將用 joypy 繪製**山脊圖** (ridgeline plot)。這個函式庫也需要大家自行安裝 (conda install joypy)。

本章僅僅採用「圖解」的方式介紹最基本的時間序列分析方法，《AI 時代 Math 元年 - 用 Python 全精通資料處理》一冊將專門介紹時間序列相關話題。

> ⚠ 如果下載資料失敗的話，請大家用 pandas.read_csv() 讀取配套 CSV 資料。

> 如果忘記怎麼安裝第三方 Python 函式庫，請大家參考本書第 2 章。

ⓒ 匯入 Python 的 datetime 函式庫。datetime 模組提供了處理日期和時間的功能，包括建立日期時間物件、執行日期時間運算、格式化日期時間字串等。

ⓓ 關閉鏈式賦值操作警告。

ⓔ 用 datetime.datetime() 建立日期物件。

ⓕ 指定下載資料的識別字 ID。

ⓖ 利用 pdr.DataReader() 從 FRED 下載資料。本書第 19 章還介紹過其他下載方法，請大家回顧。

ⓗ 將資料幀儲存為 CSV 檔案。

ⓘ 將資料幀儲存為 PKL 檔案。如果讀者無法從 FRED 官方下載資料，則可以用 ⓙ 或 ⓚ 從本章書附檔案中讀取資料。

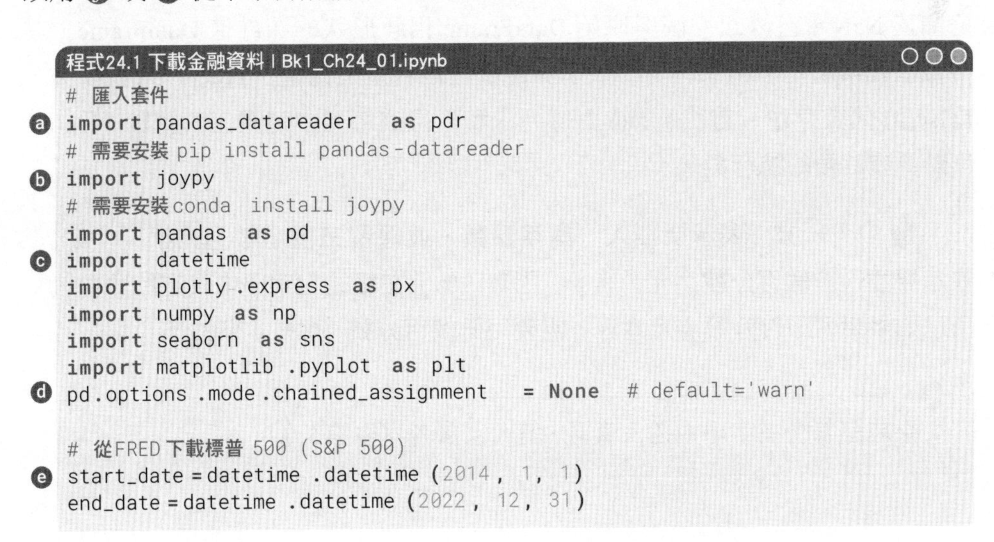
程式24.1 下載金融資料 | Bk1_Ch24_01.ipynb

```
# 匯入套件
import pandas_datareader as pdr          # ⓐ
# 需要安裝 pip install pandas-datareader
import joypy                             # ⓑ
# 需要安裝 conda install joypy
import pandas as pd
import datetime                          # ⓒ
import plotly.express as px
import numpy as np
import seaborn as sns
import matplotlib.pyplot as plt
pd.options.mode.chained_assignment = None  # default='warn'   ⓓ

# 從FRED下載標普 500 (S&P 500)
start_date = datetime.datetime(2014, 1, 1)   # ⓔ
end_date = datetime.datetime(2022, 12, 31)
```

```
f ticker_list = ['SP500' ]
g df = pdr.DataReader (ticker_list ,
                       'fred' ,
                       start_date ,
                       end_date )
  # 雙備份資料
h df.to_csv ('SP500_' +str(start_date .date()) + '_'
            + str(end_date .date()) + '.csv')
i df.to_pickle ('SP500_'  + str(start_date .date()) + '_'
               + str(end_date .date()) + '.pkl')
  # 從備份資料匯入
j # df=pd.read_csv('SP500_2014-01-01_2022-12-31.csv',
  #                 index_col=0, parse_dates=True)
k # df=pd.read_pickle('SP500_2014-01-01_2022-12-31.pkl')
```

程式 24.2 中 ⓐ 利用 plotly.express.line() 繪製時間序列線圖。

ⓑ 使用 update_layout 方法來自訂圖形的版面配置和標題。

xaxis_title='Date' 設置了 *x* 軸的標題為「Date」。

yaxis_title='S&P 500 index' 設置了 *y* 軸的標題為「S&P 500 index」。

legend_title='Curve' 設置了圖例為「Curve」。但是，showlegend=False 關閉了圖例。

ⓒ 計算遺漏值比例。isnull() 方法用於檢查 DataFrame 中的每個元素是否為遺漏值 NaN。它傳回一個與原始 DataFrame 相同形狀的布林值 DataFrame，其中每個元素都是一個布林值，表示對應位置是否是遺漏值。True(1) 代表缺失，False(0) 代表存在。方法 sum() 對每列求和，得到每列中遺漏值的總數。len(df) 則計算資料幀的總行數。

ⓓ 中「%.3f」表示要插入一個浮點數，並保留三位小數。注意，「%%」表示要插入一個百分號字元「%」。因為「%」在格式化字串中具有特殊含義；所以如果要列印百分號字元本身，需要用兩個百分號「%%」來表示。

> 如果忘記怎麼在字串中插入資料，請大家參考本書第 5 章。

ⓔ 建立了一個 Matplotlib 的 Figure 物件 fig 和一個 Axes 物件 ax，並設置了圖形的寬為 2，高為 4，單位為英吋。

ⓕ 利用 seaborn.heatmap() 繪製熱圖展示遺漏值，具體如圖 24.1(b) 所示。參數 cbar=False 表示不繪製顏色條 (colorbar)，即顏色映射和數值關係。

參數 cmap='YlGnBu' 指定了用於著色熱圖的顏色映射為「YlGnBu」，它表示黃色到藍色的漸變，用於表示遺漏值的程度。

參數 yticklabels=[] 用於指定 y 軸上的刻度標籤。透過將其設置為空串列「[]」，可以不顯示 y 軸上的刻度標籤。

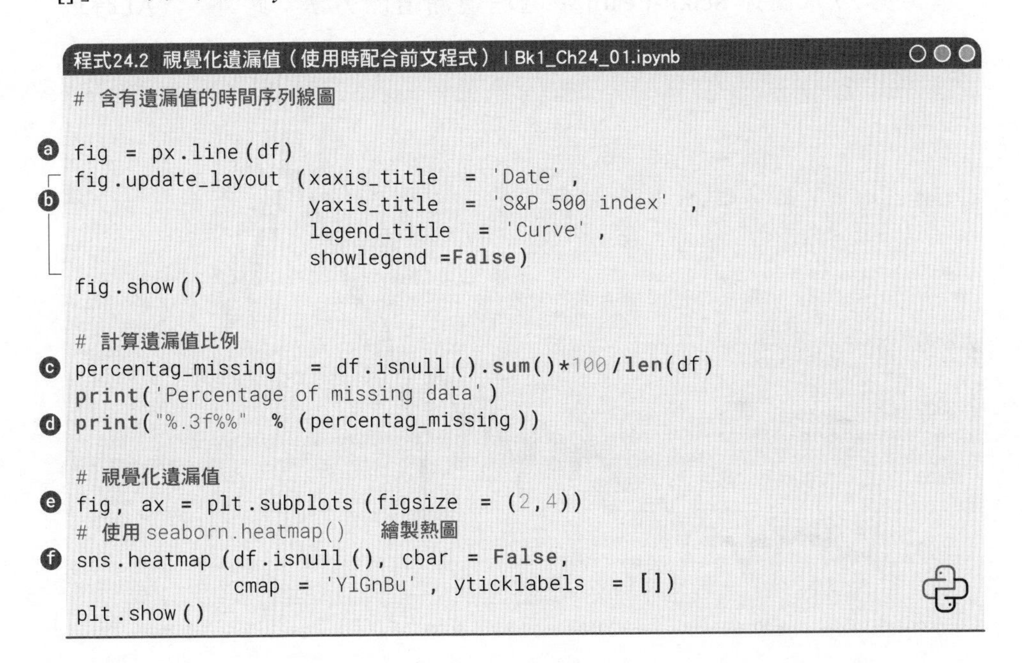
程式24.2 視覺化遺漏值（使用時配合前文程式） | Bk1_Ch24_01.ipynb

```
# 含有遺漏值的時間序列線圖

fig = px.line(df)                                           # ⓐ
fig.update_layout(xaxis_title = 'Date',                      # ⓑ
                  yaxis_title = 'S&P 500 index',
                  legend_title = 'Curve',
                  showlegend =False)
fig.show()

# 計算遺漏值比例
percentag_missing = df.isnull().sum()*100/len(df)            # ⓒ
print('Percentage of missing data')
print("%.3f%%" % (percentag_missing))                        # ⓓ

# 視覺化遺漏值
fig, ax = plt.subplots(figsize = (2,4))                      # ⓔ
# 使用 seaborn.heatmap() 繪製熱圖
sns.heatmap(df.isnull(), cbar = False,                       # ⓕ
            cmap = 'YlGnBu', yticklabels = [])
plt.show()
```

24.2 遺漏值：用 NaN 表示

遺漏值 (missing value) 指的是資料集中的某些值缺失或未被記錄的情況。它們可能是由於測量裝置故障、記錄錯誤、樣本遺失或資料清洗不完整等原因導致的。

圖 24.1 中的遺漏值則對應非營業日，比如週六日、節假日等。將這些遺漏值刪除之後，我們便得到圖 24.2 所示的趨勢。

> 本書第 29 章簡述 Scikit-Learn 中處理遺漏值的方法；此外，《AI 時代 Math 元年 - 用 Python 全精通資料處理》專門介紹處理遺漏值的各種方法。

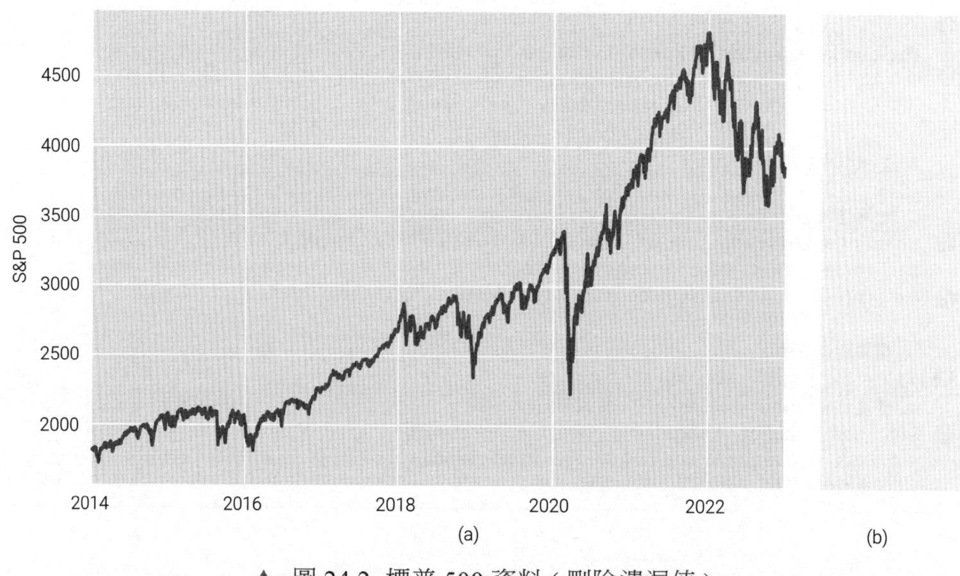

▲ 圖 24.2 標普 500 資料 (刪除遺漏值)

程式 24.3 中 ⓐ 利用 dropna() 方法刪除包含遺漏值 NaN 的行 (預設)。如果希望刪除包含遺漏值的列，可以傳遞額外的參數 axis=1。

ⓑ 再次計算新資料幀的遺漏值情況。

ⓒ 再次用 plotly.express.line() 繪製刪除遺漏值後的時間序列線圖。

程式24.3 刪除遺漏值（使用時配合前文程式）| Bk1_Ch24_01.ipynb

```
# 刪除NaN
ⓐ df_ = df.dropna ()
ⓑ percentag_missing   = df_.isnull ().sum()*100/len(df_)
# 再次確認遺漏值比例
print('Percentage of missing data' )
print("%.3f%%"  % (percentag_missing))

# 刪除遺漏值的時間序列線圖
ⓒ fig = px.line (df_, y = 'SP500' , title = 'S&P 500 index')
fig.show ()
```

為了醒目地觀察每年趨勢，我們繪製了圖 24.3。圖 24.3 中每個子圖代表一個年度的時間序列走勢。

我們可以透過程式 24.4 繪製圖 24.3。ⓐ 在 DataFrame 中建立一個新的列「Year」，該列包含了日期時間索引中的年份資訊。

用 pandas.DatetimeIndex() 可以將資料幀的時間索引轉為 DatetimeIndex 物件。

DatetimeIndex 是 Pandas 中用於處理日期時間索引的資料結構。

然後，利用 year 這個 DatetimeIndex 物件的屬性，從日期中提取年份資訊。它會傳回一個包含與索引中日期時間對應的年份的 Pandas Series。

ⓑ 也是用 plotly.express.line() 繪製線圖，和本章前面不同的是參數 facet_col='Year'，啟用了多列子圖。

也就是說，我們根據「Year」列的不同值將資料分成不同的列，繪製不同年份資料的子圖。

facet_row=None 這個參數表示不啟用按行分面繪製，即子圖不會按行分割。

ⓒ 更新 Plotly 圖表物件 fig 的版面配置參數。

width=700 設置圖表的寬度為 700 像素。height=500 設置圖表的高度為 500 像素。

參數 margin=dict(l=20,r=20,t=30,b=20) 設置圖表的邊距 (margin)。

dict 函式建立了一個包含左邊距 (l)、右邊距 (r)、頂部邊距 (t)、底部邊距 (b) 的字典。這些值表示圖表內容與圖表邊界之間的像素間隔。舉例來說，l=20 表示左邊距為 20 像素。

paper_bgcolor="white" 設置圖表的背景顏色為白色。

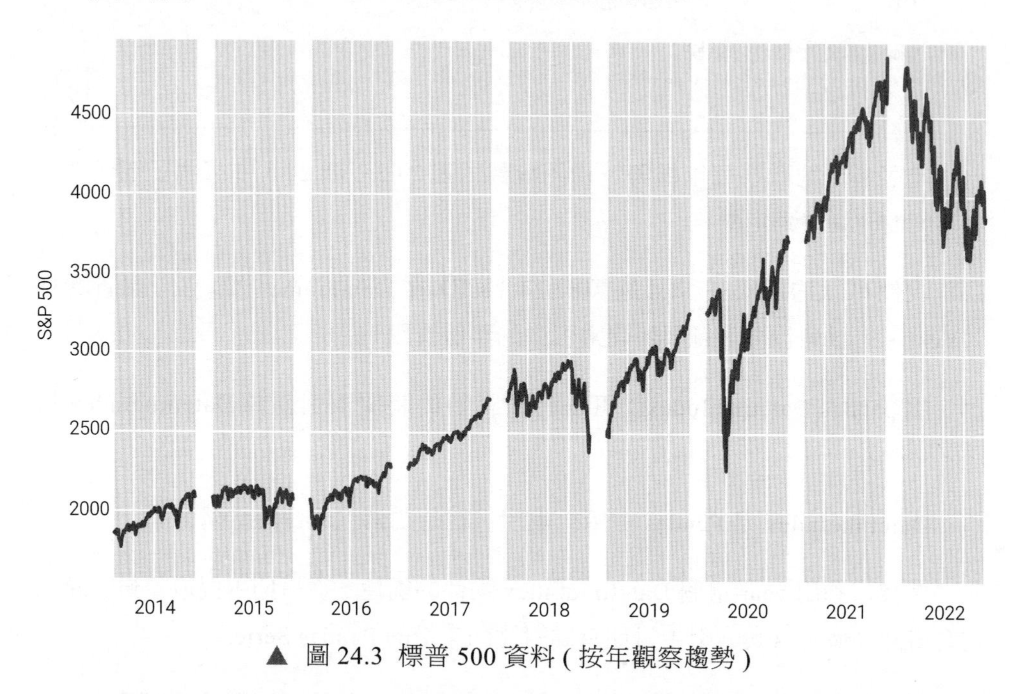

▲ 圖 24.3 標普 500 資料 (按年觀察趨勢)

程式24.4 按年繪製標普500水平子圖（使用時配合前文程式） | Bk1_Ch24_01.ipynb

```
# 按年度分圖展示時間序列趨勢
df_['Year' ] = pd.DatetimeIndex (df_.index ).year
fig = px.line(df_, y = 'SP500' , title = 'S&P 500 index' ,
              facet_col ='Year' , facet_row =None)

fig.update_layout (
    width =700,
    height =500,
    margin =dict(l=20, r=20, t=30, b=20),
    paper_bgcolor ="white" )
fig.show()
```

除了遺漏值，樣本資料中也難免會出現**離群值** (outlier)。本章不會介紹如何處理離群值，本書第 29 章簡述 Scikit-Learn 中處理離群值的工具。

什麼是離群值？

在統計學和資料分析中，離群值 (outlier) 指的是在資料集中與其他資料值顯著不同的異常值。它們可能是由於測量誤差、實驗異常、輸入錯誤、樣本損壞或資料處理錯誤等因素導致的。離群值具有比其他資料點更大或更小的數值，與其他資料點之間的差異通常非常顯著。

離群值會對資料分析結果產生影響，如對均值、方差、相關性等統計指標的計算都會受到其影響。因此，在資料分析和建模中，需要對離群值進行辨識、處理或刪除。常見的方法包括使用箱線圖或 3σ 值，並根據具體情況進行處理或刪除。如果離群值確實是資料中真實存在的異常值，則可能需要對其進行單獨分析或建立針對其的模型。

24.3 移動平均：一種平滑技術

時間序列的**移動平均** (Moving Average，MA)，也稱捲動平均，是一種常用的平滑技術，用於去除序列中的雜訊和波動，以便更進一步地觀察和分析序列的長期趨勢。

移動平均透過計算序列中一段固定長度，通常稱為**回望視窗** (lookback window)，內資料點的平均值來平滑序列。視窗的大小決定了平滑的程度，較大的視窗將平滑更多的波動，但可能會導致移動平均資料出現明顯落後，追蹤效果變差。如圖 24.4 所示。

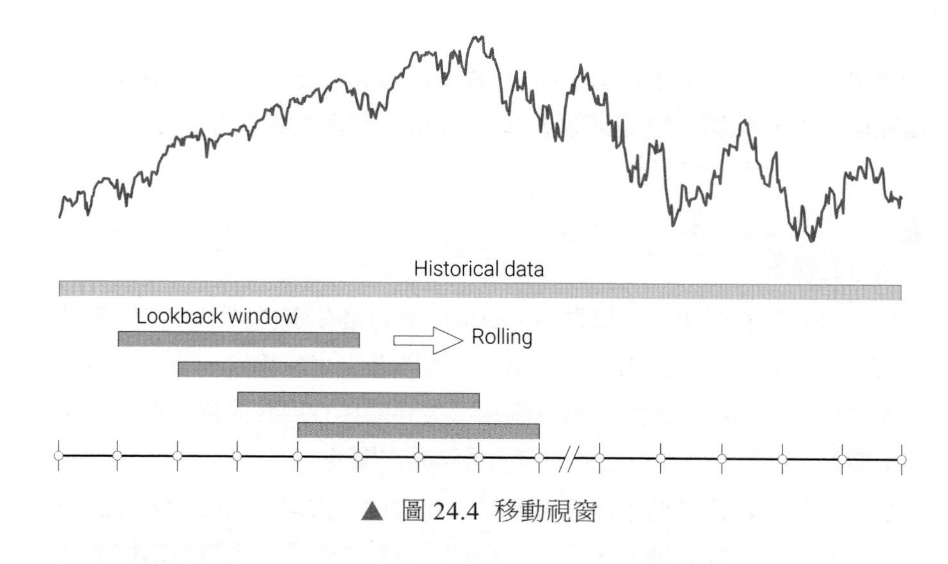

▲ 圖 24.4 移動視窗

具體步驟如下。

①選擇視窗的大小，例如 10 個資料點。

②從序列的起始位置開始，計算視窗內資料點的平均值。

③將該平均值作為移動平均的第一個資料點，記錄下來。

④移動視窗向後滑動一個資料點的位置。

⑤重複步驟②至④，計算新視窗內的平均值，並記錄下來。

⑥繼續滑動視窗直到到達序列的末尾，得到一系列移動平均值。

移動平均的計算可以使用**簡單移動平均** (Simple Moving Average，SMA) 或**加權移動平均** (Weighted Moving Average，WMA) 來進行。

簡單移動平均對視窗內的每個資料點賦予相等的權重，而加權移動平均則可以根據需求賦予不同的權重，以更強調某些資料點的重要性。《AI 時代 Math 元年 - 用 Python 全精通資料處理》將專門介紹加權移動平均。

透過計算移動平均，時間序列中的短期波動可以平滑，從而更容易觀察到長期趨勢和週期性變化。移動平均在金融分析、經濟預測和資料分析等領域得到廣泛應用。

我們可以透過程式 24.5 繪製圖 24.5，下面讓我們聊聊這段程式。

ⓐ 在原來的資料幀中建立一個新的列「MA20」，該列包含了基於「SP500」列的移動平均。

方法 rolling(20) 執行行動計算，例如移動平均。20 表示移動視窗長度，即在計算移動平均時要考慮的資料點的數量。

方法 mean() 表示對移動視窗內的資料計算平均值。

> ⚠ 在使用 rolling 方法時，預設 center=False。

如圖 24.6(a) 所示，當設置 center = False 時，移動視窗的標籤將被設置為視窗索引的右邊緣；也就是說，視窗的標籤與移動視窗的右邊界對齊。這表示移動視窗中的資料包括右邊界，但不包括左邊界。

如圖 24.6(b) 所示，當 center=True 時，移動視窗的標籤將被設置為視窗索引的中心。也就是說，視窗的標籤位於移動視窗的中間。這表示移動視窗中的資料將包括左右兩邊的資料，並且標籤位於視窗中央。

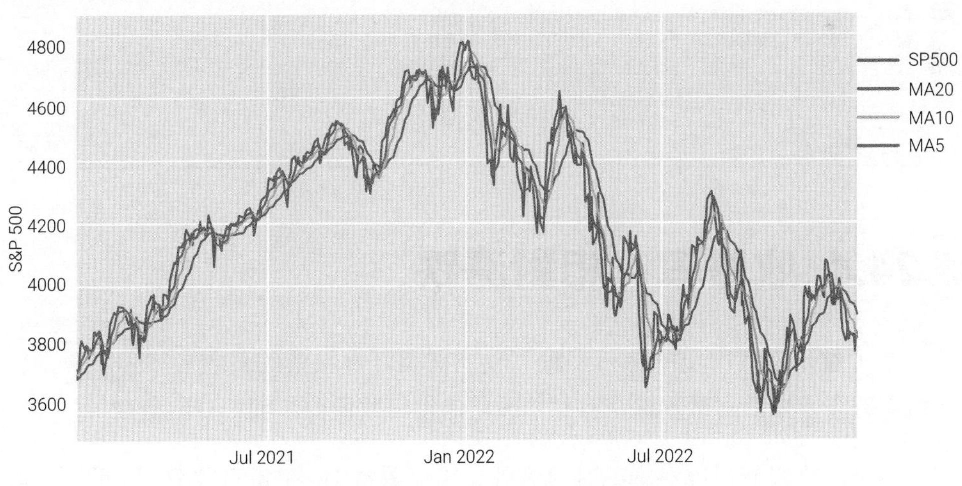

▲ 圖 24.5 標普 500 資料 (移動平均)

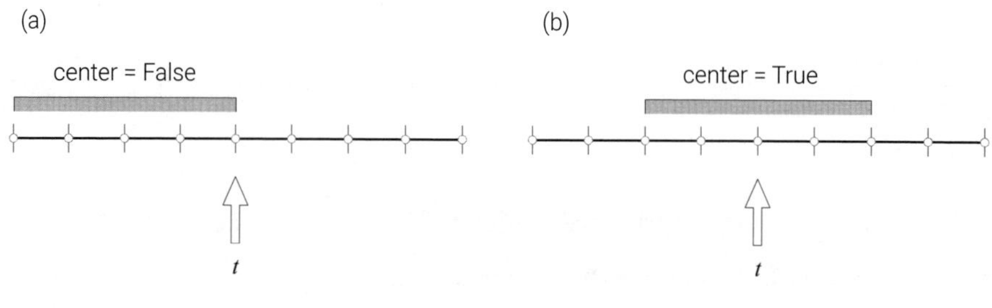

▲ 圖 24.6 移動視窗位置

同理，ⓑ 和 ⓒ 也計算移動平均，只不過視窗內歷史資料不同。

ⓓ 只選取資料幀其中 4 列。

ⓔ 在利用 plotly.express.line() 繪製折線圖時，利用 loc['20210101':'20221231'] 只繪製日期範圍在 20210101 與 20221231 之間的資料。

程式24.5 繪製標普500移動平均（使用時配合前文程式）| Bk1_Ch24_01.ipynb

```
# 計算三種移動平均
df_['MA20'] = df_['SP500'].rolling(20).mean()
df_['MA10'] = df_['SP500'].rolling(10).mean()
df_['MA5'] = df_['SP500'].rolling(5).mean()
df_selected = df_[['SP500','MA20','MA10','MA5']]
fig = px.line(df_selected.loc['20210101':'20221231'])
fig.update_layout(title = 'S&P 500 index and moving average',
                  xaxis_title = 'Date',
                  yaxis_title = 'S&P500',
                  legend_title = 'Curve')
fig.show()
```

24.4 收益率：相對漲跌

為了量化股票市場的每日漲跌，我們需要計算股票的日收益率。計算當日收益率時需要知道兩個關鍵資料點：股票的當日收盤價、前一日收盤價。

本書前文提過日收益率的計算公式為：日收益率 = (當日收盤價 - 前一日收盤價)/ 前一日收盤價。將這個公式應用於具體的股票資料，就可以計算出每個交易日的日收益率。圖 24.7 所示為標普 500 的日收益率。

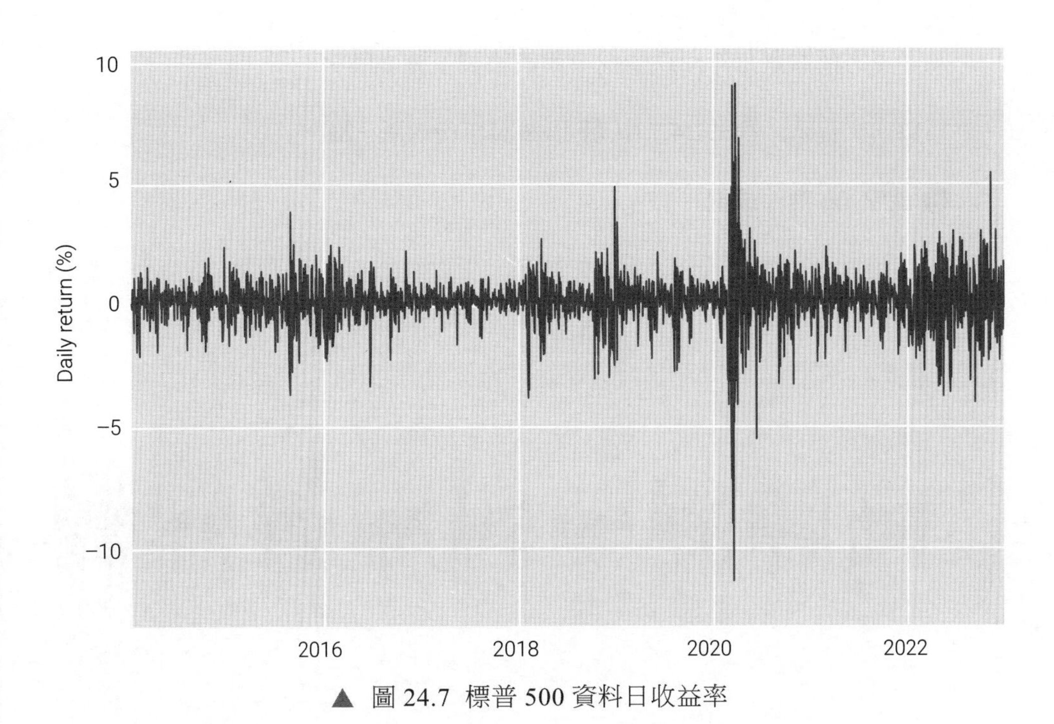

▲ 圖 24.7 標普 500 資料日收益率

我們可以透過程式 24.6 計算收益率並繪製圖 24.7。

ⓐ 中 pct_change() 方法用於計算列中相鄰兩個值相對變化，即日收益率。

ⓑ 還是用 plot.express.line() 繪製收益率百分比。

ⓒ 修改 fig 物件的標題、橫軸標題、縱軸標題、圖例名稱。

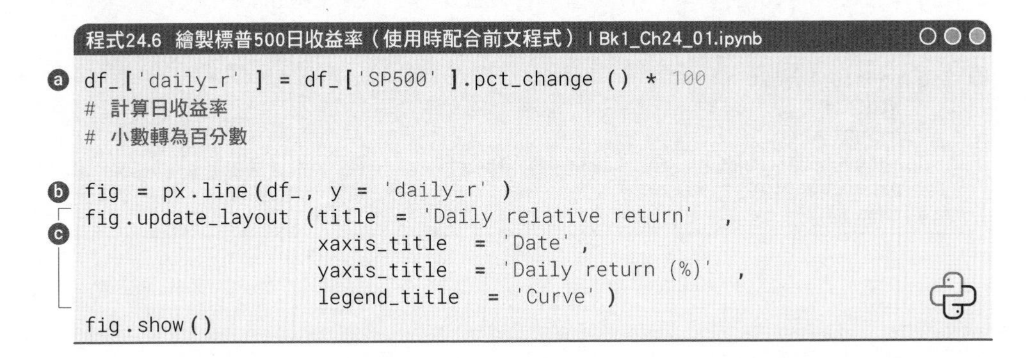

程式24.6 繪製標普500日收益率（使用時配合前文程式）| Bk1_Ch24_01.ipynb

```
ⓐ df_['daily_r'] = df_['SP500'].pct_change() * 100
  # 計算日收益率
  # 小數轉為百分數

ⓑ fig = px.line(df_, y = 'daily_r')
ⓒ fig.update_layout(title = 'Daily relative return',
                    xaxis_title = 'Date',
                    yaxis_title = 'Daily return (%)',
                    legend_title = 'Curve')
  fig.show()
```

為了更方便觀察每年漲跌情況，我們繪製了圖 24.8。

類似前文程式，程式 24.7 中 ⓐ 以繪製年份線圖子圖。

ⓑ 調整 fig 物件設置。

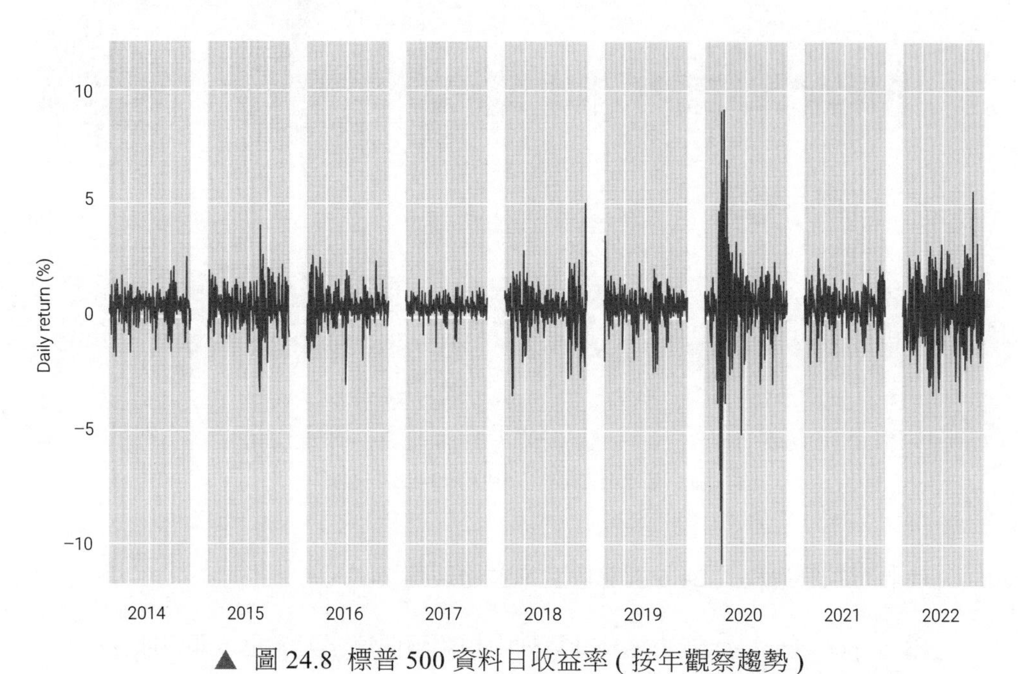

▲ 圖 24.8 標普 500 資料日收益率 (按年觀察趨勢)

程式24.7 按年繪製標普500收益率子圖（使用時配合前文程式）| Bk1_Ch24_01.ipynb

```
# 日收益率 ，按年子圖
ⓐ fig = px.line(df_,y = ['daily_r' ], title  = 'S&P 500 index'  ,
                 facet_col ='Year' , facet_row =None)

ⓑ fig.update_layout (
      width =700,
      height =500,
      margin =dict(l=20, r=20, t=30, b=20),
      paper_bgcolor  ="white" )
  fig.show()
```

24.5 統計分析：平均值、波動率等

市場漲跌越劇烈，曲線波動越劇烈。圖 24.8 中這些曲線類似隨機行走，為了發現規律，我們需要借助統計工具。

年度分佈

圖 24.9 所示為下載所有資料計算得到日收益率繪製的分佈圖。大家可以從分佈中計算得到平均值和標準差。這個任務交給大家自行完成。

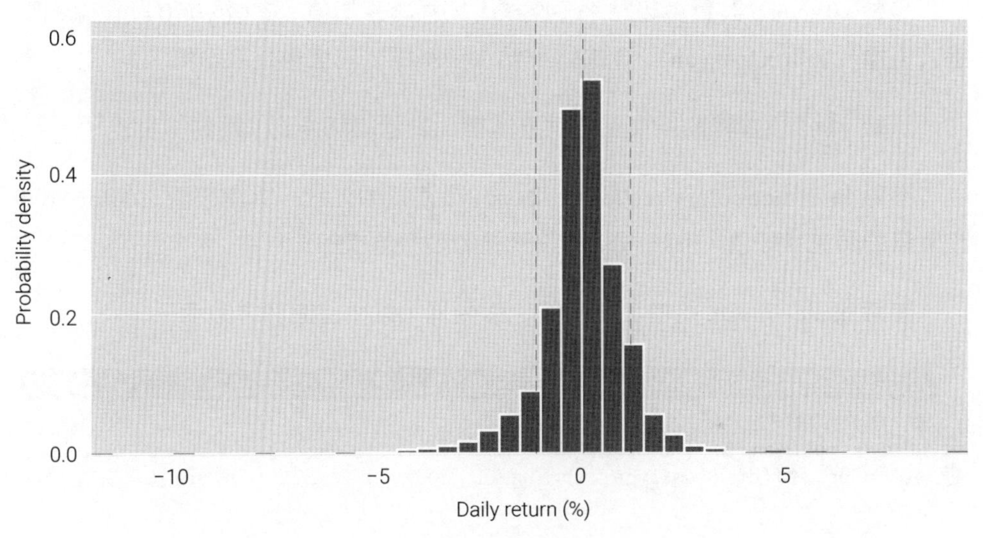

▲ 圖 24.9 所有下載歷史資料日收益率分佈

程式 24.8 中 ⓐ 用 numpy.mean() 計算平均值。請大家修改程式，用 pandas.DataFrame.mean() 計算平均值，並比較結果。

ⓑ 用 numpy.std() 計算標準差。

請大家修改程式，用 pandas.DataFrame.std() 計算平均值，並比較結果解釋為什麼兩個結果不一致。

ⓒ 使用 plotly.express.histogram() 繪製長條圖。其中，nbins=50 指定了長條圖的**柱子** (bin) 的數量，用於顯示不同收益率區間的頻率。

參數 histnorm='probability density' 控制長條圖的歸一化方式。probability density 表示長條圖的高度表示機率密度，這表示每個柱子的高度表示對應收益率區間的機率密度而非頻數，這使得長條圖的總面積等於 1。

ⓓ 這段程式用 add_shape() 方法給 Plotly 圖表中增加一條垂直虛線，以標識資料的平均值。參數 type='line' 指定要增加的形狀類型為一條線。

參數 x0=mean 設置線起點水平座標，即樣本平均值。參數 y0=0 設置線起點垂直座標。參數 x1=mean 設置線結束點水平座標，同樣也是平均值。

參數 y1=1 設置線的結束點的垂直座標，表示線延伸到 *y* 軸的 1 位置。

參數 line=dict(color='red',dash='dash') 設置線的樣式。具體來說：color='red' 設置線的顏色為紅色，dash='dash' 設置線的類型為虛線。

參數 name='mean' 給增加的形狀一個名稱，以便在圖例中顯示。

程式24.8 日收益率分佈（使用時配合前文程式） | Bk1_Ch24_01.ipynb

```
# 計算均值和標準差
ⓐ mean = np.mean(df_['daily_r'])
ⓑ std = np.std(df_['daily_r'])

# 繪製長條圖
ⓒ fig = px.histogram (df_['daily_r'], nbins=50,
                     histnorm='probability density')

# 標注均值和均值加減標準差的位置
ⓓ fig.add_shape (type='line', x0=mean, y0=0,
                x1=mean, y1=1,
                line=dict(color='red', dash='dash'),
                name='mean')

fig.add_shape (type='line', x0=mean+std, y0=0,
               x1=mean+std, y1=1,
               line=dict(color='red', dash='dash'),
               name='mean+std')

fig.add_shape (type='line', x0=mean-std, y0=0,
               x1=mean-std, y1=1,
               line=dict(color='red', dash='dash'),
               name='mean-std')
```

```
# 設置圖形版面配置
fig.update_layout (showlegend =False,
                   xaxis_title  = 'Daily return (%)' ,
                   yaxis_title  = 'Probability density'  )

# 顯示圖形
fig.show()
```

圖 24.10 所示為年度日收益率分佈變化情況。我們可以透過程式 24.9 繪製圖 24.10。

其中，ⓐ 也是繪製長條圖，不同的是我們利用參數 orientation='h' 設置長條圖的方向為水平方向，即柱子是水平放置的。如果設置參數 orientation='v'，則柱子將垂直放置，這也是預設方向。

此外，參數 facet_col='Year' 啟用了子圖繪製，根據不同年份將資料分成不同的列繪製子圖。

ⓑ 也是修改影像預設設置。

ⓒ 則是利用 update_xaxes() 方法透過將參數 matches 設置為 'x'，讓所有子圖橫軸的屬性都設置為相同的值，以使它們在圖表中具有一致的外觀和行為。

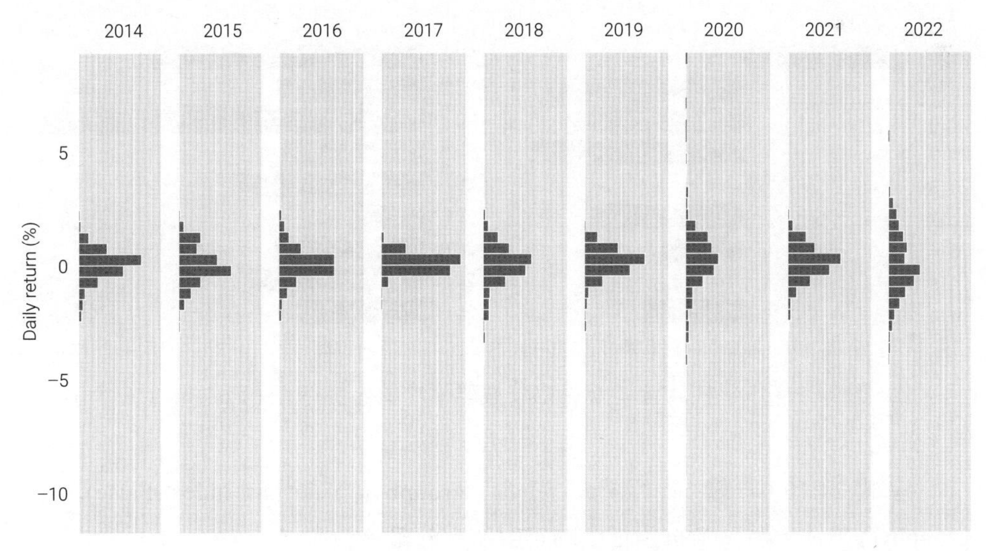

▲ 圖 24.10 日收益率分佈 (按年)

程式24.9 按年日收益率長條圖子圖（使用時配合前文程式）| Bk1_Ch24_01.ipynb

```
# 每年收益率長條圖
fig = px.histogram (df_[['daily_r' ,'Year' ]], nbins =80,
                    histnorm ='probability density',
                    title  =  'S&P 500 index',
                    orientation ='h',
                    facet_col ='Year' , facet_row =None)

fig.update_layout (
    width =1200,
    height =500,
    margin =dict(l=20, r=20, t=30, b=20),
    paper_bgcolor ="white" )

fig.update_xaxes (matches ='x' )
fig.show ()
```

為了更進一步地量化股票的波動情況，我們需要一個指標—**波動率** (volatility)。波動率是衡量其價格變動幅度的指標，常用的量化方法為**歷史波動率** (historical volatility)。歷史波動率本質上就是一定回望視窗內收益率樣本資料的標準差。

圖 24.11 所示為利用水平柱狀圖型視覺化日收益率的年度平均值、波動率 (標準差)。

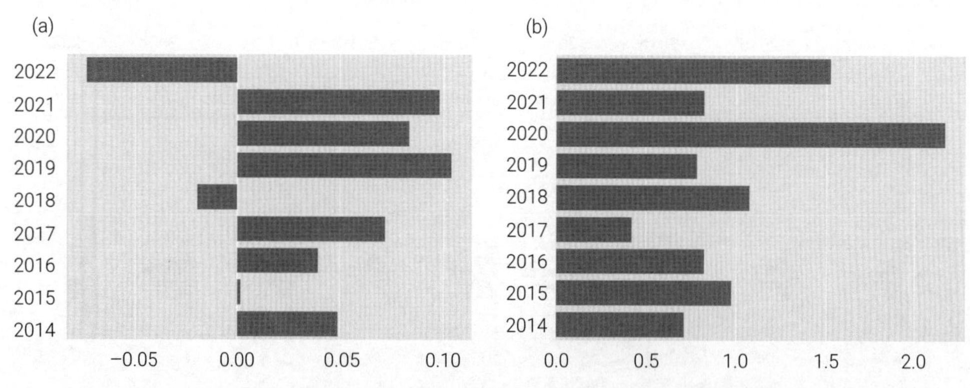

▲ 圖 24.11 水平柱狀圖型視覺化收益率平均值、標準差 (波動率)(按年)

程式 24.10 中 ⓐ 進行分組聚合。groupby(['Year'],as_index=False) 利用 groupby() 方法，將資料按照指定的年度進行分組。

參數 as_index=False 指示不將「Year」列作為索引列，而保留其作為普通列。

方法 agg({'daily_r':['mean','std']}) 指定對每個分組應用匯總函式的操作，'daily_r' 給定列，串列 ['mean','std'] 指定聚合操作，包括平均值 (mean) 和標準差 (std)。

ⓑ 利用 plotly.express.bar() 繪製水平柱狀圖。

參數 y=Yearly_stats_df['Year'] 指定縱軸上的資料，即年份資料。

參數 x=Yearly_stats_df['daily_r']['mean'] 指定橫軸上的資料，即每年平均收益率的資料。參數 orientation='h' 指定柱狀圖的方向為水平方向。

ⓒ 類似 ⓑ，不同的是橫軸為收益率的波動率。

程式24.10 日收益率年度統計資料柱狀圖（使用時配合前文程式）| Bk1_Ch24_01.ipynb

```
# 年度統計資料
ⓐ Yearly_stats_df   = df_.groupby (['Year' ],
          as_index =False).agg ({'daily_r' :['mean' ,'std' ]})

# 使用plotly.express 繪製橫條圖
ⓑ fig = px.bar (y=Yearly_stats_df ['Year' ],
              x=Yearly_stats_df ['daily_r' ]['mean' ],
              title ='Mean' , orientation ='h' )

# 設置圖形版面配置
fig .update_layout (showlegend =False,
                    xaxis_title  = 'Mean of daily return (%)',
                    yaxis_title  = 'Year' )
# 顯示圖形
fig .show ()

      # 使用plotly.express 繪製橫條圖
ⓒ fig = px.bar (y=Yearly_stats_df ['Year' ],
              x=Yearly_stats_df ['daily_r' ]['std' ],
              title ='Daily vol' ,
              orientation ='h' )

# 設置圖形版面配置
fig .update_layout (showlegend =False,
                    xaxis_title  = 'Volatility of daily return (%)',
                    yaxis_title  = 'Year' )
# 顯示圖形
fig .show ()
```

此外，我們還可以使用**山脊圖** (ridgeline plot) 視覺化每年收益率的分佈情況，具體如圖 24.12 所示。

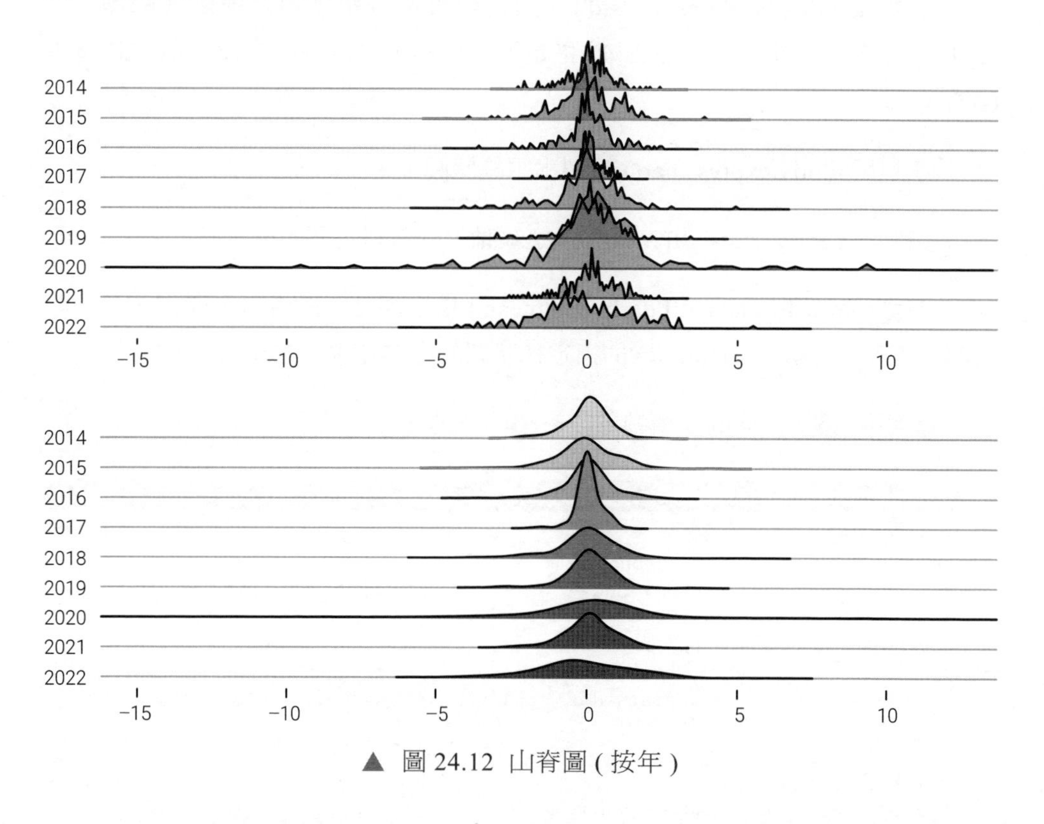

▲ 圖 24.12 山脊圖 (按年)

本章前文提過，Joypy 是一個第三方 Python 函式庫，用於建立山脊圖。山脊圖是一種視覺化工具，用於展示多個連續變數在一個維度上的分佈，並且能夠顯示不同組之間的比較。

山脊圖的特點是將多個曲線圖，通常是核心密度估計曲線，沿著一個共用的垂直軸線堆疊顯示，形成一座山脈狀的圖形。每個曲線代表一個組或類別，可以透過顏色或其他視覺屬性進行區分。

> ⚠
> 需要強調的是，要使用 Joypy 繪製山脊圖，首先需要安裝 Joypy 函式庫，並匯入 joyplot 模組。安裝 Joypy，請參考 https://pypi.org/project/joypy/。

我們可以透過程式 24.11 繪製圖 24.12。

相信大家已經熟悉 ⓐ 這句，我們用它從日期中提取年份資訊。

本章前文程式已經匯入 Joypy。ⓑ 中 joypy.joyplot() 繪製山脊圖。

參數 by="Year" 指定了資料幀的列，用於將資料按照年份進行分組。也就是說，每個年份對應山脊圖中一個分佈。

參數 ax=ax 指定了用於繪製 joyplot 的座標軸物件。變數 ax 對應上一句用 plt.subplots(figsize = (6,4)) 生成的軸物件 ax。

參數 column="daily_r" 指定顯示每天收益率分佈情況。

參數 range_style='own' 表示每個年份的分佈圖會根據資料的範圍自動調整，以便更進一步地顯示資料。

參數 grid="y" 表示只顯示垂直格線。

參數 linewidth=1 指定了分佈線條的寬度，用於繪製分佈圖。參數 legend=False 表示不顯示圖例。

參數 fade=True 給山脊圖增加漸變效果。

參數 kind="counts" 指定了分佈圖的類型為計數。參數 bins=100 指定了資料分佈圖中的長條圖區間數。

ⓒ 類似 ⓑ，有幾點不同需要指出。這個山脊圖採用更為平滑的**核心密度估計** (Kernel Density Estimation，KDE)。此外，colormap=cm.autumn_r 指定了用於著色山脊圖的顏色映射為 autumn_r 顏色映射，該映射主題為「秋色」，紅黃漸變。注意，_r 代表翻轉顏色映射；請大家修改程式嘗試 autumn 顏色映射，並對比效果。

> 本書第 27 章簡單介紹核心密度估計 KDE 方法；《AI 時代 Math 元年 - 用 Python 全精通統計及機率》會專門深入介紹 KDE 的數學原理。

程式24.11 繪製年度資料山脊圖（使用時配合前文程式）| Bk1_Ch24_01.ipynb

```
ⓐ df_['Year'] = pd.DatetimeIndex (df_.index).year
  # 繪製山脊圖
  fro  matplotlib  import cm

  fig, ax = plt.subplots (figsize = (6,4))
  # 頻率
ⓑ joypy.joyplot (df_, by="Year", ax = ax,
                 column ="daily_r", range_style ='own',
                 grid="y", linewidth =1, legend =False,
                 fade =True,kind ="counts", bins =100)
  plt.show()

  # 高斯機率密度估計
  fig, ax = plt.subplots (figsize = (6,4))
ⓒ joypy.joyplot (df_, by="Year", column ="daily_r", ax = ax,
                 range_style ='own', grid="y",
                 linewidth =1, legend =False,
                 colormap =cm.autumn_r, fade =True)
  plt.show()
```

季分佈

當然，我們也可以按季分析收益率。圖 24.13 所示為每一年四個季收益率的平均值、標準差的柱狀圖。

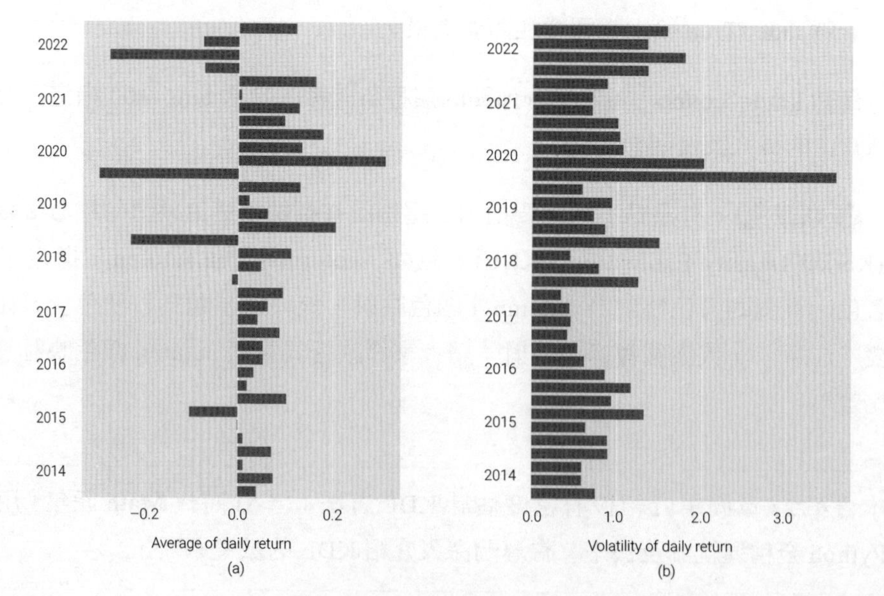

▲ 圖 24.13 水平柱狀圖型視覺化收益率平均值、標準差 (波動率)，按季 (注意，圖中省去季標識)

?

請思考如何利用上一章介紹的方法，分別設定兩種鑽取方法「年份→ 季度」和「季度→ 年份」，然後用柱狀圖型視覺化結果。

我們可以透過程式 24.12 計算繪製圖 24.13。下面講解其中關鍵敘述。

ⓐ 用 index.quarter 提取季資訊。

ⓑ 用 index.year 提取年份資訊。

ⓒ 用串列生成式建立一個名為「quarter_yr」的新串列。它將兩個之前生成的 years 和 quarters 組合起來，建立一個包含字串的串列 quarter_yr，每個字串表示一個年份和季的組合。

在串列生成式中，f"{year},Q{quarter}" 運算式使用 f-strings 迭代建立一組新的字串。它將 year 和 quarter 變數的值插入到字串中，其中 year 表示年份，quarter 表示季，並在季前面加上「Q」。這樣，它就形成了一個字串，例如「2018,Q2」，其中 2018 是年份，Q2 是季。

如果大家忘了串列生成式和 f-strings，請回顧本書第 7 章。

ⓓ 用串列在資料幀中建立新的一列。

本章前文用過類似 ⓔ 敘述。方法 groupby(['quarter_yr'],as_index=False) 是一個分組操作，它將資料幀 df_ 按照「quarter_yr」列的獨特值進行分組。

as_index=False 參數表示不將「quarter_yr」列設置為索引，而保留它作為列。

方法 agg({'daily_r':['mean','std']}) 是一個聚合操作，它對每個分組進行統計計算。

類似前文，ⓕ 和 ⓖ 用 plotly.express.bar() 繪製水平方向柱狀圖。

程式24.12 繪製季統計量柱狀圖（使用時配合前文程式） | Bk1_Ch24_01.ipynb

```
# 季度均值 、標準差
quarters  = df_.index .quarter
years  = df_.index .year

# 將季度和年份資訊組合成字串
quarter_yr   = [f"{year }, Q{ quarter }"
               for year , quarter  in zip(years , quarters )]

# 增加新列
df_['quarter_yr '] = quarter_yr

Qly_stats_df   = df_.groupby (['quarter_yr '],
    as_index =False).agg ({'daily_r'  :['mean' ,'std' ]})

# 使用 plotly.express  繪製橫條圖
fig  = px.bar (y=Qly_stats_df  ['quarter_yr '],
               x=Qly_stats_df  ['daily_r' ]['mean' ],
               title ='Mean' ,
               orientation ='h')

# 設置圖形版面配置
fig.update_layout  (showlegend =False,
                    width  = 600,
                    height  = 800,
                    xaxis_title   = 'Mean of daily return (%)' ,
                    yaxis_title   = 'Quarter' )
fig.show ()

# 使用 plotly.express  繪製橫條圖
fig  = px.bar (y=Qly_stats_df  ['quarter_yr '],
               x=Qly_stats_df  ['daily_r' ]['std' ],
               title ='Volatility'  ,
               orientation ='h')

# 設置圖形版面配置
fig.update_layout  (showlegend =False,
                    width  = 600,
                    height  = 800,
                    xaxis_title   = 'Vol of daily return (%)' ,
                    yaxis_title   = 'Quarter' )
fig.show ()
```

圖 24.14 所示為每個季收益率的山脊圖。這幅圖中，我們隱去了縱軸的時間。請大家自行分析程式 24.13 敘述。

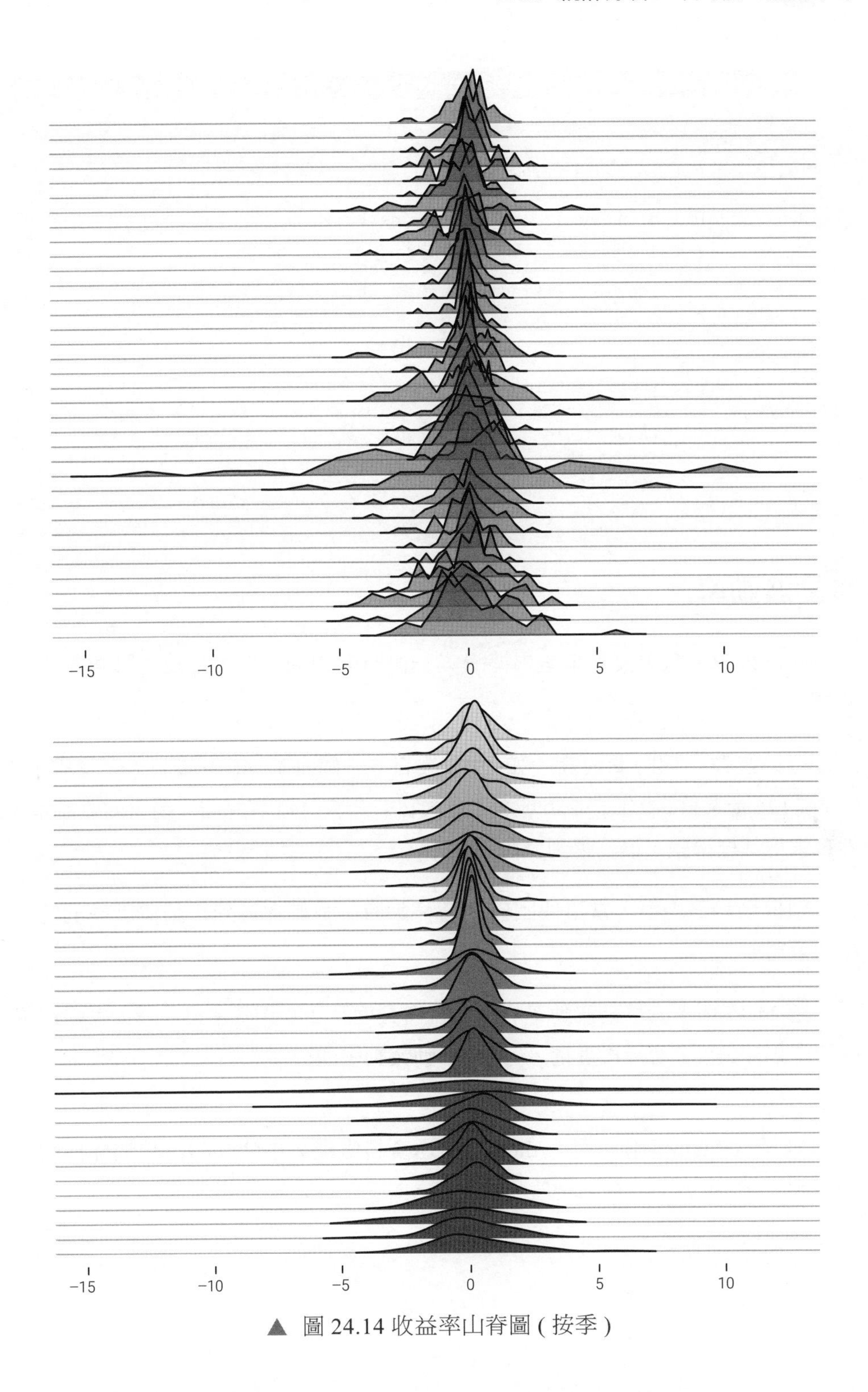

▲ 圖 24.14 收益率山脊圖 (按季)

程式24.13 繪製季度資料山脊圖（使用時配合前文程式）| Bk1_Ch24_01.ipynb

```
# 季度資料
# 預設效果山脊圖
fig, ax = plt.subplots(figsize = (6,5))

a joypy.joyplot(df_, by="quarter_yr", ax = ax,
                column="daily_r", range_style='own',
                grid="y", linewidth=1, legend=False,
                fade=True,kind="counts", bins=20)
plt.show()

# KDE
fig, ax = plt.subplots(figsize = (6,5))
b joypy.joyplot(df_, by="quarter_yr", column="daily_r", ax = ax,
                range_style='own', grid="y",
                linewidth=1, legend=False,
                colormap=cm.autumn_r, fade=True)
plt.show()
```

移動波動率

準確來說，歷史波動率是根據過去一段時間內的股票價格資料計算得出的波動率。

可以選擇一個時間視窗，如 20 營業日 (一個月)、60 營業日 (一個季)、125 或 126 營業日 (半年)、250 或 252 營業日 (一年)，計算每個交易日的收益率，然後求得其標準差，最終得到歷史波動率。

類似移動平均值，當這個回望視窗移動時，我們便得到移動波動率的時間序列資料。

圖 24.15 所示的移動波動率的回望視窗長度為 250 天營業日。請大家自己修改回望視窗長度 (營業日數量)，比較移動波動率曲線。

《AI 時代 Math 元年 - 用 Python 全精通資料處理》專門介紹指數加權移動平均 EWMA 方法計算的均值和波動率。

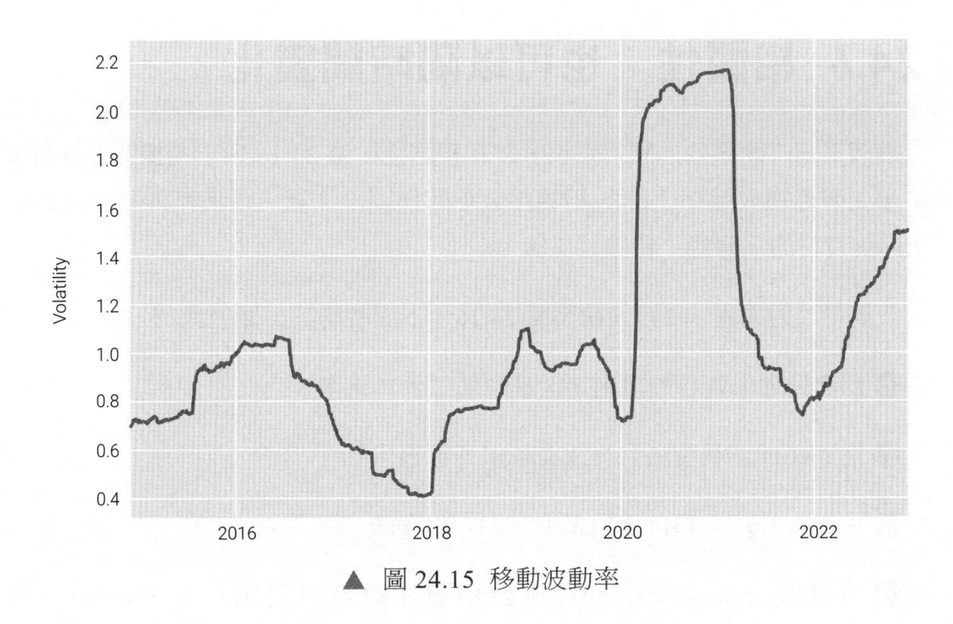

▲ 圖 24.15 移動波動率

程式 24.14 中 ⓐ 對資料幀 df_ 中的「daily_r」列計算移動波動率 (標準差)。

方法 rolling(250) 設置移動視窗長度。這表示在進行標準差計算時，每次都會考慮 250 個歷史資料點。

方法 std() 表示在移動視窗物件上計算標準差，即波動率。

ⓑ 也適用 plotly.express.line() 繪製移動波動率曲線。

請大家使用其他移動視窗長度計算不同的移動波動率，並繪製曲線比較。

> ❓ 請大家思考，移動視窗長度對移動波動率有怎樣的影響。

程式24.14 繪製移動波動率（使用時配合前文程式）| Bk1_Ch24_01.ipynb

```
# 移動波動率
ⓐ df_vol = df_['daily_r'].rolling(250).std()

ⓑ fig = px.line(df_vol, y = 'daily_r')
fig.update_layout(title = 'Rolling vol',
                  xaxis_title = 'Date',
                  yaxis_title = 'Volatility')

fig.show()
```

24.6 相關性：也可以隨時間變化

幾個不同時間序列之間肯定也會存在相關性。圖 24.16 所示為標普 500 日收益率和三個匯率收益率之間的相關係數矩陣熱圖。注意，這個矩陣是給定歷史時間序列資料的「靜態」相關性係數。

我們可以透過程式 24.15 繪製圖 24.16。下面聊聊其中關鍵敘述。

ⓐ 用串列列出資料的識別字，其中前三個為匯率。

ⓑ 從 FRED 下載資料。修改資料幀列標籤。

ⓓ 先刪除 NaN，再計算收益率，即相對漲跌。

ⓔ 用 plotly.express.imshow() 繪製相關係數矩陣熱圖。方法 corr() 計算資料幀各列之間的相關係數矩陣。text_auto='.2f' 控制在熱圖上顯示的文字標籤的格式。「.2f」表示將浮點數格式化為包含兩位小數。color_continuous_scale='RdYlBu_r' 指定了用於著色的顏色映射。

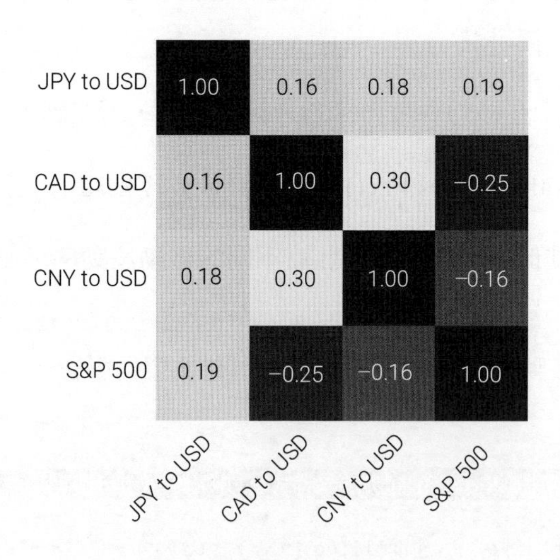

▲ 圖 24.16 相關係數矩陣

程式24.15 視覺化相關係數矩陣（使用時配合前文程式）| Bk1_Ch24_01.ipynb

```
# 下載更多資料
ticker_list   = ['DEXJPUS' ,'DEXCAUS' ,'DEXCHUS' ,'SP500' ]
df_FX_SP500   = pdr.DataReader (ticker_list ,
                    'fred' ,
                    start_date ,
                    end_date )

# 備份資料
df_FX_SP500 .to_csv ('FX_SP500_'  + str(start_date .date()) + '_'
                   + str(end_date .date()) + '.csv' )
df_FX_SP500 .to_pickle ('FX_SP500_'  + str(start_date .date()) + '_'
                   + str(end_date .date()) + '.pkl' )

# 修改column names
df_FX_SP500   = df_FX_SP500 .rename (columns ={'DEXJPUS' : 'JPY to USD' ,
                                              'DEXCAUS' : 'CAD to USD' ,
                                              'DEXCHUS' :'CNY to USD' })
df_FX_SP500_return   = df_FX_SP500 .dropna ().pct_change ()

# 相關係數矩陣熱圖
fig  = px.imshow (df_FX_SP500_return  .corr (),
                 text_auto  = '.2f' ,
                 color_continuous_scale   = 'RdYlBu_r' )
fig.show ()
```

相關性並不是一成不變的，也是隨時間不斷變化的。如圖 24.17 所示，當我們指定具體的移動視窗長度，在不同的時間點上都可以計算得到相關性係數。因此，我們也可以得到移動相關性時間序列，這組資料就變成了「動態」資料。

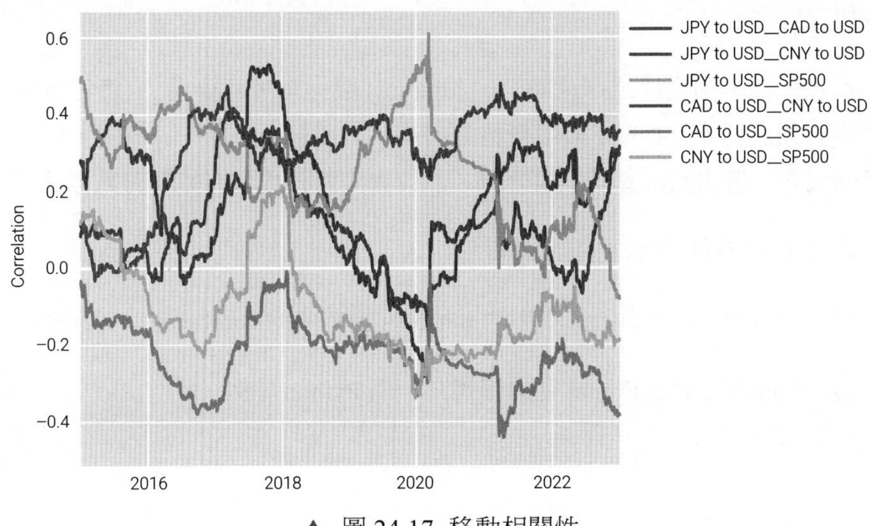

▲ 圖 24.17 移動相關性

我們可以透過程式 24.16 繪製圖 24.17。

⚠

注意，計算的結果是多級行標籤資料幀。如表 24.1 所示，每個日期都對應一個相關係數矩陣。繪製圖 24.17 時，我們僅僅需要獲取其中 6 個成對相關性係數時間序列。

ⓐ 也是用 rolling() 方法計算移動相關係數矩陣，並刪除遺漏值行。

ⓑ 將多級行索引資料幀轉為一般資料幀，預設將多級行索引中低級索引轉為列，結果如表 24.2 所示。

ⓒ 這句話中，df_rolling_corr.unstack().columns.values 的結果為陣列：

```
array([('JPY to USD', 'CAD to USD'), ('JPY to USD', 'CNY to USD'),
       ('JPY to USD', 'JPY to USD'), ('JPY to USD', 'SP500'),
       ('CAD to USD', 'CAD to USD'), ('CAD to USD', 'CNY to USD'),
       ('CAD to USD', 'JPY to USD'), ('CAD to USD', 'SP500'),
       ('CNY to USD', 'CAD to USD'), ('CNY to USD', 'CNY to USD'),
       ('CNY to USD', 'JPY to USD'), ('CNY to USD', 'SP500'),
       ('SP500', 'CAD to USD'), ('SP500', 'CNY to USD'),
       ('SP500', 'JPY to USD'), ('SP500', 'SP500')], dtype=object)
```

而陣列中的每個元素為元組，這個元組中的兩個字串就是計算相關性係數的成對識別字。

然後，在串列生成式迭代時，'_'.join(col) 這一句用底線「_」將元組中的兩個字串將列名稱 col 中的元素用空格連接起來。因為 col 是一個串列，它可能包含多個元素，這些元素會以空格分隔。然後串列將替代資料幀現有列標籤。

ⓓ 刪除資料幀中存在 NaN 的行。

ⓔ 匯入 Python 標準函式庫中的 itertools 模組中的 combinations 函式。

ⓕ 用 list() 將 DataFrame 列標籤轉為一個 Python 串列。

g 類似 c，用串列生成式和給定的列標籤串列 list_tickers 中的所有可能的兩兩組合 (不考慮順序) 連接成一個長度為 6 的字串串列 pairs_kept。這個字串串列代表要保留的相關性係數曲線。

也就是說，圖 24.16 所示的相關係數矩陣中，其實我們只關心其中 6(C_4^2) 個值。這 6 個值可以是不含對角線的下三角元素，或不含對角線的上三角元素。

h 選定資料幀中要保留的 6 列。

i 用 plotly.express.line() 繪製 6 條移動相關性係數。

本書第 7 章介紹過如何使用 itertools.combinations()，請大家回顧。

請大家思考如果在計算移動相關性係數時，採用的回望視窗寬度不是 250，而是 125 或 500，這會對結果產生怎樣影響？

➔ 表 24.1 移動相關係數矩陣（多級行標籤資料幀）

DATE		JPY to USD	CAD to USD	CNY to USD	SP500
2015-01-05	JPY to USD	1.000	0.276	0.076	0.482
	CAD to USD	0.276	1.000	0.106	-0.046
	CNY to USD	0.076	0.106	1.000	0.110
	SP500	0.482	-0.046	0.110	1.000
2015-01-06	JPY to USD	1.000	0.269	0.085	0.488
	CAD to USD	0.269	1.000	0.104	-0.048
	CNY to USD	0.085	0.104	1.000	0.115
	SP500	0.488	-0.048	0.115	1.000
...	...	...	...	...	...
2022-12-30	JPY to USD	1.000	0.291	0.311	-0.089
	CAD to USD	0.291	1.000	0.350	-0.395
	CNY to USD	0.311	0.350	1.000	-0.196
	SP500	-0.089	-0.395	-0.196	1.000

➔ 表 24.2 移動相關係數矩陣（寬格式）

	JPY to USD				CAD to USD				CNY to USD				SP500			
	CAD to USD	CNY to USD	JPY to USD	SP500	CAD to USD	CNY to USD	JPY to USD	SP500	CAD to USD	CNY to USD	JPY to USD	SP500	CAD to USD	CNY to USD	JPY to USD	SP500
DATE																
1/5/2015	0.276	0.076	1.000	0.482	1.000	0.106	0.276	-0.046	0.106	1.000	0.076	0.110	-0.046	0.110	0.482	1.000
1/6/2015	0.269	0.085	1.000	0.488	1.000	0.104	0.269	-0.048	0.104	1.000	0.085	0.115	-0.048	0.115	0.488	1.000
...	...	...	...	...	...	...	...	...	...	...	...	...	...	...	...	...
12/30/2022	0.291	0.311	1.000	-0.089	1.000	0.350	0.291	-0.395	0.350	1.000	0.311	-0.196	-0.395	-0.196	-0.089	1.000

對時間序列歷史資料完成分析後自然少不了預測這個環節。本書不會展開講解，請大家參考《AI 時代 Math 元年 - 用 Python 全精通資料處理》。

➔ 請大家完成以下題目。

Q1. 把本章書附程式中歷史資料截止時間修改為最近日期，重新下載資料逐步完成本章前文時間序列分析。

* 本章不提供答案。

有關 Pandas 中時間序列更多用法，請大家參考：

```
https://pandas.pydata.org/docs/user_guide/timeseries.html
```

此外，Statsmodels 有大量時間序列分析工具：

```
https://www.statsmodels.org/stable/user-guide.html#time-series-analysis
```

這是專門介紹 Pandas 函式庫的最後一章，我們特別介紹了時間序列資料幀基本分析，以及用 Plotly 完成視覺化。

總結來說，Pandas 特別適合資料處理和分析。Seaborn 和 Plotly 這兩函式庫和 Pandas 資料幀結合得特別緊密。

本書專門講解 Pandas 的內容到此為止。Pandas 的用法很靈活，希望大家一邊實踐應用、一邊不斷探索學習。下一板塊將介紹三個常用 Python 數學函式庫—SymPy、SciPy、Statsmodels。

MEMO

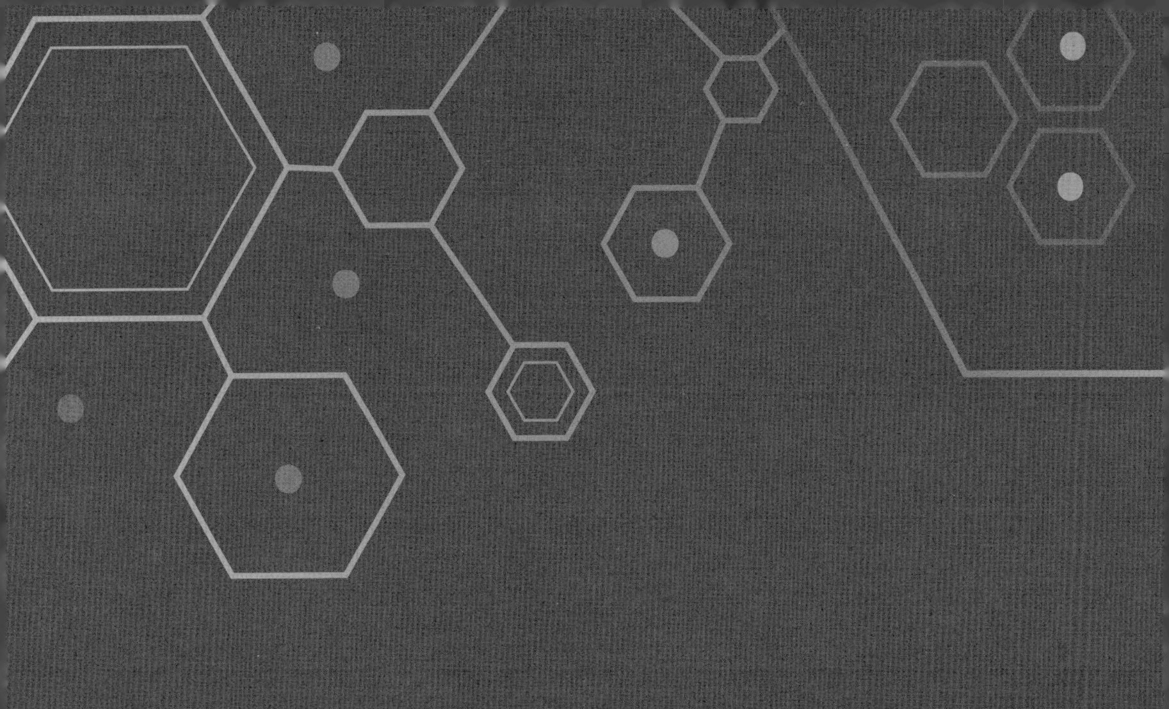

Section 06
數學

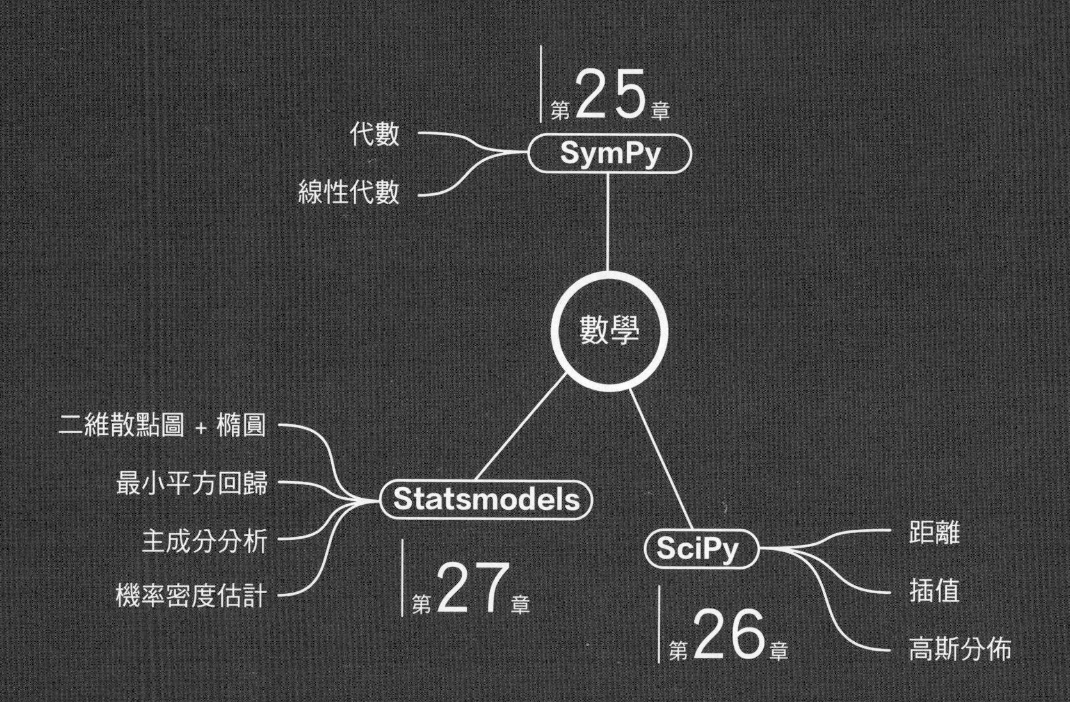
第25章
代數
SymPy
線性代數
數學
二維散點圖 + 橢圓
最小平方回歸
主成分分析
機率密度估計
Statsmodels
第27章
距離
SciPy
插值
高斯分佈
第26章

學習地圖 第6板塊

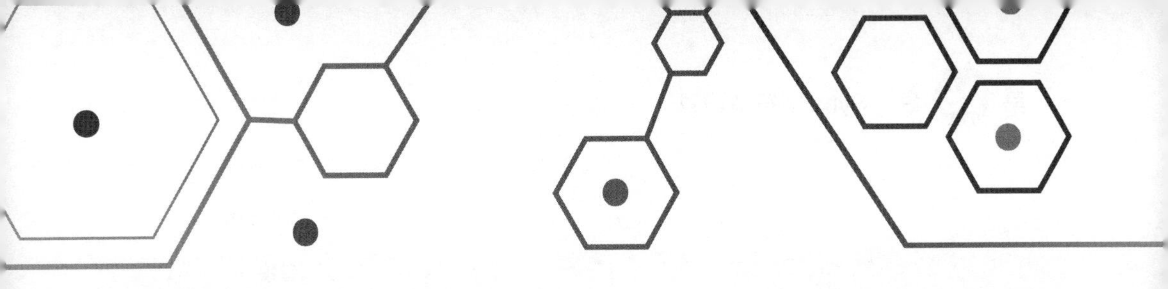

Symbolic Computation in SymPy

25 SymPy 符號運算

SymPy 是一個 Python 的符號數學計算函式庫

等式僅是數學中無聊至極的那部分；我努力從幾何角度觀察萬物。

Equations are just the boring part of mathematics.I attempt to see things in terms of geometry.

——史蒂芬 · 霍金（*Stephen Hawking*）| 英國理論物理學家和宇宙學家 | *1942—2018* 年

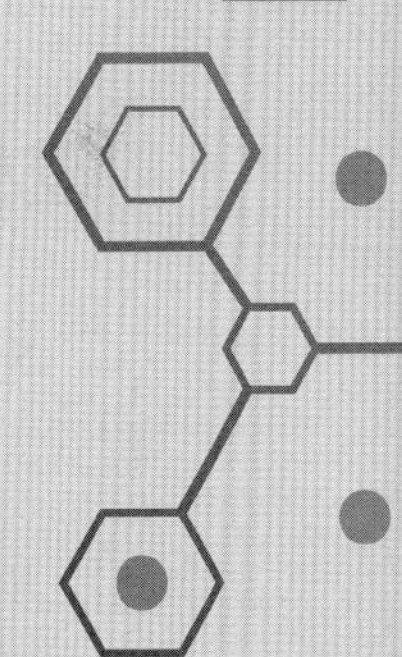

- sympy.abc import x 定義符號變數 x
- sympy.abc() 引入符號變數
- sympy.collect() 合併同類項
- sympy.cos() 符號運算中餘弦
- sympy.diff() 求解符號導數和偏導解析式
- sympy.Eq() 定義符號等式
- sympy.evalf() 將符號解析式中未知量替換為具體數值
- sympy.exp() 符號自然指數
- sympy.expand() 展開代數式
- sympy.factor() 對代數式進行因式分解
- sympy.integrate() 符號積分
- sympy.is_decreasing() 判斷符號函式的單調性
- sympy.lambdify() 將符號運算式轉化為函式
- sympy.limit() 求解極限
- sympy.Matrix() 構造符號函式矩陣
- sympy.plot_implicit() 繪製隱函式方程式
- sympy.plot3d() 繪製函式的三維曲面
- sympy.series() 求解泰勒展開級數符號式
- sympy.simplify() 簡化代數式
- sympy.sin() 符號運算中正弦
- sympy.solve() 求解符號方程組
- sympy.solve_linear_system() 求解含有號變數的線型方程組
- sympy.symbols() 建立符號變數
- sympy.sympify() 化簡符號函式運算式
- sympy.utilities.lambdify.lambdify() 將符號代數式轉化為函式

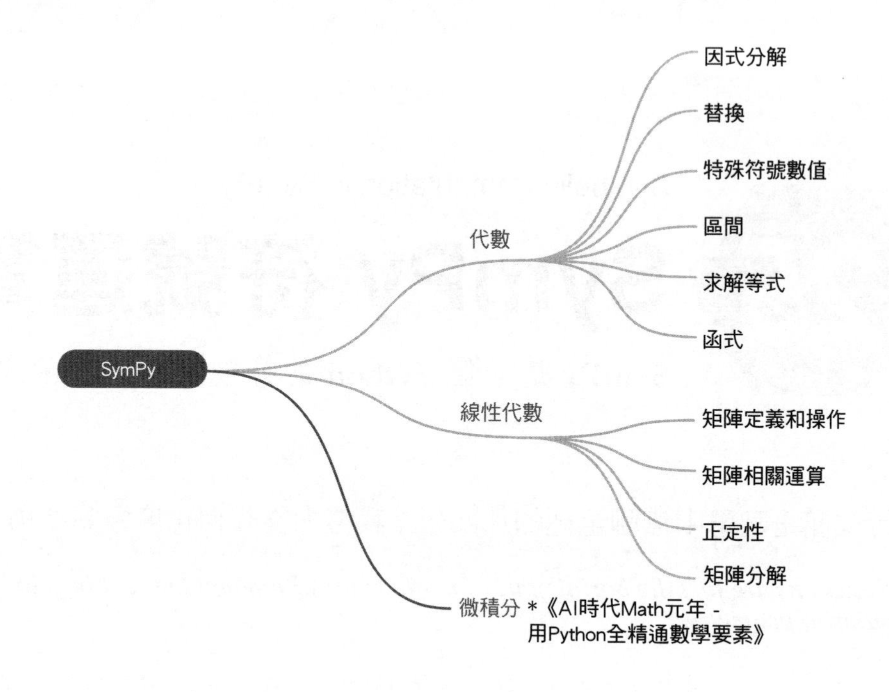

25.1 什麼是 SymPy?

SymPy 是一個基於 Python 的符號數學函式庫，它可以執行代數運算、解方程式、微積分、離散數學以及其他數學操作。

與 NumPy、Pandas 等科學計算函式庫不同，SymPy 主要關注的是符號計算而非數值計算。具體來說，SymPy 可以處理未知變數和數學符號，而不僅是數值，這在一些數學研究和工程應用中非常有用。

本章主要介紹 SymPy 中代數、線性代數運算。此外，SymPy 還可以進行微積分運算，如極限、導數、偏導數、泰勒展開、積分等。這部分內容需要一定的數學分析知識，我們將在《AI 時代 Math 元年 - 用 Python 全精通數學要素》一冊展開講解。

25.2 代數

本節舉幾個例子介紹如何用 SymPy 完成符號代數運算。

因式分解

程式 25.1 所示為利用 SymPy 完成因式分解。

ⓐ 從 sympy 匯入 symbols 和 factor，其中 symbols 用來定義符號變數，factor 用來完成因式分解。

ⓑ 這兩句的作用是將 SymPy 函式庫中的數學符號以美觀的形式列印出來。

ⓒ 定義了 x 和 y 兩個符號變數。symbols 還可以定義附帶下角標的變數，比如 x1,x2 = symbols('x1x2')。

也可以用 from sympy.abc import x,y 的形式定義符號變數。

此外，用 sympy.symbols() 定義變數時還可以提出符號的假設條件。

比如，k = sympy.symbols('k',integer=True) 這一句定義符號變數 k，並假定 k 為整數。

z = sympy.symbols('z',real=True) 定義了符號變數 z，並假定 z 為實數。

ⓓ 定義了 x^2-y^2。

ⓔ x^2-y^2 進行因式分解，結果為 $(x$-$y)(x+y)$。

反過來，可以用 sympy.expand() 展開 $(x$-$y)(x+y)$，結果為 x^2-y^2。

程式25.1 因式分解 | Bk1_Ch25_01.ipynb

```
ⓐ from sympy import symbols , factor
  # 從sympy 中匯入 symbols , factor
ⓑ from sympy import init_printing
  init_printing ("mathjax")

ⓒ x, y = symbols ('x y')
  # 用sympy.symbols(簡寫作 symbols) 定義 x和 y 兩個符號變數
ⓓ f = x**2 - y**2
ⓔ f_factored = factor (f)
```

替換

程式 25.2 中ⓐ定義字串。

ⓑ 將字串轉化為符號運算式 x^3+x^2+x+1。

ⓒ 用符號 y 替代符號 x，符號運算式變為 y^3+y^2+y+1。

ⓓ 用 0 替代 x，結果為 1。

程式25.2 用sympy.sympify將字串轉化為符號運算式 | Bk1_Ch25_01.ipynb

```
from sympy import symbols , sympify
x, y = symbols ('x y' )
ⓐ str_expression = 'x**3 + x**2 + x + 1'
# 將字串轉化為符號運算式
ⓑ str_2_sym = sympify (str_expression)
# 將符號 x替換為 y
ⓒ str_2_sym .subs (x, y)
# 將符號 x替換為 0
ⓓ str_2_sym .subs (x, 0)
```

特殊符號數值

SymPy 還可以定義特殊符號數值，表 25.1 舉出了幾個例子。

比如，sympy.sympify() 將 2 轉化為符號數值 2，然後進一步判斷其是否為整數，是否為實數。

再比如，from sympy import Rational;Rational(1,2) 這兩句的結果為 $\frac{1}{2}$。

想要知道表格中結果的浮點數形式，可以用 .evalf()，比如 exp(2).evalf() 的結果為 7.38905609893065。

請大家在 JupyerLab 中練習表 25.1 舉出的例子。

➔ 表 25.1 用 Sympy 定義特殊符號數值 | Bk1_Ch25_01.ipynb

程式	結果

`from sympy import sympify`
`sympify(2).is_integer`
`sympify(2).is_real`
	True True

`from sympy import Rational` `Rational(1,2)`	$\frac{1}{2}$
`from sympy import sqrt` `1/(sqrt(2)+ 1)`	$\frac{1}{1+\sqrt{2}}$
`from sympy import pi` `expr = pi**2`	π^2
`from sympy import exp` `exp(2)`	e^2
`from sympy import factorial` `factorial(5)`	5!
`from sympy import binomial` `binomial(5,4)`	$C_5^4 = 5$
`from sympy import gamma` `gamma(5)`	$\Gamma(5) = (5-1)! = 4\times3\times2\times1 = 24$

區間

表 25.2 總結了如何用 sympy.Interval() 定義各種區間，注意，預設區間左閉、右閉。oo(兩個小寫英文字母 o) 代表正無窮。

注意，大家自己在同一個 Jupyter Notebook 練習時，from sympy import Interval,oo 只需要匯入一次，不需要重複匯入。

此外，用 sympy.Interval() 定義的區間還可以進行集合運算，比如 Interval (0,2)-Interval(0,1) 結果為 (1,2]。再比如，Interval(0,1)+ Interval(1,2) 的結果為 [0,2]。

利用 has() 還可以判斷區間是否包含具體元素，比如先定義 intvl = Interval. Lopen(0,1)，得到區間 (0,1]。然後利用 intvl.has(0) 或 intvl.contains(0) 判斷左開右閉區間是否包括元素 0，結果為 False。

➔ 表 25.2 用 sympy.Interval() 定義區間 | Bk1_Ch25_01.ipynb

程式	結果
`from sympy import Interval,oo` `Interval(0,1,left_open=False,right_open=False)`	[0,1]
`from sympy import Interval,oo` `Interval(0,1,left_open=True,right_open=True)`	(0,1)

`from sympy import Interval,oo`
`Interval(0,1,left_open=False,right_open=True)`
#Interval.Ropen(0,1)
	[0,1)

`from sympy import Interval,oo`
`Interval(0,1,left_open=True,right_open=False)`
#Interval.Lopen(0,1)
	(0,1]

`from sympy import Interval,oo` `Interval(0,oo,left_open=False,right_open=True)`	[0, ∞)
`from sympy import Interval,oo` `Interval(-oo,0,left_open=True,right_open=True)`	(- ∞ ,0)
`from sympy import Interval,S` `Interval(0,1).complement(S.Reals)`	(- ∞ ,0) ∪ (1, ∞)

求解等式

程式 25.3 展示了如何用 sympy.solve() 求解等式。

ⓐ 定義等式 $x^2 = 1$。

ⓑ 求解等式結果為 $[-1,1]$。

ⓒ 定義等式 $ax^2 + bx + c = 0$。

ⓓ 求解等式結果為 $\left[\dfrac{-b-\sqrt{b^2-4ac}}{2a}, \dfrac{-b+\sqrt{b^2-4ac}}{2a}\right]$。

程式25.3 用sympy.solve() 求解等式 | Bk1_Ch25_01.ipynb

```
from sympy import symbols ,solve ,Eq
x = symbols ('x' )
# 定義等式 x**2 = 1
equation_1 = Eq(x**2, 1)
solve (equation_1 , x)
a,b,c = symbols ("a,b,c" , real =True)
# 定義等式 a*x**2+b*x +c=0
equation_2 = Eq(a*x**2+b*x+c, 0)
solve (equation_2 , x)
```

函式

圖 25.1 所示為二元高斯函式 $f\left(x_1,x_2\right)=\exp\left(-x_1^2-x_2^2\right)$ 曲面。

我們可以透過程式 25.4 繪製圖 25.1，下面聊聊其中關鍵敘述。

ⓐ 定義了符號函式 $\exp\left(-x_1^2-x_2^2\right)$。

ⓑ 用 lambdify() 將符號函式 $\exp\left(-x_1^2-x_2^2\right)$ 轉為 Python 函式，從而可以進行數值運算。其中，[x1,x2] 指定了符號變數。

ⓒ 用 plot_wireframe() 在三維軸物件 ax 上繪製網格曲面來視覺化二元高斯函式。

請大家自行分析程式 25.4 中剩餘程式，並逐行註釋。

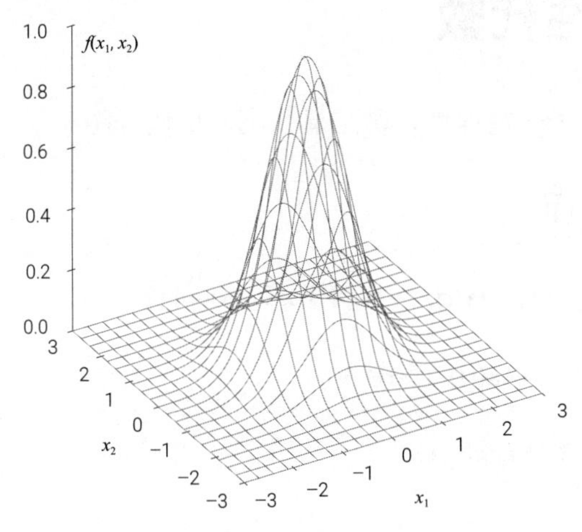

▲ 圖 25.1 二元高斯函式曲面

程式25.4 用sympy.lambdify() 將符號函式轉換為Python函式 | Bk1_Ch25_01.ipynb

```
from sympy import symbols , exp, lambdify
import numpy as np
import matplotlib .pyplot as plt

x1, x2 = symbols ('x1 x2' )
# 定義符號函式
f_gaussian_x1x2 = exp (-x1**2 - x2**2)
# 將符號函式轉換為 Python 函式
f_gaussian_x1x2_fcn = lambdify ([x1,x2],f_gaussian_x1x2)
xx1,xx2 = np.meshgrid (np.linspace (-3,3,201),
                       np.linspace (-3,3,201))

ff = f_gaussian_x1x2_fcn  (xx1,xx2)
# 視覺化
fig = plt.figure ()
ax = fig.add_subplot (projection ='3d' )

ax.plot_wireframe (xx1,xx2,ff,
                   rstride =10, cstride =10)
ax.set_proj_type ('ortho' )
ax.view_init (azim =-120, elev =30)
ax.grid (False)
ax.set_xlabel ('x1' )
ax.set_ylabel ('x2' )
ax.set_zlabel ('f(x1,x2)')
ax.set_xlim (-3,3)
ax.set_ylim (-3,3)
ax.set_zlim (0,1)
ax.set_box_aspect (aspect = (1,1,1))
fig.savefig ('二元高斯函式 .svg', format='svg' )
```

25.3 線性代數

SymPy 也提供了一些線性代數工具，下面舉例介紹。

矩陣定義和操作

程式 25.5 用 sympy.Matrix() 定義矩陣、列向量。

ⓐ 從 sympy 匯入 Matrix 函式。

ⓑ 定義 2 行、3 列矩陣 $\boldsymbol{A}$。

函式 sympy.shape() 可以用來獲取矩陣形狀。舉個例子，先用 from sympy import shape 匯入 shape，然後 shape(***A***) 傳回元組 (2,3) 即矩陣形狀。***A***.T 可以完成矩陣轉置。

對矩陣 ***A*** 的索引和切片方法和 NumPy 陣列一致。

比如，***A***[0,0] 提取矩陣第 1 行、第 1 列元素。

A[-1,-1] 提取矩陣最後一行、最後一列元素。

A[0,:] 提取矩陣第一行，***A***.row(0) 也可以用來提取矩陣第 1 行。

A[:,0] 提取矩陣第一列，***A***.col(0) 也可以提取矩陣第一列。

此外，***A***.row_del(0) 可以用來刪除第 1 行元素。

A.row_insert() 可以用來在特定位置插入行向量。

同理，***A***.col_del(0) 可以用來刪除第 1 列元素。

A.col_insert() 可以用來在特定位置插入列向量。

ⓒ 定義列向量 ***a***。

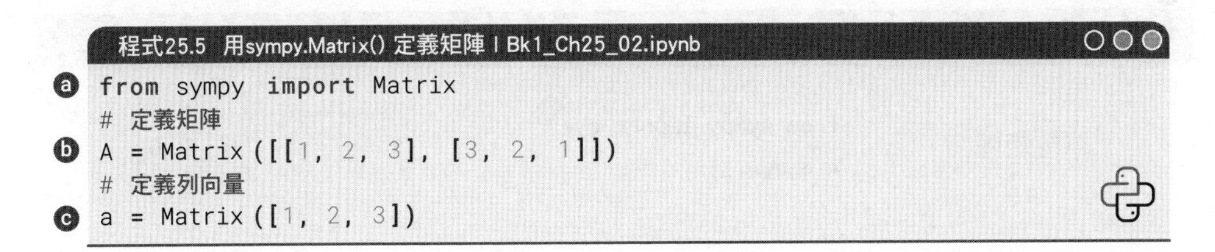

程式25.5 用sympy.Matrix() 定義矩陣 | Bk1_Ch25_02.ipynb

```
ⓐ from sympy import Matrix
  # 定義矩陣
ⓑ A = Matrix ([[1, 2, 3], [3, 2, 1]])
  # 定義列向量
ⓒ a = Matrix ([1, 2, 3])
```

程式 25.6 定義的矩陣 ***A*** 為 $\boldsymbol{A}=\begin{bmatrix} a & b \\ c & d \end{bmatrix}$。

程式25.6 用sympy.Matrix() 定義全符號矩陣 | Bk1_Ch25_02.ipynb

```
  from sympy import Matrix , symbols
ⓑ A = Matrix (2, 2, symbols ('a:d' ))
```

表 25.3 舉出了幾種產生特殊矩陣的方法。

此外，*A*.is_symmetric() 判斷矩陣 *A* 是否為**對稱矩陣** (symmetric matrix)。

A.is_diagonal() 判斷矩陣 *A* 是否為**對角矩陣** (diagonal matrix)。

> ⚠ import numpy as np; np.array(A).astype(np.float64) 可以把符號矩陣轉換為 NumPy Array，然後可以用 NumPy 函式進一步完成各種線性代數運算。

A.is_lower() 判斷矩陣 *A* 是否為**下三角矩陣** (lower triangular matrix)。

A.is_upper() 判斷矩陣 *A* 是否為**上三角矩陣** (upper triangular matrix)。

A.is_square() 判斷矩陣 *A* 是否為**方陣** (square matrix)。

A.is_zero_matrix() 判斷矩陣 *A* 是否為**全 0 矩陣** (zero matrix)。

A.is_diagonalizable() 判斷矩陣 *A* 是否為**可對角化矩陣** (diagonalizable matrix)。

A.is_positive_definite() 判斷矩陣 *A* 是否為**正定矩陣** (positive definite matrix)。

➔ 表 25.3 用 Sympy 函式產生特殊矩陣 | Bk1_Ch25_02.ipynb

矩陣類型	程式	結果
單位矩陣	`from sympy import eye` `A = eye(3)`	$\begin{bmatrix}1 & 0 & 0\\0 & 1 & 0\\0 & 0 & 1\end{bmatrix}$
全 0 矩陣	`from sympy import zeros` `A = zeros(3, 3)`	$\begin{bmatrix}0 & 0 & 0\\0 & 0 & 0\\0 & 0 & 0\end{bmatrix}$
全 1 矩陣	`from sympy import ones` `A = ones(3, 3)`	$\begin{bmatrix}1 & 1 & 1\\1 & 1 & 1\\1 & 1 & 1\end{bmatrix}$
對角方陣	`from sympy import diag` `A = diag(1, 2, 3)`	$\begin{bmatrix}1 & 0 & 0\\0 & 2 & 0\\0 & 0 & 3\end{bmatrix}$

矩陣類型	程式	結果

上三角矩陣	`from sympy import ones`
	`A = ones(3)`
	`A.upper_triangular()`
		$\begin{bmatrix}1 & 1 & 1\\0 & 1 & 1\\0 & 0 & 1\end{bmatrix}$

下三角矩陣	`from sympy import ones`
	`A = ones(3)`
	`A.lower_triangular()`
		$\begin{bmatrix}1 & 0 & 0\\1 & 1 & 0\\1 & 1 & 1\end{bmatrix}$

矩陣相關運算

程式 25.7 展示了矩陣相關的常用運算。

ⓐ 和ⓑ舉出兩種矩陣乘法運算子，建議大家使用 @，和 NumPy 矩陣乘法符號保持一致。

ⓒ 和ⓓ舉出兩種矩陣逆運算符號。

ⓔ 將符號矩陣轉化為浮點數 NumPy 陣列。

ⓕ 計算矩陣 $\boldsymbol{Q}$ 的逆，結果為 $\frac{1}{ad-bc}\begin{bmatrix}d & -b\\-c & a\end{bmatrix}$。

ⓖ 計算矩陣 $\boldsymbol{Q}$ 的行列式，結果為 $ad–bc$。

ⓗ 計算矩陣 $\boldsymbol{Q}$ 的跡，結果為 $a + d$。

程式25.7 用Sympy中常見矩陣運算 | Bk1_Ch25_02.ipynb

```
from sympy import Matrix ,symbols

A = Matrix ([[1, 3], [-2, 3]])
B = Matrix ([[0, 3], [0, 7]])
A.T                            # 矩陣轉置
A + B                          # 加法
A - B                          # 減法
3*A                            # 純量乘矩陣
A.multiply_elementwise (B)     # 逐項積
A * B                          # 矩陣乘法
A @ B                          # 矩陣乘法

Matrix_2x2 = Matrix ([[1.25, -0.75],
                      [-0.75, 1.25]])

Matrix_2x2 **-1                # 矩陣逆
Matrix_2x2 .inv ()             # 矩陣逆
# 將符號矩陣轉化為浮點數 NumPy 陣列
np.array (Matrix_2x2 ).astype (np.float64 )

a, b, c, d = symbols ('a b c d' )
Q = Matrix ([[a, b],
             [c, d]])

Q.inv ()                       # 矩陣逆
Q.det ()                       # 行列式
Q.trace ()                     # 跡
```

正定性

正定性 (positive definiteness) 是線性代數、最佳化方法、機器學習重要的數學概念。表 25.4 用一組 2 × 2 矩陣 $\boldsymbol{A}_{2\times2}$ 介紹正定性，下面具體來看。

矩陣 $\boldsymbol{A}_{2\times2}$ 是**正定** (positive definite)，表示 $f(\boldsymbol{x})= \boldsymbol{x}^{\mathrm{T}}@\boldsymbol{A}_{2\times2}@\boldsymbol{x}$ 是個開口朝上的拋物面，形狀像是碗。除了 (0,0)，$f(\boldsymbol{x})= \boldsymbol{x}^{\mathrm{T}}@\boldsymbol{A}_{2\times2}@\boldsymbol{x}$ 均大於 0。(0,0) 為最小值。

矩陣 $\boldsymbol{A}_{2\times2}$ 是**半正定** (positive semi-definite)，表示 $f(\boldsymbol{x})= \boldsymbol{x}^{\mathrm{T}}@\boldsymbol{A}_{2\times2}@\boldsymbol{x}$ 是個開口朝上的山谷面。除了 (0,0)，$f(\boldsymbol{x})= \boldsymbol{x}^{\mathrm{T}}@\boldsymbol{A}_{2\times2}@\boldsymbol{x}$ 均大於等於 0。山谷的谷底都是極小值。

矩陣 $\boldsymbol{A}_{2\times 2}$ 是**負定** (negative definite)，表示 $f(\boldsymbol{x})= \boldsymbol{x}^{\mathrm{T}}@\boldsymbol{A}_{2\times 2}@\boldsymbol{x}$ 是個開口朝下的拋物面。除了 (0,0)，$f(\boldsymbol{x})= \boldsymbol{x}^{\mathrm{T}}@\boldsymbol{A}_{2\times 2}@\boldsymbol{x}$ 均小於 0。(0,0) 為最大值。

矩陣 $\boldsymbol{A}_{2\times 2}$ 是**半負定** (negative semi-definite)，表示 $f(\boldsymbol{x})= \boldsymbol{x}^{\mathrm{T}}@\boldsymbol{A}_{2\times 2}@\boldsymbol{x}$ 是個開口朝下的山脊面。除了 (0,0)，$f(\boldsymbol{x})= \boldsymbol{x}^{\mathrm{T}}@\boldsymbol{A}_{2\times 2}@\boldsymbol{x}$ 均小於等於 0。山脊的頂端都是極大值。

矩陣 $\boldsymbol{A}_{2\times 2}$ **不定** (indefinite)，表示 $f(\boldsymbol{x})= \boldsymbol{x}^{\mathrm{T}}@\boldsymbol{A}_{2\times 2}@\boldsymbol{x}$ 是個馬鞍面，(0,0) 為鞍點。$f(\boldsymbol{x})= \boldsymbol{x}^{\mathrm{T}}@\boldsymbol{A}_{2\times 2}@\boldsymbol{x}$ 符號不定。

➔ 表 25.4 幾種 2×2 矩陣對應的不同正定性

正定性	矩陣 A 和函式	三維視覺化	二維視覺化
正定	$\boldsymbol{A}=\begin{bmatrix}1 & \\ & 1\end{bmatrix}$ $f(x_1,x_2)=x_1^2+x_2^2$	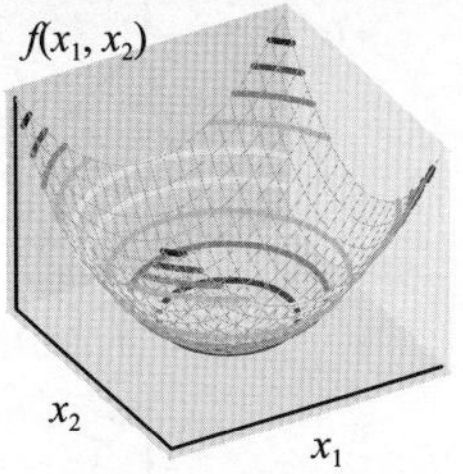	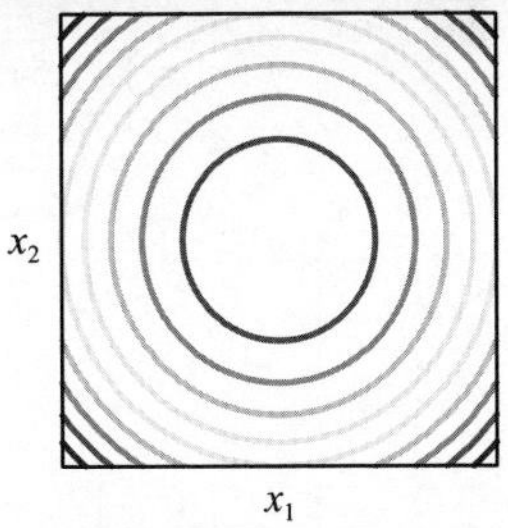
正定	$\boldsymbol{A}=\begin{bmatrix}1 & \\ & 2\end{bmatrix}$ $f(x_1,x_2)=x_1^2+2x_2^2$	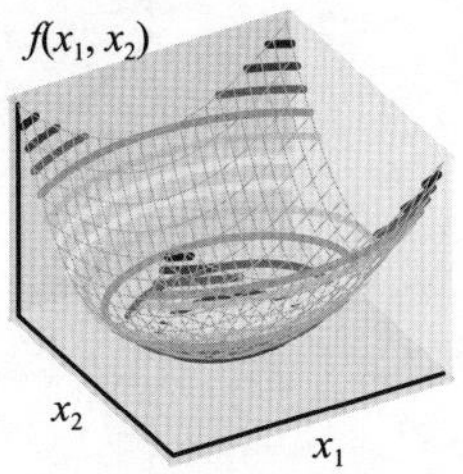	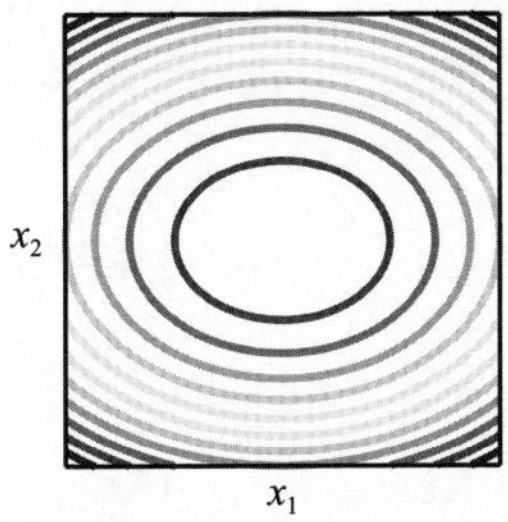
正定	$\boldsymbol{A}=\begin{bmatrix}1.5 & 0.5\\ 0.5 & 1.5\end{bmatrix}$ $f(x_1,x_2)=1.5x_1^2+x_1x_2+1.5x_2^2$	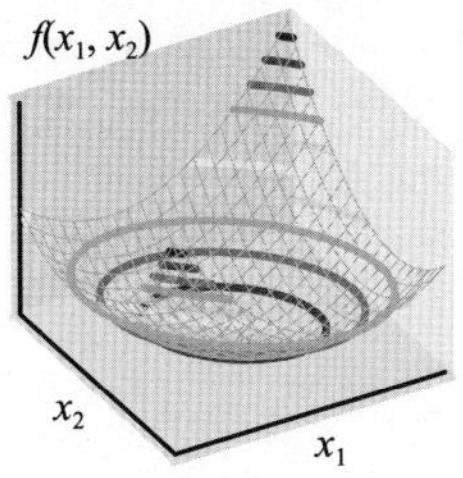	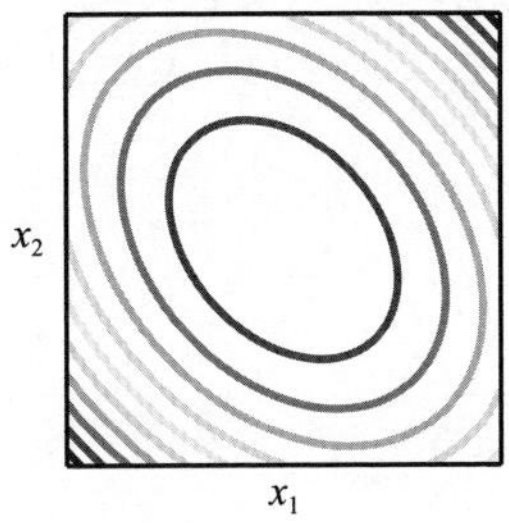

（續下頁）

正定性	矩陣 A 和函式	三維視覺化	二維視覺化
半正定	$A=\begin{bmatrix}1 & \\ & 0\end{bmatrix}$ $f(x_1,x_2)=x_1^2$	$f(x_1, x_2)$, x_2, x_1	x_2, x_1
半正定	$A=\begin{bmatrix}0.5 & -0.5\\ -0.5 & 0.5\end{bmatrix}$ $f(x_1,x_2)=0.5x_1^2-x_1x_2+0.5x_2^2$	$f(x_1, x_2)$, x_2, x_1	x_2, x_1
半正定	$A=\begin{bmatrix}0 & \\ & 1\end{bmatrix}$ $f(x_1,x_2)=x_2^2$	$f(x_1, x_2)$, x_2, x_1	x_2, x_1
負定	$A=\begin{bmatrix}-1 & \\ & -1\end{bmatrix}$ $f(x_1,x_2)=-x_1^2-x_2^2$	$f(x_1, x_2)$, x_2, x_1	x_2, x_1

（續下頁）

正定性	矩陣 A 和函式	三維視覺化	二維視覺化
負定	$\boldsymbol{A}=\begin{bmatrix}-1 & \\ & -2\end{bmatrix}$ $f\left(x_1,x_2\right)=-x_1^2-2x_2^2$	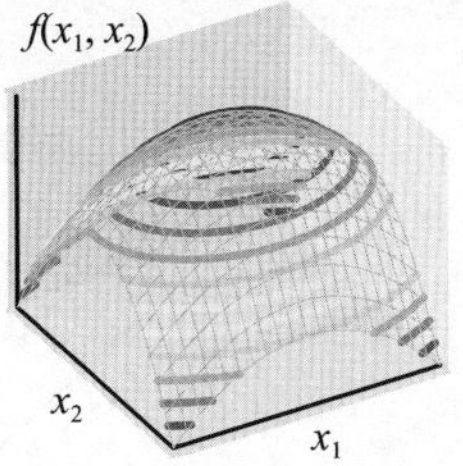	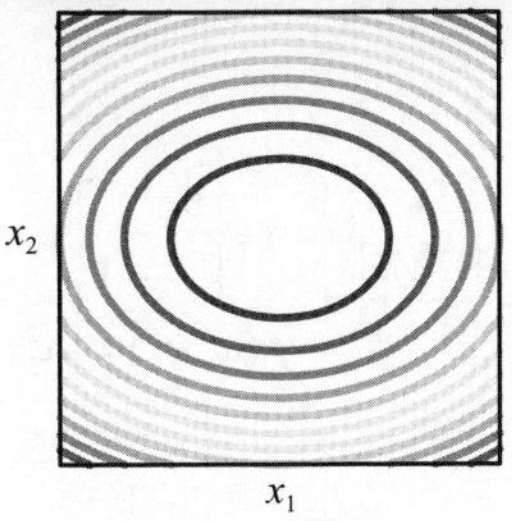
負定	$\boldsymbol{A}=\begin{bmatrix}-1.5 & -0.5\\ -0.5 & -1.5\end{bmatrix}$ $f\left(x_1,x_2\right)=-1.5x_1^2-x_1x_2-1.5x_2^2$	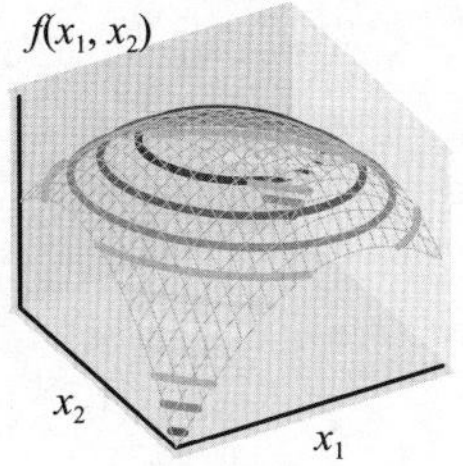	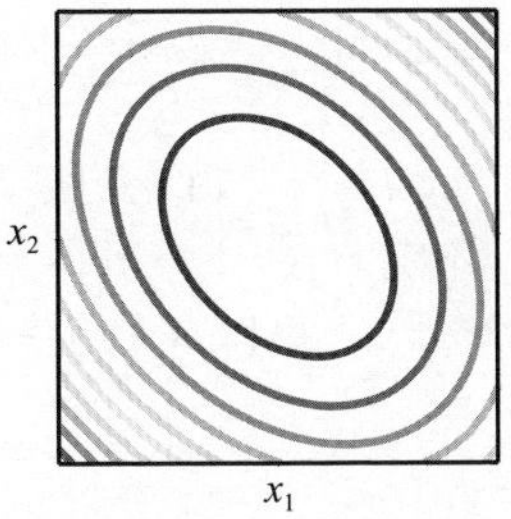
半負定	$\boldsymbol{A}=\begin{bmatrix}-1 & \\ & 0\end{bmatrix}$ $f\left(x_1,x_2\right)=-x_1^2$	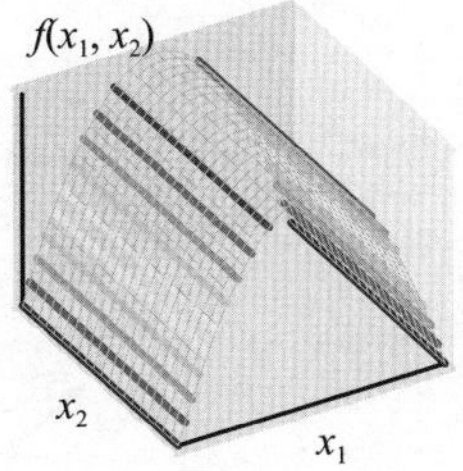	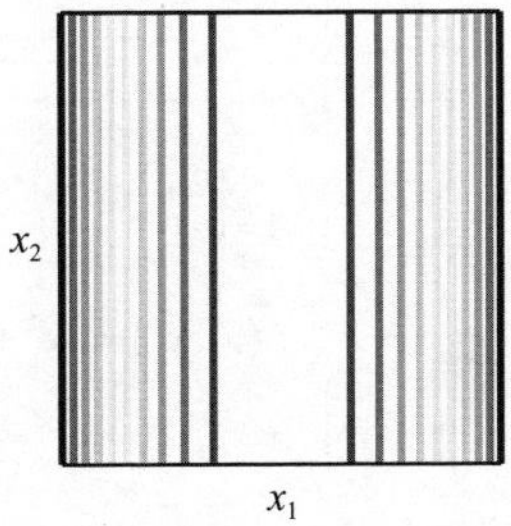
半負定	$\boldsymbol{A}=\begin{bmatrix}-0.5 & 0.5\\ 0.5 & -0.5\end{bmatrix}$ $f\left(x_1,x_2\right)=-0.5x_1^2+x_1x_2-0.5x_2^2$	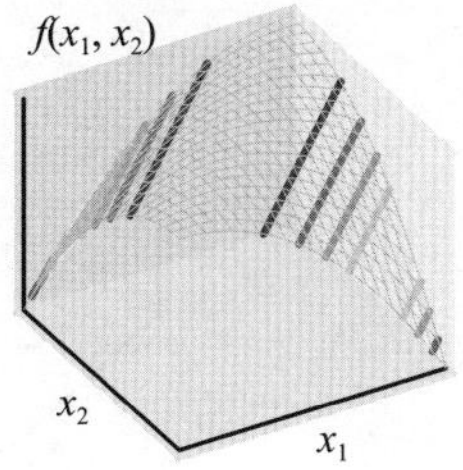	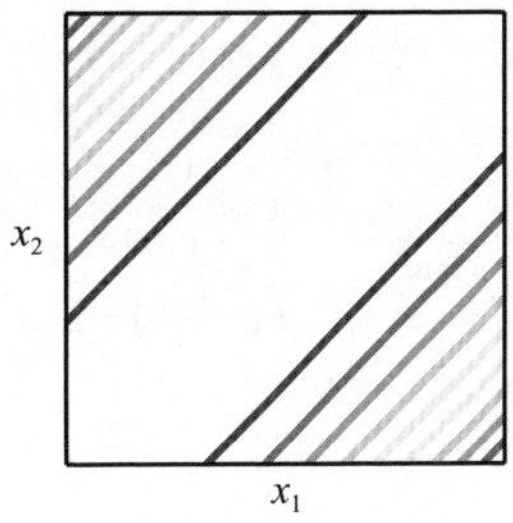

（續下頁）

正定性	矩陣 A 和函式	三維視覺化	二維視覺化
半負定	$\boldsymbol{A}=\begin{bmatrix}0 & \\ & -1\end{bmatrix}$ $f(x_1,x_2)=-x_2^2$		
不定	$\boldsymbol{A}=\begin{bmatrix}1 & \\ & -1\end{bmatrix}$ $f(x_1,x_2)=x_1^2-x_2^2$		
不定	$\boldsymbol{A}=\begin{bmatrix}-1 & \\ & 1\end{bmatrix}$ $f(x_1,x_2)=-x_1^2+x_2^2$		
不定	$\boldsymbol{A}=\begin{bmatrix}0 & 1\\ 1 & 0\end{bmatrix}$ $f(x_1,x_2)=2x_1x_2$		

我們可以透過程式 25.8 和程式 25.9 繪製表 25.4 影像，下面講解關鍵敘述。

程式 25.8 首先自訂了一個視覺化函式。

ⓐ 用 def 自訂函式 visualize()，這個函式有三個輸入。

ⓑ 用 matplotlib.pyplot.figure()，簡寫作 plt.figure()，建立了一個圖形物件 fig。參數 figsize=(6,3) 代表圖寬為 6 英吋，圖高為 3 英吋。

ⓒ 用 fig.add_subplot() 在圖形物件 fig 中增加一個子圖，輸出軸物件為 ax_3D。

參數 (1,2,1) 表示將圖形劃分為 1 行 2 列的子圖版面配置，並選擇第 1 個子圖。參數第一個數字 1 表示行數，第二個數字 2 表示列數，第三個數字 1 表示選擇的子圖位置。

projection='3d' 表示使用 3D 投影座標系，用於呈現三維視覺化方案。

ⓓ 在三維軸物件 ax_3D 中用 plot_wireframe() 繪製網格圖。

xx1 和 xx2 是網格資料，用於表示 x 和 y 座標的網格點。

f2_array 包含了與網格點對應的二元函式座標的數值。

rstride 和 cstride 分別表示行和列的步幅，控制網格之間的間隔，這裡設置為 10。

color=[0.8,0.8,0.8] 指定了線框的顏色，這裡是一個灰色。

linewidth=0.25 控制線框的線寬。

ⓔ 在三維軸物件 ax_3D 增加了第二個視覺化方案—等高線。請大家自己解釋函式輸入。

ⓕ 用 fig.add_subplot() 在圖形物件 fig 中增加第二個子圖，子圖位於右側，預設為平面；輸出軸物件為 ax_2D。

ⓖ 在平面軸物件 ax_2D 上繪製二維等高線。

程式25.8 定義視覺化函式 | Bk1_Ch25_03.ipynb

```
# 匯入套件
import numpy as np
import matplotlib .pyplot as plt
from sympy import symbols , lambdify , expand , simplify

# 定義視覺化函式
def visualize (xx1 ,xx2 ,f2_array ):

    fig = plt .figure (figsize =(6,3))
    # 左子圖，三維
    ax_3D = fig .add_subplot (1, 2, 1, projection ='3d' )

    ax_3D .plot_wireframe (xx1 , xx2 , f2_array ,
                          rstride =10, cstride =10,
                          color = [0.8,0.8,0.8],
                          linewidth = 0.25)

    ax_3D .contour (xx1 , xx2 , f2_array ,
                   levels = 12, cmap = 'RdYlBu_r' )

    ax_3D .set_xlabel ('$x_1$' ); ax_3D .set_ylabel ('$x_2$' )
    ax_3D .set_zlabel ('$f(x_1,x_2)$' )
    ax_3D .set_proj_type ('ortho' )
    ax_3D .set_xticks ([]); ax_3D .set_yticks ([])
    ax_3D .set_zticks ([])
    ax_3D .view_init (azim=-120, elev =30)
    ax_3D .grid (False)
    ax_3D .set_xlim (xx1 .min(), xx1 .max());
    ax_3D .set_ylim (xx2 .min(), xx2 .max())

    # 右子圖 ， 二維等高線
    ax_2D = fig .add_subplot (1, 2, 2)
    ax_2D .contour (xx1 , xx2 , f2_array ,
                   levels = 12, cmap = 'RdYlBu_r' )

    ax_2D .set_xlabel ('$x_1$' ); ax_2D .set_ylabel ('$x_2$' )
    ax_2D .set_xticks ([]); ax_2D .set_yticks ([])
    ax_2D .set_aspect ('equal' ); ax_2D .grid (False)
    ax_2D .set_xlim (xx1 .min(), xx1 .max());
    ax_2D .set_ylim (xx2 .min(), xx2 .max())
    plt .tight_layout ()
```

程式 25.9 ⓐ 利用 numpy.meshgrid() 生成網格化資料，代表橫縱軸座標點。

ⓑ 自訂函式，用來更方便地生成表 25.4 中不同 $f(\boldsymbol{x})=\boldsymbol{x}^{\mathrm{T}}@\boldsymbol{A}_{2\times 2}@\boldsymbol{x}$。

ⓒ 定義符號變數 x1 和 x2，分別代表 x_1 和 x_2。

ⓓ 相當於構造了符號列向量 $\boldsymbol{x}=\begin{bmatrix} x_1 \\ x_2 \end{bmatrix}$。

ⓔ 計算 $\boldsymbol{x}^{\mathrm{T}}@\boldsymbol{A}_{2\times2}@\boldsymbol{x}$，雖然只有一個元素，但是結果為二維陣列。

ⓕ 從上述結果中提取符號運算式。

ⓖ 列印 $\boldsymbol{x}^{\mathrm{T}}@\boldsymbol{A}_{2\times2}@\boldsymbol{x}$ 解析式。

ⓗ 用 math.lambdify() 將符號解析式轉化為 Python 函式。

ⓘ 計算給定網格座標下的二元函式 $f(\boldsymbol{x})=\boldsymbol{x}^{\mathrm{T}}@\boldsymbol{A}_{2\times2}@\boldsymbol{x}$ 值，結果也是二維陣列。

ⓙ 舉了一個例子。

ⓚ 呼叫自訂函式 fcn() 計算函式值。

ⓛ 呼叫自訂函式 visualize() 視覺化二元函式。

請大家在 JupyterLab 中練習計算並視覺化表 25.4 所有範例。

程式25.9 視覺化正定性（使用時配合前文程式）| Bk1_Ch25_03.ipynb

```
# 生成資料
x1_array = np.linspace (-2,2,201)
x2_array = np.linspace (-2,2,201)

xx1, xx2 = np.meshgrid (x1_array , x2_array )      # a

# 定義二元函式

def fcn(A, xx1, xx2):                              # b

    x1,x2 = symbols ('x1 x2' )                     # c
    x = np.array([[x1,x2]]).T                      # d
    f_x = x.T@A@x                                  # e
    f_x = f_x[0][0]                                # f
    print(simplify (expand (f_x)))                 # g

    f_x_fcn = lambdify ([x1,x2],f_x)               # h
    ff_x = f_x_fcn (xx1,xx2)                       # i

    return ff_x
```

```
# 不定矩陣
A = np.array([[0, 1],
              [1, 0]])

f2_array = fcn(A, xx1, xx2)
visualize (xx1,xx2,f2_array )
```

矩陣分解

我們可以透過程式 25.10 完成符號矩陣 $A=\begin{bmatrix} a^2 & 2abc \\ 2abc & b^2 \end{bmatrix}$ 的特徵值和特徵向量分解，請在 JupyterLab 查看結果。

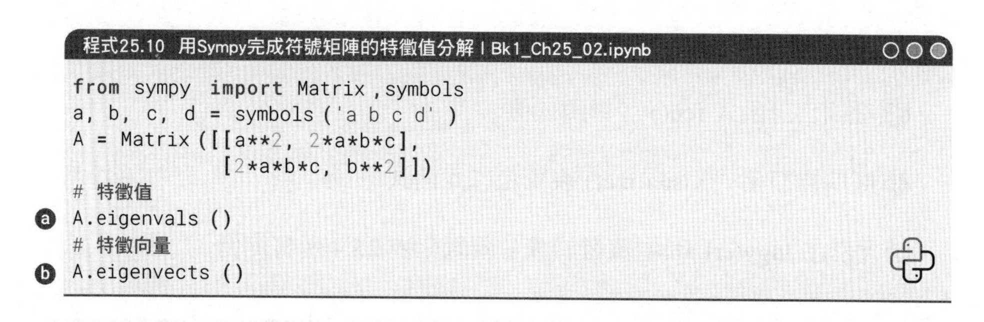

程式25.10 用Sympy完成符號矩陣的特徵值分解 | Bk1_Ch25_02.ipynb

```
from sympy import Matrix ,symbols
a, b, c, d = symbols ('a b c d' )
A = Matrix ([[a**2, 2*a*b*c],
             [2*a*b*c, b**2]])
# 特徵值
A.eigenvals ()
# 特徵向量
A.eigenvects ()
```

我們可以透過程式 25.11 完成矩陣 $A=\begin{bmatrix} 0 & 1 \\ 1 & 1 \\ 1 & 0 \end{bmatrix}$ 的奇異值分解。U 的結果為 $U=\begin{bmatrix} \sqrt{2}/2 & \sqrt{6}/6 \\ 0 & \sqrt{6}/3 \\ -\sqrt{2}/2 & \sqrt{6}/6 \end{bmatrix}$，$S$ 的結果為 $S=\begin{bmatrix} 1 & \\ & \sqrt{3} \end{bmatrix}$，$V$ 的結果為 $V=\begin{bmatrix} -\sqrt{2}/2 & \sqrt{2}/2 \\ \sqrt{2}/2 & \sqrt{2}/2 \end{bmatrix}$。

請大家分別計算 V.T @ V，V @ V.T，U.T @ U，並說明結果特點。

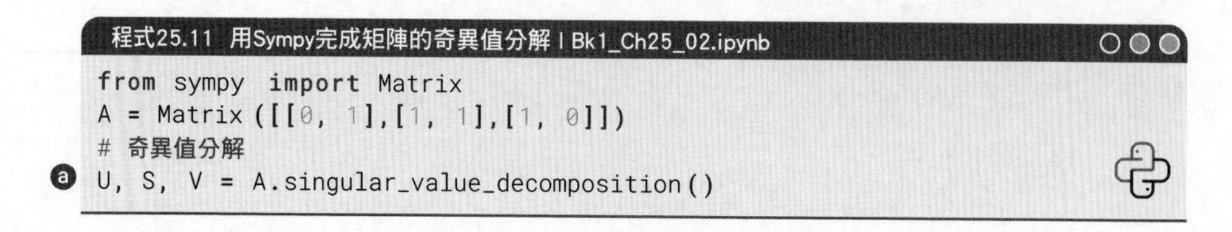

程式25.11 用Sympy完成矩陣的奇異值分解 | Bk1_Ch25_02.ipynb

```
from sympy import Matrix
A = Matrix ([[0, 1],[1, 1],[1, 0]])
# 奇異值分解
U, S, V = A.singular_value_decomposition()
```

本章最後從資料和幾何角度再聊聊矩陣乘法規則。

再聊聊矩陣乘法規則：尺寸匹配是前提

矩陣乘法 ***A* @ *B*** 的前提條件是，左側矩陣 ***A*** 的列數必須等於右側矩陣 ***B*** 的行數。如圖 25.2 所示，如果矩陣乘法 ***A* @ *B*** 成立，不代表 ***B* @ *A*** 也成立。

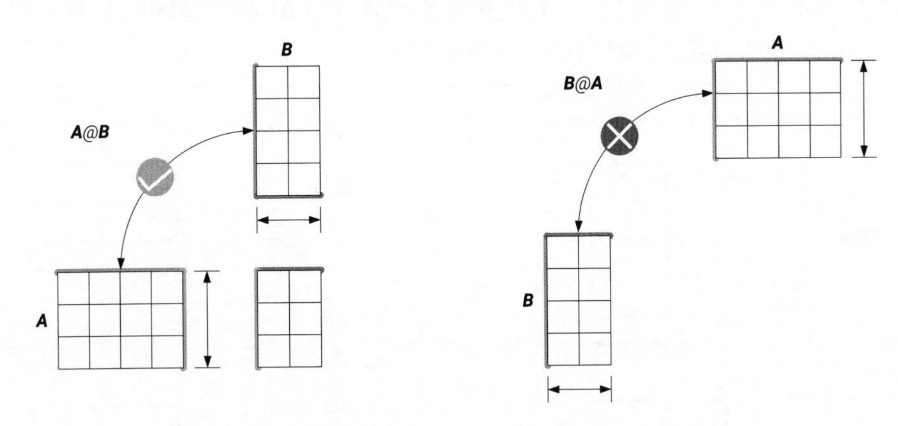

▲ 圖 25.2 矩陣乘法 ***A* @ *B*** 成立，***B* @ *A*** 不成立

圖 25.3 展示了如何獲得矩陣乘法 ***A* @ *B*** 的每一個元素。從這幅圖中，我們可以更清楚地知道為什麼要求 ***A*** 的列數必須等於 ***B*** 的行數。

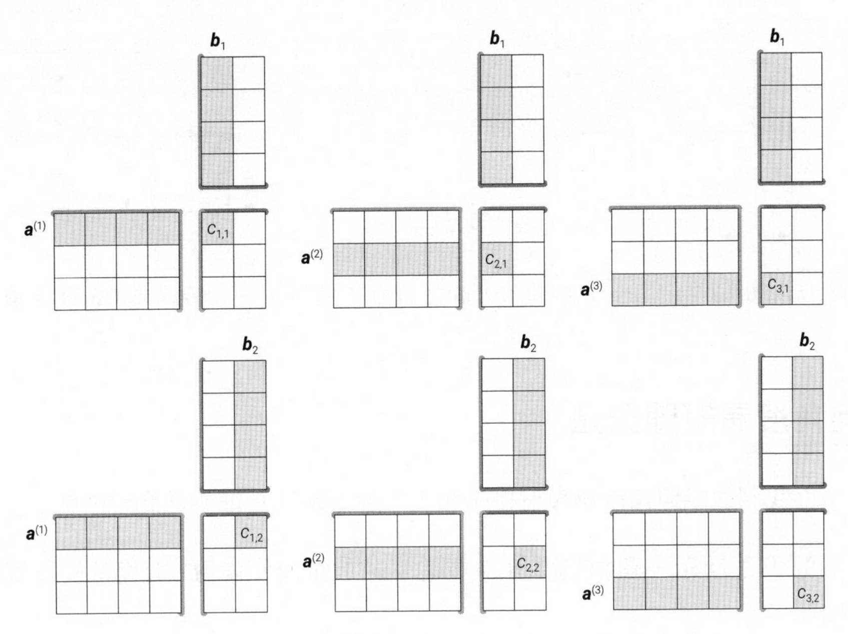

▲ 圖 25.3 如何獲得矩陣乘法 ***A@B*** 的每個元素

圖 25.4 告訴我們，即使有些情況矩陣乘法 A @ B 成立，B @ A 也成立；但是，通常 A @ $B \neq B$ @ A。

> 請大家思考，什麼條件下 A @ B = B @ A？《AI 時代 Math 元年 - 用 Python 全精通矩陣及線性代數》會舉出答案。

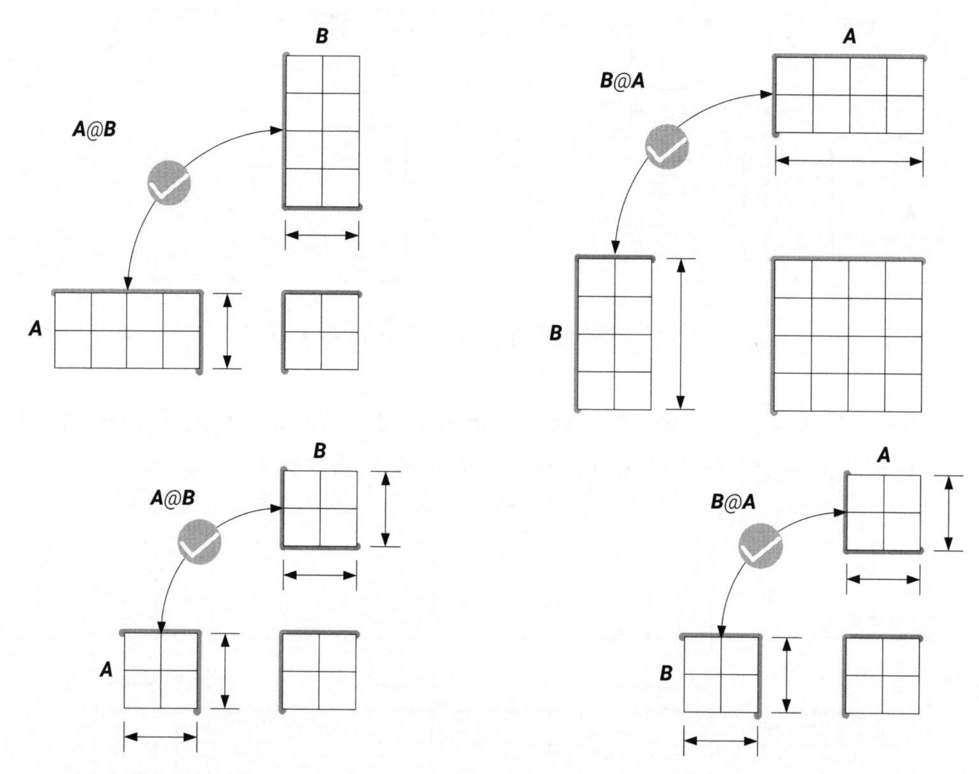

▲ 圖 25.4 矩陣乘法 A @ B 成立，B @ A 成立；但是，一般情況，A @ $B \neq B$ @ A

幾何角度看矩陣乘法

下面我們從幾何角度舉幾個例子和大家簡單聊聊矩陣乘法和矩陣的逆。

如圖 25.5 所示，圖中矩陣 A 完成的是縮放，反矩陣 A^{-1} 則相當於這個縮放的逆操作。

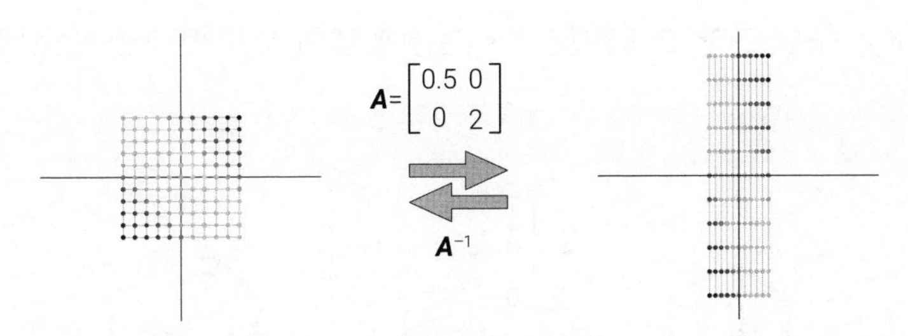

▲ 圖 25.5 平面縮放

同理，圖 25.6 中 A 完成平面旋轉，A^{-1} 則向反方向旋轉，將圖形恢復原貌。

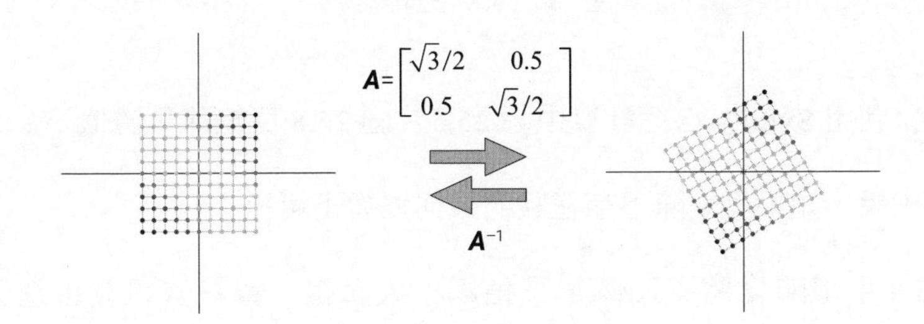

▲ 圖 25.6 平面旋轉

請大家用 SymPy 在 JupyterLab 中計算圖 25.5 和圖 25.6 這兩個矩陣的逆。

在三維空間，矩陣也可以用來完成各種幾何變換。

如圖 25.7 所示，矩陣 A 完成三維空間縮放，每個軸方向的縮放比例顯然不一致，這和矩陣對角線元素有關。

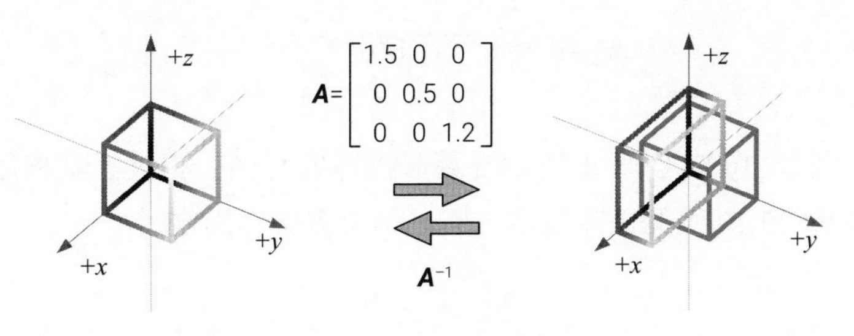

▲ 圖 25.7 三維縮放

圖 25.8 則完成三維空間的旋轉。這兩種情況的反矩陣也是完成反向幾何操作。

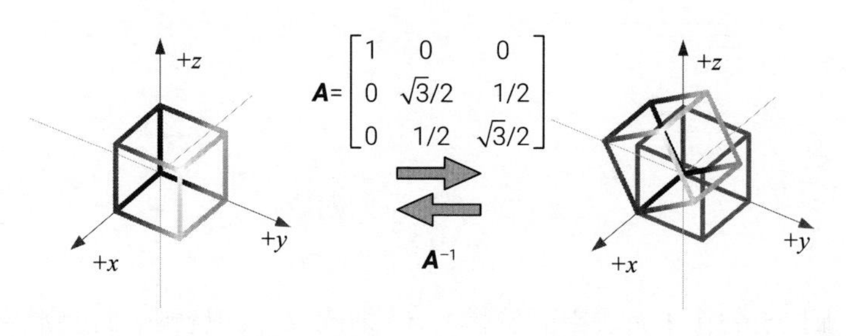

▲ 圖 25.8 三維旋轉

請大家利用 SymPy 自行計算中圖 25.5 ~ 圖 25.8 反矩陣具體值。

簡單來說，如果反矩陣不存在說明幾何變換不可逆。

圖 25.9 中矩陣 ***A*** 將平面圖形「拍扁」成直線，資料資訊發生遺失。這個幾何操作叫作**投影** (projection)。單從圖 25.9 右圖來看，我們不能將其恢復成左圖。

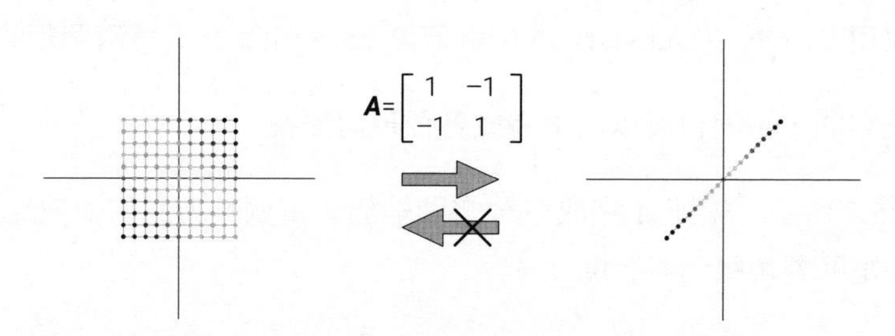

▲ 圖 25.9 平面投影，不可逆

同理，圖 25.10 中矩陣 ***A*** 將三維圖形拍扁成平面。請大家試著用 SymPy 計算圖 25.9 和圖 25.10 兩個矩陣的逆，看看是否會顯示出錯。

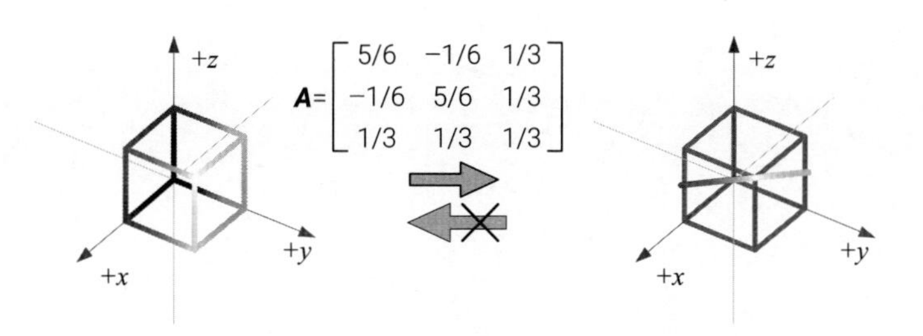

▲ 圖 25.10 三維投影，不可逆

➔ **請大家完成以下題目。**

Q1. 在 JupyterLab 複刻本章所有程式和結果。

* 題目很基礎，本書不給答案。

➔ **對用 SymPy 求解微積分問題感興趣的讀者可以參考：**

```
https://docs.sympy.org/latest/tutorials/intro-tutorial/calculus.html
```

請大家注意，SymPy 目前很多功能還不夠完善。大家想要處理更為複雜的符號運算，建議使用 Mathematica 或 MATLAB Symbolic Math Toolbox。

本章最後這些幾何變換 (旋轉、縮放、投影) 用途極為廣泛，如在電腦視覺、機器人運動等方面。在本書系中，大家會發現這些幾何變換還可以幫助我們理解特徵值分解、奇異值分解、隨機數模擬、協方差矩陣、多元高斯分佈、主成分分析等。

看似枯燥無味、單調呆板的矩陣乘法實際上多姿多彩、妙趣橫生。《AI 時代 Math 元年 - 用 Python 全精通矩陣及線性代數》一冊將為大家展現一個生機勃勃的矩陣乘法世界。

MEMO

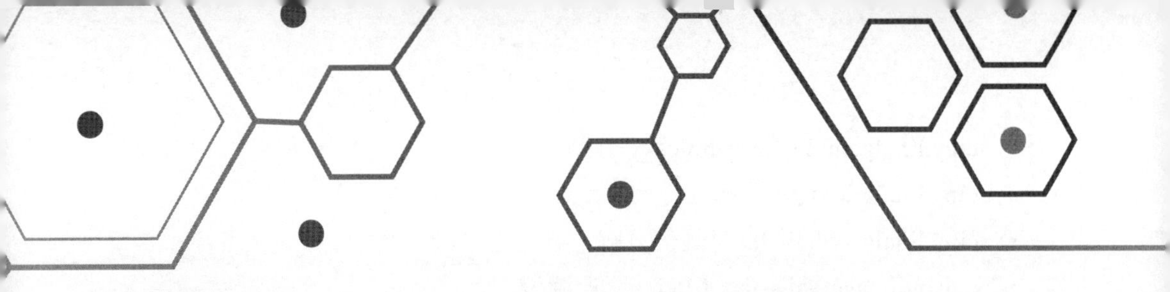

Scientific Computation Using SciPy

26 SciPy 數學運算

插值、積分、線性代數、最佳化、統計……

> 無限！沒有其他問題能如此深刻地觸動人類的精神。
>
> ***The infinite!No other question has ever moved so profoundly the spirit of man.***
>
> ——大衛 · 希伯特（*David Hilbert*）| 德國數學家 | *1862—1943* 年

- scipy.cluster.vq.kmeans()k 平均值聚類
- scipy.constants.pi 圓周率
- scipy.constants.golden 黃金分割比
- scipy.constants.c 真空中光速
- scipy.fft.fft() 一維傅立葉轉換
- scipy.integrate.quad() 定積分
- scipy.interpolate.interp1d() 一元插值
- scipy.interpolate.griddata() 在不規則資料點上進行資料插值
- scipy.io.loadmat() 匯入 MATLAB 檔案
- scipy.io.savemat() 儲存 MATLAB 檔案
- scipy.linalg.inv() 矩陣逆
- scipy.linalg.det() 行列式
- scipy.linalg.pinv()Moore-Penrose 偽逆
- scipy.linalg.eig()EVD 特徵值分解

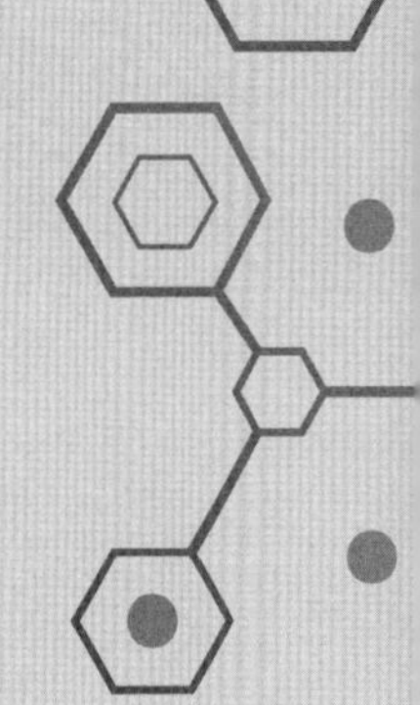

- scipy.linalg.cholesky()Cholesky 分解
- scipy.linalg.qr()QR 分解
- scipy.linalg.svd()SVD 奇異值分解
- scipy.ndimage.gaussian_filter() 高斯濾波
- scipy.ndimage.convolve() 多維卷積
- scipy.optimize.root() 求根
- scipy.optimize.minimize() 最小化
- scipy.signal.convolve() 卷積
- scipy.sparse.linalg.inv() 稀疏矩陣的逆
- scipy.sparse.linalg.norm() 稀疏矩陣範數
- scipy.spatial.distance.euclidean() 歐氏距離
- scipy.spatial.distance_matrix() 距離矩陣
- scipy.special.factorial() 階乘
- scipy.special.gamma()Gamma 函式
- scipy.special.beta()Beta 函式
- scipy.special.erf() 誤差函式
- scipy.special.comb() 組合數
- scipy.stats.norm() 一元高斯分佈
- scipy.stats.multivariate_normal() 多元高斯分佈
- scipy.stats.gaussian_kde() 高斯核心密度估計

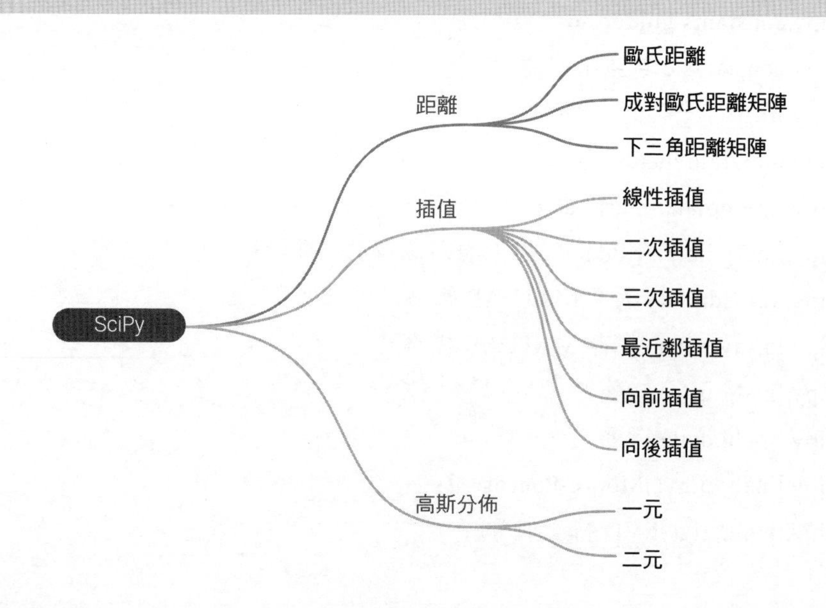

26.1 什麼是 SciPy ？

SciPy 是一個 Python 的開放原始碼科學計算函式庫，SciPy 建構在 NumPy 之上，並提供了許多有用的功能，用於數值計算、最佳化、統計和訊號處理等科學與工程領域。一些具體的用途包括以下幾種。

- **資料前置處理和特徵工程**：SciPy 提供了豐富的工具用於資料的插值、濾波、變換等，這些在資料前置處理和特徵工程中很有用。
- **最佳化問題**：SciPy 中的 optimize 模組套件含了各種常用的最佳化演算法，可用於解決機器學習中的參數最佳化問題，如模型訓練中的參數調整。
- **數值計算**：SciPy 提供了高效的數值計算工具，如求解線性代數問題、解微分方程、積分等，在數值計算密集型的機器學習任務中很有幫助。
- **統計分析**：SciPy 中的 stats 模組提供了許多常用的統計分析函式，如機率分佈函式、假設檢驗等，可以用於資料分析和模型評估。
- **訊號處理**：SciPy 中的 signal 模組提供了訊號處理的工具，如濾波、傅立葉轉換等，這些在處理時間序列資料或圖像資料時非常有用。
- SciPy 強大且靈活，因此在機器學習領域也有廣泛的應用。在機器學習領域，SciPy 主要用於資料前置處理、特徵工程、最佳化問題、數值計算、統計分析以及訊號處理等方面。

本章介紹如何使用 SciPy 中幾個常見函式。表 26.1 總結了 SciPy 常用模組以及範例函式。

➔ 表 26.1 SciPy 常用模組以及範例函式

模組名稱	描述	舉例
scipy.cluster	聚類	scipy.cluster.vq.kmeans() K 平均值聚類
scipy.constants	數學和物理常數	scipy.constants.pi 圓周率 scipy.constants.golden 黃金分割比 scipy.constants.c 真空中光速

（續下頁）

模組名稱	描述	舉例
scipy.fft	快速傅立葉轉換	scipy.fft.fft() 一維傅立葉轉換
scipy.integrate	積分	scipy.integrate.quad() 定積分
scipy.interpolate	插值和擬合	scipy.interpolate.interp1d() 一元插值 scipy.interpolate.griddata() 在不規則資料點上進行資料插值
scipy.io	資料登錄輸出	scipy.io.loadmat() 匯入 MATLAB 檔案 scipy.io.savemat() 儲存 MATLAB 檔案
scipy.linalg	線性代數	scipy.linalg.inv() 矩陣逆 scipy.linalg.det() 行列式 scipy.linalg.pinv()Moore-Penrose 偽逆 scipy.linalg.eig()EVD 特徵值分解 scipy.linalg.cholesky()Cholesky 分解 scipy.linalg.qr()QR 分解 scipy.linalg.svd()SVD 奇異值分解
scipy.ndimage	*n* 維影像處理	scipy.ndimage.gaussian_filter() 高斯濾波 scipy.ndimage.convolve() 多維卷積
scipy.odr	正交回歸 (正交距離回歸)	scipy.odr.RealData() 載入樣板資料 scipy.odr.Model() 建立模型 scipy.odr.ODR() 建立 ODR 實例 scipy.odr.run() 進行擬合運算
scipy.optimize	最佳化演算法	scipy.optimize.root() 求根 scipy.optimize.minimize() 最小化 scipy.optimize.curve_fit() 擬合
scipy.signal	訊號處理	scipy.signal.convolve() 卷積
scipy.sparse	稀疏矩陣工具	scipy.sparse.linalg.inv() 稀疏矩陣的逆 scipy.sparse.linalg.norm() 稀疏矩陣範數
scipy.spatial	空間資料結構和演算法	scipy.spatial.distance.euclidean() 歐氏距離 scipy.spatial.distance_matrix() 距離矩陣

（續下頁）

模組名稱	描述	舉例
scipy.special	特殊數學函式	scipy.special.factorial() 階乘 scipy.special.gamma()Gamma 函式 scipy.special.beta()Beta 函式 scipy.special.erf() 誤差函式 scipy.special.comb() 組合數
scipy.stats	統計	scipy.stats.norm() 一元高斯分佈 scipy.stats.multivariate_normal() 多元高斯分佈 scipy.stats.gaussian_kde() 高斯核心密度估計

26.2 距離

如圖 26.1 所示平面上的兩點 [(8,8) 和 (2,0)]，之間的**歐氏距離** (Euclidean distance) 為 $\sqrt{(8-2)^2+(8-0)^2}=10$ 。

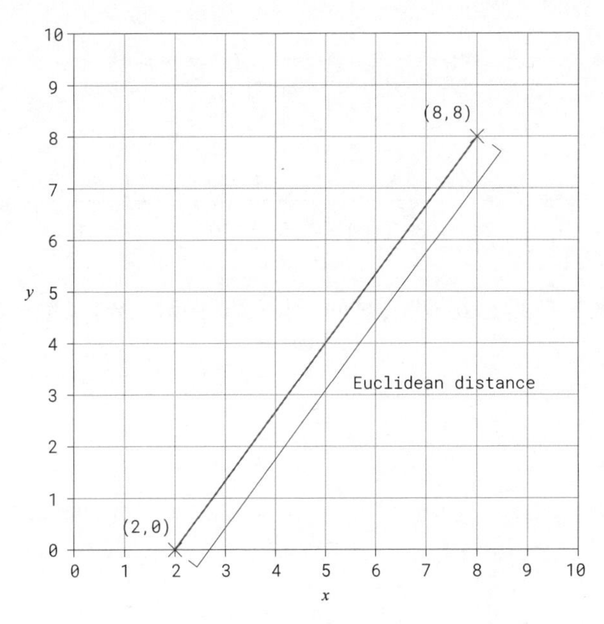

▲ 圖 26.1 平面上兩點之間的歐氏距離

利用 SciPy 函式 scipy.spatial.distance.euclidean([8,8],[2,0])，我們可以得到同樣的結果。

圖 26.2 所示為利用隨機數發生器生成的 26 個平面座標，對應 26 個字母；其中 *B* 和 *S* 重疊，*D* 和 *O* 重疊。圖中彩色線為兩兩成對座標連線，距離遠的用暖色系顏色著色，距離近的用冷色系顏色著色。

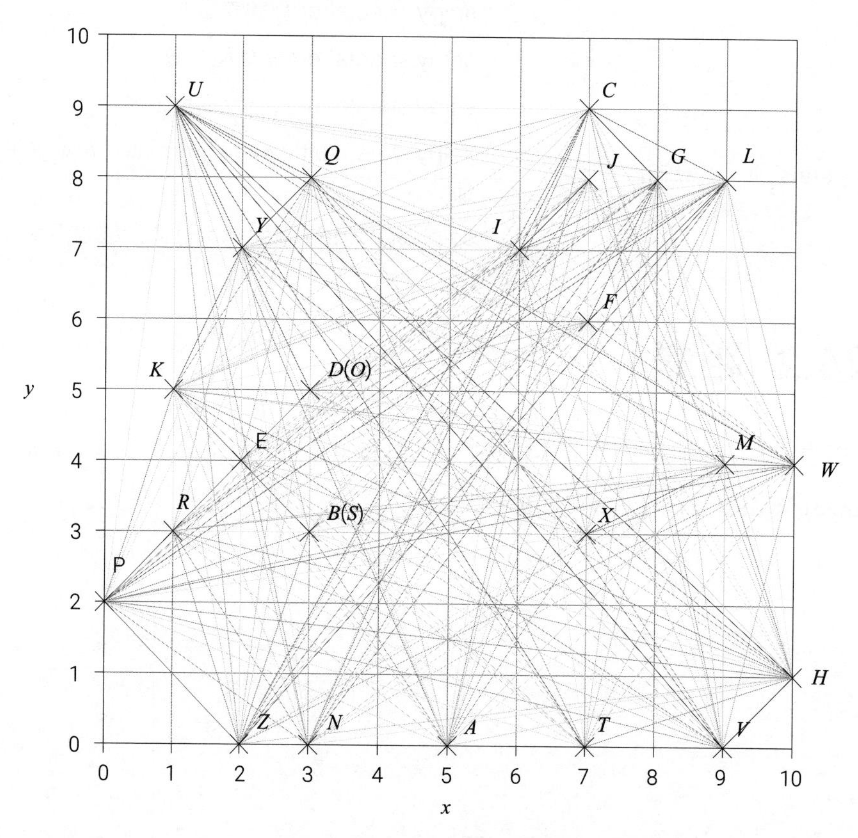

▲ 圖 26.2 平面上 26 個點之間的兩兩歐氏距離 | Bk1_Ch26_01.ipynb

圖 26.3 所示為成對距離矩陣。

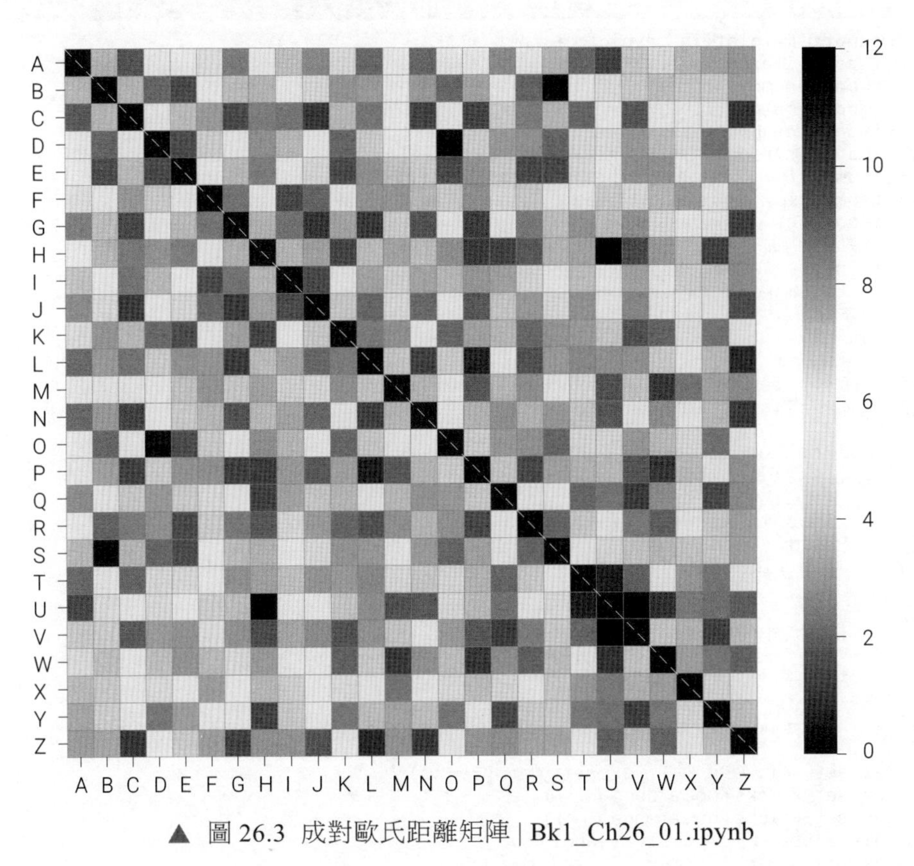

▲ 圖 26.3 成對歐氏距離矩陣 | Bk1_Ch26_01.ipynb

我們可以透過程式 26.1 繪製圖 26.2 和圖 26.3。下面我們分析其中一些關鍵敘述。

程式26.1 計算並視覺化成對距離 | Bk1_Ch26_01.ipynb

```
import matplotlib.pyplot as plt
import itertools
import numpy as np
import matplotlib as mpl
import seaborn as sns
import string                                                    # a
from scipy.spatial import distance_matrix                        # b
from scipy.spatial.distance import euclidean                     # c
import os
# 如果資料夾不存在，建立資料夾
if not os.path.isdir("Figures"):
    os.makedirs("Figures")
# 產生隨機數
num = 26
np.random.seed(0)                                                # d
data = np.random.randint(10 + 1, size = (num, 2))                # e
labels = list(string.ascii_uppercase)                            # f

cmap = mpl.cm.get_cmap('RdYlBu_r')                               # g
fig, ax = plt.subplots()
# 繪製成對線段
for i, d in enumerate(itertools.combinations(data, 2)):          # h
    d_idx = euclidean(d[0],d[1])                                 # i
    plt.plot([d[0][0],d[1][0]],                                  # j
             [d[0][1],d[1][1]],
             color = cmap(d_idx/np.sqrt(2)/10), lw = 1)          # k
ax.scatter(data[:,0],data[:,1],
           marker = 'x', color = 'k', s = 50, zorder=100)
# 增加標籤
for i, txt in enumerate(labels):                                 # l
    ax.annotate(txt,(data[i,0] + 0.2, data[i,1] + 0.2))

ax.set_xlim(0, 10); ax.set_ylim(0, 10)
ax.set_xticks(np.arange(11))
ax.set_yticks(np.arange(11))
plt.xlabel('x'); plt.ylabel('y')
ax.grid(ls='--',lw=0.25,color=[0.5,0.5,0.5])
ax.set_aspect('equal', adjustable='box')
fig.savefig('Figures/成對距離連線.svg', format='svg')

# 計算成對距離矩陣
pairwise_distances = distance_matrix(data, data)                 # m
fig, ax = plt.subplots()
sns.heatmap(pairwise_distances,                                  # n
            cmap = 'RdYlBu_r', square = True,
            xticklabels = labels, yticklabels = labels,
            ax = ax)
fig.savefig('Figures/成對距離矩陣熱圖.svg', format='svg')
```

程式 26.1 ⓐ 匯入 Python 標準函式庫中的 string 模組。

Python 中的 string 模組提供了許多字串處理相關的函式和常數，可以方便地進行字串操作。比如，string.ascii_uppercase 包含所有大寫 ASCII 字母 (A ~ Z) 的字串，string.digits 包含所有數字 (0 ~ 9) 的字串。

ⓑ 從 scipy.spatial 中匯入 distance_matrix 函式，用於計算多個點之間的成對距離矩陣。它接受點座標的陣列或串列，然後計算每兩點之間的距離，並傳回一個矩陣，其中的每個元素表示兩點之間的距離。

ⓒ 從 scipy.spatial.distance 模組中匯入了 euclidean 函式，用來計算兩點歐氏距離。

ⓓ 設置亂數產生器的種子 seed 為 0，從而使隨機數的生成具有確定性，保證實驗結果可重複性。

ⓔ 在 [0,10] 區間之內生成隨機整數，形狀為 26 行 2 列。

ⓕ 生成 A ~ Z 大寫字母字串，並將其轉為串列。

ⓖ 從 matplotlib 透過 cm.get_cmap() 函式來獲取一個名為「RdYlBu_r」的顏色映射物件。「RdYlBu_r」是一個預先定義的顏色映射名稱，它表示一種從紅色 Rd 到黃色 Yl 再到藍色 Bu 的顏色漸變，且顏色映射反向 (預定顏色映射字串末尾附帶「_r」表示反向)。本書系也將顏色映射叫作色譜。

如圖 26.4 所示，顏色映射物件通常被用於將資料的數值範圍 [0,1] 映射到一系列顏色中的某個位置。這個數值範圍一般預設為 [0,1]，其中 0 對應著顏色映射的起始位置，1 對應著顏色映射的結束位置。顏色映射會將 [0,1] 區間內的資料值線性地映射到預先定義的顏色序列上。

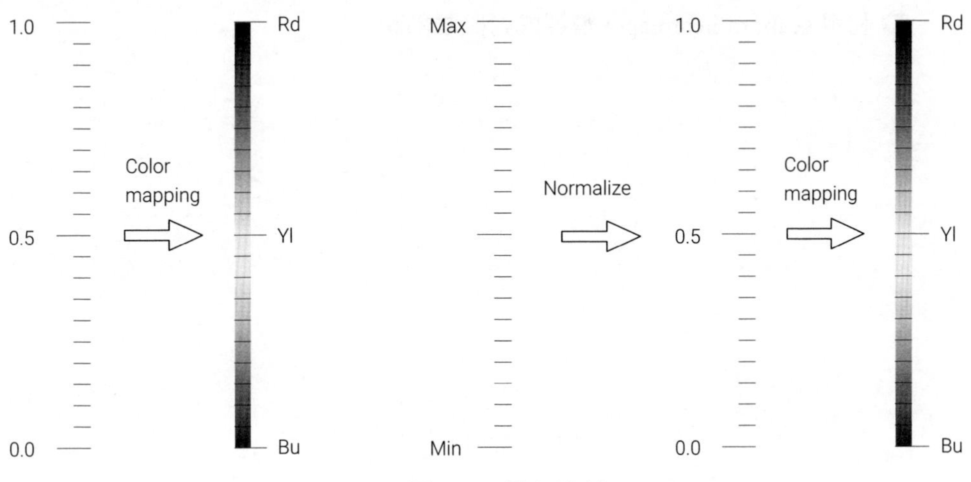

▲ 圖 26.4 顏色映射

在使用 Matplotlib 中的顏色映射物件時，可以使用 matplotlib.colors.Normalize() 函式將資料規範化到 [0,1] 區間，然後再將規範化後的資料傳遞給顏色映射物件來獲取對應的顏色。

《AI 時代 Math 元年 - 用 Python 全精通資料可視化》還會進一步介紹非線性映射，以及如何構造顏色映射。

ⓗ 使用了 Python 中的 enumerate() 函式和 itertools.combinations() 函式，用於在資料 data 的所有兩兩組合之間進行迴圈迭代，並在每次迭代中獲取索引和組合資料。

ⓘ 利用 scipy.spatial.distance.euclidean() 計算兩個點之間的歐氏距離。

ⓚ 把圖 26.3 中的歐氏距離轉化為 [0,1] 之間的數。顯然在圖 26.3 上，最大的距離為 $10 \times \sqrt{2}$。

ⓛ 透過 for 迴圈利用 annotate() 給每個散點增加字母標籤。

ⓜ 計算 26 個散點的成對距離矩陣，這個矩陣的大小為 26 × 26。這個矩陣的主對角線 (圖 26.3 中的虛線) 的元素代表某個點到自身的距離，即 0。我們容易發現，圖 26.3 中的矩陣沿著主對角線對稱；因此這個距離矩陣也叫**對稱矩陣** (symmetric matrix)。換個角度來看，我們只需要這個 26 × 26 矩陣中除主對角線以外，下三角 (見圖 26.5) 或上三角矩陣的元素資訊。

ⓝ 利用 seaborn.heatmap() 繪製成對距離熱圖。

▲ 圖 26.5 不含主對角線元素的下三角矩陣 | Bk1_Ch26_02.ipynb

我們可以透過程式 26.2 繪製圖 26.5。和程式 26.1 不同的是，在生成成對距離矩陣之後，我們還生成了一個下三角矩陣 (不含主對角線元素) 的**面具** (mask)。在本書系中，mask 一般被直譯為面具，除此之外也常被翻譯為蒙皮、遮罩、遮罩等。

ⓐ 用了 NumPy 函式庫中的函式來建立一個面具，用於過濾計算得到的 pairwise_ds 陣列。numpy.ones_like() 建立了一個與 pairwise_ds 陣列形狀相同的全為 1 的布林類型陣列。

dtype=bool 指定陣列元素的資料型態為布林類型 (True 或 False)，所有元素都被設置為 True。numpy.triu() 函式的 triu 代表 triangle upper，它是 NumPy 函式庫中的函式，用於獲取矩陣的上三角部分 (包括對角線元素)，而將下三角部分設置為 0。

如ⓑ所示，使用 seaborn.heatmap() 繪製熱圖時，mask 中對應位置為 True 的儲存格的成對距離矩陣資料將不會被顯示。

程式26.2 視覺化成對距離矩陣下三角部分 (不含主對角線元素) | Bk1_Ch26_02.ipynb

```
import matplotlib.pyplot as plt
import numpy as np
import seaborn as sns
import string
from scipy.spatial import distance_matrix

# 產生隨機數
num = 26
np.random.seed(0)
data = np.random.randint(10 + 1, size=(num, 2))
labels = list(string.ascii_uppercase)

# 計算成對距離矩陣
pairwise_ds = distance_matrix(data, data)
# 產生蒙皮/面具
mask = np.triu(np.ones_like(pairwise_ds, dtype=bool))    # a
fig, ax = plt.subplots()
sns.heatmap(pairwise_ds,
            mask = mask,                                  # b
            cmap = 'RdYlBu_r',
            square = True,
            xticklabels = labels,
            yticklabels = labels,
            ax = ax)
fig.savefig('下三角.svg', format='svg')
```

26.3 插值

插值 (interpolation) 是透過已知資料點之間的值來估計未知點的值的方法，它可以用於填補資料缺失或進行資料平滑處理。

如圖 26.6 所示，藍色點為已知資料點，插值就是根據這幾個離散的資料點估算其他點對應的 y 值。

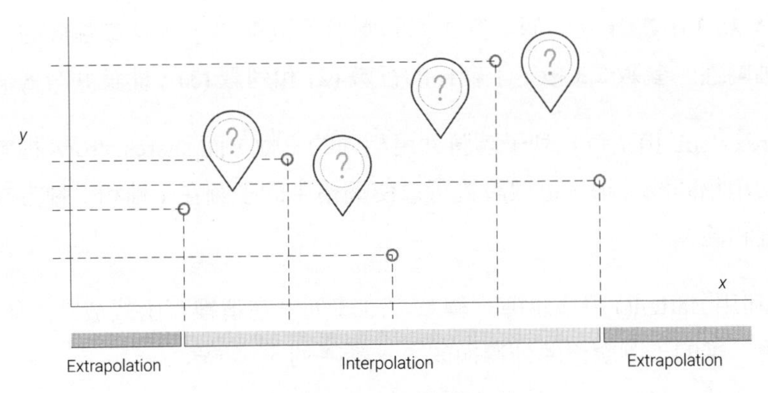

▲ 圖 26.6 插值的意義

插值可分為**內插** (interpolation) 和**外插** (extrapolation)。內插是在已知資料點之間進行插值，估計出未知點的值。而外插則是在已知資料點的範圍之外進行插值，從而預測超出已知資料點範圍的未知點的值。

在進行外插時，需要考慮插值函式是否能夠正確地擬合未知資料點，並且需要注意不要過度依賴插值函式來進行預測，以免導致不可靠的預測結果。

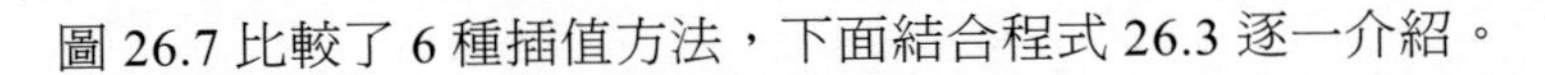

圖 26.7 比較了 6 種插值方法，下面結合程式 26.3 逐一介紹。

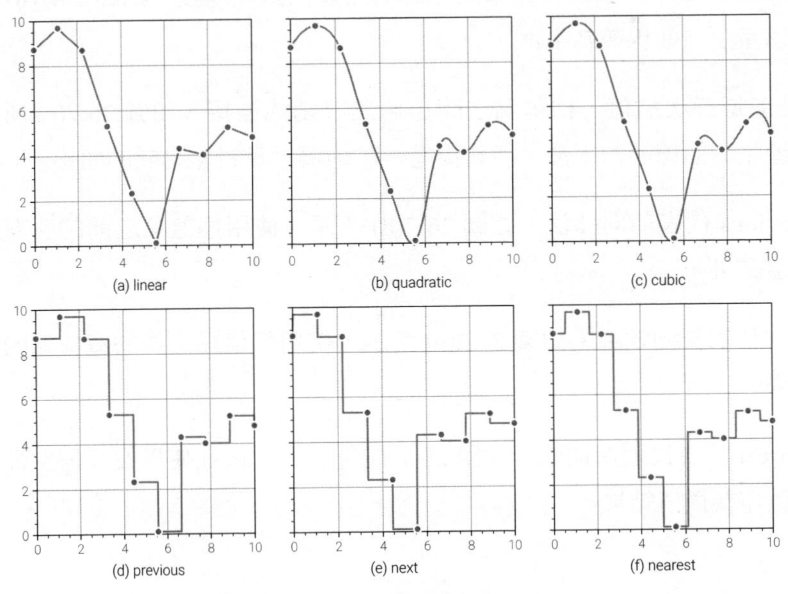

▲ 圖 26.7 比較六種不同插值方法

程式 26.3 中ⓐ建立一個 2 行 3 列的圖形子圖網格，並設置圖形的尺寸和共用座標軸屬性。參數 2,3 指定了網格的行數 (2) 和列數 (3)，即總共有 6 個子圖。

sharex='col' 指定每一列子圖將共用相同的 x 軸，而 sharey='row' 指定每一行子圖將共用相同的 y 軸。這樣設置可以使網格中的子圖在 x 軸和 y 軸方向上有一致的刻度和範圍。

ⓑ 利用 flatten() 將多維陣列轉為一維陣列。在這裡，函式被應用於 axes 軸物件，將二維的子圖網格陣列轉換成了一維陣列。

ⓒ 串列列出 6 種插值方法。

ⓓ 呼叫 SciPy 函式庫中的 interp1d() 函式來進行一維插值。其中，x 是一個一維陣列或串列，表示原始資料點的水平座標，即引數。y 也是一個一維陣列或串列，表示原始資料點的垂直座標，即因變數。

參數 kind 用於指定插值方法。其中，linear 為線性插值。在兩個相鄰資料點之間進行線性插值，即使用直線來連接兩個資料點。如圖 26.7(a) 所示，多點線性插值結果一般為折線。

quadratic 是二次插值，相鄰點之間透過二次函式連接。如圖 26.7(b) 所示，二次插值產生的曲線較為平滑。

cubic 是三次插值，相鄰點之間透過三次函式連接。如圖 26.7(c) 所示，三次插值產生的曲線非常平滑，能夠更進一步地逼近資料點之間的曲線。

previous 代表前向插值。如圖 26.7(d) 所示，使用插值點之前的資料點的值作為插值結果。

next 代表後向插值。如圖 26.7(e) 所示，使用插值點之後的資料點的值作為插值結果。

nearest 代表最近鄰插值。如圖 26.7(f) 所示，nearest 使用與插值點最近的資料點的值作為插值結果。

程式26.3 比較6種插值方法 | Bk1_Ch26_03.ipynb

```
import numpy as np
import matplotlib.pyplot as plt
from scipy.interpolate import interp1d

# 生成隨機資料
np.random.seed(8)
x = np.linspace(0, 10, 10)
y = np.random.rand(10) * 10
x_fine = np.linspace(0, 10, 1001)

# 建立一個圖形物件，包含六個子圖
fig, axes = plt.subplots(2, 3, figsize=(6, 9),
                         sharex = 'col',
                         sharey = 'row')
axes = axes.flatten()

# 六種插值方法
methods = ['linear','quadratic','cubic',
           'previous','next','nearest']

for i, method in enumerate(methods):

    # 建立 interp1d 物件
    f = interp1d(x, y, kind=method)

    # 生成插值後的新資料點
    y_fine = f(x_fine)

    # 繪製子圖
    axes[i].plot(x, y, 'o', label='Data',
                 markeredgewidth=1.5,
                 markeredgecolor = 'w',
                 zorder = 100)
    axes[i].plot(x_fine,y_fine,label='Interpolated')
    axes[i].set_title(f'Method: {method}')
    axes[i].legend()
    axes[i].set_xlim(0, 10)
    axes[i].set_ylim(0, 10)
    axes[i].set_aspect('equal', adjustable='box')
plt.tight_layout()
fig.savefig('不同插值方法.svg', format='svg')
```

有人經常混淆擬合和插值這兩種方法。插值和擬合有一個相同之處，它們都是根據已知資料點，構造函式，從而推斷得到更多資料點。

插值和回歸都是對資料進行預測的方法，但兩者有明顯的區別。

插值是用於填補已有資料點之間的空缺，預測未知點的值；回歸則是預測引數和因變數之間的關係。

插值通常使用插值函式，如多項式插值；而回歸則透過擬合資料點的回歸方程式來預測因變數的值。插值通常用於資料平滑處理、資料填補等。

插值要求原始資料點之間要有一定的連續性和平滑性；而回歸則對資料點的分佈沒有明顯要求。

插值得到的是精確的函式值，但在超出已有資料範圍時可能不準確；而回歸得到的是變數之間的大致關係，可以預測未來的趨勢。

總結來說，當資料缺失或需要平滑處理時，可以使用插值方法；當需要建立模型並預測未來趨勢時，可以使用回歸方法。

插值一般得到分段函式，且分段函式透過所有給定的資料點，如圖 26.8(a) 和 (b) 所示。回歸擬合得到的函式盡可能靠近樣本資料點，如圖 26.8(c) 和 (d) 所示。

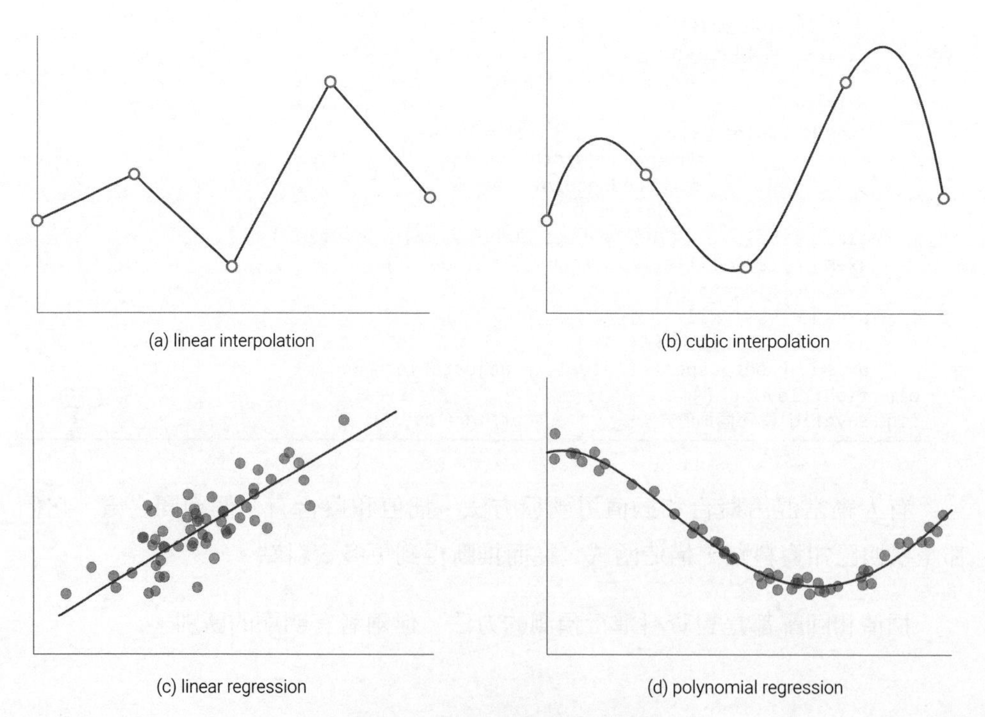

▲ 圖 26.8 比較一維插值和回歸

26.4 高斯分佈

高斯分佈 (Gaussian distribution)，也稱為**正態分佈** (normal distribution)，是概率論和統計學中最重要且廣泛應用的分佈之一。高斯分佈以數學家**卡爾·弗里德里希·高斯** (Carl Friedrich Gauss) 的名字命名。

一元高斯分佈

一元高斯分佈**機率密度函式** (Probability Density Function，PDF) 的特點是鐘形曲線，對稱分佈，平均值 μ 和標準差 σ 決定了分佈的位置和形狀。其中，平均值決定了曲線的中心，標準差決定了曲線的寬窄程度。

圖 26.9(a) 所示為平均值 μ 對一元高斯分佈機率密度函式形狀的影響。圖 26.9(b) 所示為標準差 σ 對一元高斯分佈機率密度函式形狀的影響。

> **什麼是機率密度函式？**
>
> 機率密度函式是用於描述連續隨機變數的機率分佈的數學函式。它指定了隨機變數落在不同取值範圍內的機率密度，而非具體的機率值。一元隨機變數的 PDF 在整個取值範圍內的面積等於 1，因為隨機變數必然會在某個取值範圍內取值。

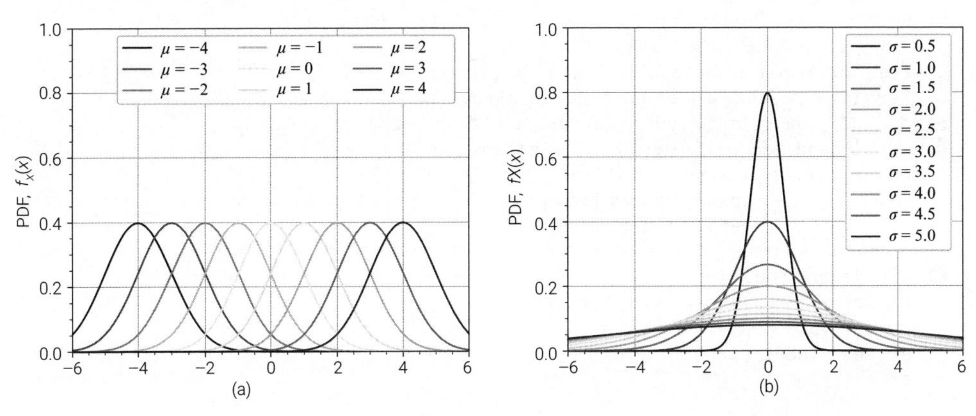

▲ 圖 26.9 平均值 μ 和標準差 σ 對一元高斯分佈 PDF 的影響

我們可以透過程式 26.4 繪製圖 26.9，下面講解其中關鍵敘述。

ⓐ 從 scipy.stats 模組匯入 norm 子模組 (一元正態分佈物件)。匯入 norm 模組後，可以使用其中提供的函式和方法來進行正態分佈相關的操作，如計算機率密度函式 PDF、累積分佈函式 CDF、隨機樣本生成等。

ⓑ 利用 np.linspace(0,1,len(mu_array)) 傳回一個由 0 ~ 1 之間等間隔的數值組成的陣列，陣列的長度與 mu_array 的長度相同。mu_array 是之前定義的不同的平均值設定值。並將 [0,1] 上的數用到顏色映射。

ⓒ 利用 scipy.stats.norm.pdf(x,loc,scale) 函式。其中，x 為需要計算機率密度的數值，可以是一個數值或一個陣列；loc 為正態分佈的平均值，loc 是 location 的簡寫；scale 代表正態分佈的標準差。

ⓓ 設定曲線圖例的字串。其中，'μ = ' 是一個字串，表示希臘字母「μ」。

ⓔ 在繪製的圖表中增加圖例，ncol 是一個整數參數，用於設置圖例的列數。

程式26.4 視覺化一元高斯分佈機率密度函式 | Bk1_Ch26_04.ipynb

```
import numpy as np
import matplotlib.pyplot as plt
from matplotlib import cm
from scipy.stats import norm   # a

x_array = np.linspace(-6, 6, 200)
mu_array = np.linspace(-4, 4, 9)
# 設定均值一系列取值
colors = cm.RdYlBu(np.linspace(0,1,len(mu_array)))   # b
# 均值對一元高斯分佈PDF的影響
fig, ax = plt.subplots(figsize = (5,4))
for idx, mu_idx in enumerate(mu_array):
    pdf_idx = norm.pdf(x_array,scale = 1,loc = mu_idx)   # c
    legend_idx = '$\mu$ = ' + str(mu_idx)   # d
    plt.plot(x_array, pdf_idx,
             color=colors[idx],
             label = legend_idx)

plt.legend(ncol=3)   # e
ax.set_xlim(x_array.min(),x_array.max())
ax.set_ylim(0,1)
ax.set_xlabel('x')
ax.set_ylabel('PDF, $f_X(x)$')
```

```
sigma_array  = np.linspace (0.5,5,10)
# 設定標準差一系列設定值
colors  = cm.RdYlBu (np.linspace (0,1,len(sigma_array )))
# 標準差對一元高斯分佈 PDF 的影響
fig, ax = plt.subplots (figsize  = (5,4))
for idx, sigma_idx  in enumerate(sigma_array ):
    pdf_idx  = norm.pdf (x_array , scale  = sigma_idx )
    legend_idx  = '$\sigma$ = '  + str(sigma_idx )
    plt.plot (x_array , pdf_idx ,
              color =colors [idx],
              label  = legend_idx )

plt.legend ()
ax.set_xlim (x_array .min(),x_array .max())
ax.set_ylim (0,1)
ax.set_xlabel ('x')
ax.set_ylabel ('PDF, $f_X(x)$' )
```

二元高斯分佈

二元高斯分佈是一個包含兩個隨機變數的聯合機率分佈。二元高斯分佈的機率密度函式 (PDF) 本質上是個二元函式。

如圖 26.10 所示，當相關性係數取不同值時，我們可以看到這個二元函式曲面形狀的變化。

我們可以透過程式 26.5 繪製圖 26.10，下面講解其中關鍵敘述。

ⓐ 用串列定義了一組相關性係數設定值。

ⓑ 定義了兩個隨機變數各自的標準差—σ_X、σ_Y。

ⓒ 定義了兩個隨機變數的期望值—μ_X、μ_Y。

ⓓ 用 numpy.dstack() 將橫縱網格座標陣列堆疊，其結果為一個三維陣列。

ⓔ 把兩個期望值寫成質心向量 $[\mu_X, \mu_Y]$。注意，這個向量是個行向量，而程式 26.5 舉出的公式中質心向量 μ 為列向量。

ⓕ 用相關性係數和標準差構造**協方差矩陣** (covariance matrix)

$$\begin{bmatrix} \sigma_X^2 & \rho_{X,Y}\sigma_X\sigma_Y \\ \rho_{X,Y}\sigma_X\sigma_Y & \sigma_Y^2 \end{bmatrix}。$$

ⓖ 利用 scipy.stats 中的 multivariate_normal 物件，構造二元高斯分佈物件實例 bi_norm。這個函式的輸入為剛剛建立的質心向量和協方差矩陣。

ⓗ 利用 bi_norm 的 pdf() 方法生成機率密度函式值 $f_{X,Y}(x,y)$。這個方法的輸入為ⓓ生成的三維陣列，代表一網路拓樸格座標點。

ⓘ 在三維軸物件 ax 上用 plot_wireframe() 繪製三維網格曲面。

ⓙ 在三維軸物件 ax 上用 contour() 再繪製一個三維等高線。

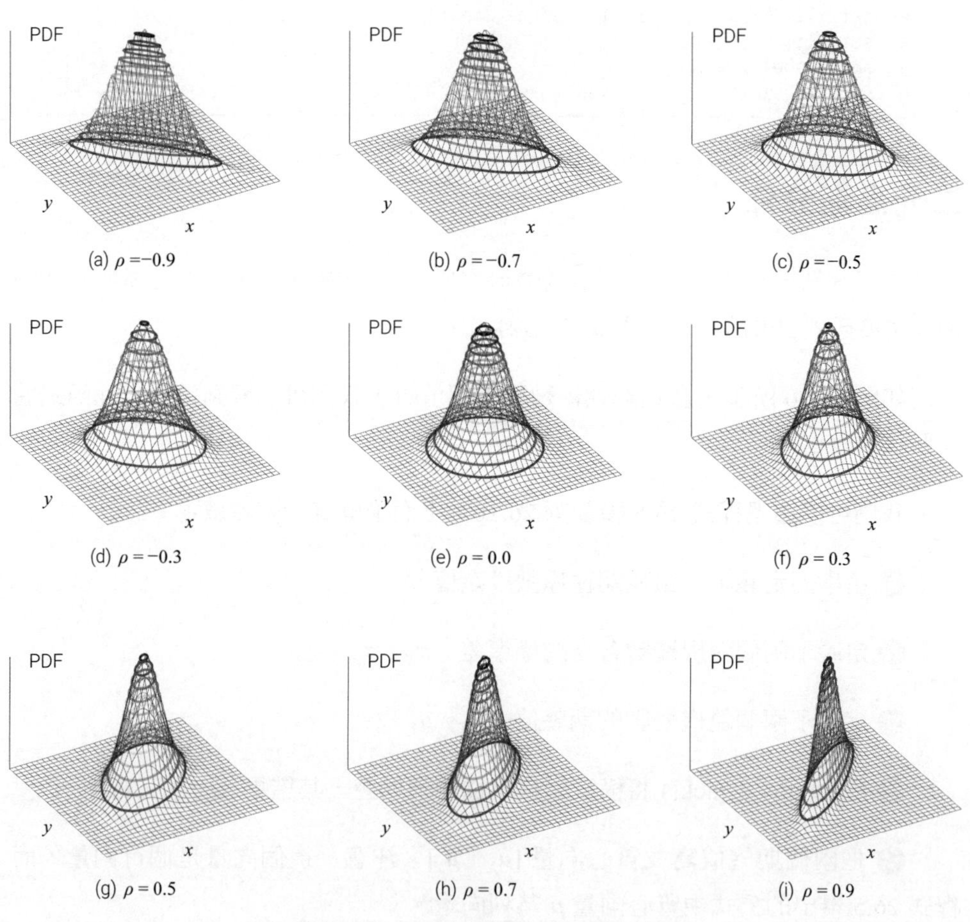

▲ 圖 26.10 二元高斯分佈 PDF(曲面)

程式26.5 網格曲面視覺化二元高斯分佈PDF | Bk1_Ch26_05.ipynb

```
import numpy as np
import matplotlib.pyplot as plt
from scipy.stats import multivariate_normal

rho_array = [-0.9, -0.7, -0.5, -0.3,
             0, 0.3, 0.5, 0.7, 0.9]
sigma_X = 1; sigma_Y = 1 # 標準差
mu_X = 0;    mu_Y = 0    # 期望

width = 4
X = np.linspace(-width,width,321)
Y = np.linspace(-width,width,321)
XX, YY = np.meshgrid(X, Y)
XXYY = np.dstack((XX, YY))

# 曲面
fig = plt.figure(figsize = (8,8))
for idx, rho_idx in enumerate(rho_array):
    # 質心
    mu    = [mu_X, mu_Y]
    # 協方差
    Sigma = [[sigma_X**2, sigma_X*sigma_Y*rho_idx],
             [sigma_X*sigma_Y*rho_idx, sigma_Y**2]]
    # 二元高斯分佈
    bi_norm = multivariate_normal(mu, Sigma)
    f_X_Y_joint = bi_norm.pdf(XXYY)

    ax = fig.add_subplot(3,3,idx+1,projection='3d')
    ax.plot_wireframe(XX, YY, f_X_Y_joint,
                      rstride=10, cstride=10,
                      color = [0.3,0.3,0.3],
                      linewidth = 0.25)

    ax.contour(XX,YY, f_X_Y_joint,15,
               cmap = 'RdYlBu_r')

    ax.set_xlabel('$x$'); ax.set_ylabel('$y$')
    ax.set_zlabel('$f_{X,Y}(x,y)$')
    ax.view_init(azim=-120, elev=30)
    ax.set_proj_type('ortho')

    ax.set_xlim(-width, width); ax.set_ylim(-width, width)
    ax.set_zlim(f_X_Y_joint.min(),f_X_Y_joint.max())
    # ax.axis('off')

plt.tight_layout()
fig.savefig('二元高斯分佈，曲面.svg', format='svg')
plt.show()
```

$$f_X(\boldsymbol{x}) = \frac{\exp\left(-\frac{1}{2}(\boldsymbol{x}-\boldsymbol{\mu})^{\mathrm{T}}\boldsymbol{\Sigma}^{-1}(\boldsymbol{x}-\boldsymbol{\mu})\right)}{(2\pi)^{\frac{D}{2}}\left|\boldsymbol{\Sigma}\right|^{\frac{1}{2}}}$$

如圖 26.11 所示，將圖 26.10 投影到水平面，我們驚奇地發現這些曲面的等高線是橢圓！似乎相關性係數影響著橢圓的旋轉角度。

我們可以透過程式 26.6 繪製圖 26.11，請大家自行分析其中關鍵敘述，並寫出圖 26.11 中每幅子圖對應的協方差矩陣的具體值。

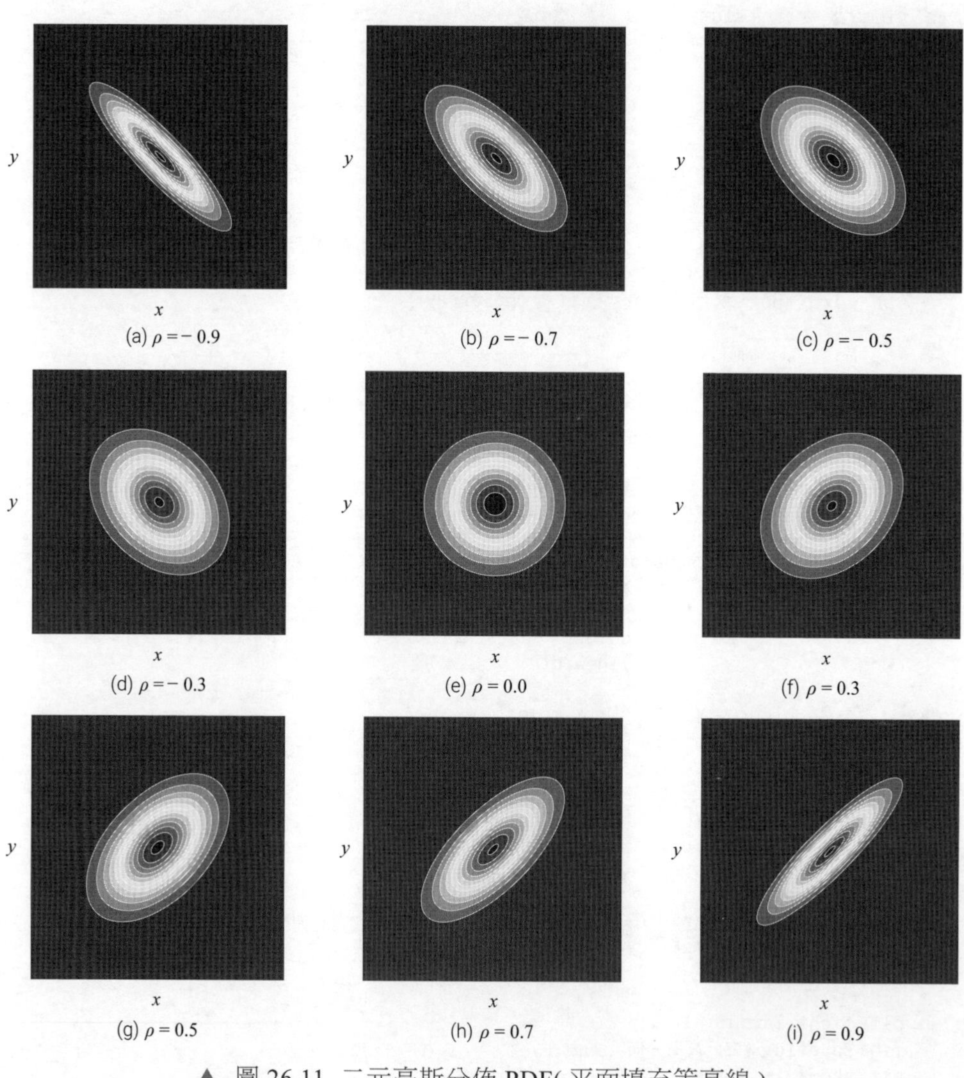

▲ 圖 26.11 二元高斯分佈 PDF(平面填充等高線)

程式26.6 平面填充等高線視覺化二元高斯分佈PDF（使用時配合前文程式）| Bk1_Ch26_05.ipynb

```
# 平面填充等高線
fig = plt.figure(figsize = (8,8))
for idx, rho_idx in enumerate(rho_array):
    mu    = [mu_X, mu_Y]
    Sigma = [[sigma_X**2, sigma_X*sigma_Y*rho_idx],
             [sigma_X*sigma_Y*rho_idx, sigma_Y**2]]

    bi_norm = multivariate_normal(mu, Sigma)
    f_X_Y_joint  = bi_norm.pdf(XXYY)

    ax = fig.add_subplot(3,3,idx+1)

    ax.contourf(XX, YY, f_X_Y_joint,
                levels = 12, cmap='RdYlBu_r')

    ax.set_xlabel('$x$')
    ax.set_ylabel('$y$')

    ax.set_xlim(-width, width)
    ax.set_ylim(-width, width)
    ax.axis('off')

plt.tight_layout()
fig.savefig('二元高斯分佈，等高線.svg', format='svg')
plt.show()
```

➔ 請大家完成以下題目。

Q1. 修改 Bk1_Ch26_05.ipynb 中兩個隨機變數的質心位置，並觀察機率密度函式曲面和等高線的變化。

Q2. 修改 Bk1_Ch26_05.ipynb 中兩個隨機變數標準差的值，並觀察機率密度函式曲面和等高線的變化。

＊題目很基礎，本書不給答案。

本章舉了三個例子 (距離、插值、高斯分佈) 介紹如何使用 SciPy 函式。

在計算歐氏距離這個例子中，我們要關注如何用矩陣形式儲存大量散點之間的成對距離值。

在插值這個例子中，我們要理解幾種常見插值演算法的基本思想，以及插值和回歸的本質區別。

高斯分佈可能是整套本書系最重要的分佈，沒有之一。對於一元高斯分佈，大家需要理解期望值和標準差如何影響機率密度函式形狀。對於二元高斯分佈，大家一定要搞清楚協方差矩陣和橢圓形態的關係。本書後續還會在機器學習演算法中用到高斯分佈。

最後還是要強調，呼叫 SciPy 套件絕不是我們學習 Python 的目的，我們要搞清楚背後的數學思想。

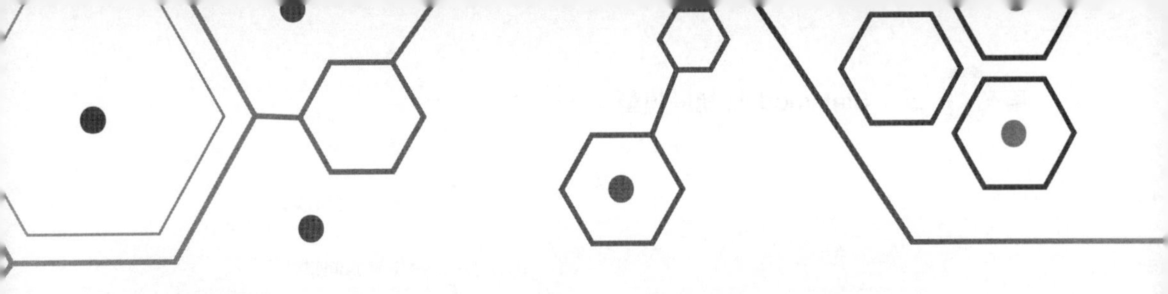

Statistical Modeling Using Statsmodels

27 Statsmodels 統計模型

線性回歸、主成分分析、機率密度估計

教育點燃火焰，絕非填鴨灌輸。

Education is the kindling of a flame,not the filling of a vessel.

——蘇格拉底（*Socrates*）| 古希臘哲學家 | 前 *469*—前 *399* 年

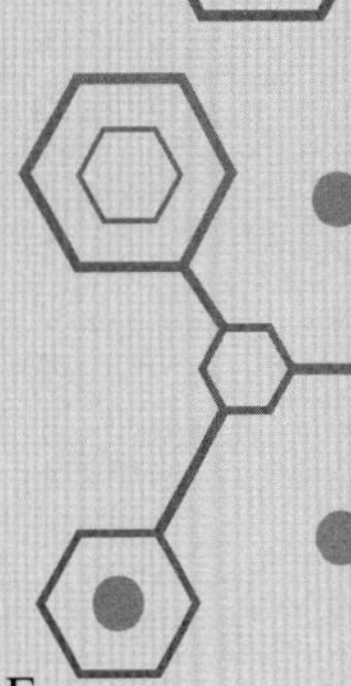

- statsmodels.api.nonparametric.KDEUnivariate() 構造一元 KDE
- statsmodels.graphics.boxplots.violinplot() 小提琴圖
- statsmodels.graphics.gofplots.qqplot()QQ 圖
- statsmodels.graphics.plot_grids.scatter_ellipse() 散點橢圓
- statsmodels.multivariate.factor.Factor() 因數分析
- statsmodels.multivariate.pca.PCA() 主成分分析
- statsmodels.nonparametric.kde.KDEUnivariate() 單變數核心密度估計
- statsmodels.nonparametric.kernel_density.KDEMultivariate() 構造多元 KDE
- statsmodels.regression.linear_model.OLS()OLS 線性回歸
- statsmodels.regression.linear_model.WLS() 加權 OLS 線性回歸
- statsmodels.regression.rolling.RollingOLS() 移動 OLS 線性回歸
- statsmodels.tsa.ar_model.AutoReg()AR 模型
- statsmodels.tsa.arima.model.ARIMA()ARIMA 模型
- statsmodels.tsa.seasonal.seasonal_decompose() 季節性分解

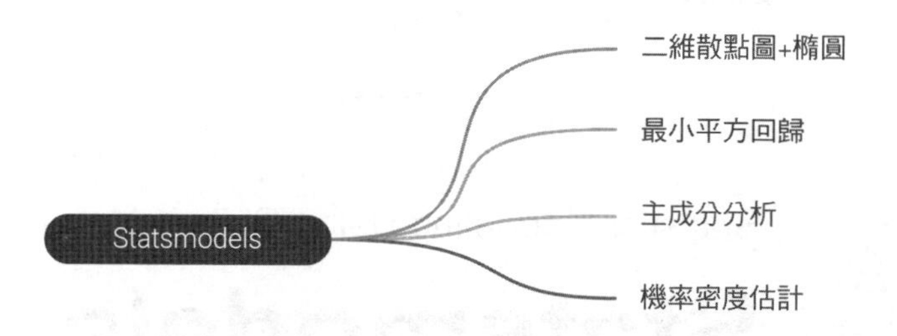

27.1 什麼是 Statsmodels?

Statsmodels 是一個 Python 函式庫，用於估計統計模型並進行統計資料分析。在機器學習領域，Statsmodels 雖然沒有像 Scikit-Learn 這樣的機器學習函式庫那麼全面，但是 Statsmodels 提供了許多統計方法和模型，用於探索資料、進行假設檢驗、完成時間序列分析預測等。

Statsmodels 主要用於以下任務。

- **最小平方線性回歸** (ordinary least square regression)，用於擬合線性模型和探索線性關係。
- **方差分析** (Analysis of Variance，ANOVA)，用於比較多個組之間的差異。
- **主成分分析** (Principal Component Analysis，PCA)。
- **時間序列分析** (timeseries analysis)，如 ARIMA 模型。
- **非參數方法** (nonparametric methods)，比如**核心密度估計** (Kernel Density Estimation，KDE)。
- **統計假設檢驗** (statistical hypothesis testing)。
- **分點陣圖**，又稱 **QQ 圖** (Quantile-Quantile plot)。

表 27.1 總結了 Statsmodels 中常用的模組及範例函式。本章舉例介紹如何使用 Statsmodels 中幾個常見函式。

➔ 表 27.1 Statsmodels 常用模組以及範例函式

模組	描述	舉例
statsmodels.graphics	統計繪圖	statsmodels.graphics.boxplots.violinplot() 小提琴圖 statsmodels.graphics.plot_grids.scatter_ellipse() 散點橢圓 statsmodels.graphics.gofplots.qqplot()QQ 圖
statsmodels.multivariate	多元統計	statsmodels.multivariate.pca.PCA() 主成分分析 statsmodels.multivariate.factor.Factor() 因數分析
statsmodels.regression	回歸分析	statsmodels.regression.linear_model.OLS() OLS 線性回歸 statsmodels.regression.rolling.RollingOLS() 移動 OLS 線性回歸 statsmodels.regression.linear_model.WLS() 加權 OLS 線性回歸
statsmodels.nonparametric	非參數方法	statsmodels.nonparametric.kde.KDEUnivariate() 單變數核心密度估計
statsmodels.tsa	時間序列	statsmodels.tsa.ar_model.AutoReg()AR 模型 statsmodels.tsa.arima.model.ARIMA() ARIMA 模型 statsmodels.tsa.seasonal.seasonal_decompose() 季節性分解

27.2 二維散點圖 + 橢圓

上一章在介紹高斯分佈時，我們知道了二元高斯分佈和橢圓的關係，本節將舉例進一步強化這個基礎知識。

散點圖 (scatter plot) 是一種常用的視覺化方式，一般用於展示兩個變數之間的關係。它將各個資料點表示為笛卡兒座標系上的點。

scatter_ellipse() 函式是 statsmodels.graphics.plot_grids 模組的一部分，用於建立帶有橢圓表示置信區間的散點圖。簡單來說，scatter_ellipse() 函式在基本散點圖的基礎上增加了橢圓，用於展示樣本資料的置信區間。

圖 27.1 所示為鳶尾花資料的「二維散點圖 + 橢圓」。圖 27.2、圖 27.3、圖 27.4 考慮了鳶尾花標籤。

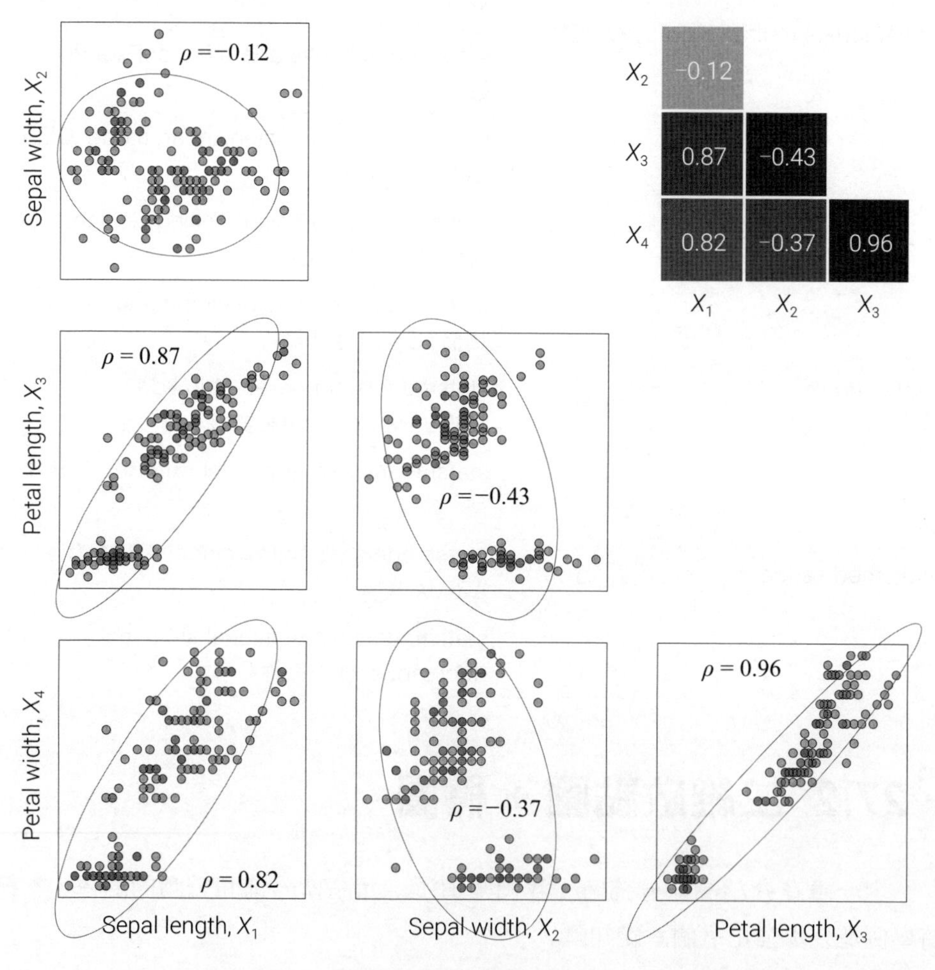

▲ 圖 27.1 二維散點圖 + 橢圓 | Bk1_Ch27_01.ipynb

scatter_ellipse() 函式預設影像線條顏色為黑色。圖 27.1 ~ 圖 27.4 在後期處理時修改了顏色。此外，圖中下三角相關係數矩陣熱圖來自本書第 23 章。

《AI 時代 Math 元年 - 用 Python 全精通統計及機率》第 23 章會介紹這四幅圖背後的數學工具。

我們可以透過程式 26.1 繪製圖 26.1 ~ 圖 26.4。

ⓐ 從 Statsmodels 函式庫的 plot_grids 模組中存取 scatter_ellipse 函式。

ⓑ 繪製二維散點圖 + 橢圓。scatter_ellipse() 函式中，level(預設 0.9) 是一個可選參數，用於控制繪製橢圓時表示**置信區間** (confidence interval) 的**置信水平** (confidence level)。

置信區間是一個範圍，用於表示對一個未知參數的估計。一個 95% 的置信區間表示我們有 95% 的置信度認為真實的參數值位於該區間內。

ⓒ 用 loc 選取鳶尾花不同標籤樣本資料。

請大家思考如果相關性係數分別為 -1、0、1 時，橢圓會變成什麼？

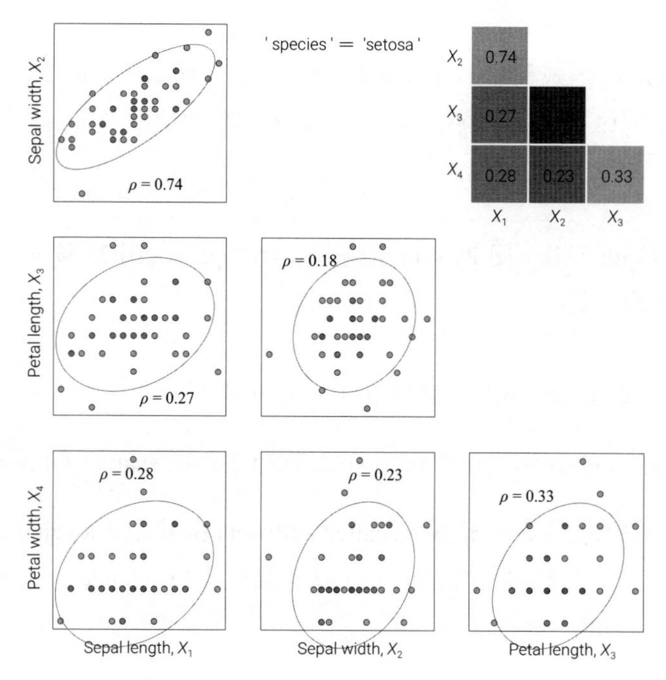

▲ 圖 27.2 二維散點圖 + 橢圓 ('species'== 'setosa') | Bk1_Ch27_01.ipynb

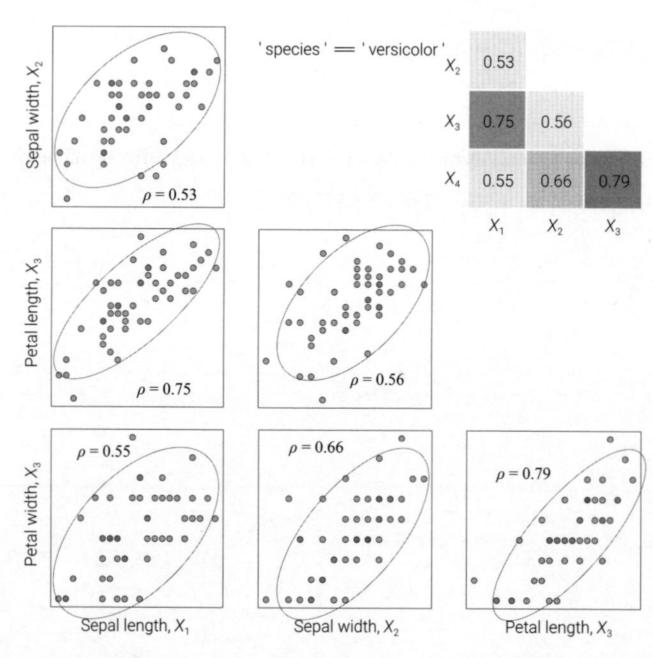

▲ 圖 27.3 二維散點圖 + 橢圓 ('species'== 'versicolor') | Bk1_Ch27_01.ipynb

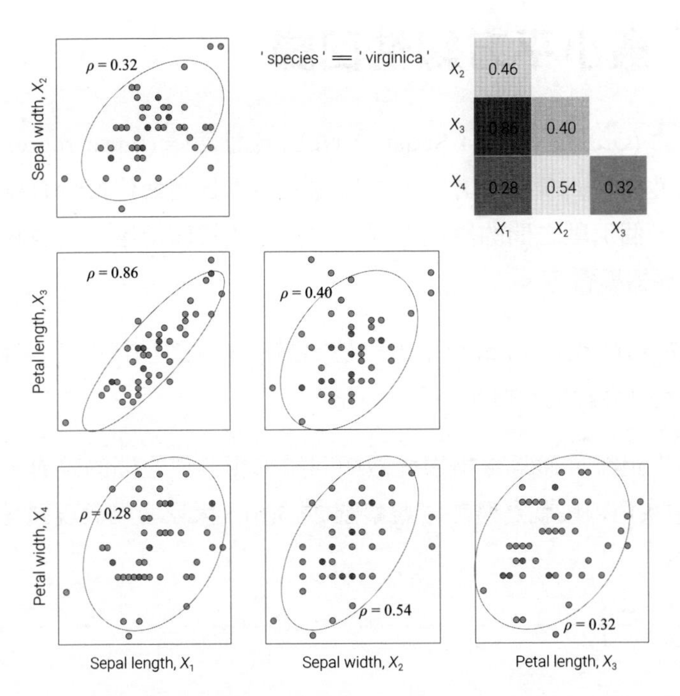

▲ 圖 27.4 二維散點圖 + 橢圓 ('species'== 'virginica') | Bk1_Ch27_01.ipynb

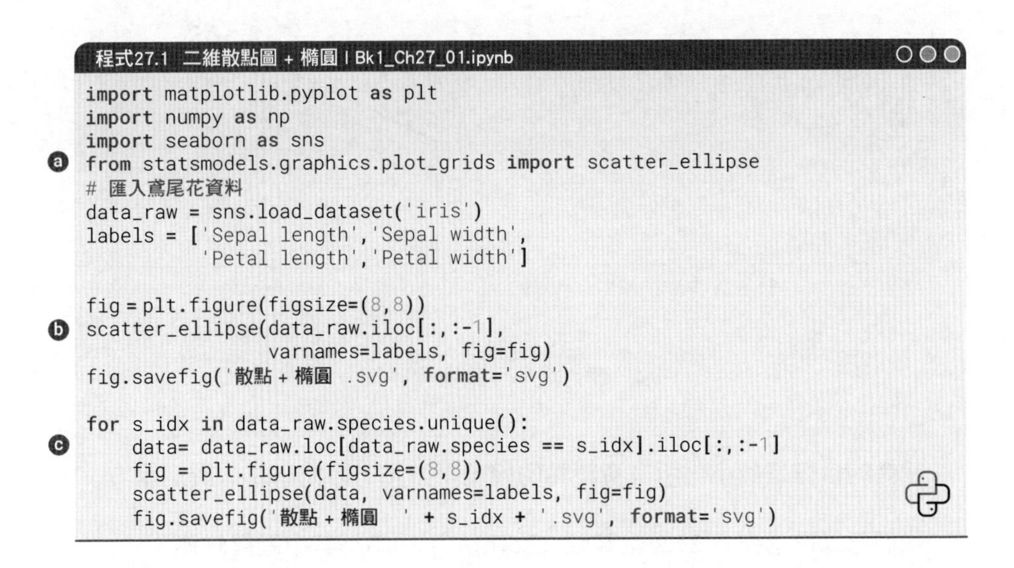

程式27.1 二維散點圖 + 橢圓 | Bk1_Ch27_01.ipynb

```
import matplotlib.pyplot as plt
import numpy as np
import seaborn as sns
from statsmodels.graphics.plot_grids import scatter_ellipse
# 匯入鳶尾花資料
data_raw = sns.load_dataset('iris')
labels = ['Sepal length','Sepal width',
          'Petal length','Petal width']

fig = plt.figure(figsize=(8,8))
scatter_ellipse(data_raw.iloc[:,:-1],
                varnames=labels, fig=fig)
fig.savefig('散點 + 橢圓 .svg', format='svg')

for s_idx in data_raw.species.unique():
    data= data_raw.loc[data_raw.species == s_idx].iloc[:,:-1]
    fig = plt.figure(figsize=(8,8))
    scatter_ellipse(data, varnames=labels, fig=fig)
    fig.savefig('散點 + 橢圓 ' + s_idx + '.svg', format='svg')
```

27.3 最小平方線性回歸

最小平方 (Ordinary Least Square，OLS) **線性回歸** (linear regression) 是一種用於建立線性模型的統計學方法，其目標是透過找到最佳擬合直線來預測因變數和一個或多個引數之間的線性關係。這種方法被廣泛應用於各種領域，包括資料分析、機器學習等。

如圖 27.5(a) 所示，在最小平方線性回歸中，我們嘗試找到一條直線，使得所有資料點到這條線的距離平方和最小。

這裡的「距離」通常是指因變數與回歸線預測值之間的差異，稱為殘差。圖 27.5(b) 中灰色線段就是殘差。觀察圖 27.5(b)，大家容易發現殘差線段平行於 *y* 軸。

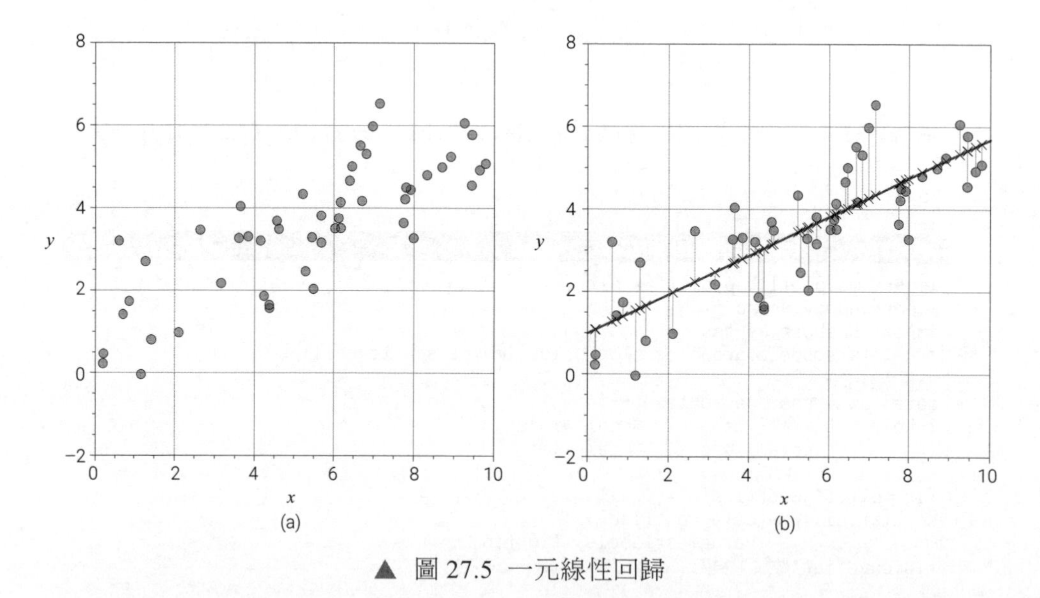

▲ 圖 27.5 一元線性回歸

我們的目標是最小化所有資料點的殘差平方和，因此稱為「最小平方」。

我們可以透過程式 27.2 繪製圖 27.5(b)，下面講解其中關鍵敘述。

ⓐ 產生用於回歸的樣本資料。

ⓑ sm.add_constant(x_data) 是 statsmodels 中的函式，用於在矩陣或陣列 x_data 的左側增加全 1 常數列，目的是計算截距項。

ⓒ 進行最小平方線性回歸分析。

ⓓ 呼叫 fit() 方法來對模型進行擬合，從而得到對應的回歸係數和其他相關統計資訊。

ⓔ 列印回歸結果，具體如圖 27.6 所示。

ⓕ 利用 results.params 儲存線性回歸結果，results.params[1] 為**斜率** (slope) b_1，results.params[0] 為**截距** (intercept)b_0。一元線性回歸的解析式為 $y = b_1x + b_0$。

ⓖ 繪製**預測值** (predicted value) 散點圖，圖 27.5(b) 中的「×」。圖 27.5(b) 中的藍色點「●」為樣本資料。

ⓗ 繪製樣本值「●」和預測值「×」連線線段。這個線段代表誤差。

> 《AI 時代 Math 元年 - 用 Python 全精通資料處理》逐一介紹圖 27.6 中的回歸分析結果。

> 第 30 章還會繼續介紹 Scikit- Learn 中的回歸演算法工具。

程式27.2 一元OLS線性回歸 | Bk1_Ch27_02.ipynb

```
import numpy as np
import statsmodels.api as sm
import matplotlib.pyplot as plt
# 生成隨機資料
num = 50
np.random.seed(0)
ⓐ x_data = np.random.uniform(0,10,num)
y_data = 0.5 * x_data + 1 + np.random.normal(0, 1, num)
data = np.column_stack([x_data,y_data])

# 增加常數列
ⓑ X = sm.add_constant(x_data)
# 建立一元 OLS 線性回歸模型
```

```
ⓒ model = sm.OLS(y_data, X)
  # 擬合模型
ⓓ results = model.fit()
  # 列印回歸結果
ⓔ print(results.summary())
  # 預測
  x_array = np.linspace(0,10,101)
ⓕ predicted = results.params[1] * x_array + results.params[0]

  fig, ax = plt.subplots()
  ax.scatter(x_data, y_data)
ⓖ ax.scatter(x_data, results.fittedvalues,
             color = 'k', marker = 'x')
  ax.plot(x_array, predicted,
          color = 'r')

  data_ = np.column_stack([x_data,results.fittedvalues])

ⓗ ax.plot(([i for (i,j) in data_], [i for (i,j) in data]),
          ([j for (i,j) in data_], [j for (i,j) in data]),
          c=[0.6,0.6,0.6], alpha = 0.5)

  ax.set_xlabel('x'); ax.set_ylabel('y')
  ax.set_aspect('equal', adjustable='box')
  ax.set_xlim(0,10); ax.set_ylim(-2,8)
  fig.savefig('一元線性回歸.svg', format='svg')
```

```
                            OLS Regression Results
==============================================================================
Dep. Variable:                      y   R-squared:                       0.656
Model:                            OLS   Adj. R-squared:                  0.649
Method:                 Least Squares   F-statistic:                     91.59
Date:                XXXXXXXXXXXXXXXX   Prob (F-statistic):           1.05e-12
Time:                        XXXXXXXX   Log-Likelihood:                -67.046
No. Observations:                  50   AIC:                             138.1
Df Residuals:                      48   BIC:                             141.9
                         Df Model:                             1
                         Covariance Type:              nonrobust
==============================================================================
                 coef    std err          t      P>|t|      [0.025      0.975]
------------------------------------------------------------------------------
const          0.9928      0.296      3.358      0.002       0.398       1.587
x1             0.4693      0.049      9.570      0.000       0.371       0.568
==============================================================================
Omnibus:                        1.199   Durbin-Watson:                   2.274
Prob(Omnibus):                  0.549   Jarque-Bera (JB):                1.213
Skew:                           0.283   Prob(JB):                        0.545
Kurtosis:                       2.487   Cond. No.                         13.6
```

▲ 圖 27.6 一元 OLS 線性回歸結果 | Bk1_Ch27_02.ipynb

27.4 主成分分析

主成分分析 (Principal Component Analysis，PCA) 是資料降維的重要方法之一。簡單來說，透過線性變換，主成分分析將原始多維資料投影到一個新的正交座標系，將原始資料中的最大方差成分提取出來。

舉個例子，主成分分析實際上是在尋找資料在主元空間內的投影。

圖 27.7 所示馬克杯，它是一個 3D 物體，在一張圖展示馬克杯，而且盡可能多地展示馬克杯細節，就需要從空間多個角度觀察馬克杯並找到合適角度。

這個過程實際上是將三維資料投影到二維平面的過程。這也是一個降維過程，即從三維變成二維。圖 27.8 展示了馬克杯在 6 個平面上投影的結果。

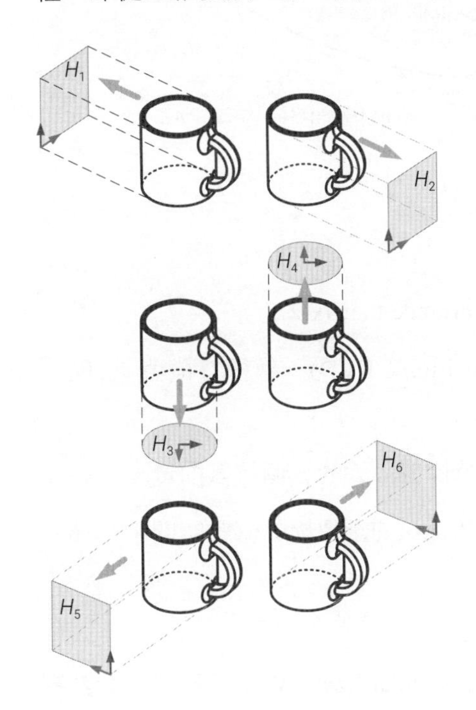

▲ 圖 27.7 馬克杯 6 個投影方向

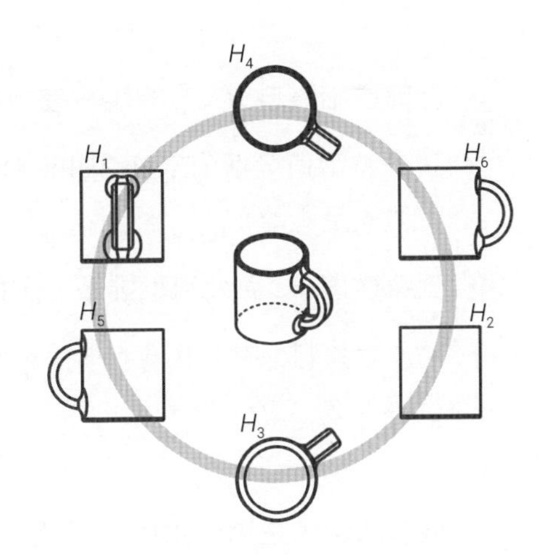

▲ 圖 27.8 馬克杯在 6 個方向的投影影像

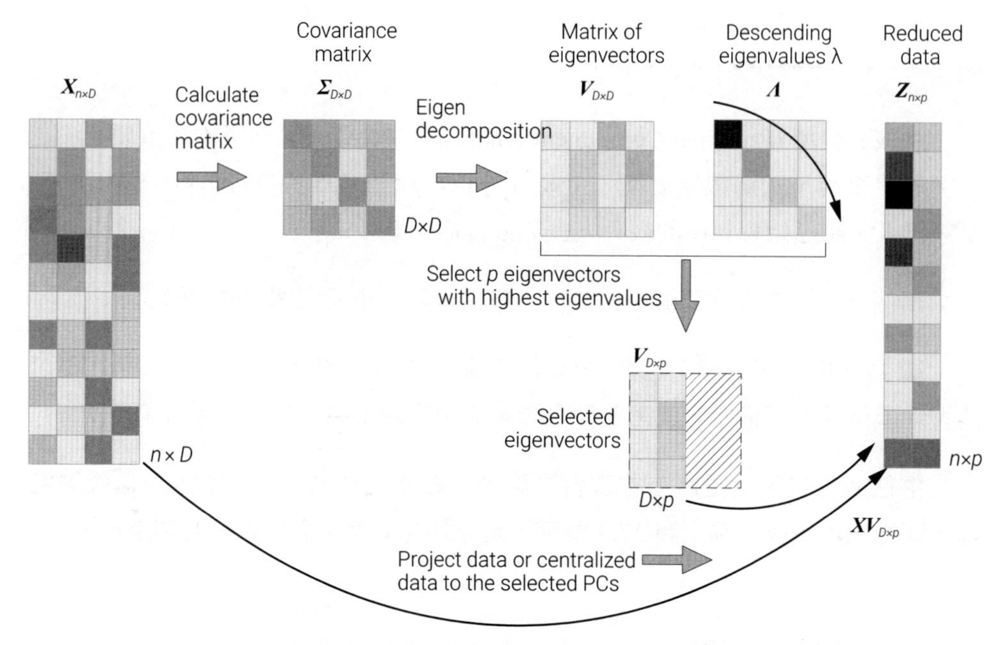

▲ 圖 27.9 主成分分析一般技術路線：特徵值分解協方差矩陣

如圖 27.9 所示，PCA 的一般步驟如下。

- 計算原始資料 $X_{n\times D}$ 的**協方差矩陣** (covariance matrix)$\Sigma_{D\times D}$。
- 對 Σ **特徵值分解** (Eigen Value Decomposition，EVD)，獲得特徵值 λ_i 與特徵向量矩陣 $V_{D\times D}$。
- 對特徵值 λ_i 從大到小排序，選擇其中特徵值最大的 p 個特徵向量。
- 將原始資料 (中心化資料) 投影到這 p 個正交向量建構的低維空間中，獲得得分 $Z_{n\times p}$。

很多時候，在第一步中，我們先標準化 (standardization) 原始資料，即計算 X 的 Z 分數。標準化可以防止在不同特徵上方差差異過大。而有些情況，對原始資料 $X_{n\times D}$ 進行中心化 (去平均值) 就足夠了，即將資料**質心** (centroid) 移到**原點** (origin)。

下面，我們用不同年期利率時間序列資料介紹如何使用 Statsmodels 函式完成主成分分析。圖 27.10 所示為 2022 年 8 個不同年期利率走勢，也就是說資料有 8 個特徵 (維度)。

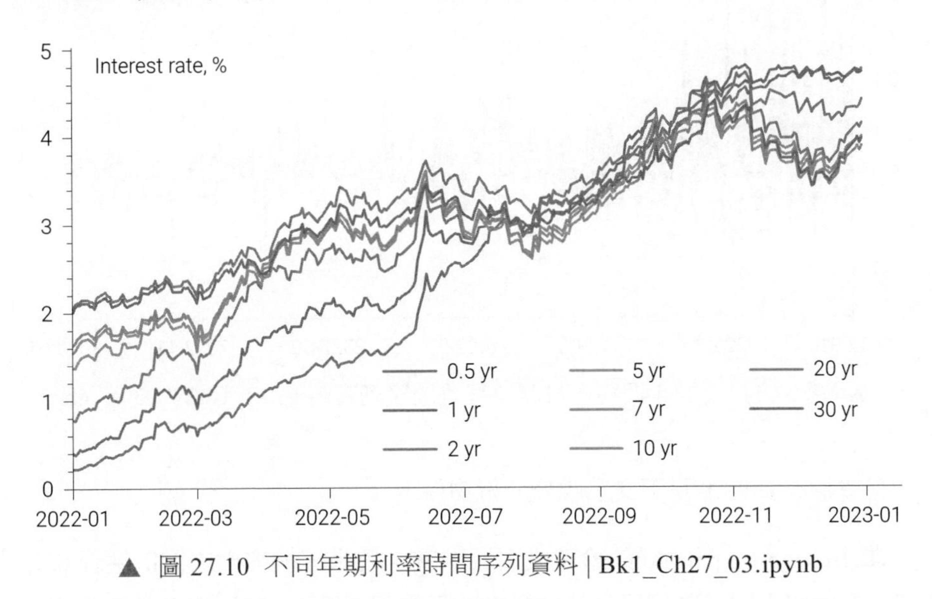

▲ 圖 27.10 不同年期利率時間序列資料 | Bk1_Ch27_03.ipynb

我們先看一下程式 27.3。我們在本書前文已經介紹過 ⓐ～ⓕ，請大家回顧這些程式的作用，並逐行註釋。

ⓖ 用 seaborn.lineplot() 繪製利率走勢線圖。

ⓗ 用 pct_change() 計算日收益率。如圖 27.11 所示，日收益率是用來衡量股票、利率在一天內的價格變動幅度的指標。日收益率通常以百分比形式表示，回顧前文介紹的計算方法，具體為：日收益率 = (當日收盤價 - 前一日收盤價)/ 前一日收盤價 × 100%。

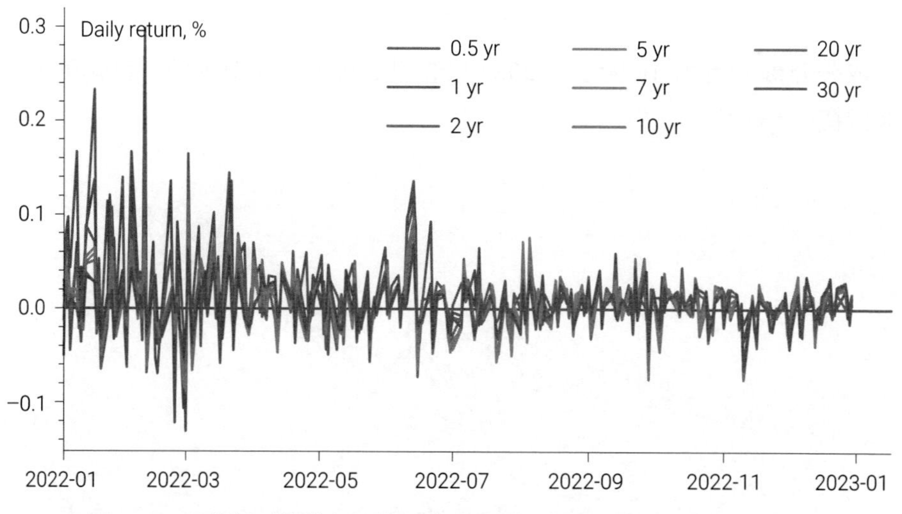

▲ 圖 27.11 不同年期利率日收益率時間序列資料 | Bk1_Ch27_03.ipynb

日收益率資料 ***X*** 是下文主成分分析物件。

ⓘ 用 seaborn.pairplot() 繪製成對散點圖，用來理解變數之間的關係和分佈情況。對角線上的子圖預設是每個變數的長條圖，圖 27.12 將對角線子圖修改為機率密度估計線圖，這是下一節要介紹的內容。非對角線上的圖形是變數之間的散點圖，圖 27.12 僅保留了下三角部分子圖。

ⓙ 計算日收益率資料 ***X*** 相關係數矩陣。

ⓚ 用 seaborn.heatmap() 視覺化相關係數矩陣。

如圖 27.12 所示，從時間序列的漲跌，我們可以看到明顯的**聯動性** (co-movement)。圖 27.13 所示的相關係數矩陣則「量化」聯動性。主成分分析 PCA 便可以幫助我們分析這種聯動性。

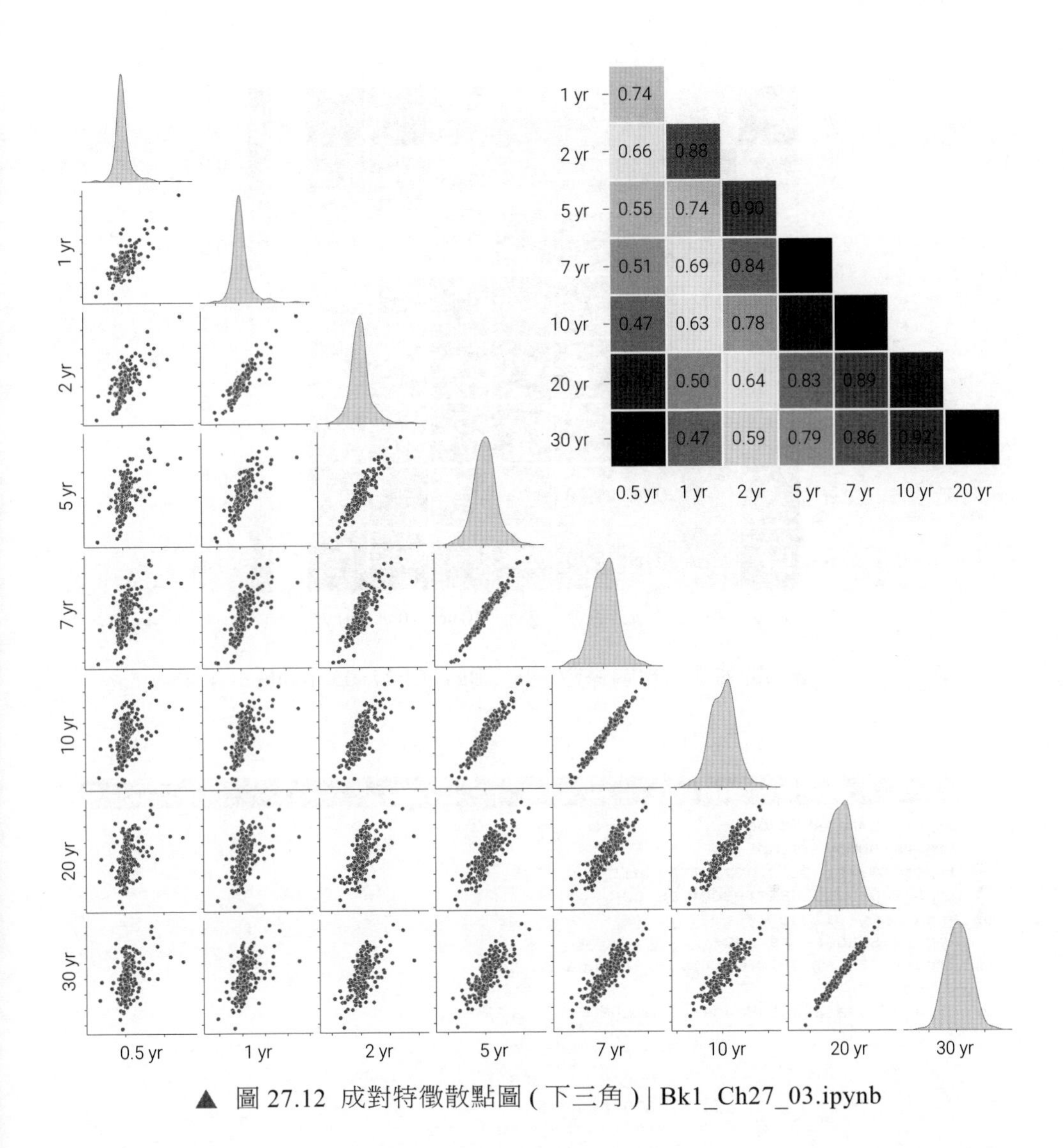

▲ 圖 27.12 成對特徵散點圖 (下三角) | Bk1_Ch27_03.ipynb

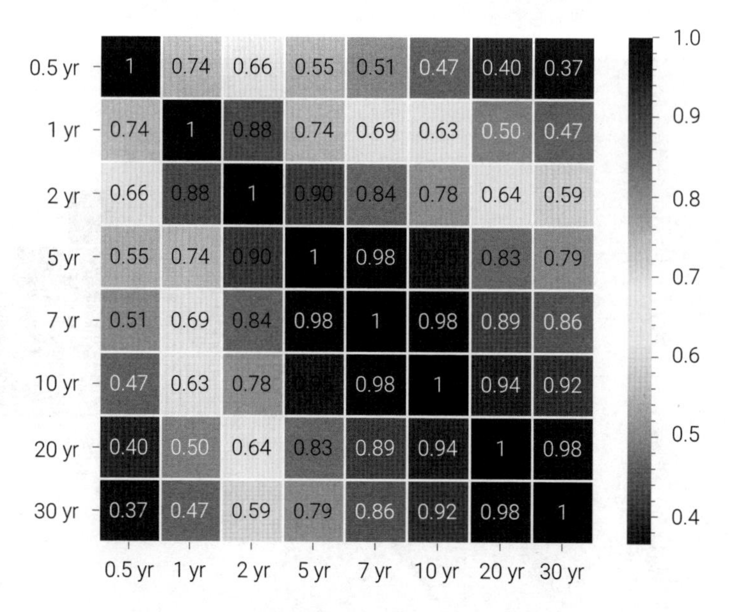

▲ 圖 27.13 相關係數矩陣 | Bk1_Ch27_03.ipynb

程式27.3 下載分析利率資料 | Bk1_Ch27_03.ipynb

```
import pandas as pd
import numpy as np
import matplotlib.pyplot as plt
import pandas_datareader as pdr
# pip install pandas_datareader
import seaborn as sns
import statsmodels.multivariate.pca as pca
# 下載資料
df = pdr.data.DataReader(['DGS6MO','DGS1',
                          'DGS2','DGS5',
                          'DGS7','DGS10',
                          'DGS20','DGS30'],
                          data_source='fred',
                          start='01-01-2022',
                          end='12-31-2022')
df = df.dropna()
# 修改資料幀列標籤
df = df.rename(columns={'DGS6MO': '0.5 yr',
                        'DGS1': '1 yr',
                        'DGS2': '2 yr',
                        'DGS5': '5 yr',
                        'DGS7': '7 yr',
                        'DGS10': '10 yr',
                        'DGS20': '20 yr',
                        'DGS30': '30 yr'})
# 繪製利率走勢
fig, ax = plt.subplots(figsize = (6,3))
```

```
ⓖ sns.lineplot(df,markers=False,dashes=False,
               palette = "husl",ax = ax)
  ax.legend(loc='lower right',ncol=3)
  # 計算日收益率
ⓗ X_df = df.pct_change()
  X_df = X_df.dropna()
  # 視覺化收益率
  fig, ax = plt.subplots(figsize = (6,3))
  sns.lineplot(X_df,markers=False,
               dashes=False,palette = "husl",ax = ax)
  ax.legend(loc='upper right',ncol=3)
  # 成對特徵散點圖
ⓘ sns.pairplot(X_df, corner=True, diag_kind="kde")
  # 相關係數矩陣
ⓙ C = X_df.corr()
  fig, ax = plt.subplots()
ⓚ sns.heatmap(C, ax = ax,
              annot=True,
              cmap = 'RdYlBu_r',
              square = True)
```

圖 27.14 所示的**陡坡圖** (scree plot) 是 PCA 重要的視覺化方案，用於幫助確定保留多少主成分。

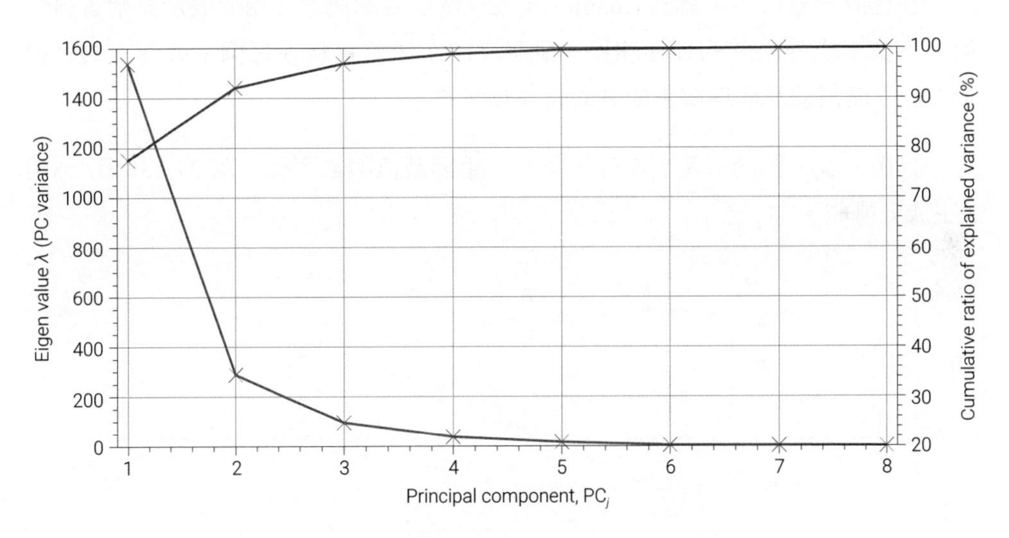

▲ 圖 27.14 陡坡圖 | Bk1_Ch27_03.ipynb

首先，將原始資料進行主成分分析，計算出各個主成分及其對應的特徵值，方差解釋比例。

然後，將每個主成分的特徵值繪製在一個陡坡圖上 (圖 27.14 左縱軸)。橫軸表示主成分的序號，縱軸表示對應的**特徵值** (eigen value)。一般情況，特徵值來自於對協方差矩陣的特徵值分解。

一般來說特徵值會從大到小排列。觀察陡坡圖，尋找特徵值開始急劇下降的反趨點。這些反趨點所對應的主成分通常是資料中最重要的部分，包含了最多的資訊。而反趨點之後的主成分的貢獻較小，可以考慮不予保留。

此外，我們還可以透過量化方法來決定保留主成分的數量。

圖 27.14 右縱軸展示累積解釋總方差百分比。我們可以發現，前 3 個主成分解釋超過 95% 的方差。這樣做可以在保留重要資訊的同時降低資料的維度。也就是說，利用主成分分析，我們可以把 8 個維度降到 3 個維度，並盡可能保證資料的重要資訊。

在主成分分析中，**酬載** (loadings) 是一個重要的概念，用於表示原始資料特徵與各個主成分之間的線性關係。酬載反映了原始資料在每個主成分上的投影權重，從而幫助我們理解主成分的含義和解釋。

具體來說，對於每個主成分，都有一組酬載值與之對應。圖 27.15 所示為前 3 主成分酬載。

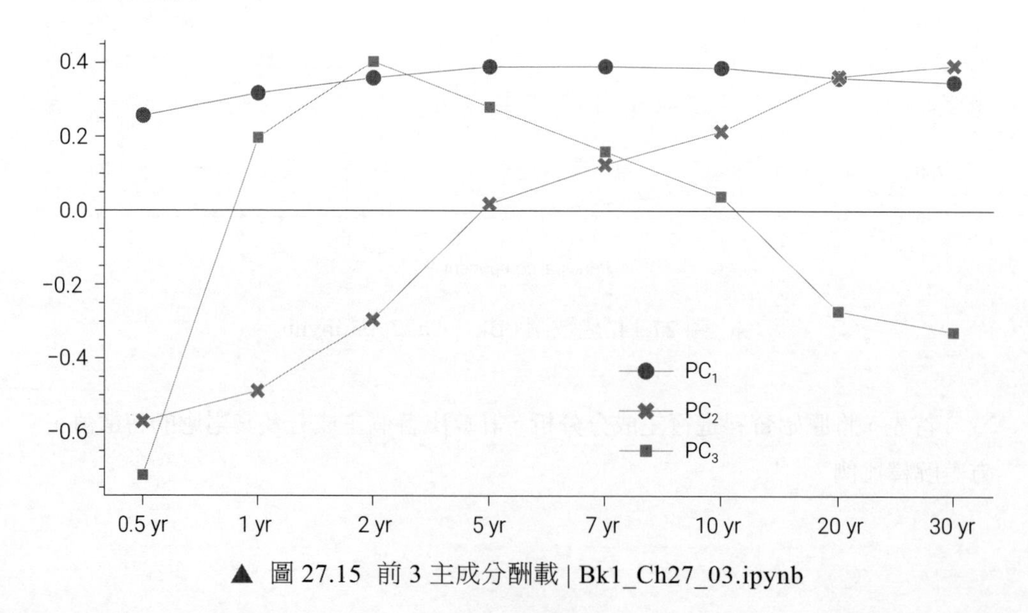

▲ 圖 27.15 前 3 主成分酬載 | Bk1_Ch27_03.ipynb

這些酬載值組成了一個向量，表示了原始特徵在主成分上的投影權重。酬載值可以為正或負，它們的絕對值越大，表示該主成分與對應特徵之間的關係越強。

在 PCA 的過程中，主成分的計算涉及特徵值分解資料的協方差矩陣 $\boldsymbol{\Sigma}$，$\boldsymbol{\Sigma} = \boldsymbol{V} \Lambda \boldsymbol{V}^{\mathrm{T}}$。從數學角度來看，酬載本質上就是 $\boldsymbol{V}$。

在主成分分析中，**主成分得分** (principal component score) 是指原始資料在降維後的主成分空間中的投影值。如圖 27.16 所示，主成分分數是在進行資料降維後，將原始資料點映射到新的主成分空間中的一種表示。

《AI 時代 Math 元年 - 用 Python 全精通矩陣及線性代數》第 13、14 章專門介紹特徵值分解。

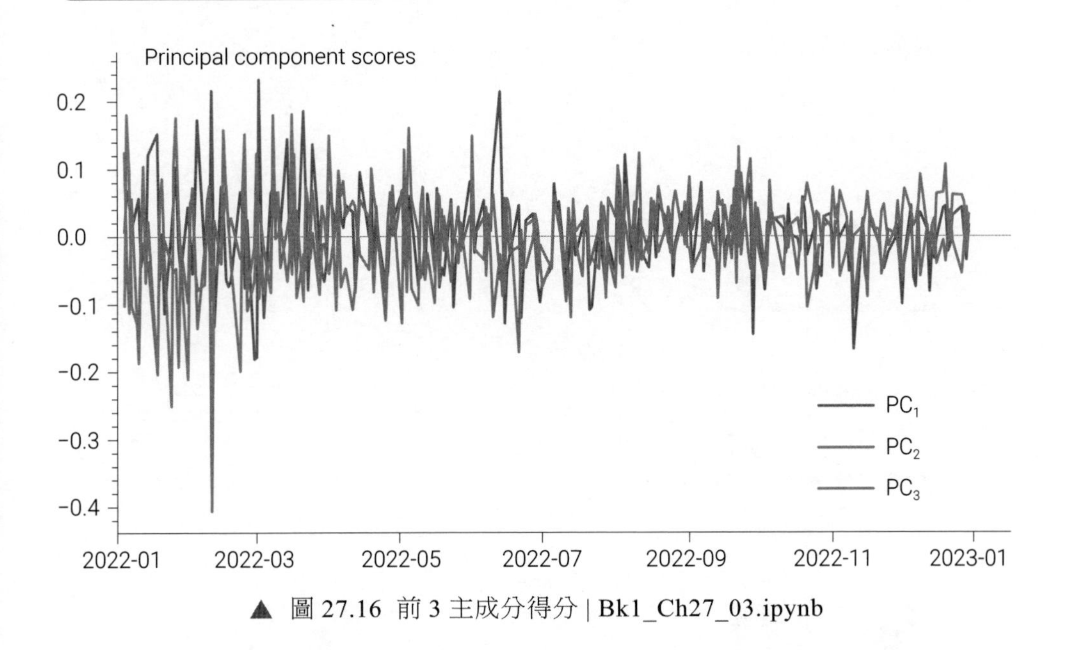

▲ 圖 27.16 前 3 主成分得分 | Bk1_Ch27_03.ipynb

如圖 27.17 所示，每個主成分都是原始特徵的線性組合。大家可以自行計算所有主成分得分的相關係數矩陣，容易發現這個矩陣為單位矩陣。由於我們僅保留 3 個主成分，圖 27.17 便代表降維 (8 維到 3 維) 過程。

> ⚠ 雖然主成分分析和線性回歸都使用線性模型，但它們的目的和使用方式不同。

主成分分析是用於降維的一種無監督學習方法，目的是找到一組新的變數，使得這些變數能夠最大程度地解釋原始資料中的方差。這些新的變數稱為「主成分」，它們是原始資料中所有變數的線性組合。主成分分析通常用於資料探索和視覺化，以及在高維資料中尋找最重要的特徵。

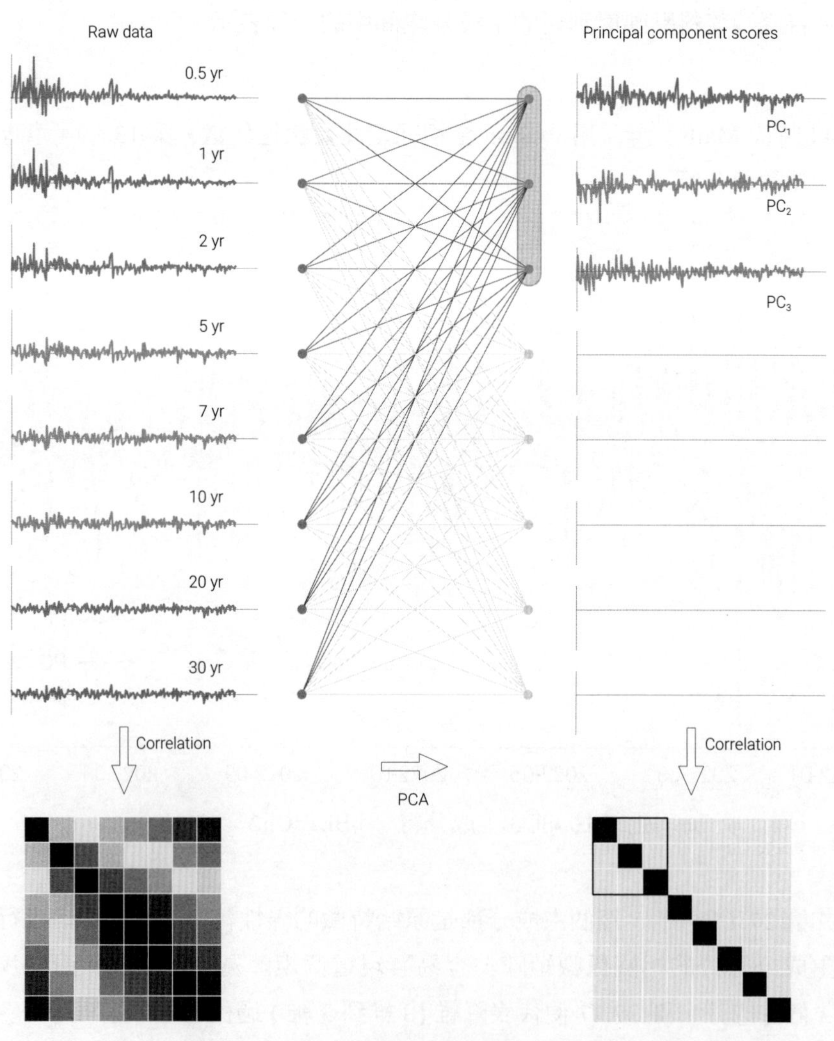

▲ 圖 27.17 從原始資料到主成分得分

而線性回歸是用於預測的一種有監督學習方法，目的是透過擬合一個線性函式來預測一個連續的目標變數。線性回歸通常用於建立輸入變數和輸出變數之間的關係，並用於預測新的輸出變數值。

如圖 27.18 所示，我們用 3 組主成分分析「還原」原始資料，得到的結果我們稱之為「還原資料」。這個過程實際上將主成分分數反向投影到原始資料空間。

在 PCA 中，我們透過將原始資料投影到主成分上得到主成分分數。而將主成分分數反向投影回原始資料空間，得到的資料就是**還原資料** (approximated data 或 reproduced data)。

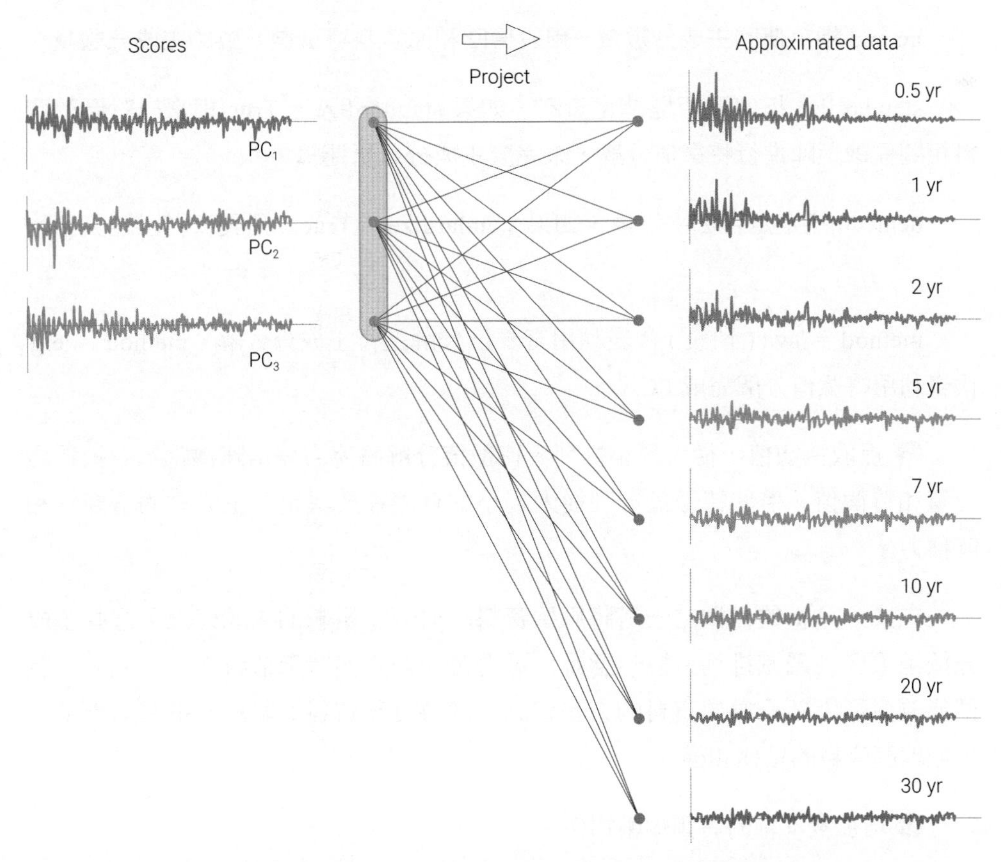

▲ 圖 27.18 從主成分得分 (前 3 個主成分) 到還原資料

投影資料與原始資料的關係是，透過主成分分析的投影過程，將原始資料映射到主成分空間，並且反向投影過程可以近似地重構出原始資料。

然而，由於 PCA 是一種降維技術，反向投影得到的資料會在重構過程中損失一些細節資訊，因此反向投影出的資料可能與原始資料存在差異。圖 27.19 和圖 27.20 分別用散點圖、線圖型視覺化原始資料、還原資料、誤差。

接著程式 27.3，程式 27.4 完成主成分分析。

ⓐ 利用 statsmodels.multivariate.pca.PCA() 完成主成分分析。

下面簡單介紹這個函式的關鍵參數。

ncomp 指定傳回主成分數量，預設傳回和原資料特徵數一致的主成分數量。

standardize 指定是否標準化資料，如果 standardize = True 相當於對原始資料相關係數矩陣進行特徵值分解，來完成主成分分析運算。

demean 指定是否去平均值，如果 standardize = True，預設資料已經去平均值。

method = 'svd'(預設) 代表利用奇異值分解進行主成分分解，method = 'eig' 代表利用特徵值分解完成 PCA。

ⓑ 提取特徵值，從大到小排列。特徵值分解將協方差矩陣轉化為一組特徵向量和特徵值。這些特徵值排列從大到小的意義在於決定了主成分的重要性和解釋力。

主成分分析的目標之一是將原始資料映射到一組新的主成分上，這些主成分按照重要性遞減排列。換句話說，透過選擇前幾個特徵值較大的主成分，我們能夠保留大部分原始資料的方差資訊，同時實現資料的降維。這有助更進一步地理解資料的結構和模式。

ⓒ 增加雙 y 軸的右側縱軸物件。

ⓓ 提取前 3 主成分。從特徵值分解結果來看，這 3 個主成分對應的特徵值分別約為 1537、288、95。三者之和佔總特徵值的比值超過 95%。

❺ 用前 3 主成分建立還原資料。

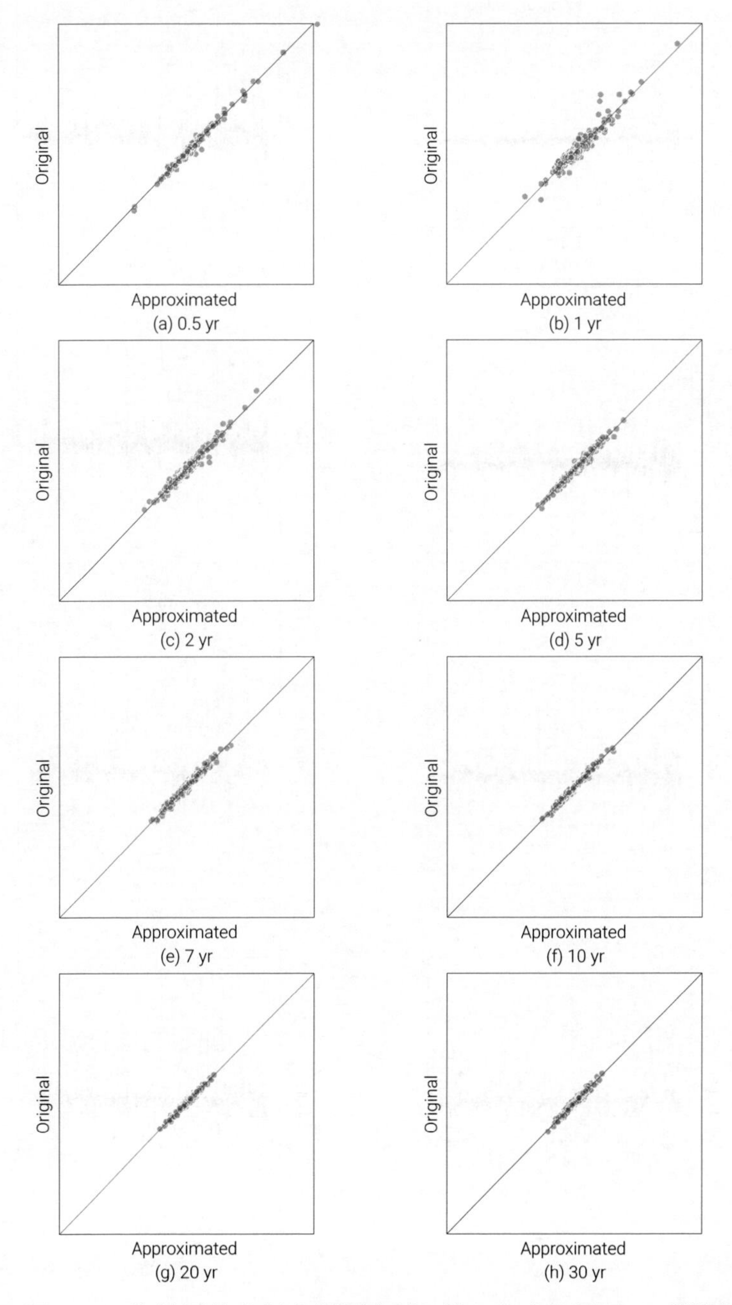

▲ 圖 27.19 比較原始資料和還原資料 (前 3 主成分還原)，散點圖 | Bk1_Ch27_03.ipynb

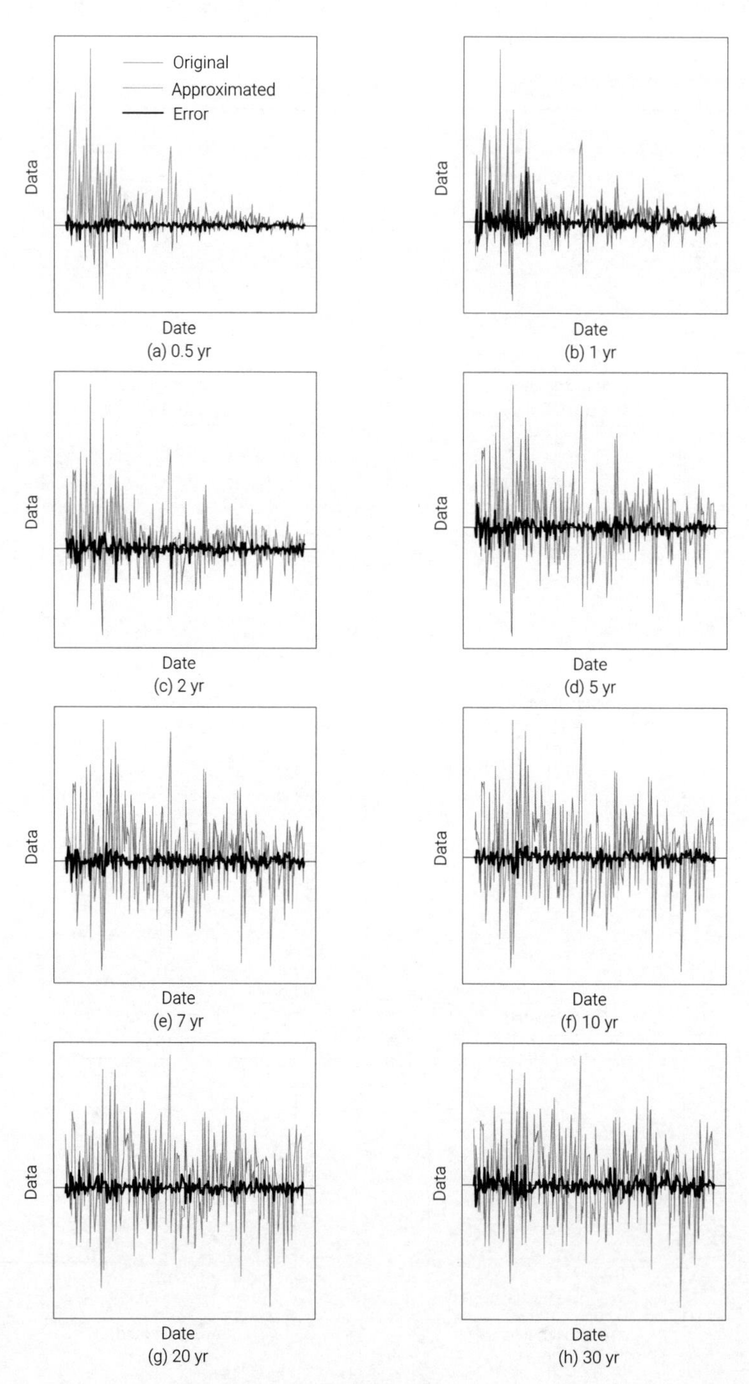

▲ 圖 27.20 比較原始資料和還原資料 (前 3 主成分還原)，線圖 | Bk1_Ch27_03.ipynb

程式27.4 主成分分析(使用時配合前文程式)| Bk1_Ch27_03.ipynb

```
# 主成分分析
a pca_model = pca.PCA(X_df, standardize=True)
b variance_V = pca_model.eigenvals
# 計算主成分的方差解釋比例
explained_var_ratio = variance_V / variance_V.sum()
PC_range = np.arange(len(variance_V)) + 1
labels = ['$PC_' + str(index) + '$' for index in PC_range]
# 陡坡圖
fig, ax1 = plt.subplots(figsize = (6,3))

ax1.plot(PC_range, variance_V, 'b', marker = 'x')
ax1.set_xlabel('Principal Component')
ax1.set_ylabel('Eigen value $\lambda$ (PC variance)',
color='b')
ax1.set_ylim(0,1600); ax1.set_xticks(PC_range)

c ax2 = ax1.twinx()
ax2.plot(PC_range, np.cumsum(explained_var_ratio)*100,
        'r', marker = 'x')
ax2.set_ylabel('Cumulative ratio of explained variance (%)',
              color='r')
ax2.set_ylim(20,100)
ax2.set_xlim(PC_range.min() - 0.1,PC_range.max() + 0.1)
# PCA酬載
d loadings= pca_model.loadings[['comp_0','comp_1','comp_2']]
fig, ax = plt.subplots(figsize = (6,4))
sns.lineplot(data=loadings,
             markers=True, dashes=False, palette = "husl")
plt.axhline(y=0, color='r', linestyle='-')
# 用前3主成分獲得還原資料
e X_df_ = pca_model.project(3)
# 比較原始資料和還原資料
# 線圖
fig, axes = plt.subplots(4,2,figsize=(4,8))
axes = axes.flatten()

for col_idx, ax_idx in zip(list(X_df_.columns),axes):
    sns.lineplot(X_df_[col_idx],ax = ax_idx)
    sns.lineplot(X_df[col_idx],ax = ax_idx)
    sns.lineplot(X_df[col_idx] - X_df_[col_idx],
                 c = 'k', ax = ax_idx)
    ax_idx.set_xticks([]); ax_idx.set_yticks([])
    ax_idx.axhline(y = 0, c = 'k')

# 散點圖
fig, axes = plt.subplots(4,2,figsize=(4,8))
axes = axes.flatten()

for col_idx, ax_idx in zip(list(X_df_.columns),axes):
    sns.scatterplot(x = X_df_[col_idx],
                    y = X_df[col_idx],
                    ax = ax_idx)
    ax_idx.plot([-0.3, 0.3],[-0.3, 0.3],c = 'r')
    ax_idx.set_aspect('equal', adjustable='box')
    ax_idx.set_xticks([]); ax_idx.set_yticks([])
    ax_idx.set_xlim(-0.3, 0.3); ax_idx.set_ylim(-0.3, 0.3)
```

27.5 機率密度估計：高斯 KDE

本書第 12 章介紹過如何用 Seaborn 視覺化高斯核心密度估計結果。對於一元隨機變數，高斯核心密度透過在資料點附近生成高斯分佈的核心函式，然後將所有核心函式疊加在一起得到一條曲線；這條曲線就是**機率密度函式** (Probability Density Function，PDF)，用來描述樣本資料的分佈情況。

本節介紹如何用 Statsmodels 函式完成高斯 KDE，並視覺化一元、二元機率密度函式。

一元

圖 27.21 所示為用高斯 KDE 估計得到的鳶尾花花萼長度機率密度函式。圖 27.21 中，曲線和橫軸包圍的面積為 1。圖 27.21 中的曲線也稱**證據因數** (evidence)。

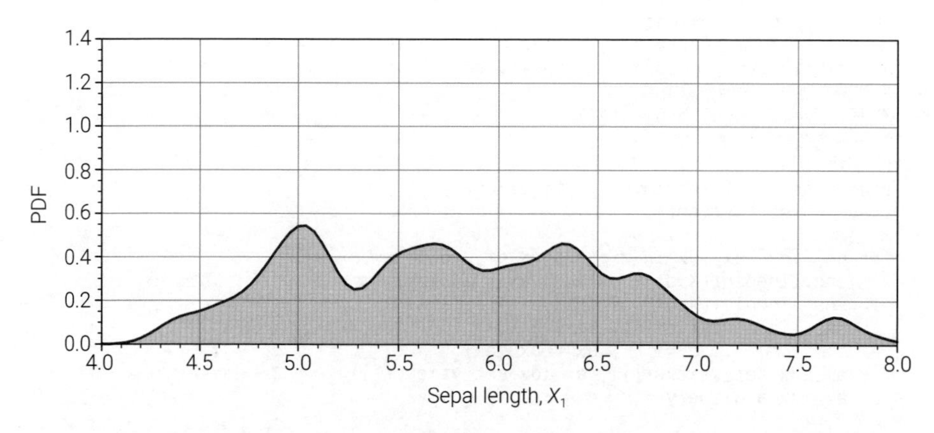

▲ 圖 27.21 鳶尾花資料花萼長度機率密度函式 (證據因數)，基於高斯 KDE | Bk1_Ch27_04.ipynb

簡單來說，在**貝氏分類** (Bayesian classification) 中，證據因數描述了不考慮分類標籤條件下樣本資料分佈。

圖 27.22、圖 27.23、圖 27.24 所示為考慮鳶尾花標籤的花萼長度機率密度函式。在貝氏分類中，這三條曲線也叫作**似然函式** (likelihood)，表示考慮分類標籤下樣本資料的分佈。

圖 27.21 ~ 圖 27.24 中的縱軸都是機率密度，不是機率！四條 PDF 曲線和橫軸圍成的面積都是 1。

請大家修改程式繪製鳶尾花花萼寬度、花瓣長度、花瓣寬度這三個特徵的證據因數和似然函式曲線。

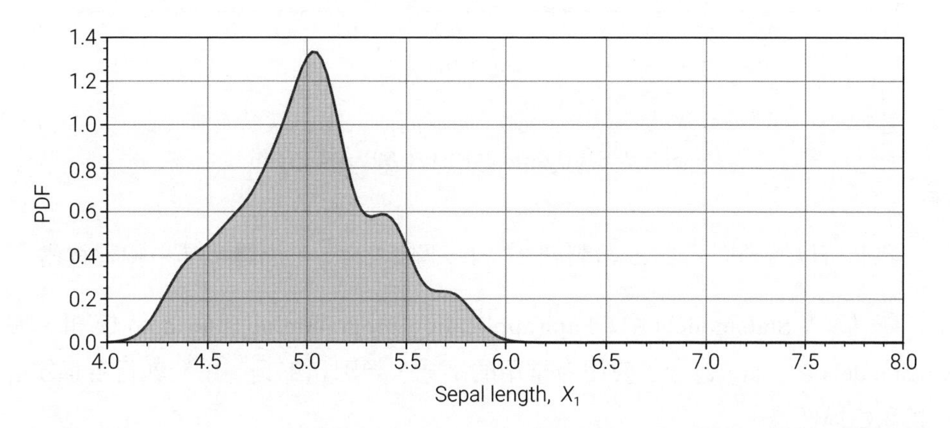

▲ 圖 27.22 花萼長度 X_1 機率密度函式，基於高斯 KDE，考慮標籤 (似然函式)，'species'=='setosa'| Bk1_Ch27_04.ipynb

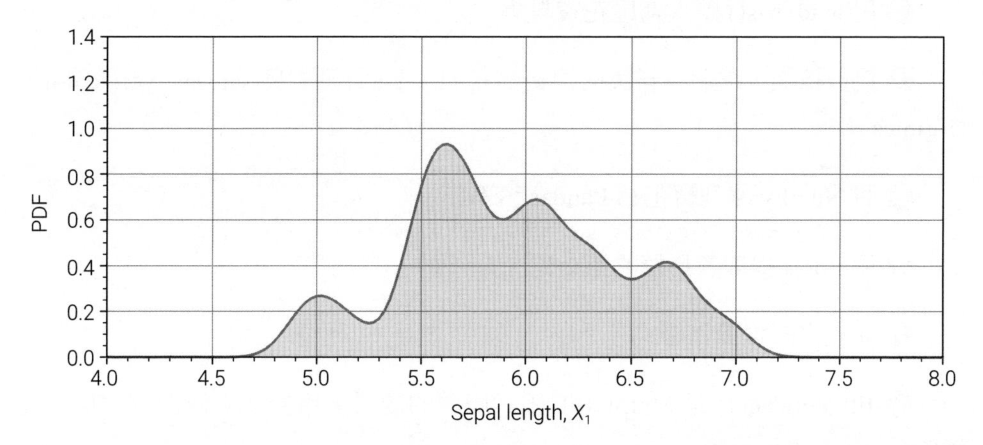

▲ 圖 27.23 花萼長度 X_1 機率密度函式，基於高斯 KDE，考慮標籤 (似然函式)，'species'=='versicolor'| Bk1_Ch27_04.ipynb

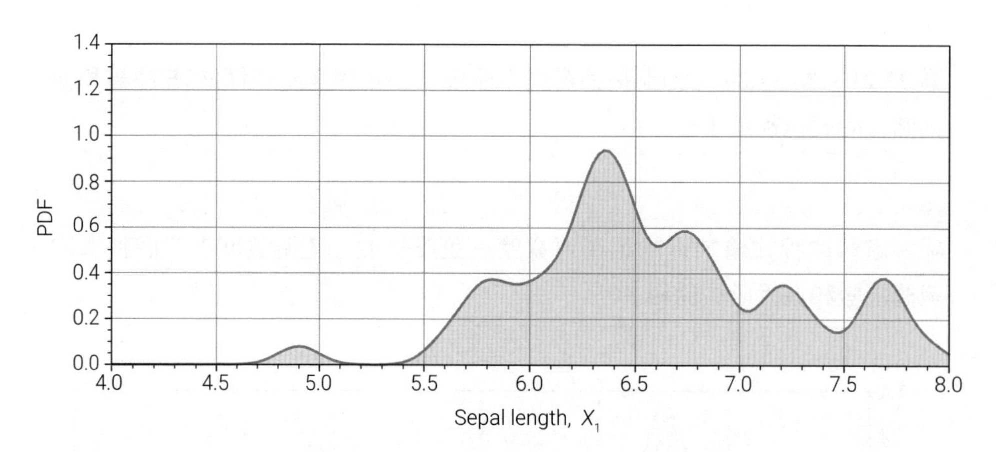

▲ 圖 27.24 花萼長度 X_1 機率密度函式，基於高斯 KDE，考慮標籤 (似然函式)，'species'=='virginica'| Bk1_Ch27_04.ipynb

我們可以透過程式 27.5 繪製圖 27.21 ~ 圖 27.24。下面講解其中關鍵敘述。

ⓐ 匯入 Statsmodels 中的 api(application programming interface) 模組。在 Statsmodels 中，api 包含了使用者常用的函式、類別和工具，用於執行各種統計分析和建模任務。

ⓑ 從 sklearn.datasets 匯入 load_iris。

ⓒ 用 load_iris() 匯入鳶尾花資料集。

ⓓ 提取標籤，這個資料集的標籤為 0、1、2，分別對應 setosa、versicolor、virginica。

ⓔ 將 NumPy 陣列轉化為 Pandas 資料幀。

ⓕ 用 iloc[] 提取資料幀的第 1 列。

ⓖ 建立自訂視覺化函式。

ⓗ fill_between() 是 Matplotlib 函式庫中的函式，用於在兩條曲線之間填充顏色。

ⓘ 匯入非參數核心密度估計 sm.nonparametric.KDEUnivariate() 函式，用來建立和操作單變數資料的核心密度估計物件。這個函式的輸入為樣本的單一變數資料。

ⓙ 呼叫 fit() 方法計算核心密度估計，其中 bw 調節核心函式**頻寬** (band width)。

?

請大家修改核函式頻寬 bw，觀察 KDE 曲線變化。

ⓚ 利用 evaluate() 計算給定陣列核心密度估計值，以便後續視覺化。

ⓛ 利用自訂函式 visualize() 繪製機率密度函式曲線，#00448A 為一個十六進位顏色值—RGB 顏色值。

在十六進位顏色標記法中，顏色值由 6 個字元組成，前 2 個字元表示紅色分量、中間 2 個字元表示綠色分量，最後 2 個字元表示藍色分量。每個字元可以設定值從 00 到 FF，對應十進位的 0 到 255。在顏色 #00448A 中：前 2 個字元 00 表示紅色分量為 0；中間 2 個字元 44 表示綠色分量為 68；最後 2 個字元 8A 表示藍色分量為 138。

ⓜ 建立高斯 KDE 物件時考慮鳶尾花分類。

程式27.5 一元機率密度估計 | Bk1_Ch27_04.ipynb

```
import numpy as np
import statsmodels.api as sm                                    # a
import matplotlib.pyplot as plt
import pandas as pd
from sklearn.datasets import load_iris                          # b

# 從Scikit-Learn函式庫載入鳶尾花資料
iris = load_iris()                                              # c
y = iris.target                                                 # d
X_df = pd.DataFrame(iris.data)                                  # e
X1_df = X_df.iloc[:,0]                                          # f

# 自訂視覺化函式
def visualize(x1,pdf,color):                                    # g
    fig, ax = plt.subplots(figsize = (8,3))
    ax.fill_between(x1, pdf,                                    # h
                    facecolor = color,alpha = 0.2)
    ax.plot(x1, pdf,color = color)

    ax.set_ylim([0,1.4])
    ax.set_xlim([4,8])
    ax.set_ylabel('PDF')
    ax.set_xlabel('Sepal length, $x_1$')

# 不考慮標籤
KDE = sm.nonparametric.KDEUnivariate(X1_df)                     # i
KDE.fit(bw=0.1)                                                 # j
x1 = np.linspace(4,8,101)
f_x1 = KDE.evaluate(x1)                                         # k

visualize(x1,f_x1,'#00448A')                                    # l

# 考慮鳶尾花標籤，用KDE描述樣本資料花萼長度分佈
colors = ['#FF3300','#0099FF','#8A8A8A']

x1 = np.linspace(4,8,161)

for idx in range(3):
    KDE_C_i = sm.nonparametric.KDEUnivariate(X1_df[y==idx])     # m
    KDE_C_i.fit(bw=0.1)
    f_x1_given_C_i = KDE_C_i.evaluate(x1)

    visualize(x1,f_x1_given_C_i,colors[idx])
```

二元

SciPy 也有完成機率密度估計的函式。圖 27.25 所示為利用 scipy.stats.gaussian_kde() 函式估計得到的鳶尾花花萼長度、花萼寬度聯合機率密度函式。

> 在《AI 時代 Math 元年 - 用 Python 全精通統計及機率》中，大家會知道圖 27.25 中曲面和水平面組成的體積為 1。

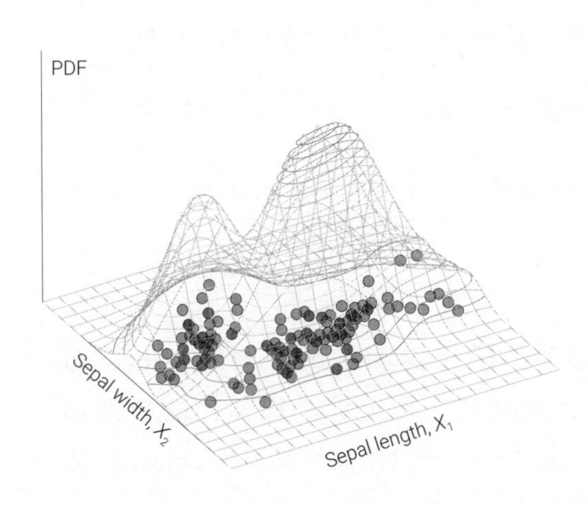

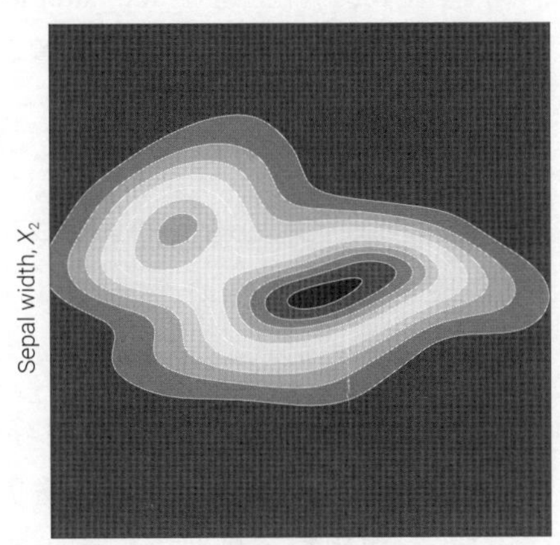

▲ 圖 27.25 花萼長度、花萼寬度 (X_1,X_2) 聯合機率密度函式 (證據因數)，基於高斯 KDE | Bk1_Ch27_05.ipynb

程式 27.6 首先定義了一個視覺化函式，用來視覺化二元機率密度曲面。圖片版面配置採用 1 行 2 列。左側子圖為三維影像，由網格曲面和三維等高線組成。右側子圖是一幅二維等高線圖。

下面，我們來講解程式 27.6。

ⓐ 自訂函式，函式輸入主要有，聯合機率密度分佈曲面座標 (XX1,XX2, surface)、樣本點座標 (x1_s,x2_s)、PDF 曲面 z 軸高度上限、顏色 (用來著色樣本散點)、圖片標題字串。

ⓑ 用 matplotlib.pyplot.figure()，簡寫作 plt.figure()，生成一個影像物件 fig。

ⓒ 在 fig 物件上用 add_subplot() 方法增加子圖軸物件 ax。參數 1,2,1 告訴我們子圖為 1 行 2 列版面配置左圖。參數 projection = '3d' 指定 ax 為三維軸物件。

ⓓ 用 plot_wireframe() 在軸物件 ax 上繪製三維網格曲面。

e 用 scatter() 在 ax 上繪製散點圖，代表樣本點具體位置。

f 用 contour() 在 ax 上繪製三維等高線。參數 20 代表等高線筆數。

g 在 fig 物件上也用 add_subplot() 方法增加第二個子圖軸物件 ax。參數 1,2,2 告訴我們子圖為 1 行 2 列版面配置右圖。這個 ax 預設為二維平面座標軸。

h 在 ax 上用 contourf() 繪製二維填充等高線。

i 在 ax 上用 contour() 繪製二維等高線，利用參數 colors = 'w' 將等高線設置為白色。

⚠

用 matplotlib.pyplot.plot() 繪製線圖時，設定線顏色的參數為 color；而用 matplotlib.pyplot.contour() 繪製等高線時，設定等高線顏色的參數為 colors。這也很容易理解，等高線不止一條，所以用了複數單字 colors 作為參數，這個與參數 levels 思路一致。

程式 27.6 中剩餘敘述，請大家自行分析並逐行註釋。

程式27.6 二元機率密度估計，定義視覺化函式 | Bk1_Ch27_05.ipynb

```
import matplotlib.pyplot as plt

# 定義視覺化函式
def plot_surface(xx1, xx2, surface, x1_s, x2_s,          # a
                 z_height, color, title_txt):

    fig = plt.figure(figsize=(8,3))                      # b

    ax = fig.add_subplot(1, 2, 1, projection='3d')       # c
    ax.plot_wireframe(xx1, xx2, surface,                 # d
                      cstride = 8, rstride = 8,
                      color = [0.7,0.7,0.7],
                      linewidth = 0.25)
    ax.scatter(x1_s, x2_s, x2_s*0, c=color)              # e
    ax.contour(xx1, xx2, surface,20,                     # f
               cmap = 'RdYlBu_r')

    ax.set_proj_type('ortho')
    ax.set_xlabel('Sepal length, $x_1$')
    ax.set_ylabel('Sepal width, $x_2$')
    ax.set_zlabel('PDF')
    ax.set_xticks([]); ax.set_yticks([])
    ax.set_zticks([])
    ax.set_xlim(x1.min(), x1.max())
```

```
    ax.set_ylim(x2.min(), x2.max())
    ax.set_zlim([0,z_height])
    ax.view_init(azim=-120, elev=30)
    ax.set_title(title_txt)
    ax.grid(False)

g   ax = fig.add_subplot(1, 2, 2)
h   ax.contourf(xx1, xx2, surface, 12, cmap='RdYlBu_r')
i   ax.contour(xx1, xx2, surface, 12, colors='w')
    ax.set_xticks([]); ax.set_yticks([])
    ax.set_xlim(x1.min(), x1.max())
    ax.set_ylim(x2.min(), x2.max())
    ax.set_xlabel('Sepal length, $x_1$')
    ax.set_ylabel('Sepal width, $x_2$')
    ax.set_aspect('equal', adjustable='box')
    ax.set_title(title_txt)
```

程式 27.7 首先用呼叫 scipy.stats.gaussian_kde() 估計二元機率密度。下面，我們講解程式 27.7。

ⓐ 用 pandas.DataFrame() 將 NumPy Array 轉為資料幀。之所以採用資料幀是為了後文條件切片方便；當然大家也可以採用 NumPy Array 的條件切片。

ⓑ 用 iloc[] 提取資料幀前 2 列，索引分別為 0、1。

ⓒ 用 numpy.meshgrid() 生成網格座標點。

ⓓ numpy.ravel() 將二維陣列展開成一維陣列。然後再用 numpy.vstack() 將 2 個一維陣列按垂直方向堆疊，v 就是 vertical 的含義。

ⓔ 呼叫 scipy.stats.gaussian_kde() 根據樣本資料估計機率密度曲面，得到物件 KDE。

> ⚠ 如果忘記如何使用這兩個函式，請回顧本書第 16 章。

ⓕ 先用 KDE 物件估計座標網格 positions 的機率密度高度，然後用 numpy.reshape() 將結果調整為和 xx1 形狀一致，以便視覺化。

ⓖ 呼叫自訂視覺化函式。

程式27.7 視覺化證據因數（使用時配合前文程式）| Bk1_Ch27_05.ipynb

```
import numpy as np
import statsmodels.api as sm
import pandas as pd
from sklearn.datasets import load_iris
import scipy.stats as st

# 匯入鳶尾花資料
iris = load_iris()
X_1_to_4 = iris.data; y = iris.target

feature_names = ['Sepal length, $X_1$','Sepal width, $X_2$',
                 'Petal length, $X_3$','Petal width, $X_4$']

ⓐ X_df = pd.DataFrame(X_1_to_4)
ⓑ X1_2_df = X_df.iloc[:,[0,1]]

x1 = np.linspace(4,8,161); x2 = np.linspace(1,5,161)
ⓒ xx1, xx2 = np.meshgrid(x1,x2)
ⓓ positions = np.vstack([xx1.ravel(), xx2.ravel()])
colors = ['#FF3300','#0099FF','#8A8A8A']

ⓔ KDE = st.gaussian_kde(X1_2_df.values.T)
ⓕ f_x1_x2 = np.reshape(KDE(positions).T, xx1.shape)

x1_s = X1_2_df.iloc[:,0]
x2_s = X1_2_df.iloc[:,1]

z_height = 0.5
title_txt = '$f_{X1, X2}(x_1, x_2)$, evidence'
ⓖ plot_surface(xx1, xx2, f_x1_x2,
               x1_s, x2_s, z_height,
               '#00448A', title_txt)
```

然後，我們利用相同的想法又繪製了圖 27.26、圖 27.27、圖 27.28 這三幅似然函式 (給定具體鳶尾花分類標籤) 曲面。

請大家自行分析程式 27.8，並逐行註釋。

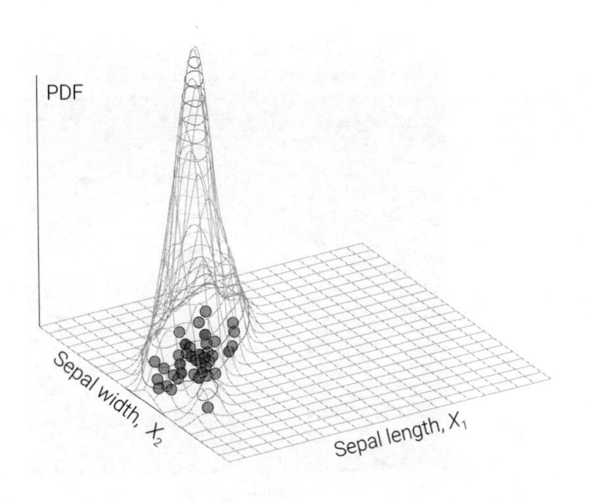

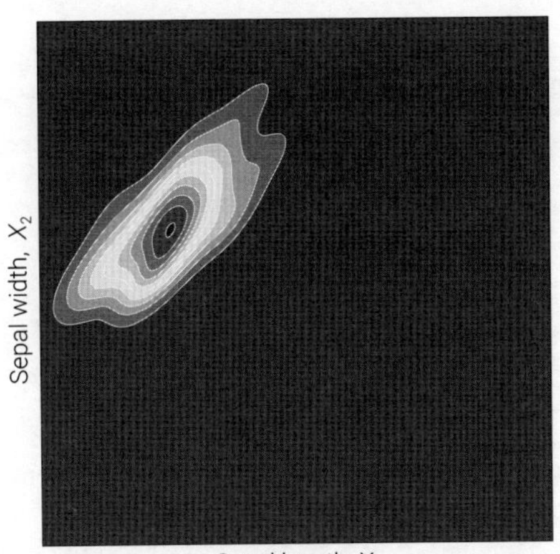

▲ 圖 27.26 花萼長度、花萼寬度 (X_1,X_2) 似然機率密度，基於高斯 KDE，考慮標籤 (似然函式)，'species'== 'setosa'| Bk1_Ch27_05.ipynb

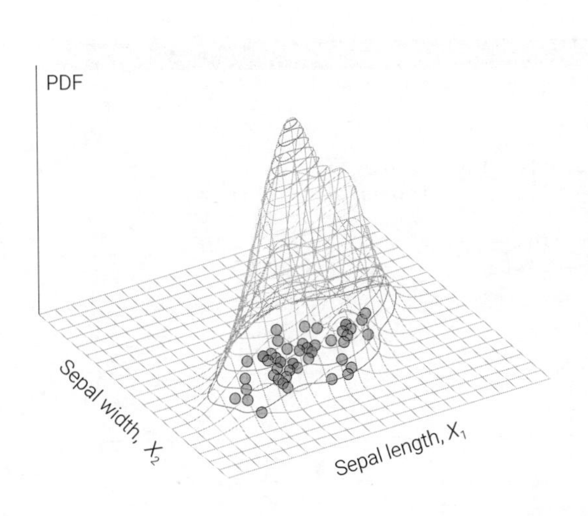

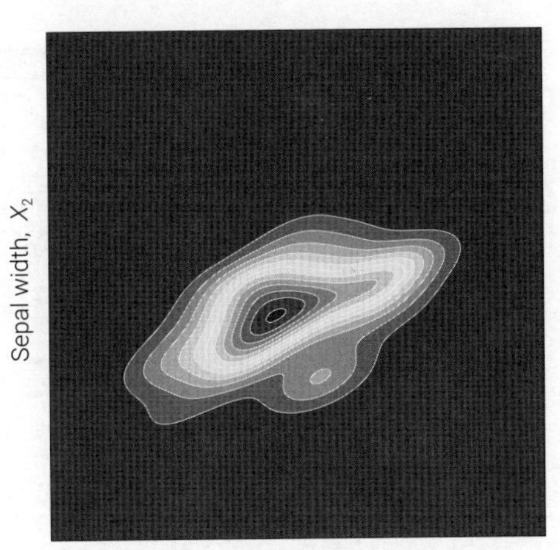

▲ 圖 27.27 花萼長度、花萼寬度 (X_1,X_2) 似然機率密度，基於高斯 KDE，考慮標籤 (似然函式)，'species'=='versicolor'| Bk1_Ch27_05.ipynb

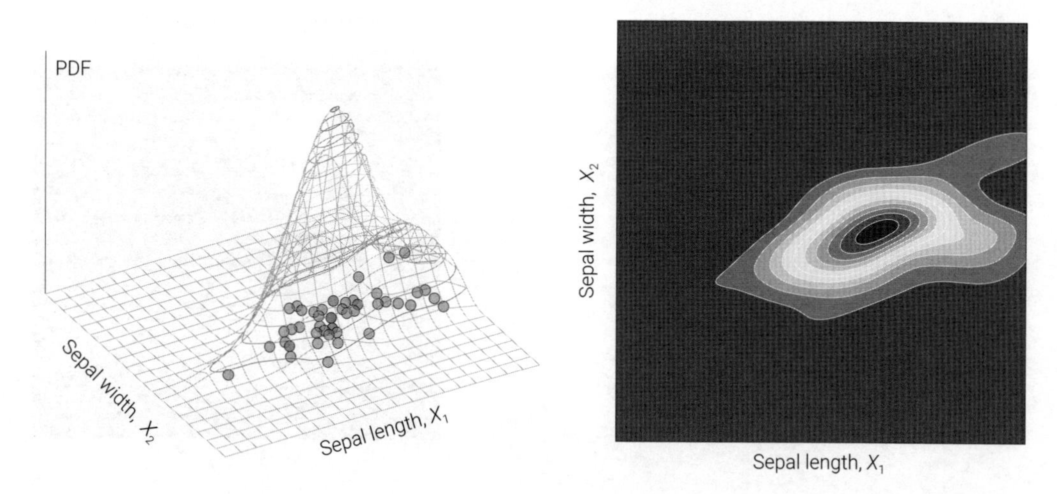

▲ 圖 27.28 花萼長度、花萼寬度 (X_1, X_2) 似然機率密度，基於高斯 KDE，考慮標籤 (似然函式)，'species'== 'virginica'| Bk1_Ch27_05.ipynb

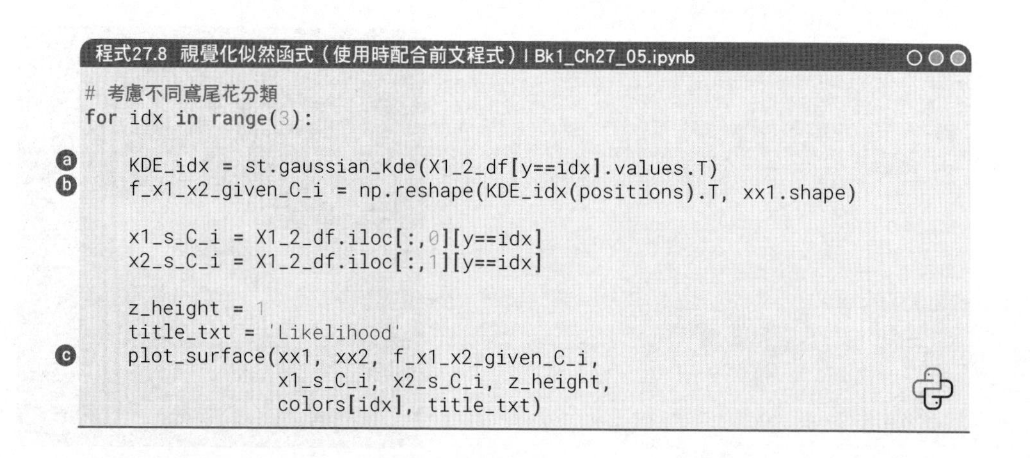

程式27.8 視覺化似然函式（使用時配合前文程式）| Bk1_Ch27_05.ipynb

```
# 考慮不同鳶尾花分類
for idx in range(3):

    KDE_idx = st.gaussian_kde(X1_2_df[y==idx].values.T)
    f_x1_x2_given_C_i = np.reshape(KDE_idx(positions).T, xx1.shape)

    x1_s_C_i = X1_2_df.iloc[:,0][y==idx]
    x2_s_C_i = X1_2_df.iloc[:,1][y==idx]

    z_height = 1
    title_txt = 'Likelihood'
    plot_surface(xx1, xx2, f_x1_x2_given_C_i,
                 x1_s_C_i, x2_s_C_i, z_height,
                 colors[idx], title_txt)
```

➔ **請大家完成以下題目。**

Q1. 修改程式 27.2，採用不同隨機數種子 (不同正整數)，觀察散點和擬合直線變化。

Q2. 修改 Bk1_Ch27_03.ipynb 程式，用鳶尾花資料為例，複刻整套主成分分析。

Q3. 修改 Bk1_Ch27_04.ipynb 程式，分別繪製花萼寬度、花瓣長度、花瓣寬度這三個特徵的證據因數和似然函式。

Q4. 修改 Bk1_Ch27_04.ipynb 程式，分別視覺化花瓣長度、花瓣寬度這兩個特徵的證據因數和似然函式曲面。

* 題目很基礎，本書不給答案。

➔ **Statsmodels 還有很多強大功能，如各種回歸模型、回歸分析、時間序列分析、非參數方法等，感興趣的讀者可以參考以下網址學習。**

```
https://www.statsmodels.org/devel/examples/index.html
```

本章用 4 個例子介紹如何使用 Statsmodels。「二維散點圖 + 橢圓」這個例子中，希望大家再次看到相關性係數、協方差矩陣、高斯分佈、馬氏距離和橢圓的聯繫。

在最小平方線性回歸這個例子中，「使用套件」得到回歸模型才是回歸分析的第 1 步。本書系會一步步幫助大家理解回歸分析背後的各種數學工具，直至大家完全理解圖 27.6 中回歸分析結果。

本章用利率資料和大家聊了聊如何使用 Statsmodels 中的主成分分析工具。本書第 31 章還要從幾何角度和大家再次探討主成分分析。

高斯核心密度估計是本書系常用的一種機率密度估計方法，請大家務必掌握它的基本思想。

這個板塊三章分別介紹了三個 Python 第三方數學工具函式庫，下一板塊正式進入機器學習。

MEMO

Section 07

機器學習

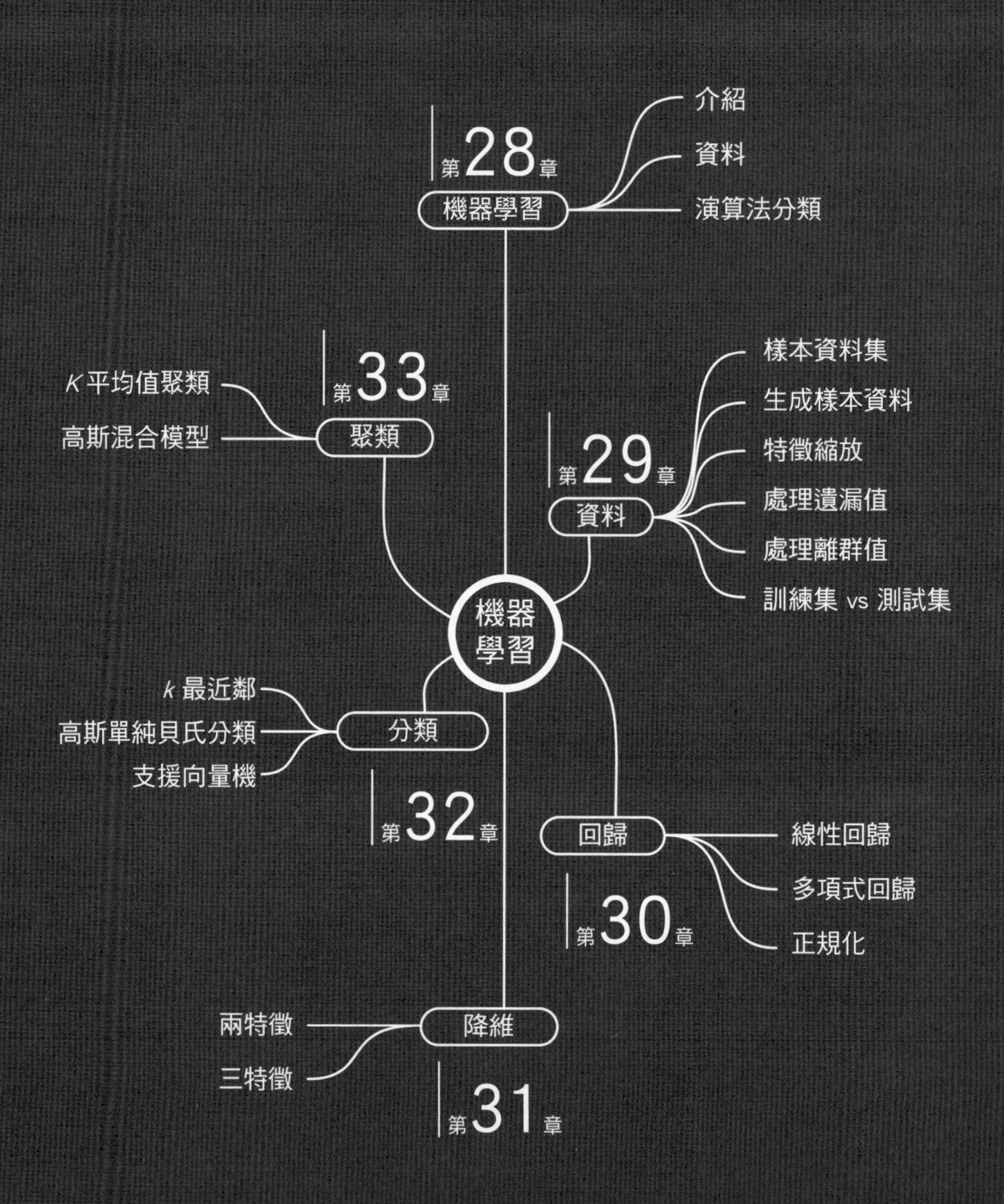

第28章
機器學習
介紹
資料
演算法分類
第33章
聚類
K平均值聚類
高斯混合模型
第29章
資料
樣本資料集
生成樣本資料
特徵縮放
處理遺漏值
處理離群值
訓練集 vs 測試集
機器學習
k最近鄰
高斯單純貝氏分類
支援向量機
分類
第32章
回歸
線性回歸
多項式回歸
正規化
第30章
降維
兩特徵
三特徵
第31章

學習地圖 | 第7板塊

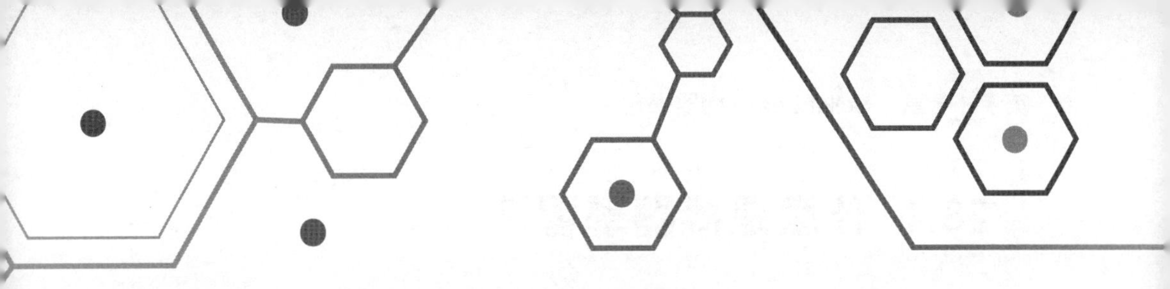

Machine Learning in Scikit-Learn

28 Scikit-Learn 機器學習

利用 Scikit-Learn 函式庫完成回歸、降維、分類、聚類

合理即存在，存在即合理。

What is rational is actual and what is actual is rational.

——黑格爾（*Hegel*）| 德國哲學家 | *1770—1831* 年

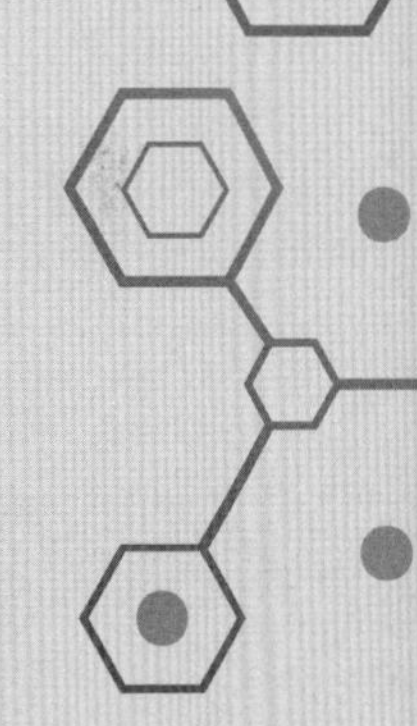

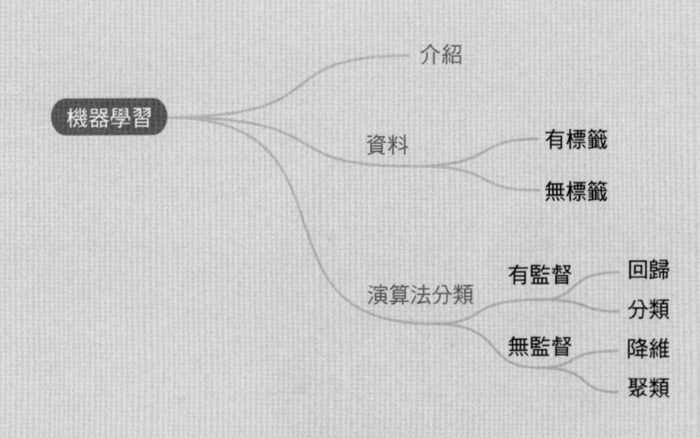

28.1 什麼是機器學習？

人工智慧、機器學習、深度學習、自然語言處理

人工智慧 (Artificial Intelligence，AI) 的外延十分寬泛，泛指電腦系統透過模擬人的思維和行為，實現類似於人的智慧行為。人工智慧領域包含了很多技術和方法，如機器學習、深度學習、自然語言處理、電腦視覺等。

機器學習 (Machine Learning，ML) 是人工智慧的子領域，是透過電腦演算法自動地從資料中學習規律，並用所學到的規律對新資料進行預測或分類的過程。本書這個板塊將著重介紹 Python 中 Scikit-Learn 這個機器學習工具。

深度學習 (Deep Learning，DL) 是一種機器學習的子領域，它是透過建立多層**神經網路** (neural network) 模型，自動地從原始資料中學習到更高級別的特徵和表示，從而實現對複雜模式的建模和預測。

這三者之間的關係如圖 28.1 所示。

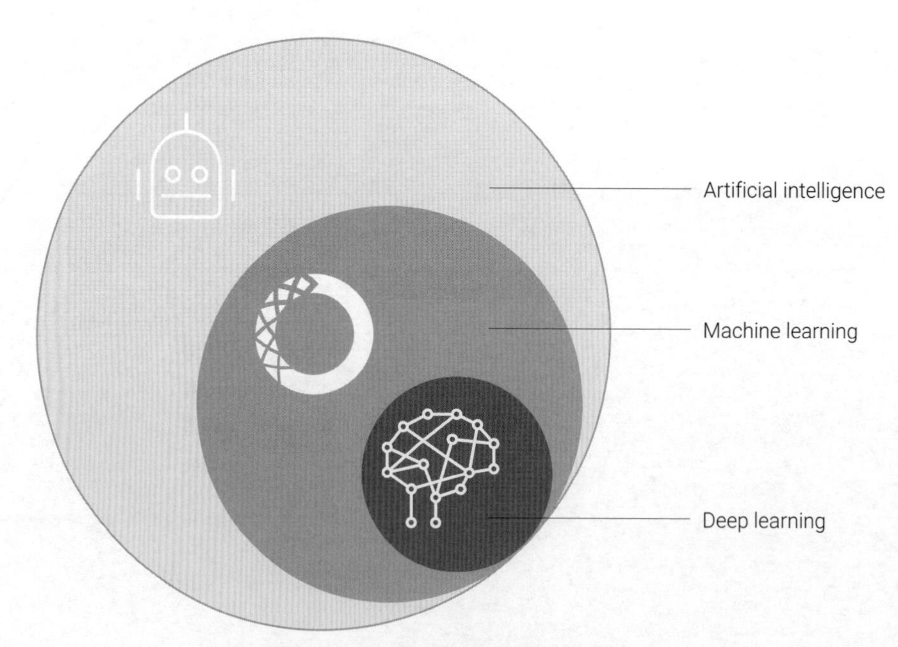

▲ 圖 28.1 人工智慧、機器學習、深度學習

Python 中常用的深度學習工具有 TensorFlow、PyTorch、Keras 等，這些工具不在本書討論範圍內。

自然語言處理 (Natural Language Processing，NLP) 是電腦科學與人工智慧領域的重要分支，旨在透過電腦技術對人類語言進行分析、理解和生成。自然語言處理主要應用於自然語言文字的處理和分析，如文字分類、情感分析、資訊取出、機器翻譯、問答系統等。

機器學習適合處理的問題有以下特徵：①巨量資料；②黑箱或複雜系統，難以找到**控制方程式** (governing equations)。機器學習需要資料的訓練。

機器學習分類

如圖 28.2 所示，簡單來說，機器學習可以分為以下兩大類。

- **有監督學習** (supervised learning)，也叫監督學習，訓練有標籤值樣本資料並得到模型，透過模型對新樣本進行推斷。有監督學習可以進一步分為兩大類：**回歸** (regression)、**分類** (classification)。本書第 30 章介紹常用回歸演算法，第 32 章介紹常用分類演算法。有監督學習常見方法如圖 28.3 所示。
- **無監督學習** (unsupervised learning)，訓練沒有標籤值的資料，並發現樣本資料的結構和分佈。無監督學習可以分為兩大類：**降維** (dimensionality reduction)、**聚類** (clustering)。本書第 31 章介紹常用降維演算法，第 32 章介紹常用聚類演算法。無監督學習常見方法如圖 28.4 所示。

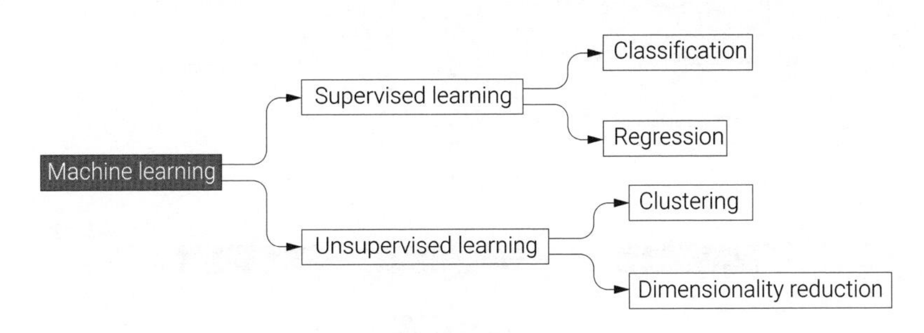

▲ 圖 28.2 機器學習分類

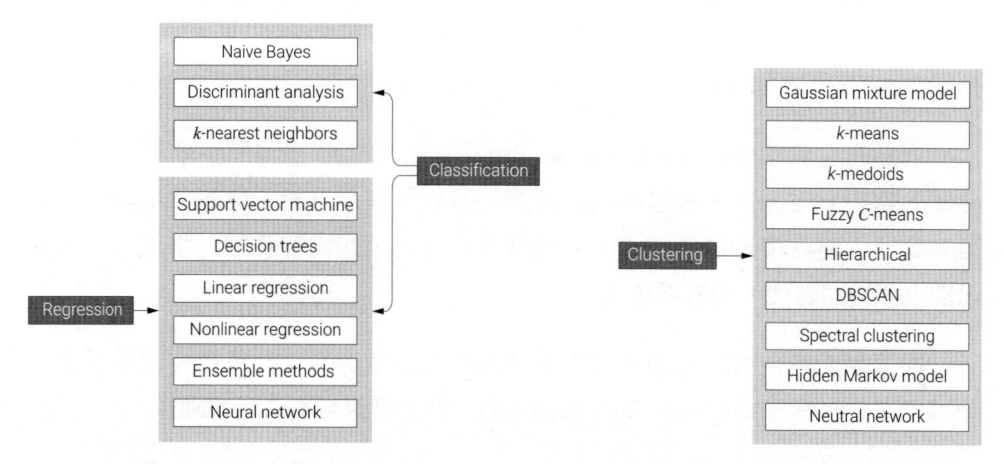

▲ 圖 28.3 有監督學習常見方法

▲ 圖 28.4 無監督學習常見方法

機器學習流程

圖 28.5 所示為機器學習的一般流程。

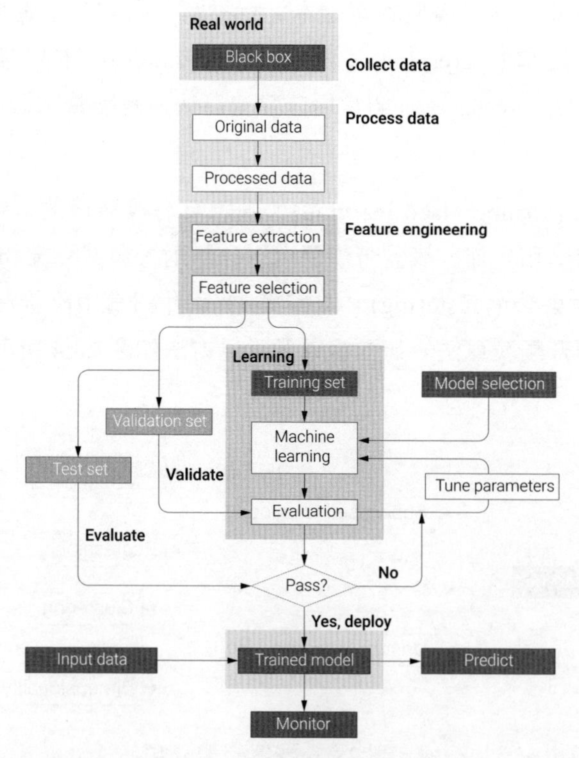

▲ 圖 28.5 機器學習一般流程

具體分步流程通常包括以下步驟。

- **收集資料**：從資料來源獲取資料集，這可能包括資料清理、去除無效資料和處理遺漏值等。
- **特徵工程**：對資料進行前置處理，包括資料轉換、特徵選擇、特徵提取和特徵縮放等。
- **資料劃分**：將資料集劃分為訓練集、驗證集和測試集等。訓練集用於訓練模型，驗證集用於選擇模型並進行調參，測試集用於評估模型的性能。
- **選擇模型**：選擇合適的模型，如線性回歸、決策樹、神經網路等。
- **訓練模型**：使用訓練集對模型進行訓練，並對模型進行評估，可以使用交叉驗證等方法進行模型選擇和調優。
- **測試模型**：使用測試集評估模型的性能，並進行模型的調整和改進。
- **應用模型**：將模型應用到新資料中進行預測或分類等任務。
- **模型監控**：監控模型在實際應用中的性能，並進行調整和改進。

以上是機器學習的一般分步流程，不同的任務和應用場景可能會有一些變化和調整。在實際應用中，還需要考慮資料的品質、模型的可解釋性、模型的複雜度和可擴充性等問題。

28.2 有標籤資料、無標籤資料

根據輸出值有無標籤，資料可以分為**有標籤資料** (labelled data) 和**無標籤資料** (unlabelled data)，如圖 28.6 所示。

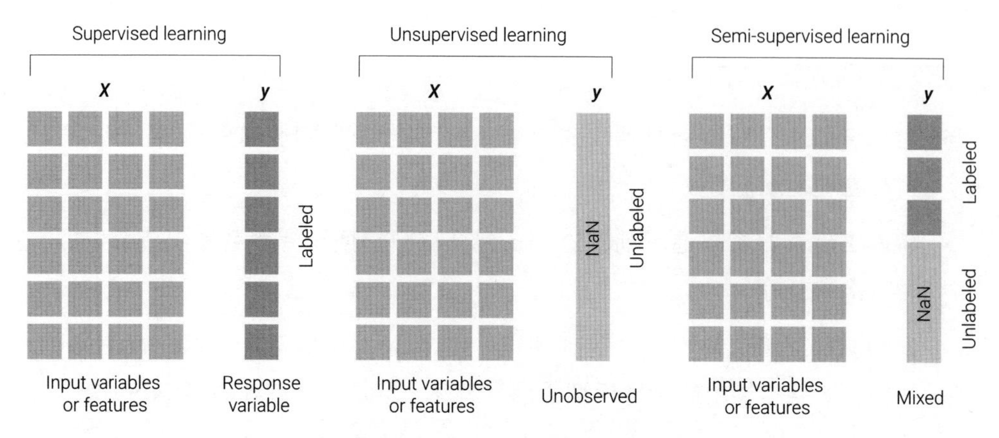

▲ 圖 28.6 根據有無標籤分類資料

鳶尾花資料顯然是有標籤資料。刪去鳶尾花最後一列標籤，我們便得到無標籤資料。有標籤資料和無標籤資料是機器學習中常見的兩種資料型態，它們在不同的應用場景中有不同的用途。

簡單來說，有標籤資料對應有監督學習，無標籤資料對應無監督學習。

有監督學習中，如果標籤為連續資料，對應的問題為**回歸** (regression)，如圖 28.7(a) 所示。如果標籤為分類資料，對應的問題則是**分類** (classification)，如圖 28.7(c) 所示。

無監督學習中，樣本資料沒有標籤。如果目標是尋找規律、簡化資料，這類問題叫作**降維** (dimensionality reduction)，比如主成分分析目的之一就是找到資料中佔據主導地位的成分，如圖 28.7(b) 所示。如果模型的目標是根據資料特徵將樣本資料分成不同的組別，這種問題叫作**聚類** (clustering)，如圖 28.7(d) 所示。

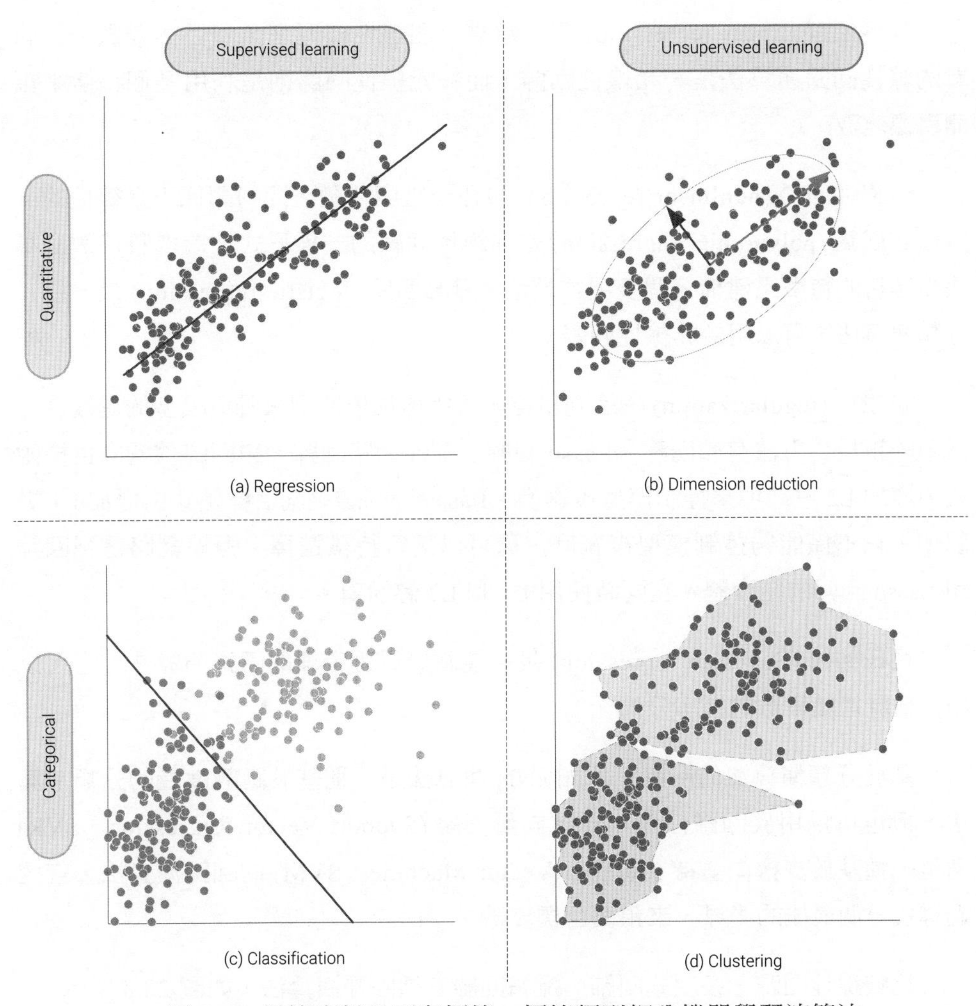

▲ 圖 28.7 根據資料是否有標籤、標籤類型細分機器學習演算法

28.3 回歸：找到引數與因變數關係

回歸是機器學習中一種常見的任務，用於預測一個連續變數的值。常見的回歸演算法包括線性回歸、非線性回歸、正規化、貝氏回歸和基於分類演算法的回歸。

線性回歸 (linear regression) 透過建構一個線性模型來預測目標變數。最簡單的線性回歸演算法是一元線性回歸，而多元線性回歸則是利用多個特徵來預測目標變數。

非線性回歸 (nonlinear regression) 目標變數與特徵之間的關係不是線性的。**多項式回歸** (polynomial regression) 是非線性回歸的一種形式，透過將特徵的冪次作為新的特徵來建構一個多項式模型。**邏輯回歸** (logistic regression) 是一種二分類演算法，可以用於非線性回歸。

正規化 (regularization) 透過向目標函式中增加懲罰項來避免模型的過擬合。常用的正規化方法有嶺回歸、Lasso 回歸、彈性網路回歸。嶺回歸透過向目標函式中增加 L2 懲罰項來控制模型複雜度。Lasso 回歸透過向目標函式中增加 L1 懲罰項，它不僅能夠控制模型複雜度，還可以進行特徵選擇。彈性網路是嶺回歸和 Lasso 回歸的結合體，它同時使用 L1 和 L2 懲罰項。

貝氏回歸 (Bayesian regression) 是一種基於貝氏定理的回歸演算法，它可以用來估計連續變數的機率分佈。

基於分類演算法的回歸，比如 *k*NN 演算法是一種基於距離度量的分類演算法，但也可以用於回歸任務。**支援向量回歸** (Support Vector Regression，SVR) 則是一種基於**支援向量機** (Support Vector Machine，SVM) 的回歸演算法，它透過尋找一個最佳的邊界，來預測目標變數。

比較線性回歸、多項式回歸、邏輯回歸三種回歸演算法，如圖 28.8 所示。

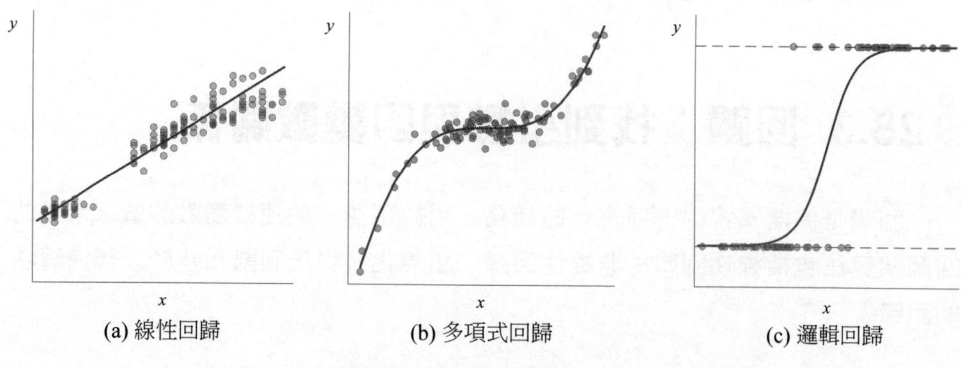

▲ 圖 28.8 比較線性回歸、多項式回歸、邏輯回歸

28.4 降維：降低資料維度，提取主要特徵

降維是指將高維資料轉為低維資料的過程，這個過程可以提取出資料的主要特徵，並去除雜訊和容錯資訊。降維可以有效地減少計算成本，加速模型訓練和預測，並提高模型的準確性和可解釋性。

以下是機器學習中常用的降維演算法。

主成分分析 (Principal Component Analysis，PCA) 透過線性變換將高維資料映射到低維空間。利用特徵值分解、奇異值分解都可以完成主成分分析。

核心主成分分析 (Kernel Principal Component Analysis，KPCA) 是一種非線性降維演算法，它使用核心函式將資料映射到高維空間，然後使用 PCA 在新的空間中進行降維。

典型相關分析 (Canonical Correlation Analysis，CCA) 是一種統計學習演算法，它透過最大化兩個變數之間的相關性來降低維度。

流形學習 (manifold learning) 是一種非線性降維演算法，它透過保持局部結構的連續性來將高維資料映射到低維空間。流形學習可以發現資料中的非線性關係和流形結構。

這些降維演算法都有不同的優點和適用場景，應根據資料的特點和需求選擇適合的演算法進行建模。

28.5 分類：針對有標籤資料

在機器學習中，分類是指根據給定的資料集，透過對樣本資料的學習，建立分類模型來對新的資料進行分類的過程。下面簡述一些常用的分類演算法。

最近鄰演算法 (kNN)：基於樣本的特徵向量之間的距離進行分類預測，即找到與待分類資料距離最近的 k 個樣本，根據它們的類別進行投票決策。

單純貝氏演算法 (Naive Bayes)：利用貝氏定理計算樣本屬於某個類別的機率，並根據機率大小進行分類決策。

支援向量機 (SVM)：利用間隔最大化的思想來進行分類決策，可以透過核心函式將低維空間中線性不可分的樣本映射到高維空間進行分類。

決策樹演算法 (Decision Tree)：透過對樣本資料的特徵進行劃分，建構一個樹形結構，從而實現對新資料的分類預測。

我們可以透過比較決策邊界的形狀大致知道採用的是哪一種分類演算法，圖 28.9 舉出了四個例子。本書第 30 章將專門介紹幾種分類演算法。

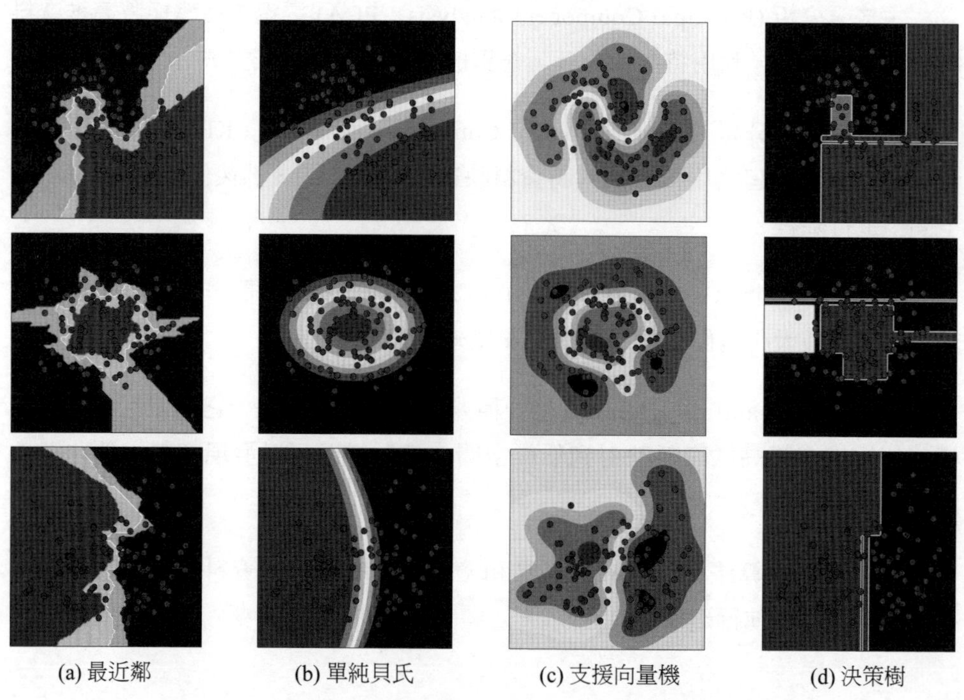

▲ 圖 28.9 比較最近鄰、單純貝氏、支援向量機、決策樹

28.6 聚類：針對無標籤資料

在機器學習中，聚類是指將資料集中的樣本按照某種相似性指標進行分組的過程。常用的聚類演算法包括以下幾種。

k **平均值演算法** (k-Means) 將樣本分為 k 個簇，每個簇的中心點是該簇中所有樣本點的平均值。

高斯混合模型 (Gaussian Mixture Model，GMM) 將樣本分為多個高斯分佈，每個高斯分佈對應一個簇，採用 EM 演算法進行迭代最佳化。

層次聚類演算法 (Hierarchical Clustering) 將樣本分為多個簇，可以使用自底向上的凝聚層次聚類或自頂向下的分裂層次聚類。

DBSCAN(Density-Based Spatial Clustering of Applications with Noise) 是基於密度的聚類演算法，可以自動發現任意形狀的簇。

譜聚類演算法 (Spectral Clustering) 是基於樣本之間的相似度來構造拉普拉斯矩陣，然後對其進行特徵值分解來實現聚類。

比較 k 平均值、高斯混合模型、DBSCAN、譜聚類演算法結果，如圖 28.10 所示。

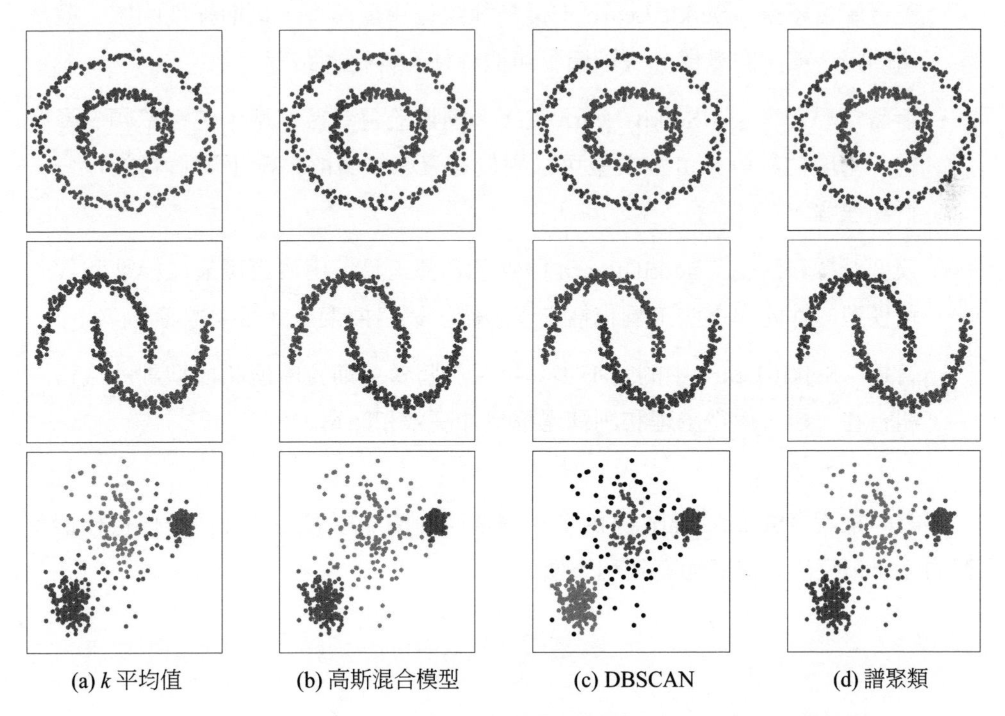

▲ 圖 28.10 比較 k 平均值、高斯混合模型、DBSCAN、譜聚類

28.7 什麼是 Scikit-Learn?

Scikit-Learn 是一個流行的 Python 機器學習函式庫，提供完成機器學習任務的各種工具。Scikit-Learn 和前文介紹的 NumPy、SciPy、Pandas、Matplotlib 等重要工具聯繫緊密。

以下是 Scikit-Learn 中的主要工具。

- **資料集**：Scikit-Learn 中包含多個標準資料集，還提供生成樣本資料的函式。這些資料集可以用於測試和評估機器學習模型的性能。
- **資料前置處理** (data preprocessing)。資料前置處理是機器學習的重要一步，它包括資料清洗、資料重建和資料變換。Scikit-Learn 提供了各種資料前置處理工具，包括特徵縮放、歸一化、標準化、處理遺漏值、資料撰寫程式等。Scikit-Learn 資料是本書下一章 (第 29 章) 要探討的話題。
- **監督學習模型**：Scikit-Learn 支援多種監督學習模型，包括線性回歸、邏輯回歸、支援向量機、決策樹、隨機森林、神經網路等。
- **無監督學習模型**：Scikit-Learn 支援多種無監督學習模型，包括聚類、降維、密度估計等。這些模型可以用於在沒有標籤的情況下對資料進行分析和理解。
- **模型選擇和評估**：Scikit-Learn 提供了各種工具，用於選擇最佳模型和評估模型的性能。這些工具包括交叉驗證、網格搜索、評估指標等。
- **管道**：Scikit-Learn 中的管道工具可用於將資料前置處理和模型訓練流程組合在一起，使得處理和訓練過程更加高效和簡單。

總的來說，Scikit-Learn 提供了一個全面的機器學習工具套件，使得機器學習的建模和評估過程更加高效和方便。

➔ 請大家完成以下題目。

Q1. 本章沒有程式設計練習題，只要求把 Scikit-Learn 的官方範例函式庫瀏覽一遍，更加了解 Scikit-Learn 函式庫能夠完成的機器學習演算法，具體頁面如下。

```
https://scikit-learn.org/stable/auto_examples/index.html
```

* 這道題目不需要答案。

本章全景介紹有關機器學習的基礎。需要大家理解的概念包括，有標籤資料、無標籤資料，以及機器學習四大任務 (回歸、降維、分類、聚類)。

本書第 30 ~ 33 章將按照這個順序用範例展開如何利用 Scikit-Learn 工具完成機器學習任務。

MEMO

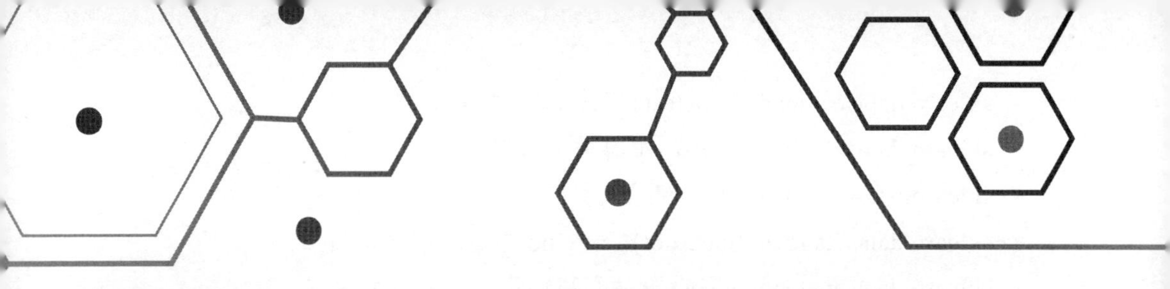

Data and Data Preprocessing in Scikit-Learn

Scikit-Learn 資料

資料集、遺漏值、離群值、特徵縮放……

三種激情，簡單卻無比強烈，支配著我的生活一對愛的渴望、對知識的追求，以及對人類苦難的無法忍受的憐憫。

這些激情，如狂風肆虐，任性地，將我吹來刮去一越過痛苦的深海，直抵絕望的邊緣。

Three passions,simple but overwhelmingly strong,have governed my life:the longing for love,the search for knowledge,and unbearable pity for the suffering of mankind.These passions,like great winds,have blown me hither and thither,in a wayward course,over a deep ocean of anguish,reaching to the very verge of despair.

——伯特蘭 · 羅素（*Bertrand Russell*）| 英國哲學家、數學家 | *1872—1970* 年

- sklearn.covariance.EllipticEnvelope() 使用基於高斯分佈的橢圓包絡方法檢測異常值
- sklearn.covariance.mahalanobis() 計算馬哈拉諾比斯距離來檢測異常值
- sklearn.covariance.RobustCovariance() 使用堅固協方差估計進行異常值檢測
- sklearn.datasets.fetch_lfw_people() 人臉資料集
- sklearn.datasets.fetch_olivetti_faces() 奧利維蒂人臉資料集
- sklearn.datasets.load_boston() 波士頓房價資料集
- sklearn.datasets.load_breast_cancer() 乳腺癌資料集

- sklearn.datasets.load_diabetes() 糖尿病資料集
- sklearn.datasets.load_digits() 手寫數字資料集
- sklearn.datasets.load_iris() 鳶尾花資料集
- sklearn.datasets.load_linnerud()Linnerud 體能訓練資料集
- sklearn.datasets.load_wine() 葡萄酒資料集
- sklearn.datasets.make_blobs() 生成聚類資料集
- sklearn.datasets.make_circles() 生成圓環形狀資料集
- sklearn.datasets.make_classification() 生成合成的分類資料集
- sklearn.datasets.make_moons() 生成月牙形狀資料集
- sklearn.datasets.make_regression() 生成合成的回歸資料集
- sklearn.ensemble.IsolationForest() 使用隔離森林方法檢測異常值
- sklearn.impute.IterativeImputer() 使用多個回歸模型來估計遺漏值
- sklearn.impute.KNNImputer() 使用最近鄰樣本的值來進行插補
- sklearn.impute.SimpleImputer() 提供了一些基本的插補策略來處理遺漏值
- sklearn.neighbors.LocalOutlierFactor() 使用局部離群因數方法檢測異常值
- sklearn.preprocessing.MaxAbsScaler() 透過除以每個特徵的「最大絕對值」完成特徵縮放
- sklearn.preprocessing.MinMaxScaler() 透過除以每個特徵的「最大值減最小值」完成特徵縮放
- sklearn.preprocessing.PowerTransformer() 對特徵應用冪變換來使資料更加服從高斯分佈
- sklearn.preprocessing.QuantileTransformer() 將特徵轉換為均勻分佈
- sklearn.preprocessing.RobustScaler() 透過減去中位數並除以 IQR 來對特徵進行縮放
- sklearn.preprocessing.StandardScaler() 標準化特徵縮放
- sklearn.svm.OneClassSVM() 使用支援向量機方法進行單類異常值檢測

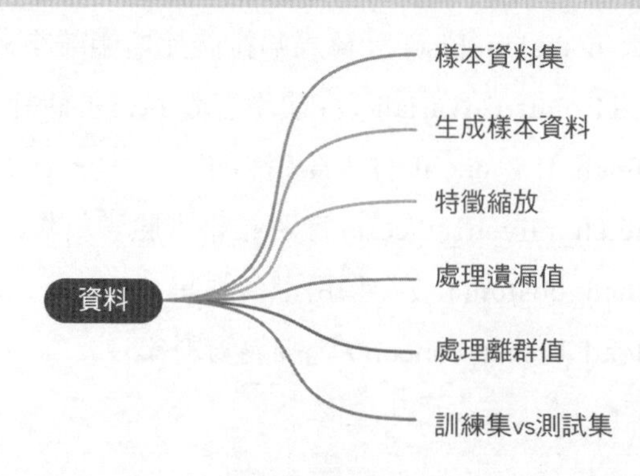

29.1 Scikit-Learn 中有關資料的工具

除了完成有監督學習和無監督學習之外，Scikit-Learn 還提供了豐富的樣本資料集、樣本資料生成函式和資料處理方法，用於實現機器學習演算法的訓練、評估和預測。

本章主要介紹以下內容。

- **樣本資料集**。Scikit-Learn 的樣本資料集包含在 sklearn.datasets 模組中，比如 sklearn.datasets.load_iris() 可以用來載入鳶尾花資料集。
- **生成樣本資料**。Scikit-Learn 還提供資料集生成函式，比如 sklearn.datasets.make_blobs()、sklearn.datasets.make_classif ication()。
- **特徵工程**。Scikit-Learn 還提供處理遺漏值、處理離群值、特徵縮放、資料分割等資料特徵工程工具。
- **資料分割**。將樣本資料劃分為訓練集和測試集。

29.2 樣本資料集

Scikit-Learn 有大量資料集，可供大家練習各種機器學習演算法。表 29.1 所示為 Scikit-Learn 中常用資料集。

➔ 表 29.1 Scikit-Learn 常用資料集

函式	介紹
sklearn.datasets.load_boston()	波士頓房價資料集，包含 506 個樣本，每個樣本有 13 個特徵，常用於回歸任務
sklearn.datasets.load_iris()	鳶尾花資料集，包含 150 個樣本，每個樣本有 4 個特徵，常用於分類任務
sklearn.datasets.load_diabetes()	糖尿病資料集，包含 442 個樣本，每個樣本有 10 個特徵，常用於回歸任務

函式	介紹
sklearn.datasets.load_digits()	手寫數字資料集，包含 1797 個樣本，每個樣本是一個 8×8 像素的圖像，常用於分類任務
sklearn.datasets.load_linnerud()	Linnerud 體能訓練資料集，包含 20 個樣本，每個樣本有 3 個特徵，常用於多重輸出回歸任務
sklearn.datasets.load_wine()	葡萄酒資料集，包含 178 個樣本，每個樣本有 13 個特徵，常用於分類任務
sklearn.datasets.load_breast_cancer()	乳腺癌資料集，包含 569 個樣本，每個樣本有 30 個特徵，常用於分類任務
sklearn.datasets.fetch_olivetti_faces()	奧利維蒂人臉資料集，包含 400 張 64×64 像素的人臉影像，常用於人臉辨識任務
sklearn.datasets.fetch_lfw_people()	人臉資料集，包含 13233 張人臉影像，常用於人臉辨識和驗證任務

程式 29.1 展示了匯入 Scikit-Learn 鳶尾花資料的程式，下面講解其中關鍵敘述。

ⓐ 從 sklearn.datasets 模組匯入 load_iris。

ⓑ 匯入鳶尾花樣本資料集物件，將其命名為 iris。

⚠

匯入資料時，如果採用 X,y = load_iris(as_frame=True,return_X_y=True)，傳回的 X 為 Pandas DataFrame，y 為 Pandas Series。請大家自己練習使用這個敘述。

ⓒ 透過 iris.data 提取鳶尾花資料集的 4 個特徵，結果為 NumPy 陣列。

ⓓ 透過 iris.feature_names 提取鳶尾花 4 個特徵名稱，結果為 ['sepal length (cm)','sepal width(cm)','petal length(cm)','petal width(cm)']。

ⓔ 透過 iris.target 提取鳶尾花資料集的標籤，結果也是 NumPy 陣列。

ⓕ 利用 numpy.unique() 傳回獨特標籤值—0、1、2。

ⓖ 利用 iris.target_names 提取分類標籤，結果為 ['setosa','versicolor','virginica']。

ⓗ 將鳶尾花前 4 個特徵 NumPy 陣列建立成 Pandas 資料幀。ⓘ 用 describe() 對資料幀做統計整理，結果如表 29.2 所示。

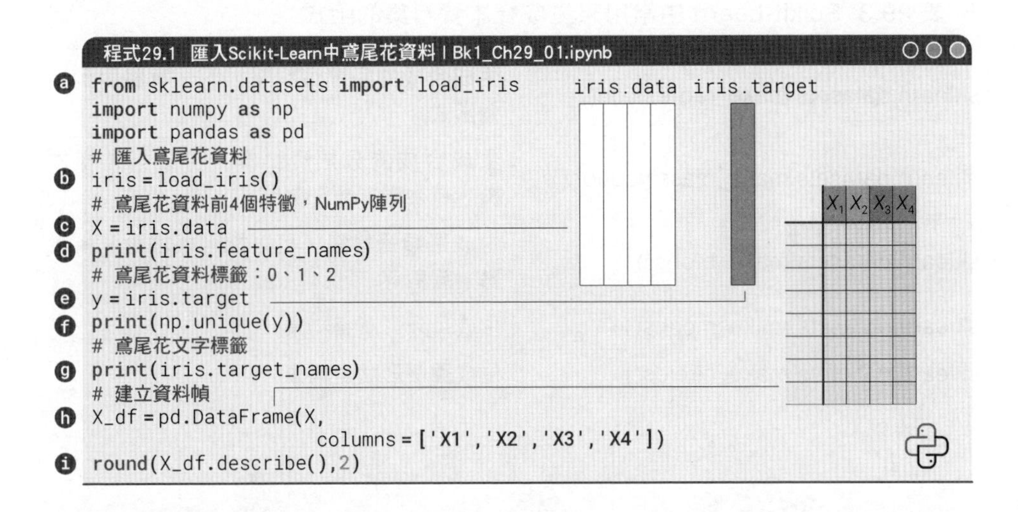
程式29.1 匯入Scikit-Learn中鳶尾花資料 | Bk1_Ch29_01.ipynb

```
from sklearn.datasets import load_iris
import numpy as np
import pandas as pd
# 匯入鳶尾花資料
iris = load_iris()
# 鳶尾花資料前4個特徵，NumPy陣列
X = iris.data
print(iris.feature_names)
# 鳶尾花資料標籤：0、1、2
y = iris.target
print(np.unique(y))
# 鳶尾花文字標籤
print(iris.target_names)
# 建立資料幀
X_df = pd.DataFrame(X,
                    columns = ['X1','X2','X3','X4'])
round(X_df.describe(),2)
```


➔ 表 29.2 鳶尾花資料集的統計總結

	X_1,sepal length(cm)	X_2,sepal width(cm)	X_3,petal length(cm)	X_4,petal width(cm)
count	150	150	150	150
mean	5.84	3.06	3.76	1.20
std	0.83	0.44	1.77	0.76
min	4.30	2.00	1.00	0.10
25%	5.10	2.80	1.60	0.30
50%	5.80	3.00	4.35	1.30
75%	6.40	3.30	5.10	1.80
max	7.90	4.40	6.90	2.50

29.3 生成樣本資料

表 29.3 總結了 Scikit-Learn 中常用來生成樣本資料集的函式。圖 29.1 所示為表 29.3 中一些函式生成的樣本資料集。圖中顏色代表不同分類標籤。

➔ 表 29.3 Scikit-Learn 中常用來生成樣本資料集的函式

sklearn.datasets.make_regression()	生成合成的回歸資料集，下一章將用到這個函式
sklearn.datasets.make_classification()	生成合成的分類資料集，可以指定樣本數、特徵數、類別數等
sklearn.datasets.make_blobs()	生成聚類資料集，可以指定樣本數、特徵數、簇數等
sklearn.datasets.make_moons()	生成月牙形狀資料集
sklearn.datasets.make_circles()	生成圓環形狀資料集

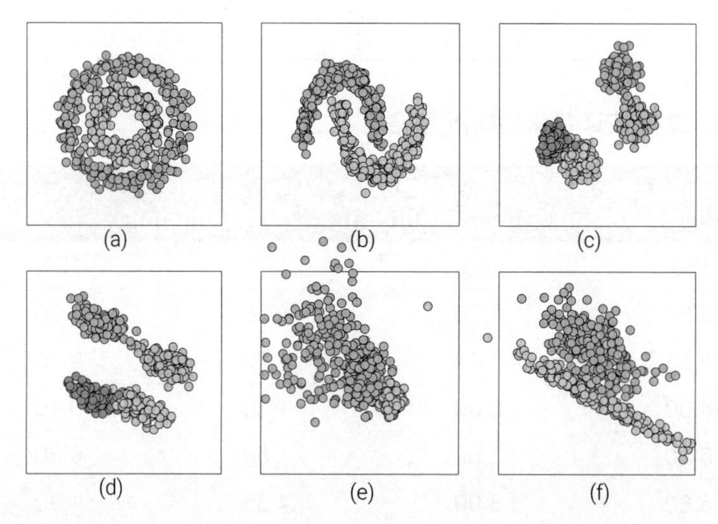

▲ 圖 29.1 生成樣本資料集 (有標籤) | Bk1_Ch29_02.ipynb

程式 29.2 為生成樣本資料集的程式，下面講解其中關鍵敘述。

ⓐ 從 sklearn.preprocessing 模組匯入 StandardScaler()。StandardScaler() 是 Scikit-Learn 中的前置處理類別，用於在機器學習流程中對資料進行標準化處理。

標準化 (standardization) 是資料前置處理的一種常見方式，目的是將資料的特徵值縮放成平均值為 0，標準差為 1 的分佈，即計算 **Z 分數** (Z score)，以消除不同特徵之間的尺度差異。本章後文將介紹更多前置處理方法。

ⓑ 利用 sklearn.datasets.make_circles() 生成環狀資料集的函式，結果如圖 29.1(a) 所示。資料點位於兩個同心圓上，可以用於測試機器學習演算法。

參數 n_samples 設定資料點數量，預設為 100。

參數 noise 為增加到資料中的高斯雜訊的標準差。

參數 factor 為內外圓之間的比例因數。factor 設定值在 0 ~ 1 之間，1.0 表示兩個圓重疊，0.0 表示完全分離的兩個圓。

ⓒ 利用 sklearn.datasets.make_moons() 生成月牙形狀的資料集，結果如圖 29.1(b) 所示。這個函式可以用於測試在非線性資料上表現良好的演算法。

參數 n_samples 指定生成的資料點數量。

參數 noise 指定增加到資料中的高斯雜訊的標準差。

ⓓ 利用 sklearn.datasets.make_blobs() 生成一個由多個高斯分佈組成的資料集，結果如圖 29.1(c) 所示。

參數 n_samples 為生成的樣本數。

參數 n_features 為每個樣本的特徵數。

參數 centers 是要生成的資料的質心數量，或高斯分佈質心的具體位置。

參數 cluster_std 為每個聚類的標準差，用於控制每個聚類中資料點的分佈緊密程度。

ⓔ 對 sklearn.datasets.make_blobs() 生成的資料集進行幾何變換 (縮放 + 旋轉)，結果如圖 29.1(d) 所示。大家要是想知道具體的幾何變換，需要採用特徵值分解。

ⓕ 在利用 sklearn.datasets.make_blobs() 時，每個高斯分佈指定不同的標準差，結果如圖 29.1(e) 所示。

ⓖ 利用 sklearn.datasets.make_classification() 生成一個虛擬的分類資料集，這個函式可以用於測試和演示分類演算法，結果如圖 29.1(f) 所示。

> ⚠ 標準化僅僅是對單一特徵樣本資料進行「平移 + 縮放」，這並不影響特徵之間的相關性。也就是說，標準化前後資料的相關係數矩陣不變。

ⓗ 採用 2 行 3 列子圖版面配置視覺化上述樣本資料集。

ⓘ 利用前文導入的 StandardScaler() 對 $\boldsymbol{X}$ 標準化。標準化是特徵縮放的一種。在機器學習中，特徵縮放是一個重要的前置處理步驟，其目的是在不同特徵之間建立更好的平衡，以便模型能夠更進一步地進行學習和預測。本章後文會專門介紹特徵縮放。

上述函式生成的資料集如果不考慮標籤的話，也可以用於測試聚類演算法，如圖 29.2 所示。

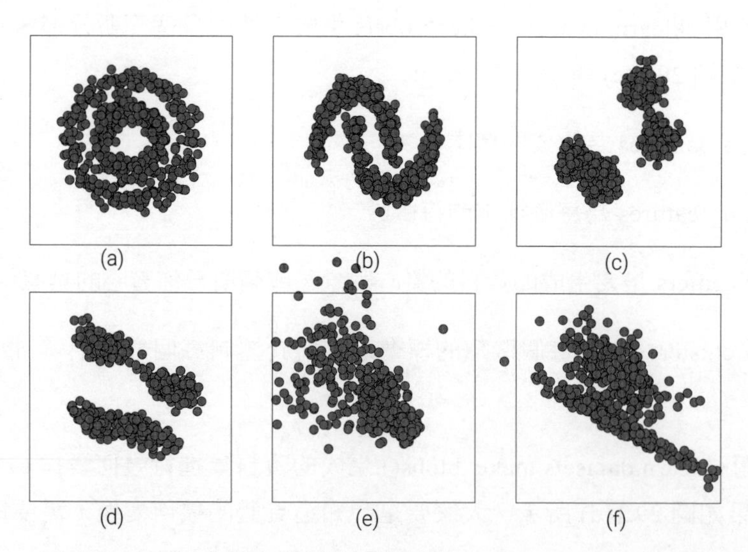

▲ 圖 29.2 生成樣本資料集 (無標籤) | Bk1_Ch29_02.ipynb

程式29.2 生成樣本資料集 | Bk1_Ch29_02.ipynb

```
import matplotlib.pyplot as plt
import numpy as np
from sklearn.preprocessing import StandardScaler
from sklearn.datasets import make_circles, make_moons
from sklearn.datasets import make_blobs, make_classification

n_samples = 500
# 產生環狀資料集
circles = make_circles(n_samples=n_samples,
                       factor=0.5, noise=0.1)
# 產生月牙形狀資料集
moons = make_moons(n_samples=n_samples,
                   noise=0.1)
# 產生由多個高斯分佈組成的資料集
blobs = make_blobs(n_samples=n_samples,
                   centers = 4,
                   cluster_std = 1.5)
# 幾何變換
transformation = [[0.4, 0.2], [-0.4, 1.2]]
X = np.dot(blobs[0], transformation)
rotated = (X,blobs[1])
# 不同稀疏程度
varied = make_blobs(n_samples=n_samples,
                    cluster_std=[1.0, 2.5, 0.5])
# 用於測試分類演算法的樣本資料集
classif = make_classification(n_samples=n_samples,
                              n_features=2,
                              n_redundant=0,
                              n_informative=2,
                              n_clusters_per_class=1)

datasets = [circles, moons, blobs, rotated, varied, classif]

# 視覺化
fig, axes = plt.subplots(2,3,figsize=(6,4))
axes = axes.flatten()

for dataset_idx, ax_idx in zip(datasets, axes):

    X, y = dataset_idx
    # 標準化
    X = StandardScaler().fit_transform(X)
    ax_idx.scatter(X[:, 0], X[:, 1], s=18,
                   c=y, cmap='Set3',
                   edgecolors="k")

    ax_idx.set_xlim(-3, 3)
    ax_idx.set_ylim(-3, 3)
    ax_idx.set_xticks(())
    ax_idx.set_yticks(())
    ax_idx.set_aspect('equal', adjustable='box')
```

29.4 特徵縮放

特徵縮放 (feature scaling) 是機器學習中的前置處理步驟之一，用於調整資料中特徵的範圍，使其更適合模型的訓練。在許多機器學習演算法中，特徵的尺度差異可能導致模型表現不佳，因為某些特徵的值範圍較大，而其他特徵的值範圍較小。

舉例來說，如果一個特徵的值範圍在 0 ~ 1 之間，而另一個特徵的值範圍在 -100 ~ 100 之間，模型可能更關注值範圍較大的特徵，而對值範圍較小的特徵忽視。特徵縮放的目的是消除這種差異，確保所有特徵對模型的影響相對均衡。表 29.4 總結了 Scikit-Learn 中常用特徵縮放函式。

➔ 表 29.4 Scikit-Learn 中常用特徵縮放的函式

函式	介紹
sklearn.preprocessing.MaxAbsScaler()	透過除以每個特徵的「最大絕對值」來將特徵縮放到 [-1,1] 的範圍內，這可以保留特徵的正負關係，有助防止異常值對資料縮放的影響
sklearn.preprocessing.MinMaxScaler()	透過除以每個特徵的「最大值減最小值」將特徵縮放到指定範圍之內，預設範圍為 (0,1)。它可以保留特徵之間的線性關係，適用於受異常值影響較小的資料
sklearn.preprocessing.Normalizer()	將樣本行向量縮放到單位範數 (預設是 L2 範數) 的方法。適用於特徵的大小不重要，而只關心方向的情況
sklearn.preprocessing.PowerTransformer()	對特徵應用冪變換來使資料更加服從高斯分佈。它支援 Yeo-Johnson 和 Box-Cox 變換，用於處理不符合正態分佈的資料
sklearn.preprocessing.QuantileTransformer()	將特徵轉為均勻分佈，從而使得變換後的資料服從指定的分位數。這可以用來減少離群值的影響，特別是在資料分佈不均勻的情況下
sklearn.preprocessing.RobustScaler()	透過減去中位數並除以 IQR 來對特徵進行縮放。本書前文提過，$IQR = Q_3 - Q_1$。這種特徵縮放對異常值具有堅固性，不會受到異常值的影響。適用於資料封包含許多離群值的情況
sklearn.preprocessing.StandardScaler()	StandardScaler 透過將特徵縮放到平均值為 0，方差為 1 的標準正態分佈來進行標準化。它適用於要求輸入資料具有相似的尺度的機器學習演算法

圖 29.3 比較了縮放前後的鳶尾花資料。圖 29.3(a) 為鳶尾花原始資料，其中橫軸為花萼長度，縱軸為花萼寬度。橫軸、縱軸的單位都是公分 (cm)。圖 29.3(b) 為標準化後的資料。注意，此時橫軸和縱軸都沒有單位；準確來說，橫縱軸都是 Z 分數。

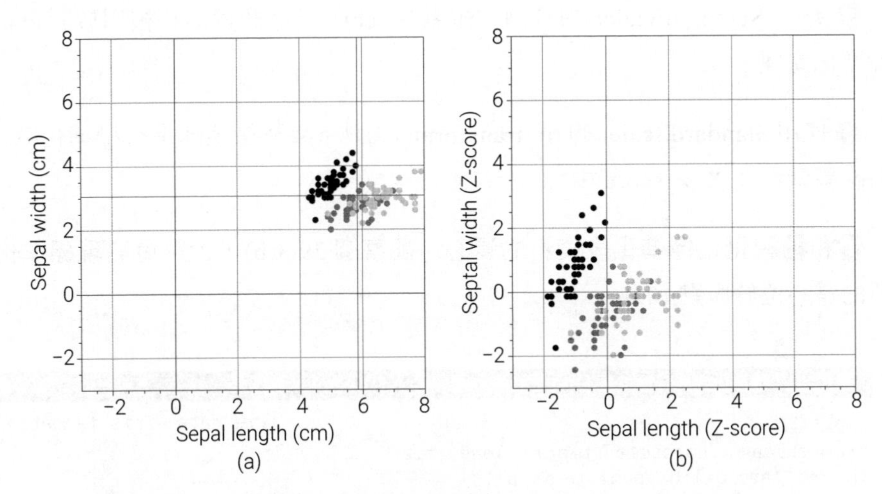

▲ 圖 29.3 比較原始資料和標準化資料 | Bk1_Ch29_03.ipynb

簡單來說，Z 分數，也稱為標準分數，是一個統計量，用於衡量一個資料點相對於其所在資料集的平均值的偏離程度。

如果一組資料 X 的平均值為 *mu*，方差為 *sigma*，則它的 Z 分數為 $Z = (X\text{-}mu)/sigma$。透過這個公式，我們可以看到分子、分母都有相同單位，因此相除的結果為去**單位化** (unitless，dimensionless)。

一個樣本點的 Z 分數告訴我們這個資料點距離平均值有多少個標準差的距離。如果 Z 分數為正，表示資料點高於平均值；如果為負，表示資料點低於平均值。Z 分數的絕對值越大，表示資料點相對於平均值的偏離程度越大。

經過標準化，不同特徵的資料都變成了 Z 分數，這樣不同特徵具有了可比性。

我們可以透過程式 29.3 繪製圖 29.3，下面講解其中關鍵敘述。

ⓐ 利用 axvline() 在軸物件 ax 上繪製垂直線。

ⓑ 利用 axhline() 在軸物件 ax 上繪製水平線。兩筆線的交點就是二元樣本資料的**質心** (centroid)。

ⓒ 從 sklearn.preprocessing 函式庫匯入 StandardScaler，即標準化函式。

ⓓ 建立 StandardScaler 的實例，命名為 scaler，這個實例將被用於對資料進行標準化處理。

ⓔ 使用 StandardScaler 的 fit_transform() 方法，將特徵矩陣進行標準化處理，並將結果儲存在 X_z_score 中。

ⓕ和ⓖ視覺化標準化後資料的質心。觀察圖 29.3(b)，大家會發現標準化後資料的質心位於原點 (0,0)。

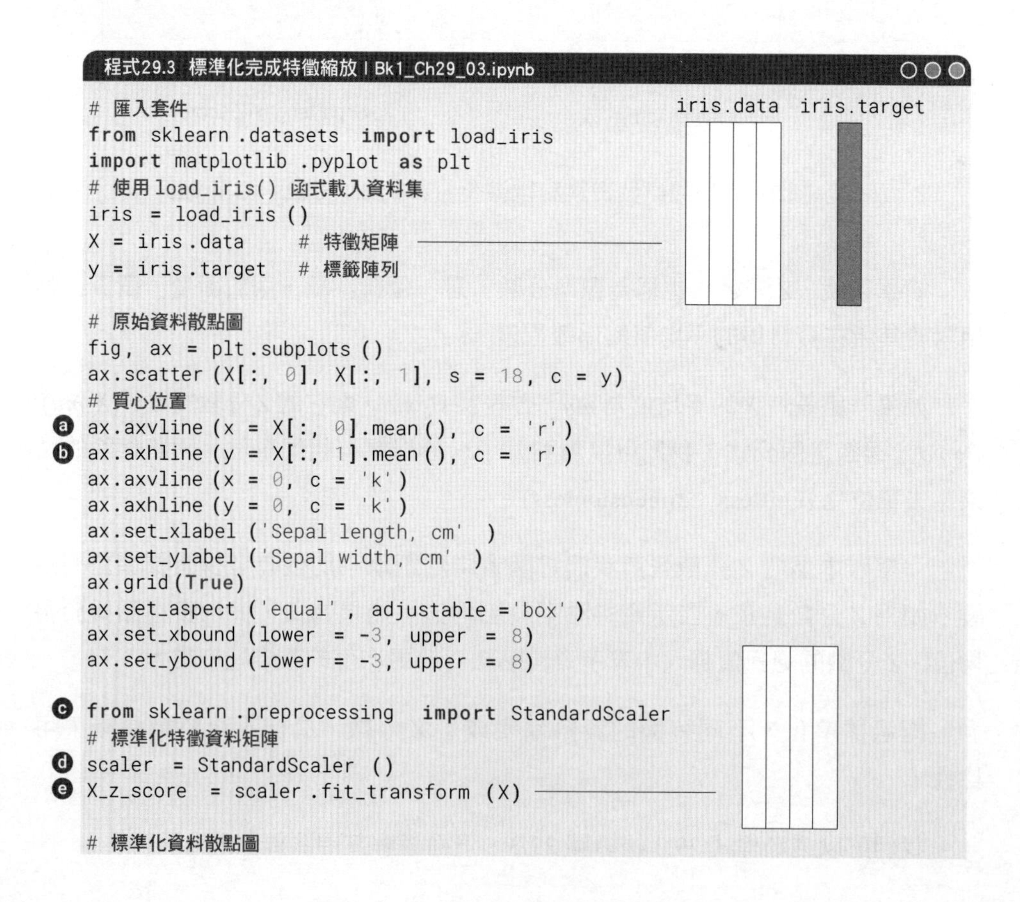

程式29.3 標準化完成特徵縮放 | Bk1_Ch29_03.ipynb

```
# 匯入套件
from sklearn .datasets  import load_iris
import matplotlib .pyplot  as plt
# 使用 load_iris() 函式載入資料集
iris  = load_iris ()
X = iris .data      # 特徵矩陣
y = iris .target    # 標籤陣列

# 原始資料散點圖
fig, ax = plt .subplots ()
ax.scatter (X[:, 0], X[:, 1], s = 18, c = y)
# 質心位置
ax.axvline (x = X[:, 0].mean (), c = 'r' )
ax.axhline (y = X[:, 1].mean (), c = 'r' )
ax.axvline (x = 0, c = 'k' )
ax.axhline (y = 0, c = 'k' )
ax.set_xlabel ('Sepal length, cm'  )
ax.set_ylabel ('Sepal width, cm'  )
ax.grid (True)
ax.set_aspect ('equal' , adjustable ='box' )
ax.set_xbound (lower  = -3, upper  = 8)
ax.set_ybound (lower  = -3, upper  = 8)

from sklearn .preprocessing  import StandardScaler
# 標準化特徵資料矩陣
scaler  = StandardScaler  ()
X_z_score  = scaler .fit_transform  (X)

# 標準化資料散點圖
```

```
fig, ax = plt.subplots ()
ax.scatter (X_z_score [:, 0], X_z_score [:, 1], s = 18, c = y)
# 質心位置
ax.axvline (x = X_z_score [:, 0].mean (), c = 'r')   # f
ax.axhline (y = X_z_score [:, 1].mean (), c = 'r')   # g
ax.set_xlabel ('Sepal length, z -score' )
ax.set_ylabel ('Sepal width, z -score' )
ax.grid (True)
ax.set_aspect ('equal' , adjustable ='box' )
ax.set_xbound (lower  = -3, upper  = 8)
ax.set_ybound (lower  = -3, upper  = 8)
```

29.5 處理遺漏值

在資料分析中，**遺漏值** (missing values) 是指資料集中某些觀測值或屬性值沒有被記錄或擷取到的情況。由於各種原因，資料中遺漏值不可避免。遺漏值通常被撰寫程式為空白、NaN 或其他預留位置 (比如 -1)。處理遺漏值是資料前置處理中重要一環。如圖 29.4 所示。

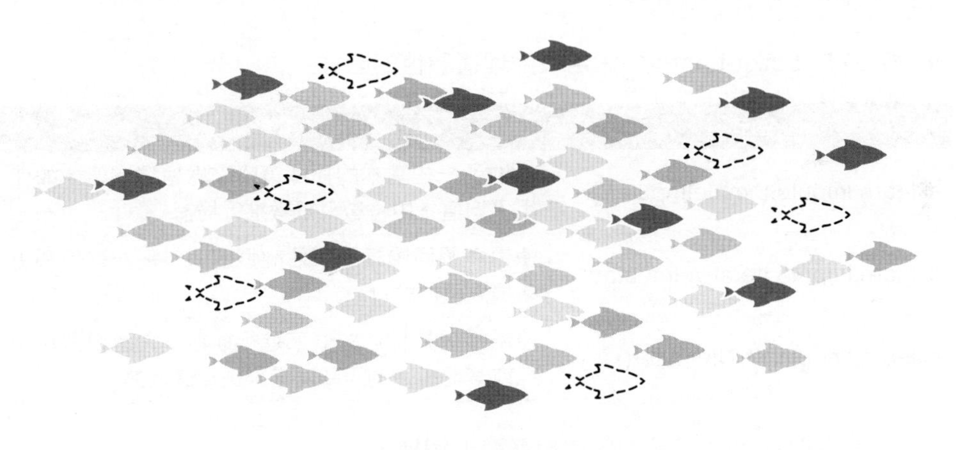

▲ 圖 29.4 遺漏值

資料中遺漏值產生的原因有很多。比如，在資料獲取階段，裝置故障、人為失誤、方法侷限、拒絕參與調查、資訊不完整等可以造成資料缺失。另外，資料儲存階段也可能引入遺漏值；比如，資料儲存失敗、記憶體故障等。

填補遺漏值的方法有很多種，比如以下幾種。

- **刪除遺漏值**：直接刪除遺漏值所在的行或列，但這可能會導致資料的遺失和分析結果的偏差。
- **插值法**：透過插值方法填補遺漏值，如均值插值、中位數插值、最近鄰插值、多項式插值等。
- **模型法**：使用回歸、決策樹或神經網路等模型預測遺漏值，但需要先對資料進行訓練和測試，這可能會導致模型的過擬合和不準確。
- **多重填補法**：使用多個模型進行填補，可以提高填補遺漏值的準確性和可靠性。

本書前文在介紹 Pandas 時，我們了解了一些 Pandas 中處理遺漏值的方法。表 29.5 所示為 Scikit-Learn 中常用處理遺漏值方法。需要注意的是，表 29.5 中方法通常用於數值型態資料。

➔ 表 29.5 Scikit-Learn 中常用來處理遺漏值的函式

函式	介紹
sklearn.impute.SimpleImputer()	提供了一些基本的插補策略來處理遺漏值，如使用平均值、中位數、眾數進行插補
sklearn.impute.IterativeImputer()	使用多個回歸模型來估計遺漏值，每次迭代都更新遺漏值的估計
sklearn.impute.KNNImputer()	使用最近鄰樣本的值來進行插補。它使用歐氏距離或其他指定的距離度量來選擇最近鄰

下面用程式 29.4 講解如何使用最鄰近插補。

ⓐ 從 sklearn.impute 模組匯入 KNNImputer() 函式。KNNImputer() 完成 *k* 近鄰插補。*k* 近鄰演算法 (*k*-nearest neighbors algorithm，*k*-NN 或 *k*NN) 是最基本的**有監督學習** (supervised learning) 方法之一，*k*NN 中的 *k* 指的是「近鄰」的數量。

*k*NN 想法很簡單—「近朱者赤，近墨者黑」。本書後文將介紹這種演算法。

ⓑ 利用 numpy.random.uniform() 產生 [0,1) 之間連續均勻隨機數 NumPy 陣列，陣列形狀和鳶尾花特徵資料形狀一致。

ⓒ 將原先生成的隨機數陣列 mask 中小於等於 0.4 的元素標記為 True，其餘元素標記為 False。這樣，mask 陣列中的元素將形成一個「面具」(布林遮罩)，用來選擇哪些位置將被置為遺漏值。

大家也可以使用 numpy.random.choice() 函式來完成上述操作。這個函式用於從給定的一維陣列或類似序列中按指定機率值隨機取出元素。

比如 numpy.random.choice([True,False],p = (0.4,0.6),size = (150,4))，串列 [True,False] 為要從中進行抽樣的序列來源，p 是機率分佈陣列，用於指定從序列中每個元素被選中的機率。我們還可以指定是否允許重複取出，預設允許重複取出。

ⓓ 將 X_NaN 陣列中根據 mask 中對應位置為 True 的元素，設置為遺漏值 (NaN)。換句話說，該程式將 X_NaN 陣列中部分元素置為遺漏值，而其他元素保持不變。

為了準確地獲取遺漏值位置、數量等資訊，對於 Pandas 資料幀資料可以採用 isna() 或 notna() 方法。

ⓔ 採用 iris_df_NaN.isna()，傳回具體位置資料是否為遺漏值。資料缺失的話，為 True；不然為 False。sklearn.impute.MissingIndicator() 也可以用來獲取遺漏值位置。

ⓕ 採用 seaborn.heatmap() 視覺化資料遺漏值，圖 29.5 所示熱圖的每一條黑色分散連結代表一個遺漏值。使用遺漏值熱圖可以粗略觀察得到遺漏值分佈情況。

ⓖ 建立了一個 KNNImputer 物件，用於執行 *k* 最近鄰插補。參數 n_neighbors 指定了在插補過程中要考慮的最近鄰樣本的數量。

ⓗ 將 KNNImputer 應用於具有遺漏值的資料陣列 X_NaN。fit_transform() 方法將執行兩個步驟：**擬合** (fit)、**轉換** (transform)。

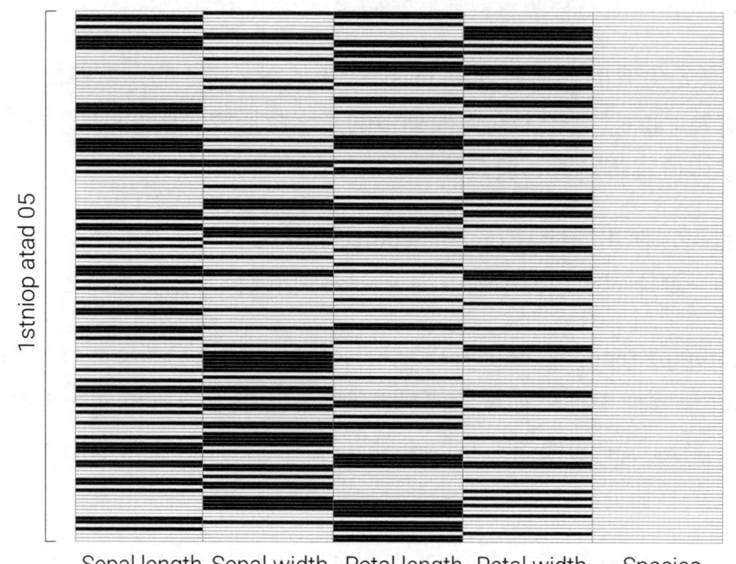

▲ 圖 29.5 鳶尾花資料集中引入遺漏值 (每條黑帶代表遺漏值位置) | Bk1_Ch29_04.ipynb

擬合時，KNNImputer 將根據已知資料 (非遺漏值值) 來訓練最近鄰模型。轉換時，使用訓練過的模型，KNNImputer 將執行 *k* 最近鄰插補，將遺漏值填充為預測的值。KNNImputer 傳回結果被儲存在 X_NaN_kNN 中，其中包含了插補後的資料。

ⓗ 用 seaborn.pairplot() 繪製成對散點圖型視覺化插補後結果，如圖 29.6 所示。

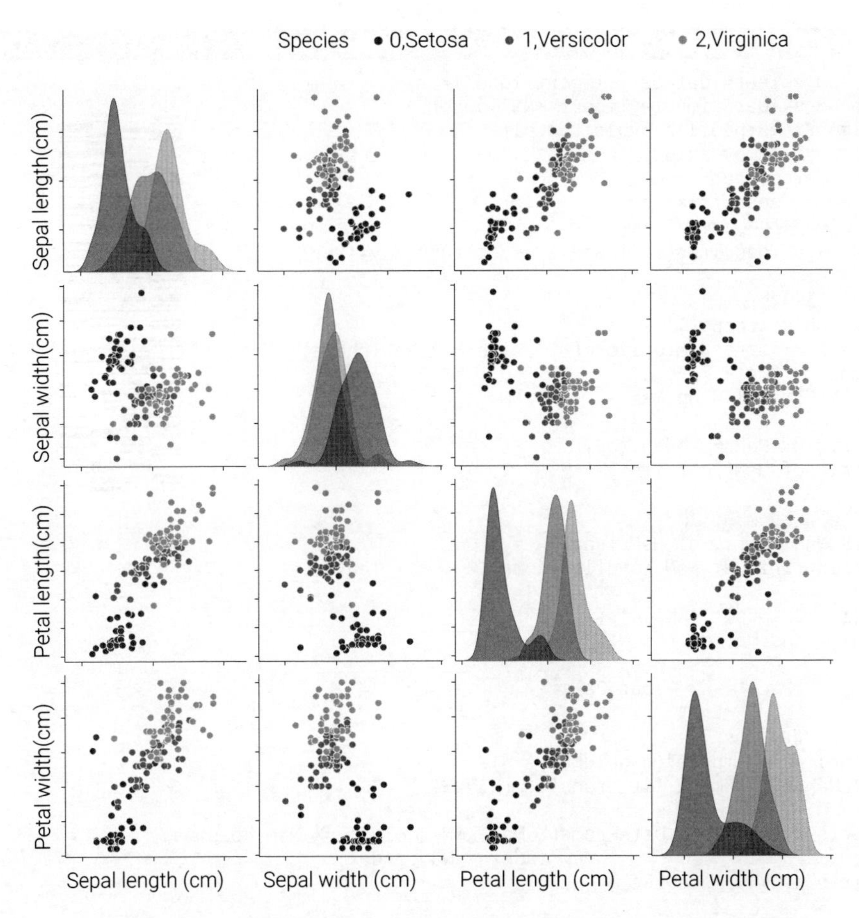

▲ 圖 29.6 鳶尾花資料 (最近鄰插補) | Bk1_Ch29_04.ipynb

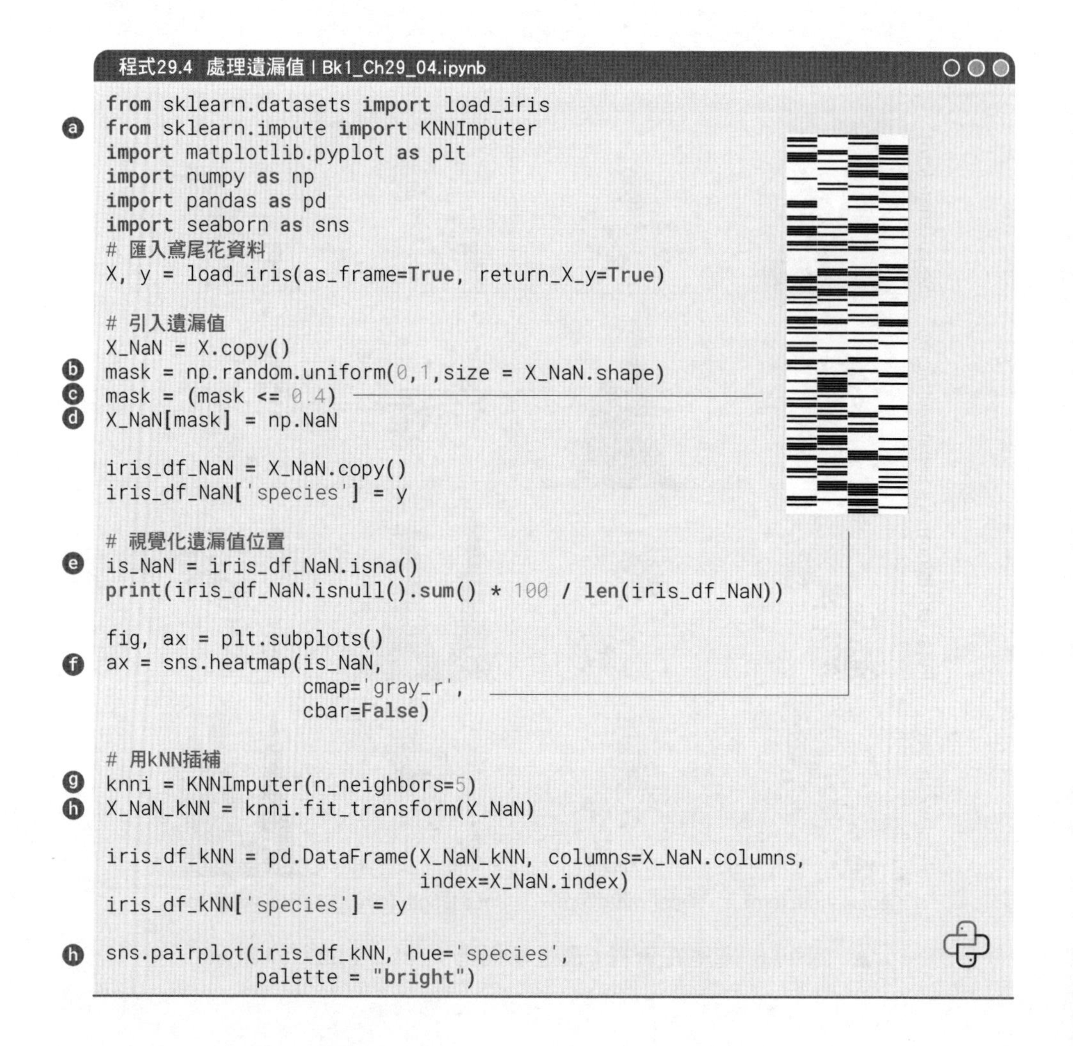
程式29.4 處理遺漏值 | Bk1_Ch29_04.ipynb

```
from sklearn.datasets import load_iris
from sklearn.impute import KNNImputer
import matplotlib.pyplot as plt
import numpy as np
import pandas as pd
import seaborn as sns
# 匯入鳶尾花資料
X, y = load_iris(as_frame=True, return_X_y=True)

# 引入遺漏值
X_NaN = X.copy()
mask = np.random.uniform(0,1,size = X_NaN.shape)
mask = (mask <= 0.4)
X_NaN[mask] = np.NaN

iris_df_NaN = X_NaN.copy()
iris_df_NaN['species'] = y

# 視覺化遺漏值位置
is_NaN = iris_df_NaN.isna()
print(iris_df_NaN.isnull().sum() * 100 / len(iris_df_NaN))

fig, ax = plt.subplots()
ax = sns.heatmap(is_NaN,
                 cmap='gray_r',
                 cbar=False)

# 用kNN插補
knni = KNNImputer(n_neighbors=5)
X_NaN_kNN = knni.fit_transform(X_NaN)

iris_df_kNN = pd.DataFrame(X_NaN_kNN, columns=X_NaN.columns,
                           index=X_NaN.index)
iris_df_kNN['species'] = y

sns.pairplot(iris_df_kNN, hue='species',
             palette = "bright")
```

29.6 處理離群值

離群值 (outlier)，又稱跳脫值，是指資料集中與其他資料點有顯著差異的資料點，也就是說明顯地偏大或偏小，如圖 29.7 所示。

離群值可能是由於異常情況、錯誤測量、資料輸入錯誤或意外事件等原因而產生的。離群值可能會對資料分析和建模造成問題，因為它們可能導致誤差或偏差，並降低模型的準確性。因此，資料分析師通常會對資料集中的離群值進行檢測和處理。

常見的離群值檢測方法包括基於統計學的方法、基於距離的方法、基於密度的方法和基於模型的方法。處理離群值的方法包括刪除、替換、調整或利用異常值建立新的模型等。

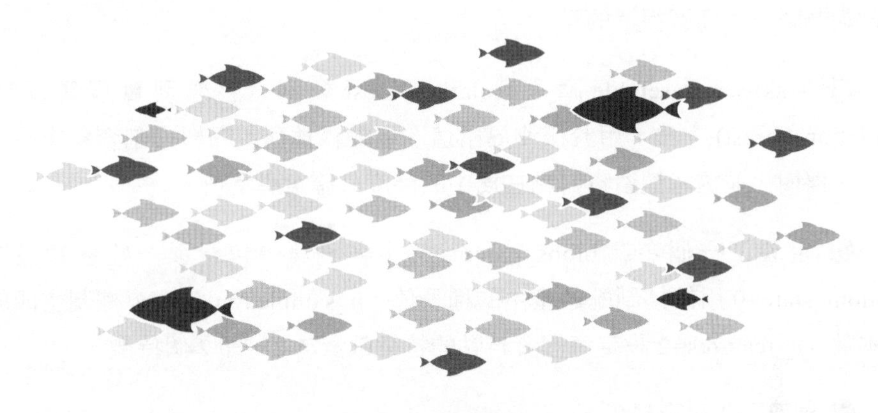

▲ 圖 29.7 離群點

表 29.6 所示為 Scikit-Learn 中常用處理離群值的函式。

➔ 表 29.6 Scikit-Learn 中常用來處理離群值的函式

函式	介紹
sklearn.ensemble.IsolationForest()	使用隔離森林方法檢測異常值
sklearn.svm.OneClassSVM()	使用支援向量機方法進行單類別異常值檢測
sklearn.covariance.EllipticEnvelope()	使用基於高斯分佈的橢圓包絡方法檢測異常值
sklearn.neighbors.LocalOutlierFactor()	使用局部離群因數方法檢測異常值
sklearn.covariance.RobustCovariance()	使用堅固協方差估計進行異常值檢測
sklearn.covariance.mahalanobis()	計算馬哈拉諾比斯距離來檢測異常值

程式 29.5 展示了如何使用 Scikit-Learn 處理離群值。這段程式參考了 Scikit-Learn 官方範例。

ⓐ 從 sklearn.svm 模組中匯入 OneClassSVM 類別，該類別實現**支援向量機** (Support Vector Machine，SVM) 中的單類別異常值檢測方法。本書後續將專門介紹支援向量機。

ⓑ 從 sklearn.covariance 模組中匯入 EllipticEnvelope 類別，該類別實現基於高斯分佈的橢圓包絡方法，用於檢測異常值。橢圓包絡假設正常資料點是從多元高斯分佈中產生，然後建構一個橢圓來包圍正常資料點，從而將異常資料點辨識為離這個橢圓很遠的點。

ⓒ 從 sklearn.ensemble 匯入 IsolationForest 類別，該類別實現**隔離森林** (Isolation Forest) 方法，用於檢測異常值。隔離森林利用隨機分割資料來建構一棵或多棵樹，並透過觀察資料點在樹中的深度來確定異常值。

ⓓ 定義了一個名為 blobs_params 的字典，其中包含了一些參數設置。random_state=0 用於控制亂數產生的種子值。n_samples=n_inliers 控制生成的總樣本數。n_features=2 設定每個資料點的特徵數量為 2，即 2 個特徵。

ⓔ 構造了 4 組資料集。

ⓕ 用 EllipticEnvelope() 建立橢圓包絡的異常值檢測模型。參數 contamination 用於指定異常值的比例。具體來說，它表示資料中異常值的比例。這個參數是一個介於 0 到 0.5 之間的值，通常需要根據具體問題進行調整。參數 random_state 用於控制亂數產生的種子值，以確保每次執行得到相同的結果。

ⓖ 使用 OneClassSVM() 建立一個基於支援向量機的異常值檢測模型。參數 nu 用於指定異常值的比例，通常在 0 和 1 之間。kernel="rbf" 指定支援向量機所使用的核心函式的類型。rbf 表示**徑向基函式** (Radial Basis Function，RBF)，也稱為高斯核心。

這個核心函式在支援向量機中常用於處理非線性問題。gamma=0.1 是支援向量機模型的核心函式參數。較小的 gamma 值會使得支援向量具有更遠的影響範圍，可能會導致決策邊界更平滑；較大的 gamma 值則會使支援向量的影響範圍更小，可能會導致決策邊界更複雜。

ⓗ 使用 IsolationForest() 建立一個基於隔離森林的異常值檢測模型。

ⓘ 使用 fit() 方法對樣本資料進行擬合，然後使用 predict() 方法來預測資料點是否為異常值。

● 用平面等高線視覺化異常值檢測模型的決策邊界。

透過程式 29.5 所繪製的圖如圖 29.8 所示。

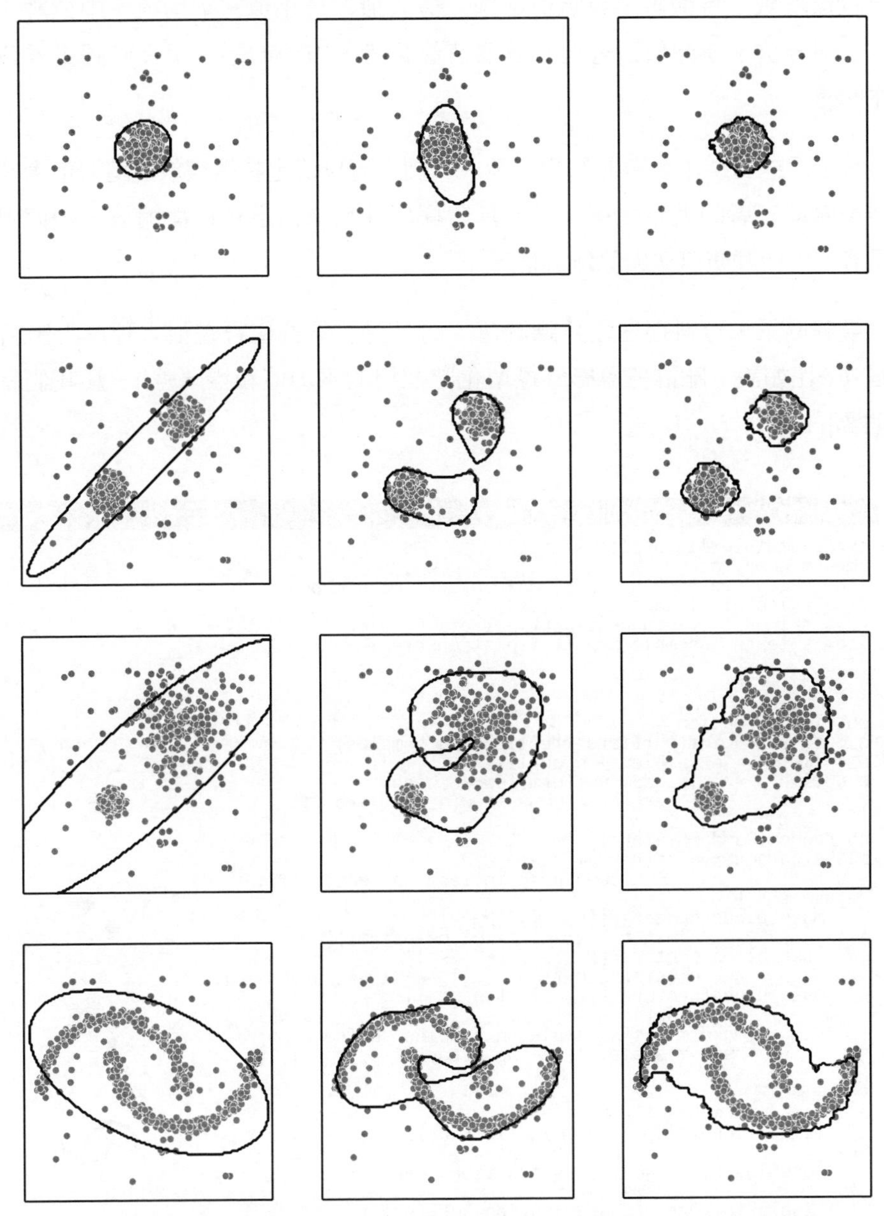

▲ 圖 29.8 用 Scikit-Learn 判斷離群點 | Bk1_Ch29_05.ipynb

特徵縮放、遺漏值處理、離群值處理的先後順序需要視情況而定。

也就是說拿到樣本資料，我們先快速地計算、觀察資料的基本分佈形態，如計算樣本數、特徵數、設定值範圍、最大值、最小值、平均值、中位數、標準差、四分位、遺漏值百分比、遺漏值位置等。方便的話，用長條圖查看資料分佈形態。

有了這些對樣本資料的初步印象，我們就可以決定特徵縮放、遺漏值處理、離群值處理三者的大致順序，以及具體採用什麼方法進行特徵縮放，如何處理遺漏值，用什麼演算法剔除離群值。

舉個例子，資料存在較多離群值，而且這些離群值會在很大程度上影響特徵縮放（比如說，離群值會影響標準化時採用的平均值和標準差），那我們就先處理離群值。

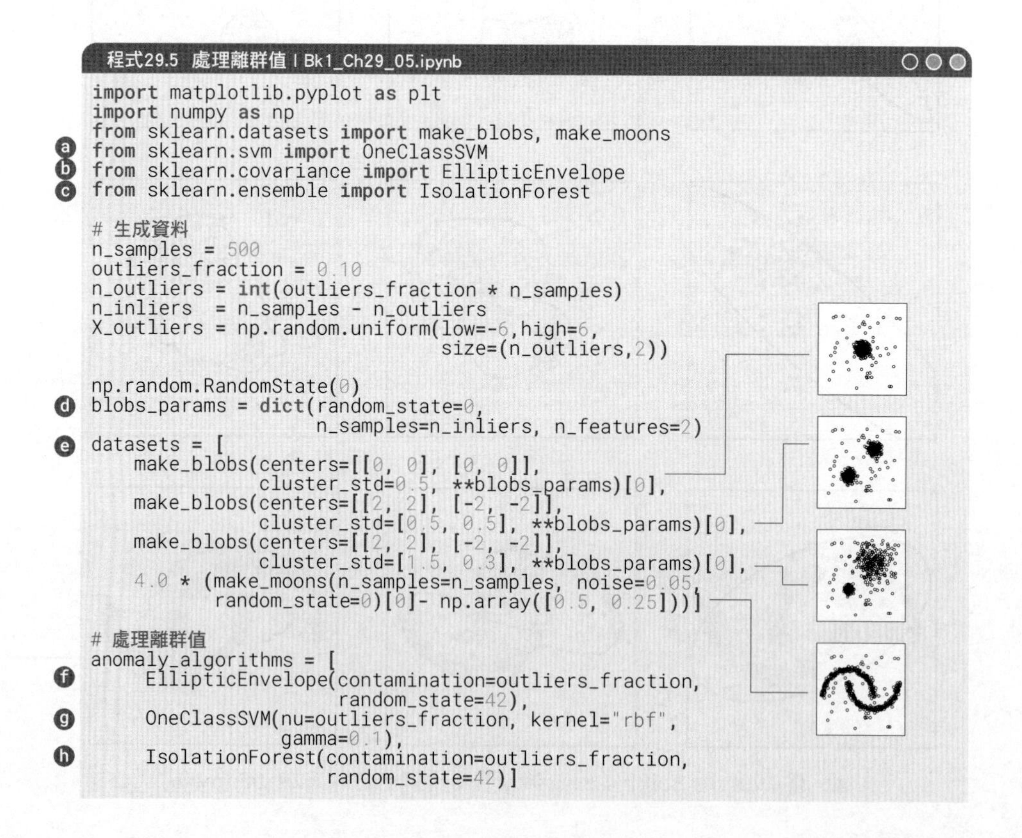
程式29.5　處理離群值 | Bk1_Ch29_05.ipynb

```
import matplotlib.pyplot as plt
import numpy as np
from sklearn.datasets import make_blobs, make_moons
from sklearn.svm import OneClassSVM                    # a
from sklearn.covariance import EllipticEnvelope        # b
from sklearn.ensemble import IsolationForest           # c

# 生成資料
n_samples = 500
outliers_fraction = 0.10
n_outliers = int(outliers_fraction * n_samples)
n_inliers  = n_samples - n_outliers
X_outliers = np.random.uniform(low=-6,high=6,
                               size=(n_outliers,2))

np.random.RandomState(0)
blobs_params = dict(random_state=0,                    # d
                    n_samples=n_inliers, n_features=2)
datasets = [                                           # e
    make_blobs(centers=[[0, 0], [0, 0]],
               cluster_std=0.5, **blobs_params)[0],
    make_blobs(centers=[[2, 2], [-2, -2]],
               cluster_std=[0.5, 0.5], **blobs_params)[0],
    make_blobs(centers=[[2, 2], [-2, -2]],
               cluster_std=[1.5, 0.3], **blobs_params)[0],
    4.0 * (make_moons(n_samples=n_samples, noise=0.05,
           random_state=0)[0]- np.array([0.5, 0.25]))]

# 處理離群值
anomaly_algorithms = [
     EllipticEnvelope(contamination=outliers_fraction,  # f
                      random_state=42),
     OneClassSVM(nu=outliers_fraction, kernel="rbf",   # g
                 gamma=0.1),
     IsolationForest(contamination=outliers_fraction,  # h
                     random_state=42)]
```

```
# 網格化資料，用來繪製等高線
xx, yy = np.meshgrid(np.linspace(-7, 7, 150),
                     np.linspace(-7, 7, 150))
xy = np.c_[xx.ravel(), yy.ravel()]
colors = np.array(["#377eb8", "#ff7f00"])

# 視覺化
fig = plt.figure(figsize=(8,12))
plot_idx = 1
for idx, X in enumerate(datasets):
    X = np.concatenate([X, X_outliers], axis=0)

    for algorithm in anomaly_algorithms:
        algorithm.fit(X)
        y_pred = algorithm.fit(X).predict(X)

        ax = fig.add_subplot(4,3,plot_idx); plot_idx += 1
        Z = algorithm.predict(xy)
        Z = Z.reshape(xx.shape)
        # 繪製邊界
        ax.contour(xx, yy, Z, levels=[0],
                   linewidths=2, colors="black")
        # 繪製散點資料集
        ax.scatter(X[:, 0], X[:, 1], s=10,
                   color=colors[(y_pred + 1) // 2])
        ax.set_xlim(-7, 7); ax.set_ylim(-7, 7)
        ax.set_xticks(()); ax.set_yticks(())
```

29.7 訓練集 vs 測試集

在機器學習中，**訓練集** (training set) 和**測試集** (test set) 是用於訓練和評估模型性能的兩個關鍵資料集，如圖 29.9 所示。Scikit-Learn 函式庫提供了工具和函式來處理和劃分這些資料集。

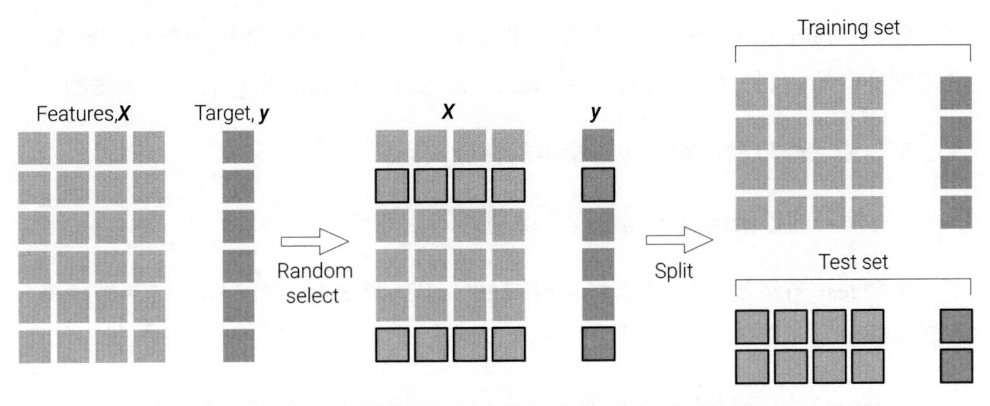

▲ 圖 29.9 拆分資料集為訓練集和測試集

訓練集是用來訓練機器學習模型的資料集。模型在訓練集上學習資料的模式、關係和特徵，以便能夠做出預測 (回歸、降維、分類、聚類等)。訓練集通常包含已知的輸入特徵和對應的目標輸出，用於模型進行學習和參數調整。

測試集是用於評估機器學習模型性能的資料集。一旦模型在訓練集上進行了學習，它需要在測試集上進行預測，以便判斷模型在未見過的資料上的表現如何。測試集應該是與訓練集相互獨立的樣本，以確保對模型的泛化能力進行準確評估。

在劃分資料集時，常見的做法是將大部分資料用於訓練 (例如 80%)，少部分用於測試 (例如 20%)。透過在測試集上評估模型的性能，可以獲得模型在真實環境中的表現，並幫助檢測過擬合等問題。

圖 29.10 所示為將鳶尾花資料集拆分為訓練集和測試集的方法。

程式 29.6 完成了資料拆分以及視覺化，下面講解其中關鍵敘述。

ⓐ 從 sklearn.model_selection 模組匯入 train_test_split。

train_test_split 函式的作用是將輸入的資料集 (通常是特徵矩陣和對應的標籤向量) 分成兩個部分：一個用於訓練模型，另一個用於評估模型的性能。這是為了確保模型在未見過的資料上表現良好，以避免過擬合。

ⓑ 用 train_test_split 函式將輸入的資料集 X 和 y 劃分為訓練集和測試集，並將劃分後的資料分別賦值給了 X_train、X_test、y_train 和 y_test 四個變數。

X 為輸入的特徵矩陣，包含樣本的特徵資訊。

y 為輸入的標籤向量，包含與特徵對應的目標值。

參數 test_size 為 0.2，表示將資料的 20% 作為測試集，剩餘 80% 作為訓練集。這個參數決定了訓練集和測試集的劃分比例。

X_train 為訓練集的特徵矩陣，包含用於訓練機器學習模型的特徵資料。

X_test 為測試集的特徵矩陣，包含用於評估模型性能的特徵資料。

y_train 為訓練集的標籤向量，包含訓練集樣本對應的目標值。

y_test 為測試集的標籤向量，包含測試集樣本對應的目標值。

ⓒ 建立一個包含 1 行 2 列的子圖版面配置。gridspec_kw={'width_ratios':[4,1]} 參數用於控制每個子圖的寬度比例，這裡設置了第一個子圖的寬度為第二個子圖的 4 倍。

ⓓ 將 np.c_[X,y] 轉化成 Pandas DataFrame，以便後續視覺化。

ⓔ 將 np.c_[X_train,y_train] 轉化為訓練集 Pandas DataFrame。

ⓕ 將 np.c_[X_test,y_test] 轉化為測試集 Pandas DataFrame。

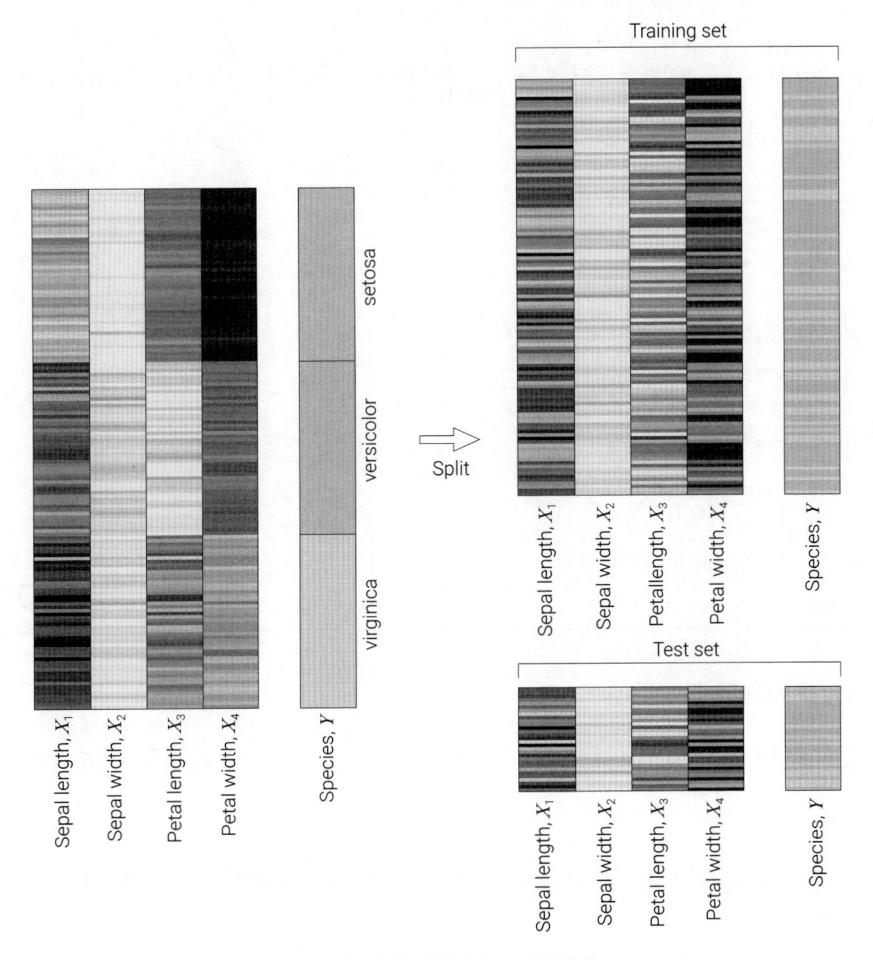

▲ 圖 29.10 拆分鳶尾花資料集為訓練集和測試集 | Bk1_Ch29_06.ipynb

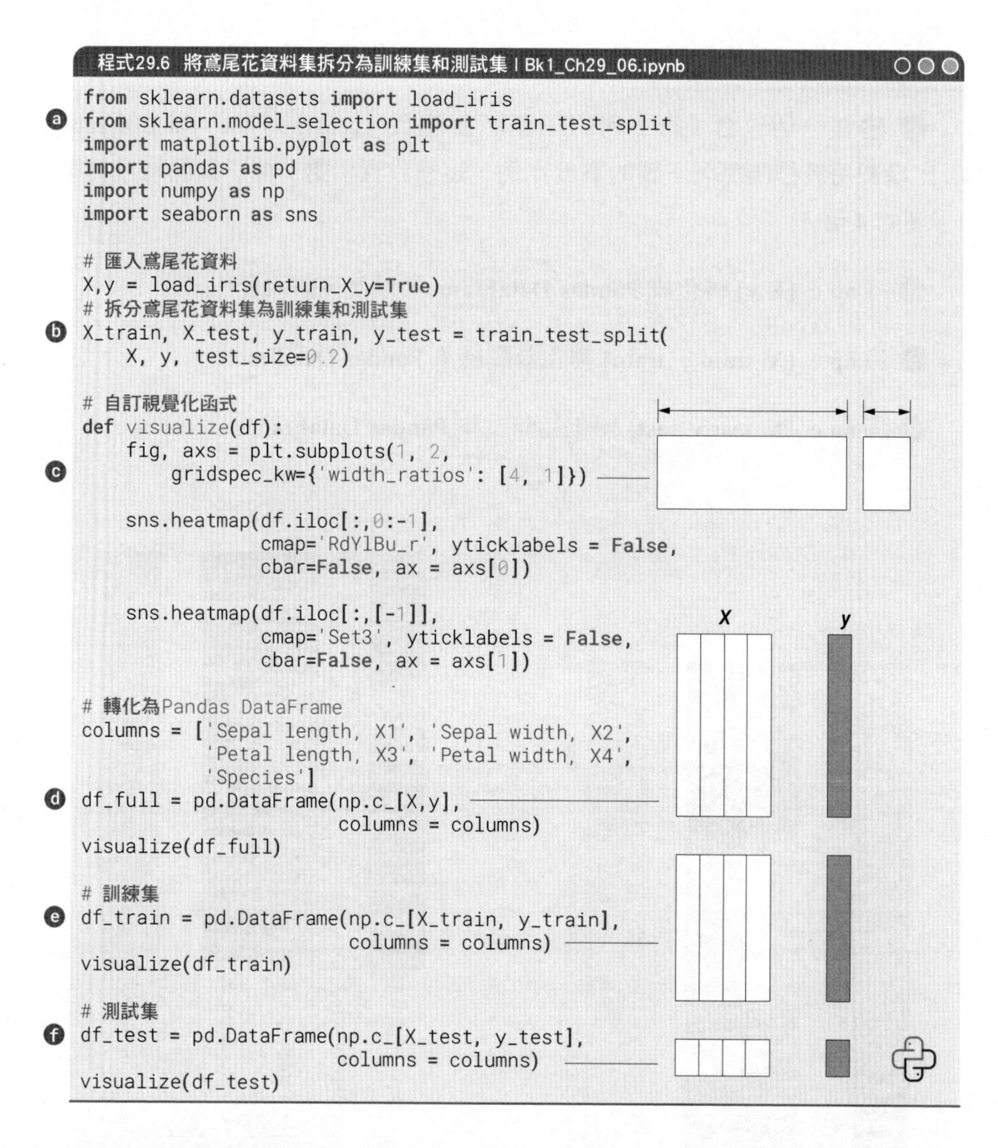

程式29.6 將鳶尾花資料集拆分為訓練集和測試集 | Bk1_Ch29_06.ipynb

```
from sklearn.datasets import load_iris
from sklearn.model_selection import train_test_split   ⓐ
import matplotlib.pyplot as plt
import pandas as pd
import numpy as np
import seaborn as sns

# 匯入鳶尾花資料
X,y = load_iris(return_X_y=True)
# 拆分鳶尾花資料集為訓練集和測試集
X_train, X_test, y_train, y_test = train_test_split(   ⓑ
    X, y, test_size=0.2)

# 自訂視覺化函式
def visualize(df):
    fig, axs = plt.subplots(1, 2,
        gridspec_kw={'width_ratios': [4, 1]})   ⓒ

    sns.heatmap(df.iloc[:,0:-1],
                cmap='RdYlBu_r', yticklabels = False,
                cbar=False, ax = axs[0])

    sns.heatmap(df.iloc[:,[-1]],
                cmap='Set3', yticklabels = False,
                cbar=False, ax = axs[1])

# 轉化為Pandas DataFrame
columns = ['Sepal length, X1', 'Sepal width, X2',
           'Petal length, X3', 'Petal width, X4',
           'Species']
df_full = pd.DataFrame(np.c_[X,y],   ⓓ
                       columns = columns)
visualize(df_full)

# 訓練集
df_train = pd.DataFrame(np.c_[X_train, y_train],   ⓔ
                        columns = columns)
visualize(df_train)

# 測試集
df_test = pd.DataFrame(np.c_[X_test, y_test],   ⓕ
                       columns = columns)
visualize(df_test)
```

➔ 請大家完成以下題目。

Q1. 修改程式 29.1，分別匯入表 29.1 中列出的不同資料集，分析資料集的特徵。

Q2. 修改程式 29.3，嘗試使用表 29.4 中其他特徵縮放函式，視覺化縮放前後資料變化。

* 題目很基礎，本書不給答案。

本章介紹了 Scikit-Learn 中有關資料處理的常用工具。Scikit-Learn 本身有大量資料集可供大家學習使用，其中本書系使用最頻繁的資料當屬鳶尾花資料集。

本書前文提過，Seaborn 和 Plotly 中鳶尾花資料集資料形式都是 Pandas DataFrame。Plotly 中鳶尾花資料幀比 Seaborn 多一列 (數值分類標籤)。而 Scikit-Learn 中鳶尾花資料集，特徵資料和分類標籤資料分開存放，兩者資料型態都是 NumPy Array。

本章還介紹了如何用 Scikit-Learn 生成可用來完成不同機器學習訓練任務的「人造」資料集。此外，本章還簡單介紹了特徵縮放、遺漏值處理、離群值處理等特徵工程中常用的任務。《AI 時代 Math 元年 - 用 Python 全精通資料處理》會專門展開介紹這幾類任務。本章最後聊了聊如何將資料集拆分成訓練集和測試集。

MEMO

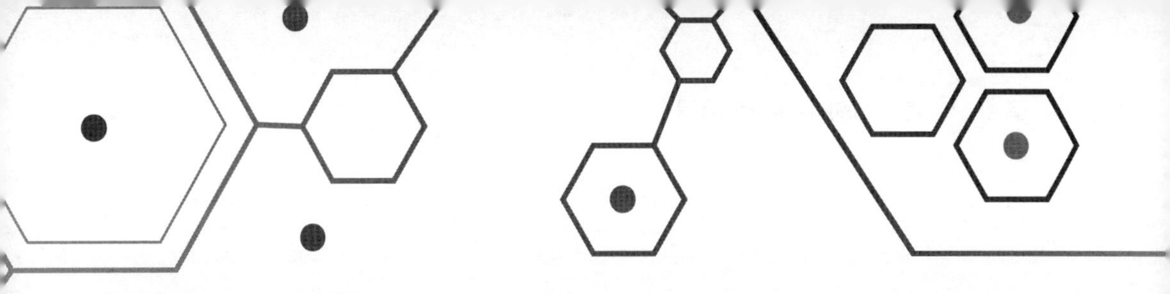

Regression Methods in Scikit-Learn

30 Scikit-Learn 回歸

一元線性回歸、二元線性回歸、多項式回歸、正規化

> 想像力比知識更重要，因為知識是有限的，而想像力概括世界上的一切，推動著進步，並且是知識進化的源泉。
>
> ***Imagination is more important than knowledge.For knowledge is limited,whereas imagination embraces the entire world,stimulating progress,giving birth to evolution.It is,strictly speaking,a real factor in scientific research.***
>
> ——阿爾伯特 · 愛因斯坦（*Albert Einstein*）| 理論物理學家 | *1879—1955* 年

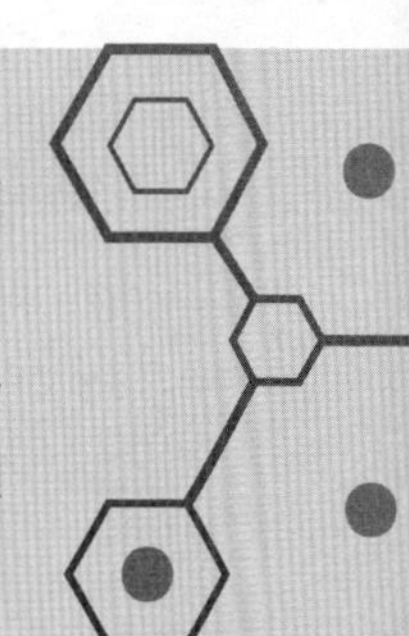

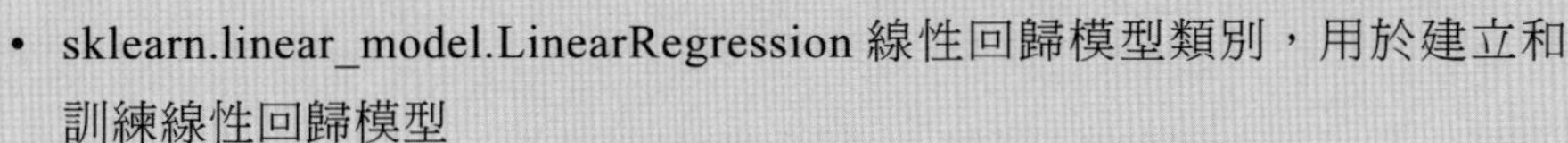

- sklearn.linear_model.LinearRegression 線性回歸模型類別，用於建立和訓練線性回歸模型

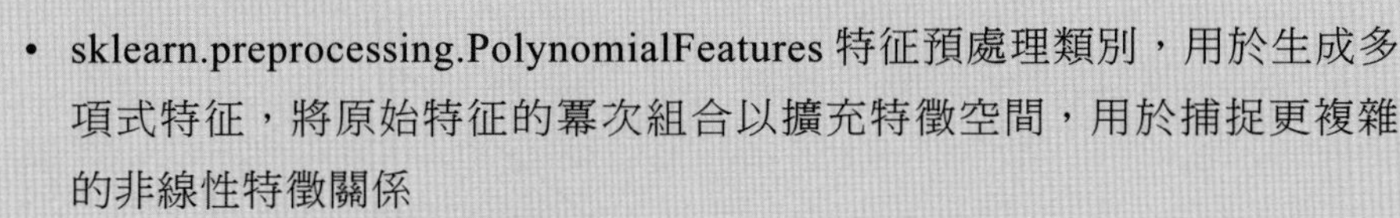

- sklearn.preprocessing.PolynomialFeatures 特征預處理類別，用於生成多項式特征，將原始特征的冪次組合以擴充特徵空間，用於捕捉更複雜的非線性特徵關係

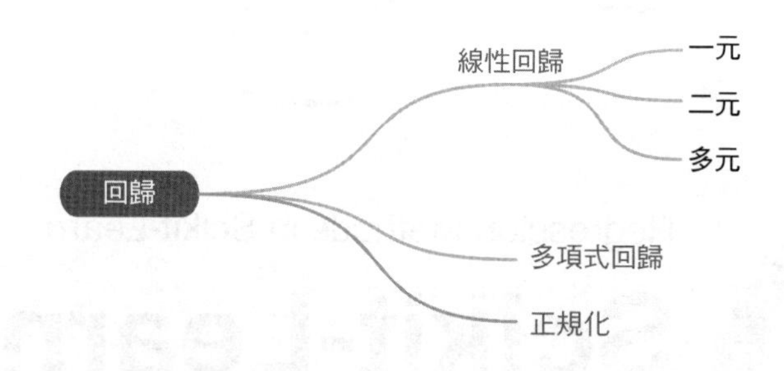

30.1 聊聊回歸

回歸分析是一種基礎但很重要的機器學習方法，回歸常用來研究變數之間的關係，並可以用來預測趨勢。

本書第 27 章已經介紹過用 Statsmodels 函式庫完成一元線性回歸。一元線性回歸是一種基本的統計分析方法，用於探究兩個連續變數之間的關係。

「一元」表示模型中只有一個**引數** (independent variable)。

引數也叫**解釋變數** (explanatory variable) 或**回歸元** (regressor)、**外生變數** (exogenous variables)、**預測變數** (predictor variables)。

本章後續還會介紹二元、多元回歸。

而「線性回歸」則表明，模型假設引數與因變數之間存在線性關係，如圖 30.1 所示。

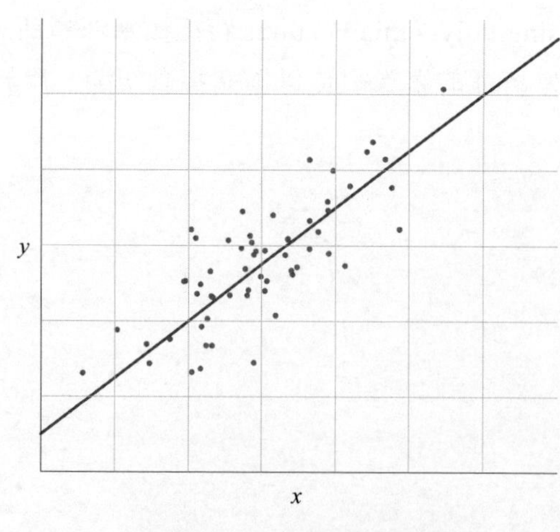

▲ 圖 30.1 一元線性回歸

因變數 (dependent variable) 也叫**解釋變數** (explained variable) 或**回歸子** (regressand)、**內生變數** (endogenous variable)、**回應變數** (response variable)。

在一元線性回歸中，我們試圖找到一條直線，該直線最好地擬合了引數和因變數之間的資料關係。

具體來說，我們要找到一條直線，使得所有資料點到這條直線的縱軸方向上距離之差 (殘差) 的平方和最小化。

殘差項 (residuals) 也叫**誤差項** (error term)、**干擾項** (disturbance term) 或**雜訊項** (noise term)。圖 30.2 中灰色線段便代表殘差。

如圖 30.3 所示，殘差平方和代表圖中所有藍色正方形的面積。這些藍色正方形的邊長便是殘差。這種方法叫作**最小平方法** (Ordinary Least Square，OLS)。

如圖 30.4 所示，**線性回歸** (linear regression) 並不適合所有回歸分析；很多時候，我們還需要**非線性回歸** (nonlinear regression)。

非線性回歸是指引數和因變數之間存在著**非線性關係** (nonlinear relation) 的回歸模型。在非線性回歸中，引數和因變數的關係不再是簡單的線性關係，而可能是多項式關係、指數關係、對數關係等其他非線性形式。

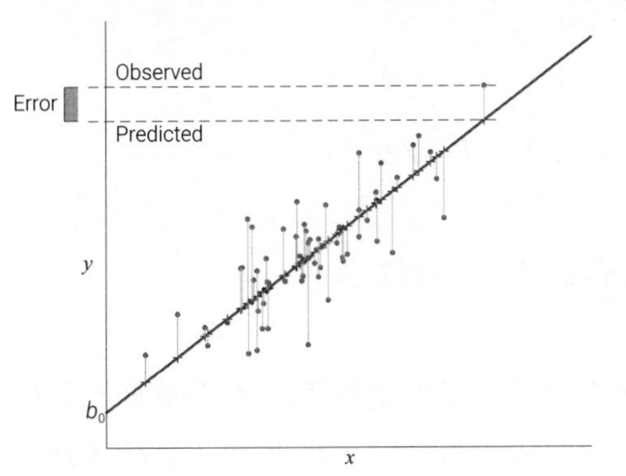

▲ 圖 30.2 一元線性回歸中的殘差

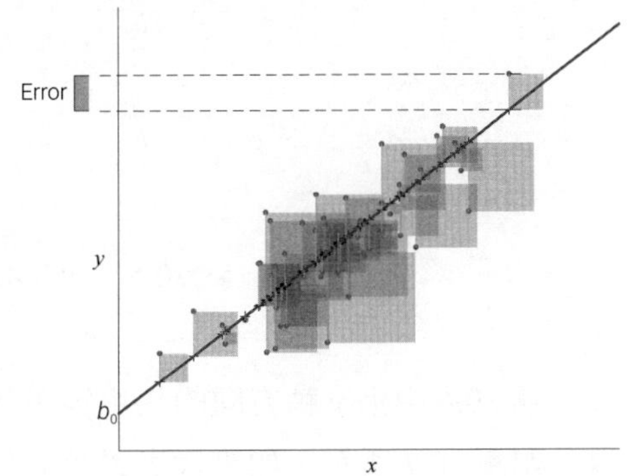

▲ 圖 30.3 殘差平方和的幾何意義

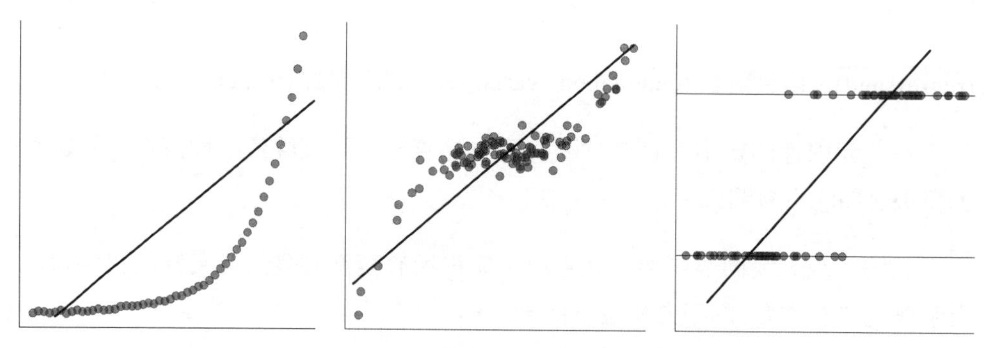

▲ 圖 30.4 線性回歸並不適合所有回歸分析

非線性回歸可以透過擬合曲線或曲面來捕捉資料的非線性關係。本章後續將介紹多項式回歸、邏輯回歸兩種非線性回歸。

30.2 一元線性回歸

本書第 27 章介紹過用 statsmodels.regression.linear_model.OLS() 完成一元 OLS 線性回歸。一元 OLS 線性回歸資料關係如圖 30.5 所示。本節採用相同樣本資料，但是用 Scikit-Learn 函式庫中函式完成線性回歸。

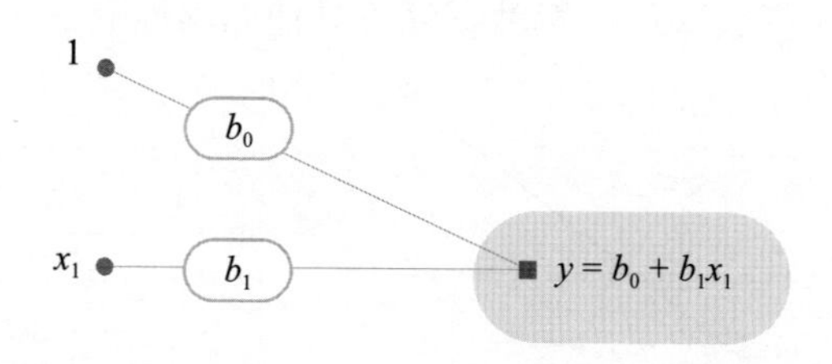

▲ 圖 30.5 一元 OLS 線性回歸資料關係

圖 30.6 中沿 y 軸方向的灰色線段代表誤差，顯然這些線段並不垂直於紅色線。如圖 30.7 所示，如果代表誤差的灰色線段垂直於紅色線的話，這種回歸模型叫**正交回歸** (orthogonal regression)。

> ⚠ 《AI 時代 Math 元年 - 用 Python 全精通資料處理》專門介紹正交回歸。

正交回歸和前文介紹的主成分分析有關。正交回歸的一種常見方法是**主成分回歸** (Principal Component Regression，PCR)，其中主成分分析用於尋找資料中的主要方差方向，然後利用這些主成分進行回歸。

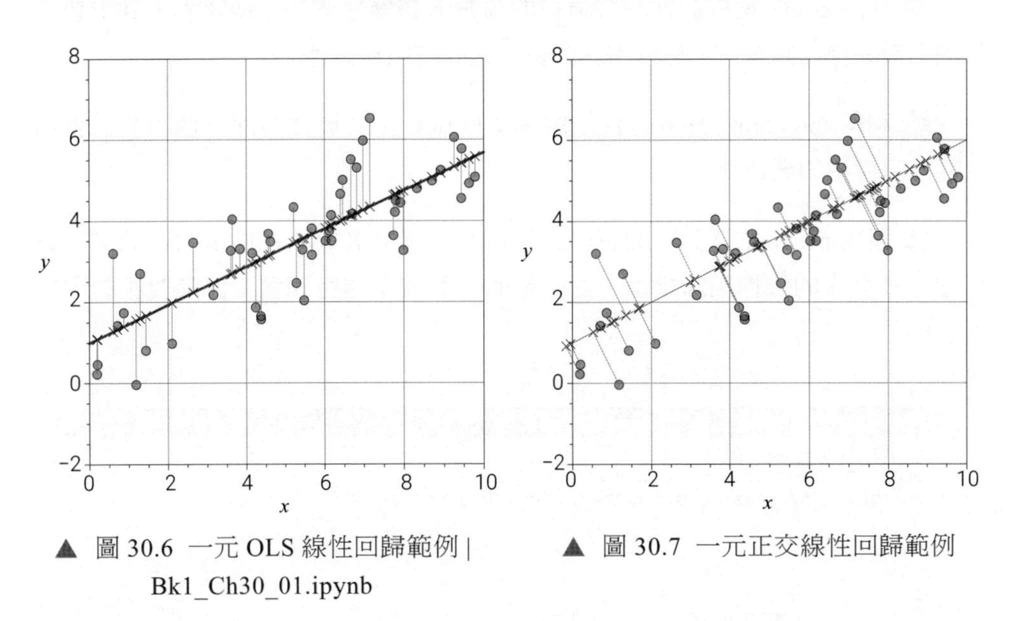

▲ 圖 30.6 一元 OLS 線性回歸範例 | Bk1_Ch30_01.ipynb

▲ 圖 30.7 一元正交線性回歸範例

我們可以透過程式 30.1 繪製圖 30.6，下面講解其中關鍵敘述。

ⓐ 從 sklearn.linear_model 匯入 LinearRegression。LinearRegression 提供了許多方法和屬性，使你能夠建立、訓練和使用線性回歸模型。

ⓑ 建立了一個名為 LR 的 LinearRegression 物件，然後你可以使用這個物件來呼叫線性回歸模型的方法，如擬合資料、進行預測以及評估模型性能等。

舉例來說，可以使用 LR.fit(X,y) 方法來擬合訓練資料，其中 X 是輸入特徵資料，y 是對應的目標輸出資料。然後，可以使用 LR.predict(X_new) 來對新的輸入特徵資料 X_new 進行預測。

ⓒ LR 物件呼叫 fit(X,y,[sample_weight]) 來擬合模型。其中 X 為引數的資料，y 為因變數的資料。該方法會求解最小平方法的參數，擬合出一條線性回歸模型，該模型可以用來預測新的資料。

如果指定了 sample_weight 參數，則表示樣本的權重，可以用於加權最小平方法。

ⓓ 利用 coef_ 獲取線性回歸模型的係數。該屬性傳回一個陣列，其中包含每個引數對應的系數值，可以用於分析模型的特徵重要性。

ⓔ 利用 intercept_ 獲取線性回歸模型的截距。該屬性傳回一個純量，表示線性回歸模型的截距值。

ⓕ 利用 predict(X) 對新的資料進行預測，其中 X 為引數的資料。該方法會根據已經擬合的線性回歸模型，對給定的引數資料進行預測，傳回對應的因變數資料。

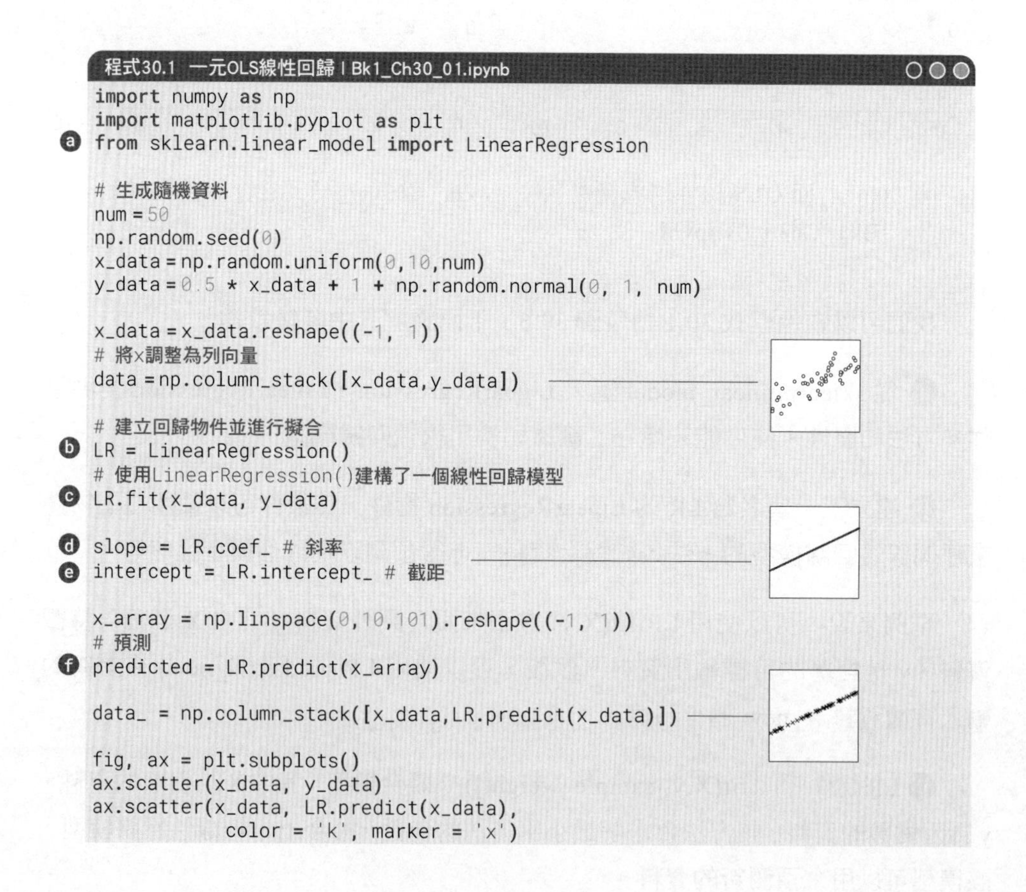

程式30.1 一元OLS線性回歸 | Bk1_Ch30_01.ipynb

```
import numpy as np
import matplotlib.pyplot as plt
from sklearn.linear_model import LinearRegression  # ⓐ

# 生成隨機資料
num = 50
np.random.seed(0)
x_data = np.random.uniform(0,10,num)
y_data = 0.5 * x_data + 1 + np.random.normal(0, 1, num)

x_data = x_data.reshape((-1, 1))
# 將x調整為列向量
data = np.column_stack([x_data,y_data])

# 建立回歸物件並進行擬合
LR = LinearRegression()  # ⓑ
# 使用LinearRegression()建構了一個線性回歸模型
LR.fit(x_data, y_data)  # ⓒ

slope = LR.coef_ # 斜率  # ⓓ
intercept = LR.intercept_ # 截距  # ⓔ

x_array = np.linspace(0,10,101).reshape((-1, 1))
# 預測
predicted = LR.predict(x_array)  # ⓕ

data_ = np.column_stack([x_data,LR.predict(x_data)])

fig, ax = plt.subplots()
ax.scatter(x_data, y_data)
ax.scatter(x_data, LR.predict(x_data),
           color = 'k', marker = 'x')
```

```
ax.plot(x_array, predicted,
        color = 'r')
ax.plot(([i for (i,j) in data_], [i for (i,j) in data]),
         ([j for (i,j) in data_], [j for (i,j) in data]),
         c=[0.6,0.6,0.6], alpha = 0.5)

ax.set_xlabel('x'); ax.set_ylabel('y')
ax.set_aspect('equal', adjustable='box')
ax.set_xlim(0,10); ax.set_ylim(-2,8)
```

30.3 二元線性回歸

二元線性回歸是一種線性回歸模型，其中有兩個引數和一個因變數，它旨在分析兩個引數和因變數之間的線性關係，如圖 30.8 所示。如圖 30.9 所示，二元線性回歸解析式在三維空間為一平面。

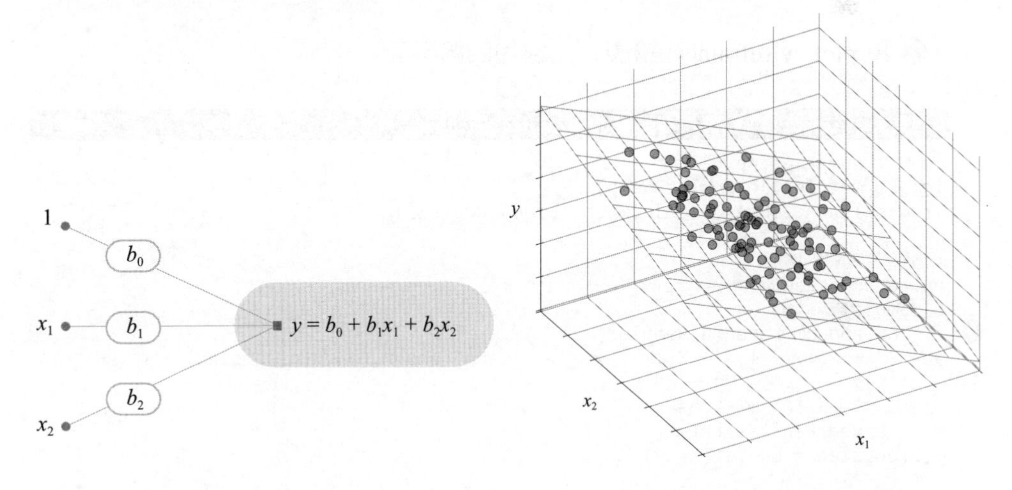

▲ 圖 30.8 二元 OLS 線性回歸資料關係

▲ 圖 30.9 二元線性回歸範例 | Bk1_Ch30_02.ipynb

我們可以透過程式 30.2 繪製圖 30.9，下面講解其中關鍵敘述。

ⓐ 利用 numpy.random.randn() 生成引數資料，兩個特徵，100 個樣本點。

ⓑ fig 是一個 Matplotlib 中的 Figure 物件，表示一個繪圖視窗或畫布，可以在這個畫布上增加不同類型的子圖圖軸物件。add_subplot(111,projection='3d') 是在 fig 上增加一個子圖的操作。其中，111 表示子圖的版面配置。

在這裡，111 表示一個 1 × 1 的網格，即只有一個子圖。

projection='3d' 指定子圖的投影方式為 3D 投影。這表示，我們可以在該子圖中建立一個三維的視覺化場景，可以用於繪製三維資料點、曲線、表面等。

ⓒ 利用 numpy.column_stack() 將兩個一維陣列按列堆疊在一起，形成一個二維陣列，代表了座標。其中，x1_grid.flatten() 和 x2_grid.flatten() 將二維陣列扁平化為一維陣列。

ⓓ 將輸入特徵資料 X_grid 傳遞給已訓練的線性回歸模型 LR，然後獲得預測輸出值，這些預測輸出值被儲存在 y_pred 變數中。

ⓔ 利用 numpy.reshape() 調整之前計算得到的預測結果陣列 y_pred 的形狀，使其與另一個陣列 x1_grid 具有相同的形狀。

ⓕ 用 plot_wireframe() 繪製二元線性回歸平面。

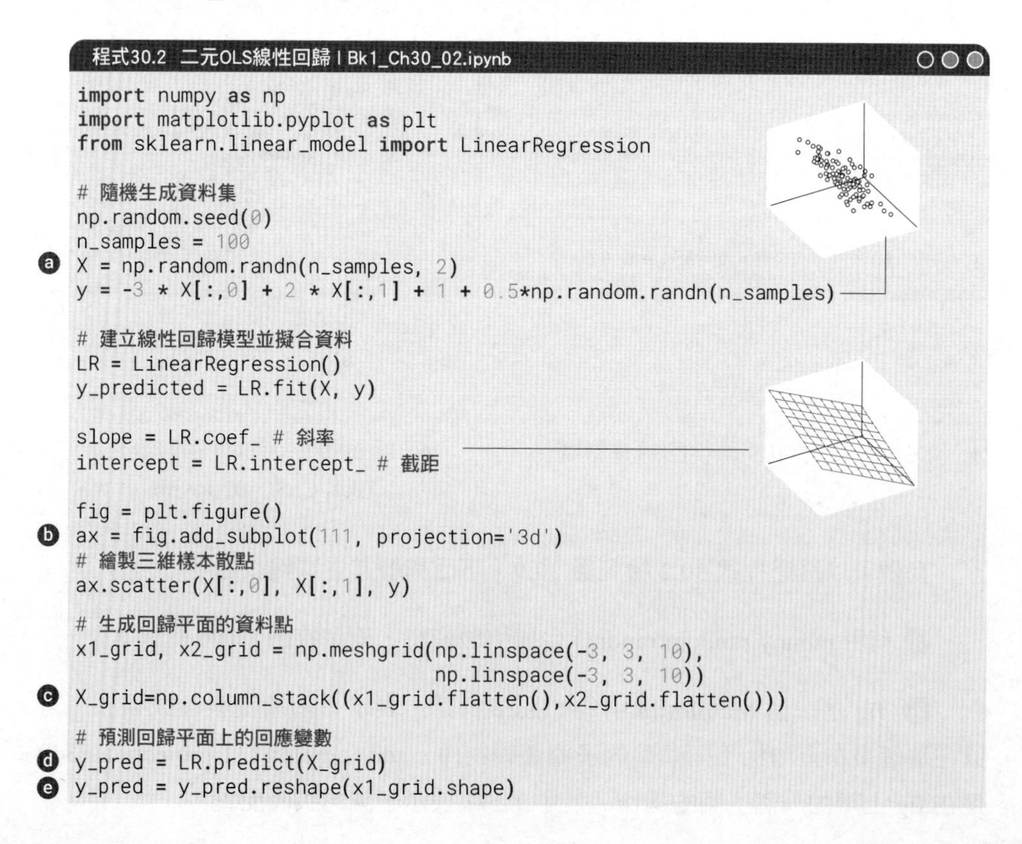

程式30.2 二元OLS線性回歸 | Bk1_Ch30_02.ipynb

```
import numpy as np
import matplotlib.pyplot as plt
from sklearn.linear_model import LinearRegression

# 隨機生成資料集
np.random.seed(0)
n_samples = 100
X = np.random.randn(n_samples, 2)
y = -3 * X[:,0] + 2 * X[:,1] + 1 + 0.5*np.random.randn(n_samples)

# 建立線性回歸模型並擬合資料
LR = LinearRegression()
y_predicted = LR.fit(X, y)

slope = LR.coef_ # 斜率
intercept = LR.intercept_ # 截距

fig = plt.figure()
ax = fig.add_subplot(111, projection='3d')
# 繪製三維樣本散點
ax.scatter(X[:,0], X[:,1], y)

# 生成回歸平面的資料點
x1_grid, x2_grid = np.meshgrid(np.linspace(-3, 3, 10),
                               np.linspace(-3, 3, 10))
X_grid=np.column_stack((x1_grid.flatten(),x2_grid.flatten()))

# 預測回歸平面上的回應變數
y_pred = LR.predict(X_grid)
y_pred = y_pred.reshape(x1_grid.shape)
```

```
# 繪製回歸平面
ax.plot_wireframe(x1_grid, x2_grid, y_pred)

ax.set_xlabel('$x_1$'); ax.set_ylabel('$x_2$')
ax.set_zlabel('y')
ax.set_xlim([-3,3]); ax.set_ylim([-3,3])
ax.set_proj_type('ortho'); ax.view_init(azim=-120, elev=30)
```

有了二元線性回歸，理解多元線性回歸就很容易了。如圖 30.10 所示，多元線性回歸是一種線性回歸的擴充形式，用於建立一個預測模型來描述多個輸入特徵與一個連續的目標輸出之間的線性關係。

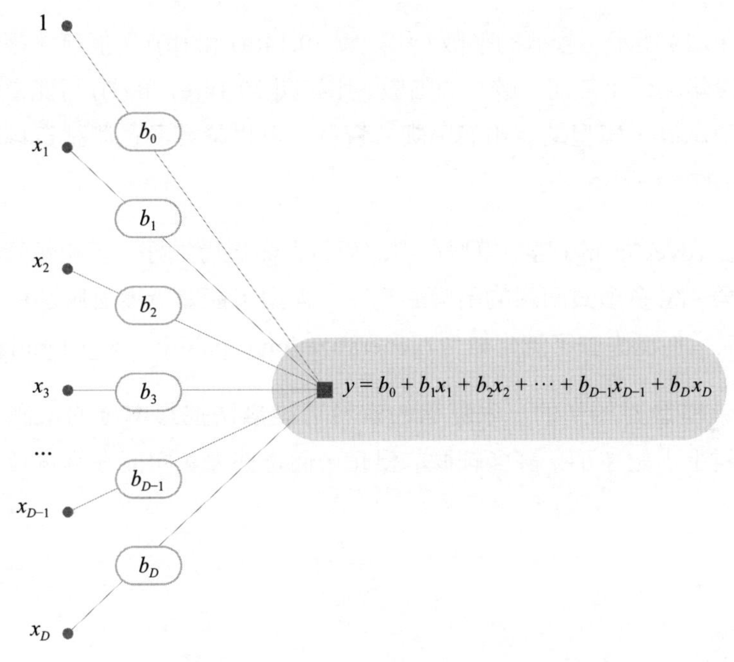

▲ 圖 30.10 多元 OLS 線性回歸資料關係

30.4 多項式回歸

多項式回歸 (polynomial regression) 是一種線性回歸的擴充，它允許我們透過引入多項式 (舉例來說，二次、三次、四次等) 來建模非線性關係。

如圖 30.11 所示，在多項式回歸中，我們不僅使用引數的原始值，還將其不同階數作為額外的特徵，從而能夠更進一步地擬合資料中非線性模式。

從資料角度來看，原本單一特徵資料，利用簡單數學運算，便獲得多特徵資料，如圖 30.12 所示。

從函式影像角度來講，多項式回歸模型好比若干曲線疊加的結果，如圖 30.13 所示。

多項式回歸的階數影響著模型的靈活性。

如圖 30.14 所示，較低的階數 (比如圖 30.14(a) 和 (b)) 可能無法極佳地捕捉資料中的複雜關係；然而，較高的階數 (比如圖 30.14(e) 和 (f)) 可能會導致過度擬合。階數越高，模型越能夠適應訓練資料，但也越容易在測試資料或實際應用中表現不佳。

過擬合 (overfitting) 是指模型在訓練資料上表現得很好，但在新資料上表現較差的現象。當多項式回歸的階數過高時，模型可能會過度適應訓練資料中的雜訊和細節，從而失去了**泛化能力** (generalization capability 或 generalization)。

這表示模型對於新的、未見過的資料可能無法進行準確的預測，因為它在訓練資料上「記住了」許多細微的變化，而這些變化可能在真實資料中並不存在。

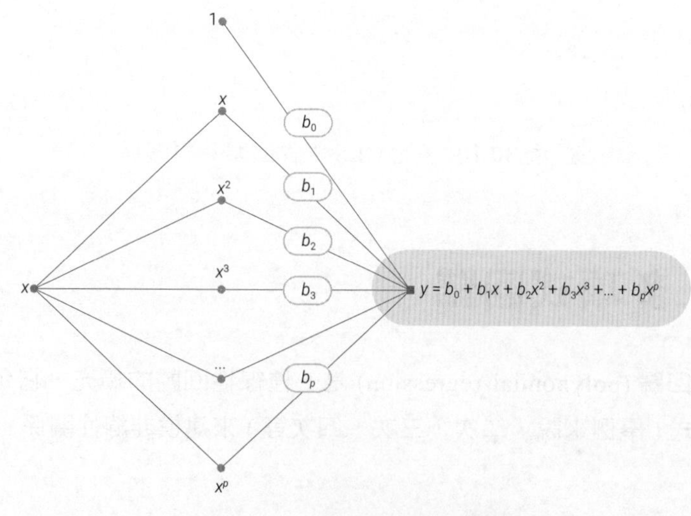

▲ 圖 30.11 多項式回歸資料關係

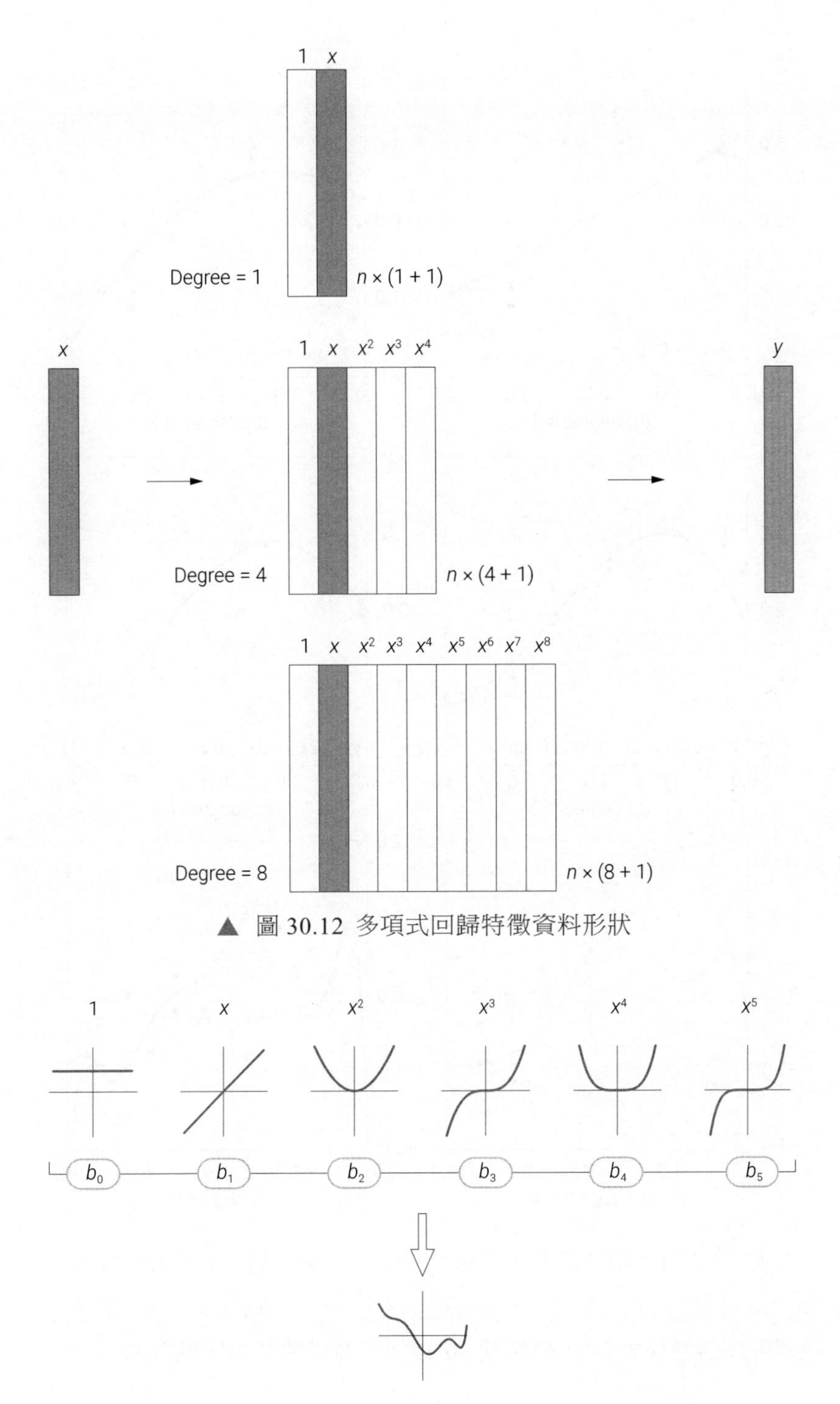

▲ 圖 30.12 多項式回歸特徵資料形狀

▲ 圖 30.13 一元五次函式可以看作是 6 個影像疊加的結果

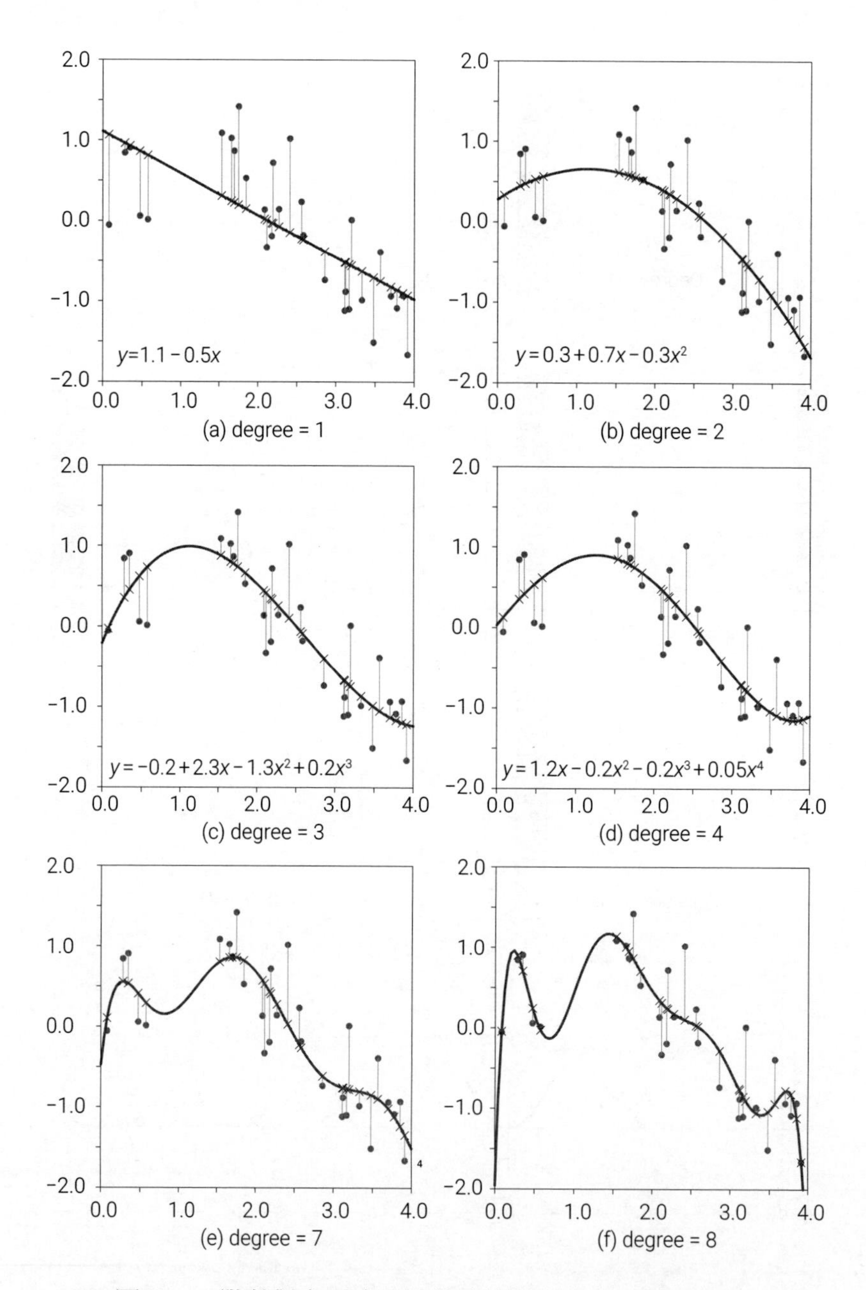

▲ 圖 30.14 階數對多項式回歸曲線的影響 | Bk1_Ch30_03.ipynb

我們可以透過程式 30.3 繪製圖 30.14。下面講解其中關鍵敘述。

ⓐ 從 sklearn.preprocessing 匯入 PolynomialFeatures。在機器學習中，有時候原始特徵並不足以表達資料的複雜關係，這時可以引入多項式特徵。

多項式特徵是原始特徵的冪次組合，透過引入這些特徵，可以更進一步地擬合資料的非線性關係。PolynomialFeatures 類別的作用就是將原始特徵轉為高次的多項式特徵。它可以透過設置特定的階數來生成不同階數的多項式特徵。

ⓑ 定義串列，清單中整數為指定的多項式回歸階數 (次數)。

ⓒ 用 PolynomialFeatures 將原始特徵轉為高次的多項式特徵。參數 degree 設置多項式的階數。這個階數決定了生成的多項式回歸的最高階數。

ⓓ 利用 X.reshape(-1,1) 將一維資料 X 進行形狀變換，將其轉為一個二維陣列，其中列數為 1。這是因為 fit_transform 方法接受的輸入應該是一個二維陣列，其中每行代表一個樣本，每列代表一個特徵。

在執行程式時，請大家自行查看這一行結果，並用 seaborn.heatmap() 視覺化結果。

ⓔ 建立一個 LinearRegression 類別的實例，並將其賦值給變數 poly_reg。透過這個實例，可以存取回歸模型的方法和屬性，如模型的擬合、預測等。

ⓕ 載入樣本資料，訓練回歸模型。

ⓖ 使用已經訓練好的線性回歸模型對多項式特徵轉換後的資料進行預測。

ⓗ 這行程式連續完成了多項式特徵轉換和模型預測。首先將輸入資料 x_array 進行多項式特徵轉換，然後使用已經訓練好的回歸模型 poly_reg 對轉換後的資料進行預測，並傳回預測結果。

ⓘ 提取係數 b_1、b_2、b_3…ⓙ 提取截距 b_0。

ⓚ 建立一個包含線性方程的字串。這一行程式碼首先將截距插入到字串中。其中，{:.1f} 是一個預留位置，將用來插入一個浮點數，並保留一位小數。format(intercept) 是 Python 字串的 .format() 方法，用於將特定值插入到格式化字串中的預留位置。

❶ 利用 for 迴圈，將多項式回歸係數項插入到字串中。'+{:.1f}x^{}'.format(coef[j],j) 是一個格式化字串，用於將係數的值 coef[j] 和次數 j 插入到字串中的預留位置位置。{:.1f} 表示插入一個浮點數，並保留一位小數；^{} 表示插入一個整數。

> 本書第 5 章介紹過將特定值插入到字串的不同方法，請大家回顧。

ⓜ 用 text() 在子圖上列印多項式回歸解析式。

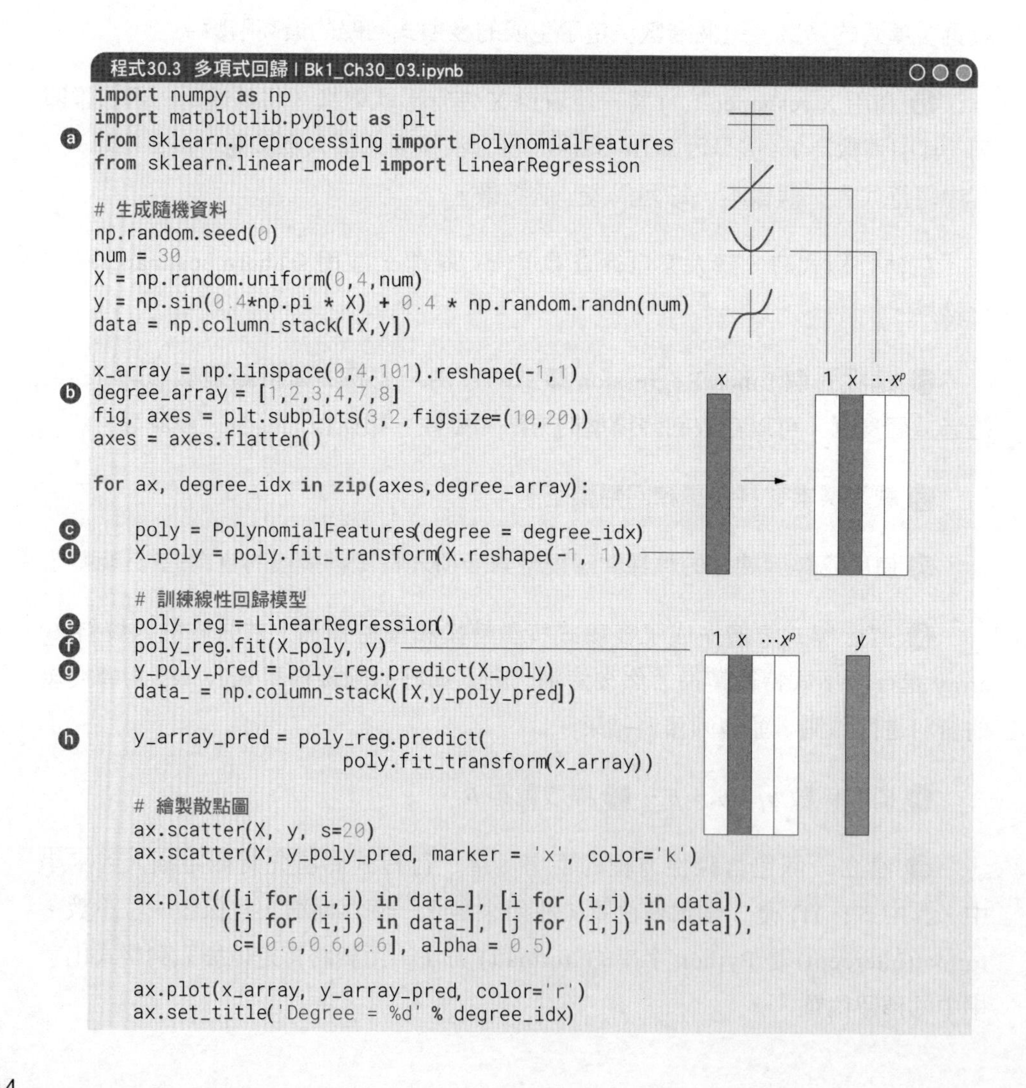
程式30.3 多項式回歸 | Bk1_Ch30_03.ipynb

```
import numpy as np
import matplotlib.pyplot as plt
from sklearn.preprocessing import PolynomialFeatures    # a
from sklearn.linear_model import LinearRegression

# 生成隨機資料
np.random.seed(0)
num = 30
X = np.random.uniform(0,4,num)
y = np.sin(0.4*np.pi * X) + 0.4 * np.random.randn(num)
data = np.column_stack([X,y])

x_array = np.linspace(0,4,101).reshape(-1,1)
degree_array = [1,2,3,4,7,8]    # b
fig, axes = plt.subplots(3,2,figsize=(10,20))
axes = axes.flatten()

for ax, degree_idx in zip(axes,degree_array):

    poly = PolynomialFeatures(degree = degree_idx)    # c
    X_poly = poly.fit_transform(X.reshape(-1, 1))    # d

    # 訓練線性回歸模型
    poly_reg = LinearRegression()    # e
    poly_reg.fit(X_poly, y)    # f
    y_poly_pred = poly_reg.predict(X_poly)    # g
    data_ = np.column_stack([X,y_poly_pred])

    y_array_pred = poly_reg.predict(    # h
                        poly.fit_transform(x_array))

    # 繪製散點圖
    ax.scatter(X, y, s=20)
    ax.scatter(X, y_poly_pred, marker = 'x', color='k')

    ax.plot(([i for (i,j) in data_], [i for (i,j) in data]),
            ([j for (i,j) in data_], [j for (i,j) in data]),
             c=[0.6,0.6,0.6], alpha = 0.5)

    ax.plot(x_array, y_array_pred, color='r')
    ax.set_title('Degree = %d' % degree_idx)
```

```
# 提取參數
coef = poly_reg.coef_
intercept = poly_reg.intercept_
# 回歸解析式
equation = '$y = {:.1f}'.format(intercept)
for j in range(1, len(coef)):
    equation += ' + {:.1f}x^{}'.format(coef[j], j)
equation += '$'
equation = equation.replace("+ -", "-")
ax.text(0.05, -1.8, equation)
ax.set_aspect('equal', adjustable='box')
ax.set_xlim(0,4)
ax.grid(False)
ax.set_ylim(-2,2)
```

30.5 正規化：抑制過度擬合

正規化 (regularization) 可以用來抑制過度擬合。本書前文提過，所謂過度擬合，是指模型參數過多或結構過於複雜。

正規項 (regularizer 或 regularization term 或 penalty term) 通常被加在**目標函式** (objective function) 當中。正規項可以讓估計參數變小甚至為 0，這一現象也叫**特徵縮減** (shrinkage)。

以下是幾種常見的正規化方法。

- L2 正規化，也叫嶺 (ridge) 正規化。有助於減小模型參數的大小。圖 30.15 所示為嶺正規化原理。
- L1 正規化，也叫套索 (Lasso) 正規化。可以將某些模型參數縮減為零。
- **彈性網路** (elastic net) 結合了 L2 正規化和 L1 正規化，它同時考慮兩種正規化的效果。

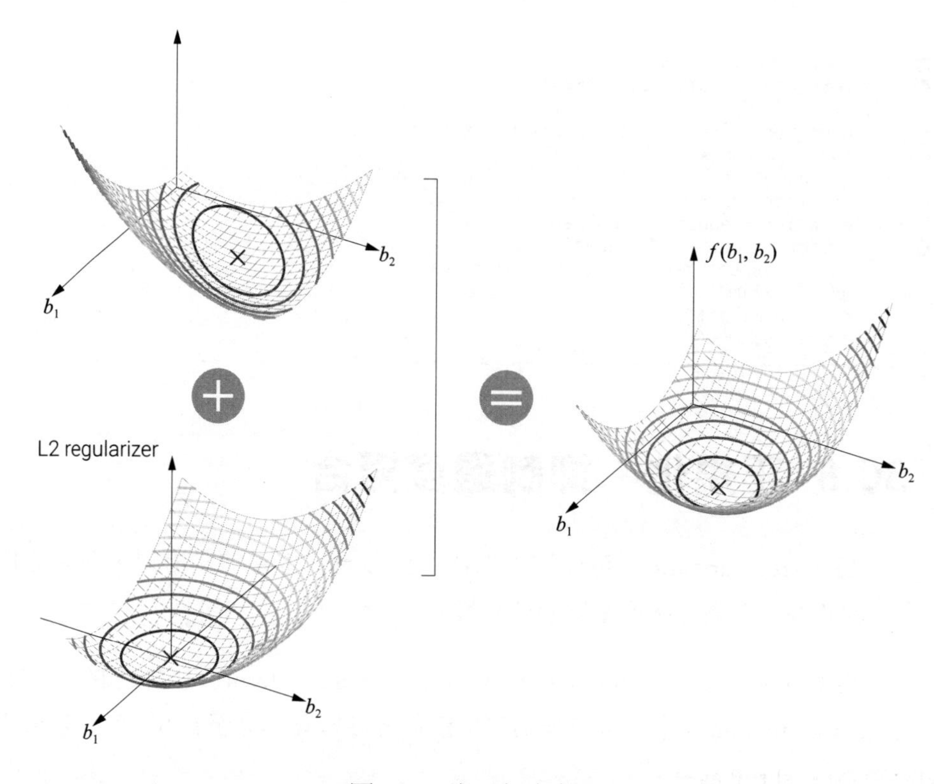

▲ 圖 30.15 嶺回歸參數曲面

這些正規化技術可以應用於各種機器學習演算法，包括線性回歸、多項式回歸、邏輯回歸、支援向量機等，以幫助改善模型的泛化性能並提高模型的健壯性。

本節簡單介紹如何用嶺正規化簡化多項式回歸模型參數。

《AI 時代 Math 元年 - 用 Python 全精通矩陣及線性代數》介紹正規化用到的重要線性代數工具—向量範數。《AI 時代 Math 元年 - 用 Python 全精通資料處理》分別介紹嶺回歸、套索回歸、彈性網路回歸，並介紹如何從貝氏推斷角度理解正規化。

圖 30.16 所示為調整懲罰因數 (penalty) α 對多項式回歸模型的影響。顯然，隨著 α 不斷增大，擬合得到的曲線變得更加「平滑」，這表示模型變得更簡單。表 30.1 舉出了在不同懲罰因數 α 條件下多項式模型解析式。

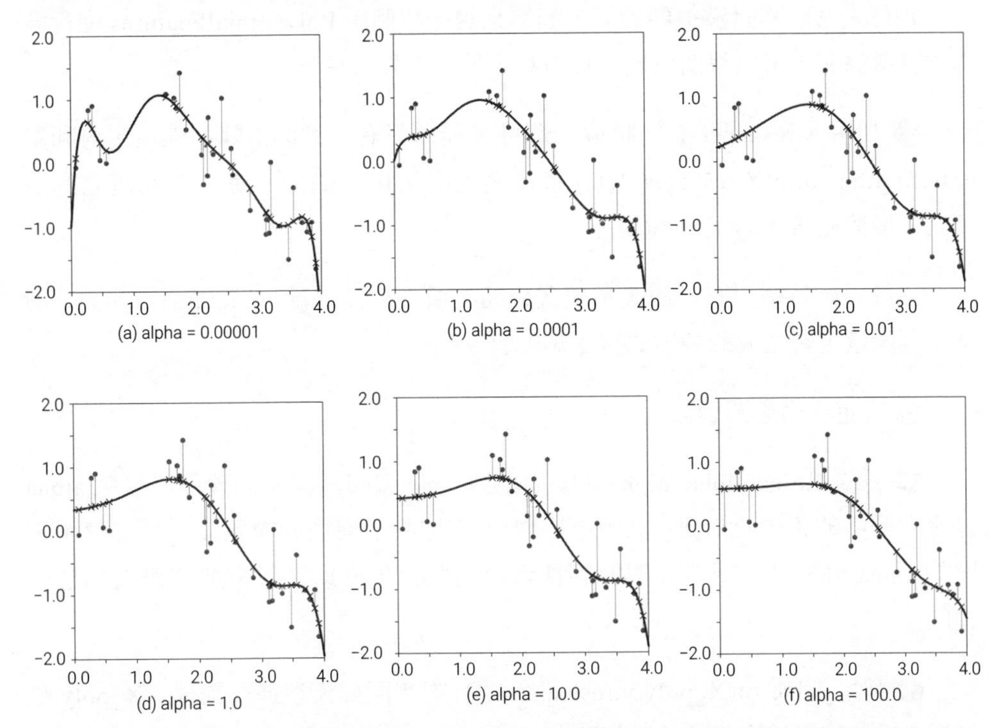

▲ 圖 30.16 正規化中懲罰因數 α 對多項式回歸模型的影響 | Bk1_Ch30_04.ipynb

➔ 表 30.1 懲罰因數和多項式回歸模型解析式 I Bk1_Ch30_04.ipynb

懲罰因數 α	多項式回歸模型
0.00001	$y=-0.985+18.400x^1-71.750x^2+122.612x^3-108.324x^4+53.620x^5-15.058x^6+2.243x^7-0.138x^8$
0.0001	$y=0.026+3.491x^1-13.188x^2+24.668x^3-23.210x^4+12.008x^5-3.515x^6+0.547x^7-0.035x^8$
0.01	$y=0.222+0.380x^1+0.149x^2+0.258x^3-0.391x^4+0.203x^5-0.093x^6+0.027x^7-0.003x^8$
1.0	$y=0.335+0.125x^1+0.132x^2+0.099x^3+0.019x^4-0.048x^5-0.033x^6+0.022x^7-0.003x^8$
10.0	$y=0.428+0.045x^1+0.064x^2+0.070x^3+0.049x^4-0.008x^5-0.065x^6+0.030x^7-0.004x^8$
100.0	$y=0.585+0.013x^1+0.020x^2+0.024x^3+0.019x^4-0.004x^5-0.029x^6+0.013x^7-0.002x^8$

我們可以透過程式 30.4 繪製圖 30.16，下面講解其中關鍵敘述。

ⓐ 從 sklearn.linear_model 模組匯入 Ridge，來完成嶺回歸任務。

相信大家已經對ⓑ很熟悉了。簡單來說，我們用 PolynomialFeatures 進行多項式特徵擴充，可以幫助我們捕捉資料中的非線性關係。

ⓒ 利用 X.reshape(-1,1) 將輸入資料 X 轉為只有一列的矩陣。然後，再利用 poly.fit_transform(X.reshape(-1,1)) 將這個列向量作為輸入，使用之前建立的多項式特徵擴充器 poly 進行轉換。

由於原始特徵只有一個，多項式最高次項次數設定為 8(degress)，外加一個全 1 列向量，新生成的多項式特徵矩陣有 9 列。

ⓓ 設定一列懲罰因數。

ⓔ 透過 Ridge(alpha=alpha_idx) 建立了一個嶺回歸模型的實例。參數 alpha 是嶺回歸中的正規化參數，即懲罰因數，它控制了模型的複雜度。透過使用不同的 alpha 值，可以調整模型對訓練資料的擬合程度以及對模型複雜度的懲罰程度。

ⓕ 利用 ridge.fit(X_poly,y.reshape(-1,1)) 對嶺回歸模型進行訓練。X_poly 是經過多項式特徵擴充後的特徵矩陣 (本例中有 9 列)，y.reshape(-1,1) 是目標變數 y 經過重新調整形狀變成的列向量。

ⓖ 和ⓗ利用 predict() 完成預測，

ⓘ 和ⓙ分別提取多項式回歸模型各項係數和截距項。在執行這段程式時，建議查看係數和截距項結果，大家會發現係數串列的第 1 個元素 (索引為 0) 都是 0。這是因為這個係數本應該是截距。為了避免重複，僅在ⓙ舉出截距項具體值。

程式30.4 多項式回歸 + 嶺回歸正規化 | Bk1_Ch30_04.ipynb

```
# 匯入套件
import numpy as np
import matplotlib.pyplot as plt
from sklearn.preprocessing import PolynomialFeatures
from sklearn.linear_model import Ridge   ⓐ

# 生成隨機資料
np.random.seed(0)
num = 30
X = np.random.uniform(0,4,num)
y = np.sin(0.4*np.pi * X) + 0.4 * np.random.randn(num)
data = np.column_stack([X,y])

x_array = np.linspace(0,4,101).reshape(-1,1)
degree = 8 # 多項式回歸次數
# 將資料擴充為9列
poly = PolynomialFeatures(degree = degree)   ⓑ
X_poly = poly.fit_transform(X.reshape(-1, 1))   ⓒ

fig, axes = plt.subplots(3,2,figsize=(10,20))
axes = axes.flatten()
# 懲罰因數
alpha_array = [0.00001, 0.0001, 0.01, 1, 10, 100]   ⓓ

for ax, alpha_idx in zip(axes,alpha_array):

    # 訓練嶺回歸模型
    ridge = Ridge(alpha=alpha_idx)   ⓔ
    ridge.fit(X_poly, y.reshape(-1,1))   ⓕ
    # 預測
    y_array_pred = ridge.predict(poly.fit_transform(x_array))   ⓖ
    y_poly_pred  = ridge.predict(X_poly)   ⓗ
    data_ = np.column_stack([X,y_poly_pred])
    # 繪製散點圖
    ax.scatter(X, y, s=20)
    ax.scatter(X, y_poly_pred, marker = 'x', color='k')
    # 繪製殘差
    ax.plot(([i for (i,j) in data_], [i for (i,j) in data]),
            ([j for (i,j) in data_], [j for (i,j) in data]),
             c=[0.6,0.6,0.6], alpha = 0.5)

    ax.plot(x_array, y_array_pred, color='r')
    ax.set_title('Alpha = %f' % alpha_idx)

    # 提取參數
    coef = ridge.coef_[0]; # print(coef)   ⓘ
    intercept = ridge.intercept_[0]; # print(intercept)   ⓙ
    # 回歸解析式
    equation = '$y = {:.3f}'.format(intercept)
    for j in range(1, len(coef)):
        equation += ' + {:.3f}x^{}'.format(coef[j], j)
    equation += '$'
    equation = equation.replace("+ -", "-")
    print(equation)
    ax.set_aspect('equal', adjustable='box')
    ax.set_xlim(0,4); ax.set_ylim(-2,2); ax.grid(False)
```

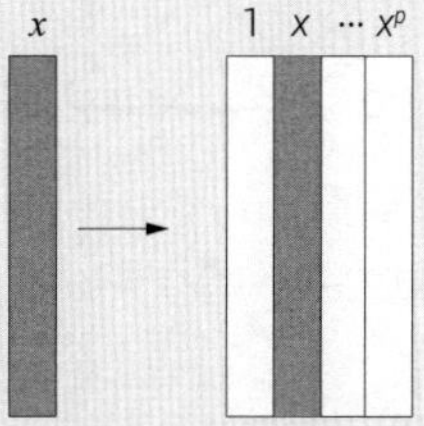

x → $1\ x\ \cdots\ x^p$

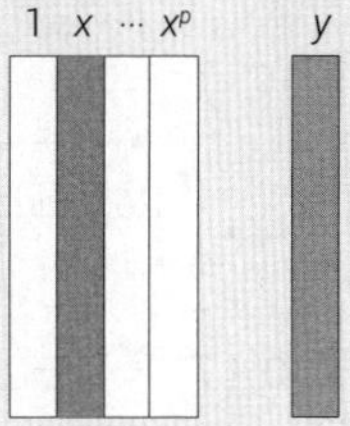

$1\ x\ \cdots\ x^p$, y

為了更進一步地視覺化懲罰因數 (正規化強度) 對多項式回歸係數的影響，我們特地繪製了圖 30.17；這幅圖的橫軸為懲罰因數，刻度為對數，從右向左懲罰因數不斷增大。

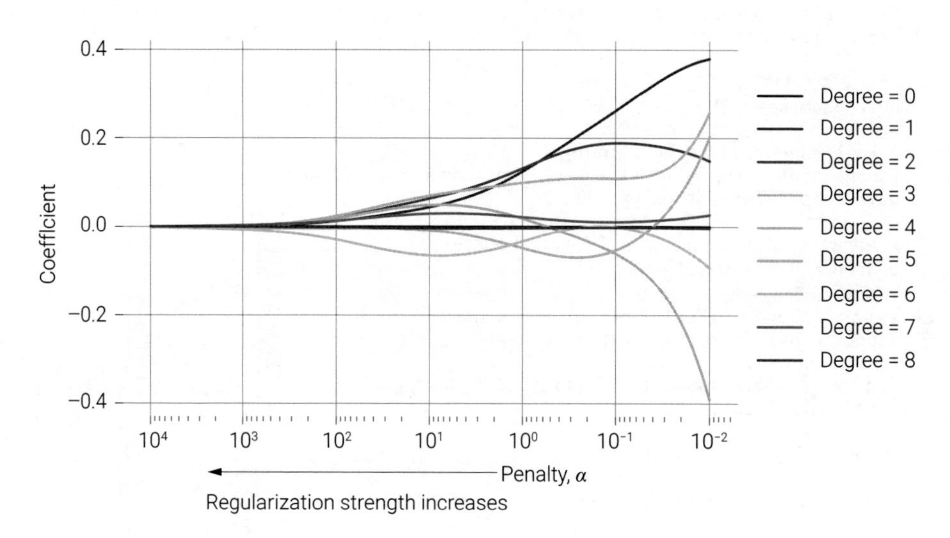

▲ 圖 30.17 多項式回歸模型參數隨懲罰因數 α 變化 | Bk1_Ch30_04.ipynb

隨著懲罰因數不斷增大 (向左移動)，多項式係數一般都是朝著變小的方向移動。請大家格外注意，圖中深藍色線一直為 0，前文提過它並非真實的截距項係數。請大家自己想辦法畫出能展示截距項隨懲罰因數變化的圖。

我們可以透過程式 30.5 繪製圖 30.17，下面講解其中關鍵敘述。

ⓐ 用 np.logspace(4,-2,100) 生成一個包含 100 個元素的陣列，這些元素是以對數刻度均勻分佈在 10^4(1e4)~ 10^{-2}(1e-2) 之間的數值。這些元素作為懲罰因數，用來對正規化調參。

ⓑ 首先利用 np.linspace(0,1,len(degrees)) 生成一個等差數列，表示 0 ~ 1 之間的一系列數，數量與 degrees 中的元素個數相同。變數 degrees 是用串列生成式建立一組圖例標籤。

然後用 plt.cm.jet 將上述 0 ~ 1 的數映射為一組顏色。這樣，colors 就成為一個包含了與 degrees 相連結的一組顏色的陣列，從而方便著色圖 30.17 中的每條曲線。

ⓒ 利用 append()，將 for 迴圈每次迭代中生成的嶺回歸模型係數增加到串列中。

ⓓ 在 for 迴圈中，每次迭代繪製圖 30.17 中一條曲線，並用 colors 對應索引顏色著色。

ⓔ 用 set_xscale("log") 將 ax 的橫軸刻度設置為對數刻度。

ⓕ 調轉橫軸。

ⓖ 利用 legend() 在軸物件 ax 上增加圖例。degrees 是包含圖例標籤的串列。

loc='center left' 表示將圖例放置位置調整為上下置中，左右靠左。

bbox_to_anchor=(1,0.5) 控制圖例的相對位置。第一個值 1 表示橫軸方向上的相對位置，0.5 表示縱軸方向上的相對位置。

程式30.5 視覺化多項式回歸模型參數隨懲罰因數α變化 (使用時配合前文程式) | Bk1_Ch30_04.ipynb

```
# 多項式回歸模型參數隨懲罰因數 α 變化
ⓐ alphas = np.logspace (4, -2, 100)
degrees = ['Degree = ' + str(d_i) for d_i in range(10)]
ⓑ colors = plt.cm.jet(np.linspace (0,1,len(degrees )))
coefs = []
for alpha_idx in alphas:
    ridge = Ridge (alpha =alpha_idx )
    ridge .fit (X_poly , y.reshape (-1,1))
ⓒ    coefs .append (ridge .coef_ [0])
coefs = np.array (coefs )

fig, ax = plt.subplots (figsize =(5,3))
for idx in range(9):
ⓓ    ax.plot (alphas , coefs [:,idx ], color = colors [idx ])
ⓔ ax.set_xscale ("log" )
ⓕ ax.set_xlim (ax.get_xlim ()[::-1]) # 調轉橫軸
ax.set_xlabel (r"Regularization strength, penalty $\alpha$" )
ax.set_ylabel ("Coefficients" )

ⓖ ax.legend (degrees ,loc='center left' , bbox_to_anchor =(1, 0.5))
```

➔ 請大家完成以下題目。

Q1. 修改程式 30.1，以鳶尾花資料花萼長度為引數，花萼寬度為因變數，完成回歸分析並視覺化結果。

Q2. 修改程式 30.2，以鳶尾花資料花萼長度和花萼寬度為引數，花瓣長度為因變數，完成回歸分析並視覺化結果。

Q3. 修改程式 30.4，將多項式最高次項次數調整為 12，重新完成嶺回歸。

* 題目很基礎，本書不給答案。

本章介紹了機器學習第一大類問題—回歸。簡單來說，回歸是尋找變數之間的量化關係。但請注意，回歸結果並不能解釋因果。

如果變數之間存在較強線性關係，我們可以用線性回歸。一元線性回歸，簡單來說，就是找到一條直線；同理，二元線性回歸，就是找到一個平面。

如果變數之間存在非線性關係，我們可以借助其他回歸方法。本章介紹的多項式回歸是擬合非線性關係的重要方法之一。大家在使用多項式回歸時，需要注意的是過擬合問題。本章最後引入了正規化方法解決這個問題。

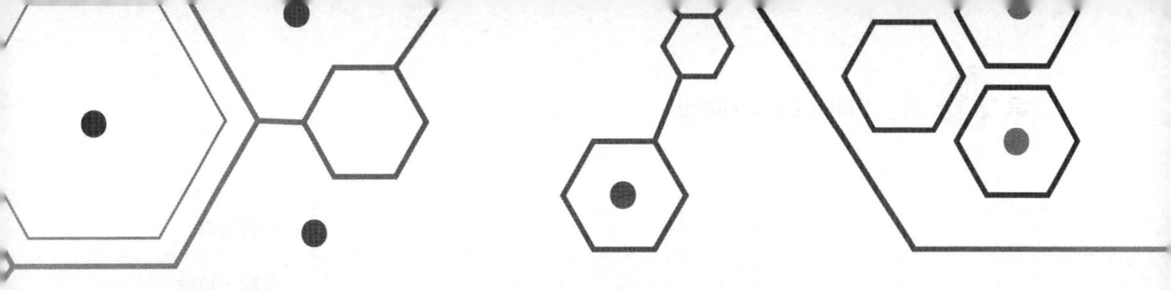

Dimensionality Reduction in Scikit-Learn

31 Scikit-Learn 降維

透過投影、旋轉這兩個幾何角度理解主成分分析

讀書好比生火，每一個字都是一個火花。

To learn to read is to light a fire;every syllable that is spelled out is a spark.

——維克多 · 雨果（*Victor Hugo*）| 法國文學家 | *1802—1885* 年

- sklearn.preprocessing.StandardScaler() 用於對資料進行標準化處理
- sklearn.decomposition.PCA() 執行主成分分析 PCA 以減少資料維度
- sklearn.covariance.EmpiricalCovariance() 計算基於樣本的經驗協方差矩陣

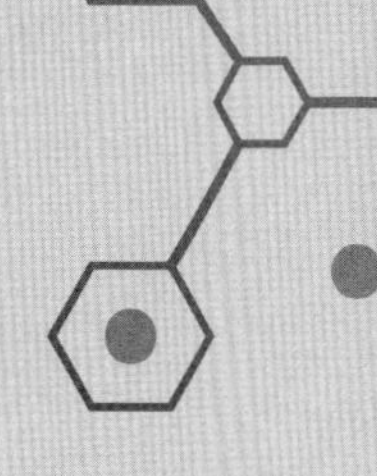

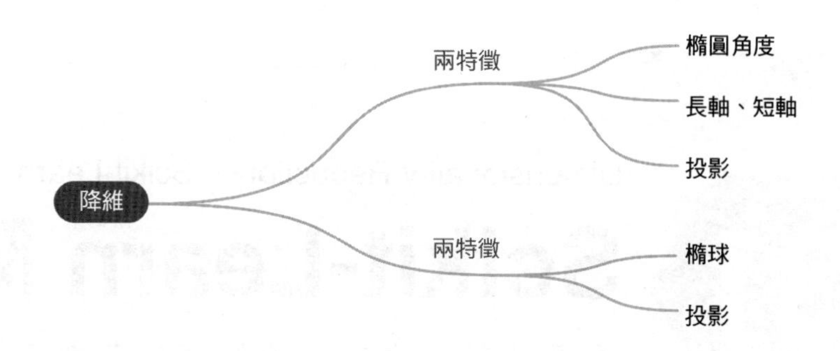

31.1 降維

降維 (dimensionality reduction) 是機器學習和資料分析領域中的重要概念，指的是將高維資料映射到低維空間中的過程。

在現實世界中，很多資料集都具有很高的維度，每個資料點可能包含大量特徵或屬性。然而，高維資料在處理和分析時可能會面臨一些問題，如計算複雜度增加、維度詛咒、視覺化困難等。

維度詛咒 (curse of dimensionality) 用來描述資料特徵 (維度) 增加時，資料特徵空間體積指數增大的現象。

如圖 31.1 所示，一個特徵選取 6 個採樣點，一維空間就 6 個點，二維空間有 36(6^2) 個點，三維空間有 216(6^3) 個點。

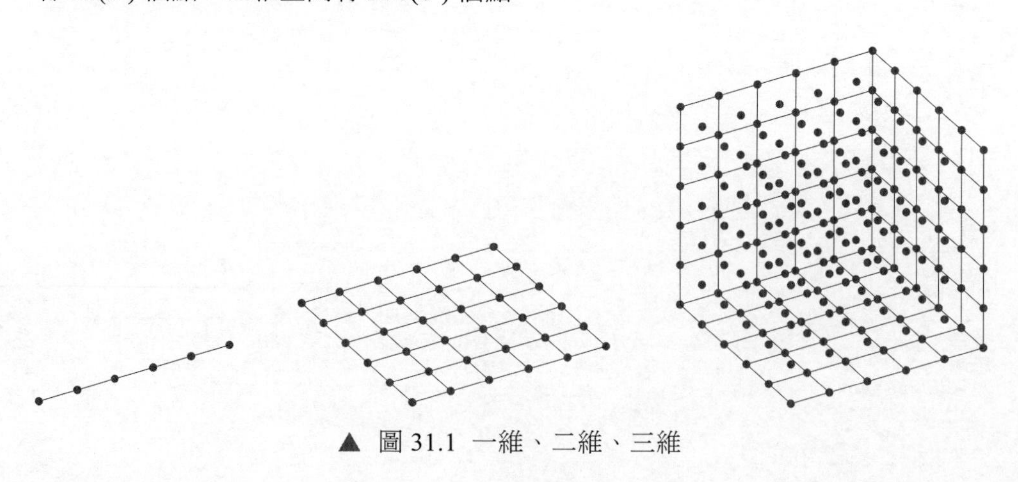

▲ 圖 31.1 一維、二維、三維

如圖 31.2 所示，四維空間有 1296(6^4) 個點。而 10 個特徵則達到讓人恐懼的 60466176(6^{10}) 個點。

而降維的目標是透過保留盡可能多的資訊，將高維資料投影到一個更低維的子空間，以便更有效地處理和分析資料，減少計算負擔，提高模型的性能和可解釋性。

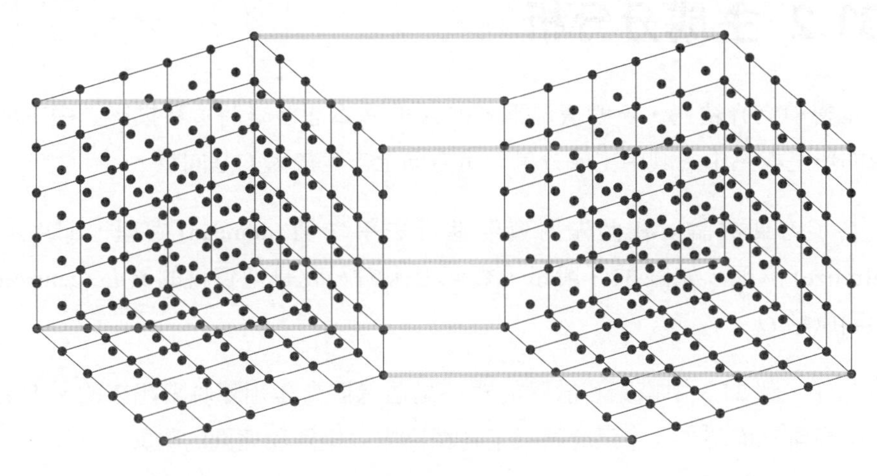

▲ 圖 31.2 四維

本書第 27 章介紹過主成分分析。簡單來說，**主成分分析** (Principal Component Analysis，PCA) 將原始特徵投影到新的正交特徵空間上，以保留最大方差的特徵。PCA 能夠去除資料中的容錯資訊，提取最重要的特徵。本章還會採用幾何角度繼續探討如何用 PCA 完成降維。

此外，我們也可以利用流形學習完成非線性降維。**流形學習** (manifold learning) 是一種無監督學習方法，用於在高維資料中發現潛在的低維結構。在高維空間中，資料點通常是分散的，而流形學習演算法的目標是將這些分散的資料點映射到一個低維流形中，從而更進一步地理解資料的結構和特徵。本書不展開講解流形學習。

本書前文主要是從資料角度介紹如何使用主成分分析完成資料降維和近似還原；本章則要用幾何角度和大家聊聊主成分分析，讓大家深度理解主成分分析背後的思想。

⚠

當然想要真正理解主成分分析，離不開線性代數、機率統計工具，這是《AI 時代 Math 元年 - 用 Python 全精通矩陣及線性代數》和《AI 時代 Math 元年 - 用 Python 全精通統計及機率》要解決的問題。

31.2 主成分分析

本書前文介紹過，一般情況下，PCA 的基本想法是將資料投影到由主成分組成的新座標系中，其中主成分是一組方向上方差最大的基向量。

為了方便討論，我們先對資料進行去**平均值** (demean) 處理，即**中心化** (centralize) 處理。如圖 31.3 所示，幾何上來看，就是把資料的**質心** (centroid)μ 移動到原點 O。

此外，圖 31.3 中橢圓和散點的關係是透過協方差矩陣聯繫起來的。本書前文介紹高斯分佈時，大家已經建立了各種協方差矩陣和橢圓的聯繫。

本書前文介紹過，在進行 PCA 前一般要對資料進行**標準化** (standardization)。標準化可以消除資料在不同特徵尺度下不同的影響，標準化過程還完成了去單位化，每個特徵資料都變成了 Z 分數。

PCA 的目標是找到資料中方差最大的方向，即主成分。如果某個特徵具有很大的方差，即使它在原始資料中不是最主要的特徵，它在 PCA 中仍然可能成為主成分，導致降維後損失了其他重要資訊。

標準化可以將所有特徵的標準差調整為 1，從而避免特定特徵過大方差主導問題。而標準化包含兩步—**平移** (translation)、**縮放** (scaling)。其中，平移就是資料去平均值，即中心化。

想要了解主成分分析，就必須理解資料**投影** (projection)。

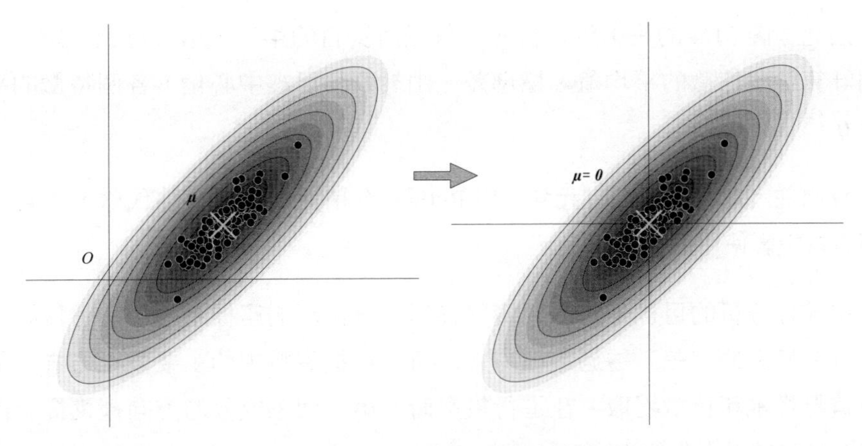

▲ 圖 31.3 將質心移到原點

圖 31.4 所示為二維資料最簡單的投影，分別向橫軸、縱軸投影。在平面上，二維資料可以用散點圖型視覺化。散點的橫軸座標就是資料的第一特徵，散點的垂直座標就是資料的第二特徵。

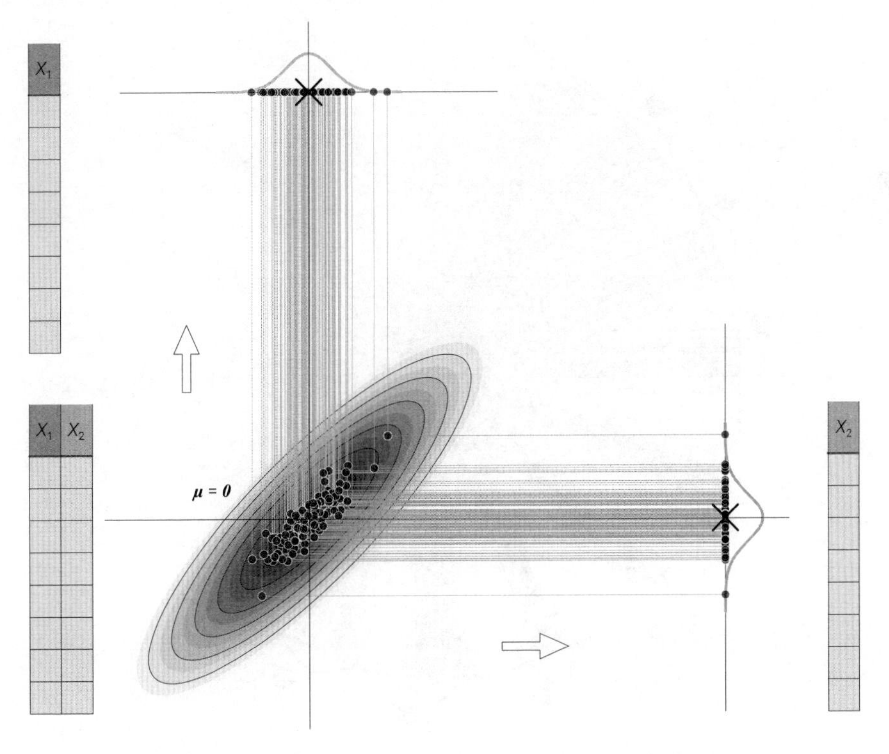

▲ 圖 31.4 分別向橫軸、縱軸投影，並繪製一維資料分佈

因此，圖 31.4 的投影過程實際上就是將資料的第一、第二特徵分離，然後分別計算各個特徵的平均值、標準差。由於資料已經中心化，各個特徵的平均值為 0。

我們在《AI 時代 Math 元年 - 用 Python 全精通矩陣及線性代數》中會詳細了解資料投影使用的數學工具。

主成分分析的目標是將原始資料投影到一個新的座標系中，使得投影後的資料具有最大的方差。透過這種方式，可以捕捉資料中的主要變化方向，從而實現資料降維和特徵提取。在進行投影時，第一個主成分的方向被選擇為能夠使投影後方差最大化的方向。

顯然，圖 31.4 所示的兩個投影方向並不完美，我們可以嘗試找到更好的投影方向。

如圖 31.5 所示，平面散點朝 16 個不同方向投影，並計算投影結果的方差值。

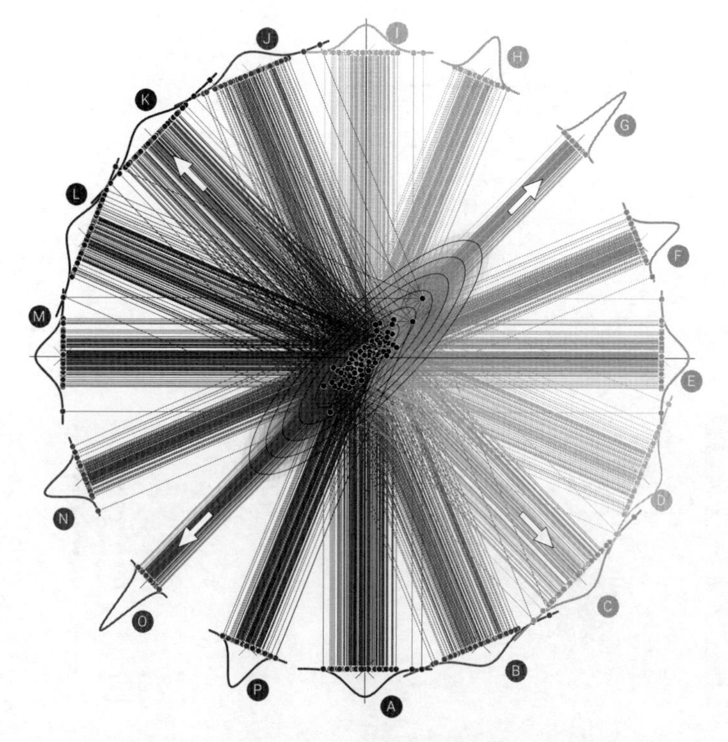

▲ 圖 31.5 二維資料分別朝 16 個不同方向投影

從圖 31.5 中每個投影結果的分佈寬度，用標準差量化，我們就可以得知 C、K 這兩個方向就是我們要找的第一主成分方向。

G、O 這兩個方向也值得我們關注，因為這兩個方向上投影結果的方差 (標準差的平方) 最小。

《AI 時代 Math 元年 - 用 Python 全精通資料可視化》介紹如何繪製圖 31.5。

換個角度來看，主成分分析無非就是在不同的座標系中看同一組資料，如圖 31.6 所示。

資料朝不同方向投影會得到不同的投影結果，對應不同的分佈；朝橢圓長軸方向投影，得到的資料標準差最大；朝橢圓短軸方向投影得到的資料標準差最小。

$\boldsymbol{v}_1$ 對應的便是第一主成分 PC1。這裡用到的幾何工具就是**旋轉** (rotation)。

從橢圓的角度來看，圖 31.6 中，$\boldsymbol{v}_1$ 第一主成分 PC1 方向就是橢圓長軸所在方向，$\boldsymbol{v}_2$ 第二主成分 PC2 方向就是橢圓短軸所在方向。顯然，$\boldsymbol{v}_1$ 和 $\boldsymbol{v}_2$ 垂直！

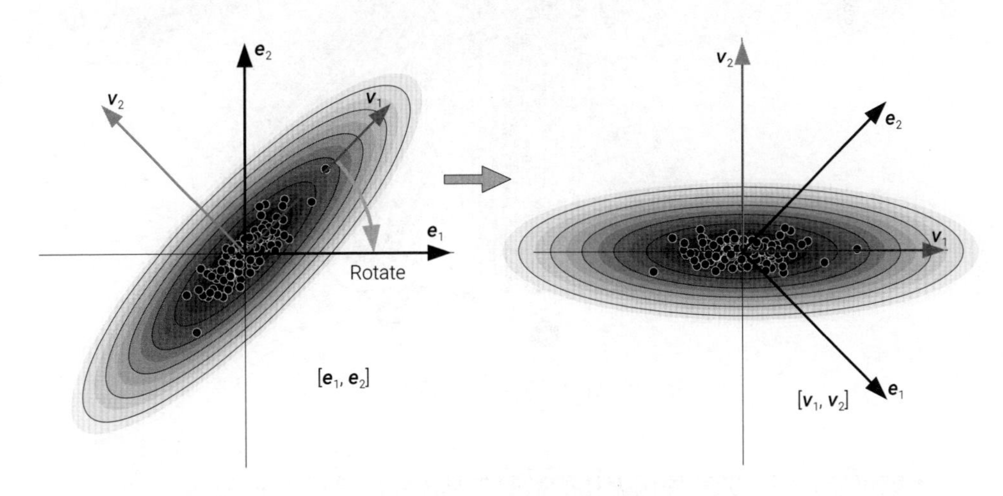

▲ 圖 31.6 座標系旋轉

我們管這個新的直角座標系叫作 $[\boldsymbol{v}_1,\boldsymbol{v}_2]$。原來資料的座標系記作 $[\boldsymbol{e}_1,\boldsymbol{e}_2]$。

圖 31.6 的座標系旋轉也完成了旋轉橢圓到正橢圓的幾何轉換過程。

圖 31.7 所示為在 $[\boldsymbol{v}_1,\boldsymbol{v}_2]$ 中看資料投影。

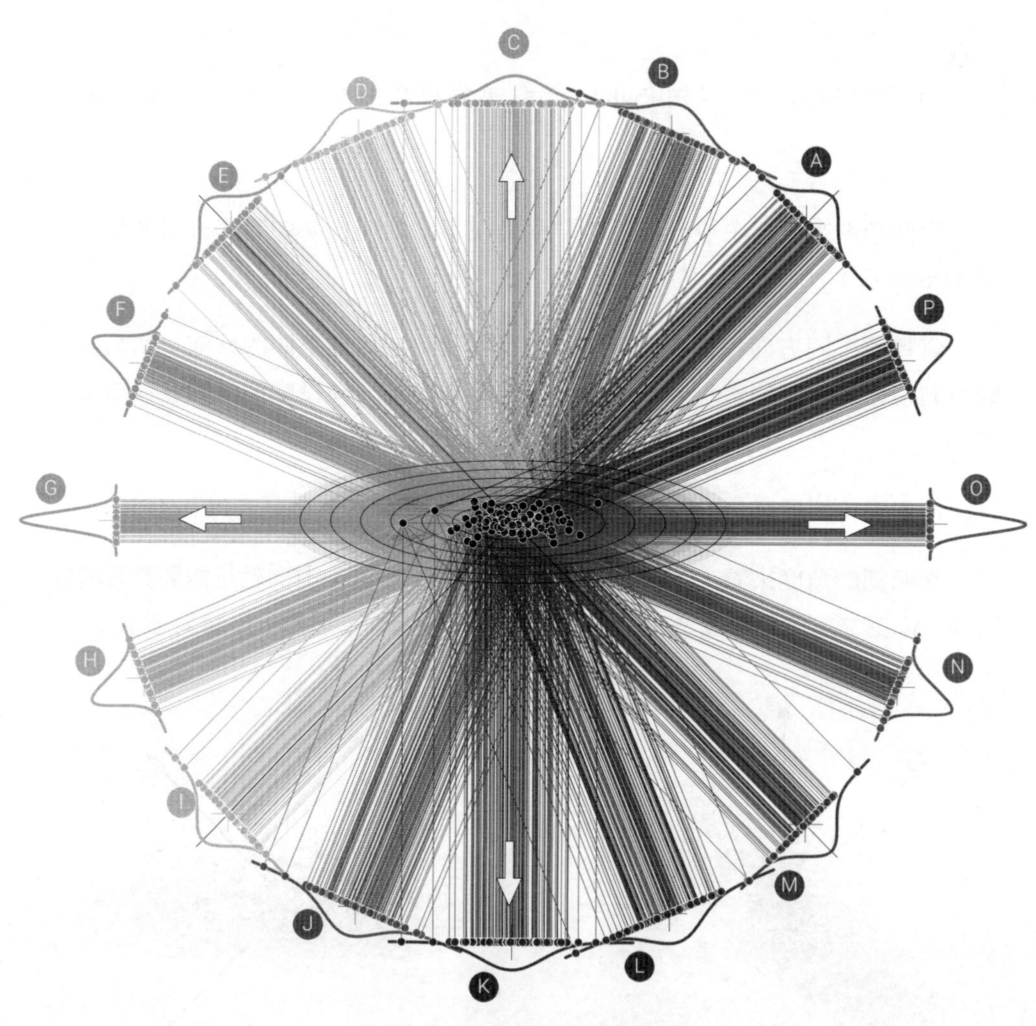

▲ 圖 31.7 換個座標系看投影

大家可能要問，究竟採用怎樣的數學工具才能計算得到 $\boldsymbol{v}_1$ 和 $\boldsymbol{v}_2$？

這就需要我們首先計算**協方差矩陣** (covariance matrix)Σ，然後對協方差矩陣 Σ 進行**特徵值分解** (eigen value decomposition)。特徵向量就是我們要找的主成分方向。

> ⚠
> 此外，除了特徵值分解協方差矩陣，還有其他不同的主成分分析技術路線。《AI 時代 Math 元年 - 用 Python 全精通資料處理》會專門比較不同技術路線的異同。

雖然，我們不會具體介紹計算協方差、特徵值分解背後的數學工具，以及這兩個工具和橢圓的聯繫；但是大家可能已經發現，想要深入理解主成分分析，離不開機率統計、線性代數、幾何這些角度。這都是鳶尾花「數學三劍客」要介紹的內容。

在主成分分析中，主成分通常是原始特徵的線性組合。也就是說，PCA 是一種線性降維方法，它只能捕捉資料中的線性相關性。如果資料具有複雜的非線性關係，PCA 可能無法極佳地捕捉這些模式，從而導致資訊遺失。

核心主成分分析 (Kernel Principal Component Analysis)，也叫核心 PCA，在高維特徵空間中使用**核心技巧** (kernel trick) 來進行 PCA，從而能夠處理非線性關係。

核心 PCA 可以解決傳統 PCA 無法處理的非線性問題。在處理非線性資料時，傳統 PCA 可能會損失資料的重要資訊，因為它只能發現線性關係。

核心 PCA 透過將資料映射到高維特徵空間，將資料從原始空間中的非線性關係轉化為高維空間中的線性關係，因此可以有效地保留資料的非線性結構資訊。

與傳統的主成分分析不同，核心 PCA 不直接使用原始資料來計算主成分，而是透過將資料映射到高維特徵空間來獲取主成分。核心技巧的基本思想是透過**核心函式** (kernel function) 將資料映射到高維特徵空間中，從而使得線性模型能夠處理非線性資料。

常用的核心函式包括，**徑向基核心函式** (Radial Basis Function kernel，RBF kernel)，也叫高斯核心函式、**多項式核心** (polynomial kernel)、**Sigmoid 核心** (Sigmoid kernel)。我們在本書第 32 章講解**支援向量機** (Support Vector Machine，SVM) 還會用到核心技巧。本書不展開講解核心主成分分析。

下面，我們還是利用本書前文用過的利率資料，用幾何角度 (投影、旋轉) 和 Scikit-Learn 函式，和大家分別聊聊兩特徵、三特徵主成分分析。

31.3 兩特徵 PCA

程式 31.1 首先還是匯入了利率資料。這部分內容大家已經在本書前文用過，下面僅做簡單介紹。

ⓐ pandas_datareader 是一個用於從各種資料來源中獲取金融和經濟資料的 Python 函式庫。大家在使用前，需要用 pip install pandas_datareader 安裝函式庫，大家可以回顧本書第 1 章。

一般來說 pandas_datareader 從網際網路上的各種金融資料提供商獲取資料，如股票市場資料、貨幣匯率、股票指數、債券價格等。

ⓑ 利用 pandas_datareader 從 FRED 下載半年期、一年期利率歷史資料。

ⓒ 修改資料幀列標題。

ⓓ 計算利率日收益率。

ⓔ 刪除資料幀的遺漏值。

ⓕ 對資料進行標準化。

程式31.1 匯入利率歷史資料 | Bk1_Ch31_01.ipynb

```
import pandas as pd
import numpy as np
import matplotlib.pyplot as plt
from sklearn.preprocessing import StandardScaler
ⓐ import pandas_datareader as pdr
# 需要先安裝函式庫 pip install pandas_datareader
import seaborn as sns
```

```
# 下載資料，兩個 tenors
df = pdr.data.DataReader(['DGS6MO','DGS1'],
                         data_source = 'fred',
                         start = '01-01-2022',
                         end = '12-31-2022')
df = df.dropna()

# 修改資料幀的 column names
df = df.rename(columns = {'DGS6MO' : 'X1',
                          'DGS1' : 'X2'})

# 計算日收益率
X_df = df.pct_change()
# 刪除遺漏值
X_df = X_df.dropna()
# 資料標準化
scaler = StandardScaler()
X_scaled = scaler.fit_transform(X_df)
```

圖 31.8 所示為標準化資料的散點圖。在這幅圖上，我們還用橢圓代表資料的分佈；更準確地說，這些橢圓代表了資料的協方差矩陣。這些橢圓等高線實際上是**馬氏距離** (Mahalanobis distance)。

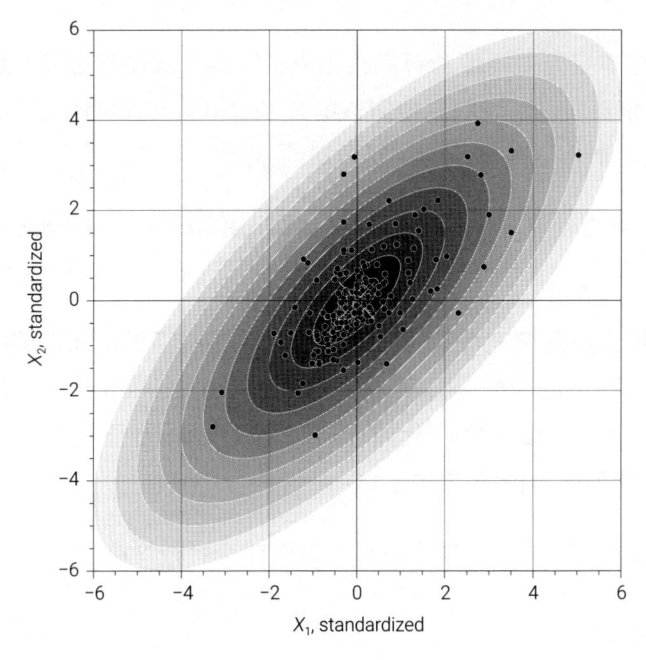

▲ 圖 31.8 標準化資料的散點圖 | Bk1_Ch31_01.ipynb

與**歐氏距離** (Euclidean distance) 不同，馬氏距離考慮了資料之間的協方差結構，因此可以更準確地捕捉資料的相關性和分佈情況。圖 31.8 所示同心橢圓就是馬氏距離的等距線。

程式 31.2 中ⓐ從 Scikit-Learn 機器學習函式庫中匯入 EmpiricalCovariance 類別。這個類別是 Scikit-Learn 中用於計算資料集的經驗協方差矩陣。

ⓑ 生成網格化資料，用來視覺化馬氏距離等高線。

⚠

《AI 時代 Math 元年 - 用 Python 全精通矩陣及線性代數》和《AI 時代 Math 元年 - 用 Python 全精通統計及機率》會從不同角度介紹馬氏距離背後的數學工具。

ⓒ 用 EmpiricalCovariance 的 fit 方法接受標準化資料集 X_scaled 作為參數，並使用這個資料集來擬合估計器，從而計算出協方差矩陣。然後，大家可以用 COV.covariance_ 獲得協方差矩陣的具體值。大家會發現，協方差矩陣對角線元素均為 1，請大家思考為什麼？

ⓓ 根據樣本協方差矩陣計算網格化資料的馬氏距離平方值。這裡需要大家格外注意，網格資料點應該與原始資料集 X_scaled 具有相同的特徵維度 (兩列)。這就是為什麼我們需要用ⓔ調整陣列形狀的原因。

此外，大家需要注意，輸出的結果為馬氏距離的平方。ⓕ開平方後獲得馬氏距離。

ⓖ 繪製馬氏距離填充等高線。大家會發現這些等高線都是橢圓，而且橢圓的半長軸和橫軸夾角為 45°。大家需要學習《AI 時代 Math 元年 - 用 Python 全精通矩陣及線性代數》和《AI 時代 Math 元年 - 用 Python 全精通統計及機率》中的數學工具才能理解為什麼夾角為 45°。

ⓗ 用散點視覺化標準化樣本資料。這些樣本資料的質心位於原點 (0,0)。

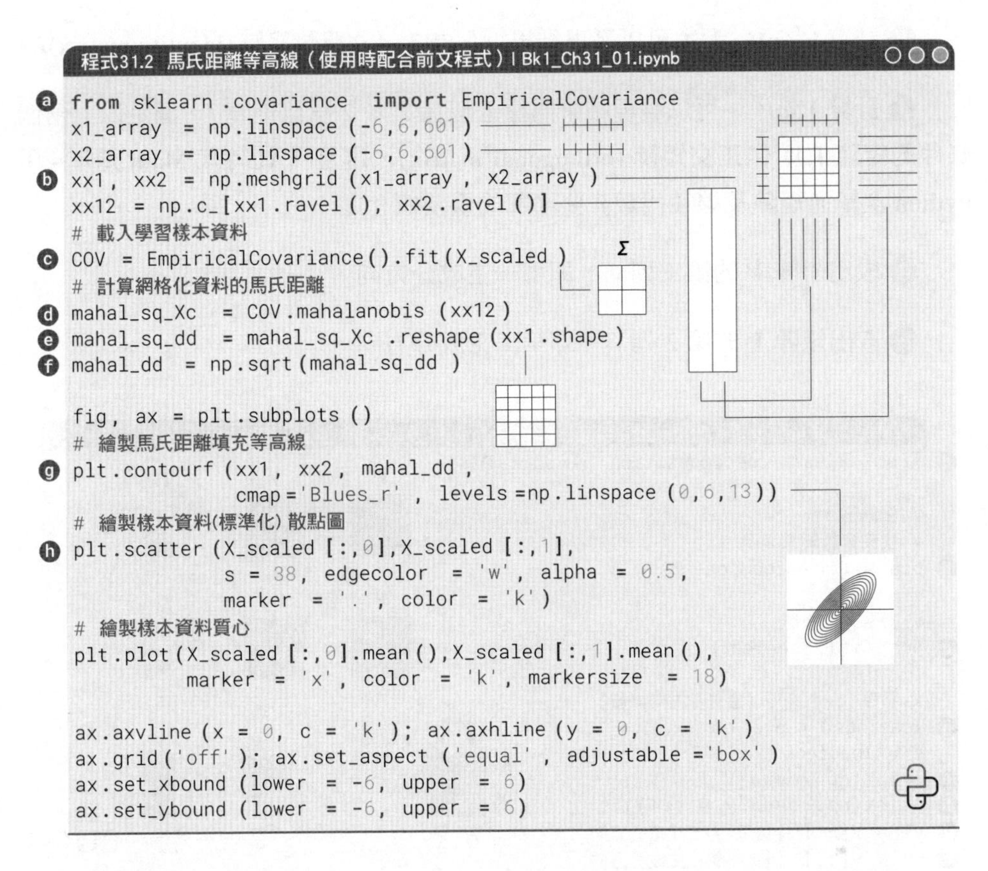

程式31.2 馬氏距離等高線（使用時配合前文程式）| Bk1_Ch31_01.ipynb

```
from sklearn.covariance import EmpiricalCovariance
x1_array = np.linspace(-6,6,601)
x2_array = np.linspace(-6,6,601)
xx1, xx2 = np.meshgrid(x1_array, x2_array)
xx12 = np.c_[xx1.ravel(), xx2.ravel()]
# 載入學習樣本資料
COV = EmpiricalCovariance().fit(X_scaled)
# 計算網格化資料的馬氏距離
mahal_sq_Xc = COV.mahalanobis(xx12)
mahal_sq_dd = mahal_sq_Xc.reshape(xx1.shape)
mahal_dd = np.sqrt(mahal_sq_dd)

fig, ax = plt.subplots()
# 繪製馬氏距離填充等高線
plt.contourf(xx1, xx2, mahal_dd,
             cmap='Blues_r', levels=np.linspace(0,6,13))
# 繪製樣本資料(標準化) 散點圖
plt.scatter(X_scaled[:,0],X_scaled[:,1],
            s = 38, edgecolor = 'w', alpha = 0.5,
            marker = '.', color = 'k')
# 繪製樣本資料質心
plt.plot(X_scaled[:,0].mean(),X_scaled[:,1].mean(),
         marker = 'x', color = 'k', markersize = 18)

ax.axvline(x = 0, c = 'k'); ax.axhline(y = 0, c = 'k')
ax.grid('off'); ax.set_aspect('equal', adjustable='box')
ax.set_xbound(lower = -6, upper = 6)
ax.set_ybound(lower = -6, upper = 6)
```

下面利用 Scikit-Learn 中的主成分分析工具完成樣本資料的 PCA 分析。

程式 31.3 中 ⓐ 從 Scikit-Learn 函式庫中匯入 PCA(Principal Component Analysis) 類別。

ⓑ 建立了一個 PCA 物件的實例，並且指定了降維後的維度為 2。本例中，樣本資料的特徵數 (維度) 為 2，PCA 分析前後維度不變。

ⓒ 在 PCA 物件上擬合 (訓練) 樣本資料。這個過程會計算資料的協方差矩陣，然後找到主成分方向。

ⓓ 用屬性 components_ 獲得 PCA 主成分的**酬載** (loadings)，這個矩陣的每一行代表一個主成分方向。矩陣經過**轉置** (transpose) 後，每一列代表一個主成分。本書前文提過，這些主成分向量本質上是原始特徵資料的線性組合。我們把這個轉置後的矩陣記作 $\boldsymbol{V}$。

ⓔ 計算 $V^T@V$，大家可以發現結果近似為 2 × 2 **單位矩陣** (identity matrix)I。

ⓕ 計算 $V@V^T$，可以發現結果同樣近似為 2 × 2 單位矩陣 I。滿足以上兩個條件的矩陣 V 叫作**正交矩陣** (orthogonal matrix)，這是《AI 時代 Math 元年 - 用 Python 全精通矩陣及線性代數》要講解的重要概念之一。

ⓖ 取出矩陣 V 的第 1 列 v_1，即第一主成分方向。

ⓗ 取出矩陣 V 的第 2 列 v_2，即第二主成分方向。

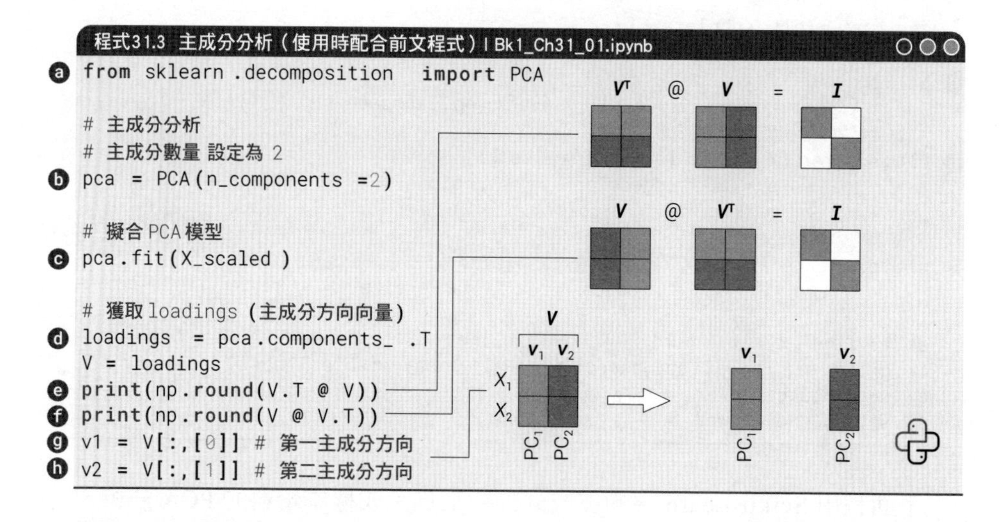

程式31.3 主成分分析（使用時配合前文程式）| Bk1_Ch31_01.ipynb

```
from sklearn.decomposition import PCA

# 主成分分析
# 主成分數量 設定為 2
pca = PCA(n_components =2)

# 擬合 PCA 模型
pca.fit(X_scaled )

# 獲取 loadings (主成分方向向量)
loadings = pca.components_ .T
V = loadings
print(np.round(V.T @ V))
print(np.round(V @ V.T))
v1 = V[:,[0]] # 第一主成分方向
v2 = V[:,[1]] # 第二主成分方向
```

圖 31.9 展示了資料的主成分方向。容易發現，v_1 對應橢圓的長軸方向，v_2 對應橢圓的短軸方向。程式 31.4 在前文視覺化基礎上又視覺化了兩個主成分方向。

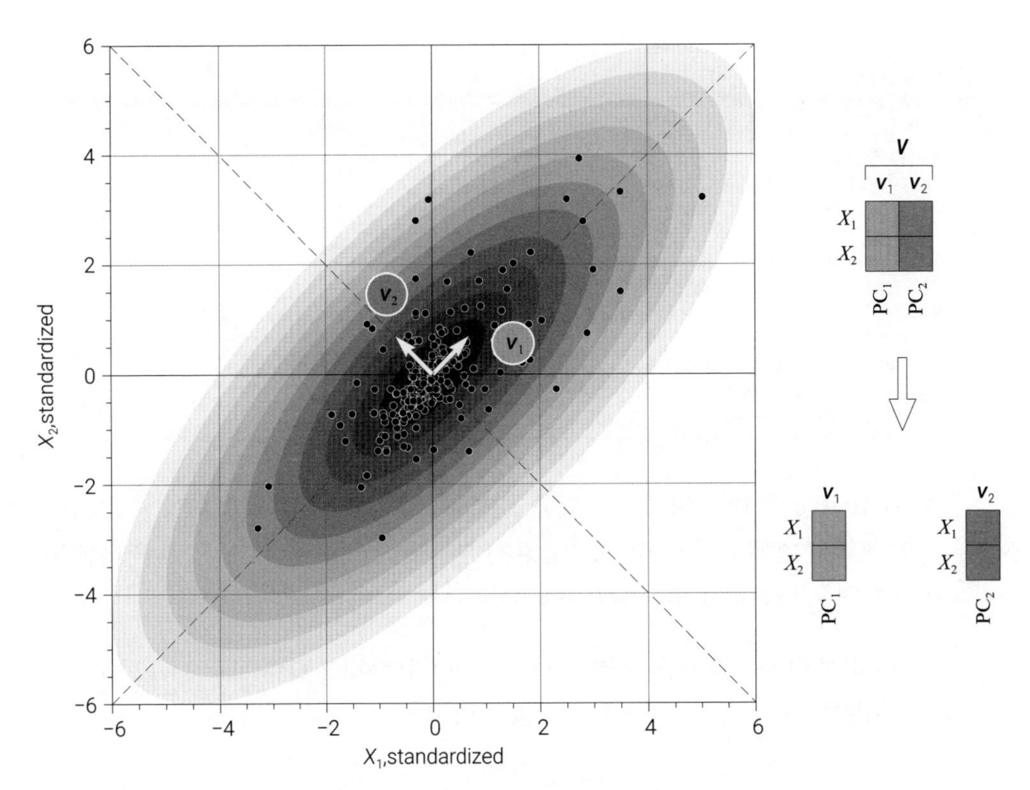

▲ 圖 31.9 主成分方向 | Bk1_Ch31_01.ipynb

程式31.4 繪製主成分方向（使用時配合前文程式）| Bk1_Ch31_01.ipynb

```
# 自訂繪製向量函式
def draw_vector (vector ,RBG):
    array = np.array ([[0, 0, vector [0], vector [1]]], dtype =object)
    X, Y, U, V = zip(*array )
    plt.quiver (X, Y, U, V,angles ='xy',
                scale_units ='xy' ,scale =1,color  = RBG,
                zorder  = 1e5)

fig, ax = plt.subplots ()
# 繪製馬氏距離等高線
plt.contourf (xx1, xx2, mahal_dd ,
              cmap='Blues_r'  , levels =np.linspace (0,6,13))
# 繪製標準化資料散點圖
plt.scatter (X_scaled [:,0],X_scaled [:,1],
             s = 38, edgecolor  = 'w', alpha  = 0.5,
             marker  = '.', color  = 'k')
# 繪製質心
plt.plot (X_scaled [:,0].mean (),X_scaled [:,1].mean (),
         marker  = 'x', color  = 'k', markersize  = 18)
```

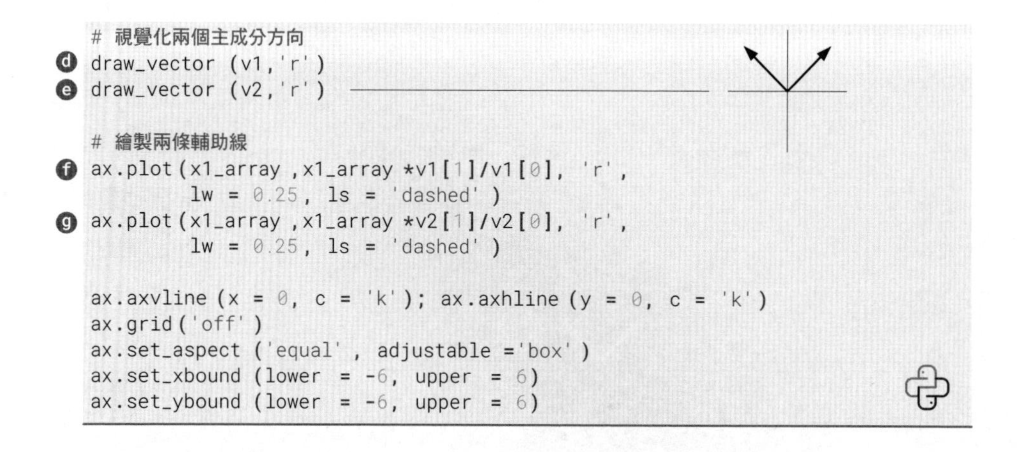

```
# 視覺化兩個主成分方向
draw_vector (v1,'r')
draw_vector (v2,'r')

# 繪製兩條輔助線
ax.plot(x1_array ,x1_array *v1[1]/v1[0], 'r',
        lw = 0.25, ls = 'dashed' )
ax.plot(x1_array ,x1_array *v2[1]/v2[0], 'r',
        lw = 0.25, ls = 'dashed' )

ax.axvline (x = 0, c = 'k'); ax.axhline (y = 0, c = 'k')
ax.grid('off')
ax.set_aspect ('equal' , adjustable ='box')
ax.set_xbound (lower = -6, upper = 6)
ax.set_ybound (lower = -6, upper = 6)
```

圖 31.10 所示為資料朝第一主成分方向 $\boldsymbol{v}_1$ 投影的結果。根據前文介紹的內容，大家應該清楚朝 $\boldsymbol{v}_1$ 投影得到的結果的方差最大。圖 31.11 所示為資料朝第一主成分方向 $\boldsymbol{v}_2$ 投影的結果，對應方差最小。

$[\boldsymbol{v}_1,\boldsymbol{v}_2]$ 本身也是一個直角座標系，在 $[\boldsymbol{v}_1,\boldsymbol{v}_2]$ 中看到的資料如圖 31.12 所示。繪製這三幅圖的程式，請大家參考本章書附檔案。

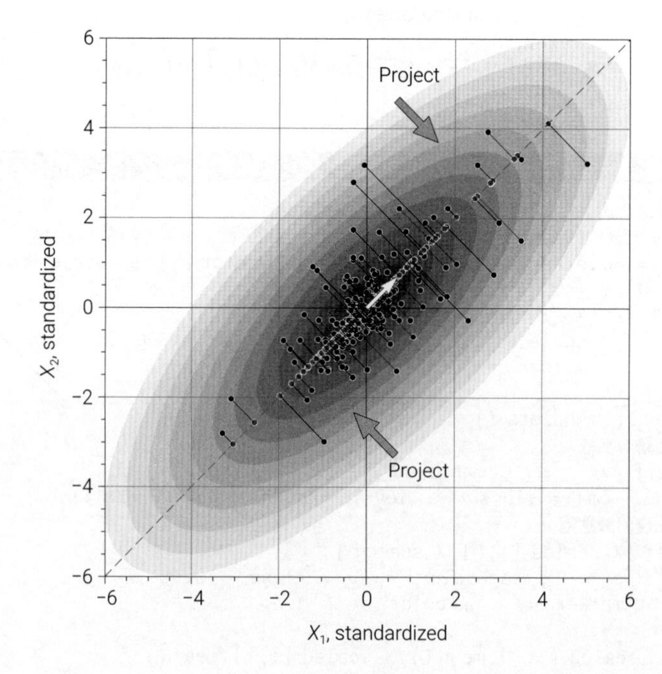

▲ 圖 31.10 朝第一主成分方向投影 | Bk1_Ch31_01.ipynb

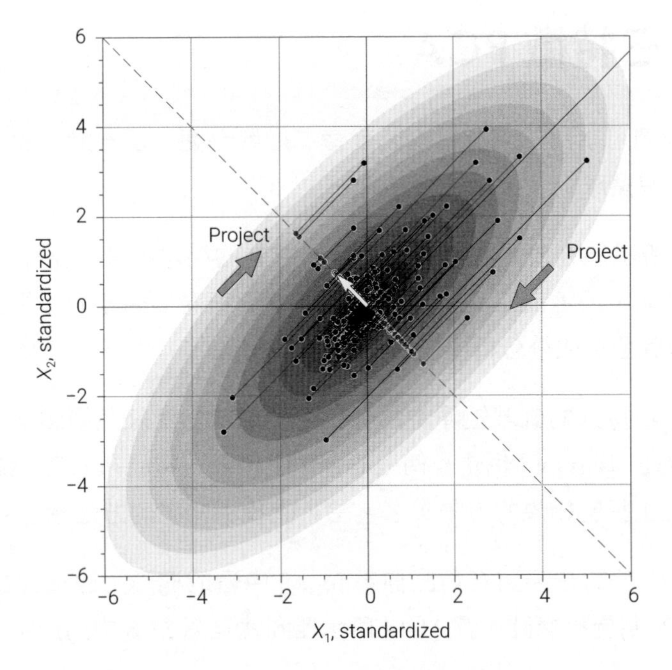

▲ 圖 31.11 朝第二主成分方向投影 | Bk1_Ch31_01.ipynb

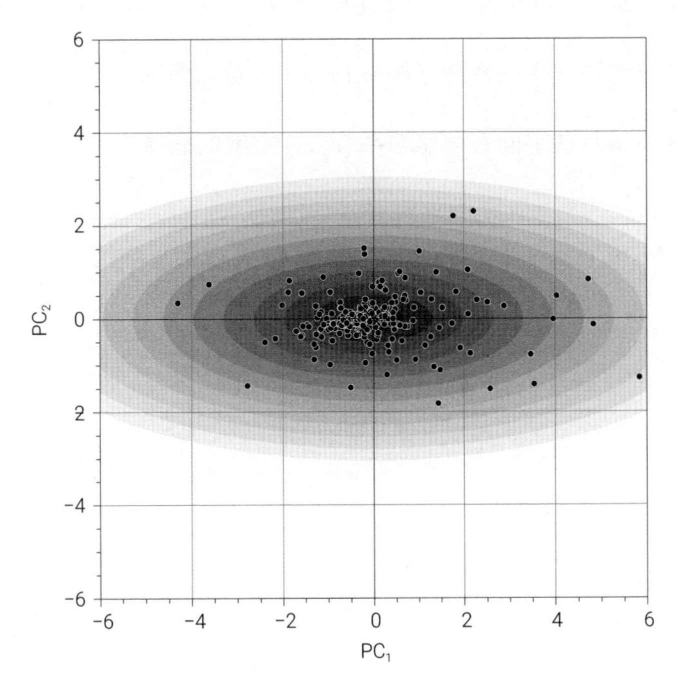

▲ 圖 31.12 $[\boldsymbol{v}_1, \boldsymbol{v}_2]$ 中看資料散點 | Bk1_Ch31_01.ipynb

31.4 三特徵 PCA

既然，我們可以用一個旋轉橢圓代替二維散點圖；這一節，我們則把三維散點抽象成一個橢球。

圖 31.13 所示為在直角座標系 $[\boldsymbol{e}_1,\boldsymbol{e}_2,\boldsymbol{e}_3]$ 中看的橢球。顯然這是一個旋轉橢球。紅色箭頭 $\boldsymbol{v}_1$、綠色箭頭 $\boldsymbol{v}_2$、藍色箭頭 $\boldsymbol{v}_3$ 分別指向了橢球的三個主軸方向。這三個方向也就是主成分分析中三個主成分方向。

主成分分解得到的酬載矩陣 $\boldsymbol{V}$ 的每一個列依次對應紅色箭頭 $\boldsymbol{v}_1$、綠色箭頭 $\boldsymbol{v}_2$、藍色箭頭 $\boldsymbol{v}_3$。$[\boldsymbol{v}_1,\boldsymbol{v}_2,\boldsymbol{v}_3]$ 也是一個三維直角座標系。資料在 $\boldsymbol{v}_1$ 上投影結果的方差最大，在 $\boldsymbol{v}_2$ 上投影結果的方差次之，在 $\boldsymbol{v}_3$ 上投影結果的方差最小。

圖 31.14 所示為在平面直角座標系 $[\boldsymbol{e}_1,\boldsymbol{e}_2]$ 中看的橢球。也就是說，橢球在 $[\boldsymbol{e}_1,\boldsymbol{e}_2]$ 中的投影為旋轉橢圓。圖 31.14 所示橢圓就是圖 31.8 中馬氏距離為 1 的橢圓。

圖 31.14 還展示了紅色箭頭 $\boldsymbol{v}_1$、綠色箭頭 $\boldsymbol{v}_2$、藍色箭頭 $\boldsymbol{v}_3$ 在 $[\boldsymbol{e}_1,\boldsymbol{e}_2]$ 中的投影。

圖 31.15 所示為在平面直角座標系 $[\boldsymbol{e}_1,\boldsymbol{e}_3]$ 中看的橢球。

圖 31.16 所示為在平面直角座標系 $[\boldsymbol{e}_2,\boldsymbol{e}_3]$ 中看的橢球。

⚠ 《AI 時代 Math 元年 - 用 Python 全精通資料可視化》專門介紹這種視覺化方案。

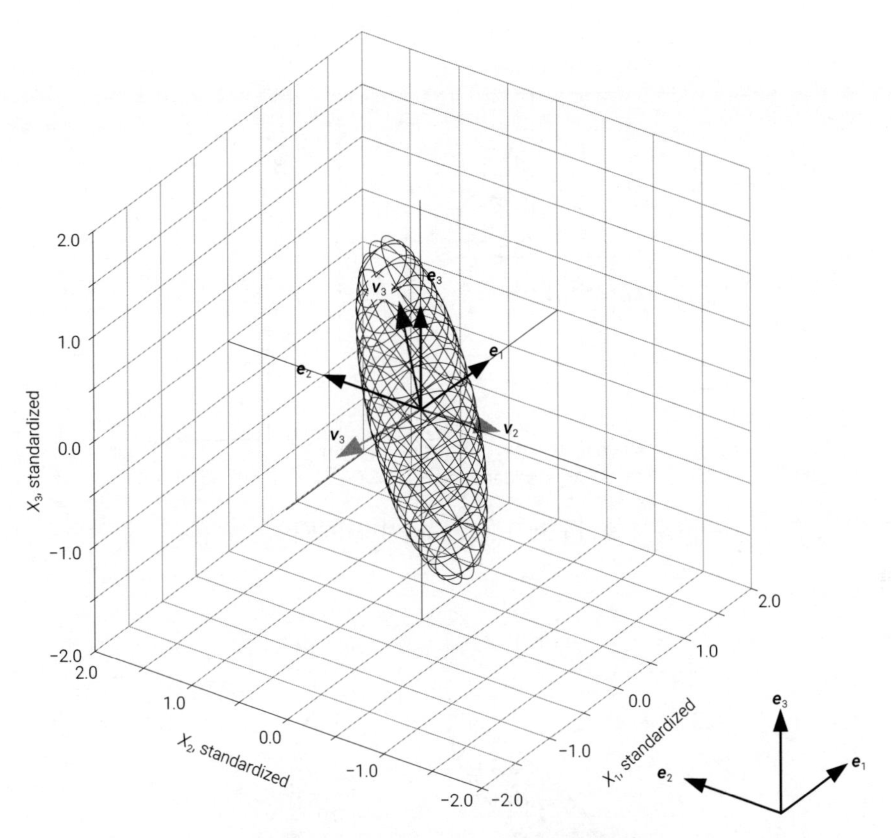

▲ 圖 31.13 $[e_1, e_2, e_3]$ 中看的橢球

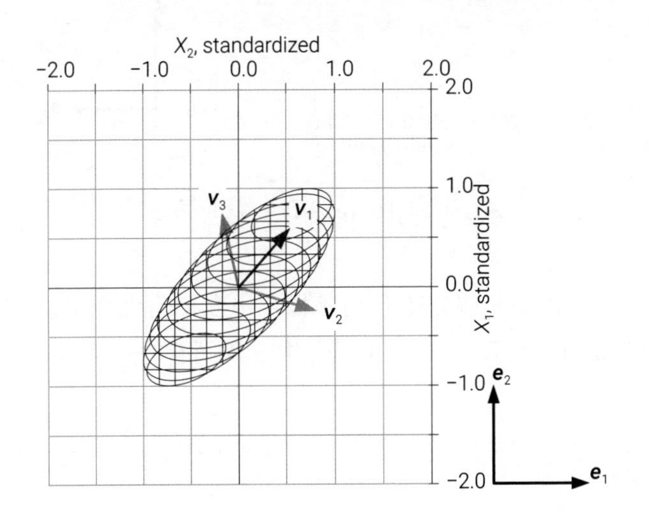

▲ 圖 31.14 $[\boldsymbol{e}_1, \boldsymbol{e}_2]$ 中看的橢球

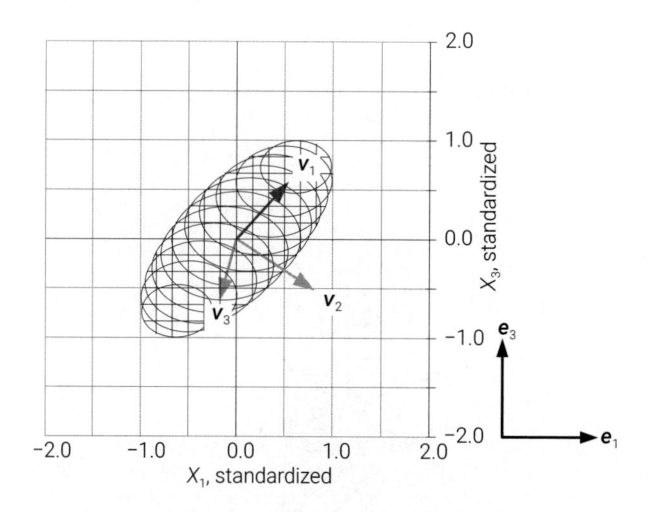

▲ 圖 31.15 [$\boldsymbol{e}_1$, $\boldsymbol{e}_3$] 中看的橢球

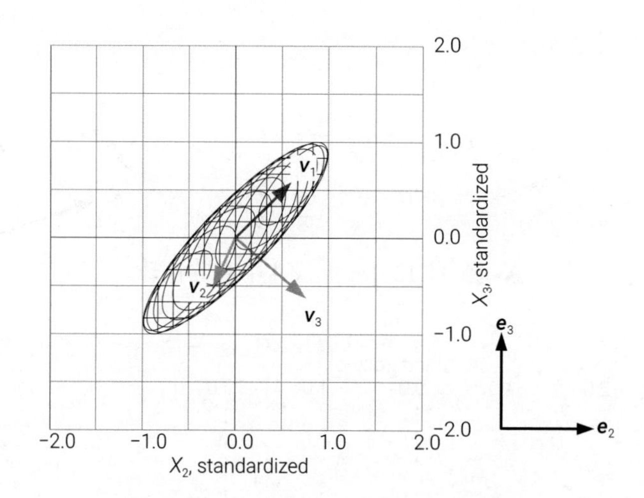

▲ 圖 31.16 [$\boldsymbol{e}_2$, $\boldsymbol{e}_3$] 中看的橢球

由於 [$\boldsymbol{v}_1$, $\boldsymbol{v}_2$, $\boldsymbol{v}_3$] 也是一個三維直角座標系，我們當然也可以在 [$\boldsymbol{v}_1$, $\boldsymbol{v}_2$, $\boldsymbol{v}_3$] 中觀察橢球。如圖 31.17 所示，在 [$\boldsymbol{v}_1$, $\boldsymbol{v}_2$, $\boldsymbol{v}_3$] 中，我們看的是正橢球。

這幅圖中，我們還看到了 $[\boldsymbol{e}_1, \boldsymbol{e}_2, \boldsymbol{e}_3]$。圖 31.18 所示為在 $[\boldsymbol{v}_1, \boldsymbol{v}_2]$ 中看的橢球；而 $\boldsymbol{e}_1$、$\boldsymbol{e}_2$、$\boldsymbol{e}_3$ 在 $[\boldsymbol{v}_1, \boldsymbol{v}_2]$，即第一、第二主成分方向，中的投影也叫**雙標圖** (biplot)。

雙標圖可以用於視覺化原始多維資料在主成分分析下的投影降維結果。

圖 31.19 所示為在 $[\boldsymbol{v}_1, \boldsymbol{v}_3]$ 中看的橢球。圖 31.20 所示為在 $[\boldsymbol{v}_1, \boldsymbol{v}_3]$ 中看的橢球。

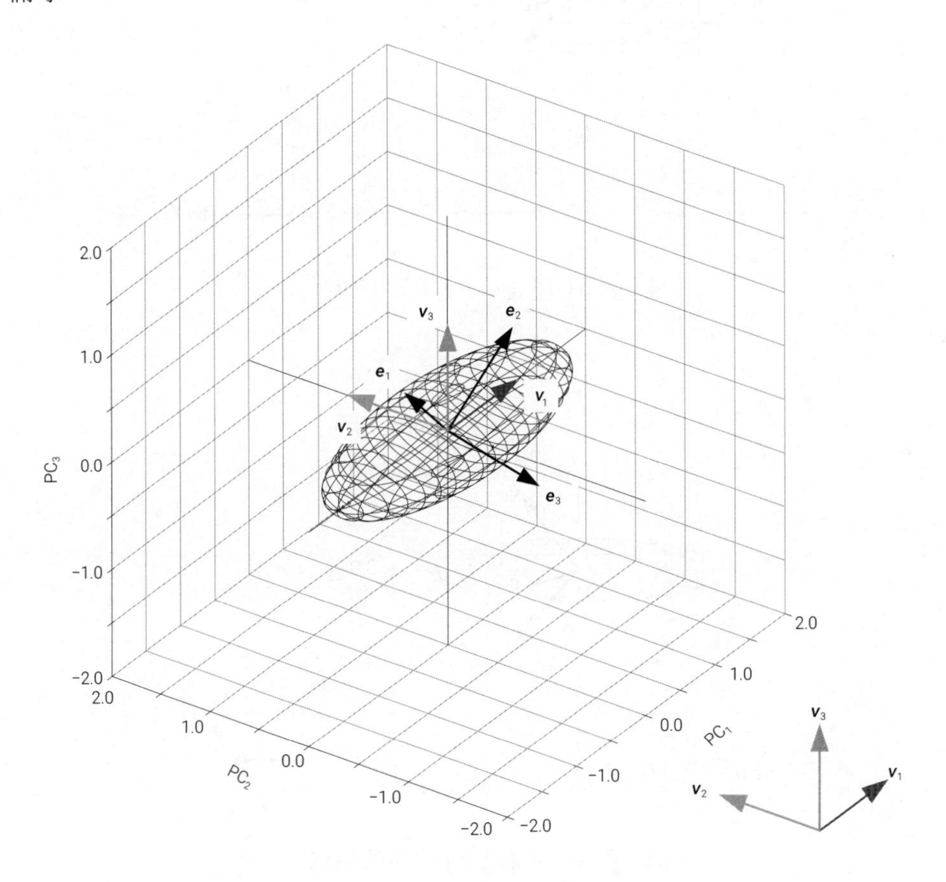

▲ 圖 31.17 $[\boldsymbol{v}_1, \boldsymbol{v}_2, \boldsymbol{v}_3]$ 中看的橢球

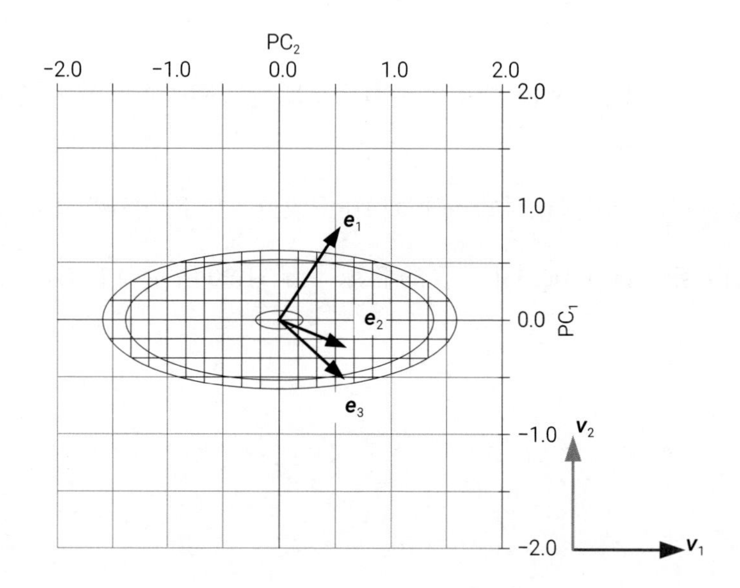

▲ 圖 31.18 $[\boldsymbol{v}_1, \boldsymbol{v}_2]$ 中看的橢球

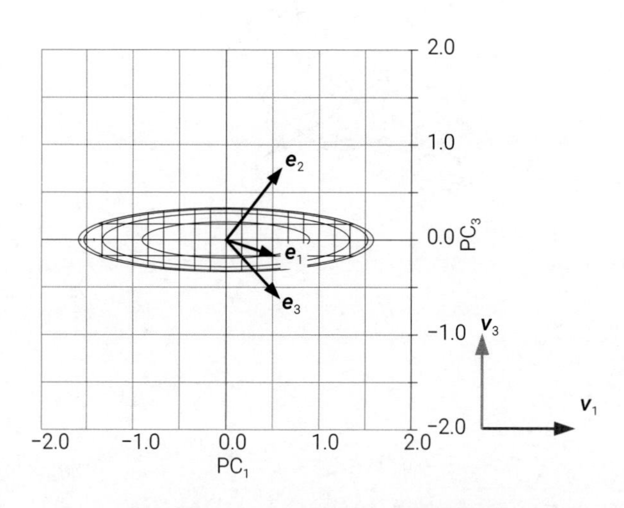

▲ 圖 31.19 $[\boldsymbol{v}_1, \boldsymbol{v}_3]$ 中看的橢球

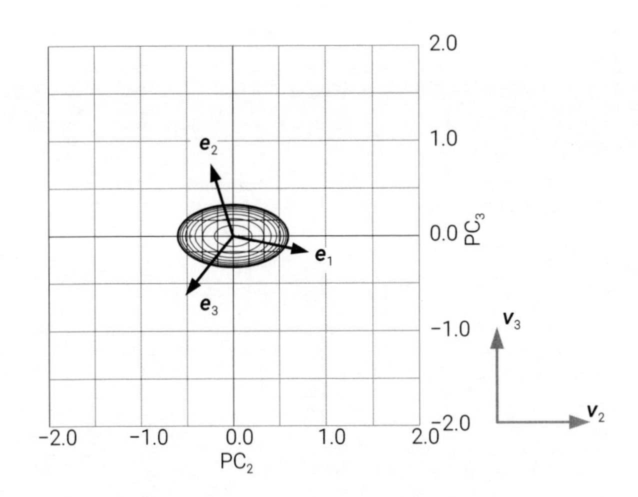

▲ 圖 31.20 $[\boldsymbol{v}_2, \boldsymbol{v}_3]$ 中看的橢球

➔ 請大家完成以下題目。

Q1. 修改 Bk1_Ch31_01.ipynb，將樣本資料換成鳶尾花特徵資料，設定主成分數量為 2，重新完成本章程式中所有分析。

* 題目很基礎，本書不給答案。

表面上，本章介紹了 Scikit-Learn 中完成 PCA 的工具；但是，更重要的是引入了幾何角度幫大家更進一步地理解 PCA 原理。這也是本書反覆提到的，「使用套件」並不是我們的終極目的；搞清楚這些函式背後的數學工具、演算法邏輯才是我們想要達成的目標。

當然，本書僅要求大家知其然，不要求大家知其所以然；即使如此，在合適的時機，讓大家一窺數學之美還是有必要的。

MEMO

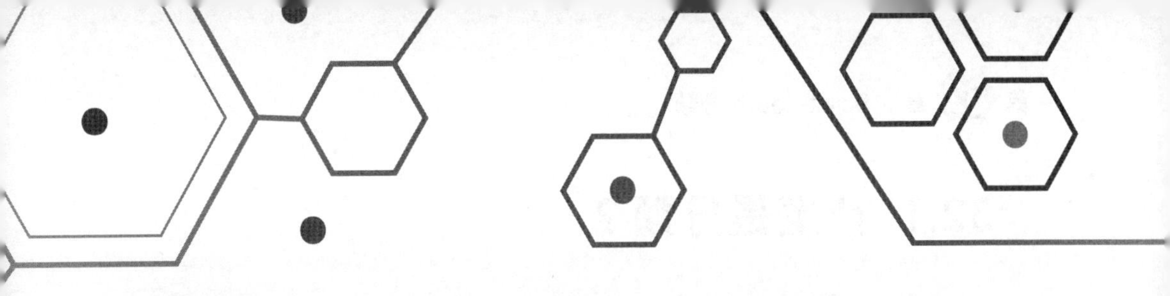

Classification Methods in Scikit-Learn

32 Scikit-Learn 分類

k 最近鄰、單純貝氏、支援向量機、核心技巧

錯誤，是進步的代價。

Error is the price we pay for progress.

——阿爾弗雷德・懷特海（*Alfred Whitehead*）英國數學家、哲學家 | *1861—1947* 年

- matplotlib.colors.ListedColormap() 建立離散顏色映射的函式。函式接受一個顏色串列作為輸入，並生成一個離散的顏色映射物件，用於在視覺化中區分不同的類別或資料值
- sklearn.datasets.load_iris() 載入鳶尾花資料
- sklearn.naive_bayes.GaussianNB() 實現高斯單純貝氏分類器演算法
- sklearn.neighbors.KNeighborsClassifier() 實現 k 最近鄰分類器演算法
- sklearn.svm.SVC() 實現支援向量機分類器演算法

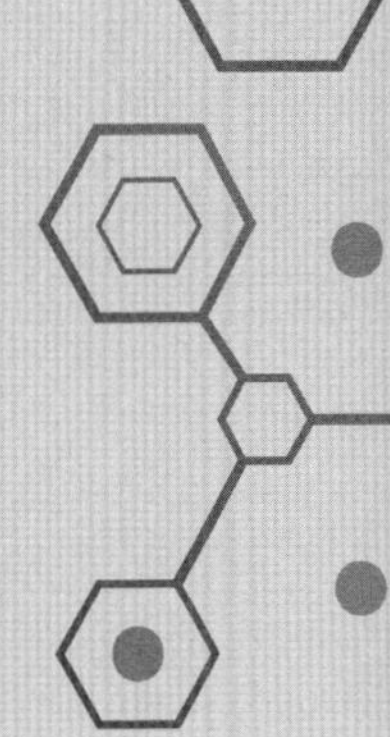

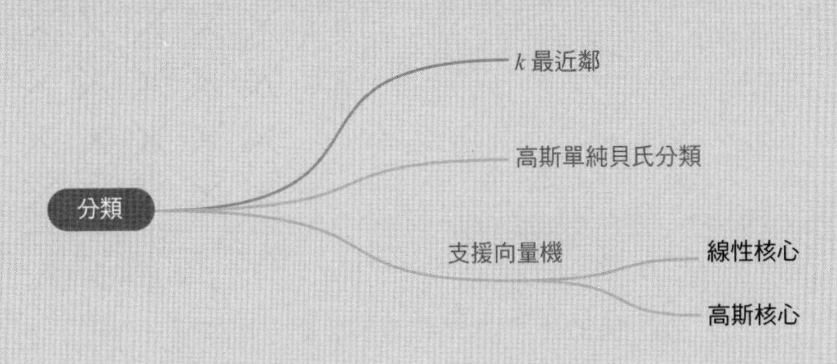

32.1 什麼是分類？

本書前文介紹過，**分類** (classification) 是**有監督學習** (supervised learning) 中的一類問題。分類是指根據給定的資料集，透過對樣本資料的學習，建立分類模型來對新的資料進行分類的過程。

如圖 32.1 所示，大家已經清楚鳶尾花資料集分三類 (setosa ●、versicolor ●、virginica)。

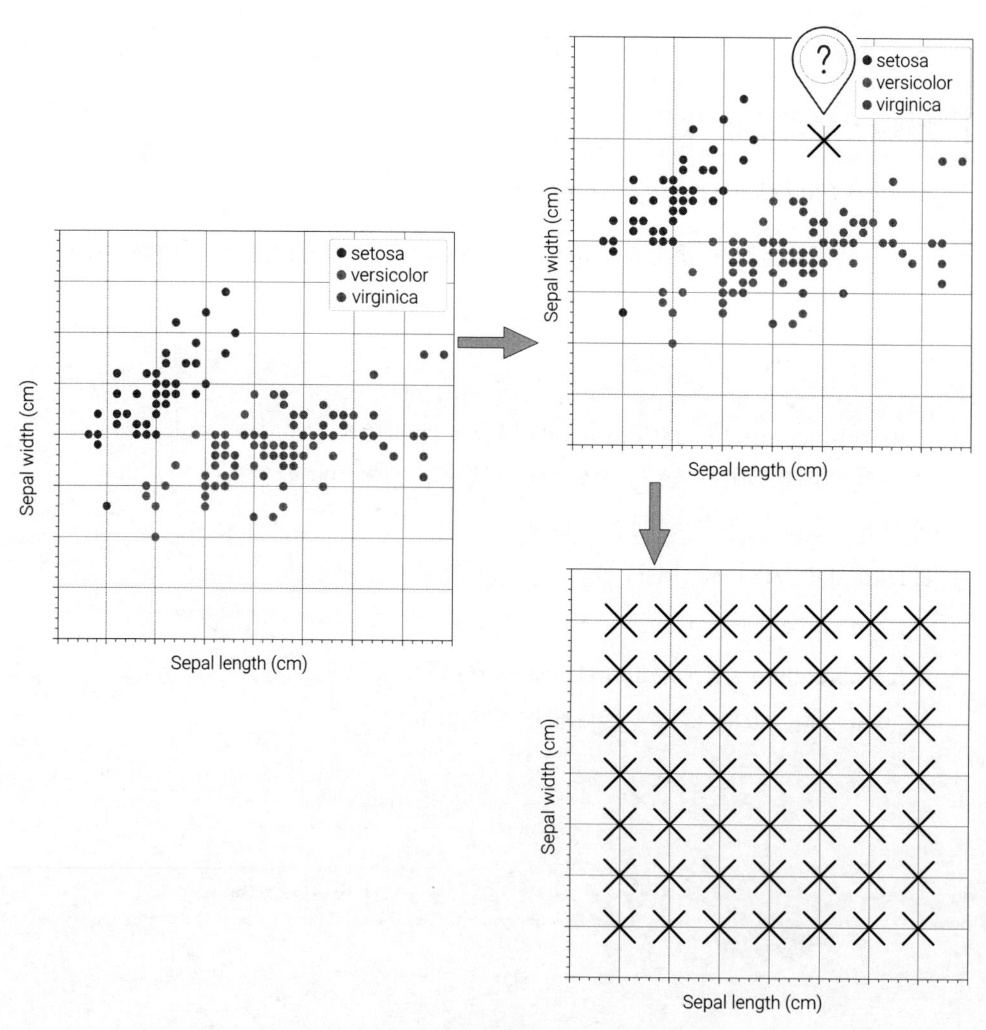

▲ 圖 32.1 用鳶尾花資料介紹分類演算法

以**花萼長度** (sepal length)、**花萼寬度** (sepal width) 作為特徵，大家如果采到一朵鳶尾花，測量後發現這朵花的花萼長度為 6.5cm，花瓣長度為 4.0cm，即對應圖 32.1 中「×」，又叫**查詢點** (query point)。

根據已有資料，猜測這朵鳶尾花屬於 setosa ●、versicolor ●、virginica 三類的哪一類可能性更大，這就是分類問題。

決策邊界 (decision boundary) 是分類模型在特徵空間中劃分不同類別的分界線或邊界。通俗地說，決策邊界就像是一道看不見的牆，把不同類別的資料點分隔開。

對於鳶尾花資料集，決策邊界就是將 setosa ●、versicolor ●、virginica 這三類點「盡可能準確地」區分開的線或曲線。

大家會在本章中看到，為了獲得不同演算法的決策邊界，我們一般會用 numpy.meshgrid() 生成一系列均勻的網格資料，然後再分別預測每個網格點的分類，以此劃定決策邊界。

在簡單的情況下，決策邊界可能是一條直線；但在複雜的問題中，決策邊界可能是一條彎曲的曲線，甚至是多維空間中的超平面。

模型訓練過程就是調整模型的參數，使得決策邊界能夠更進一步地擬合訓練資料，並且在未見過的資料上也能表現良好。

要注意的是，決策邊界的好壞直接影響分類模型的性能。一個良好的決策邊界能夠極佳地將資料分類，而一個不合適的決策邊界可能會導致模型預測錯誤。因此，選擇合適的分類演算法和調整模型參數是非常重要的，以獲得有效的決策邊界和準確的分類結果。

下面我們就用最通俗的語言，以幾乎沒有數學公式的方式，介紹幾種常用分類演算法。

32.2 k 最近鄰分類：近朱者赤，近墨者黑

k 最近鄰分類 (k-nearest neighbors)，簡稱 kNN。

本書前文提過，kNN 想法很簡單—「近朱者赤，近墨者黑」。更準確地說，小範圍投票，**少數服從多數** (majority rule)，如圖 32.2 所示。k 是參與投票的最近鄰的數量，k 為使用者輸入值。

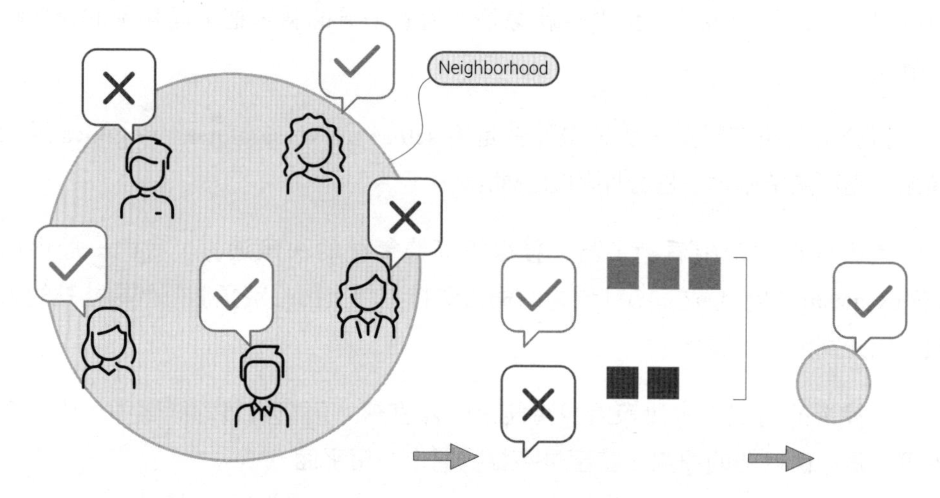

▲ 圖 32.2 k 近鄰分類核心思想—小範圍投票，少數服從多數

最近鄰數量 k 直接影響查詢點分類結果；因此，選取合適的 k 值格外重要。

圖 32.3 所示為 k 取四個不同值時，查詢點「×」預測分類結果變化的情況。如圖 32.3(a) 所示，當 $k = 4$ 時，查詢點「×」近鄰中，3 個近鄰為 ●(C_1)，1 個近鄰為 ●(C_2)；採用等權重投票，查詢點「×」預測分類為 ●(C_1)。

當近鄰數量 k 提高到 8 時，近鄰社區中，4 個近鄰為 ●(C_1)，4 個近鄰為 ●(C_2)，如圖 32.3(b) 所示；等權重投票的話，兩個標籤各佔 50%。因此 $k = 8$ 時，查詢點「×」恰好在決策邊界上。

如圖 32.3(c) 所示，當 $k = 12$ 時，查詢點「×」近鄰中 5 個為 ●(C_1)，7 個為 ●(C_2)；等權重投票條件下，查詢點「×」預測標籤為 ●(C_2)。當 $k = 16$ 時，如圖 32.3(d) 所示，查詢點「×」預測標籤同樣為 ●($C2$)。

> 《AI 時代 Math 元年－用 Python 全精通機器學習》會專門介紹 *k*NN 演算法。

*k*NN 演算法選取較小的 *k* 值雖然能準確捕捉訓練資料的分類模式；但是，缺點也很明顯，容易受到雜訊影響。

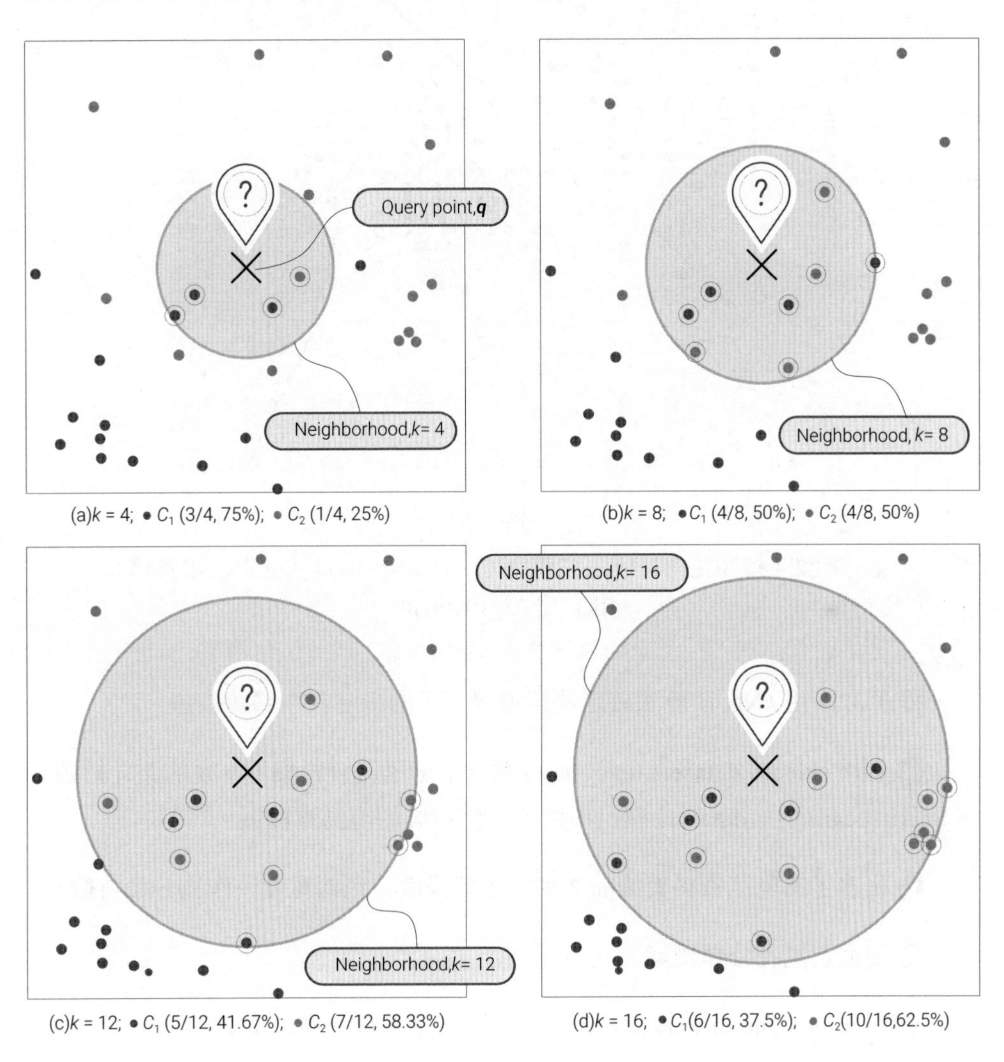

▲ 圖 32.3 近鄰數量 *k* 值影響查詢點的分類結果

圖 32.4 所示為利用 *k*NN 演算法確定的鳶尾花資料決策區域和決策邊界。

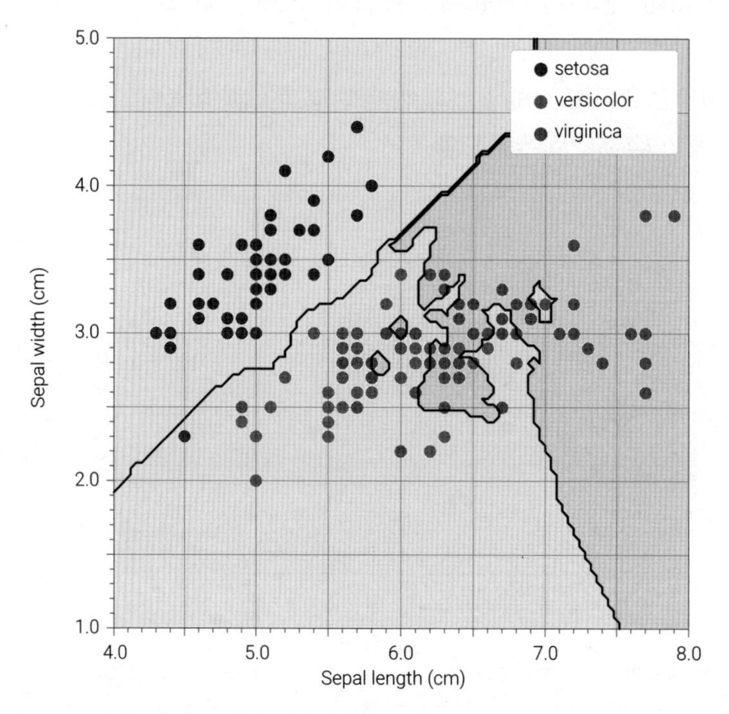

▲ 圖 32.4 根據花萼長度、花萼寬度，用 *k*NN 演算法確定決策邊界 | Bk1_Ch32_01.ipynb

程式 32.1 用 *k*NN 演算法確定決策邊界。下面講解其中關鍵敘述。

ⓐ 利用 sklearn.datasets.load_iris() 載入了鳶尾花資料集。本書前文介紹過，在 Scikit-Learn 中，datasets 模組提供了一些經典的範例資料集。

ⓑ 提取了鳶尾花資料集的前 2 列—花萼長度、花萼寬度—作為分類特徵。

ⓒ 提取鳶尾花分類標籤。

ⓓ 用 numpy.meshgrid() 生成網格化資料，這些就是用來預測分類的查詢點。

ⓔ 用 matplotlib.colors.ListedColormap() 建立離散色譜，即顏色映射，展示鳶尾花預測分類的區域。

ⓕ 用 sklearn.neighbors.KNeighborsClassifier(k_neighbors) 建立了一個 *k* 最近鄰分類器物件 *k*NN，並將 k_neighbors 作為參數傳遞給這個分類器。這裡的 k_neighbors 指定了演算法中要使用的最近鄰居數量。

ⓖ 用訓練資料 ***X*** 和相應的標籤 ***y*** 來訓練 *k* 最近鄰分類器 *k*NN。在訓練過程中，分類器會學習如何根據特徵向量 ***X*** 將其分配到相應的標籤 ***y*** 上。

ⓗ 利用 numpy.c_() 將兩個一維陣列按列合併，形成一個新的二維陣列，即查詢點。numpy.ravel() 函式將二維陣列展平成一維陣列。

ⓘ 用之前訓練好的 *k* 最近鄰分類器 *k*NN 對查詢點進行預測，得到預測的標籤 y_predict。

ⓙ 利用 numpy.reshape() 將預測的標籤 y_predict 調整為與 xx1 相同的形狀，以便後續視覺化。

ⓚ 利用 matplotlib.pyplot.contourf() 繪製分類區域。

ⓛ 利用 matplotlib.pyplot.contour() 繪製分類決策邊界。

ⓜ 利用 seaborn.scatterplot() 繪製散點圖展示鳶尾花資料集。

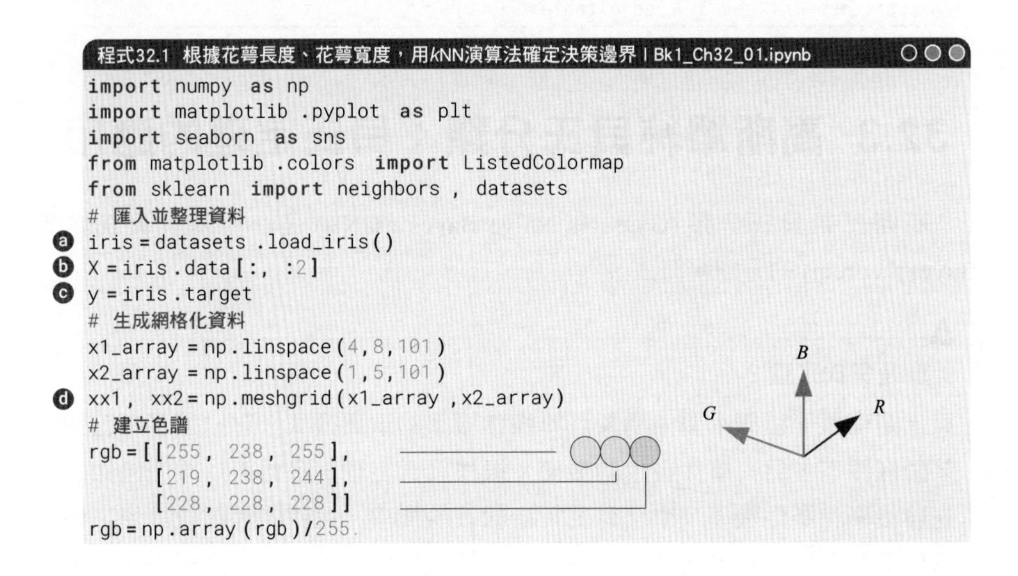

程式32.1 根據花萼長度、花萼寬度，用*k*NN演算法確定決策邊界 | Bk1_Ch32_01.ipynb

```
import numpy as np
import matplotlib.pyplot as plt
import seaborn as sns
from matplotlib.colors import ListedColormap
from sklearn import neighbors, datasets
# 匯入並整理資料
iris = datasets.load_iris()
X = iris.data[:, :2]
y = iris.target
# 生成網格化資料
x1_array = np.linspace(4,8,101)
x2_array = np.linspace(1,5,101)
xx1, xx2 = np.meshgrid(x1_array,x2_array)
# 建立色譜
rgb = [[255, 238, 255],
       [219, 238, 244],
       [228, 228, 228]]
rgb = np.array(rgb)/255.
```

```
❺ cmap_light = ListedColormap(rgb)
cmap_bold = [[255, 51, 0],
             [0, 153, 255],
             [138,138,138]]
cmap_bold = np.array(cmap_bold)/255.
k_neighbors = 4 # 定義 kNN 近鄰數量 k
# 建立 kNN 分類器物件
❻ kNN = neighbors.KNeighborsClassifier(k_neighbors)
❼ kNN.fit(X, y) # 用訓練資料訓練 kNN
❽ q = np.c_[xx1.ravel(), xx2.ravel()]
# 用 kNN 對一系列查詢點進行預測
❾ y_predict = kNN.predict(q)
❿ y_predict = y_predict.reshape(xx1.shape)
# 視覺化
fig, ax = plt.subplots()
⓫ plt.contourf(xx1, xx2, y_predict, cmap=cmap_light)
⓬ plt.contour(xx1, xx2, y_predict, levels=[0,1,2],
             colors=np.array([0, 68, 138])/255.)
⓭ sns.scatterplot(x=X[:, 0], y=X[:, 1],
                hue=iris.target_names[y],
                ax=ax,
                palette=dict(setosa=cmap_bold[0,:],
                versicolor=cmap_bold[1,:],
                virginica=cmap_bold[2,:]),
                alpha=1.0,
                linewidth=1, edgecolor=[1,1,1])
plt.xlim(4, 8); plt.ylim(1, 5)
plt.xlabel(iris.feature_names[0])
plt.ylabel(iris.feature_names[1])
ax.grid(linestyle='--', linewidth=0.25,
        color=[0.5,0.5,0.5])
ax.set_aspect('equal', adjustable='box')
```

32.3 高斯單純貝氏分類：貝氏定理的應用

高斯單純貝氏分類 (Gaussian Naive Bayes，GNB) 是一種基於貝氏定理 (Bayes'theorem) 的分類演算法。

什麼是貝氏定理？

貝氏定理是一種概率論中用於計算條件機率的重要公式。它描述了在已知某個條件下，另一事件發生的機率。根據貝氏定理，我們可以透過已知的先驗機率和條件機率，來計算更新後的後驗機率。這個定理在統計學、機器學習和人工智慧等領域廣泛應用，尤其在貝氏推斷和貝氏分類中起著重要作用。

貝氏定理、貝氏分類、貝氏推斷中有兩個重要概念—**先驗機率** (prior probability 或 prior) 和**後驗機率** (posterior probability 或 posterior)。

先驗機率是指在考慮任何新證據之前，我們對一個事件或假設的機率的初始估計。它基於以前的經驗、先前的觀察或領域知識。這種機率是「先驗」的，因為它不考慮新資料或新證據，只是基於我們事先已經了解的資訊。

假設我們要研究某地區的流感發病率。在流感季節之前，我們可能會查閱歷史資料、了解流感傳播的模式以及人口的健康狀況，從而得出在流感季節中某人患上流感的初始估計機率，這就是先驗機率。

後驗機率是指在考慮了新證據或資料後，我們對一個事件或假設的機率進行更新後的估計。在得到新資訊後，我們根據貝氏定理來更新先驗機率，以得到後驗機率。貝氏定理將先驗機率和新證據結合起來，提供了一個更準確的機率估計。

在流感季節中，我們開始收集實際發病資料，比如每天有多少人確診患上流感。根據這些新資料，我們可以使用貝氏定理來更新先前的先驗機率，得到一個更準確的後驗機率，以更進一步地預測未來發病率或做出相關決策。

圖 32.5 所示為高斯單純貝氏分類的流程圖。

高斯單純貝氏分類假設每個特徵在替定類別下是條件獨立的，即給定類別的情況下，每個特徵與其他特徵之間條件獨立。這便是高斯單純貝氏分類中「樸素」兩個字的來由。然後，將每個類別的特徵分佈建模為高斯分佈，這則是高斯單純貝氏分類中「高斯」兩個字的來由。

以圖 32.5 為例，給定標籤為 C_1(紅色點)，分別獨立獲得 $f_{X1|Y}(x_1 \mid C_1)$ 和 $f_{X2|Y}(x_2 \mid C_1)$。假設條件獨立，$f_{Y,X1,X2}(C_1,x_1,x_2)= p_Y(C_1)\cdot f_{X1|Y}(x_1 \mid C_1)\cdot f_{X2|Y}(x_2 \mid C_1)$。

在訓練時，演算法從訓練資料中學習每個類別各個特徵的 (條件) 平均值和方差，用於計算每個特徵在該類別下的機率密度函式，即**似然機率** (likelihood)。

⚠

大家如果對上述內容有疑惑的話，請參考《AI 時代 Math 元年 - 用 Python 全精通統計及機率》第 18、19 章。

當有新的未標記樣本輸入時，演算法將計算該樣本在每個類別下的條件機率 (後驗機率)，並選擇具有最高機率的類別作為預測結果。

高斯單純貝氏分類演算法的優點是簡單快速、易於實現和適用於高維資料。而且它還能夠處理連續型態資料，因為它假設了資料分佈是高斯分佈。

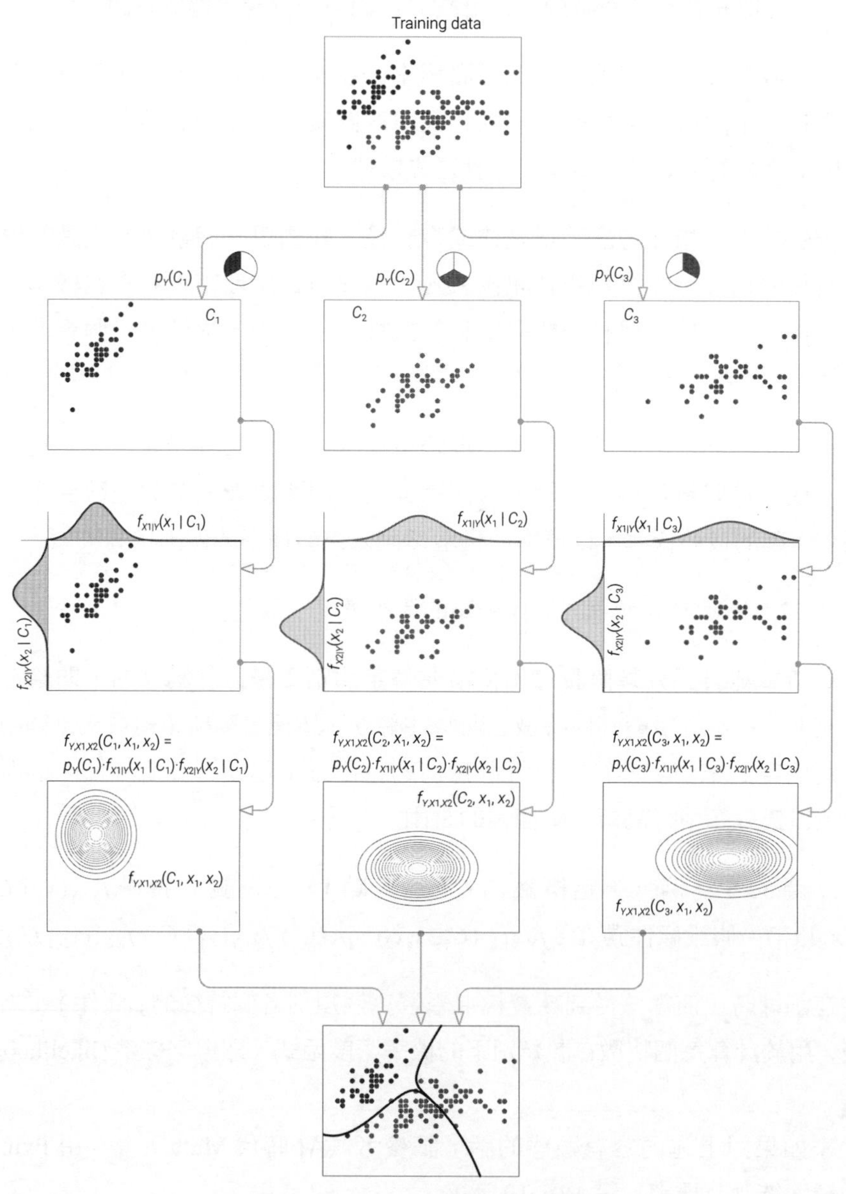

▲ 圖 32.5 高斯單純貝氏分類過程

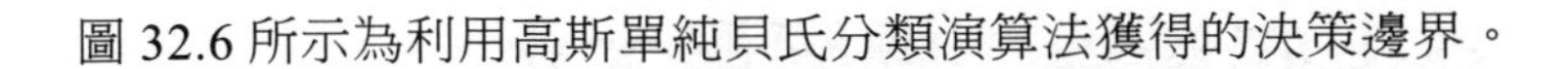

圖 32.6 所示為利用高斯單純貝氏分類演算法獲得的決策邊界。

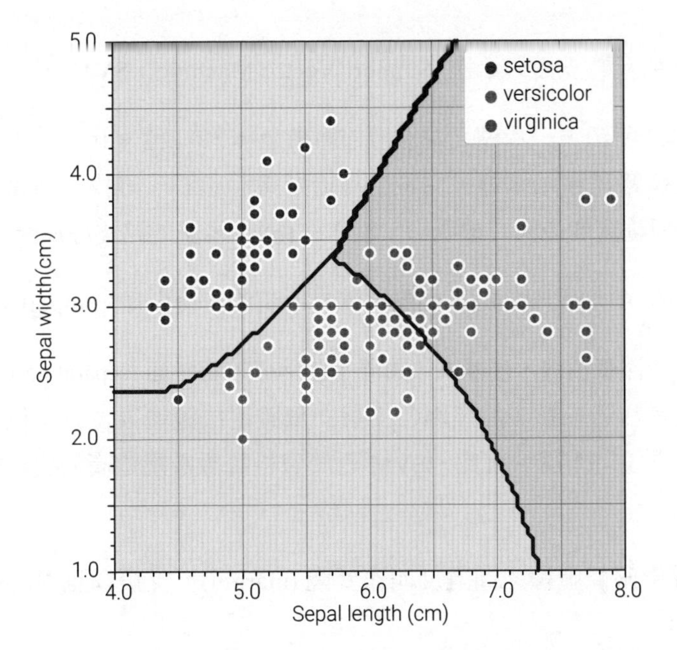

▲ 圖 32.6 根據花萼長度、花萼寬度，用高斯單純貝氏演算法確定決策邊界 | Bk1_Ch32_02.ipynb

程式 32.2 所示為高斯單純貝氏分類演算法部分程式，請大家用程式 32.2 替換程式 32.1 對應敘述。Bk1_Ch32_02.ipynb 中有完整程式，請大家自行分析並逐行註釋。

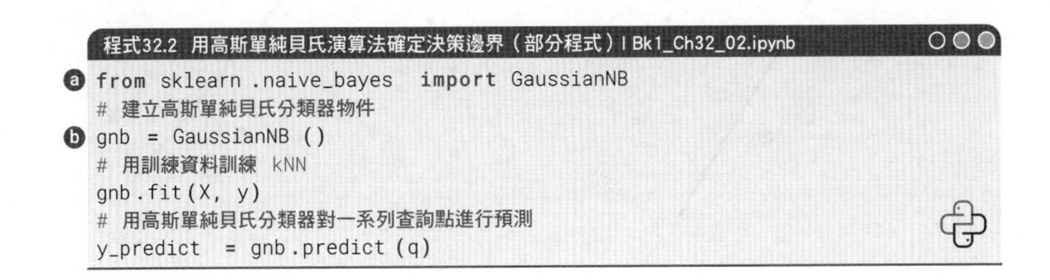

程式32.2 用高斯單純貝氏演算法確定決策邊界（部分程式）| Bk1_Ch32_02.ipynb

```
ⓐ from sklearn .naive_bayes  import GaussianNB
  # 建立高斯單純貝氏分類器物件
ⓑ gnb = GaussianNB ()
  # 用訓練資料訓練 kNN
  gnb.fit(X, y)
  # 用高斯單純貝氏分類器對一系列查詢點進行預測
  y_predict  = gnb.predict (q)
```

32.4 支援向量機：間隔最大化

圖 32.7 所示為**支援向量機** (Support Vector Machine，SVM) 核心想法。

如圖 32.7 所示，一片湖面左右散佈著藍色 ● 和紅色 ● 礁石，遊戲規則是，皮划艇以直線路徑穿越水道，保證船身恰好接近礁石。尋找一條路徑，讓該路徑透過的皮划艇寬度最大。很明顯，圖 32.7(b) 中規劃的路徑好於圖 32.7(a)。

圖 32.7(b) 中加黑圈○的五個點，就是所謂的**支援向量** (support vector)。

圖 32.7 中深藍色線，便是決策邊界，也稱**分離超平面** (separating hyperplane)。特別提醒大家注意一點，加黑圈○支援向量確定決策邊界位置；但是，其他資料並沒有造成任何作用。因此，SVM 對於資料特徵數量遠高於資料樣本數的情況也有效。

圖 32.7 中兩條虛線之間寬度叫作**間隔** (margin)。支援向量機的最佳化目標為間隔最大化。

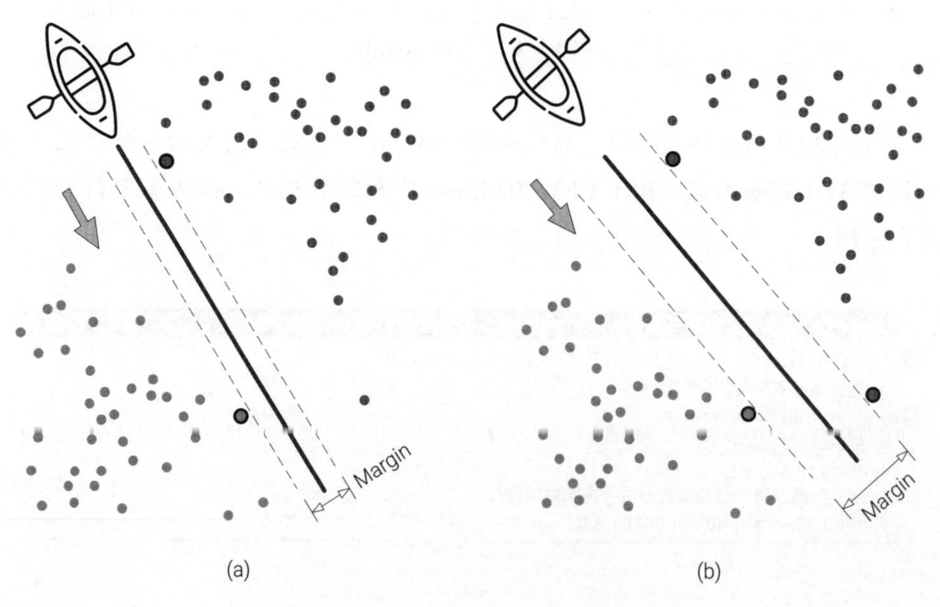

▲ 圖 32.7 支援向量機原理

從資料角度，圖 32.7 中兩類資料用一條直線便可以分割開來，這種資料叫作**線性可分** (linearly separable)。線性可分問題採用**硬間隔** (hard margin)；用大白話來說，硬間隔指的是，間隔內沒有資料點。

實踐中，並不是所有資料都是線性可分。多數時候，資料**線性不可分** (non-linearly separable)。如圖 32.8 所示，不能找到一筆直線將藍色 ● 和紅色 ● 資料分離。

對於線性不可分問題，就要引入兩種方法—**軟間隔** (soft margin) 和**核心技巧** (kernel trick)。

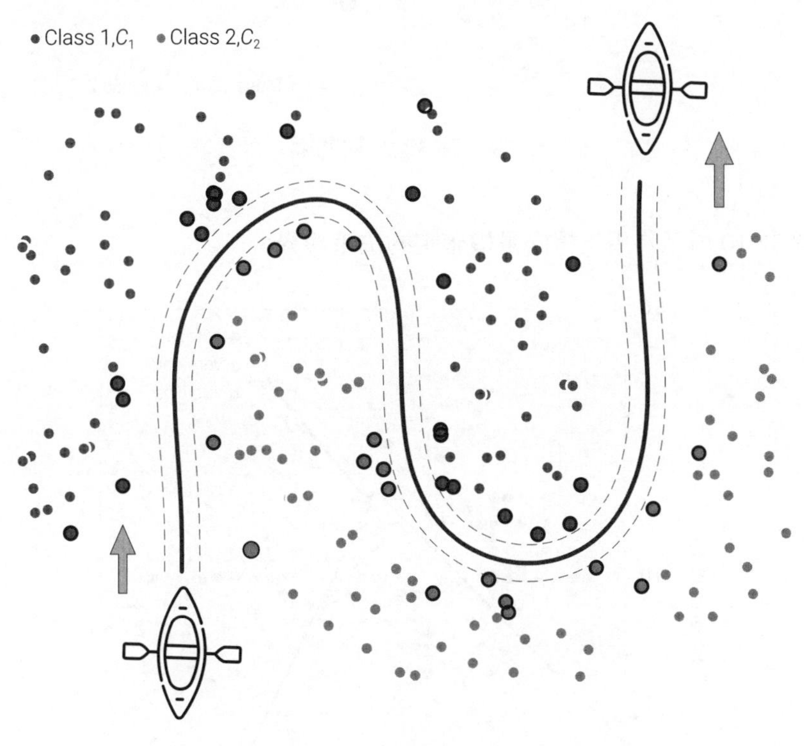

▲ 圖 32.8 線性不可分資料

用大白話來說，軟間隔相當於一個**緩衝區** (buffer zone)，如圖 32.9 所示。軟間隔存在，且用決策邊界分離資料時，有資料點侵入間隔，甚至超越間隔帶。

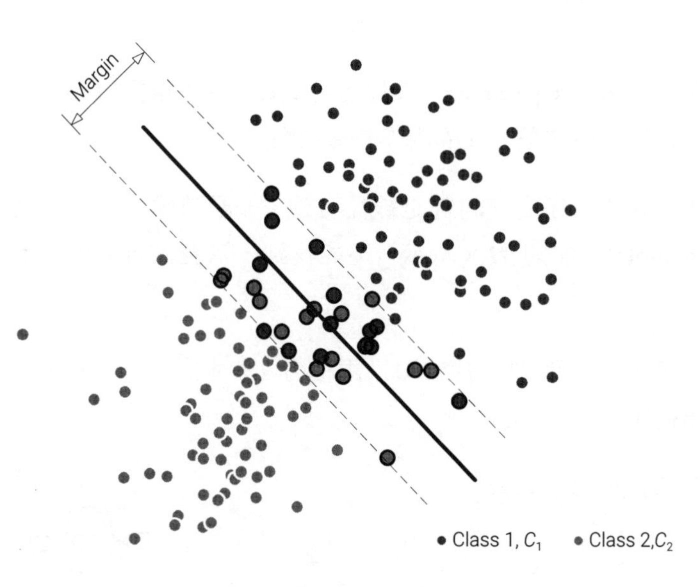

▲ 圖 32.9 軟間隔

圖 32.10 所示為用支援向量機確定的決策邊界。

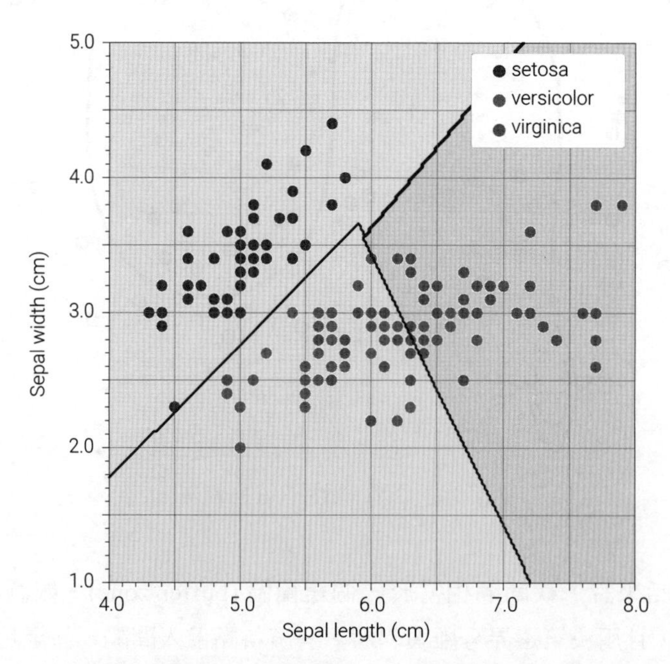

▲ 圖 32.10 根據花萼長度、花萼寬度，用支援向量機 (線性核心，預設) 演算法確定決策邊界 | Bk1_Ch32_03.ipynb

程式 32.3 為支援向量機 (線性核心) 演算法部分程式，請大家用程式 32.3 替換程式 32.1 對應敘述。

線性核心 (linear kernel) 是 SVM 中最簡單的核心函式之一。它適用於處理線性可分的資料集，即可以透過一個直線 (在二維空間中) 或一個超平面 (在高維空間中) 將不同類別的樣本點分開。

程式32.3 用支援向量機(線性核心，預設)演算法確定決策邊界（部分程式）| Bk1_Ch32_03.ipynb

```
ⓐ from sklearn  import svm
  # 創建支持向量機(線性核心)分類器對象
ⓑ SVM = svm.SVC(kernel='linear')
  # 用訓練資料訓練 kNN
  SVM.fit(X, y)
  # 用支持向量機(線性核心)分類器對一系列查詢點進行預測
  y_predict = SVM.predict(q)
```

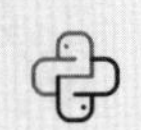

32.5 核心技巧：資料映射到高維空間

核心技巧 (kernel trick) 將資料映射到高維特徵空間，相當於資料升維。如圖 32.11 所示，樣本資料有兩個特徵，可以用平面視覺化資料點位置。但是，很明顯圖 32.11 舉出的原始資料線性不可分。

此時採用核心技巧，將圖 32.11 二維資料，投射到三維核心曲面上；很明顯，在這個高維特徵空間，容易找到某個水平面，將藍色 ● 和紅色 ● 資料分離。利用核心技巧，使分離線性不可分資料變得更容易。一般來說採用支援向量機解決線性不可分問題，需要並用軟間隔和核心技巧。如圖 32.12 所示，SVM 分類環狀資料時，採用了核心技巧配合軟間隔的方法。

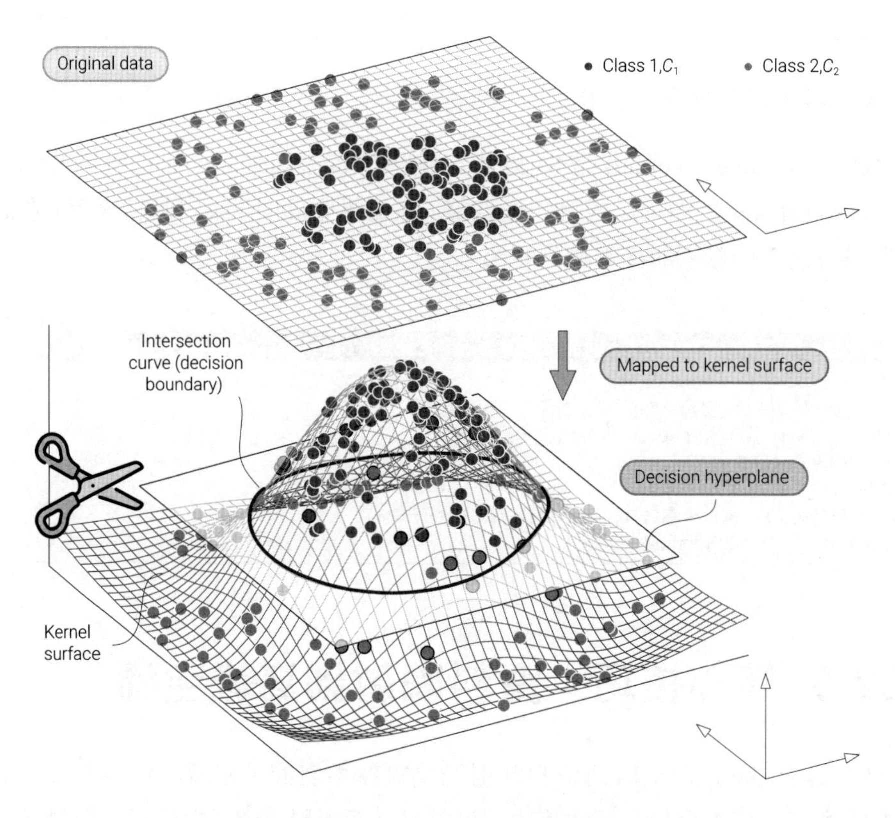

▲ 圖 32.11 核心技巧原理

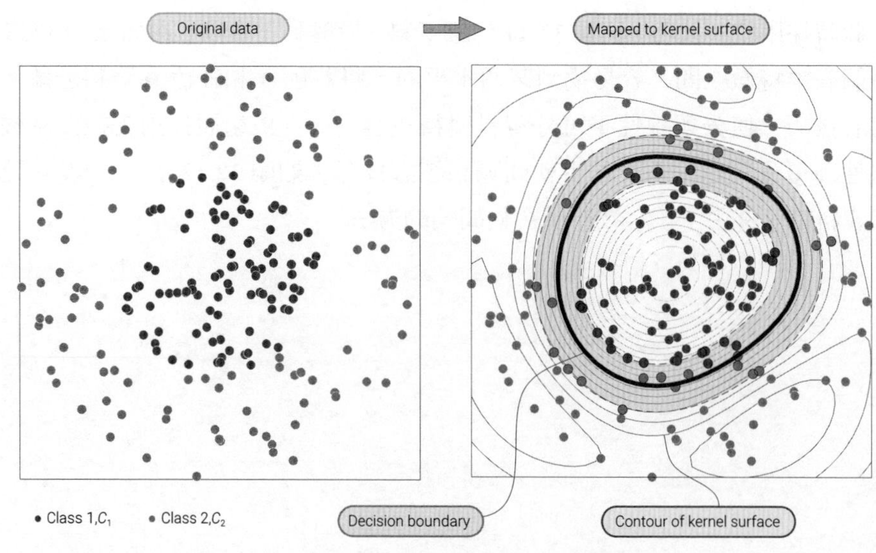

▲ 圖 32.12 核心技巧配合軟間隔

程式 32.4 採用高斯核心完成支援向量機演算法並確定決策邊界，請大家自行分析。透過程式 32.4 繪製的圖如圖 32.13 所示。

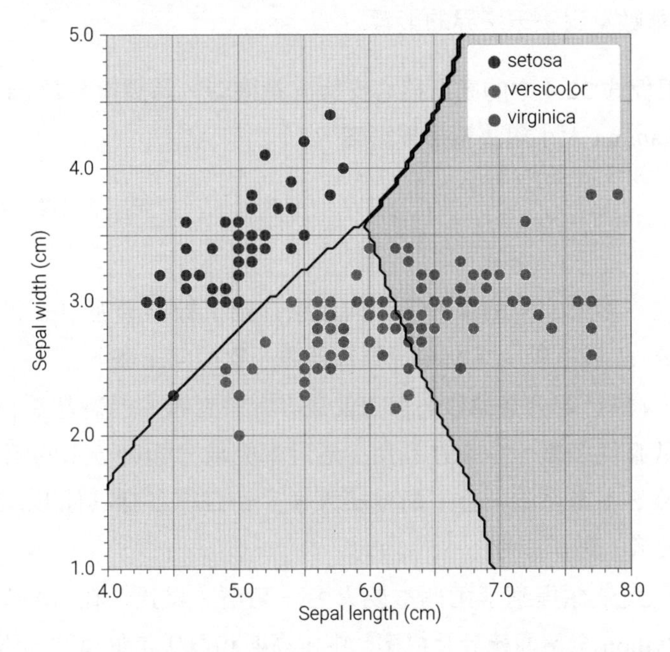

▲ 圖 32.13 根據花萼長度、花萼寬度，用支援向量機 (高斯核心) 演算法確定決策邊界 | Bk1_Ch32_04.ipynb

高斯核心，也稱為**徑向基核心** (radial basis function kernel)，是 SVM 中常用的非線性核心函式。它能夠將資料映射到無窮維的特徵空間，從而在低維空間中不可分的資料變得線性可分。

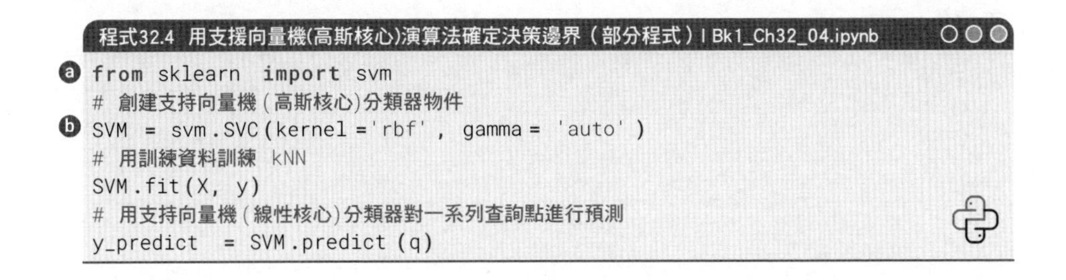

程式32.4 用支援向量機(高斯核心)演算法確定決策邊界（部分程式）| Bk1_Ch32_04.ipynb

```
ⓐ from sklearn  import svm
  # 創建支持向量機 (高斯核心)分類器物件
ⓑ SVM  =  svm.SVC(kernel ='rbf' ,  gamma =  'auto' )
  # 用訓練資料訓練 kNN
  SVM.fit(X,  y)
  # 用支持向量機 (線性核心)分類器對一系列查詢點進行預測
  y_predict   =  SVM.predict (q)
```

➔ 請大家完成以下題目。

Q1. 修改程式 32.1，調整 *k*NN 近鄰數量，比如說嘗試 6、7、8、9 等，然後說明 *k*NN 近鄰數量對決策邊界的影響。

Q2. 使用程式 32.4 中的高斯核心支援向量機時，請調整參數 gamma 的設定值，並觀察 gamma 大小對決策邊界影響。

* 題目很基礎，本書不給答案。

本章幾乎在「零公式」的條件下，向大家介紹了機器學習中三個特別重要的分類方法—*k* 最近鄰、高斯單純貝氏分類、支援向量機。

簡單來說，*k* 最近鄰分類的核心思想就是「近朱者赤，近墨者黑」，小範圍投票，少數服從多數。本章在利用 *k* 最近鄰完成分類時，用的距離是預設的歐氏距離。本書系中，會不斷地給大家介紹各種各樣其他形式的距離，以及它們背後的數學原理。

高斯單純貝氏分類提到了兩個重要人名—高斯、貝氏。在《AI 時代 Math 元年 - 用 Python 全精通統計及機率》中，高斯和貝氏是最重要的兩個人物。這本書中，我們會用多元高斯分佈幫助大家「升維」，用貝氏定理完成分類和推斷。本章介紹的高斯單純貝氏分類演算法則是兩者的完美合體。

支援向量機的原理也很簡單—間隔最大化。支援向量機演算法背後主要數學工具都在《AI 時代 Math 元年 - 用 Python 全精通矩陣及線性代數》一冊中。在介紹支援向量機時，我們還聊了聊核心技巧。核心技巧是一種透過將資料映射到高維特徵空間來處理非線性問題的方法，也離不開線性代數工具。

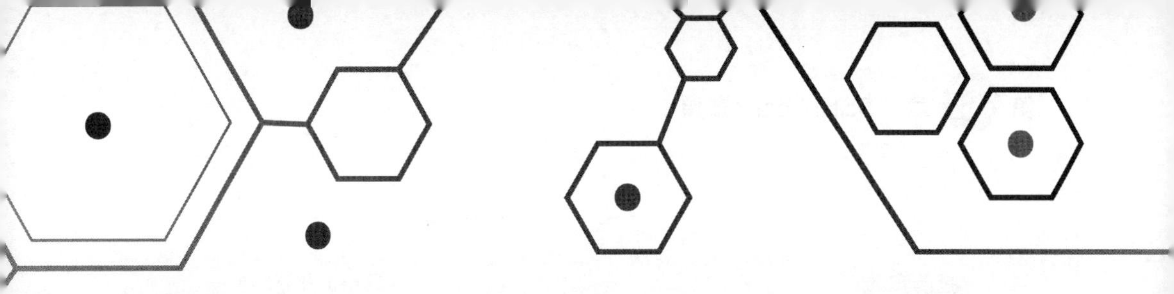

Clustering Methods in Scikit-Learn

Scikit-Learn 聚類

K 平均值聚類、四種高斯混合 GMM 聚類

只有想像力無界的人，方能開創不可能的事。

Those who can imagine anything,can create the impossible.

——艾倫 · 圖靈（*Alan Turing*）| 英國電腦科學家、數學家，人工智慧之父 | *1912—1954* 年

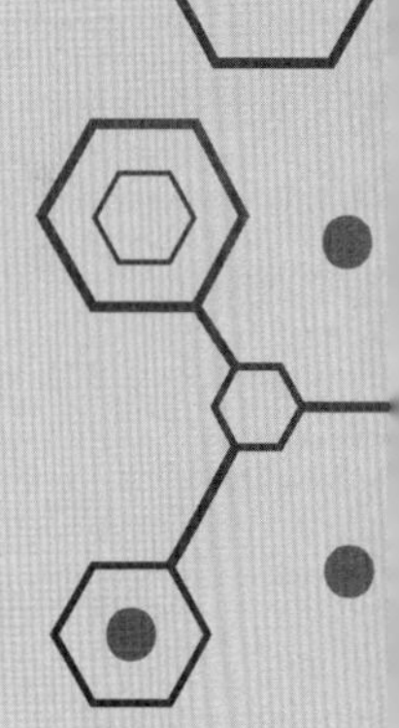

- matplotlib.patches.Ellipse() 建立並繪製橢圓形狀的圖形物件
- matplotlib.pyplot.quiver() 繪製向量箭頭
- numpy.arctan2() 計算反正切，傳回弧度值
- numpy.linalg.svd() 完成奇異值分解
- numpy.sqrt() 計算平方根
- sklearn.cluster.KMeans() 執行 *K* 均值聚類演算法，將資料點劃分成預定數量的簇
- sklearn.mixture.GaussianMixture() 用於擬合高斯混合模型，以對資料進行聚類和機率密度估計

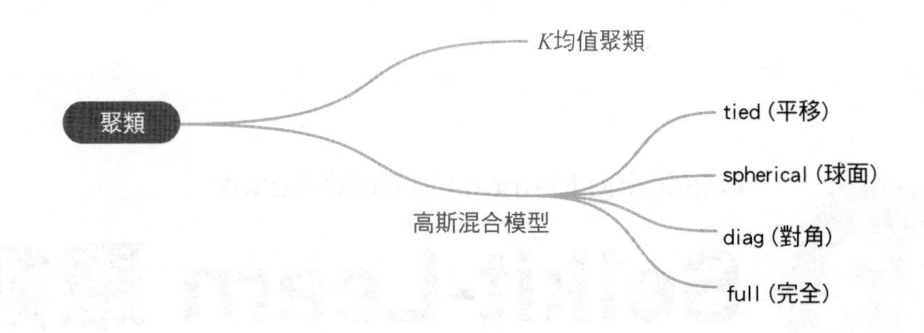

33.1 聚類

本書前文介紹過，**聚類** (clustering) 是**無監督學習** (unsupervised learning) 中的一類問題。

聚類是指將資料集中的樣本按照某種相似性指標進行分組的過程。常用的聚類演算法包括 *K* 平均值聚類、高斯混合模型、層次聚類、密度聚類、譜聚類等。

如圖 33.1 所示，刪除鳶尾花資料集的標籤，即 target，僅根據鳶尾花**花萼長度** (sepal length)、**花萼寬度** (sepal width) 這兩個特徵上樣本資料分佈情況，我們可以將資料分成兩**簇** (clusters)。

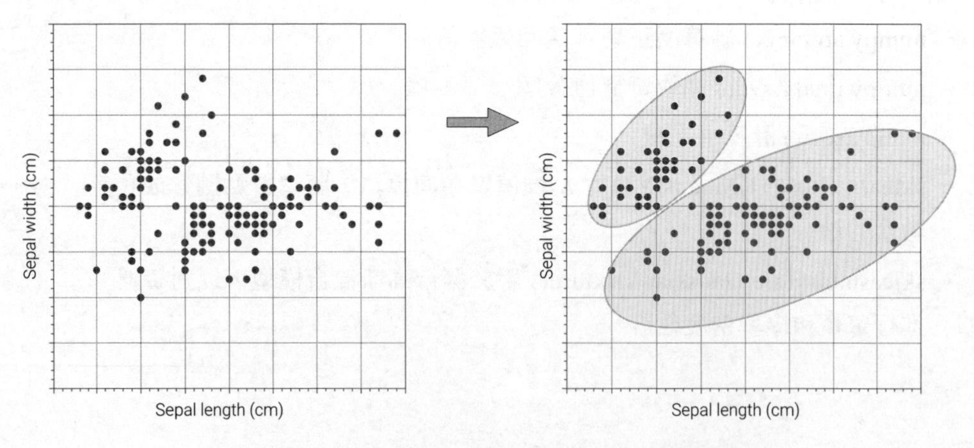

▲ 圖 33.1 用刪除標籤的鳶尾花資料介紹聚類演算法

在機器學習中，決定將資料分成多少個簇是一個重要且有挑戰性的問題，通常稱為聚類數目的選擇或簇數選擇。不同的聚類演算法可能需要不同的方法來確定合適的聚類數目。本章後文在介紹具體演算法時，會介紹如何選擇合適的簇數。

大家在使用 Scikit-Learn 聚類演算法時，會發現有些演算法有 predict() 方法。

也就是說，已經訓練好的模型，有可能將全新的資料點分配到確定的簇中，如圖 33.2 所示。有這種功能的聚類演算法叫作**歸納聚類** (inductive clustering)。

本章後文要介紹的 *K* 平均值聚類、高斯混合模型都屬於歸納聚類。如圖 33.2 所示，歸納聚類演算法也有決策邊界。這就表示歸納聚類模型具有一定的泛化能力，可以推廣到新的、之前未見過的資料。

不具備這種能力的聚類演算法叫作**非歸納聚類** (non-inductive clustering)。

非歸納聚類只能對訓練資料進行聚類，而不能將新資料點增加到已有的模型中進行預測。這表示模型在訓練時只能學習訓練資料的模式，無法對新資料點進行簇分配。比如，層次聚類、DBSCAN 聚類都是非歸納聚類。

《AI 時代元年 - 用 Python 全精通機器學習》專門介紹這些聚類方法。

歸納聚類強調模型的泛化能力，可以適應新資料，而非歸納聚類則更偏重於建模訓練資料內部的結構。

下面我們就用最通俗的語言，也是以幾乎沒有數學公式的方式，介紹幾種常用聚類演算法。

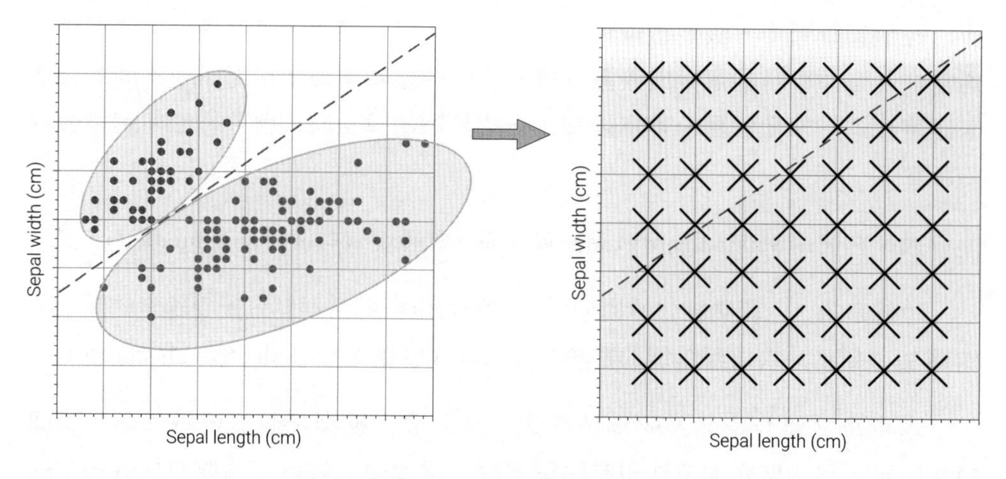

▲ 圖 33.2 歸納聚類演算法

33.2 *K* 平均值聚類

K **平均值演算法** (*K*-Means) 將樣本分為 *K* 個簇，使得每個資料點與其所屬簇的中心，也叫**質心** (centroid)，之間的距離最小化。一般情況下，每個簇的中心點是該簇中所有樣本點的平均值。

圖 33.3 以二聚類為例，展示 *K* 平均值聚類的操作流程。首先從樣本中隨機選取 2 個資料作為平均值向量 (質心)μ_1 和 μ_2 的初始值，然後進入以下迭代迴圈。

① 計算每一個樣本點分別到平均值向量 μ_1 和 μ_2 的距離。

② 比較每個樣本到 μ_1 和 μ_2 距離，確定簇的劃分。

③ 根據當前簇，重新計算並更新平均值向量 μ_1 和 μ_2。

直到平均值向量 μ_1 和 μ_2 滿足迭代停止條件，得到最終的簇劃分時，停止迴圈。

圖 33.4 所示為利用 *K* 平均值演算法根據鳶尾花花萼長度、花萼寬度特徵劃分為 2 和 3 簇的兩種情況。根據前文介紹的內容，我們知道 *K* 平均值演算法為歸納聚類演算法；因此，*K* 平均值演算法可以用訓練好的模型預測其他新樣本資料的聚類，從而獲得聚類決策邊界，如圖 33.4 所示。

容易發現 *K* 平均值聚類演算法決策邊界為直線段。圖 33.4 中的「×」為 *K* 平均值演算法的簇質心。

我們可以透過程式 33.1 繪製圖 33.4，下面講解其中關鍵敘述。

ⓐ 從 sklearn.cluster 模組匯入 *K* 平均值演算法物件 KMeans。請大家注意變數大小寫。

ⓑ 載入經典鳶尾花資料集。在聚類演算法中，我們僅用到鳶尾花的**特徵資料** (feature data)，不會用到**標籤** (target data)。

ⓒ 提取鳶尾花資料中的前兩個特徵 (花萼長度、花萼寬度) 資料。

ⓓ 利用 matplotlib.colors.ListedColormap 建立離散顏色映射，以在圖表中對不同的離散值進行顏色撰寫程式。顏色映射在本例中視覺化鳶尾花聚類區域。

ⓔ 實例化了一個 KMeans 物件，並指定了要進行的聚類數目。參數 n_clusters 就是用來指定 *K* 平均值聚類演算法 *K* 的值，即希望將資料劃分成多少個簇。

ⓕ 執行了 KMeans 聚類演算法，擬合模型並預測資料點所屬的簇標籤。fit_predict(X) 同時**擬合** (fit) 資料並**預測** (predict) 資料點所屬的簇標籤。

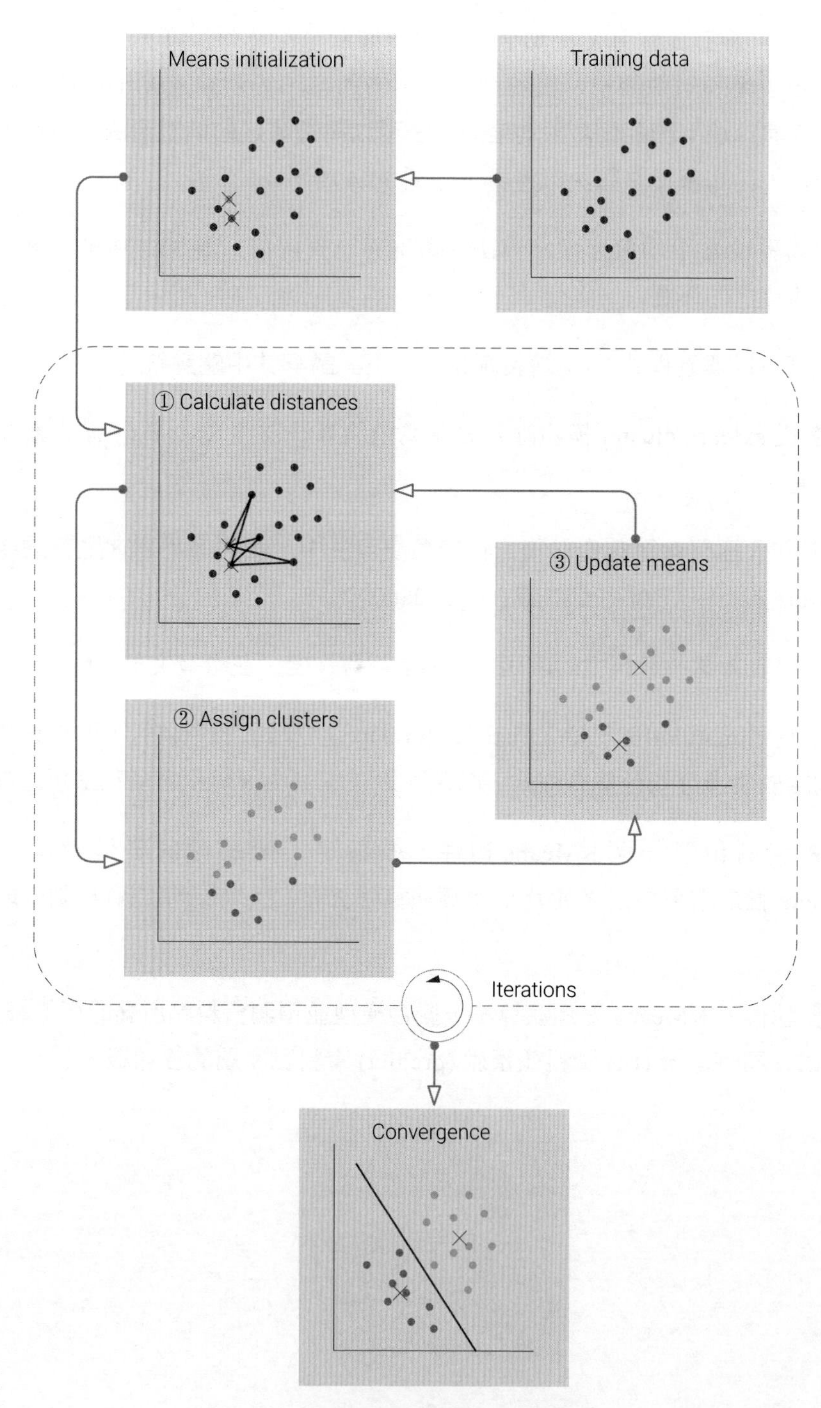

▲ 圖 33.3 *K* 平均值演算法流程圖

大家也可以用 fit(X).predict(X) 來分兩步執行。其中，X 是一個二維陣列，表示輸入的資料，每行代表一個資料樣本，每列代表一個特徵。請大家自行查看傳回結果。

ⓖ 利用訓練好的 KMeans 模型對全新的資料進行聚類預測。ⓗ 調整陣列形狀，用於後續視覺化。ⓘ 用填充等高線視覺化聚類區域。ⓙ用等高線視覺化聚類決策邊界。ⓚ獲取 KMeans 聚類演算法擬合後得到的聚類質心的座標。ⓛ 用散點視覺化聚類質心。

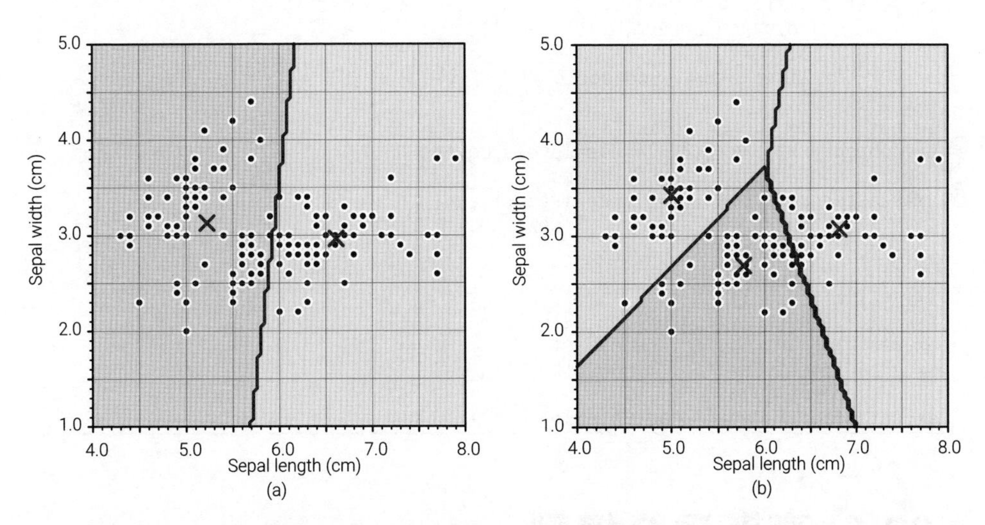

▲ 圖 33.4 *K* 平均值聚類確定決策邊界，簇數分別為 2、3 | Bk1_Ch33_01.ipynb

程式33.1 根據花萼長度、花萼寬度，用*K*均值聚類演算法確定聚類決策邊界 | Bk1_Ch33_01.ipynb

```
from sklearn import datasets
ⓐ from sklearn.cluster import KMeans
import matplotlib.pyplot as plt
import numpy as np
from matplotlib.colors import ListedColormap
# 匯入並整理資料
ⓑ iris = datasets.load_iris()
ⓒ X = iris.data[:, :2]

# 生成網格化資料
x1_array = np.linspace(4,8,101)
x2_array = np.linspace(1,5,101)
xx1, xx2 = np.meshgrid(x1_array,x2_array)
# 建立色譜
rgb = [[255, 238, 255],
       [219, 238, 244],
       [228, 228, 228]]
```

```
rgb=np.array(rgb)/255.
cmap_light=ListedColormap(rgb)                          # d

# 採用KMeans聚類
kmeans=KMeans(n_clusters=2)                             # e
cluster_labels=kmeans.fit_predict(X)                    # f

# 預測聚類
Z=kmeans.predict(np.c_[xx1.ravel(), xx2.ravel()])       # g
Z=Z.reshape(xx1.shape)                                  # h

fig, ax=plt.subplots()

ax.contourf(xx1, xx2, Z, cmap=cmap_light)               # i
ax.scatter(x=X[:, 0], y=X[:, 1],
           color=np.array([0, 68, 138])/255.,
           alpha=1.0,
           linewidth=1, edgecolor=[1,1,1])
# 繪製決策邊界
levels=np.unique(Z).tolist();
ax.contour(xx1, xx2, Z, levels=levels,colors='r')       # j
centroids=kmeans.cluster_centers_                       # k
ax.scatter(centroids[:, 0], centroids[:, 1],            # l
           marker="x", s=100, linewidths=1.5,
           color="r")

ax.set_xlim(4, 8); ax.set_ylim(1, 5)
ax.set_xlabel(iris.feature_names[0])
ax.set_ylabel(iris.feature_names[1])
ax.grid(linestyle='--', linewidth=0.25,
        color=[0.5,0.5,0.5])
ax.set_aspect('equal', adjustable='box')
```

33.3 高斯混合模型

高斯混合模型 (Gaussian Mixture Model，GMM) 將樣本分為多個高斯分佈，每個高斯分佈對應一個簇。與 K 平均值聚類不同，GMM 不僅能夠將資料點分配到不同的簇，還可以為每個簇分配一個機率值，表明資料點屬於該簇的可能性。如圖 33.5 所示，多元高斯分佈中，協方差矩陣決定高斯分佈的形狀。

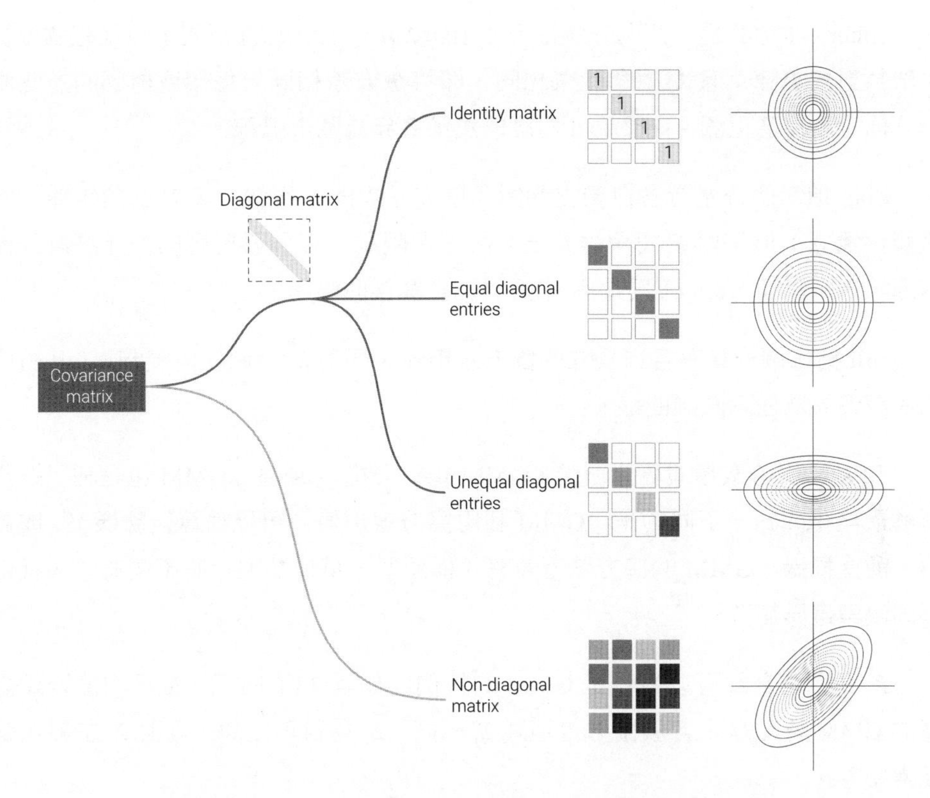

▲ 圖 33.5 協方差矩陣的形態影響高斯密度函式形狀

如表 33.1 所示，Scikit-Learn 工具套件中 sklearn.mixture 高斯混合模型支援 4 種協方差矩陣—**tied**(平移)、**spherical**(球面)、**diag**(對角)、**full**(完全)。

➔ **表 33.1 根據協方差矩陣特點將高斯混合模型分為 4 類**

參數設置	Σ_j	Σ_j 特點	多元高斯分佈 PDF 等高線	決策邊界
tied	相同	非對角矩陣	任意橢圓	直線
spherical	不相同	對角矩陣，對角線元素等值	正圓	正圓
diag		對角矩陣	正橢圓	正圓錐曲線
full		非對角矩陣	任意橢圓	圓錐曲線

tied 指的是，所有分量共用一個非對角協方差矩陣 Σ。每個簇對應的多元高斯分佈等高線為大小相等的旋轉橢圓。**tied** 對應的決策邊界為直線。

spherical 指的是，每個分量協方差矩陣 $\Sigma_j(j = 1,2,\cdots,K)$ 不同，但是每個分量 Σ_j 均為對角矩陣；且 Σ_j 對角元素相同，即特徵方差相同。每個簇對應的多元高斯分佈等高線為正圓。spherical 對應的決策邊界為圓形弧線。

diag 指每個分量有各自獨立的對角協方差矩陣，也就是 Σ_j 為對角矩陣，特徵條件獨立；但是對 Σ_j 對角線元素大小不做限制。每個簇對應的多元高斯分佈等高線為正橢圓，diag 對應的決策邊界為正圓錐曲線。

full 指每個分量有各自獨立的協方差矩陣，即對 Σ_j 不做任何限制。full 對應的決策邊界為任意圓錐曲線。

和 K 平均值聚類演算法一樣，GMM 也需要指定 K 值；GMM 也是利用迭代求解最佳化問題。不同的是，GMM 利用協方差矩陣，可以估算後驗機率 / 成員值。前文提過，GMM 的協方差矩陣有 4 種類型，每種類型對應不同假設，獲得不同決策邊界類型。

K 平均值聚類可以看作是 GMM 的特例，如圖 33.6 所示。K 平均值聚類對應的 GMM 特點是，各簇協方差矩陣 Σ_j 相同，Σ_j 為對角矩陣，並且 Σ_j 主對角線元素相等。

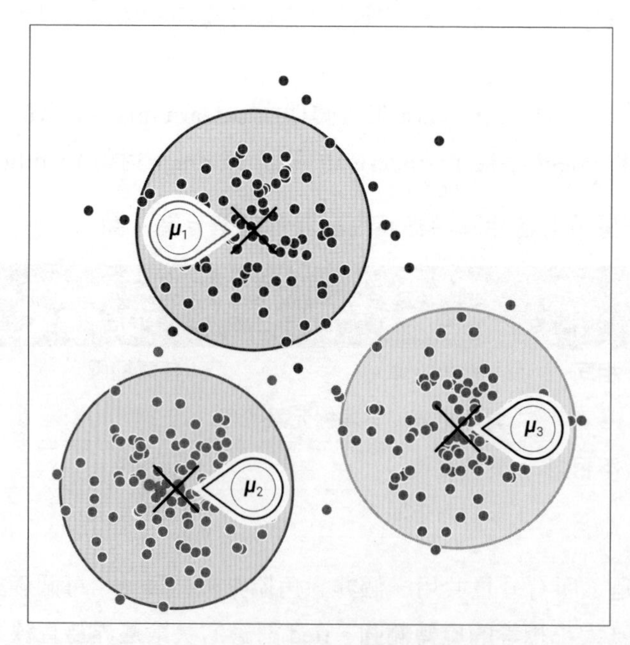

▲ 圖 33.6 K 平均值聚類可以看作是 GMM 的特例

圖 33.7 ~ 圖 33.10 所示為利用 GMM 聚類鳶尾花資料。這四幅圖採用 4 種不同的協方差矩陣完成 GMM 聚類。大家可以透過比較這四幅圖的橢圓形狀理解表 33.1。

程式 33.2 定義的視覺化函式繪製了這四幅圖中的橢圓和向量。程式 33.3 完成了 GMM 聚類，這段程式呼叫了程式 33.2 的視覺化函式。下面讓我們講解這兩段程式。

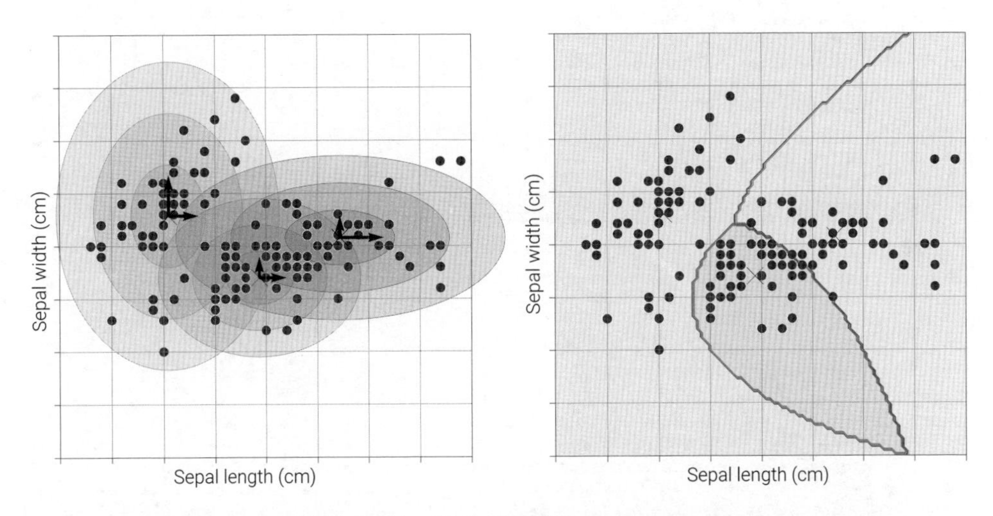

▲ 圖 33.7 K 平均值聚類，協方差矩陣為 diag | Bk1_Ch33_02.ipynb

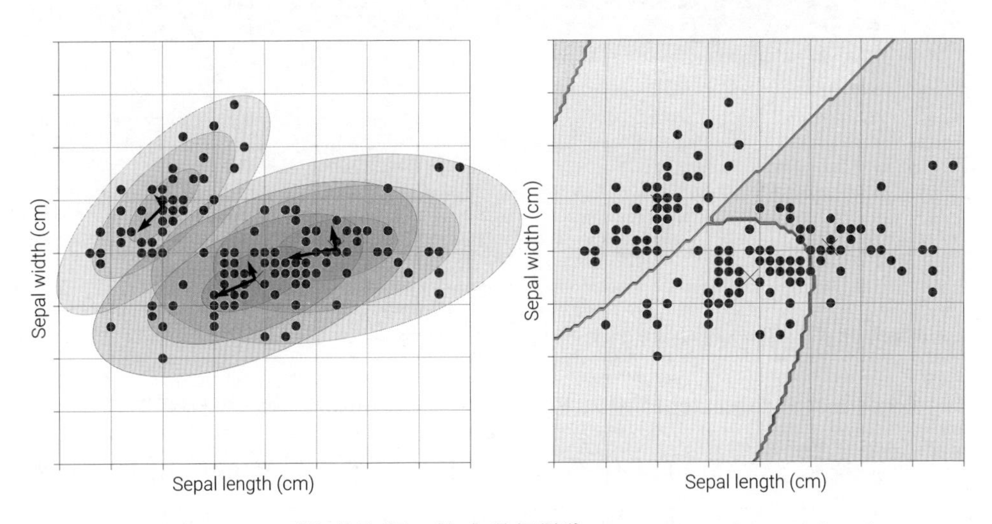

▲ 圖 33.8 K 平均值聚類，協方差矩陣為 full | Bk1_Ch33_02.ipynb

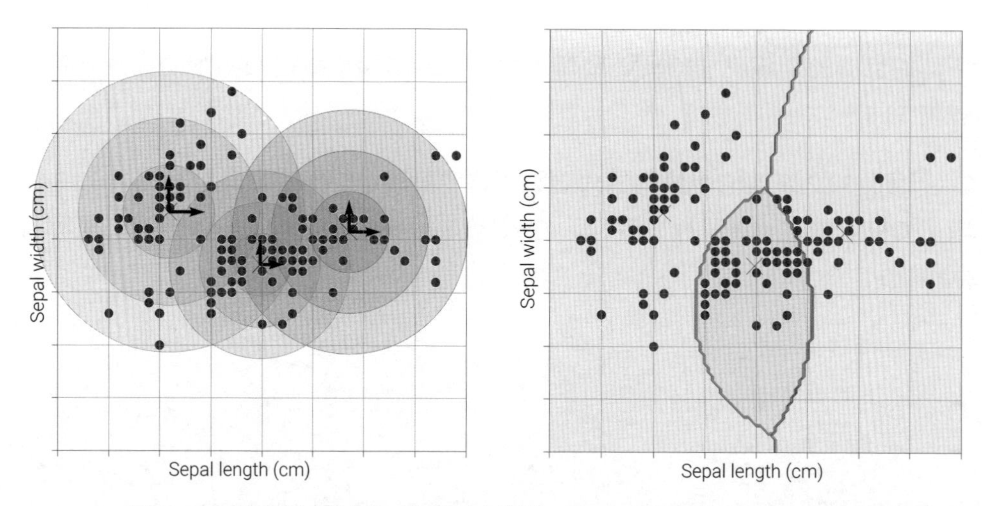

▲ 圖 33.9 *K* 平均值聚類，協方差矩陣為 spherical | Bk1_Ch33_02.ipynb

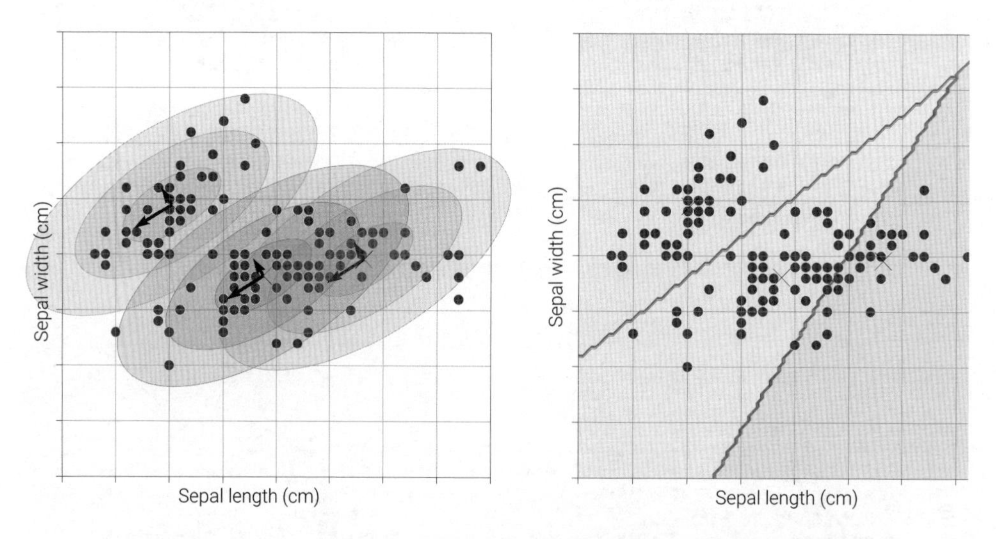

▲ 圖 33.10 *K* 平均值聚類，協方差矩陣為 tied | Bk1_Ch33_02.ipynb

讓我們首先看看程式 33.2 中自訂視覺化函式。

ⓐ 從 matplotlib.patches 匯入 Ellipse 類別，Ellipse 用來繪製橢圓形狀。

前文提過，GMM 可以有不同的協方差類型，包括 full、tied、diag 和 spherical，它們分別表示完整協方差矩陣、共用協方差矩陣、對角協方差矩陣和球狀協方差矩陣。

ⓑ 這個條件判斷敘述檢查 GMM 物件的協方差類型是否為 full。根據技術文件，這種情況下，協方差矩陣形狀為 (n_components,n_features,n_features)，三維 NumPy 陣列。

其中，axis = 0 對應的是不同簇。也就是說，不同簇協方差矩陣不同，如圖 33.10 所示。gmm.covariances_[j] 提取的是不同簇的協方差矩陣，結果為二維 NumPy 陣列。

ⓒ 判斷 GMM 物件的協方差類型是否為 tied。根據技術文件，這種情況下，協方差矩陣形狀為 (n_features,n_features)，二維 NumPy 陣列。這表示不同簇的協方差矩陣完全相同，如圖 33.7 所示。

ⓓ 判斷 GMM 物件的協方差類型是否為 diag。根據技術文件，這種情況下，協方差矩陣形狀為 (n_components,n_features)，二維 NumPy 陣列。其中，axis = 0 對應的是不同簇，axis = 1 對應的是不同特徵的方差。

也就是說，從 GMM 物件的 gmm.covariances_[j] 屬性中獲取第 j 個分量的協方差矩陣，結果為一維陣列；然後，使用 np.diag() 函式將其轉為對角矩陣形式，結果為二維陣列，如圖 33.9 所示。

ⓔ 判斷 GMM 物件的協方差類型是否為 spherical。根據技術文件，這種情況下，協方差矩陣形狀為 (n_components,)，一維 NumPy 陣列。

其中，axis = 0 對應不同簇。也就是說，將單位矩陣的每個維度上的方差都乘以相應的協方差值，從而形成一個球狀的協方差矩陣，如圖 33.8 所示。

ⓕ 實際上用奇異值函式 numpy.linalg.svd() 完成的是協方差矩陣的特徵值分解。這個矩陣分解，可以幫我們了解一個旋轉橢圓的半長軸、半短軸的長度，以及橢圓的旋轉角度。《AI 時代 Math 元年 - 用 Python 全精通矩陣及線性代數》將具體講解數學工具背後的原理。

ⓖ 計算橢圓長軸、短軸的長度。

ⓗ 計算橢圓旋轉角度弧度。

ⓘ 繪製 GMM 每個簇的質心。

ⓕ 使用 Matplotlib 的 quiver() 函式來在二維圖中繪製箭頭，用來表示橢圓長軸方向 (矩陣 $\boldsymbol{U}$ 的第 1 列)。

ⓚ 繪製橢圓短軸方向 (矩陣 $\boldsymbol{U}$ 的第 2 列)。

ⓛ 建了一個橢圓物件，指定了橢圓的中心座標、長軸寬度、短軸寬度、旋轉角度、邊緣顏色和填充顏色。然後，我們使用 ax.add_artist() 將橢圓增加到圖中。

程式33.2 定義視覺化函式 | Bk1_Ch33_02.ipynb

```
ⓐ from matplotlib.patches import Ellipse
  # 定義視覺化函式
  def make_ellipses(gmm, ax):

      # 視覺化不同簇
      for j in range(0,K):
          # 四種不同的協方差矩陣
          if gmm.covariance_type == 'full':
ⓑ             covariances = gmm.covariances_[j]
          elif gmm.covariance_type == 'tied':
ⓒ             covariances = gmm.covariances_
          elif gmm.covariance_type == 'diag':
ⓓ             covariances = np.diag(gmm.covariances_[j])
          elif gmm.covariance_type == 'spherical':
ⓔ             covariances = np.eye(gmm.means_.shape[1])
              covariances = covariances*gmm.covariances_[j]

          # 用奇異值分解完成特徵值分解
ⓕ         U, S, V_T = np.linalg.svd(covariances)
          # 計算長軸、短軸長度
ⓖ         major, minor = 2 * np.sqrt(S)

          # 計算橢圓長軸旋轉角度
ⓗ         angle = np.arctan2(U[1,0], U[0,0])
          angle = 180 * angle / np.pi

          # 多元高斯分佈中心
ⓘ         ax.plot(gmm.means_[j, 0],gmm.means_[j, 1],
                  color = 'k',marker = 'x',markersize = 10)

          # 繪製半長軸向量
ⓙ         ax.quiver(gmm.means_[j,0],gmm.means_[j,1],
                    U[0,0], U[1,0], scale = 5/major)

          # 繪製半短軸向量
ⓚ         ax.quiver(gmm.means_[j,0],gmm.means_[j,1],
                    U[0,1], U[1,1], scale = 5/minor)

          # 繪製橢圓
          for scale in np.array([3, 2, 1]):
```

```
❶           ell = Ellipse(gmm.means_[j, :2],
                          scale*major,
                          scale*minor,
                          angle,
                          color=rgb[j,:],
                          alpha = 0.18)
            ax.add_artist(ell)
```

程式 33.3 和程式 33.1 比較類似。這部分程式請大家自行學習。

此外，表 33.2 總結了 sklearn.mixture.GaussianMixture() 函式協方差資料樣式，請大家參考。

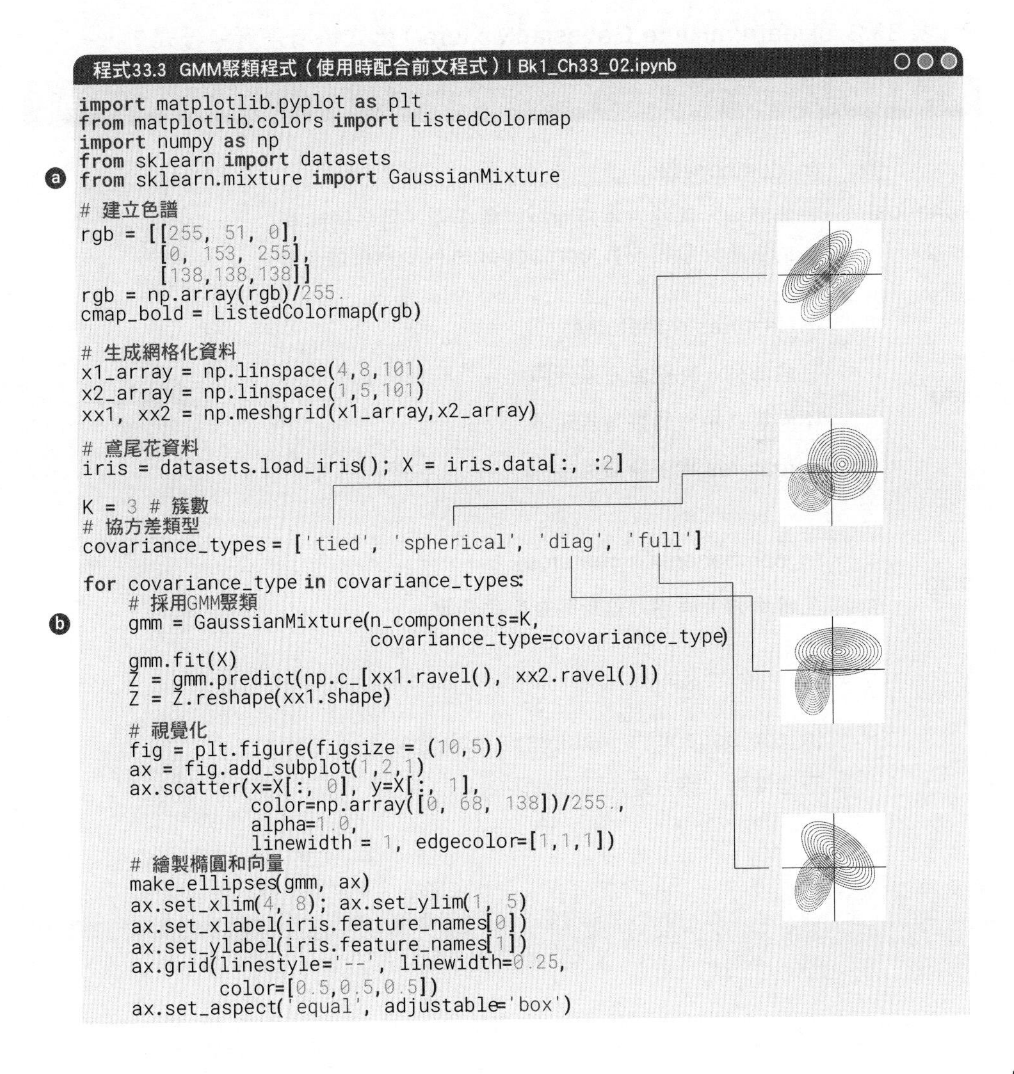

程式33.3　GMM聚類程式（使用時配合前文程式）| Bk1_Ch33_02.ipynb

```
import matplotlib.pyplot as plt
from matplotlib.colors import ListedColormap
import numpy as np
from sklearn import datasets
ⓐ from sklearn.mixture import GaussianMixture
# 建立色譜
rgb = [[255, 51, 0],
       [0, 153, 255],
       [138,138,138]]
rgb = np.array(rgb)/255.
cmap_bold = ListedColormap(rgb)

# 生成網格化資料
x1_array = np.linspace(4,8,101)
x2_array = np.linspace(1,5,101)
xx1, xx2 = np.meshgrid(x1_array,x2_array)

# 鳶尾花資料
iris = datasets.load_iris(); X = iris.data[:, :2]

K = 3 # 簇數
# 協方差類型
covariance_types = ['tied', 'spherical', 'diag', 'full']

for covariance_type in covariance_types:
    # 採用GMM聚類
ⓑ   gmm = GaussianMixture(n_components=K,
                          covariance_type=covariance_type)
    gmm.fit(X)
    Z = gmm.predict(np.c_[xx1.ravel(), xx2.ravel()])
    Z = Z.reshape(xx1.shape)

    # 視覺化
    fig = plt.figure(figsize = (10,5))
    ax = fig.add_subplot(1,2,1)
    ax.scatter(x=X[:, 0], y=X[:, 1],
               color=np.array([0, 68, 138])/255.,
               alpha=1.0,
               linewidth = 1, edgecolor=[1,1,1])
    # 繪製橢圓和向量
    make_ellipses(gmm, ax)
    ax.set_xlim(4, 8); ax.set_ylim(1, 5)
    ax.set_xlabel(iris.feature_names[0])
    ax.set_ylabel(iris.feature_names[1])
    ax.grid(linestyle='--', linewidth=0.25,
            color=[0.5,0.5,0.5])
    ax.set_aspect('equal', adjustable='box')
```

```
ax = fig.add_subplot(1,2,2)
ax.contourf(xx1, xx2, Z, cmap=cmap_bold, alpha = 0.18)
ax.contour(xx1, xx2, Z, levels=[0,1,2],
           colors=np.array([0, 68, 138])/255.)
ax.scatter(x=X[:, 0], y=X[:, 1],
           color=np.array([0, 68, 138])/255.,
           alpha=1.0,
           linewidth = 1, edgecolor=[1,1,1])
centroids = gmm.means_
ax.scatter(centroids[:, 0], centroids[:, 1],
           marker="x", s=100, linewidths=1.5,
           color="k")
ax.set_xlim(4, 8); ax.set_ylim(1, 5)
ax.set_xlabel(iris.feature_names[0])
ax.set_ylabel(iris.feature_names[1])
ax.grid(linestyle='--', linewidth=0.25,
        color=[0.5,0.5,0.5])
ax.set_aspect('equal', adjustable='box')
```

➔ 表 33.2 sklearn.mixture.GaussianMixture() 函式協方差資料樣式

協方差類型	資料形狀	視覺化協方差矩陣
spherical	(n_components,) 一維陣列，簇協方差矩陣為對角矩陣，且每個簇本身的對角元素相同 n_components 代表簇維度	
tied	(n_features,n_features) 二維陣列，完整協方差矩陣 不同簇共用一個協方差矩陣 n_features 代表特徵維度	
diag	(n_components,n_features) 二維陣列，簇協方差矩陣為對角矩陣	
full	(n_components,n_features,n_features) 三維陣列，協方差矩陣沒有限制	

➔ 請大家完成以下題目。

Q1. 修改程式 33.1，用鳶尾花花瓣長度、花瓣寬度作為 *K* 平均值聚類演算法的輸入特徵，重新完成視覺化。

Q2. 修改程式 33.2 和程式 33.3，用鳶尾花花瓣長度、花瓣寬度作為 GMM 聚類演算法的輸入特徵，重新完成視覺化。

* 題目很基礎，本書不給答案。

本章是這一板塊的最後一章。學完這個板塊，大家可能已經發現──幾何無處不在。比如，本章介紹的 *K* 平均值聚類實際上和幾何中的中垂線密切相關。而 GMM 演算法中不同協方差矩陣設置又和橢圓密切相關。

在本書系中，幾何角度是幫助我們理解各種數學工具、邏輯演算法的重要工具，請大家格外重視。

下一章進入本書的收官板塊，我們將用 Streamlit 製作應用 App，來總結加強本書所學內容。

MEMO

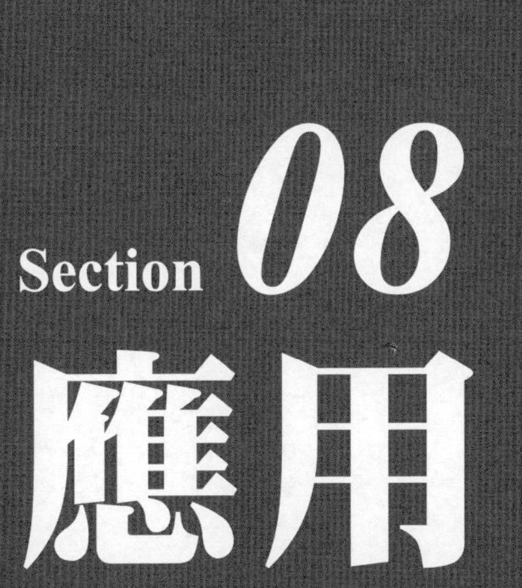

Section 08
應用

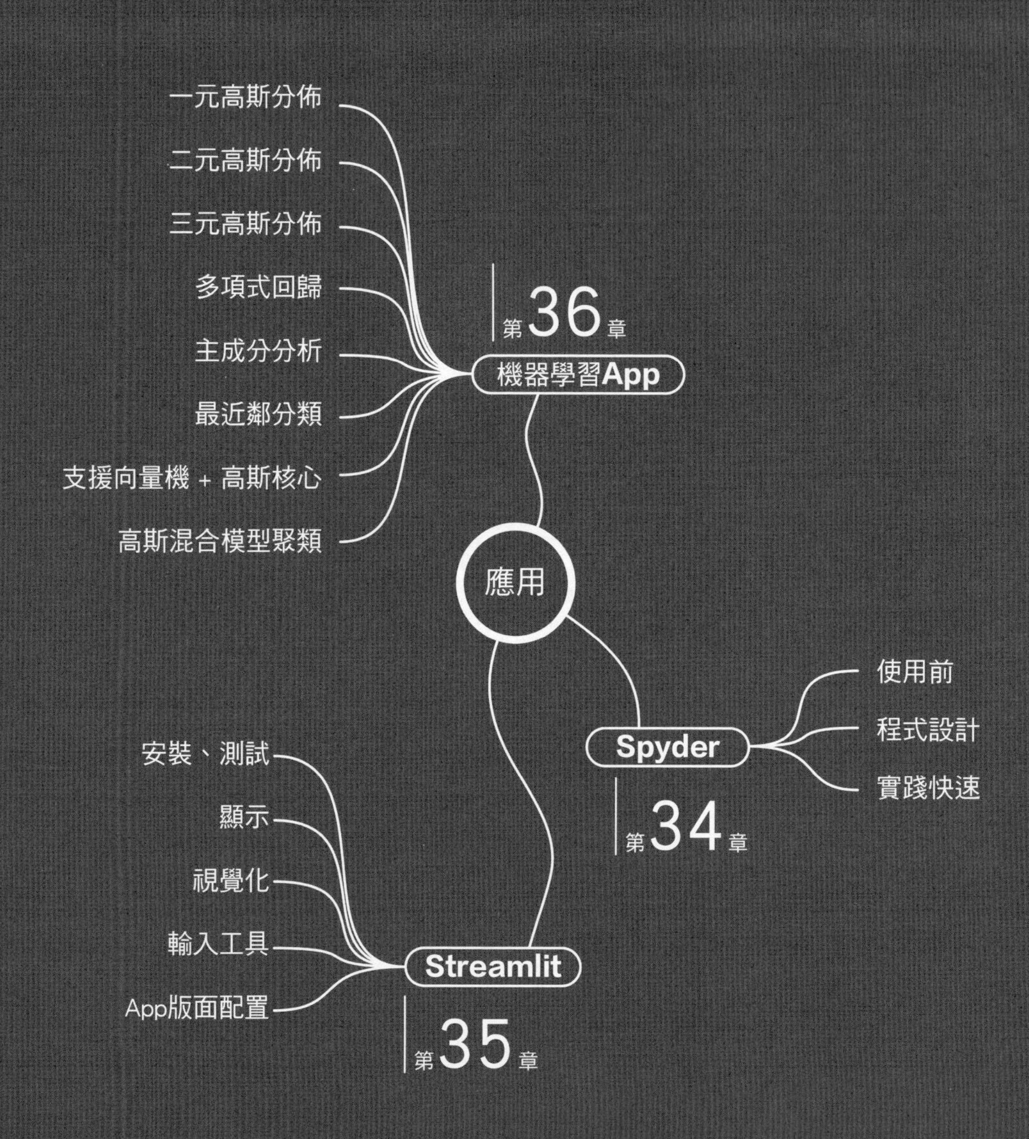
一元高斯分佈
二元高斯分佈
三元高斯分佈
多項式回歸
主成分分析
最近鄰分類
支援向量機 + 高斯核心
高斯混合模型聚類
第36章
機器學習App
應用
Spyder
使用前
程式設計
實踐快速
第34章
安裝、測試
顯示
視覺化
輸入工具
App版面配置
Streamlit
第35章

學習地圖 | 第8板塊

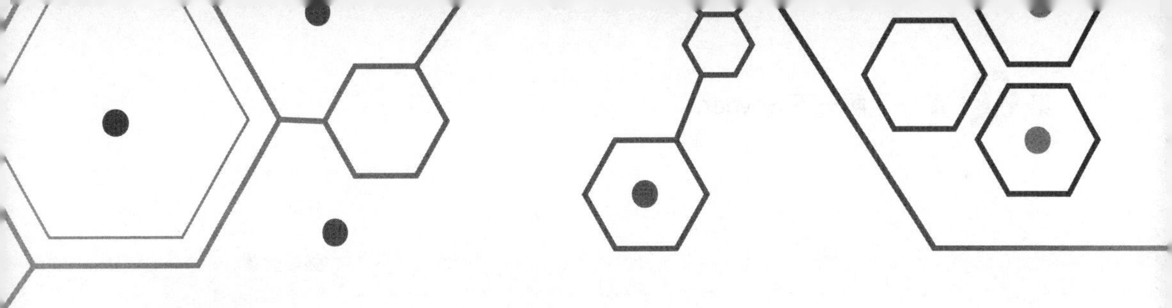

Know a Bit about Spyder

34 了解一下 Spyder

下一章學習使用 Streamlit 時會用到的 IDE

捨得浪費一小時的人，絕沒發現生命的價值。

A man who dares to waste one hour of time has not discovered the value of life.

——查理斯 · 達爾文（*Charles Darwin*）英國博物學家、地質學家和生物學家 | *1809—1882* 年

- ax.plot_wireframe() 用於在三維子圖 ax 上繪製網格
- fig.add_subplot(projection='3d') 用於在圖形物件 fig 上增加一個三維子圖
- matplotlib.pyplot.figure() 用於建立一個新的圖形視窗或畫布，用於繪製各種資料視覺化圖表
- matplotlib.pyplot.grid() 在當前圖表中增加格線
- matplotlib.pyplot.plot() 繪製折線圖
- matplotlib.pyplot.scatter() 繪製散點圖
- matplotlib.pyplot.subplot() 用於在一個圖表中建立一個子圖，並指定子圖的位置或排列方式
- matplotlib.pyplot.subplots() 建立一個包含多個子圖的圖表，傳回一個包含圖表物件和子圖物件的元組
- matplotlib.pyplot.xlabel() 設置當前圖表 x 軸的標籤，等價 ax.set_xlabel()
- matplotlib.pyplot.xlim() 設置當前圖表 x 軸顯示範圍，等價 ax.set_xlim() 或 ax.set_xbound()
- matplotlib.pyplot.xticks() 設置當前圖表 x 軸刻度位置，等價 ax.set_xticks()
- matplotlib.pyplot.ylabel() 設置當前圖表 y 軸的標籤，等價 ax.set_ylabel()
- matplotlib.pyplot.ylim() 設置當前圖表 y 軸顯示範圍，等價 ax.set_ylim() 或 ax.set_ybound()
- matplotlib.pyplot.yticks() 設置當前圖表 y 軸刻度位置，等價 ax.set_yticks()
- numpy.arange() 生成一個包含給定範圍內等間隔的數值的陣列
- numpy.linspace() 生成在指定範圍內均勻間隔的數值，並傳回一個陣列
- numpy.meshgrid() 用於生成多維網格化資料
- seaborn.scatterplot() 繪製散點圖

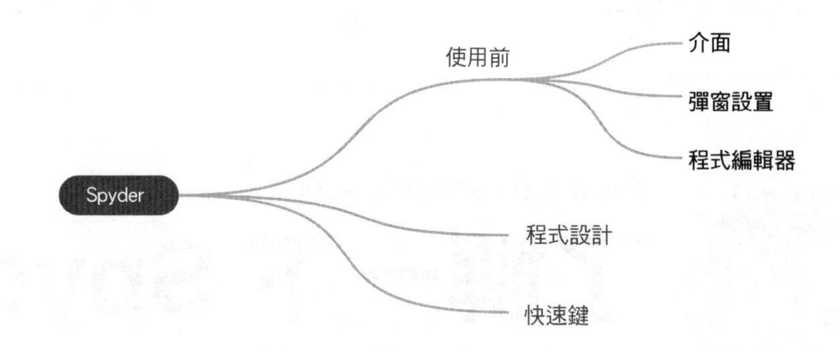

34.1 什麼是 Spyder?

Spyder 是一個免費的、開放原始碼的科學計算整合式開發環境 (IDE)，旨在為 Python 程式語言提供高效的開發環境。Spyder 提供了許多實用的功能，如程式編輯器、變數檢視器、偵錯器、檔案瀏覽器和互動式主控台等。

Spyder 支援許多流行的 Python 函式庫和框架，如 NumPy、SciPy、Pandas 和 Matplotlib 等，進而可以幫助開發人員更輕鬆地進行科學計算和資料分析。

Spyder 的介面設計上參考了 MATLAB，比如變數檢視器模仿了 MATLAB 中「工作空間」的功能。熟悉 MATLAB 的讀者，很快就能上手 Spyder。Spyder 是許多科學家、研究人員和資料分析師的首選開發環境之一。

對於開發者，建議使用 PyCharm，本書不展開介紹。

什麼是 PyCharm?

PyCharm 是一個由 JetBrains 開發的整合式開發環境（IDE），專門為 Python 程式設計語言而設計。它是一個商業產品，但也提供了免費的社區版。PyCharm 提供了許多功能，如程式編輯器、偵錯器、自動程式補全、版本控制系統集成、程式重構和程式品質分析工具等。它還支援許多流行的 Python 函式庫和框架，如 NumPy、SciPy、Pandas、Django 和 Flask 等，可以幫助開發人員更輕鬆地進行 Web 開發、資料科學和機器學習等任務。PyCharm 還提供了許多高級功能，如 Jupyter Notebook 整合、程式自動格式化、程式片段管理、視覺化偵錯器、遠端開發等。這些功能使得 PyCharm 成為許多 Python 開發人員的首選工具之一。

介面

安裝 Anaconda 後，Spyder 就已經安裝好了。開啟 Spyder 後，其介面如圖 34.1 所示，主要包括：①工具列，②當前檔案路徑，③ Python 程式編輯器，④變數顯示區，⑤互動介面。

按快速鍵 Ctrl + N 可以在③建立一個新程式檔案。

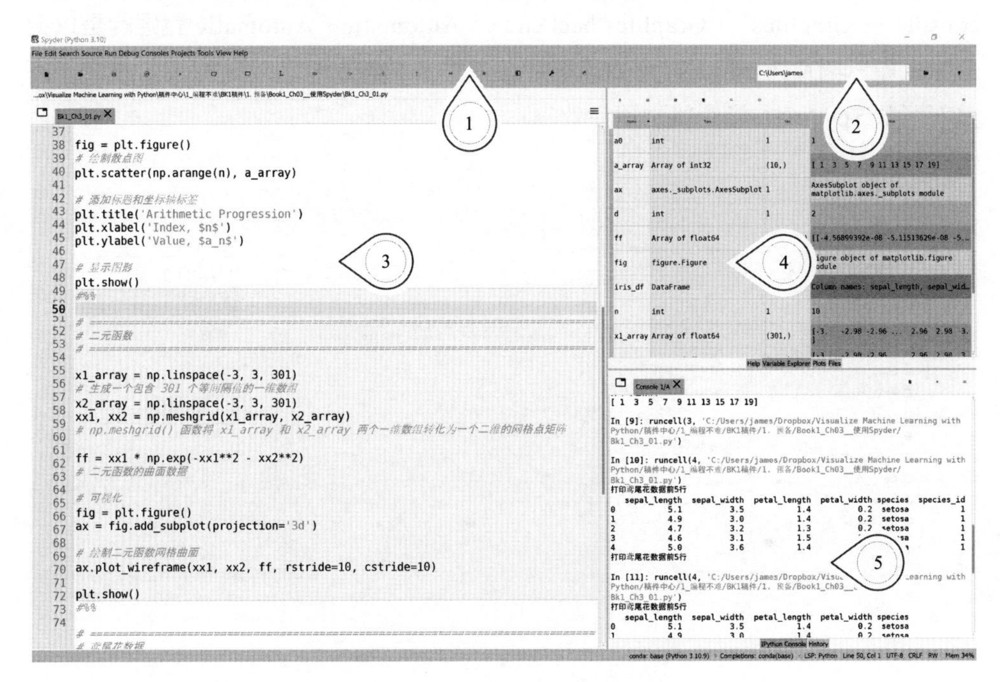

▲ 圖 34.1 Spyder 預設介面

工具列①裡包含了許多程式偵錯工具。程式的撰寫和修改則顯示在 Python 程式編輯器②中，而互動介面⑤用於顯示程式的執行結果和生成的圖片。

在變數顯示區④可以查看當前變數的名稱、佔用空間和值。若使用者習慣了使用 MATLAB，還可以透過設置 View → Windows layouts → MATLAB layout，使得 Spyder 的介面接近 MATLAB 的介面。

彈窗方式顯示圖片

如果程式執行結果是以圖片的方式顯示，Spyder 預設顯示方式是嵌入在**主控台** (console) 中。若使用者希望以彈窗的方式來顯示圖片，則可透過以下操作進行切換。

如圖 34.2 所示，依次按一下功能表列中的 Tools → Preferences → IPython console → Graphics → Graphics backend → Automatic。Automatic 對應的是以彈窗方式顯示圖片，Inline 對應的是圖片在主控台中顯示。完成設置後，讀者需要重新開啟 Spyder 才能使新設置生效。

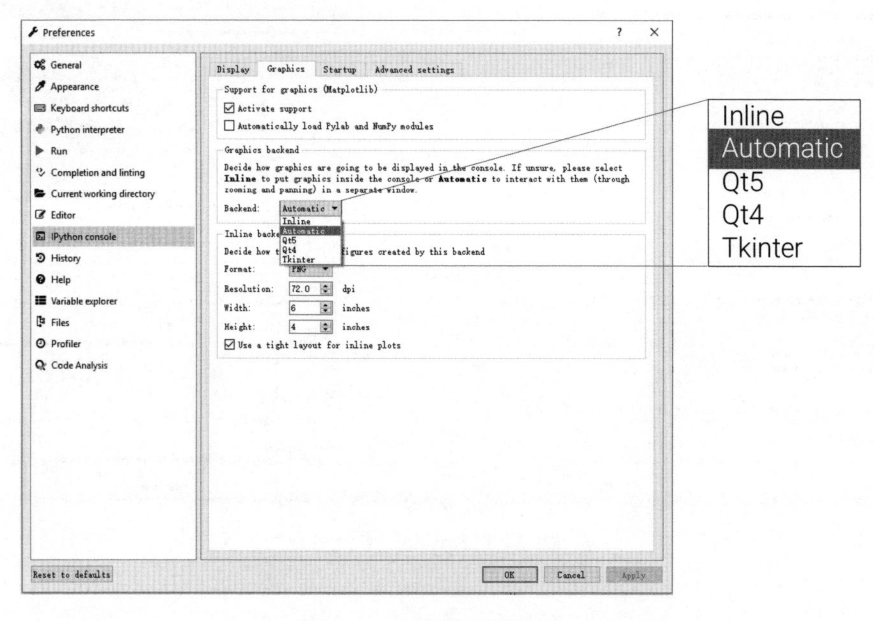

▲ 圖 34.2　調整顯示圖片的方式

按快速鍵 Ctrl + Alt + Shift + P 開啟圖 34.2。

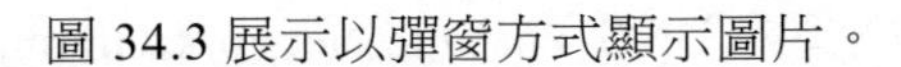

圖 34.3 展示以彈窗方式顯示圖片。

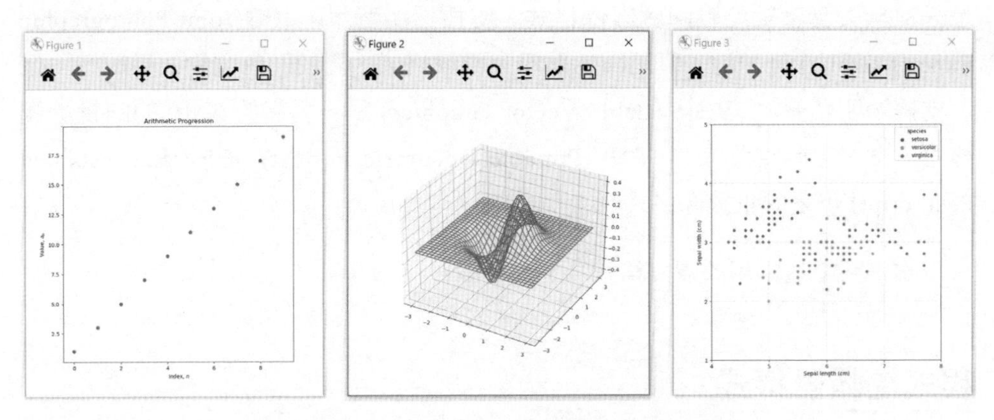

▲ 圖 34.3 Spyder 中以彈窗的方式顯示圖片

圖 34.4 所示為 Spyder 圖片彈窗的幾個操作。其中，①可以用來拖曳二維影像，或旋轉三維影像；②可以用來放大影像。緊隨其後的兩個按鈕分別開啟圖片邊距、圖片軸等設置。最後一個按鈕可以用來手動儲存圖片，圖片儲存格式有很多選擇。

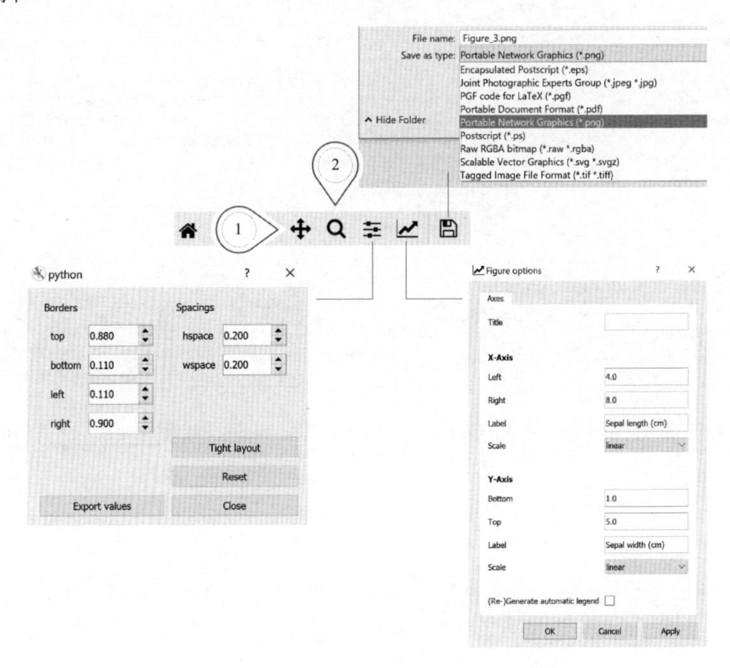

▲ 圖 34.4 Spyder 圖片彈窗的幾個操作

本書前文提過一些圖片格式。簡單來說，**PNG**(Portable Network Graphics) 是一種無失真壓縮的點陣圖影像格式，支援透明背景。**JPG**(Joint Photographic Experts Group) 是一種失真壓縮的點陣圖影像格式，對於彩色照片效果較好，但不支援透明背景。**SVG**(Scalable Vector Graphics) 是一種基於 XML 的向量影像格式，支援無損放大縮小。**PDF**(Portable Document Format)、**EPS**(Encapsulated PostScript) 也是向量影像格式。

本書系中最常用的圖片格式為 SVG。

程式編輯器樣式

Spyder 中的字型樣式、大小和反白顏色均可以修改，具體的修改方式如圖 34.5 所示。

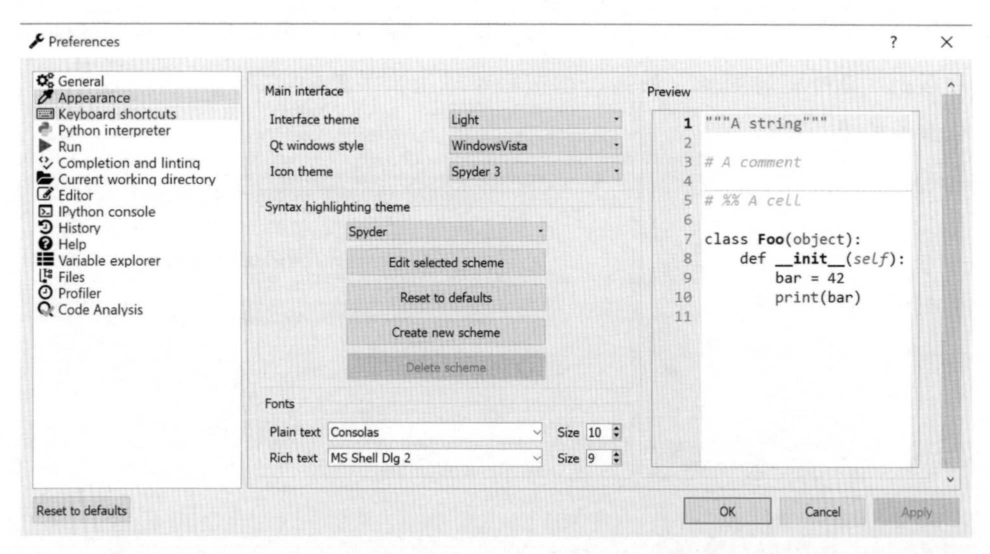

▲ 圖 34.5 修改 Spyder 中程式的字型樣式 (Tools → Preferences → Appearance)

34.2 Spyder 用起來

本章書附檔案 Bk1_Ch34_01.py 核心程式如程式 34.1 所示。這部分程式選自本書第 3 章 Jupyter Notebook。本書從頭讀到這裡，相信大家已經對程式中核心敘述很了解了。

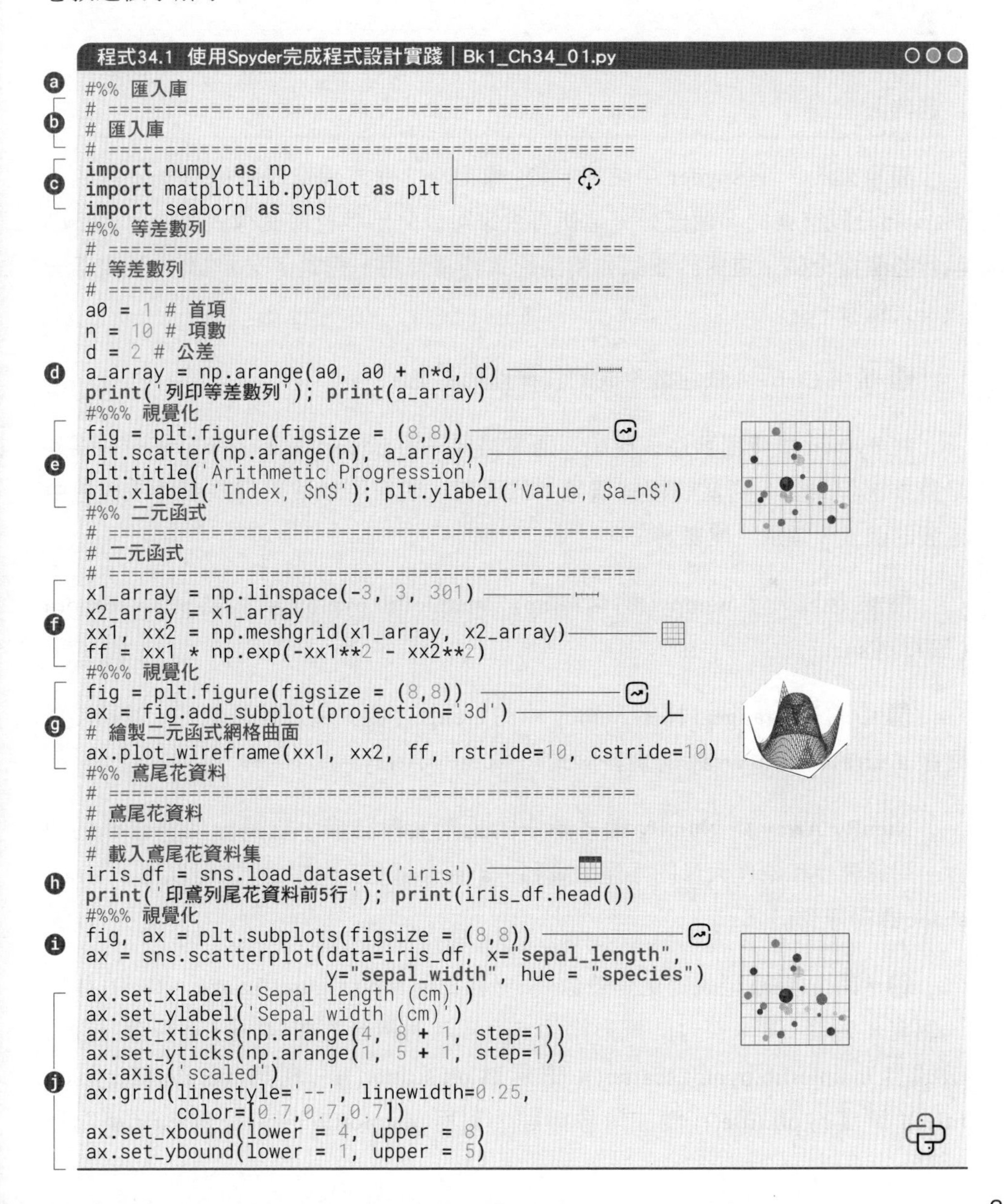
程式34.1 使用Spyder完成程式設計實踐 | Bk1_Ch34_01.py

```
#%% 匯入庫
# ==============================================
# 匯入庫
# ==============================================
import numpy as np
import matplotlib.pyplot as plt
import seaborn as sns
#%% 等差數列
# ==============================================
# 等差數列
# ==============================================
a0 = 1 # 首項
n = 10 # 項數
d = 2 # 公差
a_array = np.arange(a0, a0 + n*d, d)
print('列印等差數列'); print(a_array)
#%%% 視覺化
fig = plt.figure(figsize = (8,8))
plt.scatter(np.arange(n), a_array)
plt.title('Arithmetic Progression')
plt.xlabel('Index, $n$'); plt.ylabel('Value, $a_n$')
#%% 二元函式
# ==============================================
# 二元函式
# ==============================================
x1_array = np.linspace(-3, 3, 301)
x2_array = x1_array
xx1, xx2 = np.meshgrid(x1_array, x2_array)
ff = xx1 * np.exp(-xx1**2 - xx2**2)
#%%% 視覺化
fig = plt.figure(figsize = (8,8))
ax = fig.add_subplot(projection='3d')
# 繪製二元函式網格曲面
ax.plot_wireframe(xx1, xx2, ff, rstride=10, cstride=10)
#%% 鳶尾花資料
# ==============================================
# 鳶尾花資料
# ==============================================
# 載入鳶尾花資料集
iris_df = sns.load_dataset('iris')
print('印鳶列尾花資料前5行'); print(iris_df.head())
#%%% 視覺化
fig, ax = plt.subplots(figsize = (8,8))
ax = sns.scatterplot(data=iris_df, x="sepal_length",
                     y="sepal_width", hue = "species")
ax.set_xlabel('Sepal length (cm)')
ax.set_ylabel('Sepal width (cm)')
ax.set_xticks(np.arange(4, 8 + 1, step=1))
ax.set_yticks(np.arange(1, 5 + 1, step=1))
ax.axis('scaled')
ax.grid(linestyle='--', linewidth=0.25,
        color=[0.7,0.7,0.7])
ax.set_xbound(lower = 4, upper = 8)
ax.set_ybound(lower = 1, upper = 5)
```

下面簡單講解程式 34.1，算是一種複習鞏固。

首先請大家注意ⓐ中 #%%。在 Spyder 中，#%% 是一個特殊的註釋標記，#%% 的作用是將程式分隔成多個單獨的程式區塊 (cell)，以便更進一步地組織和執行程式。

Ctrl + Return 可以用來執行游標所在程式區塊。Ctrl + Shift + O 開啟程式目錄。

簡單來說，在 Spyder 中使用 #%% 標記時，程式編輯器將把程式分割成以 #%% 為分隔符號的多個部分。這使得大家可以分別執行每個程式部分，而不必執行整個指令稿。這對於測試和偵錯程式非常有用。程式下文 #%%% 代表下一級程式區塊。

ⓑ 是用 Ctrl + 4 快速鍵生成的註釋程式區塊。

在 Python 中使用套件或模組，通常需要先用 import 匯入。簡單來說，匯入是將外部程式引入到當前程式環境中的過程，使得可以使用這些套件或模組中定義的函式、類別、變數等。

ⓒ 先後匯入了 numpy(簡寫為 np)、matplotlib.pyplot(簡寫為 plt)、seaborn (簡寫為 sns)。

ⓓ 中的 np.arange() 採用 numpy 中的 arange() 函式生成等差數列，並儲存在變數 a_array 中。a_array 的資料形式叫 NumPy Array。

NumPy Array 是 NumPy 函式庫中的主要資料結構。它是一個多維陣列物件，用於儲存和處理大量同類型的資料。a_array 只有一維。大家可以用 a_array.shape 獲得陣列形狀。

ⓔ 利用散點圖型視覺化等差數列。利用 fig = plt.figure(figsize = (8,8)) 建立一個寬 8 英吋、高 8 英吋的圖形物件 fig。1 英吋折合約 2.54cm。繪製散點圖的函式為 matplotlib.pyplot.scatter()(簡寫為 plt.scatter())。利用 matplotlib.pyplot.title()(簡寫為 plt.title()) 增加影像標題，利用 matplotlib.pyplot.xlabel()(簡寫為

plt.xlabel()) 增加橫軸標題，利用 matplotlib.pyplot.ylabel()(簡寫為 plt.ylabel()) 增加縱軸標題。

ⓕ 首先利用 numpy.linspace() 函式在指定的區間 [-3,3] 內生成指定數量 (301) 的等間隔資料。然後利用 numpy.meshgrid() 生成網格化資料，分別儲存在 xx1、xx2 中。xx1 相當於是網格的橫軸座標，xx2 是網格的縱軸座標。xx1、xx2 也都是 NumPy Array，它們都是二維。

最後計算二元函式 $f(x_1,x_2)=x_1\exp(-x_1^2-x_2^2)$ 在網格化座標 (xx1,xx2) 的函式值，儲存在 ff 中。

ⓖ 利用網格面視覺化二元函式。ax = fig.add_subplot(projection='3d') 在影像物件 fig 上建立一個三維軸物件 ax。然後在三維軸物件 ax 上繪製三維網格圖。參數 rstride 和 cstride 控制格線的密度。

ⓗ 採用 seaborn.load_dataset('iris') 載入鳶尾花資料集，賦值給變數 iris_df。鳶尾花資料集是這套本書系重要的分析物件。資料 iris_df 格式是 Pandas DataFrame，叫作資料幀；大家可以把資料幀理解成有標籤的表格資料。

ⓘ 利用 seaborn.scatterplot() 函式繪製散點圖。

ⓙ 是對 ax 軸物件進行裝飾。

34.3 快速鍵：這章可能最有用的內容

Spyder 透過設定快速鍵提高操作效率，表 34.1 列舉了部分常用的預設快速鍵。

➔ 表 34.1 Spyder 常用快速鍵

快速鍵組合	功能
Ctrl + S	儲存
Shift + Enter	執行 + 跳躍；執行當前 cell 中的程式，游標跳躍到下一 cell
Ctrl + Enter	執行；執行當前 cell 中的程式；F9 執行當前行 / 選中程式

快速鍵組合	功能
Ctrl + 1	註釋 / 撤銷註釋；對所在行，或選中行進行註釋 / 撤銷註釋操作
Ctrl + [	向左縮進；行首減四個空格
Ctrl +]	向右縮進；行首加四個空格
Ctrl + D	刪除游標所在行
Ctrl + F	查詢
Ctrl + L	輸入數字，跳躍到某一行
Ctrl + G	開啟函式定義
Ctrl + R	替代
Ctrl + Z	撤銷；撤銷上一個鍵盤操作
Ctrl + N	建立新程式檔案
Ctrl + Shift + {	上下佈置視窗
Ctrl + Shift + -	左右佈置視窗
Ctrl + Shift + O	開啟程式目錄
Ctrl + C	複製；複製選中的程式或文字
Ctrl + X	剪下；剪下選中的程式或文字
Ctrl + V	貼上；貼上複製 / 剪下的程式或文字
Home	跳到某一行開頭
End	跳到某一行結尾
Ctrl + Home	跳到程式檔案第一行開頭
Ctrl + End	跳到程式檔案最後一行結尾
Tab	程式補齊；忘記函式拼寫時，可以舉出前一兩個字母，按 Tab 鍵得到提示

這些快速鍵可以透過圖 34.6 中的設置進行修改。如果大家同時使用 JupyterLab 和 Spyder，建議大家統一常用快速鍵。

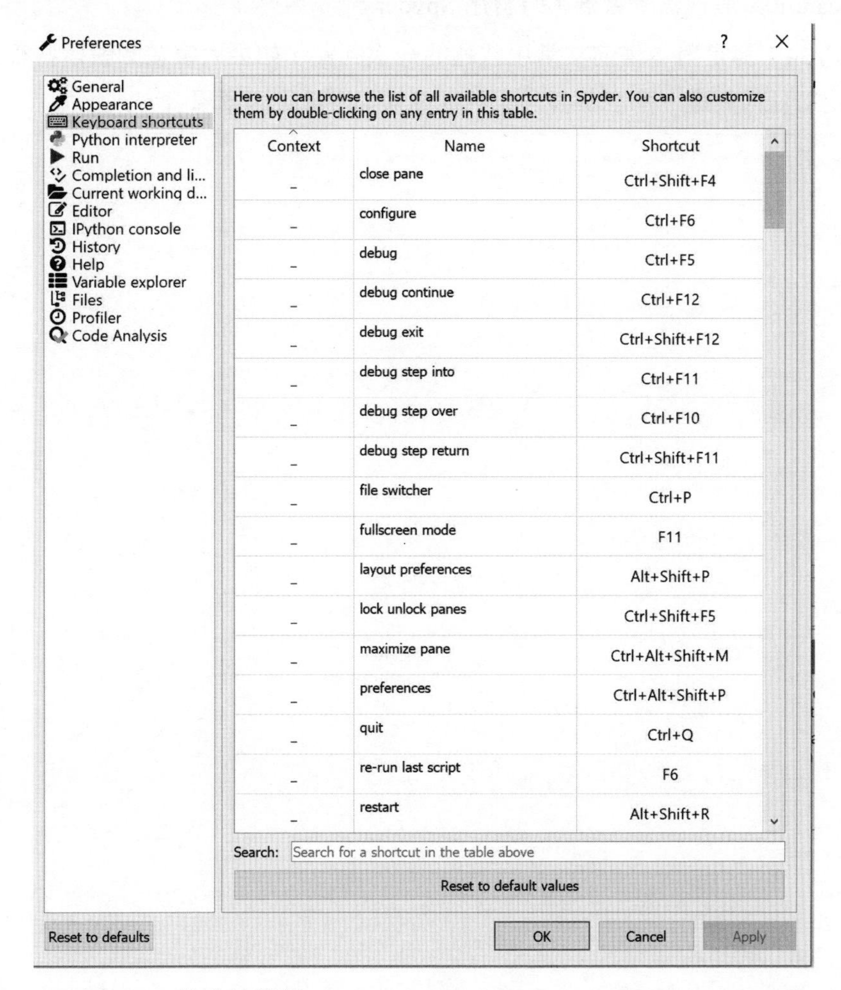

▲ 圖 34.6 修改快速鍵 (Tools → Preferences → Keyboard shortcuts)

➔ **請大家完成以下題目。**

Q1. 在 Spyder 中完成程式 34.1 程式設計實踐。

* 題目很基礎，不給答案。

本書除最後三章外都建議用 JupyterLab；本書最後兩章在介紹如何用 Streamlit 架設機器學習應用時會用 Spyder。

程式 34.1 算是對本書前文常用敘述的一次回顧，如果大家在閱讀這些程式時沒有任何問題，那麼恭喜大家可以進入本書最後兩章學習。

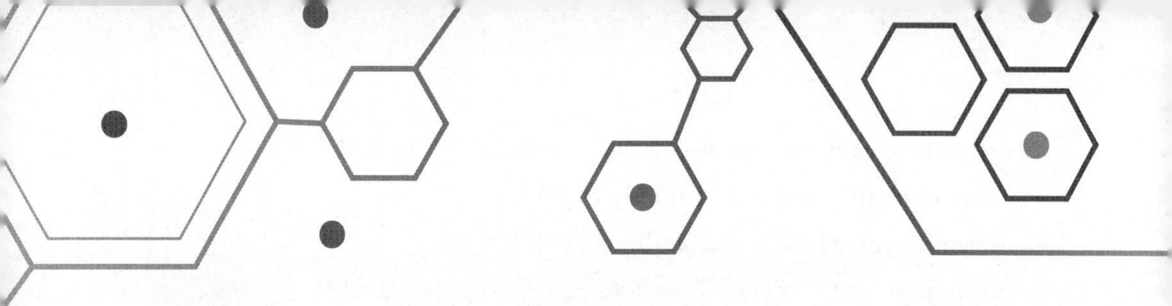

Build Streamlit Apps

35 Streamlit 架設 Apps

用 Streamlit 架設數學學習、資料科學、機器學習應用

沒有對已有知識進行大量練習，你不太可能發現新事物；但更進一步，你應該從解決有趣的關係和有趣的問題中獲得很多樂趣。

You're unlikely to discover something new without a lot of practice on old stuff,but further, you should get a heck of a lot of fun out of working out funny relations and interesting things.

——理查 · 費曼（*Richard P. Feynman*）| 美國理論物理學家 | *1918—1988* 年

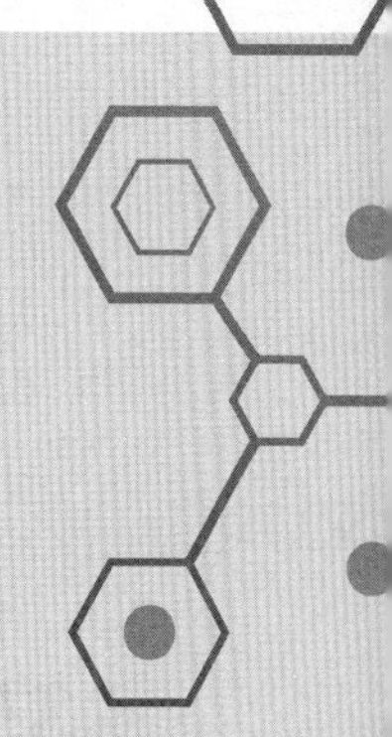

- streamlit.area_chart() 面積圖
- streamlit.bar_chart() 長條圖
- streamlit.button() 按鈕，點擊時會觸發指定的動作
- streamlit.checkbox() 核取方塊，使用者可以選擇或取消選擇
- streamlit.color_picker() 顏色選擇器，使用者可以選擇顏色
- streamlit.columns() 建立多列版面配置
- streamlit.container() 是一個用於組織內容的容器
- streamlit.date_input() 日期輸入框，使用者可以選擇日期
- streamlit.expander() 建立可展開的區域
- streamlit.file_uploader() 檔案上傳器，使用者可以上傳檔案
- streamlit.header() 顯示章節標題
- streamlit.line_chart() 線圖
- streamlit.markdown() 顯示 Markdown 文字
- streamlit.multiselect() 多選框，使用者可以從給定選項中選擇多個

- streamlit.number_input() 數字輸入框，使用者可以輸入數字
- streamlit.plotly_chart() 展示 Plotly 影像物件
- streamlit.pyplot() 展示 Matplotlib 影像物件
- streamlit.radio() 一組選項按鈕，使用者可以從給定選項中選擇一個
- streamlit.select_slider() 選擇滑動桿，使用者可以從給定選項中選擇一個值
- streamlit.selectbox() 下拉選擇框，使用者可以從給定選項中選擇一個
- streamlit.sidebar() 建立側邊欄
- streamlit.slider() 滑動桿，使用者可以在指定範圍內選擇一個值
- streamlit.tabs() 建立標籤式的版面配置
- streamlit.text_area() 多行文本輸入框，使用者可以輸入多行文本
- streamlit.text_input() 文字輸入框，使用者可以輸入文字
- streamlit.time_input() 時間輸入框，使用者可以選擇時間
- streamlit.title() 顯示標題
- streamlit.write() 顯示字串、資料幀、顯示出錯、函式、影像等

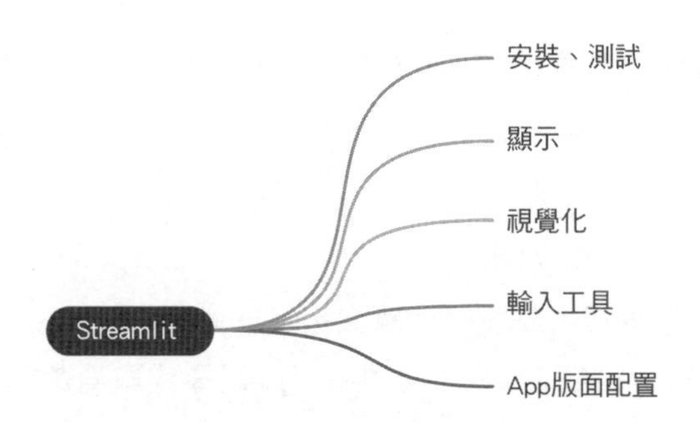

35.1 什麼是 Streamlit ？

Streamlit 是一個用於建構資料科學和機器學習應用程式的開放原始碼 Python 函式庫。Streamlit 能夠以簡單且快速的方式建立互動式應用程式，無須煩瑣的前端開發。

Streamlit 有以下幾個主要功能。

- **使用者互動**：Streamlit 具有建構使用者介面的功能，可以增加各種互動元素，如滑動桿、下拉式功能表和核取方塊，以使使用者能夠與應用程式進行互動，並動態地改變應用程式的行為。
- **資料視覺化**：Streamlit 提供了豐富的圖表和視覺化元件，能夠直觀地展示資料和模型的結果。Streamlit 還支援 Matplotlib、Seaborn、Plotly 等函式庫建立圖表，並將其整合到應用程式中。
- **模型展示**：Streamlit 支援在應用程式中展示機器學習模型的結果。可以用 Streamlit 載入模型並使用它們對新資料進行預測。這對於展示模型的性能、解釋結果或進行即時預測非常有用。
- **部署和共用**：Streamlit 提供了一個簡單的部署機制，可以輕鬆地將應用程式部署到 Web 上，並與其他人共用。

本章主要介紹如何使用 Streamlit 的核心功能，而下一章介紹如何用 Streamlit 建立資料分析、機器學習相關 App 應用。

安裝

安裝 Anaconda 後，可以進一步安裝 Streamlit。

如圖 35.1 所示，對於 Windows 使用者，先開啟 Anaconda

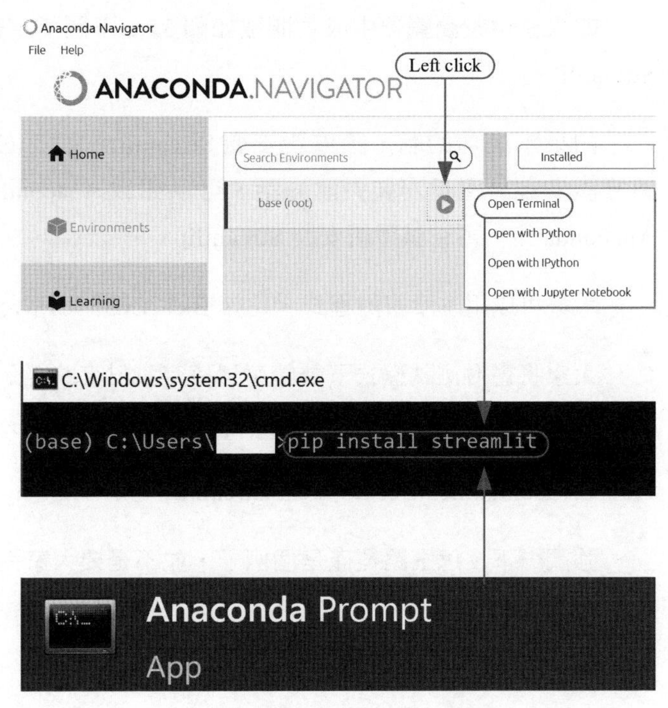

▲ 圖 35.1 安裝 Streamlit

Navigator，進入 Environments，然後選擇特定環境，按一下▶開啟下拉式功能表，選擇 Open Terminal。

大家也可以直接搜索開啟 Anaconda Prompt，進入。

進入 Prompt 之後，鍵入「pip install streamlit」(注意，全小寫，半形空格) 安裝。

需要更新 Streamlit，請使用 pip install streamlit--upgrade。

對於 macOS 和 Linux 使用者，請參考以下頁面安裝 Streamlit：

> https://docs.streamlit.io/library/get-started/installation

測試

為了測試Streamlit安裝成功，在Anaconda Prompt中大家可以鍵入「streamlit hello」(注意，全小寫、半形空格)。

如果在預設瀏覽器中成功開啟如圖 35.2 下圖所示網頁，則表明成功安裝了 Streamlit。

如果不成功的話，請重新安裝 Streamlit。如有必要可以關機後重新開機再嘗試安裝。還是安裝失敗的話，可以卸載 Anaconda，再重新下載安裝最新 Anaconda 後，再嘗試重新安裝 Streamlit。

大家可以用本章書附程式，比如 Bk1_Ch35_01.py，測試 Streamlit 安裝。

大家將書附測試程式下載儲存到特定資料夾路徑，比如我將 .py 檔案儲存在桌面名為 test_streamlit 的資料夾中：

C:\Users\james\Desktop\test_streamlit

強調一下，以上路徑僅是個例子，並不是要大家完全用相同的路徑 (當然也是不太可能的)。

如圖 35.3 所示，如果想要演示這個 App，大家可以在 Anaconda Prompt 鍵入 Bk1_Ch35_01.py 所在資料夾路徑，即：

```
cd C:\Users\james\Desktop\test_streamlit
```

其中，cd 表示 Change Directory，即切換目錄的意思。這是用於在命令列中導覽檔案系統的命令。

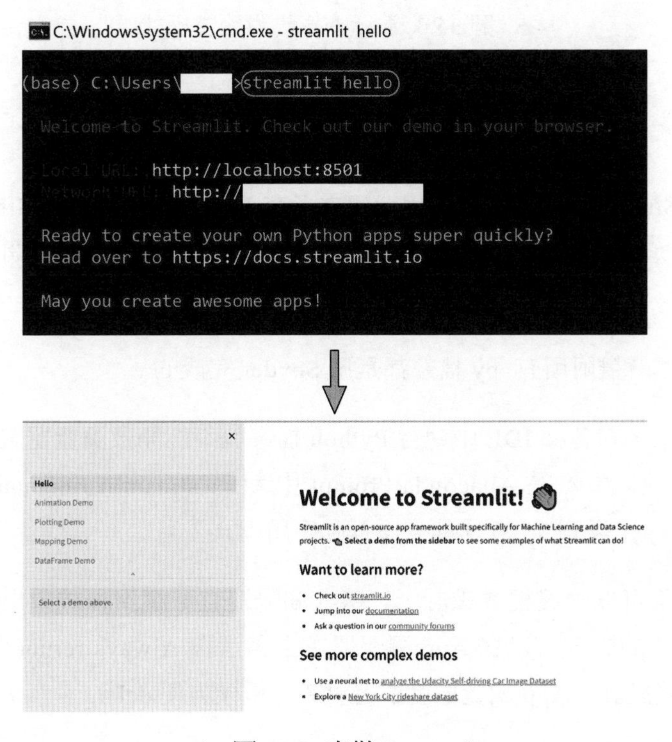

▲ 圖 35.2 安裝 Streamlit

然後鍵入「streamlit run Bk1_Ch35_01.py」。其中，streamlit run 是用於在 Anaconda Prompt 中啟動和執行 Streamlit 應用程式的命令。

> ⚠ streamlit 和 run 都是小寫，中間有一個半形空格，後再接一個半形空格，然後是 .py 檔案名稱 (含 .py 擴充)。

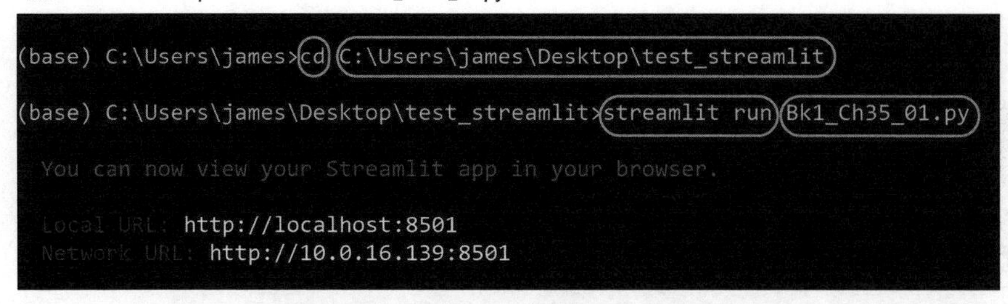

▲ 圖 35.3 演示本章書附測試程式

IDE

雖然，Streamlit 社區中有使用者建立了在 JupyterLab 中開發 Streamlit Apps 的函式庫，但是作者建議大家還是用 Spyder 或 PyCharm 作為開發 Streamlit Apps 的 IDE。

比如，本章書附所有 .py 檔案都是用 Spyder 完成的。

強調一下，在各種 IDE 中執行 Python 檔案並不能開啟瀏覽器查看 Streamlit 應用程式。必須要在 Anaconda Prompt 中執行 streamlit run_name_of_your_streamlit_app.py(見圖 35.3) 才能查看互動應用程式。

大家完全可以一邊程式設計，一邊在瀏覽器查看應用程式效果。如果程式執行一遍較快的話，可以在 App 瀏覽器右上角選擇 Always rerun(見圖 35.4)，這樣一邊程式設計，App 瀏覽器就跟著更新，這樣方便 debug。

i Source file changed. Rerun Always rerun ≡

▲ 圖 35.4 Streamlit 應用頁面設置

API(Application Programming Interface) 直譯為應用程式設計發展介面。簡單來說，API 就是指一些預先定義好的函式。下面我們介紹幾類常用的 API 函式。

35.2 顯示

程式 35.1 利用 Streamlit 的函式顯示文字、影像，瀏覽器呈現的 App 效果如圖 35.5 所示。

ⓐ 將 streamlit 匯入，簡寫作 st(這是 Streamlit 官方通用簡稱，建議大家直接採用)。為了和官網技術文件保持一致，本章在介紹 Streamlit 函式時，也會直接採用 st.function()，而非 streamlit.function()。

ⓑ 利用 st.title() 顯示標題，這個函式的輸入為 str。

Streamlit 最近還推出了著色文字的語法，:color[text to be colored]。比如，ⓑ中 :red[Streamlit] 表示用紅色著色 Streamlit。

ⓒ利用 st.header() 顯示章節標題。

ⓓ 利用 st.markdown() 顯示 Markdown 文字。

ⓔ 利用 st.write() 顯示資料幀。Streamlit 官網管 st.write() 叫「瑞士刀」，根據官方技術文件，st.write() 幾乎可以顯示各種物件，如字串、資料幀、顯示出錯、函式、模組、影像物件 (比如ⓕ)、sympy 符號數學運算式等。

其他顯示文字的函式還有，st.subheader()、st.captain()、st.code()、st.text()、st.latex()。請大家在 Spyder 中架設 Streamlit Apps 嘗試這些函式。

Welcome to the world of Streamlit

Panda DataFrame

Load Iris Data Set

	sepal_length	sepal_width	petal_length	petal_width	species
0	5.1	3.5	1.4	0.2	setosa
1	4.9	3	1.4	0.2	setosa
2	4.7	3.2	1.3	0.2	setosa
3	4.6	3.1	1.5	0.2	setosa
4	5	3.6	1.4	0.2	setosa
5	5.4	3.9	1.7	0.4	setosa
6	4.6	3.4	1.4	0.3	setosa
7	5	3.4	1.5	0.2	setosa
8	4.4	2.9	1.4	0.2	setosa
9	4.9	3.1	1.5	0.1	setosa

Visualize Using Heatmap

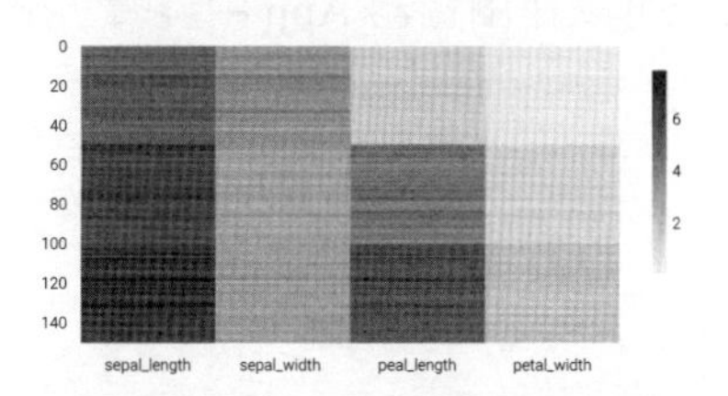

▲ 圖 35.5 用於顯示的函式，瀏覽器 App | Bk1_Ch35_01.py

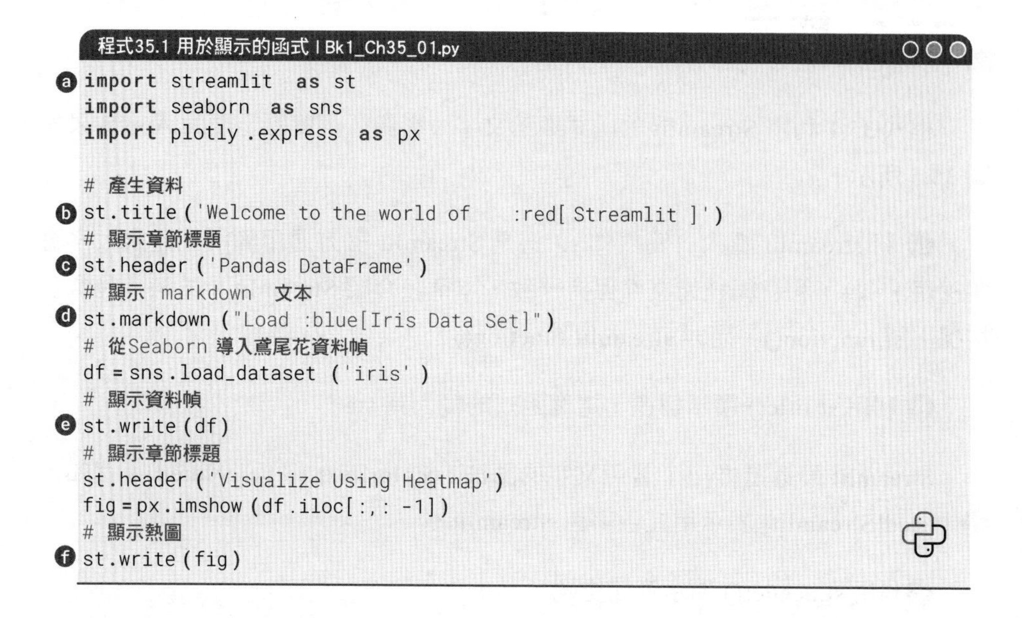
程式35.1 用於顯示的函式 | Bk1_Ch35_01.py

```
import streamlit  as st
import seaborn  as sns
import plotly .express  as px

# 產生資料
st.title ('Welcome to the world of    :red[ Streamlit ]')
# 顯示章節標題
st.header ('Pandas DataFrame')
# 顯示 markdown 文本
st.markdown ("Load :blue[Iris Data Set]")
# 從Seaborn 導入鳶尾花資料幀
df = sns.load_dataset ('iris')
# 顯示資料幀
st.write (df)
# 顯示章節標題
st.header ('Visualize Using Heatmap')
fig = px.imshow (df.iloc[:,: -1])
# 顯示熱圖
st.write (fig)
```

35.3 視覺化

Streamlit 目前本身視覺化方案有限，如線圖 (st.line_chart())、面積圖 (st.area_chart())、長條圖 (st.bar_chart()) 等。但是 Streamlit 支援其他主流 Python 視覺化函式庫，如 Matplotlib、Plotly、Altair、Bokeh 等。

程式 35.2 中ⓐ利用 st.pyplot() 專門繪製 Matplotlib 影像物件，大家自己開啟 App 會發現這幅圖為靜態影像，也就是一幅圖片。

而ⓑ利用 st.plotly_chart() 專門繪製 Plotly 影像物件，這幅圖就是可互動的，大家可以在瀏覽器 App 中旋轉、縮放這幅圖。

程式35.2 Streamlit中的視覺化範例 | Bk1_Ch35_02.py

```
import plotly.graph_objects as go
import numpy as np
import matplotlib.pyplot as plt
import streamlit as st

# 產生資料
x1_array = np.linspace(-3, 3, 301)
x2_array = np.linspace(-3, 3, 301)
xx1, xx2 = np.meshgrid(x1_array, x2_array)

# 二元函式的曲面資料
ff = xx1 * np.exp(-xx1**2 - xx2**2)

# Matplotlib 影像
fig = plt.figure(figsize=(8,8))
ax = fig.add_subplot(projection='3d')
ax.plot_wireframe(xx1, xx2, ff, rstride=10,
cstride=10)
st.pyplot(fig)                                    # a

# Plotly 影像
fig = go.Figure(data=[go.Surface(z=ff, x=xx1, y=xx2,
                       colorscale='RdYlBu_r')])
st.plotly_chart(fig)                              # b
```

35.4 輸入工具

Streamlit 還支援各種**輸入工具** (input widget)，表 35.1 總結了常用輸入工具。

請大家自行練習程式 35.3，並在瀏覽器查看輸入工具效果。此外，建議大家查看每種輸入工具傳回值、類型，如ⓐ、ⓑ。

➔ 表 35.1 Streamlit 常用輸入工具

輸入工具樣式	說明	程式範例
Click me	按鈕，按一下時會觸發指定的動作	st.button("Click me")
☑ Check me	核取方塊，使用者可以選擇或取消選擇	st.checkbox("Check me")

輸入工具樣式	說明	程式範例
Choose one: ◉ Option 1 ○ Option 2 ○ Option 3	一組選項按鈕，使用者可以從給定選項中選擇一個	st.radio("Choose one:",["Option 1","Option 2」,"Option 3"])
Choose one: Option 2	下拉選擇框，使用者可以從給定選項中選擇一個	st.selectbox("Choose one:",["Option 1","Option 2","Option 3"])
Choose many: A × B ×	多選框，使用者可以從給定選項中選擇多個	st.multiselect("Choose many:",["A","B","C","D"])
Select a value: 8.69 0.00 10.00	滑動桿，使用者可以在指定範圍內選擇一個值	st.slider("Select a value:",0.0,10.0,5.0)
Select a value: 2 1 5	滑動桿，使用者可以從給定選項中選擇一個值	stselect_slider("Select a value:",options=[1,2,3,4,5])
Enter your name Dr. Ginger	文字輸入框，使用者可以輸入文字	st.text_input("Enter your name")
Enter a number 8.88 − +	數字輸入框，使用者可以輸入數字	st.number_input("Enter a number")
Enter your message Streamlit is fun! Welcome to the world of Streamlit!	多行文本輸入框，使用者可以輸入多行文本	st.text_area("Enter your message")
Select a date 2028/08/08	日期輸入框，使用者可以選擇日期	st.date_input("Select a date")

輸入工具樣式	說明	程式範例
Select a time 08:30	時間輸入框，使用者可以選擇時間	st.time_input("Select a time")
Upload a file Drag and drop file here Limit 200MB per file Browse files	檔案上傳器，使用者可以上傳檔案	st.file_uploader("Upload a file")
Pick a #E6380A HEX	顏色選擇器，使用者可以選擇顏色	st.color_picker("Pick a color")

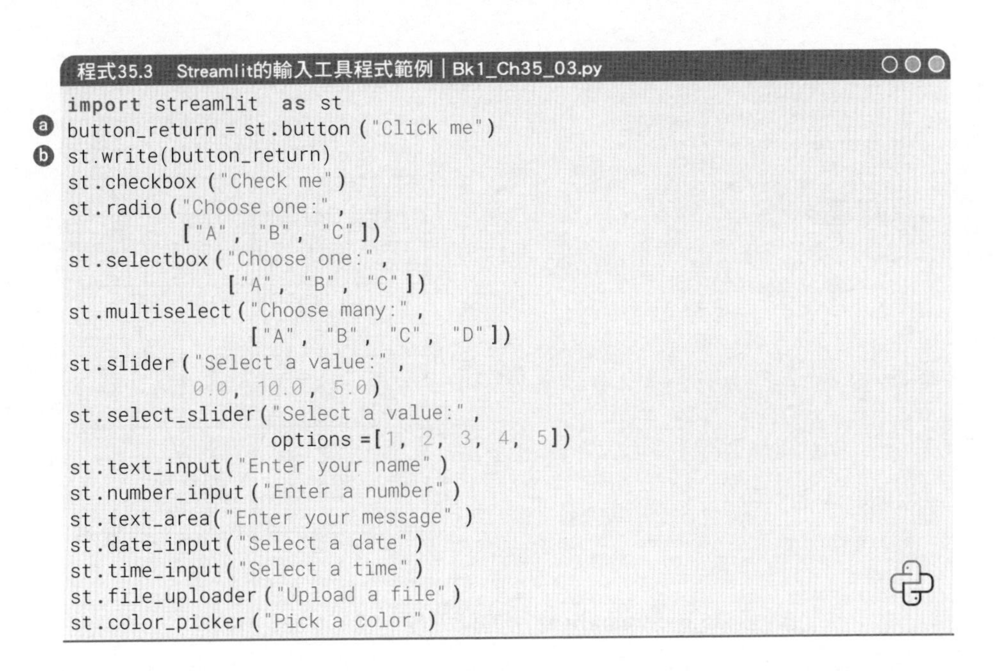

程式35.3　Streamlit的輸入工具程式範例 | Bk1_Ch35_03.py

```
import streamlit  as st
button_return = st.button ("Click me")
st.write(button_return)
st.checkbox ("Check me")
st.radio ("Choose one:",
          ["A", "B", "C"])
st.selectbox ("Choose one:",
              ["A", "B", "C"])
st.multiselect ("Choose many:",
                ["A", "B", "C", "D"])
st.slider ("Select a value:",
           0.0, 10.0, 5.0)
st.select_slider ("Select a value:",
                  options =[1, 2, 3, 4, 5])
st.text_input ("Enter your name")
st.number_input ("Enter a number")
st.text_area("Enter your message")
st.date_input ("Select a date")
st.time_input ("Select a time")
st.file_uploader ("Upload a file")
st.color_picker ("Pick a color")
```

35.5 App 版面配置

Streamlit 提供幾種 App 版面配置設計。

側邊欄 (sidebar) 對應的函式為 st.sidebar()，是 Streamlit 應用程式介面中的垂直邊欄，可用於顯示與主要內容相關的附加資訊、控制項和選項。

側邊欄通常用於放置與應用程式設置、參數選擇、資料過濾等相關的小元件。可以使用 st.sidebar 方法在側邊欄中增加小元件。

如圖 35.6 所示，這個 Streamlit 應用展示 a、b、c 三個參數對拋物線 $f(x)= ax^2 + bx + c$ 的影響。左側邊框中，使用者可以透過 st.slider() 滑動選擇 a、b、c 三個參數具體值。

圖 35.6 右側主頁面則分別列印函式，並展示函式影像。

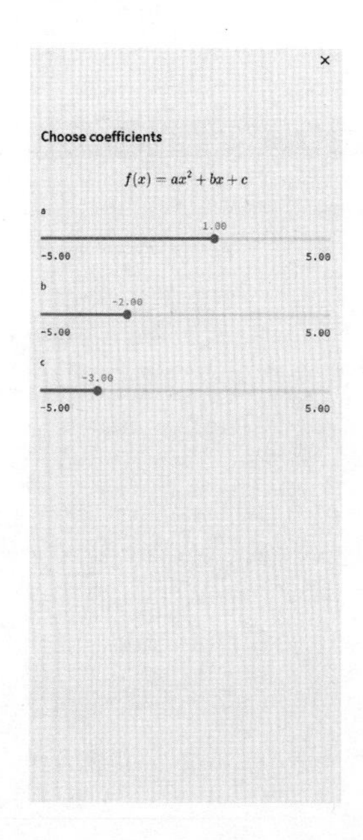

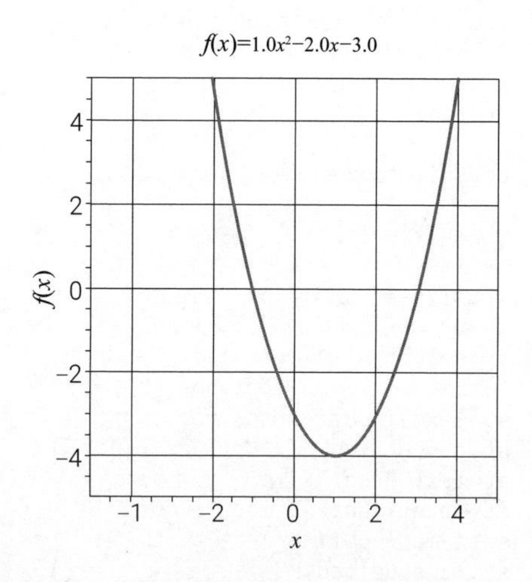

▲ 圖 35.6 Streamlit 應用的側邊框 | Bk1_Ch35_04.py

我們可以透過程式 35.4 建立圖 35.6 中 Streamlit 應用。

ⓐ 用 with st.sidebar: 建立了側邊框程式區塊。類似 for loop，四個空格縮進用來表達程式區塊。

ⓑ 用 st.latex() 列印 LaTeX 公式，在側邊框展示 $f(x) = ax^2 + bx + c$。

ⓑ 這一句還可以這樣寫，st.sidebar.latex(r'f(x)= ax^2 + bx + c')；這種寫法不需要縮進，可以在側邊框程式區塊外部寫。

ⓒ 用 st.slider() 提供滑動桿輸入工具—使用者可以選擇輸入數值，並將這個數值賦值給變數 a。min_value = -5.0 設定滑動桿最小值，max_value = 5.0 設定最大值，step = 0.01 設定滑動桿滑動步進值，value = 1.0 設定滑動桿預設值。

ⓓ 和ⓔ用同樣的輸入工具給變數 b、c 賦值。

ⓕ 建立 SymPy 符號數學運算式。

ⓖ 利用 sympy.lambdify() 將符號數學運算式轉化為 Python 函式。

ⓗ 計算拋物線函式值。

ⓘ 用 st.title() 建立應用標題。

ⓙ 用 st.latex() 將 SymPy 符號數學運算式以 LaTeX 形式列印在主頁面上。

ⓚ 用 st.write() 將 Matplotlib fig 物件顯示在主頁面上。

程式35.4 Streamlit應用的側邊框 | Bk1_Ch35_04.py

```
import streamlit  as st
import numpy  as np
from sympy  import  symbols ,lambdify
import matplotlib .pyplot  as plt

# 側邊框
with st.sidebar :                                        # a
    st.header ('Choose coefficients')
    st.latex (r'f(x) = ax^2 + bx + c')                  # b
    a = st.slider ("a",min_value  = -5.0,               # c
                    max_value  = 5.0,
                    step  = 0.01,  value  = 1.0)
    b = st.slider ("b",min_value  = -5.0,               # d
                    max_value  = 5.0,
                    step  = 0.01,  value  = -2.0)
    c = st.slider ("c",min_value  = -5.0,               # e
                    max_value  = 5.0,
                    step  = 0.01,  value  = -3.0)
# 拋物線
x = symbols ('x')
f_x  = a*x**2  + b*x  + c                               # f
x_array  = np.linspace (-5,5,101)
f_x_fcn  = lambdify (x,  f_x)                           # g
y_array  = f_x_fcn (x_array )                           # h

# 主頁面
st.title ('Quadratic function)                          # i
st.latex (r'f(x) = ')
st.latex (f_x)                                          # j

# 視覺化
fig  = plt.figure ()
ax  = fig.add_subplot  (111)
ax.plot (x_array ,  y_array )

ax.set_xlim  ([-5,  5])
ax.set_ylim  ([-5,  5])
ax.set_aspect  ('equal' ,  adjustable ='box')
ax.set_xlabel  ('x')
ax.set_ylabel  ('f(x)')
st.write (fig)                                          # k
```

此外，函式 st.columns() 在 Streamlit 應用程式中建立多列版面配置，可以將內容水平分割成幾個部分。透過這種方式，可以更進一步地控制內容的排列方式。

> ⚠ 注意：目前 st.columns() 只能用在主頁面中，不能用在側邊框。

如程式 35.5 所示，ⓐ中 st.columns(2) 建立 2 列，物件分別是 col1、col2。我們還可以透過輸入控制多列版面配置比例，比如 col1,col2 = st.columns([3,1])，建立 col1 和 col2 比例為 3:1。再比如 col_A,col_B,col_C = st.columns([2,1,1])，建立 col_A,col_B,col_C 比例為 2:1:1。

ⓑ 在 col1 分欄顯示文字，ⓒ在 col2 分欄顯示文字。類似側邊框，也可以用 with col1: 這種語法形式建立程式區塊。

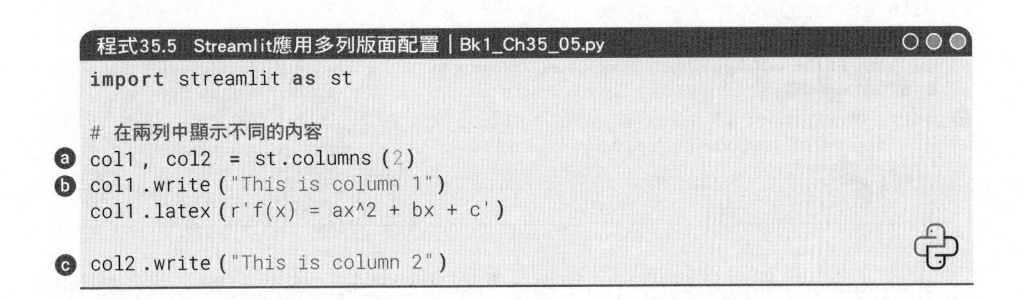

程式35.5 Streamlit應用多列版面配置 | Bk1_Ch35_05.py

```
import streamlit as st

# 在兩列中顯示不同的內容
ⓐ col1, col2 = st.columns(2)
ⓑ col1.write("This is column 1")
col1.latex(r'f(x) = ax^2 + bx + c')

ⓒ col2.write("This is column 2")
```

st.tabs() 可以用來建立標籤式的版面配置，將相關的內容分組在不同的標籤中，從而使應用程式介面更加清晰和易於導覽。請大家自行學習程式 35.6。

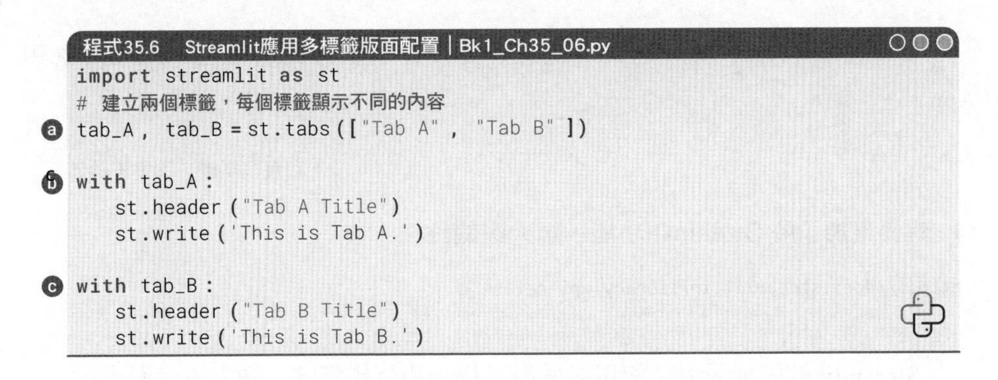

程式35.6 Streamlit應用多標籤版面配置 | Bk1_Ch35_06.py

```
import streamlit as st
# 建立兩個標籤，每個標籤顯示不同的內容
ⓐ tab_A, tab_B = st.tabs(["Tab A", "Tab B"])

ⓑ with tab_A:
    st.header("Tab A Title")
    st.write('This is Tab A.')

ⓒ with tab_B:
    st.header("Tab B Title")
    st.write('This is Tab B.')
```

st.expander() 建立可展開的區域，可以用來隱藏一些內容，讓使用者選擇是否展開查看。請大家自行學習程式 35.7。

程式35.7 Streamlit應用可展開區域 | Bk1_Ch35_07.py

```
import streamlit as st
import seaborn as sns
import plotly.express as px

# 顯示標題
st.title('Iris Dataset')

# 從Seaborn 匯入鳶尾花資料幀
df = sns.load_dataset ('iris')
# 第一個可展開區域
with st.expander ("Open and view DataFrame"):   # ⓐ
    # 顯示資料幀
    st.write(df)
# 第二個可展開區域
with st.expander ("Open and view Heatmap"):   # ⓑ
    fig = px.imshow(df.iloc[:,:-1])
    # 顯示熱圖
    st.write(fig)
```

st.container() 建立組織內容的容器，可以用於控制內容的對齊方式和排列順序。

➔ 請大家完成以下題目。

Q1. 在 Spyder 中複刻 Python 程式，然後分別執行開啟每個 Streamlit 應用 App。

* 題目很基礎，本書不給答案。

➔ 想要更加了解 Streamlit 功能，請大家關註：

https://docs.streamlit.io/library/api-referenc

Streamlit 社區開發者、使用者開發了很多小外掛程式，請大家參考：

https://extras.streamlit.app/

請大家注意，本章僅介紹了一些常用 Streamlit 功能；Streamlit 近期獲得很大關注，使用者量不斷激增，開發團隊不斷增加新的功能、推出新版本，因此 Streamlit 語法也可能發生更新。

本書前文提過，Streamlit 特別適合快速架設、部署機器學習 App。Streamlit 和各種 Python 第三方函式庫相容性極高，這也是本書系全系列採用 Streamlit 的原因。下一章，也是本書最後一章，將用 Streamlit 架設幾個機器學習 App 應用，總結本書所學！

MEMO

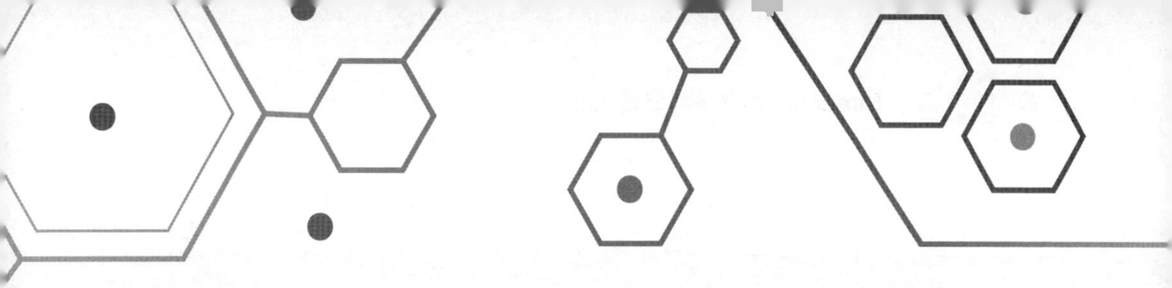

Build Machine Learning Apps Using Streamlit

36 Streamlit 架設機器學習 Apps

統計描述、資料視覺化、機率模型、隨機過程模擬

一片幽林，野徑兩條；而我踏上了人跡罕至的那條。人生軌跡的差別很大，由此而起。

Two roads diverged in a wood,and I,I took the one less traveled by,And that has made all the difference.

——羅伯特・弗羅斯特（*Robert Frost*）| 美國詩人 | *1874—1963* 年

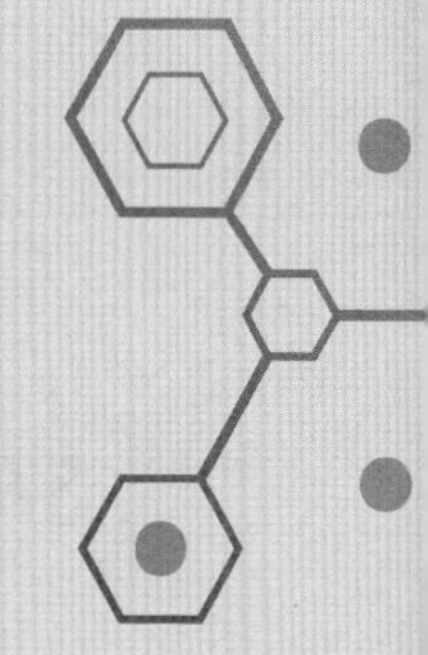

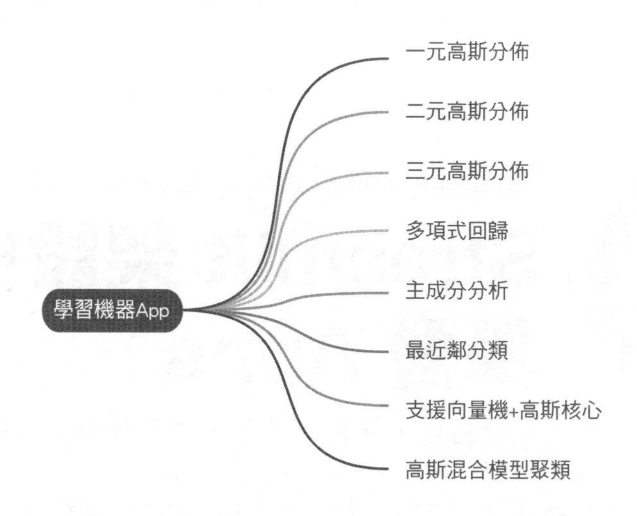

36.1 架設應用 App：程式設計 + 數學 + 視覺化 + 機器學習

本書最後一章用 Streamlit 架設 8 個機器學習 App，用來總結本書前文講解的主要內容。本章正文不提供 Python 程式，請大家用 Spyder 自行開啟書附程式查看並逐行註釋。

此外，請大家按照上一章介紹的方法開啟這幾個 App，並想辦法根據本書前文所學豐富這些 App 的功能。

36.2 一元高斯分佈

大家可能好奇，高斯分佈竟然可以歸類到機率統計板塊，而非機器學習演算法。但是，很多機器學習演算法都離不開高斯分佈。

本書前文提過，**高斯單純貝氏** (Gaussian naive Bayes)、**高斯判別分析** (Gaussian discriminant analysis)、**高斯過程** (Gaussian process)、**高斯混合模型** (Gaussian mixture model)，甚至是協方差估計、隨機數發生器、回歸分析、主成分分析、馬氏距離，也都和高斯分佈有著千絲萬縷的聯繫。

因此，把高斯分佈搞得清清楚楚、明明白白格外重要。

《AI 時代 Math 元年 - 用 Python 全精通統計及機率》專門介紹高斯分佈。

本章用了三節分別設計了三個 Apps，分別展示一元、二元、三元高斯分佈。

簡單來說，**一元高斯分佈** (univariate Gaussian distribution) 是一種對稱的機率分佈，常見於自然界和統計學中。它呈鐘形曲線，資料集中在平均值附近，隨著距離平均值的增加，機率密度逐漸減小。

圖 36.1 所示為一元高斯分佈機率密度函式曲線的 App。這個 App 很簡單，我們透過調節期望、標準差來觀察 PDF 曲線的變化。本書前文提過，期望影響圖中曲線的位置，而標準差影響曲線「高矮胖瘦」。

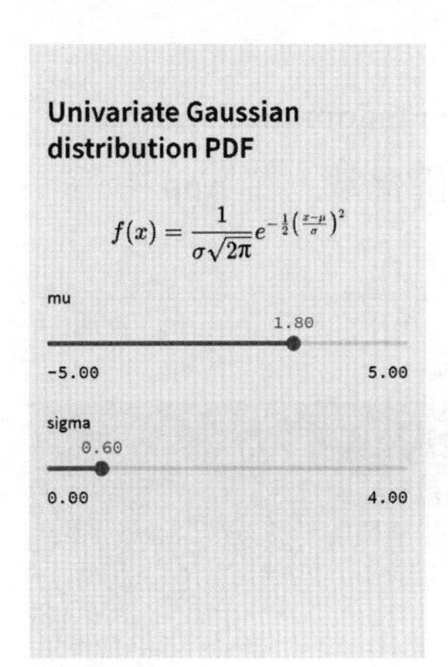

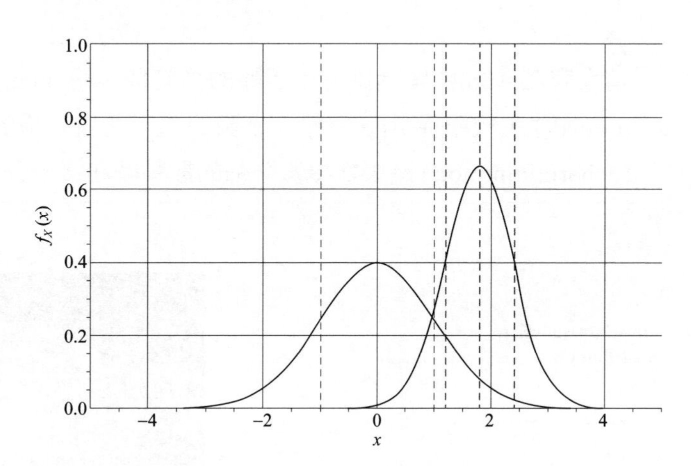

▲ 圖 36.1 一元高斯分佈 App | Bk1_Ch36_01.py

請大家利用 numpy.random.normal() 生成服從 App 中輸入參數的一元高斯分佈的隨機數，在 App 中繪製隨機數分佈的長條圖。然後，自行了解什麼是一元高斯分佈的 CDF，然後用 scipy.stats.norm() 在圖 36.1 中增加一幅圖，展示 CDF 曲線隨期望、標準差變化。

36.3 二元高斯分佈

如圖 36.2 所示，**二元高斯分佈** (bivariate Gaussian distribution) 的 PDF 曲面和橢圓緊密相連。質心 (期望值向量) 影響圖中橢圓位置，而協方差矩陣 $\begin{bmatrix} \sigma_1^2 & \rho_{1,2}\sigma_1\sigma_2 \\ \rho_{1,2}\sigma_1\sigma_2 & \sigma_2^2 \end{bmatrix}$ 則影響橢圓的形狀。

本書系會幫助大家「吃透」二元高斯分佈，因為這個分佈可以幫助我們理解圓錐曲線、幾何操作 (平移、旋轉、縮放、剪下)、協方差矩陣、特徵值分解、馬氏距離、離群值、卡方分佈、主成分分析、回歸分析等。

特別是，特徵值分解得到的特徵向量告訴我們橢圓的長軸、短軸方向，特徵值和長半軸、短半軸長度直接相關。

> 請大家在 App 中顯示協方差矩陣的具體值。用 numpy.random.multivariate_normal() 生成服從 App 中輸入參數的二元高斯分佈的隨機數，在 App 中用 seaborn.jointplot() 繪製隨機數分佈的散點圖和邊緣分佈。

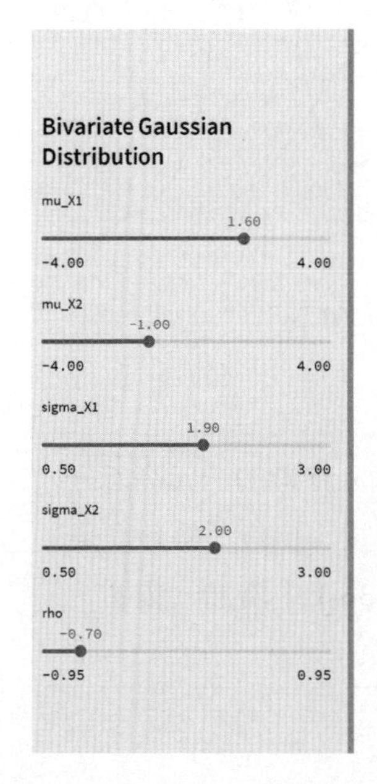

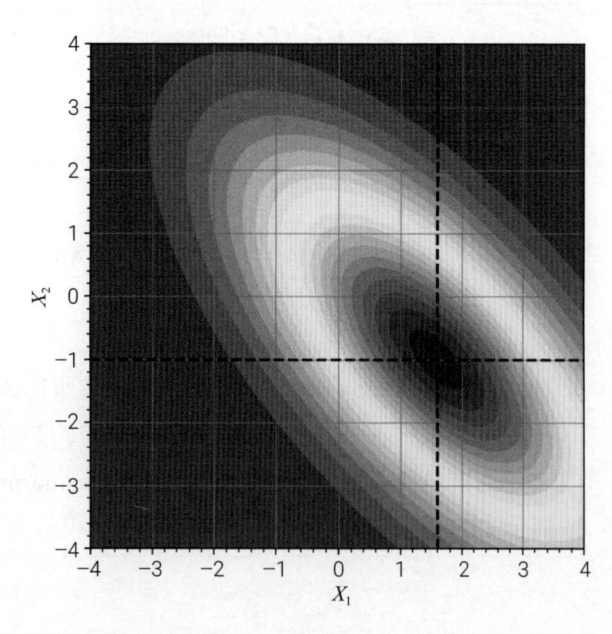

▲ 圖 36.2 二元高斯分佈 App | Bk1_Ch36_02.py

36.4 三元高斯分佈

圖 36.3 所示為用 plotly.graph_objects.Volume() 呈現的**三元高斯分佈** (Trivariate Gaussian distribution)，請大家自行參考技術文件了解這個函式用法。從幾何角度來看，三元高斯分佈 PDF 相當於一層層橢球。

《AI 時代 Math 元年 - 用 Python 全精通統計及機率》還會介紹如何將三元高斯分佈橢球投影到不同平面，以及用特徵值分解幫我們找到橢球的主軸方向和半軸長度。

請大家也用 numpy.random.multivariate_normal() 生成服從 App 中輸入參數的三元高斯分佈的隨機數，在 App 中用 plotly.express.scatter_3d() 繪製隨機數分佈的三維散點圖。

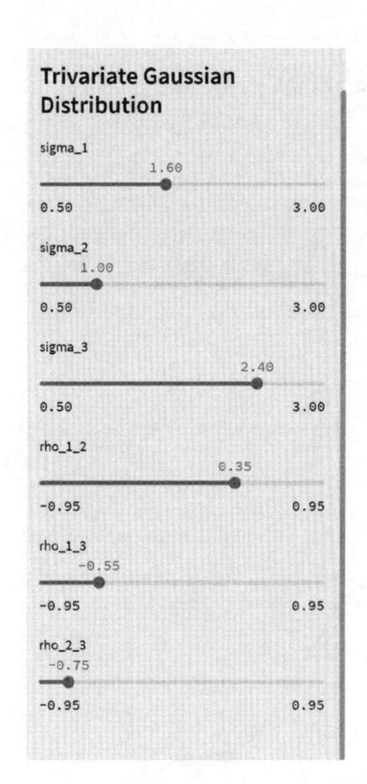

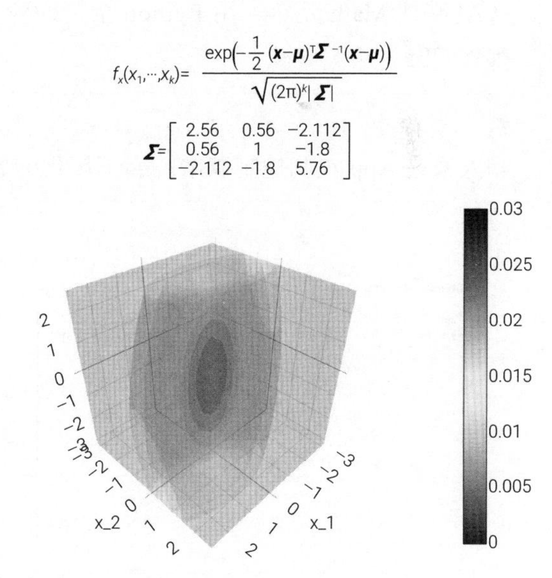

▲ 圖 36.3 三元高斯分佈 App | Bk1_Ch36_03.py

36.5 多項式回歸

圖 36.4 所示為展示**多項式回歸** (polynomial regression) 的 App，我們可以調節次數來觀察擬合曲線變化。

簡單來說，多項式回歸利用多項式函式來擬合資料關係。

與線性回歸不同，它可以捕捉到資料中的非線性模式，透過增加項的次數靈活地適應複雜模型。但是，隨著次數增加，多項式回歸模型容易出現過擬合。

本書前文提過，所謂的**過擬合** (overfitting) 是一種機器學習模型過度學習訓練資料的現象，導致在新資料上表現不佳。模型過於複雜，擬合了訓練資料中的雜訊和細節，嚴重影響**泛化能力** (generalization capability，generalization)。

而本書第 30 章介紹的**正規化** (regularization)，比如**嶺回歸** (ridge regression)，可以幫助我們降低過擬合的影響。

> 《AI 時代 Math 元年 - 用 Python 全精通資料處理》詳細介紹各種線性和非線性回歸方法。

> 請大家在 App 左側控制欄增加嶺正規化的懲罰因數，用來抑制過擬合。

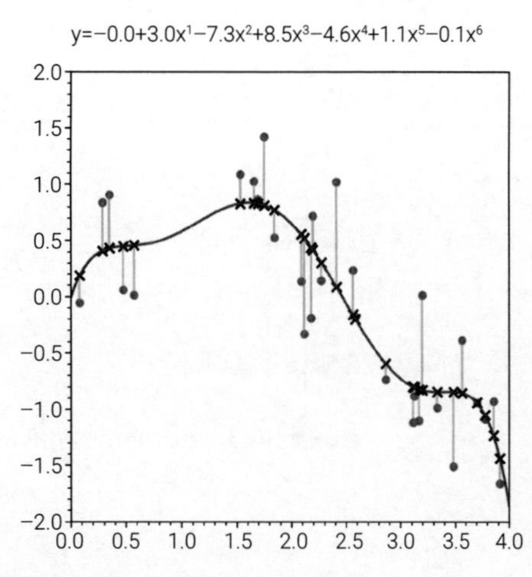

▲ 圖 36.4 多項式回歸 App | Bk1_Ch36_04.py

36.6 主成分分析

圖 36.5 所示為展示**主成分分析** (Principal Component Analysis，PCA) 的 App，我們可以透過調節主成分數量觀察資料「複刻」情況。

主成分分析是一種重要的降維技術，透過找到資料中的主要特徵，將資訊壓縮到較少的維度。它用於簡化複雜資料集，保留關鍵資訊。

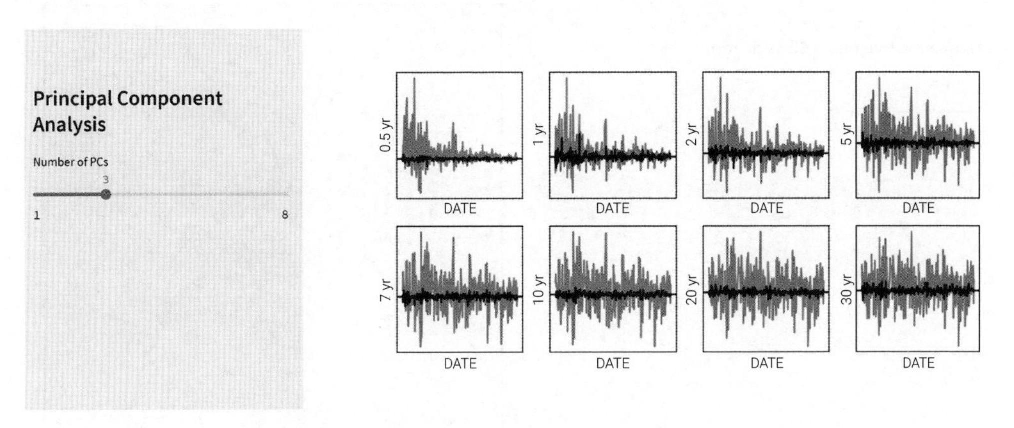

▲ 圖 36.5 主成分分析 App | Bk1_Ch36_05.py

想要理解主成分分析，就必須要掌握**協方差矩陣估計** (estimation of covariance matrix)、**特徵值分解** (Eigen Value Decomposition，EVD)、**奇異值分解** (Singular Value Decomposition，SVD)，這是本書系後續要幫大家攻克的難關。

《AI 時代 Math 元年 - 用 Python 全精通資料處理》專門介紹主成分分析的不同技術路線以及其他降維方法。

請大家在 App 中增加散點圖和熱圖兩種視覺化方案來比較原始資料和還原資料。

36.7 k 最近鄰分類

圖 36.6 展示的是 k **最近鄰分類** (k-Nearest Neighbors，kNN) 演算法，我們可以調節近鄰數量來觀察決策邊界。本書前文提過，最近鄰分類演算法實際上表現的就是「近朱者赤，近墨者黑」這個樸素的思想。

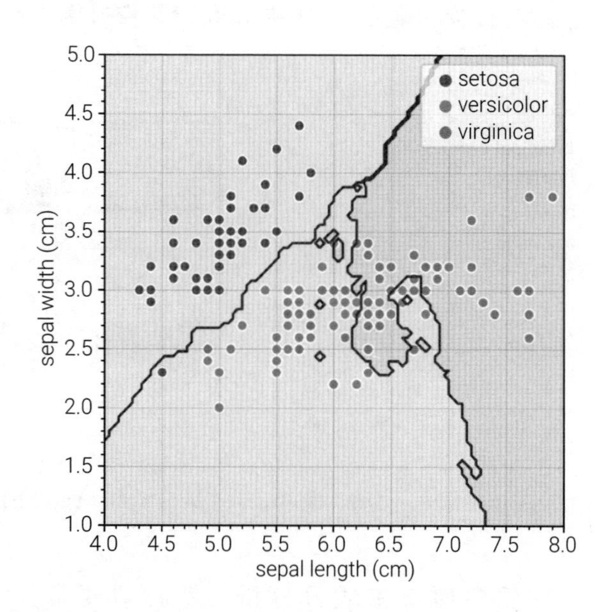

▲ 圖 36.6 k 最近鄰分類 App | Bk1_Ch36_06.py

《AI 時代 Math 元年 - 用 Python 全精通機器學習》專門介紹不同分類演算法。

請大家在 App 中增加選項，分別指定橫軸、縱軸特徵，這兩個特徵資料將會被用來完成 k 最近鄰分類。

36.8 支援向量機 + 高斯核心

圖 36.7 所示為「支援向量機 + 高斯核心」分類 App，我們可以修改 gamma。

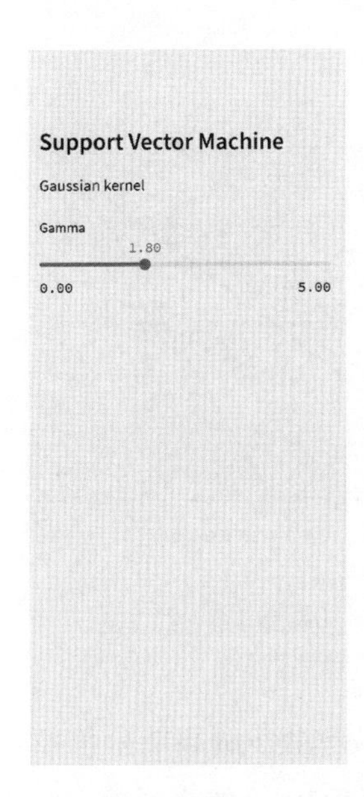

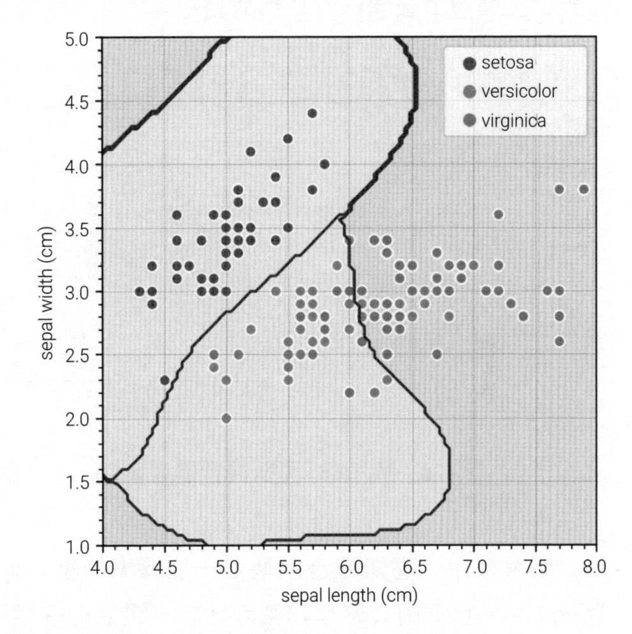

▲ 圖 36.7 「支援向量機 + 高斯核心」分類 App | Bk1_Ch36_07.py

支援向量機 (Support Vector Machine，SVM) 可以用來完成分類和回歸任務。

支援向量機的**高斯核心** (Gaussian kernel)，也叫**徑向基核心** (radial basis function kernel)，是一種**核心函式** (kernel function)。透過引入**核心技巧** (kernel trick)，我們可以將資料映射到高維空間，從而有效處理非線性關係。

Scikit-Learn 中 SVD 演算法函式 sklearn.svm.SVC() 中參數 kernel 主要有 linear、poly、rbf、sigmoid 這幾個選擇。請大家在 App 左側增加一個標籤用來選擇不同的核心。注意，poly 是多項式核心，預設的次數為 3，請大家增加一個選項用來調節多項式核心次數。此外，請大家注意，參數 gamma 適用於 poly、rbf、sigmoid 這三個核心函式。

36.9 高斯混合模型聚類

圖 36.8 所示為**高斯混合模型** (Gaussian Mixture Model，GMM) 聚類 App，我們可以選擇不同的協方差矩陣類型。

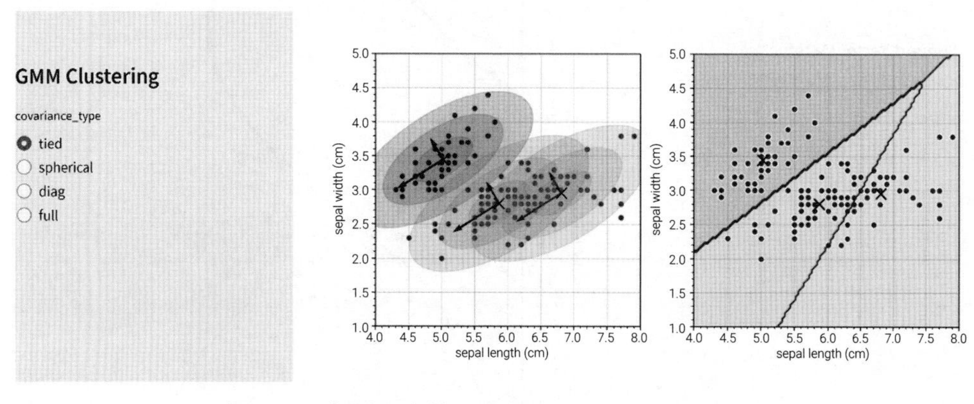

▲ 圖 36.8 高斯混合模型聚類 App | Bk1_Ch36_08.py

簡單來說，高斯混合模型是一種機率模型，假設資料是由多個高斯分佈組合而成的。它常用於聚類和密度估計，靈活地適應不同形狀和大小的資料簇。

《AI 時代 Math 元年 - 用 Python 全精通機器學習》專門介紹不同聚類演算法。

類似前文，請大家在 App 中增加選項，分別指定橫軸、縱軸特徵，這兩個特徵資料將會被用來完成高斯混合模型聚類。

首先祝賀大家完成了《AI 時代 Math 元年 - 用 Python 全精通程式設計》的「修煉」！

作為本書系的第一冊，《AI 時代 Math 元年 - 用 Python 全精通程式設計》相當於從「Python 程式設計」角度全景展示本書系整套內容；因此，《AI 時代 Math 元年 - 用 Python 全精通程式設計》內容跨度極大、涉獵話題廣泛。

本書從零基礎入門 Python 語法，到視覺化，然後又介紹了各種資料處理方法以及完成複雜數學運算的工具，深入到常用機器學習演算法，最後又聊了聊如何架設 App 應用。

大家能夠堅持到最後，實屬不易！

希望大家讀到這裡，會有一種自信—Python 也不過如此嘛！

《AI 時代 Math 元年 - 用 Python 全精通程式設計》在開篇強調，本書只要求大家知其然，不需要大家知其所以然；即使如此，本書還是見縫插針地不用任何公式講解了很多數學工具和演算法。相信大家讀完本書，數學素養也有質的提高。請大家格外注意線性代數工具，尤其是矩陣乘法。

特別希望大家讀完這本書後，開始試著利用幾何圖形來解釋數學工具。這便引出本書系的下一分冊—《AI 時代 Math 元年 - 用 Python 全精通資料可視化》。

《AI 時代 Math 元年 - 用 Python 全精通資料可視化》是本書系中一本真正意義的「圖冊」，她的目的只有一個—盡顯數學之美！

《AI 時代 Math 元年 - 用 Python 全精通資料可視化》會從美學角度展示科技製圖、電腦圖形學、創意程式設計、趣味數學實驗、數學科學、機器學習等內容。

請大家相信「反覆 + 精進」的力量！讓我們在《AI 時代 Math 元年 - 用 Python 全精通資料可視化》一冊，不見不散！

MEMO

MEMO

MEMO

深智數位
股份有限公司

深智數位
股份有限公司